Übungsbuch Chemie für Dummies – Schummelseite

In exponentieller und wissenschaftlicher Schreibweise rechnen

Die exponentielle Schreibweise verwendet Exponenten, um eine Zahl darzustellen. Die wissenschaftliche Schreibweise ist eine besondere Form der exponentiellen Schreibweise, die Zehnerpotenzen und Zahlen zwischen 1 und 10 benutzt, die in der Form

$$A \times 10^B$$

geschrieben werden, wobei A zwischen 1 und 10 liegt und B eine ganze Zahl ist.

- ✓ **Zur Addition und Subtraktion** wird die exponentielle Schreibweise angewendet, um beide Zahlen mit derselben Zehnerpotenz darzustellen. Dann wird die Summe oder Differenz auf die gleiche Anzahl Dezimalstellen hinter dem Komma gerundet, die man bei der Messung mit den geringsten Dezimalstellen erhält. **Bei Multiplikation und Division** werden beide Zahlen in der wissenschaftlichen Schreibweise dargestellt, sodass deutlich wird, wie viele signifikante Ziffern eine Zahl besitzt. Dann werden Produkt oder Quotient auf die gleiche Anzahl signifikanter Ziffern reduziert, die man auch bei der Messung mit den geringsten Dezimalstellen erhält.

Für eine vollständige Erläuterung der exponentiellen und wissenschaftlichen Schreibweise blättern Sie zu Kapitel 1.

Atomstrukturen analysieren

Atome bestehen aus subatomaren Partikeln oder Teilchen, die sich in ihren Massen und Ladungen unterscheiden. Die Änderung der Anzahl dieser Teilchen führt zur Bildung der verschiedenen Elemente oder Isotope eines Atoms. In Kapitel 3 finden Sie mehr Informationen zur Atomstruktur.

- ✓ Subatomare Teilchen:
  - Proton, p^+: 1 atomare Masseneinheit (u), positiv geladen (+1)
  - Elektron, e^-: 1/1836 u, negativ geladen (–1)
  - Neutron, n^0: 1 u, ungeladen (0)
- ✓ Ordnungszahl
  - entspricht der Protonenzahl
  - bestimmt das Element
- ✓ Massenzahl
  - entspricht der Protonenzahl plus der Neutronenzahl
  - bestimmt das Isotop

Wichtige Formeln

Freie Enthalpie G und Gleichgewicht:

$$\Delta G = \Delta H - T\Delta S \quad \text{und} \quad \Delta G = -RT \ln K_{eq}$$

pH und pOH:

$$pH = -\log [H^+] \quad \text{und} \quad pOH = -\log [OH^-]$$

$$\text{und} \quad pH + pOH = 14$$

Ideale Gase:

$$pV = nRT \qquad \frac{P_1 \times V_1}{T_1} = \frac{P_2 \times V_2}{T_2}$$

Lösungen: $\qquad M_1 \times V_1 = M_2 \times V_2$

Kalorimetrie: $\qquad q = m \times c_p \times \Delta T$

Elektrochemie: $\quad E^0_{Zelle} = E^0_{red}(\text{Kathode}) - E^0_{red}(\text{Anode})$

Verbindungen benennen

Verbindung X_AY_B:

1. **Ist X Wasserstoff?**

   Falls ja, dann ist die Verbindung wahrscheinlich eine Säure und kann einen allgemeinen Namen tragen. Wenn X kein Wasserstoff ist, gehe zu Schritt 2.

2. **Ist X ein Nichtmetall oder ein Metall?**

   Wenn X ein Nichtmetall ist, handelt es sich um eine molekulare Verbindung. Molekülverbindungen werden Ziffern vorangestellt, um die Anzahl der einzelnen Elemente zu bestimmen. Ist X nur ein einziges Atom, wird diese Ziffer weggelassen. Die Endung *–id* wird an den Elementnamen von Y angehängt. Wenn X ein Metall ist, handelt es sich bei der Verbindung um ein Ion; gehen Sie in diesem Fall zu Schritt 3.

3. **Ist X ein Metall mit variabler Ladung?**

   Falls X eine variable Ladung besitzt (das sind oft Metalle der Gruppe B), muss diese Ladung in der Verbindung gekennzeichnet werden, indem eine römische Ziffer in Klammern zwischen die Elementnamen für X und Y eingefügt wird. (II) wird zum Beispiel bei Fe^{2+} und (III) bei Fe^{3+} eingefügt. Gehen Sie jetzt zu Schritt 4.

4. **Ist Y ein mehratomiges Ion?**

   Falls Y ein mehratomiges Ion ist, wird der entsprechende Name für dieses Ion benutzt. Mehratomige Anionen enden für gewöhnlich auf *–at* oder *–it* (entsprechend den Ionen, die jeweils mehr oder weniger Sauerstoffatome besitzen). Eine weitere gebräuchliche Endung für mehratomige Ionen lautet *–id*, so wie in Hydroxid (OH^-) und Cyanid (CN^-). Wenn Y kein mehratomiges Ion ist, wird die Endung *–id* an den Elementnamen von Y angefügt.

Kapitel 6 liefert mehr Informationen zur Nomenklatur von Verbindungen.

Reaktionsgleichungen bilanzieren

Um eine Reaktionsgleichung zu bilanzieren, werden nur die Koeffizienten vor jedem chemischen Symbol verändert. *Niemals* dürfen die tiefgestellten Indizes verändert werden. Weitere Informationen zum Bilanzieren von Reaktionsgleichungen finden Sie in Kapitel 8.

1. **Addieren Sie die Anzahl jeder Atomsorte sowohl auf der Reaktanten- als auch auf der Produktseite der chemischen Gleichung auf.**

2. **Verwenden Sie Koeffizienten vor jeder Verbindung, um die Anzahl jedes Atoms oder jedes mehratomigen Ions nacheinander auszugleichen.**

   Das kann man über Versuch und Irrtum herausfinden, indem man zwischen Reaktanten- und Produktseite der Gleichung hin und her pendelt. Zur Vereinfachung beginnt man mit dem Atom oder mehratomigen Ion, das in der Verbindung am seltensten auftaucht.

3. **Überprüfen Sie die Gleichung, um sicherzugehen, dass die Bilanz für jedes Atom oder mehratomige Ion stimmt.**

4. **Finden Sie den kleinsten gemeinsamen Nenner für die ausgeglichene Reaktionsgleichung.**

Mit anderen Worten, wenn es möglich ist, alle Koeffizienten ganzzahlig durch dieselbe positive Zahl zu teilen, dann tun Sie's.

Lernpaket Chemie für Dummies

– Übungsbuch –

Peter Mikulecky

Lernpaket Chemie für Dummies

– Übungsbuch –

Übersetzung aus dem Amerikanischen von Tina Blasche

Fachkorrektur von Dr. Bärbel Häcker

WILEY-VCH Verlag GmbH & Co. KGaA

**Bibliografische Information
der Deutschen Nationalbibliothek**

Die Deutsche Nationalbibliothek verzeichnet diese Publikation in der Deutschen Nationalbibliografie; detaillierte bibliografische Daten sind im Internet über http://dnb.d-nb.de abrufbar.

Einzeln ist das Buch als *Übungsbuch Chemie für Dummies* unter der ISBN 978-3-527-70689-1 erhältlich

1. Auflage 2013

© 2013 WILEY-VCH Verlag GmbH & Co. KGaA, Weinheim

Original English language edition © 2008 by Wiley Publishing, Inc.
All rights reserved including the right of reproduction in whole or in part in any form. This translation published by arrangement with John Wiley and Sons, Inc.

Copyright der englischsprachigen Originalausgabe © 2008 by Wiley Publishing, Inc.
Alle Rechte vorbehalten inklusive des Rechtes auf Reproduktion im Ganzen oder in Teilen und in jeglicher Form. Diese Übersetzung wird mit Genehmigung von John Wiley and Sons, Inc. publiziert.

Wiley, the Wiley logo, Für Dummies, the Dummies Man logo, and related trademarks and trade dress are trademarks or registered trademarks of John Wiley & Sons, Inc. and/or its affiliates, in the United States and other countries. Used by permission.

Wiley, die Bezeichnung »Für Dummies«, das Dummies-Mann-Logo und darauf bezogene Gestaltungen sind Marken oder eingetragene Marken von John Wiley & Sons, Inc., USA, Deutschland und in anderen Ländern.

Das vorliegende Werk wurde sorgfältig erarbeitet. Dennoch übernehmen Autoren und Verlag für die Richtigkeit von Angaben, Hinweisen und Ratschlägen sowie eventuelle Druckfehler keine Haftung.

Printed in Germany

Gedruckt auf säurefreiem Papier

Coverfoto: RT images/Fotolia
Korrektur: Dr. Bärbel Häcker
Satz: Beltz Bad Langensalza GmbH, Bad Langensalza
Druck und Bindung: CPI – Ebner & Spiegel, Ulm

ISBN 978-3-527-70955-7

Über die Autoren

Peter Mikulecky wuchs in Milwaukee auf, in einer Region von Wisconsin, in der deutlich mehr Rinder als Menschen leben. Nach einer ereignisreichen, vier Jahre währenden Zeit beim Militär erhielt Peter seinen akademischen Abschluss, den Bachelor of Science, in Biochemie und Molekularbiologie von der University of Wisconsin-Eau Claire und promovierte in Biochemie an der Indiana University. Da sein Herz leidenschaftlich für die Wissenschaft schlug, wollte er auch andere mit seiner Begeisterung für die molekularen Wunderwelten anstecken. Nachdem er bereits Studenten unterrichtet und in Labors betreut hatte, war Peter überglücklich, am Fusion Learning Center und an der Fusion Academy unterzukommen. Dort bereitet es ihm bis heute Freude, seine Studenten davon zu überzeugen, dass Biologie und Chemie faszinierende Wissensgebiete darstellen und nicht nur dazu ausgedacht wurden, unglückliche Teenager zu quälen. Seine militärische Ausbildung ist ihm bei dieser Tätigkeit von gewissem Nutzen.

Katherine (Kate) Brutlag ist eine eingefleischte Wissenschaftsfanatikerin, seitdem sie als kleines Kind zum ersten Mal ein Buch über Dinosaurier in den Händen hielt. Da sie in Minnesota geboren wurde, liebt Kate typisch regionale Aktivitäten wie Wintersport und Käseessen. Kate verließ Minnesota als Jugendliche, um am Middlebury College in Vermont zu studieren und graduierte dort in den Fächern Physik und Japanische Sprache. Weil sie diese beiden grundverschiedenen Leidenschaften miteinander verbinden wollte, verbrachte sie danach ein Jahr in Kyoto (Japan), um dort mit einem Fulbright-Stipendium auf dem Gebiet der Astronomie zu forschen. Kate zog es jedoch schon bald wieder zur reinen Wissenschaft zurück, und durch ihre Arbeit an der Fusion Academy entdeckte sie ihre Liebe zur Pädagogik: Dort unterrichtet sie in der Oberstufe Naturwissenschaften und Japanisch.

Michelle Rose Gilman ist sehr stolz darauf, Noahs Mutter genannt zu werden. Nach dem Abgang von der University of Florida fand Michelle ihren Platz sehr schnell; sie arbeitete schon mit 19 Jahren mit psychisch kranken und lernbehinderten Studenten in Krankenhäusern. Mit 21 zog sie nach Kalifornien, wo sie eine Leidenschaft dafür entwickelte, Kindern dabei zu helfen, die Schule und das Leben zu meistern. Was als Nebenbeschäftigung in der Garage auf ihrem Grundstück begann, nahm bald solche Ausmaße an, dass die Straße in ihrem Wohnbezirk mit Verkehrsschildern ausgestattet werden musste.

Heute ist Michelle Gründerin und Hauptgeschäftsführerin des Fusion Learning Centers und der Fusion Academy, einer Privatschule und Prüfungsvorbereitungsstätte in Solana Beach, Kalifornien, die jährlich über 2000 Schüler aufnimmt. Michelle ist Autorin von »*ACT For Dummies*«, »*Pre-Calculus For Dummies*«, »*AP Biology For Dummies*«, »*AP Chemistry for Dummies*«, »*GRE For Dummies*« und einiger weiterer Bücher zu den Themen Selbstbewusstsein, Schreiben und Motivation. Michelle hat in den letzten 20 Jahren Dutzende von Programmen initiiert, die Jugendlichen dabei helfen sollen, sich zu gesunden Erwachsenen zu entwickeln. Derzeit spezialisiert sie sich auf die Arbeit mit unmotivierten Halbwüchsigen, betreut die betroffenen Eltern und steht den 35 Mitarbeitern ihrer Lehrstätte mit Rat und Tat zur Seite.

Michelle lebt nach dem Motto: Es gibt Menschen, die sich mit Sehnsüchten begnügen; ich gehöre nicht dazu.

Brian Petersons Liebe zur Wissenschaft reicht bis zu seinem Leistungskurs Biologie in der Schule zurück. An der University of San Diego belegte Brian als Hauptfach Biologie und als Nebenfach Chemie und konzentrierte sich dabei verstärkt auf medizinische Themen. Anstatt jedoch im Anschluss auf eine medizinische Fakultät zu wechseln, schlug Brian als junger Erwachsener einen »lehrreichen« Umweg ein und landete so am Fusion Learning Center und an der Fusion Academy. Dort wurde es schon bald seine Leidenschaft, Studenten etwas beizubringen. Jahre später ist er nun Leiter der Wissenschaftsabteilung der Fusion Academy und hat einen Stab von 11 Lehrern unter sich. Brian, der den Spitznamen »Beeps« von seinen Studenten erhielt, vermittelt seinen Studenten die Liebe zur Wissenschaft mithilfe einzigartiger und innovativer Kursinhalte.

Widmung

Wir möchten dieses Buch unseren Familien und Freunden widmen, die uns während des Schreibens unterstützt haben. Es ist auch unseren Studenten gewidmet, die uns dazu motivieren, bessere Lehrer zu werden, indem wir mit ungewöhnlichen und unkonventionellen Wegen ihr Interesse wecken.

Danksagungen der Autoren

Ein Dank geht an Bill Gladstone von Waterside Productions, einen tollen Agenten und Freund. Wir danken Georgette Beatty, unserer Projektherausgeberin, für ihre klaren Rückmeldungen und wertvolle Unterstützung. Ein besonderer Applaus gilt unserer Lektorin Lindsay Lefevere, die aus bisher unklaren Gründen auch weiterhin mit uns arbeiten möchte. Anerkennung schulden wir auch unserer Redakteurin Vicki Adang sowie unserem Fachgutachter Michael Edwards.

Inhaltsverzeichnis

Über die Autoren 7
Danksagung 8

Einleitung 19

Über dieses Buch 19
Konventionen in diesem Buch 20
Törichte Annahmen über den Leser 20
Wie dieses Buch aufgebaut ist 20
    Teil I: Mit Zahlen, Atomen und Elementen anbändeln 30
    Teil II: Verbindungen aufbauen und erneuern 21
    Teil III: Veränderungen auf energetischer Ebene betrachten ... 21
    Teil IV: Ladung wechsle dich 21
    Teil V: Jetzt wird's organisch 21
    Teil VI: Der Top-Ten-Teil 22
Symbole in diesem Buch 22
Wie es ab hier weitergeht 22

Teil I
Mit Zahlen, Atomen und Elementen anbändeln 25

Kapitel 1
Wissenschaftlich mit Zahlen umgehen 27

Exponentielle und wissenschaftliche Schreibweise
zur Interpretation chemischer Messungen anwenden 27
Multiplizieren und Dividieren in der wissenschaftlichen Schreibweise ... 30
Addieren und Subtrahieren mithilfe der exponentiellen Schreibweise ... 32
Zwischen Genauigkeit und Präzision unterscheiden 34
Präzision mit signifikanten Stellen ausdrücken 36
Mit signifikanten Stellen rechnen 38
Lösungen zu den Aufgaben rund ums Thema wissenschaftlich rechnen ... 41

Kapitel 2
Einheiten benutzen und umrechnen 45

Machen Sie sich mit Grundeinheiten und den Vorsilben
des metrischen Systems vertraut 45
Abgeleitete Einheiten aus Grundeinheiten bilden 47
Der mit den Einheiten tanzt: der Dreisatz 49
Lassen Sie sich von den Einheiten leiten 53
Lösungen zu den Aufgaben rund ums Thema Einheiten 56

Kapitel 3
Materie in Atome und Aggregatzustände einteilen — 59

- Atome aus subatomaren Teilchen zusammensetzen — 59
  - J. J. Thomson: nichts als Rosinen im Kopf — 61
  - Ernest Rutherford: der Goldschütze — 61
  - Niels Bohr: der nach den Sternen greift — 62
- Chemische Symbole entziffern: Ordnungs- und Massenzahlen — 64
- Isotope mithilfe von Massenzahlen erklären — 67
- Sich zwischen den Aggregatzuständen von Feststoffen, Flüssigkeiten und Gasen bewegen — 70
- Lösungen zu den Aufgaben rund ums Thema Aggregatzustände — 74

Kapitel 4
Das Periodensystem der Elemente durchstreifen — 77

- Perioden und Gruppen im Periodensystem ausfindig machen — 77
- Chemische Eigenschaften anhand von Perioden und Gruppen des Periodensystems ableiten — 81
- Wie Valenzelektronen durch die Bildung von Ionen zu Stabilität verhelfen — 84
- Elektronen auf ihre Plätze verweisen: Elektronenkonfigurationen — 86
- Die Energiemenge (oder das Licht) messen, die ein angeregtes Elektron emittiert — 90
- Lösungen zu den Aufgaben rund um das Periodensystem der Elemente — 92

Teil II
Verbindungen aufbauen und erneuern — 95

Kapitel 5
Bindungen eingehen — 97

- Ladungspaarung bei Ionenbindungen — 98
- Elektronen durch kovalente Bindungen teilen — 101
- Molekülorbitale besetzen und überlappen — 106
- Tauziehen mit Elektronen: Polarität — 110
- Moleküle formen: VSEPR-Theorie und Hybridisierung — 113
- Lösungen zu den Aufgaben rund ums Thema Bindungen — 118

Kapitel 6
Verbindungen benennen — 123

- Viele Wege führen nach Rom: ionische Verbindungen benennen — 123
- Wenn nur diese verflixten mehratomigen Ionen nicht wären! — 126
- Molekularen Verbindungen Spitznamen verpassen — 129
- Licht am Ende des Tunnels: ein vereinfachtes Schema zur Benennung von Verbindungen — 132
- Lösungen zu den Aufgaben rund ums Thema Verbindungen benennen — 135

Kapitel 7
Das mächtige Mol beherrschen — 139

- Teilchen zählen: das Mol — 139
- Masse und Volumen auf Mol beziehen — 141
- Ehre, wem Ehre gebührt: prozentuale Zusammensetzung — 146
- Von der prozentualen Zusammensetzung zu empirischen Formeln — 148
- Von empirischen Formeln zu Summenformeln — 150
- Lösungen zu den Aufgaben rund ums Mol — 153

Kapitel 8
Chemische Gleichungen in den Griff bekommen — 157

- Chemie in Gleichungen und Symbolen — 157
- Gleiches mit Gleichem vergelten: chemische Reaktionen ausgleichen — 160
- Reaktionen erkennen und Produkte vorhersagen — 163
  - Synthese — 164
  - Zersetzung — 164
  - Einfache Substitution — 164
  - Metathese — 165
  - Verbrennung — 166
- Gaffen verboten: Netto-Ionengleichungen — 168
- Lösungen zu den Aufgaben rund ums Thema chemische Gleichungen — 170

Kapitel 9
So funktioniert Stöchiometrie — 175

- Mol/Mol-Umrechnungsfaktoren in ausbilanzierten Gleichungen nutzen — 175
- Das Mol am Schopf packen: Teilchen, Volumina und Massen umrechnen — 178
- Den Reaktanten Grenzen setzen — 181
- Die Küken nach dem Schlüpfen zählen: prozentuale Ausbeute berechnen — 185
- Lösungen zu den stöchiometrischen Aufgaben — 187

Teil III
Veränderungen auf energetischer Ebene betrachten — 197

Kapitel 10
Aggregatzustände in Verbindung mit Energie sehen — 199

- Materiezustände mit der kinetischen Theorie erklären — 199
- Den nächsten Zug machen: Phasenübergänge und Phasendiagramme — 202
- Unterschiede zwischen festen Aggregatzuständen wahrnehmen — 205
- Lösungen zu den Aufgaben rund ums Thema Phasenänderungen — 207

Kapitel 11
Gasgesetzen gehorchen — 209

- Den Nebel lichten: Verdunstung und Dampfdruck — 210
- Mit Druck und Volumen spielen: Das Boyle'sche Gesetz — 212
- Mit Volumen und Temperatur herumspielen: Gesetz von Charles und absoluter Nullpunkt — 214
- Und jetzt alle zusammen: das kombinierte und das ideale Gasgesetz — 216
- Daltons Gesetz der Partialdrücke ins Spiel bringen — 218
- Ausbreiten und Verteilen mit Grahams Gesetz — 219
- Lösungen zu den Aufgaben rund um Gasgesetze — 221

Kapitel 12
Sich in Lösung begeben — 225

- Verschiedene Kräfte bei der Löslichkeit wirken sehen — 225
- Löslichkeit mithilfe der Temperatur verändern — 228
- Sich auf Molarität und Prozentangaben konzentrieren — 231
- Konzentrationen durch die Herstellung von Verdünnungen ändern — 234
- Lösungen zu den Aufgaben rund ums Thema Lösungen — 236

Kapitel 13
Mal heiß, mal kalt: kolligative Eigenschaften — 241

- Teilchen portionieren: Molalität und Stoffmengenanteile — 241
- Vorsicht Verbrennungsgefahr: Siedepunkte erhöhen und berechnen — 245
- Wie tief können Sie gehen? Gefrierpunkte berechnen und erniedrigen — 247
- Molekülmassen anhand von Siede- und Gefrierpunkten bestimmen — 249
- Lösungen zu den Aufgaben rund ums Thema kolligative Eigenschaften — 251

Kapitel 14
Geschwindigkeit und Gleichgewicht erforschen — 255

- Reaktionsgeschwindigkeiten messen — 255
- Geschwindigkeitsbeeinflussende Faktoren entdecken — 260
- Gleichgewichte messen — 262
  - Die Gleichgewichtskonstante — 263
  - Freie Enthalpie — 264
- Störfaktoren des Gleichgewichts kennen lernen — 267
- Lösungen zu den Aufgaben rund ums Thema Geschwindigkeit und Gleichgewicht — 269

Kapitel 15
Aufwärmtraining für die Thermodynamik — 273

- Die Grundlagen der Thermodynamik — 273
- Wärme aufnehmen: Wärmekapazität und Kalorimetrie — 276

Wärme absorbieren und abgeben: endotherme und exotherme Reaktionen 279
Wärme mit dem Hess'schen Gesetz addieren 281
Lösungen zu den Aufgaben rund ums Thema Thermodynamik 284

Teil IV
Ladung wechsle dich   287

Kapitel 16
Der Lackmustest für Säuren und Basen   289

Drei komplementäre Methoden zur Definierung von Säuren und Basen 289
   Methode 1: Arrhenius hält sich an die Grundlagen 289
   Methode 2: Brønsted-Lowry kümmern sich um Basen ohne Hydroxidionen 290
   Methode 3: Lewis verlässt sich auf Elektronenpaare 292
Azidität und Basizität messen: pH, pOH und K_W 294
   Stärke durch Dissoziation bestimmen: K_S und K_B 297
Lösungen zu den Aufgaben rund ums Thema Säuren und Basen 300

Kapitel 17
Neutralität mit Äquivalenten, Titration und Puffern erreichen   305

Äquivalente und Normalität untersuchen 306
Molarität mithilfe von Titration bestimmen 310
Den pH-Wert mit Puffern einstellen 313
Salzlöslichkeit messen: K_L 316
Lösungen zu den Aufgaben rund ums Thema neutralisierende Äquivalente 318

Kapitel 18
Elektronen in Redoxreaktionen nachweisen   321

Elektronen anhand von Oxidationszahlen verfolgen 321
Redoxreaktionen unter sauren Bedingungen ausbilanzieren 324
Redoxreaktionen unter alkalischen Bedingungen ausgleichen 327
Lösungen zu den Aufgaben rund ums Thema Elektronen in Redoxreaktionen 330

Kapitel 19
In der Elektrochemie auf Draht sein   335

Anoden und Kathoden unterscheiden 335
Elektromotorische Kräfte und Standardreduktionspotenziale berechnen 339
Strömungen in der Chemie: Elektrolysezellen 343
Lösungen zu den Aufgaben rund ums Thema Elektrochemie 346

Kapitel 20
Chemie mit Atomkernen   349

Kerne können auf mehrere Arten zerfallen 349
   Alphazerfall 349

Betazerfall	349
Gammazerfall	350
Zerfallsgeschwindigkeiten messen: Halbwertszeiten	352
Kerne verschmelzen und aufbrechen: Fusion und Spaltung	354
Lösungen zu den Aufgaben rund ums Thema Kernchemie	356

Teil V
Jetzt wird's organisch   359

Kapitel 21
Ketten aus Kohlenstoff   361

In einer Reihe: Kohlenstoffe zu kettenförmigen Alkanen verbinden	361
Die Fühler ausstrecken: verzweigte Alkane durch Substitution bilden	365
Unersättlich: Alkene und Alkine	368
Einmal im Kreis: ringförmige Kohlenstoffketten	372
Zyklische aliphatische Kohlenwasserstoffe einkreisen	372
An aromatischen Kohlenwasserstoffen schnüffeln	373
Lösungen zu den Aufgaben rund ums Thema Kohlenstoffketten	374

Kapitel 22
Isomere in Stereo sehen   379

Platzanweisen mit geometrischen Isomeren	380
Alkene: Scharf auf *cis-trans*-Konfigurationen	380
Nichtoffenkettige Alkane: eine Ringbindung herstellen	381
Alkine: kein Platz für Stereoisomere	382
Spieglein, Spieglein an der Wand: Enantiomere und Diastereomere	384
Chiralität begreifen	384
Enantiomere und Diastereomere in Fischer-Projektionen darstellen	385
Lösungen zu den Aufgaben rund ums Thema Stereoisomere	391

Kapitel 23
Durch die bunte Welt der funktionellen Gruppen schlendern   393

Die Bühne der chemischen Akteure betreten	393
Alkohole: beherbergen eine Hydroxylgruppe	395
Ether: von Sauerstoff eingenommen	395
Carbonsäuren: -COOH bildet das Schlusslicht	396
Carbonsäureester: bevorzugen zwei Kohlenstoffketten	396
Aldehyde: klammern sich an ein Sauerstoffatom	397
Ketone: Einsame Sauerstoffatome pirschen sich in die Mitte	397
Halogenkohlenwasserstoffe: Hallo, Halogen!	398
Amine: mit Stickstoff auf Du und Du	398
Reaktion durch Substitution und Addition	402
Wie die Chemie in der Biologie funktioniert	404

Kohlenhydrate: Kohlenstoff trifft Wasser	405
Proteine: Bestehen aus Aminosäuren	406
Nucleinsäuren: das Rückgrat des Lebens	407
Lösungen zu den Aufgaben rund ums Thema Funktionelle Gruppen	410

Teil VI
Der Top-Ten-Teil   413

Kapitel 24
Zehn Formeln, die Sie sich ins Gehirn brennen lassen sollten   415

Das kombinierte Gasgesetz	415
Daltons Gesetz der Partialdrücke	416
Die Verdünnungsgleichung	416
Geschwindigkeitsgesetze	416
Die Gleichgewichtskonstante	417
Änderung der Freien Enthalpie	417
Kalorimetrie bei konstantem Druck	418
Das Hess'sche Gesetz	418
pH, pOH und K_W	419
K_S und K_B	419

Kapitel 25
Zehn nervige Ausnahmen von den chemischen Regeln   421

Wasserstoff ist kein Alkalimetall	421
Die Oktettregel trifft nicht immer zu	421
Einige Elektronenkonfigurationen ignorieren die Orbitalregeln	422
Vom ständigen Geben und Nehmen von Elektronen in koordinativen kovalenten Bindungen	423
Alle Hybridorbitale entstehen auf die gleiche Art und Weise	424
Seien Sie vorsichtig bei der Benennung von Verbindungen mit Übergangsmetallen	424
Sie dürfen mehratomige Ionen nicht vergessen	425
Wasser ist dichter als Eis	425
Es gibt keine idealen Gase	426
Bekannte Namen für organische Verbindungen erinnern an alte Zeiten	426

Stichwortverzeichnis   427

Einleitung

»*Das Allerwichtigste für das Verständnis der Chemie ist, dass man praktisch arbeiten und Experimente durchführen sollte; derjenige, der weder praktisch arbeitet, noch Experimente durchführt, wird niemals zur Meisterschaft gelangen.*«

–Jābir ibn Hayyān, 8. Jahrhundert

»*Eines der Wunder dieser Welt besteht darin, dass schon die kleinsten Dinge Großes bewirken können: Jedes sichtbare Klümpchen – so winzig es auch sein möge – enthält mehr Atome als Sterne in unserer Galaxis vorhanden sind.*«

–Peter W. Atkins, 20. Jahrhundert

Die Chemie ist praktisch und gleichzeitig wundersam, bescheiden und zugleich majestätisch. Und für denjenigen, der sie zum ersten Mal studiert, kann Chemie auch ganz schön knifflig sein.

Aus diesem Grund haben wir dieses Buch geschrieben. Die Chemie ist erstaunlich. Arbeitsbücher sind praktisch. Dies ist ein Arbeitsbuch der Chemie.

Über dieses Buch

Wenn Sie sich im Dickicht der Stöchiometrie verlaufen haben oder bis zum Hals im Sumpf der Pufferlösungen stecken, dann haben Sie vermutlich wenig Sinn für die hinreißende Poesie des atomaren Glanzes des Universums übrig. Was Sie brauchen, ist ein bisschen praktischer Beistand. Thema für Thema, Problem für Problem, dieses Buch reicht Ihnen eine helfende Hand, um sich aus jedem Sumpf und Dickicht zu befreien.

Die Themen, die dieses Buch behandelt, werden häufig in Grundkursen für Chemie gelehrt. Wir konzentrieren uns hier auf Aufgaben – Aufgaben, denen Sie wahrscheinlich häufig bei Hausarbeiten oder in Prüfungen begegnen. Wir vermitteln Ihnen gerade soviel Theorie, dass Sie verstehen, wo der Hund bei einem bestimmten Problem begraben liegt. Dann konfrontieren wir Sie mit einigen Beispielen. Und dann sind *Sie* an der Reihe, diese Aufgaben zu lösen.

Dieses Arbeitsbuch ist aus Modulen aufgebaut. Sie können sich einfach ein bestimmtes Kapitel und die dazugehörigen Aufgabentypen heraussuchen, mit denen Sie am meisten zu kämpfen haben; Sie müssen dieses Buch nicht von vorne bis hinten durchlesen, wenn Sie nicht unbedingt möchten. Wenn bei bestimmten Problemen zuvor Wissen über andere Themengebiete erforderlich ist, werden wir Ihnen das mitteilen und Sie in die richtige Richtung schicken. Und was ziemlich wichtig ist – fertig ausgearbeitete Lösungen und Erläuterungen werden für jedes Problem gleich mitgeliefert.

Konventionen in diesem Buch

Wir haben die folgenden Markierungen gewählt, um Sie durch dieses Buch zu leiten:

- ✔ *Kursivschrift* hebt Definitionen sowie bestimmte Wörter hervor und macht auf Formelvariablen aufmerksam.
- ✔ **Fettgedrucktes** markiert Schlüsselbegriffe in Listen und Aufzählungen.

Törichte Annahmen über den Leser

Wir gehen davon aus, dass Sie bereits Gelegenheit gehabt haben, mit Algebra und Arithmetik auf Tuchfühlung zu gehen. Sie sollten wissen, wie man einfache Gleichungen mit einer Unbekannten löst. Sie sollten auch in der Lage sein, mit Exponenten und Logarithmen umzugehen. Soweit zu Ihren mathematischen Fähigkeiten, die wir voraussetzen. Seien Sie jedoch beruhigt, denn wir werden nicht von Ihnen verlangen, dass Sie sich zum Beispiel mit den Widersprüchlichkeiten zwischen der Schrödinger-Gleichung und der stochastischen Wellenfunktion auseinandersetzen.

Wir nehmen an, dass Sie ein Schüler oder Student sind und mindestens ein weiteres Chemiebuch für Schule oder Studium besitzen oder irgendein anderes Grundlagenbuch wie zum Beispiel »*Chemie für Dummies*« (von John T. Moore, EdD, Wiley-VCH Verlag). Wir vermitteln Ihnen in diesem Arbeitsbuch ausreichend Theorie, um Probleme verstehen und angehen zu können, aber Sie werden von ausführlicherer Literatur sicherlich profitieren. Mit zusätzlicher Literatur werden Sie besser verstehen, wie sich die kleinen Dinge in der Chemie zu einem übergreifenden Ganzen verbinden – Sie werden den Wald aus lauter Bäumen sehen, wenn man so will.

Wir nehmen zudem an, dass Sie keine Zeit verschwenden wollen. Das wollen wir auch nicht. Chemiker sind im Allgemeinen nicht gerade versessen darauf, Zeit zu verschwenden; wenn Sie also ungeduldig nach Fortschritt verlangen, sind Sie zumindest im Herzen bereits ein kleiner Chemiker.

Wie dieses Buch aufgebaut ist

Dieses Arbeitsbuch ist nach Themen unterteilt. Es ist jedoch keineswegs absolut notwendig, alle Kapitel eines Teils durchzulesen, und es ist auch nicht erforderlich, im Buch brav von einem Teil zum nächsten zu wandern. Diese Vorgehensweise kann jedoch durchaus empfehlenswert sein, falls Sie sich noch im Zustand *Totaler Chemischer Verwirrung* (T.C.V.) befinden.

Teil I: Mit Zahlen, Atomen und Elementen anbändeln

Chemiker sind Wissenschaftler, daher behandeln sie Zahlen mit Sorgfalt und halten sich an allgemeingültige Regeln. Die Gründe für diese Akribie werden verständlich, wenn Sie sich bewusst werden, mit welch riesigen Teilchenzahlen Chemiker für gewöhnlich rechnen müssen. Die bekanntesten Teilchen heißen Atome. Dieser Abschnitt vermittelt Ihnen Basiswissen über Zahlen in der Chemie, beschreibt die grundlegende Struktur der Atome und erklärt, wie Atome zu den verschiedenen Elementen werden und wie sie in unterschiedlichen Substanzen miteinander interagieren.

Teil II: Verbindungen aufbauen und erneuern

Reaktionen sind dramatische Vorgänge in der Chemie. Atome verbinden sich zu Molekülen, und Moleküle reagieren miteinander zu Substanzen. Dieser Teil gibt Ihnen das grundlegende Werkzeug in die Hand, um diese Dramen zu verstehen. Wir vermitteln Basiswissen über Bindungen und erklären die Nomenklatur für chemische Substanzen. Wir machen Sie mit dem Mol bekannt, lassen Sie Kontakt mit chemischen Gleichungen aufnehmen und die Welt der Stöchiometrie erforschen; Sie finden hier einfache Konzepte, die für Sie in Ihrer Chemielaufbahn sicherlich von Nutzen sind – egal ob diese lang oder kurz sein wird.

Teil III: Veränderungen auf energetischer Ebene betrachten

Chemie ist gleich Veränderung. Veränderung kann stattfinden oder aber auch nicht. Veränderungen können schnell oder langsam ablaufen. Arbeitsam und fleißig wie Chemiker nun mal sind, wollen sie stets wissen, ob eine chemische Veränderung eintritt und wie lange diese anhalten wird. Dieser Teil beschäftigt sich mit den verschiedenen Arten der Veränderung, die in chemischen Systemen auftreten können, und betrachtet auch die Systeme – nennen wir sie Lösungen –, in denen diese Veränderungen ablaufen. Wir definieren den Unterschied zwischen Gleichgewicht (wird es sich einstellen?) und Reaktionsgeschwindigkeit (wie lange dauert es, bis etwas passiert?) und setzen beide in Beziehung zu verschiedenen energetischen Zuständen. Da in der Chemie sowohl Energie als auch Materie transformiert werden, erkunden wir einige Möglichkeiten, wie Chemiker die Energieänderungen erklären, durch die chemische Reaktionen angetrieben werden.

Teil IV: Ladung wechsle dich

Die Ladung ist ein wichtiges Thema in der Chemie. Geladene Teilchen sind die wichtigsten Spieler auf dem Spielfeld der Chemie, und dieser Teil des Buchs untersucht deren Spielstrategie näher. Säure-Basen-Reaktionen sind lebhafte, chemische Ereignisse, die stark von den Wirkungen geladener Teilchen wie Wasserstoff- und Hydroxidionen (H^+ und OH^-... dazu später mehr) abhängig sind. Oxidations-Reduktions- (oder kurz »Redox«-) Reaktionen bilden eine weitere wichtige Reaktionsgruppe; hier werden Elektronen übertragen, jene winzigen, negativ geladenen Partikel, die am meisten zu einer chemischen Reaktion beitragen. Abschließend werden wir Ihnen noch einen Überblick über die Kernchemie geben, den speziellen Zweig der Chemie, der sich mit Teilchentransformationen innerhalb des positiv geladenen Kerns eines Atoms beschäftigt.

Teil V: Jetzt wird's organisch

Da viele Chemiker quicklebendig sind, ist es nicht verwunderlich, dass sich viele von ihnen für die Chemie des Lebens interessieren. Die Chemie, die sich mit den Vorgängen in lebenden Organismen beschäftigt, wird insgesamt als Organische Chemie oder als Chemie der Kohlenstoffverbindungen bezeichnet. Obwohl die Organische Chemie für lebende Organismen kennzeichnend ist, beschränkt sie sich jedoch nicht ausschließlich darauf. Die Energie-

und Materialindustrien sind zum Beispiel randvoll mit Wissenschaftlern, die sich mit Organischer Chemie beschäftigen. Dieser Teil liefert einen kurz gefassten Überblick über die Grundlagen der Organischen Chemie, beschreibt einfache Strukturen und Strukturmotive und stellt einige der für die Biologie wichtigen Gruppen organischer Moleküle vor.

Teil VI: Der Top-Ten-Teil

Es ist recht leicht, sich in einer Wissenschaft verloren zu fühlen, die sich so vielen Dingen widmet – angefangen von subatomaren Teilchen über Handy-Akkus bis hin zu den Atomspektren weit entfernter Sterne. Wenn Ihnen von all dem schwindelig wird und Sie sich in einem T.C.V.-Zustand befinden, hilft Ihnen der Top-Ten-Teil dabei, wieder festen Boden unter den Füßen zu bekommen. Dieser Teil ist erfreulich kurz und praktisch zugleich, bietet eine Sammlung von Gleichungen, die Sie wirklich brauchen, und hilfreiche Eselsbrücken zu kniffligen Sachverhalten. Die Zeit, die Sie damit verbringen im Top-Ten-Teil zu schmökern, ist nie verschwendete Zeit.

Symbole in diesem Buch

Sie werden einigen hilfreichen Symbolen begegnen, die von Zeit zu Zeit hübsch ordentlich an den Rändern dieses Arbeitsbuches auftauchen. Betrachten Sie sie als Orientierungshilfe oder als vertraute Verkehrsschilder, die Sie auf den Schnellstraßen der Chemie sicher leiten werden.

In bereits gekürzten Zusammenfassungen über chemische Sachverhalte markiert dieses Symbol Passagen, die die Sache noch knapper auf den Punkt bringen. Sie werden die Informationen dieser Abschnitte besonders brauchen, um Aufgaben lösen zu können.

Meist gibt es einen umständlichen und einen einfachen Weg zur Lösung einer Aufgabe. Dieses Symbol macht Sie auf Textabschnitte aufmerksam, die den einfachen Lösungsweg aufzeigen. An diesen Stellen ist es sinnvoll, etwas länger zu verweilen. Sie werden sich dabei ertappen, still vor sich hin zu nicken, während Sie ein oder zwei dieser Hinweise durchlesen.

Chemie kann eine sehr praktische Wissenschaft sein, sie hat aber auch ihre Tücken. Dieses Symbol hisst eine rote Flagge, um Sie auf mögliche Fehlerquellen und andere Fallen hinzuweisen, in die Sie leicht tappen könnten. Es soll Sie davor bewahren, zu viele Fehler zu machen, durch die Sie nur in sinnlose Frustration verfallen würden.

Dieses Icon zeigt die Lösungen der Beispielaufgaben an.

Einführung

Wie es ab hier weitergeht

Wie es weitergeht, hängt von Ihrer persönlichen Situation, Ihrem Lernstil und dem T.C.V.-Stadium ab, in dem Sie sich eventuell noch befinden:

- ✔ Wenn Sie derzeit an einem Chemiekurs teilnehmen, könnte es sinnvoll sein, das Inhaltsverzeichnis durchzugehen, um festzustellen, welche Themen Sie bereits im Unterricht durchgenommen haben. Gibt es da ein Thema, an dem Sie besonders zu knabbern haben? Nehmen Sie sich dann doch mal einige der praktischen Aufgaben vor, um einschätzen zu können, ob Sie schon für den nächsten Theorieschritt bereit sind.

- ✔ Wenn Sie vergrabenes Wissen über Chemie wieder ausbuddeln wollen, empfehlen wir Ihnen, die einzelnen Kapitel nach Musteraufgaben zu durchsuchen. Wenn Sie diese durchlesen, werden Sie wahrscheinlich auf eine von zwei Arten reagieren: 1.) »Aaah, ja… daran erinnere ich mich noch.« oder 2.) »Hm, nein… das kommt mir ziemlich unbekannt vor.« Lassen Sie sich von Ihren Reaktionen leiten.

- ✔ Wenn Sie gerade am Anfang eines Chemiekurses sind, können Sie auch in diesem Arbeitsbuch den Lernstoff mitverfolgen und die Übungsbeispiele nutzen, um Ihre Hausaufgaben besser zu meistern oder um sich auf Prüfungen vorzubereiten. Alternativ können Sie dieses Buch natürlich auch verwenden, um sich schon vorab über Themen zu informieren, die Sie in Ihrem Chemiekurs vermittelt bekommen werden (frei nach dem Motto: Mit ein bisschen Zucker schmeckt jede Medizin einfach besser).

In welcher Situation Sie sich auch immer befinden, nutzen Sie die Musteraufgaben klug, denn sie bilden das Herz dieses Arbeitsbuches. Arbeiten Sie jede Aufgabe vollständig durch – auch wenn Sie schon auf halber Strecke denken, Sie hätten etwas falsch gemacht – *bevor* Sie zur Lösung blättern. Wenn Ihre Antwort falsch war, versuchen Sie die Gründe dafür zu verstehen und die Erläuterungen genau nachzuvollziehen, sodass Sie wirklich wissen, was Sie falsch gemacht haben. Dann erst sollten Sie sich der nächsten Übung widmen.

Vergessen Sie auch die Schummelseite (die gelbe, heraustrennbare Seite ganz vorne in diesem Buch) und den Top-Ten-Teil nicht. Das Wesentlichste, das Sie benötigen, um die schwierigen Aufgaben zu lösen, finden Sie in diesen beiden treuen Helfern.

Und schlussendlich, seien Sie versichert, dass Chemie kein Buch mit sieben Siegeln ist. So geheimnisvoll sie auch manchmal erscheinen mag, die Chemie ist eine durchaus erlernbare und praktische Arbeit. Auch wenn Ihnen die Chemie vielleicht momentan noch Ehrfurcht einflößt, wird sie Ihnen sicherlich irgendwann aus der Hand fressen. Sie werden die Oberhand gewinnen!

»Wissenschaft ist, so glaube ich, nichts weiter als geschulter und geordneter Menschenverstand.«

–Thomas H. Huxley, 19. Jahrhundert

Teil I
Mit Zahlen, Atomen und Elementen anbändeln

»Wenn Du einen Doktor in Chemie hast,
dann habe ich meine eigene Zirkusnummer!«

In diesem Teil ...

Die Chemie erklärt Dinge. Die Erklärungen basieren auf Sachverhalten wie Atomen und Energie. Eine Straße voll verschachtelter Erklärungen beginnt bei der Struktur eines Wassermoleküls und endet an einem kalbenden Gletscher irgendwo in der Antarktis. Die Straße der Erklärungen verläuft durch das Periodensystem der Elemente und ist mit Zahlen gepflastert. In diesem Teil bringen wir Ihnen die Regeln zum Umgang mit Zahlen näher und beginnen mit der Erforschung der grundlegenden Frage in der Chemie: »Wie kann einer begrenzten Palette von Elementen ein ganzes Universum entspringen?«

Wissenschaftlich mit Zahlen umgehen

In diesem Kapitel...

▶ Zahlen in wissenschaftlicher und exponentieller Schreibweise darstellen
▶ Den Unterschied zwischen Genauigkeit und Präzision aufdecken
▶ Mit signifikanten Stellen rechnen

Die Chemie ist eine Wissenschaft. Das bedeutet, dass ein Chemiker, so wie jeder andere Wissenschaftler auch, Hypothesen durch Experimente überprüft. Je besser das Experiment sein soll, desto verlässlicher müssen die Messungen sein, und gute Messungen sind durch hohe Genauigkeit und Präzision gekennzeichnet. Dies erklärt, weshalb Chemiker sich alle Finger nach High-Tech-Instrumenten lecken; solche Instrumente machen einfach die besseren Messungen. Wie interpretieren Chemiker ihre wertvollen Messungen? Und was ist bei diesen Messungen der Unterschied zwischen Genauigkeit und Präzision? Wie rechnen Chemiker mit den einmal gewonnenen Messwerten? Diese Fragen werden Sie wahrscheinlich nicht die ganze Nacht wach halten, aber wenn Sie die Antworten darauf kennen, werden Sie deutlich weniger peinliche oder frustrierende Fehler in chemischen Fragestellungen machen. Deshalb widmen wir uns hier diesen Dingen.

Exponentielle und wissenschaftliche Schreibweise zur Interpretation chemischer Messungen anwenden

Da sich die Chemie mit so absurd winzigen Dingen wie Atomen und Molekülen beschäftigt, befinden sich Chemiker oft in der Situation, mit enorm kleinen oder sehr großen Zahlen arbeiten zu müssen. Die Entfernung zwischen zwei Atomen beträgt zum Beispiel gerade einmal einen Zehnmilliardstel Meter. Wenn man hingegen zählen möchte, wie viele Moleküle sich in einem einzigen Wassertropfen befinden, kommt man leicht in den Bereich von Trillionen.

Um mit solch extremen Zahlen besser zurechtzukommen, nutzen Chemiker die wissenschaftliche Schreibweise, die eine besondere Art der exponentiellen Schreibweise darstellt. Bei der *exponentiellen Schreibweise* werden Zahlen mithilfe von Exponenten beschrieben. Jede Zahl wird dabei als Produkt aus einem Koeffizienten und einer Zehnerpotenz angegeben. In der guten alten exponentiellen Schreibweise kann der Koeffizient jede Zahl sein, die mit einer Potenz der Basis 10 multipliziert wird (so wie 10^4). Wissenschaftler haben jedoch eigene Regeln für ihre wissenschaftliche Schreibweise erstellt. Dabei ist ein Koeffizient immer mindestens 1 und kleiner als 10 (also zum Beispiel 7 oder 3,48 oder auch 6,0001).

Um eine sehr große oder sehr kleine Zahl in wissenschaftlicher Schreibweise darzustellen, wird ein Komma zwischen der ersten und zweiten Ziffernstelle eingefügt. Zählen Sie dann, wie viele Stellen Sie von rechts oder links bis zum Komma wandern können: Dieser Wert entspricht dann der jeweiligen Zehnerpotenz. Wenn Sie nach links gewandert sind, ist die Potenz positiv, wenn Sie nach rechts gezählt haben, ist die Potenz negativ. (Sie wenden die gleiche Prozedur übrigens auch bei der exponentiellen Schreibweise an, der Unterschied besteht hier jedoch darin, dass Sie das Komma an jeder beliebigen Stelle platzieren können und nicht nur zwischen den ersten beiden Ziffern.)

 In der wissenschaftlichen Schreibweise sollten die Koeffizienten größer als 1 und kleiner als 10 sein; halten Sie also nach der ersten Ziffer Ausschau, die größer als 0 ist.

Um eine Zahl von der wissenschaftlichen Schreibweise wieder in ihre Dezimalform umzurechnen, multiplizieren Sie einfach den Koeffizienten mit seiner dazugehörigen Zehnerpotenz.

 Beispiel

1. Stellen Sie 47 000 in wissenschaftlicher Schreibweise dar.

 Lösung

1. $47\,000 = 4{,}7 \times 10^4$.

Stellen Sie sich zunächst die Zahl als Dezimalzahl vor:

47 000,00

Als nächstes rücken Sie das Komma zwischen die ersten beiden Ziffern:

4,7000

Dann zählen Sie, um wie viele Stellen Sie das Komma nach links verrückt haben (vier Stellen in unserem Fall) und schreiben diese Zahl als Exponent von zehn:

$4{,}7 \times 10^4$.

2. Stellen Sie 0,007345 in wissenschaftlicher Schreibweise dar.

2. $0{,}007345 = 7{,}345 \times 10^{-3}$.

Zuerst schieben Sie das Komma zwischen die ersten beiden Ziffern, die nicht 0 sind:

7,345

Dann zählen Sie, um wie viele Positionen Sie das Komma nach rechts verschoben haben (drei Stellen in unserem Fall) und setzen diese Zahl als negativen Exponenten zur Basis zehn ein:

$7{,}345 \times 10^{-3}$

Aufgabe 1

Stellen Sie 200 000 in wissenschaftlicher Schreibweise dar.

Ihre Lösung

Aufgabe 2

Stellen Sie 80 763 in wissenschaftlicher Schreibweise dar.

Ihre Lösung

Aufgabe 3

Stellen Sie 0,00002 in wissenschaftlicher Schreibweise dar.

Lösung

Aufgabe 4

Wandeln Sie $6{,}903 \times 10^2$ in die Dezimalschreibweise um.

Ihre Lösung

Multiplizieren und Dividieren in der wissenschaftlichen Schreibweise

Der größte Vorteil der wissenschaftlichen Schreibweise besteht darin, dass folgende Rechenoperationen stark vereinfacht werden. (Ein anderer Vorteil liegt darin, dass Zahlen mit Exponenten nicht nur weniger Schreibarbeit erfordern, sondern zudem auch noch viel cooler aussehen.) Die Vereinfachung durch die wissenschaftliche Schreibweise wird besonders deutlich, wenn man mit diesen Zahlen dividieren oder multiplizieren muss. (Wie wir im nächsten Abschnitt sehen werden, lassen sich Addition und Subtraktion zwar mit der exponentiellen Schreibweise viel einfacher durchführen, aber nicht unbedingt mit der strengen wissenschaftlichen Schreibweise.)

Um zwei Zahlen in der wissenschaftlichen Schreibweise miteinander zu multiplizieren, werden zuerst die Koeffizienten miteinander multipliziert und dann die Exponenten addiert. Um zwei Zahlen zu dividieren, müssen Sie zunächst die Koeffizienten dividieren und dann den Exponenten des *Divisors* (die unten stehende Zahl, der Nenner) vom Exponenten des *Dividenden* (die oben stehende Zahl, der Zähler) abziehen.

Beispiel

1. Multiplizieren Sie vereinfachend mithilfe der wissenschaftlichen Schreibweise:
$1{,}4 \times 10^2 \times 2{,}0 \times 10^{-5}$.

Lösung

1. $2{,}8 \times 10^{-3}$.

Zuerst multiplizieren Sie die Koeffizienten miteinander:

$1{,}4 \times 2{,}0 = 2{,}8$

Dann addieren Sie die Exponenten der Zehnerpotenzen miteinander:

$10^2 \times 10^{-5} = 10^{2+(-5)} = 10^{-3}$

Zum Schluss führen Sie die Ergebnisse für Koeffizient und Exponent zusammen:

$2{,}8 \times 10^{-3}$

2. Dividieren Sie vereinfachend mithilfe der wissenschaftlichen Schreibweise:
$3{,}6 \times 10^{-3} / 1{,}8 \times 10^{4}$.

2. $2{,}0 \times 10^{-7}$.

Zuerst teilen Sie die Koeffizienten:

$3{,}6 / 1{,}8 = 2{,}0$

Dann ziehen Sie den Exponenten des Divisors vom Exponenten des Dividenden ab:

$10^{-3}/10^4 = 10^{-3-4} = 10^{-7}$

Zum Schluss führen Sie die Ergebnisse für Koeffizient und Exponent zusammen:

$2{,}0 \times 10^{-7}$

Aufgabe 5

Multiplizieren Sie $2{,}2 \times 10^9 \times 5{,}0 \times 10^{-4}$.

Ihre Lösung

Aufgabe 6

Dividieren Sie $(9{,}3 \times 10^{-5}) / (3{,}1 \times 10^2)$.

Ihre Lösung

Aufgabe 7

Multiplizieren Sie mithilfe der wissenschaftlichen Schreibweise $52 \times 0{,}035$.

Ihre Lösung

Aufgabe 8

Dividieren Sie mithilfe der wissenschaftlichen Schreibweise $0{,}00809 / 20{,}3$.

Ihre Lösung

Addieren und Subtrahieren mithilfe der exponentiellen Schreibweise

Additionen oder Subtraktionen gehen leichter von der Hand, wenn Zahlen als Koeffizienten identischer Zehnerpotenzen angegeben werden. Um Zahlen in diese Form zu bringen, kann es nötig sein, Koeffizienten kleiner als 1 oder größer als 10 zu benutzen. Daher ist die wissenschaftliche Schreibweise etwas zu beschränkt, um Additionen und Subtraktionen durchzuführen, und man benutzt in diesem Fall die exponentielle Schreibweise.

Um zwei Zahlen auf einfache Weise mithilfe der exponentiellen Schreibweise zu addieren, müssen Sie diese zuerst als Koeffizienten und Zehnerpotenzen darstellen; dabei zu beachten, dass beide den gleichen Exponenten tragen. Nun addieren Sie die Koeffizienten. Um Zahlen zu subtrahieren, führen Sie die gleichen Schritte durch, subtrahieren die Koeffizienten aber am Ende.

Beispiel

1. Addieren Sie diese Zahlen mithilfe der exponentiellen Schreibweise:
$3710 + 2{,}4 \times 10^2$.

Lösung

1. $39{,}5 \times 10^2$.

Zunächst überführen Sie die erste Zahl mithilfe der exponentiellen Schreibweise in die Zehnerpotenz der zweiten Zahl:

$37{,}1 \times 10^2$

Dann addieren Sie die Koeffizienten beider Zahlen:

$37{,}1 + 2{,}4 = 39{,}5$

Zum Schluss führen Sie die Koeffizientensumme wieder mit der gemeinsamen Zehnerpotenz zusammen:

$39{,}5 \times 10^2$

2. Verwenden Sie die exponentielle Schreibweise, um die folgende Subtraktion durchzuführen: $0{,}0743 - 0{,}0022$.

2. $7{,}21 \times 10^{-2}$.

Zuerst formen Sie beide Zahlen so um, dass sie die gleichen Hochzahlen (zur Basis zehn) tragen:

$7{,}43 \times 10^{-2}$ und $0{,}22 \times 10^{-2}$

Als nächstes subtrahieren Sie die Koeffizienten:

$7{,}43 - 0{,}22 = 7{,}21$

Zum Schluss führen Sie den neuen Koeffizienten mit der gemeinsamen Zehnerpotenz zusammen:

$7{,}21 \times 10^{-2}$

Aufgabe 9

Addieren Sie $398 \times 10^{-6} + 147 \times 10^{-6}$.

Ihre Lösung

Aufgabe 10

Subtrahieren Sie $7{,}685 \times 10^5 - 1{,}283 \times 10^5$.

Ihre Lösung

Aufgabe 11

Addieren Sie in der exponentiellen Schreibweise $0{,}00206 + 0{,}0381$.

Ihre Lösung

Aufgabe 12

Subtrahieren Sie in der exponentiellen Schreibweise $9352 - 431$.

Ihre Lösung

Zwischen Genauigkeit und Präzision unterscheiden

Genauigkeit und Präzision... Präzision und Genauigkeit... ist doch ein und dasselbe, stimmt's? Chemiker auf der ganzen Welt ringen jetzt jedoch vor Entsetzen nach Luft und greifen sich reflexartig an die Brusttasche – Genauigkeit und Präzision sind für sie nämlich ganz und gar nicht identisch.

✔ *Genauigkeit* beschreibt, wie sehr sich eine Messung dem wahren Wert tatsächlich annähert.

✔ *Präzision*, die wir im nächsten Abschnitt noch erläutern, beschreibt, wie sehr nacheinander durchgeführte Messungen einander gleichen – egal wie dicht die einzelnen Messwerte dabei am tatsächlichen Wert liegen. Je größer die Differenz zwischen dem größten und dem kleinsten Wert einer Wiederholungsmessung, desto niedriger die Präzision.

Die beiden bekanntesten Ausdrücke im Zusammenhang mit Genauigkeit sind *Messfehler* und *prozentualer Fehler*.

✔ **Der Messfehler** ist ein Maß für die Genauigkeit, also die Differenz zwischen einem experimentell gemessenen Wert und dem eigentlichen, tatsächlichen Wert:

Tatsächlicher Wert – Messwert = Messfehler

✔ **Der prozentuale Fehler** betrachtet das Ausmaß eines Messfehlers vor dem Hintergrund der ganzen Messung:

(Messfehler/Tatsächlicher Wert) × 100 = prozentualer Fehler

Wenn man einen hohen Berg vermessen will und sich dabei um einen Meter verrechnet, ist das nicht weiter schlimm; es ist jedoch jämmerlich, wenn man beim Versuch, die Körpergröße eines Bergsteigers zu bestimmen, den gleichen Messfehler begeht.

Beispiel

Ein Polizist blitzt einen vorbeifahrenden Ferrari mit einer Radarpistole mit 131 km/h. Der Ferrari fuhr aber mit einer tatsächlichen Geschwindigkeit von 127 km/h. Berechnen Sie den Messfehler.

Lösung

−4 km/h.

Zuerst müssen Sie bestimmen welche der beiden Geschwindigkeiten dem Messwert und welche dem tatsächlichen Wert entspricht:

Der tatsächliche Wert beträgt 127 km/h; der Messwert beträgt 131 km/h.

Danach können Sie den Messfehler berechnen, indem Sie den Messwert vom tatsächlichen Wert abziehen:

127 km/h − 131 km/h = −4 km/h

Beispiel

Berechnen Sie den prozentualen Fehler bei der Geschwindigkeitsmessung des Polizisten, als er den Ferrari blitzte.

Lösung

3,15 %.

Zuerst dividieren Sie den Betrag des oben ermittelten Messfehlers durch den tatsächlichen Wert:

|−4 km/h|/127 km/h = 4 km/h/127 km/h = 0,0315

Als nächstes multiplizieren Sie das Ergebnis mit 100 und erhalten so den prozentualen Fehler:

0,0315 × 100 = 3,15 %

Aufgabe 13

Reginald und Dagmar wiegen sich eines Morgens mithilfe normaler Körperwaagen, die nicht übermäßig genau sind. Laut Anzeige wiegt Reginald 118 kg, obwohl er tatsächlich 128 kg schwer ist. Dagmars Waage zeigt einen Wert von 59 kg an, obwohl sie eigentlich 65 kg wiegt. Bei welcher Messung trat der größere Messfehler auf? Und wessen Waage hat den größten prozentualen Fehler?

Ihre Lösung

Aufgabe 14

Zwei Juweliere wurden gebeten, die Masse eines Goldstücks zu bestimmen. Die tatsächliche Masse betrug 0,856 Gramm (g). Jeder Juwelier führte drei Messungen durch. Der Mittelwert dieser drei Messungen wurde als »offizielles« Messergebnis mit den folgenden Teilergebnissen bekannt gegeben:

Juwelier A: 0,863 g; 0,869 g; 0,859 g

Juwelier B: 0,875 g; 0,834 g; 0,858 g

Wessen offizielles Messergebnis war das genauere? Wessen Ergebnis war das präziseste? Bestimmen Sie für beide offiziellen Messergebnisse Messfehler und prozentualen Fehler.

Ihre Lösung

Präzision mit signifikanten Stellen ausdrücken

Nachdem Sie wissen, wie Sie Zahlen in wissenschaftlicher Schreibweise darstellen können und was der Unterschied zwischen Genauigkeit und Präzision ist (wir haben beide Themen schon in diesem Kapitel erläutert), können Sie sich nun im Glanze einer neuen Fähigkeit sonnen: mithilfe wissenschaftlicher Schreibweise Präzision ausdrücken. Das Geniale dieses Systems besteht darin, dass Sie mit einem Blick auf ein Messergebnis erkennen können, wie präzise die Messung war.

Wenn Sie ein Messergebnis auswerten, sollten Sie nur jene Stellen berücksichtigen, deren Werte auch sicher sind. Diese Stellen bezeichnen wir als *signifikant*. Eine Messung wird umso präziser ausfallen, je mehr signifikante Stellen im Ergebniswert enthalten sind. Die letzte signifikante Stelle ist stets diejenige mit der höchsten Fragwürdigkeit. Hier folgen ein paar Regeln, mit deren Hilfe Sie entscheiden können, welche Stelle signifikant ist und welche nicht:

- ✔ **Jede Stelle ungleich Null ist signifikant.** So enthält die Angabe 6,42 Sekunden (s) zum Beispiel drei signifikante Stellen.

- ✔ **Nullen zwischen zwei Ziffern ungleich Null sind signifikant.** 3,07 s besteht zum Beispiel auch aus drei signifikanten Stellen.

- ✔ **Nullen links von der ersten Ziffer ungleich Null sind *nicht* signifikant.** 0,0642 s und 0,00307 s enthalten jeweils drei signifikante Stellen.

- ✔ **Ist ein Wert größer als 1, werden alle Stellen rechts des Kommas als signifikant betrachtet.** Während 1,76 s drei signifikante Stellen enthält, besitzt 1,760 s vier signifikante Stellen. Während die »6« in der ersten Messung fragwürdig ist, gilt ihr Wert in der zweiten Messung durch die nachfolgende 0 jedoch als gesichert.

- ✔ **Wenn eine Dezimalzahl ein Komma hat, können alle Nullen, die auf die letzte Ziffer ungleich Null folgen, als signifikant betrachtet werden, müssen aber nicht.** Wenn Sie also einen Messwert von 1,370 s haben, können Sie nicht sicher sein, ob die Null am Ende einem bestimmten Wert entspricht oder lediglich als Platzhalter eingefügt wurde.

  Seien Sie ein guter Chemiker. Stellen Sie Ihre Messungen in wissenschaftlicher Schreibweise dar, um solchen ärgerlichen Problemen aus dem Weg zu gehen (siehe dazu auch den vorangegangenen Abschnitt »Exponentielle und wissenschaftliche Schreibweise zur Interpretation chemischer Messungen anwenden«).

- ✔ **Eine Zahl aus einer Zählung (zum Beispiel: 1 Känguru, 2 Kängurus, 3 Kängurus...) oder aus einer definierten Menge (also zum Beispiel 60 Sekunden sind 1 Minute) besitzt eine unbegrenzte Anzahl signifikanter Stellen;** mit anderen Worten, diese Werte sind vollkommen signifikant und sicher.

- ✔ **Wenn eine Zahl bereits in wissenschaftlicher Schreibweise dargestellt wurde, werden alle Stellen des Koeffizienten als signifikant betrachtet, jedoch keine weiteren.**

1 ➤ Wissenschaftlich mit Zahlen umgehen

Die Anzahl signifikanter Stellen in Ihrem Messwert sollte Ihrem eigenen Vertrauen zu diesem Wert entsprechen. Wenn Sie zum Beispiel wissen, dass der Tacho Ihres Autos immer 7 km/h mehr anzeigt als Sie tatsächlich fahren, könnten Sie durchaus protestieren, wenn Sie von einem Polizisten in der Stadt angehalten werden und er Ihnen vorwirft, mit 56 km/h unterwegs gewesen zu sein.

Beispiel

Wie viele signifikante Stellen sind in den folgenden drei Werten enthalten?

20 175 km; $1{,}75 \times 10^5$ km; $1{,}750 \times 10^5$ km

Lösung

Fünf, drei bzw. vier signifikante Stellen. Bei der ersten Messung sind außer einer Stelle alle ungleich Null, diese eine Stelle sitzt zwischen 2 und 1 und gilt somit als signifikant. Der zweite Wert enthält nur Stellen ungleich Null im Koeffizienten. Der dritte Wert enthält eine Null im Koeffizienten, diese ist aber die Endziffer und befindet sich rechts vom Komma; sie ist somit auch signifikant.

Aufgabe 15

Formen Sie die folgenden Zahlen so um, dass jeder Wert die entsprechende Anzahl signifikanter Stellen (SS) in wissenschaftlicher Schreibweise enthält.

$76{,}93 \times 10^{-2}$ m (1 SS); 0,0007693 m (2 SS); 769,3 m (3 SS)

Ihre Lösung

Aufgabe 16

In der Chemie wird der potenzielle Fehler, der mit einer Messung einhergeht, oft in folgender Form an den Messwert angehängt: 793,4 ± 0,2 g. Diese Darstellung zeigt, dass alle Stellen bis auf die letzte als signifikant und gesichert angesehen werden können. Der Wert kann also zwischen 793,2 und 793,6 schwanken. Was trifft dann auf die folgenden Angaben zu bzw. was stimmt damit nicht?

893,7 ± 1 g; 342 ± 0,01 g

Ihre Lösung

Mit signifikanten Stellen rechnen

In der Chemie tätig zu sein, bedeutet stets viele Messungen durchzuführen. Chemiker geben daher lieber mehr Geld aus, um mit Geräten zu arbeiten, die so präzise wie nur möglich messen können. Nachdem Sie dann Ihre präzisen Messungen gemacht haben, können Sie Ihre Ärmel hochkrempeln und damit ordentlich weiterrechnen.

Wenn Sie rechnen, müssen einige Regeln beachtet werden, um sicherzustellen, dass die Summen, Differenzen, Produkte und Quotienten, die Sie erhalten, auch wirklich den Grad an Präzision widerspiegeln, den Sie mit Ihren ursprünglichen Messungen erzielt haben. Dies ist möglich, wenn Sie (ungeachtet der spöttischen Blicke einiger »alter Hasen«) Ihre Rechenwege in Ruhe und einen nach dem anderen ordentlich aufschreiben und dabei ein paar einfachen Regeln folgen. Eine Regel findet bei Addition und Subtraktion Anwendung, eine andere müssen Sie bei Multiplikation und Division beachten.

- **Beim Addieren oder Subtrahieren runden Sie die Summe oder Differenz auf die gleiche Anzahl Stellen hinter dem Komma, die auch der Messwert mit den wenigsten Stellen hinter dem Komma hat.** Auf diese Weise geben Sie zu, dass der errechnete Wert nicht präziser sein kann als der Messwert mit der geringsten Präzision.

- **Beim Multiplizieren oder Dividieren runden Sie das Ergebnis, sodass es die gleiche Anzahl signifikanter Stellen enthält wie der unpräziseste Messwert – also der Wert mit den geringsten signifikanten Stellen.**

Machen Sie sich den Unterschied zwischen beiden Regeln klar. Beim Addieren oder Subtrahieren, bestimmen Sie die Anzahl signifikanter Stellen im Ergebnis anhand der Anzahl der Dezimalstellen in jedem ursprünglichen Messwert. Wenn Sie hingegen multiplizieren oder dividieren, bestimmen Sie die Anzahl signifikanter Stellen im Ergebnis anhand der Gesamtzahl signifikanter Stellen der Originalmesswerte.

Gefangen im atemberaubenden Tanz der Arithmetik müssen Sie manchmal Rechnungen in mehreren Schritten wie Addition, Subtraktion, Multiplikation und Division durchführen. Kein Problem. Führen Sie alle Rechenoperationen in der gewohnten Reihenfolge durch, also Punkt- vor Strichrechnung. Befolgen Sie bei jedem Schritt die oben genannten Regeln, bevor Sie zum nächsten übergehen.

Beispiel

1. Bestimmen Sie die folgende Summe mit der richtigen Anzahl signifikanter Stellen:

35,7 km + 634,38 km + 0,97 km = x

 Lösung

1. 671,1 km.

Wenn man alle drei Werte addiert, erhält man einen Rohwert von 671,05 km. Der unpräziseste Wert von allen dreien ist 35,7 km, er hat nur eine Stelle hinter dem Komma; daher muss auch die Rohsumme auf eine Dezimalstelle gerundet werden, also von 671,05 auf 671,1 km.

2. Bestimmen Sie das folgende Produkt mit der richtigen Anzahl signifikanter Stellen:

27 m × 13,45 m = ?

2. $3,6 \times 10^2$ m^2.

Von beiden Werten besitzt der eine zwei signifikante Stellen (27 km), während der andere vier signifikante Stellen hat (13,45 m). Das Produkt muss daher zwei signifikante Stellen enthalten. Das Rohprodukt lautet 363,15 m^2 und muss gerundet werden. Sie könnten auf 360 m^2 abrunden, aber dann wäre nicht sicher, ob die Null am Ende signifikant ist oder nur einen Platzhalter darstellt. Um das einwandfrei zu klären, stellen Sie das Produkt in wissenschaftlicher Schreibweise als $3,6 \times 10^2$ m^2 dar.

Aufgabe 17

Bestimmen Sie die Differenz mit der entsprechenden Anzahl signifikanter Ziffern:

$127{,}39 \text{ s} - 13{,}14 \text{ s} + 1{,}09 \times 10^{-1} \text{ s} = x$

Ihre Lösung

Aufgabe 18

Bestimmen Sie die Lösung mit der entsprechenden Anzahl signifikanter Stellen:

$345{,}6 \text{ m} \times (12 \text{ cm}/1 \text{ m}) = x$

Ihre Lösung

Aufgabe 19

Bestimmen Sie die Differenz mit der entsprechenden Anzahl signifikanter Stellen:

$3{,}7 \times 10^{-4} \text{ min} - 0{,}009 \text{ min} = x$

Ihre Lösung

Aufgabe 20

Bestimmen Sie die Lösung mit der entsprechenden Anzahl signifikanter Stellen:

$87{,}95 \text{ m} \times 0{,}277 \text{ m} + 5{,}02 \text{ m} - 1{,}348 \text{ m}/10{,}0 \text{ m} = x$

Ihre Lösung

1 ➤ Wissenschaftlich mit Zahlen umgehen

Lösungen zu den Aufgaben rund ums Thema wissenschaftlich rechnen

Im Folgenden geben wir Ihnen die Lösungen zu den praktischen Problemaufgaben, mit denen wir Sie in diesem Kapitel konfrontiert haben.

1. **2×10^5.** Schieben Sie das Komma hinter die 2, sodass Sie einen Koeffizienten zwischen 1 und 10 erhalten. Dabei bewegen Sie das Komma um fünf Dezimalstellen nach links und müssen entsprechend den Koeffizienten mit der Potenz 10^5 multiplizieren.

2. **$8{,}0736 \times 10^4$.** Schieben Sie das Komma hinter die 8, sodass Sie einen Koeffizienten zwischen 1 und 10 erhalten. Dabei bewegen Sie das Komma um vier Dezimalstellen nach links und müssen entsprechend den Koeffizienten mit der Potenz 10^4 multiplizieren.

3. **2×10^{-5}.** Schieben Sie das Komma hinter die 2, sodass Sie einen Koeffizienten zwischen 1 und 10 erhalten. Dabei bewegen Sie das Komma um fünf Dezimalstellen nach rechts und müssen entsprechend den Koeffizienten mit der Potenz 10^{-5} multiplizieren.

4. **690,3.** Diese Frage setzt voraus, dass Sie die wissenschaftliche Schreibweise verinnerlicht haben, um die Zahl in ihre »normale« Dezimalform zurück zu verwandeln. Da 10^2 gleich 100 ist, multiplizieren Sie den Koeffizienten 6,903 mit 100. Dadurch verschiebt sich das Komma zwei Stellen nach rechts.

5. **$1{,}1 \times 10^6$.** Die Rohrechnung ergibt 11×10^5; diesen Wert müssen Sie in die wissenschaftliche Schreibweise überführen und erhalten so die angegebene Lösung.

6. **$3{,}0 \times 10^{-7}$.** Mithilfe der wissenschaftlichen Schreibweise wird Mathe plötzlich kinderleicht. Dividieren Sie die Koeffizienten, so erhalten Sie einen Wert von 3,0, während Sie bei der Division der Potenzen 10^{-7} erhalten. Kombinieren Sie nun beide Quotienten miteinander und Sie haben das richtige Ergebnis – und das auch noch schon in der wissenschaftlichen Schreibweise.

7. **1,82.** Zuerst überführen Sie jede Zahl in die wissenschaftliche Schreibweise: $5{,}2 \times 10^1$ und $3{,}5 \times 10^{-2}$. Als nächstes multiplizieren Sie die Koeffizienten: $5{,}2 \times 3{,}5 = 18{,}2$. Dann addieren Sie die Exponenten der Zehnerpotenzen: $10^{1+(-2)} = 10^{-1}$. Schließlich kombinieren Sie den neuen Koeffizienten mit der neuen Potenz: $18{,}2 \times 10^{-1}$. Wenn Sie dieses Ergebnis dann noch in die wissenschaftliche Schreibweise umwandeln, erhalten Sie die Lösung $1{,}82 \times 10^0 = 1{,}82$. (Jede beliebige Zahl, die den Exponenten Null trägt, ist gleich 1.)

8. **$3{,}99 \times 10^{-4}$.** Zuerst stellen Sie jede Zahl in der wissenschaftlichern Schreibweise dar: $8{,}09 \times 10^{-3}$ und $2{,}03 \times 10^1$. Dann dividieren Sie die Koeffizienten: $8{,}09 / 2{,}03 = 3{,}99$. Danach subtrahieren Sie den Exponenten des Divisors vom Exponenten des Dividenden, um die neue Zehnerpotenz zu erhalten: $10^{-3-1} = 10^{-4}$. Verbinden Sie die beiden Teilergebnisse und Sie werden erfreut feststellen, dass das Endergebnis bereits in der bequemen, wissenschaftlichen Schreibweise vorliegt.

9. **545×10^{-6}.** Da beide Zahlen bereits die gleichen Zehnerpotenzen haben, müssen Sie nur noch die Koeffizienten addieren: $398 + 147 = 545$, und den so erhaltenen Wert vor die ursprüngliche Zehnerpotenz setzen.

10. **6,402 × 10⁵.** Da beide Zahlen bereits die gleichen Zehnerpotenzen haben, müssen Sie nur noch die Koeffizienten subtrahieren: 7,685 − 1,283 = 6,402, und den so erhaltenen Wert mit der ursprünglichen Zehnerpotenz kombinieren.

11. **40,16 × 10⁻³ (oder ein entsprechender Wert).** Zuerst formen Sie die Zahlen so um, dass jede die gleiche Zehnerpotenz enthält: 2,06 × 10⁻³ und 38,1 × 10⁻³. Wir haben uns hier für 10⁻³ entschieden, aber Sie können natürlich auch eine beliebige andere Potenz wählen, solange Sie diese auf beide Zahlen anwenden. Als nächstes addieren Sie die Koeffizienten: 2,06 + 38,1 = 40,16. Zum Schluss verbinden Sie den neuen Koeffizienten mit der gemeinsamen Zehnerpotenz.

12. **89,21 × 10² (oder ein entsprechender Wert).** Zuerst formen Sie die Zahlen so um, dass jede die gleiche Zehnerpotenz enthält: 93,52 × 10² und 4,31 × 10². Wir haben uns hier für 10² entschieden, aber Sie können natürlich auch eine beliebige andere Potenz wählen, solange Sie diese auf beide Zahlen anwenden. Als nächstes subtrahieren Sie die Koeffizienten: 93,52 − 4,31 = 89,21. Zum Schluss verbinden Sie den neuen Koeffizienten mit der gemeinsamen Zehnerpotenz.

13. **Reginalds Messung hat den größten Messfehler ergeben, während Dagmars Messung dem größeren prozentualen Fehler unterlag.** Reginalds Körperwaage hat einen abweichenden Wert von 128 kg − 118 kg = 10 kg ergeben. Dagmars Waage zeigte eine Differenz von 65 kg − 59 kg = 6 kg an. Vergleichen wir beide Differenzen, stellen wir fest, dass 10 kg > 6 kg ist, und Reginalds Messfehler somit größer ist. Reginalds Messung ergab jedoch nur einen prozentualen Fehler von 10 kg/128 kg × 100 = 7,8 %, während Dagmars prozentualer Fehler mit 6 kg/65 kg × 100 = 9,2 % größer war.

14. Das »offizielle« Messergebnis des Juweliers A betrug 0,864 g, während Juwelier B das Gewicht des Goldstücks »offiziell« mit 0,856 g bestimmt hatte; **somit war die Messung von Juwelier B genauer, da der Wert sogar vollkommen mit dem tatsächlichen Wert von 0,856 g übereinstimmte. Die Messung von Juwelier A war hingegen präziser,** da sich seine einzelnen Messwerte weniger von einander unterschieden als die Messungen von Juwelier B. Trotzdem die Messungen von Juwelier B also im Schnitt näher am tatsächlichen Wert lagen, war sein Messbereich (also die Differenz zwischen dem größten und dem kleinsten Wert) mit 0,041 g größer als der Messbereich von Juwelier A mit 0,010 g. Dieses Beispiel zeigt, wie auch weniger präzise Messungen sehr genaue Ergebnisse durch die anschließende Mittelwertbestimmung der einzelnen Messwerte erzielen können. Im Fall von Juwelier A betrug der Messfehler 0,864 g − 0,856 g = 0,008 g. Der entsprechende prozentuale Fehler betrug 0,008 g/0,856 g × 100 = 0,9 %. Im Fall von Juwelier B betrug der offizielle Messfehler 0,856 g − 0,856 g × 100 = 0 %.

15. Mit der korrekten Anzahl signifikanter Stellen und in wissenschaftlicher Schreibweise lesen sich die Messwerte wie folgt: 8×10^{-1} m; $7,7 \times 10^{-4}$ m; $7,69 \times 10^{2}$ m.

16. **893,7 ± 1 g ist eine ungeeignete Art, einen Messwert darzustellen, denn er suggeriert, dass er innerhalb von ein paar Zehntel Gramm als bestätigt gilt.** Die angegebene Standardabweichung beträgt aber ±1 Gramm. Korrekt müsste man den Wert daher als 894 ±1 g angeben. **342 ± 0,01 g ist ebenfalls ein sich widersprechender Wert, denn 342 gibt eigentlich an, dass der Wert auf Gramm-Ebene als unsicher zu sehen ist.** Die

Standardabweichung beträgt jedoch gerade einmal ein Hundertstel Gramm. Der Messwert müsste korrekt mit 342,00 ± 0,01 g angegeben werden.

17. **$1,1436 \times 10^2$ s.** Der Trick besteht darin, zuerst alle Messwerte in die gleiche Zehnerpotenz umzurechnen, bevor die Dezimalstellen hinsichtlich signifikanter Stellen untersucht werden. Dadurch wird klar, dass $1,2 \times 10^{-1}$ s ein Hundertstel einer Sekunde darstellt, ungeachtet der Tatsache, dass der Wert nur zwei signifikante Stellen enthält. Die Rohberechnung ergibt 114,359 Sekunden. Dieser Wert lässt sich einfach auf die Hunderter-Dezimalstelle aufrunden (mit Rücksicht auf die Anzahl signifikanter Stellen). Dadurch ergibt sich 114,36 s oder $1,1436 \times 10^2$ s in wissenschaftlicher Schreibweise.

18. **$4,147 \times 10^3$ cm.** Hier müssen Sie sich an die Regel erinnern, dass definierte Mengen (1 m besteht aus 100 cm) eine unbegrenzte Anzahl signifikanter Stellen beinhalten. Daher ist unsere Rechnung lediglich durch die Anzahl signifikanter Stellen des Wertes 345,6 m begrenzt. Wenn Sie 345,6 m mit (12 cm/1 m) multiplizieren, können Sie die Meter-Einheit wegkürzen, sodass nur noch cm übrig bleibt. Die Rohberechnung ergibt dann 4147,2 cm; dies rundet man auf vier signifikante Stellen und schreibt in der wissenschaftlichen Schreibweise $4,147 \times 10^3$ cm.

19. **-9×10^{-3} min.** Hierbei hilft es, alle Messwerte auf die gleiche Zehnerpotenz umzurechnen, sodass Sie die Dezimalstellen leichter hinsichtlich ihrer Signifikanz miteinander vergleichen können. Dadurch wird ersichtlich, dass $3,7 \times 10^{-4}$ min ein Hunderttausendstel einer Minute darstellt, während 0,009 min im Tausendstel-Bereich einer Minute liegt. Die Rohberechnung ergibt –0,00863 min. Diesen Wert können Sie auf die Tausender-Dezimalstelle aufrunden (mit Rücksicht auf die maximal anwendbare Anzahl signifikanter Stellen), sodass Sie –0,009 min oder -9×10^{-3} min in wissenschaftlicher Schreibweise erhalten.

20. **$2,92 \times 10^1$ m.** Nach den Standardrechenregeln kann diese Aufgabe in zwei Hauptschritten gelöst werden, indem Sie zuerst Multiplikation und Division und im Anschluss Addition und Subtraktion anwenden. Mithilfe der Regeln für das Rechnen mit signifikanten Stellen lösen Sie im ersten Schritt: 24,36 m + 5,02 m – 0,1348 m. Jedes Produkt und jeder Quotient enthält die Rohberechnung: 29,2452 m → gerundet $2,92 \times 10^1$ m, gleiche Anzahl signifikanter Stellen wie die Zahl in der Berechnung mit den wenigsten signifikanten Stellen.

Einheiten benutzen und umrechnen

In diesem Kapitel...

▶ Das Internationale Einheitensystem kennen lernen

▶ Grundeinheiten und abgeleitete Einheiten in Beziehung zueinander setzen

▶ Zwischen den Einheiten umrechnen

*W*issenschaftler auf der ganzen Welt kommunizieren miteinander, indem Sie ihre Zahlen und Werte in Form eines hoch systematischen, standardisierten Systems darstellen. Mit diesem *Internationalen Einheitensystem*, auch als *SI* bezeichnet (vom französischen *Système International d'unités*) arbeitet man in Wissenschaftskreisen.

In diesem Kapitel zeigen wir Ihnen, dass das SI-System eine äußerst logische und gut durchdachte Sammlung von Einheiten darstellt. Auch wenn ihre Frisuren zuweilen etwas anderes vermuten lassen, lieben Wissenschaftler Logik und Ordnung und haben aus diesem Grund das SI-System erschaffen.

Versuchen Sie ein Gespür dafür zu entwickeln, wie groß oder klein die verschiedenen SI-Einheiten sind, wenn Sie damit arbeiten. Warum? Auf diese Art finden Sie leichter zur Lösung Ihrer Probleme und können schon im Voraus abschätzen, welche Antwort einen Sinn ergeben könnte.

Machen Sie sich mit Grundeinheiten und den Vorsilben des metrischen Systems vertraut

Der erste Schritt, um mit dem SI-System vertraut zu werden, besteht darin, sich die Grundeinheiten zu verinnerlichen. Ähnlich wie ein Atom sind die Grundeinheiten Bausteine für kompliziertere, übergeordnete Einheiten. In späteren Abschnitten dieses Kapitels zeigen wir Ihnen, wie diese übergeordneten Einheiten aus den Grundeinheiten entstehen. Die fünf SI-Grundeinheiten, die Sie zur Lösung chemischer Aufgabenstellungen brauchen (sowie einige bekannte Nicht-SI-Einheiten), sind in Tabelle 2.1 zusammengefasst.

Bezeichnung	SI-Einheit	Symbol	Nicht-SI-Einheiten
Stoffmenge	Mol	mol	–
Länge	Meter	m	Ångström, Meile
Masse	Kilogramm	kg	Tonne
Temperatur	Kelvin	K	°Celsius, °Fahrenheit
Zeit	Sekunde	s	Minute, Stunde

Tabelle 2.1: SI-Grundeinheiten.

Chemiker gehen routinemäßig mit Messwerten um, die von sehr klein (zum Beispiel die Größe eines Atoms) bis extrem groß (so wie die Teilchenanzahl, die ein Mol bildet) reichen. Niemand (nicht einmal ein Chemiker) arbeitet besonders gern mit der wissenschaftlichen Schreibweise (die wir in Kapitel 1 eingeführt haben), wenn kein wirklicher Bedarf besteht. Daher nutzen Chemiker auch oft Vorsilben des Metrischen Systems, um dem Problem zu entgehen. Wenn ein Atom zum Beispiel etwa 1 *Nano*meter Durchmesser hat, hört sich das natürlich besser an, als wenn man 1×10^{-9} m sagt. Die nützlichsten Vorsilben finden Sie in Tabelle 2.2.

Vorsilbe	Symbol	Wert	Beispiel
Kilo-	k	10^3 oder 1000	1 km = 10^3 m
Grundeinheit	unterschiedlich	1	1 m
Dezi-	d	10^{-1}	1 dm = 10 cm = 10^{-1} m
Zenti-	c	10^{-2}	1 cm = 10^{-2} m
Milli-	m	10^{-3}	1 mm = 10^{-1} cm = 10^{-3} m
Mikro-	µ	10^{-6}	1 µm = 1 Tausendstel mm = 10^{-6} m
Nano-	n	10^{-9}	1 nm = 1 Millionstel mm = 10^{-9} m
Pico-	p	10^{-12}	1 pm = 1 Milliardstel mm = 10^{-12} m

Tabelle 2.2: Die Vorsilben des Metrischen Systems.

Nutzen Sie Tabelle 2.2 zur Lösung Ihrer Aufgaben. Sie können diese Seite auch mit einem Eselsohr versehen, um sie leichter wiederzufinden. Nach diesem Kapitel gehen wir strikt davon aus, dass Sie wissen, wie viele Meter ein Kilometer hat, wie viele Mikrogramm in einem Gramm stecken, und so weiter.

Beispiel

Sie messen eine Länge von 0,005 m. Wie können Sie diesen Wert noch mithilfe der Vorsilben des Metrischen Systems ausdrücken?

Lösung

5 mm. 0,005 m entsprechen 5×10^{-3} m oder 5 mm.

Aufgabe 1

Wie viele Nanometer passen in einen Zentimeter?

Ihre Lösung

Aufgabe 2

Ihr Laborkollege hat die Masse einer Probe mit 2500 g bestimmt. Wie können Sie diesen Wert auch angeben (ohne die wissenschaftliche Schreibweise zu verwenden), wenn Sie eine Vorsilbe des Metrischen Systems benutzen?

Ihre Lösung

Abgeleitete Einheiten aus Grundeinheiten bilden

Chemiker geben sich nicht allein mit der Messung von Länge, Masse, Temperatur und Zeit zufrieden. Stattdessen bewegt sich die Chemie häufig in Mengenangaben. Diese Arten von Mengenangaben werden mit abgeleiteten Einheiten ausgedrückt, die man aus Kombinationen von Grundeinheiten bildet.

- ✔ **Fläche (Beispiel: katalytische Oberfläche):** Fläche = Länge × Breite, wird mit Quadratlängeneinheiten angegeben (zum Beispiel m^2).

- ✔ **Volumen (Beispiel: Volumen eines Reaktionsgefäßes):** Sie berechnen ein Volumen mit der vertrauten Formel: Volumen = Länge × Breite × Höhe. Da Länge, Breite und Höhe allesamt Längeneinheiten darstellen, wird dieses Maß in Kubiklängeneinheiten angegeben (zum Beispiel m^3).

- ✔ **Dichte (Beispiel: Dichte einer unbekannten Substanz):** Dichte, die unzweifelhaft wichtigste übergeordnete Einheit für einen Chemiker, wird durch die Formel: Dichte = Masse/Volumen errechnet.

Im SI-System wird Masse in Kilogramm gemessen. Die Standard-SI-Einheiten für Masse und Länge wurden von den »Höheren Mächten« der Wissenschaft festgelegt, da viele Dinge, mit denen Sie im täglichen Leben zu tun haben, zwischen 1 und 100 kg wiegen oder sich im Bereich von 1 m Länge bewegen. Chemiker arbeiten jedoch häufig mit sehr kleinen Massen und Dimensionen;

in solchen Fällen sind Gramm und Zentimeter viel bequemer anzuwenden. Daher ist in der Chemie die Standardeinheit für Dichte Gramm pro Kubikzentimeter (g/cm³), und nicht Kilogramm pro Kubikmeter.

Ein Kubikzentimeter entspricht genau einem Milliliter, sodass die Dichte oft auch als Gramm pro Milliliter (g/mL) angegeben wird.

Druck (wichtig zum Beispiel bei Gasreaktionen): Druckeinheiten werden mithilfe der Formel Druck = Kraft/Fläche ermittelt. Die SI-Einheiten für Kraft und Fläche heißen Newton (N) und Quadratmeter (m²), sodass die SI-Einheit für Druck (Pascal, Pa) als N/m² verstanden werden kann.

Beispiel

Ein Physiker bestimmt die Dichte einer Substanz mit 20 kg/m³. Sein Chemikerkollege, entsetzt über die viel zu groß gewählten Einheiten, entschließt sich, den Wert in die ihm vertraute Einheit g/cm³ umzurechnen. Wie lautet sein Ergebnis?

Lösung

0,002 g/cm³. Ein Kilogramm hat 1000 Gramm, also sind 20 kg gleich 20 000 g. 100 cm entsprechen 1 m, also gilt auch $(100 \text{ cm})^3 = (1 \text{ m})^3$. Anders ausgedrückt passen 100^3 (oder 10^6) Kubikzentimeter in einen Kubikmeter. Führt man dann die Division durch, erhält man 0,02 g/cm³.

Aufgabe 3

Das Pascal, eine Druckeinheit, entspricht einem Newton pro Quadratmeter. Wenn 1 Newton, eine Krafteinheit, gleich 1 (kg · m)/s² ist, wie hoch ist dann der Pascal-Wert, ausgedrückt in den Grundeinheiten?

Ihre Lösung

Aufgabe 4

Ein Student bestimmt Länge, Breite und Höhe einer Probe jeweils mit 10 mm, 15 mm und 5 mm. Wie hoch ist die Dichte in g/mL, wenn die Probe eine Masse von 0,009 kg hat?

Ihre Lösung

Der mit den Einheiten tanzt: der Dreisatz

Was passiert eigentlich, wenn Chemiker Reginald Q. Strebsam seine SI-Einheiten missachtet und den Siedepunkt seiner Flüssigkeitsprobe mit 101° Celsius bestimmt, oder das Volumen seines Messbechers mit 2 Deziliters? Obwohl Dr. Strebsam es eigentlich hätte besser wissen müssen, kann er den spöttischen Blicken seiner Kollegenschaft noch entgehen, wenn er die unwissenschaftlichen Daten umrechnet: mit der Hilfe des *Dreisatzes*.

Der Dreisatz basiert einfach auf Ihrem Wissen über die Beziehungen zwischen den verschiedenen Einheiten, um eine in die andere umzuwandeln. Wenn Sie zum Beispiel wissen, dass 2,2 amerikanische Pfund ein Kilogramm bilden oder dass 101,3 Kilopascal in jeder Atmosphären-Einheit stecken, wird das Umrechnen von Einheiten zum Kinderspiel.

Wenn Sie also zum Beispiel eine feste Beziehung zwischen zwei Einheiten a_1 und b_1 kennen (a/b) sowie eine weitere Größe a_2, von der aus Sie auf die b_2 schließen möchten (oder umgekehrt), können Sie den Dreisatz in folgender Form aufstellen:

$a_1/b_1 = a_2/b_2$

Nehmen wir einmal an, dass a_1 gleich 4 cm und b_1 gleich 60 g entsprechen. Aus diesem festen Verhältnis können Sie alle anderen möglichen Wertepaare ableiten, die ebenfalls dieses Verhältnis erfüllen. Wenn Sie einen dritten Wert b_2 gleich 300 g kennen, können Sie also wie folgt a_2 berechnen:

$4 \text{ cm}/60 \text{ g} = a_2/300 \text{ g}$

Sorgen Sie nun dafür, dass die unbekannte Variable a_2 allein auf einer Seite der Gleichung stehen bleibt, indem Sie beide Seiten mit 300 g multiplizieren:

$300 \text{ g} \times (4 \text{ cm}/60 \text{ g}) = 300 \text{ g} \times (a_2/280 \text{ g})$

$30 \text{ g} \times (4 \text{ cm}/60 \text{ g}) = a_2$

$a_2 = 20 \text{ g}$

In Tabelle 2.3 finden Sie einige nützliche Beziehungen von Einheiten, die Sie auch für den Dreisatz verwenden können. Und merken Sie sich: Wenn Sie die feste Beziehung zwischen zwei beliebigen Einheiten kennen, können Sie mit einem Dreisatz zwischen diesen Größen hin und her rechnen.

Einheit	entspricht z. B.	Umrechnungsfaktoren
Länge		
Kilometer	1000 m	1 km/1000 m *oder* 1000 m/1 km
Meter	10 dm	1 m/10 dm *oder* 10 dm/1 m
Dezimeter	10 cm	1 dm/10 cm *oder* 10 cm/1 dm
Zentimeter	10^8 Ångström	1 cm/10^8 Å *oder* 10^8 Å/1 cm
Ångström	1×10^{-10} m	1 Å/1×10^{-10} m *oder* 1×10^{-10} m/1 Å
Volumen		
Milliliter	1 cm^3	1 mL/1 cm^3 *oder* 1 cm^3/1 mL
Masse		
Tonne	1000 kg	1 t/1000 kg *oder* 1000 kg/1 t
Kilogramm	1000 g	1 kg/1000 g *oder* 1000 g/1 kg
Zeit		
Stunde	3600 Sekunden	1 h/3600 s *oder* 3600 s/1 h
Minute	60 Sekunden	1 min/60 s *oder* 60 s/1 min
Druck		
Bar	10^5 Pascal	1 bar/10^5 Pascal *oder* 10^5 Pascal/1 bar
Pascal	9,972 Atmosphären (phys.)	1 Pa/9,972 atm *oder* 9,972 atm/1 Pa
Atmosphäre, physikalische	760 mm Hg*	1 atm/760 mm Hg *oder* 760 mm Hg/1 atm

* *Eine der eigenartigsten Einheiten, der Sie während Ihres Studiums der Chemie begegnen werden, ist Millimeter Quecksilbersäule oder mm Hg, eine Druckeinheit. Anders als SI-Einheiten passt mm Hg nicht in das auf Zehnerschritten basierende Metrische System, zeigt aber, dass man mithilfe von Quecksilber in bestimmten Gegenständen wie Blutdruckmanschetten oder Barometern Druck messen kann.*

Tabelle 2.3: Umrechnungsfaktoren.

Wie das mit vielen Dingen im Leben der Fall ist, so ist auch die Chemie nicht immer so leicht wie sie scheint. Chemielehrer sind hinterhältig: Sie geben Ihnen manchmal Maßangaben in Nicht-SI-Einheiten und erwarten dann, dass Sie diese zu SI-Einheiten umformen – und all das, bevor Sie auch nur die leiseste Gelegenheit hatten, den Kern des Problems zu erfassen! Wir sind zumindest etwas weniger boshaft als der typische Chemielehrer, mit dem Sie es vielleicht bereits zu tun hatten, aber trotzdem hoffen wir, Sie auf solche Tricks vorbereiten zu können. Sie werden diesen Abschnitt wahrscheinlich während des gesamten Buches immer wieder zu Rate ziehen wollen.

Das folgende Beispiel zeigt, wie Sie den Dreisatz nutzen können, um Nicht-SI-Einheiten »zu korrigieren«.

 Beispiel

1. Dr. Strebsam bestimmt geistesabwesend den Druck einer Probe mit 783 mm Hg und trägt den Wert in sein Laborbuch ein. Der treue Laborassistent möchte Dr. Strebsam weitere peinliche Momente vor den Kollegen ersparen und weiß, dass 1,00 Atmosphäre (atm) 760 mm Hg entspricht; der Assistent rechnet den Wert des Doktors heimlich rasch in SI-Einheiten um. Wie lautet sein Ergebnis?

 Lösung

1. 0,23 m.

Nutzen Sie hier den Dreisatz, um auf den gesuchten Wert (x) in Metern zu kommen.

1,00 atm/760 mm Hg = x/783 mm Hg

Sorgen Sie dafür, dass die gesuchte Variable x allein auf einer Seite der Gleichung stehen bleibt, indem Sie beide Seiten mit 783 mm Hg multiplizieren.

x = 783 mm Hg × (1,00 atm/760 mm Hg)

x = 1,03 atm

Beachten Sie hier, dass sich durch die Umstellung der Gleichung die mm Hg-Einheiten ganz bequem wegkürzen lassen, sodass nur die gewünschte Atmosphären-Einheit übrig bleibt. Die Kürzung der mm Hg-Einheit ist ein toller Algebra-Kniff, denn Sie brauchen sie ja sowieso nicht mehr. Durch das Umformen der Gleichung erreichen Sie, dass Sie unerwünschte Einheiten loswerden und nur die gesuchte beibehalten – danach können Sie mit den »Einheiten-losen« Zahlen rechnen, ohne in die Verlegenheit zu geraten, eine Rechenregel zu verletzen.

2. Ein Chemiestudent, der im Labor vor sich hin träumt, sieht plötzlich in seine Aufzeichnungen und erkennt verblüfft, dass er das Volumen seiner Probe mit 1,5 Kubik*dezimeter* bestimmt hat. Welchen Wert erhält er, wenn er diese Größenangabe in Kubikzentimeter umrechnet?

2. 1500 cm^3.

(1000 cm^3/1 dm^3) = x/1,5 dm^3

x = 1,5 dm^3 × (1000 cm^3/1 dm^3)

x = 1500 cm^3

Sie haben bereits einfache Einheiten ineinander umgewandelt, aber noch keine Kubikeinheiten. Naive Chemiker nehmen oft irrtümlich an, dass, wenn 100 cm in einen

Meter passen, entsprechend auch 100 cm^3 gleich 1 m^3 ergeben muss. Falsch! Obwohl dieser Gedankengang auf den ersten Blick logisch erscheint, führt die Annahme zu katastrophal falschen Ergebnissen. Erinnern Sie sich bitte daran, dass Kubikeinheiten Volumeneinheiten sind und dass die Formel Volumen = Länge × Breite × Höhe lautet. Stellen Sie sich nun vor, das Volumen eines Würfels beträgt 1 m × 1 m × 1 m = 1 m^3. Jetzt stellen Sie sich diese Dimensionen in Zentimetern vor: 100 cm × 100 cm × 100 cm. Berechnen Sie jetzt das Volumen, dann erhalten Sie einen Wert von sage und schreibe 1 000 000 cm^3. Dieses Volumen ist deutlich größer als 100 cm^3! Denken Sie daran, bei solchen Rechnungen immer auch die Messwerte in Quadrat oder Kubik umzurechnen, und nicht nur die Einheiten, dann klappt alles prima.

Aufgabe 5

Wenn ein Läufer eine Strecke von 100 m läuft, wie viel Fuß hat er dann zurückgelegt (Hinweis: 1 m = 3,3 Fuß)?

Ihre Lösung

Aufgabe 6

Auf dem Gipfel des Mount Everest entspricht der Luftdruck etwa 0,33 Atmosphären (atm) oder einem Drittel des Luftdrucks auf Meereshöhe. Welchen Druck in Millimeter Quecksilbersäule (mm Hg) würde ein Barometer auf dem Berggipfel anzeigen?

Ihre Lösung

Aufgabe 7

Eine »Seemeile« ist eine in der Nautik gebräuchliche Entfernungseinheit. Eine Seemeile entspricht 1,852 km. Wie viele Kilometer befänden sich die Personen in Jules Vernes »20 000 Meilen unter dem Meer« unter Wasser, wenn sie tatsächlich bis zu einer Tiefe von 20 000 Meilen reisen würden? Ist dies eine realistische Tiefe, wenn der Erdradius 6378 km beträgt?

Ihre Lösung

Aufgabe 8

Das Stück Butter, das Paul Bunyan jeden Morgen auf seinen Pfannkuchen schmelzen lässt, ist 4 cm lang, 4 cm breit und 2 cm dick. Wie viele Milliliter Butter isst Paul täglich?

Ihre Lösung

Lassen Sie sich von den Einheiten leiten

In den vorherigen Abschnitten dieses Kapitels brauchten Sie meist nur den Dreisatz zur Lösung eines Problems. Ihnen dürfte aufgefallen sein, dass Tabelle 2.3 nicht alle möglichen Umrechnungsverhältnisse enthält (zum Beispiel zwischen Zentimeter und Angström). Besser als Auswendiglernen oder nerviges Nachschlagen der einzelnen Umrechnungsfaktoren ist es, sich eine Handvoll der wichtigsten Beziehungen einzuprägen und diese nacheinander anzuwenden, sodass Sie Schritt für Schritt den gewünschten Umrechnungsfaktor finden.

Sagen wir, Sie wollen die Sekundenanzahl pro Jahr wissen (auf jeden Fall eine sehr große Zahl, also vergessen Sie nicht die wissenschaftliche Schreibweise). Nur wenige Menschen haben diesen Umrechnungsfaktor sofort parat – oder glauben ihn zu kennen – aber jeder weiß, dass eine Minute 60 Sekunden enthält, 60 Minuten eine Stunde bilden, dass ein Tag 24 Stunden dauert und dass ein Jahr 365 Tage hat. Nutzen Sie also dieses Wissen, um Schritt für Schritt zur Lösung zu gelangen!

$$\begin{aligned}
1 \text{ Jahr} &= 365 \text{ Tage} \\
&= 365 \times 24 \text{ h} = 8760 \text{ h} \\
&= 8760 \times 60 \text{ min} = 525\,600 \text{ min} \\
&= 525\,600 \times 60 \text{ s} = 31\,536\,000 \text{ s} \\
&= 3{,}15 \times 10^7 \text{ s}
\end{aligned}$$

Beispiel

Ein etwas trotteliger Chemiestudent bestimmt die Masse seiner Probe, die ein unbekanntes Metall enthält mit 0,5 kg und ermittelt bei seiner Volumenmessung einen Wert von 1,5 Kubikdezimeter. Als er seinen Fehler erkennt, versucht er die Werte in SI-Einheiten umzurechnen. Welche Einheiten sollte er erhalten und wie hoch ist die Dichte seiner Probe (in diesen Einheiten)?

 Lösung

Die Einheiten sollten g/mL oder g/cm^3 betragen; die Dichte ist $3,3 \times 10^{-1}$ g/mL.

Die anerkannten SI-Einheiten für Dichte heißen g/mL oder g/cm^3, also sollte der Student wie folgt vorgehen, wenn er die Umrechnungsfaktoren der ungeeigneten Maßeinheiten kennt (oder in Tabelle 2.3 in diesem Kapitel nachschlägt):

1000 g/1 kg = x/0,5 kg

x = 0,5 kg (1000 g/1 kg)

x = 500 g

und

(1000 cm^3/1 dm^3) = x/1,5 dm^3

x = 1,5 dm^3 × (1000 cm^3/1 dm^3)

x = 1500 cm^3

Gleichzeitig gilt 1 cm^3 = 1 mL, sodass x = 1500 cm^3 = 1500 mL.

Beachten Sie, dass die Umrechnungsfaktoren klug gewählt wurden, sodass sich alle Nicht-SI-Einheiten von selbst herauskürzen und nur die SI-Einheiten übrig bleiben.

Mit diesen beiden Ausgangswerten kann nun die Dichte korrekt bestimmt werden.

500 g/1500 mL = 0,33 g/mL

Diese Antwort sieht immer noch ein bisschen unwissenschaftlich aus und sollte daher besser in der wissenschaftlichen Schreibweise ausgedrückt werden (siehe Kapitel 1), also $3,3 \times 10^{-1}$ g/mL.

Aufgabe 9

Wie viele Meter sind in 15 Fuß enthalten (Hinweis: 1 Fuß = 30,48 cm)?

Ihre Lösung

Aufgabe 10

Wie viel wiegt Steven in Gramm, wenn seine Waage 175 amerikanische Pfund anzeigt (Hinweis: 1 kg = 2,2 amerikanische Pfund)?

Ihre Lösung

Aufgabe 11

Wie viele Kubikzentimeter entsprechen einem Deziliter Wasser?

Ihre Lösung

Aufgabe 12

Berechnen Sie das Volumen eines Würfels in Kubikmillimetern, der die Dimensionen 6 cm × 12 cm × 30 cm besitzt, und wandeln Sie das Ergebnis in die wissenschaftliche Schreibweise um oder verwenden Sie eine Vorsilbe des Metrischen Systems zur besseren Darstellung.

Ihre Lösung

Aufgabe 13

Eine bestimmte Substanz wiegt 5,65 kg pro halbem Liter. Wie heißt diese Substanz, wenn Sie die Dichten folgender Stoffe kennen: Quecksilber (13,5 g/cm^3), Blei (11,3 g/cm^3) oder Zinn (7,3 g/cm^3)?

Ihre Lösung

Lösungen zu den Aufgaben rund ums Thema Einheiten

Im Folgenden geben wir Ihnen die Lösungen zu den praktischen Problemaufgaben, mit denen wir Sie in diesem Kapitel konfrontiert haben.

1. **1 × 10^7 nm.** Sowohl 10^2 cm als auch 10^9 nm sind jeweils 1 m. Beide Werte sind gleich (10^2 cm = 10^9 nm), daher können Sie durch simples Dividieren auflösen: 1 cm = 10^9/10^2 nm oder 1 × 10^7 nm.

2. **2,5 kg.** Da 1000 g ein Kilogramm bilden, müssen Sie nur 2500 durch 1000 dividieren, um auf die Lösung zu kommen.

3. **1 Pa = 1 kg/m s^2.**

    Zuerst schreiben Sie die Beziehung zwischen Pascal und Newton auf:

    1 Pa = 1 N/m^2 und 1 N = 1 (kg · m)/s^2

    Jetzt ersetzen Sie Newton (aus der Beziehung zu Pascal) mit der Entsprechung aus der rechten Gleichung und erhalten so:

    1 Pa = 1 [(kg · m)/s^2]/m^2

    Vereinfachen Sie diese Gleichung zu 1 Pa = 1 (kg · m)/(m^2 · s^2) und kürzen Sie die Meter-Einheit aus Dividend und Divisor heraus, sodass übrig bleibt:

    Pa = 1 kg/m · s^2

4. **12 g/mL.** Da ein Milliliter das Äquivalent zu einem Kubikzentimeter darstellt, müssen Sie zuerst die Millimeter-Einheiten in Zentimeter umrechnen: 1 cm, 1,5 cm und 0,5 cm. Dann multiplizieren Sie die Werte, um auf das Volumen zu kommen: 1 cm × 1,5 cm × 0,5 cm = 0,75 cm^3 oder 0,75 mL. Die Masse wird in Gramm umgerechnet: 0,009 kg = 9 g. Mit der Formel Dichte = Masse/Volumen erhalten Sie eine Dichte von 9 g pro 0,75 mL, also 12 g/mL.

5. **330 Fuß.** Wenden Sie hier den guten alten Dreisatz an:

    3,3 Fuß/1 m = x/100 m

    x = 100 m × (3,3 Fuß/1 m)

    x = 330 Fuß

6. **251 mm Hg.**

    760 mm Hg/1 atm = x/0,33 atm

    x = 0,33 atm × (760 mm Hg/1 atm)

    x = 251 mm Hg

7. **3,7 × 10^4 km.**

    1,852 km/1 Seemeile = x/20 000 Seemeilen

    x = 20 000 Seemeilen × (1,852 km/1 Seemeile)

    x = 37 040 km oder 3,7 × 10^4 km

    Der Radius der Erde beträgt gerade einmal 6378 km. 20 Seemeilen entsprechen also dem mehr als 5,5-fachen des Erdradius! Das Schiff hätte sich einmal durch die gesamte Erde bewegt und wäre irgendwo im Weltall zum Stehen gekommen, wäre es 20 000 Seemeilen gerade in die Tiefe vorgedrungen. Jules Verne meinte wohl eher, dass die Reise 20 000 Meilen weit *durch* das Meer und nicht in die Tiefe ging.

8. **32 mL.** Das Volumen der Butter, die Paul täglich isst, beträgt 4 cm × 4 cm × 2 cm = 32 cm^3 oder 32 mL.

9. **4,572 m.**

    1 Fuß = 30,48 cm

    Also sind 15 Fuß: 15 × 30,48 cm = 457,2 cm

    Dann folgt wieder der Dreisatz:

    1 m/100 cm = x/457,2 cm

    x = 457,2 cm × (1 m/100 cm)

    x = 4,572 m

10. **7,95 × 10^4 g.**

    1 kg/2,2 amerikanische Pfund = x/175 amerikanische Pfund

    x = 175 amerikanische Pfund × (1 kg/2,2 amerikanische Pfund)

    x = 79,5 kg

    Und wir wissen, dass 1 kg = 1000 g, daher erhalten Sie als Endlösung:

    79,5 kg × 1000 = 79 500 g oder 7,95 × 10^4 g.

11. **100 cm³.** Wir kennen folgende Beziehungen: 1 dL = 100 mL und 1 mL = 1 cm³.

    Also folgt ganz simpel: 1 dL = 100 mL = 100 cm³.

12. **2,16 × 10³ mm³.**

    Die Beziehung zwischen Zentimeter und Millimeter lautet 1 cm = 10 mm, also sind 6 cm = 60 mm, 12 cm = 120 mm und 30 cm = 300 mm.

    Jetzt können Sie das Volumen ganz einfach bestimmen:

    60 mm × 120 mm × 300 mm = 2160000 mm³ oder 2,16 × 10⁶ mm³

13. **Die unbekannte Substanz ist Blei.**

    Ziel ist es, kg/L in g/cm³ umzurechnen.

    5,65 kg = 5650 g, da 1 kg = 1000 g

    5650 g /0,5 L = 11 300 g/L

    Sie wissen, dass 1 mL = 1 cm³, also entspricht auch 1 L = 1000 cm³, woraus folgt:

    11 300 g/L = 11,3 g/mL; und dieser Wert entspricht exakt der Dichte von Blei.

Materie in Atome und Aggregatzustände einteilen

In diesem Kapitel...

- Einen Blick ins Innere eines Atoms werfen: Protonen, Elektronen und Neutronen
- Ordnungszahlen und Massenzahlen entschlüsseln
- Isotope begreifen und Atommassen berechnen
- Materie verschiedenen Aggregatzuständen zuordnen

»*E*twas Großes besteht aus kleineren Teilen. Wenn man das Große in immer kleinere Teile aufteilt, stößt man eventuell irgendwann auf das kleinstmögliche Teilchen. Nennen wir es Atom.« So in etwa könnte der griechische Philosoph Demokritos seine im Anfangsstadium begriffene Theorie des »Atomismus« einem Kollegen bei einem Krug Wein erklärt haben. So wie der Wein, bekam auch die Theorie allmählich Flügel.

Über Jahrhunderte hinweg haben Wissenschaftler mit der Vorstellung gelebt und gearbeitet, dass jede Materie aus kleineren Bausteinen, den *Atomen*, aufgebaut ist. Atome sind derart klein, dass es bis zur Entwicklung des Elektronenmikroskops im Jahre 1931 nur mithilfe ausgeklügelter Experimente möglich war, etwas über diese winzigen, mysteriösen Teilchen herauszufinden. Chemiker waren nicht in der Lage, ein einzelnes Atom vielleicht irgendwo in einem Hinterhof einzukreisen und es in Ruhe allein zu untersuchen – stattdessen mussten sie die Eigenschaften ganzer Atomgruppen studieren und mutmaßen, wie sich wohl ein einzelnes Atom verhalten würde. Durch bemerkenswerte Genialität und unvorstellbares Glück verstehen Chemiker das Atom heute zum großen Teil. Und das werden auch Sie tun, wenn Sie dieses Kapitel gelesen haben.

Sie werden auch entdecken, dass Materie Sie auf beiden Beinen stehen lässt, indem sie sich verändert. Materie kann sich, abhängig von den äußeren Bedingungen, von einem harten Festkörper in eine schwabbelige Flüssigkeit oder in ein diffuses Gas verwandeln. Diese drei Zustandsformen der Materie, auch Aggregatzustände genannt, bevorzugen jeweils ganz bestimmte äußere Bedingungen, unter denen sie mit der größten Wahrscheinlichkeit existieren. Am Ende dieses Kapitels werden Sie in der Lage sein, den Aggregatzustand eines Stoffes anhand von Temperatur und Druck abzuschätzen.

Atome aus subatomaren Teilchen zusammensetzen

Stellen Sie sich ein Atom einfach mal als einen mikroskopisch kleinen Legobaustein vor. Atome existieren in vielfältigen Formen und Größen, und Sie können mit ihnen größere Strukturen aufbauen. Ähnlich wie ein Legostein, so ist auch ein Atom extrem schwer zu zerbrechen. Tatsächlich ist so viel Energie in einem Atom gebündelt, dass die Spaltung eines Atoms zu einer nuklearen Explosion führt. Kawumm!

Ein Atom besteht zwar aus noch kleineren Teilen, den *subatomaren Teilchen*, wird aber dennoch als kleinstes unteilbares Teilchen bezeichnet – denn nach der Spaltung weisen die subatomaren Partikel nicht mehr die Eigenschaften des ursprünglichen Elements auf.

Praktisch alle Substanzen bestehen aus Atomen. Das Universum benötigt etwa 120 einzigartige atomare Legobausteine, um so nette Dinge wie Galaxien und Menschen und so weiter entstehen zu lassen. Alle Atome bestehen aus den drei gleichen subatomaren Teilchen: Protonen, Elektronen und Neutronen. Die verschiedenen Atomtypen (mit anderen Worten, die verschiedenen Elemente) stellen unterschiedliche Kombinationen der drei subatomaren Teilchen dar und besitzen somit einzigartige Eigenschaften. Zum Beispiel:

✔ **Atome verschiedener Elemente haben verschiedene Massen.** Atommassen werden als Vielfaches des Gewichts eines Protons angegeben. Eine atomare Masseneinheit (amu oder u) entspricht $1{,}66 \times 10^{-27}$ kg. (Wir werden Atommassen in dem späteren Abschnitt »Isotope mithilfe von Atommassen erklären« noch genauer diskutieren.)

✔ **Zwei der subatomaren Teilchen – das Proton und das Elektron – besitzen eine Ladung, sodass Atome, die eine unterschiedliche Anzahl dieser Partikel besitzen, sich auch hinsichtlich ihrer Ladungen unterscheiden.** Atomladungen werden als Vielfaches der Ladung eines einzelnen Protons angegeben.

Die wichtigsten Informationen über die drei subatomaren Teilchen sind in Tabelle 3.1 zusammengefasst.

Teilchen	Masse	Ladung
Proton	1 u	+1
Elektron	1/1836 u	−1
Neutron	1 u	0

Tabelle 3.1: Die subatomaren Teilchen.

Aus Tabelle 3.1 können Sie ersehen, dass Protonen und Elektronen entgegengesetzte Ladungen besitzen und dass Neutronen neutral sind. Atome besitzen theoretisch immer genauso viele Protonen wie Elektronen, sodass die Gesamtladung gleich Null ergibt (das Atom ist insgesamt neutral). Viele Atome tendieren jedoch dazu, Elektronen zu verlieren oder dazu zu gewinnen, sodass sie nicht mehr neutral sind. Mit anderen Worten, die Anzahl der negativen Elektronen ist nicht mehr länger durch die Anzahl positiver Protonen ausgeglichen. Geladene Atome werden *Ionen* genannt und sind in Kapitel 5 näher beschrieben. Bis wir dahin kommen, wollen wir einfach annehmen, dass all unsere Atome die gleiche Anzahl Protonen und Elektronen besitzen.

Schauen Sie sich jetzt einmal die Massenangaben in Tabelle 3.1 an. Protonen und Neutronen besitzen die gleiche Masse. Elektronen sind etwa 2000-mal leichter. Das bedeutet, dass der Großteil der Masse eines Atoms von Neutronen und Protonen gebildet wird. Obwohl Elektronen viel negative Ladung besitzen, tragen sie jedoch nur wenig zur Atommasse bei.

So weit so gut, werden Sie jetzt sagen. Schön, dass die subatomaren Teilchen all diese tollen Eigenschaften haben, aber wie sieht ein Atom eigentlich aus? Generationen findiger Wissenschaftler haben sich den Kopf über diese Frage zerbrochen. Das Ergebnis aller cleveren Experimente und ausgeklügelter Berechnungen ist eine Reihe von Modellen; jedes Modell ist etwas weiter entwickelt als das vorherige. Die Modelle sind Meilensteine der Wissenschaftsgeschichte. Holen Sie sich was zum Knabbern und lesen Sie weiter.

J. J. Thomson: nichts als Rosinen im Kopf

Das erste subatomare Teilchen wurde von J. J. Thomson Ende des 19. Jahrhundert entdeckt. Thomson führte eine Reihe von Experimenten mit einer so genannten Kathodenstrahlröhre durch, einem neumodischen Apparat, der später zur Entwicklung des Fernsehapparats führte. Thomson entdeckte, dass ein Elektronenstrahl (oder wissenschaftlich Kathodenstrahl genannt) mit einem Magnetfeld abgelenkt werden kann. Durch dieses und einige andere Resultate erkannte Thomson, dass das zuvor bekannte Modell des »unteilbaren Atoms« seine Grenzen hatte; Atome mussten aus mehreren subatomaren Teilchen aufgebaut sein. Thomson stellte daher das »Rosinenkuchen«- oder »*Plumpudding*«-Modell für das Atom auf. Sie haben wahrscheinlich noch nicht das fragwürdige Vergnügen gehabt, einen Plumpudding zu kosten – eine traditionelle Nachspeise aus England, die aus getrockneten Rosinen in einer puddingähnlichen Masse aus Rindertalg besteht. Thomsons Modell erwies sich für die Chemie als so wichtig wie der gewöhnungsbedürftige Geschmack des Rosinenkuchens.

Thomson wusste, so wie alle Chemiker seiner Zeit, dass zwei negative Ladungen einander abstoßen, also stellte er sich ein Atom als eine Gruppe negativ geladener Teilchen vor, die alle den gleichen Abstand zueinander haben. Thomson nannte ein solches Ladungsteilchen *Korpuskel*, was heute jedoch unter dem hübscheren Namen Elektron bekannt ist. Thomson wusste auch, dass ein Atom elektrisch neutral ist (also eine Gesamtladung gleich Null besitzt) und unterstellte daher, dass ein Atom gleichzeitig die gleiche Menge positiver Ladung beinhalten musste. Da das Proton zu diesem Zeitpunkt noch unentdeckt war, nahm Thomson an, dass diese positive Ladung eine Art Suppe darstellte, in der die einzelnen Elektronen schwimmen, ähnlich wie auch Rosinen in einem Kuchen recht gleichmäßig verteilt sind.

Ernest Rutherford: der Goldschütze

Den nächsten Schritt nach vorn machte Ernest Rutherford 1909. Rutherford wollte Thomsons Rosinenkuchen-Atommodell überprüfen. Dazu stellte er eine extrem dünne Goldfolie her und beschoss diese mit Alphateilchen (Heliumkerne). Das mag etwas absonderlich klingen, aber Rutherfords Verrücktheit hatte durchaus Methodik. Sollte das Rosinenkuchen-Modell stimmen, dann erwartete Rutherford, dass die Alphateilchen beim Durchdringen der Goldfolie von locker gebundenen Elektronen um ein paar Grad abgelenkt werden müssten. Beim Versuch stellte sich jedoch heraus, dass gerade einmal 1 von etwa 8000 Alphateilchen abgelenkt wurde, und nicht nur um ein paar Grad, sondern im rechten Winkel oder mehr! Begeistert verglich er sein Ergebnis mit einer Kugel, die von einem Blatt Papier abprallt – eine Vorstellung, die wohl auch dem hartgesottensten Chemiker die Gesichtszüge entgleisen lassen würde.

Nach langem Brüten kam Rutherford zu dem Schluss, dass der Großteil eines Atoms leerer Raum und dass die Atommasse – und eine ihrer beiden Ladungsarten – im Zentrum konzentriert sein musste. 7999 von 8000 Heliumkernen hatten also diese winzige Atommasse verfehlt und waren ungehindert durch die Goldfolie gedrungen, und nur ein einziges Elektron traf das Atomzentrum und wurde dadurch stark abgelenkt oder gar reflektiert.

Wir wissen heute, dass die positive Ladung eines Atoms in seinem Zentrum in Form von Protonen konzentriert ist. Die Protonen befinden sich dort zusammen mit den Neutronen. Etwas an dieser Vorstellung ist jedoch merkwürdig und nicht schlüssig. Erinnern Sie sich daran, dass gleiche Ladungen einander abstoßen; es ist also recht bizarr, dass sich alle positiven Ladungen so eng beieinander im winzigen Areal des Atomkerns befinden. Es muss eine sehr, sehr starke Kraft geben, die all diese positiven Ladungsteilchen zusammenhält. Diese Kraft, recht unkreativ *die starke Kraft* genannt, ist etwas, das wir einfach hinnehmen müssen; Kernphysikern bereitet sie jedoch bis heute Kopfzerbrechen.

Niels Bohr: der nach den Sternen greift

Niels Bohr kam Anfang des 20. Jahrhunderts zur Physik. Dr. Bohr war kein Experimentator wie Thomson oder Rutherford. Bohr war Theoretiker, was bedeutet, dass er meistens grübelnd irgendwo herumsaß. Hatte er dann einen Aha-Moment, war es seine Aufgabe, seine Idee mathematisch zu untermauern.

Bohr kannte Rutherfords Goldfolien-Experiment. Bohr hatte die Vorstellung, dass ein Atom so ähnlich wie ein Sonnensystem aufgebaut sein musste, bei dem sich auch eine große Masse (die Sonne) im Zentrum befindet, während kleinere Teilchen (Planeten) in unterschiedlichen Entfernungen um sie kreisen. Entsprechend diesem Modell bewegen sich Elektronen mit geringer Masse im Orbitalraum um den Atomkern, der die massiven Protonen und Neutronen in sich vereint. Dieses Konzept war elegant, logisch und verrückt. Der damalige Wissensstand über Elektrizität und Magnetismus war noch so gering, dass es unmöglich schien, dass sich negative Ladungsteilchen in einer konstanten Entfernung zu einer positiven Ladung bewegen können. Die klassischen Theorien gingen davon aus, dass ein kreisendes Elektron sich wahrscheinlich in Spiralen auf den Atomkern zu bewegen müsste.

Bohr umging dieses Problem mithilfe eines kleinen netten Tricks, genannt »Quantelung des Drehimpulses«. Bohr erfand sozusagen gänzlich neue Regeln zum Elektronenverhalten rund um den Atomkern. Erstaunlicherweise passten die Vorhersagen seines mathematischen Modells zu den Ergebnissen der vorausgegangenen Experimente so gut, dass niemand seine Theorie anzweifelte. Obwohl heute eine ganzer Zweig der Physik, die Quantenmechanik, viel akkuratere Modelle als Bohr entwickelt hat, sind seine Vorhersagen immer noch recht zutreffend und zweckmäßig, dass wir die komplexe Quantenmechanik unbesorgt den mathematikbesessenen Physikern überlassen können. Uns genügt das Bild, das Bohr in unseren Köpfen hinterlassen hat, voll und ganz.

3 ▸ Materie in Atome und Aggregatzustände einteilen

Beispiel

Rutherfords Goldatome beinhalteten 197 Kernteilchen, von denen 79 Protonen waren. Wie viele Neutronen und wie viele Elektronen hatte jedes Goldatom?

Lösung

118 Neutronen und 79 Elektronen. Der Kern eines Atoms beinhaltet alle Protonen und Neutronen. Wenn also 79 der 197 Teilchen Protonen sind, müssen die restlichen 118 Partikel Neutronen sein. Alle Atome sind elektrisch neutral, daher müssen 79 negativ geladene Elektronen vorhanden sein, um die positive Ladung der 79 Protonen auszugleichen. Diese Art Logik führt uns zu einer allgemeinen Formel, mit deren Hilfe Sie die Protonen- oder Neutronenanzahl eines Atoms berechnen können: M = P + N, wobei M die Atommasse, P die Protonenzahl und N die Neutronenzahl ist.

Aufgabe 1

Wie viele Teilchen befinden sich in einem Atomkern und wie viele um ihn herum, wenn ein Atom 71 Protonen, 71 Elektronen und 104 Neutronen besitzt?

Ihre Lösung

Aufgabe 2

Wie viele Neutronen und Elektronen hat ein Atom, dessen Kern eine Masse von 31 u besitzt und 15 Protonen enthält?

Ihre Lösung

Aufgabe 3

Wie schwer ist ein Urankern (das schwerste aller natürlich vorkommenden Atome) in Kilogramm, wenn er 92 Protonen und 146 Neutronen enthält?

Ihre Lösung

Chemische Symbole entziffern: Ordnungs- und Massenzahlen

Zwei sehr wichtige Zahlen können Ihnen sehr viel über die Eigenschaften eines Atoms erzählen: die Ordnungszahl und die Massenzahl. Chemiker lernen diese Zahlen auswendig, so wie Fußballfans die Jahreszahlen der Siege ihrer Mannschaften herunterbeten können, während Sie als kluger Student sich auch anders behelfen können. Sie verfügen in diesem Buch über das extrem wichtige Periodensystem der Elemente. Wir werden die logische Anordnung und Struktur dieses Periodensystems in Kapitel 4 genauer unter die Lupe nehmen, und belassen es jetzt dabei, Sie mit Ordnungs- und Massenzahlen vertraut zu machen, ohne ins Detail zu gehen.

Ordnungszahlen (auch Atomzahlen oder Kernladungszahlen genannt) sind wie Namensschilder – sie identifizieren ein Element als Kohlenstoff, Stickstoff, Beryllium und so weiter, indem sie Ihnen die Anzahl der Protonen im Kern dieses Element verraten. Atome werden über die Zahl ihrer Protonen definiert. Wird ein Proton hinzugefügt oder entfernt, so ändert sich entsprechend die Identität des Atoms.

Atome sind ziemlich selbstverliebt und lassen es daher nur ungern zu, dass ihnen Protonen entrissen oder aufgedrängt werden und somit ihre Identität verändert wird. Es ist jedoch nicht unmöglich. So können bestimmte schwere Elemente bei einer *Kernspaltung* geteilt und bestimmte leichte Elemente bei einer *Kernfusion* miteinander verschmolzen werden. Bei der Spaltung oder Verschmelzung von Atomkernen wird eine ungeheure Energiemenge freigesetzt; es sind also Vorgänge, die Sie nicht unbedingt zu Hause ausprobieren sollten, auch dann nicht, wenn Sie einen Kernreaktor im Keller haben.

Der einzige andere Weg, auf dem ein Atom seine Ordnungszahl verändern kann (und somit seine Identität), ist der radioaktive Zerfall. Für die meisten Atomkerne gehört dieser Zerfall zum Dasein, wie für einen Chemiker der Gang zum Friseur. Nicht, dass daran irgendetwas auszusetzen wäre.

Im Periodensystem finden Sie die Ordnungszahl eines Elements oberhalb der Namensabkürzung, die aus einem oder zwei Buchstaben besteht. Diese Abkürzung stellt das chemische Symbol eines Elements dar. Beachten Sie, dass die Elemente im Periodensystem entsprechend der Größe ihrer Ordnungszahlen angeordnet sind, so als hätte man sie nacheinander bei einem Appell nach vorne gerufen. Die Ordnungszahlen erhöhen sich jeweils um 1, wenn Sie in der Tabelle ein Kästchen nach rechts gehen; endet eine Reihe, dann finden Sie die nächst höhere Ordnungszahl am linken Ende der folgenden Reihe. Sie können sich das Periodensystem in Kapitel 4 auch jetzt schon selbst anschauen.

Die zweite Zahl, die ein Atom identifiziert, ist seine Massenzahl. Die Massenzahl steht für die Masse eines Atomkerns in u. Da Protonen und Neutronen jeweils 1 u schwer sind (wie Sie schon früher in diesem Kapitel gelernt haben), entspricht die Massenzahl der Summe aus Protonen und Neutronen.

Warum, werden Sie sich jetzt vielleicht fragen, bleibt die Masse der Elektronen unberücksichtigt? Hat da eine Art heimtückischer Teilchen-Rassismus seine Hand im Spiel? Nein. Ein Elektron hat gerade einmal die 1836ste Masse eines Protons oder Neutrons. Um die Massenzahl aber schön ganzzahlig zu halten, haben sich die Chemiker einstimmig dazu entschlossen, die Masse der ohnehin federleichten Elektronen schlicht zu ignorieren. Obwohl diese Annahme, nun sagen wir, nicht wahr ist, sind ihre Folgen jedoch aufgrund der wirklich geringen Masse der Elektronen tatsächlich vernachlässigbar.

Um die Atom- und Massenzahlen eines Elements darzustellen, schreiben Chemiker das Elementsymbol als $^{A}_{Z}X$ wobei Z die Ordnungszahl, A die Massenzahl und X das chemische Buchstabensymbol dieses Elementes ist.

Beispiel

Nennen Sie Name, Ordnungszahl, Massenzahl, sowie die Anzahl von Protonen, Neutronen und Elektronen für die folgenden vier Elemente: $^{35}_{17}Cl$, $^{37}_{17}Cl$, $^{190}_{76}Os$ und $^{39}_{19}K$!

Lösung

Die Antworten auf diese Frage, einer der Lieblingsaufgaben von Chemielehrern überhaupt, werden am besten in Form einer Tabelle angegeben. Schauen Sie sich zuerst die Symbole Cl, Os und K im Periodensystem der Elemente an (siehe Abbildung 3.1) und bestimmen Sie so die Namen der Elemente. Tragen Sie die Namen in die erste Spalte ein. Die Ordnungs- und Massenzahlen für die jeweiligen Tabellenspalten zwei und drei finden Sie heraus, indem Sie sich die beiden hoch- bzw. tiefgestellten Zahlen links vor den Elementsymbolen in der Frage anschauen. Die obere Zahl entspricht der Massenzahl (A); die untere Zahl ist die Ordnungszahl (Z), sie entspricht der Zahl der Protonen; die Protonenzahl ist genau so hoch wie die Elektronenzahl, da alle Atome eine neutrale Gesamtladung besitzen. Füllen Sie also die vierte und fünfte Spalte der Tabelle mit den gleichen Zahlen aus, die Sie in die zweite Spalte eingetragen haben. Zum Schluss ziehen Sie die Ordnungszahl von der Massenzahl ab und erhalten somit die Neutronenzahl, die Sie in Spalte sechs eintragen. Voilá! Die ganze nackte Identität dieser Atome liegt nun ausgebreitet vor Ihnen. Ihre Antwort sollte also folgendermaßen aussehen:

Name	Ordnungszahl	Massenzahl	Protonenzahl	Elektronenzahl	Neutronenzahl
Chlor	17	35	17	17	18
Chlor	17	37	17	17	20
Osmium	76	190	76	76	114
Kalium	19	39	19	19	20

Aufgabe 4

Schreiben Sie das entsprechende chemische Symbol für Wismut mit einer Masse von 209 u auf.

Ihre Lösung

Aufgabe 5

Tragen Sie in die Tabelle die Werte für folgende Elemente ein: $^{1}_{1}H$, $^{52}_{24}Cr$, $^{192}_{77}Ir$ und $^{96}_{42}Mo$.

Name	Ordnungszahl	Massenzahl	Protonenzahl	Elektronenzahl	Neutronenzahl

Aufgabe 6

Stellen Sie die Werte für die beiden Elemente in der Tabelle in der Form $^{A}_{Z}X$ dar.

Name	Ordnungszahl	Massenzahl	Protonenzahl	Elektronenzahl	Neutronenzahl
Wolfram	74	184	74	74	110
Blei	82	207	82	82	125

Ihre Lösung

Aufgabe 7

Nutzen Sie das Periodensystem der Elemente und Ihr Wissen über Ordnungszahlen und Massenzahlen, um die leeren Felder in der folgenden Tabelle auszufüllen:

Name	Ordnungszahl	Massenzahl	Protonenzahl	Elektronenzahl	Neutronenzahl
Silber		108			
	16				12
		64	29		
				18	22

Isotope mithilfe von Massenzahlen erklären

Es ist Samstagabend. Etwas Besonderes liegt in der Luft. Den Moment des Hier und Jetzt voll auskostend, vertiefen Sie sich in das Periodensystem der Elemente. Was ist das? Ihnen fällt auf, dass die Zahlen unterhalb der chemischen Buchstabensymbole mit den jeweiligen Massenzahlen in Verbindung zu stehen scheinen – aber es sind keine ganzen Zahlen. Was kann das nur bedeuten?

Im vorangegangenen Abschnitt haben wir erklärt, dass die Massenzahl eines Atoms der Summe von Protonen und Neutronen im Atomkern entspricht. Wie kann es also sein, dass scheinbar Bruchteile von Protonen und Neutronen vorliegen? Es gibt doch kein halbes Proton oder ein Viertel Neutron. Ihr akribischer Sinn für Chemie fühlt sich herausgefordert und Sie verlangen, eine Antwort auf diese Frage.

Wie sich herausstellt, existieren die meisten Elemente in mehreren Erscheinungsformen, die Isotope genannt werden. Isotope sind Atome ein und desselben Elements, mit unterschiedlichen Massenzahlen; die Unterschiede in den Massenzahlen entstehen durch verschiedene Neutronenzahlen. Die unordentlich erscheinenden Zahlen mit den vielen Dezimalstellen sind die *Atommassen*. Eine Atommasse entspricht dem Durchschnitt der Atommassen aller möglichen Isotope dieses Elements. Chemiker haben die prozentualen Häufigkeiten für jedes Element errechnet, das in Form mehrerer Isotope existiert. Jedes Isotop steuert also für die durchschnittliche Atommasse seinen spezifischen Anteil bei, je nachdem wie häufig dieses Isotop prozentual natürlich vorkommt. Häufigere Isotope beeinflussen die Atommasse demnach am stärksten.

Aber es gibt noch mehr über Isotope zu erzählen. Chemiker fühlen sich meist sehr in ihrem Element, wenn sie von Isotopen sprechen dürfen. Um Bohrs Willen, warum eigentlich? Ein Neutron ist, trotz allem, ein neutrales Teilchen, also würde man doch vermuten, dass sich nichts großartig an einem Atom verändern, wenn ein Neutron fehlen oder überzählig sein sollte. Tatsächlich ändert sich meistens an den Eigenschaften eines Atoms auch nichts, wenn ein Neutron addiert wird. Von Zeit zu Zeit kann jedoch auch ein einziges unschuldiges kleines weiteres Neutron dazu führen, dass sich spürbare Folgen für das Element ergeben und dieses dazu veranlassen, sich der dunklen Seite zuzuwenden und in die Tiefen der *Radioaktivität* abzutauchen. Wenn ein Atom die *falsche* Anzahl Neutronen besitzt, kann es instabil werden. Bezogen auf den Atomkern bedeutet Instabilität, dass das Element radioaktiv ist. Instabile Atomkerne zerbrechen (oder zerfallen) automatisch in stabilere Formen. Je weniger stabil ein Atomkern ist, desto schneller neigt er zum Zerfall. Wenn instabile Kerne zerfallen, tendieren sie dazu, Teilchen abzugeben und Energie abzustrahlen. Diese so genannten *Emissionen* sind die Quelle für Radioaktivität. Das Wort Radioaktivität lässt vielleicht Bilder von dreiköpfigen Fröschen und zehnäugigen Fischen in Ihrem Kopf aufsteigen, aber Radioaktivität ist eigentlich besser als ihr Ruf. Viele radioaktive Elemente sind harmlos und viele haben auch sehr nützliche Eigenschaften.

Nehmen Sie zum Beispiel das Element Kohlenstoff. Kohlenstoff kommt in der Natur in Form dreier Isotope vor:

- ✔ **Kohlenstoff ^{12}C** ($^{12}_{6}$C oder Kohlenstoff mit sechs Protonen und sechs Neutronen) ist der langweilige, alte Allerwelts-Kohlenstoff, der 99 % aller natürlich vorkommenden C-Isotope bildet.

- ✔ **Kohlenstoff ^{13}C** ($^{13}_{6}$C oder Kohlenstoff mit sechs Protonen und *sieben* Neutronen) ist ein geringfügig selteneres (aber immer noch recht häufiges) Isotop, das den Großteil der verbleibenden 1 % aller Kohlenstoffatome ausmacht. Mit einem Neutron mehr ist ^{13}C etwas schwerer als ^{12}C, hat aber annähernd dieselben Eigenschaften.

  Aber auch diese minimalen Unterschiede haben wertvolle Konsequenzen. Wissenschaftler vergleichen zum Beispiel das Verhältnis von ^{12}C- zu ^{13}C-Kohlenstoffen in Meteoriten, um deren Ursprung zu bestimmen.

- ✔ **Kohlenstoff ^{14}C** ($^{14}_{6}$C oder Kohlenstoff mit sechs Protonen und *acht* Neutronen) erhebt sein interessantes kleines Antlitz einmal unter Billionen von Kohlenstoffatomen. Wenn Sie also vermuten, dass Sie wahrscheinlich nicht oft mit großen Mengen von ^{14}C im Labor arbeiten werden, dann liegen Sie damit richtig!

C-14, das exotischste und interessanteste aller Kohlenstoffisotope, ist für die Technik der *radioaktiven Altersbestimmung* von Bedeutung. Kohlenstoff ist der grundlegende Baustein aller organischen Moleküle, also auch im Körper von Tieren. Da jeder Körper aus Billionen und Aberbillionen von Kohlenstoffatomen besteht, kann man den Gesamtanteil der seltenen ^{14}C-Atome bestimmen. Des Weiteren ist ^{14}C ein *Radioisotop*, das heißt, es zerfällt und gibt dabei Energie ab. Bevor Sie aber zum nächsten Spiegel rennen und ihr Gesicht nach den Anzeichen für ein drittes Auge untersuchen, seien Sie beruhigt, dass die winzige Menge der radioaktiven ^{14}C-Atome in Ihrem Körper Ihnen nicht schaden wird. Aber Wissenschaftler können mithilfe von ^{14}C-Atomen das Alter von Fossilien bestimmen. Wie funktioniert das?

Stellen Sie sich Serena vor, eine heißblütige Frau aus der Steinzeit, die vor 50 000 Jahren das Zeitliche segnete. Sie geriet unglücklicherweise zwischen die Fronten ihrer zwei Verehrer, als deren Auseinandersetzung in eine Schlägerei ausartete. Als Serena am Leben war, wurden die Kohlenstoffatome in ihrem Körper kontinuierlich ersetzt, sodass ihr Kohlenstoff zeitlebens zu 99 % aus ^{12}C-Atomen, zu rund 1 % aus ^{13}C-Atomen und zu 0,0000000001 % aus ^{14}C-Atomen bestand. Als Serena starb, wurde der biologische Prozess unterbrochen, der die Kohlenstoffatome bislang stets so verlässlich erneuert hatte. Dadurch begann der ^{14}C-Anteil in ihren Knochen langsam abzunehmen, denn Nachschub war zwar nicht mehr gegeben, der Zerfall der Radioisotope ging davon jedoch unbeeindruckt immer weiter.

Jahrtausende später finden Paläontologen nun die Überreste von Serena und eilen sogleich mit ein paar Fossilproben in der Hand zu ihrem freundlichen Kollegen Dr. Isotopus, der natürlich Chemiker ist. Voller Eifer und in Hosen, die jeden Designer vor Neid erblassen lassen würden, bestimmt Dr. Isotopus sodann das Alter von Serenas fossilen Knochen. Radioisotope zerfallen mit einer ziemlich genau vorhersagbaren Geschwindigkeit. Dr. Isotopus kann also durch die Messung des relativen Gehalts der Kohlenstoffisotope in Serenas Knochen die Zeit bestimmen, die seit ihrem Tod vergangen ist. Verschiedene Elemente haben auch unterschiedliche Isotopzerfallsraten und können gemeinsam genutzt werden, um auch das Alter noch weitaus älterer Fossilien ziemlich genau zu datieren.

Die Genauigkeit der Prozentbestimmung verschiedener Isotope kann von enormer Wichtigkeit sein. Sie müssen die genauen Werte kennen, wenn Sie zum Beispiel gebeten werden, die Atommasse eines Elements zu bestimmen. Zur Berechnung einer Atommasse benötigen Sie die Massen der einzelnen Isotope und die prozentualen Häufigkeiten des Elements in seinen verschiedenen Isotopformen (auch als *relative Häufigkeit* bezeichnet). Um eine durchschnittliche Atommasse zu berechnen, müssen Sie eine Liste aller Isotope mit ihren Massen und prozentualen relativen Häufigkeiten erstellen. Dann multiplizieren Sie die Masse jedes Isotops mit seiner relativen Häufigkeit und addieren die Produkte. Die Summe, die Sie so erhalten, entspricht der durchschnittlichen Atommasse.

Bestimmte Elemente, wie Chlor, existieren gleich in Form mehrerer relativ häufig vorkommender Isotope, sodass die durchschnittliche Atommasse recht weit entfernt von einer ganzen Zahl ist. Andere Elemente, wie Kohlenstoff, existieren in Form eines sehr häufig vorkommenden Isotops und einiger viel seltenerer Isotope, wodurch annähernd ganzzahlige, durchschnittliche Atommassen entstehen, die zudem auch sehr nahe an der Atommasse des häufigsten Isotops liegen.

Beispiel

Von Chlor gibt es zwei Isotope. Das eine ist $^{35}_{17}Cl$ und existiert mit einer Häufigkeit von 75,8 % und das andere ist $^{37}_{17}Cl$ und kommt in der Natur zu 24,2 % vor. Bestimmen Sie die durchschnittliche Atommasse von Chlor.

Lösung

35,48 u. Zuerst multiplizieren Sie jede Atommasse mit der relativen Häufigkeit, indem Sie die Prozentangabe 75,8 % einfach zu 0,758 umschreiben:

35 u × 0,758 = 26,53 u

37 u × 0,242 = 8,95 u

Dann addieren Sie beide Ergebnisse, um die durchschnittliche Atommasse zu erhalten. Vergleichen Sie den errechneten Wert mit dem Wert in Ihrem Periodensystem. Wenn Sie richtig gerechnet haben, sollten beide Werte fast (Wir haben mit gerundeten Zahlen gerechnet) übereinstimmen.

26,53 u + 8,95 u = 35,48 u

Aufgabe 8

Wasserstoff kommt in der Natur in Form dreier verschiedener Isotope vor: $_1^1H$, $_1^2H$ (Deuterium genannt) und $_1^3H$ (als Tritium bezeichnet). Schlagen Sie die durchschnittliche Atommasse von Wasserstoff in Ihrem Periodensystem nach. Was sagt Ihnen dieser Wert über die relative Häufigkeit der drei Isotope? Welches Isotop ist in der Natur am verbreitetsten?

Ihre Lösung

Aufgabe 9

Von Magnesium existieren drei anteilsmäßig relativ häufige Isotope: $_{12}^{24}Mg$, $_{12}^{25}Mg$ und $_{12}^{26}Mg$ mit prozentualen Häufigkeiten von jeweils 78,9 %, 10,0 % und 11,1 %. Berechnen Sie die durchschnittliche Atommasse von Magnesium.

Ihre Lösung

Sich zwischen den Aggregatzuständen von Feststoffen, Flüssigkeiten und Gasen bewegen

Elemente bestehen aus Atomen und können in einem von drei möglichen Aggregatzuständen existieren: fest, flüssig oder gasförmig. Bei Raumtemperatur, also bei etwa 25 °C, und bei normalem Atomsphärendruck von 1 bar, ist ein Großteil der Elemente im Periodensystem entweder gasförmig oder fest. Nur zwei Elemente, Brom und Quecksilber, sind unter diesen Bedingungen flüssig. Schauen Sie sich in Abbildung 3.1 an, in welchen Bereichen des Periodensystems die jeweiligen Aggregatzustände am häufigsten anzutreffen sind. Beachten Sie auch, dass Wasserstoff scheinbar von der Gas-Clique, die sich ganz rechts im Periodensystem befindet, außen vor gelassen wird.

Wenn sich Druck und Temperatur verändern, kann ein Element seinen Aggregatzustand wechseln. Niedrige Temperaturen und hohe Drücke begünstigen meist Feststoffe, während bei hohen Temperaturen und hohen Drücken Elemente vermehrt gasförmig vorliegen. Flüssigkeiten beanspruchen dagegen das Mittelfeld.

In der Chemie werden Temperaturen häufig auch in *Kelvin (K)* angegeben. Die Kelvinskala platziert ihren Nullpunkt an einer Stelle ziemlich extremer Bedingungen, die auch als *absoluter Nullpunkt* bezeichnet wird. Und dieser Nullpunkt hat in der Tat etwas Absolutes, denn er beschreibt die Temperatur, bei der alle Teilchen in ihrer Bewegung erstarren und einfrie-

3 ➤ Materie in Atome und Aggregatzustände einteilen

																	G He Helium
G H Wasserstoff																	
S Li Lithium	S Be Beryllium											S B Bor	S C Kohlenstoff	G N Sickstoff	G O Sauerstoff	G F Fluor	G Ne Neon
S Na Natrium	S Mg Magnesium											S Al Aluminum	S Si Silicium	S P Phosphor	S S Schwefel	G Cl Chlor	G Ar Argon
S K Kalium	S Ca Calcium	S Sc Scandium	S Ti Titan	S V Vanadium	S Cr Chrom	S Mn Mangan	S Fe Eisen	S Co Cobalt	S Ni Nickel	S Cu Kupfer	S Zn Zink	S Ga Gallium	S Ge Germanium	S As Arsen	S Se Selen	S Br Brom	G Kr Krypton
S Rb Rubidium	S Sr Strontium	S Y Yttrium	S Zr Zirkonium	S Nb Niob	S Mo Molybdän	S Tc Technetium	S Ru Ruthenium	S Rh Rhodium	S Pd Palladium	S Ag Silber	S Cd Cadmium	S In Indium	S Sn Zinn	S Sb Antimon	S Te Tellurium	L I Iod	G Xe Xenon
S Cs Cäsium	S Ba Barium	S La Lanthan	S Hf Hafnium	S Ta Tantal	S W Wolfram	S Re Rhenium	S Os Osmium	S Ir Iridium	S Pt Platin	S Au Gold	L Hg Quecksilber	S Tl Thallium	S Pb Blei	S Bi Wismut	S Po Polonium	S At Astat	G Rn Radon
S Fr Francium	S Ra Radium	S Ac Actinium	S Rf Rutherfordium	S Db Dubnium	S Sg Seaborgium	S Bh Bohrium	S Hs Hassium	S Mt Meitnerium	S Ds Darmstadtium	S Rg Röntgenium	S Uub Ununbium	S Uut Ununtrium	S Uuq Ununquadium	S Uup Ununpentium	S Uuh Ununhexium	S Uus Ununseptium (noch nicht entdeckt)	G Uuo Ununoctium

S Ce Cer	S Pr Praseodym	S Nd Neodym	S Pm Promethium	S Sm Samarium	S Eu Europium	S Gd Gadolinium	S Tb Terbium	S Dy Dysprosium	S Ho Holmium	S Er Erbium	S Tm Thulium	S Yb Ytterbium	S Lu Lutetium
S Th Thorium	S Pa Protaktinum	S U Uran	S Np Neptunium	S Pu Plutonium	S Am Americium	S Cm Curium	S Bk Berkelium	S Cf Californium	S Es Einsteinium	S Fm Fermium	S Md Mendelevium	S No Nobelium	S Lr Lawrencium

Legende
S = **fest** (*solide*) bei Raumtemperatur
L = **flüssig** (*liquide*) bei Raumtemperatur
G = **gasförmig** bei Raumtemperatur

Abbildung 3.1: Die Feststoffe, Flüssigkeiten und Gase im Periodensystem der Elemente.

ren. Der absolute Nullpunkt ist also die absolut niedrigste Temperatur, bei der keinerlei Wärme mehr existiert. Es ist so kalt wie es sich wohl keiner wirklich vorstellen kann. Wenn Sie ihre Temperatur zum absoluten Nullpunkt absenken könnten, würden Sie aufhören zu altern. Andererseits wären Sie dann auch nicht mehr am Leben. Na, noch Interesse?

Im Gegensatz zur Kelvinskala platziert die Celsiusskala ihren Nullpunkt auf den Gefrierpunkt von Wasser. Bis auf diese unterschiedliche Lage des Nullpunktes sind ansonsten beide Skalen identisch. Die relative Größe von einem Grad Celsius entspricht der Größe von einem Kelvin. Ein Grad Celsius entspricht einem Kelvin plus 273. Der Gefrierpunkt von Wasser liegt demnach bei milden 273 Kelvin (K). Am absoluten Nullpunkt sind alle Elemente fest. Bei allen Temperaturen über etwa 6000 K sind alle Elemente gasförmig. Tabelle 3.2 gibt Ihnen Beispiele für häufige Elemente und die Temperaturen, bei denen sie fest, flüssig oder gasförmig sind.

Element	fest	flüssig	gasförmig
fest bei Raumtemperatur (298 K):			
Natrium	0–371 K	371–1156 K	$\geq$1156 K
Gold	0–1337 K	1337–3129 K	$\geq$3129 K
Eisen	0–1811 K	1811–3134 K	$\geq$3134 K
flüssig bei Raumtemperatur (298 K):			
Quecksilber	0–234 K	234–630 K	$\geq$630 K
Brom	0–267 K	267–332 K	$\geq$332 K
gasförmig bei Raumtemperatur (298 K):			
Wasserstoff	0–14 K	14–21 K	$\geq$21 K
Sauerstoff	0–55 K	55–90 K	$\geq$90 K
Stickstoff	0–63 K	63–77 K	$\geq$77 K

Tabelle 3.2: Beispiele für Aggregatzustände einiger Elemente bei verschiedenen Temperaturen.

Beim Durchlesen dieses Buches werden Sie oft einen kursiven Buchstaben in Klammern sehen, der hinter dem chemischen Symbol für ein Element steht, so wie C(*s*), Br(*l*) oder Ne(*g*). Diese Buchstaben bedeuten nichts anderes als: (*s*) fest, (*l*) flüssig und (*g*) gasförmig.

Wir werden uns den Übergängen zwischen den einzelnen Aggregatzuständen bei verschiedenen Temperaturen und Drücken noch genauer in Kapitel 10 zuwenden.

Beispiel

Bei welcher Temperatur in °C ändert Brom seinen Aggregatzustand von flüssig zu gasförmig?

Lösung

Brom wird bei 59 °C gasförmig. Um diese Frage zu beantworten, gehen Sie zu Tabelle 3.2. Die Tabelle verrät Ihnen, dass Brom bei Temperaturen unter 267 K als Feststoff vorliegt, sich zwischen 267 und 332 K verflüssigt und über 332 K gasförmig wird. Also liegt der Punkt, an dem Brom flüssig wird, bei 267 K und der Punkt, an dem es sich in ein Gas verwandelt, bei 332 K. Da uns für die Beantwortung der Frage nur der zweite Punkt interessiert, müssen Sie 332 K in °C umrechnen, indem sie einfach 273 vom Kelvinwert abziehen.

Aufgabe 10

Bei welchen Temperaturen in Kelvin findend die Aggregatzustandsänderungen statt, wenn das Element Cäsium bei Temperaturen unterhalb 575 °C fest, zwischen 575 und 1217 °C flüssig und über 1217 °C gasförmig ist?

Ihre Lösung

Aufgabe 11

Welchen Aggregatzustand besitzt Eisen bei einer Temperatur von 2000 °C?

Ihre Lösung

Lösungen zu den Aufgaben rund ums Thema Aggregatzustände

Da Sie jetzt die Daten über Atome und Aggregatzustände hübsch säuberlich in Ihrem Gehirn sortiert haben, können Sie die Information ganz leicht abrufen. Überprüfen Sie Ihre Antworten zu den praktischen Problemstellungen in diesem Kapitel.

1. **175 innen, 71 außen.** Der Kern eines Atoms besteht aus Protonen und Neutronen, also trägt dieses Atom (Lutetium) 175 Teilchen in seinem Kern. Elektronen sind die einzigen subatomaren Partikel, die um den Atomkern herum kreisen, daher hat Lutetium 71 Elektronen, die sich außerhalb des Kerns befinden.

2. **16 Neutronen, 15 Elektronen.** Eine Kernmasse von 31 u bedeutet, dass der Kern 31 Teilchen beinhaltet. Da 15 davon Protonen sind, bleiben 16 u für die Neutronen übrig. In einem neutralen Atom entspricht die Anzahl von Protonen der Anzahl von Elektronen (in diesem Fall sprechen wir von Phosphor), also hat das Atom 15 Elektronen.

3. **$3{,}95 \times 10^{-25}$ kg.** Zuerst berechnen Sie die atomare Massenzahl, die 92 u + 146 u = 238 u beträgt. Als nächstes rechnen Sie diese Masse in Kilogramm um, in dem Sie die Formel 1 u = $1{,}66 \times 10^{-27}$ kg benutzen. Genau! Das Wissen über die Umrechnung von Einheiten hat Sie einmal mehr gerettet! Gehen Sie dieses Problem genau so an, wie in Kapitel 2 beschrieben.

   $1{,}66 \times 10^{-27}$ kg/1 u = x/238 u

   x = ($1{,}66 \times 10^{-27}$ kg/1 u) × 238 u

   x = $3{,}95 \times 10^{-25}$ kg

4. $^{209}_{83}$**Bi.** Finden Sie Wismut im Periodensystem, um sein chemisches Symbol und seine Ordnungszahl zu erfahren. Da Sie bereits seine Massenzahl kennen, müssen Sie nun nur noch die Informationen in der Form $^{A}_{Z}X$ darstellen.

5.

Name	Ordnungszahl	Massenzahl	Protonenzahl	Elektronenzahl	Neutronenzahl
Wasserstoff	1	1	1	1	0
Chrom	24	52	24	24	28
Iridium	77	192	77	77	115
Molybdän	42	96	42	42	54

6. $^{184}_{74}$**W**, $^{207}_{82}$**Pb.** Beachten Sie, dass Sie nicht die gesamte Information aus dieser Tabelle zur Lösung brauchen; Sie müssen lediglich die chemischen Symbole jedes Elements im Periodensystem finden und identifizieren.

7. Wenn Sie die Ordnungszahl, Protonenzahl oder Elektronenzahl kennen, wissen Sie automatisch auch, die Größe der beiden anderen Zahlen, da sie gleich sind. Jedes Element im Periodensystem ist entsprechend seiner Ordnungszahl aufgelistet; wenn Sie also ein

Element gefunden haben, können Sie einfach die Massenzahl und somit auch die Anzahl Protonen und Elektronen ablesen. Um die Atommasse oder die Neutronenzahl zu bestimmen, müssen Sie eine Größe von beiden kennen. Berechnen Sie die Atommasse, indem Sie Protonen und Neutronen addieren. Alternativ können Sie auch die Protonenzahl von der Atommasse abziehen, um die Neutronenzahl zu erhalten.

Name	Ordnungszahl	Massenzahl	Protonenzahl	Elektronenzahl	Neutronenzahl
Silber	47	108	47	47	61
Schwefel	16	32	16	16	16
Kupfer	29	64	29	29	35
Argon	18	40	18	18	22

8. $_1^1\text{H}$. Die durchschnittliche Atommasse von Wasserstoff (die Sie im Periodensystem nachlesen können) beträgt 1,00797 u. Diese Masse befindet sich so nahe bei 1, dass Sie mit großer Sicherheit sagen können, dass das häufigste Isotop von Wasserstoff die Massenzahl 1 besitzen muss. Dieses Isotop ist $_1^1\text{H}$.

9. **24,32 u.** Zuerst multiplizieren Sie die drei Massenzahlen mit ihren jeweiligen relativen Häufigkeiten.

    24 u × 0,789 = 18,94 u

    25 u × 0,100 = 2,50 u

    26 u × 0,111 = 2,89 u

    Dann addieren Sie die Produkte, um die durchschnittliche Atommasse zu erhalten.

10. **848 K, 1490 K.** Der Übergang von fest zu flüssig findet für Cäsium bei 575 °C statt, und der Aggregatwechsel von flüssig zu gasförmig vollzieht sich bei 1217 °C. Um diese Temperaturen in Kelvin umzurechnen, zählen Sie einfach 273 zu jeder Gradzahl hinzu.

11. **Flüssig.** Hier müssen Sie wieder zuerst Celsius in Kelvin umrechnen, indem Sie 273 addieren; die Probe hat eine Temperatur von 2273 K. Entsprechend zu Tabelle 3.2 heißt das, dass sich die Eisenprobe in einem flüssigen Aggregatzustand befindet.

Das Periodensystem der Elemente durchstreifen

In diesem Kapitel...

▶ Das Periodensystem von oben nach unten, von links nach rechts und umgekehrt

▶ Die Bedeutung von Valenzelektronen verstehen

▶ Elektronenkonfigurationen näher beleuchten

▶ Die Energie eines Elektrons mit Licht gleichsetzen

Da hängt es, bedrohlich und geheimnisvoll über der Tafel im Chemiesaal, eine beindruckende Wand, zusammengesetzt aus Kästchen mit so merkwürdigen Namen wie »C«, »Ag« oder »Tc«. Es ist das sagenumwobene *Periodensystem der Elemente*. Aber lassen Sie sich bloß nicht von seiner beachtlichen Größe verunsichern oder von seinen scheinbar unendlich vielen Details abschrecken. Das Periodensystem ist Ihr Freund, Ihr Führer, Ihr Schlüssel zum Verständnis der Chemie. Um sich am Anfang mit dem Periodensystem vertraut zu machen, konzentrieren Sie sich am besten auf seinen groben Aufbau. Beginnen Sie ganz einfach: Entdecken Sie, dass das Periodensystem aus Spalten und Reihen aufgebaut ist. Richten Sie Ihre Aufmerksamkeit auf diese Spalten und Reihen und Sie werden recht schnell Dinge wie Elektronenaffinität und Atomradius verstehen. Wirklich.

Perioden und Gruppen im Periodensystem ausfindig machen

Schauen Sie sich Ihren neuen Freund, das Periodensystem, in Abbildung 4.1 einmal näher an. Lassen Sie Ihren Blick über die waagerechten Reihen und die senkrechten Spalten wandern.

✔ Die Reihen werden *Perioden* genannt.

✔ Die Spalten werden *Gruppen* genannt.

Jede Periode enthält Elemente, deren Eigenschaften sich in vorhersehbarer Weise ändern – mit dieser Vorhersagbarkeit will das Periodensystem Ihnen signalisieren, dass es Sie mag. Die Elemente innerhalb einer Gruppe haben sehr ähnliche Eigenschaften. Die Eigenschaften der Elemente werden hauptsächlich durch die Anzahl von Protonen und Elektronen (siehe Kapitel 3 für eine kurze Wissensauffrischung) sowie durch die Anordnung der Elektronen bestimmt. Wir erklären, wie Sie die Eigenschaften von Elementen abschätzen können, indem Sie sich das Periodensystem auf der nächsten Seite anschauen; wir beschränken uns zunächst darauf zu erläutern, wie die Elemente in den verschiedenen Perioden und Gruppen angeordnet sind.

PERIODENSYSTEM DER ELEMENTE

1 IA	2 IIA	3 IIIB	4 IVB	5 VB	6 VIB	7 VIIB	8 VIIIB	9 VIIIB	10 VIIIB	11 IB	12 IIB	13 IIIA	14 IVA	15 VA	16 VIA	17 VIIA	18 VIIIA
1 H Wasserstoff 1,00797																	2 He Helium 4,0026
3 Li Lithium 6,939	4 Be Beryllium 9,0122											5 B Bor 10,811	6 C Kohlenstoff 12,01115	7 N Stickstoff 14,0067	8 O Sauerstoff 15,9994	9 F Fluor 18,9984	10 Ne Neon 20,183
11 Na Natrium 22,9898	12 Mg Magnesium 24,312											13 Al Aluminum 26,9815	14 Si Silicium 28,086	15 P Phosphor 30,9738	16 S Schwefel 32,064	17 Cl Chlor 35,453	18 Ar Argon 39,948
19 K Kalium 39,102	20 Ca Calcium 40,08	21 Sc Scandium 44,956	22 Ti Titan 47,90	23 V Vanadium 50,942	24 Cr Chrom 51,996	25 Mn Mangan 54,9380	26 Fe Eisen 55,847	27 Co Cobalt 58,9332	28 Ni Nickel 58,71	29 Cu Kupfer 63,546	30 Zn Zink 65,37	31 Ga Gallium 69,72	32 Ge Germanium 72,59	33 As Arsen 74,9216	34 Se Selen 78,96	35 Br Brom 79,904	36 Kr Krypton 83,80
37 Rb Rubidium 85,47	38 Sr Strontium 87,62	39 Y Yttrium 88,905	40 Zr Zirkonium 91,22	41 Nb Niob 92,906	42 Mo Molybdän 95,94	43 Tc Technetium (99)	44 Ru Ruthenium 101,07	45 Rh Rhodium 102,905	46 Pd Palladium 106,4	47 Ag Silber 107,868	48 Cd Cadmium 112,40	49 In Indium 114,82	50 Sn Zinn 118,69	51 Sb Antimon 121,75	52 Te Tellurium 127,60	53 I Iod 126,9044	54 Xe Xenon 131,30
55 Cs Cäsium 132,905	56 Ba Barium 137,34	57 La Lanthan 138,91	72 Hf Hafnium 179,49	73 Ta Tantal 180,948	74 W Wolfram 183,85	75 Re Rhenium 186,2	76 Os Osmium 190,2	77 Ir Iridium 192,2	78 Pt Platin 195,09	79 Au Gold 196,967	80 Hg Quecksilber 200,59	81 Tl Thallium 204,37	82 Pb Blei 207,19	83 Bi Wismut 208,980	84 Po Polonium (210)	85 At Astat (210)	86 Rn Radon (222)
87 Fr Francium (223)	88 Ra Radium (226)	89 Ac Actinium (227)	104 Rf Rutherfordium (261)	105 Db Dubnium (262)	106 Sg Seaborgium (266)	107 Bh Bohrium (264)	108 Hs Hassium (269)	109 Mt Meitnerium (268)	110 Ds Darmstadtium (269)	111 Rg Röntgenium (272)	112 Uub Ununbium (277)	113 Uut §	114 Uuq Ununquadium (285)	115 Uup §	116 Uuh Ununhexium (289)	117 Uus §	118 Uuo Ununoctium (293)

Lanthanoide

58 Ce Cer 140,12	59 Pr Praseodym 140,907	60 Nd Neodym 144,24	61 Pm Promethium (145)	62 Sm Samarium 150,35	63 Eu Europium 151,96	64 Gd Gadolinium 157,25	65 Tb Terbium 158,924	66 Dy Dysprosium 162,50	67 Ho Holmium 164,930	68 Er Erbium 167,26	69 Tm Thulium 168,934	70 Yb Ytterbium 173,04	71 Lu Lutetium 174,97

Actinoide

90 Th Thorium 232,038	91 Pa Protaktinium (231)	92 U Uran 238,03	93 Np Neptunium (237)	94 Pu Plutonium (242)	95 Am Americium (243)	96 Cm Curium (247)	97 Bk Berkelium (247)	98 Cf Californium (251)	99 Es Einsteinium (254)	100 Fm Fermium (257)	101 Md Mendelevium (258)	102 No Nobelium (259)	103 Lr Lawrencium (260)

§ Achtung: Die Elemente 113, 115 und 117 sind bisher noch nicht entdeckt worden, erscheinen aber in der Tabelle, um ihre theoretische Position zu demonstrieren.

Abbildung 4.1: Das Periodensystem der Elemente.

Ganz links im Periodensystem sehen Sie die Gruppe IA (den Gruppennamen finden Sie oberhalb jeder Spalte), die auch als Gruppe der *Alkalimetalle* bezeichnet wird. Die meisten metallischen Elemente sind sehr reaktionsfreudig (das heißt, sie verbinden sich gerne mit anderen Elementen) und kommen in der Natur daher niemals in reiner Form vor, sondern sind stets mit anderen Elementen gebunden. Gruppe IIA beinhaltet die *Erdalkalimetalle*. Erdalkalimetalle sind genau wie ihre Nachbarn, die Alkalimetalle, sehr reaktiv. Der große zentrale Block des Periodensystems wird von den *Übergangsmetallen* gebildet, die zum größten Teil aus Elementen der Gruppe B bestehen.

Die chemischen Elemente im Periodensystem haben Eigenschaften, die von extrem metallischer Natur (links) bis zu annähernd nichtmetallischer Natur (rechts) reichen. Die Halbmetalle auf der rechten Seite (Metalloide) sind in Form einer Treppe fett umrahmt hervorgehoben (Abbildung 4.1).

✔ Alle Elemente links von dieser Treppe sind *Metalle* (bis auf Wasserstoff in Gruppe IA).

✔ Alle Elemente rechts von dieser Treppe sind *Nichtmetalle*.

✔ Die Elemente, die die Grenztreppe bilden (Bor, Silicium, Germanium, Arsen, Antimon, Tellur, *Polonium* und Astat) werden *Metalloide* genannt, da ihre Eigenschaften genau zwischen denen von Metallen und Nichtmetallen liegen. Chemiker streiten sich bis heute über die Zuordnung bestimmter Elemente (besonders von Polonium und Astat) zu den Metalloiden, aber darüber können wir großzügig hinwegsehen. Die Elemente der Grenztreppe sind Teil der Gruppen IIIA, IVA, VA, VIA und VIIA.

Metalle sind für gewöhnlich fest und glänzend, leiten Elektrizität und Wärme, tendieren dazu Elektronen abzugeben und lassen sich plastisch verformen und dehnen. Die Eigenschaften von Nichtmetallen sind das genaue Gegenteil. Die extremsten Nichtmetalle sind die *Edelgase*, in Gruppe VIIIA ganz rechts im Periodensystem aufgeführt. Edelgase sind besonders reaktionsträge. Eine Spalte weiter links von den Edelgasen, Gruppe VIIA, umfasst eine weitere Schlüsselfamilie der Nichtmetalle, die *Halogene*. In der Natur neigen Halogene dazu, sich mit Metallen zu Salzen zu verbinden, so wie im Falle von Natriumchlorid (NaCl).

Seien Sie sich dessen bewusst, dass es noch eine andere Darstellungsmöglichkeit für das Periodensystem der Elemente gibt, in der die Gruppen einfach von links nach rechts mit 1 bis 18 durchnummeriert werden.

Die Elemente innerhalb einer Gruppe neigen also dazu, ähnliche Eigenschaften zu haben. Diese Ähnlichkeiten ergeben sich aus der Tatsache, dass die Elemente einer Gruppe eine annähernd gleiche Elektronenanordnung in ihrer äußersten Grenzzone oder *Schale* haben (wir werden Elektronenschalen im nächsten Abschnitt noch genauer erläutern).

Wenn Sie mit dem Finger eine Periode entlang fahren, werden Sie bemerken, dass sich die Eigenschaften von Element zu Element schrittweise ändern. Diese allmähliche Veränderung kommt dadurch zustande, dass die Elemente unterschiedliche Elektronenanordnungen in ihren äußersten Schalen aufweisen. Wenn Sie das rechte Ende des Periodensystems erreichen (Gruppe VIIIA), haben Sie es mit Elementen zu tun, deren äußerste Schalen bis an den

Rand mit Elektronen gefüllt sind. Wie Sie später noch erfahren werden, bedeutet eine randvolle äußere Schale, dass das Element kein Bedürfnis hat, mit anderen Elementen zu reagieren. Die Elemente der Gruppe VIIIA werden Edelgase genannt, da sie sich scheinbar selbst für etwas Besseres halten; es wäre unter ihrer Würde, sich mit anderen Elementen einzulassen.

Die Perioden sechs und sieben haben eine Besonderheit. Die Elemente mit den Atomzahlen 58–71 und 90–103 sind von der sonst so strikten Ordnung des Periodensystems ausgenommen und unterhalb der Tabelle in zwei separaten Reihen platziert. Diese beiden Reihen bilden die Lanthanoide und die Actinoide. Die in ihnen enthaltenen Elemente bilden eine Ausnahme im Periodensystem. Dies hat zwei Gründe: Zum einen verhindert die Auslagerung dieser Elemente, dass das Periodensystem zu groß und unübersichtlich wird. Zum anderen haben die Lanthanoide und Actinoide jeweils einander recht ähnelnde Eigenschaften, und die Gruppierungen würden im großen Periodensystem schlicht nicht so zur Geltung kommen.

Beispiel

Die Elemente einer Gruppe zeigen deutliche Unterschiede hinsichtlich ihrer Anzahl von Protonen, Neutronen und Elektronen. Warum haben dann aber die Elemente einer Gruppe so ähnliche chemische Eigenschaften?

Lösung

Chemische Eigenschaften ergeben sich meist aus der Anordnung der Elektronen in der äußersten Schale eines Atoms. Obwohl also die Elemente ganz oben und ganz unten in einer Gruppe (wie zum Beispiel Fluor und Astat) deutlich unterschiedliche Anzahlen von Protonen, Neutronen und Elektronen aufweisen, ist die Anordnung der Elektronen in ihrer äußersten Schale annähernd gleich.

Aufgabe 1

Handelt es sich bei den folgenden Elementen um Metalle oder um Nichtmetalle?

a) Selen

b) Fluor

c) Strontium

d) Chrom

e) Wismut

Ihre Lösung

Aufgabe 2

Warum werden die Edelgase als »edel« bezeichnet?

Ihre Lösung

Chemische Eigenschaften anhand von Perioden und Gruppen des Periodensystems ableiten

Die Aufgabe des Periodensystems besteht darin, bei der Abschätzung der chemischen Eigenschaften von Elementen eine wertvolle Hilfe zu bieten (nebenbei ist es auch noch eine nette Dekoration für jeden Chemiesaal, keine Frage). Diese Eigenschaften verändern sich als Funktion der Protonen- und Elektronenanzahl.

Zunehmende Protonenzahlen erhöhen die positive Ladung des Kerns und steuern so zur *Elektronenaffinität* bei – jener Anziehungskraft, die ein Atom auf ein Elektron ausübt. Innerhalb einer Periode ist die Elektronenaffinität eines Elements umso größer, je höher dessen Protonenanzahl ist. Dieser Trend verläuft nicht perfekt geradlinig, da auch andere, subtilere Faktoren eine Rolle spielen. Aber im Allgemeinen erhält man damit eine recht gute Vorstellung, was mit der Elektronenaffinität innerhalb einer Periode geschieht. Die Elemente der Gruppe VIIIA sind hierbei wichtige Ausnahmen. Diese Elemente haben voll besetzte äußere Schalen und bieten somit keinen Platz für weitere Elektronen, egal an welcher Stelle sie in der Periode stehen.

Anhand der Elektronenzahlen lässt sich also die Reaktivität eines Elements voraussagen, denn ein Mehr an Elektronen bewirkt die Herabsetzung der Reaktionsfreudigkeit. Elektronen auf der höchsten Energieebene beanspruchen die äußerste Schale eines Atoms und werden *Valenzelektronen* genannt. Valenzelektronen bestimmen, ob ein Element reaktiv oder unreaktiv ist. Sie sind die Elektronen, die Bindungen zu anderen Atomen ermöglichen (über die wir noch in Kapitel 5 sprechen werden). Da sich in der Chemie eigentlich alles um das Verknüpfen und Lösen von Bindungen dreht, sind Valenzelektronen die wichtigsten Teilchen in der Chemie.

Ein Atom ist am stabilsten, wenn seine Valenzschale (also die äußerste Schale) komplett mit Elektronen gefüllt ist. Chemie existiert also gewissermaßen, weil alle Atome ständig bestrebt sind, ihre Valenzschalen aufzufüllen. Die Alkalimetalle aus Gruppe IA des Periodensystems sind so reaktionsfreudig, da sie nur ein überzähliges Elektron abgeben müssen, um eine komplett gefüllte Valenzschale zu besitzen. Die reaktiven Halogene aus Gruppe VIIA müssen nur ein Elektron aufnehmen, um dieses Ziel zu erreichen. Die Elemente innerhalb einer Gruppe haben dieselbe Anzahl von Valenzelektronen und daher ähnliche chemische Eigenschaften. Elemente aus Gruppe IA und IIA neigen stark dazu, mit Elementen aus Gruppe VIIA zu reagieren. Elemente aus Gruppe B reagieren im direkten Vergleich deutlich langsamer.

Elemente der A-Gruppen besitzen diejenige Anzahl Valenzelektronen, die als römische Ziffer im jeweiligen Gruppennamen auftaucht. Magnesium aus Gruppe IIA hat zum Beispiel zwei Valenzelektronen.

Zusätzlich zur Reaktivität ändert sich noch eine weitere Eigenschaft im Verlauf des Periodensystems: der *Atomradius* oder die geometrische Größe (nicht die Masse) der Atome. Wenn Sie im Periodensystem nach unten oder nach rechts gehen, nimmt die Anzahl der Elektronen und Protonen kontinuierlich zu. Die gewonnenen Elektronen sind jedoch lediglich in der Lage, höhere Energieebenen zu besetzen, wenn sie zu einem Element in der Tabelle weiter unten gehören. Der Atomradius wird also kleiner, je weiter Sie nach rechts gehen, da die zunehmend positive Ladung der Atomkerne die verhältnismäßig energiearmen Elektronen näher an sich heranzuziehen vermag. Die Elemente im Periodensystem weiter unten haben einen größeren Atomradius als diejenigen weiter oben: Zwar nimmt hier ebenfalls die positive Kernladung zu, gleichzeitig sind aber energetisch stärkere Elektronen in der Lage, auch auf weiter vom Kern entfernten Energieebenen zu kreisen. So entstehen von Element zu Element immer mehr Elektronenschalen um die Kerne und die Atome werden somit größer. Sie können also auch die relative Größe eines Atoms anhand seiner Position im Periodensystem gut abschätzen.

Beispiel

Chrom hat mehr Elektronen als Scandium. Warum hat Scandium aber einen größeren Atomradius?

Lösung

Auch wenn Chrom mehr Elektronen besitzt als Scandium, befinden sich die Elektronen in beiden Fällen auf derselben Energieebene, da beide Elemente in derselben Reihe im Periodensystem zu finden sind. Zudem hat Chrom aber mehr Protonen als Scandium (da Chrom sich weiter rechts befindet), wodurch die positive Ladung des Kerns zunimmt und die Elektronen näher an den Kern gezogen werden, sodass sich der Atomradius verkleinert.

4 ▶ Das Periodensystem der Elemente durchstreifen

Aufgabe 3

Hat Silicium oder Barium den größeren Atomradius?

Ihre Lösung

Aufgabe 4

Besitzt Silicium oder Barium die höhere Elektronenaffinität?

Ihre Lösung

Aufgabe 5

Wie viele Valenzelektronen haben jeweils die folgenden Elemente?

a) I

b) O

c) Ca

d) H

e) Ge

Ihre Lösung

Aufgabe 6

Warum sind Valenzelektronen von so großer Bedeutung in der Chemie?

Ihre Lösung

Wie Valenzelektronen durch die Bildung von Ionen zu Stabilität verhelfen

Die meisten Elemente sind so versessen danach, ihre Valenzschalen randvoll zu bekommen, dass sie ständig bestrebt sind, Elektronen abzugeben oder aufzunehmen. Atome, die aus diesem Grund Elektronen abgeben oder aufnehmen, werden zu *Ionen*. Sie können auch vorhersagen, welche Art Ionen die einzelnen Elemente bilden können, indem Sie sich die Positionen im Periodensystem anschauen. Mit Ausnahme von Reihe 1 (Wasserstoff und Helium) sind alle Elemente am stabilsten (oder »am glücklichsten«), wenn ihre Valenzschale mit acht Elektronen gefüllt ist, was als *Oktett* bezeichnet wird. Atome gehen dabei immer den Weg des geringsten Widerstandes, um ein komplettes Oktett zu erhalten – egal ob das nun bedeutet, ein paar Elektronen loszuwerden, um ein Oktett auf niedrigerer Energiestufe zu bilden oder ob zusätzliche Elektronen eingefangen werden müssen, um ein Oktett auf deren Energieebene zu erhalten. Im Allgemeinen neigen die Metalle auf der linken Seite (und in der Mitte) des Periodensystems dazu, Elektronen abzugeben, während die Nichtmetalle auf der rechten Seite meist Elektronen dazugewinnen möchten.

Noch genauer können Sie vorhersagen, wie viele Elektronen ein Atom gewinnen oder verlieren muss, um ein Ion zu werden. Die Elemente der Gruppe IA (Alkalimetalle) geben ein Elektron ab. Elemente der Gruppe IIA (Erdalkalimetalle) verlieren zwei Elektronen. Die Dinge werden allerdings zur Mitte des Periodensystems hin, also auf dem Gebiet der Übergangsmetalle, eher unvorhersagbar. Eine Prognose ist erst wieder in den Gruppen der Nichtmetalle möglich. Die Elemente der Halogengruppe (Gruppe VIIA) nehmen jeweils ein Elektron auf. Gruppe-VIA-Elemente neigen dazu, zwei Elektronen aufzunehmen und Gruppe-VA-Elemente nehmen sogar drei Elektronen auf. Kurz gesagt, neigen also alle Elemente dazu, so viele Elektronen wie nötig abzugeben oder aufzunehmen, um die Valenzschale mit acht Elektronen zu bestücken und somit das Ideal der Edelgase aus Gruppe VIIIA zu erreichen.

Wenn Atome zu Ionen werden, verlieren sie das neutrale 1:1-Gleichgewicht zwischen ihren Protonen und Elektronen und erhalten deshalb eine Gesamtladung.

✔ Atome, die Elektronen verlieren (wie Metalle), erhalten eine positive Ladung und werden *Kationen* genannt, so wie Na^+ oder Mg^{2+}.

✔ Atome, die Elektronen dazugewinnen (wie Nichtmetalle), erhalten eine negative Ladung und werden *Anionen* genannt, so wie Cl^- oder Br^-.

Die hochgestellten Ziffern und Zeichen hinter einem Elementsymbol kennzeichnen die Gesamtladung des jeweiligen Ions. Kationen tragen ein »+« und Anionen ein »–«. Wenn das Element Natrium (Na) ein Elektron verliert, büßt es auch eine negative Ladung ein und hat somit einen Überschuss an (positiven) Protonen. Na wird deshalb zu Na^+.

4 ➤ Das Periodensystem der Elemente durchstreifen

 Beispiel

Fluor und Natrium sind im Periodensystem nur zwei Ordnungszahlen voneinander entfernt. Warum bildet Fluor aber ein Anion F⁻ und Natrium ein Kation Na⁺?

 Lösung

Fluor (F) befindet sich in Gruppe VIIA, nur eine Gruppe links von den Edelgasen; es fehlt ihm somit nur ein Elektron zu seinem »Glück«, um die Valenzschale zu einem Oktett zu komplettieren. Natrium (Na) befindet sich hingegen eine Gruppe rechts von den Edelgasen und ist in die nächste Zeile der Gruppe IA der nächsten Energieebene gerutscht. Daher muss Natrium ein Elektron abgeben, um ein volles Oktett zu erhalten.

Aufgabe 7

Wie viele Elektronen müssen die folgenden Elemente abgeben oder aufnehmen, um ein Ion zu werden?

a) Lithium

b) Sauerstoff

Ihre Lösung

Aufgabe 8

Welche Ionenart bildet Stickstoff höchstwahrscheinlich?

Ihre Lösung

Aufgabe 9

Welche Ionenart bildet Magnesium höchstwahrscheinlich?

Ihre Lösung

Elektronen auf ihre Plätze verweisen: Elektronenkonfigurationen

Man kann eine Menge über ein Element erfahren, wenn man die Anzahl seiner Elektronen kennt (siehe auch die vorangegangenen Abschnitte). Als nächsten Schritt müssen Sie wissen, wo sich diese Elektronen aufhalten. Es gibt mehrere verschiedene Schemata, die diese wichtige Information zu erklären versuchen, aber die so genannte *Elektronenkonfiguration* ist ein Schema, das besonders viele Informationen übersichtlich vermitteln kann.

Jede Periodenreihe des Periodensystems entspricht einer bestimmten prinzipiellen Energieebene, wobei eine hohe Periodennummer einer hohen Energieebene entspricht. Auf jeder Energieebene können die Elektronen so genannte *Orbitale* besetzen. Die verschiedenen Orbitalarten haben leicht unterschiedliche Energiegehalte. Jedes Orbital kann bis zu zwei Elektronen beherbergen, aber kein Elektron würde sich freiwillig zu einem anderen Elektron in einem Orbital hinzugesellen, wenn gleichzeitig noch andere unbesetzte Orbitale derselben Energieebene vorhanden sind. Elektronen besetzen die Orbitale mit der niedrigsten Energie immer zuerst, so wie wir es vermutlich auch machen würden, wenn wir Elektronen wären.

Es gibt vier Orbitaltypen: s, p, d und f.

✔ Die Elemente der Periodenreihe 1 besitzen ein einziges 1s-Orbital. Ein Elektron in diesem Orbital entspricht der Elektronenkonfiguration von Wasserstoff und wird als $1s^1$ bezeichnet. Die hochgestellte Ziffer hinter dem Orbitalsymbol zeigt an, wie viele Elektronen dieses Orbital beherbergt. Befinden sich in dem Orbital zwei Elektronen ($1s^2$), entspricht dies der Elektronenkonfiguration von Helium. Jedes höhere Hauptenergieniveau hat sein eigenes s-Orbital ($2s$, $3s$ und so weiter). Die s-Orbitale werden unabhängig von der jeweiligen Energiestufe, in der sie sich befinden, immer zuerst von Elektronen besetzt.

- ✓ Zusätzlich zu den s-Orbitalen beinhalten Hauptenergieniveaus der Stufe 2 und höher auch p-Orbitale. Es gibt drei p-Orbitale auf jedem Niveau, die insgesamt sechs Elektronen ein Zuhause bieten können. Die drei p-Orbitale (auch als p_x, p_y und p_z bezeichnet) haben jeweils den gleichen Energiegehalt und werden nacheinander mit jeweils einem Elektron besetzt und danach wieder nacheinander mit jeweils einem zweiten Elektron. Die Elemente in Periodenreihe 2 im Periodensystem enthalten nur s- und p-Orbitale, die zu Periodenreihe 3 enthalten s-, p- und d-Orbitale. Die p-Orbitale jedes Energieniveaus werden erst dann mit Elektronen besetzt, wenn zuvor die s-Orbitale komplett bestückt wurden.

- ✓ Die Elemente der Periodenreihen 4 und höher beinhalten neben s- und p-Orbitalen auch d-Orbitale, von denen es auf jedem Hauptenergieniveau fünf gibt und die maximal 10 Elektronen beherbergen können. Die Elemente der Reihen 5 und höher besitzen auch noch sieben f-Orbitale pro Energiestufe, die maximal 14 Elektronen aufnehmen können. Elektronen in einem d-Orbital stellen das Hauptmerkmal der Übergangsmetalle dar. f-Orbital-Elektronen sind hingegen typisch für die Lanthanoide und Actinoide (mehr Informationen über diese Elemente finden Sie auch im Abschnitt »Chemische Eigenschaften anhand von Perioden und Gruppen des Periodensystems ableiten«).

Nach Periodenreihe 4 wird es ein bisschen verwirrend, die genaue Reihenfolge zu bestimmen, mit der die Energieniveaus mit Elektronen gefüllt werden. Damit Sie sich nicht verhaspeln, ist es hilfreich, sich an das Diagramm für das »Aufbauprinzip« in Abbildung 4.2 zu halten. Um dieses Diagramm zu benutzen, beginnen Sie am unteren Ende und arbeiten sich langsam in Richtung der Pfeile nach oben. Sie beginnen also immer damit, Orbital 1s mit Elektronen zu füllen, dann fahren Sie mit Orbital 2s fort, dann füllen Sie 2p, dann 3s, dann 3p, dann 4s, dann 3d und so weiter.

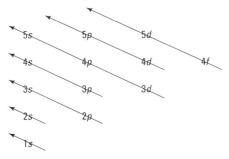

Abbildung 4.2: Darstellung des »Aufbauprinzips« für die Elektronenbesetzung der Orbitale.

Leider gibt es ein paar Ausnahmen unter den Elementen, die sich nicht in das saubere Schema aus Abbildung 4.2 pressen lassen. Kupfer, Chrom und Palladium sind solche Beispiele (siehe Kapitel 25 für weitere Informationen über diese Elemente). Da wir nicht zu sehr in die Details gehen wollen, machen wir es kurz. Die außergewöhnlichen Elektronenkonfigurationen dieser Elemente entstehen, indem Elektronen die Orbitale niederer Energie einfach verlassen und stattdessen halbgefüllte oder voll besetzte d-Orbitale bereiten; diese halb oder ganz gefüllten Orbitale bieten tatsächlich eine höhere Stabilität als bei der Elektronenbesetzung nach dem normalen Aufbauprinzip.

Um eine Elektronenkonfiguration aufzuschreiben, bestimmen Sie zuerst, wie viele Elektronen das entsprechende Atom eigentlich hat. Dann ordnen Sie diese Elektronen den verschiedenen Orbitalen zu, eins nach dem anderen, vom Orbital der niedrigsten bis zum Orbital der höchsten Energiestufe. Sie platzieren nur dann zwei Elektronen in einem Orbital, wenn alle anderen möglichen Orbitale schon mit mindestens einem Elektron besetzt sind. Nehmen wir zum Beispiel an, dass Sie die Elektronenkonfiguration von Kohlenstoff bestimmen wollen. Kohlenstoff besitzt sechs Elektronen, genauso viele wie Protonen, die man anhand der Ordnungszahl ablesen kann (siehe Kapitel 3 für weitere Informationen über Ordnungszahlen) und befindet sich in Periodenreihe 2 des Periodensystems. Zuerst müssen Sie das s-Orbital von Energieniveau 1 füllen. Dann können Sie das s-Orbital von Energieniveau 2 mit Elektronen besetzen. Beide s-Orbitale haben zusammen Platz für vier Elektronen, sodass noch zwei Elektronen übrig bleiben, die Sie in dem p-Orbitalen des Energieniveaus 2 unterbringen müssen. Die beiden Elektronen beanspruchen jeweils ein p-Orbital für sich allein. Daher müssen Sie die Elektronenkonfiguration $1s^2 2s^2 2p^2$ für Kohlenstoff notieren. (Nur bei der Sauerstoffkonfiguration $1s^2 2s^2 2p^4$ halten sich zwei Elektronen in jeweils einem $2p$-Orbital gemeinsam auf, was durch die hochgestellte 4 hinter dem p kenntlich gemacht wird.)

Elektronenkonfigurationen können ein bisschen umständlich zu schreiben sein. Aus diesem Grund sieht man sie manchmal in gekürzter Form dargestellt, so wie [Ne]$3s^2 3p^3$. Diese zusammengefasste Darstellung ist die Elektronenkonfiguration von Phosphor. Die vollständig ausgeschriebene Konfiguration für Phosphor würde lauten: $1s^2 2s^2 2p^6 3s^2 3p^3$. Um sie abzukürzen, gehen Sie einfach die Ordnungszahlen von Phosphor aus rückwärts, bis Sie auf ein Edelgas treffen (das nächste Edelgas zu Phosphor ist Neon). Das Buchstabensymbol für dieses Edelgas in eckige Klammern gesetzt, bildet den Ausgangspunkt der gesuchten Elektronenkonfiguration. Als nächstes platzieren Sie die übrigen Elektronen von Phosphor in die nächst höheren Orbitale (also zwei Elektronen in $3s$ und drei Elektronen in $3p$). Diese zusammengefasste Darstellungsweise bedeutet nichts weiter, als dass die Elektronenkonfiguration von Phosphor der von Neon plus fünf weiteren Elektronen in den $3s$- und $3p$-Orbitalen entspricht.

Ionen haben andere Elektronenkonfigurationen als ihre Ursprungsatome, da sie beim Elektronenverlust oder -gewinn eines Elementes entstehen. Wie Sie im vorangegangenen Abschnitt erfahren haben, neigen Atome dazu, Elektronen abzugeben oder aufzunehmen, um ein komplettes Valenzoktett wie Edelgase zu erhalten. Und wissen Sie was? Die resultierenden Ionen haben genau die gleichen Elektronenkonfigurationen wie Edelgase. Wenn also ein Br^--Anion gebildet wird, nimmt das Bromatom die gleiche Elektronenkonfiguration an wie das Edelgas Krypton.

Beispiel

Wie lautet die Elektronenkonfiguration für Titan?

 Lösung

$1s^2 2s^2 2p^6 3s^2 3p^6 4s^2 3d^2$. Titan (Ti) hat die Ordnungszahl 22 und besitzt daher 22 Elektronen, die der Anzahl seiner 22 Protonen entsprechen. Diese Elektronen besetzen die Orbitale von der niedrigsten bis zu höchsten Energiestufe, so wie es in Abbildung 4.2 dargestellt ist. Beachten Sie, dass sich die $3d$-Orbitale nur füllen lassen, nachdem die $4s$-Orbitale voll sind, sodass Titanium insgesamt zwei Valenzelektronen besitzt.

Aufgabe 10

Wie lautet die ausführliche Elektronenkonfiguration für Chlor?

Ihre Lösung

Aufgabe 11

Wie lautet die ausführliche Elektronenkonfiguration für Technetium?

Ihre Lösung

Aufgabe 12

Wie lautet die gekürzte Elektronenkonfiguration für Brom?

Ihre Lösung

Aufgabe 13

Wie lauten die ausführlichen Elektronenkonfigurationen für ein Chlor-Anion, sowie für Argon und ein Kalium-Kation?

Ihre Lösung

Die Energiemenge (oder das Licht) messen, die ein angeregtes Elektron emittiert

Elektronen können zwischen den Energieniveaus hin und her springen, indem sie Energie absorbieren oder freisetzen. Wenn ein Elektron einen Energiebetrag aufnimmt, der genau der Energiedifferenz zwischen zwei Niveaus entspricht (ein *Quant* Energie), dann springt das Elektron auf das nächst höhere Energieniveau. Dieser Sprung führt zu einem *angeregten Zustand*, der jedoch nicht ewig andauert, da der niederenergetische *Grundzustand* vergleichsweise stabiler ist. Angeregte Elektronen neigen dazu, die aufgenommene Energie wieder freizusetzen, die der genauen Differenz zwischen zwei Energieniveaus entspricht, und kehren somit wieder in den Grundzustand zurück. Die einzelnen Elementarteilchen, die dabei abgegeben werden, heißen *Photonen* und entsprechen jeweils einem Energiequant.

Licht besitzt sowohl Teilchen- als auch Welleneigenschaften. Dadurch eröffnet sich eine interessante Möglichkeit: Sie können die Differenzen bezüglich der Energien der angeregten Elektronen bestimmen, indem Sie einfach die Wellenlänge des emittierten Lichts messen. Auf diese Art können Sie mehrere Elemente in einer Probe identifizieren. Die erste grundlegende Beziehung, die hinter dieser Technik steht, lautet:

Lichtgeschwindigkeit (c) = Wellenlänge (λ) × Frequenz (ν)

wobei $c = 3{,}00 \times 10^8$ m/s ist. Die Frequenz wird oft in Form des reziproken Sekundenwerts (1/s oder s^{-1}) oder in Hertz angegeben (1 Hz = 1 s^{-1}).

Was ist aber mit der Energie? Wie lautet die Beziehung zwischen Frequenz und Energie? Die muss doch schrecklich kompliziert sein, denken Sie? Falsch gedacht! Die zweite grundlegende Beziehung, die Licht mit Energie in Verbindung bringt, lautet:

Energie (E) = Planck'sches Wirkungsquantum (h) × Frequenz (ν)

wobei das Planck'sche Wirkungsquantum $h = 6{,}626 \times 10^{-34}$ J · s beträgt.

Hier steht das J für Joule, der Einheit des internationalen Systems (SI) für Energie. Die Frequenz wird in Hertz (Hz) angegeben, wobei gilt: 1 Hz = 1 s^{-1}. Indem Sie also eine Frequenz mit dem Planck'schen Wirkungsquantum multiplizieren, erhalten Sie einen Wert in Joule, der Einheit für Energie.

4 ➤ Das Periodensystem der Elemente durchstreifen

Beispiel

1. Eine Wasserstofflampe strahlt blaues Licht mit einer Wellenlänge von 487 Nanometern (nm) ab. Geben Sie die Frequenz in Hertz an.

Lösung

1. **$6{,}16 \times 10^{14}$ s^{-1}.** Wellenlänge und Lichtgeschwindigkeit sind hier bekannte Größen; also müssen Sie die Beziehung nach der Frequenz auflösen: $\nu = c/\lambda$. Vergessen Sie nicht, Nanometer in Meter umzurechnen (1 nm = 10^{-9} m), da die Lichtgeschwindigkeit in Meter pro Sekunde angegeben wird:

$$\frac{3{,}00 \times 10^{8}\,\text{m s}^{-1}}{487 \times 10^{-9}\,\text{m}} = 6{,}16 \times 10^{14}\,\text{s}^{-1}$$

2. Wie viel Energie wird abgegeben, wenn Licht mit einer Frequenz von $6{,}88 \times 10^{14}$ Hz emittiert wird?

2. **$4{,}56 \times 10^{-19}$ J.**

$E = h\nu = (6{,}626 \times 10^{-34}\,\text{J} \cdot \text{s}) \times (6{,}88 \times 10^{14}\,\text{s}^{-1}) = 4{,}56 \times 10^{-19}$ J. Sie müssen sich hierzu daran erinnern, dass Hz = s^{-1}.

$$E = \left(6{,}626 \times 10^{-34}\,\text{J} \cdot \text{s}\right)\left(6{,}88 \times 10^{14}\,\text{s}^{-1}\right) =$$
$$4{,}56 \times 10^{-19}\,\frac{\text{J} \cdot \text{s}}{\text{s}} = 4{,}56 \times 10^{-19}\,\text{J}$$

Aufgabe 14

Wie hoch ist die Frequenz eines Lichtstrahls der Wellenlänge $2{,}57 \times 10^2$ m?

Ihre Lösung

Aufgabe 15

Eine recht nützliche, energiereiche Strahlung angeregter Elektronen stellt die Röntgenstrahlung dar. Berechnen Sie die Wellenlänge (in Metern) eines Röntgenstrahls mit $\nu = 8{,}72 \times 10^{17}$ Hz.

Ihre Lösung

Aufgabe 16

Wie groß ist die Differenz zwischen zwei Energieniveaus, die einer Emission von $3{,}91 \times 10^8$ Hz entsprechen?

Ihre Lösung

Lösungen zu den Aufgaben rund um das Periodensystem der Elemente

1. Metalle finden Sie links von der fett markierten Treppe, mit der Ausnahme von Wasserstoff, während Nichtmetalle rechts von der Treppe angeordnet sind. Die verschiedenen Elemente, aus denen die Treppe selbst besteht, werden als Metalloide bezeichnet.

    a) Selen (Se) = **Nichtmetall**

    b) Fluor (F) = **Nichtmetall**

    c) Strontium (Sr) = **Metall**

    d) Chrom (Cr) = **Metall**

    e) Wismut (Bi) = **Metall**

2. Die Edelgase werden als »edel« bezeichnet, da sie es scheinbar als unter ihrer Würde betrachten, sich mit anderen Elementen einzulassen und Verbindungen einzugehen. Da diese Elemente über komplett gefüllte Valenzschalen verfügen, unterliegen sie auch keinem energetischen Zwang, dies zu tun. Sie sind bereits so stabil, wie sie es sich nur wünschen können.

3. **Der Atomradius von Barium ist größer.** Die Atomgröße wird innerhalb des Periodensystems von oben nach unten und von rechts nach links größer. Barium (Ba) befindet sich weiter unterhalb und links von Silicium (Si) und hat daher den größeren Radius.

4. **Silicium besitzt die größere Elektronenaffinität.** Die Elektronenaffinität wird umso größer, je weiter ein Element rechts im Periodensystem liegt.

5. Wenn Sie sich die Elemente der A-Gruppen anschauen, stellen Sie fest, dass die Anzahl der Valenzelektronen mit der Gruppennummer des Elements übereinstimmt:

    a) Iod (I) hat **sieben Valenzelektronen**, da es sich in Gruppe VIIA befindet.

    b) Sauerstoff (O) hat **sechs Valenzelektronen**, da er sich in Gruppe VIA befindet.

    c) Calcium (Ca) hat **zwei Valenzelektronen**, da es sich in Gruppe IIA befindet.

    d) Wasserstoff (H) hat **ein Valenzelektron**, da er sich in Gruppe IA befindet.

    e) Germanium (Ge) hat **vier Valenzelektronen**, da es sich in Gruppe IVA befindet.

6. Valenzelektronen sind von Bedeutung, da sie die höchste Energiestufe in der äußersten Schale eines Atoms besetzen. Daher sind Valenzelektronen jene Elektronen, die für die Aktivität verantwortlich sind: Ob sie Bindungen eingehen, aufgenommen oder abgegeben werden, sodass Ionen entstehen. Die Anzahl der Valenzelektronen bestimmt größtenteils die chemische Reaktivität eines Atoms.

7. **a) Lithium verliert ein Elektron** und bildet das Lithium-Kation, Li^+.

    b) Sauerstoff (O) gewinnt zwei Elektronen und bildet das Anion, O^{2-}.

Alle Elemente streben nach stabil gefüllten Valenzschalen, so wie die der Edelgase. Ob nun ein Element zu diesem Zweck Elektronen abgibt oder aufnimmt, ist von seiner Lage im Periodensystem abhängig. Für die Elemente auf der linken Seite ist es am leichtesten, ein paar Elektronen abzugeben, wobei Ihnen die römische Ziffer vor dem Gruppenbuchstaben verrät, um wie viele abgestoßene Elektronen es sich dabei handelt – Sie kennen dadurch also die positive Ladung des entsprechend gebildeten Ions. Die Elemente auf der rechten Seite des Periodensystems hätten am liebsten ein paar Elektronen mehr; die römische Ziffer vor dem Gruppenbuchstaben verrät Ihnen auch hier wieder, wie viele Elektronen nötig sind, um das Ideal der Edelgase aus Gruppe VIIIA zu erreichen. Ein Element aus Gruppe VIA beispielsweise nimmt zwei Elektronen auf, um sein Valenzoktett zu vervollständigen.

8. **N³⁻**, das Stickstoff-Anion. Durch den Gewinn von drei Elektronen erhält Stickstoff, der in Gruppe VA zu finden ist, ein volles Oktett – so wie das Edelgas Neon.

9. **Mg²⁺**, das Magnesium-Kation. Magnesium aus Gruppe IIA erhält sein volles Valenzoktett, indem es zwei Elektronen abgibt. Die verbleibende, volle Valenzschale enthält, genau wie beim Edelgas Neon, acht Elektronen.

10. $1s^22s^22p^63s^23p^5$. Chlor (Cl) besitzt 17 Elektronen.

11. $1s^22s^22p^63s^23p^64s^23d^{10}4p^65s^24d^5$. Technetium (Tc) besitzt 43 Elektronen, die die einzelnen Orbitale nach dem Aufbauprinzip füllen.

12. $[Ar]4s^23d^{10}4p^5$. Kürzen Sie die Elektronenkonfiguration von Brom (Br), indem Sie zuerst alle vollständig gefüllten Orbitale, die das am nächsten gelegene Edelgas im Periodensystem charakterisieren, zusammenfassen und das entsprechende Symbol in eckige Klammern setzen. Die vollständige Elektronenkonfiguration von Brom lautet $1s^22s^22p^63s^23p^64s^23d^{10}4p^5$. Brom befindet sich in Reihe 4 des Periodensystems. Sie können also die Elektronenkonfiguration bis zum Edelgas der Reihe 3, also Argon, zusammenfassen, indem Sie dessen Symbol in eckige Klammern setzen [Ar]. Dann fügen Sie noch die Konfiguration der restlichen Elektronen hinzu: $[Ar]4s^23d^{10}4p^5$.

13. **Alle drei haben die Konfiguration $1s^22s^22p^63s^23p^6$**, die Konfiguration des Edelgases Argon (Ar). Sowohl das Chlor-Anion als auch das Kalium-Kation suchen nach Stabilität, indem sie ihr Valenzoktett komplettieren und so zu Ionen werden.

14. **$11{,}7 \times 10^5 \text{ s}^{-1}$.**

$$\frac{3{,}00 \times 10^8 \text{ m s}^{-1}}{2{,}57 \times 10^2 \text{ m}} = 11{,}7 \times 10^5 \text{ s}^{-1}$$

15. **$3{,}44 \times 10^{-10}$ m.**

$$\frac{3{,}00 \times 10^8 \text{ m s}^{-1}}{8{,}72 \times 10^{17} \text{ s}^{-1}} = 3{,}44 \times 10^{-10} \text{ m}$$

16. **$2{,}59 \times 10^{-25}$ J.**

$$\left(6{,}626 \times 10^{-34} \text{ J} \cdot \text{s}\right)\left(3{,}91 \times 10^8 \text{ s}^{-1}\right) = 2{,}59 \times 10^{-25} \text{ J}$$

Teil II
Verbindungen aufbauen und erneuern

»Gut, da jetzt endlich der Sanitäter samt Defibrillator und Riechsalz angekommen sind, können wir uns daran machen, alles über kovalente Bindung zu lernen«

In diesem Teil ...

Die Chemie beginnt dort, wo Elemente sich dazu entschließen, Bekanntschaft miteinander zu machen. Eine Verbindung ist wie eine Gruppe elementarer Freunde. Einige Freunde stehen sich näher als andere. Potenzielle neue Freunde testen bestehende Allianzen und lösen diese manchmal auf, um eine ganz neue Verbindung zu erschaffen. Mit anderen Worten, Reaktionen finden statt. Dieser Teil untersucht sowohl Verbindungen als auch Bindungen, also jene Kräfte, welche die Verbindungen zusammenhalten. Da die friedliche Population aller Elemente und Verbindungen so riesig ist, machen wir Sie als erstes mit dem Mol bekannt – einer wirklich großen Zahl, die das Zählen der zahllosen Verbindungen deutlich erleichtert. Wir zeigen Ihnen auch Reaktionen, jene dramatischen Dialoge zwischen Elementen und Verbindungen, die den chemischen Veränderungen zugrunde liegen.

Bindungen eingehen

In diesem Kapitel...

- Elektronen bei Ionenbindungen abgeben und aufnehmen
- Elektronen in einer kovalenten Bindung gemeinsam benutzen
- Molekülorbitale verstehen
- Moleküle im Zusammenhang mit VSEPR-Theorie und Hybridisierung
- Die Idee der Polarität verinnerlichen

Viele Atome neigen zu spontanen öffentlichen Liebesbekundungen, indem sie sich eng an andere Atome schmiegen – eine Art intime Umarmung, die als *Bindung* bezeichnet wird. Atome bändeln miteinander an, wenn sie ihre Valenzelektronen benutzen, um Spiele zu spielen. In diesem Kapitel erklären wir Ihnen die Grundregeln dieser Spiele.

Da die Valenzelektronen von so großer Bedeutung für Bindungen sind, werden sie im Gegensatz zu allen anderen Elektronen manchmal in Form von *Punkten* um ein Elementsymbol herum dargestellt. Damit lassen sich Bindungsprobleme zwischen Elementen leichter und anschaulicher lösen. Sie sollten in der Lage sein, solche Elektronenpunktstrukturen wie in Abbildung 5.1 darzustellen und zu interpretieren. Diese Abbildung zeigt die Elektronenpunktstrukturen der Elemente der ersten beiden Periodenreihen des Periodensystems; beachten Sie, dass sich die Valenzschalen kontinuierlich von links nach rechts füllen. Um die Elektronenpunktstruktur eines beliebigen Elements zu zeichnen, müssen Sie die Elektronen in der Valenzschale dieses Element zählen. Dann zeichnen Sie diese Elektronenanzahl in Form von Punkten um das Buchstabensymbol herum. Kapitel 4 beschreibt einige der Faktoren, die festlegen, ob Atome Elektronen verlieren oder dazugewinnen müssen, um Ionen zu bilden. Sie sollten sich sicher sein, dass Sie diese Zusammenhänge verinnerlicht haben, bevor Sie weiter in das vorliegende Kapitel einsteigen.

IA	IIA	IIIA	IVA	VA	VIA	VIIA	VIIIA
H·							He:
Li·	·Be·	·B·	·C·	:N:	:O:	:F:	:Ne:

Abbildung 5.1.: Elektronenpunktstrukturen für die Elemente der ersten beiden Reihen des Periodensystems.

Ladungspaarung bei Ionenbindungen

Die Atome einiger Elemente, wie Metalle, können ziemlich leicht Valenzelektronen verlieren, um *Kationen* zu bilden (Atome mit positiver Ladung), die über eine stabile Elektronenkonfiguration verfügen. Atome anderer Elemente, wie die Halogene, können recht einfach Elektronen einfangen, um *Anionen* zu bilden (Atome mit negativer Ladung), die ebenfalls eine stabile Elektronenkonfiguration besitzen. Kationen und Anionen erfahren eine *elektrostatische Anziehung*, da sich gegensätzliche Ladungen anziehen. Daher wird sich ein Anion stets an ein Kation kuscheln wollen, sofern die Chance dazu besteht. Dieses Ereignis wird als *Ionenbindung* bezeichnet und es findet statt, weil die Energie der auf diese Art gebundenen Ionen geringer ist als im Falle ihrer Trennung – kurz gesagt, eine Ionenbindung bietet mehr Stabilität für beide Reaktionspartner.

Sie können sich eine Ionenbindung als Ergebnis der Übertragung eines Elektrons von Atom zu Atom vorstellen, so wie in Abbildung 2.5 am Beispiel von Natrium und Chlor dargestellt. Metalle (wie Natrium) neigen dazu, Elektronen an Nichtmetalle (wie Chlor) abzugeben, da Nichtmetalle deutlich *elektronegativer* als Metalle sind (elektronegativer zu sein bedeutet, dass Elektronen stärker angezogen werden). Je größer die Differenz der Elektronegativitäten beider Ionen ist, um so *ionischer* (unausgeglichener) ist die Bindung, die sich zwischen ihnen bildet.

$$Na \cdot \cdot \ddot{\underset{..}{Cl}} : \longrightarrow Na^+ :\ddot{\underset{..}{Cl}}:^-$$

Abbildung 5.2: Die Übertragung eines Elektrons von Natrium zu Chlor führt zur Ausbildung einer Ionenbindung zwischen dem Na^+-Kation und dem Cl^--Anion.

Obwohl Ionen oft als einzeln geladene Atome vorliegen, gib es doch auch etliche *mehratomige Ionen* (geladene Teilchen, die aus mehr als einem Atom bestehen). Beispiele für häufig vorkommende *mehratomige* Ionen sind Ammonium, NH_4^+, und Sulfat, SO_4^{2-}. Wir beschäftigen uns in Kapitel 6 noch genauer mit *mehratomigen* Ionen.

Wenn sich Kationen und Anionen in einer Ionenbindung einander nähern, bilden sie eine *ionische Verbindung*. Bei Raumtemperatur sind die meisten ionischen Verbindungen fest, da die Ionen durch starke elektrostatische Kräfte zusammengehalten werden. Die Ionen ionischer Feststoffe neigen dazu, sich in Form eines *Kristallgitters* zu formieren, einer hoch strukturierten Anordnung, die ein Maximum an elektrostatischen Wechselwirkungen zwischen den einzelnen Ionen ermöglicht. Die geometrischen Dimensionen einer solchen Packung sind von den verschiedenen ionischen Verbindungen abhängig. Eine recht einfache Gitterstruktur sehen Sie in Abbildung 5.3. Sie können auch jetzt schon zu Kapitel 6 weiterblättern, um mehr Informationen über ionische Verbindungen zu erhalten.

Die starken elektrostatischen Kräfte, die das Ionengitter zusammenhalten, bedingen hohe Siede- und Schmelzpunkte, die für ionische Verbindungen allgemein recht typisch sind (siehe Kapitel 10 für weitere Informationen zu Schmelz- und Siedepunkten). Obwohl man verhältnismäßig viel Wärmeenergie benötigt, um Ionenbindungen aufzubrechen, lassen sich aus Ionen aufgebaute Verbindungen dennoch meist leicht in Wasser oder anderen polaren Lösungsmitteln lösen (polare Flüssigkeiten bestehen aus Molekülen mit ungleich verteilter Ladung). Wenn die Lösungsmoleküle polar sind, fällt es ihnen leicht, in Wechselwirkung mit den Ionen zu treten und so die Auflösung des festen Ionengitters zu unterstützen. Polare Wassermoleküle können zum Beispiel gleichermaßen gut mit Natriumionen (Na^+) und Chloridionen (Cl^-) interagieren. Wassermoleküle sind polar, weil sie ungleich verteilte positive und negative Ladungen tragen. Wassermoleküle können so ihre positiven Enden Cl^- zuwenden, während der negativ geladene Bereich in Wechselwirkung mit Na^+ tritt. Positive Ladungen ziehen ihre negativen Gegenstücke an und umgekehrt, also greifen beide Wechselwirkungen reibungslos ineinander – und erfordern insgesamt weniger Energie. Festes Kochsalz, NaCl, löst sich also problemlos in Wasser, da die Wasser-Ionen-Wechselwirkungen mit den Na^+-Cl^--Wechselwirkungen in Konkurrenz treten.

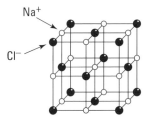

Abbildung 5.3: Die Gitterstruktur des ionischen Feststoffs Natriumchlorid.

Wenn ionische Verbindungen geschmolzen oder gelöst werden, kann sich das einzelne Ion frei bewegen, wodurch die Flüssigkeit eine sehr gute elektrische Leitfähigkeit entwickelt. Ionische Feststoffe sind hingegen meist schwache Stromleiter.

Salze stellen eine weit verbreitete Variante von ionischen Verbindungen dar. Ein Salz entsteht bei der Reaktion zwischen einer Base und einer Säure. Salzsäure zum Beispiel reagiert mit Natriumhydroxid zu dem Salz Natriumchlorid und Wasser:

$HCl(aq) + NaOH(aq) \rightarrow NaCl(aq) + H_2O(l)$

Das (*aq*) bedeutet hierbei, dass die Substanz in Wasser gelöst ist und somit in Form einer *wässrigen* (aquatischen) Lösung vorliegt.

Beispiel

Warum neigen Metalle dazu, ionische Verbindungen mit Nichtmetallen zu bilden?

 Lösung

Metalle sind deutlich weniger elektronegativ als Nichtmetalle, das heißt, sie geben ihre Valenzelektronen viel leichter ab. Nichtmetalle (besonders die der Gruppen VIIA und VIA) sind hingegen in der Lage, neue Valenzelektronen einzufangen. Daher finden Metalle und Nichtmetalle leicht zueinander und bilden Bindungen, in denen beide Partner gleichermaßen ihr Stabilitätsideal erreichen können.

Aufgabe 1

Wie sieht die Elektronenpunktstruktur von Kaliumfluorid aus?

Ihre Lösung

Aufgabe 2

Die ionische Verbindung Lithiumsulfid besteht aus den Komponenten Lithium und Schwefel. Wie viele Elektronen werden in welche Richtungen bei der Bildung der Ionenbindung übertragen?

Ihre Lösung

Aufgabe 3

Magnesiumchlorid wird einmal in einem Becher mit Wasser und einmal in einem Becher mit Reinigungsalkohol bis zur Sättigung gelöst. Dann werden Stromkreise an jeden Becher angeschlossen, bei denen jeweils ein Draht von einer Batterie in die Lösung und ein Draht von der Lösung zu einer Glühbirne führen. Die Glühbirne, die an die wässrige Lösung angeschlossen ist, glüht heller als die Glühbirne, die mit der Alkohollösung in Kontakt steht. Warum?

Ihre Lösung

Elektronen durch kovalente Bindungen teilen

Für einige Atome ist es erstrebenswert, gemeinsam mit anderen Atomen Valenzelektronen zu benutzen, um ihren energieärmsten und somit stabilsten Zustand zu erreichen. Wenn Atome Valenzelektronen gemeinsam benutzen, spricht man von einer *kovalenten Bindung*, einer Art Verlobung sozusagen. Der Begriff *kovalent* bedeutet »gemeinsam in Valenz«. Verglichen mit der Ionenbindung bilden sich kovalente Bindungen häufig zwischen Atomen ähnlicher Elektronegativitäten aus und am häufigsten zwischen Nichtmetallen.

Die kovalente Bindung strebt genau wie die Ionenbindung danach, zwei Atomen zu komplett gefüllten Valenzschalen zu verhelfen. Die gemeinsam benutzten Elektronen werden von den Kernen beider Atome angezogen und bilden so die Bindung. Die einfachste und am intensivsten untersuchte kovalente Bindung ist die zwischen zwei Wasserstoffatomen, wie in Abbildung 5.4 gezeigt. Einzeln hat jedes Atom nur ein Elektron, mit dem es sein $1s$-Orbital füllt. Bei der Bildung einer kovalenten Bindung erhebt jedes Wasserstoffatom Anspruch auf beide Elektronen im Gesamtmolekül. Die Abbildung veranschaulicht mehrere Wege, wie eine kovalente Bindung dargestellt werden kann, wobei zum einen die gepaarten Elektronen durch Zeichnung der Valenzschalen (a), mithilfe von Elektronenpunktstrukturen (b) oder mit einer einfachen Linie (c) symbolisiert werden. Die Darstellungen (b) und (c) werden auch als *Lewis-Strukturen* bezeichnet.

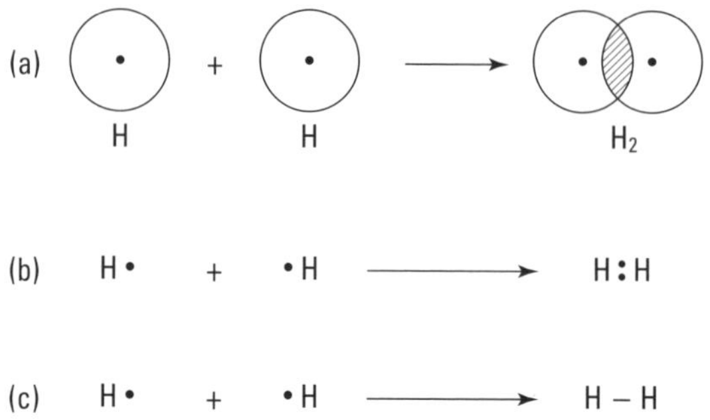

(a) H + H → H₂

(b) H• + •H ⟶ H:H

(c) H• + •H ⟶ H – H

Abbildung 5.4: Drei Darstellungsarten der Bildung einer kovalenten Bindung zwischen zwei Wasserstoffatomen.

Atome können auch mehr als ein einzelnes Elektronenpaar miteinander teilen. Bei zwei Elektronenpaaren bildet sich eine so genannte *Doppelbindung* und bei drei Elektronenpaaren entsteht eine *Dreifachbindung* zwischen zwei Atomen. Beispiele für Doppel- und Dreifachbindungen sind mithilfe von Elektronenpunkt- und Linienstrukturen in Abbildung 5.5 dargestellt.

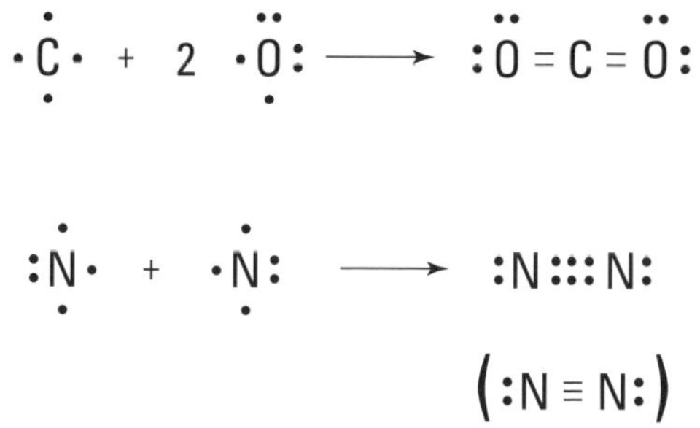

•C• + 2 •Ö: ⟶ :Ö = C = Ö:

:N• + •N: ⟶ :N:::N:

(:N ≡ N:)

Abbildung 5.5: Die Bildung von Doppelbindungen in Kohlendioxid (CO_2) und von Dreifachbindungen in molekularem Stickstoff (N_2).

Ein paar Richtlinien können Ihnen dabei helfen, die korrekte Lewis-Struktur für ein Molekül herauszufinden, wenn Ihnen die Summenformel des Moleküls bekannt ist. Als Beispiel arbeiten wir im Folgenden die Lewis-Struktur von Formaldehyd CH_2O aus (Abbildung 5.6 soll Ihnen dabei helfen, den Ausführungen zu folgen).

1. **Zählen Sie alle Valenzelektronen aller Atome im Molekül zusammen.**

Mit diesen Elektronen bauen Sie die Struktur auf. Achten Sie dabei auf fehlende oder überzählige Elektronen, die auf ein Ion hinweisen. Wenn Sie zum Beispiel wissen, dass Ihr Molekül eine zweifach positive Ladung (+2) besitzt, müssen Sie zwei Valenzelektronen von der errechneten Gesamtsumme abziehen. Im Fall von Formaldehyd besitzt Kohlenstoff (C) vier Valenzelektronen, jedes der beiden Wasserstoffatome hat ein Valenzelektron, und Sauerstoff (O) hat Platz für sechs Elektronen in seiner Valenzschale. Die Gesamtzahl der Valenzelektronen von Formaldehyd lautet also 12.

2. **Wählen Sie ein »zentrales« Atom, das als Anker in der Lewis-Struktur dient.**

   Das zentrale Atom kann für gewöhnlich die meisten Bindungen zu anderen Atomen ausbilden und ist daher oft das Atom mit den meisten leeren Valenzorbitalplätzen, die es zu füllen gilt. Bei größeren Molekülen kann es durch Versuch und Irrtum etwas Zeit in Anspruch nehmen, dieses zentrale Atom zu identifizieren. Bei kleineren Molekülen hat man meist leichteres Spiel, wenn man sich merkt, dass Kohlenstoff ein besseres zentrales Atom als Wasserstoff oder Sauerstoff ist. Denn Kohlenstoff ist in der Lage, vier kovalente Bindungen zu bilden, während Sauerstoff zwei und Wasserstoff nur eine Bindung eingehen kann. Im Fall von Formaldehyd ist Kohlenstoff also der offensichtlich beste Kandidat für das zentrale Atom.

3. **Verbinden Sie die anderen »äußeren« Atome mit Ihrem zentralen Atom nur über Einfachbindungen.**

   Jede Einfachbindung wird von zwei Elektronen gebildet. Im Fall von Formaldehyd verbinden Sie also das Sauerstoffatom und die beiden Wasserstoffatome mit dem zentralen Kohlenstoffatom.

4. **Füllen Sie die Valenzschalen Ihrer »äußeren« Atome auf. Übrig bleibende Elektronen binden Sie dann durch Mehrfachbindungen an das zentrale Atom.**

   In unserem Beispiel sollten Kohlenstoff und Sauerstoff jeweils acht Elektronen in ihren Valenzschalen tragen; jedes Wasserstoffatom sollte zwei Valenzelektronen haben. Wenn Sie die Valenzschalen der »äußeren« Atome von Formaldehyd füllen (also von Sauerstoff und Wasserstoff), werden Sie feststellen, dass Ihr gesamtes Reservoir von 12 Elektronen damit aufgebraucht ist.

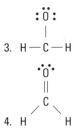

Abbildung 5.6: Eine Lewis-Struktur zeichnen.

5. **Überprüfen Sie zum Schluss, ob auch das zentrale Atom eine volle Valenzschale besitzt.**

   Wenn Ihr zentrales Atom eine volle Valenzschale hat, haben Sie Ihre Lewis-Struktur richtig gezeichnet – sie ist rein formell korrekt dargestellt, auch wenn sie noch nicht die reale Struktur wiederspiegelt. Sollten Sie jedoch sehen, dass die Valenzschale des zentralen Atoms nicht ganz gefüllt ist, dann müssen Sie freie (ungebundene) Elektronen der äußeren Atome in Form von Mehrfachbindungen an das zentrale Atom binden, bis dessen Valenzschale gefüllt ist. Beachten Sie dabei, dass jede weitere Bindung auch aus jeweils zwei Elektronen gebildet wird. Im Fall unseres Moleküls Formaldehyd müssen Sie eine Doppelbindung zwischen Kohlenstoff und einem der äußeren Atome bilden, um seine Valenzschale zu füllen. Dafür bieten sich die freien Elektronen von Sauerstoff an und stellen tatsächlich auch die einzige Möglichkeit dar, da die Orbitale der Wasserstoffatome mit zwei Elektronen schon ausgelastet sind. Also nutzen Sie zwei der freien Elektronen von Sauerstoff, um eine Doppelbindung zu Kohlenstoff zu bilden.

Es gibt auch kovalente Bindungen, bei denen nur eines der Atome beide Elektronen zur Verfügung stellt. Diese Art der Bindung wird *koordinative Bindung* (oder auch *dative kovalente Bindung*) genannt. Atome mit einsamen Elektronenpaaren sind in der Lage, zwei Elektronen zu einer koordinativen Bindung beizusteuern. Ein *einsames oder freies Elektronenpaar* besteht aus zwei freien Elektronen, die sich zusammen im selben Orbital befinden. Obwohl sich eine kovalente Bindung meist zwischen Nichtmetallen ausbildet, sind auch Metalle in der Lage, koordinative Bindungen aufzubauen. Für gewöhnlich erhält das Metall dabei Elektronen von einem Elektronenspender (Donator), der als *Ligand* bezeichnet wird.

 Manchmal kann sich eine Gruppe von Atomen auf unterschiedliche Weise kovalent miteinander verbinden. Diese Situation führt zur so genannten *Resonanz*. Dabei wird jede der möglichen Bindungsstrukturen als *Resonanzstruktur* bezeichnet. Die eigentliche Struktur der Verbindung selbst ist ein *Resonanzhybrid*, eine Art Mischung aller Resonanzstrukturen. Wenn zum Beispiel zwei Atome in einer Resonanzstruktur über eine Einfachbindung und in einer anderen Resonanzstruktur über eine Doppelbindung miteinander verknüpft sein können, dann verfügt der Resonanzhybrid im Mittel über eine Bindung, die einem Wert von 1,5 Einfachbindungen entspricht. Ein bekanntes Beispiel eines Resonanzhybrids ist Ozon (O_3), dessen mögliche Strukturen in Abbildung 5.7 dargestellt sind.

$$\left[:\ddot{O}::\ddot{O}:\ddot{O}: \quad \longleftrightarrow \quad :\ddot{O}::\ddot{O}:\ddot{O}: \right]$$
$$\quad - \quad + \qquad\qquad\qquad\qquad + \quad -$$

oder

$$\left[:\ddot{O}-\ddot{O}=\ddot{O}: \quad \longleftrightarrow \quad :\ddot{O}=\ddot{O}-\ddot{O}: \right]$$
$$\quad - \quad + \qquad\qquad\qquad\qquad + \quad -$$

Abbildung 5.7: Resonanzstrukturen von Ozon in zwei Darstellungsarten.

Beispiel

Zeichnen Sie eine Lewis-Struktur für Propen C_3H_6.

Lösung

Zuerst zählen Sie die Valenzelektronen aller Atome des Moleküls zusammen. Jedes Kohlenstoffatom steuert vier Elektronen und jedes Wasserstoffatom ein Elektron bei, sodass wir eine Summe von 18 Elektronen erhalten. Als nächstes bestimmen Sie das zentrale Atom. Die beste Wahl ist ein Kohlenstoffatom, da es vier Bindungen ausbilden kann, also mehr als ein Wasserstoffatom. Verknüpfen Sie die übrigen Atome über Einfachbindungen mit dem zentralen Atom. Um alle Atome miteinander verbinden zu können, müssen Sie die beiden anderen Kohlenstoffatome an das zentrale Kohlenstoffatom binden. Diese Bindungen verbrauchen 16 der 18 Valenzelektronen, sodass zwei Elektronen übrig bleiben, die Sie zunächst einfach einem der Kohlenstoffatome geben können. Dadurch erhalten Sie ein Kohlenstoffatom in der Struktur, das noch nach zwei weiteren Elektronen sucht, um seine Valenzschale zu füllen. Um ihm dies zu ermöglichen, müssen Sie eine C–C-Doppelbindung kreieren. Und wie Sie anhand der folgenden Abbildung nachvollziehen können, gibt es nur eine Möglichkeit, wie die Wasserstoffatome angeordnet werden müssen, um sämtliche Valenzschalen der Kohlenstoffatome zu komplettieren.

$$\begin{array}{c} H H \\ | | H \\ H-C-C=C \\ | \diagdown \\ H H \end{array}$$

Aufgabe 4

Molekulares Chlorgas (Cl_2) ist giftig und wurde als chemische Waffe im Ersten Weltkrieg eingesetzt. Warum ist Chlorgas wahrscheinlich eine kovalent verknüpfte Verbindung? Wie sieht die wahrscheinlichste Elektronenpunktstruktur dieses Molekül aus?

Ihre Lösung

Aufgabe 5

Wenn das Salz Aluminiumchlorid in Wasser gelöst wird, umgeben sich die Aluminium-(III)-Kationen mit jeweils sechs Wassermolekülen, um das »hexahydrierte« Aluminiumkation $Al(H_2O)_6^{3+}$ zu bilden. Als Metall der Gruppe IIIA gibt Aluminium seine Valenzelektronen leicht ab. Das Sauerstoffatom von Wasser besitzt zwei einsame Elektronenpaare. Welche Bindungsart entsteht höchstwahrscheinlich zwischen Aluminium und den hydratisierten Wassermolekülen?

Ihre Lösung

Aufgabe 6

Benzol, C_6H_6, ist ein häufig genutztes industrielles Lösungsmittel. Das Benzolmolekül besteht aus einem Ring kovalent verknüpfter Kohlenstoffatome. Zeichnen Sie zwei akzeptable Lewis-Strukturen für Benzol. Beschreiben Sie anhand dieser Strukturen eine mögliche Resonanzhybridstruktur.

Ihre Lösung

Molekülorbitale besetzen und überlappen

Kapitel 4 beschreibt, wie Elektronen die verschiedenen Orbitale eines Atoms besetzen. Wenn sich Atome über kovalente Bindungen zu Molekülen formieren, sind die gepaarten Elektronen nicht mehr länger auf ihre ursprünglichen Atomorbitale beschränkt, sondern bewegen sich nun innerhalb von *Molekülorbitalen* – jenen großen Bereichen, die sich durch die Überlappung von Atomorbitalen bilden. Genau wie Atomorbitale, so entsprechen auch Molekülorbitale verschiedenen Energieniveaus. Eine stabile, kovalente Bindung bildet sich zwischen zwei Atomen, da die Energie des an der Bindung beteiligten Atomorbitals niedriger ist als die Energien der beiden ungebundenen Atome zusammengerechnet.

Da Elektronen wellenähnliche Eigenschaften haben, können sich Atomorbitale, je nach Beziehung der gemeinsam benutzten Elektronen, auf mehrere Arten gegenseitig überlappen.

✔ Zum einen ist es möglich, dass Elektronenwellen positiv miteinander interagieren (mit niedriger Energie; *bevorzugt*) und zusammen ein *bindendes Orbital* einnehmen.

✔ Zum anderen ist es möglich, dass Elektronenwellen in einem *antibindenden (energetisch höher gelegenen) Orbital* negativ in Wechselwirkung treten.

Die Energiebeziehungen zwischen ungebundenen Atomen und verschiedenen Molekülorbitaltypen werden in *Molekülorbitaldiagrammen* zusammengefasst, wie z. B. für H_2 in Abbildung 5.8. Darin erkennen Sie, dass zwei Wasserstoffatome jeweils ein einziges Elektron von ihren 1s-Orbitalen in ein bindendes Sigma(σ)-Orbital überführen. Das niederenergetische bindende σ-Orbital wird gegenüber dem hochenergetischen antibindenden σ^*-Orbital bevorzugt. Das führt zu einem allgemeinen Prinzip: Wenn die Wahl zwischen einem Zustand hoher und einem Zustand niedriger Energie besteht, wählen Moleküle stets die zweite Variante. Diese Vorliebe der Moleküle für den Zustand niedriger Energie ist mit *bevorzugt* gemeint, im Gegensatz zum *nicht bevorzugten* (energetisch höher gelegenen) Zustand.

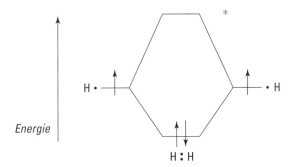

Abbildung 5.8: Ein Molekülorbitaldiagramm für die Bildung von H_2.

Zusätzlich zu den Unterschieden in den Wechselbeziehungen zwischen Elektronenwellen können sich kovalente Bindungen auch hinsichtlich der Form der Molekülorbitale unterscheiden.

✔ Wenn sich Atomorbitale so überlappen, dass das entstehende Molekülorbital hinsichtlich der *Bindungsachse* (der Linie, die zwei Atome miteinander verknüpft) symmetrisch ist, sprechen wir von einer σ-Bindung (Sigma-Bindung).

✔ Wenn sich Atomorbitale so überlappen, dass das entstehende Molekülorbital mit der *Bindungsachse* nur in einer Ebene symmetrisch ist, sprechen wir von einer π-Bindung (Pi-Bindung).

Sigma-Bindungen sind stärker als Pi-Bindungen, da die Elektronen innerhalb einer Sigma-Bindung direkt zwischen den beiden Atomkernen liegen. Die negativ geladenen Elektronen in einer Sigma-Bindung erfahren dadurch eine positive (niederenergetische) Anziehung zum positiv geladenen Kern. Elektronen in Pi-Bindungen sind hingegen weiter vom Kern entfernt, sodass sie weniger stark angezogen werden.

Sigma-Bindungen bilden sich, wenn *s*- oder *p*-Orbitale frontal miteinander überlappen. Einfachbindungen sind meist Sigma-Bindungen. Pi-Bindungen bilden sich, wenn benachbarte *p*-Orbitale über und unter der Bindungsachse miteinander überlappen. Diese Situationen sind in Abbildung 5.9 dargestellt.

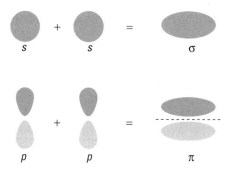

Abbildung 5.9: Bildung einer Sigma-Bindung (σ) aus zwei s-Orbitalen und Bildung einer Pi-Bindung (π) aus zwei benachbarten p-Orbitalen.

 ### Beispiel

Sowohl Sigma- als auch Pi-Bindungen besitzen eine Symmetrie hinsichtlich ihrer beiden Atome. Wo liegt der Unterschied zwischen den Symmetrien von Sigma- und Pi-Bindung?

 ### Lösung

Bei jeder Bindung zwischen zwei Atomen können Sie eine imaginäre Linie (die Bindungsachse) zeichnen, die zwischen den Zentren der beiden Atome verläuft. Sigma-Bindungen sind perfekt symmetrisch um diese Linie angeordnet; Sie können sich die Sigma-Bindung auch als eine Art Röhre vorstellen, die sich gleichmäßig um die Bindungsachse wickeln lässt. Wenn Sie nun die gebundenen Atome um diese imaginäre Linie rotieren lassen, sieht eine Sigma-Bindung immer gleich aus, egal wie Sie sie drehen. Pi-Bindungen sind nur in einer Ebene symmetrisch zur Bindungsachse. Sie können sich die beiden Atome flach auf eine

Oberfläche gepresst vorstellen; die Bindungsachse ist dann die imaginäre Linie, die auf dieser Ebene zwischen den Atomzentren verläuft. Die Pi-Bindung verknüpft die beiden Atome ober- und unterhalb dieser Linie. Wenn Sie nun die gebundenen Atome um diese imaginäre Linie rotieren lassen, würde die Pi-Bindung mal aus der Ebene herausragen und mal unter ihr verschwinden – vergleichbar mit den Planken eines Schaufelrads, die mal aus dem Wasser auftauchen und dann wieder unter die Wasseroberfläche sinken.

Aufgabe 7

Zeichnen Sie ein Molekülorbitaldiagramm für das hypothetische Molekül He_2.

Ihre Lösung

Aufgabe 8

Erklären Sie anhand des Molekülorbitaldiagramms von He_2, warum dieses Molekül mit viel geringerer Wahrscheinlichkeit existiert als H_2.

Ihre Lösung

Aufgabe 9

Doppelbindungen beinhalten eine Sigma- und eine Pi-Bindung. Ein einfaches Molekül mit einer Doppelbindung ist Ethen, $H_2C=CH_2$. Ethen reagiert mit Wasser zu Ethanol:

$H_2C=CH_2 + H_2O \rightarrow H_3C-CH_2OH$

Diese Reaktion ist positiv, was heißt, dass sie ohne äußere Energiezufuhr autonom abläuft. Warum ist das so?

Ihre Lösung

Tauziehen mit Elektronen: Polarität

Die vorangegangenen Abschnitte über Ionenbindungen und kovalente Bindungen bezogen sich auf das Konzept der Elektronegativität oder der Tendenz eines Atoms, Elektronen an sich heranzuziehen. Ionenbindungen bilden sich zwischen Atomen mit stark unterschiedlichen Elektronegativitäten, während kovalente Bindungen zwischen Atomen mit ähnlicheren Elektronegativitäten entstehen. In Wahrheit gibt es aber keinen natürlichen Unterschied zwischen den beiden Bindungsarten; beide befinden sich auf den gegenüberliegenden Seiten eines *Polaritätsspektrums*, das die Ungleichverteilung von Elektronen innerhalb einer Bindung beschreibt.

Je größer die Differenz der Elektronegativitäten zweier Atome ist, umso polarer wird die Bindung, die sich zwischen beiden ausbildet. Stellen Sie sich die an der Bindung beteiligten Elektronen in Form einer Wolke im Molekülorbital vor. Bei polaren Bindungen ist diese Wolke in der Nähe des Atoms mit der höheren Elektronegativität dichter. Bei einer unpolaren Bindung, wie der, die sich zwischen Atomen desselben Elements bildet, ist die Elektronenwolke zwischen beiden Atomen gleich dicht. Polare Bindungen haben einen eher ionischen Charakter, während unpolare Bindungen eher kovalenter Natur sind. Es folgen ein paar Tipps, wie Sie den Charakter einer Bindung beurteilen können:

✔ Normalerweise bedeutet ein Elektronegativitätsunterschied von weniger als 0,3, dass die entsprechende kovalente Bindung als unpolar betrachtet wird.

✔ Elektronegativitätsunterschiede zwischen 0,3 und 1,7 weisen auf eine zunehmend polare kovalente Bindung hin.

✔ Bei einer Differenz über 1,7 wird die Bindung zunehmend ionischer.

Die Elektronegativitäten der Elemente sind in Abbildung 5.10 zusammengefasst; sie soll Ihnen helfen, sich klar zu werden, warum im Periodensystem waagerecht weit voneinander entfernt liegende Atome eher dazu neigen, polare Bindungen zu bilden als benachbarte Atome.

Die Unterschiede in den Elektronegativitäten sind der Grund für die Polarität einer Bindung zwischen zwei Atomen. Die polaren Bindungen in einem Molekül addieren sich gegenseitig auf und schaffen so eine Gesamtpolarität des Moleküls. Die genaue Art und Weise, wie die individuellen Bindungen jeweils zur Gesamtpolarität beitragen, ist von der Form des Moleküls abhängig.

✔ Wenn zwei sehr polare Bindungen in entgegengesetzte Richtungen weisen, heben sich ihre Polaritäten gegenseitig auf.

✔ Wenn diese beiden polaren Bindungen in dieselbe Richtung zeigen, addieren sich ihre Polaritäten.

✔ Wenn die beiden polaren Bindungen einander entgegen gerichtet sind, werden ihre Polaritäten in einer Richtung gelöscht und in der anderen addiert.

1	2	3	4	5	6	7	8	9	10	11	12	13	14	15	16	17
1 H 2,1																
3 Li 1,0	4 Be 1,5											5 B 2,0	6 C 2,5	7 N 3,0	8 O 3,5	9 F 4,0
11 Na 0,9	12 Mg 1,2											13 Al 1,5	14 Si 1,8	15 P 2,1	16 S 2,5	17 Cl 3,0
19 K 0,8	20 Ca 1,0	21 Sc 1,3	22 Ti 1,5	23 V 1,6	24 Cr 1,6	25 Mn 1,5	26 Fe 1,8	27 Co 1,9	28 Ni 1,9	29 Cu 1,9	30 Zn 1,6	31 Ga 1,6	32 Ge 1,8	33 As 2,0	34 Se 2,4	35 Br 2,8
37 Rb 0,8	38 Sr 1,0	39 Y 1,2	40 Zr 1,4	41 Nb 1,6	42 Mo 1,8	43 Tc 1,9	44 Ru 2,2	45 Rh 2,2	46 Pd 2,2	47 Ag 1,9	48 Cd 1,7	49 In 1,7	50 Sn 1,8	51 Sb 1,9	52 Te 2,1	53 I 2,5
55 Cs 0,7	56 Ba 0,9	57 La 1,1	72 Hf 1,3	73 Ta 1,5	74 W 1,7	75 Re 1,9	76 Os 2,2	77 Ir 2,2	78 Pt 2,2	79 Au 2,4	80 Hg 1,9	81 Tl 1,8	82 Pb 1,9	83 Bi 1,9	84 Po 2,0	85 At 2,2
87 Fr 0,7	88 Ra 0,9	89 Ac 1,1														

zunehmend → (nach oben)
abnehmend → (nach rechts)

Abbildung 5.10: Elektronegativitäten der Elemente im Periodensystem.

Da die Elektronen in einer polaren kovalenten Bindung ungleich verteilt sind, nehmen elektronegativere Atome eine negative Teilladung an, was durch das Symbol δ- gekennzeichnet wird. Die weniger elektronegativen Atome erhalten eine positive Teilladung, δ+. Dieser Ladungsunterschied entlang der Bindungsachse wird als *Dipol* bezeichnet. Einzelne Bindungen haben Dipole, die sich über alle Bindungen eines Moleküls (wenn man die Raumstruktur berücksichtigt) zu einem *molekularen Dipol* addieren lassen. Zusätzlich zu den permanenten Dipolen, die durch polare Bindungen entstehen, können sich auch temporäre Dipole innerhalb unpolarer Bindungen und Moleküle bilden. Beide Dipolarten spielen wichtige Rollen bei den Wechselwirkungen zwischen Molekülen. Permanente Dipole führen zu Dipol-Dipol-Wechselwirkungen und zu Wasserstoffbrücken. Temporäre Dipole bedingen die anziehenden London-Dispersionskräfte (blättern Sie zu den Kapiteln 10 und 12, wenn Sie mehr darüber erfahren möchten, wie diese Kräfte Moleküle in Lösungen beeinflussen).

Beispiel

Warum macht es keinen Sinn zu fragen, ob ein Element (wie Wasserstoff oder Fluor) polare oder unpolare Bindungen eingeht?

Lösung

Ob ein Element nun polare oder unpolare Bindungen ausbildet, kann nur im Hinblick auf ganz bestimmte Bindungen mit anderen Elementen beantwortet werden. Wasserstoff zum Beispiel knüpft eine perfekte kovalente Bindung mit einem anderen Wasserstoffatom im Molekül H_2. Ähnlich verbindet sich Fluor im Molekül F_2 über eine unpolare Bindung mit seinem Partner. Andererseits ist die Bindung zwischen Wasserstoff und Fluor im Molekül HF sehr polar. Die Polarität einer Bindung hängt also immer vom Unterschied der Elektronegativitäten beider Atome ab und kann nicht pauschal für ein Element bestimmt werden.

Aufgabe 10

Sagen Sie voraus, ob die Bindungen zwischen den folgenden Atompaaren unpolar kovalent, polar kovalent oder ionisch sind:

a) H und Cl

b) Ga und Ge

c) O und O

d) Na und Cl

e) C und O

Ihre Lösung

Aufgabe 11

Tetrafluormethan (CF_4) enthält vier kovalente Bindungen. Wasser (H_2O) besitzt zwei kovalente Bindungen. In welchem Molekül sind die Bindungen polarer? Welches Molekül von beiden ist am polarsten und warum?

Ihre Lösung

Moleküle formen: VSEPR-Theorie und Hybridisierung

Fangen wir mit dem schweren Teil an: VSEPR ist die Abkürzung für *Valenzschalen-Elektronenpaar-Repulsion* (auch als *EPA-Modell, Elektronenpaarabstoßungs-Modell* bekannt). Okay, jetzt wird's wieder leichter. Die VSEPR-Theorie kann erklären, warum bestimmte Moleküle nur bestimmte Formen annehmen und keine x-beliebigen. Die Form eines Moleküls kann Ihnen verraten, wie es mit anderen Molekülen interagieren wird. Moleküle, die sich zum Beispiel schön ordentlich stapeln lassen, bilden häufig Feststoffe. Zwei Moleküle, die förmlich so zusammenpassen, dass ihre reaktiven Bereiche nahe beisammen liegen, reagieren mit großer Wahrscheinlichkeit miteinander.

Das Grundprinzip, das der VSEPR-Theorie zugrundeliegt, geht davon aus, dass Valenzelektronenpaare immer so weit wie möglich voneinander entfernt sein wollen, egal ob sie einsame Elektronenpaare bilden oder Teil einer Bindung sind. Es gibt einfach keinen Grund, negative Ladungen mehr als nötig einander anzunähern.

Natürlich orientieren sich auch mehrere Elektronenpaare bei kovalenten Mehrfachbindungen entlang derselben Bindungsachse. Freie Paare stoßen einander stärker ab als gebundene Elektronenpaare, und die schwächste Abstoßung findet zwischen gebundenen Elektronenpaaren statt. Zwei freie Elektronenpaare halten den größtmöglichen Abstand zueinander, wenn möglich bewegen Sie sich dazu auf die entgegengesetzten Seiten des Atoms. Bindungselektronen haben ebenfalls den Drang, Abstand zu wahren, dieser ist jedoch nicht so stark ausgeprägt wie bei freien Elektronenpaaren. Im Großen und Ganzen versuchen alle Elektronenpaare, den maximalen Abstand zueinander einzunehmen. Wenn aber ein Atom an viele andere gebunden ist, ist das »Ideal« des größtmöglichen Abstands nicht immer möglich, da es sein kann, dass sich Molekülbereiche überlagern. Die Endstruktur eines Moleküls ist also stets gewissermaßen ein Kompromiss zwischen den verschiedenen Rauminteressen der beteiligten Atome und freien Elektronenpaare.

Die VSEPR-Theorie kann verschiedene Formen vorhersagen, die häufig bei realen Molekülen zu finden sind. Diese Formen sind in Abbildung 5.11 dargestellt.

Betrachten Sie einmal die wunderschön symmetrische Form eines Moleküls, das durch das VSEPR-Modell erstellt wurde: das Tetraeder. Vier gleichwertige Elektronenpaare in der Valenzschale eines Atoms sollten sich so verteilen, dass gleiche Winkel und gleiche Abstände zwischen den Paaren entstehen. Aber welches Atom trägt denn vier *gleichwertige* Elektronenpaare in seiner Valenzschale? Sind Valenzelektronen nicht meist auf mehrere Orbitale verteilt, z.B. auf *s*- und *p*-Orbitale?

Damit die VSEPR-Theorie Sinn macht, muss sie im Zusammenhang mit einer anderen Vorstellung gesehen werden: die *Hybridisierung*. Unter Hybridisierung versteht man das Kombinieren von Atomorbitalen zu so genannten Hybridorbitalen. Elektronenpaare besetzen gleiche Hybridorbitale. Es ist hierbei wichtig zu wissen, dass die Hybridorbitale alle gleichwertig sind, denn das hilft Ihnen wiederum zu verstehen, wodurch die verschiedenen Molekülformen begünstigt werden. Wenn die Elektronen eines reinen *p*-Orbitals versuchen, sich zum einen so weit wie möglich von den Elektronen eines anderen *p*-Orbitals *und* gleichzeitig auch noch von den Elektronen eines *s*-Orbitals entfernt zu halten, kann die sich daraus ergebende Form nicht symmetrisch sein, da sich *s*- von *p*-Orbitalen unterscheiden. Wenn aber all diese Elektronen identische Hybridorbitale besetzen würden (jedes davon ist ein bisschen wie ein *s*-Orbital und ein bisschen wie ein *p*-Orbital), dann ist die sich ergebende Molekülstruktur mit größerer Wahrscheinlichkeit symmetrisch.

Echte Moleküle können tatsächlich alle möglichen symmetrischen Formen annehmen, die keinen Sinn machen würden, wenn sich Elektronen nur in »reinen« Orbitalen (wie *s* und *p*) aufhalten würden. Die »Mischung« reiner Orbitale zu Hybriden ermöglicht es Chemikern, die symmetrischen Formen echter Moleküle mit der VSEPR-Theorie zu erklären. Diese Art Orbitalmischung muss in der Natur tatsächlich vorkommen, wovon Sie sich zum Beispiel am Fall von Methan, CH_4, überzeugen können.

Die durch Experimente bestätigte Form von Methan ist *tetraedrisch*. Die vier C-H-Bindungen sind gleich stark und gleich weit voneinander entfernt. Vergleichen Sie jetzt diese Beschreibung mit der Elektronenkonfiguration von Kohlenstoff aus Abbildung 5.12.

5 ➤ Bindungen eingehen

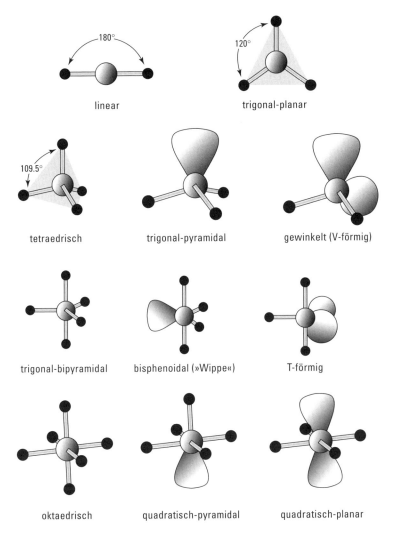

Abbildung 5.11: Anhand des VSEPR-Modells vorhergesagte Molekülformen.

Kohlenstoff enthält ein volles 1s-Orbital, das jedoch im Innern liegt, sodass es die Geometrie der Bindung nicht beeinflusst. Die Valenzschale von Kohlenstoff beherbergt jedoch ein volles 2s-Orbital, zwei halb gefüllte 2p-Orbitale und ein leeres p-Orbital (siehe Kapitel 4 für weitere Informationen über diese Orbitale). Das bietet nicht gerade ein Bild absoluter Gleichheit. Diese Konfiguration ist also theoretisch unvereinbar mit der tetraedrischen Bindungsgeometrie von Kohlenstoff, wodurch klar wird, dass die Valenzorbitale tatsächlich hybridisieren müssen.

$$C \quad \underset{1s}{\uparrow\downarrow} \quad \underset{2s}{\uparrow\downarrow} \quad \underset{2p}{\uparrow \quad \uparrow \quad \_\_}$$

Abbildung 5.12: Die Elektronenkonfiguration von Kohlenstoff.

Wie können Wasserstoffatome vier identische Bindungen mit Kohlenstoff eingehen? Generell geschehen zwei Dinge bei der Bildung der vier äquivalenten Orbitale von Methan.

✔ Zuerst wird eines der beiden 2s-Elektronen von Kohlenstoff »befördert« und in ein energetisch höher gelegenes Orbital geschickt, das 2p-Orbital. Diese Beförderung führt zu vier halb gefüllten Valenzorbitalen; ein 2s-Orbital und drei 2p-Orbitale, von denen nun jedes ein einzelnes Elektron beherbergt.

✔ Als nächstes wird das 2s-Orbital mit den drei 2p-Orbitalen vermischt, sodass vier identische sp^3-Hybridorbitale entstehen. Der Fakt, dass alle sp^3-Orbitale identisch sind, ist von besonderer Bedeutung, da nun die VSEPR-Theorie die symmetrische Struktur von Methan, das Tetraeder, problemlos erklären kann.

Die Formen echter Moleküle bilden sich also durch die Geometrie der Valenzorbitale – der Orbitale, die Bindungen zu anderen Atomen herstellen. Im Folgenden erklären wir Ihnen, wie Sie diese Geometrie vorhersagen können:

1. **Zählen Sie die freien Elektronenpaare und Bindungspartner, die ein Atom in einem Molekül tatsächlich hat. Sie können dazu die Lewis-Struktur zu Hilfe nehmen.**

   Bei Formaldehyd (CH_2O) zum Beispiel bildet Kohlenstoff zwei Einfachbindungen zu den Wasserstoffatomen und eine Doppelbindung zu einem Sauerstoffatom aus. Kohlenstoff hat hier also drei Valenzorbitale.

2. **Als nächstes schauen Sie sich die Elektronenkonfiguration genauer an und bestimmen die Mischung von Orbitaltypen (wie s und p), die von den Valenzelektronen besetzt wird.**

   Kohlenstoff hat vier Valenzelektronen in einer $2s^2 2p^2$-Konfiguration. Zwei Valenzelektronen besetzen zusammen ein s-Orbital und jedes der restlichen zwei Elektronen nimmt ein p-Orbital in Anspruch. Indem wir nun das s-Orbital mit den zwei p-Orbitalen vereinen, entstehen drei identische sp^2-Hybridorbitale.

Beachten Sie, dass sich die Gesamtzahl der Orbitale dabei nicht ändert; in dem Beispiel hat Formaldehyd drei Valenzorbitale vor dem Mischen und danach immer noch drei. Die VSEPR-Theorie sagt voraus, dass sich die Elektronen der drei Orbitale gegenseitig abstoßen, um eine *trigonal-planare* Molekülform entstehen zu lassen – die drei Orbitale spreizen sich dabei so von einander ab, dass sie eine dreieckige Fläche mit 120°-Winkeln umschließen. Die Form von Formaldehyd ist also trigonal-planar.

Verschiedene Orbitalkombinationen führen zu unterschiedlichen Hybridorbitalen. Ein s-Orbital vermischt sich mit zwei p-Orbitalen zu drei identischen sp^2-Hybriden. Ein s-Orbital vereinigt sich mit einem p-Orbital, um zwei identische sp-Hybriden zu erschaffen. Hybriden mit sp^3-, sp^2- und sp-Zentren nehmen jeweils häufig tetraedrische, trigonal-planare und lineare Formen an.

Lewis-Strukturen bieten einen guten Ausgangspunkt, um die Form eines Moleküls grob abzuschätzen.

✔ Wenn ein zentrales Atom zwei Bindungspartner besitzt, wird die Molekülform wahrscheinlich ziemlich linear sein.
✔ Wenn ein zentrales Atom drei Bindungspartner besitzt, wird die Molekülform wahrscheinlich annähernd trigonal-planar sein.
✔ Wenn ein zentrales Atom vier Bindungspartner besitzt, wird die Molekülform wahrscheinlich tetraedrisch ausfallen.

Die tatsächlichen Formen können sich von diesen groben Abschätzungen unterscheiden, da noch andere Faktoren eine Rolle spielen, zum Beispiel, ob das zentrale Atom freie Elektronenpaare hat oder nicht. Das Sauerstoffatom eines Wassermoleküls hat zum Beispiel zwei freie Elektronenpaare zusätzlich zu seinen beiden Bindungsorbitalen. Im Endeffekt müsste sich dadurch eine tetraederähnliche Geometrie entwickeln. Da tatsächlich aber nur zwei Wasserstoffatome gebunden sind, ist die Molekülform eher »gewinkelt«.

Beispiel

Methan, CH_4, hat vier Wasserstoffatome, die an das zentrale Kohlenstoffatom gebunden sind. Ammoniak, NH_3, hat drei Wasserstoffatome, die an das zentrale Stickstoffatom gebunden sind. Vergleichen Sie mithilfe der VSEPR-Theorie die *Orbitalgeometrien* und *Formen* der beiden Moleküle.

Lösung

Kohlenstoff und Stickstoff sind im Verbund von Methan und Ammoniak jeweils sp^3-hybridisiert. Kohlenstoff steuert ein einzelnes Elektron in jedem Hybridorbital zu einer kovalenten Bindung bei. Das zweite Elektron jeder Bindung stammt von einem der Wasserstoffatome. Stickstoff besitzt ein Valenzelektron mehr als Kohlenstoff. Daher beherbergt eines der Hybridorbitale von Stickstoff zwei Elektronen und kann kein Bindungselektron von Wasserstoff mehr empfangen. Aus diesem Grund hat Ammoniak nur drei gebundene Wasserstoffatome, und das zentrale Stickstoffatom besitzt ein freies Elektronenpaar im verbleibenden sp^3-Orbital. Diese Elektronen stoßen andere Elektronenpaare stärker ab als gebundene. Das Ammoniakmolekül sollte theoretisch eine fast tetraedrische Orbitalform annehmen, ähnlich der von Methan. Da jedoch eines der Orbitale ein freies Elektronenpaar trägt, ist die tatsächliche Form eher trigonal-pyramidal.

Aufgabe 12

Wie hybridisiert Kohlenstoff in Kohlendioxid (CO_2)? Wie in Formaldehyd (CH_2O)? Und wie steht es mit Methylbromid (CH_3Br)?

Ihre Lösung

Aufgabe 13

Nutzen Sie Lewis-Strukturen und VSEPR-Theorie, um die Form von Wasser (H_2O), Ethin (C_2H_2) und Tetrachlorkohlenstoff (CCl_4) vorherzusagen.

Ihre Lösung

Aufgabe 14

Chlortrifluorid (ClF_3) ist ein T-förmiges Molekül mit trigonal-bipyramidaler Orbitalgeometrie. Wodurch wird die T-Form ermöglicht?

Ihre Lösung

Lösungen zu den Aufgaben rund ums Thema Bindungen

Schauen wir doch mal, wie gut Sie sich mit den Konzepten dieses Kapitels bereits auskennen. Überprüfen Sie Ihre Antworten, um zu sehen, ob sie mit unseren Antworten übereinstimmen. Wenn nicht, dann riskieren Sie doch noch eine weitere Orbitalrunde durch den Fragenkatalog.

1. Kalium (K) überträgt sein einziges Valenzelektron auf Fluor (F), wodurch eine Ionenbindung zwischen beiden Atomen geschlossen wird, so wie in der folgenden Abbildung:

2. **Zwei Lithiumatome übertragen jeweils ihr einziges Elektron auf ein Schwefelatom**, um die ionische Verbindung Li$_2$S zu bilden. Als Metall der Gruppe IA gibt Lithium sein Elektron leicht auf. Schwefel akzeptiert als Nichtmetall der Gruppe VIA bereitwillig zwei weitere Elektronen in seiner Valenzschale.

3. Magnesiumchlorid (MgCl$_2$) ist als Salz sicherlich eine ionische Verbindung. Also löst sich MgCl$_2$ in polaren Lösungsmitteln besser. Ionen fungieren als *Elektrolyte* und sorgen für die elektrische Leitfähigkeit einer Lösung. Die heller leuchtende Glühbirne am Wasser-Stromkreislauf lässt vermuten, dass mehr Elektrolyte (Ionen) in dieser Lösung vorliegen. Salz hat sich also besser in Wasser als in Alkohol gelöst, da Wasser das polarere Lösungsmittel von beiden ist.

4. Molekulares Chlor, Cl$_2$, bildet sich durch die Verknüpfung zweier Chloratome. Da jedes Atom der Verbindung demselben Element angehört, haben beide auch die gleich Elektronegativität. Der Unterschied in der Elektronegativität ist also gleich Null. Das bedeutet, dass die Bindung zwischen den beiden Chloratomen kovalent sein muss. Die Elektronenpunktstruktur von molekularem Chlor ist in der folgenden Abbildung veranschaulicht:

$:\overset{..}{\underset{..}{Cl}}:\overset{..}{\underset{..}{Cl}}:$

5. **Eine koordinative (dative kovalente) Bindung** bildet sich zwischen Aluminium und den hydratisierten Wassermolekülen. Aluminium gehört zur Gruppe IIIA im Periodensystem, also hat das Aluminium(III)-Kation keine Valenzelektronen. Der Sauerstoff eines Wassermoleküls trägt freie Elektronenpaare. Wassermoleküle hydratisieren das Kation also am wahrscheinlichsten, indem sie ihre freien Elektronenpaare für eine koordinative kovalente Bindung zur Verfügung stellen. In diesem Fall können wir die Wassermoleküle als Liganden des Aluminiumions betrachten.

6. Die Resonanzstrukturen für Benzol sind in der folgenden Abbildung dargestellt. Benachbarte Kohlenstoffatome werden im Ring entweder über kovalente Einfach- oder Doppelbindungen an ihren Plätzen gehalten, je nach Resonanzstruktur. In der Resonanzhybridstruktur ist also jede C-C-Bindung identisch und weder eine Einfach- noch eine Doppelbindung, sondern eher eine Art Anderthalb-Bindung.

7. Das Molekülorbitaldiagramm für He$_2$ ist in der folgenden Abbildung dargestellt. Jedes Heliumatom liefert zwei Elektronen für die Molekülorbitale, sodass man eine Gesamtanzahl von 4 Elektronen erhält. Jedes Molekülorbital beherbergt zwei Elektronen, sodass sowohl das bindende, energetisch niedriger gelegene Orbital als auch das antibindende, energetisch höher gelegene Orbital besetzt ist.

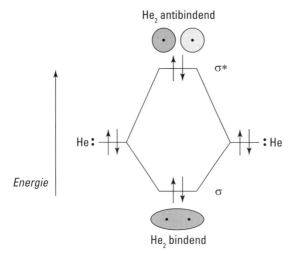

8. Die Gesamtenergieänderung, die nötig ist, um He_2 aus zwei einzelnen Heliumatomen zu erschaffen, entspricht der Summe der Energieänderungen infolge von Bindung und Antibindung. Wenn zwei Elektronen in das antibindende Orbital verschoben werden sollen, kostet das mehr Energie als zwei Elektronen in das bindende Orbital zu verschieben. Das bedeutet, dass ein bestimmter Energiebetrag benötigt wird, um aus zwei Heliumatomen das Molekül He_2 zu bilden. Spontan ablaufende Reaktionen tendieren jedoch dazu, Energie freizusetzen, anstatt sie aufzunehmen, daher ist es eher unwahrscheinlich, dass sich das Molekül He_2 unter normalen Bedingungen spontan von selbst bildet.

9. Die Reaktion spaltet eine der C-C-Bindungen auf, wobei die Doppelbindung durch zwei Einfachbindungen ersetzt wird. Die gespaltene C-C-Bindung ist die Pi-Bindung, da die Pi-Elektronen zum einen leichter zugänglich sind (über oder unterhalb der Bindungsachse) und zum anderen eine Pi-Bindung generell schwächer ist als eine Sigma-Bindung. Die schwächere Pi-Bindung wird also durch eine stärkere Sigma-Bindung ersetzt. In Bezug auf Bindungen bedeutet der Begriff *schwächer* mehr Energie, während eine *stärkere* Bindung weniger Energie erfordert. Wenn sich bei einer Reaktion also der Bindungszustand von hoher zu niedriger Energie ändert (eine schwache Bindung wird stark), ist das immer günstig.

10. Die Einschätzung des Bindungscharakters ist von der Differenz der Elektronegativitäten beider Atompartner abhängig:

    a) Die Differenz der Elektronegativitäten zwischen H und Cl beträgt 0,9, also handelt es sich um eine **polare kovalente Bindung**.

    b) Die Differenz der Elektronegativitäten zwischen Ga und Ge beträgt 0,2, also handelt es sich um eine **unpolare kovalente Bindung**.

    c) Die Differenz der Elektronegativitäten zwischen zwei O-Atomen ist gleich Null, also handelt es sich um eine **unpolare kovalente Bindung**.

d) Die Differenz der Elektronegativitäten zwischen Na und Cl beträgt 2,1, also handelt es sich um eine **Ionenbindung**.

e) Die Differenz der Elektronegativitäten zwischen C und O beträgt 1,0, also handelt es sich um eine **polare kovalente Bindung**.

11. Beide Moleküle enthalten polare kovalente Bindungen. Die C-F-Bindungen von CF_4 sind etwas polarer als die H-O-Bindungen des Wassermoleküls, da der Elektronegativitätsunterschied etwas höher ist (1,5 gegenüber 1,4). Wasser ist jedoch aufgrund seiner Form das deutlich polarere Molekül von beiden. Wegen seiner tetraedrischen Struktur löschen sich die Bindungsdipole von CF_4 gegenseitig vollständig aus, sodass das Gesamtmolekül unpolar ist. Die Bindungsdipole von Wasser heben sich hingegen nur teilweise auf, da das Molekül gewinkelt und somit polar ist.

12. **Das Kohlenstoffatom in CO_2 ist *sp*-hybridisiert.** CO_2 ist linear, wobei sein Kohlenstoffatom jeweils eine Doppelbindung zu den beiden Sauerstoffatomen eingeht, sodass sich in jeder Bindungsachse vier Elektronen befinden. **Bei CH_2O ist das Kohlenstoffatom *sp²*-hybridisiert, sodass das Molekül trigonal-planar ist.** Die vier Elektronen der Doppelbindung sind in nur einer Bindungsachse angeordnet, wobei jeweils zwei Elektronen auf die Bindungen zu den Wasserstoffatomen verteilt sind. **Bei CH_3Br ist der Kohlenstoff *sp³*-hybridisiert, sodass das Molekül wie ein Tetraeder geformt ist, ähnlich wie Methan (CH_4);** jede Bindung ist von den anderen Bindungen durch einen Winkel von etwa 109° getrennt. In den vier Bindungen sind jeweils zwei Elektronen enthalten.

13. Die Lewis-Strukturen für die drei Moleküle sind in der folgenden Abbildung dargestellt. Der Sauerstoff des Wassers ist mit zwei Einfachbindungen und zwei freien Elektronenpaaren *sp³*-hybridisiert, wodurch eine gewinkelte Form entsteht. Jedes Kohlenstoffatom von Ethin ist *sp*-hybridisiert, wobei sechs Elektronen jeder Dreifachbindung und zwei Elektronen jeder Einfachbindung zugeordnet sind. Dadurch ergibt sich eine lineare Struktur. Tetrachlorkohlenstoff ist mit zwei Elektronen pro Einfachbindung *sp³*-hybridisiert und hat daher eine tetraedrische Form.

14. Die Hybridisierung der Valenzorbitale eines Atoms bestimmt dessen Orbitalgeometrie, aber nur zum Teil die Molekülform. Die Form hängt weitest gehend davon ab, ob die Elektronen an Bindungen beteiligt sind oder in Form freier Elektronenpaare vorliegen. Eine trigonal-bipyramidale Geometrie verrät, dass es fünf Valenzorbitale gibt: zwei entlang der Zentralachse und drei gleichmäßig in der Ebene quer zur Zentralachse verteilt (es kann hilfreich sein, sich an dieser Stelle noch einmal Abbildung 5.10 anzusehen). Bei ClF_3 ist Chlor das zentrale Atom. Die beiden Orbitale entlang der Zentralachse sind an den Cl-F-Bindungen zu zwei der Fluoratome beteiligt. Nur eins der Orbitale der Querebene liefert Elektronen für die Bindung zum dritten Fluoratom. Die anderen beiden Orbitale enthalten freie Elektronenpaare. Das Ergebnis ist ein T-förmiges Molekül.

Verbindungen benennen

In diesem Kapitel...

▶ Namen für ionische- und molekulare Verbindungen ausarbeiten

▶ Mit mehratomigen Ionen umgehen

▶ Mithilfe eines Schemas Verbindungen schnell und leicht benennen

---

Chemiker geben Verbindungen sehr spezielle Namen. Manchmal scheinen diese Namen sogar übertrieben speziell zu sein. Warum soll man sich zum Beispiel mit »Dihydrogenmonoxid« einen Knoten in die Zunge machen, wenn man auch kurz und knapp »Wasser« sagen kann? Versuchen Sie zuerst zu verstehen, dass viele Chemiker der Meinung sind, diese Bezeichnungen klingen cool. Neben dieser dubiosen Neigung zum Coolsein gibt es jedoch noch einen viel wichtigeren Grund: chemische Bezeichnungen vermitteln ihnen eine unmittelbare Vorstellung der Molekülstruktur. Wie Sie in diesem Kapitel noch herausfinden werden, ist dieser chemische Code zum Glück sehr geradlinig – es sind keine besonderen Kenntnisse in Kryptologie zum Verständnis erforderlich. Und das ist auch sehr erfreulich, denn glauben Sie uns, eine Party mit Chemikern und Kryptologen im selben Raum würden Sie wahrscheinlich nicht lange durchhalten.

Viele Wege führen nach Rom: ionische Verbindungen benennen

Kapitel 5 beschäftigt sich damit, wie *Anionen* (Atome mit negativer Ladung) und *Kationen* (Atome mit positiver Ladung) einander anziehen und dabei Ionenbindungen eingehen. Ionische Verbindungen werden durch Ionenbindungen zusammengehalten. Schön und gut, aber welche Beziehung hat die *Summenformel* einer ionischen Verbindung zu ihrem *Namen*?

 Es ist ziemlich leicht, eine einfache ionische Verbindung zu benennen. Sie verbinden den Namen des Anions mit dem Kation und fügen dann die Endung -id an das Anion. Das Kation steht dabei stets vor dem Namen des Anions. Die chemische Bezeichnung für NaCl (eine Verbindung aus einem Natrium-Kation und einem Chlor-Anion) lautet zum Beispiel Natriumchlorid.

Natürlich wird Natriumchlorid häufig einfach nur Kochsalz genannt. Viele Verbindungen haben so genannte *Trivialnamen*. An diesen allgemeinen Kurzbezeichnungen ist auch nichts weiter schlimm, sie sind eben nur weniger informativ als die professionellen chemischen Namen. Die Bezeichnung Natriumchlorid verrät Ihnen zum Beispiel auf den ersten Blick, dass Sie es mit einer ionischen Verbindung aus Natrium und Chlor im Verhältnis 1:1 zu tun haben.

Kationen und Anionen verbinden sich auf gut vorhersagbare Weise zu Ionen und sind dabei stets bestrebt, eine neutrale Gesamtladung zu erreichen. Der Name einer ionischen Verbindung verrät deshalb viel mehr als nur die Identität der enthaltenen Atome. Er sagt Ihnen auch, in welchem Mengenverhältnis die Atome zueinander stehen. Schauen Sie sich doch einmal die folgenden Beispiele für ionische Verbindung mit Lithium an:

✔ Bei Lithiumfluorid verbinden sich Lithium und Fluor im Verhältnis 1:1, da sich die einfache positive Ladung (+1) von Lithium und die einfach negative Ladung (−1) von Fluor perfekt ausgleichen und neutralisieren. Der Name Lithiumfluorid allein sagt uns zwar, dass Lithium und Fluorid enthalten sind, wenn Sie jedoch beide Atome hinsichtlich ihrer Ionenladungen miteinander vergleichen, können Sie leicht nachvollziehen, dass ein 1:1-Verhältnis vorhanden sein muss.

✔ Wenn sich Lithium mit Sauerstoff verbindet, sind zwei Lithiumionen mit jeweils einer einfach positiven Ladung (2x +1) nötig, um das zweifach negativ geladene (−2) Sauerstoffion in einer ionischen Verbindung zu neutralisieren. Der Name Lithiumoxid führt uns also zur Summenformel Li_2O.

Benutzen Sie den chemischen Namen einer ionischen Verbindung, um deren Komponenten zu identifizieren und kombinieren Sie dann die einzelnen Ionen so einfach wie möglich, um eine neutrale Verbindung zu erhalten.

Ein Ion anhand seines Namens zu identifizieren, kann knifflig sein, wenn es sich um ein Metall handelt. Alle Metalle der Gruppe B – mit Ausnahme von Silber (das immer das Ion Ag^+ bildet) und Zink (das immer als Zn^{2+} existiert) – sowie mehrere Gruppe-A-Elemente der rechten Seite des Periodensystems können verschiedene Ladungsarten annehmen. Chemiker nutzen deshalb ein zusätzliches Hilfsmittel, eine *römische Zahl*, um diese Kationen hinsichtlich ihrer spezifischen Ladungen zu charakterisieren. Eine in Klammern gesetzte römische Zahl hinter dem Namen des Kations gibt die positive Ladung an. Cu(I) zum Beispiel ist einfach positiv geladenes Kupfer, während Cu(II) eine zweifach positive Ladung besitzt. Ist diese Unterscheidung nicht eigentlich chemische Haarspalterei? Wen interessiert denn, ob man es nun mit Eisen(II)-Bromid, $FeBr_2$, oder Eisen(III)-Bromid, $FeBr_3$, zu tun hat? Nun ja, der Unterschied ist schon wichtig, da sich Unterschiede in den Summenformeln (auch wenn die gleichen Elemente enthalten sind) meist auch auf die chemischen Eigenschaften einer ionischen Verbindung auswirken.

Die Schwierigkeiten setzen sich besonders dann fort, wenn Sie der Summenformel eines Metalls mit variabler Ladung eine entsprechende chemische Bezeichnung geben wollen. Es gibt hierbei zwei Geheimnisse, die Sie im Hinterkopf behalten sollten:

✔ Ein chemischer Name informiert auch über die Ladung der Ionen innerhalb einer ionischen Verbindung.

✔ Die Ladungen bestimmen das Verhältnis, mit dem sich die einzelnen Ionen miteinander verbinden.

Wenn Ihnen zum Beispiel die Summenformel CrO vorgegeben wird, müssen Sie zuerst ein bisschen Detektivarbeit leisten, bevor Sie den Namen ermitteln können. Ausgehend vom Periodensystem der Elemente (das in Kapitel 4 behandelt wird) wissen Sie, dass Sauerstoff eine zweifach negative Ladung (–2) in eine ionische Verbindung einbringt. Da sich O^{2-} mit Chrom im Verhältnis 1:1 zu CrO verbindet, können Sie schlussfolgern, dass Chrom die entgegengesetzte, also zweifach positiv geladene Ladung (+2) tragen muss; auf diese Weise kann CrO elektrisch neutral (ungeladen) sein. Demzufolge entspricht das Chrom in dieser Verbindung Cr^{2+} und die Verbindung heißt Cr(II)-oxid. Wenn man die Verbindung nur Chromoxid nennen würde, wäre unklar, welches Chrom-Kation genau enthalten ist. Chrom kann nämlich auch eine dreifach positive Ladung (+3) tragen. Wenn sich Cr^{3+} mit einem Sauerstoff-Anion verbindet, ist ein anderes Mengenverhältnis beider Elemente nötig, um ein neutrales Molekül zu erhalten: Cr_2O_3 oder Chrom(III)-oxid. Diese Balance zwischen positiven und negativen Ladungen wird *Ladungsausgleich* genannt. Nachdem Sie die Ladungen in der Atomformel ausgeglichen haben, können Sie diese auf die individuellen Ionen anwenden.

Beispiel

Wie lautet die Summenformel für die Verbindung Zinn(IV)-fluorid?

Lösung

SnF_4. Die römische Zahl in Klammern sagt Ihnen, dass es sich um Sn^{4+} handelt. Fluor ist ein Halogen und hat in ionischen Verbindungen deshalb immer eine Ladung von –1, was wiederum bedeutet, dass man vier Fluoridatome braucht, um die vierfach positive Ladung eines einzelnen Zinn-Kations auszugleichen.

Aufgabe 1

Benennen Sie die folgenden Verbindungen:

a) MgF_2

b) $LiBr$

c) Cs_2O

d) CaS

Ihre Lösung

Aufgabe 2

Benennen Sie die folgenden Verbindungen mit Elementen variabler Ladungen. Vergessen Sie nicht die römischen Zahlen!

a) FeF_2

b) $HgBr$

c) SnI_4

d) Mn_2O_3

Ihre Lösung

Aufgabe 3

Übersetzen Sie die folgenden Namen in chemische Summenformeln:

a) Eisen(III)-oxid

b) Berylliumchlorid

c) Zinn(II)-sulfid

d) Kaliumiodid

Ihre Lösung

Wenn nur diese verflixten mehratomigen Ionen nicht wären!

Wir müssen gestehen: Wir haben Sie bisher mit einem ziemlich beunruhigenden Fakt über Ionen verschont. Nicht alle Ionen bestehen nur aus einzelnen Atomen. Um unsere Lehrstunde in chemischer Nomenklatur fortsetzen zu können, müssen Sie sich jetzt mit einer recht ermüdenden und zahlreichen Gruppe von Molekülen näher befassen, die aus mehreren Atomen bestehen – den mehratomigen Ionen. Mehratomige Ionen neigen genau wie Ionen aus einzelnen Elementen dazu, sich rasch mit anderen Ionen zu verbinden, um ihre Ladung auszugleichen. Unglücklicherweise gibt es keine einfachen Regeln, die Sie aus dem Hut zaubern können, um die Ladung eines mehratomigen Ions zu bestimmen. Sie müssen – schluck – sie sich einprägen. Leider wahr.

Einfach negativ geladen (−1)	Zweifach negativ geladen (−2)
Dihydrogenphosphat ($H_2PO_4^-$)	Hydrogenphosphat (HPO_4^{2-})
Acetat ($C_2H_3O_2^-$)	Oxalat ($C_2O_4^{2-}$)
Hydrogensulfit (HSO_3^-)	Sulfit (SO_3^{2-})
Hydrogensulfat (HSO_4^-)	Sulfat (SO_4^{2-})
Hydrogencarbonat (HCO_3^-)	Carbonat (CO_3^{2-})
Nitrit (NO_2^-)	Chromat (CrO_4^{2-})
Nitrat (NO_3^-)	Dichromat ($Cr_2O_7^{2-}$)
Cyanid (CN^-)	Silicat (SiO_3^{2-})
Hydroxid (OH^-)	**dreifach negativ geladen (−3)**
Permanganat (MnO_4^-)	Phosphit (PO_3^{3-})
Hypochlorit (ClO^-)	Phosphat (PO_4^{3-})
Chlorit (ClO_2^-)	**einfach positiv geladen (+1)**
Chlorat (ClO_3^-)	Ammonium (NH_4^+)
Perchlorat (ClO_4^-)	

Tabelle 6.1: Häufige mehratomige Ionen.

Beachten Sie bitte, dass mit Ausnahme von Ammonium alle mehratomigen ionischen Verbindungen in Tabelle 6.1 eine negative Ladung zwischen −1 und −3 tragen. Wahrscheinlich sind Ihnen auch die -it/-at-Paare aufgefallen. So gibt es zum Beispiel Chlorit und Chlorat, Phosphit und Phosphat oder Nitrit und Nitrat. Wenn Sie sich diese Paare genauer anschauen, werden Sie feststellen, dass der einzige Unterschied in der Anzahl der Sauerstoffatome besteht. Das -at-Ion hat immer ein Sauerstoffatom mehr als das -it-Ion, aber die gleiche Gesamtladung.

Um das Leben noch etwas komplizierter zu machen, tauchen mehratomige Ionen manchmal auch mehrfach innerhalb einer ionischen Verbindung auf. Wie machen Sie in diesem Fall visuell deutlich, dass eine Verbindung zwei Sulfationen enthält? Sie setzen dazu das gesamte mehratomige Ion in Klammern und fügen eine tiefgestellte Indexzahl hinzu, um anzugeben, wie oft dieses Ion in der Verbindung vertreten ist, so wie zum Beispiel $(SO_4^{2-})_2$.

Wenn Sie eine Summenformel mit mehratomigen Ionen aufschreiben, müssen Sie diese genau wie jedes andere Ion behandeln. Sie müssen wie gewohnt Ladungen ausgleichen, um ein neutrales Molekül zu erhalten. Leider müssen wir Ihnen mitteilen, dass es bei der Übersetzung einer Summenformel in eine chemische Bezeichnung keine einfache Regel gibt, die Sie zur Benennung mehratomiger Ionen nutzen können. Sie müssen sich die Eigenschaften in der obigen Tabelle einprägen. Fordern Sie einmal spaßeshalber einen Chemiker zu einem Wissensduell über mehratomige Ionen heraus und Sie werden feststellen, dass er Ihnen in null Komma nichts sämtliche Namen, Formeln und Ladungen mehratomiger Ionen herunterbeten kann. Wenn Sie dieses Buch durchgearbeitet haben, werden Sie jedem Chemiker ein würdiger Gegner sein.

Beispiel

Schreiben Sie die Summenformel für die Verbindung Bariumchlorit auf.

Lösung

Ba(ClO$_2$)$_2$. Barium ist ein Erdalkalimetall (Gruppe IIA) und hat deshalb eine Ladung von +2. Sie sollten wissen, dass Chlorit ein mehratomiges Ion ist. Tatsächlich sollten bei Ihnen sofort die mehratomigen Alarmglocken erklingen, wenn Sie einen Anion-Namen sehen, der nicht auf -id endet. Aus Tabelle 6.1 können Sie entnehmen, dass Chlorit ClO_2^- ist und dass das Chlorit-Anion eine einfach negative Ladung besitzt und daher zwei Ionen seiner Art nötig sind, um die +2-Ladung des Barium-Kations zu neutralisieren. Also lautet die Summenformel Ba(ClO$_2$)$_2$.

Aufgabe 4

Benennen Sie die folgenden Verbindungen mit mehratomigen Ionen:

a) $Mg_3(PO_4)_2$

b) $Pb(C_2H_3O_2)_2$

c) $Cr(NO_2)_3$

d) $(NH_4)_2C_2O_4$

e) $KMnO_4$

Ihre Lösung

Aufgabe 5

Schreiben Sie die Summenformeln der folgenden Verbindungen mit mehratomigen Ionen auf:

a) Kaliumsulfat

b) Blei(II)-dichromat

c) Ammoniumchlorid

d) Natriumhydroxid

e) Chrom(III)-carbonat

Ihre Lösung

Molekularen Verbindungen Spitznamen verpassen

Wie in Kapitel 5 beschrieben, neigen Nichtmetalle dazu, kovalente Bindungen untereinander einzugehen. Verbindungen aus Nichtmetallen, die durch eine oder mehrere kovalente Bindungen zusammengehalten werden, heißen molekulare Verbindungen. Es ist ein kniffliges Unterfangen, wenn man vorhersagen will, wie sich die Atome innerhalb dieser Verbindungen miteinander verknüpfen, da es immer mehrere Möglichkeiten gibt. Kohlenstoff und Sauerstoff können sich zum Beispiel im Verhältnis von 1:2 zu Kohlendioxid (CO_2) verbinden, einem harmlosen Gas, das Sie bei jedem Ausatmen in die Umgebung abgeben. Alternativ ist es aber auch möglich, dass sich die beiden Elemente im Verhältnis 1:1 zum giftigen Gas Kohlenmonoxid (CO) verbinden. Natürlich ist es nützlich, Namen zu haben, mit denen man direkt zwischen zwei molekularen Verbindungen unterscheiden kann. Eine schlampige Namensgebung könnte sonst tödlich enden. Oder zumindest peinlich werden.

Die Bezeichnungen für molekulare Verbindungen geben eindeutig an, wie viele Atome jeder Art in einer Verbindung enthalten sind. Die dazu verwendeten Vorsilben finden Sie in Tabelle 6.2.

Vorsilbe	Anzahl der Atome	Vorsilbe	Anzahl der Atome
mono-	1	hexa-	6
di-	2	hepta-	7
tri-	3	octa-	8
tetra-	4	nona-	9
penta-	5	deca-	10

Tabelle 6.2: Vorsilben für molekulare Verbindungen, die aus zwei Elementen bestehen.

Die Vorsilben in Tabelle 6.2 können jedem Element in einer molekularen Verbindung vorangestellt werden wie zum Beispiel bei SO_3 (Schwefeltrioxid) oder N_2O (Distickstoffmonoxid). Das zweite Element in solch einer Verbindung erhält die Endung -id, so wie bei ionischen Verbindungen (die wir weiter vorne in diesem Kapitel behandelt haben). Im Fall von molekularen Verbindungen, bei denen keine Kationen und Anionen vorhanden sind, wird das elektronegativere Element (mit anderen Worten das Element, das näher an der oberen rechten Ecke des Periodensystems zu finden ist) an zweiter Stelle genannt.

Sie werden auch (mit Verdruss) bemerken, dass das erstgenannte Element ohne Vorsilbe nur einmal in der Verbindung auftaucht. Anders ausgedrückt, ist also die Vorsilbe *mono-* für das erste Element unnötig. Sie müssen aber ein mono- jeweils vor die folgenden Elemente stellen, wenn diese nur einmal in der Verbindung enthalten sind.

Es ist aber viel einfacher, die Summenformel für eine molekulare Verbindung zu erstellen, als für eine ionische Verbindung. Bei einer molekularen Verbindung wird das Verhältnis, in dem sich zwei Elemente miteinander verknüpfen, direkt in den Namen eingebaut, und Sie müssen sich auch nicht um den Ladungsausgleich Sorgen machen. Die Vorsilben in der Bezeichnung Diwasserstoffmonoxid (oder auch Dihydrogenmonoxid) zeigen zum Beispiel an, dass die chemische Summenformel zwei Wasserstoffatome (Hydrogen-) und ein Sauerstoffatom (-Oxid) enthält (H_2O).

Eine Summenformel in einen Namen zu verwandeln, ist auch recht einfach. Sie müssen lediglich alle Zahlen in Form von Vorsilben schreiben und diese vor die Namen der Elemente setzen, aus denen die Verbindung besteht. Im Fall der Verbindung N_2O_4 versehen Sie zum Beispiel einfach Stickstoff (Nitrogen-) mit der Vorsilbe Di (zwei), und Sauerstoff (-Oxid) mit der Vorsilbe tetra- (vier), sodass der Name Distickstofftetraoxid bzw. Dinitrogentetraoxid lautet.

Wasserstoff befindet sich ganz links im Periodensystem, ist aber eigentlich ein Nichtmetall! Als Ergebnis dieser Schizophrenie kann Wasserstoff entweder an erster oder zweiter Stelle in einer binären (aus zwei Elementen bestehenden) molekularen Verbindung stehen. Beispiele sind Diwasserstoffmonosulfid (H_2S) und Phosphortrihydrid (PH_3).

6 ➤ Verbindungen benennen

Beispiel

Wie lauten die Namen der Verbindungen N_2O, SF_6 und Cl_2O_8?

Lösung

Distickstoffmonoxid, Schwefelhexafluorid und Dichloroctaoxid. Beachten Sie, dass keine der Verbindungen ein Metall enthält, woraus Sie schließen können, dass es sich sicherlich um molekulare Verbindungen handelt. Die erste Verbindung beinhaltet zwei Stickstoffatome und ein Sauerstoffatom und wird deshalb Distickstoffmonoxid (oder auch Dinitrogenmonoxid) genannt. Die zweite Verbindung enthält ein Schwefel- und sechs Fluoratome. Da Schwefel an erster Stelle steht, müssen wir ihm keine Mono-Vorsilbe voranstellen. Also nennen wir die Verbindung einfach Schwefelhexafluorid (und nicht *Mono*schwefelhexafluorid). Auf gleiche Weise benennen wir die dritte Verbindung mit Dichloroctoxid.

Aufgabe 6

Schreiben Sie die Namen für die folgenden Verbindungen auf:

a) N_2H_4

b) H_2S

c) NO

d) CBr_4

Ihre Lösung

Aufgabe 7

Schreiben Sie die Summenformeln der folgenden Verbindungen auf:

a) Siliciumdifluorid

b) Stickstofftrifluorid

c) Dischwefeldecafluorid

d) Diphosphortrichlorid

Ihre Lösung

Licht am Ende des Tunnels: ein vereinfachtes Schema zur Benennung von Verbindungen

 Sind Sie durch all die Regeln zur Nomenklatur im vorangegangenen Abschnitt verwirrt und frustriert? Haben Sie das Bedürfnis, gegen diese offensichtliche chemische Verschwörung zu rebellieren und alle Chemikalien aus den Kerkern ihrer Formelbezeichnungen zu befreien? Schon gut, beruhigen Sie sich wieder. Wenn Sie einen Schritt zurücktreten, um sich das große Bild einmal von Weitem anzuschauen, werden Sie zugeben müssen, dass das Nomenklatursystem doch eigentlich ziemlich logisch und geradlinig aufgebaut ist. Sie können die logische Struktur am besten erkennen, indem Sie sich den Benennungsvorgang als Flussdiagramm vorstellen – als eine Abfolge von Fragen, deren Antworten Sie auf geradem Wege zu dem Namen einer Verbindung führen. Beantworten Sie für jede beliebige binäre (aus zwei Elementen aufgebaute) Verbindung XY die folgenden vier Fragen, um ihren Namen selbstständig zu bestimmen.

1. **Ist X Wasserstoff?**

Verbindungen mit einem Wasserstoff-Kation werden häufig *Säuren* genannt, und viele von ihnen haben auch eigene Trivialnamen. Obwohl es vollkommen richtig ist, die Verbindung HCl als »*Hydrogenmonochlorid*« zu bezeichnen, wird sie jedoch weitaus häufiger »*Salzsäure*« genannt. Ähnlich wie bei den mehratomigen Ionen weiter vorn in diesem Kapitel werden Sie es in Zukunft leichter haben, wenn Sie die Säurenamen aus Tabelle 6.3 auswendig kennen.

Name	Summenformel
Essigsäure	$C_2H_4O_2$
Kohlensäure	H_2CO_3
Salzsäure	HCl
Salpetersäure	HNO_3
Phosphorsäure	H_3PO_4
Schwefelsäure	H_2SO_4

Tabelle 6.3: Häufige Säuren.

2. **Ist X ein Nichtmetall oder ein Metall?**

Wenn X ein Nichtmetall ist, müssen Sie bei der Namensgebung sowohl für X als auch für Y Vorsilben verwenden, da es sich dann um eine molekulare Verbindung handelt. Ist X hingegen ein Metall, dann haben Sie es mit einer ionischen Verbindung zu tun – gehen Sie in diesem Fall weiter zu Schritt 3.

3. Ist X ein Metall der Gruppe B?

Wenn X zur Gruppe B gehört (oder ein anderes Metall mit variabler Ladung ist, wie zum Beispiel Zinn), müssen Sie römische Zahlen einsetzen, um die Ladung zu kennzeichnen.

4. Ist Y ein mehratomiges Ion?

Sie müssen selbst erkennen, ob es sich bei Y um ein mehratomiges Ion handelt oder seine Identität zumindest mithilfe der praktischen Tabelle 6.1 bestätigen. Wenn Y nur ein einfaches Anion ist, hängen Sie lediglich die Endung *-id* an.

Prägen Sie sich diese Fragenreihe mithilfe von Abbildung 6.1 ein.

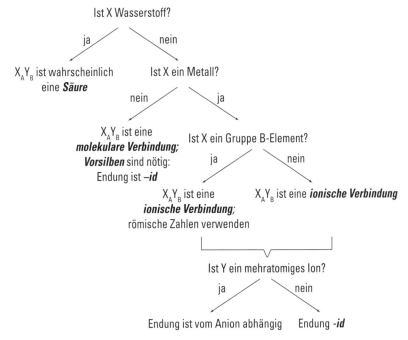

Abbildung 6.1: Ein praktisches Flussdiagramm zur Nomenklatur von Verbindungen.

Sie können das Flussdiagramm aus Abbildung 6.1 auch von unten nach oben benutzen, um die Summenformel aus einer Namensbezeichnung abzuleiten. Wenn die Bezeichnung römische Zahlen enthält (zum Beispiel III), kennen Sie auch die Ladung des Metalls in dieser Verbindung (in diesem Fall 3+). Wenn X ein Nichtmetall ist, wissen Sie, dass Sie es mit einer molekularen Verbindung zu tun haben und können damit anfangen, den Namen nach Vorsilben abzusuchen; diese verraten Ihnen, wie viele Atome jedes Elements in der Verbindung enthalten sind. Wenn Sie keine Vorsilben entdecken können, überprüfen Sie, ob X ein Wasserstoffatom ist – falls ja, haben Sie es meistens mit einer Säure zu tun.

Beispiel

Benennen Sie die Verbindung Sn(OH)$_2$.

 Lösung

Zinn(II)-hydroxid. Sn ist weder Wasserstoff noch ein Nichtmetall, also wissen Sie, dass es sich bei der Verbindung weder um eine Säure noch um eine molekulare Verbindung handelt. Es bedeutet, dass Sie es mit einer ionischen Verbindung zu tun haben. Zinn ist jedoch ein Element der Gruppe A mit variabler Ladung, also sollten Sie sich darauf gefasst machen, etwas Detektivarbeit zu leisten, um die genaue Ladung zu bestimmen. Die einzig verbleibende Frage ist, ob wir ein mehratomiges oder ein einfaches Ion vor uns liegen haben. Da OH aus zwei Atomen besteht, sollte sich sofort eine *mehratomige* rote Flagge vor Ihrem inneren Auge hissen. In Tabelle 6.1 können Sie ablesen, dass OH (Hydroxid) eine Ladung von −1 trägt. Wenn nun zwei Hydroxidionen, (OH)$_2$, nötig sind, um die positive Ladung des Zinns auszugleichen, haben Sie es offenbar mit Sn^{2+} zu tun. Daher lautet die Bezeichnung Zinn(II)-hydroxid.

Aufgabe 8

Benennen Sie die folgenden Verbindungen:

a) PbCrO$_4$

b) Mg$_3$P$_2$

c) SrSiO$_3$

d) H$_2$SO$_4$

e) Na$_2$S

f) B$_3$Se$_2$

g) HgF$_2$

h) Ba$_3$(PO$_4$)$_2$

Ihre Lösung

Aufgabe 9

Überführen Sie die folgenden Namen in chemische Summenformeln:

a) Bariumhydroxid

b) Zinn(IV)-bromid

c) Natriumsulfat

d) Phosphortriiodid

e) Magnesiumpermanganat

f) Essigsäure

g) Stickstofftrihydrid

h) Eisen(II)-chromat

Ihre Lösung

6 ➤ Verbindungen benennen

Lösungen zu den Aufgaben rund ums Thema Verbindungen benennen

Sie haben bei allen praktischen Fragen zum Thema Nomenklatur von Verbindungen tapfer durchgehalten. Jetzt können Sie sehen, wie korrekt Ihre Antworten waren.

1. Hier handelt es sich um einfache ionische Verbindungen, also müssen Sie lediglich die Namen von Kation und Anion zusammenfügen und die Endung -id an das Anion anfügen.

    a) **Magnesiumfluorid**

    b) **Lithiumbromid**

    c) **Cäsiumoxid**

    d) **Calciumsulfid**

2. Wie es aussieht, handelt es sich hier durchgehend um Kationen mit variablen positiven Ladungen. Da bekommt der Spruch »viele Wege führen nach Rom« eine ganz neue Bedeutung.

    a) **Eisen(II)-fluorid.** Das Fluoridion hat eine einfach negative Ladung, und da zwei Fluoratome in der Verbindung enthalten sind, muss das Eisen entsprechend zweifach positiv geladen sein.

    b) **Quecksilber(I)-bromid.** Die −1-Ladung von Bromid muss mit einer einfach positiven Ladung von Seiten des Quecksilbers ausgeglichen werden.

    c) **Zinn(IV)-iodid.** Die vier Iodid-Anionen sind jeweils einfach negativ geladen. Das bedeutet, dass das Zinn-Kation im Gegenzug vierfach positiv geladen sein muss.

    d) **Mangan(III)-oxid.** Es gibt hier drei Sauerstoff-Anionen, die jeweils eine Ladung von −2 tragen, wodurch sich eine Gesamtladung von −6 ergibt. Die beiden Mangan-Kationen müssen also zusammen eine Ladung von +6 haben, um die negative Ladung auszugleichen. Daher handelt es sich in dieser Verbindung um Mn^{3+}.

3. Es ergeben sich die folgenden Summenformeln:

    a) **Fe_2O_3.** Da aus dem Namen schon ersichtlich ist, dass Sie es mit Fe^{3+} zu tun haben und da Sauerstoff stets zweifach negativ geladen ist, brauchen Sie 2 Eisen- und 3 Sauerstoffatome, um die sechsfache Ladung auf beiden Seiten auszugleichen.

    b) **$BeCl_2$.** Beryllium ist ein Erdalkalimetall der Ladung +2, während Chlor als Halogen die Ladung −1 trägt. Also brauchen Sie zwei Chloridionen, um die zweifach positive Ladung von Beryllium auszugleichen.

    c) **SnS.** Da der Name schon sagt, dass Sie es mit Sn^{2+} zu tun haben und da Schwefel immer als S^{2-} vorkommt, gleichen sich beide Ladungen im Verhältnis 1:1 aus.

    d) **KI.** Kalium ist ein Alkalimetall der Ladung +1, während Iod als Halogen die Ladung −1 trägt.

4. Rufen Sie sich die mehratomigen Ionen jeder Verbindung ins Gedächtnis (oder schlagen Sie sie nach) und bestimmen Sie die Ladung des Kations im Falle eines Metalls mit variabler Ladung.

   a) **Magnesiumphosphat.** Magnesium ist hier das Kation und PO_4 das Anion. Sie können Tabelle 6.1 entnehmen, dass PO_4^{3-} das mehratomige Ion Phosphat ist (nicht zu verwechseln mit Phosphit, PO_3^{3-}).

   b) **Blei(II)-acetat.** Essigsäure (oder auch Acetat) hat eine einfach negative Ladung, und da Sie zwei Atome davon brauchen, um die Ladung von Blei auszugleichen, haben Sie es mit Pb^{2+} zu tun.

   c) **Chrom(III)-nitrit.** Nitrit hat eine –1-Ladung, und da drei Nitritionen benötigt werden, um die Ladung des Chrom-Kations zu neutralisieren, haben Sie es mit Cr^{3+} zu tun.

   d) **Ammoniumoxalat.** Hier sind sowohl Kation als auch Anion mehratomig. Ärgerlich, aber wahr.

   e) **Kaliumpermanganat.** Kalium ist hierbei das Kation, daher müssen Sie lediglich das Anion MnO_4 nachschlagen, um herauszufinden, dass es den Namen Permanganat trägt.

5. Zuerst schlagen Sie die Ladung des mehratomigen Ions nach (oder noch besser: Sie kennen sie bereits auswendig). Dann gleichen Sie anhand der Indexzahlen die Ladungen wenn nötig aus.

   a) K_2SO_4

   b) $PbCr_2O_7$

   c) NH_4Cl

   d) $NaOH$

   e) $Cr_2(CO_2)_3$

6. Übersetzen Sie die tiefgestellten Zahlen mithilfe von Tabelle 6.2 zu Vorsilben. Lassen Sie die Vorsilbe *mono-* beim ersten Element weg, wenn dieses nur einmal in der Verbindung vorkommt.

   a) **Distickstofftetrahydrid**

   b) **Diwasserstoffmonosulfid**

   c) **Stickstoffmonoxid**

   d) **Kohlenstofftetrabromid (oder auch Tetrabromkohlenstoff)**

7. Schreiben Sie die Vorsilben mithilfe von Tabelle 6.2 als tiefgestellte Zahlen. Wenn das erste Element im Namen der Verbindung keine Vorsilbe hat, wissen Sie, dass es nur einmal in der Verbindung auftaucht.

   a) SiF_2

   b) NF_3

   c) S_2F_{10}

   d) P_2Cl_3

6 ➤ Verbindungen benennen

8. Nutzen Sie das Flussdiagramm aus Abbildung 6.1, um auf die Bezeichnungen zu kommen:

   a) **Blei(II)-chromat.** Blei ist ein Metall der B-Gruppe und CrO_4^{2-} ein mehratomiges Ion. Daher müssen Sie die Ladung von Blei bestimmen und mit einer römischen Zahl kenntlich machen. Wenn Sie sich nicht mehr erinnern können, finden Sie CrO_4^- in Tabelle 6.1. Da Chrom sich mit Blei im Verhältnis 1 : 1 verbindet, ist es klar, dass die Ladung von Blei +2 sein muss.

   b) **Magnesiumphosphid.** Das ist eine einfache ionische Verbindung, da Mg kein Gruppe-B-Metall und P kein mehratomiges Ion ist.

   c) **Strontiumsilicat.** Sr ist weder ein Element der Gruppe B noch ein Nichtmetall, aber SiO_3 bildet ein mehratomiges Ion.

   d) **Schwefelsäure** (Trivialname) oder **Dihydrogensulfat** (systematischer Name). Das Kation ist hier Wasserstoff, also haben Sie es mit einer Säure zu tun. Trivialnamen von Säuren finden Sie in Tabelle 6.3. Sie können die Verbindung aber auch korrekt benennen, wenn Sie das mehratomige Ion, Sulfat, erwähnen.

   e) **Natriumsulfid.** Nennen Sie einfach das Kation beim Namen und lassen Sie das (mehratomige) Anion auf *-id* enden.

   f) **Tribordiselenid.** Bor und Selen sind Nichtmetalle, also handelt es sich um eine molekulare Verbindung, und Sie müssen mit Vorsilben arbeiten, um den Namen zu bestimmen.

   g) **Quecksilber(II)-fluorid.** Hier haben wir eine ionische Verbindung mit einem Gruppe-B-Metall, wodurch eine römische Zahl eingesetzt werden muss. Die Ladung des Quecksilberatoms muss +2 sein, da es sich mit zwei Fluor-Anionen verbindet, von denen jedes einfach negativ geladen ist.

   h) **Bariumphosphat.** Das ist eine ionische Verbindung, die das mehratomige Ion Phosphat enthält.

9. Wenden Sie die Nomenklaturregeln rückwärts an, um die chemische Summenformel für jede Verbindung zu bestimmen.

   a) **$Ba(OH)_2$.** Barium ist ein gewöhnliches Metall, während Hydroxid ein mehratomiges Ion mit einfach negativer Ladung darstellt.

   b) **$SnBr_4$.** Sie können dem Namen entnehmen, dass Sie es mit Sn^{4+} zu tun haben. Das Brom-Kation hat eine einfach positive Ladung, also benötigen Sie insgesamt vier davon, um die Negativladung von Zinn auszugleichen.

   c) **Na_2SO_4.** Natrium ist ein einfaches Alkalimetall, während Sulfat ein mehratomiges Ion der Ladung −2 darstellt.

   d) **PI_3.** Die Vorsilben deuten darauf hin, dass es sich um eine molekulare Verbindung aus einem einzelnen Phosphoratom und drei Iodatomen handelt.

e) **Mg(MnO$_4$)$_2$.** Magnesium ist ein Metall, während Permanganat ein mehratomiges Ion mit der Ladung −1 ist.

f) **C$_2$H$_4$O$_2$.** Nutzen Sie Tabelle 6.3, um die Summenformel für den Trivialnamen dieser Säure zu finden.

g) **NH$_3$.** Die Vorsilbe *tri-* und die Tatsache, dass beide Elemente Nichtmetalle sind, beweist, dass es sich um eine molekulare Verbindung handelt. Dem erstgenannten Element Stickstoff fehlt eine Vorsilbe, sodass es nur einmal in der Verbindung vertreten sein kann. Und die Vorsilbe *tri-* zeigt an, dass jedes Molekül drei Wasserstoffatome enthält.

h) **FeCrO$_4$.** Der Name verrät Ihnen, dass Sie es mit Fe^{2+} und dem mehratomigen Ion Chromat mit der Ladung −2 zu tun haben. Ein Verhältnis von 1:1 genügt also, um eine neutrale Gesamtladung zu erhalten.

Das mächtige Mol beherrschen

In diesem Kapitel...

▶ Teilchenzahlen mithilfe der Avogadro-Konstante bewältigen

▶ Masse, Molzahl und Volumen umrechnen

▶ Verbindungen prozentual zerlegen

▶ Von Prozentsätzen zu empirischen Formeln und zu Summenformeln

---

Chemiker haben es häufig mit Materialbrocken aus Trillionen und Abertrillionen von Atomen zu tun, und diese unglaublich hohen Zahlen können ihnen auch so manche Migräne bereiten. Aus diesem Grund zählen Chemiker ihre Teilchen (wie Atome und Moleküle) stets als Vielfaches einer Menge, die das *Mol* genannt wird. Anfangs kann diese Zählweise nicht eingängig erscheinen, sie kann einem wie die Situation im Film *Rainman* vorkommen: Dort informiert das autistische Genie, von Dustin Hoffmann dargestellt, Tom Cruise darüber, dass er soeben einen Anteil von 0,41 aus einer Zahnstocherbox auf den Boden hat fallen lassen. Anstatt zu sagen, dass er 82 einzelne Zahnstocher auf dem Boden liegen sieht, bezieht er diese Zahl auf den Anteil der 200 Zahnstocher in der Box. Ein Mol ist wie eine sehr große Zahnstocherbox – sie beinhaltet $6,022 \times 10^{23}$ Zahnstocher, um genau zu sein. In diesem Kapitel erklären wir, was Sie über das Mol wissen müssen.

Teilchen zählen: das Mol

Wenn Ihnen die Zahl $6,022 \times 10^{23}$ unvorstellbar groß vorkommt, dann liegen Sie damit richtig. Tatsächlich ist sie sogar größer als die Anzahl der Sterne am Himmel oder die Zahl der Fische in den Meeren, und sie ist um vieles größer als die Zahl der Menschen, die je in der Menschheitsgeschichte geboren wurden. Wenn Sie sich Teilchenzahlen als so etwas Einfaches wie, sagen wir, ein Glas mit Wasser vorstellen, können Sie alle Ihre bisherigen Vorstellungen über »große Zahlen« getrost über Bord werfen.

Die Zahl $6,022 \times 10^{23}$ ist auch als Avogadro-Konstante bekannt und erhielt ihren Namen von dem im 19. Jahrhundert lebenden italienischen Wissenschaftler Amedeo Avogadro. Würde Avogadro noch leben, wäre er vermutlich ziemlich überrascht zu hören, Namensgeber einer solchen Zahl zu sein – denn daran hätte er sicher nicht einmal im Traum gedacht. Der wahre Intellekt hinter dieser Zahl gehört eigentlich dem französischen Wissenschaftler Jean Baptiste Perrin. Fast 100 Jahre nachdem Avogadro zum letzten Mal Pasta gegessen hatte, wollte Perrin ihm mit dieser Namensgebung eine letzte Ehre erweisen. Ironischerweise hat er damit allerdings den Groll zahlloser Chemiestudenten auf der ganzen Welt auf Avogadro gelenkt, obwohl der eigentliche »Schuldige« Perrin heißt.

 Mit der Avogadro-Konstante (Einheit in mol) kann zwischen Teilchenzahlen und Mol hin und her gerechnet werden kann:

1 mol = $6,022 \times 10^{23}$ Teilchen

Sie können dieses Verhältnis in jede beliebige Richtung drehen, um von mol auf Teilchenzahl oder umgekehrt zu kommen. (Blättern Sie zu Kapitel 2, wenn Sie eine Einführung über Umrechnungsfaktoren brauchen.)

Beispiel

Wie viele Wassermoleküle enthält ein Teelöffel voll Wasser, wenn er 0,82 mol fassen kann?

Lösung

$4,9 \times 10^{23}$ Moleküle. Um ausgehend von mol die Teilchenanzahl zu berechnen, können Sie wie gewohnt den simplen Dreisatz anwenden:

$6,022 \times 10^{23}$ Teilchen/1 mol = x/0,82 mol

x = ($6,022 \times 10^{23}$ Teilchen/1 mol) × 0,82 mol

x = $4,9 \times 10^{23}$ Teilchen

Bei der Umstellung können Sie die mol-Einheiten herauskürzen, sodass nur die Teilchenanzahl übrig bleibt.

Aufgabe 1

Wie viel mol an Sternen gibt es im Universum, wenn eine Durchschnittsgalaxie etwa 150 Milliarden Sterne enthält und wenn Astronomen davon ausgehen, dass das Universum aus mindestens 125 Milliarden Galaxien besteht?

Ihre Lösung

Aufgabe 2

Auf der Erde kommen grob geschätzt etwa 200 Millionen Insekten auf jeden einzelnen Menschen. Wie viele »Insekten-Teilchen« gibt es auf unserem Planeten, wenn wir von einer Weltbevölkerung von fast 7 Milliarden Menschen ausgehen?

Ihre Lösung

Aufgabe 3

Wie viele ^{14}C-Atome existieren in einem durchschnittlichen menschlichen Körper, wenn Sie folgendes wissen:

1. Kohlenstoff macht 23 % des menschlichen Körpergewichts aus.
2. Der durchschnittliche Körper eines Menschen wiegt 75 kg.
3. Jedes Kilogramm Kohlenstoff entspricht etwa 83,3 mol.
4. Eins von einer Billion C-Atomen ist ein ^{14}C-Atom.

Ihre Lösung

Masse und Volumen auf Mol beziehen

Chemiker beginnen eine Diskussion über das Mol stets mit der Avogadro-Konstante. Sie tun das aus zwei Gründen: Zum einen macht es durchaus Sinn, eine Diskussion auf dem Wege anzugehen, auf dem das Mol ursprünglich definiert wurde. Und zum anderen ist die Zahl groß genug, um auch die Ungläubigen einzuschüchtern.

Die Avogadro-Konstante wird trotz ihrer Wichtigkeit und beeindruckenden Größe bei der täglichen Anwendung rasch langweilig. Viel interessanter ist hingegen die Tatsache, dass ein Mol einer reinen *einatomigen* Substanz (mit anderen Worten, einer Substanz, die immer als einzelnes Atom vorkommt) exakt deren Atommasse besitzt. Anders ausgedrückt, ein Mol einatomigen Wasserstoffs wiegt etwa 1 Gramm. Ein Mol einatomigen Heliums wiegt etwa 4 Gramm. Diese Beziehung trifft auf jedes beliebige Element im Periodensystem zu. Die Zahl, die die Atommasse eines Elements angibt, entspricht gleichzeitig auch der einatomigen *Molmasse* (Einheit in g/mol) dieses Elements.

Natürlich besteht die wahre Chemie aus dem Knüpfen und Lösen von Bindungen zwischen Atomen, daher kommen Sie mit einatomigen Substanzen nicht sehr weit. Zum Glück ist aber die Berechnung der Masse pro Mol eines komplexen Moleküls auch nicht anders als die Berechnung der Masse pro Mol eines einatomigen Elements. Ein Molekül Glucose zum Beispiel ($C_6H_{12}O_6$) besteht aus 6 Kohlenstoff-, 12 Wasserstoff- und 6 Sauerstoffatomen. Um die Grammzahl pro Mol eines komplexen Moleküls zu berechnen, müssen Sie folgendermaßen vorgehen:

1. **Multiplizieren Sie die Anzahl der Atome pro Mol des ersten Elements mit seiner Atommasse.**

   Im Fall von Glucose ist das erste Element Kohlenstoff, also multiplizieren Sie dessen Atommasse (12,0) mit der Anzahl der Atome (6).

2. Multiplizieren Sie die Anzahl der Atome pro Mol des zweiten Elements mit seiner Atommasse.

Im Fall von Glucose multiplizieren Sie die Masse von Wasserstoff (1,0) mit der Anzahl der Atome (12).

3. Multiplizieren Sie die Anzahl der Atome pro Mol des dritten Elements mit seiner Atommasse. Fahren Sie so mit jedem weiteren Element in einem komplexen Molekül fort.

Das dritte Element im Fall von Glucose ist Sauerstoff, also multiplizieren Sie dessen Atommasse (16) mit der Atomanzahl (6).

4. Zum Schluss addieren Sie die errechneten Massen.

In unserem Beispiel rechnen Sie also: (12,0 g/mol × 6) + (1,0 g/mol × 12) + (16,0 g/mol × 6) = 180 g/mol.

Diese *molekulare Masse in Gramm* bietet sich besonders für Chemiker an, die mehr darauf bedacht sind, die Masse einer Substanz zu bestimmen, als die Millionen oder Milliarden einzelner Teilchen zu zählen, aus denen die Substanz besteht.

Wenn Chemiker Sie nicht mit großem Zahlen einschüchtern können, versuchen sie das meist, indem sie mit beeindruckenden Worten um sich werfen. Chemiker können zum Beispiel zwischen der Molmasse *(oder molaren Masse)* reiner Elemente, molekularer Verbindungen und ionischer Verbindungen unterscheiden, indem sie jeweils deren *Atommasse, Molmasse* und *molare Formelmasse in Gramm* bestimmen. Lassen Sie sich aber nicht zum Narren halten! Das Grundkonzept hinter jeder dieser Massen ist stets das gleiche: die molare Masse oder Molmasse.

Es ist alles schön und gut, wenn man die Masse eines Feststoffs oder einer Flüssigkeit kennt und anhand dessen die verschiedenen Molzahlen (Stoffmengen) in dieser Probe bestimmen kann. Was ist aber mit Gasen? Wir wollen hier nicht phasen-diskriminierend werden; Gase bestehen ebenfalls aus Materie, und ihre Molzahlen haben somit auch das Recht berechnet zu werden. Zum Glück gibt es eine bequeme Beziehung zwischen den Molzahlen eines Gases und dessen *Volumen*. Anders als bei den atomaren/molekularen/Formelmassen ist dieser Umrechnungsfaktor hier stets konstant, *egal aus welchen Molekülen ein Gas besteht*. Jedes Gas hat ein Volumen von 22,4 Litern pro Mol (l/mol), egal wie groß die Gasmoleküle darin sind.

Bevor Sie aber Ihren »Hurra-Chemie-wird-endlich-einfacher«-Tanz starten, müssen Sie sich bewusst werden, dass diese Regel nur unter bestimmten Bedingungen zutrifft. Diese Bedingungen heißen Standardtemperatur (0 °C) und Standarddruck (1 atm). Das Bild von 22,4 mol/L trifft zudem eigentlich nur auf ein ideales Gas zu, dessen Teilchen kein Volumen haben und sich weder anziehen noch abstoßen. Letztendlich ist kein Gas ideal, aber viele nähern sich diesem Zustand so weit an, dass die Beziehung von 22,4 L/mol recht nützlich ist.

7 ➤ Das mächtige Mol beherrschen

Was ist eigentlich, wenn Sie zwischen dem Volumen eines Gases und seiner Masse oder zwischen der Masse einer Substanz und der darin enthaltenen Teilchenzahl hin und her rechnen wollen? Sie haben in beiden Fällen stets alle Informationen, die Sie dafür brauchen! Sie müssen lediglich die Einheiten Schritt für Schritt ineinander umrechnen. Sie können sich das Mol dabei als eine Art Familienmitglied vorstellen, das an andere weitergibt, was Sie sagen wollen, weil Sie vielleicht gerade heiser sind und nicht laut genug ins Ohr ihrer fast tauben Oma brüllen können. Ohne einen solchen Übersetzer könnte es sonst leicht zu Missverständnissen kommen. »Oma, wie geht es dir?« würde vielleicht als »Oma, du willst mehr Bier?« verstanden werden. Außer, wenn Sie es mögen, ihre Oma zwangsabzufüllen, sollten Sie ansonsten lieber nicht versuchen, direkt von Volumen zu Masse oder von Masse zu Teilchenanzahl oder ähnlich umzurechnen. Ziehen Sie stattdessen lieber Ihren treuen Übersetzer, das Mol, zu Rate.

Beispiel

An Ihrem letzten Tag vor der Pensionierung hängt Dr. Dentura Tagträumen von ihrem neu gekauften Anwesen in Florida nach. Zerstreut vergisst sie dabei das Distickstoffmonoxid (Lachgas) wieder abzustellen, nachdem sie ihren Patienten damit für die bevorstehende Wurzelbehandlung betäubt hat. Das Gas füllt den Raum zu 10 %, bevor der Zahnarzthelferin das konstante Zischen auffällt und sie lässig das Ventil wieder zudreht. Da Lachgas dichter als Luft ist, setzt es sich auf dem Boden ab, sodass es der Zahnärztin nicht auffällt. Wie viel Mol Distickstoffmonoxid befinden sich nun im Raum? Nehmen Sie dabei an, dass Dr. Dentura an häufigen Hitzewallungen leidet und deshalb vorsorglich ihre Praxis auf erfrischende 0 °C heruntergekühlt hat. Gehen Sie weiterhin davon aus, dass der Behandlungsraum ein geräumiger Würfel der Kantenlängen 10 × 10 × 10 Meter ist.

Lösung

4464,3 mol. Die Aufgabe verrät Ihnen, dass im Raum Standardtemperatur herrscht und da man davon ausgehen kann, dass Dr. Dentura vermutlich irgendwo auf dieser Erde operiert, kann man auch annehmen, dass der Druck etwa 1 atm beträgt und somit dem Standarddruck entspricht. Durch die Standardbedingungen können Sie nun beruhigt die Beziehung von 22,4 Liter = 1 mol einsetzen. Sie müssen dazu das Raumvolumen in Liter umrechnen. Sie wissen ja, dass der Raum ein Volumen von 10 m × 10 m × 10 m = 1000 m^3 hat. Sie wissen auch, dass das Lachgas 10 % des Raums einnimmt, was 100 m^3 entspricht. Rechnen Sie nun zuerst von Kubikmeter in Liter um:

1 m^3 = 1 000 000 cm^3 = 1 × 10^6 cm^3; also gilt 100 m^3 = 1 × 10^8 cm^3

1 cm^3 = 1 mL; also gilt 1 × 10^8 cm^3 = 1 × 10^8 mL

1 mL = 0,001 l = 1 × 10^{-3} L; also gilt 1 × 10^8 mL = 1 × 10^5 L

Dann rechnen Sie dieses Volumen mithilfe des Dreisatzes unter Standardbedingungen in mol um:

1 mol / 22,4 L = x / 1 × 10^5 L

x = (1 mol / 22,4 L) × 1 × 10^5 L

x = 4464,3 mol

Beispiel

Superschurke Lex Luthor hat im Internet aus Versehen ein Gefäß mit 0,05 kg Krypton anstelle von Kryptonit bestellt. Kryptonit ist natürlich eine grün leuchtende, rein fiktive feste Substanz, mit der Lex seinen gerissenen Erzfeind Superman außer Gefecht setzen kann. Krypton ist im Gegensatz dazu ein relativ harmloses Edelgas. Welches Volumen hat Lex Luthors nutzloser Behälter, wenn wir annehmen, dass er peinlich genau unter atmosphärischem Druck gefüllt und eisgekühlt verschickt wurde?

 ### Lösung

13,4 l. Sie kennen eine Masse und wurden gebeten, diese in ein Volumen umzurechnen. Eis kühlt das Gefäß auf eine Temperatur von nahe 0 °C, und Sie wissen auch aus der Aufgabenstellung, dass der innere Druck des Gefäßes Atmosphärendruck (1 atm) entspricht. Also handelt es sich um Standardbedingungen. Zuerst rechnen Sie die Grammangaben in Mol um, indem Sie die Atommasse in Gramm aus dem Periodensystem ablesen (in diesem Fall 83,8 g). Dann rechnen Sie von Mol zu Volumen um. Die Antwort lautet 13,4 Liter. Das ist eine Menge unnützes Gas und ein ziemlich peinliches Missgeschick für einen Superschurken.

0,05 kg = 50 g Kryptonit

1 mol Kryptonit wiegt 83,8 g

daher folgt:

1 mol/83,8 g = x/50 g

x = 0,6 mol

Des Weiteren gilt die Beziehung:

1 mol = 22,4 L
(unter Standardbedingungen)

daher folgt:

22,4 L/L mol = x/0,6 mol

x = 13,4 L

Aufgabe 4

Wie viele Mol sind in 350 g Kochsalz (NaCl) enthalten?

Ihre Lösung

Aufgabe 5

Das Durchschnittsvolumen eines menschlichen Atemzuges umfasst grob 500 mL. Wie viele Mol atmen Sie täglich jedes Mal ein, wenn sich die Temperatur um den Gefrierpunkt bewegt? Nehmen Sie des Weiteren an, dass sich die ausgeatmete Luft eines Atemzuges gleichmäßig in der gesamten Erdatmosphäre von 3×10^{22} L verteilt und berechnen Sie, wie viele Moleküle aus Dschingis Khans letztem Atemzug bei jedem Einatmen in Ihre Lungen gelangen.

Ihre Lösung

Aufgabe 6

Wie lautet die Masse von 3 Mol Platin in Kilogramm?

Ihre Lösung

Aufgabe 7

Wie viele Teilchen enthält eine 2-Liter-Flasche, die Sie unter Standardbedingungen mit Kohlendioxid füllen?

Ihre Lösung

Ehre, wem Ehre gebührt: prozentuale Zusammensetzung

Chemiker fragen sich oft, wie hoch der genaue prozentuale Anteil eines Elements an der Masse einer Verbindung ist. So liegen sie nachts wach und schicken Stoßgebete an Avogadro, er möge ihren Mengenproblemen, der so genannten prozentualen Zusammensetzung, wohlgesonnen sein. Eine prozentuale Zusammensetzung zu berechnen, kann kniffliger sein als Sie sich vielleicht vorstellen können. Betrachten Sie zum Beispiel das folgende Problem.

Der menschliche Körper besteht zu 60–70 % aus Wasser, und ein Wassermolekül enthält doppelt so viele Wasserstoff- wie Sauerstoffatome. Wenn also zwei Drittel jedes Wassermoleküls von Wasserstoff gebildet werden und Wasser etwa 60 % des menschlichen Körpers ausmacht, scheint es logisch, zu schlussfolgern, dass der Körper zu etwa 40 % aus Wasserstoffatomen besteht. Wasserstoff ist aber nur das dritthäufigste Element bezogen auf die *Körpermasse*. Was sagt uns das?

Sauerstoff hat 16-mal mehr Masse als Wasserstoff. Wasserstoff mit Sauerstoff zu vergleichen, ist also in etwa so, als würde man ein Baby neben einen Sumo-Ringer stellen. Wenn sich die Türen eines Aufzugs nicht schließen wollen, ist es das Beste, zuerst den Sumo-Ringer aus der Kabine zu schubsen, egal wie sehr er auch weinen mag.

In einer Verbindung ist es wichtig, die atomaren Babys von den atomaren Sumo-Ringern getrennt zu halten. Dazu müssen Sie drei einfache Schritte befolgen.

1. **Berechnen Sie die Molekularmasse oder Formelmasse der Verbindung in Gramm, so wie wir es im vorangegangenen Abschnitt beschrieben haben.**

   Prozentuale Zusammensetzungen sind bezogen auf die Atommasse (in Gramm) vollkommen irrelevant, da sich letztere nur auf reine einatomige Substanzen beziehen; diese Substanzen enthalten also immer 100 % der Zusammensetzung eines bestimmten Elements.

2. **Multiplizieren Sie die Atommasse jedes Elements in der Verbindung mit der Anzahl von Atomen dieses Elements, die in einem Molekül enthalten sind.**

3. **Teilen Sie jede Masse aus Schritt 2 durch die Gesamtmasse aus Schritt 1. Multiplizieren Sie jeden Teilquotienten mit 100 %. Voilà! Sie haben soeben die prozentuale Zusammensetzung der Verbindung, bezogen auf die Massen aller Elemente, bestimmt.**

Beispiel

Berechnen Sie den prozentualen Anteil jeden Elements in Natriumsulfat Na_2SO_4.

Lösung

Na: 32,4 %; S: 22,6 %; O: 45,1 %. Die Formelmasse von Natriumsulfat lautet:

$(2 \times 23{,}0 \text{ g/mol}) + (1 \times 32{,}1 \text{ g/mol}) + (4 \times 16{,}0 \text{ g/mol}) = 142{,}1 \text{ g/mol}$.

Jedes Mol der Verbindung enthält also:

$2 \times 23{,}0 \text{ g} = 46{,}0 \text{ g}$ Natrium

$1 \times 32{,}1 \text{ g} = 32{,}1 \text{ g}$ Schwefel

$4 \times 16{,}0 \text{ g} = 64{,}0 \text{ g}$ Sauerstoff

Wenn Sie jede Masse durch die molare Masse der Gesamtverbindung Natriumsulfat (142,0 g) teilen, erhalten Sie die prozentuale Zusammensetzung:

$\frac{46{,}0 \text{ g}}{142 \text{ g}} \times 100 = 32{,}4 \%$ Natrium, $\frac{32{,}1 \text{ g}}{142 \text{ g}} \times 100 = 22{,}6 \%$ Schwefel, und $\frac{64{,}0 \text{ g}}{142 \text{ g}} \times 100 = 45{,}1 \%$ Sauerstoff

Zur Überprüfung addieren Sie die drei Prozentzahlen, um zu sehen, ob Sie in etwa wieder auf 100 % kommen: 32,4 % + 22,6 % + 45,1 % = 100,1 %.

Anmerkung: Wenn Sie Ihre Prozentzahlen gewissenhaft gerundet haben, dann erhalten Sie nicht 100 %, sondern eher 100,1 %, wenn Sie zum Schluss alle addieren. Hätten Sie nicht zwischendurch gerundet, wären Sie am Ende auf 100 % gekommen. Das Runden ist jedoch eine übliche Praxis, seien Sie also nicht zu besorgt, wenn Ihre Antwort sich dadurch um ein oder zwei Zehntel verschiebt.

Aufgabe 8

Berechnen Sie die prozentuale Zusammensetzung von Kaliumchromat K_2CrO_4.

Ihre Lösung

Aufgabe 9

Berechnen Sie die prozentuale Zusammensetzung von Propan C_3H_8.

Ihre Lösung

Von der prozentualen Zusammensetzung zu empirischen Formeln

Was ist eigentlich, wenn Sie die Summenformel einer Verbindung nicht kennen? Chemiker finden sich manchmal in solch einer beunruhigenden Situation wieder. Aber anstatt Avogadro zu verfluchen (oder manchmal auch *nachdem* sie ihn verflucht haben), analysieren sie lieber die Probe dieser frustrierenden unbekannten Substanz, um die prozentuale Zusammensetzung ihrer Bestandteile zu erfahren. Sie berechnen dann die Verhältnisse der verschiedenen Atomarten zueinander. Und diese Verhältnisse werden dann in *empirischen Formeln* ausgedrückt, dem kleinsten ganzzahligen Verhältnis zweier Atome in einer Verbindung.

Um eine empirische Formel aus der prozentualen Zusammensetzung zu ermitteln, gehen Sie wie folgt vor:

1. **Nehmen Sie an, dass sie 100 g einer unbekannten Substanz vor sich haben.**

   Das Bequeme an diesem kleinen Trick ist, dass Sie die Grammzahlen jedes Elements automatisch kennen, wenn Sie dessen prozentualen Anteil an der Gesamtverbindung bestimmt haben. Wenn Sie also annehmen, Sie hätten 100 g einer Verbindung, die aus 60,3 % Magnesium und 39,7 % Sauerstoff besteht, wissen Sie gleichzeitig, dass in der Probe 60,3 g Magnesium und 39,7 g Sauerstoff enthalten sind.

2. **Rechnen Sie die Massen aus Schritt 1 in mol um, indem Sie die Atommassen zu Hilfe ziehen.**

3. **Teilen Sie jede der ermittelten Element-pro-Element-Mengen aus Schritt 2 durch die kleinste von ihnen.**

   Diese Division führt sie zu den molaren Verhältnissen der einzelnen Elemente der Verbindung.

4. **Falls eines der ermittelten molaren Verhältnisse keine ganze Zahl ergibt, multiplizieren Sie alle Zahlen mit dem kleinstmöglichen Faktor, der ganzzahlige molare Verhältnisse für alle Elemente erlaubt.**

   Wenn also zum Beispiel 1 Stickstoffatom auf 0,5 Sauerstoffatome einer Verbindung kommen, lautet die empirische Formel nicht $N_1O_{0,5}$. Solch eine Formel würde suggerieren, dass sich ein Sauerstoffatom für diese Verbindung teilen müsste, was eine kleine nukleare Explosion zur Folge hätte. So beeindruckend es auch klingen mag, aber ein solches Szenario ist so gut wie ausgeschlossen. Viel wahrscheinlicher ist, dass sich die Stickstoff- und Sauerstoffatome in Gruppen von 2 × 1 Stickstoffatomen und 2 × 0,5 Sauerstoffatomen im Verhältnis 2:1 zusammenfinden. Die empirische Formel lautet also N_2O.

Da die ursprüngliche prozentuale Zusammensetzung normalerweise experimentell ermittelt wird, sollten Sie in diesen Fällen einen klitzekleinen Fehler in den Zahlen erwarten. 2,03 hat zum Beispiel vermutlich einen experimentellen Fehler im Umkreis von 2.

5. **Schreiben Sie die empirische Formel mit tiefgestellten, ganzen, molaren Verhältniszahlen hinter jedem Element. Ordnen Sie die Atome entsprechend der allgemeinen Regeln zur Nomenklatur von ionischen und molekularen Verbindungen (siehe Kapitel 6).**

Beispiel

Wie lautet die empirische Formel einer Substanz, deren Masse zu 40,0 % aus Kohlenstoff, zu 6,7 % aus Wasserstoff und zu 53,3 % aus Sauerstoff besteht?

Lösung

CH$_2$O. Der Einfachheit halber nehmen wir an, dass Sie eine Masse von 100 g dieser mysteriösen Substanz haben. Also besteht diese Substanz aus 40,0 g Kohlenstoff, 6,7 g Wasserstoff und 53,3 g Sauerstoff. Rechnen Sie alle Massen in mol um, indem Sie auf die Atommassen von C, H und O in Gramm zurückgreifen.

$$\frac{40,0 \text{ g C}}{1} \times \frac{1 \text{ mol C}}{12,0 \text{ g C}} = 3,33 \text{ mol C}$$

$$\frac{6,7 \text{ g H}}{1} \times \frac{1 \text{ mol H}}{1,0 \text{ g H}} = 6,70 \text{ mol H}$$

$$\frac{53,3 \text{ g O}}{1} \times \frac{1 \text{ mol O}}{16,0 \text{ g O}} = 3,33 \text{ mol O}$$

Beachten Sie dabei, dass die Molzahlen für Kohlenstoff und Sauerstoff identisch sind. Also wissen Sie, dass diese beiden Elemente im Verhältnis 1:1 Teil der Substanz sind. Als nächstes teilen Sie alle Molzahlen durch die kleinste der drei, welche 3,33 ist. Dadurch erhalten Sie:

$$\frac{3,33 \text{ mol C}}{3,33} = 1 \text{ mol C}, \quad \frac{6,70 \text{ mol H}}{3,33} = 2 \text{ mol H}, \text{ und } \frac{3,33 \text{ mol O}}{3,33} = 1 \text{ mol O}.$$

Die Substanz hat also die empirische Formel CH$_2$O. Die tatsächliche Atomanzahl in jedem Teilchen dieser Substanz entspricht dem Vielfachen der Zahlen, die in dieser Formel dargestellt sind.

Aufgabe 10

Berechnen Sie die empirische Formel einer Substanz mit der prozentualen Zusammensetzung 88,9 % Sauerstoff und 11,1 % Wasserstoff.

Ihre Lösung

Aufgabe 11

Berechnen Sie die empirische Formel einer Substanz mit der prozentualen Zusammensetzung 40,0 % Schwefel und 60,0 % Sauerstoff.

Ihre Lösung

Von empirischen Formeln zu Summenformeln

Viele natürliche Verbindungen, besonders solche aus Kohlenstoff, Wasserstoff und Sauerstoff, setzen sich aus Atomen zusammen, die dem Vielfachen ihrer empirischen Formeln entsprechen. Anders ausgedrückt, spiegeln die empirischen Formeln also nicht die tatsächliche Zahl der Atome in einer Substanz wider, sondern geben lediglich deren Mengenverhältnisse zueinander an. Was für ein Unfug! Leider handelt es sich dabei um einen derart alten Unfug, dass die Chemiker sich inzwischen damit abgefunden haben. Um die verschiedenen Verbindungstypen unterscheiden zu können, legen Chemiker besonders Wert darauf, empirische Formeln von *Summenformeln* zu unterscheiden. Eine Summenformel verwendet tiefgestellte Indexzahlen, die die tatsächliche Atomzahl in jedem Molekül einer Verbindung angeben (eine *Formeleinheit* oder *Verhältnisformel* dient demselben Zweck bei ionischen Verbindungen).

Summenformeln beziehen sich auf *Molmassen*, sind also einfach ein ganzzahliges Vielfaches der entsprechenden Masse der empirischen Formel. Mit anderen Worten, ein Molekül der empirischen Formel CH_2O besitzt eine empirische Formelmasse von 30,0 g/mol (12,0 für Kohlenstoff + 2,0 für Wasserstoff + 16,0 für Sauerstoff). Das Molekül kann aber tatsächlich eine Summenformel von CH_2O, $C_2H_4O_2$, $C_3H_6O_3$ und so weiter haben. Also kann das Molekül entsprechend auch eine Molmasse von 30,0 g/mol, 60,0 g/mol, 90,0 g/mol und so weiter haben.

Sie können eine Summenformel nicht allein anhand der prozentualen Zusammensetzung bestimmen. Wenn Sie das versuchen, werden sich Avogadro und Perrin aus ihren Gräbern erheben, Sie finden und Ihnen $6{,}022 \times 10^{23}$ Backpfeifen verpassen (oh wie clever!). Die Torheit dieses Versuchs wird Ihnen klar werden, wenn Sie zum Beispiel Formaldehyd und Glucose miteinander vergleichen. Die beiden Verbindungen besitzen zwar identische empirische Formeln, unterscheiden sich aber in ihren Summenformeln (CH_2O und $C_6H_{12}O_6$). Glucose ist ein einfacher Zucker, der bei der Photosynthese produziert wird und der bei der Zellatmung verbraucht wird. Sie können Glucose in Ihrem Kaffee oder Tee auflösen und damit ein genussvolles Produkt kreieren. Formaldehyd ist eine krebserregende Verbindung, die unter anderem in Zigarettenrauch enthalten ist. Eine Lösung mit Formaldehyd ist in der Menschheitsgeschichte oft genutzt worden, um Tote zu konservieren. Sie sollten sich also besser hüten, Formaldehyd in Ihren Tee zu schütten. Mit anderen Worten, Summenformeln sind etwas anderes als empirische Formeln und zwischen beiden besteht ein himmelweiter Unterschied.

Um eine Summenformel zu bestimmen, müssen Sie die gesamte Formelmasse der Verbindung sowie die empirische Formel kennen (oder zumindest genügend Informationen, um letztere selbst aus der prozentualen Zusammensetzung zu errechnen; für weitere Einzelheiten gehen Sie zum vorangegangenen Abschnitt). Mit diesen Werkzeugen können Sie die Summenformel in drei Schritten berechnen:

1. **Berechnen Sie die Masse der empirischen Formel.**
2. **Dividieren Sie die Molmasse durch die Masse der empirischen Formel.**
3. **Multiplizieren Sie alle tiefgestellten Indexzahlen in der empirischen Formel mit der in Schritt 2 ermittelten Zahl.**

Beispiel

Wie lautet die Summenformel einer Verbindung, die eine Molmasse von 34,0 g/mol und die empirische Formel HO besitzt?

 Lösung

H_2O_2. Die Masse der empirischen Formel beträgt

1,0 g/mol + 16,0 g/mol = 17,0 g/mol.

Dividieren Sie nun die Molmasse durch diesen Wert, so erhalten Sie

34,0 g/mol / 17,0 g/mol = 2.

Jetzt multiplizieren Sie die tiefgestellten Indexzahlen hinter jedem Element der empirischen Formel HO (nicht dargestellt, da jeweils 1) mit 2 und erhalten so die Summenformel H_2O_2. Diese Verbindung entspricht Wasserstoffperoxid.

Aufgabe 12

Wie lautet die Summenformel einer Verbindung mit der Formelmasse von 78,0 g/mol und der empirischen Formel NaO?

Ihre Lösung

Aufgabe 13

Eine Verbindung besitzt eine prozentuale Zusammensetzung von 49,5 % Kohlenstoff, 5,2 % Wasserstoff, 28,8 % Stickstoff und 16,5 % Sauerstoff. Die Molmasse der Verbindung beträgt 194,2 g/mol. Wie lauten die empirische Formel und die Summenformel?

Ihre Lösung

7 ➤ Das mächtige Mol beherrschen

Lösungen zu den Aufgaben rund ums Mol

Im Folgenden finden Sie die Antworten zu den praktischen Aufgaben, mit denen wir Sie in diesem Kapitel konfrontiert haben.

1. **0,03 mol.** So kommen Sie auf die Lösung (rufen Sie sich dazu auch die Regeln über das Multiplizieren und Dividieren in wissenschaftlicher Schreibweise aus Kapitel 1 wieder ins Gedächtnis):

   1 Universum = $1,25 \times 10^{11}$ Galaxien

   1 Galaxie = $1,5 \times 10^{11}$ Sterne

   also enthält das Universum $1,25 \times 10^{11} \times 1,5 \times 10^{11} = 1,875 \times 10^{22}$ Sterne

   des Weiteren gilt 1 mol = $6,022 \times 10^{23}$ Sterne

   Nun wenden Sie wieder den Dreisatz an:

   1 mol / $6,022 \times 10^{23}$ Sterne = x / $1,875 \times 10^{22}$ Sterne

   x = $1,875 \times 10^{22}$ Sterne × (1 mol / $6,022 \times 10^{23}$ Sterne)

   x = 3×10^{-2} mol

   Also enthält das Universum 0,03 mol Sterne, das sind gerade einmal 3 Prozent mol Sterne!

2. **2×10^{-6} mol.** Hier kommt die Rechnung dazu:

   7 Milliarden Menschen sind 7×10^{9} Menschen.

   Bei 200 Millionen Insekten pro Mensch ergibt das:

   $7 \times 10^{9} \times 2 \times 10^{8}$ Insekten = $1,4 \times 10^{18}$ Insekten

   Des Weiteren gilt 1 mol = $6,022 \times 10^{23}$ Insekten

   Nun wenden Sie wieder den Dreisatz an:

   1 mol/$6,022 \times 10^{23}$ Insekten = x/$1,4 \times 10^{18}$ Insekten

   x = $1,4 \times 10^{18}$ Insekten × (1 mol/$6,022 \times 10^{23}$ Insekten)

   x = 2×10^{-6} mol

   Und wieder sehen Sie, dass eine für Nicht-Chemiker scheinbar unvorstellbar große Zahl gerade einmal nur den Bruchteil eines Mols darstellt.

3. **$8,65 \times 10^{14}$ ^{14}C-Atome.** Zuerst müssen Sie die Gesamtmasse an Kohlenstoff (23 %) in einem 75-kg-Körper bestimmen, wodurch Sie 17,25 kg erhalten. Dann rechnen Sie diese 17,25 kg in Atome um, indem Sie die Umrechnungsfaktoren aus der Aufgabenstellung und die bereits bekannte Beziehung zwischen Mol und Atomen verwenden:

   1 kg C = 83,3 mol

   also gilt 17,25 kg C = $1,44 \times 10^{3}$ mol

Des Weiteren gilt:

1 mol = $6{,}022 \times 10^{23}$ Kohlenstoffatome

also enthält ein 75-kg-Mensch $8{,}65 \times 10^{26}$ C-Atome.

Wenn Sie nun den Anteil der ^{14}C-Atome an der Gesamtzahl an C-Atomen bestimmen wollen, wenden Sie wieder den Dreisatz an:

1 ^{14}C-Atom/1×10^{12} C-Atome = x/$8{,}65 \times 10^{26}$ C-Atome

x = $8{,}65 \times 10^{14}$ ^{14}C-Atome

4. **6,0 mol.** Zuerst bestimmen Sie die Formelmasse von Natriumchlorid auf die gleiche Art, mit der Sie bisher die Molmasse bestimmt haben. Das sind 23,0 g/mol + 35,5 g/mol = 58,5 g/mol. Nun ist die Umrechnung ganz einfach:

   1 mol NaCl/58,5 g NaCl = x/350 g NaCl

   x = 350 g NaCl × (1 mol NaCl/58,5 g NaCl) = 6,0 mol

5. **0,02 mol; 0,2 Teilchen.** Zuerst berechnen Sie, wie viele Mol Luft Sie bei jedem Atemzug einatmen:

   1 mol/22,4 L = x/0,5 L

   x = 0,02 mol

   Als nächstes berechnen Sie die Teilchenzahl in jedem Mol Luft, das einmal Teil von Dschingis Khans letztem Atemzug war. Bestimmen Sie dazu den Teil der Atmosphäre, die einen einzigen Atemzug ausmacht. Dann multiplizieren Sie diese Zahl mit der Teilchenanzahl in 1 mol:

   $$\frac{0{,}5 \text{ L}}{3 \times 10^{22} \text{ L}} \times \frac{6{,}022 \times 10^{23} \text{ Teilchen}}{1 \text{ mol}} = 10 \text{ Teilchen pro mol}$$

   Genau – 10 Teilchen aus jedem Mol Luft auf diesem Planeten wurden von dem mächtigen Mongolen bei seinem letzten Atemzug eingesogen. Jetzt müssen Sie noch herausfinden, wie viele dieser Teilchen Sie bei jedem Atemzug einatmen. Multiplizieren Sie dazu die Gesamtzahl ihrer eingeatmeten Mole mit der Anzahl der Dschingis Khan-Teilchen pro Mol:

   $$\frac{0{,}02 \text{ mol}}{1} \times \frac{10 \text{ Teilchen}}{1 \text{ mol}} = 0{,}2 \text{ Teilchen}$$

   Das heißt also, dass Sie durchschnittlich bei jedem fünften Atemzug ein Teilchen ostasiatischer Geschichte inhalieren!

6. **0,59 kg.** Nutzen Sie die Techniken aus Kapitel 1, um Mol in Kilogramm umzurechnen:

   1 mol = 195,1 g (siehe Periodensystem)

   also gilt:

   0,1951 kg/1 mol = x/3 mol

   x = 3 mol × (0,1951 kg/1 mol) = 0,59 kg

7. **5,38 × 10²² Teilchen.** Nutzen Sie auch hier wieder Umrechnungsfaktoren, um von Liter in Mol und dann von Mol in die Teilchenanzahl umzurechnen, so wie im Folgenden gezeigt:

   Unter Standardbedingungen gilt: 1 mol = 22,4 L

   und 1 mol = $6{,}022 \times 10^{23}$ Teilchen

   also sind in 22,4 L auch $6{,}022 \times 10^{23}$ Teilchen enthalten.

   Wenden Sie nun den Dreisatz an:

   $6{,}022 \times 10^{23}$ Teilchen/22,4 L = x/2 L

   x = 2 L × ($6{,}022 \times 10^{23}$ Teilchen/22,4 L)

   x = $5{,}38 \times 10^{22}$ Teilchen

8. **K: 40,3 %; Cr: 26,8 %; O: 33,0 %.** Zuerst berechnen Sie die Molmasse von Kaliumchromat und erhalten 194,2 g/mol:

   (2 × 39,1 g/mol) + (1 × 52,0 g/mol) + (4 × 16,0 g/mol) = 194,2 g/mol

   In einer Probe von 100 g sind also 78,2 g Kalium, 52,0 g Chrom und 64,0 g Sauerstoff enthalten. Teilen Sie jede der Massen durch die Molmasse und multiplizieren Sie dann mit 100, um auf die Prozentzahlen zu kommen.

9. **C: 81,8 %; H: 18,2 %.** Die Molmasse von Propan ist

   (3 × 12,0 g/mol) + (8 × 1,0 g/mol) = 44,0 g/mol

   Die prozentuale Zusammensetzung beträgt daher:

   $\dfrac{36{,}0\,g}{44{,}0\,g} \times 100 = 81{,}8\,\%$ Kohlenstoff und $\dfrac{8{,}0\,g}{44{,}0\,g} \times 100 = 18{,}2\,\%$ Wasserstoff

   Anmerkung: Die Molmasse von Propan beträgt eigentlich 44,1 g/mol: mit gerundeten Werten erhält man aber 44,0 g/mol. Die korrekte Zusammensetzung lautet 81,7 % C und 18,3 % H.

10. **H_2O.** Als erstes nehmen Sie an, dass 88,9 g Sauerstoff und 11,1 g Wasserstoff in Ihrer 100-g-Probe enthalten sind. Dann rechnen Sie diese Massen mithilfe der Atommassen von Sauerstoff und Wasserstoff in Mol um:

    1 mol O/16,0 g O = x/88,9 g O

    x = 5,56 mol O

    1 mol H/1,0 g H = x/11,1 g H

    x = 11,0 mol H (ohne Rundung bei den Molmassen)

    Als nächstes teilen Sie jede Molzahl durch die kleinste der beiden, also durch 5,55 mol:

    $\dfrac{5{,}56\,\text{mol O}}{5{,}56} = 1\,\text{mol O}$ und $\dfrac{11{,}0\,\text{mol H}}{5{,}56} = 2\,\text{mol H}$

Schreiben Sie diese Quotienten jeweils als tiefgestellten Index hinter das entsprechende Atom. Dadurch erhalten Sie H$_2$O. Die Verbindung heißt Wasser.

11. **SO$_3$.** Wenn Sie den gleichen Schritten wie in der Antwort zu Frage 10 folgen, dann erhalten Sie 1,25 mol Schwefel und 3,75 mol Sauerstoff. Teilen Sie dann beide Zahlen jeweils durch 1,25 mol (die kleinste der beiden Molzahlen): 1,25 mol/1,25 mol = 1 für Schwefel und 3,75 mol/1,25 mol = 3 für Sauerstoff. Sie erhalten also ein Verhältnis von 1:3. Die Verbindung heißt Schwefeltrioxid, SO$_3$.

12. **Na$_2$O$_2$.** Zuerst müssen Sie die Masse der empirischen Formel NaO bestimmen:

    (1 × 23,0 g/mol) + (1 × 16,0 g/mol) = 39,0 g/mol

    Dann dividieren Sie die Formelmasse der geheimnisvollen Substanz, 78,0 g/mol, durch diese empirische Masse und erhalten so den Quotienten 2. Multiplizieren Sie dann beide Atome jeweils mit diesem Quotienten und schreiben Sie das Ergebnis als tiefgestellten Index. Sie haben soeben die Summenformel von Natriumperoxid Na$_2$O$_2$ bestimmt.

13. **C$_4$H$_5$N$_2$O** lautet die empirische Formel; **C$_8$H$_{10}$N$_4$O$_2$** lautet die Summenformel. Ihnen wird die empirische Formel zwar nicht direkt gegeben, aber dafür kennen Sie die prozentuale Zusammensetzung der Verbindung. Damit können Sie die empirische Formel ganz leicht berechnen, wenn Sie davon ausgehen, dass 100 g der Probe aus 49,5 g Kohlenstoff, 5,2 g Wasserstoff, 28,8 g Stickstoff und 16,5 g Sauerstoff bestehen. Dann teilen Sie diese Massen durch die jeweiligen Atommassen:

    49,5 g/12,0 g/mol = 4,121 mol Kohlenstoff

    5,2 g/1,0 g/mol = 5,159 mol Wasserstoff   (ohne Rundung bei den Molmassen)

    28,8 g/14,0 g/mol = 2,056 mol Stickstoff

    16,5 g/16,0 g/mol = 1,031 mol Sauerstoff

    Zum Schluss dividieren Sie diese Molzahlen durch die kleinste von ihnen (1,031 mol), wodurch Sie 4 mol Kohlenstoff, 5 mol Wasserstoff, 2 mol Stickstoff und 1 mol Sauerstoff erhalten. Die empirische Formel lautet also C$_4$H$_5$N$_2$O.

    Und so bestimmen Sie die Summenformel: Die Masse der empirischen Formel beträgt 97,1 g/mol (multiplizieren Sie dazu die Anzahl der Atome der einzelnen Elemente in der Verbindung mit ihren jeweiligen Atommassen und addieren Sie zum Schluss alle Produkte). Dividieren Sie dann die angegebene Molmasse (194,2 g/mol) durch die Masse der empirischen Formel und Sie erhalten den Quotienten 2. Multiplizieren Sie dann die Indizes der einzelnen Elemente in der Verbindung mit 2. Der Trivialname für die Verbindung C$_8$H$_{10}$N$_4$O$_2$ lautet Coffein.

Chemische Gleichungen in den Griff bekommen

In diesem Kapitel...

▸ Chemische Gleichungen lesen, erstellen und ausgleichen

▸ Fünf Reaktionstypen erkennen und ihre Produkte vorhersagen

▸ Ladungsverteilung bei Ionengleichungen

Kapitel 5, 6 und 7 beschäftigen sich mit chemischen Verbindungen und den Bindungen, die sie zusammenhalten. Sie können eine Verbindung auf zwei verschiedene Weisen betrachten:

✔ Als Produkt einer chemischen Reaktion

✔ Als Ausgangsmaterial für eine andere chemische Reaktion

Die Chemie steckt letztendlich voller (Re-)Aktionen – sie lebt von dem Aufbrechen und Knüpfen von Bindungen. Chemiker halten diese Aktionen in Form chemischer Gleichungen fest, kleine Sätze, die Ihnen verraten, wer mit wem reagiert und was am Ende übrig bleibt, wenn der Staub sich wieder gelegt hat. Dieses Kapitel erklärt Ihnen, wie Sie chemische Gleichungen lesen, aufschreiben und ausgleichen sowie die Produkte dieser reaktionsgeladenen Sätze vorhersagen können.

Chemie in Gleichungen und Symbolen

Im Allgemeinen werden alle chemischen Gleichungen in der Grundform dargestellt:

Reaktanten → Produkte

Der Pfeil in der Mitte bedeutet dabei soviel wie *ergibt*. Die Grundidee besteht darin, dass Reaktanten miteinander reagieren und dabei Produkte entstehen. Wenn wir von *reagieren* sprechen, meinen wir einfach nur, dass Bindungen in den Reaktanten aufgebrochen und durch neue, andere Bindungen in den Produkten ersetzt werden.

Chemiker füllen ihre Gleichungen mit einer Vielzahl an Symbolen, da sie vermutlich denken, es sähe cool aus, aber noch wichtiger, weil Symbole dabei helfen, Informationen auf kleinstem Raum zu komprimieren. Tabelle 8.1 bietet eine Übersicht über die wichtigsten Symbole, denen Sie in chemischen Gleichungen begegnen werden.

Symbol	Erklärung
+	Trennt zwei Reaktanten oder Produkte.
→	Reaktionspfeil. Das „*reagiert-zu*"-Symbol trennt die Reaktanten von den Produkten. Ein Einzelpfeil, der nur in eine Richtung weist, sagt Ihnen, dass die Reaktion nicht umkehrbar (irreversibel) ist.
↔	Ein Doppelpfeil, der in beide Richtungen weist, sagt Ihnen, dass die Reaktion umkehrbar (reversibel) ist. Aus den Reaktanten können die Produkte entstehen und umgekehrt.
(*s*)	Ein Reaktant oder Produkt mit diesem Anhängsel ist ein Feststoff.
(*l*)	Ein Reaktant oder Produkt mit diesem Anhängsel ist eine Flüssigkeit.
(*g*)	Ein Reaktant oder Produkt mit diesem Anhängsel ist ein Gas.
(*aq*)	Ein Reaktant oder Produkt mit diesem Anhängsel bildet eine wässrige Lösung.
Δ	Dieses Symbol erscheint meist über dem Reaktionspfeil und weist darauf hin, dass den Reaktanten bei der Reaktion Wärme zugeführt wird.
Ni, LiCl	Manchmal erscheint ein chemisches Buchstabensymbol (so wie in unserem Beispiel für Nickel oder Lithiumchlorid) über dem Reaktionspfeil. Das bedeutet, dass die Chemikalie bei der Reaktion als Katalysator dient. Katalysatoren erhöhen die Reaktionsgeschwindigkeit, nehmen sonst aber keinen Einfluss auf eine Reaktion.

Tabelle 8.1: Häufig auftauchende Symbole in chemischen Gleichungen.

Nachdem Sie verstanden haben, wie Sie chemische Buchstabensymbole, Namen von Verbindungen (Kapitel 6) und die Gleichungssymbole aus Tabelle 8.1 interpretieren können, sind Sie für das nun Folgende gut gewappnet. Sie sind jetzt zum Beispiel in der Lage, eine chemische Reaktionsgleichung in die deutsche Sprache zu übersetzen und somit eine Reaktion zu erläutern. Wenn Sie die Sprache der Chemie fließend beherrschen, sind Sie zwar nicht in der Lage, mit Tieren zu kommunizieren; stattdessen können Sie aber zum Beispiel die Stoffwechselprozesse in deren Körper sehr detailliert beschreiben.

Beispiel

1. Schreiben Sie die chemische Gleichung zu folgendem Satz: Festes Eisen(III)-oxid reagiert mit gasförmigem Kohlenmonoxid zu festem Eisen und gasförmigem Kohlendioxid.

2. Schreiben Sie einen Satz, der die folgende chemische Gleichung beschreibt:

$$H_2O(l) + N_2O_3(g) \xrightarrow{\Delta} HNO_2(aq)$$

Lösung

1. **$Fe_2O_3(s) + CO(g) \rightarrow Fe(s) + CO_2(g)$.** Zuerst schreiben Sie die Formeln für jede der vier beteiligten Verbindungen auf. Dann fügen Sie die Informationen über den jeweiligen Aggregatzustand hinzu (wenn angegeben). Dann gruppieren Sie die Reaktanten links und die Produkte rechts vom Reaktionspfeil. Reagierende Verbindungen sind Reaktanten, entstehende Verbindungen heißen Produkte. Fügen Sie ein trennendes „+" zwischen die jeweiligen Reaktanten und Produkte auf beiden Seiten der Gleichung.

2. **Flüssiges Wasser wird zusammen mit gasförmigem Distickstofftrioxid erhitzt, wobei eine wässrige Lösung aus Salpetersäure entsteht.** Zuerst müssen Sie die Namen der einzelnen Verbindungen in der Gleichung bestimmen. Dann müssen Sie die jeweiligen Aggregatzustände herausfinden (fest, flüssig, gasförmig oder eine wässrige Lösung). Dann vollziehen Sie nach, was die Verbindungen eigentlich machen – kombinieren, sich zersetzen, verbrennen und so weiter. Zum Schluss fassen Sie all Ihre Erkenntnisse in einem Satz zusammen. Es gibt natürlich mehrere richtige Möglichkeiten, einen solchen Satz zu verfassen, solange Sie alle Informationen berücksichtigen.

Aufgabe 1

Schreiben Sie die chemischen Gleichungen für die folgenden Reaktionen auf:

a) Festes Magnesium wird zusammen mit gasförmigem Sauerstoff erhitzt, wobei festes Magnesiumoxid entsteht.

b) Festes Dibortrioxid reagiert mit festem Magnesium zu festem Bor und festem Magnesiumoxid.

Ihre Lösung

Aufgabe 2

Bilden Sie Sätze, die die folgenden chemischen Reaktionen beschreiben:

a) $S(s) + O_2(g) \rightarrow SO_2(g)$

b) $H_2(g) + O_2(g) \xrightarrow{Pt} H_2O(l)$

Ihre Lösung

Gleiches mit Gleichem vergelten: chemische Reaktionen ausgleichen

Die Reaktionsgleichungen, die Sie in den vorhergehenden Abschnitten gelesen und geschrieben haben, sind eigentlich *Gerüstgleichungen*, die sich wunderbar für die qualitative Beschreibung einer Reaktion eignen: Sie sagen aus, was die Reaktanten und was die Produkte sind. Wenn Sie die Sache aber näher betrachten, werden Sie feststellen, dass in diesen Gleichungen dem quantitativen Aspekt überhaupt nicht Rechnung getragen wird. Die Masse eines Mols jedes Reaktanten ist dort meist nicht gleich der Masse eines Mols jedes Produkts (siehe Kapitel 7 für weitere Einzelheiten zum Mol). Die Skelettgleichungen brechen das *Gesetz von der Erhaltung der Masse*, das besagt, dass die Gesamtmasse zu Beginn einer Reaktion auch am Ende der Reaktion erhalten bleiben muss. Wenn wir also auch quantitativ akkurat sein wollen, müssen wir die Massen von Reaktanten und Produkten ausgleichen.

Zum Ausgleichen einer Reaktionsgleichung nutzen Sie *Koeffizienten*, um die Molmengen der Reaktanten und/oder Produkte so anzupassen, dass die Masse auf beiden Seiten der Gleichung erhalten bleibt. Ein *Koeffizient* ist einfach eine Zahl, die dem Symbol eines Elements oder einer Verbindung vorangestellt wird und mit dem die Molzahl der *gesamten* Verbindung in einer Gleichung multipliziert wird. Koeffizienten sind anders als die tiefgestellten Indexzahlen, die lediglich die Anzahl der Atome oder Atomgruppen in einer Verbindung vervielfachen. Schauen Sie sich Folgendes einmal an:

$4Cu(NO_3)_2$

8 ➤ Chemische Gleichungen in den Griff bekommen

Die der Verbindung vorangestellte Zahl ist ein solcher Koeffizient, der zeigt, dass es sich um vier Moleküle Kupfer(II)-nitrat handelt. Die tiefgestellten Indexzahlen 3 und 2 in der Verbindung zeigen jeweils an, dass ein Molekül der Verbindung drei Sauerstoffatome sowie zwei Nitratgruppen pro Kupferatom enthält. Um zu bestimmen, wie viele Mole jedes Atoms in der Verbindung enthalten sind, müssen Sie die tiefgestellten Zahlen jedes Elements mit dem Koeffizienten multiplizieren:

4×1 mol Cu = **4 mol Cu**

$4 \times (2 \times 1$ mol N$)$ = **8 mol N**

$4 \times (2 \times 3$ mol O$)$ = **24 mol O**

Wenn Sie eine Gleichung ausgleichen, *verändern Sie nur die Koeffizienten*. Würden Sie die tiefgestellten Zahlen »anrühren«, würden Sie damit die chemische Verbindung selbst verändern. Wäre Ihr Stift mit einer elektrischen Schockfunktion ausgerüstet, würden Sie wahrscheinlich schnell lernen, dass es *absolut verboten* ist, zum Ausgleichen einer Reaktionsgleichung die tiefgestellten Zahlen zu verändern.

Hier ist ein einfaches Rezept, das Sie zum Ausgleichen benutzen können:

1. **Wenn Sie eine Skelettgleichung haben (also eine Formelgleichung mit Reaktanten und Produkten), zählen Sie die Atome für jedes Element auf beiden Seiten der Gleichung zusammen.**

   Sollten Sie auf einige mehratomige Ionen stoßen, können Sie diese als eine ganze Gruppe zählen (als wären Sie ein eigenes Element). Schlagen Sie in Kapitel 6 nach, wenn Sie wissen möchten, wie man mehratomige Ionen erkennt.

2. **Nutzen Sie Koeffizienten, um die Elemente oder mehratomigen Ionen eins nach dem anderen auszugleichen.**

   Beginnen Sie der Einfachheit halber mit den Elementen oder Ionen, die nur einmal auf jeder Seite der Gleichung auftauchen.

3. **Überprüfen Sie die Gleichung, um sicherzugehen, dass alle Elemente und Ionen ausbilanziert sind.**

   Die Überprüfung ist wichtig, da Sie wahrscheinlich mehrmals zwischen Reaktanten und Produkten hin und her gegangen sind – es kann hierbei viele Fehlerquellen geben.

4. **Wenn Sie sicher sind, dass die Gleichung ausbilanziert ist, schauen Sie noch einmal nach, ob Sie auch alles auf den kleinsten gemeinsamen Nenner gebracht haben.**

   Ein Beispiel:

   $4H_2(g) + 2O_2(g) \rightarrow 4H_2O(l)$

   ist zwar nicht falsch, sollte aber korrekt so geschrieben werden:

   $2H_2(g) + O_2(g) \rightarrow 2H_2O(l)$.

Beispiel

Bringen Sie die folgende Gleichung ins Gleichgewicht:

Na(s) + Cl$_2$(g) → NaCl(s)

 Lösung

2Na(s) + Cl$_2$(g) → 2NaCl(s).
Da Sie die tiefgestellte 2 hinter Chlor nicht verändern dürfen, müssen Sie einen Koeffizienten von 2 vor das Produkt Natriumchlorid stellen. Diese Veränderung erfordert nun, dass Sie Natrium auf der Reaktantenseite ebenfalls mit dem Koeffizienten 2 versehen.

Aufgabe 3

Gleichen Sie die folgenden Reaktionen aus:

a) N$_2$(g) + H$_2$(g) → NH$_3$(g)

b) C$_3$H$_8$(g) + O$_2$(g) → CO$_2$(g) + H$_2$O(l)

c) Al(s) + O$_2$(g) → Al$_2$O$_3$(s)

d) AgNO$_3$(aq) + Cu(s) → Cu(NO$_3$)$_2$(aq) + Ag(s)

Ihre Lösung

Aufgabe 4

Bilanzieren Sie die folgenden Reaktionsgleichungen aus:

a) Ag$_2$SO$_4$(aq) + AlCl$_3$(aq) → AgCl(s) + Al$_2$(SO$_4$)$_3$(aq)

b) CH$_4$(g) + Cl$_2$(g) → CH$_2$Cl$_2$(l) + HCl(g)

c) Cu(s) + HNO$_3$(aq) → Cu(NO$_3$)$_2$(aq) + NO(g) + H$_2$O(l)

d) HCl(aq) + Ca(OH)$_2$(aq) → CaCl$_2$(s) + H$_2$O(l)

Ihre Lösung

Aufgabe 5

Bilanzieren Sie die folgenden Reaktionsgleichungen aus:

a) $H_2C_2O_4(aq) + KOH(aq) \rightarrow K_2C_2O_4(aq) + H_2O(l)$

b) $P(s) + Br_2(l) \rightarrow PBr_3(g)$

c) $Pb(NO_3)_2(aq) + KI(aq) \rightarrow KNO_3(aq) + PbI_2(s)$

d) $Zn(s) + AgNO_3(aq) \rightarrow Zn(NO_3)_2(aq) + Ag(s)$

Ihre Lösung

Aufgabe 6

Bilanzieren Sie die folgenden Reaktionsgleichungen aus:

a) $NaOH(aq) + H_2SO_4(aq) \rightarrow H_2O(l) + Na_2SO_4(aq)$

b) $HNO_3(aq) + S(s) \rightarrow SO_2(g) + NO(g) + H_2O(l)$

c) $CuO(s) + H_2(g) \rightarrow Cu(s) + H_2O(l)$

d) $KMnO_4(aq) + HCl(aq) \rightarrow MnCl_2(aq) + Cl_2(g) + H_2O(l) + KCl(aq)$

Ihre Lösung

Reaktionen erkennen und Produkte vorhersagen

Sie werden kaum je in der Lage sein, die schier unglaubliche Anzahl aller möglichen chemischer Reaktionen zu erfassen. Es ist auch gut, dass es so viele Reaktionen gibt, denn nur durch diese Vielfalt ist die Entstehung des Universums und des Lebens erst möglich. Angesichts der Lebensaufgabe für ihr Gehirn, all diese Reaktionen zu begreifen, haben wir aber auch gute Nachrichten für Sie: Einige Reaktionskategorien tauchen immer und immer wieder auf. Wenn Sie die grundlegenden Muster dieser Kategorien erst einmal verstanden haben, wird es Ihnen viel leichter fallen, Licht ins Dunkel der Reaktionen dort draußen zu bringen.

Die folgenden Abschnitte beschreiben fünf Reaktionstypen, die Sie kennen und wiedererkennen sollten (achten Sie schon im Vorfeld darauf, dass die Bezeichnungen Ihnen verraten, was in jeder Reaktion geschieht). Wenn Sie die Muster dieser fünf Reaktionstypen parat haben und erkennen können, werden Sie oft in der Lage sein, Reaktionsprodukte vorherzusagen. Es gibt hierbei keine perfekten Richtlinien, und man spricht auch von *chemischer Intuition*, wenn es darum geht, anhand des Wissens über ähnliche Reaktionen Reaktionsprodukte für neue Gleichungen vorherzusagen. Wenn Sie also sowohl die Reaktanten als auch die Produkte kennen, sollten Sie stets in der Lage sein zu beurteilen, um welchen Reaktionstyp es sich handelt, und Sie sollten anhand von Reaktanten und Reaktionstyp die wahrscheinlichsten Produkte abschätzen können. Hierbei ist es oft unabdingbar zu wissen, wie sich molekulare und ionische Verbindungen zusammenfügen. Schlagen Sie in Kapitel 5 nach, wenn Sie hierzu noch weitere Informationen benötigen.

Synthese

Zwei oder mehr Reaktanten verschmelzen bei der Synthese (Kombination) zu einem einzigen Produkt nach dem Muster:

$A + B \to C$

Ein Beispiel:

$2Na(s) + Cl_2(g) \to 2NaCl(s)$

Die Kombination von Elementen zu Verbindungen (wie NaCl) ist eine besonders häufige Form der Kombinationsreaktion. Hier ein weiteres Beispiel:

$2Ca(s) + O_2(g) \to 2CaO(s)$

Auch Verbindungen können miteinander zu einer neuen Verbindung verschmelzen, so wie bei der Kombination von Natriumoxid mit Wasser zu Natriumhydroxid:

$Na_2O(s) + H_2O(l) \to 2NaOH(aq)$

Zersetzung

Ein einziger Reaktant zerfällt in zwei oder mehrere Produkte nach dem Muster:

$A \to B + C$

Ein Beispiel:

$2H_2O(l) \to 2H_2(g) + O_2(g)$

Beachten Sie, dass Synthese und Zersetzung ein und dieselbe Reaktion in entgegengesetzte Richtungen darstellen.

Bei vielen Zersetzungsreaktionen entstehen gasförmige Produkte, so auch bei der Zersetzung von Kohlensäure zu Wasser und Kohlendioxid:

$H_2CO_3(aq) \to H_2O(l) + CO_2(g)$

Einfache Substitution

Bei einer einfachen Substitutionsreaktion ersetzt ein einziges, reaktives Element oder eine Gruppe reaktiver Elemente ein weniger reaktives Element bzw. eine weniger reaktive Gruppe von Elementen. Die Musterformel hierzu lautet:

$A + BC \to AC + B$

Ein Beispiel:

$Zn(s) + CuSO_4(aq) \to ZnSO_4(aq) + Cu(s)$

Einfache Substitutionsreaktionen, bei denen Metalle andere Metalle ersetzen, kommen besonders häufig vor. Sie können leicht bestimmen, welche Metalle durch andere Metalle ersetzt werden können, indem Sie die *Aktivitätsreihe der Metalle* zu Rate ziehen. Das ist eine Liste von Metallen, die nach ihrer Reaktivität von hoch nach niedrig geordnet sind, wobei die oberen Metalle dazu neigen, die Metalle weiter unten in ihren Verbindungen zu ersetzen. In Tabelle 8.2 finden Sie die Aktivitätsreihe der Metalle.

Metall	Anmerkungen
Lithium Kalium Strontium Calcium Natrium	Reaktivste Metalle; reagieren mit kaltem Wasser zu Hydroxid und Wasserstoffgas
Magnesium Aluminum Zink Chrom	Reagieren mit heißem Wasser oder Säure zu Oxiden und Wasserstoffgas
Eisen Cadmium Cobalt Nickel Zinn Blei	Ersetzen Wasserstoffionen in verdünnten starken Säuren.
Wasserstoff	Nichtmetall
Antimon Arsen Wismut Kupfer	Verbinden sich direkt mit Sauerstoff zu Oxiden
Quecksilber Silber Palladium Platin Gold	Am wenigsten reaktive Metalle; kommen oft in ungebundener Form vor; Oxide dieser Metalle zersetzen sich leicht

Tabelle 8.2: Die Metallaktivitätsreihe.

Metathese

Die anorganische Metathese ist eine besondere Form der Metathese (die Reaktion, bei der zwei Reaktionspartner Gruppen miteinander austauschen). Die anorganische Metathese findet zwischen zwei ionischen Verbindungen (meist Salzen) in wässriger Lösung statt. Dabei wechseln die Kationen (positiv geladene Atome oder Gruppen) zweier Reaktanten zum jeweiligen Partner über und bilden dort mit den Anionen (positiv geladene Atome oder Gruppen) ionische Verbindungen. Die allgemeine Formel hierzu lautet:

AB + CD → AD + CB

Ein Beispiel:

KCl(*aq*) + AgNO$_3$(*aq*) → AgCl(*s*) + KNO$_3$(*aq*)

Natürlich bewegen sich gelöste Ionen frei und sind nicht Teil eines Kationen-Anionen-Komplexes. Es müssen also bestimmte Voraussetzungen zutreffen, damit eine anorganische Metathese stattfinden kann, wie z. B.:

✔ Eines der Produkte muss unlöslich sein und als Niederschlag ausfallen (bildet eine feste Substanz).

✔ Eines der Produkte muss ein Gas sein, das aus der Lösung aussprudelt.

✔ Eines der Produkte muss ein Lösungsmittelmolekül sein, so wie Wasser, das sich von den anderen ionischen Verbindungen abscheidet.

Verbrennung

Sauerstoff ist bei Verbrennungsreaktionen immer anwesend. Dabei werden oft Hitze und Licht freigesetzt. Bei Verbrennungsreaktionen werden häufig Kohlenwasserstoffe (wie Propangas C$_3$H$_8$(*g*), das zum Beispiel auch zum Betreiben von Gartengrills verwendet wird) zu Kohlendioxid und Wasser umgewandelt. Hier ein Beispiel:

C$_3$H$_8$(*g*) + 5O$_2$(*g*) → 3CO$_2$(*g*) + 4H$_2$O(*l*)

Bei Verbrennungsreaktionen werden auch Elemente mit Sauerstoff kombiniert, so wie:

S(*s*) + O$_2$(*g*) → SO$_2$(*g*)

Wenn Sie also eine Reaktion vor sich haben, bei der Sauerstoff und ein Kohlenwasserstoff die Hauptrolle spielen, haben Sie es wahrscheinlich mit einer Verbrennungsreaktion zu tun. Wenn unter den Produkten dann auch noch Kohlendioxid und Wasser zu finden sind, können Sie sich nahezu sicher sein.

8 ➤ Chemische Gleichungen in den Griff bekommen

Beispiel

Vervollständigen und gleichen Sie die folgende Reaktion aus:

Be(s) + O$_2$(g) →

Lösung

2Be(s) + O$_2$(g) → 2BeO(s).

Obwohl Beryllium nicht Teil der Metallreihe ist, können Sie mit ziemlicher Sicherheit vorhersagen, dass es sich hier um eine Synthese/Verbrennung handelt. Warum? Zuerst einmal haben Sie zwei Reaktanten. Ein einziger Reaktant würde auf eine Zersetzungsreaktion hinweisen. Der Berylliumreaktant ist ein Element und keine Verbindung, sodass Sie auch die Metathese ausschließen können. Der elementare Reaktant könnte auf eine einfache Substitutionsreaktion hindeuten, allerdings ist in dem zweiten Reaktanten (Sauerstoff) kein Metall enthalten, das als Austauschpartner dienen könnte. Also bleibt nur die Synthese (Kombination) übrig. Und da die Verbrennung eigentlich auch eine Art der Kombination von Sauerstoff mit einem Element ist, ist die dargestellte Reaktion gleichzeitig auch eine Verbrennung.

Aufgabe 7

Vervollständigen und gleichen Sie die folgenden Reaktionen aus:

a) C(s) + O$_2$(g) →

b) Na(s) + I$_2$(g) →

c) Sr(s) + I$_2$(g) →

d) Mg(s) + N$_2$(g) →

Ihre Lösung

Aufgabe 8

Vervollständigen und gleichen Sie die folgenden Reaktionen aus:

a) HI(g) →

b) H$_2$O$_2$(l) → H$_2$O(l) +

c) NaCl(s) →

d) MgCl$_2$(s) →

Ihre Lösung

Aufgabe 9

Vervollständigen und gleichen Sie die folgenden Reaktionen aus:

a) $Zn(s) + H_2SO_4(aq) \rightarrow$

b) $Al(s) + HCl(aq) \rightarrow$

c) $Li(s) + H_2O(l) \rightarrow$

d) $Mg(s) + Zn(NO_3)_2(aq) \rightarrow$

Ihre Lösung

Aufgabe 10

Vervollständigen und gleichen Sie die folgenden Reaktionen aus:

a) $Ca(OH)_2(aq) + HCl(aq) \rightarrow$

b) $HNO_3(aq) + NaOH(aq) \rightarrow$

c) $FeS(s) + H_2SO_4(aq) \rightarrow$

d) $BaCl_2(aq) + K_2CO_3(aq) \rightarrow$

Ihre Lösung

Gaffen verboten: Netto-Ionengleichungen

Chemische Reaktionen finden oft in wässriger Umgebung statt. Ionische Verbindungen lösen sich unter diesen Bedingungen in ihre Bestandteile auf, sodass neue Produkte entstehen können. Bei dieser Reaktionsart kommt es manchmal vor, dass nur das Kation oder das Anion der gelösten Verbindung reagiert. Das andere Ion schaut bei der ganzen Angelegenheit nur zu und dreht gelangweilt seine elektrostatischen Däumchen. Diese unbeteiligten Ionen werden *Zuschauerionen* genannt.

Da Zuschauerionen nicht wirklich an der chemischen Reaktion teilnehmen, müssen sie eigentlich auch nicht in der chemischen Gleichung erwähnt werden. Das würde die Sache nur unnötig verkomplizieren. Daher bevorzugen Chemiker *Netto-Ionengleichungen*, die Zuschauerionen außen Acht lassen. Eine Netto-Ionengleichung bezieht sich nicht auf jede Substanz, die in einem Reaktionsgefäß enthalten ist. Sie lenkt die Aufmerksamkeit stattdessen nur auf jene Verbindungen, die auch tatsächlich reagieren.

Hier folgt ein einfaches Rezept, wie Sie selbst Netto-Ionengleichungen erstellen können:

1. **Untersuchen Sie die Ausgangsgleichung, um zu bestimmen, welche ionischen Verbindungen gelöst sind. Das ist erkennbar am Symbol (*aq*) hinter dem Namen.**

   $Zn(s) + HCl(aq) \rightarrow ZnCl_2(aq) + H_2(g)$

2. **Schreiben Sie die Gleichung nun neu auf und teilen Sie die gelösten ionischen Verbindungen in ihre Bestandteile auf.**

   Dieser Schritt setzt voraus, dass Sie häufige mehratomige Ionen erkennen können. Machen Sie sich also mit ihnen gut vertraut (blättern Sie zu Kapitel 6 für weitere Einzelheiten).

   $Zn(s) + H^+(aq) + Cl^-(aq) \rightarrow Zn^{2+}(aq) + 2Cl^-(aq) + H_2(g)$

3. **Vergleichen Sie die Reaktanten- und Produktseiten Ihrer neu geschriebenen Gleichung. Jedes gelöste Ion, das in unveränderter Form auf beiden Seiten des Reaktionspfeils erscheint, ist ein Zuschauerion. Streichen Sie die Zuschauerionen heraus, um eine Netto-Ionengleichung zu erhalten.**

   $Zn(s) + H^+(aq) + \cancel{Cl^-(aq)} \rightarrow Zn^{2+}(aq) + \cancel{2Cl^-(aq)} + H_2(g)$

   Dadurch ergibt sich die folgende Netto-Reaktion:

   $Zn(s) + H^+(aq) \rightarrow Zn^{2+}(aq) + H_2(g)$

   So dargestellt ist die Gleichung natürlich hinsichtlich der Anzahl der Wasserstoffatome und der positiven Ladungen unausgeglichen.

4. **Gleichen Sie die Netto-Ionengleichung nach Masse und Ladung aus.**

   $Zn(s) + 2H^+(aq) \rightarrow Zn^{2+}(aq) + H_2(g)$

Wenn Sie wollen, können Sie die Gleichung hinsichtlich Masse und Ladung schon in Schritt 1 ausgleichen. Wenn Sie Zuschauerionen erst in Schritt 3 herausstreichen, eliminieren Sie von vornherein die gleiche Anzahl von Ionen. Beide Methoden sind jedoch gut geeignet, um am Ende auf die gleiche Ionengleichung zu kommen. Einige Menschen ziehen es vor, die Ausgangsgleichung zu bearbeiten, während andere erst zum Schluss ausgleichen, da die Reaktion dann übersichtlicher ist.

Beispiel

Erstellen Sie eine ausgeglichene Gleichung für die folgende Reaktion:

$CaCO_3(s) + 2HCl(aq) \rightarrow CaCl_2(aq) + H_2O(l) + CO_2(g)$

Lösung

$CaCO_3(s) + 2H^+(aq) \rightarrow Ca^{2+}(aq) + H_2O(l) + CO_2(g)$

Da HCl und $CaCl_2$ in wässriger Lösung vorliegen (*aq*), müssen Sie die Gleichung zunächst so umschreiben, dass diese Verbindungen in ihre Bestandteile aufgelöst werden:

$CaCO_3(s) + 2H^+(aq) + 2Cl^-(aq) \rightarrow Ca^{2+}(aq) + 2Cl^-(aq) + H_2O(l) + CO_2(g)$

Dann streichen Sie alle Bestandteile weg, die unverändert auf beiden Seiten des Reaktionspfeils stehen. In diesem Fall können also die Chloridionen eliminiert werden:

$CaCO_3(s) + 2H^+(aq) + \cancel{2Cl^-(aq)} \rightarrow Ca^{2+}(aq) + \cancel{2Cl^-(aq)} + H_2O(l) + CO_2(g)$

Dadurch bleibt die Nettoreaktion:

$CaCO_3(s) + 2H^+(aq) \rightarrow Ca^{2+}(aq) + H_2O(l) + CO_2(g)$

Die Nettoreaktion ist schon ausgeglichen, also entspricht sie auch der gesuchten Netto-Ionengleichung.

Aufgabe 11

Erstellen Sie ausgeglichene Netto-Ionengleichungen für die folgenden Reaktionen:

a) $LiOH(aq) + HI(aq) \rightarrow H_2O(l) + LiI(aq)$

b) $AgNO_3(aq) + NaCl(aq) \rightarrow AgCl(s) + NaNO_3(aq)$

c) $Pb(NO_3)_2(aq) + H_2SO_4(aq) \rightarrow PbSO_4(s) + HNO_3(aq)$

Ihre Lösung

Aufgabe 12

Erstellen Sie ausgeglichene Gleichungen für die folgenden Reaktionen:

a) $HCl(aq) + ZnS(aq) \rightarrow H_2S(g) + ZnCl_2(aq)$

b) $Ca(OH)_2(aq) + H_3PO_4(aq) \rightarrow Ca_3(PO_4)_2(aq) + H_2O(l)$

c) $(NH_4)_2S(aq) + Co(NO_3)_2(aq) \rightarrow CoS(s) + NH_4NO_3(aq)$

Ihre Lösung

Lösungen zu den Aufgaben rund ums Thema chemische Gleichungen

Chemie ist Aktion, sie beschäftigt sich mit dem Knüpfen und Lösen von Bindungen. Sie haben das Kapitel gelesen und die Fragen darin beantwortet. Jetzt überprüfen Sie Ihre Antworten, um zu sehen, ob schon ein oder mehrere Konzepte dieses Kapitels in Ihrem Gehirn zu wirken begonnen haben.

1. Vergessen Sie nicht, die Symbole anzufügen, die den Aggregatzustand einer Verbindung beschreiben und die auf Wärmezufuhr oder die Anwesenheit eines Katalysators hinweisen.

    a) $Mg(s) + O_2(g) \xrightarrow{\Delta} MgO(s)$

    b) $B_2O_3(s) + Mg(s) \rightarrow B(s) + MgO(s)$

2. Hier folgen Sätze für die angegebenen Reaktionen:

   a) **Fester Schwefel und Sauerstoffgas reagieren zu gasförmigem Schwefeldioxid.**

   b) **Wasserstoffgas reagiert mit Sauerstoffgas in der Gegenwart von Platin zu (flüssigem) Wasser.**

3. Hier sind die Reaktionsgleichungen in ausbilanzierter Form:

   a) $N_2(g) + 3H_2(g) \rightarrow 2NH_3(g)$

   b) $C_3H_8(g) + 5O_2(g) \rightarrow 3CO_2(g) + 4H_2O(l)$

   c) $4Al(s) + 3O_2(g) \rightarrow 2Al_2O_3(s)$

   d) $2AgNO_3(aq) + Cu(s) \rightarrow Cu(NO_3)_2(aq) + 2Ag(s)$

4. Weitere Reaktionsgleichungen:

   a) $3Ag_2SO_4(aq) + 2AlCl_3(aq) \rightarrow 6AgCl(s) + Al_2(SO_4)_3(aq)$

   b) $CH_4(g) + 2Cl_2(g) \rightarrow CH_2Cl_2(l) + 2HCl(g)$

   c) $3Cu(s) + 8HNO_3(aq) \rightarrow 3Cu(NO_3)_2(aq) + 2NO(g) + 4H_2O(l)$

   d) $2HCl(aq) + Ca(OH)_2(aq) \rightarrow CaCl_2(s) + 2H_2O(l)$

5. Noch mehr Reaktionsgleichungen:

   a) $H_2C_2O_4(aq) + 2KOH(aq) \rightarrow K_2C_2O_4(aq) + 2H_2O(l)$

   b) $2P(s) + 3Br_2(l) \rightarrow 2PBr_3(g)$

   c) $Pb(NO_3)_2(aq) + 2KI(aq) \rightarrow 2KNO_3(aq) + PbI_2(s)$

   d) $Zn(s) + 2AgNO_3(aq) \rightarrow Zn(NO_3)_2(aq) + 2Ag(s)$

6. Und zum Schluss noch ein paar Gleichungen:

   a) $2NaOH(aq) + H_2SO_4(aq) \rightarrow 2H_2O(l) + Na_2SO_4(aq)$

   b) $4HNO_3(aq) + 3S(s) \rightarrow 3SO_2(g) + 4NO(g) + 2H_2O(l)$

   c) $CuO(s) + H_2(g) \rightarrow Cu(s) + H_2O(l)$

   d) $2KMnO_4(aq) + 16HCl(aq) \rightarrow 2MnCl_2(aq) + 5Cl_2(g) + 8H_2O(l) + 2KCl(aq)$

7. Nachdem Sie eine Reaktion aufgeschrieben haben, kann es leicht passieren, dass Sie vergessen, auch die Seiten auszugleichen. Ordentliches Ausgleichen bedeutet, dass Sie den Überblick über die Anzahl der Atome jedes Elements in den Produkten haben müssen. Hier finden Sie die entsprechenden Synthesereaktionen:

   a) $C(s) + O_2(g) \rightarrow CO_2(g)$

   b) $2Na(s) + I_2(g) \rightarrow 2NaI(s)$

   c) $Sr(s) + I_2(g) \rightarrow SrI_2(s)$

   d) $3Mg(s) + N_2(g) \rightarrow Mg_3N_2(s)$

8. Hier sind weitere vollständig ausgeglichene Reaktionsgleichungen. Es handelt sich durchweg um Zersetzungsreaktionen:

   a) $2HI(g) \rightarrow H_2(g) + I_2(g)$

   b) $2H_2O_2(l) \rightarrow 2H_2O(l) + O_2(g)$

   c) $2NaCl(s) \rightarrow 2Na(s) + Cl_2(g)$

   d) $MgCl_2(s) \rightarrow Mg(s) + Cl_2(g)$

9. Hier folgen die Gleichungen für einige einfache Substitutionsreaktionen:

   a) $Zn(s) + H_2SO_4(aq) \rightarrow ZnSO_4(aq) + H_2(g)$

   b) $2Al(s) + 6HCl(aq) \rightarrow 2AlCl_3(aq) + 3H_2(g)$

   c) $2Li(s) + 2H_2O(l) \rightarrow 2LiOH(aq) + H_2(g)$

   d) $Mg(s) + Zn(NO_3)_2(aq) \rightarrow Mg(NO_3)_2(aq) + Zn(s)$

10. Bei den folgenden Gleichungen handelt es sich um Metathesereaktionen:

    a) $Ca(OH)_2(aq) + 2HCl(aq) \rightarrow CaCl_2(aq) + 2H_2O(l)$

    b) $HNO_3(aq) + NaOH(aq) \rightarrow H_2O(l) + NaNO_3(aq)$

    c) $FeS(s) + H_2SO_4(aq) \rightarrow H_2S(g) + FeSO_4(aq)$

    d) $BaCl_2(aq) + K_2CO_3(aq) \rightarrow BaCO_3(s) + 2KCl(aq)$

11. Die folgenden Auflösungen beinhalten jeweils die Originalreaktion, die voll ausgeschriebene Reaktion, die ausgeschriebene Reaktion mit herausgestrichenen Zuschauerionen und schließlich die ausgeglichene Netto-Ionengleichung.

    a) $LiOH(aq) + HI(aq) \rightarrow H_2O(l) + LiI(aq)$

    $Li^+(aq) + OH^-(aq) + H^+(aq) + I^-(aq) \rightarrow H_2O(l) + Li^+(aq) + I^-(aq)$

    $\cancel{Li^+(aq)} + OH^-(aq) + H^+(aq) + \cancel{I^-(aq)} \rightarrow H_2O(l) + \cancel{Li^+(aq)} + \cancel{I^-(aq)}$

    $OH^-(aq) + H^+(aq) \rightarrow H_2O(l)$

    b) $AgNO_3(aq) + NaCl(aq) \rightarrow AgCl(s) + NaNO_3(aq)$

    $Ag^+(aq) + NO_3^-(aq) + Na^+(aq) + Cl^-(aq) \rightarrow AgCl(s) + Na^+(aq) + NO_3^-(aq)$

    $Ag^+(aq) + \cancel{NO_3^-(aq)} + \cancel{Na^+(aq)} + Cl^-(aq) \rightarrow AgCl(s) + \cancel{Na^+(aq)} + \cancel{NO_3^-(aq)}$

    $Ag^+(aq) + Cl^-(aq) \rightarrow AgCl(s)$

    c) $Pb(NO_3)_2(aq) + H_2SO_4(aq) \rightarrow PbSO_4(s) + HNO_3(aq)$

    $Pb^{2+}(aq) + 2NO_3^-(aq) + 2H^+(aq) + SO_4^{2-}(aq) \rightarrow PbSO_4(s) + H^+(aq) + NO_3^-(aq)$

    $Pb^{2+}(aq) + \cancel{2NO_3^-(aq)} + \cancel{2H^+(aq)} + SO_4^{2-}(aq) \rightarrow PbSO_4(s) + \cancel{H^+(aq)} + \cancel{NO_3^-(aq)}$

    $Pb^{2+}(aq) + SO_4^{2-}(aq) \rightarrow PbSO_4(s)$

8 ➤ Chemische Gleichungen in den Griff bekommen

12. Hier finden Sie die Antworten zum zweiten Fragenteil über Netto-Ionengleichungen, und wieder zeigen wir Ihnen für jede Teilaufgabe die Originalreaktion, die voll ausgeschriebene Reaktion, die ausgeschriebene Reaktion mit herausgestrichenen Zuschauerionen und schließlich die ausgeglichene Netto-Ionengleichung.

   a) $HCl(aq) + ZnS(aq) \rightarrow H_2S(g) + ZnCl_2(aq)$

   $H^+(aq) + Cl^-(aq) + Zn^{2+}(aq) + S^{2-}(aq) \rightarrow H_2S(g) + Zn^{2+}(aq) + 2Cl^-(aq)$

   $H^+(aq) + \cancel{Cl^-(aq)} + \cancel{Zn^{2+}(aq)} + S^{2-}(aq) \rightarrow H_2S(g) + \cancel{Zn^{2+}(aq)} + \cancel{2Cl^-(aq)}$

   $2H^+(aq) + S^{2-}(aq) \rightarrow H_2S(g)$

   b) $Ca(OH)_2(aq) + H_3PO_4(aq) \rightarrow Ca_3(PO_4)_2(aq) + H_2O(l)$

   $Ca^{2+}(aq) + 2OH^-(aq) + 3H^+(aq) + PO_4^{3-}(aq) \rightarrow H_2O(l) + 3Ca^{2+}(aq) + 2PO_4^{3-}(aq)$

   $\cancel{Ca^{2+}(aq)} + 2OH^-(aq) + 3H^+(aq) + \cancel{PO_4^{3-}(aq)} \rightarrow H_2O(l) + \cancel{3Ca^{2+}(aq)} + \cancel{2PO_4^{3-}(aq)}$

   $OH^-(aq) + H^+(aq) \rightarrow H_2O(l)$

   c) $(NH_4)_2S(aq) + Co(NO_3)_2(aq) \rightarrow CoS(s) + NH_4NO_3(aq)$

   $2NH_4^+(aq) + S^{2-}(aq) + Co^{2+}(aq) + 2NO_3^-(aq) \rightarrow CoS(s) + NH_4^+(aq) + NO_3^-(aq)$

   $\cancel{2NH_4^+(aq)} + S^{2-}(aq) + Co^{2+}(aq) + \cancel{2NO_3^-(aq)} \rightarrow CoS(s) + \cancel{NH_4^+(aq)} + \cancel{NO_3^-(aq)}$

   $S^{2-}(aq) + Co^{2+}(aq) \rightarrow CoS(s)$

So funktioniert Stöchiometrie

In diesem Kapitel...

▶ Konversation betreiben: Mol-Mol-, Mol-Teilchen-, Mol-Volumen- und Mol-Masse-Beziehungen

▶ Herausfinden, was geschieht, wenn ein Reagens vor den anderen zur Neige geht

▶ Mit Prozentwerten die Effizienz von Reaktionen bestimmen

Stöchiometrie. Welch ein kompliziert klingendes Wort steckt hinter einer doch so einfachen Idee. Der griechische Begriff bedeutet soviel wie »Elementmessung«, was tatsächlich viel weniger furchterregend wirkt. Des Weiteren sahen sich die alten Griechen damals außerstande, eine ionische Verbindung von einer ionischen Säule zu unterscheiden, also wie schrecklich und unheimlich kann Stöchiometrie schon sein? Einfach gesagt, Stöchiometrie ist die mengenmäßige Beziehung zwischen den Bestandteilen chemischer Substanzen. Sie wenden Stöchiometrie mit tiefgestellten Zahlen und Koeffizienten in den chemischen Formeln von Verbindungen und Reaktionsgleichungen an.

Wenn Sie in diesem Kapitel angekommen sind, nachdem Sie sich durch Kapitel 6, 7 und 8 gearbeitet haben, dann hatten Sie Stöchiometrie bereits zum Frühstück, Mittag sowie zum Nachmittagskaffee. Wenn Sie die entsprechenden Kapitel ignoriert haben, dann haben Sie heute noch nichts gegessen. Wie auch immer, es ist Zeit fürs Abendbrot. Reichen Sie mir doch bitte einen Koeffizienten.

Mol/Mol-Umrechnungsfaktoren in ausbilanzierten Gleichungen nutzen

Masse und Energie bleiben erhalten. So lautet das Gesetz. Unglücklicherweise bedeutet das, dass es so etwas wie ein kostenloses Frühstück oder eine andere Gratis-Mahlzeit nicht gibt. Niemals. Auf der anderen Seite ermöglicht die Erhaltung der Masse die Vorhersage, wie sich eine chemische Reaktion entfalten wird.

Kapitel 8 beschreibt, warum chemische Reaktionsgleichungen hinsichtlich der Masse von Reaktanten und Produkten ausgeglichen werden müssen. Sie gleichen eine Reaktion aus, indem Sie die Koeffizienten vor den Reaktanten und Produkten abstimmen. Diese Arbeit kann wie eine lästige Pflicht erscheinen, so als wenn man den Müll entsorgen muss. Aber eine sauber ausbilanzierte Gleichung ist viel besser als jede Sammlung alter Kaffeefilter und schrumpeliger Orangenschalen und zudem ein nützliches Werkzeug. Mit einer ausbilanzierten Gleichung können Sie anhand der Koeffizienten Mol/Mol-Umrechnungsfaktoren bestimmen. Diese sagen Ihnen, wie viel Sie von einem bestimmten Produkt erhalten, wenn Sie eine bestimmte Menge der Reaktanten miteinander reagieren lassen. Durch diese Berechnungen werden Chemiker besonders nützlich für diese Welt und müssen sich nicht mehr allein auf Ihr Aussehen und charmantes Auftreten verlassen.

Betrachten Sie die folgende ausgeglichene Reaktion, bei der Ammoniak aus Stickstoff- und Wasserstoffgas gebildet wird:

$$N_2(g) + 3H_2(g) \rightarrow 2NH_3(g)$$

Industriechemiker auf der ganzen Welt kennen diese Reaktion wie ihre Westentasche und verziehen keine Miene, wenn sie in ihrer täglichen Arbeit berechnen, wie viel Ammoniak sie bis zum Abend hergestellt haben werden. (Tatsächlich haben sogar zwei deutsche Chemiker, Haber und Bosch, den Nobelpreis für ihre klugen Überlegungen erhalten, wie man Geschwindigkeit und Ausbeute dieser simplen Reaktion verbessern kann.) Woran machen Chemiker jedoch fest, wann eine Reaktion vollständig durchlaufen ist? Der Kern der Antwort zu dieser Frage liegt in einer ausbilanzierten Gleichung und deren Mol/Mol-Umrechnungsfaktoren.

Ein Chemiker erwartet 2 mol Ammoniak (Produkt) pro Mol Distickstoff (Reaktant). Ebenso erwartet ein Chemiker 2 mol Ammoniak pro 3 mol Diwasserstoff. Diese Erwartungen basieren auf den Koeffizienten der ausbilanzierten Reaktionsgleichung und werden als Mol/Mol-Umrechnungsfaktor ausgedrückt (siehe Abbildung 9.1).

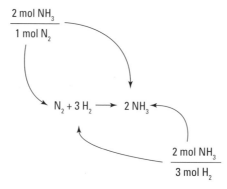

Abbildung 9.1: Mol/Mol-Umrechnungsfaktoren aus einer ausbilanzierten Reaktionsgleichung ableiten.

Beispiel

Wie viele Mol Ammoniak sind bei einer Reaktion von 278 mol N_2 zu erwarten?

Lösung

556 Moleküle Ammoniak. Aus der obigen Abbildung können Sie ablesen, dass das Verhältnis zwischen Ammoniak und Distickstoff 2:1 beträgt, also haben Sie einen Umrechnungsfaktor von 2. Mithilfe des bekannten Dreisatzes können Sie nun ganz einfach berechnen, wie viel Moleküle Ammoniak bei einem Einsatz von 278 mol Distickstoff gebildet werden.

2 mol NH_3/1 mol N_2 = x/278 mol N_2

x = 278 mol N_2 × (2 mol NH_3/1 mol N_2)

x = 556 mol NH_3

9 ➤ So funktioniert Stöchiometrie

Aufgabe 1

Molekularer Wasserstoff entsteht unter anderem bei der Elektrolyse von Wasser: Dazu wird Elektrizität durch Wasser geleitet, um die Wasserstoffbrücken aufzubrechen und molekularen Wasserstoff und molekularen Sauerstoff zu erhalten:

$2H_2O(l) \rightarrow 2H_2(g) + O_2(g)$

a) Wie viele Moleküle molekularen Wasserstoffs entstehen bei der Elektrolyse von 78,4 mol Wasser?

b) Wie viele Moleküle Wasser sind notwendig, um 905 mol molekularen Wasserstoff zu produzieren?

c) Lässt man die Elektrolyse in umgekehrter Reihenfolge ablaufen, wird Wasserstoff verbrannt. Wie viele Mol O_2 sind nötig, um 84,6 mol molekularen Wasserstoff zu verbrennen?

Ihre Lösung

Aufgabe 2

Aluminium reagiert mit Kupfer(II)-sulfat zu Aluminiumsulfat und Kupfer, wie in der folgenden Gleichung dargestellt:

$Al(s) + CuSO_4(aq) \rightarrow Al_2(SO_4)_3(aq) + Cu(s)$

a) Bilanzieren Sie die Gleichung aus.

b) Wie viele Mol Aluminium sind nötig, um mit 10,38 mol Kupfer(II)-sulfat zu reagieren?

c) Wie viele Mol Kupfer entstehen, wenn 2,08 mol Kupfer(II)-sulfat mit Aluminium reagieren?

d) Wie viele Mol Kupfer(II)-sulfat sind nötig, damit 0,96 mol Aluminiumsulfat entstehen?

e) Wie viele Mol Aluminium sind nötig, damit 20,01 mol Kupfer entstehen?

Ihre Lösung

Aufgabe 3

Festes Eisen reagiert mit festem Schwefel zu Eisen(II)-sulfid:

$Fe(s) + S(s) \rightarrow Fe_2S_3(s)$

a) Bilanzieren Sie die Gleichung aus.

b) Wie viele Mol Schwefel reagieren mit 6,2 mol Eisen?

c) Wie viele Mol Eisen(II)-sulfid entstehen aus 10,6 mol Eisen?

d) Wie viele Mol Eisen(II)-sulfid entstehen aus 3,5 mol Schwefel?

Ihre Lösung

Aufgabe 4

Bei der Verbrennung von Ethan entstehen Kohlenstoffdioxid und Wasser:

$C_2H_6(g) + O_2(g) \rightarrow CO_2(g) + H_2O(g)$

a) Bilanzieren Sie die Gleichung aus.

b) Wie viele Mol Kohlendioxid entstehen aus 15,4 mol Ethan?

c) Wie viele Mol Ethan sind nötig, um 293 mol Wasser zu produzieren?

d) Wie viele Mol Sauerstoff sind erforderlich, um 0,178 mol Ethan zu verbrennen?

Ihre Lösung

Das Mol am Schopf packen: Teilchen, Volumina und Massen umrechnen

Das Mol ist das schlagende Herz der Stöchiometrie, die zentrale Einheit, die alle anderen Mengeneinheiten in sich vereint. Berufschemiker verfallen jedoch längst nicht ins Träumen, wenn sie ein Mol sehen. Ein Chemiker ist nicht in der Lage, einen Blick auf ein Häufchen Kaliumchloridkristalle zu werfen, einmal zu blinzeln und dann zu sagen: »Das sind 0,539 mol Salz«. Nun ja, er könnte natürlich behaupten so etwas zu können, aber darauf sollten Sie lieber nicht Ihren Kittel verwetten. Echte Reaktanten werden meist in Massen- oder Volumeneinheiten bestimmt und ab und zu auch als Teilchenanzahl angegeben. Echte Produkte werden ebenso berechnet. Also müssen Sie in der Lage sein, Umrechnungsfaktoren der Beziehungen Mol zu Masse, Mol zu Volumen und Mol zu Teilchenanzahl einzusetzen, um zwischen diesen verschiedenen Messarten hin und her zu rechnen. Abbildung 9.2 zeigt eine Zusammenfassung der verschiedenen Beziehungen und dient als Orientierungshilfe zur Lösung von Aufgaben.

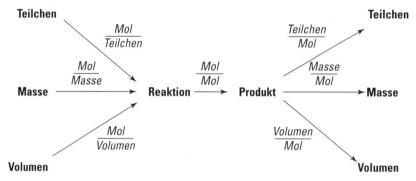

Abbildung 9.2: Flussdiagramm zur Lösung von Aufgaben bei Umrechnungen zwischen Mol und Teilchen, Mol und Masse und Mol und Volumen.

Beispiel

Calciumcarbonat zerfällt entsprechend der folgenden Gleichung zu festem Calciumoxid und gasförmigem Kohlendioxid. Antworten Sie auf die beiden folgenden Fragen, indem Sie annehmen, dass 10,0 g Calciumcarbonat zerfallen.

$CaCO_3(s) \rightarrow CaO(s) + CO_2(g)$

a) Wie viel Gramm Calciumoxid werden produziert?

b) Wie viele Liter Kohlendioxid entstehen bei Standardtemperatur und Standarddruck?

Lösung

a) **5,61 g CaO(s).** Zuerst rechnen Sie die 10,0 g Calciumcarbonat in Mol um, indem Sie die Molmasse von Calciumcarbonat (100 g/mol) als Umrechnungsfaktor nutzen. Dieser Schritt geht jeweils allen anderen bei den Berechnungen für jede Frage voraus. Um die Masse des produzierten Calciumoxids in Gramm zu bestimmen, verfahren

Sie genauso wie eben beschrieben. Zum Schluss rechnen Sie mithilfe der Molmasse von Calciumoxid (56,1 g/mol) von Mol in Gramm um:

1 mol $CaCO_3$/100 g $CaCO_3$ = x/10,0 g $CaCO_3$

Stellen Sie nach der Unbekannten um und Sie erhalten den Wert:

x = 0,1 mol $CaCO_3$

Des Weiteren gilt:

1 mol $CaCO_3$ = 1 mol CaO

Also können Sie ganz leicht berechnen:

56,1 g CaO/1 mol CaO = x/0,1 mol CaO

Nach Umstellung ergibt sich:

x = 5,61 g CaO

b) 2,24 l CO_2. Um das Volumen Kohlendioxid in Liter zu bestimmen, das bei der Reaktion entsteht, rechnen Sie mithilfe der immer gültigen Mol-zu-Mol-Beziehung zunächst von Masse in Mol CO_2 um. Dann rechnen Sie Mol CO_2 in Liter um, indem Sie davon ausgehen, dass unter Standardbedingungen jedes Mol Gas einen Raum von 22,4 Litern einnimmt (siehe Kapitel 7 zu Einzelheiten):

1 mol $CaCO_3$/100 g $CaCO_3$ = x/10,0 g $CaCO_3$

Stellen Sie nach der Unbekannten um und Sie erhalten den Wert:

x = 0,1 mol $CaCO_3$

Des Weiteren gilt laut Gleichung das Verhältnis:

1 mol $CaCO_3$/1 mol CaO = 1:1

Also können Sie leicht berechnen:

22,4 L CO_2/1 mol CO_2 = x/0,1 mol CO_2

Nach Umstellung erhalten Sie:

x = 2,24 L CO_2

Aufgabe 5

Wasserstoffperoxid zerfällt zu Sauerstoffgas und Wasser:

$H_2O_2(l) \rightarrow H_2O(l) + O_2(g)$

a) Bilanzieren Sie die Gleichung aus.

b) Wie viel Gramm Wasser entstehen, wenn $2{,}94 \times 10^{24}$ Moleküle Wasserstoffperoxid zerfallen?

c) Wie groß ist das Volumen des entstehenden Sauerstoffs (unter Standardbedingungen), wenn 32,9 g Wasserstoffperoxid zerfallen?

Ihre Lösung

Aufgabe 6

Gasförmiges Distickstofftrioxid reagiert mit Wasser zu wässriger Salpetersäure:

$N_2O_3(g) + H_2O(l) \rightarrow HNO_2(aq)$

a) Bilanzieren Sie die Gleichung aus.

b) Wie viele Liter Distickstofftrioxid sind nötig, um unter Standardbedingungen 36,98 g gelöste Salpetersäure zu erhalten?

c) Wie viele Moleküle Wasser reagieren unter Standardbedingungen mit 17,3 L Distickstofftrioxid?

Ihre Lösung

Aufgabe 7

Calciumphosphat und Wasser entstehen bei der Reaktion von Calciumhydroxid mit Phosphorsäure:

$Ca(OH)_2(aq) + H_3PO_4(aq) \rightarrow Ca_3(PO_4)_2(aq) + H_2O(l)$

a) Bilanzieren Sie die Gleichung aus.

b) 62,8 g Calciumhydroxid werden in wässriger Phosphorsäure gelöst. Dabei reagiert das gesamte Calciumhydroxid. Wie viele Moleküle Wasser entstehen?

c) Bei der Reaktion mit Phosphorsäure entstehen 133 g Calciumphosphat. Wie viel Gramm des gelösten Calciumhydroxids haben reagiert?

Ihre Lösung

Aufgabe 8

Blei(II)-chlorid reagiert mit Chlor zu Blei(IV)-chlorid:

$PbCl_2(s) + Cl_2(g) \rightarrow PbCl_4(l)$

a) Welches Volumen Chlor muss reagieren, um 50,9 g Blei(II)-chlorid vollständig umzuwandeln?

b) Wie viele *Formeleinheiten* von Blei(IV)-chlorid (also wie viel Mol der ionischen Verbindung) entstehen bei der Reaktion von 13,71 g Blei(II)-chlorid?

c) Wie viel Gramm Blei(II)-chlorid müssen eingesetzt werden, um 84,8 g Blei(IV)-chlorid zu erhalten?

Ihre Lösung

Den Reaktanten Grenzen setzen

Bei echten chemischen Reaktionen wandeln sich nicht alle Reaktanten in Produkte um. Klingt das für sie nach dem wahren Leben? So perfekt sind die Dinge leider nicht, denn oft ist es so, dass ein Reaktant vollständig aufgebraucht wird, während andere als Überschuss zurück bleiben, um vielleicht an einem anderen Tag zu reagieren.

Die Szene ähnelt einer Horde Hollywoodbewerber, die Schlange stehen, um einen der begehrten Stellen als Komparse in einem Film zu ergattern. Nur so viele eifrige Gesichter bekommen den Job, um einen zufrieden (wenn auch bemitleidenswert) arbeitenden Schauspieler zu beschäftigen. Die übriggebliebenen Schauspieler ohne Komparsen bilden einen Überschuss und murren still vor sich hin, während sie an vergangene Zeiten denken, in denen sie als Kellner arbeiteten. In diesem Szenario sind die Komparsenstellen der limitierende Faktor oder Reaktant.

Die in der Schlange stehen, wollen natürlich wissen, wie viele Komparsenstellen es eigentlich gibt. Aus dieser Information können sie sich ableiten, wie viele aus ihrer zusammengedrängten Masse auf einmal heraustreten und ihren großen Auftritt haben werden. Oder sie können sich ausmalen, wie viele von ihnen ihren Schauspielschulabschluss damit verschwenden, dass sie Chemikern im Urlaub Pasta mit Basilikum und Parmesan servieren.

Chemiker wollen wissen, welcher Reaktant zuerst zur Neige gehen wird. Mit anderen Worten, sie wollen wissen, welcher Reaktant der *limitierende* Faktor ist. Mit diesem Wissen können sie ableiten, wie viel Produkt zu erwarten ist, wenn sie eine bestimmte Menge des limitierenden Reaktanten an einer Reaktion teilnehmen lassen. Außerdem können sie mit dem Wissen über den limitierenden Reaktanten berechnen, wie hoch der Überschuss an anderen Reaktanten sein wird, wenn sich der Staub gelegt hat. Wie auch immer, der erste Schritt besteht darin, den limitierenden Reaktanten zu entlarven.

In jeder chemischen Reaktion können Sie sich einen Reaktanten als Kandidat herauspicken und berechnen, wie viele Mole dieses Reaktanten vorliegen und dann bestimmen, wie viele Gramm des anderen Reaktanten nötig sind, um die Reaktion vollständig ablaufen zu lassen. Sie werden sehen, dass eine von zwei Möglichkeiten zutrifft: Entweder haben Sie einen Überschuss des ersten Reaktanten (ihres gewählten Kandidaten) oder seines Partners. Der Reaktant, der im Überschuss ist, heißt *Überschussreaktant*. Der Reaktant, der vollständig aufgebraucht wird, ist der *limitierende Reaktant*.

Beispiel

Ammoniak reagiert mit Sauerstoff zu Stickstoffmonoxid und Wasser:
$NH_3(g) + O_2(g) \rightarrow NO(g) + H_2O(l)$

a) Bilanzieren Sie die Reaktionsgleichung aus.

b) Bestimmen Sie den limitierenden Reaktanten, wenn 100 g Ammoniak mit 100 g Sauerstoff reagieren.

c) Wer ist der Überschussreaktant und wie viel Gramm des Überschussreaktanten bleiben übrig, wenn die Reaktion vollständig abläuft?

d) Wie viel Gramm Stickstoffmonoxid werden produziert, wenn die Reaktion vollständig abläuft?

e) Wie viel Gramm Wasser werden produziert, wenn die Reaktion vollständig abläuft?

 Lösung

a) Bevor Sie irgendetwas anfangen, müssen Sie die Reaktion ausgleichen. Verschwenden Sie keinen Gedanken an irgendwelche Lösungswege, bevor Sie das getan haben. Die ausbilanzierte Gleichung muss lauten:

$4NH_3(g) + 5O_2(g) \rightarrow 4NO(g) + 6H_2O(l)$

b) Sauerstoff ist der limitierende Reaktant. Zwei Kandidaten stehen zur Wahl des limitierenden Reaktanten, NH_3 und O_2. Sie gehen von jeweils 100 g aus, was jeweils einer bestimmten Molzahl (Stoffmenge) entspricht. Weiterhin brauchen Sie 4 mol Ammoniak pro 5 mol molekularen Sauerstoff und haben somit einen Umrechnungsfaktor zwischen den beiden Molzahlen von 4:5 = 0,8.

Wenn wir mit Ammoniak beginnen, lautet der Rechnungsweg zur Bestimmung des limitierenden Reaktanten wie folgt:

1 mol NH_3/17,0 g NH_3 = x/100 g NH_3

x = 5,9 mol NH_3

Laut Gleichung beträgt der Umrechnungsfaktor 4 mol NH_3/5 mol O_2 = 4:5 = 0,8

Also lautet der Dreisatz:

32,0 g O_2/0,8 × 1 mol NH_3 = x/5,9 mol NH_3

x = 235 g O_2

Die Berechnung zeigt, dass Sie 235 g Sauerstoffgas brauchen, um die 100 g Ammoniak vollständig zu verbrauchen. Sie haben aber nur 100 g Sauerstoff zur Verfügung. Demnach wird der Sauerstoff zur Neige gehen, noch bevor sämtlicher Ammoniak aufgebraucht ist, daher ist Sauerstoff der limitierende Reaktant.

c) Der Überschussreaktant ist Ammoniak, und es werden 57,4 g übrig bleiben, wenn die 100 g Sauerstoff vollständig aufgebraucht sind. Um zu berechnen, wie viel Gramm Ammoniak am Ende der Reaktion noch übrig sein werden, nehmen Sie an, dass die gesamten 100 g Sauerstoff in der Reaktion verbraucht werden.

1 mol O_2/32,0 g O_2 = x/100 g O_2

x = 3,1 mol O_2

Laut Gleichung beträgt der Umrechnungsfaktor 5 mol O_2/4 mol NH_3 = 5:4 = 1,25

Also lautet der Dreisatz:

17,0 g NH_3/1,25 × 1 mol O_2 = x/3,1 mol O_2

x = 42,6 g NH_3

Es werden also 42,6 g NH_3 bei der Reaktion mit 100 g O_2 verbraucht, und es bleibt ein Überschuss von 100 g − 42,6 g = 57,4 g NH_3 zurück.

d) Es entstehen 75,0 g Stickstoffmonoxid. Nehmen Sie an, dass die 100 g Sauerstoff vollständig reagieren, um die Masse des entstehenden Stickstoffmonoxids zu bestimmen:

1 mol O_2/32,0 g O_2 = x/100 g O_2

x = 3,1 mol O_2

Laut Gleichung beträgt der Umrechnungsfaktor 5 mol O_2/4 mol NO = 5:4 = 1,25

Also lautet der Dreisatz:

30,0 g NO/1,25 × 1 mol O_2 = x/3,1 mol O_2

x = 75,0 g NO

e) Es entstehen 67,5 g Wasser. Gehen Sie wieder davon aus, dass die gesamten 100 g Sauerstoff in der Reaktion verbraucht werden:

1 mol O_2/32,0 g O_2 = x/100 g O_2

x = 3,1 mol O_2

Laut Gleichung beträgt der Umrechnungsfaktor 5 mol O_2/6 mol H_2O = 5:6 = 0,83

Also lautet der Dreisatz:

18,0 g H_2O/0,83 × 1 mol O_2 = x/3,1 mol O_2

x = 67,5 g H_2O

Aufgabe 9

Eisen(III)-oxid reagiert mit Kohlenmonoxid zu Eisen und Kohlendioxid:

$Fe_2O_3(s) + 3CO(g) \rightarrow 2Fe(s) + 3CO_2(g)$

a) Welche Substanz ist der limitierende Reaktant, wenn zu Beginn der Reaktion 50 g Eisen(III)-oxid und 67 g Kohlenmonoxid vorliegen?

b) Wer ist der Überschussreaktant und wie viel Gramm bleiben von ihm nach der vollständigen Reaktion übrig?

c) Geben Sie die Massen der Produkte in Gramm nach vollständig erfolgter Reaktion an.

Ihre Lösung

Aufgabe 10

Festes Natrium reagiert (heftig) mit Wasser zu Natriumhydroxid und molekularem Wasserstoffgas:

$2Na(s) + 2H_2O(l) \rightarrow 2NaOH(aq) + H_2(g)$

a) Welche Substanz ist der limitierende Reaktant, wenn zu Beginn der Reaktion 25,0 g Natrium und 40,2 g Wasser vorliegen?

b) Wer ist der Überschussreaktant und wie viel Gramm bleiben von ihm nach der vollständigen Reaktion übrig?

c) Wie viel Gramm Natriumhydroxid und wie viele Liter Wasserstoffgas müssten unter Standardbedingungen erwartet werden, wenn die Reaktion vollständig abläuft?

Ihre Lösung

Aufgabe 11

Aluminium reagiert mit Chlorgas zu Aluminiumchlorid:

$2Al(s) + 3Cl_2(g) \rightarrow 2AlCl_3(s)$

a) Welche Substanz ist der limitierende Reaktant, wenn zu Beginn der Reaktion 29,3 g Aluminium und 34,6 L Chlorgas (unter Standardbedingungen) vorliegen?

b) Wer ist der Überschussreaktant und wie viel Gramm (oder Liter unter Standardbedingungen) bleiben von ihm nach der vollständigen Reaktion übrig?

c) Wie viel Gramm Aluminiumchlorid müssten produziert werden, wenn die Reaktion vollständig abläuft?

Ihre Lösung

Die Küken nach dem Schlüpfen zählen: prozentuale Ausbeute berechnen

Eigentlich haben Reaktanten ein recht einfaches Leben. Entweder sie machen sich nützlich und nehmen an Reaktionen teil oder sie lehnen lässig an der Wand des Reaktionsgefäßes, blättern durch eine Zeitschrift und schlürfen einen heißen Latte Macchiato.

Chemiker haben es hingegen nicht so leicht. Sie werden dafür bezahlt, Reaktionen durchzuführen und dulden keine Ausreden von herumhängenden Reaktanten, die nur Zeit und Geld kosten. Also sollten Sie als frisch gebackener Chemiker besonders daran interessiert sein, dass Ihre Reaktionen möglichst vollständig ablaufen. Chemiker bestimmen die *prozentuale Ausbeute*, wenn sie wissen wollen, wie viel Produktsubstanz eine Reaktion hervorgebracht hat. Sie bestimmen die prozentuale Ausbeute mit folgender Formel:

Prozentuale Ausbeute = 100 × tatsächliche Ausbeute/erwartete Ausbeute

Schön und gut, aber was versteht man eigentlich unter tatsächlicher und erwarteter Ausbeute? Die tatsächliche Ausbeute ist ... nun ja ... die Produktmenge, die tatsächlich bei einer Reaktion entsteht. Die erwartete Ausbeute entspricht der Produktmenge, die theoretisch entstehen würde, wenn die Reaktion vollkommen und genau nach Lehrbuch abgelaufen wäre – mit anderen Worten so, wie in ihren sorgfältig ausgeführten Berechnungen.

Beispiel

Berechnen Sie die prozentuale Ausbeute von Natriumsulfat im folgenden Szenario: 32,18 g Schwefelsäure reagieren mit einem Überschuss an Natriumhydroxid zu 37,91 g Natriumsulfat.

$H_2SO_4(aq) + 2NaOH(aq) \rightarrow 2H_2O(l) + Na_2SO_4(aq)$

Lösung

Die prozentuale Ausbeute beträgt 81,34 % Natriumsulfat. Aus der Frage wird ersichtlich, dass Natriumhydroxid der Überschussreaktant ist. Also ist Schwefelsäure der limitierende Reaktant, anhand dessen Sie die erwartete Ausbeute berechnen müssen:

1 mol H_2SO_4/98,08 g H_2SO_4 = x/32,18 g H_2SO_4

x = 0,33 mol H_2SO_4

Da laut Gleichung die Beziehung 1 mol H_2SO_4/1 mol Na_2SO_4 gilt, erhalten wir den Umrechnungsfaktor 1:1 = 1

Daraus können wir den Dreisatz wie folgt aufstellen:

142,0 g Na$_2$SO$_4$/1 mol Na$_2$SO$_4$ = x/1 × 0,33 mol Na$_2$SO$_4$

x = 46,60 g Na$_2$SO$_4$

Laut Theorie könnten also 46,60 g Natriumsulfat entstehen, wenn die Reaktion perfekt bis zum Ende abläuft. In der Fragestellung wurde die tatsächliche Ausbeute jedoch mit 37,91 g Natriumsulfat angegeben. Mit diesen beiden Informationen können Sie nun die prozentuale Ausbeute ermitteln:

Prozentuale Ausbeute = 100 × 37,91 g/46,60 g = 81,34 %

Aufgabe 12

Schwefeldioxid reagiert mit Wasser zu schwefliger Säure:

SO$_2$(g) + H$_2$O(l) → H$_2$SO$_3$(aq)

a) Wie hoch ist die prozentuale Ausbeute, wenn 19,07 g Schwefeldioxid mit einem Überschuss an Wasser zu 21,61 g schwefliger Säure reagieren?

b) Wie hoch ist die prozentuale Ausbeute, wenn 8,11 g Wasser mit einem Überschuss an Schwefeldioxid zu 27,59 g schwefliger Säure reagieren?

Ihre Lösung

Aufgabe 13

Flüssiges Hydrazin ist eine Verbindung, die in einigen Raketentreibstoffen vorkommt. Hydrazin verbrennt zu molekularem Stickstoff und Wasser:

N$_2$H$_4$(l) + O$_2$(g) → N$_2$(g) + 2H$_2$O(g)

a) Wie viele Liter molekularen Stickstoffs werden bei der Verbrennungsreaktion produziert, wenn die prozentuale Ausbeute dieses Gases (unter Standardbedingungen), ausgehend von 23,4 g N$_2$H$_4$ und einem Sauerstoffüberschuss, bei 98 % liegt?

b) Wie hoch ist die prozentuale Ausbeute, wenn 84,8 g N$_2$H$_4$ mit 54,7 g Sauerstoff zu 51,33 g Wasser reagieren?

Ihre Lösung

Lösungen zu den stöchiometrischen Aufgaben

Ausbilanzierte Gleichungen, verschiedene Umrechnungsfaktoren, limitierende Reaktanten und Berechnungen zur prozentualen Ausbeute erzittern nun vor Ihrer Präsenz. Wahrscheinlich. Vergewissern Sie sich, dass Ihre beherrschenden Fähigkeiten tatsächlich so atemberaubend sind, indem Sie Ihre Antworten überprüfen. Es kann übrigens durchaus sein, dass sich Ihre Lösungen geringfügig von unseren unterscheiden, falls Sie auf Zwischenergebnisse verzichtet haben.

Die Zwischenergebnisse werden teileweise gerundet dargestellt, gerechnet habe ich allerdings mit den ungerundeten Zahlen, deshalb können sich die Ergebnisse etwas verschieben, wenn Sie mit den gerundeten Zahlen rechnen.

1. Die Antworten zu den Teilaufgaben a, b und c lauten:

   a) **78,4 mol H_2.**

   2 mol H_2/2 mol H_2O = x/78,4 mol H_2O

   x = 78,4 mol H_2

   b) **905 mol H_2O.**

   2 mol H_2O/2 mol H_2 = x/905 mol H_2

   x = 905 mol H_2

   c) **42,3 mol O_2.**

   1 mol O_2/2 mol H_2 = x/84,6 mol H_2

   x = 42,3 mol O_2

2. Bevor Sie anfangen, wild drauf los zu rechnen, müssen Sie die Reaktion wie in der Teilantwort a) ausbilanzieren (siehe Kapitel 8 für weitere Informationen):

   a) **$2Al(s) + 3CuSO_4(aq) \rightarrow Al_2(SO_4)_3(aq) + 3Cu(s)$**

   b) **6,92 mol Aluminium.**

   2 mol Al/3 mol $CuSO_4$ = x/10,38 mol $CuSO_4$

   x = 6,92 mol $CuSO_4$

   c) **2,08 mol Kupfer.**

   3 mol Cu/3 mol $CuSO_4$ = x/0,96 mol $CuSO_4$

   x = 2,08 mol Cu

   d) **2,88 mol $CuSO_4$.**

   3 mol $CuSO_4$/1 mol $Al(SO_4)_3$ = x/0,96 mol $Al(SO_4)_3$

   x = 2,88 mol $CuSO_4$

   e) **13,34 mol Al.**

   2 mol Al/3 mol Cu = x/20,01 mol Cu

   x = 13,34 mol Al

3. Gleichen Sie die Reaktion zuerst aus und berechnen Sie dann die Lösungen zu den übrigen Fragen.

   a) $2Fe(s) + 3S(s) \rightarrow Fe_2S_3(s)$

   b) **9,3 mol Schwefel.**

   3 mol S/2 mol Fe = x/6,2 mol Fe

   x = 9,3 mol S

   c) **5,3 mol Fe_2S_3.**

   1 mol Fe_2S_3/2 mol Fe = x/10,6 mol Fe

   x = 5,3 mol Fe_2S_3

   d) **1,2 mol Fe_2S_3.**

   1 mol Fe_2S_3/3 mol S = x/3,5 mol S

   x = 1,2 mol Fe_2S_3

4. Beginnen Sie wie immer damit, die Gleichung zunächst auszubilanzieren.

   a) $2C_2H_6(g) + 7O_2(g) \rightarrow 4CO_2(g) + 6H_2O(g)$

   b) **30,8 mol CO_2.**

   4 mol CO_2/2 mol C_2H_6 = x/15,4 mol C_2H_6

   x = 30,8 mol CO_2

   c) **97,7 mol C_2H_6.**

   2 mol C_2H_6/6 mol H_2O = x/293 mol H_2O

   x = 97,7 mol C_2H_6

   d) **0,623 mol O_2.**

   7 mol O_2/2 mol C_2H_6 = x/0,178 mol C_2H_6

   x = 0,623 mol O_2

5. Nichts geht ohne ausbilanzierte Reaktionsgleichung.

   a) $2H_2O_2(l) \rightarrow 2H_2O(l) + O_2(g)$

   b) **87,9 g H_2O.**

   1 mol H_2O_2/6,022 × 10^{23} Teilchen = x/2,94 × 10^{24} Teilchen

   x = 4,882 mol H_2O_2

   Laut Gleichung beträgt der Umrechnungsfaktor 2 mol H_2O/2 mol H_2O_2 = 2:2 = 1

   Also lautet der Dreisatz:

   18,0 g H_2O/1 × 1 mol H_2O = x/4,882 mol H_2O_2

   x = 87,9 g H_2O

c) **10,8 l O_2.**

1 mol H_2O_2/34,0 g H_2O_2 = x/32,9 g H_2O_2

x = 0,97 mol H_2O_2

Laut Gleichung beträgt der Umrechnungsfaktor 2 mol H_2O_2/1 mol O_2 = 2 : 1 = 2

Also lautet der Dreisatz:

22,4 L O_2/2 × 1 mol H_2O_2 = x/0,97 mol H_2O_2

x = 10,8 l O_2

6. Die Umrechnungsfaktoren, die Sie wieder brauchen werden, basieren auf einer ausgeglichenen Reaktion. Also kümmern Sie sich erst darum.

   a) $N_2O_3(g) + H_2O(l) \rightarrow 2HNO_2(aq)$

   b) **8,8 l N_2O_3.**

   1 mol HNO_2/47,0 g HNO_2 = x/36,98 g HNO_2

   x = 0,79 mol HNO_2

   Laut Gleichung beträgt der Umrechnungsfaktor 2 mol HNO_2/1 mol N_2O_3 = 2 : 1 = 2

   Also lautet der Dreisatz:

   22,4 L N_2O_3/2 × 1 mol H_2O_2 = x/0,79 mol HNO_2

   x = 8,8 L N_2O_3

   c) **4,65 × 10^{23} Moleküle H_2O.**

   1 mol N_2O_3/22,4 L N_2O_3 = x/17,3 L N_2O_3

   x = 0,8 mol N_2O_3

   Laut Gleichung beträgt der Umrechnungsfaktor 1 mol N_2O_3/1 mol H_2O = 1 : 1 = 1

   Also lautet der Dreisatz:

   6,022 × 10^{23} Moleküle H_2O/1 × 1 mol N_2O_3 = x/0,8 mol N_2O_3

   x = 4,65 × 10^{23} Moleküle H_2O

7. So ist's richtig – eine ausgeglichene Reaktion sollte stets Ihr erstes Ziel sein.

   a) $3Ca(OH)_2(aq) + 2H_3PO_4(aq) \rightarrow Ca_3(PO_4)_2(aq) + 6H_2O(l)$

   b) **1,02 × 10^{24} Moleküle H_2O.**

   1 mol $Ca(OH)_2$/74,1 g $Ca(OH)_2$ = x/62,8 g $Ca(OH)_2$

   x = 0,8 mol $Ca(OH)_2$

   Laut Gleichung beträgt der Umrechnungsfaktor 3 mol $Ca(OH)_2$/6 mol H_2O = 3 : 6 = 0,5

Also lautet der Dreisatz:

$6{,}022 \times 10^{23}$ Moleküle $H_2O/0{,}5 \times 1$ mol $Ca(OH)_2$ = x/0,8 mol $Ca(OH)_2$

$x = 1{,}02 \times 10^{24}$ Moleküle H_2O

c) 105,9 g $Ca(OH)_2$.

1 mol $Ca_3(PO_4)_2/310{,}2$ g $Ca_3(PO_4)_2$ = x/133 g $Ca_3(PO_4)_2$

x = 0,4 mol $Ca_3(PO_4)_2$

Laut Gleichung beträgt der Umrechnungsfaktor 1 mol $Ca_3(PO_4)_2/3$ mol $Ca(OH)_2$ = 1:3 = 0,3

Also lautet der Dreisatz:

74,1 g $Ca(OH)_2/0{,}3 \times 1$ mol $Ca_3(PO_4)_2$ = x/0,4 mol $Ca_3(PO_4)_2$

x = 105,9 g $Ca(OH)_2$

8. Bei dieser Aufgabe ist die Gleichung bereits fertig ausbilanziert, also können Sie sofort mit dem Rechnen beginnen.

a) 4,10 L Cl_2.

1 mol $PbCl_2/278{,}1$ g $PbCl_2$ = x/50,9 g $PbCl_2$

x = 0,2 mol $PbCl_2$

Laut Gleichung beträgt der Umrechnungsfaktor 1 mol $PbCl_2/1$ mol Cl_2 = 1:1 = 1

Also lautet der Dreisatz:

22,4 L $Cl_2/1 \times 1$ mol $PbCl_2$ = x/0,2 mol $PbCl_2$

x = 4,10 L Cl_2

b) $2{,}97 \times 10^{22}$ Formeleinheiten $PbCl_4$.

1 mol $PbCl_2/278{,}1$ g $PbCl_2$ = x/13,71 g $PbCl_2$

x = 0,05 mol $PbCl_2$

Laut Gleichung beträgt der Umrechnungsfaktor 1 mol $PbCl_2/1$ mol $PbCl_4$ = 1:1 = 1

Also lautet der Dreisatz:

$6{,}022 \times 10^{23}$ Formeleinheiten $PbCl_4/1 \times 1$ mol $PbCl_2$ = x/0,05 mol $PbCl_2$

$x = 2{,}97 \times 10^{22}$ Formeleinheiten $PbCl_4$

c) 67,6 g $PbCl_2$.

1 mol $PbCl_4/349{,}0$ g $PbCl_4$ = x/84,8 g $PbCl_4$

x = 0,243 mol $PbCl_4$

Laut Gleichung beträgt der Umrechnungsfaktor 1 mol $PbCl_4/1$ mol $PbCl_2$ = 1:1 = 1

Also lautet der Dreisatz:

278,1 g $PbCl_2$/1 × 1 mol $PbCl_4$ = x/0,243 mol $PbCl_4$

x = 67,6 g $PbCl_4$

9. Beginnen Sie mit der Bestimmung des limitierenden Reaktanten. Die Antworten zu allen anderen Fragen begründen sich auf diesem Ergebnis. Suchen Sie sich zunächst einfach einen Reaktanten aus, den Sie näher untersuchen wollen. Wie viel haben Sie von diesem Reaktanten? Benutzen Sie diese Information, um zu berechnen, wie viel Sie von den anderen Reaktanten für eine komplette Reaktion bräuchten. Anhand dieser Berechnungen können Sie dann den limitierenden und den oder die Überschussreaktanten identifizieren.

   a) **Eisen(III)-oxid.** Bei diesem Beispiel wurde Eisen(III)-oxid als erster Kandidat für den limitierenden Reaktanten gewählt. Es stellte sich im Nachhinein heraus, dass das die richtige Wahl war, da anfangs mehr Kohlenmonoxid vorhanden war als nötig ist, um mit dem gesamten Eisen(III)-oxid zu reagieren.

   1 mol Fe_2O_3/159,7 g Fe_2O_3 = x/50 g Fe_2O_3

   x = 0,3 mol Fe_2O_3

   Laut Gleichung beträgt der Umrechnungsfaktor 1 mol Fe_2O_3/3 mol CO = 1:3 = 0,3

   Also lautet der Dreisatz:

   28,0 g CO/0,3 × 1 mol Fe_2O_3 = x/0,3 mol Fe_2O_3

   x = 26,3 g CO

   b) **Kohlenmonoxid ist der Überschussreaktant. 40,7 g bleiben nach vollständiger Reaktion übrig**. Da Eisen(III)-oxid der limitierende Reaktant ist, heißt der Überschussreaktant logischerweise Kohlenmonoxid.

   Um die Menge Kohlenmonoxid zu bestimmen, die nach der vollständigen Reaktion zurückbleibt, berechnen Sie zuerst, wie viel von dem Überschussreaktanten konsumiert wird. Diese Rechnung ist identisch mit der aus Teilaufgabe a); also werden 26,3 g CO verbraucht. Nun ziehen Sie diese Menge von der Ausgangsmenge CO ab: 67 g − 26,3 g = 40,7 g.

   c) **35,0 g Eisen; 44,0 g Kohlendioxid.** Um diese Frage zu beantworten, müssen Sie zwei Berechnungen anstellen. Gehen Sie jedes Mal von der Annahme aus, dass der gesamte limitierende Reaktant konsumiert wird.

   1 mol Fe_2O_3/159,7 g Fe_2O_3 = x/50 g Fe_2O_3

   x = 0,3 mol Fe_2O_3

   Laut Gleichung beträgt der Umrechnungsfaktor 1 mol Fe_2O_3/2 mol Fe = 1:2 = 0,5

   Also lautet der Dreisatz:

   55,85 g Fe/0,5 × 1 mol Fe_2O_3 = x/0,3 mol Fe_2O_3

   x = 35,0 g Fe

und

1 mol Fe_2O_3/159,7 g Fe_2O_3 = x/50 g Fe_2O_3

x = 0,3 mol Fe_2O_3

Laut Gleichung beträgt der Umrechnungsfaktor 1 mol Fe_2O_3/3 mol CO_2 = 1:3 = 0,3

Also lautet der Dreisatz:

44,0 g CO_2/0,3 × 1 mol Fe_2O_3 = x/0,3 mol Fe_2O_3

x = 45,9 g CO_2

10. Um den limitierenden Reaktanten zu identifizieren, suchen Sie sich einfach einen der Kandidaten aus. Berechnen Sie, wie viel Sie von den anderen Reaktanten benötigen würden, damit Ihr Kandidat in der Reaktion vollständig verbraucht wird. Leiten Sie daraus Identität des limitierenden und der Überschussreaktanten ab.

   a) **Natrium.** Bei diesem Beispiel wurde Natrium als Favorit für den limitierenden Reaktanten ausgesucht. Es stellte sich im Nachhinein heraus, dass das die richtige Wahl war, da anfangs mehr Wasser vorhanden war als nötig ist, um mit dem gesamten Natrium zu reagieren.

   1 mol Na/23,0 g Na = x/25 g Na

   x = 1,1 mol Na

   Laut Gleichung beträgt der Umrechnungsfaktor 2 mol Na/2 mol H_2O = 2:2 = 1

   Also lautet der Dreisatz:

   18,0 g H_2O/1 × 1 mol Na = x/1,1 mol Na

   x = 19,6 g H_2O

   b) **Wasser ist der Überschussreaktant. 20,6 g Wasser bleiben nach der vollständigen Reaktion mit Natrium übrig.** Natrium ist der limitierende Reaktant, also ist der Überschussreaktant Wasser.

   Die Berechnung aus Teil a) hat gezeigt, wie viel Wasser bei einer vollständigen Reaktion verbraucht wird: 19,6 g. Da anfangs 40,2 g Wasser vorhanden waren, werden 20,6 g Wasser nach der Reaktion übrig bleiben: 40,2 g − 19,6 g = 20,6 g.

   c) **43,5 g Natriumhydroxid; 12,3 L Wasserstoff.** Um diese Frage zu beantworten, müssen Sie zwei Berechnungen anstellen und jedes Mal davon ausgehen, dass der gesamte limitierende Reaktant bei der Reaktion aufgebraucht wird.

   1 mol Na/23,0 g Na = x/25 g Na

   x = 1,1 mol Na

   Laut Gleichung beträgt der Umrechnungsfaktor 2 mol Na/2 mol NaOH = 2:2 = 1

   Also lautet der Dreisatz:

   40 g NaOH/1 × 1 mol Na = x/1,1 mol Na

   x = 43,5 g NaOH

und

1 mol Na/23,0 g Na = x/25 g Na

x = 1,1 mol Na

Laut Gleichung beträgt der Umrechnungsfaktor 2 mol Na/1 mol H_2 = 2 : 1 = 2

Also lautet der Dreisatz:

22,4 L H_2/2 × 1 mol Na = x/1,1 mol Na

x = 12,2 L H_2

11. Zuerst müssen Sie den limitierenden Reaktanten bestimmen. Suchen Sie sich dazu einfach einen der Kandidaten aus und berechnen Sie, wie viel Sie von den anderen Reaktanten bräuchten, damit Ihr Kandidat in der Reaktion vollständig verbraucht wird.

   a) **Chlorgas.** Bei diesem Beispiel wurde Aluminium als Favorit für den limitierenden Reaktanten ausgesucht. Es stellte sich heraus, dass mehr Chlorgas (36,5 L) nötig wäre (34,6 L), um mit der gesamten Menge Aluminium zu reagieren. Daher heißt der limitierende Reaktant Cl_2.

   1 mol Al/27,0 g Al = x/29,3 g Al

   x = 1,1 mol Al

   Laut Gleichung beträgt der Umrechnungsfaktor 2 mol Al/3 mol Cl_2 = 2 : 3 = 0,7

   Also lautet der Dreisatz:

   22,4 L Cl_2/0,7 × 1 mol Al = x/1,1 mol Al

   x = 36,5 L Cl_2

   b) **Aluminium ist der Überschussreaktant. 1,5 g Al werden nach vollständiger Reaktion übrig bleiben.**

   Um zu berechnen, wie viel vom Überschussreaktanten (also Aluminium) nach einer kompletten Reaktion übrigbleibt, müssen Sie zuerst herausfinden, wie viel verbraucht wird. Wie sich herausstellt, werden 27,0 g Aluminium verbraucht. Ziehen Sie dann dieses Ergebnis von der anfangs vorhandenen Masse ab, um die übrigbleibende Masse von Aluminium zu erhalten: 29,3 g − 27,8 g = 1,5 g.

   1 mol Cl_2/22,4 L Cl_2 = x/34,6 L Cl_2

   x = 1,5 mol Cl_2

   Laut Gleichung beträgt der Umrechnungsfaktor 3 mol Cl_2/2 mol Al = 3 : 2 = 1,5

   Also lautet der Dreisatz:

   27,0 g Al/1,5 × 1 mol Cl_2 = x/1,5 mol Cl_2

   x = 27,8 g Al

c) 133,3 g Aluminiumchlorid.

Diese Berechnung geht von der Annahme aus, dass der gesamte limitierende Reaktant, also Chlorgas, aufgebraucht wird.

1 mol Cl_2/22,4 L Cl_2 = x/34,6 L Cl_2

x = 1,5 mol Cl_2

Laut Gleichung beträgt der Umrechnungsfaktor 3 mol Cl_2/2 mol Al_2Cl_3 = 3:2 = 1,5

Also lautet der Dreisatz:

133,3 g Al_2Cl_3/1,5 × 1 mol Cl_2 = x/1,5 mol Cl_2

x = 133,3 g Al_2Cl_3

12. Die Reaktionsgleichung ist bereits ausgeglichen, also können Sie gleich anfangen zu rechnen.

a) Die prozentuale Ausbeute beträgt 88,45 %.

Sie kennen die tatsächliche Ausbeute und sollen nun die prozentuale Ausbeute bestimmen. Dazu müssen Sie die theoretisch zu erwartende Ausbeute berechnen. Aus der Frage geht bereits hervor, dass Schwefeldioxid der limitierende Reaktant ist, also sollten Sie von der Annahme ausgehen, dass bei der Reaktion das gesamte Schwefeldioxid verbraucht wird.

1 mol SO_2/64,06 g SO_2 = x/19,07 g SO_2

x = 0,3 mol SO_2

Laut Gleichung beträgt der Umrechnungsfaktor 1 mol SO_2/1 mol H_2SO_3 = 1 : 1 = 1

Also lautet der Dreisatz:

82,08 g H_2SO_3/1 × 1 mol SO_2 = x/0,3 mol SO_2

x = 24,43 g H_2SO_3

Die erwartete Ausbeute für schweflige Säure liegt also bei 24,62 g. Mit dieser Information können Sie nun die prozentuale Ausbeute bestimmen:

Prozentuale Ausbeute = 100 × 21,61 g/24,62 g = 88,45 %

b) Die prozentuale Ausbeute beträgt 74,67 %.

Und wieder sollen Sie die prozentuale Ausbeute anhand einer tatsächlichen Ausbeute errechnen. In diesem Fall ist Wasser der limitierende Reaktant, also gehen Sie davon aus, dass das gesamte Wasser bei der Reaktion verbraucht wird.

1 mol H_2O/18,0 g H_2O = x/8,11 g H_2O

x = 0,45 mol H_2O

Laut Gleichung beträgt der Umrechnungsfaktor 1 mol H_2O/1 mol H_2SO_3 = 1 : 1 = 1

Also lautet der Dreisatz:

82,07 g H_2SO_3/1 × 1 mol H_2O = x/0,45 mol H_2O

x = 36,95 g H_2SO_3

Die theoretisch zu erwartende Ausbeute von schwefliger Säure liegt also bei 36,95 g. Mit diesem Ergebnis berechnen Sie nun die prozentuale Ausbeute:

Prozentuale Ausbeute = 100 × 27,59 g/36,95 g = 74,67 %

13. Mit einer ausgeglichenen Reaktion zur Verfügung können Sie gleich ungestraft losrechnen.

    a) Es werden 16,0 L N_2 produziert.

    Bei dieser Frage kennen Sie die prozentuale Ausbeute und sollen die tatsächliche Ausbeute berechnen. Dazu müssen Sie wieder die theoretisch zu erwartende Ausbeute kennen. Aus der Fragestellung wird klar, dass Hydrazin der limitierende Reaktant ist, also nehmen Sie für Ihre Berechnung an, dass das gesamte Hydrazin in der Reaktion verbraucht wird.

    1 mol N_2H_4/32,05 g N_2H_4 = x/23,4 g N_2H_4

    x = 0,7 mol N_2H_4

    Laut Gleichung beträgt der Umrechnungsfaktor 1 mol N_2H_4/1 mol N_2 = 1 : 1 = 1

    Also lautet der Dreisatz:

    22,4 L N_2/1 × 1 mol N_2H_4 = x/0,7 mol N_2H_4

    x = 16,4 L N_2

    Die erwartete Ausbeute für N_2 beträgt also 16,4 L. Stellen Sie nun die Gleichung zur Berechnung der prozentualen Ausbeute um, sodass Sie damit nun die tatsächliche Ausbeute berechnen können:

    Prozentuale Ausbeute = 100 × tatsächliche Ausbeute/erwartete Ausbeute

    Tatsächliche Ausbeute = prozentuale Ausbeute × erwartete Ausbeute/100

    Setzen Sie Ihre Ergebnisse ein und lösen Sie auf:

    Tatsächliche Ausbeute = 98 × 16,4 L/100 = 16,0 L

    b) Die prozentuale Ausbeute beträgt 83,3 %.

    Bei dieser Frage kennen Sie die anfängliche Menge der Reaktanten und eine tatsächliche Ausbeute. Sie sollen daraus eine prozentuale Ausbeute berechnen. Dazu müssen Sie wieder die theoretisch zu erwartende Ausbeute kennen. Der Haken ist allerdings diesmal, dass Sie nicht von Anfang an wissen, wer der limitierende Reaktant ist. Wie sonst auch, suchen Sie sich also zunächst einen beliebigen Reaktanten aus, den Sie zuerst überprüfen wollen. In unserem Beispiel haben wir Hydrazin gewählt.

    1 mol N_2H_4/32,05 g N_2H_4 = x/84,8 g N_2H_4

    x = 2,6 mol N_2H_4

Laut Gleichung beträgt der Umrechnungsfaktor 1 mol N_2H_4/1 mol O_2 = 1 : 1 = 1

Also lautet der Dreisatz:

32,0 g O_2/1 × 1 mol N_2H_4 = x/2,6 mol N_2H_4

x = 84,7 g O_2

Es stellt sich also heraus, dass mehr Sauerstoff erforderlich wäre als vorhanden ist, um mit dem gesamten Hydrazin zu reagieren. Sauerstoff ist somit der limitierende Reaktant. Nun können Sie die zu erwartende Ausbeute von Wasser berechnen, indem Sie davon ausgehen, dass der gesamte Sauerstoff bei der Reaktion verbraucht wird.

1 mol O_2/32,0 g O_2 = x/54,7 g O_2

x = 1,7 mol O_2

Laut Gleichung beträgt der Umrechnungsfaktor 1 mol O_2/2 mol H_2O = 1 : 2 = 0,5

Also lautet der Dreisatz:

18,0 g H_2O/0,5 × 1 mol H_2O = x/1,7 mol O_2

x = 61,6 g H_2O

Die zu erwartende Ausbeute von Wasser beträgt also 61,6 g. Benutzen Sie dieses Ergebnis, um die prozentuale Ausbeute zu bestimmen:

Prozentuale Ausbeute = 100 × 51,33 g/61,6 g = 83,3 %

Teil III
Veränderungen auf energetischer Ebene betrachten

»Ironischerweise war das Letzte, an das sich Professor Caruthers erinnern konnte, dass er erklärte, wie Energie freigesetzt wird, wenn Moleküle zusammenstoßen.«

In diesem Teil ...

Jedes chemische Drama findet auf einer Bühne statt, jeder Darsteller folgt einem individuellen Rollenheft, jeder motiviert sich selbst. In diesem Teil betreten wir einige der häufigsten Bühnen chemischer Dramen: gasförmige und flüssige Lösungen. Wir beschreiben, wie und warum einige chemische Dramen Ein-Mann-Monologe sind, während andere wahre Meisterwerke sind, in denen mehr als 12 Darsteller mitwirken können; warum manche Reaktionen es scheinbar kaum erwarten können, die Ziellinie zu überqueren, während andere sich über Stunden, Tage oder gar Jahre hinziehen. Schließlich wenden wir uns noch der Energie zu, der Muse, die hinter jedem Drama steht, und zeigen Ihnen, wie energetische Unterschiede mitbestimmen, welche Darsteller was und wann tun werden.

Aggregatzustände in Verbindung mit Energie sehen

In diesem Kapitel...

▶ Die kinetische Theorie erklären

▶ Zwischen Aggregatzuständen wechseln

▶ Unterschiede zwischen Feststoffen erkennen

*W*enn Kinder gefragt werden, hört man oft, dass Feststoffe, Flüssigkeiten und Gase aus verschiedenen Arten Materie bestehen. Diese Annahme ist verständlich, wenn man sich die doch sehr auffällig unterschiedlichen Eigenschaften dieser drei Aggregatzustände vor Augen führt. Trotzdem ist der grundlegende Unterschied zwischen einem Feststoff, einer Flüssigkeit und einem Gas bei einem bestimmten Stoff und einem bestimmten Druck einzig die *Energiemenge* der Materieteilchen. Wenn man die Zustände der Materie (Phasen) im Sinne von Energie und Druck versteht, dann kann man die verschiedenen Eigenschaften dieser Zustände erklären und wie die Materie zwischen den Aggregatzuständen wechseln kann. Wir erklären, was Sie in diesem Kapitel wissen müssen.

Materiezustände mit der kinetischen Theorie erklären

Stellen Sie sich zwei Billardkugeln vor, an die beiden Enden einer Sprungfeder geklebt. Wie viele verschiedene Bewegungsarten könnte diese komische Konstruktion wohl durchführen? Sie könnten sie entlang der Längsachse verdrehen. Sie könnten die Feder stauchen oder dehnen. Sie könnten auch das ganze Ding herumwirbeln oder durch die Luft werfen. Moleküle können ganz ähnliche Bewegungen vollführen und tun es tatsächlich, wenn sie mit Energie versorgt werden. Wenn Molekülgruppen eine Änderung ihres energetischen Zustands erfahren, durchlaufen sie allmählich alle Aggregatzustände – fest, flüssig, gasförmig. Der Kern dieser Ideen, die all dies erklären, wird unter der Bezeichnung *kinetische Theorie* zusammengefasst.

Die kinetische Theorie wurde erstmals bekannt, als Wissenschaftler die Eigenschaften von Gasen erklären und vorherzusagen wollten und im Besonderen, wie diese Eigenschaften sich mit variierender Temperatur und wechselndem Druck änderten. Es entstand die Idee, dass die Materieteilchen (Atome oder Moleküle) in einem Gas aufgrund ihrer kinetischen Energie eine merkliche Bewegung vollführen.

Kinetische Energie ist Bewegungsenergie. Gasteilchen haben sehr viel kinetische Energie, schießen ständig über ihr Ziel hinaus und stoßen mit anderen Teilchen oder Objekten zusammen. Das ist ein kompliziertes Bild, aber die Wissenschaftler haben die Dinge vereinfacht: Sie unterstellen, dass die Bewegungen sämtlicher Teilchen *zufällig* geschehen, dass die Bewegung *geradlinig*

erfolgt (von Ort zu Ort, ohne sich dabei zu drehen oder zu vibrieren) und dass es sich bei der Kollision der Teilchen um einen *elastischen Stoß* handelt (vollkommen elastisch, ohne Energieverlust). Des Weiteren wird angenommen, dass die Gaspartikel sich *weder anziehen noch abstoßen*. Gase, die sich auf diese vereinfachte Art und Weise verhalten, werden *ideale Gase* genannt. Das Modell der idealen Gase erklärt, warum sich der Gasdruck mit zunehmender Temperatur erhöht. Beim Erhitzen eines Gases führen Sie den Teilchen kinetische Energie zu; infolgedessen stoßen die Teilchen mit größerer Wucht auf andere Objekte, sodass diese einem höheren Druck unterliegen. (Blättern Sie zu Kapitel 11, wenn Sie alles über die Gasgesetze wissen wollen.)

Wenn Atome oder Moleküle wenig kinetische Energie besitzen oder wenn die vorhandene Energie auch noch gegen andere Effekte ankämpfen muss (wie bei hohem Druck oder starken Anziehungskräften), ist es der Materie nicht möglich, in einem gasförmigen Zustand zu bleiben, und sie zieht sich zu einer Flüssigkeit oder einem Feststoff zusammen. Das sind die Unterschiede zwischen den beiden Zuständen:

✔ Die Teilchen in einer Flüssigkeit liegen viel dichter beisammen als in einem Gas. Infolgedessen ändert sich das Volumen einer Flüssigkeit nur wenig, wenn man den Druck erhöht. Die Teilchen haben dann immer noch einen ansehnlichen Energiebetrag, sodass sie die verschiedensten Bewegungen (sich drehen, strecken oder schwingen) vollführen können. Zudem können die Teilchen (in einer geradlinigen Bewegung) immer noch sehr leicht aneinander vorbeigleiten, wenn auch nicht so leicht wie im Gaszustand. Flüssige Materie umschließt jedes Objekt, das in sie eintaucht.

✔ Der Aggregatzustand mit der geringsten kinetischen Energie entspricht einem Feststoff. Bei einem Feststoff sind die Teilchen am engsten gepackt und vollführen fast keine geradlinige Bewegung. Aus diesem Grund sind Feststoffe nicht flüssig. Die Materie eines Feststoffs kann aber abhängig von der Temperatur (also von der kinetischen Energie) immer noch schwingen oder andere Bewegungen auf der Stelle ausführen, die nur wenig Energie erfordern.

Die Temperaturen und Drücke, bei denen die verschiedenen Materiearten zwischen den Aggregatzuständen wechseln, sind auch von den jeweiligen Eigenschaften der Atome oder Moleküle als Bestandteile dieser Materie abhängig. Normalerweise neigen sich gegenseitig stark anziehende und stapelbare Teilchen dazu, eher kondensierte Aggregatzustände anzunehmen. Teilchen, die keine nennenswerten Anziehungskräfte besitzen (oder solche, die sich gegenseitig abstoßen) und deren Formen schlecht stapelbar sind, tendieren eher zum gasförmigen Zustand. Stellen Sie sich zur Veranschaulichung ein Fußballspiel zwischen zwei rivalisierenden Schulen vor. Wenn die Fans jeder Schulmannschaft in ihrem jeweils eigenen Abschnitt der Tribüne sitzen, ist die Menschenmenge schön geordnet und sitzt nah beieinander in den Rängen. Platzieren Sie aber die Fans beider Mannschaften in einem gemeinsamen Tribünenabschnitt, werden die Menschen versuchen, soviel Abstand wie möglich zu den gegnerischen Fans zu halten.

Beispiel

Verhalten sich Gase im wirklichen Leben unter sehr hohem oder unter sehr niedrigem Druck eher wie ideale Gase? Warum?

Lösung

Unter sehr geringem Druck verhalten sich reale Gase eher wie ideale Gase. Bei sehr hohen Druckbedingungen nähern sich die Teilchen im Gas einander stärker an und kollidieren mit höherer Wahrscheinlichkeit. Aufgrund der großen Nähe erfahren die Teilchen realer Gase mit höherer Wahrscheinlichkeit wechselseitige Anziehung oder Abstoßung. Und aufgrund der häufigeren Zusammenstöße zeigen Gase unter hohem Druck eine stärkere Inelastizität (Energieverlust bei Kollision).

Aufgabe 1

Warum ergibt es einen Sinn, dass die Edelgase (die wir in Kapitel 4 eingeführt haben) bei Normaltemperatur und -druck gasförmig sind?

Ihre Lösung

Aufgabe 2

Eis ist leichter als Wasser und schwimmt oben. Warum ist das merkwürdig, wenn man die allgemeinen Annahmen der kinetischen Theorie zugrunde legt?

Ihre Lösung

Aufgabe 3

Wie würde sich bei gleicher Temperatur der Druck eines idealen Gases von einem Gas mit sich gegenseitig anziehenden Teilchen unterscheiden? Welcher Unterschied bestünde zu einem Gas, dessen Teilchen sich gegenseitig abstoßen?

Ihre Lösung

Den nächsten Zug machen: Phasenübergänge und Phasendiagramme

Jeder Aggregatzustand (fest, flüssig, gasförmig) wird auch als *Phase* bezeichnet. Wenn sich Materie aufgrund von Temperatur- und/oder Druckänderungen von einer Phase zur anderen bewegt, wird das als *Phasenübergang* bezeichnet. Der Übergang von flüssig zu gasförmig wird *Sieden* genannt, und die Temperatur, bei der eine Flüssigkeit zu sieden anfängt, entspricht dem *Siedepunkt*. Der Übergang von fest zu flüssig wird *Schmelzen* genannt, und die Temperatur, bei der ein Feststoff zu schmelzen beginnt, entspricht dem *Schmelzpunkt*. Der Schmelzpunkt entspricht auch dem *Gefrierpunkt*, nur in umgekehrter Richtung, also wenn eine Flüssigkeit zu erstarren beginnt.

An der Oberfläche einer Flüssigkeit können Moleküle viel leichter in die Gasphase übergehen als aus dem Innern der Flüssigkeit, da die Oberflächenmoleküle nicht von allen Seiten in ihrer Beweglichkeit eingeschränkt sind. Daher sind diese Moleküle auch in der Lage, in den gasförmigen Zustand überzugehen, wenn die Flüssigkeit ihren Siedepunkt noch nicht erreicht hat. Dieser Phasenübergang bei niedriger Temperatur wird als *Verdunstung* oder *Evaporation* bezeichnet und ist sehr druckempfindlich. Niedrige Drücke ermöglichen eine stärkere Verdunstung, während die Moleküle bei hohem Druck eher dazu tendieren, wieder in die flüssige Phase zurückzukehren. Dieser Prozess wird *Kondensation* genannt. Der Gasdruck über der Oberfläche einer Flüssigkeit heißt *Dampfdruck*. Verständlicherweise neigen Flüssigkeiten mit niedrigen Siedepunkten zu hohen Dampfdrücken, da sich die Materieteilchen nur schwach gegenseitig anziehen. An der Oberfläche einer Flüssigkeit haben sich nur schwach anziehende Teilchen eine größere Chance in die Gasphase zu entkommen, wodurch der Dampfdruck steigt. Sehen Sie, wie die kinetische Theorie dabei hilft, alltäglichen Phänomenen Sinn zu verleihen?

Materie kann beim richtigen Zusammenspiel von Druck und Temperatur direkt von einem Feststoff zu einem Gas werden. Dieser Phasenübergang wird *Sublimation* genannt. Der Phasenübergang in umgekehrter Richtung, also von gasförmig zu fest, heißt *Resublimation*.

Für jede beliebige Art Materie gibt es eine einzigartige Kombination aus Druck und Temperatur zur Verknüpfung aller drei Aggregatzustände. Diese Druck-Temperatur-Kombination wird *Tripelpunkt* genannt. Am Tripelpunkt koexistieren alle drei Phasen friedlich nebeneinander. Am Beispiel von unserem guten alten H_2O würde das bedeuten, dass es am Tripelpunkt als kochendes Eiswasser existiert. Nehmen Sie sich einen Moment Zeit, um sich in diesen Irrsinn zu aalen.

Andere merkwürdige Phasen findet man in Plasma und überkritischen Flüssigkeiten.

✔ Plasma beschreibt einen gasähnlichen Zustand, in dem sich Elektronen von Gasatomen lösen und somit eine Mischung aus freien Elektronen und Kationen (positiv geladene Atome) bilden. Die meisten Materiearten erreichen den Plasmazustand nur bei sehr hoher Temperatur, unter sehr niedrigem Druck oder wenn beide Bedingungen vorliegen. Die Materie an der Oberfläche der Sonne existiert zum Beispiel in Form von Plasma.

✔ Überkritische Flüssigkeiten entstehen unter sehr hohem Druck und bei sehr hoher Temperatur. Für jede beliebige Materieart existiert eine einzigartige Kombination aus Druck und Temperatur, die als *kritischer Punkt* bezeichnet wird. Bei Drücken und Temperaturen über dem kritischen Punkt verschwindet die Phasengrenze zwischen flüssig und gasförmig und die Materie existiert dann als eine Art flüssiges Gas oder gasartige Flüssigkeit. Überkritische Flüssigkeiten können wie Gase durch feste Objekte zerstreut werden und können auch ähnlich wie Flüssigkeiten Stoffe in sich auflösen.

Phasendiagramme sind nützliche Werkzeuge, um die Aggregatzustände einer beliebigen Materie bei verschiedenen Temperaturen und Drücken darzustellen. Ein Phasendiagramm veranschaulicht für gewöhnlich die Temperaturänderungen auf der horizontalen x-Achse und die Druckänderungen auf der vertikalen y-Achse. Linien innerhalb des Temperatur-Druck-Feldes des Diagramms repräsentieren die Grenzübergänge zwischen den einzelnen Phasen, so wie für Wasser und Kohlendioxid in Abbildung 10.1 gezeigt. Siede- und Schmelzpunkte, sowie Tripelpunkte und kritische Punkte sind jeweils eingezeichnet. Abbildung b) erklärt auch, warum CO_2 bei Normaldruck sublimiert.

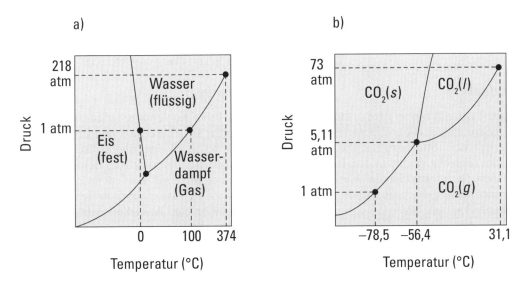

Abbildung 10.1: Die Phasendiagramme für Wasser (H_2O) und Kohlendioxid (CO_2).

Beispiel

Der Gefrierpunkt von Ethanol (C_2H_6O) liegt bei –114 °C. Der Schmelzpunkt von 1-Propanol liegt bei –88 °C. Welche der beiden flüssigen Substanzen hat bei 25 °C wahrscheinlich den höheren Dampfdruck und warum?

Lösung

Ethanol hat bei 25 °C den höheren Dampfdruck. Zuerst müssen Sie sich dessen bewusst sein, dass Gefrierpunkt und Schmelzpunkt ein und dasselbe sind – die Temperatur also, bei der sich der Aggregatzustand einer Substanz von fest zu flüssig oder von flüssig zu fest ändert. Als nächstes vergleichen Sie dann die Gefrier-/Schmelzpunkte beider Flüssigkeiten. Es bedarf deutlich niedrigerer Temperaturen, um Ethanol gefrieren zu lassen als 1-Propanol. Das deutet darauf hin, dass sich die Ethanolmoleküle schwächer anziehen als die 1-Propanolmoleküle. Bei 25 °C sind beide Substanzen flüssig. Reine Flüssigkeiten, in denen die Teilchen geringere intermolekulare (zwischen den Teilchen) Anziehung erfahren, besitzen einen höheren Dampfdruck, da die Oberflächenmoleküle solcher Flüssigkeiten leichter in die Dampf-(Gas-)phase übergehen können.

Aufgabe 4

Eine Tasse mit Wasser wird in einen Gefrierschrank gestellt und erstarrt dort innerhalb einer Stunde zu Eis. Die Tasse bleibt für sechs Monate in dem Gefrierfach stehen. Nach sechs Monaten wird die Tasse wieder herausgeholt. Sie ist leer. Was ist passiert?

Ihre Lösung

Aufgabe 5

Eine Probe Kohlendioxid wird in einem Behälter so lange erhitzt und Druck ausgesetzt, bis sie zu einer überkritischen Flüssigkeit wird. Dann wird der Behälter kurz geöffnet, um etwas Kohlendioxid ausströmen zu lassen, wobei die Temperatur konstant bleibt. Was ist höchstwahrscheinlich zu erwarten?

Ihre Lösung

Unterschiede zwischen festen Aggregatzuständen wahrnehmen

Feststoffe haben weniger kinetische Energie als ihre flüssigen oder gasförmigen Geschwister; das heißt aber längst nicht, dass alle Feststoffe gleich sind. Machen Sie einmal eine solche Aussage und Sie werden sofort die Proteste einer ganzen Klasse von Wissenschaftlern über sich ergehen lassen müssen – den *Festkörperchemikern*. Es mag sein, dass wir dabei mit einer etwas schwierigen Zustandsgruppe beginnen, aber sie hat dennoch einen sehr festen Standpunkt.

Um es gleich vorweg zu nehmen: Die Eigenschaften eines Feststoffs hängen stark von den Kräften zwischen den einzelnen Teilchen ab.

- ✔ *Ionische Feststoffe* werden durch sehr starke Ionenbindungen zusammengehalten (siehe Kapitel 5 für weitere Informationen) und neigen daher zu hohen Schmelzpunkten – es braucht viel Energie, um die Teilchen voneinander zu lösen.

- ✔ *Molekulare Feststoffe* bestehen aus eng gepackten Molekülen, die einander weniger stark anziehen, sodass molekulare Feststoffe niedrigere Schmelzpunkte als ionische Feststoffe besitzen.

- ✔ Einige Feststoffe bestehen aus Teilchen, die kovalent miteinander verknüpft sind; diese *kovalenten Feststoffe* sind aufgrund des ausgedehnten Netzes kovalenter Bindungen meist außergewöhnlich hart; ein Beispiel für einen kovalenten Feststoff ist ein Diamant. Kovalente Feststoffe haben auch *sehr* hohe Schmelzpunkte. Haben Sie je versucht, einen Diamanten zu schmelzen? (Kapitel 5 bietet Einzelheiten zu kovalenten Bindungen.)

Außerdem kann der Ordnungsgrad der gepackten Teilchen beachtlich variieren.

- ✔ Die meisten Feststoffe sind hoch organisiert, ordentlich verpackt in netten, sich wiederholenden Mustern, die als *Kristalle* bezeichnet werden. Die kleinste, sich immer wiederholende Packungseinheit, aus der der kristalline Feststoff aufgebaut ist, wird *Elementarzelle* genannt. Kristalline Feststoffe besitzen eher klar definierte Schmelzpunkte.

- ✔ *Amorphe Feststoffe* besitzen keine streng organisierte Struktur. Glas und Plastik sind Beispiele für amorphe Feststoffe. Sie schmelzen in einem breiten Temperaturbereich.

Wenn eine Flüssigkeit zur Änderung des Aggregatzustands gekühlt wird, kann die Geschwindigkeit des Kühlvorgangs einen entscheidenden Einfluss auf die Eigenschaften des entstehenden Festkörpers haben. Die ausgeprägte Ordnung, mit der die Partikel in kristallinen Feststoffen zusammengepackt werden, kann viel Zeit in Anspruch nehmen. Substanzen, die kristalline Feststoffe bilden können, sind aber nichtsdestotrotz auch in der Lage, zu amorphen Festkörpern zu gefrieren, wenn sie schockgefrostet werden. Die Teilchen sind dann in unregelmäßigen Packungseinheiten gefangen.

Beispiel

Unter normalem Druck schmilzt H_2 bei –259 °C, H_2O bei 0° C, NaCl bei 801 °C und ein Diamant (reiner Kohlenstoff) bei 3550 °C. Welche Eigenschaften dieser Verbindungen erklären den breiten Temperaturbereich des Schmelzpunktes am besten?

Lösung

H_2 ist ein vollständig unpolares Molekül, das einen molekularen Feststoff bildet; die Wechselwirkungen zwischen den H_2-Molekülen im Festkörper sind sehr schwach, sodass schon eine leichte Wärmezufuhr sie auseinander reißen kann. H_2O bildet auch einen molekularen Feststoff, aber Wasser ist ein hoch polares Molekül; die Moleküle richten sich im Eis so aus, dass sie den maximalen Vorteil aus den anziehenden Kräften zwischen den Dipolen ziehen. Also bedarf es deutlich mehr Wärmeenergie, diese Wechselwirkungen zu unterbrechen als beim Schmelzen von festem H_2. NaCl ist ein ionischer Feststoff, der aus einem Gitter aus abwechselnden Na^+-Kationen und Cl^--Anionen besteht; die Anziehungskräfte zwischen Ionen gegensätzlicher Ladung sind sehr stark, sodass es sehr viel Energie braucht, um sie voneinander zu lösen. Diamant ist ein kovalenter Festkörper, der aus einem Netzwerk kovalent verbundener Kohlenstoffatome besteht. Jedes C-Atom ist kovalent an drei weitere C-Atome gebunden; um diese Bindungen aufzuspalten, ist eine beträchtliche Menge Wärmeenergie nötig.

Aufgabe 6

Eine Flüssigkeitsprobe wird in zwei Chargen geteilt. Die erste Probe wird sehr schnell bis unterhalb des Gefrierpunkts heruntergekühlt. Die zweite Probe wird bis zur selben Temperatur abgekühlt, jedoch sehr langsam. Dann werden beide Proben langsam wieder erwärmt. Der gemessene Schmelzpunkt der einen Probe liegt genau bei 280 K. Die andere Probe schmilzt nach und nach in einem Temperaturbereich von 270–290 K. Wie erklären Sie diese Beobachtungen?

Ihre Lösung

Aufgabe 7

Chemiker bestimmen manchmal die dreidimensionale Struktur eines Moleküls, indem sie eine rein kristalline Probe des Moleküls herstellen, Röntgenstrahlen auf den Kristall richten und anhand der Wechselwirkungen zwischen Röntgenstrahlen und Kristall sehr präzise Messungen durchführen. Diese Art Experiment wird oft durchgeführt, während der Kristall von flüssigem Stickstoff umspült und gekühlt wird. Worin könnte der Sinn dieser Stickstoffkühlung liegen?

Ihre Lösung

Lösungen zu den Aufgaben rund ums Thema Phasenänderungen

An diesem Punkt des Kapitels könnten Ihre kinetischen Energiereserven vielleicht aufgebraucht sein. Aber das ist in Ordnung, denn es bedeutet, dass sie jetzt Ihr Wissen mehr zentriert haben, stimmt's? Schauen wir doch mal, ob diese herrliche Ordnung sich auch in Ihren Antworten zu den praktischen Fragen bereits widerspiegelt.

1. Die Edelgase heißen edel, weil sie infolge ihrer kompletten Valenzschalen eine extrem geringe Reaktivität besitzen. Es herrschen also nur sehr geringe Kräfte zwischen den Atomen eines Edelgases. Die Teilchen ziehen einander nicht nennenswert an, es sei denn die Außenbedingungen sind extrem (hoher Druck, niedrige Temperatur). Daher bedarf es auch nur einer äußerst geringen Menge Wärmeenergie, um diese Elemente in die Gasphase zu befördern.

2. Die kinetische Theorie besagt, dass sich Materie von einer festen in eine flüssige Phase verschiebt (schmilzt), wenn Energie zugeführt wird. Diese Energie bringt die Teilchen dazu, sich stärker zu bewegen und häufiger miteinander zu kollidieren. Für gewöhnlich bedeutet das, dass eine Flüssigkeit aufgrund der größeren Beweglichkeit der Teilchen eine geringere Dichte als ein Feststoff derselben Materie besitzt. Festes Wasser (Eis) besitzt aber auf der anderen Seite tatsächlich eine geringere Dichte als im flüssigen Zustand. Dies beruht auf der einzigartigen Geometrie der Wasserkristalle. Da Eis eine geringere Dichte als flüssiges Wasser besitzt, schwimmt es oben.

3. **Bei einer bestimmten Temperatur würde ein ideales Gas einen größeren Druck ausüben als ein Gas aus sich gegenseitig anziehenden Teilchen und einen niedrigeren Druck als ein Gas aus sich gegenseitig abstoßenden Teilchen.** Im Durchschnitt erlaubt die gegenseitige Anziehung den Teilchen bei einer bestimmten kinetischen Energie, ein kleineres Volumen einzunehmen, während gegenseitige Abstoßung dazu führt, dass die Teilchen einen größeren Raum einnehmen wollen.

4. **Das gefrorene Wasser ist sublimiert und direkt in einen gasförmigen Zustand übergegangen.** Dieser Vorgang geschieht langsam bei Temperaturen und Drücken, die in jedem normalen Haushaltsgefrierschrank herrschen. Probieren Sie es doch selbst einmal aus!

5. **Die überkritische Flüssigkeitsprobe wird sich sehr wahrscheinlich in ein Gas verwandeln.** Wenn Sie das Kohlendioxid (bei gleichbleibender Temperatur) ausströmen lassen, erreichen Sie damit eine Druckabnahme. Dies entspricht einer senkrecht nach unten verlaufenden Bewegung im Phasendiagramm von Kohlendioxid.

6. Obwohl die beiden Teilproben aus derselben Materieart bestehen, gefrieren sie infolge der unterschiedlichen Geschwindigkeit des Kühlvorgangs zu zwei verschiedenen Festkörpern. Die schnell heruntergekühlte Probe gefriert zu einem amorphen Feststoff, da den Teilchen die kinetische Energie viel schneller entzogen wird; sie haben nicht ausreichend Zeit, sich in Form eines ordentlichen Kristallgitters zusammenzufügen. Die langsam abgekühlte Probe gefriert zu einem kristallinen Feststoff. Der amorphe Feststoff schmilzt über einen breiten Temperaturbereich hinweg, während der kristalline Feststoff bei einem genau definierten Schmelzpunkt in die flüssige Phase übergeht.

7. Das Kühlen des Kristalls hält die kristalline Packungsstruktur aufrecht, indem die Moleküle in einen Zustand geringster kinetischer Energie versetzt werden. Wenn ein Röntgenstrahl auf den Kristall trifft, wird Energie zugeführt, wodurch die kristalline Struktur zerstört werden könnte. Das gleichzeitige Kühlen des Kristalls verhindert diesen unerwünschten Nebeneffekt; die unter diesen Bedingungen gesammelten Daten können leichter ausgewertet werden, um die Molekülstruktur des Kristalls zu bestimmen.

Gasgesetzen gehorchen

In diesem Kapitel...

▸ Die Grundlagen des Dampfdrucks auf das Wesentliche reduzieren

▸ Verstehen, wie Druck, Volumen, Temperatur und Mol zusammenwirken

▸ Sich mit unterschiedlichen Geschwindigkeiten verteilen und ausbreiten

Auf den ersten Blick scheinen Gase die geheimnisvollsten Vertreter aller Aggregatzustände zu sein. Nebulös und wabernd lassen sich Gase nicht mit bloßen Händen packen und schlüpfen leicht durch die Finger. Gase bilden jedoch trotz ihrer diffusen Fluidität eigentlich den am besten verstandenen Aggregatzustand. Der Schlüssel zum Verständnis von Gasen liegt in ihrem ziemlich berechenbaren Verhalten – wenn schon nicht auf chemischer, dann doch auf physikalischer Ebene. Wenn Sie zum Beispiel ein Gas in einen Behälter füllen, wird es immer bestrebt sein, den ganzen Raum gleichmäßig auszufüllen. Gase lassen sich auch leicht in ein geringeres Volumen pressen. Und Gase bilden – sogar noch besser als Flüssigkeiten – homogene Mischungen. Da die Abstände zwischen den einzelnen Gasteilchen so groß sind, sehen diese die Eigenheiten ihrer Nachbarn ziemlich entspannt.

Kapitel 10 hat sich mit den grundlegenden Annahmen der kinetischen Molekulartheorie von Gasen beschäftigt, einer Reihe von Ideen, die Gaseigenschaften anhand von Teilchenbewegungen zu erklären versuchen. Zusammenfassend beschreibt die kinetische Molekulartheorie die Eigenschaften idealer Gase folgendermaßen:

✔ Ideale Gasteilchen haben ein Volumen, das im Vergleich zum Volumen des Gesamtgases unbedeutend klein ist. Das Volumen einer Sauerstoffflasche zum Beispiel ist riesig, verglichen mit dem Raum, den jedes einzelne Gasteilchen innerhalb der Flasche einnimmt; dadurch wird deren Größe für jede Berechnung eines idealen Gases irrelevant.

✔ Ideale Gase bestehen aus einer ungeheuer großen Anzahl von Teilchen, die sich konstant und zufällig bewegen.

✔ Ideale Gasteilchen ziehen sich weder gegenseitig an, noch stoßen sie einander ab.

✔ Ideale Gasteilchen tauschen Energie nur bei perfekt elastischen Kollisionen aus – Zusammenstöße, bei denen die gesamte kinetische Energie der Teilchen konstant bleibt.

Wie das mit allen Idealen so ist (egal ob in der Liebe, im Arbeitsleben und so weiter), so sind auch ideale Gase rein fiktiv. Alle Gasteilchen nehmen etwas Raum ein. Alle Gasteilchen sind zu einem gewissen Grad der Anziehung und Abstoßung untereinander ausgesetzt. Kein

Zusammenstoß ist je vollkommen elastisch. Aber ein Mangel an Perfektion bedeutet doch längst nicht, dass man arbeitslos oder Single bleiben muss. Und es ist auch kein Grund, die kinetische Molekulartheorie der Gase gänzlich zu verbannen. In diesem Kapitel stellen wir Ihnen eine Vielzahl von Anwendungsmöglichkeiten der kinetischen Theorie in Form der so genannten »Gasgesetze« vor.

Den Nebel lichten: Verdunstung und Dampfdruck

Da die kinetische Theorie die Bewegung von Partikeln zwischen verschiedenen Phasen erklärt, ist es nicht verwunderlich, dass wir Gase in direkter Nachbarschaft zu Flüssigkeiten vorfinden. In einer Flüssigkeit haben alle Teilchen einen gewissen Anteil kinetischer Energie. Zu einem bestimmten Zeitpunkt besitzen die Teilchen an der Oberfläche der Flüssigkeit soviel kinetische Energie, dass sie in der Lage sind, in die Gasphase überzugehen. Ansammlungen dieser Teilchen-»Flüchtlinge«, die als Gas über der Oberfläche einer Flüssigkeit schweben, werden *Dampf* genannt. Der Vorgang, bei dem sich Teilchen aus der Flüssigkeit lösen und zu Gas werden, heißt *Verdunstung* oder *Evaporation*. Natürlich können die einmal entkommenen Teilchen auch wieder in die Flüssigkeit zurückplumpsen, was dann als *Kondensation* bezeichnet wird. Nach einer bestimmten Zeit hat sich das Verhältnis zwischen verdunstenden und kondensierenden Teilchen auf ein *dynamisches Gleichgewicht* eingependelt.

Dampfdruck ist der Druck, bei dem sich Dampf in einem dynamischen Gleichgewicht mit einer Flüssigkeit befindet. Während der Verdunstung nimmt der Druck über der Flüssigkeit zu, da sich dort immer mehr Teilchen ansammeln. Schließlich gleicht sich der Druck über der Flüssigkeitsoberfläche dem Dampfdruck dieser Flüssigkeit an, an diesem Punkt entspricht die Evaporation der Kondensation. Warum kommt es eigentlich bei erhöhtem Druck zur Kondensation? Und was ist eigentlich Druck? Kurz gesagt, *Druck* ist Krafteinwirkung pro Flächeneinheit – wie die Fläche über einer Flüssigkeit zum Beispiel. Aus molekularer Sicht entsteht Druck durch die Kollision zahlloser Teilchen mit einer Oberfläche. Bei hohem Druck stoßen also mehr Teilchen häufiger auf eine Oberfläche. Diese Kollisionen erschweren es den Teilchen der Flüssigkeitsoberfläche, in die Gasphase überzutreten, während die Gasteilchen mit höherer Wahrscheinlichkeit wieder in die Flüssigkeit zurückkehren. Die letztendlich wichtigste Information über Dampfdruck besteht in seiner Beziehung zum Sieden; wenn der Dampfdruck einer Flüssigkeit gleich dem Atmosphärendruck ist, wird die Flüssigkeit kochen.

Dampfdruck ist temperaturabhängig, da Wärmeenergie das dynamische Gleichgewicht beeinflusst. Wenn Sie eine Probe erhitzen, erhöhen Sie auch die durchschnittliche kinetische Energie der einzelnen Teilchen. Temperatur ist somit einfach ein Maß für die durchschnittliche kinetische Energie von Materieteilchen. Bei hohen Temperaturen sind die Teilchen einer Flüssigkeit also beweglicher und entkommen leichter in die Gasphase. Je höher die Temperatur, umso höher der Dampfdruck.

Druck ist auch direkt von der geographischen Höhenlage abhängig. Wenn Sie je einen hohen Berg besteigen sollten, werden Sie feststellen, dass Ihnen die Luft dort oben »dünner« vorkommt; Sie werden verhältnismäßig rasch kurzatmig, wenn Sie sich genauso schnell fortbewegen wie in gewohnter Höhenlage. Viele glauben, dies liege daran, dass der Sauerstoffgehalt in großer Höhe geringer ist. Tatsächlich ist der Sauerstoffgehalt unserer Atmosphäre aber überall annähernd gleich, denn wie wir wissen, neigt ein Gas stets dazu, einen Raum möglichst *gleichmäßig* auszufüllen. Der wahre Grund der raschen Kurzatmigkeit ist, dass in großer Höhe ein viel geringerer Atmosphärendruck herrscht und die Sauerstoffteilchen dadurch mit viel weniger Kraft in Ihre Lungenbläschen gepresst werden als im Flachland bei hohem Atmosphärendruck. Dadurch gelangt pro Atemzug weniger Sauerstoff in Ihr Blut und Sie kommen schneller aus der Puste.

Beispiel

Eine uralte Küchenlegende besagt, dass beobachtete Töpfe nicht kochen. Wiederholte Experimente haben diese Maxime jedoch zum Glück eindeutig widerlegt. Manche Küchentheoretiker behaupten aber auch, dass Wasser bei höherer Temperatur kocht, wenn man den Topf mit einem fest sitzenden Deckel verschließt (und dadurch nichtautorisierte Topf-Spione vom Beobachten abhält). Ist diese Behauptung plausibel? Warum oder warum nicht?

Lösung

Die Behauptung ist plausibel. Wird ein dicht abschließender Deckel auf einen Topf gesetzt, so wird der Wasserdampf im Inneren eingeschlossen. Weil der Deckel den Dampf zurückhält, übersteigt der Druck in dem Raum oberhalb des Wassers den Atmosphärendruck in der Küche. Wenn das Wasser nun erhitzt wird, erhöht sich auch der Dampfdruck. Eine Flüssigkeit kocht, wenn der Dampfdruck dem Druck über der Flüssigkeitsoberfläche entspricht oder ihn übersteigt. Will man Wasser kochen lassen, muss man es also in einem geschlossenen Topf stärker erhitzen als in einem Topf ohne Deckel. Natürlich wird Wasser in einem abgedeckten Topf aber auch *schneller* kochen, da der Deckel die aufsteigende Wärme gefangen hält, die ansonsten ungehindert in die Umgebung entkommen würde.

Aufgabe 1

In einer kleinen Hütte auf dem Gipfel des Berges Fuji in Japan kocht Tomoko Wasser für sein Frühstück. Zur selben Zeit und etwas weiter weg, beschließt Jim im Yosemite Nationalpark, auf dem Gipfel des Half Dome ebenfalls Wasser zu kochen. Welcher der beiden befindet sich in größerer Höhenlage (und ist somit der zähere Bergsteiger), wenn Tomokos Wasser bei 86 °C und Jims Wasser bei 90 °C kocht?

Ihre Lösung

Aufgabe 2

Auf dem Planeten Blurgblar steigt der Druck linear mit zunehmender Höhe an. Ein blurgblarischer Jodler bereitet sich einen Tee auf dem 2250 Meter hohen Gipfel des Berges J-11 zu. Der Jodler beobachtet, dass sein Wasser bei 283 K kocht. Derweil misst ein blurgblarischer Chemiker auf Meereshöhe die Temperatur seines kochenden Wassers bei 298 K. Ein unglücklicher Erdlingsphysiker wird plötzlich von einem Raum-Zeit-Wurmloch auf der Oberfläche von Blurgblar ausgespuckt. In der cyanidgeschwängerten Atmosphäre nach Luft ringend, beobachtet der Physiker, dass nicht weit von ihm ein blurgblarischer Junge Wasser bei 293 K zum Kochen bringt. In welcher Höhe haucht der Unglücksrabe sein Leben aus?

Ihre Lösung

Mit Druck und Volumen spielen: Das Boyle'sche Gesetz

Obwohl wir die Erklärungen zu Dampfdruck und Verdunstung bisher recht kurz gehalten haben, kennen Sie bereits vier wichtige Variablen: Druck, Volumen, Temperatur und Teilchenanzahl. Die Beziehungen zwischen diesen vier Faktoren bilden den Definitionsbereich der Gasgesetze. Wir schauen uns die Gasgesetze in diesem Abschnitt und im Rest des Kapitels einmal näher an.

Die erste Beziehung, die in einem Gasgesetz formuliert wurde, ist die zwischen Druck und Volumen. Wir verdanken es Robert Boyle, einem irischen Gentleman (von einigen als erster Chemiker bezeichnet oder »Chymist«, wie er zu Lebzeiten genannt worden sein mag), dass wir heute wissen, dass Druck und Volumen zueinander umgekehrt proportional sind:

$V \sim 1/p$ oder $p \times V$ = konstant

Diese Behauptung trifft zu, wenn man davon ausgeht, dass die anderen beiden Faktoren, also Temperatur und Teilchenzahl, konstant bleiben. Ein anderer Weg, diese Beziehung darzustellen, besagt, dass sich Druck und Volumen zwar ändern können, aber das Produkt der beiden Größen immer konstant bleibt. Wenn also ein Gas Druck- (p) und Volumen- (V) Änderungen erfährt, trifft Folgendes zu:

$p_1 \times V_1 = p_2 \times V_2$

Diese Beziehung erscheint vor dem Hintergrund der kinetischen Theorie sinnvoll. Bei gegebener Temperatur und Teilchenzahl werden umso mehr Kollisionen stattfinden, je kleiner das Volumen ist. Diese zunehmenden Kollisionen verursachen einen höheren Druck. Und umgekehrt. Boyle hatte außerdem noch einige dubiose alchemistische Ideen, aber mit seiner Druck-Volumen-Beziehung bei Gasen stieß er wirklich auf eine Goldgrube.

Beispiel

Eine verschweißte Plastiktüte ist bei Standardtemperatur und Standarddruck mit einem Liter Luft gefüllt worden. Sie setzen sich aus Versehen auf diese Tüte. Der Maximaldruck, dem die Tüte ohne zu platzen widerstehen kann, liegt bei 500 Kilopascal (kPa). Wie groß ist das Volumen in der Tüte kurz vorm Platzen?

Lösung

0,2 l. Aus der Aufgabe können wir schon entnehmen, dass die Tüte ein Ausgangsvolumen ($V_1 = 1$ L) und einen Ausgangsdruck ($p_1 = 101,3$ kPa, Druck unter Standardbedingungen) besitzt. (Siehe auch Kapitel 7, wenn Sie gerade die Definition für Standardbedingungen nicht mehr im Kopf haben.) Der Druck in der Tüte erreicht 500 kPa, bevor sie platzt. Dieser Wert entspricht dem Enddruck p_2. Die einzig fehlende Variable ist also das Endvolumen V_2. Lösen Sie die Boyle-Gleichung nach V_2 auf und Sie erhalten:

$$V_2 = (1 \text{ L} \times 101{,}3 \text{ kPa})/500 \text{ kPa} = 0{,}2 \text{ L}$$

Aufgabe 3

Ein Hobbyentomologe fängt einen besonders schönen Marienkäfer und bewahrt ihn in einem verschließbaren Plastikbecher auf. Das Volumen des Gefäßes beträgt 0,5 L und der Druck im Becher liegt anfangs bei 1 atm. Der Käferliebhaber ist so begeistert von seinem Fang, dass er den Becher vor Freude stark zwischen seinen verschwitzten Händen drückt, und der Druck im Becher steigt auf 1,25 atm an. Wie hoch ist nun das Volumen des gequetschten Marienkäfer-Gefängnisses?

Ihre Lösung

Aufgabe 4

Ein Behälter besitzt ein Volumen von 3 L. Dieses Volumen wird mit einer gasundurchlässigen Folie in zwei Hälften unterteilt. Auf einer Seite der Folie wird Neongas mit einem Druck von 5 atm eingelassen. Die andere Seite enthält ein Vakuum. Plötzlich reißt die Folie. Wie hoch ist nun der Druck im Inneren des Behälters?

Ihre Lösung

Mit Volumen und Temperatur herumspielen: Gesetz von Charles und absoluter Nullpunkt

Der Franzose Jacques Charles entdeckte im 18. Jahrhundert, dass das Volumen direkt proportional zur Temperatur eines Gases ist:

$V \sim T$ oder V/T = konstant

Diese Behauptung trifft zu, wenn die anderen beiden Bedingungen, also Druck und Teilchenzahl, nicht verändert werden. Eine andere Möglichkeit, diese Beziehung darzustellen, sieht so aus: Wenn sich Temperatur und Volumen eines Gases ändern, dann tun sie das stets in einem konstanten Verhältnis. Wenn also ein Gas Temperatur- (T) und Volumen- (V) Änderungen beim Übergang zwischen zwei Zuständen erfährt, gilt:

$V_1/T_1 = V_2/T_2$

Ein anderer irischer Wissenschaftler nutzte Charles' Erkenntnisse für seine eigene Arbeit. William Thomson, Ihnen vielleicht auch als Lord Kelvin bekannt, sah sich alle von Charles gesammelten Daten Mitte des 19. Jahrhunderts in der Glanzzeit seiner wissenschaftlichen Forschungslaufbahn an und bemerkte dabei ein paar Dinge:

✔ Erstens erhielt er immer eine Gerade, wenn er das Volumen gegen die Temperatur eines Gases auftrug.

✔ Zum anderen trafen sich alle Linien in einem bestimmten Punkt, wenn er sie verlängerte, und sie entsprachen dann einer einzigen Temperatur bei null Volumen. Diese Temperatur – obwohl noch nicht direkt aus seinen Experimenten ersichtlich – betrug etwa –273 °C. Kelvin nutzte die Chance und schuf sich selbst ein Denkmal in den Annalen der Wissenschaftsgeschichte, indem er behauptete, dass er den *absoluten Nullpunkt* gefunden habe, die niedrigste mögliche Temperatur.

Diese Behauptung hatte zumindest zwei unmittelbare Vorteile. Zum einen war sie tatsächlich korrekt. Und zum anderen war es Kelvin dadurch möglich, die Kelvin-Temperaturskala zu erschaffen, bei der der absolute Nullpunkt auch als offizieller Nullpunkt festgelegt wurde. Mit der Kelvinskala (in der gilt °C = K – 273) bekommt alles viel mehr Sinn. Wenn man zum Beispiel die Kelvintemperatur eines Gases verdoppelt, verdoppelt sich auch dessen Volumen. Wenn Sie mit dem Gesetz von Charles arbeiten, ist es entscheidend, Grad Celsius in Kelvin umzurechnen.

Beispiel

Ein roter, 3,5 Liter komprimierte Luft fassender Gummiball befindet sich noch in seiner Originalverpackung bei 20 °C und wartet auf seinen Einsatz beim bevorstehenden Duck-Dich-Ball-Spiel. Vince ist aber schon so ungeduldig, dass er den Ball schon vorher heimlich aus der Packung nimmt und damit selber etwas trainieren will. Nach ein paar Stunden Üben hat der Ball nur noch ein Volumen von 3,0 Litern. Wie hoch ist die Temperatur draußen auf dem Spielfeld?

Lösung

–22 °C. Die Fragestellung gibt Ihnen schon die Anfangstemperatur, das Anfangsvolumen und das Endvolumen vor. Sie müssen also nur noch die Endtemperatur T_2 bestimmen. Wenden Sie dazu das Gesetz von Charles an, stellen Sie nach T_2 um und setzen Sie die bekannten Variablen ein. Aber passen Sie auf – das Gesetz von Charles verlangt, dass Sie alle Temperaturen in Kelvin umrechnen (also K = °C + 273). Nach ein paar Stunden draußen kann man davon ausgehen, dass sich der Ball akklimatisiert hat. Da das Volumen des Balles gesunken ist, können Sie auch bereits schlussfolgern, dass die Außentemperatur weniger als 20 °C beträgt:

$T_2 = (293\ K \times 3{,}0\ L)/3{,}5\ L = 251\ K$

Diese Temperatur entspricht –22 °C. Fragt sich nur, was Vince geritten hat, bei dieser Affenkälte extra Trainingsstunden zu absolvieren.

Aufgabe 5

Jacques Charles' Geist versucht seinen erschlafften himmlischen Heißluftballon mit kurzen Stößen heißer Luft aus einem Brenner aufzupumpen. Zu Anfang hat der Ballon ein Volumen von 300 Litern (Geister brauchen keine großen Heißluftballons zum Fliegen). Um den vorbeischwebenden Geist einer ehemaligen Angebeteten zu beeindrucken, entlässt er einen besonders langen Stoß heißer Luft aus dem Brenner. Dieser führt dazu, dass die Temperatur seines Ballons von 40 °C auf 50 °C ansteigt. Wie groß ist das Volumen jetzt?

Ihre Lösung

Aufgabe 6

Der ach so liebe Danny überzeugt seine kleine Schwester Susie davon, dass ihr Happy-Birthday-Luftballon länger hält, wenn sie ihn für eine Weile ins Gefrierfach legt. Die Temperatur im Haus beträgt 20 °C. Der Luftballon hat ein Ausgangsvolumen von 0,25 L. Wenn Susie die teuflischen Absichten ihres Bruders durchschaut hat, wird der Luftballon zu einem Volumen von 0,20 L erschlafft sein. Wie kalt ist es im Gefrierfach?

Ihre Lösung

Und jetzt alle zusammen: das kombinierte und das ideale Gasgesetz

Die Gesetze von Boyle und Charles sind immer dann hilfreich, wenn Sie sich in einer Situation wiederfinden, in der sich nur zwei Faktoren auf einmal ändern. Das Universum ist jedoch selten so brav. Was also, wenn sich Druck, Volumen und Temperatur gleichzeitig ändern? Sollten dann Aspirin und ein Nickerchen die einzige Lösung sein, um diesem Dilemma zu entkommen? Nein. Willkommen in der Welt des *kombinierten Gasgesetzes*:

$$\frac{P_1 \times V_1}{T_1} = \frac{P_2 \times V_2}{T_2}$$

Natürlich kann Ihnen das echte Universum ein Schnippchen schlagen, indem es eine weitere Variable ändert. In der wahren Welt kann ein Autoreifen zum Beispiel ein Loch bekommen. Dabei strömen natürlich Gasteilchen aus, wodurch die Teilchenzahl n im Inneren des Reifens sinkt. Mürrisch werden Ihnen die am Straßenrand liegengebliebenen Autofahrer beipflichten, dass mit sinkendem n auch das Volumen geringer wird. Diese Beziehung wird manchmal als Avogadro'sches Gesetz formuliert:

Volumen/Teilchenzahl = konstant

Führt man das Avogadro'sche Gesetz mit dem kombinierten Gasgesetz zusammen, erhält man eine wundervolle, allumfassende Beziehung:

$$\frac{P_1 \times V_1}{T_1 \times n_1} = \frac{P_2 \times V_2}{T_2 \times n_2}$$

Das Verhalten idealer Gase unter Berücksichtigung aller vier Variablen (Druck, Temperatur, Volumen und Teilchenzahl) lässt sich in einer einfach anwendbaren Gleichung, der Zustandsgleichung des idealen Gases oder kurz allgemeine Gasgleichung (oder selten auch ideales Gasgesetz genannt), zusammenfassen:

$$p \times V = n \times R \times T$$

Hierbei ist R die Gaskonstante, also die einzige Größe, die sich nicht ändern kann. Natürlich hängt die Identität dieser Konstante von den Einheiten ab, die Sie für Druck, Temperatur und Volumen wählen. Eine gebräuchliche Form der Gaskonstante, wie Sie von den meisten Chemikern verwendet wird, lautet R = 0,08206 (L · atm)/(K · mol). Alternativ können Sie aber auch folgende Form verwenden: R = 8,314 (L · kPa)/(K · mol).

Beispiel

Ein Behälter von 0,8 L enthält 10 mol Helium und hat eine Temperatur von 10 °C. Wie hoch ist der Innendruck des Behälters?

 Lösung

$2,9 \times 10^2$ atm. Schauen Sie sich die bekannten und unbekannten Variablen an. Sie kennen Volumen und Teilchenzahl, sowie Temperatur. Sie müssen also nur noch den Druck berechnen. Die Gleichung, die Sie hierfür brauchen, ist die allgemeine Gasgleichung $p \times V = n \times R \times T$. Wenn Sie diese nach p auflösen, erhalten Sie $p = (n \times R \times T)/V$. Bevor Sie nun jedoch voller Tatendrang die bekannten Werte in Ihre Gleichung einsetzen, vergewissern Sie sich, dass alle Einheiten denen in Ihrer Gaskonstante entsprechen. Sagen wir, Sie haben sich für $R = 0,08206$ (L · atm)/(K · mol) entschieden. Also müssen Sie die Temperatur (10 °C) in Kelvin umrechnen: K = 10 + 273 K = 283 K. Nun können Sie alle Werte einsetzen und die Gleichung lösen:

Druck = 10 mol × 0,08206 (L · atm)/(K · mol) × 283 K / 0,8 L = $2,9 \times 10^2$ atm. Das entspricht etwa dem 300fachen normalen Atmosphärendruck. Halten Sie sich bloß von dem Behälter fern!

Aufgabe 7

Der 0,8 Liter fassende Behälter aus dem obigen Beispiel bekommt plötzlich einen Riss. Da sich in dem Behälter ein Giftgas befindet, wurde er vorsorglich in einem noch größeren, vakuumversiegelten Behälter aufbewahrt. Nachdem sich das Giftgas in dem Volumen des Sicherheitsbehälters ausgebreitet hat, hat es Standarddruck und -temperatur angenommen. Wie groß ist das Volumen des Sicherheitsbehälters?

Ihre Lösung

Aufgabe 8

Ein Behälter mit einem Volumen von 15,0 L enthält Sauerstoff. Das Gas hat eine Temperatur von 29 °C und einen Druck von $1,00 \times 10^4$ kPa. Wie viele Gasteilchen enthält der Behälter?

Ihre Lösung

Aufgabe 9

Das Volumen eines Furzkissens beträgt bei 27 °C und 105 kPa 0,45 Liter. Danny hat ein solch praktisches Teil auf dem Stuhl seiner ahnungslosen Tante Berta platziert. Danny weiß jedoch nicht, dass sein Furzkissen einen produktionstechnischen Fehler aufweist, der ab und zu verhindert, dass das Gas ungehindert ins Freie entweichen kann und somit den wunderschönen Pupseffekt ruiniert. Das Kissen würde sich also selbst blockieren, auch wenn eine Person mit Bertas rubenshafter Figur auf ihm Platz nehmen sollte. Tatsächlich widersteht das Kissen Bertas Gesäß, und der Innendruck steigt auf kritische 200 kPa an. Während Berta auf dem Kissen sitzt, erwärmt sich jedoch der Gasinhalt um volle 10 °C. Zum Schluss, und zu Dannys diebischem Vergnügen, platzt das Kissen doch noch mit lautem Knall. Wie groß ist das herausschießende Gasvolumen?

Ihre Lösung

Daltons Gesetz der Partialdrücke ins Spiel bringen

Gase vermischen sich. Sie tun das noch lieber als Flüssigkeiten und tausendmal besser als Feststoffe. Wie lautet also die Beziehung zwischen dem Gesamtdruck einer Gasmischung und den Teildrücken der einzelnen Gasbestandteile? Hierauf gibt es eine zufriedenstellende, einfache Antwort: Jedes individuelle Gas besitzt einen spezifischen Teil- oder Partialdruck, und die Summe aller Partialdrücke ergibt den Gesamtdruck einer Gasmischung. Diese Beziehung wird durch *Daltons Gesetz der Partialdrücke* zusammengefasst und gilt für jede beliebige Gasmischung:

$$p_{total} = p_1 + p_2 + p_3 + \ldots + p_n$$

Diese Beziehung ergibt Sinn, wenn Sie sich Druck vor dem Hintergrund der kinetischen Theorie veranschaulichen. Fügen Sie eine Gasprobe zu einem bestehenden Volumen hinzu, das bereits andere Gase enthält, erhöhen Sie die Teilchenanzahl in diesem Volumen. Da der Druck im Innern eines Behälters davon abhängig ist, wie viele Teilchen mit den Wänden des Behälters zusammenstoßen, bedeutet eine erhöhte Teilchenanzahl natürlich auch, dass der Druck proportional ansteigt.

11 ➤ Gasgesetzen gehorchen

Beispiel

Ein Chemiker möchte ein Experiment durchführen, um die Eigenschaften der Erdatmosphäre vor Milliarden von Jahren zu bestimmen. Er konstruiert einen Apparat, um reinste Proben jener Gase vulkanischen Ursprungs miteinander zu vereinen, die die Erdatmosphäre zuerst prägten: Kohlendioxid, Ammoniak und Wasserdampf. Wie hoch ist der Gesamtdruck der Gasmischung, wenn die Partialdrücke jeweils 50 kPa, 80 kPa und 120 kPa betragen?

Lösung

250 kPa. Angesichts der mehr als schwierigen Erforschung der Eigenschaften der frühen Erdatmosphäre, hat das Problem, mit dem wir Sie hier konfrontieren, eine ganz einfache Lösung. Daltons Gesetz der Partialdrücke besagt, dass der Gesamtdruck einer Gasmischung die Summe sämtlicher Partialdrücke der einzelnen Gasbestandteile ist. Alles, was Sie tun müssen, ist also addieren:

$$p_{total} = p(CO_2) + p(NH_3) + p(H_2O)$$
$$= 50 \text{ kPa} + 80 \text{ kPa} + 120 \text{ kPa}$$
$$= 250 \text{ kPa}$$

Aufgabe 10

Ein Chemiker rührt festes Zinkpulver in eine Salzsäurelösung ein, um die folgende Reaktion einzuleiten:

$Zn(s) + 2HCl(aq) \rightarrow ZnCl_2(aq) + H_2(g)$

Der Chemiker dreht ein weiteres Reaktionsröhrchen um und platziert die Öffnung über dem Reaktionsgefäß, um das aus der Lösung aussprudelnde Wasserstoffgas einzufangen. Die Reaktion läuft bis zum Gleichgewichtszustand weiter. Der Druck im Labor liegt bei 101,3 kPa und die Temperatur aller Verbindungen beträgt 298 K. Der Dampfdruck von Wasser bei 298 K beträgt 3,17 kPa. Wie hoch ist der Partialdruck des Wasserstoffgases, das im Reaktionsröhrchen gefangen ist?

Ihre Lösung

Ausbreiten und Verteilen mit Grahams Gesetz

Den Duft des Morgenkaffees verbinden viele von uns mit einer angenehmen Empfindung. Alle Gerüche, die wir wahrnehmen, werden durch ein Phänomen namens *Diffusion* ermöglicht. Diffusion beschreibt die Bewegung von Teilchen von einem Ort hoher Konzentration zu einem Ort niedrigerer Konzentration. Diffusion geschieht spontan und ganz von selbst. Diffusion führt dazu, dass sich Stoffe vermischen und sogar vollständig *homogene* Mischungen bilden, in denen die Konzentrationen jeder Verbindung an jeder beliebigen Stelle im gesamten Volumen gleich sind. Selbstverständlich entspricht das Stadium vollständiger Diffusion einem Gleichgewichtszustand; aber das kann lange dauern.

Verschiedene Gase diffundieren je nach Molmasse mit unterschiedlichen Geschwindigkeiten (siehe Kapitel 7 zu weiteren Einzelheiten über Molmassen). Die Geschwindigkeiten, mit denen zwei Gase diffundieren, können mithilfe von *Grahams Gesetz* verglichen werden. Grahams Gesetz findet auch Anwendung, wenn es darum geht, das Verhalten eines Gases zu beschreiben, das durch eine schmale Öffnung in einen größeren Raum fließt und sich dabei ausbreitet (Effusion). Egal, ob Gase diffundieren oder sich ausbreiten, beides geschieht mit einer Geschwindigkeit, die umgekehrt proportional zur Quadratwurzel ihrer Molmassen ist. Mit anderen Worten, Gasmoleküle mit höherer Masse diffundieren und breiten sich langsamer aus als Gasmoleküle geringerer Masse. Also gilt für zwei Gase A und B:

$$\frac{\text{Geschwindigkeit}_A}{\text{Geschwindigkeit}_B} = \frac{\sqrt{\text{Molmasse}_B}}{\sqrt{\text{Molmasse}_A}}$$

Beispiel

Wie viel schneller breitet sich Wasserstoffgas verglichen mit Neongas in einem Raum aus?

Lösung

3,2-mal schneller. Wasserstoffgas ist molekularer Wasserstoff, also H_2. Schauen Sie in Ihr Periodensystem (oder ziehen Sie eine Ihrer Gedächtnisschubladen auf, wenn Sie das können), um die Molmassen von Wasserstoffgas (2,0 g/mol) und Neongas (20 g/mol) zu bestimmen. Dann setzen Sie die Werte an die entsprechenden Stellen in Grahams Gesetz ein.

$$\frac{\text{Geschwindigkeit } H_2}{\text{Geschwindigkeit Ne}} = \frac{\sqrt{20}}{\sqrt{2,0}} = 3,2$$

Wasserstoffgas breitet sich also 3,2-mal schneller im Raum aus als Neongas.

Aufgabe 11

Ein geheimnisvolles Gas A breitet sich im Raum 4,0-mal schneller als Sauerstoffgas aus. Worum handelt es sich wohl bei diesem mysteriösen Gas?

Ihre Lösung

Lösungen zu den Aufgaben rund um Gasgesetze

Sie haben die praktischen Fragen zum Verhalten von Gasen beantwortet. Waren Ihre Antworten korrekt? Überprüfen Sie sie hier. Ganz ohne Druck.

1. **Tomoko befindet sich in größerer Höhe.** Mit zunehmender Höhenlage sinkt der Atmosphärendruck. Mit zunehmender Temperatur steigt auch der Dampfdruck. Flüssigkeiten kochen, wenn ihr Dampfdruck den externen (atmosphärischen) Druck übersteigt. Da Tomokos Wasser bei niedrigerer Temperatur kocht, muss er sich in größerer Höhe befinden, wo der Atmosphärendruck niedriger ist. Tomoko ist der zähere Bergsteiger von beiden.

2. **750 m.** Der Siedepunkt sinkt linear mit dem äußeren Druck. Da der Atmosphärendruck auf Blurgblar linear mit steigender Höhe abnimmt, besitzen Siedepunkt und Höhe auf diesem merkwürdigen Planeten auch eine lineare Beziehung zueinander. Um die Höhe der Stelle zu berechnen, an der der unglückliche Physiker auf der Planetenoberfläche erschien, müssen Sie die lineare Beziehung zwischen Höhe und Siedepunkt bestimmen. Der vollständige Höhenunterschied zwischen Meeresspiegel und dem Gipfel von Berg J-11 beträgt 2250 m. Das Absinken des Siedepunktes durch diesen Höhenunterschied beträgt –15 K (= 298 K – 283 K). Der Siedepunkt sinkt also pro 150 m um 1 K:

   2250 m/15 K = 150 m/K

   Der sterbende Physiker beobachtet einen Siedepunkt, der 5 K niedriger liegt, als der auf Meeresebene. Daher befindet sich der Physiker in 750 m Höhe:

   5 K × 150 m/K = 750 m

3. **0,4 l.** Sie kennen den Ausgangsdruck, das Ausgangsvolumen und den Enddruck. Mit Boyles Gesetz können Sie die einzige fehlende Variable ganz leicht bestimmen: das Endvolumen. Formen Sie die Gleichung nach V_2 um und setzen Sie die bekannten Werte ein.

   V_2 = (1 atm × 0,5 L)/1,25 atm = 0,4 L

4. **2,5 atm.** Anfangs befindet sich das Gas bei 5 atm in einem Volumen von 1,5 L. Sobald die Folie reißt, kann sich das Gas im ganzen Behälter, also im doppelten Volumen ausbreiten. Dementsprechend wird sich sein Druck verringern. Um den neuen Druck, p_2, zu berechnen, stellen Sie die Gleichung um und setzen Sie die bekannten Werte ein:

   p_2 = (5 atm × 1,5 L)/3 L = 2,5 atm

5. **10 l.** Sie kennen das Ausgangsvolumen und die Ausgangstemperatur des Ballons sowie dessen Endtemperatur. Wenden Sie das Gesetz von Charles an, setzen Sie die bekannten Werte ein und lösen Sie auf. Vergewissern Sie sich jedoch zuvor, dass Sie alle Temperaturen in Kelvin umgerechnet haben:

   V_2 = (300 L × 323 K)/313 K = 310 L

   Die Volumendifferenz infolge der letzten starken Heißluftzufuhr beträgt 310 L – 300 L = 10 L

6. **–39 °C.** Sie müssen hier das Gesetz von Charles anwenden. Die Endtemperatur T_2 ist unbekannt. Sie kennen die Anfangstemperatur sowie Anfangs- und Endvolumen. Nachdem Sie alle Temperaturen in Kelvin umgerechnet haben, müssen Sie nur noch alle Werte einsetzen und nach T_2 auflösen:

    $T_2 = (293 \text{ K} \times 0{,}20 \text{ L}) / 0{,}25 \text{ L} = 234 \text{ K}$

    Diese Endtemperatur entspricht –39 °C. Das muss ein Hochleistungskühlfach sein.

7. **224 L.** Die Molzahl (Stoffmenge) des Gases (10 mol) bleibt konstant. Die anderen drei Faktoren (Druck, Temperatur und Volumen) ändern ihre Größen beim Übergang vom Anfangs- zum Endstadium. Sie müssen also das kombinierte Gasgesetz anwenden. Die Anfangswerte ($2{,}9 \times 10^2$ atm, 283 K, 0,8 L) können Sie aus der Fragestellung entnehmen. Endtemperatur und -druck sind auch bekannt (273 K, 1 atm), da die Aufgabenstellung beschreibt, dass das Gas zum Schluss unter Standardbedingungen vorliegt. Die einzige Unbekannte ist also das Endvolumen. Stellen Sie die Gleichung des kombinierten Gasgesetzes so um, dass Sie folgendes Ergebnis erhalten:

    $$V_2 = \frac{P_1 \times V_1 \times T_2}{T_1 \times P_2} = \frac{2{,}9 \times 10^2 \text{ atm} \times 0{,}80 \text{ L} \times 273 \text{ K}}{283 \text{ K} \times 1 \text{ atm}} = 224 \text{ L}$$

8. **59,7 mol.** Bei dieser Aufgabe müssen Sie die allgemeine Gasgleichung anwenden, um die Molzahl n zu berechnen. Vergessen Sie nicht, die Temperaturwerte in Kelvin umzurechnen, damit Sie die entsprechende Gaskonstante R verwenden können.

    $$n = \frac{P \times V}{R \times T} = \frac{1{,}0 \times 10^4 \text{ kPa} \times 15{,}0 \text{ L}}{8{,}314 \frac{\text{kPa} \times \text{L}}{\text{mol} \times \text{K}} \times 302 \text{ K}} = 59{,}7 \text{ mol}$$

9. **0,244 l.** Sie kennen Anfangsvolumen, Anfangstemperatur und Anfangsdruck. Außerdem sind Ihnen ein Enddruck sowie eine Endtemperatur bekannt. Die einzige Unbekannte ist also das Endvolumen. Stellen Sie die Gleichung des kombinierten Gasgesetzes also nach V_2 um und lösen Sie auf:

    $$V_2 = \frac{P_1 \times V_1 \times T_2}{T_1 \times P_2} = \frac{105 \text{ kPa} \times 0{,}450 \text{ L} \times 310 \text{ K}}{300 \text{ K} \times 200 \text{ kPa}} = 0{,}244 \text{ L}$$

    Trotz der Tatsache, dass die Endtemperatur höher als die Anfangstemperatur ist, ist das Endvolumen viel kleiner als das Ausgangsvolumen. Demzufolge sind 10 unbedeutende Grad Celsius dem immensen Druck von Bertas Hinterteil nicht gewachsen.

10. **98,1 kPa.** Das System befindet sich im Gleichgewicht, also befindet sich im Innern des Reaktionsröhrchens eine Gasmischung aus Wasserstoffgas und Wasserdampf. Zudem wissen Sie, dass der Gesamtdruck im Röhrchen dem Druck im Labor entspricht, 101,3 kPa. Der Gesamtdruck umfasst die Partialdrücke des Wasserstoffgases und des Wasserdampfes. Stellen Sie eine Gleichung auf mithilfe von Daltons Gesetz:

    $p_{\text{total}} = p(H_2) + p(H_2O)$

    Formen Sie diese Gleichung nach $p(H_2)$ um und setzen Sie die bekannten Werte ein, um aufzulösen:

    $p(H_2) = 101{,}3 \text{ kPa} - 3{,}17 \text{ kPa} = 98{,}1 \text{ kPa}$

11. **Wasserstoffgas, H_2.** Die Fragestellung gibt Ihnen das Geschwindigkeitsverhältnis von 4,0 vor. Erinnern Sie sich daran, dass Sauerstoffgas O_2 ist und eine Molmasse von 32 g/mol besitzt. Setzen Sie diese Werte nun in Grahams Gesetz ein.

$$\frac{\text{Geschwindigkeit A}}{\text{Geschwindigkeit O}_2} = 4{,}0 = \frac{\sqrt{32 \text{ g/mol}}}{\sqrt{\text{Molmasse A}}}$$

Potenzieren Sie beide Seiten der Gleichung mit 2, um die Wurzeln loszuwerden.

$$16 = \frac{32 \text{ g/mol}}{\text{Molmasse A}}$$

Dann stellen Sie die Gleichung nach der gesuchten Molmasse von Gas A um:

Molmasse A = 32 g/mol / 16 = 2,0 g/mol

Diese Molmasse gehört zu H_2, also handelt es sich bei dem geheimnisvollen Gas um molekularen Wasserstoff.

Sich in Lösung begeben

In diesem Kapitel...

▶ Sicherheit im Umgang mit Lösungen erlangen

▶ Konzentrationen kontrollieren

▶ Lösungen herstellen

*V*erbindungen können sich miteinander vermischen. Vermischen sie sich vollständig bis zur Molekülebene, dann sprechen wir von einer *Lösung*. Jede Verbindung in einer Lösung heißt *Komponente*. Die Komponente, die mengenmäßig alle anderen überwiegt, wird für gewöhnlich *Lösungsmittel* genannt. Die anderen Komponenten sind die *gelösten Stoffe*. Obwohl die meisten Leute sofort an »Flüssigkeiten« denken, wenn sie das Wort Lösung hören, können auch Feststoffe und Gase Lösungen bilden. Das ausschlaggebende Kriterium besagt, dass bei einer Lösung alle Komponenten vollständig miteinander vermischt sein müssen. Wir sagen Ihnen, was Sie nach der Lektüre dieses Kapitels wissen sollten.

Verschiedene Kräfte bei der Löslichkeit wirken sehen

Die Bildung einer Lösung ist für Gase ein geradliniger Prozess. Gase diffundieren einfach in einem bestimmten Volumen (siehe Kapitel 11 für weitere Informationen zur Diffusion). Die Dinge sehen bei den kondensierten Phasenzuständen, den Flüssigkeiten und Feststoffen, hingegen etwas komplizierter aus. Bei Feststoffen und Flüssigkeiten spielen die *zwischenmolekularen Kräfte* aufgrund der größeren Nähe der Moleküle und Ionen eine viel wichtigere Rolle. Beispiele für diese Arten von Kräften sind Ionendipole, Dipol-Dipol-Wechselwirkungen, Wasserstoffbrücken und London-(Dispersions-)Kräfte. Wir haben die physikalischen Theorien zu diesen Kräften in Kapitel 5 behandelt.

Geben Sie einen zu lösenden Stoff in ein Lösungsmittel, so entsteht eine Art Tauziehen zwischen den vorhandenen Kräften. Anziehungskräfte zwischen gelöstem Stoff und Lösungsmittel wirken den Anziehungskräften zwischen den Lösungsmittelteilchen sowie zwischen den Teilchen des gelösten Stoffes entgegen. Eine Lösung bildet sich immer nur dann, wenn die Kräfte zwischen gelöstem Stoff und Lösungsmittelteilchen den anderen Kräften überlegen sind. Der Vorgang, bei dem die Kräfte der Lösungsmittelmoleküle das Tauziehen gewinnen, wird *Solvatisierung* oder *Solvatation* oder im speziellen Fall von Wasser auch *Hydratisierung* oder *Hydratation* genannt. Gelöste Stoffe sind von den Molekülen des Lösungsmittels umgeben. Wenn sich die einzelnen Ionen oder Moleküle des gelösten Stoffes voneinander trennen, sagen wir, sie sind *gelöst*.

Stellen Sie sich vor, dass die Mitglieder einer ziemlich berühmten »Boyband« ihr Hotel verlassen und sofort von einer Wolke aus Reportern und aufgeregten Fans umringt werden. Die Bandmitglieder versuchen instinktiv zusammenzubleiben, aber sie werden schon bald von der ekstatischen Kraft ihrer Fans überwältigt, die immer wieder versuchen, näher an sie heran zu kommen. So findet sich bald jedes Bandmitglied einzeln wieder, eingeschlossen in seiner eigenen Kapsel aus knipsenden Reportern und hyperventilierenden Teenagern. So ähnlich ist es auch, wenn sich Stoffe lösen.

Der Kampf der Kräfte ist von der Kombination der beteiligten Verbindungen abhängig. In Mischungen, in denen sich Lösungsmittel und gelöste Stoffe gegenseitig stark anziehen, können sich größere Mengen des gelösten Stoffs lösen. Ein Faktor, der stets dazu neigt, Löslichkeit zu fördern, ist die Entropie – die Unordnung oder »Zufälligkeit«, die in einem System herrscht. Gelöste Stoffe sind weniger geordnet als ungelöste. Ab einem gewissen Punkt ist es jedoch nicht mehr möglich, weitere Mengen eines Stoffes in einem Lösungsmittel zu lösen. Ab diesem Punkt befindet sich eine Lösung in ihrem dynamischen Gleichgewicht; die Geschwindigkeit, mit der sich die Stoffe lösen, entspricht dann der Geschwindigkeit, mit der die gelösten Stoffe *auskristallisieren* oder *aus der Lösung ausfallen*. Eine Lösung in diesem Zustand ist *gesättigt*. Im Gegensatz dazu kann eine *ungesättigte* Lösung noch weitere Stoffe in sich auflösen. Eine *übersättigte* Lösung enthält mehr gelöste Stoffe als zum Erreichen der Sättigung nötig sind. Eine übersättigte Lösung ist instabil; gelöste Moleküle können durch die leiseste Beeinträchtigung aus der Lösung ausbrechen. Die Situation lässt sich mit Wile E. Coyote vergleichen, der über eine Klippe springt und für einen Moment in der Luft verharrt, bevor er nach unten blickt – und unvermeidlich daraufhin ins Bodenlose stürzt.

Die Konzentration eines Stoffes, die man für eine gesättigte Lösung benötigt, entspricht der *Löslichkeit* dieses Stoffes. Die Löslichkeit variiert mit den Lösungsbedingungen. Ein und derselbe Stoff kann unterschiedliche Löslichkeiten in verschiedenen Lösungsmitteln, bei verschiedenen Temperaturen und so weiter aufweisen.

Wenn zwei Flüssigkeiten vereint werden, entspricht das Ausmaß, mit dem sich beide vermischen, der *Mischbarkeit*. Meist vermischen sich Flüssigkeiten mit ähnlichen Eigenschaften am besten – sie sind *mischbar*. Flüssigkeiten mit unterschiedlichen Eigenschaften lassen sich hingegen meist nicht so gut miteinander mischen – sie sind *nicht mischbar*. Da bekommt die Redewendung »die Mischung macht's« eine ganz neue Bedeutung. Alternativ können Sie sich Mischbarkeit vielleicht besser vorstellen, wenn Sie sich das Italienische-Salatdressing-Prinzip veranschaulichen. Betrachten Sie doch einmal eine Flasche mit italienischem Salatdressing, die Sie kurz zuvor aus Ihrem Kühlschrank entnommen haben. Sie werden Folgendes feststellen: Das Dressing besteht aus zwei getrennten Schichten, einer öligen Schicht und einer wässrigen Schicht. Bevor Sie das Dressing verwenden können, müssen Sie die Flasche zunächst schütteln, um die Schichten vorübergehend wieder miteinander zu vermischen. Einige Zeit später werden Sie sehen, dass sich die beiden Schichten erneut gebildet haben, denn Wasser ist polar und Öl ist unpolar. (Siehe Kapitel 5, falls Ihnen die Unterschiede zwischen polar und unpolar nicht mehr geläufig sein sollten). Polare und unpolare Flüssigkeiten vermischen sich nur schwer miteinander; das hat allerdings ab und zu ganz delikate Konsequenzen für die Gastronomie.

Anhand der ähnlichen oder unterschiedlichen Polarität der Komponenten lässt sich die Löslichkeit gut vorhersagen, egal ob es sich dabei um Flüssigkeiten, Feststoffe oder Gase handelt. Warum ist die Polarität so ein guter »Prophet«? Weil die Polarität im Zentrum des Kräftekampfes steht, aus dem die Löslichkeit hervorgeht. Durch Ionenbindungen (die polarsten Bindungen überhaupt) oder polare kovalente Bindungen zusammengehaltene Feststoffe neigen dazu, sich gut in polaren Lösungsmitteln wie Wasser zu lösen. Falls Sie Ihr Wissen über Ionen- und kovalente Bindungen auffrischen möchten, blättern Sie zu Kapitel 5.

Beispiel

Natriumchlorid löst sich in Wasser über 25-mal leichter als in Methanol. Erklären Sie diesen Unterschied anhand der Strukturen und Eigenschaften von Wasser, Methanol und Natriumchlorid.

Lösung

Natriumchlorid (NaCl) ist ein ionischer Feststoff, ein Kristallgitter, das abwechselnd aus Natrium-Kationen (Atome mit positiver Ladung) und Chlorid-Anionen (Atome mit negativer Ladung) zusammengesetzt ist. Dieses Gitter besitzt eine streng geordnete, ideale Geometrie und wird von Ionenbindungen, den polarsten Bindungen überhaupt, zusammengehalten. Um NaCl aufzulösen, muss ein Lösungsmittel in der Lage sein, sich zwischen diese stark polaren Wechselwirkungen der einzelnen Ionen zu schieben, und zwar mit nahezu idealer Geometrie. Die Struktur und Eigenschaften von Wasser (das ja polar ist) sind für diese Aufgabe besser geeignet als die von Methanol (siehe auch die folgende Abbildung). Die beiden O-H-Bindungen des Wassers (links) summieren sich teilweise auf und bilden einen starken Dipol entlang der Symmetrieebene des Moleküls, die genau zwischen den beiden H-Atomen verläuft. Methanol (rechts) ist zwar aufgrund seiner eigenen O-H-Bindung auch polar, aber insgesamt schwächer als Wasser. In Lösung können Wassermoleküle ihre Dipole flexibel nach beiden Richtungen ausrichten, um am optimalsten mit den Na^+- oder Cl^--Ionen in Wechselwirkung zu treten. Methanolmoleküle können zwar auch mit den Ionen in Kontakt treten, aber nicht annähernd so gut wie Wasser.

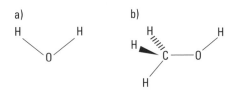

Aufgabe 1

Die *Gitterenergie* ist ein Maß für die Stärke der Wechselwirkungen zwischen den Ionen in einem Feststoff-Kristallgitter. Je größer die Gitterenergie, umso stärker sind auch die Wechselwirkungen zwischen den Ionen. Nachfolgend sehen Sie eine Liste ionischer Feststoffe und die dazugehörigen Gitterenergien. Sagen Sie voher, welche dieser Ionenverbindungen sich in Wasser am besten bzw. am schlechtesten lösen.

Natriumsalz	Gitterenergie in kJ/mol
NaBr	747
NaCl	787
NaF	923
NaI	704

Ihre Lösung

Aufgabe 2

Ethanol, CH_3CH_2OH, ist mit Wasser mischbar. Octanol, $CH_3(CH_2)_7OH$ ist hingegen nicht mit Wasser mischbar. Würde sich Saccharose (normaler Haushaltszucker) eher in Ethanol oder in Octanol lösen?

Ihre Lösung

Löslichkeit mithilfe der Temperatur verändern

Eine ansteigende Temperatur verstärkt die Entropie-Effekte auf ein System. Da sich die Entropie eines gelösten Stoffes für gewöhnlich beim Lösungsprozess erhöht, sorgt ein Temperaturanstieg meist dafür, dass die Löslichkeit zunimmt – das trifft sowohl für Flüssigkeiten als auch für Feststoffe zu. Um die Auswirkungen der Temperatur auf die Löslichkeit zu verstehen, kann man sich Wärme auch als einen Reaktanten in der Lösungsreaktion vorzustellen:

Fester Stoff + Wasser + Wärme → gelöster Stoff

Wärme wird für gewöhnlich beim Lösungsvorgang absorbiert. Die ansteigende Temperatur entspricht der aufgenommenen Wärmeenergie. Wenn Sie also die Temperatur erhöhen, steuern Sie einen wichtigen Reaktanten zu der Lösungsreaktion bei. (In den seltenen Fällen, in denen beim Lösen eines Stoffs Wärme freigesetzt wird, kann ein Temperaturanstieg die Löslichkeit vermindern.)

Gasförmige gelöste Stoffe verhalten sich in Bezug auf die Temperatur anders als feste oder flüssige gelöste Stoffe. Eine ansteigende Temperatur senkt die Löslichkeit von Gasen in Flüssigkeiten. Um diesen Zusammenhang zu verstehen, rufen Sie sich noch einmal das Konzept des Dampfdrucks ins Gedächtnis. (Falls Sie knirschende Geräusche in Ihrem Schädel vernehmen sollten, wenn Sie sich daran zu erinnern versuchen, was Dampfdruck bedeutet, sollten Sie an dieser Stelle besser einen kurzen Blick in Kapitel 11 werfen.) Ein Anstieg der Temperatur erhöht den Dampfdruck einer Flüssigkeit, da die hinzugefügte Wärmeenergie die kinetische Energie der Teilchen in der Lösung erhöht. Mit dieser zusätzlichen Energie haben die Teilchen eine größere Chance, sich von den zwischenmolekularen Kräften zu befreien und aus der Flüssigkeit auszubrechen. Ein nahezu klassisches Beispiel aus dem wahren Leben für den Effekt der Temperatur auf die Gaslöslichkeit finden Sie in kohlensäurehaltiger Cola. Wann wird eine geöffnete Cola schneller ihren Prickeleffekt (das gelöste Kohlendioxidgas) verlieren: wenn sie im warmen Zimmer oder im kalten Kühlschrank aufbewahrt wird?

Der Vergleich der Gaslöslichkeit in Flüssigkeiten mit dem Konzept des Dampfdrucks beleuchtet einen anderen wichtigen Zusammenhang: Steigender Druck erhöht die Löslichkeit eines Gases in einer Flüssigkeit. So wie hoher äußerer Druck es den Teilchen der Flüssigkeitsoberfläche schwer macht, in die Dampfphase überzutreten, so unterdrückt er auch das Entweichen von Gasen, die in der Flüssigkeit gelöst sind. Das Verhältnis zwischen Druck und Gaslöslichkeit ist im *Henry-Gesetz* zusammengefasst:

Löslichkeit = Konstante × Druck

Die »Konstante« ist die Henry-Konstante, deren Wert sowohl vom Gas als auch vom Lösungsmittel und der Temperatur abhängig ist. Eine teilweise hilfreiche Variante vom Henry-Gesetz bezieht sich auf die Löslichkeitsänderung (S), die mit der Druckänderung (p) zwischen zwei Aggregatzuständen einhergeht:

$S_1/p_1 = S_2/p_2$

Entsprechend dieser Beziehung verdreifacht sich zum Beispiel die Gaslöslichkeit, wenn der Druck verdreifacht wird.

Beispiel

Die Henry-Konstante für Stickstoffgas in Wasser bei 293 K beträgt $0{,}69 \times 10^{-3}$ mol/(l atm). Der Partialdruck von molekularem Stickstoff aus der Luft auf Meeresspiegel beträgt 0,78 atm. Wie hoch ist die Löslichkeit von N_2 in einem Glas Wasser auf einem Tablett in einem Strandhaus?

Lösung

$0{,}54 \times 10^{-3}$ **mol/L.** Dieses Problem erfordert die direkte Anwendung des Henry-Gesetzes. Das Glas Wasser hat eine Temperatur von 20 °C, was 293 K entspricht (addieren Sie einfach 273 zu einem Celsius-Wert, um die entsprechende Temperatur in Kelvin zu erhalten). Da das Glas in einem Strandhaus steht, können wir annehmen, dass es sich auf Meereshöhe befindet. Also können wir die gegebenen Werte für die Henry-Konstante und den Partialdruck von N_2 direkt in die Gleichung einsetzen.

Löslichkeit = $0{,}69 \times 10^{-3}$ mol/(L atm) × 0,78 atm = $0{,}54 \times 10^{-3}$ mol/L

Aufgabe 3

Eine Chemikerin bereitet eine wässrige Lösung aus Cäsiumsulfat $Ce_2(SO_4)_3$ zu und schwenkt dazu den Glaskolben in ihrer Hand, um den Auflösungsvorgang zu unterstützen. Plötzlich scheint sie etwas zu bemerken, runzelt kurz die Augenbrauen, und dann huscht ein wissendes Lächeln über ihr Gesicht, woraufhin sie den Kolben in einen mit zerstoßenem Eis gefüllten Eimer stellt. Was ist der Chemikerin aufgefallen, warum war sie kurz so irritiert und weshalb hat sie schließlich das sich lösende Cäsiumsulfat auf Eis gestellt?

Ihre Lösung

Aufgabe 4

Tiefseetaucher bewegen sich routinemäßig unter Druckbedingungen, die dem Vielfachen des atmosphärischen Drucks entsprechen. Ein Übel, das diese Menschen ständig fürchten müssen, ist die Taucherkrankheit – ein gefährlicher Zustand, in den man geraten kann, wenn man zu schnell aus großer Tiefe auftaucht. Dabei werden Gase zu schnell aus Blut und anderen Geweben freigesetzt. Was ist der Grund dafür?

Ihre Lösung

Aufgabe 5

Sammy will sich ein Fußballspiel im Fernsehen anschauen und bereitet alles für einen höchst anspruchsvollen Sonntagabend vor: Er platziert sorgfältig Tüten mit Käsekartoffelchips und ein gekühltes Sechserpack Cola neben seinem bequemen Sitzsack. Beim Anpfiff öffnet Sammy die erste Coladose und setzt sich voll freudiger Erwartung hin. Drei Stunden später begrüßt der mit Kartoffelchipskrümeln bedeckte Fußballfan das Ende der zweiten Halbzeit, indem er die letzte Coladose öffnet. Die Cola zischt schäumend aus der Dose und besprüht den verblüfften Sammy in seinem Sitzsack von oben bis unten. Was ist passiert?

Ihre Lösung

Aufgabe 6

Die Coladose von Sammy (dem Gentleman aus Frage 5) wurde unter 3,5 atm abgefüllt. Sammy lebt in einer kleinen Bucht auf Meereshöhe (Hinweis: 1 atm). Die Temperatur, bei der die Cola abgefüllt wurde, entspricht der von Sammys Wohnzimmer. Wie hoch ist die Konzentration von Kohlendioxid in der geöffneten Dose, die nicht mehr prickelt, weil Sammy nach dem Spiel eingeschlafen ist, wenn Sie davon ausgehen, dass die Kohlendioxidkonzentration in einer ungeöffneten Coladose 0,15 mol/L beträgt?

Ihre Lösung

Sich auf Molarität und Prozentangaben konzentrieren

Es scheint, dass sich verschiedene Stoffe in unterschiedlichem Maße unter verschiedenen Bedingungen in verschiedenen Lösungsmitteln lösen lassen. Wie kann man da den Überblick behalten? Chemiker meistern dieses Problem, indem sie *Konzentrationen* bestimmen. Allgemein bezeichnet man eine Flüssigkeit, die einen hohen Anteil eines gelösten Stoffes in sich trägt, als *konzentriert*. Eine Lösung, die nur wenig gelösten Stoff enthält, ist hingegen *verdünnt*. Wie Sie jetzt wahrscheinlich schon vermuten, ist die Bezeichnung einer Lösung als konzentriert oder verdünnt in etwa so wertvoll, als wenn Sie sie »hübsch« nennen oder auf den Namen »Fiffi« taufen. Wir brauchen wie immer Zahlen. Zwei häufig verwendete Möglichkeiten, mit denen man die Konzentration messen kann, sind die *Molarität* und die *Prozentangabe*.

Die Molarität bezieht die Menge des gelösten Stoffs auf das Volumen der Lösung:

Molarität = Mol gelöster Stoff/Liter Lösung

Für die Berechnung der Molarität müssen Sie Umrechnungsfaktoren finden, um zwischen den Einheiten hin und her wechseln zu können. Wenn Sie zum Beispiel die Masse eines gelösten Stoffs in Gramm kennen, brauchen Sie die Molmasse dieses gelösten Stoffs, um anhand der gegebenen Masse die Anzahl der Mole zu berechnen. Wenn Sie das Volumen einer Lösung in cm^3 oder einer anderen Kubikeinheit kennen, müssen Sie dieses Volumen zunächst in Liter umrechnen.

Die Einheit der Molarität ist mol/L und wird auch oft mit *M* abgekürzt und als »molar« bezeichnet. 0,25 M KOH*(aq)* heißt also zum Beispiel »Null-Komma-zwei-fünf molare Lösung Kaliumhydroxid« und enthält 0,25 mol KOH pro Liter Lösung. Prägen Sie sich bitte ein, dass das *nicht* gleichzeitig bedeutet, dass 0,25 mol KOH pro Liter *Lösungsmittel* (hier Wasser) enthalten sind – für die Molarität ist nur das Endvolumen der Lösung (gelöster Stoff plus Lösungsmittel) von Bedeutung.

Die Einheiten der Molarität können, wie andere Einheiten auch, durch Standardvorsilben modifiziert werden wie z. B. millimolar (mM, 10^{-3} mol/L) oder mikromolar (µM, 10^{-6} mol/L).

Eine andere Variante, um eine Konzentration zu beschreiben, ist die häufig verwendete *Prozentangabe*. Die genauen Einheiten sind normalerweise vom Aggregatzustand jeder Komponente abhängig. Für Feststoffe, die in Flüssigkeiten gelöst sind, wird meist der Massenanteil (Massenbruch) bzw. die *Massenprozentzahl* ermittelt:

$$\text{Masse in \%} = 100 \times \frac{\text{Masse des gelösten Stoffes}}{\text{Gesamtmasse der Lösung}}$$

Diese Art der Messung könnte man auch als Gewichtsprozent (eigentlich Massenprozent) bezeichnen, da hierbei Masse durch Masse geteilt wird. Hoch verdünnte Lösungen (zum Beispiel mit einem Schadstoff belastetes Trinkwasser) werden auch manchmal in spezieller Form als *Teile von einer Million* (engl.

parts per million, ppm) oder *Teile von einer Milliarde* (engl. *parts per billion*, ppb) beschrieben. Bei diesen Maßen wird die Masse des gelösten Stoffs durch die Gesamtmasse der Lösung geteilt und der sich daraus ergebende Quotient mit 10^6 (ppm) oder 10^9 (ppb) multipliziert.

Manchmal wird die *Prozentangabe* auch in Form von Volumenprozent gemacht; sie beschreibt also die Konzentration in Bezug auf das Endvolumen einer Lösung. Ein Beispiel:

- ✔ »5 % $Mg(OH)_2$« kann heißen: 5 g Magnesiumhydroxid in 100 mL Endvolumen. Dies ist eine Masse/Volumen-Angabe (auch *Massenkonzentration* genannt).

- ✔ »2 % H_2O_2« kann heißen: 2 mL Wasserstoffperoxid in 100 mL Endvolumen. Dies ist eine Volumen/Volumen-Angabe (Vol.-%; auch *Volumenkonzentration* genannt).

Es ist sehr wichtig, den Einheiten genügend Aufmerksamkeit zu schenken, wenn man mit Konzentrationen arbeitet. Sie können allein durch die Betrachtung der Einheiten bestimmen, ob Sie es mit der Molarität, mit Massenprozent oder mit einer Konzentration von Masse/Masse (Massenanteil), Masse/Volumen (Massenkonzentration) oder Volumen/Volumen (Volumenkonzentration) zu tun haben.

Beispiel

Berechnen Sie die Molarität und die Massenkonzentration (Masse/Volumen) einer Lösung, wenn Sie 102,9 g H_3PO_4 zu 642 mL Endvolumen auflösen. Benutzen Sie sinnvolle Einheiten. (Hinweis: 642 mL = 0,642 L)

Lösung

Zuerst berechnen Sie die Molarität:

$$\frac{102,9\,g\,H_3PO_4}{0,642\,L} \times \frac{mol\,H_3PO_4}{98,0\,g\,H_3PO_4} = 1,64\,M\,\,H_3PO_4$$

Dann berechnen Sie die Massenkonzentration (Masse/Volumen):

$$\frac{102,9\,g\,H_3PO_4}{642\,mL} \times 100 = 16,0\,\%\,\text{Masse/Volumen, }oder\,\,\frac{16,0\,g\,H_3PO_4}{100\,mL}$$

Beachten Sie, dass die Molarität mit Mol pro *Liter* bestimmt wird, während die Massenkonzentration mit der Division von Gramm durch *Milliliter* errechnet wird. Wenn Sie es vorziehen, in Litern zu denken, müssen Sie einfach nur die Massenkonzentration in Kilogramm pro Liter umrechnen.

Aufgabe 7

Berechnen Sie die Molarität der folgenden Lösungen:

a) 2,0 mol NaCl in 0,872 L Endlösung

b) 93 g $CuSO_4$ in 390 mL Endlösung

c) 22 g $NaNO_3$ in 777 mL Endlösung

Ihre Lösung

Aufgabe 8

Wie viel Gramm gelösten Stoffs befinden sich jeweils in den folgenden Lösungen?

a) In 671 mL einer 2,0 M NaOH-Lösung

b) In 299 mL einer 0,85 M HCl-Lösung

c) In 2,74 L einer 258 mM $Ca(NO_3)_2$-Lösung

Ihre Lösung

Aufgabe 9

Eine 15,0 M Ammoniaklösung (NH_3) besitzt eine Dichte von 0,90 g/mL. Wie lautet die Massenprozentzahl dieser Lösung?

Ihre Lösung

Aufgabe 10

Ein Chemiker löst 2,5 g Glucose, $C_6H_{12}O_6$, in 375 mL Wasser auf. Wie lautet die Massenprozentzahl dieser Lösung? Wie hoch ist die Molarität der Lösung, wenn Sie davon ausgehen, dass die Volumenänderung durch die Zugabe von Glucose vernachlässigbar ist?

Ihre Lösung

Konzentrationen durch die Herstellung von Verdünnungen ändern

Echte Chemiker in echten Labors rühren nicht jedes Mal von Neuem eine Lösung zusammen, wenn sie gebraucht wird. Stattdessen stellen sie sich so genannte *Stammlösungen* her, die sie für ein bestimmtes Experiment weiter verdünnen.

Um eine Verdünnung herzustellen, geben Sie einfach eine kleine Menge der konzentrierten Stammlösung zu einer größeren Menge des reinen Lösungsmittels. Die so genannte *Gebrauchslösung*, die Sie dadurch herstellen, enthält dann die Menge des aus der Stammlösung entnommenen gelösten Stoffs, dieser ist jetzt jedoch in einem größeren Volumen verteilt. Die Endkonzentration der Gebrauchslösung ist also niedriger als die der Stammlösung.

Aber woher wissen Sie, wie viel Sie von der Stammlösung brauchen und wie viel vom Lösungsmittel, um eine Gebrauchslösung herzustellen? Das ist von der Konzentration der Stammlösung und von der gewünschten Konzentration und dem gewünschten Volumen der Gebrauchslösung abhängig. Sie können solch quälende Fragen beantworten, indem Sie die Verdünnungsgleichung benutzen, die Konzentration (c) und Volumen (V) der Ausgangs- und Endlösungen zueinander in Beziehung setzt:

$$c_1 \times V_1 = c_2 \times V_2$$

Diese Gleichung kann mit beliebigen Konzentrationseinheiten benutzt werden, vorausgesetzt, die Einheiten werden auf beiden Seiten eingesetzt. Da die Konzentration häufig in Form der Molarität angegeben wird, wird die Verdünnungsgleichung auch häufig auf folgende Weise geschrieben, wobei M_1 und M_2 jeweils die Anfangs- und Endmolaritäten darstellen:

$$M_1 \times V_1 = M_2 \times V_2$$

Beispiel

Wie würden Sie 500 mL einer wässrigen 200 mM NaOH-Lösung herstellen, wenn Sie eine Stammlösung von 1,5 M NaOH besitzen?

Lösung

Vermengen Sie 67 mL der 1,5 M NaOH-Lösung mit 433 mL Wasser.

Nutzen Sie die Verdünnungsgleichung:
$M_1 \times V_1 = M_2 \times V_2$

Die Anfangsmolarität M_1 gehört zur Stammlösung und beträgt somit 1,5 M. Die Endmolarität M_2 entspricht der Molarität, die Sie in Ihrer fertigen Gebrauchslösung haben wollen und beträgt somit 200 mM oder 0,2 M. Das Endvolumen kennen Sie auch bereits, denn Sie wollen 500 mL der Gebrauchslösung erhalten. Das Endvolumen V_2 beträgt also 500 mL oder 0,5 L Mit diesen drei bekannten Werten ist es nun ein Leichtes, das Ausgangsvolumen V_1 zu bestimmen:

$V_1 = (0,2 \text{ M} \times 0,5 \text{ L}) / 1,5 \text{ M} = 6,7 \times 10^{-2}$ L

Das berechnete Volumen entspricht 67 mL. Das Endvolumen der Gebrauchslösung soll 500 mL betragen. Wenn 67 mL der Stammlösung einen Teil der Gebrauchslösung bilden, müssen Sie also noch 500 mL − 67 mL = 433 mL reines Lösungsmittel (hier Wasser) hinzufügen. Einfach umrühren und fertig!

Aufgabe 11

Wie lautet die Endkonzentration einer Lösung, in der 2,5 mL 3,0 M KCl(*aq*) in einem Endvolumen von 0,175 L gelöst wurden?

Ihre Lösung

Aufgabe 12

Eine bestimmte Menge Ammoniumsulfat, $(NH_4)_2SO_4$, wird in Wasser gelöst, um 1,65 L einer Stammlösung zu erhalten. 80,0 mL dieser Lösung werden mit 120 mL Wasser verdünnt, um 200 mL einer 200 mM $(NH_4)_2SO_4$-Gebrauchslösung zu erhalten. Wie viel Ammoniumsulfat wurde zur Herstellung der Stammlösung eingesetzt?

Ihre Lösung

Lösungen zu den Aufgaben rund ums Thema Lösungen

An diesem Punkt des Kapitels fühlt sich Ihr Gehirn wahrscheinlich an, als ob es sich im nächsten Moment auflösen könnte. Bevor es das jedoch tut, überprüfen Sie lieber Ihre Antworten und lösen Sie Ihre Zweifel über deren Richtigkeit in Nichts auf, um sich an den kristallinen Lorbeerblättern Ihres Erfolgs gütlich tun zu können. Oder anders ausgedrückt, vollziehen Sie genau nach, wie Sie auf die Ergebnisse zum Thema Lösungen kommen können. Lösungen sind sehr wichtig. Wirklich.

1. **Die Reihenfolge von leicht löslich zu schwerer löslich lautet: NaI, NaBr, NaCl, NaF.** Wie Sie aus der Frage entnehmen können, sind die Kräfte, die Ionen zusammenhalten umso stärker, je größer die Gitterenergie ist. Die Ionen voneinander zu lösen, heißt also gleichzeitig, die anziehenden Kräfte zu bekämpfen; eine Lösung entsteht dann, wenn die anziehenden Kräfte zwischen gelöstem Stoff und Lösungsmittel die Kräfte zwischen den Lösungsmittelteilchen sowie die Kräfte zwischen den Teilchen des gelösten Stoffs übersteigen. Salze mit einer niedrigen Gitterenergie sind also für gewöhnlich leichter löslich als Salze mit einer hohen Gitterenergie.

2. **Der Zucker sollte sich leichter in Ethanol als in Octanol lösen.** Ähnliches löst sich in Ähnlichem. Chemiker wissen aus Erfahrung, dass sich Zucker leicht in Wasser löst. Daher erwarten wir, dass sich der Zucker Glucose leichter in solchen Lösungsmitteln lösen lässt, die Wasser am ähnlichsten sind. Da sich Ethanol leichter mit Wasser als mit Octanol vermischen lässt, kann man daraus schließen, dass die Lösungsmitteleigenschaften von Ethanol (besonders hinsichtlich der Polarität) ähnlich wie von Wasser sind und nicht wie von Octanol.

3. Die Chemikerin hat bemerkt, dass sich der Glaskolben mit dem sich lösenden Cäsiumsulfat während des Schwenkens merklich erwärmt hat. Diese Beobachtung hat sie kurzfristig verwirrt, da dies bedeutet, dass bei der Auflösung des Cäsiumsulfats Wärme freigesetzt wird – ein Zustand, der dem Verhalten der meisten sich lösenden Salze widerspricht. Nachdem Sie die Situation durchschaut hatte, stellte sie den Kolben auf Eis, um daraus clever einen Vorteil zu ziehen. Bei den meisten Salzen führt Wärmezufuhr dazu, dass sich die Löslichkeit in Wasser erhöht. Indem man eine Salzlösung also erhitzt, kann man eine schnellere Auflösung des zu lösenden Stoffs erzielen. Im Fall von Cäsiumsulfat hingegen trifft der umgekehrte Sachverhalt zu: Die Chemikerin kann hier die Löslichkeit von Cäsiumsulfat fördern, wenn sie die Lösung kühlt.

4. Bei den hohen Drücken, denen Tiefseetaucher auf ihren Ausflügen ausgesetzt sind, lösen sich Gase leichter in Blut und Gewebsflüssigkeiten, was durch das Henry-Gesetz (Löslichkeit / Druck = konstant) ausgedrückt wird. Wenn sich ein Taucher also in großer Tiefe befindet, lösen sich hohe Konzentrationen der Gase aus ihrer Atemluft im Blut. Wenn der Taucher dann zu schnell an die Oberfläche aufsteigt, ändert sich die Löslichkeit der Gase abrupt infolge des schnell sinkenden Außendrucks. Dadurch können winzige Gasbläschen in Blut und Geweben entstehen, die eine tödliche Wirkung auf den Menschen haben.

5. Es gab noch keine Spritzüberraschung, als Sammy seine erste Coladose öffnete, denn die Dose war zu dem Zeitpunkt noch kalt, da sie frisch aus dem Kühlschrank kam. Im

Verlauf des Spiels erwärmten sich jedoch die anderen Coladosen allmählich bis auf Zimmertemperatur, da sie neben Sammys Sitzsack standen. Gase (wie Kohlendioxid) lösen sich schlechter in warmen Flüssigkeiten als in kalten. Als Sammy also die letzte, nun ganz warme Dose öffnete, entwich schlagartig das ungelöste Gas aus der Dose und riss dabei die flüssige Cola mit sich – mit durchnässender Wirkung.

6. **$4{,}3 \times 10^{-2}$ mol/L.** Um dieses Problem zu lösen, brauchen Sie das Henry-Gesetz in folgender Form:

$S_1/p_1 = S_2/p_2$

Die Ausgangslöslichkeit S_1 und der Ausgangsdruck p_1 betragen jeweils 0,15 mL/L und 3,5 atm. Der Enddruck liegt bei 1,0 atm. Mit diesen gegebenen Werten können Sie die Gleichung nun nach der Endlöslichkeit S_2 umstellen:

$S_2 = (0{,}15 \text{ mol/L} / 3{,}5 \text{ atm}) \times 1{,}0 \text{ atm} = 4{,}3 \times 10^{-2}$ mol/L

7. Lösen Sie solche Aufgabentypen, indem Sie die Definition von Molarität und Umrechnungsfaktoren zu Hilfe nehmen:

   a) **2,3 M NaCl**

   $$\frac{2{,}0 \text{ mol NaCl}}{0{,}872 \text{ L}} = 2{,}3 \text{ M NaCl}$$

   b) **1,5 M CuSO$_4$**

   $$\frac{93 \text{ g CuSO}_4}{390 \text{ mL}} \times \frac{10^3 \text{ mL}}{\text{L}} \times \frac{\text{mol CuSO}_4}{159{,}6 \text{ g CuSO}_4} = 1{,}5 \text{ M CuSO}_4$$

   c) **0,33 M NaNO$_3$**

   $$\frac{22 \text{ g NaNO}_3}{777 \text{ mL}} \times \frac{10^3 \text{ mL}}{\text{L}} \times \frac{\text{mol NaNO}_3}{85{,}0 \text{ g NaNO}_3} = 0{,}33 \text{ M NaNO}_3$$

8. Und wieder sind Umrechnungsfaktoren die richtige Wahl, um ein solches Problem anzugehen. Jede Teilaufgabe beinhaltet ein bestimmtes Volumen einer Lösung, die einen bestimmten gelösten Stoff mit einer bestimmten Konzentration enthält. Beginnen Sie jede Berechnung mit dem angegebenen Volumen. Dann rechnen Sie in Mol um, indem Sie das Volumen mit der Konzentration multiplizieren. Zum Schluss rechnen Sie noch von Mol in Gramm um, indem Sie die mit der Molmasse des gelösten Stoffs multiplizieren.

   a) **53,7 g NaOH**

   $$\frac{671 \text{ mL}}{1} \times \frac{\text{L}}{10^3 \text{ mL}} \times \frac{2{,}0 \text{ mol NaOH}}{\text{L}} \times \frac{40{,}0 \text{ g NaOH}}{\text{mol NaOH}} = 53{,}7 \text{ g NaOH}$$

   b) **9,3 g HCl**

   $$\frac{299 \text{ mL}}{1} \times \frac{\text{L}}{10^3 \text{ mL}} \times \frac{0{,}85 \text{ mol HCl}}{\text{L}} \times \frac{36{,}5 \text{ g HCl}}{\text{mol HCl}} = 9{,}3 \text{ g HCl}$$

   c) **116 g Ca(NO$_3$)$_2$**

   $$\frac{2{,}74 \text{ L}}{1} \times \frac{258 \text{ mmol Ca(NO}_3)_2}{\text{L}} \times \frac{\text{mol}}{10^3 \text{ mmol}} \times \frac{164 \text{ g Ca(NO}_3)_2}{\text{mol Ca(NO}_3)_2} = 116 \text{ g Ca(NO}_3)_2$$

9. **28 %.** Um die Massenprozentzahl zu bestimmen, müssen Sie die Masse des gelösten Stoffs und die Masse der Lösung kennen. Die Molarität der Lösung verrät Ihnen, wie viel Mole des gelösten Stoffs pro Volumeneinheit in der Lösung enthalten sind. Gehen Sie von dieser Information aus, dann können Sie die Masse des gelösten Stoffs mithilfe der Summenformelmasse in Gramm bestimmen (siehe Kapitel 7 zu weiteren Einzelheiten der Berechnung einer Summenformelmasse in Gramm):

   15,0 mol/L × 17,0 g/mol = 255 g/L

   Jeder Liter 15,0 M NH_3-Lösung enthält also 255 g NH_3 (gelöster Stoff). Aber wie groß ist die Masse, die jeder Liter Lösung besitzt? Berechnen Sie die Masse der Lösung anhand der Dichte. Beachten Sie dabei, dass in der Aufgabe die Dichte in Millilitereinheiten angegeben ist, das heißt, Sie müssen zuvor in die richtigen Einheiten umrechnen:

   1,0 L Lösung × (0,9 g/1,0 × 10^{-3} L) = 9,0 × 10^2 g Lösung

   255 g NH_3 sind also in 900 g der 15,0 M Lösung enthalten. Jetzt können Sie die Massenprozentzahl (Massenanteil 100 %) errechnen:

   Massenprozent = 100 × (255 g/900 g) = 28 %

10. **Die Massenprozentzahl beträgt 0,66 %; die Molarität liegt bei 3,7 × 10^{-2} M.** Um die Massenprozentzahl zu berechnen, müssen Sie davon ausgehen, dass 1,0 ml Wasser eine Masse von etwa 1,0 g besitzt. Das ist eine sehr gute Abschätzung für Bedingungen bei Raumtemperatur, die Sie im Kopf behalten sollten. 375 mL Wasser haben also eine Masse von 375 g. Wenn Sie 2,5 g Glucose dazugeben, erhöht sich die Masse auf 377,5 g in der Gebrauchslösung. Berechnen Sie nun die Massenprozentzahl wie folgt:

    Massenprozentzahl = 100 × (2,5 g/377,5 g) = 0,66 %

    Um die Molarität zu ermitteln, brauchen Sie das Endvolumen der Lösung. Obwohl das Volumen natürlich größer wird, wenn man 2,5 g Glucose zu 375 mL Wasser gibt, ist diese Änderung jedoch im Verhältnis zum Gesamtvolumen des Wassers äußerst minimal. Also können wir ruhigen Gewissens von einem Endvolumen von 375 mL ausgehen. Als nächstes rechnen Sie von Gramm in Mol mithilfe der Summenformelmasse um:

    2,5 g Glucose × (1 mol/180,2 g) = 1,4 × 10^{-2} mol Glucose

    Da Sie nun die Molzahl (Stoffmenge) von Glucose und das Endvolumen der Lösung kennen, ist die Berechnung der Molarität ganz einfach:

    Molarität = 1,4 × 10^{-2} mol Glucose/0,375 L Lösung = 3,7 × 10^{-2} M

11. **4,29 × 10^{-2} M.** Benutzen Sie hier die Verdünnungsgleichung: $M_1 \times V_1 = M_2 \times V_2$

    Bei dieser Aufgabe beträgt die Ausgangsmolarität 3,0 M, das Ausgangsvolumen ist 2,5 mL (oder 2,50 × 10^{-3} L) und das Endvolumen ist mit 0,175 L angegeben. Benutzen Sie diese bekannten Werte, um die Endmolarität M_2 zu berechnen:

    M_2 = (3,0 mol/L × 2,50 × 10^{-3} L)/0,175 L = 4,29 × 10^{-2} M

12. **109 g $(NH_4)_2SO_4$.** Zuerst brauchen Sie die Verdünnungsgleichung, um die Konzentration der Stammlösung zu bestimmen:

$M_1 = (200 \times 10^{-3} \text{ mol/L} \times 200 \times 10^{-3} \text{ L})/(80{,}0 \times 10^{-3} \text{ L}) = 0{,}500 \text{ M}$

Aus dieser Berechnung können Sie ersehen, dass die Stammlösung pro Liter 0,500 mol $(NH_4)_2SO_4$ enthält. Aus der Fragestellung ist auch ersichtlich, dass 1,65 L dieser Stammlösung hergestellt wurden, also folgt:

$$\frac{1{,}65 \text{ l}}{1} \times \frac{0{,}500 \text{ mmol } (NH_4)_2SO_4}{L} \times \frac{132 \text{ g}(NH_4)_2SO_4}{\text{mol } (NH_4)_2SO_4} = 109 \text{ g } (NH_4)_2SO_4$$

Mal heiß, mal kalt: kolligative Eigenschaften

In diesem Kapitel...

▸ Den Unterschied zwischen Molarität und Molalität verinnerlichen

▸ Mit Siedepunktserhöhungen und Gefrierpunktserniedrigungen arbeiten

▸ Molekularmassen von Siedepunkts- und Gefrierpunktsänderungen ableiten

Als frisch gebackener Experte in Sachen Löslichkeit und Molarität (siehe Kapitel 12) sind Sie jetzt bereit, in Ihrer nächsten Chemieprüfung Lösungen lässig in Angriff zu nehmen, aber trotzdem fehlt Ihnen noch ein wichtiges Teil des Puzzles. *Kolligative Eigenschaften* sind bedeutende Phänomene, die durch die Präsenz von gelösten Teilchen in einer bestimmten Lösungsmittelmenge hervorgerufen werden. Zusätzliche Teilchen in einem zuvor reinen Lösungsmittel haben signifikante Auswirkungen auf die Eigenschaften des Lösungsmittels, ganz besonders in Bezug auf Siedepunkt und Gefrierpunkt. Dieses Kapitel schlendert mit Ihnen an diesen kolligativen Eigenschaften entlang, zeigt Ihnen deren Konsequenzen auf und macht Sie ganz nebenbei mit einer neuen Lösungseigenschaft bekannt: der Molalität. Nein, das ist kein Tippfehler. Die Molalität ist eine gänzlich neue Eigenschaft, die es Ihnen erlaubt, die wichtigsten kolligativen Eigenschaften an späterer Stelle in diesem Kapitel zu bestimmen.

Teilchen portionieren: Molalität und Stoffmengenanteile

Während wir uns in Kapitel 12 auf die Molarität und deren Nutzen für die Beschreibung der Konzentration einer Lösung konzentriert haben, beschäftigen wir uns in diesem Kapitel mit der *Molalität*. Genauso klein wie der unscheinbare Unterschied in den Namen der beiden Begriffe, so sind auch die Unterschiede zwischen Molarität und Molalität eher subtil. Schauen Sie sich die Definitionen in den folgenden Gleichungen einmal genauer an:

$$\text{Molarität} = \frac{\text{Mol gelöster Stoff}}{\text{Liter Lösung}} \quad \text{während} \quad \text{Molalität} = \frac{\text{Mol gelöster Stoff}}{\text{Kilogramm Lösungsmittel}}$$

Die Zähler in den Brüchen der beiden Gleichungen sind identisch, während sich die Nenner deutlich unterscheiden. Die Molarität bezieht sich auf einen Liter Lösung, während die Molalität eine Beziehung pro Kilogramm Lösungsmittel beschreibt. In Kapitel 12 haben Sie herausgefunden, dass eine Lösung eine Mischung aus einem Lösungsmittel und mindestens einem gelösten Stoff ist; ein Lösungsmittel ist das Grundmedium, unter das ein zu lösender Stoff gemischt wird.

Eine weitere Raffinesse, die zur allgemeinen Verwirrung zwischen Molarität und Molalität beiträgt, ist die Feinheit, mit der zwischen den Variablen unterschieden wird. So stellt sich heraus, dass der Buchstabe »M« eine sehr häufig benutzte Variable in der Chemie ist. Als die Chemiker die Molalität erfanden, arbeiteten sie schon mit definierten Massen, Molaritäten und dem Mol, und ihnen fiel auf, dass ihnen so langsam die Ms ausgingen. Anstatt nun aber eine andere Variable (oder vielleicht schlauerweise einmal einen weniger verwirrenden Namen zu wählen, der mit einem eher seltenen Buchstaben wie z beginnt,), entschieden sie sich, der Molalität die Variable m in Kursivschrift zuzuordnen. Zum Glück wurde dies aber wieder abgeschafft, und heute wird die Molalität mit dem Buchstaben b bezeichnet. In der folgenden Tabelle 13.1 finden Sie noch einmal alle M-Begriffe der Chemie samt Molalität zusammengefasst.

Name	Abkürzung
Masse	m
Molarität	M
Molalität	b (früher m)
Mol	mol

Tabelle 13.1: Die M-Begriffe der Chemie.

Seien Sie vorsichtig, wenn Sie die Molalität eines gelösten Stoffs bestimmen wollen, der eine ionische Verbindung ist. Wie wir in Kapitel 12 erklärt haben, dissoziieren ionische Verbindungen in wässriger Umgebung und trennen sich in ihre Komponenten auf. Da kolligative Eigenschaften von der Gesamtteilchenzahl *in einer Lösung* abhängen und nicht von der Gesamtanzahl der Stoffteilchen *vor* der Zugabe zum Lösungsmittel, müssen Sie diese Eigenschaft berücksichtigen. Beispielsweise zerfällt ein Mol Eisen(III)-chlorid ($FeCl_3$) in Wasser zu vier Mol Teilchen, da das Wasser jedes Molekül des Eisen(III)-chlorids in jeweils drei Chloridionen und ein Eisenion aufspaltet.

Von Zeit zu Zeit werden Sie vielleicht auch etwas berechnen müssen, das als *Stoffmengenanteil* oder *Molenbruch* einer Lösung bezeichnet wird und das Verhältnis der Molzahl (Stoffmenge) des gelösten Stoffs *oder* des Lösungsmittels zur *Gesamt*molzahl aus gelöstem Stoff *plus* Lösungsmittel einer Lösung darstellt. Als Chemiker diese Menge zum ersten Mal definierten, verpassten sie ihr den Buchstaben X, da alle Ms ja bereits vollständig vergriffen waren. Um den Stoffmengenanteil von Lösungsmittel und gelöstem Stoff unterscheiden zu können, wurden beiden die Buchstaben A und B zugeordnet und dem X als tiefgestellte Indizes angehängt; allerdings wird auch häufig direkt die chemische Formel des Lösungsmittels und des gelösten Stoffs anstelle von A und B geschrieben, um allzu große Verwirrungen zu vermeiden. Der Stoffmengenanteil von Natriumchlorid in einer Verbindung würde dann beispielsweise als X_{NaCl} dargestellt werden.

Im Allgemeinen wird der Molenbruch eines gelösten Stoffs in einer Lösung so ausgedrückt:

$$X_A = \frac{n_A}{n_A + n_B}$$

Dabei ist n_A die Stoffmenge (Molzahl) des gelösten Stoffs und n_B die Stoffmenge des Lösungsmittels. Der Molenbruch eines Lösungsmittels ist dann

$$X_B = \frac{n_B}{n_A + n_B}$$

Diese Stoffmengenverhältnisse (Molenbrüche) sind nützlich, da sie das Verhältnis des gelösten Stoffs zur Lösung und des Lösungsmittels zur Lösung sehr gut darstellen; sie vermitteln Ihnen ein allgemeines Wissen darüber, wie viel Ihrer Lösung aus gelöstem Stoff und wie viel aus Lösungsmittel besteht.

Beispiel

Wie viel Gramm Natriumchlorid müssen Sie zu 750 g Wasser hinzufügen, um eine 0,35-molale Lösung zu bekommen?

Lösung

7,7 g NaCl. Diese Aufgabe gibt Ihnen die Molalität und Masse eines Lösungsmittels vor und verlangt von Ihnen, die Masse des gelösten Stoffs zu bestimmen. Da sich die Molalität auf die Mol und nicht auf die Gramm des gelösten Stoffs bezieht, müssen Sie zunächst die Mole des gelösten Stoffs berechnen und dann mithilfe der Summenformelmasse von Natriumchlorid die Grammmenge des gelösten Stoffs berechnen. Bevor Sie jedoch die gegebenen Werte in die Molalitätsgleichung einsetzen, müssen Sie auch beachten, dass Sie aus der Aufgabe eine Lösungsmittelmasse in *Gramm* mit auf den Weg bekommen haben, während die Molalität sich stets auf *Kilogramm* Lösungsmittel bezieht. Wenn Sie uns bis hier durch das Buch gefolgt sind, dann sollten Sie jetzt wissen, dass die Umrechnung von Gramm in Kilogramm lediglich die Verschiebung der Dezimalstelle um drei Stellen nach links erfordert; aber wenn Sie Ihr Wissen über Einheiten weiter auffrischen möchten, gehen Sie bitte zu Kapitel 2. Wenn Sie alle bekannten Werte in die Molalitätsgleichung eingesetzt haben, erhalten Sie

$$0{,}35 \text{ mol/kg} = \frac{x \text{ mol NaCl}}{0{,}750 \text{ kg H}_2\text{O}}$$

Wenn Sie nach x auflösen, erhalten Sie 0,26 mol NaCl in Lösung. Bedenken Sie jedoch, dass es sich bei NaCl um eine ionische Verbindung handelt; sie dissoziiert pro Mol »trockenem« Natriumchlorid in zwei Mol gelösten Stoffs, sodass Sie es mit der doppelten Molzahl NaCl in Lösung zu tun haben. Die (trockene) Ursprungssubstanz entspricht also nur 0,13 mol. Um die Aufgabe zu Ende zu bringen, müssen Sie nun noch das Zwischenergebnis mit einem einfachen Dreisatz in Gramm umrechnen:

x / 0,13 mol NaCl = 58,4 g/1 mol NaCl

x = 0,13 mol NaCl × (58,4 g/1 mol NaCl)

x = 7,7 g NaCl

Aufgabe 1

50 g Kaliumiodid werden in 1500 g Wasser gelöst. Berechnen Sie die Molalität der Lösung.

Ihre Lösung

Aufgabe 2

Wie viel Gramm Magnesiumfluorid müssen Sie in 3200 g Wasser auflösen, um eine 0,42-molale Lösung zu erhalten?

Ihre Lösung

Aufgabe 3

Berechnen Sie den Stoffmengenanteil jedes Bestandteils einer Lösung, die aus 2,75 mol Ethanol und 6,25 mol Wasser besteht.

Ihre Lösung

Vorsicht Verbrennungsgefahr: Siedepunkte erhöhen und berechnen

Die Molalität zu berechnen ist nicht mehr oder minder schwierig als die Molarität zu bestimmen, also könnten Sie sich fragen »wozu das ganze Brimborium?« Ist es denn eigentlich wert, eine weitere Menge und Variable Ihrem ohnehin schon strapazierten Gedächtnis zuzumuten? Ja! Während die Molarität ein äußerst bequemer Weg ist, um Konzentrationen zu berechnen und Ihnen dabei hilft, Lösungen korrekt herzustellen, ist die Molalität dazu da, verschiedene wichtige kolligative Eigenschaften, wie die *Siedepunktserhöhung (Ebullioskopie)*, zu bestimmen. Die Siedepunktserhöhung bezieht sich auf die Tatsache, dass sich der Siedepunkt eines Lösungsmittels erhöht, wenn eine Verunreinigung (ein gelöster Stoff) hinzugefügt wird. Es ist tatsächlich so, dass der Siedepunkt umso stärker ansteigt, je mehr Stoff in einem Lösungsmittel gelöst ist.

Siedepunktserhöhungen sind direkt proportional zur Molalität einer Lösung, aber Chemiker haben herausgefunden, dass einige Lösungsmittel sensibler reagieren als andere. Die Formel für die Änderung des Siedepunkts einer Lösung beinhaltet daher eine Proportionalitätskonstante, kurz E_S, die experimentell bestimmt werden muss und aus einer Tabelle, wie der folgenden Tabelle 13.2, abgelesen werden kann. Die Formel für die Siedepunktserhöhung lautet

$$\Delta T_S = E_S \times b$$

Beachten Sie die Verwendung des griechischen Buchstabens Delta (Δ), dieser zeigt an, dass sie eine Siedepunkts-*Differenz* berechnen und nicht den eigentlichen Siedepunkt. Sie werden das errechnete Ergebnis dann zu dem Siedepunkt des reinen Lösungsmittels addieren müssen, um den (erhöhten) Siedepunkt der Lösung zu bestimmen.

Lösungsmittel	E_S in K · kg/mol	Siedepunkt in °C	Siedepunkt in K
Essigsäure	3,07	118,1	391,1
Benzol	2,53	80,1	353,1
Campher	5,95	204,0	477,0
Tetrachlorkohlenstoff	4,95	76,7	349,7
Cyclohexan	2,79	80,7	353,7
Ethanol	1,19	78,4	351,4
Phenol	3,56	181,7	454,7
Wasser	0,512	100,0	373,0

Tabelle 13.2: Gebräuchliche E_S-Werte.

Eine Siedepunktserhöhung ist das Ergebnis von Anziehungskräften zwischen Lösungsmittelteilchen und gelösten Stoffteilchen in einer Lösung. Fügt man Teilchen des zu lösenden Stoffs zu einem Lösungsmittel hinzu, werden die zwischenmolekularen Kräfte verstärkt, da sich nun ganz einfach mehr Teilchen im selben Raum befinden und einander anziehen. Die gelösten Stoffteilchen müssen also eine größere kinetische Energie aufwenden, um diesen zusätzlichen Anziehungskräften standzuhalten, was sich in einem höheren Siedepunkt bemerkbar macht. (Siehe Kapitel 10 für weitere Informationen zur kinetischen Energie.)

Beispiel

Wo liegt der Siedepunkt einer Lösung in Grad Celsius, die 45,2 g Menthol ($C_{10}H_{20}O$) in 350 g des Lösungsmittels Essigsäure enthält?

Lösung

120,6 °C. In der Aufgabe wird nach dem Siedepunkt der Lösung gefragt, also wissen Sie, dass Sie zuerst die Siedepunktserhöhung berechnen müssen. Das heißt, Sie müssen die Molalität der Lösung und den E_S-Wert des Lösungsmittels (Essigsäure) kennen. Sie können Tabelle 13.2 entnehmen, dass der E_S-Wert von Essigsäure 3,07 K · kg/mol beträgt. Um die Molalität zu berechnen, müssen Sie 45,2 g Menthol in Mol umrechnen.

$$\frac{45,2 \text{ g Menthol}}{1} \times \frac{1 \text{ mol Menthol}}{156 \text{ g Menthol}} = 0,29 \text{ mol}$$

Jetzt können Sie die Molalität der Lösung bestimmen, aber rechnen Sie zuvor noch Gramm in Kilogramm Essigsäure um.

$$b = \frac{0,29 \text{ mol Menthol}}{0,350 \text{ kg Essigsäure}} = 0,83 \text{ mol/kg}$$

Jetzt kennen Sie die Molalität und können sie zusammen mit dem E_S-Wert in die Gleichung einsetzen, um die Siedepunktsänderung zu bestimmen.

$$\Delta T_S = 3,07 \text{ K·kg/mol} \times 0,83 \text{ mol/kg} = 2,5 \text{ K}$$

Sie sind jedoch noch nicht ganz fertig, da Sie der Aufgabe nach ja nicht die Siedepunktsänderung, sondern den Siedepunkt (nach der Erhöhung) bestimmen sollen. Zum Glück brauchen Sie dazu bloß einfache Arithmetik anzuwenden. Sie müssen Ihren ΔT_S-Wert zum Siedepunkt des reinen Lösungsmittels hinzurechnen, der laut Tabelle 13.2 118,1 °C oder 391,1 K beträgt. Dadurch erhalten Sie einen Endsiedepunkt der Lösung, der bei 391,1 K + 2,5 K = 393,6 K liegt. Zum Schluss müssen Sie nur noch von dem Wert 273 abziehen und erhalten den gesuchten Siedepunkt von 120,6 °C.

Aufgabe 4

Wo liegt der Siedepunkt einer Lösung, die aus 158 g Natriumchlorid (NaCl) und 1,2 kg Wasser besteht? Was wäre, wenn die gleiche Stoffmenge (Molzahl) Calciumchlorid ($CaCl_2$) in der gleichen Menge Wasser gelöst würde? Erklären Sie, warum es dabei zu einem so großen Unterschied hinsichtlich der Siedepunktserhöhung kommt.

Ihre Lösung

Aufgabe 5

Ein etwas tollpatschiger Chemiker kippt den Inhalt einer Flasche Indigofarbstoff ($C_{16}H_{10}N_2O_2$) in ein Becherglas mit 450 g Ethanol. Wie viel Gramm des Farbstoffs befinden sich im Becherglas, wenn der Siedepunkt der Lösung auf 79,2 °C ansteigt?

Ihre Lösung

Wie tief können Sie gehen? Gefrierpunkte berechnen und erniedrigen

Die zweite der wichtigen kolligativen Eigenschaften, die Sie anhand der Molalität berechnen können, ist die *Gefrierpunktserniedrigung*. Lösen Sie einen Stoff in einem Lösungsmittel, so erhöhen Sie damit nicht nur dessen Siedepunkt, sondern senken gleichzeitig auch den Gefrierpunkt. Aus diesem Grund streuen Sie zum Beispiel Salz auf einen vereisten Gehweg. Das Salz vermischt sich mit dem Eis und senkt dessen Gefrierpunkt. Das Eis schmilzt, wenn dieser neue Gefrierpunkt niedriger als die Außentemperatur ist, wodurch die gar nicht so seltenen, spektakulären Ausrutscher ahnungsloser Spaziergänger drastisch reduziert werden. Je kälter es draußen ist, desto mehr Salz brauchen Sie, um Eis zu schmelzen und den Gefrierpunkt entsprechend unter die Außentemperatur zu bringen.

Gefrierpunktserniedrigungen werden wie Siedepunktserhöhungen mit einer Proportionalitätskonstante berechnet, die diesmal jedoch mit E_G abgekürzt wird. Die Formel lautet daher dementsprechend $\Delta T_G = E_G \times b$. Um den neuen Gefrierpunkt einer Verbindung zu berechnen, müssen Sie die Änderung des Gefrierpunkts vom ursprünglichen Gefrierpunkt des reinen Lösungsmittels *subtrahieren*. In Tabelle 13.3 finden Sie einige gebräuchliche E_G-Werte.

Lösungsmittel	E_G in K · kg/mol	Gefrierpunkt in °C	Gefrierpunkt in K
Essigsäure	3,90	16,6	289,6
Benzol	5,12	5,5	278,5
Campher	37,7	179,0	452,0
Tetrachlorkohlenstoff	30,0	−23,0	250,0
Cyclohexan	20,2	6,4	279,4
Ethanol	1,99	−114,6	158,4
Phenol	7,40	41,0	314,0
Wasser	1,86	0,0	273,0

Tabelle 13.3: Gebräuchliche E_G-Werte.

Gelangt eine Verunreinigung in ein Lösungsmittel, wird die flüssige Phase durch die kombinierten Effekte aus Siedepunktserhöhung und Gefrierpunktserniedrigung stabiler. Das ist auch der Grund, warum man gefrorenes Meerwasser nur so selten zu Gesicht bekommt. Das Salz in den Meeren erniedrigt den Gefrierpunkt des Wassers und macht die flüssige Phase stabiler, sodass Temperaturen von leicht unter 0 °C erreicht werden können.

Beispiel

Jedes Kilogramm Meerwasser enthält grob gerundet etwa 35 g gelöstes Salz. Wo liegt der Gefrierpunkt von Meerwasser, wenn Sie unterstellen, dass es sich bei den gelösten Salzen einzig um Natriumchlorid handelt?

Lösung

−2,23 °C. Zuerst müssen Sie wieder Gramm in Mol umrechnen, um die Molalität der Salzlösung zu bestimmen. Ein Mol NaCl entspricht 58,4 g, also sind 35 g NaCl gleich 0,60 mol. Diese Zahl müssen Sie mit 2 multiplizieren, um der Tatsache Rechnung zu tragen, dass das Natriumchlorid bei der Auflösung in Wasser in zwei Ionen zerfällt. Also enthält diese Lösung 1,20 mol. Als nächstes müssen Sie die Molalität der Lösung bestimmen, indem Sie diese Molzahl durch die Masse des Lösungsmittels (1 kg) teilen, wodurch Sie eine 1,20-molale Lösung erhalten. Zuletzt entnehmen Sie noch Tabelle 13.3 den E_G-Wert von Wasser und setzen alle Werte in die Gleichung für die Gefrierpunktserniedrigung ein.

$$\Delta T_G = 1{,}86 \text{ K} \cdot \text{kg/mol} \times 1{,}20 \text{ mol/kg} = 2{,}23 \text{ K}$$

Der Gefrierpunkt von Wasser liegt laut Tabelle 13.3 bei 0°C oder umgerechnet bei 273 K. Da es sich bei der obigen Berechnung nur um die Gefrierpunktserniedrigung handelt und nicht um den Gefrierpunkt selbst, müssen Sie den errechneten Wert nun vom Gefrierpunkt des reinen Lösungsmittels abziehen und erhalten somit als Gefrierpunkt von Meerwasser 273 K − 2,23 K = 270,77 K oder umgerechnet −2,23 °C.

Aufgabe 6

Frostschutzmittel nutzen die Gefrierpunktserniedrigung aus, um den Gefrierpunkt von Wasser im Motor eines Autos zu senken und somit ein Einfrieren an kalten Tagen zu vermeiden. Wie viel Frostschutzmittel müssen Sie zu 10,0 kg Wasser hinzufügen, um den Gefrierpunkt um 15 °C zu senken, wenn das Frostschutzmittel hauptsächlich aus Ethylenglykol ($C_2H_6O_2$) besteht?

Ihre Lösung

Aufgabe 7

Wo liegt der Gefrierpunkt einer Lösung aus 15 g Silber und 1500 g Ethanol?

Ihre Lösung

Molekülmassen anhand von Siede- und Gefrierpunkten bestimmen

So wie Ihnen das Verständnis der Molalität dabei hilft, Änderungen von Siede- und Gefrierpunkten zu berechnen, kann Ihnen das Wissen über ΔT_S und ΔT_G dabei helfen, die Molekülmasse einer unbekannten Verbindung zu bestimmen, die in eine bestimmte Menge eines bekannten Lösungsmittels gegeben wurde. Wenn Sie in einer Prüfung nach so einer Thematik befragt werden, bekommen Sie immer die Masse der geheimnisvollen Verbindung, die Masse des Lösungsmittels und entweder die Gefrierpunkts- bzw. die Siedepunktsänderung oder den neuen Gefrier- bzw. Siedepunkt mit auf den Weg. Mit diesen Informationen können Sie dann eine Reihe einfacher Schritte abarbeiten, um die Molekülmasse zu bestimmen.

1. Wenn Sie den Siedepunkt kennen, berechnen Sie ΔT_S, indem Sie den gegebenen Wert vom Siedepunkt des reinen Lösungsmittels abziehen. Wenn Sie den Gefrierpunkt kennen, müssen Sie den Gefrierpunkt des reinen Lösungsmittels zu diesem Wert dazu addieren, um auf ΔT_G zu kommen. Achten Sie darauf, alle Temperatureinheiten in Kelvin umzurechnen, falls erforderlich.

2. Schlagen Sie die E_S bzw. E_G-Werte nach (siehe Tabellen 13.2 und 13.3).

3. Bestimmen Sie die Molalität der Lösung, indem Sie die Gleichungen für ΔT_S oder ΔT_G benutzen.

4. **Berechnen Sie die Molzahl des gelösten Stoffs in der Lösung, indem Sie die Molalität aus Schritt 3 mit der angegebenen Masse in kg des Lösungsmittels multiplizieren.**
5. **Dividieren Sie nun noch die angegebene Masse des gelösten Stoffs durch die Molzahl aus Schritt 4. Das Ergebnis ist die Molekülmasse (Gramm pro Mol), anhand derer Sie in vielen Fällen leicht die Identität der unbekannten Verbindung bestimmen können.**

Beispiel

97,3 g einer unbekannten Verbindung werden in 500 g Wasser gegeben, wodurch sich der Siedepunkt auf 100,78 °C erhöht. Berechnen Sie die Molekülmasse der geheimnisvollen Verbindung.

Lösung

128,0 g/mol. Entsprechend zu den obigen Schritten, müssen Sie zuerst alle Werte in Kelvin umrechnen und dann den Siedepunkt des Wassers vom neuen, erhöhten Siedepunkt der Lösung abziehen:

$\Delta T_s = 273{,}78\ \text{K} - 273{,}00\ \text{K} = 0{,}78\ \text{K}$

Dann setzen Sie diesen Wert und den E_s-Wert von Wasser in die Gleichung für die Siedepunktserhöhung ein und lösen nach der Molalität auf:

$$m = \frac{\Delta T_s}{E_s} = \frac{0{,}78\ \text{K}}{0{,}512\ \text{K}\cdot\text{kg/mol}} = 1{,}52\ \text{mol/kg}$$

Dann nehmen Sie diesen Molalitätswert und multiplizieren ihn mit dem gegebenen Wert für die Masse des Lösungsmittels:

$$\frac{1{,}52\ \text{mol gelöster Stoff}}{1\ \text{kg}\ H_2O} \times 0{,}5\ \text{kg}\ H_2O$$

$= 0{,}76\ \text{mol gelöster Stoff}$

Zum Schluss müssen Sie noch die Masse der unbekannten Verbindung in Gramm durch die eben ermittelte Molzahl dividieren, wodurch Sie die Molekülmasse der Verbindung erhalten:

$$\frac{97{,}3\ \text{g}}{0{,}76\ \text{mol}} = 127{,}7\ \text{g/mol}$$

Aufgabe 8

Der Gefrierpunkt von 83,2 g Tetrachlorkohlenstoff wird um 11,52 K gesenkt, wenn Sie 15,0 g einer unbekannten Verbindung dazugeben. Berechnen Sie die Molekülmasse dieser Verbindung.

Ihre Lösung

Aufgabe 9

Der Siedepunkt von 42,1 g Benzol erhöht sich auf 81,9 °C, wenn Sie 8,8 g einer unbekannten Verbindung hinzugeben. Berechnen Sie die Molekülmasse dieser Verbindung.

Ihre Lösung

13 ➤ Mal heiß, mal kalt: kolligative Eigenschaften

Lösungen zu den Aufgaben rund ums Thema kolligative Eigenschaften

Sie haben Ihr Bestes gegeben, um die Aufgaben zur Berechnung von Molalität, Siede- und Gefrierpunkt zu lösen. Schwitzen Sie bereits wie ein Affe in der Sauna oder fühlen Sie sich so cool wie ein Eisblock? Hier präsentieren wir Ihnen die Lösungen zu den praktischen Aufgaben aus diesem Kapitel.

1. **0,40 m.** Um die Molalität der Kaliumiodidlösung zu berechnen, müssen Sie zuerst herausfinden, wie viele Mol Kaliumiodid sich in der Lösung befinden. Das erfordert Wissen über die chemische Formel, die Summenformelmasse und darüber, in wie viele Teilchen Kaliumiodid in Lösung zerfällt. Kalium ist ein Alkalimetall mit einer Ionenladung von +1, während Iod ein Halogen mit einer Ionenladung von −1 ist. Diese beiden Elemente verbinden sich daher im Verhältnis 1:1 zur chemischen Formel KI (siehe Kapitel 6 für weitere Informationen zur die Nomenklatur von Verbindungen). Wenn Sie die einzelnen Massenzahlen addieren, erhalten Sie eine Summenformelmasse von 166,0 g/mol. Teilen Sie nun die gegebene Masse von Kaliumiodid (50 g) durch diese Zahl, erhalten Sie einen Wert von 0,30 mol. 0,30 mol Kaliumiodid wurde also zu der Lösung hinzugefügt. Da Kaliumiodid pro Mol trockenen Stoffs in Lösung zu zwei Teilchen zerfällt, müssen Sie dieses Ergebnis noch mit zwei multiplizieren, und erhalten so einen Wert von 0,60 mol gelöster Stoff in der Lösung. Dividieren Sie dann diese Zahl durch die Masse des Wassers in Kilogramm:

   $$b = \frac{0,60 \text{ mol KI}}{1,5 \text{ kg H}_2\text{O}} = 0,40 \text{ mol/kg}$$

2. **251 g MgF$_2$.** Diese Aufgabe gibt Ihnen die Molalität vor und verlangt die Berechnung der Menge des gelösten Stoffs. Setzen Sie alle bekannten Variablen in die Molalitätsgleichung ein, so erhalten Sie

   $$0,42 \text{ mol/kg} = \frac{x \text{ mol MgF}_2}{3,2 \text{ kg H}_2\text{O}}$$

   Wenn Sie diese Gleichung nach x auflösen, erhalten Sie 1,3 mol MgF$_2$. Da Magnesiumfluorid pro Mol Trockensubstanz in Lösung zu drei Teilen des gelösten Stoffs zerfällt, müssen Sie dieses Ergebnis noch mit drei multiplizieren und kommen so auf 4,0 mol MgF$_2$ in Lösung. Zum Schluss rechnen Sie noch diesen Wert in Gramm um, indem Sie die Summenformelmasse von Magnesiumfluorid (62,3 g/mol) zu Hilfe nehmen. Als Endergebnis erhalten Sie dann 251 g MgF$_2$.

3. **Die Lösung besteht zu 31 % aus Ethanol und zu 69 % aus Wasser.** Diese Aufgabe sagt Ihnen, dass n_{EtOH} 2,75 mol und $n_{\text{H}_2\text{O}}$ 6,25 mol beträgt. Setzen Sie diese Werte in die Gleichungen für den Stoffmengenanteil des gelösten Stoffs und Lösungsmittels ein, erhalten Sie

   $$X_{\text{EtOH}} = \frac{2,75 \text{ mol}}{2,75 \text{ mol} + 6,25 \text{ mol}} = 0,31 \text{ und } X_{\text{H}_2\text{O}} = \frac{6,25 \text{ mol}}{2,75 \text{ mol} + 6,25 \text{ mol}} = 0,69$$

4. Die Natriumchloridlösung hat einen Siedepunkt von **102,3 °C**; die Calciumchloridlösung hat einen Siedepunkt von **103,5 °C**. Um den Siedepunkt zu bestimmen, müssen Sie zuerst die Molalität der Lösung kennen. Beginnen Sie, indem Sie 158 g NaCl durch die Summenformelmasse teilen (58,4 g/mol). Dadurch erhalten Sie 2,70 mol gelösten Stoff. Das ist die Menge, die in das reine Lösungsmittel gegeben wird. Multiplizieren Sie diesen Wert mit zwei, denn jedes NaCl-Molekül zerfällt in Lösung in zwei Ionen. Sie erhalten dann 5,41 mol. Teilen Sie diese Zahl durch die Masse des Lösungsmittels (1,2 kg), so erhalten Sie eine Molalität von 4,5 mol/kg zu erhalten. Zum Schluss müssen Sie noch diese Molalität mit dem E_S-Wert von Wasser (0,512 K · kg/mol) multiplizieren, um auf ein ΔT_S von 2,3 K zu kommen. Addieren Sie diesen Wert zum Siedepunkt reinen Wassers (373,0 K) hinzu, um auf den neuen Siedepunkt von 375,3 K oder umgerechnet 102,3 °C zu kommen.

Wenn Sie die gleiche Molzahl an Calciumchlorid (also 2,70 mol $CaCl_2$) in das Lösungsmittel geben würden, müssten Sie diesen Wert mit drei multiplizieren, denn Calciumchlorid zerfällt in Lösung in drei Teilchen, wodurch Sie einen Wert von 2,70 mol × 3 = 8,11 mol des gelösten Stoffs erhalten. So wie bei Natriumchlorid dividieren Sie diesen Wert nun durch die Masse des Lösungsmittels (1,2 kg) und erhalten eine Molalität von 6,8 mol/kg. Dann multiplizieren Sie diesen Wert mit dem E_S-Wert von Wasser (0,512 K · kg/mol) und erhalten ein ΔT_S von 3,5 K. Das ist ein Unterschied von über einem Grad verglichen mit NaCl! Diese Differenz entsteht durch die kolligativen Eigenschaften, die einzig und allein von der Teilchenzahl *in Lösung* abhängig sind.

5. **79,3 g $C_{16}H_{10}N_2O_2$.** Diese Aufgabe erfordert ein bisschen mehr Überlegung als die bisherigen, da Sie hier eine Siedepunktserhöhung rückwärts bestimmen müssen. Sie kennen den Siedepunkt der Lösung, also besteht Ihre erste Aufgabe darin, ΔT_S der Lösung zu errechnen. Dazu subtrahieren Sie den Siedepunkt reinen Ethanols vom angegebenen Siedepunkt der Lösung und erhalten

$\Delta T_S = 79,2\ °C - 78,4\ °C = 0,8\ °C$

Schlagen Sie den E_S-Wert für Ethanol nach (1,19 K · kg/mol). Die einzige Unbekannte ist jetzt nur noch die Molalität, die Sie leicht errechnen können.

$$b = \frac{\Delta T_S}{E_S} = \frac{0,8\ °C}{1,19\ K \cdot kg/mol} = 0,67\ mol/kg$$

Jetzt kennen Sie die Molalität und können daraus die Molzahl (Stoffmenge) des gelösten Stoffs ableiten.

$$0,67\ mol/kg = \frac{x\ mol\ C_{16}H_{10}N_2O_2}{0,450\ kg\ EtOH} \Rightarrow 0,30\ mol\ C_{16}H_{10}N_2O_2$$

Zuletzt rechnen Sie noch diese Anzahl Mole in eine Masse um, indem Sie sie mit der Summenformelmasse von $C_{16}H_{10}N_2O_2$ (262 g/mol) multiplizieren, wodurch Sie auf das Endergebnis 79,3 g $C_{16}H_{10}N_2O_2$ kommen.

13 ➤ Mal heiß, mal kalt: kolligative Eigenschaften

6. **5,00 kg $C_2H_6O_2$**. Hier kennen Sie die Gefrierpunktserniedrigung von 15,0 °C und müssen die Masse des Frostschutzmittels berechnen, die dafür nötig ist. Bestimmen Sie zunächst die Molalität der Lösung, indem Sie alle bekannten Werte in die Gleichung der Gefrierpunktserniedrigung einsetzen und nach b auflösen.

$$b = \frac{\Delta T_G}{E_G} = \frac{15,0\ °C}{1,86\ K\ kg/mol} = 8,06\ mol/kg$$

Jetzt bestimmen Sie die Molzahl des Lösungsmittels Ethylenglykol (Frostschutzmittel).

$$8,06\ mol/kg = \frac{x\ mol\ C_2H_6O_2}{10,0\ kg\ H_2O} \Rightarrow 80,6\ mol\ C_2H_6O_2$$

Zum Schluss rechnen Sie den Wert in eine Masse um, indem Sie ihn mit der Summenformelmasse von $C_2H_6O_2$ (62,1 g/mol) multiplizieren. Das Endergebnis ist dann 5,00 kg $C_2H_6O_2$. Um den Gefrierpunkt von Wasser um diesen Betrag zu senken, brauchen Sie eine Lösung, deren Masse zu einem Drittel aus Frostschutzmittel besteht!

7. **–114,78 °C**. Zuerst berechnen Sie die Molalität der Lösung, indem Sie die Masse des Silbers in Mol umrechnen (15 g × (1 mol/108 g) = 0,14 mol) und dann durch die Masse von Ethanol in Kilogramm teilen. So kommen Sie auf b = 0,093 mol/kg. Dann multiplizieren Sie diese Molalität mit dem E_G-Wert von Ethanol (1,99 K · kg/mol) und erhalten eine Gefrierpunktserniedrigung von 0,18 K. Zuletzt subtrahieren Sie diesen Wert vom Gefrierpunkt des reinen Ethanols in Kelvin, rechnen das Ergebnis in °C um und erhalten somit –158,40 K – 0,18 K = 158,22 K oder –114,78 °C.

8. **471 g/mol**. Befolgen Sie die Schritte aus dem Abschnitt »Molekülmassen anhand von Siede- und Gefrierpunkten bestimmen« sorgfältig, um auf die richtige Antwort zu kommen. Schritt 1 ist in diesem Fall nicht nötig, da Sie ΔT_G bereits kennen. Beginnen Sie also damit, den E_G-Wert von Tetrachlorkohlenstoff in Tabelle 13.3 (30,0 K · kg/mol) nachzuschlagen. Setzen Sie dann beide Werte in die Gleichung der Siedepunktserhöhung ein und lösen Sie nach b auf:

$$b = \frac{\Delta T_G}{E_G} = \frac{11,52\ K}{30,0 \cdot K \cdot kg/mol} = 0,384\ mol/kg$$

Als nächstes multiplizieren Sie diese Molalität mit der angegebenen Masse des Lösungsmittels und erhalten

$$\frac{0,384\ mol\ gelöster\ Stoff}{1\ kg\ H_2O} \times 0,083\ kg = 0,0319\ mol\ gelöster\ Stoff$$

Zuletzt müssen Sie noch die Masse der unbekannten Verbindung durch diese Molzahl teilen und erhalten somit die Molekülmasse der Verbindung:

$$\frac{15\ g}{0,0319\ mol} = 471\ g/mol$$

9. **294 g/mol.** Anders als in Frage 8 können Sie diesmal nicht den ersten Schritt ignorieren, da Sie ΔT_s nicht direkt kennen. Rechnen Sie also zunächst Grad Celsius in Kelvin um und subtrahieren Sie dann den Siedepunkt reinen Benzols (siehe Tabelle 13.2) vom bekannten Siedepunkt der Lösung:

   354,9 K – 353,1 K = 1,8 K

   Setzen Sie diesen Wert und den E_s-Wert von Benzol (2,53 K · kg/mol) in die Gleichung für die Siedepunktserhöhung ein und lösen Sie nach der Molalität auf.

   $$b = \frac{\Delta T_s}{E_s} = \frac{1,80 \text{ K}}{2,53 \text{ K} \cdot \text{kg/mol}} = 0,71 \, \text{mol/kg}$$

   Als nächstes multiplizieren Sie die ermittelte Molalität mit dem bekannten Wert für die Masse des Lösungsmittels.

   $$\frac{0,71 \text{ mol gelöster Stoff}}{1 \text{ kg H}_2\text{O}} \times 0,0421 \text{ kg} = 0,030 \text{ mol gelöster Stoff}$$

   Zuletzt müssen Sie noch die Masse der geheimnisvollen Verbindung durch die soeben ermittelte Stoffmenge (Molzahl) dividieren, um als Endergebnis die Molekülmasse der Verbindung zu erhalten.

   $$\frac{8,8 \text{ g}}{0,030 \text{ mol}} = 294 \text{ g/mol}$$

Geschwindigkeit und Gleichgewicht erforschen

In diesem Kapitel...

▶ Reaktionsgeschwindigkeiten messen und die beeinflussenden Faktoren verstehen

▶ Ein Reaktionsgleichgewicht messen und begreifen, wie es auf Störungen reagiert

---

Die meisten Menschen hassen es, wenn sie warten müssen. Und niemand will umsonst auf etwas warten. Nachforschungen haben probeweise ergeben, dass Chemiker auch nur Menschen sind und es demnach auch nicht mögen, wenn sie warten müssen. Und wenn sie schon warten müssen, dann wollen sie zumindest dafür entschädigt werden.

Um sich diesem Problem zu widmen, beschäftigen sich Chemiker mit Dingen wie *Reaktionsgeschwindigkeit* und *Reaktionsgleichgewicht*.

✔ Die **Reaktionsgeschwindigkeit** sagt einem Chemiker, wie lange er warten muss, bis die Reaktion stattgefunden hat.

✔ Aus dem **Reaktionsgleichgewicht** können Chemiker ablesen, wie viel Produkt sie erwarten können, wenn sie nur lange genug warten.

Diese beiden Begriffe sind vollständig getrennt voneinander zu betrachten. Es gibt keine Verbindung zwischen Produktivität und Dauer einer Reaktion. Mit anderen Worten kennen Chemiker, so wie jeder andere Mensch, sowohl gute Tage als auch schlechte Tage. Zumindest können Sie noch auf ein wenig Theorie zurückgreifen, die ihnen dabei hilft, einen Sinn in den Dingen zu erkennen. In diesem Kapitel bekommen Sie einen Überblick über diese Theorie. Worauf warten Sie? Lesen Sie weiter.

Reaktionsgeschwindigkeiten messen

Jetzt halten Sie also dieses Becherglas in der Hand, in dem eine Reaktion abläuft. Handelt es sich dabei um eine schnelle oder langsame Reaktion? Wie schnell oder wie langsam ist sie? Wie können Sie darauf antworten? Das sind die Fragen, die Sie sich im Zusammenhang mit Reaktionsgeschwindigkeit stellen werden. Sie können eine Reaktionsgeschwindigkeit messen, indem Sie bestimmen, wie schnell ein Reaktant verbraucht wird oder wie schnell ein Produkt auf der Bildfläche erscheint. In einer Lösung verändert sich die molare Konzentration des Reaktanten oder Produkts während der Reaktionszeit, daher wird die Reaktionsgeschwindigkeit oft in der Einheit Molarität pro Sekunde (M/s) ausgedrückt.

Für die Reaktion

$A + B \rightarrow C$

können Sie die Reaktionsgeschwindigkeit bestimmen, indem Sie die Konzentrationsabnahme des Reaktanten A (oder B) oder die Konzentrationszunahme des Produkts (C) im Zeitverlauf messen:

Reaktionsgeschwindigkeit = $-d[A]/dt = d[C]/dt$

In dieser Art von Gleichung beschreibt d in mathematischer Ausdrucksweise eine Änderung zu einem bestimmten Zeitpunkt. Wenn Sie zum Beispiel die Produktkonzentration gegen die Reaktionszeit auftragen, könnten Sie eine Reaktionskurve wie in Abbildung 14.1 erhalten. Reaktionen laufen meist zu Beginn schnell ab, denn dann ist die Produktkonzentration am geringsten und die Reaktantenkonzentration am höchsten. Die exakte Geschwindigkeit zu einem bestimmten Zeitpunkt wird als *Momentangeschwindigkeit* bezeichnet und entspricht der Steigung einer Tangente, die an die Kurve angelegt wird.

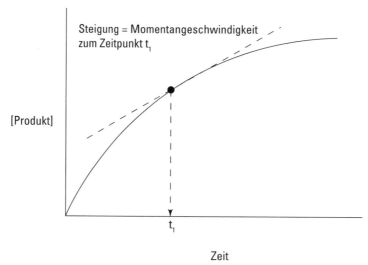

Abbildung 14.1: Die Momentangeschwindigkeit einer Reaktion.

Natürlich kann sich die Reaktionsgeschwindigkeit mit abnehmenden bzw. zunehmenden Konzentrationen der Reaktanten und/oder Produkte verändern. Demnach müsste es so sein, dass jede Gleichung, die die Geschwindigkeit einer Reaktion wie in Abbildung 14.1 beschreibt, einige Variablen für die Konzentration des Reaktanten beinhaltet. Und genau so ist es auch.

 Gleichungen, die die Geschwindigkeit einer Reaktion zur Konzentration einiger Verbindungen (egal ob Reaktant oder Produkt) in Lösung in Beziehung setzen, werden *Geschwindigkeitsgesetze* genannt. Die genaue Form eines solchen Gesetzes ist von der jeweiligen Reaktion abhängig. Zahllose Forschungen haben die Komplexität der Geschwindigkeit in chemischen Reaktionen beschrieben. Hier konzentrieren wir uns auf Geschwindigkeitsgesetze für einfache Reaktionen. Im Allgemeinen nehmen Geschwindigkeitsgesetze folgende Form an:

Reaktionsgeschwindigkeit = k [Reaktant A]^m [Reaktant B]^n

Dieses Geschwindigkeitsgesetz beschreibt eine Reaktion, deren Geschwindigkeit von der Konzentration zweier Reaktanten, A und B, abhängig ist. Andere Geschwindigkeitsgesetze für andere Reaktionen können noch weitere Faktoren für mehr oder weniger Reaktanten beinhalten. In dieser Gleichung ist k die *Geschwindigkeitskonstante* und stellt eine Zahl dar, die experimentell für die verschiedenen Reaktionen bestimmt werden muss. Die Exponenten m und n sind die *Reaktionsordnungen* und müssen ebenfalls für die verschiedenen Reaktionen einzeln experimentell bestimmt werden. Eine Reaktionsordnung spiegelt den Einfluss einer Konzentrationsänderung bezogen auf die Gesamtgeschwindigkeit wieder. Bei $m > n$ beeinflusst die Konzentrationsänderung von A die Reaktion in stärkerem Maße als eine Konzentrationsänderung von B. Die Summe, $m + n$, entspricht der Gesamtreaktionsordnung.

Einige einfache Geschwindigkeitsgesetze werden häufiger gebraucht, also sollten Sie sie besser notieren:

✔ **Reaktionen nullter Ordnung:** Die Geschwindigkeiten für diese Reaktionen sind von keinerlei Konzentration abhängig und stellen eine charakteristische Konstante dar:

Reaktionsgeschwindigkeit = k

✔ **Reaktionen erster Ordnung:** Die Geschwindigkeiten für diese Reaktionen hängen normalerweise nur von der Konzentration eines einzigen Reaktanten ab:

Reaktionsgeschwindigkeit = $k\,[A]$

✔ **Reaktionen zweiter Ordnung:** Die Geschwindigkeiten für diese Reaktionen können entweder von der Konzentration zweier Reaktanten oder vom Quadrat der Konzentration eines Reaktanten abhängen (oder einer Kombination dazwischen):

Reaktionsgeschwindigkeit = $k\,[A][B]$ oder

Reaktionsgeschwindigkeit = $k\,[A]^2$

Die Bestimmung von Reaktionsgeschwindigkeiten kann Ihnen dabei helfen, den *Mechanismus* einer chemischen Reaktion zu verstehen. Der langsamste Reaktionsschritt hat oft den größten Einfluss auf die Gesamtreaktionsgeschwindigkeit – er wird daher auch als *geschwindigkeitsbestimmender Reaktionsschritt* bezeichnet. Sie können viel über die chemische Natur eines geschwindigkeitsbestimmenden Schrittes erfahren, wenn Sie die Reaktionsgeschwindigkeit unter verschiedenen Bedingungen messen. Seien Sie jedoch vorgewarnt: Es ist nicht möglich, anhand von Reaktionsgeschwindigkeiten einen Reaktionsmechanismus zu beweisen; Sie können lediglich nicht zutreffende Reaktionsmechanismen mithilfe von Reaktionsgeschwindigkeiten ausschließen.

Beispiel

Betrachten Sie die folgenden beiden Gleichungen und ihre entsprechenden Geschwindigkeitsgesetze:

Reaktion 1: A + B → C
Reaktionsgeschwindigkeit = $k[A]^2$

Reaktion 2: D + E → F + 2G
Reaktionsgeschwindigkeit = $k[D][E]$

a) Wie lauten die Gesamtreaktionsordnungen für Reaktion 1 und 2?

b) Wie wird sich die Geschwindigkeit von Reaktion 1 verändern, wenn die Konzentration von A verdoppelt wird? Wie wird sich die Geschwindigkeit ändern, wenn die Konzentration von B verdoppelt wird?

c) Wie wird sich die Geschwindigkeit von Reaktion 2 verändern, wenn die Konzentration von D verdoppelt wird? Wie wird sich die Geschwindigkeit ändern, wenn die Konzentration von E verdoppelt wird?

d) Wie lautet die Beziehung zwischen den Geschwindigkeitsänderungen von [A], [B] und [C]? Wie sieht die Beziehung zwischen den Geschwindigkeitsänderungen von [D], [E], [F] und [G] aus?

Lösung

Hier sind die Antworten zu den Fragen über Reaktionsordnungen und Reaktionsgeschwindigkeiten für die angegebenen Reaktionen und ihre entsprechenden Geschwindigkeitsgesetze:

a) Beide Reaktionen sind Reaktionen zweiter Ordnung, da man in beiden Fällen »2« erhält, wenn man die jeweiligen Reaktionsordnungen addiert.

b) Wenn [A] verdoppelt wird, sagt das Gesetz voraus, dass sich die Geschwindigkeit der Reaktion vervierfachen wird, da $2^2 = 4$. Wenn [B] verdoppelt wird, ändert sich die Reaktionsgeschwindigkeit nicht, da [B] laut Geschwindigkeitsgesetz keine Rolle spielt.

c) Wenn man [D] oder [E] verdoppelt, kann man aus dem Geschwindigkeitsgesetz ablesen, dass sich die Reaktionsgeschwindigkeit auch verdoppeln wird, denn $2^1 = 2$.

d) Geschwindigkeit = $d[A]/dt = d[B]/dt = -d[C]/dt$

und

Geschwindigkeit = $d[D]/dt = d[E]/dt = -d[F]/dt = -0{,}5 d[G]/dt$

Bei Reaktion 1 werden die Reaktanten A und B zur Bildung von Produkt C verbraucht, daher tragen die Reaktanten das entgegengesetzte Vorzeichen des Produkts (sie könnten die positiven und negativen Werte in der ganzen Geschwindigkeitsgleichung ändern und würden immer dasselbe Ergebnis erhalten). Bei Reaktion 2 trifft die Regel für die positiven/negativen Vorzeichen auch zu, aber es gibt zusätzlich noch ein kleines Häkchen: Es werden 2 mol G pro 1 mol F und pro 1 mol D und 1 mol E gebildet. Die Geschwindigkeitsänderung bezogen auf D, E und F entspricht also nur der halben Geschwindigkeitsänderung von G. Dieser Tatsache muss durch den Koeffizienten 0,5 Rechnung getragen werden.

14 ➤ Geschwindigkeit und Gleichgewicht erforschen

Aufgabe 1

Methan verbrennt mit Sauerstoff zu Kohlendioxid und Wasserdampf:

$CH_4 + 2O_2 \rightarrow CO_2 + 2H_2O$

Wie hoch ist die Produktionsgeschwindigkeit für Kohlendioxid und Wasser, wenn Methan mit 2,79 mol/s verbrannt wird?

Ihre Lösung

Aufgabe 2

Sie untersuchen gerade die folgende Reaktion an: $A + B \rightarrow C$. Sie beobachten, dass bei Verdreifachung der Konzentration von A die Reaktionsgeschwindigkeit um den Faktor 9 zunimmt. Außerdem beobachten Sie, dass sich bei Verdopplung der Konzentration von B die Reaktionsgeschwindigkeit ebenfalls verdoppelt. Formulieren Sie das Geschwindigkeitsgesetz für diese Reaktion. Wie lautet die Gesamtreaktionsordnung?

Ihre Lösung

Aufgabe 3

Sie untersuchen gerade die folgende Reaktion an: $D + E \rightarrow F + 2G$. Sie variieren die Konzentrationen der Reaktanten D und E und beobachten die folgenden Reaktionsgeschwindigkeiten:

	[D], M	[E], M	Reaktionsgeschwindigkeit, M/s
Versuch 1	$2{,}7 \times 10^{-2}$	$2{,}7 \times 10^{-2}$	$4{,}8 \times 10^{6}$
Versuch 2	$2{,}7 \times 10^{-2}$	$5{,}4 \times 10^{-2}$	$9{,}6 \times 10^{6}$
Versuch 3	$5{,}4 \times 10^{-2}$	$2{,}7 \times 10^{-2}$	$9{,}6 \times 10^{6}$

Formulieren Sie das Geschwindigkeitsgesetz für diese Reaktion und berechnen Sie die Geschwindigkeitskonstante k. Welche Geschwindigkeit hat die Reaktion mit $1{,}3 \times 10^{-2}$ M Reaktant D und $0{,}92 \times 10^{-2}$ M Reaktant E?

Ihre Lösung

Geschwindigkeitsbeeinflussende Faktoren entdecken

Trotz des Anscheins, den manchmal ihre Kleiderwahl erweckt, sind Chemiker sehr penible Bastlertypen. Sie wollen für gewöhnlich alle Reaktionsgeschwindigkeiten ihren eigenen Bedürfnissen anpassen. Was beeinflusst die Geschwindigkeit und warum? Temperatur, Konzentration und Katalysatoren haben die folgenden Auswirkungen:

- ✔ **Reaktionsgeschwindigkeiten nehmen mit der Temperatur zu.** Dies entsteht aus der Tatsache heraus, dass die Reaktanten aufeinandertreffen müssen, wenn sie reagieren wollen. Wenn Reaktanten in der richtigen Ausrichtung und mit ausreichend Energie zusammentreffen, kann die Reaktion ablaufen. Je mehr Zusammenstöße also pro Zeiteinheit stattfinden und je größer deren Energie ist, umso wahrscheinlicher ist eine Reaktion. Ein Anstieg der Temperatur entspricht einem Anstieg der durchschnittlichen kinetischen Energie der Teilchen in einer Reaktionsmischung – die Partikel bewegen sich schneller und stoßen häufiger und mit höherer Energie zusammen. (Siehe Kapitel 10 für weitere Informationen zur kinetischen Energie.)

- ✔ **Reaktionsgeschwindigkeiten nehmen mit der Konzentration zu.**
Der Grund hat wieder mit Kollisionen zu tun. Eine höhere Konzentration bedeutet, dass die Reaktantenpartikel näher beieinander sind, sodass sie häufiger zusammenstoßen und sich dadurch die Chance einer Reaktion erhöht. Die Konzentration von Reaktanten zu erhöhen, kann heißen, mehr von der entsprechenden Verbindung im Lösungsmittel zu lösen. Einige Reaktanten lassen sich nicht komplett lösen und liegen dann in Form großer, ungelöster Teilchen vor. In diesen Fällen bewirken kleinere Teilchen die schnelleren Reaktionen, denn sie bieten bezogen auf ihr Volumen mehr Angriffsfläche für eine Reaktion.

- ✔ **Katalysatoren erhöhen die Reaktionsgeschwindigkeit.**
Katalysatoren erfahren selber keine chemische Veränderung bei einer Reaktion und haben auch keinen Einfluss auf die Produktausbeute, die Sie am Ende erhalten. Katalysatoren fungieren auf verschiedene Weise, haben aber stets mit einer *erniedrigten Aktivierungsenergie* zu tun – jenem energetischen Berg, den die Reaktanten erklimmen müssen, um in den höchstmöglichen Energiezustand im Reaktionsverlauf zu gelangen, den *Übergangszustand*. Die Aktivierungsenergie zu erniedrigen, bedeutet gleichzeitig, die Reaktion zu beschleunigen. Abbildung 14.2 zeigt ein *Reaktionsverlaufsdiagramm*, aus dem ersichtlich wird, dass die Reaktanten eine Energieänderung durchlaufen müssen, um sich in Produkte zu verwandeln. Die Abbildung zeigt auch, wie ein Katalysator eine Reaktion beeinflusst, nämlich indem er die Aktivierungsenergie herabsetzt, ohne Einfluss auf die Energien von Reaktanten oder Produkten zu nehmen.

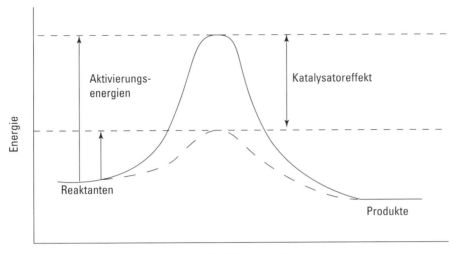

Abbildung 14.2: Ein Reaktionsverlaufsdiagramm.

Beispiel

Betrachten Sie die folgende Reaktion:
$$H_2(g) + Cl_2(g) \rightarrow 2HCl(g)$$

Verliefe die Reaktion in einem 5- oder 10-Liter-Gefäß schneller, wenn 1 mol H_2 mit 1 mol Cl_2 reagiert? Würde sich die Reaktionsgeschwindigkeit bei 273 K oder bei 293 K erhöhen? Warum?

Lösung

Die Reaktion verliefe in einem 5-Liter-Gefäß schneller, da dort die Konzentration der reagierenden Teilchen höher ist. Bei höheren Konzentrationen finden mehr Kollisionen zwischen den Reaktantenmolekülen statt. Bei höheren Temperaturen bewegen sich die Partikel mit größerer Energie, wodurch sich auch die Häufigkeit und Stärke der Zusammenstöße erhöht. Die Reaktion würde also bei 293 K schneller ablaufen.

Aufgabe 4

Dies ist eine vereinfachte Reaktionsgleichung für die Verbrennung von Schießpulver:

$10KNO_3 + 3S + 8C \rightarrow 2K_2CO_3 + 3K_2SO_4 + 6CO_2 + 5N_2$

Im 14. Jahrhundert begannen die Schwarzpulvermeister damit, rohes Schwarzpulver durch das so genannte *Körnen* zu verarbeiten. Beim Körnen wurde Flüssigkeit zum Schwarzpulver gemischt, bis eine Paste entstand, die in Form von Bröckchen gepresst werden konnte. Die Bröckchen wurden dann durch ein Sieb gedrückt, um kleine Körner von gleichmäßiger Größe zu erhalten. Diese Körner waren zum einen größer und zum anderen einheitlicher geformt als die ursprünglichen Schwarzpulverkörnchen. Erklären Sie die Vorteile gekörnten Schwarzpulvers aus der Sicht der chemischen Kinetik.

Ihre Lösung

Aufgabe 5

Betrachten Sie die folgende Reaktion: $A \rightarrow B$.

Um zu einem Produkt zu werden, muss Reaktant A einen hochenergetischen Übergangszustand A* durchlaufen. Stellen Sie sich vor, dass die Reaktionsbedingungen so verändert werden, dass sich die Energie von A erhöht, die Energie von B erniedrigt wird und die Energie von A* unverändert bleibt. Führen die veränderten Reaktionsbedingungen in diesem Fall zu einer schneller ablaufenden Reaktion? Warum oder warum nicht?

Ihre Lösung

Gleichgewichte messen

Abbildung 14.3 zeigt ein Reaktionsverlaufsdiagramm wie das aus Abbildung 14.2, betont jedoch im Gegensatz dazu den Unterschied zwischen den Energien von Reaktanten und Produkten. Diese Differenz ist vollkommen unabhängig von der Aktivierungsenergie, mit der wir uns im vorangegangenen Abschnitt beschäftigt haben. Obwohl die Aktivierungsenergie die Geschwindigkeit einer Reaktion kontrolliert, bestimmt die Energiedifferenz zwischen Reaktanten und Produkten das Ausmaß einer Reaktion – also wie viel Reaktantensubstrat sich in Produktsubstanz umgewandelt haben wird, wenn die Reaktion vorbei ist.

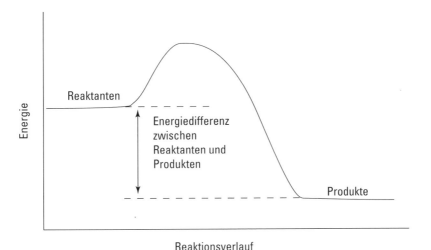

Abbildung 14.3: Die Energiedifferenz zwischen Reaktanten und Produkten.

Eine Reaktion, die so viel Produktsubstanz hervorgebracht hat, wie es ihr möglich ist, befindet sich im *Gleichgewicht*. Gleichgewicht bedeutet jedoch nicht, dass die Reaktion zum Stillstand gekommen ist; Gleichgewicht bedeutet eher, dass die Geschwindigkeit, mit der sich ein Reaktant in ein Produkt umwandelt, der Geschwindigkeit entspricht, mit der sich das Produkt wieder in die Form des Reaktanten zurückverwandelt. Die Gesamtkonzentration von Reaktanten und Produkten scheint also nach außen hin gleich zu bleiben.

Daraus ergeben sich zwei wesentliche Vorstellungen:

✔ Zum einen kann die Lage des Gleichgewichts einer Reaktion (das maximale Ausmaß der Reaktion) durch die Konzentrationen von Reaktanten und Produkten charakterisiert werden, da sich diese im Gleichgewicht nicht mehr ändern.

✔ Zum anderen ist die Lage des Gleichgewichts einer Reaktion eng mit der Energiedifferenz zwischen den Reaktanten und Produkten verknüpft.

Diese beiden Vorstellungen wurden in Form zweier wichtiger Gleichungen ausgedrückt, die wir Ihnen in den kommenden Abschnitten verraten werden.

Die Gleichgewichtskonstante

Die *Gleichgewichtskonstante*, K_{eq}, beschreibt die Lage des Gleichgewichts einer Reaktion anhand der Konzentrationen der Reaktanten und Produkte. Für die folgende Reaktion

$a\text{A} + b\text{B} \leftrightarrow c\text{C} + d\text{D}$

wird die Gleichgewichtskonstante wie folgt berechnet:

$$K_{eq} = \frac{[C]^c [D]^d}{[A]^a [B]^b}$$

Im Allgemeinen werden die Konzentrationen der Produkte durch die Konzentrationen der Reaktanten dividiert. Im Fall einer Gasphasenreaktion werden anstelle der molaren Konzentrationen die Partialdrücke verwendet. Vielfache Produkt- oder Reaktantenkonzentrationen werden multipliziert. Jeder Konzentration wird ein Exponent zugeordnet, der dem stöchiometrischen Koeffizienten in der ausbilanzierten Reaktionsgleichung entspricht.

Günstige Reaktionen (solche, die von allein ablaufen) liefern so viel Produktsubstanz, dass ihre Gleichgewichtskonstante deutlich größer als 1 ist. Ungünstige Reaktionen (solche, die Energiezufuhr erfordern) wandeln eher wenig Reaktantensubstrat in Produkte um; daher liegt ihre Gleichgewichtskonstante zwischen 0 und 1. Bei einer Reaktion mit $K_{eq} = 1$ entspricht die Produktmenge der Reaktantenmenge bei Erreichen des Reaktionsgleichgewichts.

Beachten Sie, dass Sie K_{eq} nur mit den Reaktanten- und Substratkonzentrationen des Gleichgewichtszustandes berechnen können. Konzentrationen, die vor Erreichen des Gleichgewichts gemessen wurden, werden verwendet, um den *Reaktionsquotienten Q* zu berechnen.

$$Q = \frac{[C]^c [D]^d}{[A]^a [B]^b}$$

Wenn $Q < K_{eq}$ beträgt, wird die Reaktion »nach rechts« fortschreiten und vermehrt Produktsubtanz bilden. Wenn $Q > K_{eq}$ ist, wird sich die Reaktion »nach links« verschieben und mehr Produktsubstanz zurück in die Reaktantenform verwandeln. Bei $Q = K_{eq}$ befindet sich die Reaktion im Gleichgewicht.

Freie Enthalpie

Die zweite Schlüsselgleichung, die mit dem Gleichgewicht zu tun hat, setzt K_{eq} mit der Energiedifferenz zwischen Reaktanten und Produkten in Beziehung. Die besondere Energieform, die für diese Beziehung von Bedeutung ist, wird als *Freie Enthalpie* (oder auch *Gibbs'sche Freie Energie;* engl.: *free energy*, in der deutschsprachigen Literatur wird meist der Begriff »Freie Enthalpie« verwendet, nicht zu verwechseln mit der Enthalpie H) G bezeichnet. Die Differenz hinsichtlich der Freien Enthalpie zwischen Produkt- und Reaktantenstadium ist $\Delta G = G_{Produkt} - G_{Reaktant}$. Die Beziehung zwischen Freier Enthalpie und Gleichgewicht lautet

$$\Delta G = -RT \ln K_{eq}$$

oder

$$K_{eq} = e^{-\Delta G/RT}$$

In diesen Gleichungen ist R die Gaskonstante [0,08206 l · atm/K · mol oder 8,314 l × kPa/K · mol; blättern Sie zu Kapitel 11 für weitere Einzelheiten), T ist die Temperatur und ln ist der natürliche Logarithmus. Die Gleichung ist für Reaktionen anwendbar, die ohne Temperatur- oder Druckänderungen ablaufen.

Günstige Reaktionen besitzen negative ΔG-Werte, während ungünstige Reaktionen positive Vorzeichen vor ihren ΔG-Werten tragen. Um eine ungünstige Reaktion voranzutreiben, muss Energie zugeführt werden. Die Reaktion befindet sich im Gleichgewicht, wenn für bestimmte Reaktionsbedingungen gilt, dass $\Delta G = 0$.

Die Änderung der Freien Enthalpie einer Reaktion (ΔG) entsteht aus dem Zusammenspiel zweier Parameter, der Enthalpieänderung ΔH und der Entropieänderung ΔS. Eine ausführliche Beschreibung von Enthalpie und Entropie würde den Rahmen dieses Buchs sprengen. Als grobe Orientierung können Sie sich die Enthalpie als Energie vorstellen, die an die Ordnung eines Systems gebunden ist, während Entropie die Energie umfasst, die mit der Unordnung eines Systems in Zusammenhang steht. Negative Änderungen der Enthalpie wirken sich genau wie positive Änderungen der Entropie stets günstig aus. Zusammengefasst heißt das:

$\Delta G = \Delta H - T\Delta S$ (wobei T die Temperatur ist)

Beispiel

Betrachten Sie die folgende Reaktion: A + 2B ↔ 2C.

a) Formulieren Sie einen Ausdruck, der die Gleichgewichtskonstante dieser Reaktion mit den Konzentrationen der Reaktanten und des Produkts in Beziehung setzt.

b) Wie hoch ist die Änderung der Freien Enthalpie bei 298 K, wenn $K_{eq} = 1{,}37 \times 10^3$?

c) Wird im Gleichgewichtszustand eher die Bildung von Reaktanten oder Produkten gefördert?

(Aufgepasst: $R = 8{,}314$ l kPa/K · mol = 8,314 J/K · mol)

Lösung

Hier kommen die Antworten zu den Teilfragen zur Reaktion A + 2B ↔ 2C.

a) $K_{eq} = [C]^2/([A][B]^2)$

b) $\Delta G = -RT \ln K_{eq} = -8{,}314$ J/(K · mol) × 298 K × ln (1,37 × 10³) = $-1{,}79 \times 10^4$ J/mol = $-17{,}9$ kJ/mol

c) Es herrscht $K_{eq} > 1$ und $\Delta G < 0$, also wird vermehrt Produktsubstanz gebildet.

Aufgabe 6

Betrachten Sie die folgende Reaktion:
$N_2(g) + O_2(g) \leftrightarrow 2NO(g)$.

Im Gleichgewichtszustand messen Sie die folgenden Partialdrücke:
$p(N_2) = 4{,}76 \times 10^{-2}$ atm, $p(O_2) = 9{,}82 \times 10^{-3}$ atm und $p(NO) = 2{,}63 \times 10^{-7}$ atm.

a) Wie groß ist K_{eq} für diese Reaktion?

b) Wie lautet der Reaktionsquotient dieser Reaktion, wenn Sie den Partialdruck von Sauerstoff mit $p(O_2) = 3{,}74 \times 10^{-2}$ atm messen, während die anderen Partialdruckwerte gleich bleiben? In welche Richtung würde die Reaktion vermehrt ablaufen?

Ihre Lösung

Aufgabe 7

Sie führen folgende Reaktion durch:
$2A + 2B \leftrightarrow 3C + D$.

Nachdem Sie drei Stunden lang gewartet haben, messen Sie die folgenden Konzentrationen: [A] = 273 mM, [B] = 34,7 mM, [C] = 0,443 M und [D] = 78,9 mM.

a) Wie lautet der Reaktionsquotient für dieses System?

b) Ist die Reaktion vollständig abgelaufen, wenn $K_{eq} = 1{,}85 \times 10^2$?

Ihre Lösung

Aufgabe 8

Betrachten Sie die Reaktion $A + B \leftrightarrow 2C$. Die Änderung der Freien Enthalpie für diese Reaktion beträgt −25,8 kJ/mol, während die Enthalpieänderung ΔH bei 12,3 kJ/mol liegt.

a) Wie hoch ist die Entropieänderung dieser Reaktion bei 273 K? Was treibt die Reaktion an – eine günstige Enthalpieänderung, eine günstige Entropieänderung oder beides?

b) Wie lautet der Ausdruck für K_{eq} dieser Gleichung und wie groß ist der Wert?

c) Wie hoch ist die Konzentration von Reaktant B, wenn eine Reaktionsmischung im Gleichgewicht 0,744 M von Reaktant A und 11,7 M von Produkt C enthält?

Ihre Lösung

Störfaktoren des Gleichgewichts kennen lernen

Nachdem ein chemisches System sein Gleichgewicht erreicht hat, kann es *gestört* werden. Sie können ein System im Gleichgewicht mit einem Menschen vergleichen, der endlich nach einem langen Arbeitstag eine Couch zum Sitzen gefunden hat. Sie können von ihm verlangen, den Müll rauszubringen, aber er wird dies nur widerwillig tun und bei nächstbester Gelegenheit sofort wieder auf der Couch Platz nehmen. Das ist mehr oder weniger die Idee hinter *Le Chateliers Prinzip*: Wird ein im Gleichgewicht befindliches System gestört, bewegt es sich immer dorthin, wo die Störung am minimalsten ist. Störungen können Änderungen in Konzentration, Druck und Temperatur sein.

✔ **Konzentration:** Wenn sich ein System im Gleichgewicht befindet, gilt $Q = K_{eq}$. Wird ein Reaktant oder Produkt hinzugefügt oder auch entfernt, wird das Gleichgewicht gestört, und es gilt entweder $Q < K_{eq}$ oder $Q > K_{eq}$. Das Gleichgewicht versucht daraufhin, wieder zu sich selbst zu finden.

- Wenn ein Reaktant hinzugefügt oder ein Produkt entfernt wird, wird mehr Reaktantensubstrat in Produktsubstanz umgewandelt.

- Wenn ein Produkt hinzugefügt oder ein Reaktant entfernt wird, wandelt sich Produktsubstanz vermehrt in Reaktantensubstrat zurück.

Dies setzt sich so lange fort, bis das Gleichgewicht mit $Q = K_{eq}$ wieder hergestellt ist.

✔ **Druck:** Reaktionen mit Gasen als Reaktanten und/oder Produkten reagieren besonders empfindlich auf Druckänderungen. Wenn der Druck plötzlich erhöht wird, verschiebt sich das Gleichgewicht zu der Reaktionsseite, auf der sich weniger mol Gas befindet, wodurch der Druck wieder zu sinken beginnt. Wenn der Druck plötzlich gesenkt wird, verschiebt sich das Gleichgewicht zu der Reaktionsseite, auf der sich mehr mol Gas befindet, wodurch der Druck wieder steigt. Schauen Sie sich dazu die folgende Reaktion an:

$N_2(g) + 3H_2(g) \leftrightarrow 2NH_3(g)$

Eine bestimmte Masse auf der Reaktantenseite der Gleichung (für N_2 und H_2) entspricht der doppelten Molzahl Gas mit der gleichen Masse auf der Produktseite (NH_3). Stellen Sie sich nun vor, dass sich das System bei niedrigem Druck im Gleichgewicht befindet. Dann wird der Druck plötzlich erhöht und stört das Gleichgewicht. Die Reaktanten (N_2 und H_2) wandeln sich in das Produkt (NH_3) um, sodass die gesamte Gasmolzahl sinkt und dabei der Druck gesenkt wird.

Wenn das System plötzlich einem niedrigeren Druck ausgesetzt wird, zerfällt NH_3 wieder zu N_2 und H_2, sodass die gesamte Gasmolzahl ansteigt und dadurch der Druck wieder erhöht wird. Das Gleichgewicht verschiebt sich immer so, um einer Störung entgegen zu wirken.

✔ **Temperatur:** Reaktionen, bei denen Wärme aufgenommen oder abgegeben wird (also die meisten Reaktionen) können in ihrem Gleichgewicht gestört werden, wenn sich die Temperatur ändert. Am einfachsten lässt sich dieses Verhalten begreifen, wenn man sich die Wärme als vollwertigen Reaktionsteilnehmer (Reaktant oder Produkt) vorstellt:

A + B ↔ C + Wärme

Stellen Sie sich also vor, dass sich diese Reaktion im Gleichgewicht befindet und die Temperatur plötzlich angehoben wird. Das Produkt C absorbiert die zusätzliche Wärme und wandelt sich wieder in die Reaktanten A und B um. Da das Wärme-»Produkt« dadurch vermindert wird, sinkt auch die Temperatur des ganzen Systems, um so der Störung entgegenzuwirken.

Wird die Temperatur hingegen schlagartig erniedrigt, erhöht sich die Produktbildung aus den Reaktanten, wobei Wärme freigesetzt wird. Diese freigesetzte Wärme erhöht wieder die Temperatur des Systems. Das Gleichgewicht ist auch hierbei immer bestrebt, der Störung entgegenzuwirken.

Beispiel

Betrachten Sie die folgende Reaktion im Gleichgewicht: $2SO_2(g) + O_2(g) \leftrightarrow 2SO_3(g)$.

In welche Richtungen werden die folgenden Störungen das Gleichgewicht jeweils verschieben?

a) Zugabe von SO_3

b) Entfernen von O_2

c) Zuführung von unreaktivem Neongas in das Reaktionsgefäß

d) Ein metallischer Katalysator wird dem System hinzugefügt

Lösung

Systeme im Gleichgewicht versuchen stets, einer Störung entgegenzuwirken.

a) Durch die Zugabe von SO_3 wird die Reaktion nach links »verschoben«.

b) Durch das Entfernen von O_2, wird die Reaktion nach links »gezogen«.

c) Durch die Zuführung unreaktiven Neongases erhöht sich der Druck. Das System bewegt sich in die Richtung, in der die gesamte Gasmolzahl wieder erniedrigt wird. Diese Richtung ist rechts, da das Produkt nur 2 mol im Gegensatz zu den 3 mol auf der Reaktantenseite besitzt.

d) Wenn ein Katalysator in ein chemisches System eingeführt wird, ändert sich nichts, da ein Katalysator nur die Geschwindigkeit einer Reaktion verändern kann, aber nicht das Gleichgewicht beeinflusst. (Wir geben es zu, das war eine Fangfrage!)

14 ➤ Geschwindigkeit und Gleichgewicht erforschen

Aufgabe 9

Octan, C_8H_{18}, ist ein Hauptbestandteil von Benzin. Gasförmiges Octan verbrennt zu Kohlendioxid und Wasserdampf:

$2C_8H_{18}(g) + 25O_2(g) \leftrightarrow 16CO_2(g) + 18H_2O(g) + $ Wärme

a) Wie wird die Verbrennung durch einen erhöhten Sauerstoffpartialdruck beeinflusst?

b) Wie beeinflusst eine Temperaturerhöhung die Verbrennung?

c) In einem Motor werden Benzin und Luft in einem Zylinder komprimiert und dann gezündet. Das brennende Benzin-Luft-Gemisch dehnt sich aus und treibt dabei einen Kolben durch den Zylinder. Welche Auswirkungen hat die Ausdehnung auf die Verbrennung?

Ihre Lösung

Aufgabe 10

Sie führen mehrere Versuche mit einer geheimnisvollen Gasphasenreaktion durch. Die Reaktion beinhaltet einen unbekannten Reaktanten X und ein unbekanntes Produkt Y: $nX + 2O_2 \rightarrow 4Y$.

Sie beobachten, dass die Gleichgewichtsausbeute von Y bei 298 K geringer ist als bei 273 K. Weiterhin stellen Sie fest, dass die Ausbeute von Y bei 3 atm kleiner ist als bei 1 atm.

a) Wird bei der Reaktion Wärme absorbiert (endotherme Reaktion) oder abgegeben (exotherme Reaktion)? (Gehen Sie zu Kapitel 15, wenn Sie weitere Erläuterungen zu diesen Begriffen benötigen.)

b) Welcher der folgenden Werte von n ist am plausibelsten: 1, 2 oder 3?

Ihre Lösung

Lösungen zu den Aufgaben rund ums Thema Geschwindigkeit und Gleichgewicht

Vielleicht sind Sie durch den Fragenkatalog gerast oder vielleicht haben Sie sich auch wie eine halb erfrorene Schnecke im Winter von Frage zu Frage getastet. Mit welcher Geschwindigkeit auch immer Sie die Aufgaben gelöst haben – es ist vollbracht. Jetzt können Sie Ihre Antworten überprüfen und immer noch bestehende Probleme eliminieren.

1. Aus der Reaktionsgleichung wird ersichtlich, dass jedes Mol vom Reaktanten Methan einem Mol Kohlendioxid und zwei Mol Wasser entspricht. Also:

    $d[CH_4]/dt = -d[CO_2]/dt = -0{,}5d[H_2O]/dt$

    Das bedeutet, dass das Verschwinden von Methan mit 2,79 mol/s dem Erscheinen von Wasser mit $2 \times 2{,}79 = 5{,}58$ mol/s entspricht. Die Konzentration von Methan verändert sich also halb so schnell wie Wasser gebildet wird, und entsprechend entsteht Wasser doppelt so schnell wie Methan verbraucht wird.

2. Die Beobachtungen bestätigen das Geschwindigkeitsgesetz, Geschwindigkeit = $k[A]^2[B]$. Wird [A] verdreifacht, steigt die Geschwindigkeit um das Neunfache an und $3^2 = 9$. Wird [B] verdoppelt, verdoppelt sich auch die Geschwindigkeit, da $2^1 = 2$. Die Gesamtreaktionsordnung (3) ist die Summe der einzelnen Reaktionsordnungen (die Exponenten der einzelnen Reaktantenkonzentrationen), also $2 + 1 = 3$.

3. Wird die Konzentration von [D] oder [E] verdoppelt, verdoppelt sich auch die Geschwindigkeit. Also entsprechen die Zahlen einem Geschwindigkeitsgesetz der Form Geschwindigkeit = $k[D][E]$. Bestimmen Sie k, indem Sie die bekannten Werte von [D] und [E] aus einer beliebigen Versuchsreaktion einsetzen:

   k = Geschwindigkeit/([D][E]) = $4{,}8 \times 10^6$ Ms^{-1}/($2{,}7 \times 10^{-2}$ M $\times 2{,}7 \times 10^{-2}$ M) = $6{,}6 \times 10^9$ M^{-1}s^{-1}.

   Nehmen Sie den berechneten k-Wert, um die Reaktionsgeschwindigkeit in Gegenwart $1{,}3 \times 10^{-2}$ M Reaktant D und $0{,}92 \times 10^{-2}$ M Reaktant E zu bestimmen:

   Geschwindigkeit = ($6{,}6 \times 10^9$ M^{-1}s^{-1})($1{,}3 \times 10^{-2}$ M)($0{,}92 \times 10^{-2}$ M) = $7{,}9 \times 10^5$ M/s

4. Der Körnvorgang dient der Herstellung von gleichmäßig geformten, größeren Schwarzpulverteilchen. Da die Körner größer sind, verbrennen sie langsamer. Gekörntes Schwarzpulver explodiert auch seltener aus Versehen als ein feiner Schwarzpulverstaub. Und da die Körner alle die gleiche Größe haben, ist die Verbrennungsreaktion auch besser vorhersagbar, was für den Schützen sehr angenehm ist.

5. Die Änderung der Reaktionsbedingungen äußert sich in einer schnelleren Reaktionsgeschwindigkeit. Die Geschwindigkeit wird durch die Aktivierungsenergie begrenzt, also die Energiedifferenz zwischen einem Reaktanten (A) und seinem Übergangszustand (A*). Wenn die Energie von A angehoben wird und die Energie von A* konstant bleibt, dann wird die Energiedifferenz (die Aktivierungsenergie) kleiner, wodurch wiederum die Reaktionsgeschwindigkeit zunimmt. Die Energieabnahme von Produkt B hat keinen Einfluss auf die Geschwindigkeit, da sie auch keine Auswirkungen auf die Aktivierungsenergie der Reaktion A → B hat – sie würde lediglich die Geschwindigkeit der umgekehrten Reaktion B → A beeinflussen.

6. Hier folgen die Antworten zum Reaktionsgleichgewicht in der Reaktion $N_2(g) + O_2(g) \leftrightarrow 2NO(g)$.

   a) $K_{eq} = (2{,}63 \times 10^{-7}$ atm$)^2/[(4{,}76 \times 10^{-2}$ atm$)(9{,}82 \times 10^{-3}$ atm$)] = 1{,}48 \times 10^{-10}$.

   b) $Q = (2{,}63 \times 10^{-7}$ atm$)^2/[(4{,}76 \times 10^{-2}$ atm$)(3{,}74 \times 10^{-2}$ atm$)] = 3{,}89 \times 10^{-11}$. Da $Q < K_{eq}$, würde die Reaktion nach rechts verlaufen und Reaktanten in Produkte umwandeln.

7. Hier folgen die Antworten zum Gleichgewicht in der Reaktion $2A + 2B \leftrightarrow 3C + D$.

   a) $Q = [(78{,}9$ mM$)(443$ mM$)^3]/[(273$ mM$)^2 (34{,}7$ mM$)^2] = 76{,}4$

   b) Wenn $K_{eq} = 1{,}85 \times 10^2$, dann gilt $Q < K_{eq}$. Also wird die Reaktion weiterhin Reaktanten in Produkte umwandeln.

14 ➤ Geschwindigkeit und Gleichgewicht erforschen

8. Hier kommen die Antworten zum Gleichgewicht in der Reaktion A + B ↔ 2C.

   a) $\Delta G = \Delta H - T\Delta S$. Wenn wir nach der Entropieänderung auflösen, erhalten wir: $\Delta S = (\Delta G - \Delta H)/-T = (-25{,}8 \text{ kJ/mol} - 12{,}3 \text{ kJ/mol})/-273 \text{ K} = 0{,}140 \text{ kJ/(mol} \cdot \text{K)}$. Bei 273 K beträgt der Beitrag der Entropie, $T\Delta S$, also $(0{,}140 \text{ kJ} \cdot \text{mol}^{-1} \text{K}^{-1}) \times 273 \text{ K} = 38{,}1 \text{ kJ/mol}$. Diese günstige Entropieänderung treibt die Reaktion trotz der ungünstigen Enthalpieänderung an.

   b) $K_{eq} = \dfrac{[C]^2}{[A][B]} = e^{-\Delta G/RT} = e^{\frac{25800 \text{ J mol}^{-1}}{(8{,}314 \text{ l} \times \text{kPa K}^{-1} \text{mol}^{-1})(273 \text{ K})}} = 8{,}6 \times 10^4$

   c) $[B] = [C]^2/([A]K_{eq}) = (11{,}7 \text{ M})^2/(0{,}744 \text{ M} \times 8{,}6 \times 10^4) = 2{,}1 \text{ mM}$

9. Hier folgen die Antworten zum Reaktionsgleichgewicht bei der Verbrennung von Octan.

   a) Mit steigendem Partialdruck von Sauerstoff steigt auch die Konzentration eines Reaktanten, daher verschiebt sich das System nach rechts und es entsteht mehr Produktmasse.

   b) Eine steigende Temperatur bedeutet, dass bei der Reaktion ein »Wärmeprodukt« berücksichtigt werden muss, daher verschiebt sich die Reaktion nach links und wirkt so der Wärmebildung entgegen.

   c) Wenn sich die Gase im Zylinder ausdehnen, wird das Volumen größer und der Druck kleiner (siehe Kapitel 11, wenn Sie mehr über diese Beziehung wissen möchten). Der Druckabfall verschiebt das Gleichgewicht nach rechts, da die Produktseite einer größeren Anzahl Mol pro Masseneinheit entspricht. Wenn die Gasmolzahl ansteigt, verschiebt sich das System, um der Druckabnahme entgegenzuwirken.

10. Hier kommen die Antworten zum Gleichgewicht in der Reaktion $n\text{X} + 2\text{O}_2 \rightarrow 4\text{Y}$.

    a) Höhere Temperaturen (mehr Wärme) verschieben die Reaktion zur Seite der Reaktanten. Wärme muss also ein Produkt sein. Die Reaktion ist dementsprechend exotherm.

    b) Steigender Druck führt zu einer niedrigeren Gleichgewichtsausbeute. Die Gesamtmolzahl des Gases im Produktzustand muss also die Gesamtmolzahl des Gases im Reaktantenzustand übertreffen. Mit anderen Worten, $4 > n + 2$. Die einzig plausible Möglichkeit für n wäre also 1.

Aufwärmtraining für die Thermodynamik

In diesem Kapitel...

▶ Ein kurzer Überblick zur Thermodynamik

▶ Den Wärmefluss mit Wärmekapazität und Kalorimetrie messen

▶ Die Rolle von Wärme bei chemischen und physikalischen Veränderungen verstehen

▶ Wärme mit dem Hess'schen Gesetz addieren

---

*E*nergie hat viele Formen. Sie kann manchmal schwierig zu entdecken sein, ist aber niemals abwesend. Manchmal äußert sich Energie in Form von Wärme. Die *Thermodynamik* erforscht, wie Energie von einem Zustand in einen anderen wechselt. Die *Thermochemie* befasst sich mit den Temperaturänderungen, die bei chemischen Reaktionen auftreten. In diesem Kapitel wollen wir uns in die Welt der Thermodynamik und Thermochemie vertiefen.

Die Grundlagen der Thermodynamik

Um zu begreifen, wie die Thermochemie funktioniert, müssen Sie zunächst verstehen, wie die besondere Energieform Wärme in das Gesamtweltbild aus Energie und Materie passt.

Beim Studium von Energie ist es hilfreich, das Universum in zwei Teile zu zerlegen, das *System* und die *Umgebung*. Für einen Chemiker ist ein System zum Beispiel der Inhalt eines Becherglases oder eines anderen Reaktionsgefäßes. Das ist ein Beispiel für ein *geschlossenes System*, welches den Austausch von Energie mit der Umgebung, nicht aber von Materie zulässt. Geschlossene Systeme sind in der Chemie häufig anzutreffen. *Obwohl sich Energie zwischen System und Umgebung hin und her bewegen kann, bleibt die Gesamtenergie des Universums aber konstant.*

Energie wird in potenzielle Energie (E_{pot}) und kinetische Energie (E_{kin}) unterteilt.

✔ *Potenzielle Energie* entsteht durch die Position. *Chemische Energie* ist eine Art der potenziellen Energie, die von den Positionen der Teilchen in einem System herrührt.

✔ *Kinetische Energie* ist Bewegungsenergie. Die *Wärmeenergie* ist eine Form der kinetischen Energie, die sich als Teilchenbewegung in einem System zeigt.

Die Gesamtenergie eines Systems (E) ist die Summe seiner potenziellen und kinetischen Energien. Wenn sich ein System zwischen zwei Zuständen bewegt (so wie bei chemischen Reaktionen), kann sich die Gesamtenergie ändern, wenn das System dabei Energie mit der Umgebung austauscht. Der Energieunterschied (ΔE) zwischen Anfangs- und Endzustand ist von der geleisteten Arbeit (W) des Systems und von der Wärmemenge (q) abhängig, die dabei verloren geht oder aufgenommen wird.

Wir können diese Erklärungen zur Energie mithilfe einiger praktischer Formeln zusammenfassen:

$$E_{gesamt} = E_{kin} + E_{pot}$$

$$\Delta E = E_{Ende} - E_{Anfang} = q + W$$

Welche »Arbeit« können Atome oder Moleküle in einer chemischen Reaktion verrichten? Ein einfach zu verstehendes Beispiel ist die *Volumenänderungsarbeit* oder kurz *Volumenarbeit*. Betrachten Sie die folgende Reaktion:

$$CaCO_3(s) \rightarrow CaO(s) + CO_2(g)$$

Festes Calciumcarbonat zerfällt in festes Calciumoxid und gasförmiges Kohlendioxid. Bei konstantem Druck (p) ist diese Reaktion mit einer Änderung ihres Volumens (V) verbunden. Das hinzugewonnene Volumen entsteht durch die Produktion von Kohlendioxid. Es dehnt sich aus, so wie Gase das so an sich haben, und drängt dabei in Richtung Umgebung. Die Moleküle des Gases verrichten Arbeit, wenn sie nach außen drücken, um das Volumen zu vergrößern.

$$W = -p\Delta V$$

Das negative Vorzeichen in dieser Gleichung bedeutet, dass das System durch die an der Umgebung verrichtete Arbeit Gesamtenergie verliert. Hätte umgekehrt die Umgebung Arbeit am System geleistet und dabei dessen Volumen verkleinert, hätte das System seine Gesamtenergie erhöht.

Die Volumenarbeit kann also zum Teil für Änderungen der Gesamtenergie bei einer Reaktion verantwortlich gemacht werden. Wenn die Volumenarbeit die einzig wirkende Arbeit ist, sind die übrigen Energieänderungen dem Wärmefluss zuzuordnen. Die Enthalpie (H) entspricht dem Wärmegehalt eines geschlossenen Systems bei gleich bleibendem Druck. Die Enthalpieänderung (ΔH) eines solchen Systems entspricht dem *Wärmefluss*. Die Enthalpieänderung ist somit gleich der Änderung der Gesamtenergie abzüglich der Energie, die nötig ist, um Volumenarbeit zu leisten:

$$\Delta H = \Delta E - (-p\Delta V) = \Delta E + p\Delta V$$

H ist (wie E, p und V auch) eine *Zustandsfunktion*. Das heißt, ihr Wert hat nur mit dem Zustand des Systems zu tun, unabhängig davon, wie es in diesen Zustand gelangt ist. Wärme (q) ist hingegen keine Zustandsfunktion, sondern eine einfache Energieform, die von wärmeren zu kälteren Objekten fließt.

Jetzt atmen Sie mal tief durch. Die praktischen Konsequenzen, die sich aus all der grauen Theorie ergeben, lauten wie folgt:

✔ Chemische Reaktionen schließen meist einen Energiefluss in Form von Wärme (q) mit ein.

✔ Chemiker verfolgen Wärmeänderungen durch die Messung der Temperatur.

✔ Bei konstantem Druck ist die Änderung des Wärmegehalts gleich der Enthalpieänderung ΔH.

✔ Mithilfe von ΔH-Werten kann man chemisches Verhalten leichter erklären und voraussagen.

Beispiel

In einem versiegelten Zylinder wird ein Gas erhitzt. Das Gas dehnt sich durch die Wärme aus, wobei ein beweglicher Kolben nach außen gedrückt wird, um das Volumen des Zylinders auf 4,63 L zu erhöhen. Die Drücke zu Beginn und am Ende des Prozesses betragen beide 1,15 atm. Das Gas verrichtet 304 J Arbeit am Kolben. Wie groß war das Volumen des Zylinders am Anfang?
(**Hinweis:** 101,3 J = 1 L · atm)

Lösung

2,02 L. Sie kennen einen Arbeitsbetrag, einen konstanten Druck und wissen, dass sich das Volumen des Systems ändert. Die Gleichung, die Sie also hierfür brauchen, lautet $W = -p\Delta V = -p(V_{Ende} - V_{Anfang})$. Da das System Arbeit am Kolben verrichtet (und nicht anders herum), ist das Zeichen vor W negativ. Setzen Sie nun die bekannten Werte in die Gleichung ein:

$-304 \text{ J} = -1{,}15 \text{ atm} (4{,}63 \text{ L} - V_{Anfang})$

Rechnen Sie Joule in Liter-Atmosphären um:

$-3{,}00 \text{ L} \cdot \text{atm} = -1{,}15 \text{ atm} (4{,}63 \text{ L} - V_{Anfang})$

Lösen Sie nun nach V_{Anfang} auf:

$V_{Anfang} = 4{,}63 \text{ L} - 3{,}00 \text{ L} \cdot \text{atm}/1{,}15 \text{ atm} = 2{,}02 \text{ L}$

Aufgabe 1

Ein Treibstoff verbrennt bei konstantem Druck von 3,00 atm. Bei der Reaktion werden 75,0 kJ Wärme freigesetzt, und das System dehnt sich dabei von 7,50 L bis auf 20,0 L aus. Wie groß ist die Änderung der Gesamtenergie? (**Hinweis**: 101,3 J = 1 L · atm)

Ihre Lösung

Wärme aufnehmen: Wärmekapazität und Kalorimetrie

Wärme ist eine Energieform, die von wärmeren Objekten zu kälteren Objekten fließt. Aber wie viel Wärme kann ein Objekt eigentlich aufnehmen? Haben zwei Objekte automatisch die gleiche Temperatur, wenn sie den gleichen Wärmegehalt haben? Sie können unterschiedliche Temperaturen messen, aber wie lassen sich diese Temperaturen mit dem Wärmefluss in Beziehung setzen? Solche Fragen entstehen im Zusammenhang mit der *Wärmekapazität*, dem Wärmebetrag, der erforderlich ist, um die Temperatur eines Systems um 1 K zu erhöhen.

Es dauert länger, einen großen Topf voll Wasser zum Kochen zu bringen, als einen kleinen Topf. Bei maximaler Wärmezufuhr fließt die gleiche Wärmemenge in jeden der beiden Töpfe, aber der größere Wassertopf besitzt die größere Wärmekapazität. Deshalb braucht man mehr Wärme, um die Temperatur des großen Topfes zu erhöhen.

Die Wärmekapazität begegnet Ihnen in unterschiedlichen Formen, wobei jede einzelne für eine andere Situation hilfreich ist. Jedes System besitzt eine Wärmekapazität. Aber wie können Sie am besten die Wärmekapazitäten zwischen chemischen Systemen vergleichen? Dafür nutzen Sie die *molare Wärmekapazität* oder die *spezifische Wärmekapazität* (oder einfach *spezifische Wärme*). Die molare Wärmekapazität ist ganz einfach die Wärmekapazität von 1 mol einer Substanz. Die spezifische Wärmekapazität entspricht der Wärmekapazität von 1 g einer Substanz. Woher wissen Sie, ob Sie es mit einer Wärmekapazität, einer molaren Wärmekapazität oder einer spezifischen Wärmekapazität zu tun haben? Richtig! Ein Blick auf die Einheiten macht Sie schlauer.

Wärmekapazität = Energie pro Kelvin (E/K)

molare Wärmekapazität = Energie pro Mol und Kelvin (E/mol · K)

spezifische Wärmekapazität = Energie pro Gramm und Kelvin (E/g · K)

Schön und gut, aber was ist die Einheit der Energie? Nun, das kommt darauf an. Die SI-Einheit der Energie ist das *Joule* (J) (siehe Kapitel 2 für weitere Einzelheiten zum System der Internationalen Einheiten), aber es werden auch die Einheiten *Kalorie* (Cal) und *Liter-Atmosphäre* (L · atm) verwendet. Joule, Kalorie und Liter-Atmosphäre sind wie folgt miteinander verbunden:

- ✔ 1 J = 0,2390 Cal
- ✔ 101,3 J = 1 L · atm

Beachten Sie, dass in der Alltagssprache der Begriff »Kalorie« mit *Kilokalorie* gleichgesetzt wird. Eine umgangssprachliche Kalorie Käsekuchen hat also tatsächlich 1000-mal mehr Kalorien, als Sie denken.

Die Kalorimetrie umfasst eine Reihe von Techniken, bei denen die ganze graue thermochemische Theorie endlich Anwendung findet. Wenn Chemiker kalorimetrisch arbeiten, starten sie eine Reaktion in einem definierten System und messen alle Temperaturänderungen im Reaktionsverlauf. Es gibt dabei ein paar Variationsmöglichkeiten in diesem Zusammenhang:

✔ **Kalorimetrie bei konstantem Druck** misst die direkte Enthalpieänderung (ΔH) für eine Reaktion, indem der Wärmefluss bei konstantem Druck verfolgt wird: $\Delta H = q_p$.
Der Wärmefluss wird meist über Temperaturänderungen einer Reaktionslösung beobachtet. Wenn sich eine Lösung bei einer Reaktion erwärmt, muss bei dieser Reaktion Wärme in die Lösung freigesetzt worden sein. Anders ausgedrückt, der Wärmegehalt der Reaktion ($q_{Reaktion}$) ändert sich im gleichen Umfang wie der Wärmegehalt der Lösung ($q_{Lösung}$), nur mit umgekehrten Vorzeichen: $-q_{Reaktion} = q_{Lösung}$.

Durch die Bestimmung von $q_{Lösung}$ können Sie also auch $q_{Reaktion}$ berechnen, aber wie messen Sie denn eigentlich $q_{Lösung}$? Ganz einfach, indem Sie die Temperaturdifferenz ΔT aus den Temperaturwerten vor und nach der Reaktion bestimmen:

$q_{Lösung}$ = Masse der Lösung × spezifische Wärmekapazität der Lösung × ΔT

Oder anders ausgedrückt: $q = m \times c_p \times \Delta T$

Hierbei ist m die Masse der Lösung und c_p die spezifische Wärmekapazität der Lösung bei konstantem Druck. ΔT entspricht $T_{Ende} - T_{Anfang}$.

Vergewissern Sie sich, dass auch alle Einheiten »passen«, wenn Sie diese Gleichung benutzen. Wenn Ihr c_p also zum Beispiel in J/g · K angegeben ist, müssen Sie zuvor umrechnen, wenn Sie einen Wärmeflusswert in Kilokalorien erhalten möchten.

✔ **Kalorimetrie bei konstantem Volumen** misst die direkte Änderung der Gesamtenergie (ΔE, nicht ΔH) einer Reaktion, indem sie den Wärmefluss bei konstantem Volumen verfolgt. Oft sind die Werte von ΔE und ΔH ziemlich ähnlich.

Eine weit verbreitete Variante der Kalorimetrie bei konstantem Volumen bezieht sich auf die *Bombenkalorimetrie*. Dabei handelt es sich um eine Technik, bei der eine Reaktion (oft eine Verbrennungsreaktion) in einem versiegelten Gefäß (der so genannten Bombe) ausgelöst wird. Das Gefäß befindet sich dazu in einem Wasserbad definierten Volumens. Die Temperatur wird vor und nach der Reaktion gemessen. Da die Wärmekapazität des Wassers und des Kalorimeters bekannt sind, lässt sich der Wärmefluss anhand der Temperaturänderung berechnen.

Beispiel

Paraffinwachs wird manchmal als Isolator für Rigipsplatten verwendet. Im Verlauf des Tages absorbiert das Wachs Wärme und schmilzt. In den kühleren Nächten setzt das Wachs wieder Wärme frei und verfestigt sich. Bei Sonnenaufgang hat ein kleiner Brocken Paraffin in einer Wand eine Temperatur von 298 K. Die aufsteigende Sonne erwärmt das Wachs, dessen Schmelztemperatur bei 354 K liegt. Wie viel Wärme muss der Wachsbrocken absorbieren, um seinen Schmelzpunkt zu erreichen, wenn er eine Masse von 0,257 g und eine spezifische Wärmekapazität von 2,50 J/g · K besitzt?

 ### Lösung

36,0 Joule. Sie kennen zwei Temperaturen, eine Masse und eine spezifische Wärmekapazität und müssen einen Wärmeenergiebetrag ausrechnen. Also haben Sie doch alles, was Sie brauchen und können alle Werte in die Gleichung $q = m \times c_p \times \Delta T$ einsetzen.

$q = 0{,}257 \text{ g} \times 2{,}5 \text{ J/g} \cdot \text{K} \times (354 \text{ K} - 298 \text{ K})$
$= 35{,}98 \text{ J}$

Aufgabe 2

Ein 375 g schwerer Klumpen Blei wird erhitzt und in einen gedämmten Behälter mit 0,500 L Wasser gelegt. Vor der Versenkung des Bleiklumpens hat das Wasser eine Temperatur von 293 K. Nach einer bestimmten Zeit haben Blei und Wasser dieselbe Temperatur von 297 K angenommen. Die spezifische Wärmekapazität von Blei beträgt 0,127 J/g · K und die spezifische Wärmekapazität von Wasser liegt bei 4,18 J/g · K. Wie heiß war das Blei, bevor es mit dem Wasser in Kontakt kam? (**Hinweis:** Sie brauchen zur Lösung der Aufgabe die Dichte von Wasser.)

Ihre Lösung

Aufgabe 3

Es gibt einen Zeitpunkt, an dem alle Chemiker dieselbe harte Lektion lernen: Heißes Glas sieht genauso aus wie kaltes Glas. Martin entdeckte dieses Phänomen, als er ein heißes Becherglas in die Hand nehmen wollte, das jemand auf seinem Arbeitstisch stehen gelassen hatte. In dem Moment, als Martin das 413 K heiße Glas berührte, flossen 567 J Wärme aus dem Gefäß in seine Hand über. Glas hat eine Wärmekapazität von 0,84 J/g · K. Wie groß ist die Masse aller Glassplitter zusammengenommen, die jetzt auf dem Laborfußboden verstreut liegen, nachdem Martin das Becherglas mit einer Temperatur von 410 K schreiend fallen ließ?

Ihre Lösung

Aufgabe 4

25,4 g NaOH werden in einem isolierten Kalorimeter in Wasser gelöst. Die Wärmekapazität der entstehenden Lösung beträgt $4{,}18 \times 10^3$ J/K. Die Temperatur des Wassers vor der Zugabe von NaOH betrug 296 K. Wie hoch ist die Endtemperatur der Lösung, wenn NaOH 44,2 kJ/mol bei der Auflösung freisetzt?

Ihre Lösung

Wärme absorbieren und abgeben: endotherme und exotherme Reaktionen

Wie Sie im vorherigen Abschnitt gesehen haben, können Sie den Wärmefluss durch die Messung von Temperaturänderungen verfolgen. Aber was hat das alles mit Chemie zu tun? Chemische Reaktionen transformieren sowohl Materie als auch Energie. Obwohl Reaktionsgleichungen meist nur die materiellen Komponenten einer Reaktion darstellen, können Sie sich Wärmeenergie auch als einen Reaktanten bzw. ein Produkt vorstellen. Wenn sich Chemiker für den Wärmefluss bei einer Reaktion interessieren (und wenn die Reaktion bei gleichbleibendem Druck abläuft), notieren Sie eine Enthalpieänderung (ΔH) rechts von der Reaktionsgleichung. Wie wir im vorangegangenen Abschnitt erklärt haben, ist der Wärmefluss bei konstantem Druck gleich ΔH.

$q_p = \Delta H = H_{Ende} - H_{Anfang}$

Wenn der ΔH-Wert einer Reaktion negativ ist, wird Wärme freigesetzt – die Reaktion heißt dann *exotherm*. Wenn der ΔH-Wert einer Reaktion positiv ist, wird Wärme aufgenommen – die Reaktion heißt dann *endotherm*. Exotherme Reaktionen setzen also mit anderen Worten Wärme als Produkt frei, während endotherme Reaktionen Wärme als Reaktant benötigen.

Das Vorzeichen von ΔH weist uns also die Richtung des Wärmeflusses, aber wie sieht es mit der Größenordnung aus? Die Koeffizienten einer chemischen Reaktion repräsentieren molare Äquivalente (siehe Kapitel 8 zu Einzelheiten). Der ΔH-Wert bezieht sich also auf die Enthalpieänderung für ein molares Äquivalent der Reaktion. Hier ist ein Beispiel:

$CH_4(g) + 2O_2(g) \rightarrow CO_2(g) + 2H_2O(g)$ $\Delta H = -802$ kJ

Diese Reaktionsgleichung beschreibt die Verbrennung von Methan, eine Reaktion, von der Sie annehmen könnten, sie sei exotherm. Die Enthalpieänderung rechts neben der Gleichung bestätigt diese Annahme: Für jedes Mol verbranntes Methan werden 802 kJ Wärme freigesetzt. Die Reaktion ist hoch exotherm.

Anhand der Stöchiometrie für diese Gleichung, können Sie außerdem sagen, dass pro 2 mol entstehendes Wasser 802 kJ freigesetzt werden. (Blättern Sie zu Kapitel 9 für einen Auffrischungskurs zur Stöchiometrie.)

Die Enthalpieänderung (oder »Reaktionswärme«) ist also hilfreich bei der Messung oder Vorhersage einer chemischen Veränderung. Aber sie ist nicht minder hilfreich, wenn es darum geht, physikalische Änderungen, wie Gefrieren und Schmelzen, abzuschätzen. Wasser absorbiert zum Beispiel beim Schmelzen und Verdampfen Wärme (wie die meisten Substanzen auch).

Molare Schmelzenthalpie: $\Delta H_S = 6{,}01$ kJ

Molare Verdampfungsenthalpie: $\Delta H_D = 40{,}68$ kJ

Dieselben Regeln gelten sowohl für Enthalpieänderungen bei chemischen als auch bei physikalischen Veränderungen. Es folgt eine Zusammenfassung dieser Regeln:

- **Die freigesetzte oder absorbierte Wärme eines Prozesses ist zur teilnehmenden Molzahl der Substanz proportional.** Zwei Mol verbranntes Methan entlassen doppelt so viel Wärme wie ein Mol verbranntes Methan.

- **Ein Prozess in umgekehrter Richtung erzeugt einen gleich großen Wärmefluss, aber mit umgekehrtem Vorzeichen wie die Hinreaktion.** Beim Gefrieren von 1 mol Wasser wird die gleiche Wärmemenge freigesetzt, die beim Schmelzen absorbiert wird.

Beispiel

Hier sehen Sie die ausbilanzierte chemische Gleichung für die Oxidation von molekularem Wasserstoff zu Wasser, samt der dazugehörigen Enthalpieänderung:

$2H_2(g) + O_2(g) \rightarrow 2H_2O(l) \quad \Delta H = -572$ kJ

Wie viel elektrische Energie muss aufgewendet werden, um eine Elektrolyse von 3,76 mol Wasser durchzuführen, wobei Wasserstoff- und Sauerstoffgas entstehen?

Lösung

$1{,}08 \times 10^3$ **kJ.** Zuerst müssen Sie erkennen, dass die angegebene Enthalpieänderung für die Rückreaktion der Elektrolyse steht und dementsprechend das Vorzeichen von Minus nach Plus umkehren. Als nächstes erinnern Sie sich daran, dass die Reaktionswärme der reagierenden Substanzmenge proportional ist (2 mol H_2O in diesem Fall), also lautet die Berechnung:

3,76 mol $H_2O \times (572$ kJ/2 mol $H_2O)$

$= 1{,}08 \times 10^3$ kJ

Aufgabe 5

Kohlendioxidgas kann zu Sauerstoff- und Kohlenmonoxidgas zerfallen:

$2CO_2(g) \rightarrow O_2(g) + 2CO(g) \quad \Delta H = 486$ kJ

Wie viel Wärme wird freigesetzt oder absorbiert, wenn sich 9,67 g Kohlenmonoxid mit Sauerstoff zu Kohlendioxid verbinden?

Ihre Lösung

Aufgabe 6

Wie viel Wärme muss zugeführt werden, um 4,77 mol 268 K kaltes Eis verdampfen zu lassen? Die spezifische Wärmekapazität von Eis liegt bei 38,1 J/mol · K, und die spezifische Wärmekapazität von (flüssigem) Wasser beträgt 75,3 J/mol · K. Die molaren Verdampfungs- und Schmelzenthalpien betragen jeweils 40,68 kJ und 6,01 kJ.

Ihre Lösung

Wärme mit dem Hess'schen Gesetz addieren

Für einen Chemiker ist das *Hess'sche Gesetz* ein wertvolles Werkzeug, um den Wärmefluss in komplizierten Mehrschrittreaktionen zu verfolgen. Für den noch verwirrten und überforderten Chemiestudenten bietet das Hess'sche Gesetz die Möglichkeit, einmal tief durchzuatmen. Das Gesetz besagt nämlich, dass sich Wärme so verhält, wie wir es gerne möchten: auf vorhersehbare Weise.

Stellen Sie sich vor, dass das Produkt einer Reaktion als Reaktant für eine andere Reaktion dient. Jetzt stellen Sie sich weiterhin vor, dass das Produkt der zweiten Reaktion ebenfalls als Reaktant für eine dritte Reaktion Verwendung findet. Was Sie jetzt haben, ist eine Reihe aneinander gekoppelter Reaktionen, aufgereiht wie Perlen auf einer Kette:

A → B und B → C und C → D

Oder:

A → B → C → D

Sie können diese drei Einzelreaktionen auch zu einer allumfassenden Gesamtreaktion A → D zusammenfassen. Wie groß ist aber nun die Enthalpieänderung dieser Gesamtreaktion ($\Delta H_{A \rightarrow D}$)? Da haben wir gute Neuigkeiten für Sie:

$$\Delta H_{A \rightarrow D} = \Delta H_{A \rightarrow B} + \Delta H_{B \rightarrow C} + \Delta H_{C \rightarrow D}$$

Enthalpieänderungen lassen sich summieren. Aber es wird noch besser. Stellen Sie sich vor, dass Sie die Gesamtenthalpieänderung für die folgende Mehrschrittreaktion herausfinden wollen:

$X \rightarrow Y \rightarrow Z$

Hier liegt ein kleiner Stolperstein, denn Sie können diese Enthalpieänderung $\Delta H_{X \rightarrow Z}$ aus technischen Gründen nicht direkt messen, sondern müssen sie anhand der einzelnen Werte für $\Delta H_{X \rightarrow Y}$ und $\Delta H_{Y \rightarrow Z}$, die Sie aus einer Tabelle ablesen können, zusammenrechnen. Kein Problem, oder? Sie schlagen einfach die Werte nach und addieren sie. Aber leider folgt hier noch ein kleiner Stolperstein, denn wenn sie das tun, finden Sie die folgenden Werte:

$\Delta H_{X \rightarrow Y} = -37,5$ kJ/mol

$\Delta H_{Z \rightarrow Y} = -10,2$ kJ/mol

Schluck! Sie brauchen doch $\Delta H_{Y \rightarrow Z}$ und nicht $\Delta H_{Z \rightarrow Y}$! Keine Panik. Wie wir ja im vorigen Abschnitt festgestellt haben, besitzt die Enthalpieänderung einer Rückreaktion dieselbe Größenordnung wie die Hinreaktion, nur mit umgekehrtem Vorzeichen. Also gilt $\Delta H_{Y \rightarrow Z} = +10,2$ kJ/mol. So einfach ist das. Daher gilt für die Berechnung:

$\Delta H_{X \rightarrow Z} = \Delta H_{X \rightarrow Y} + (-\Delta H_{Z \rightarrow Y}) = -37,5$ kJ/mol $+ 10,2$ kJ/mol $= -27,3$ kJ/mol

Vielen Dank, lieber Herr Hess!

Beispiel

Berechnen Sie die Reaktionsenthalpie für die folgende Reaktion:

$PCl_5(g) \rightarrow PCl_3(g) + Cl_2(g)$

Nutzen Sie hierzu die folgenden Angaben:

Reaktion 1: $\quad 4PCl_3(g) \rightarrow P_4(s) + 6Cl_2(g) \qquad \Delta H = 821$ kJ

Reaktion 2: $\quad P_4(s) + 10Cl_2(g) \rightarrow 4PCl_5(g) \qquad \Delta H = -1156$ kJ

Lösung

83,8 kJ. Es sind die Reaktionsenthalpien für zwei Gleichungen angegeben. Ihre Aufgabe besteht darin, Reaktion 1 und 2 so zu verarbeiten und zu addieren, dass die Summe gleich der Zielreaktion entspricht. Zuerst kehren Sie Reaktion 1 und 2 um (zu Reaktion 1' und 2') und addieren dann beide:

Reaktion 1':	$P_4(s) + 6Cl_2(g) \rightarrow 4PCl_3(g)$	$\Delta H = -821$ kJ
Reaktion 2':	$4PCl_5(g) \rightarrow P_4(s) + 10Cl_2(g)$	$\Delta H = 1156$ kJ
Summe:	$4PCl_5(g) \rightarrow 4PCl_3(g) + 4Cl_2(g)$	$\Delta H = 335$ kJ

Gleiche Komponenten, die bei der Addition auf beiden Seiten des Reaktionspfeils auftreten (wie P_4 und Cl_2), können einfach herausgekürzt werden. Zum Schluss teilen Sie diese Summe noch durch 4, um die Zielreaktion zu erhalten:

$PCl_5(g) \rightarrow PCl_3(g) + Cl_2(g)$ $\Delta H = 83{,}8$ kJ

Aufgabe 7

Berechnen Sie die Reaktionsenthalpie für die folgende Reaktion:

$N_2O_4(g) \rightarrow N_2 + 2O_2(g)$

Nutzen Sie hierzu die folgenden Angaben:

Reaktion 1:	$N_2(g) + 2O_2(g) \rightarrow 2NO_2(g)$	$\Delta H = 1032$ kJ
Reaktion 2:	$2NO_2(g) \rightarrow N_2O_4(g)$	$\Delta H = -886$ kJ

Ihre Lösung

Aufgabe 8

Berechnen Sie die Reaktionsenthalpie für die folgende Reaktion:

$C(s) + H_2O(g) \rightarrow CO(g) + H_2(g)$

Nutzen Sie hierzu die folgenden Angaben:

Reaktion 1:	$C(s) + O_2(g) \rightarrow CO_2(g)$	$\Delta H = -605$ kJ
Reaktion 2:	$2CO(g) + O_2(g) \rightarrow 2CO_2(g)$	$\Delta H = -966$ kJ
Reaktion 3	$2H_2(g) + O_2(g) \rightarrow 2H_2O(g)$	$\Delta H = -638$ kJ

Ihre Lösung

Lösungen zu den Aufgaben rund ums Thema Thermodynamik

Überprüfen Sie Ihre Antworten zu den praktischen Aufgaben, um zu sehen, ob das Aufwärmtraining bei Ihnen schon gewirkt hat.

1. **78,8 kJ weniger.** Sie kennen einen konstant bleibenden Druck, einen Wärmebetrag, eine Volumenänderung und wissen, dass eine Änderung der Gesamtenergie stattgefunden hat. Änderungen des Wärmegehalts bei konstantem Druck entsprechen einer Enthalpieänderung. Sie müssen hier also folgende Gleichung anwenden:

   $\Delta H = \Delta E + p\Delta V$

   Um richtig zu rechnen, müssen Sie alle Einheiten anpassen. Wandeln Sie also vorübergehend die angegebene Wärmeenergie von kJ in L · atm um:

   75,0 kJ = $7,50 \times 10^4$ J = $7,40 \times 10^2$ L · atm.

   Da das System Wärme abgibt, ist die Enthalpieänderung (ΔH) negativ.

   $-7,40 \times 10^2$ L · atm = ΔE + 3,00 atm (20,0 L – 7,50 L)

   Wenn Sie nach ΔE auflösen, erhalten Sie –778 L · atm, was –78,8 kJ entspricht. Da das Vorzeichen negativ ist, wird die Gesamtenergie des Systems um 78,8 kJ gesenkt.

2. **473 K.** Der Schlüssel zu diesem Problem besteht in der Erkenntnis, dass jede Wärme, die vom Blei abgegeben wird, vom umgebenden Wasser wieder aufgenommen wird, also $q_{Blei} = -q_{Wasser}$. Berechnen Sie die Wärmemengen mit $q = m \times c_p \times \Delta T$. Erinnern Sie sich daran, dass $\Delta T = T_{Ende} - T_{Anfang}$. Die Unbekannte in dieser Aufgabe ist die Anfangstemperatur des Bleis.

   q_{Blei} = 375 g × 0,127 J/g · K × (297 K – T_{Anfang})

   Um q_{Wasser} zu berechnen, müssen Sie zuerst die Masse von 0,500 L Wasser bestimmen, indem Sie mit der Dichte arbeiten:

   q_{Wasser} = 500 g × 4,18 J/g · K × (297 K – 293 K) = $8,36 \times 10^3$ J

   Setzen Sie nun q_{Blei} gleich mit $-q_{Wasser}$ und lösen Sie nach T_{Anfang} auf, so erhalten Sie 473 K:

   375 g × 0,127 J/g · K × (297 K – T_{Anfang}) = $-8,36 \times 10^3$ J

   297 K – T_{Anfang} = –176 K

   T_{Anfang} = 473 K

3. **$2,3 \times 10^2$ g.** Um dieses Problem zu lösen, wenden Sie $q = m \times c_p \times \Delta T$ auf das Becherglas an. Die Unbekannte ist hier die Masse m des Becherglases. Da die Wärme aus dem Becherglas herausfließt, muss das Vorzeichen von q negativ sein.

   –576 J = m × 0,84 J/g · K × (410 K – 413 K)

   Wenn Sie nach m auflösen, erhalten Sie $2,3 \times 10^2$ g.

4. **303 K.** Gehen Sie dieses Problem in zwei Teilen an.

   Es gilt 44,2 kJ = 1 mol NaOH und 40,0 g = 1 mol NaOH. Damit kennen Sie die molare Wärme und die molare Masse.

   Bezogen auf 25,4 g erhalten Sie dann eine Wärmemenge von

   x/25,4 g NaOH = 44,2 kJ/40,0 g NaOH

   x = 28,1 kJ

   Da Sie die Wärmekapazität der Lösung kennen – nicht die molare oder spezifische Wärmekapazität – können Sie einfach die abgegebene Wärme q in die folgende Gleichung einsetzen:

   q = Wärmekapazität $\times (T_{Ende} - T_{Anfang})$

   Da die Wärmekapazität in Joule angegeben wurde, müssen Sie sie noch in Kilojoule umrechnen, bevor es weitergehen kann:

   $2{,}81 \times 10^4$ J $= 4{,}18 \times 10^3$ J/K $\times (T_{Ende} - 296$ K$)$

   Nach T_{Ende} aufgelöst, erhalten Sie 303 K.

5. **–83,9 kJ werden freigesetzt.** Bestimmen Sie zunächst die Wärmemenge, die 1 mol CO abgeben würde und rechnen Sie dann zu kJ um. Vergewissern Sie sich, das richtige Vorzeichen der Enthalpie einzusetzen und die Stöchiometrie der gegebenen Reaktion zu berücksichtigen:

   –486 kJ = 2 mol CO   entspricht   –243 kJ = 1 mol CO

   und 28,0 g = 1 mol CO

   Bezogen auf 9,67 g CO erhalten Sie also eine Wärmemenge von

   x/9,67 g CO = –243 kJ/40,0 g CO

   x = –83,9 kJ

   Da das Vorzeichen negativ ist, werden 83,9 kJ abgegeben (und nicht absorbiert).

6. **$2{,}60 \times 10^5$ J (oder $2{,}60 \times 10^2$ kJ).** Die erforderliche Gesamtwärme entspricht der Summe aller einzelnen Teilwärmen: Wärme, um das Eis bis zum Schmelzpunkt zu bringen (273 K), Wärme um das Eis in flüssiges Wasser zu verwandeln, Wärme um den Siedepunkt zu erreichen und Wärme, um das kochende Wasser verdampfen zu lassen. Achten Sie auf Ihre Einheiten (J und kJ):

   q (Eis bis zum Schmelzpunkt erwärmen) = 4,77 mol $\times$ 38,1 J/mol $\cdot$ K $\times$ (273 K – 268 K) = 909 J

   q (Eis zu Wasser schmelzen) = 4,77 mol $\times 6{,}01 \times 10^3$ J/mol = $2{,}87 \times 10^4$ J

   q (Wasser zum Siedepunkt erwärmen) = 4,77 mol $\times$ 75,3 J/mol $\cdot$ K $\times$ (373 K – 273 K) = $3{,}59 \times 10^4$ J

   q (Wasser verdampfen lassen) = 4,77 mol $\times 4{,}068 \times 10^4$ J/mol = $1{,}94 \times 10^5$ J

   Die Gesamtsumme aller Teilwärmen beträgt $2{,}60 \times 10^5$ J (oder $2{,}60 \times 10^2$ kJ).

7. **−146 kJ.** Kehren Sie Reaktion 1 zu Reaktion 1' um (−1032 kJ). Kehren Sie Reaktion 2 zu Reaktion 2' um (886 kJ). Wenn Sie Reaktion 1' und 2' addieren, erhalten Sie $\Delta H = -146$ kJ.

8. **197 kJ.** Kehren Sie Reaktion 2 um und teilen Sie sie durch 2, um Reaktion 2' zu erhalten (483 kJ). Kehren Sie Reaktion 3 um und teilen Sie sie durch 2, um Reaktion 3' zu erhalten (319 kJ). Wenn Sie Reaktion 1, 2' und 3' addieren, erhalten Sie $\Delta H = 197$ kJ. Sie müssen Reaktion 2 und 3 umdrehen, um die richtigen Verbindungen auf die Seiten der Reaktanten und Produkte zu bekommen. Reaktion 1 hat schon die richtige Ausrichtung. Reaktion 2 und 3 müssen außerdem durch 2 dividiert werden, damit die Stöchiometrie der Endgleichung der Stöchiometrie der Zielgleichung (nämlich jeweils 1 mol H_2O, CO und H_2) entspricht. Auch wenn durch die Division vorübergehend keine ganzzahligen Koeffizienten entstehen, so werden diese bei der Addition der drei Reaktionen 1, 2' und 3' gleich wieder herausgekürzt.

Teil IV
Ladung wechsle dich

In diesem Teil ...

Atome sind aus drei Arten von Teilchen aufgebaut, von denen zwei Arten Ladungen tragen. Das bedeutet, dass die Ladung auch in der Chemie eine wichtige Rolle spielt. Die Änderung oder Übertragung von Ladungen zwischen Reaktanten hat Einfluss auf ihre Eigenschaften. Durch diese Ladungsbewegung ergeben sich zwei große Reaktionsklassen: Säure-Base-Reaktionen und Redoxreaktionen. In diesem Teil geben wir Ihnen die Werkzeuge in die Hand, um mit diesen ladungsabhängigen Reaktionen umzugehen. Außerdem wenden wir uns der Kernchemie zu, die sich mit Transformationen in den Atomkernen, den positiv geladenen Herzen aller Atome, beschäftigt.

Der Lackmustest für Säuren und Basen

16

In diesem Kapitel...

▶ Die vielen Definitionen von Säuren und Basen vergleichen

▶ Azidität und Basizität ausrechnen

▶ Säurestärke und Basenstärke anhand der Dissoziation bestimmen

Wenn Sie schon mal ein Comic-Heft gelesen, einen Superheldenfilm gesehen oder auch eine dieser Lösen-Sie-den-Fall-in-50-Minuten-Krimiserien im Fernsehen angeschaut haben, haben Sie sicherlich den Eindruck gewonnen, dass Säuren gefährliche Substanzen sind. Eine Säure ist meist etwas, das ein teuflischer Bösewicht dem Superhelden ins Gesicht sprüht, aber irgendwie dann immer doch auf seinem eigenen Körper landet. Dennoch gibt es sehr viele recht harmlose Säuren, denen Sie im täglichen Leben begegnen und sie sogar zu sich nehmen. Zitronensäure befindet sich zum Beispiel in Zitronen und Orangen und kann problemlos mit der Nahrung aufgenommen werden, genauso wie die Essigsäure im Essig.

Starke Säuren können in der Tat die Haut schädigen, und bei der Verwendung im Labor muss man daher stets besondere Vorsicht walten lassen. Starke Basen können die Haut aber genauso verletzen. Chemiker benötigen daher ein differenzierteres Wissen über die Unterschiede zwischen Säuren und Basen und ihre relative Stärke. Dieses Kapitel konzentriert sich darauf, wie Sie Säuren und Basen identifizieren können und zeigt Ihnen auch einige Möglichkeiten, wie Sie die relative Stärke bestimmen können.

Drei komplementäre Methoden zur Definierung von Säuren und Basen

Als die Chemiker begriffen, dass Säuren und Basen weit mehr sind als nur »brennende und beißende Flüssigkeiten«, entwickelten sie Methoden, um beide voneinander zu unterscheiden. Es heißt oft, dass Säuren sauer schmecken und Basen bitter sind, aber wir wollen Sie an dieser Stelle *nicht* dazu ermutigen, im Labor herumzuwandern und die Chemikalien anhand ihres Geschmacks zu identifizieren. In den folgenden Abschnitten erklären wir Ihnen drei deutlich sicherere Methoden, die Sie zur Säure-Basen-Unterscheidung einsetzen können.

Methode 1: Arrhenius hält sich an die Grundlagen

Svante Arrhenius war ein schwedischer Chemiker, dessen Arbeit heute nicht nur in einer nach ihm benannten Methode zur Säure-Basen-Differenzierung Ehrung findet, sondern der auch ein deutlich fundamentaleres chemisches Konzept entdeckt hat: die *Dissoziation*. Arrhenius lieferte in seiner Doktorarbeit eine Erklärung für ein Phänomen, das vielen Chemikern auf der ganzen Welt seit Jahrzehnten Kopfzerbrechen bereitet hatte. Zuvor war nämlich unklar, warum weder reines Wasser noch reines Salz gute elektrische Leiter sind, während Salzlösungen exzellente elektrische Leiteigenschaften besitzen.

Arrhenius' Theorie besagte, dass Elektrizität in wässrigen Salzlösungen so gut geleitet wird, weil die Bindungen zwischen den Salzatomen durch das Mischen mit Wasser aufgebrochen werden und damit Ionencharakter erhalten. Obwohl das Ion schon Jahrzehnte zuvor durch Michael Faraday definiert worden war, glaubten die Chemiker damals noch allgemein, dass sich Ionen nur durch *Elektrolyse* bilden könnten oder beim Aufbrechen chemischer Bindungen mithilfe elektrischen Stroms. Daher wurde Arrhenius' Theorie zunächst mit Skepsis betrachtet, und das Prüfungskomitee bewertete ihn mit »gerade noch bestanden«. Paradoxerweise gelang es Arrhenius aber später dennoch, die wissenschaftlichen Kreise von der Richtigkeit seiner These zu überzeugen. 1903 wurde ihm der Nobelpreis für Chemie für jene Idee verliehen, die ihn Jahre zuvor beinahe seinen Doktortitel gekostet hätte.

Arrhenius erweiterte danach seine Theorien und schuf eine der heute am weitesten verbreiteten und eindeutigsten Definitionen über Säuren und Basen. Laut Arrhenius sind Säuren Substanzen, die Wasserstoffionen (H^+) bilden, wenn sie in Wasser dissoziieren (zerfallen), während Basen bei der Dissoziation in Wasser Hydroxidionen (OH^-) bilden.

Lesen Sie Tabelle 16.1 mit den häufigen Säuren und Basen genau durch und beachten Sie dabei, dass darin alle Säuren ein Wasserstoffatom und fast alle Basen eine Hydroxidgruppe besitzen. Die Arrhenius-Definition für Säuren und Basen ist eindeutig und auf viele Säuren und Basen anwendbar, wird aber durch ihre doch recht schmale Sichtweise begrenzt.

Name der Säure	Chemische Formel	Name der Base	Chemische Formel
Essigsäure	CH_3COOH	Ammoniak	NH_3
Zitronensäure	$C_5H_7O_5COOH$	Calciumhydroxid	$Ca(OH)_2$
Salzsäure	HCl	Magnesiumhydroxid	$Mg(OH)_2$
Flusssäure	HF	Kaliumhydroxid	KOH
Salpetersäure	HNO_3	Natriumcarbonat	Na_2CO_3
Salpetrige Säure	HNO_2	Natriumhydroxid	$NaOH$
Schwefelsäure	H_2SO_4		

Tabelle 16.1: Verbreitete Säuren und Basen.

Methode 2: Brønsted-Lowry kümmern sich um Basen ohne Hydroxidionen

Sie werden zweifellos bemerkt haben, dass einige der Basen aus Tabelle 16.1 keine Hydroxidgruppe tragen, was eigentlich heißt, dass die Arrhenius-Definition auf diese Vertreter nicht anwendbar ist. Als die Chemiker erkannten, dass es einige Substanzen gibt, die zwar wie Säuren aussehen, sich aber wie Basen verhalten, wurde schnell der Ruf nach einer neuen, verbesserten Säure-Basen-Definition laut. Daraufhin entstand die Brønsted-Lowry-Theorie, die 1923 gleichzeitig von den unabhängig arbeitenden Wissenschaftlern Johannes Brønsted und Thomas Lowry formuliert wurde. Sie ist eine Methode, mit der man diesen nervenden Basen im »Säure-Outfit« auf die Schliche kommen kann.

Laut Brønsted-Lowry-Definition ist eine Säure eine Substanz, die ein Wasserstoffion (Proton, H$^+$) in einer Säure-Basen-Reaktion abgibt, während eine Base dabei dieses Wasserstoffion aufnimmt. Wenn ein Wasserstoffatom ionisiert wird und zum Kation wird (positiv geladenes Atom), verliert es sein einziges Elektron und besitzt dann nur noch ein Proton. Aus diesem Grund werden Brønsted-Säuren oft *Protonendonatoren* und Brønsted-Basen *Protonenakzeptoren* genannt.

Der beste Weg, um Brønsted-Basen und -Säuren zu unterscheiden, besteht darin, die Wasserstoffionen in einer chemischen Reaktion zu verfolgen. Betrachten Sie zum Beispiel die Dissoziation der Base Natriumcarbonat in Wasser. Beachten Sie, dass Natriumcarbonat kein Hydroxidion besitzt, obwohl es eine Base ist.

$$Na_2CO_3 + 2H_2O \rightarrow H_2CO_3 + 2NaOH$$

Hier handelt es sich um eine doppelte Substitutionsreaktion (siehe Kapitel 8 für eine Erläuterung zu dieser Art Reaktion). Ein Wasserstoffion von Wasser tauscht mit dem Natrium von Natriumcarbonat den Platz, sodass sich die Produkte Kohlensäure und Natriumhydroxid bilden. Nach der Brønsted-Lowry-Definition ist hier Wasser die Säure, denn es gibt sein Wasserstoffion ab. Das wiederum macht Na_2CO_3 zur Base, denn es hat das Wasserstoffion von H_2O aufgenommen.

Was ist mit den Substanzen auf der rechten Seite der Gleichung? Die Brønsted-Lowry-Theorie nennt die Produkte einer Säure-Basen-Reaktion jeweils *konjugierte Säure* und *konjugierte Base*. Die konjugierte Säure entsteht, wenn die Base ein Wasserstoffion aufnimmt (in diesem Fall H_2CO_3), während eine konjugierte Base bei der Abgabe des Protons der Säure entsteht (in diesem Fall NaOH). Diese Reaktion beinhaltet auch einen sehr wichtigen Punkt im Zusammenhang mit der Säure- und Basenstärke. Obwohl Natriumcarbonat eine sehr starke Base ist, handelt es sich bei der konjugierten Säure (Kohlensäure) um eine sehr schwache Säure. Ähnlich ist auch Wasser in dieser Reaktion eine sehr schwache Säure, während seine konjugierte Base (NaOH) eine sehr starke Base ist. Schwache Säuren bilden stets starke konjugierte Basen und umgekehrt. Das gleiche gilt auch für starke Säuren.

Methode 3: Lewis verlässt sich auf Elektronenpaare

Im selben Jahr als Brønsted und Lowry ihre Säure-Basen-Definition postulierten, fand der amerikanische Chemiker Gilbert Lewis einen alternativen Weg, der nicht nur die Brønsted-Lowry-Theorie berücksichtigte, sondern auch eine Lösung für solche Säure-Basen-Reaktionen bot, in denen kein Wasserstoffion ausgetauscht wird. Lewis konzentrierte sich dabei darauf, freie Elektronenpaare zu verfolgen. Laut seiner Theorie ist eine Base eine Substanz, die ein Elektronenpaar abgibt, um eine koordinative kovalente Bindung mit einer anderen Substanz zu bilden, während eine Säure eine Substanz darstellt, die das Elektronenpaar in einer solchen Reaktion aufnimmt. Wie wir in Kapitel 5 erklärt haben, ist eine koordinative kovalente Bindung eine kovalente Bindung, bei der beide Bindungselektronen von einem der Reaktionspartner gespendet werden.

Alle Brønsted-Säuren sind auch gleichzeitig Lewis-Säuren, aber der Begriff Lewis-Säure ist im Allgemeinen auch für Säuren reserviert, die nicht ins Brønsted-Lowry-Konzept passen wollen. Die beste Möglichkeit ein Lewis-Säure-Basenpaar aufzuspüren, besteht darin, eine Lewis-Punktstruktur der Reaktionspartner zu zeichnen und so die Anwesenheit freier Elektronenpaare festzustellen (mehr zu Lewis-Strukturen in Kapitel 5). Schauen Sie sich zum Beispiel die Reaktion zwischen Ammoniak (NH_3) und Bortrifluorid (BF_3) an:

$$NH_3 + BF_3 \rightarrow NH_3BF_3$$

Auf den ersten Blick scheinen weder die Reaktanten, noch die Produkte Säuren oder Basen zu sein, aber die Reaktanten werden als Lewis-Säure-Basenpaar entlarvt, wenn sie als Punktstrukturen wie in Abbildung 16.1 dargestellt werden. Ammoniak gibt sein freies Elektronenpaar für die Bindung mit Bortrifluorid her, wodurch Ammoniak zur Lewis-Base und Bortrifluorid zur Lewis-Säure wird.

```
      H      F              H    F
      |      |              |    |
  H—N: +  B—F      →    H—N — B—F
      |      |              |    |
      H      F              H    F
```

Abbildung 16.1: Die Lewis-Punktstrukturen von Ammoniak und Bortrifluorid.

Manchmal können Sie eine Verbindung bereits als Lewis-Säure und Lewis-Base identifizieren, ohne dass Sie dazu die Punktstruktur zeichnen müssen. Dazu müssen Sie elektronenreiche Reaktanten (Basen) oder elektronenarme Reaktanten (Säuren) identifizieren. Metallkationen sind zum Beispiel elektronenarm und neigen dazu, sich wie Lewis-Säuren zu verhalten, indem sie ein Elektronenpaar in einer Reaktion aufnehmen.

In der praktischen Anwendung ist es viel einfacher, die Arrhenius- oder Brønsted-Lowry-Definitionen zur Identifizierung von Säuren und Basen zu benutzen; aber es wird sicher Momente geben, in denen Sie auch auf die Lewis-Definition zurückgreifen müssen, wenn Sie es mit einer Reaktion zu tun

16 ➤ Der Lackmustest für Säuren und Basen

haben, bei der keine Protonen ausgetauscht werden. Sie können sich immer die beste und am einfachsten anwendbare Definition aussuchen, wenn Sie Säuren und Basen in einer Reaktion unterscheiden müssen.

Beispiel

Identifizieren Sie die Säure und die Base in der folgenden Reaktion und bestimmen Sie auch deren Konjugate.

$NH_3 + H_2O \rightarrow NH_4^+ + OH^-$

Lösung

Das ist ein klassisches Beispiel für ein Brønsted-Säure-Basenpaar. Wasser verliert ein Proton an Ammoniak und wird so zu einem Hydroxid-Anion (besitzt eine negative Ladung). Dadurch wird Wasser zum Protonendonator oder zur Brønsted-Säure und hat OH^- als konjugierte Base. Ammoniak nimmt das Proton des Wassermoleküls auf und bildet so NH_4^+. Dadurch wird Ammoniak zum Protonenakzeptor oder zur Brønsted-Base, und NH_4^+ ist die konjugierte Säure.

Aufgabe 1

Betrachten Sie die folgende Reaktion. Markieren Sie die Säure, Base, konjugierte Säure und konjugierte Base und machen Sie Aussagen zu ihren jeweiligen Stärken. Wie kann es sein, dass Wasser in einer Reaktion als Säure und in einer anderen als Base fungiert?

$HCl + H_2O \rightarrow H_3O^+ + Cl^-$

Ihre Lösung

Aufgabe 2

Nutzen Sie die Arrhenius-Definition, um die Säuren und Basen in den folgenden Reaktionen zu bestimmen und begründen Sie Ihre Ergebnisse.

a) $NaOH(s) + H_2O \rightarrow Na^+(aq) + OH^-(aq) + H_2O$

b) $HF(g) + H_2O \rightarrow H^+(aq) + F^-(aq) + H_2O$

Ihre Lösung

Aufgabe 3

Identifizieren Sie die Säure und Base nach Lewis in den drei folgenden Reaktionen. Zeichnen Sie dazu die Lewis-Punktstrukturen für die ersten beiden Reaktionen und bestimmen Sie die Identität von Säure und Base in der dritten Reaktion ohne die Punktstruktur.

a) $6H_2O + Cr^{3+} \rightarrow Cr(OH_2)_6^{3+}$

b) $2NH_3 + Ag^+ \rightarrow Ag(NH_3)_2^+$

c) $2Cl^- + HgCl_2 \rightarrow HgCl_4^{2-}$

Ihre Lösung

Azidität und Basizität messen: pH, pOH und K_w

Chemiker wollen neben der Säure-Base-Identität oft noch viel mehr über eine Substanz wissen. Schwefelsäure und Wasser können zum Beispiel beide als Säuren wirken, aber es hätte fatale Folgen, wenn Sie sich morgens Ihr Gesicht mit Schwefelsäure waschen würden. Schwefelsäure und Wasser unterscheiden sich nämlich enorm hinsichtlich ihrer *Azidität* oder *Säurestärke*. Mit der analogen Bestimmung zur *Basizität* misst man die Stärke von basischen Verbindungen.

Azidität und Basizität werden jeweils mithilfe von *pH-* und *pOH-Werten* bestimmt. Bei beiden handelt es sich um einfache Zahlenskalen, die von 0 bis 14 reichen, wobei auf der pH-Skala Zahlen kleiner als 7 für eine höhere Azidität und somit eine stärkere Säure stehen. Die Zahl 7 zeigt auf beiden Skalen an, dass eine Lösung *neutral* ist. Alle Zahlen kleiner 7 bedeuten auf einer pH-Skala, dass es sich um eine saure Lösung handelt, wobei die Azidität mit sinkendem pH-Wert steigt, während Zahlen größer 7 immer eine basische Lösung anzeigen, wobei die Basizität mit steigendem pH zunimmt. Das heißt also, je weiter ein pH-Wert von der neutralen 7 entfernt ist, desto saurer oder basischer ist die Substanz. Der pOH-Wert spiegelt genau das gleiche Verhältnis zwischen Zahlengröße und Azidität bzw. Basizität wieder, diesmal charakterisieren jedoch niedrige Werte eine basische Lösung, während ein hoher pOH auf eine saure Lösung hinweist.

16 ➤ Der Lackmustest für Säuren und Basen

Der pH wird mit der Formel pH = $-\log[H^+]$ berechnet, wobei die eckigen Klammern um H^+ bedeuten, dass es sich um eine Protonenkonzentration in mol/l handelt (für weitere Informationen zur Molarität siehe Kapitel 12). Der pOH wird mit einer ähnlichen Formel berechnet, wobei lediglich $[H^+]$ gegen $[OH^-]$ ausgetauscht wird: pOH = $-\log[OH^-]$. (Die Abkürzung *log* steht in den Formeln für Logarithmus.)

Da eine Substanz mit hoher Azidität eine niedrige Basizität aufweist, zeigt ein niedriger pH gleichzeitig einen hohen pOH-Wert an und umgekehrt. Diese in der Tat sehr komfortable Beziehung zwischen pH und pOH erlaubt es Ihnen, den pH-Wert auszurechnen, wenn Sie den pOH-Wert kennen und umgekehrt: pH + pOH = 14.

Es wird Ihnen oft passieren, dass Sie den pH- oder pOH-Wert einer Lösung kennen und die H^+- oder OH^--Konzentration ausrechnen sollen. Die Logarithmen in den pH- und pOH-Gleichungen machen es etwas knifflig, $[OH^-]$ oder $[H^+]$ zu bestimmen; aber wenn Sie sich daran erinnern, dass man einen Logarithmus auflöst, indem man beide Seiten der Gleichung zur Zehnerpotenz erhebt, erhalten Sie rasch eine nette Formel, mit der Sie arbeiten können: $[H^+] = 10^{-pH}$. Auf ähnliche Weise können Sie auch die Konzentration der Hydroxidionen ausrechnen: $[OH^-] = 10^{-pOH}$. Auch hier gibt es wieder eine bequeme Beziehung zwischen beiden Konzentrationen, die miteinander multipliziert eine Konstante ergeben. Diese Konstante heißt *Ionenprodukt von Wasser* (K_W) und wird so berechnet:

$$K_W = [H^+] \times [OH^-] = 1 \times 10^{-14}$$

Beispiel

Berechnen Sie die pH- und pOH-Werte einer Lösung mit $[H^+] = 1 \times 10^{-8}$. Ist die Lösung sauer oder basisch? Machen Sie dasselbe für eine Lösung mit $[OH^-] = 2{,}3 \times 10^{-11}$.

Lösung

Für die Lösung mit $[H^+] = 1 \times 10^{-8}$: **pH = 8, pOH = 6; die Lösung ist basisch.** Sie kennen $[H^+]$ und können daher zuerst den pH bestimmen, indem Sie den Wert in die entsprechende Gleichung einsetzen.

pH = $-\log[1 \times 10^{-8}] = 8$

Mit dem pH-Wert können Sie nun auch ganz leicht den pOH bestimmen.

pOH = 14 – pH = 14 – 8 = 6

Ein pH von 8 bedeutet, dass die Lösung leicht basisch ist. Es ist kein Zufall, dass der Exponent der H^+-Konzentration dem pH-Wert entspricht. Das trifft nämlich immer dann zu, wenn der Koeffizient der H^+-Konzentration gleich 1 ist.

Für die Lösung mit $[OH^-] = 2{,}3 \times 10^{-11}$: **pOH = 10,6, pH = 3,4; die Lösung ist eine Säure.** Sie kennen beim zweiten Teil des Problems einen $[OH^-]$-Wert. Sie können nun entweder das Ionenprodukt von Wasser zuhilfe nehmen, um $[H^+]$ auszurechnen und dann pH und pOH wie zuvor zu bestimmen; oder Sie können, was viel einfacher ist, zuerst den pOH ausrechnen und dann mit ihm den pH bestimmen. Setzen Sie also den $[OH^-]$-Wert in die pOH-Gleichung ein.

$$pOH = -\log[2{,}3 \times 10^{-11}] = 10{,}6$$

Setzen Sie diesen Wert nun in die pH-pOH-Beziehung ein, um den pH-Wert zu erhalten.

$$pH = 14 - pOH = 14 - 10{,}6 = 3{,}4$$

Dieser niedrige pH-Wert zeigt an, dass es sich bei der Substanz um eine relativ starke Säure handelt.

Aufgabe 4

Bestimmen Sie den pH aus den folgenden Konzentrationsangaben:

a) $[H^+] = 1 \times 10^{-13}$

b) $[H^+] = 1{.}58 \times 10^{-9}$

c) $[OH^-] = 2 \times 10^{-7}$

d) $[OH^-] = 1 \times 10^{-7}$

Ihre Lösung

Aufgabe 5

Bestimmen Sie den pOH aus den folgenden Konzentrationsangaben:

a) $[H^+] = 2 \times 10^{-8}$

b) $[OH^-] = 5{,}1 \times 10^{-11}$

Ihre Lösung

Aufgabe 6

Sagen Sie, ob die folgenden Konzentrationen auf eine Säure, Base oder neutrale Substanz hinweisen:

a) $[OH^-] = 2{,}5 \times 10^{-7}$

b) $[OH^-] = 3{,}1 \times 10^{-13}$

c) $[H^+] = 4{,}21 \times 10^{-5}$

d) $[H^+] = 8{,}9 \times 10^{-10}$

Ihre Lösung

Aufgabe 7

Bestimmen Sie $[H^+]$ anhand der folgenden pH- bzw. pOH-Werte:

a) pH = 3,3

b) pH = 7,69

c) pOH = 10,21

d) pOH = 1,26

Ihre Lösung

Stärke durch Dissoziation bestimmen: K_S und K_B

Arrhenius' Konzept der Dissoziation (das wir etwas weiter vorne in diesem Kapitel behandelt haben) gibt uns eine weitere bequeme Möglichkeit, die Stärke einer Säure oder Base zu bestimmen. Obwohl Wasser dazu neigt, alle Säuren und Basen gleichermaßen dissoziieren zu lassen, ist der Grad dieser Dissoziation von der Stärke der jeweiligen sauren oder basischen Substanz abhängig. Starke Säuren wie HCl, HNO_3 und H_2SO_4 zerfallen in Wasser vollständig, während schwache Säuren nur teilweise dissoziieren. Praktisch angewendet heißt das, dass es sich bei einer schwachen Säure um eine Säure handelt, die in Wasser nicht vollständig dissoziiert.

Um den Dissoziationsgrad einer schwachen Säure in wässriger Umgebung zu bestimmen, nutzen Chemiker eine Konstante mit dem Namen *Säuredissoziationskonstante* (K_S). K_S ist eine besondere Variante der Gleichgewichtskonstante, die wir in Kapitel 14 besprochen haben. Die Gleichgewichtskonstante einer chemischen Reaktion entspricht dem Quotienten aus Produkt- und Reaktantenkonzentration und sagt etwas über das Gleichgewicht zwischen Produkten und Reaktanten in einer Reaktion aus. Die Säuredissoziationskonstante ist ganz einfach die Gleichgewichtskonstante einer Reaktion, in der eine Säure mit Wasser vermischt wird und aus der die Angabe zur Wasserkonzentration entfernt wurde. Letzteres deshalb, weil die Wasserkonzentration in jeder Lösung eine Konstante darstellt und weil die Konzentration des dissoziierten

Produkts, dividiert durch die Konzentration des Säurereaktanten, einen viel besseren Indikator für die Azidität einer Lösung darstellt. Die allgemeine Form der Säuredissoziationskonstante heißt daher

$$K_S = \frac{[H_3O^+] \times [S^-]}{[HS]}$$

Dabei ist [HS] die Konzentration der Säure vor dem Protonenverlust und [S] die Konzentration der konjugierten Base. Beachten Sie, dass hier die Konzentration des Hydroniumions $[H_3O^+]$ anstelle der H^+-Konzentration steht, die wir bisher immer zur Beschreibung einer Säure benutzt haben. In Wahrheit sind beide ein und dasselbe, denn allgemein werden H^+-Ionen in wässriger Lösung von den Wassermolekülen aufgefangen und bilden somit H_3O^+-Ionen.

Eine ähnliche Situation existiert auch bei Basen. Starke Basen wie KOH, NaOH und $Ca(OH)_2$ dissoziieren vollständig in Wasser, und ihre Stärke wird entsprechend mit der *Basendissoziationskonstante* K_B berechnet.

$$K_B = \frac{[OH^-] \times [B^+]}{[BOH]}$$

Hier ist BOH die Base und B die konjugierte Säure. Das kann auch wie folgt aufgeschrieben werden:

$$K_B = \frac{[OH^-] \times [HS]}{[S^-]}$$

In Aufgaben, bei denen Sie K_S oder K_B berechnen sollen, wird Ihnen meist die Konzentration bzw. Molarität der ursprünglichen Säure oder Base und die Konzentration des jeweiligen Konjugats *oder* aber des Hydronium-/Hydroxidions vorgegeben, selten aber beides gleichzeitig. Beim Zerfall eines einzelnen Säuremoleküls entstehen ein Molekül seiner konjugierten Base und ein Wasserstoffkation, während bei der Dissoziation einer Base immer ein Molekül der konjugierten Säure und ein Hydroxidion entstehen. Aus diesem Grund sind die Konzentrationen von Konjugat und Hydronium- oder Hydroxidion bei jeder Dissoziation gleich, und Sie brauchen nur eine zu kennen und wissen die andere automatisch. Es kann auch sein, dass Sie den pH-Wert kennen und $[H^+]$ (bzw. $[H_3O^+]$) oder $[OH^-]$ bestimmen sollen. Bei gleichbleibender Temperatur sind K_S und K_B ebenfalls Konstanten.

16 ➤ Der Lackmustest für Säuren und Basen

Beispiel

Schreiben Sie einen allgemeinen Ausdruck für die Säuredissoziationskonstante der folgenden Reaktion, eine Dissoziation von Essigsäure:

$$CH_3COOH + H_2O \rightarrow H_3O^+ + CH_3COO^-$$

Berechnen Sie den eigentlichen Wert, wenn

$[CH_3COOH] = 2{,}34 \times 10^{-4}$ und

$[CH_3COO^-] = 6{,}51 \times 10^{-5}$.

Lösung

Ihr allgemeiner Ausdruck sollte so aussehen:

$$K_S = \frac{[H_3O^+] \times [CH_3COO^-]}{[CH_3COOH]}$$

Der eigentliche Wert beträgt $1{,}80 \times 10^{-5}$. Sie kennen $[CH_3COO^-] = 6{,}51 \times 10^{-5}$, und $[H_3O^+]$ muss dementsprechend denselben Wert haben. Setzen Sie nun alle bekannten Werte in die K_S-Gleichung ein:

$$K_S = \frac{[6{,}51 \times 10^{-5}] \times [6{,}51 \times 10^{-5}]}{[2{,}34 \times 10^{-4}]} = 1{,}80 \times 10^{-5}$$

Es handelt sich hier um einen sehr kleinen K_S-Wert und somit um eine sehr schwache Säure.

Aufgabe 8

Berechnen Sie K_S für eine 0,50-molare Benzoesäurelösung, C_6H_5COOH, wenn $[H^+] = 5{,}6 \times 10^{-3}$.

Ihre Lösung

Aufgabe 9

Der pH-Wert einer 0,75-molaren Lösung von HCOOH beträgt 1,93. Berechnen Sie die Säuredissoziationskonstante.

Ihre Lösung

Aufgabe 10

Wie hoch ist der pH-Wert einer 0,2-molaren Ammoniaklösung (NH_3) mit $K_B = 1{,}80 \times 10^{-5}$?

Ihre Lösung

Lösungen zu den Aufgaben rund ums Thema Säuren und Basen

Es folgen die Antworten zu den praktischen Aufgabenstellungen aus diesem Kapitel.

1. In dieser Reaktion gibt HCl ein Proton an Wasser ab und wird so zur Brønsted-Säure. Da Wasser das Proton aufnimmt, ist es eine Brønsted-Base. Dadurch wird H_3O^+ zur konjugierten Säure und Cl^- zur konjugierten Base. Wasser kann in dieser Reaktion als Base und in der Beispielaufgabe als Säure wirken, da es aus einem Wasserstoffion (Proton) und einem Hydroxidion besteht und somit Protonen sowohl abgeben als auch aufnehmen kann.

2. Denken Sie im Fall von Arrhenius-Säuren immer daran, die Bewegung von H^+- und OH^--Ionen nachzuvollziehen. Entsteht bei der Reaktion OH^-, handelt es sich um eine Base, während im Fall einer Säure immer ein H^+-Ion gebildet wird.

    a) **Arrhenius-Base.** NaOH zerfällt in Wasser zu OH^--Ionen und ist somit eine Base.

    b) **Arrhenius-Säure.** HF dissoziiert in wässriger Lösung zu H^+-Ionen und ist somit eine Säure.

3. Verfolgen Sie die Bewegung von Elektronenpaaren, um Lewis-Säuren von Lewis-Basen unterscheiden zu können. Zeichnen Sie dazu die Lewis-Punktstruktur, um das Atom zu lokalisieren, das ein freies Elektronenpaar besitzt und abgeben kann. Das ist die Lewis-Base.

    a) **H_2O ist die Lewis-Base, während Cr^{3+} als Lewis-Säure wirkt.** Ihre Lewis-Punktstruktur sollte ergeben, dass das freie Elektronenpaar von H_2O gespendet wird.

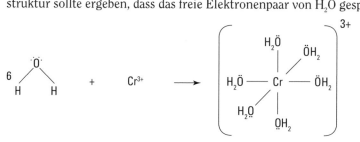

b) **NH_3 ist die Lewis-Base, während Ag^+ die Lewis-Säure darstellt.** Ihre Lewis-Punktstruktur sollte ergeben, dass das freie Elektronenpaar von NH_3 gespendet wird.

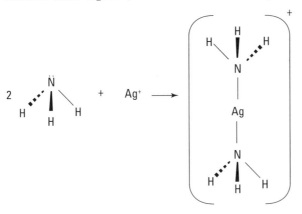

c) Die negative Ladung des Chloridions zeigt an, dass es sich um einen elektronenreichen Reaktionspartner und somit um eine Lewis-Base handelt. $HgCl_2$ ist daher die dazugehörige Lewis-Säure.

4. Verwenden Sie die Gleichung pH = $-\log[H^+]$, um die pH-Werte in dieser Aufgabe zu bestimmen und setzen Sie alle bekannten Werte ein. Wenn Sie nur $[OH^-]$ kennen, berechnen Sie einfach den pOH (mit der Gleichung pOH = $-\log[OH^-]$) und ziehen dann das Ergebnis von 14 ab, um auf den pH zu kommen.

   a) **pH = 13.** Der pH-Wert entspricht hier dem Exponenten, weil der Koeffizient der H^+-Konzentration gleich 1 ist.

   b) **pH = 8,8.** Setzen Sie $[H^+]$ in die pH-Gleichung ein: pH = $-\log[1{,}58 \times 10^{-9}]$ = 8,8.

   c) **pH = 7,3.** Zuerst berechnen Sie mit $[OH^-]$ den pOH-Wert. pOH = $-\log[1 \times 10^{-7}]$ = 6,7. Dann nutzen Sie die einfache Beziehung zwischen pH und pOH, um den pH-Wert zu bestimmen (14 − pOH = pH): pH = 14 − 6,7 = 7,3.

   d) **pH = 7.** Sie können den pOH-Wert direkt aus dem Exponenten der OH^--Konzentration ablesen, da der Koeffizient gleich 1 ist, also pOH = 7. Dann nutzen Sie wieder die Beziehung zwischen pH und pOH, um den pH-Wert zu berechnen: pH = 14 − pOH = 14 − 7 = 7.

5. Bestimmen Sie einfach den negativen Logarithmus der OH^--Konzentration, um den pOH-Wert zu berechnen. Wenn nur $[H^+]$ gegeben ist, bestimmen Sie zuerst den pH-Wert und ziehen das Ergebnis dann von 14 ab, um auf den pOH-Wert zu kommen.

   a) **pOH = 6,3.** Zuerst berechnen Sie den pH-Wert mit $[H^+]$: pH = $-\log[2 \times 10^{-8}]$ = 7,7. Dann wenden Sie die Beziehung pOH = 14 − pH an, um den pOH-Wert zu berechnen: 14 − 7,7 = 6,3.

   b) **pOH = 10,3.** Hier können Sie gleich die OH^--Konzentration verwenden, um den pOH-Wert direkt zu bestimmen: pOH = $-\log[5{,}1 \times 10^{-11}]$ = 10,3.

6. Um die Azidität zu bestimmen, müssen Sie den pH-Wert berechnen.

   a) **Basisch.** Bestimmen Sie den pOH mit [OH⁻]: pOH = –log [2,5 × 10⁻⁷] = 6,6. Wenn Sie diesen Wert von 14 abziehen, erhalten Sie einen pH-Wert von 7,4. Diese Lösung hat also einen pH-Wert, der leicht höher als neutral und somit leicht basisch ist.

   b) **Sauer.** Bestimmen Sie den pOH mit [OH⁻]: pOH = –log [3,1 × 10⁻¹³] = 12,5. Wenn Sie diesen Wert von 14 abziehen, erhalten Sie einen pH-Wert von 1,5. Diese Lösung hat also einen pH, der deutlich kleiner als 7 und somit ziemlich sauer ist.

   c) **Sauer.** Verwenden Sie [H⁺], um den pH zu bestimmen: pH = –log [4,21 × 10⁻⁵] = 4,4.

   d) **Basisch.** Verwenden Sie [H⁺], um den pH zu bestimmen: pH = –log [8,9 × 10⁻¹⁰] = 9,1.

7. Für diese Aufgabe brauchen Sie die Gleichung [H⁺] = 10⁻^{pH}. Wenn Ihnen nur der pOH-Wert anstelle des pH-Wertes gegeben ist, beginnen Sie damit, den pOH von 14 zu subtrahieren und den so errechneten pH-Wert in die Gleichung einzusetzen.

   a) **5,0 × 10⁻⁴.** Berechnen Sie [H⁺] ausgehend vom pH-Wert mit der Gleichung [H⁺] = 10⁻^{pH}. [H⁺] = 10⁻³·³ = 5,0 × 10⁻⁴.

   b) **2,04 × 10⁻⁸.** Berechnen Sie [H⁺] ausgehend vom pH-Wert mit der Gleichung [H⁺] = 10⁻^{pH}. [H⁺] = 10⁻⁷·⁶⁹ = 2,04 × 10⁻⁸.

   c) **1,62 × 10⁻⁴.** Berechnen Sie hier zunächst den pH-Wert mithilfe des gegebenen pOH-Wertes: pH = 14 – pOH = 14 – 10,21 = 3,79. Dann berechnen Sie [H⁺] ausgehend vom pH-Wert mit der Gleichung [H⁺] = 10⁻^{pH}. [H⁺] = 10⁻³·⁷⁹ = 1,62 × 10⁻⁴.

   d) **1,82 × 10⁻¹³.** Berechnen Sie hier zunächst den pH-Wert mithilfe des gegebenen pOH-Wertes: pH = 14 – pOH = 14 – 1,26 = 12,74. Dann berechnen Sie [H⁺] ausgehend vom pH-Wert mit der Gleichung [H⁺] = 10⁻^{pH}. [H⁺] = 10⁻¹²·⁷⁴ = 1,82 × 10⁻¹³.

8. **6,3 × 10⁻⁵.** An der Molarität können Sie erkennen, dass die Konzentration von Benzoesäure 5,0 × 10⁻¹ entspricht. Außerdem wissen Sie, dass die Konzentration der konjugierten Base denselben Wert hat wie die angegebene H⁺-Konzentration. Also müssen Sie nur noch eine Gleichung für die Säuredissoziationskonstante verfassen und die Konzentrationswerte einsetzen:

$$K_S = \frac{[H_3O^+] \times [C_6H_5COO^-]}{[C_6H_5COOH]} = \frac{[5,6 \times 10^{-3}] \times [5,6 \times 10^{-3}]}{[5,0 \times 10^{-1}]} = 6,3 \times 10^{-5}$$

9. **1,8 × 10⁻⁴.** Sie brauchen zunächst den pH-Wert, um [H⁺] zu bestimmen. [H⁺] = 10⁻^{pH} = 10⁻¹·⁹³ = 1,1 × 10⁻². Dies ist auch die Konzentration der konjugierten Base. Sie müssen also nur noch eine Formel für die Säuredissoziationskonstante erstellen und die Werte einsetzen:

$$K_S = \frac{[H_3O^+] \times [HCOO^-]}{[HCOOH]} = \frac{[1,2 \times 10^{-2}] \times [1,2 \times 10^{-2}]}{[7,5 \times 10^{-1}]} = 1,8 \times 10^{-4}$$

10. **pH = 11,3.** Beginnen Sie mit der K_B-Gleichung:

$$K_B = \frac{[OH^-] \times [NH_4^+]}{[NH_3]}$$

Da $[OH^-] = [NH_4^+]$, können Sie die Gleichung auch wie folgt schreiben: $K_B = \frac{[OH^-]^2}{[NH_3]}$.

Lösen Sie diese Gleichung nach $[OH^-]$ auf: $[OH^-] = \sqrt{K_B \times [NH_3]}$.

Setzen Sie nun noch die bekannten Werte für K_B und $[NH_3]$ ein:

$[OH^-] = \sqrt{1{,}8 \times 10^{-5} \times 0{,}2} = 1{,}9 \times 10^{-3}$

Jetzt können Sie den pOH-Wert bestimmen.

pOH = $-\log [1{,}9 \times 10^{-3}] = 2{,}7$

Zum Schluss berechnen Sie den pH-Wert, indem Sie das Ergebnis von 14 abziehen.

pH = 14 − 2,7 = 11,3

Neutralität mit Äquivalenten, Titration und Puffern erreichen

In diesem Kapitel...

▸ Die ausgezeichneten neutralisierenden Fähigkeiten bestimmter Säuren und Basen entdecken

▸ Die Konzentration einer unbekannten Säure oder Base durch Titration bestimmen

▸ Mit gepufferten Lösungen arbeiten

▸ Die Löslichkeit gesättigter Salzlösungen mit K_L messen

Kapitel 16 hat Sie mit dem wichtigsten Grundlagenwissen über Säuren und Basen versorgt, hat dabei aber auch jede Säure nur einzeln betrachtet. In der wahren Chemiewelt ist es jedoch meist so, dass sich Säuren und Basen in einer Lösung begegnen und somit auch Einfluss aufeinander ausüben. Die Vereinigung einer Säure mit einer Base wird *Neutralisierungsreaktion* genannt, da sich der niedrige pH der Säure und der hohe pH der Base gegenseitig auslöschen und dabei eine neutrale Lösung entsteht. Es ist tatsächlich so, dass nach der Reaktion einer hydroxidhaltigen Base mit einer Säure nur ein harmloses Salz und Wasser zurückbleiben.

Obwohl starke Säuren und Basen durchaus ihre Anwendungsmöglichkeiten haben, kann eine starke Base oder Säure auf Dauer auch Schaden an der Umwelt anrichten. Im Labor müssen Sie zum Beispiel mit starken Säuren und Basen besonders vorsichtig hantieren und bei der Durchführung von Neutralisierungsreaktionen ganz bewusst vorgehen. Ein fauler Student wird einen scharfen Blick vom wachsamen Lehrer ernten, wenn er versuchen sollte, eine starke Säure oder Base einfach so in den Abfluss zu gießen. Bei einer solchen Handlung könnten die Leitungsrohre beschädigt werden und dies sollte man generell vermeiden. Ein verantwortungsbewusster Chemiker wird daher stets eine starke Säure vor der Entsorgung mit einer Base neutralisieren und umgekehrt. Dadurch wird die Entsorgung durch die Abflussrohre problemlos und ungefährlich, und als Plus darf man sich meist auch noch über einen faszinierend zischenden Reaktionseffekt freuen.

In diesem Kapitel werden Sie lernen was geschieht, wenn eine Säure auf eine Base trifft. Nicht alle Säuren und Basen sind jedoch gleich aufgebaut – einige Verbindungen besitzen mehr *Säure-* oder *Basenäquivalente* als andere. Um diese Unterschiede zu berücksichtigen, wird die *Normalität* oder *Äquivalentkonzentration* herangezogen – ein Maß für die wirksame Menge an Säure oder Base, die eine Verbindung in Lösung hervorbringen kann. Die *Titration* hängt mit der Vorstellung von Äquivalenten und Normalität direkt zusammen; sie ist ein Vorgang, bei dem ein Chemiker kleinste Mengen einer Säure langsam zu einer Base hinzugibt (oder umgekehrt), bis zu dem Punkt, an dem sich die Säure- und Basenäquivalente perfekt neutralisieren. Wir zeigen Ihnen, wie Sie mithilfe der Titration die Konzentration einer unbekannten Säure bestimmen können. Dann beschreiben wir Pufferlösungen, also Mischungen aus Säure- und Basenformen der gleichen Verbindung; diese Puffer halten trotz Säure- oder Basenzugabe den ursprünglichen pH-Wert aufrecht. Und da bei einer Säure-Basen-Reaktion meist ein Salz entsteht, beschäftigen wir uns zum Schluss noch mit dem *Löslichkeitsprodukt*, K_L, das Ihnen verrät, wie gut sich ein Salz löst.

Neutralisierungsreaktionen, bei denen die Base ein Hydroxidion enthält, sind einfach nur doppelte Substitutionsreaktionen der Form HA + BOH → BA + H_2O (oder mit anderen Worten, eine Säure reagiert mit einer Base zu Salz und Wasser). In diesem Kapitel werden Sie eine Reihe solcher Reaktionen aufschreiben müssen, also rufen Sie sich die Natur von doppelten Substitutionsreaktionen wieder ins Gedächtnis und frischen Sie Ihr Wissen über die Bilanzierung von Reaktionsgleichungen mithilfe von Kapitel 8 noch einmal auf, bevor Sie uns in die neue und spannende Welt der Neutralisation folgen.

Äquivalente und Normalität untersuchen

Säuren sind im Gegensatz zu Menschen nicht alle gleich aufgebaut. Einige haben die »angeborene« Fähigkeit, effektiver zu neutralisieren als andere. Betrachten Sie zum Beispiel einmal Salzsäure (HCl) und Schwefelsäure (H_2SO_4). Wenn Sie 1 M Natriumhydroxid (NaOH) mit 1 M Salzsäure mischen, müssen Sie von beiden Lösungen die gleiche Menge einsetzen, um eine neutrale Lösung zu erhalten. Wenn Sie jedoch 1 M Natriumhydroxid mit 1 M Schwefelsäure mischen, brauchen Sie zur Neutralisation doppelt so viel Natriumhydroxid wie Schwefelsäure. Woher kommt dieses unterschiedliche Verhalten der Säuren? Die Antwort darauf finden Sie in den bilanzierten Neutralisierungsgleichungen für beide Säure/Basen-Paare.

HCl + NaOH → NaCl + H_2O

H_2SO_4 + 2NaOH → Na_2SO_4 + 2H_2O

Die Koeffizienten in den ausbilanzierten Reaktionsgleichungen sind der Schlüssel zum Verständnis dieser Ungleichheit. Der Koeffizient 2 muss zu Natriumhydroxid hinzugefügt werden, um darauf hinzuweisen, dass 2 mol für die Neutralisation von 1 mol Schwefelsäure nötig sind. Auf molekularer Ebene geschieht dies, weil Schwefelsäure zwei saure Wasserstoffionen abgeben kann, während die basische OH-Gruppe eines Moleküls Natriumhydroxid nur eines der beiden Ionen aufnehmen und somit neutralisieren kann. Daher braucht man 2 Moleküle NaOH pro Mol Schwefelsäure. Salzsäure kann auf der anderen Seite nur ein Wasserstoffion abgeben. Daher kann ein Salzsäuremolekül schon mit einem Molekül Natriumhydroxid neutralisiert werden.

17 ➤ Neutralität mit Äquivalenten, Titration und Puffern erreichen

Die Molzahl einer Säure oder Base multipliziert mit der Zahl der Wasserstoff- oder Hydroxidionen, die an der Reaktion beteiligt sind, wird als *Äquivalentzahl* einer Substanz bezeichnet. Grundsätzlich bestimmt die Anzahl der *aktiv* neutralisierenden Moleküle das Verhältnis von Säure zu Base in einer Neutralisierungsreaktion.

Manchmal wollen Sie auch die Normalität (N) einer Säure oder Base berechnen und müssen dazu einfach nur die Äquivalentzahl durch das Volumen in Litern teilen.

$$\text{Normalität} = \frac{\text{Äquivalentzahl}}{\text{Volumen in L}}$$

Die Normalität einer basischen oder sauren Lösung wird auch oft anstelle der Molarität der Lösung angegeben. Beide sind sich in vieler Hinsicht sehr ähnlich. Die Normalität betrachtet jedoch im Gegensatz zur Molarität die Äquivalentzahl einer Lösung. Mischt man gleiche Mengen einer sauren und einer basischen Lösung gleicher Normalität, entsteht immer eine neutrale Lösung; dies trifft auf Lösungen gleicher Molarität nicht immer zu. (Blättern Sie zu Kapitel 12, wenn Sie mehr über Molarität erfahren wollen.)

Sie dürften sicherlich auch die Gleichung $N_S \times V_S = N_B \times V_B$ nützlich finden, die Volumina und Normalitäten einer neutralen Säure-Basen-Mischung zueinander in Beziehung setzt. Die Normalität multipliziert mit dem Volumen ist schließlich nicht anderes als die Äquivalentzahl, und identische Äquivalentzahlen einer Säure und einer Base müssen sich ja laut Definition gegenseitig neutralisieren.

Beispiel

Ihr sorgloser Laborkollege hat gerade 24 mL einer 0,8-molaren Magnesiumhydroxidlösung, Mg(OH)$_2$, einfach so in das Abwaschbecken gekippt. Zum Glück ist der Ausguss mit einem Stöpsel verschlossen, der die Lösung daran hindert, in die Abflussrohre zu fließen. Sie wollen die Base nun neutralisieren, bevor Sie den Stöpsel ziehen. Das einzige, was Sie für diesen Zweck finden können, ist eine Flasche mit 0,4 M Phosphorsäure (H$_3$PO$_4$). Wie viele Milliliter sollten Sie von der Säure ins Becken gießen, bevor Ihr Laborkollege sicher den Stöpsel entfernen kann (vorausgesetzt natürlich, dass Sie keine hinterhältigen Absichten hegen)?

Lösung

32 mL H$_3$PO$_4$. Der erste Schritt zur Lösung dieses Problems besteht darin, die Äquivalenzzahl von Mg(OH)$_2$ in dem Abwaschbecken zu bestimmen. Dazu brauchen Sie zuerst die Molzahl der Base. Da Sie die Molarität und das Volumen kennen, multiplizieren Sie ganz einfach das Volumen in Litern mit der Molarität.

$$\frac{0{,}024\,\text{L}}{1} \times \frac{0{,}8\ \text{mol}}{1\,\text{L}} = 0{,}0192\ \text{mol}\ \text{Mg}(\text{OH})_2.$$

Um die Anzahl der Basenäquivalente im Waschbecken zu bestimmen, müssen Sie dieses Ergebnis mit 2 multiplizieren, damit Sie die beiden Hydroxidionen pro gelöstes Basenmolekül für die Neutralisation berücksichtigen. Dadurch erhalten Sie 0,0384 Äquivalente Mg(OH)$_2$. Um diese Äquivalente zu neutralisieren, benötigen Sie nun exakt die gleiche Anzahl von Phosphorsäureäquivalenten. Sie wissen also, dass Sie 0,0384 Äquivalente H$_3$PO$_4$ brauchen und dass einem Molekül der Säure drei Äquivalente im gelösten Zustand entsprechen (da es drei Wasserstoffatome besitzt). Also brauchen Sie im Endeffekt nur ein Drittel der errechneten Äquivalenzzahl, um die Base zu neutralisieren. Das sind 0,0128 mol H$_3$PO$_4$. Teilen Sie diesen Wert nun noch durch die Molarität von H$_3$PO$_4$ (oder multiplizieren Sie mit der reziproken Molarität), um auf das gesuchte Volumen von H$_3$PO$_4$ zu kommen, das Sie zur Neutralisation benötigen.

$x/0{,}0128\ \text{mol} = 1\,\text{L}/0{,}4\ \text{mol}$

$x = 0{,}0128\ \text{mol} \times (1\,\text{L}/0{,}4\ \text{mol}) = 0{,}032\,\text{L}$ oder 32 mL H$_3$PO$_4$

17 ➤ Neutralität mit Äquivalenten, Titration und Puffern erreichen

Aufgabe 1

Erstellen Sie eine ausbilanzierte Reaktionsgleichung für die Neutralisierung von Flusssäure (HF) mit Calciumhydroxid ($Ca(OH)_2$). Wie viele Äquivalente werden von jedem Reaktionspartner benötigt?

Ihre Lösung

Aufgabe 2

Wie viel Mol Kaliumhydroxid (KOH) brauchen Sie zur Neutralisierung von 3 mol Salpetersäure (HNO_3)?

Ihre Lösung

Aufgabe 3

Wie groß ist die Normalität einer 1,5-molaren Lösung H_2SO_4?

Ihre Lösung

Aufgabe 4

Wie viele Milliliter 1,5-molarer Phosphorsäure (H_3PO_4) brauchen Sie, um 20 mL 2 N Kaliumhydroxid (KOH) zu neutralisieren?

Ihre Lösung

Molarität mithilfe von Titration bestimmen

Stellen Sie sich einmal vor, Sie wären ein frisch eingestellter Laborassistent und hätten die Aufgabe bekommen, die Chemikalien auf den Regalen alphabetisch zu ordnen, während gerade ein Experiment läuft und es nichts anderes zu tun gibt. Als Sie eifrig nach der ersten Flasche mit Schwefelsäure greifen wollen, scheint Ihr Schutzengel von irgendetwas abgelenkt zu sein, denn anstatt zuzufassen, stoßen Sie die Flasche zielsicher von Ihrem Platz herunter. Irgendein fauler Chemiker, der die Flasche vor Ihnen in den Händen hatte, hat anscheinend auch den Deckel nicht richtig zugeschraubt, denn der Inhalt ergießt sich in einem Schwall über die Tischplatte. Geistesgegenwärtig schütten Sie sofort etwas Backpulver in die Pfütze (weiß der Himmel, wo Sie das als Neuling so schnell finden konnten) und wischen die nun angenehm neutrale Lösung auf. Als Sie die Flasche aufheben, stellen Sie jedoch fest, dass das Etikett von der herausspritzenden Säure halb zerfressen und unlesbar geworden ist. Sie wissen noch, dass es Schwefelsäure ist, aber es gibt mehrere Konzentrationen von Schwefelsäure auf dem Regal und Sie kennen die Molarität dieser Lösung in der Flasche nicht. Wohlwissend, dass Ihre Chefin Sie vermutlich herunterputzen wird, wenn Sie die beschädigte Flasche bemerkt und da Sie an Ihrem ersten Tag nicht gleich einen allzu schlechten Eindruck machen wollen, kommt Ihnen eine Idee, wie Sie die Molarität der Säurelösung bestimmen und damit Ihren Arbeitsplatz noch retten können.

Sie wissen, dass die Flasche Schwefelsäure einer unbekannten Konzentration enthält, und ganz nebenbei fällt Ihr Blick auf eine Flasche mit der starken Base 1 M NaOH und auf eine Flasche mit Phenolphthalein, einem pH-Indikators. Sie messen eine kleine Menge der unbekannten Säure ab, füllen diese Menge in ein neues Gefäß um und fügen etwas Phenolphthalein hinzu. Sie denken, dass Sie die Konzentration der Säurelösung bestimmen können, wenn Sie tropfenweise NaOH hinzugeben, bis das Phenolphthalein durch Farbumschlag die Neutralität anzeigt.

Sie können dazu eine einfache Rechnung für die Molzahl von NaOH aufstellen, die Sie dazugegeben haben, und dann darauf schließen, dass die unbekannte Säure genau aus der gleichen Anzahl an Äquivalenten bestehen muss, damit sie neutralisiert wird. Daraus können Sie dann die Molzahl der unbekannten Säure ableiten, und dieses Ergebnis wiederum dividiert durch das Volumen der Säure, die Sie in das Gefäß gefüllt haben, führt Sie direkt zur gesuchten Molarität. Wow! Sie beschriften die Flasche neu und sind mehr als zufrieden mit sich selbst, dass Sie es geschafft haben, Ihren Sklavenjob im Labor auch morgen noch durchführen zu können.

 Dieser Vorgang heißt *Titration*; er wird oft von Chemikern angewendet, um die Molarität von Säuren und Basen zu bestimmen. Für eine Titrationsrechnung wird Ihnen oft die Identität einer Säure oder Base unbekannter Konzentration angegeben sowie die Identität und Molarität der Säure oder Base, mit der Sie die Unbekannte neutralisieren. Mit diesen Informationen können Sie dann sechs einfache Schritte befolgen:

1. **Füllen Sie eine kleine, genau abgemessene Menge der unbekannten Säure oder Base in ein neues Gefäß.**

17 ➤ Neutralität mit Äquivalenten, Titration und Puffern erreichen

2. Fügen Sie einen pH-Indikator wie Phenolphthalein hinzu.

Informieren Sie sich über die Farbe des pH-Indikators, die später die Neutralität der Lösung anzeigen wird.

3. Neutralisieren Sie.

Geben Sie die Säure oder Base bekannter Konzentration langsam tropfenweise mithilfe einer Bürette (eine kalibrierte Glasröhre mit Skala und Ausflusshahn) hinzu, bis der Indikator seine Farbe ändert und protokollieren Sie das hinzugegebene Volumen sorgfältig.

4. Berechnen Sie die hinzugefügte Molzahl.

Multiplizieren Sie das hinzugefügte Volumen (in Litern) mit der Molarität der jeweiligen Säure oder Base, um die Molzahl zu bestimmen.

5. Bestimmen Sie die Äquivalentzahl.

Stellen Sie fest, wie viel Mol der neutralisierten unbekannten Substanz vorliegen. Wie viel Mol Säure haben Sie gebraucht, um ein Mol Base zu neutralisieren oder umgekehrt?

6. Bestimmen Sie die Molarität.

Um die Molarität zu errechnen, dividieren Sie die Molzahl der unbekannten Säure oder Base durch das Volumen in Liter aus Schritt 1.

Der Titrationsprozess wird oft mit einem Graphen veranschaulicht, der die Konzentration der Säure auf der einen Achse und die Konzentration der Base auf der anderen Achse wie in Abbildung 17.1 zeigt. Das Verhältnis der beiden Lösungen zueinander lässt eine charakteristische, S-förmige Kurve entstehen, die so genannte *Titrationskurve*.

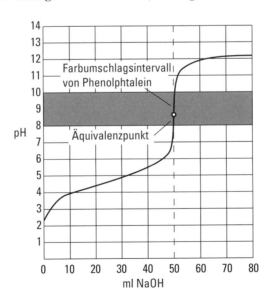

Abbildung 17.1: Eine typische Titrationskurve.

Beispiel

Ein Laborassistent muss in einer Titration 10 mL von 1 M Natriumhydroxid zu 5 mL Schwefelsäure hinzugeben, um zu neutralisieren. Welche Konzentration muss er am Ende auf dem Flaschenetikett für Schwefelsäure vermerken?

Lösung

1 M H_2SO_4. Aus der Aufgabenstellung erfahren wir, dass das Volumen für Schritt 1 unseres Titrationsvorgangs 5 mL beträgt und dass das Volumen der Base für Schritt 3 10 mL umfasst. In Schritt 4 müssen Sie nun die Molzahl für Natriumhydroxid berechnen, die bei der Titration hinzugetropft wurde, indem Sie das Volumen in Litern (0,01 L) mit der Molarität multiplizieren (1 M) und so auf 0,01 mol NaOH kommen. Da jedes Molekül NaOH nur ein Hydroxidion für die Neutralisierung beisteuern kann, sind also 0,01 Äquivalente NaOH vorhanden. Für die Neutralisierung brauchen Sie die gleiche Äquivalentzahl der Säure. H_2SO_4 kann aber pro Molekül zwei Wasserstoffionen zur Neutralisierung abgeben, also brauchen Sie nur halb so viele Mole der Säure, das heißt 0,005 mol. Zum Schluss dividieren Sie diesen Wert noch durch das Volumen der hinzugegebenen Säure in Litern und erhalten eine Molarität von 1. Der Assistent muss also 1 M H_2SO_4 auf die Flasche schreiben.

Aufgabe 5

Ein Student gibt bei einer Titration von Calciumhydroxidlösung unbekannter Konzentration 12 mL 2 M HCl (Salzsäure) hinzu und bestimmt die Molarität der Base mit 1,25 M. Von wie viel $Ca(OH)_2$ muss der Student zu Beginn der Titration ausgegangen sein?

Ihre Lösung

Aufgabe 6

Bei einer Titration kommt heraus, dass eine 5-mL-Probe salpetriger Säure (HNO_2) eine Molarität von 0,5 M besitzt. Wie groß muss die Molarität der Base gewesen sein, wenn 8 mL Magnesiumhydroxid, $Mg(OH)_2$, zur Neutralisierung der Säure benötigt wurden?

Ihre Lösung

Aufgabe 7

Was könnte ein Student mittels Titration über eine unbekannte Säure oder Base herausfinden, wenn weder deren Identität noch Konzentration bekannt sind?

Ihre Lösung

Den pH-Wert mit Puffern einstellen

Sie haben wahrscheinlich bemerkt, dass die Titrationskurve in Abbildung 17.1 etwa in der Mitte abgeflacht ist und sich der pH dort nicht signifikant ändert, selbst wenn Sie eine beträchtliche Menge einer Base hinzugeben. Dieser Bereich heißt *Pufferbereich*.

Bestimmte Lösungen, die so genannten Pufferlösungen, widerstehen einer pH-Änderung, so wie ein störrisches Kind sich weigert, seinen Rosenkohl zu essen: zuerst standhaft bleibend, aber dann doch widerwillig kauend und schluckend, wenn der elterliche Druck zu groß wird (etwa wenn damit gedroht wird, den Nachtisch ausfallen zu lassen). Pufferlösungen können ihren pH-Wert recht gut aufrecht erhalten, wenn nur kleine Mengen einer Säure oder Base hinzugegeben werden oder wenn die Lösung weiter verdünnt wird. Wird sie jedoch mit zuviel Säure oder Base vermischt, stößt auch sie an ihre Grenzen und kann den pH-Wert dann nicht mehr halten.

Puffer bestehen meist aus einer schwachen Säure und deren konjugierter Base, obwohl es auch Puffer gibt, die aus einer schwachen Base und deren konjugierter Säure zusammengesetzt sind. (Konjugierte Säuren und Basen sind Produkte einer Säure-Basen-Reaktion; siehe Kapitel 16 für Einzelheiten). Eine schwache Säure wird in wässriger Umgebung teilweise zerfallen, wobei der Zerfallsgrad vom pK_S-Wert abhängt (dem negativen Logarithmus der Säuredissoziationskonstante). Die Dissoziation erfolgt in der Form $HS + H_2O \rightarrow H_3O^+ + S^-$, wobei S^- die konjugierte Base der Säure HS darstellt. Das saure Proton wird von dem Wassermolekül eingefangen, sodass H_3O^+ entsteht. Wäre HS eine starke Säure, würden sie zu 100 % zerfallen und H_3O^+ und S^- bilden. Bei einer schwachen Säure ist der Zerfall jedoch nicht vollständig, und ein Teil bleibt in Form von HS bestehen.

Der K_S-Wert (Säuredissoziationskonstante; siehe Kapitel 16) dieser Reaktion wird wie folgt definiert:

$$K_S = \frac{[H_3O^+][S^-]}{[HS]}$$

Sie können eine Beziehung zwischen $[H_3O^+]$ und dem K_S-Wert eines Puffers herstellen, wenn Sie nach $[H_3O^+]$ auflösen.

$$[H_3O^+] = K_S \times \frac{[HS]}{[S^-]}$$

Wenn Sie beide Seiten der Gleichung logarithmieren und mit –1 multiplizieren, kommen Sie bei Anwendung der Logarithmusregeln auf die so genannte *Henderson-Hasselbalch-Gleichung*, die den pH- mit dem pK_S-Wert eines Puffers in Beziehung setzt.

$$pH = pK_S + \log\left(\frac{[S^-]}{[HS]}\right)$$

Diese Gleichung kann mit den Logarithmusregeln noch weiter umgeformt werden:

$$\frac{[S^-]}{[HS]} = 10^{pH-pK_S}.$$

Diese Gleichung ist in bestimmten Situationen die nützlichere Version.

Die besten Puffer und solche, die die Zugabe von sowohl Säuren als auch Basen am besten kompensieren können, besitzen Werte für [HS] und [S⁻], die annähernd gleich sind. In diesem Fall lässt sich nämlich der Logarithmus in der Henderson-Hasselbalch-Gleichung herauskürzen und es bleibt pH = pK_S stehen. Chemiker wählen deshalb zur Herstellung einer Pufferlösung eine Säure, deren pK_S nahe am gewünschten pH-Wert liegt.

Wenn Sie dann eine starke Base wie Natriumhydroxid (NaOH) in diese Mischung aus dissoziierter und nicht dissoziierter Säure geben, wird das Hydroxidion von einem sauren Proton absorbiert und die zuvor starke Base OH⁻ durch die relativ schwache Base S⁻ ersetzt, wodurch der pH nur minimal schwankt.

HS + OH⁻ → H$_2$O + S⁻

Dadurch entsteht zwar ein leichter Basenüberschuss in der Reaktion, der jedoch den pH-Wert nicht ernsthaft beeinflussen kann. Sie können sich die nicht dissoziierte Säure als ein Protonenreservoir vorstellen, das in der Lage ist, jedes starke Basenmolekül, das in die Lösung gelangt, zu neutralisieren. Wie wir in Kapitel 14 erklärt haben, verschiebt sich ein Reaktionsgleichgewicht immer in Richtung der Reaktanten, wenn eine bestimmte Menge an Produktsubstanz hinzugegeben wird, um die ursprünglichen Reaktionsbedingungen wieder herzustellen. Da bei dieser Reaktion S⁻ entsteht, findet demzufolge die Säuredissoziationsreaktion weniger häufig statt, wodurch der pH stabil bleibt.

Wenn eine starke Säure wie Salzsäure (HCl) in den Puffer gegeben wird, wird das saure Proton von der schwachen Base S⁻ aufgenommen, wodurch HS entsteht.

H⁺ + S⁻ → HS

Dadurch entsteht ein leichter Säureüberschuss, der aber auch nicht in der Lage ist, den pH-Wert signifikant ins Schwanken zu bringen. Das Gleichgewicht der Säuredissoziationsreaktion wird hier zugunsten der Produkte verschoben, wodurch die Reaktion häufiger stattfindet und die Base S⁻ vermehrt gebildet wird.

Die Zugabe von Säuren und Basen und deren Auswirkung auf das Verhältnis von Reaktanten und Produkten ist in Abbildung 17.2 zusammengefasst.

17 ➤ Neutralität mit Äquivalenten, Titration und Puffern erreichen

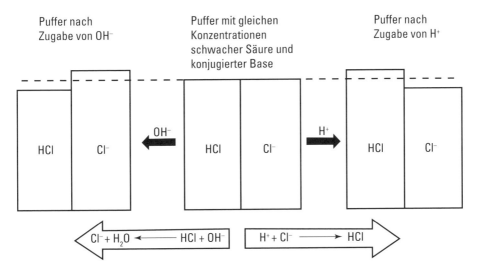

Abbildung 17.2: Die Auswirkung einer Säure- oder Basenzugabe auf das Verhältnis von Produkten zu Reaktanten.

Puffer haben aber auch nur begrenzte Fähigkeiten. Das Säureprotonenreservoir kann zum Beispiel nur eine bestimmte Basenmenge neutralisieren. Danach ist das Lager leer. Ab diesem Punkt können die freien Hydroxidionen nicht mehr abgepuffert werden, was man daran erkennt, dass die Titrationskurve wieder steiler wird.

Beispiel

Sie haben eine gepufferte Lösung, die aus der schwachen Säure Essigsäure ($K_s = 1{,}8 \times 10^{-5}$) und deren konjugierter Base Acetat besteht. Wie hoch ist der pH-Wert der Lösung, wenn die Konzentration von Essigsäure 0,5 M und die Konzentration von Acetat 0,3 M beträgt?

Lösung

pH = 4,5. Das ist eine einfache Anwendung der Henderson-Hasselbalch-Gleichung; erinnern Sie sich nur daran, dass der negative Logarithmus von K_s gleich pK_s ist. Setzen Sie dann die bekannten Werte in die Gleichung ein:

$$\mathrm{pH} = pK_s + \log\left(\frac{[\mathrm{S}^-]}{[\mathrm{HS}]}\right) = -\log(1{,}8 \times 10^{-5}) + \log\left(\frac{0{,}3}{0{,}5}\right) = 4{,}5$$

Aufgabe 8

Essigsäure würde einen idealen Puffer für welchen pH-Wert abgeben?

Ihre Lösung

Aufgabe 9

Beschreiben Sie die Herstellung von 1000 mL einer 0,2-molaren Kohlensäurepufferlösung mit pH = 7,0. Gehen Sie dazu von pK_S = 6,8 für Kohlensäure aus.

Ihre Lösung

Salzlöslichkeit messen: K_L

In der Chemie ist ein »Salz« nicht notwendigerweise die Substanz, die Sie über Ihre Pommes streuen, sondern hat eine viel breitere Definition. Ein Salz ist vielmehr eine Substanz, die aus einem Anion (ein Atom mit negativer Ladung) und einem Kation (ein Atom mit positiver Ladung) besteht und bei einer Neutralisierungsreaktion entsteht. Salze neigen deshalb dazu, in Wasser zu zerfallen. Der mögliche Grad der Dissoziation – mit anderen Worten, die Löslichkeit von Salzen – ist immer unterschiedlich.

Chemiker verwenden eine Größe namens *Löslichkeitsproduktkonstante* oder K_L, um die Löslichkeit von Salzen miteinander zu vergleichen. K_L wird eigentlich fast genau wie die Gleichgewichtskonstante berechnet (K_{eq}). Die Produktkonzentrationen werden miteinander multipliziert und dabei mit ihrem jeweiligen Koeffizienten aus der ausbilanzierten Reaktionsgleichung potenziert. Es gibt aber einen grundlegenden Unterschied zwischen K_L und K_{eq}. K_L ist eine Größe, die für eine *gesättigte* Salzlösung spezifisch ist, daher trägt die Konzentration des nicht dissoziierten Salzreaktanten absolut nichts zu ihrem Wert bei. Bei einer gesättigten Salzlösung hat der Dissoziationsgrad das Maximum erreicht, und jede Salzmenge, die noch hinzugegeben wird, setzt sich sofort ungelöst am Boden ab.

17 ➤ Neutralität mit Äquivalenten, Titration und Puffern erreichen

Beispiel

Schreiben Sie die Formel für die Löslichkeitsproduktkonstante der Reaktion $CaF_2 \rightarrow Ca^{2+} + 2F^-$.

Lösung

$K_L = [Ca^{2+}] \times [F^-]^2$. Die Löslichkeitsproduktkonstante wird gebildet, indem man die Konzentrationen der beiden Produkte mit ihren jeweiligen Koeffizienten aus der Reaktionsgleichung potenziert und dann miteinander multipliziert.

Aufgabe 10

Formulieren Sie die Dissoziationskonstanten für Silber(I)-chromat (Ag_2CrO_4) und Strontiumsulfat ($SrSO_4$).

Ihre Lösung

Aufgabe 11

Wie hoch ist die Chromatkonzentration, wenn K_L von Silber gleich $1{,}1 \times 10^{-12}$ ist und die Silberionenkonzentration der Lösung 0,0005 M entspricht?

Ihre Lösung

Lösungen zu den Aufgaben rund ums Thema neutralisierende Äquivalente

Hier folgen die Lösungen zu den praktischen Aufgabenstellungen aus diesem Kapitel.

1. **2HF + Ca(OH)$_2$ → CaF$_2$ + 2H$_2$O.** Der ausbilanzierten Neutralisierungsreaktion können Sie entnehmen, das 2 Äquivalente Ca(OH)$_2$ pro Mol und 1 Äquivalent HF pro Mol an der Reaktion beteiligt sind.

2. **3 mol.** Salpetersäure (HNO$_3$) ist eine Säure mit einem einzigen Wasserstoffatom und besitzt 1 Äquivalent pro Mol, und Kaliumhydroxid (KOH) weist ebenfalls nur ein Äquivalent pro Mol auf. Also brauchen Sie für eine Neutralisierung die gleichen Mengen von beiden Substanzen.

3. **3 N H$_2$SO$_4$.** Normalität ist Äquivalente pro Liter. Da das Volumen schon in der Molarität verarbeitet wurde, müssen Sie einfach nur die Molarität mit der Äquivalentzahl von 1 mol H$_2$SO$_4$ multiplizieren (zwei Äquivalente, da zwei Wasserstoffatome).

    2 Äquivalente H$_2$SO$_4$/1 mol H$_2$SO$_4$ = x/1,5 mol H$_2$SO$_4$

    x = 1,5 mol H$_2$SO$_4$ × 2 Äquivalente H$_2$SO$_4$/1 mol H$_2$SO$_4$ = 3 Äquivalente H$_2$SO$_4$ = 3 N H$_2$SO$_4$

4. **8,9 mL.** Der schnellste Weg zur Beantwortung dieser Frage besteht darin, zuerst die Normalität der Phosphorsäure mithilfe der Gleichung $N_S \times V_S = N_B \times V_B$ zu bestimmen. Berechnen Sie die Normalität der Säure (N_S) also nach dem Dreisatz:

    3 Äquivalente H$_3$PO$_4$/1 mol H$_3$PO$_4$ = x/1,5 mol H$_3$PO$_4$

    x = 1,5 mol H$_3$PO$_4$ × 3 Äquivalente H$_3$PO$_4$/1 mol H$_3$PO$_4$ = 4,5 Äquivalente H$_3$PO$_4$ = 4,5 N H$_3$PO$_4$

    Stellen Sie dann die Gleichung $N_S \times V_S = N_B \times V_B$ nach V_S um und setzen Sie alle bekannten Werte ein.

    $$V_S = \frac{N_B \times V_B}{N_S} = \frac{2\,N \times 20\,ml}{4,5\,N} = 8,9\,ml$$

5. **9,6 mL Ca(OH)$_2$.** Beginnen Sie damit, die Molzahl von HCl zu bestimmen, indem Sie die Molarität (2 M) mit dem Volumen (0,012 L) multiplizieren und so das Ergebnis 0,024 mol HCl erhalten. Als nächstes berechnen Sie dann die Molzahl von Ca(OH)$_2$, die man für die Neutralisierung von 0,024 mol HCl braucht:

    1 mol Ca(OH)$_2$/2 mol HCl = x/0,024 mol HCl

    x = 0,024 mol HCl × 1 mol Ca(OH)$_2$/2 mol HCl = 0,012 mol Ca(OH)$_2$

    Wenn Sie dieses Ergebnis dann durch die Molarität teilen, um auf das Volumen der hinzugegebenen Base zu kommen, erhalten Sie als Ergebnis 0,0096 L bzw. 9,6 mL Ca(OH)$_2$.

6. **0,16 M Mg(OH)$_2$.** Diese Aufgabe gibt Ihnen Schritt 6 des Titrationsprozesses vor und verlangt von Ihnen, die Molarität der Base zu bestimmen. Beginnen Sie damit, die Molzahl der Säure in der Lösung zu bestimmen, indem Sie die Molarität (0,5 M) mit dem

Volumen (0,005 L) multiplizieren und so auf ein Ergebnis von 0,0025 mol kommen. Als nächstes bestimmen Sie die Äquivalentzahl von Magnesiumhydroxid, die gebraucht wird, um 0,0025 mol HNO_2 zu neutralisieren. Nehmen Sie dabei die ausbilanzierte Reaktionsgleichung zu Hilfe.

$2HNO_2 + Mg(OH)_2 \rightarrow Mg(NO_2)_2 + 2H_2O$

1 mol $Mg(OH)_2$/2 mol HNO_2 = x/0,0025 mol HNO_2

x = 0,0025 mol $HNO_2 \times$ 1 mol $Mg(OH)_2$/2 mol HNO_2

x = 1,25 $\times 10^{-3}$ mol $Mg(OH)_2$

Dividieren Sie dann dieses Ergebnis durch das hinzugefügte Volumen der Base (8 mL oder 0,008 L) und Sie erhalten eine Molarität von 0,16 M $Mg(OH)_2$.

7. Auch ohne Name oder Konzentration könnte ein Chemiker zumindest noch die Äquivalentzahl pro Liter der geheimnisvollen Verbindung bestimmen. Dazu muss er im Falle einer Säure mit einer Base bekannter Konzentration bis zur Neutralität titrieren und kennt dann die Äquivalentzahl der Säure (entspricht der Äquivalentzahl der hinzugegebenen Base). Mit dieser Information könnte er die Identität der Säure zumindest erraten.

8. **pH = 4,7.** Essigsäure wäre ein idealer Puffer für einen pH nahe seines eigenen pK_s-Wertes. Da Sie den K_s-Wert von Essigsäure kennen ($K_s = 1,8 \times 10^{-5}$), müssen Sie davon einfach nur den negativen Logarithmus bilden und erhalten somit gleichzeitig den pK_s-Wert und den gesuchten pH-Wert.

9. Da Sie einen pH- und einen pK_s-Wert kennen, können Sie die Henderson-Hasselbalch-Gleichung anwenden. Sie kennen außerdem die Gesamtkonzentration der Säure und ihrer konjugierten Base, aber Sie wissen nicht, welche Einzelkonzentrationen beide besitzen, daher müssen Sie zuerst mit der Verhältnisberechnung beginnen.

$$\frac{[S^-]}{[HS]} = 10^{pH - pK_s} = 10^{7-6,8} = 1,6$$

Nun wissen Sie, dass 1,6 mol Base pro 1 mol Säure vorhanden sind. Wenn Sie diese Basenmenge nun als Teil der Gesamtmenge von Säure und Base formulieren, erhalten Sie:

$$\frac{[S^-]}{[HS] + [S]} = \frac{1,6}{1+1,6} = 0,61$$

Multiplizieren Sie diese Zahl mit der Molarität der Gesamtlösung (0,2 M), um die Molarität der basischen Lösung von 0,12 M zu ermitteln. Die Molarität der sauren Lösung muss daher 0,2 M – 0,12 M = 0,08 M betragen.

Das bedeutet, dass Sie zur Pufferherstellung 0,2 mol Kohlensäure in etwas weniger als 1000 mL Wasser lösen müssen (sagen wir 800 mL). Dazu müssen Sie nun eine ausreichende Menge einer starken Base wie z. B. Natriumhydroxid (NaOH) geben, um den Anteil Kohlensäure in der Lösung zu der konjugierten Base dissoziieren zu lassen. Da Sie am Ende eine Basenkonzentration von 0,12 M in der Gesamtlösung brauchen, müssen

Sie 120 mL NaOH hinzugeben. Zum Schluss füllen Sie dann noch mit Wasser auf 1000 mL auf, um auf das Endvolumen zu kommen.

10. **Für Silber(I)-chromat:** $K_L = [Ag^+]^2 \times [CrO_4^{2-}]$; **für Strontiumsulfat:** $K_L = [Sr^{2+}] \times [SO_4^{2-}]$.
Um die Löslichkeitsproduktkonstanten für beide Lösungen zu bestimmen, müssen Sie zunächst die Reaktionsgleichungen für die Dissoziation in Wasser aufschreiben (siehe Kapitel 8 für Einzelheiten).

$Ag_2CrO_4 \rightarrow 2Ag^+(aq) + CrO_4^{2-}(aq)$

$SrSO_4 \rightarrow Sr^{2+}(aq) + SO_4^{2-}(aq)$

Sie können dann den jeweiligen K_L-Wert ermitteln, indem Sie die Produktkonzentrationen mit ihren Koeffizienten aus der Reaktionsgleichung potenzieren und dann miteinander multiplizieren.

$K_L = [Ag^+]^2 \times [CrO_4^{2-}]$

$K_L = [Sr^{2+}] \times [SO_4^{2-}]$

11. **4 × 10⁻⁶.** Sie haben für die Lösung von Aufgabe 10 schon einen Ausdruck für den K_L-Wert von Silber(I)-chromat formuliert. Lösen Sie jetzt die Gleichung nach der Chromatkonzentration auf, indem Sie K_L durch die Silberionenkonzentration dividieren.

$$[CrO_4^{-2}] = \frac{[K_L]}{[Ag^+]^{-2}} = \frac{1{,}1 \times 10^{-12}}{(5 \times 10^{-4})^2} = 4 \times 10^{-6}$$

Elektronen in Redoxreaktionen nachweisen

18

In diesem Kapitel...

▸ Elektronen mithilfe von Oxidationszahlen im Auge behalten

▸ Redoxreaktionen in Gegenwart von Säuren ausgleichen

▸ Redoxreaktionen in Gegenwart von Basen ausgleichen

---

*I*n der Chemie ist alles von den Elektronen abhängig. Unter anderem können sich Elektronen während einer Reaktion zwischen den Reaktanten hin und her bewegen. Reaktionen wie diese werden *Reduktions-Oxidations-Reaktionen* oder kurz *Redoxreaktionen* genannt. Redoxreaktionen sind wichtig und kommen auch häufig vor. Aber sie sind nicht immer offensichtlich. In diesem Kapitel finden Sie heraus, woran man Redoxreaktionen erkennt und wie man die jeweiligen Reaktionsgleichungen ausgleicht.

Elektronen anhand von Oxidationszahlen verfolgen

Wenn Elektronen während einer Redoxreaktion zwischen den Reaktanten ausgetauscht werden, sollte es doch eigentlich leicht sein, solche Reaktionen daran zu erkennen, dass sich die Ladungen verändern, oder?

Manchmal schon.

Die folgenden beiden Reaktionen sind Redoxreaktionen:

$Mg(s) + 2H^+(aq) \rightarrow Mg^{2+}(aq) + H_2(g)$

$2H_2(g) + O_2(g) \rightarrow 2H_2O(g)$

In der ersten Reaktion ist es offensichtlich, dass Elektronen von Magnesium auf Wasserstoff übertragen werden. (Es gibt nur zwei Reaktanten, und Magnesium ist als Reaktant zwar neutral, aber als Produkt positiv geladen.) In der zweiten Reaktion ist nicht so klar, dass Elektronen von Wasserstoff auf Sauerstoff übertragen werden. Wir brauchen also eine Möglichkeit, um Elektronen auf ihrem Übertragungsweg von Reaktant zu Reaktant zu verfolgen. Kurzum, wir brauchen *Oxidationszahlen*.

Oxidationszahlen sind Werkzeuge, mit denen man Elektronen verfolgen kann. Manchmal beschreibt eine Oxidationszahl die eigentliche Ladung eines Atoms. Manchmal beschreibt eine Oxidationszahl aber auch eine eher imaginäre Art Ladung – die Ladung, die ein Atom hätte, wenn all seine Bindungspartner den Schauplatz verlassen und ihre Elektronen mitnehmen würden. Bei ionischen Verbindungen beschreiben Oxidationszahlen am ehesten die eigentliche Atomladung. Diese Beschreibung ist jedoch weniger für kovalente Verbindungen geeignet, bei denen Elektronen nicht ganz klar einem Atom zugeordnet werden können. (Siehe Kapitel 6 für Grundlagen über die verschiedenen Bindungsarten.) Der Knackpunkt dabei ist: Oxidationszahlen sind zwar nützliche Werkzeuge, sie sind aber nicht in der Lage, die physikalische Realität direkt zu beschreiben.

Hier folgen ein paar Grundregeln für die Bestimmung der Oxidationszahl eines Atoms:

- ✔ Atome haben in ihrer elementaren Form eine Oxidationszahl gleich 0. Die Oxidationszahl von sowohl Mg(s) als auch $O_2(g)$ beträgt also jeweils 0.

- ✔ *Monoatomare* Ionen (Ionen mit nur einem einzigen Atom) besitzen eine Oxidationszahl, die gleich ihrer Ladung ist. Die Oxidationszahl von $Mg^{2+}(aq)$ beträgt also +2 und die Oxidationszahl von $Cl^-(aq)$ ist gleich –1.

- ✔ Bei einer neutralen Verbindung addieren sich die Oxidationszahlen zu 0 auf. Bei einer geladenen Verbindung lassen sich die Oxidationszahlen zur Ladungszahl aufaddieren.

- ✔ Sauerstoff hat in Verbindungen normalerweise die Oxidationszahl –2. Eine ärgerliche Ausnahme bilden die Peroxide, wie H_2O_2, bei denen Sauerstoff eine Oxidationszahl von –1 besitzt.

- ✔ Wasserstoff hat die Oxidationszahl +1, wenn er an Nichtmetalle gebunden ist (so wie bei H_2O) und die Oxidationszahl –1 in Verbindung mit Metallen (so wie bei NaH).

- ✔ Für Verbindungen trifft Folgendes zu:

    - Atome der Gruppe IA (Alkalimetalle) haben die Oxidationszahl +1.

    - Atome der Gruppe IIA (Erdalkalimetalle) haben die Oxidationszahl +2.

    - In der Gruppe IIIA haben Al- und Ga-Atome die Oxidationszahl +3.

    - Atome der Gruppe IVA (Halogene) haben meist die Oxidationszahl –1.

Sie können sich die Oxidationszahlen anderer Atome in Verbindungen (besonders bei Übergangsmetallen) ableiten, indem Sie die obigen Grundregeln befolgen und die Gesamtladung der jeweiligen Verbindung berücksichtigen.

Durch die Anwendung dieser Regeln können Sie in chemischen Reaktionen unterscheiden, wer an wen Elektronen liefert.

- ✔ Die Chemikalie, die Elektronen verliert, wird *oxidiert* und wirkt als *reduzierendes Agens* (oder als *Reduktionsmittel*).

- ✔ Die Chemikalie, die Elektronen aufnimmt, wird reduziert und fungiert als *oxidierendes Agens* (oder als *Oxidationsmittel*).

Alle Redoxreaktionen haben sowohl Oxidations- als auch Reduktionsmittel. Und obwohl in einem Reaktionsgefäß mehrere Redox-Paare vorhanden sein können, bleibt jedes für sich und vollzieht seine eigene, unabhängige Redoxreaktion.

Bei einer Oxidation kann Sauerstoff gebunden, können Bindungen mit Wasserstoff gespalten oder Elektronen abgegeben werden, müssen aber nicht – eine Oxidation bedeutet aber in jedem Fall die Zunahme der Oxidationszahl. Bei einer Reduktion kann Wasserstoff gebunden, können Bindungen mit Sauerstoff gespalten oder Elektronen aufgenommen werden, müssen aber nicht – eine Reduktion bedeutet aber in jedem Fall eine Abnahme der Oxidationszahl.

Beispiel

Orientieren Sie sich an Oxidationszahlen, um die Reduktions- und Oxidationsmittel in der folgenden chemischen Reaktion zu bestimmen:

$$Cr_2O_3(s) + 2Al(s) \rightarrow 2Cr(s) + Al_2O_3(s)$$

Lösung

$Cr_2O_3(s)$ ist das Oxidationsmittel und Al(s) ist das Reduktionsmittel. Sie müssen sich zur Lösung der Aufgabe daran erinnern, dass Atome in elementarer Form (also hier festes Aluminium und festes Chrom) immer die Oxidationszahl 0 besitzen und dass Sauerstoff in einer Verbindung meist die Oxidationszahl –2 trägt. Die Verringerung der Oxidationszahl (wie in der folgenden Abbildung dargestellt) zeigt, dass Al(s) zu $Al_2O_3(s)$ oxidiert wird und dass $Cr_2O_3(s)$ zu Cr(s) reduziert wird. Al(s) ist also das Reduktionsmittel und $Cr_2O_3(s)$ das Oxidationsmittel. Sie können sagen, dass Al(s) oxidiert wird, weil die Oxidationszahl von Aluminium in elementarer Form, Al(s), gleich 0 ist, aber +2 in Form von $Al_2O_3(s)$ beträgt. Sie können auch sagen, dass $Cr_2O_3(s)$ reduziert wird, weil die Oxidationszahl von Chrom in $Cr_2O_3(s)$ +2 beträgt, während sie in elementarer Form in Cr(s) gleich 0 ist.

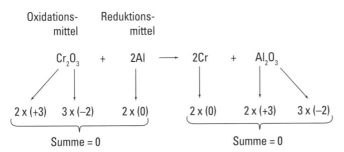

Aufgabe 1

Identifizieren Sie anhand der Oxidationszahlen das Oxidations- und das Reduktionsmittel in der folgenden chemischen Reaktion:

$MnO_2(s) + 2H^+(aq) + NO_2^-(aq) \rightarrow NO_3^{\bullet}(aq) + Mn^{2+}(aq) + H_2O(l)$

Ihre Lösung

Aufgabe 2

Identifizieren Sie anhand der Oxidationszahlen das Oxidations- und das Reduktionsmittel in der folgenden chemischen Reaktion:

$H_2S(aq) + 2NO_3(aq) + 2H^+(aq) \rightarrow S(s) + 2NO_2(g) + 2H_2O(l)$

Ihre Lösung

Redoxreaktionen unter sauren Bedingungen ausbilanzieren

Beim Ausbilanzieren einer chemischen Reaktionsgleichung ist das primäre Ziel, dem Gesetz zur Erhaltung der Masse zu gehorchen – die Gesamtmasse der Reaktanten muss der Gesamtmasse der Produkte entsprechen. (Siehe Kapitel 8, falls Sie diesen Zusammenhang noch einmal resümieren wollen.) Bei Redoxreaktionen müssen Sie zusätzlich noch ein weiteres Prinzip beachten: die Erhaltung der Ladung. Die Gesamtanzahl an abgegebenen Elektronen muss der Gesamtanzahl an aufgenommenen Elektronen entsprechen. Mit anderen Worten, Sie können nicht einfach Elektronen in der Gegend herumliegen lassen. Das Universum ist, was diese Dinge betrifft, sehr etepetete.

Manchmal funktioniert der Ladungsausgleich einer Redoxreaktion aber auch, wenn man nur ein Auge auf die Masse wirft. Es ist schön, wenn dieser Fall eintrifft, so wie eine grüne Welle beim Autofahren, aber Sie können sich nicht immer darauf verlassen. Es ist also besser, bei der Ausbilanzierung von Redoxreaktionen auf ein System zurückzugreifen. Die Einzelheiten dieses Systems hängen davon ab, ob die Redoxreaktion in azidischer (saurer) oder alkalischer (basischer) Umgebung stattfindet – also in der Gegenwart eines Überschusses H^+ oder OH^-. Beide Varianten bestehen aus *Halbreaktionen*, also unvollständige Teile der Gesamtreaktion, die entweder den Oxidations- oder Reduktionsvorgang beschreiben. (Sie finden die Grundlagen zu Säuren und Basen in Kapitel 16.)

18 ➤ Elektronen in Redoxreaktionen nachweisen

Es folgt eine Zusammenfassung der Methode zum Ausbilanzieren von Redoxreaktionen für eine Reaktion unter azidischen Bedingungen (im darauf folgenden Abschnitt werden wir uns dann der Ausbilanzierung unter basischen Bedingungen zuwenden).

1. **Teilen Sie die Redoxreaktion in die beiden Halbreaktionen für Oxidation und Reduktion auf. Identifizieren Sie beide Halbreaktionen anhand der Oxidationszahlen.**

2. **Gleichen Sie die Halbreaktionen unabhängig voneinander aus und ignorieren Sie vorerst H- und O-Atome.**

3. **Wenden Sie Ihre Aufmerksamkeit nun den H- und O-Atomen zu. Gleichen Sie die Halbreaktionen wieder unabhängig voneinander aus und verwenden Sie H_2O, um O-Atome anzuhängen und H^+, um H-Atome hinzu zu fügen.**

4. **Gleichen Sie beide Halbreaktionen im Bezug auf die Ladungen separat aus, indem Sie Elektronen (e^-) anfügen.**

5. **Gleichen Sie die Ladungen beider Halbreaktionen nun gegeneinander aus, indem Sie die Halbreaktionen mit einer entsprechenden Zahl multiplizieren, sodass am Ende jede Halbreaktion gleich viele Elektronen besitzt.**

6. **Vereinigen Sie die beiden Halbreaktionen wieder zu einer vollständigen Redoxreaktionsgleichung.**

7. **Vereinfachen Sie die Gesamtgleichung, indem Sie alles, was auf beiden Seiten des Reaktionspfeils auftaucht, heraus kürzen.**

Beispiel

Gleichen Sie die folgende Redoxreaktionsgleichung aus, indem Sie von azidischen Bedingungen ausgehen:

$NO_2^- + Br^- \rightarrow NO + Br_2$

Lösung

Befolgen Sie einfach Schritt 1 bis Schritt 7.

Schritt 1: Teilen Sie die Gleichung in die beiden Halbreaktionen für Oxidation und Reduktion mithilfe der Oxidationszahlen auf.

$Br^- \rightarrow Br_2$ (Oxidation)

$NO_2^- \rightarrow NO$ (Reduktion)

Schritt 2: Bilanzieren Sie die Halbreaktionen aus und ignorieren Sie zunächst H und O.

$2Br^- \rightarrow Br_2$

$NO_2^- \rightarrow NO$

Schritt 3: Gleichen Sie jetzt die Halbreaktionen auch hinsichtlich H und O aus, indem Sie jeweils H^+ und H_2O hinzufügen.

$2Br^- \rightarrow Br_2$

$2H^+ + NO_2^- \rightarrow NO + H_2O$

Schritt 4: Gleichen Sie die Ladung in jeder Halbreaktion aus, indem Sie Elektronen (e^-) hinzufügen.

$2Br^- \rightarrow Br_2 + 2e^-$

$e^- + 2H^+ + NO_2^- \rightarrow NO + H_2O$

Schritt 5: Gleichen Sie die Ladungen der beiden Halbreaktionen nun gegeneinander aus.

$2Br^- \rightarrow Br_2 + 2e^-$

$2e^- + 4H^+ + 2NO_2^- \rightarrow 2NO + 2H_2O$

Schritt 6: Führen Sie nun beide Halbreaktionen wieder zur Gesamtredoxreaktion zusammen.

$2e^- + 4H^+ + 2Br^- + 2NO_2^- \rightarrow Br_2 + 2NO + 2H_2O + 2e^-$

Schritt 7: Vereinfachen Sie die Gleichung, indem Sie alles herausstreichen, was auf beiden Seiten des Reaktionspfeils erscheint (in diesem Fall $2e^-$).

$4H^+ + 2Br^- + 2NO_2^- \rightarrow Br_2 + 2NO + 2H_2O$

Aufgabe 3

Gleichen Sie die folgende Redoxreaktionsgleichung aus, indem Sie von azidischen Bedingungen ausgehen:

$Fe^{3+} + SO_2 \rightarrow Fe^{2+} + SO_4^{2-}$

Ihre Lösung

Aufgabe 4

Gleichen Sie die folgende Redoxreaktionsgleichung aus, indem Sie von azidischen Bedingungen ausgehen:

$Ag^+ + Be \rightarrow Ag + Be_2O_3^{2-}$

Ihre Lösung

Aufgabe 5

Gleichen Sie die folgende Redoxreaktionsgleichung aus, indem Sie von azidischen Bedingungen ausgehen:

$Cr_2O_7^{2-} + Bi \rightarrow Cr^{3+} + BiO^+$

Ihre Lösung

Redoxreaktionen unter alkalischen Bedingungen ausgleichen

Es stimmt: Das Ausbilanzieren von Redoxreaktionen erfordert meist ziemlich viel Buchführung. Diese unbequeme Tatsache kann nur selten umgangen werden. Aber hier kommen auch ein paar gute Neuigkeiten – das Ausbilanzieren von Redoxreaktionen unter alkalischen Bedingungen ist zu 90 % mit der Vorgehensweise bei azidischen Bedingungen identisch, die wir Ihnen im vorangegangenen Abschnitt vorgestellt haben. Oder anders ausgedrückt, haben Sie ein System verstanden, beherrschen Sie das andere fast schon automatisch auch.

So einfach ist es, die Bilanziermethode an alkalische Bedingungen anzupassen:

✔ Führen Sie die Schritte 1 bis 7, wie im vorigen Abschnitt beschrieben, durch.

✔ Schauen Sie, an welcher Stelle sich H⁺ in der so erstellten Redoxgleichung befindet. Addieren Sie die gleiche Menge OH⁻ auf beiden Seiten der Gleichung, sodass alle H⁺-Ionen zu Wasser »neutralisiert« werden.

✔ Streichen Sie alle H_2O-Moleküle weg, die auf beiden Seiten des Reaktionspfeils erscheinen.

Das war's schon. Wirklich.

Beispiel

Gleichen Sie die folgende Redoxreaktionsgleichung aus und gehen Sie dabei von alkalischen Bedingungen aus:

$Cr^{2+} + Hg \rightarrow Cr + HgO$

Lösung

Beginnen Sie so mit dem Ausgleich, als würden Sie von azidischen Bedingungen ausgehen und neutralisieren Sie danach alle H⁺-Ionen mit der gleichen Menge OH⁻ auf beiden Seiten. Zum Schluss kürzen Sie dann noch alle überflüssigen Wassermoleküle heraus.

Schritt 1: Teilen Sie die Gleichung mithilfe der Oxidationszahlen in die beiden Halbreaktionen für Oxidation und Reduktion auf.

$Hg \rightarrow HgO$ (Oxidation)

$Cr^{2+} \rightarrow Cr$ (Reduktion)

Schritt 2: Gleichen Sie beide Halbreaktionen aus und ignorieren Sie zunächst H und O. (Beide Reaktionen sind hier schon ausgeglichen.)

$Hg \rightarrow HgO$

$Cr^{2+} \rightarrow Cr$

Schritt 3: Gleichen Sie nun O und H in den Halbreaktionen aus, indem Sie jeweils H_2O und H⁺ hinzufügen.

$Hg + H_2O \rightarrow HgO + 2H^+$

$Cr^{2+} \rightarrow Cr$

Schritt 4: Gleichen Sie die Ladung in jeder Halbreaktion aus, indem Sie Elektronen (e⁻) hinzufügen.

$Hg + H_2O \rightarrow HgO + 2H^+ + 2e^-$

$Cr^{2+} + 2e^- \rightarrow Cr$

Schritt 5: Gleichen Sie nun die Ladungen der Halbreaktionen untereinander aus (auch diesmal sind die Ladungen schon im Vorfeld ausgeglichen).

$Hg + H_2O \rightarrow HgO + 2H^+ + 2e^-$

$Cr^{2+} + 2e^- \rightarrow Cr$

Schritt 6: Addieren Sie die Halbreaktionen wieder zu einer Redoxreaktion.

$Hg + Cr^{2+} + H_2O + 2e^- \rightarrow HgO + Cr + 2H^+ + 2e^-$

Schritt 7: Vereinfachen Sie die Gleichung, indem Sie alles herauskürzen, was jeweils auf beiden Seiten des Reaktionspfeils erscheint (hier 2e⁻).

$Hg + Cr^{2+} + H_2O \rightarrow HgO + Cr + 2H^+$

Schritt 8: Jetzt neutralisieren Sie H$^+$ zu Wasser, indem Sie die gleiche Menge OH$^-$ auf beiden Seiten hinzufügen.

$$Hg + Cr^{2+} + H_2O + 2OH^- \rightarrow HgO + Cr + 2H_2O$$

Schritt 9: Vereinfachen Sie erneut, indem Sie H$_2$O aus beiden Seiten heraus kürzen.

$$Hg + Cr^{2+} + 2OH^- \rightarrow HgO + Cr + H_2O$$

Aufgabe 6

Gleichen Sie die folgende Redoxreaktionsgleichung aus und gehen Sie dabei von alkalischen Bedingungen aus:

$Cl_2 + Sb \rightarrow Cl^- + SbO^+$

Ihrer Lösung

Aufgabe 7

Gleichen Sie die folgende Redoxreaktionsgleichung aus und gehen Sie dabei von alkalischen Bedingungen aus:

$SO_4^{2-} + ClO_2^- \rightarrow SO_2 + ClO_2$

Ihre Lösung

Aufgabe 8

Gleichen Sie die folgende Redoxreaktionsgleichung aus und gehen Sie dabei von alkalischen Bedingungen aus:

$BrO_3^- + PbO \rightarrow Br_2 + PbO_2$

Ihre Lösung

Lösungen zu den Aufgaben rund ums Thema Elektronen in Redoxreaktionen

Redoxreaktionen genießen einen eher schlechten Ruf unter Chemiestudenten, da viele der Meinung sind, sie hätten Schwierigkeiten, sie zu durchschauen und noch mehr Probleme damit, sie auszugleichen. Aber Meinungen sind nun mal nur Meinungen. Der ganze Vorgang lässt sich eigentlich auf folgende Prinzipien reduzieren:

✔ Redoxreaktionen sind nicht schwieriger auszugleichen als andere Reaktionen; sie müssen lediglich eine weitere Komponente ausgleichen – nämlich die Elektronen.

✔ Verwenden Sie Oxidationszahlen, um zwischen Oxidations- und Reduktionshalbreaktion zu unterscheiden.

✔ Unter azidischen Bedingungen gleichen Sie O- und H-Atome aus, indem Sie jeweils H_2O und H^+ hinzu fügen.

✔ Unter alkalischen Bedingungen gleichen Sie genauso wie bei azidischen Bedingungen aus, neutralisieren aber zum Schluss noch jedes H^+- durch ein hinzugefügtes OH^--Ion.

So, entspannen Sie sich. Oder... entspannen Sie sich, nachdem Sie Ihre Antworten überprüft haben.

1. **Das Oxidationsmittel ist MnO_2 und das Reduktionsmittel ist NO_2^-.** Die Oxidationszahl von Mn ist in der Form MnO_2 gleich +4 und im Produkt Mn^{2+} gleich +2. Die Oxidationszahl von N beträgt +3 im Reaktanten NO_2^- und +5 im Produkt NO_3^-.

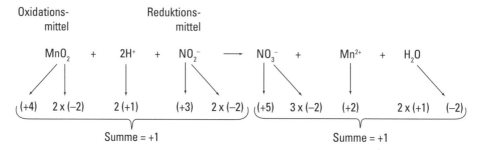

2. **Das Oxidationsmittel ist NO_3^- und das Reduktionsmittel ist H_2S.** Die Oxidationszahl von S beträgt –2 in der Reaktantenform H_2S und ist gleich 0 im Produkt S. Die Oxidationszahl von N beträgt +5 im Reaktanten NO_3^- und +4 im Produkt NO_2.

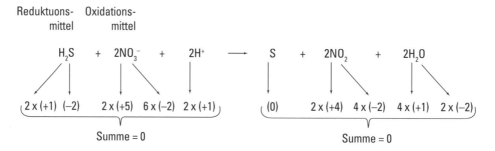

18 ➤ Elektronen in Redoxreaktionen nachweisen

3. **Schritt 1** $SO_2 \rightarrow SO_4^{2-}$ (Oxidation)
   $Fe^{3+} \rightarrow Fe^{2+}$ (Reduktion)

   Schritt 2 (schon realisiert)

   Schritt 3 $2H_2O + SO_2 \rightarrow SO_4^{2-} + 4H^+$
   $Fe^{3+} \rightarrow Fe^{2+}$

   Schritt 4 $2H_2O + SO_2 \rightarrow SO_4^{2-} + 4H^+ + 2e^-$
   $1e^- + Fe^{3+} \rightarrow Fe^{2+}$

   Schritt 5 $2H_2O + SO_2 \rightarrow SO_4^{2-} + 4H^+ + 2e^-$
   $2e^- + 2Fe^{3+} \rightarrow 2Fe^{2+}$

   Schritt 6 $2e^- + 2H_2O + 2Fe^{3+} + SO_2 \rightarrow 2Fe^{2+} + SO_4^{2-} + 4H^+ + 2e^-$

   Schritt 7 $2H_2O + 2Fe^{3+} + SO_2 \rightarrow 2Fe^{2+} + SO_4^{2-} + 4H^+$

4. **Schritt 1** $Be \rightarrow Be_2O_3^{2-}$ (Oxidation)
   $Ag^+ \rightarrow Ag$ (Reduktion)

   Schritt 2 $2Be \rightarrow Be_2O_3^{2-}$
   $Ag^+ \rightarrow Ag$

   Schritt 3 $3H_2O + 2Be \rightarrow Be_2O_3^{2-} + 6H^+$
   $Ag^+ \rightarrow Ag$

   Schritt 4 $3H_2O + 2Be \rightarrow Be_2O_3^{2-} + 6H^+ + 4e^-$
   $1e^- + Ag^+ \rightarrow Ag$

   Schritt 5 $3H_2O + 2Be \rightarrow Be_2O_3^{2-} + 6H^+ + 4e^-$
   $4e^- + 4Ag^+ \rightarrow 4Ag$

   Schritt 6 $4e^- + 3H_2O + 4Ag^+ + 2Be \rightarrow 4Ag + Be_2O_3^{2-} + 6H^+ + 4e^-$

   Schritt 7 $3H_2O + 4Ag^+ + 2Be \rightarrow 4Ag + Be_2O_3^{2-} + 6H^+$

5. **Schritt 1** $Bi \rightarrow BiO^+$ (Oxidation)
   $Cr_2O_7^{2-} \rightarrow Cr^{3+}$ (Reduktion)

   Schritt 2 $Bi \rightarrow BiO^+$
   $Cr_2O_7^{2-} \rightarrow 2Cr^{3+}$

   Schritt 3 $H_2O + Bi \rightarrow BiO^+ + 2H^+$
   $14H^+ + Cr_2O_7^{2-} \rightarrow 2Cr^{3+} + 7H_2O$

   Schritt 4 $H_2O + Bi \rightarrow BiO^+ + 2H^+ + 3e^-$
   $6e^- + 14H^+ + Cr_2O_7^{2-} \rightarrow 2Cr^{3+} + 7H_2O$

	Schritt 5	$2H_2O + 2Bi \rightarrow 2BiO^+ + 4H^+ + 6e^-$
		$6e^- + 14H^+ + Cr_2O_7^{2-} \rightarrow 2Cr^{3+} + 7H_2O$
	Schritt 6	$6e^- + 14H^+ + 2H_2O + Cr_2O_7^{2-} + 2Bi \rightarrow 2Cr^{3+} + 2BiO^+ + 7H_2O + 4H^+ + 6e^-$
	Schritt 7	$10H^+ + Cr_2O_7^{2-} + 2Bi \rightarrow 2Cr^{3+} + 2BiO^+ + 5H_2O$
6.	Schritt 1	$Sb \rightarrow SbO^+$ (Oxidation)
		$Cl_2 \rightarrow Cl^-$ (Reduktion)
	Schritt 2	$Sb \rightarrow SbO^+$
		$Cl_2 \rightarrow 2Cl^-$
	Schritt 3	$Sb + H_2O \rightarrow SbO^+ + 2H^+$
		$Cl_2 \rightarrow 2Cl^-$
	Schritt 4	$Sb + H_2O \rightarrow SbO^+ + 2H^+ + 3e^-$
		$Cl_2 + 2e^- \rightarrow 2Cl^-$
	Schritt 5	$2Sb + 2H_2O \rightarrow 2SbO^+ + 4H^+ + 6e^-$
		$3Cl_2 + 6e^- \rightarrow 6Cl^-$
	Schritt 6	$2Sb + 3Cl_2 + 2H_2O + 6e^- \rightarrow 2SbO^+ + 6Cl^- + 4H^+ + 6e^-$
	Schritt 7	$2Sb + 3Cl_2 + 2H_2O \rightarrow 2SbO^+ + 6Cl^- + 4H^+$
	Schritt 8	$2Sb + 3Cl_2 + 2H_2O + 4OH^- \rightarrow 2SbO^+ + 6Cl^- + 4H_2O$
	Schritt 9	$2Sb + 3Cl_2 + 4OH^- \rightarrow 2SbO^+ + 6Cl^- + 2H_2O$
7.	Schritt 1	$ClO_2^- \rightarrow ClO_2$ (Oxidation)
		$SO_4^{2-} \rightarrow SO_2$ (Reduktion)
	Schritt 2	(schon realisiert)
	Schritt 3	$ClO_2^- \rightarrow ClO_2$
		$SO_4^{2-} + 4H^+ \rightarrow SO_2 + 2H_2O$
	Schritt 4	$ClO_2^- \rightarrow ClO_2 + 1e^-$
		$SO_4^{2-} + 4H^+ + 2e^- \rightarrow SO_2 + 2H_2O$
	Schritt 5	$2ClO_2^- \rightarrow 2ClO_2 + 2e^-$
		$SO_4^{2-} + 4H^+ + 2e^- \rightarrow SO_2 + 2H_2O$
	Schritt 6	$2ClO_2^- + SO_4^{2-} + 4H^+ + 2e^- \rightarrow 2ClO_2 + SO_2 + 2H_2O + 2e^-$
	Schritt 7	$2ClO_2^- + SO_4^{2-} + 4H^+ \rightarrow 2ClO_2 + SO_2 + 2H_2O$
	Schritt 8	$2ClO_2^- + SO_4^{2-} + 4H_2O \rightarrow 2ClO_2 + SO_2 + 2H_2O + 4OH^-$
	Schritt 9	$2ClO_2^- + SO_4^{2-} + 2H_2O \rightarrow 2ClO_2 + 4OH^-$

8. **Schritt 1** $PbO \rightarrow PbO_2$ (Oxidation)
   $BrO_3^- \rightarrow Br_2$ (Reduktion)

   Schritt 2 $PbO \rightarrow PbO_2$
   $2BrO_3^- \rightarrow Br_2$

   Schritt 3 $PbO + H_2O \rightarrow PbO_2 + 2H^+$
   $2BrO_3^- + 12H^+ \rightarrow Br_2 + 6H_2O$

   Schritt 4 $PbO + H_2O \rightarrow PbO_2 + 2H^+ + 2e^-$
   $2BrO_3^- + 12H^+ + 10e^- \rightarrow Br_2 + 6H_2O$

   Schritt 5 $5PbO + 5H_2O \rightarrow 5PbO_2 + 10H^+ + 10e^-$
   $2BrO_3^- + 12H^+ + 10e^- \rightarrow Br_2 + 6H_2O$

   Schritt 6 $5PbO + 2BrO_3^- + 5H_2O + 12H^+ + 10e^- \rightarrow 5PbO_2 + Br_2 + 6H_2O + 10H^+ + 10e^-$

   Schritt 7 $5PbO + 2BrO_3^- + 2H^+ \rightarrow 5PbO_2 + Br_2 + H_2O$

   Schritt 8 $5PbO + 2BrO_3^- + 2H_2O \rightarrow 5PbO_2 + Br_2 + H_2O + 2OH^-$

   Schritt 9 $5PbO + 2BrO_3^- + H_2O \rightarrow 5PbO_2 + Br_2 + 2OH^-$

In der Elektrochemie auf Draht sein

In diesem Kapitel...

▶ Galvanische Zellen, Anoden und Kathoden verstehen

▶ Standardreduktionspotenziale und elektromotorische Kräfte betrachten

▶ Strom in Elektrolysezellen löschen

*W*ir sind ziemlich sicher, dass Sie es immer noch spannend finden zu erfahren, dass Redoxreaktionen die treibende Kraft bei der Entstehung von Rost und dem Ergrünen von Kupferdächern auf Kirchen sind. Trotzdem sollten Sie wissen, dass Sie deshalb nicht in der Gegend herumsitzen und Ihrem Fahrrad beim Rosten zusehen müssen, um den Ablauf von Redoxreaktionen zu beobachten. Tatsächlich spielen sie in Ihrem Alltag eine sehr wichtige Rolle. Die Redoxreaktionen, die Sie in Kapitel 18 kennen gelernt haben, sind zum Beispiel dafür verantwortlich, dass das Batterie-Häschen läuft und läuft und läuft. Das stimmt! Redoxreaktionen stecken hinter dem Funktionsmechanismus einer jeden Batterie. Es gibt sogar ein ganzes Teilgebiet der Chemie, das sich der Erforschung elektrochemischer Zellen widmet, die elektrische Energie aus chemischer Energie herstellen – die Elektrochemie. Wir führen Sie in diesem Kapitel in die Grundlagen zu diesem Thema ein.

Anoden und Kathoden unterscheiden

Die durch Batterien bereitgestellte Energie entsteht in einer so genannten *Volta-* oder *galvanischen Zelle.* Viele Batterien haben gleich mehrere, in Reihe geschaltete galvanische Zellen, und wieder andere besitzen nur eine einzige. Galvanische Zellen fangen die bei einer Redoxreaktion freigesetzte Energie auf und wandeln sie in elektrische Energie um. Eine galvanische Zelle entsteht, wenn man zwei Metalle, die *Elektroden*, in einer Lösung an einen externen Stromkreis anschließt. Auf diese Weise stehen die beiden Reaktanten nicht direkt in Verbindung, können aber über die Flüssigkeit Elektronen miteinander austauschen und somit die Redoxreaktion zum Laufen bringen.

Eine Elektrode, die eine Oxidation erfährt, wird *Anode* genannt. Sie können sich das relativ leicht einprägen, wenn Sie etwas Englisch können. Ein Ochse (*an ox*) steht dabei für die *A*noden-*Ox*idation. Für die andere Elektrode, die *Kathode*, können Sie an eine rote Katze (*red cat*) denken, da dort eine *Red*uktion an der *Kat*hode stattfindet.

Elektronen, die bei einer Oxidation an der Anode einer galvanischen Zelle freigesetzt werden, fließen über den Stromkreis zur Kathode, wo sie als Treibstoff für die Reduktionsreaktion dienen. Als Beispiel wollen wir uns die spontane Reaktion zwischen Zink und Kupfer in einer galvanischen Zelle einmal genauer ansehen, obwohl Sie im Hinterkopf behalten sollten, dass die leistungsstarken Redoxreaktionen in Batterien nicht nur auf diese beiden Metalle beschränkt sind.

Metallisches Zink reagiert spontan mit einer wässrigen Lösung aus Kupfersulfat, wenn beide in direktem Kontakt miteinander stehen. Zink ist reaktiver als Kupfer (es befindet sich weiter oben in der Aktivitätsreihe der Metalle in Kapitel 8) und verdrängt die Kupferionen aus der Lösung. Daraufhin setzt sich reines Kupfer an der Oberfläche des sich gleichzeitig weiterhin auflösenden Zinkdrahtes ab. Auf den ersten Blick mag das wie eine einfache Substitutionsreaktion erscheinen, aber es ist auch eine Redoxreaktion.

Die Oxidation von Zink vollzieht sich in der Reaktion $Zn(s) \rightarrow Zn^{2+}(aq) + 2e^-$. Die beiden Elektronen, die dabei entstehen, werden in der sich anschließenden Reduktionshalbreaktion $Cu^{2+}(aq) + 2e^- \rightarrow Cu(s)$ vom Kupfer wieder aufgenommen. Die Gesamtreaktion lautet dann also $Cu^{2+}(aq) + 2e^- + Zn(s) \rightarrow Cu(s) + Zn^{2+}(aq) + 2e^-$. Das Elektronenduo erscheint auf beiden Seiten des Reaktionspfeils und weist auf eine Funktion als Zuschauerelektronen hin, sodass die echte Reaktion wie folgt lauten muss: $Cu^{2+}(aq) + Zn(s) \rightarrow Cu(s) + Zn^{2+}(aq)$.

Diese Reaktion findet immer dann statt, wenn beide Metalle in direktem Kontakt miteinander stehen, aber wie wir ja bereits erwähnt haben, entsteht eine galvanische Zelle durch die Verbindung zweier Metalle in einer Lösung über einen externen Stromkreis. Nur die Elektronen, die in der Oxidation auf der Anodenseite gebildet werden, können auf diesem Weg zur Kathode fließen. Eine galvanische Zelle, die mit der Redoxreaktion zwischen Kupfer und Zink arbeitet, ist in Abbildung 19.1 dargestellt. Ihr wollen wir uns im Folgenden nun etwas intensiver widmen. Die Zinkelektrode taucht in eine Zinknitratlösung, die Kupferelektrode in ein Kupfernitratlösung.

- ✔ Zuerst sollten Sie beachten, dass Zink (Zn) an der Anode oxidiert wird, die mit einem Minuszeichen gekennzeichnet wird. Das bedeutet aber nicht, dass die Anode negativ geladen ist. Es bedeutet vielmehr, dass dort Elektronen gebildet werden. Bei der Oxidation von Zink werden neben Zn^{2+}-Kationen auch zwei Elektronen frei, die entlang des Stromkreises zur Kathode fließen. Die Oxidation führt daher zu einem Anstieg der Zn^{2+}-Ionenkonzentration in der Lösung und bewirkt gleichzeitig, dass sich die Masse der Zinkanode verringert.

- ✔ Die Elektronen, die bei der Oxidation an der Anode gebildet werden, dienen als Treibstoff für die Reduktion des Kupfers (Cu) an der Kathode. Dabei werden der Lösung Cu^{2+}-Ionen entzogen, während sich gleichzeitig festes Kupfer an der Kathode abscheidet. Dies ist der exakte Gegeneffekt zur Reaktion an der Anode: Die Lösung wird immer weiter verdünnt, wenn die Cu^{2+}-Ionen für die Reduktionsreaktion eingefangen werden, und gleichzeitig nimmt die Masse der Kathode zu, da sich festes Kupfer darauf abscheidet.

- ✔ Zweifellos haben Sie bemerkt, dass in Abbildung 19.1 auch eine U-förmige Röhre zu sehen ist, die beide Lösungen miteinander verbindet. Diese so genannte *Salzbrücke* dient zur Korrektur des Ladungsungleichgewichts. Dieses entsteht dadurch, dass die Anode immer mehr Kationen freisetzt, wodurch die Lösung eine immer positivere Ladung bekommt, und die Kathode nimmt immer mehr Kationen aus ihrer Lösung auf, sodass diese eine negative Gesamtladung bekommt. Die Salzbrücke enthält ein Elektrolysesalz (in unserem Fall $NaNO_3$). Eine gute Salzbrücke besteht aus einem Elektrolyt, der mit den bereits in Lösung vorhandenen Ionen keine Reaktion eingeht. Die Salzbrücke funktioniert, indem sie überschüssige NO_3^--Ionen aus der Kathodenlösung aufnimmt und in die Anodenlösung überführt. Gleichzeitig nimmt sie auch die überschüssige positive Ladung auf der Seite der Anode auf, indem sie dort Zn^{2+}-Ionen absorbiert und Na^+-Ionen in die Kathodenlösung entlässt. Das ist nötig, damit die Reaktion auch im Verlauf der Redoxreaktion immer neutral bleibt. Gleichzeitig wird so der Stromkreis geschlossen, da die Ladung zurück zur Anode fließen kann.

Es gibt eine Eselsbrücke, mit der man sich den Ionenfluss in der Salzbrücke merken kann. Anionen fließen zur Anode und Kationen zur Kathode.

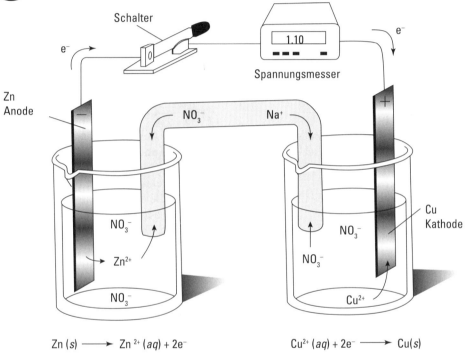

Abbildung 19.1: Eine galvanische Zelle.

Eine galvanische Zelle kann aber natürlich nicht ewig funktionieren. Der fortschreitende Massenverlust an der Zinkanode wird irgendwann dazu führen, dass die Zinkionenzufuhr versiegt und die Redoxreaktion dadurch zusammenbricht. Das ist der Grund, weshalb Batterien nur eine begrenzte Lebensdauer haben. Wiederaufladbare Batterien (Akkus) nutzen eine Rückreaktion, um die Anode wieder zu »reparieren«. Das funktioniert aber nur mit ganz bestimmten Reaktanten.

Die durch eine Batterie produzierte Spannung hängt größtenteils von den Materialien ab, aus denen die beiden Elektroden bestehen. Die Redoxreaktionen, die in 1,5-Volt-Batterien ablaufen, zum Beispiel in Ihrem Taschenrechner oder MP3-Player, finden oft zwischen Kohlenstoff und Zinkchlorid oder zwischen Zink und Manganoxid statt. Solche langlebigen Batterien, die dazu eingesetzt werden, um Computer, Herzschrittmacher oder Uhren möglichst lange mit ausreichend Energie versorgen, besitzen meist Anoden aus einer Lithiumverbindung; diese können im Gegensatz zu normalen Batterieanoden etwa doppelt so lange Spannung bereitstellen (im Falle eines Herzschrittmachers sicher eine wünschenswerte Eigenschaft). Obwohl viele Batterien nur aus einer galvanischen Zelle bestehen, gibt es auch einige Batterietypen, wie zum Beispiel Autobatterien, die Hochspannung liefern und die Energie aus mehreren, in Reihe geschalteten galvanischen Zellen bündeln können. Eine 12-Volt-Autobatterie enthält zum Beispiel sechs galvanische Zellen zu je 2 Volt.

Spannung wird mit einem Spannungsmesser gemessen, der an einen Stromkreis angeschlossen wird, so wie in Abbildung 19.1 gezeigt. Wenn der Schalter umgelegt wird, misst der Spannungsmesser die Potenzialdifferenz zwischen Anode und Kathode.

Beispiel

Eine galvanische Zelle macht sich die folgende Reaktion zu Nutze:

$2Al(s) + 3Sn^{2+}(aq) \rightarrow 2Al^{3+}(aq) + 3Sn(s)$.

Welches Metall bildet die Anode und welches die Kathode?

Lösung

Aluminium dient als Anode und Zinn fungiert als Kathode.

Am besten fängt man an, indem man die Zuschauerelektronen auf beiden Seiten der Reaktionsgleichung hinzufügt, um die positiven Ladungen der Kationen auszugleichen. Dadurch erhalten Sie die Gleichung $2Al(s) + 3Sn^{2+}(aq) + 6e^- \rightarrow 2Al^{3+}(aq) + 6e^- + 3Sn(s)$. Dann identifizieren Sie die Oxidations- und die Reduktionsreaktion (wie wir in Kapitel 18 erläutert haben).

Oxidations-Halbreaktion:

$2Al(s) \rightarrow 2Al^{3+}(aq) + 6e^-$

Reduktions-Halbreaktion:

$3Sn^{2+}(aq) + 6e^- \rightarrow 3Sn(s)$

Mit den Bildern eines Ochsen und einer roten Katze vor Augen, wissen Sie nun, dass an der Anode Aluminium (Al) oxidiert wird, während an der Kathode Zinn (Sn) reduziert wird. So wie in unserem früheren Zink/Kupfer-Beispiel bilden auch hier diese beiden Metalle laut der Aktivitätsreihe der Metalle (siehe Kapitel 8) eine gute Partnerschaft, da Aluminium viel reaktiver ist als Zinn.

Aufgabe 1

Schreiben Sie die jeweilige Oxidations- und Reduktionsreaktion für eine Redoxreaktion zwischen Cadmium(II) und Zinn(II) auf. Welches Metall ist die Anode und welches die Kathode? Begründen Sie.

Ihre Lösung

Aufgabe 2

Entwerfen Sie ein Diagramm zu einer galvanischen Zelle, ähnlich wie in Abbildung 19.1, die aus einer Chromstange in einer Chrom(III)-nitratlösung und einer Silberstange in einer Silber(I)-nitratlösung besteht. Die Salzbrücke besteht aus Kaliumnitrat. Zeichnen Sie die Fließrichtungen aller Ionen ein und markieren Sie Anode und Kathode.

Ihre Lösung

Elektromotorische Kräfte und Standardreduktionspotenziale berechnen

Im vorangegangenen Abschnitt haben wir vorbehaltlos angenommen, dass Ladung durch den externen Stromkreis fließt, der die beiden Hälften einer galvanischen Zelle miteinander verbindet; aber was verursacht eigentlich diesen Ladungsfluss? Die Antwort finden wir im Zusammenhang mit der so genannten *potenziellen Energie*. Wenn zwischen zwei Positionen ein Unterschied in Bezug auf die potenzielle Energie besteht, dann ist ein Objekt bestrebt, vom Ort höherer potenzieller Energie zum Ort niedrigerer potenzieller Energie zu gelangen.

Wenn Wile E. Coyote einen kugelrunden Felsbrocken auf dem Gipfel eines Berges platziert, von wo er einen guten Ausblick auf die Talstraße hat, auf der sein Erzfeind Road Runner mit Sicherheit bald entlang rasen wird, geht er davon aus, dass der Felsen gen Tal rollt, sobald er ihn loslässt. Dies geschieht aufgrund der der potenziellen (Lage-)Energie, die der Felsbrocken auf dem Berggipfel im Vergleich zum Tal hat. Im Tal angekommen, besitzt er eine niedrigere potenzielle Energie als auf dem Berg und wird deshalb ganz von selbst dorthin rollen, wenn niemand ihn daran hindert (obwohl Coyote sicherlich deutlich versierter in Physik sein muss, damit er zeitlich korrekt abgestimmt seinen Gegenspieler mit dem Felsbrocken trifft und zerschmettert).

Auf eine ähnliche, aber nicht so teuflische Art besitzen die an der Anode gebildeten Elektroden in einer galvanischen Zelle ebenfalls die Tendenz, entlang des Stromkreises zu einem Ort niedrigerer potenzieller Energie zu fließen: zur Kathode. Dieser Potenzialunterschied zwischen den beiden Elektroden ist die Ursache für die *elektromotorische Kraft* (kurz EMK) der Zelle. EMK wird auch oft als Zellenpotential bezeichnet und mit E_{Zelle} dargestellt. Das Zellenpotenzial ändert sich mit der Temperatur sowie der Produkt- und Reaktantenkonzentration und wird in Volt (V) gemessen. Ein *Standardzellenpotenzial* (E^0_{Zelle}) tritt auf, wenn alle beteiligten Lösungen in einer galvanischen Zelle eine Konzentration von 1 M besitzen und Standardbedingungen (Druck und Temperatur) herrschen.

Zellenpotenziale können in eine Rangfolge gebracht werden, wenn der Unterschied zwischen den Standardpotenzialen der beiden Halbreaktionen für Oxidation und Reduktion betrachtet wird. Das ist ganz ähnlich wie bei der Zuordnung verschiedener Enthalpien zu den Teilreaktionen einer Gesamtreaktion mit dem Hess'schen Gesetz (siehe Kapitel 15). Dafür mussten sich die Chemiker entscheiden, welche der beiden Halbreaktionen negativ und welche positiv sein sollte. Sie einigten sich schließlich darauf, den Reduktions-Halbreaktionen positive Potenziale und den Oxidations-Halbreaktionen negative Potenziale zuzuordnen. Das Standardpotenzial an einer Elektrode ist daher ein Maß für deren Tendenz, eine Reduktion zu erfahren. Daher werden solche Potenziale im Allgemeinen als *Standardreduktionspotenziale* bezeichnet. Sie werden mit folgender Formel berechnet:

$$E^0_{Zelle} = E^0_{red}(Kathode) - E^0_{red}(Anode)$$

Tabelle 19.1 zeigt eine Reihe von Standardreduktionspotenzialen zusammen mit den entsprechenden Reduktions-Halbreaktionen. Die Potenziale sind dabei vom negativsten E^0_{Zelle} bis zum positivsten E^0_{Zelle} geordnet. Die Reaktionen mit einem negativen Wert für E^0_{Zelle} laufen an der Anode einer galvanischen Zelle ab, während positive Werte für E^0_{Zelle} auf Reaktionen hinweisen, die an der Kathode stattfinden.

Oxidations-Halbreaktionen	E^0_{Zelle} (in Volt)
$Li^+(aq) + e^- \rightarrow Li(s)$	−3,04
$K^+(aq) + e^- \rightarrow K(s)$	−2,92
$Ca^{2+}(aq) + 2e^- \rightarrow Ca(s)$	−2,76
$Na^+(aq) + e^- \rightarrow Na(s)$	−2,71
$Zn^{2+}(aq) + 2e^- \rightarrow Zn(s)$	−0,76
$Fe^{2+}(aq) + 2e^- \rightarrow Fe(s)$	−0,44
Reduktions-Halbreaktionen	E^0_{Zelle} (in Volt)
$2H^+(aq) + 2e^- \rightarrow H_2(g)$	0
$Cu^{2+}(aq) + 2e^- \rightarrow Cu(s)$	+0,34
$I_2(s) + 2e^- \rightarrow 2I^-(aq)$	+0,54
$Ag^+(aq) + e^- \rightarrow Ag(s)$	+0,80
$Br_2(l) + 2e^- \rightarrow 2Br^-(aq)$	+1,06
$O_3(g) + 2H^+(aq) + 2e^- \rightarrow O_2(g) + H_2O(l)$	+2,07
$F_2(g) + 2e^- \rightarrow 2F^-(aq)$	+2,87

Tabelle 19.1: Reduktions- und Oxidations-Halbreaktionen und ihre Standardreduktionspotenziale.

Beachten Sie, dass nicht alle in Tabelle 19.1 aufgelisteten Reaktionen Oxidationen und Reduktionen fester Metalle darstellen, mit denen wir uns bisher beschäftigt haben. Flüssigkeiten und Gase erhalten auch ihren Platz. Nicht jede galvanische Zelle funktioniert über eine Reaktion zwischen zwei Metallelektroden. Obwohl die Kathode immer aus einem Metall bestehen muss, um den Elektronenfluss zu gewährleisten, kann die Anode jedoch auch aus

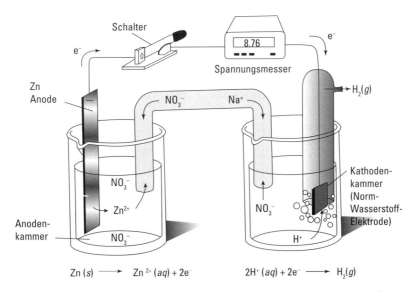

Abbildung 19.2: Eine galvanische Zelle mit Metall-Kathode und Gas-Anode.

einem Gas oder einer Flüssigkeit bestehen. Schauen Sie sich einmal Abbildung 19.2 an, das ein Beispiel für eine galvanische Zelle mit einer Gas-Elektrode zeigt.

Es gibt eine Gleichung, die das Standardzellenpotenzial mit der EMK einer galvanischen Zelle verbindet. Diese Gleichung heißt *Nernst-Gleichung* und lautet wie folgt:

$$E_{Zelle} = E^0_{Zelle} - (RT/nF) \ln Q$$

Q ist dabei der Reaktionsquotient (wurde in Kapitel 14 behandelt), n ist die Elektronenanzahl, die bei der Redoxreaktion übertragen wird, R ist die allgemeine Gaskonstante (8,31 J/(K · mol)), T ist die Temperatur in Kelvin und F die Faraday-Konstante (9,65 × 10^4 Coulomb/mol, wobei es sich bei Coulomb um eine Einheit der elektrischen Ladung handelt). Denken Sie auch daran, dass ln für den natürlichen Logarithmus steht und sicherlich ebenso wie log eine eigene Funktionstaste auf Ihrem Taschenrechner besitzt. Mit diesen Informationen können Sie quantitative Werte für die EMKs von Batterien bestimmen. Die Gleichung zeigt auch, dass die EMK einer Batterie von der Temperatur abhängig ist, was erklärt, warum Batterien besonders bei Kälte dazu neigen, ihren Geist aufzugeben.

Beispiel

Wie groß ist die EMK der Zelle aus Abbildung 19.1, wenn die Temperatur 25 °C und die Cu^{2+}-Konzentration 0,1 M sowie die Zn^{2+}-Konzentration 3,0 M betragen?

Lösung

1,06 V. Um die EMK bzw. E_{Zelle} zu bestimmen, müssen Sie zunächst das Standardzellenpotenzial berechnen. Schlagen Sie dazu die Reduktions- und Oxidations-Halbreaktionen in Tabelle 19.1 nach. Der Oxidation von Zink entspricht ein Wert für E^0_{Zelle} von –0,76 V, während die Reduktion von Kupfer einen E^0_{Zelle}-Wert von +0,34 V besitzt. Wenn Sie nun wissen, dass Kupfer die Kathode und Zink die Anode darstellen, können Sie die Werte in die Gleichung $E^0_{Zelle} = E^0_{red}$ (*Kathode*) – E^0_{red} (*Anode*) einsetzen und erhalten E^0_{Zelle} = 0,34 V+ 0,76 V = 1,10 V.

Dann brauchen Sie die Nernst-Gleichung, um die EMK zu berechnen, das heißt, Sie müssen die Werte für Q und n bestimmen. Sie können n herausfinden, indem Sie sich die Oxidations- und Reduktions-Halbreaktionen weiter vorne in diesem Kapitel anschauen, aus denen deutlich wird, dass bei der Redoxreaktion zwei Elektronen ausgetauscht werden. Q wird dann ausgedrückt als

$$Q = \frac{[Zn^{2+}]}{[Cu^{2+}]} = \frac{[3,0]}{[0,1]} = 30$$

19 ➤ In der Elektrochemie auf Draht sein

(wenn Sie sich nicht mehr daran erinnern können, wie man den Reaktionsquotienten Q berechnet, gehen Sie zu Kapitel 14). Als nächstes formulieren Sie die Nernst-Gleichung für diese spezifische Zelle.

$$E_{Zelle} = E^0_{Zelle} - \left(\frac{(8{,}31\,\text{J/K·mol}) \times T}{n \times (9{,}65 \times 10^4\,\text{Coulomb/mol})} \right) \times \ln\left(\frac{[Zn^{2+}]}{[Cu^{2+}]} \right)$$

Setzen Sie dann alle bekannten Werte für E^0_{Zelle}, n, Cu^{2+} und Zn^{2+} ein und vergessen Sie nicht, die Temperatur zuvor noch in Kelvin umzurechnen. Dann erhalten Sie als Ergebnis

$$E_{Zelle} = 1{,}10\,\text{V} - \left(\frac{(8{,}31\,\text{J/K·mol}) \times 298\,\text{K}}{2 \times (9{,}65 \times 10^4\,\text{Coulomb/mol})} \right) \times \ln(30) = 1{,}06\,\text{V}$$

Aufgabe 3

Berechnen Sie die EMK der galvanischen Zelle aus Abbildung 19.2 bei Temperaturen von 25 °C und 0 °C und mit Konzentrationen für H^+ und Zn^{2+} von 10 M und 0,01 M, indem Sie die beiden Halbreaktionen zu Hilfe nehmen.

Ihre Lösung

Aufgabe 4

Bleibt die EMK im Leben einer galvanischen Zelle immer konstant? Warum ja oder warum nicht?

Ihre Lösung

Strömungen in der Chemie: Elektrolysezellen

An einem positiven Standardzellenpotenzial können Sie erkennen, dass die Kathode ein höheres Potenzial als die Anode besitzt und die Reaktion somit spontan abläuft. Was ist aber mit einer Zelle, die einen negativen Wert für E^0_{Zelle} besitzt? Elektrochemische Zellen, die auf der Basis solcher nichtspontaner Reaktionen funktionieren, werden *Elektrolysezellen* genannt. Die Redoxreaktionen in *Elektrolysezellen* beruhen auf einem Prozess, der auch als *Elektrolyse* bekannt ist. Dafür ist ein Strom erforderlich, der durch eine Lösung geleitet wird und diese dazu zwingt, sich in ihre Bestandteile zu zersetzen; diese stehen dann für die Redoxreaktion zur Verfügung. Solche Zellen stellt man her, indem man eine Stromquelle, z.B. eine Batterie, an Elektroden anschließt, die in eine Salzlösung getaucht werden oder in ein Salz, das zuvor bis zum Schmelzen erhitzt wurde. Dadurch wird das Salz in Ionen aufgetrennt.

 Anionen besitzen die natürliche Tendenz, sich in Richtung einer negativ geladenen Anode zu bewegen, wo sie ihr Oxidationsschicksal erwartet, während es Kationen immer zur positiven Kathode zieht, wo sie reduziert werden. Die Eselbrücke, über die »der Ochse« und die »rote Katze« laufen, wird dadurch nicht zum Einstürzen gebracht.

Abbildung 19.3 zeigt eine Elektrolysezelle mit gelöstem Natriumchlorid. Eine Redoxreaktion zwischen Natrium und Chlor wird zwar nicht spontan ablaufen, lässt sich aber mithilfe der Energie aus der angeschlossenen Batterie realisieren. Chlor-Anionen werden dabei an der Anode zu Chlorgas oxidiert, während Natrium an der Kathode reduziert wird und sich auf deren Oberfläche als metallisches Natrium abscheidet.

Die Menge an reinem Metall, die in einer Elektrolysezelle produziert wird, kann quantitativ analysiert werden. Zuerst müssen Sie die Anzahl der Elektronen bestimmen, die für den Ablauf der Elektrolyse benötigt werden. Dazu schreiben Sie zunächst die Reduktions-Halbreaktion auf und bestimmen, wie viele Elektronen darin vorkommen. In der Zelle in Abbildung 19.3 läuft die Reduktion von Natrium an der Kathode entsprechend der Gleichung $Na^+(aq) + e^- \rightarrow Na(s)$ ab, sodass also ein Elektron 1 mol wässriges Natrium zu 1 mol metallischem Natrium reduziert. Würde das Ganze statt mit Natrium, mit Kupfer durchgeführt, ergäbe sich die Gleichung $Cu^{2+}(aq) + 2e^- \rightarrow Cu(s)$, wonach zwei Elektronen für die Produktion von einem Mol metallischen Kupfers benötigt würden.

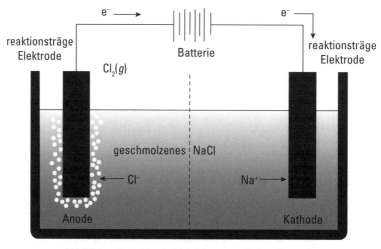

Abbildung 19.3: Ein Beispiel für eine Elektrolysezelle.

Um zu bestimmen, wie viel Mol Metall abgelagert wurden, müssen Sie die Anzahl der Elektronen kennen, die durch den Stromkreis geflossen sind, um die Redoxreaktion anzutreiben. Sie können auch den Ladungsbetrag bestimmen, der durch den Stromkreis geleitet wurde (gemessen in Coulomb, der Standardeinheit für Ladung), indem Sie den geflossenen Strom und die Arbeitsdauer der Zelle benutzen. Dafür gibt es folgende Beziehung:

Ladung = Strom in Ampere × Zeit in Sekunden

Das funktioniert, weil ein *Ampere* (die Standardeinheit für Strom; mit A abgekürzt) als 1 Coulomb pro Sekunde definiert wird. Dadurch erhalten wir die Ladungsmenge, die während der Arbeitsdauer der Zelle durch den Stromkreis geleitet wurde, sodass schließlich nur noch die Molzahl der Elektronen zu berechnen ist, die diesem bestimmten Ladungsbetrag entsprechen würden. Dazu brauchen Sie den Umrechnungsfaktor 1 mol e^- = 96 500 Coulomb.

Beispiel
Wie viel Gramm metallisches Natrium würden sich auf der Kathode der Elektrolysezelle aus Abbildung 19.3 ablagern, wenn sie an eine Batterie angeschlossen wird, die eine Stromstärke von 15 A für 1,5 Stunden liefert?

Lösung
19,32 g Na(s). Beginnen Sie mit der Bestimmung des Ladungsbetrages, der in der Zelle entsteht. Dazu müssen Sie den Strom mit der Zeit in Sekunden multiplizieren, die für die Umwandlung nötig ist.

1,5 h = 60 min × 1,5 = 90 min = 60 sec × 90 = 5400 sec = $5,4 \times 10^3$ sec

Setzen Sie also beide Werte in die Gleichung Ladung = Stromstärke in Ampere × Zeit in Sekunden ein und Sie erhalten eine Ladung von $8,1 \times 10^4$ Coulomb. Rechnen Sie diesen Wert nun in Mol Elektronen um.

1 mol e^-/96 500 Coulomb = x/$8,1 \times 10^4$ Coulomb

x = $8,1 \times 10^4$ Coulomb × (1 mol e^-/96 500 Coulomb) = 0,84 mol e^-

Da Sie wissen, dass 1 mol Elektronen nötig sind, um 1 mol metallisches Natrium zu bilden, heißt das Ergebnis gleichzeitig, dass 0,84 mol Na(s) produziert werden. Jetzt müssen Sie nur noch von Mol in Gramm umrechnen (siehe Kapitel 7 für Einzelheiten).

23,0 g Na/1 mol Na = x/0,84 mol Na(s)

x = 0,84 mol Na(s) × (23,0 g Na/1 mol Na) = 19,30 g Na(s)

Aufgabe 5

Wie viel Natrium würde sich in der gleichen Zeit wie in der Beispielfrage ablagern, wenn die Batterie einen Strom von 50 A liefert?

Ihre Lösung

Aufgabe 6

Wie viel Gramm reines Aluminium würden sich auf der Kathode abscheiden, wenn eine Elektrolysezelle mit geschmolzenem Aluminium(III)-chlorid an eine Batterie angeschlossen wäre, die 45 min lang einen Strom von 8,0 A liefert?

Ihre Lösung

Lösungen zu den Aufgaben rund ums Thema Elektrochemie

Sind Sie schon gespannt, Ihre Antworten zu überprüfen? Werfen Sie einen Blick auf den folgenden Abschnitt, um zu sehen, wie gut Sie die praktischen Aufgaben in diesem Kapitel gemeistert haben.

1. Sie müssen hier eigentlich den zweiten Teil der Frage zuerst lösen. Schauen Sie sich dazu die Aktivitätsreihe der Metalle in Kapitel 8 an, aus der Sie ablesen können, dass Cadmium reaktiver als Zinn ist. Also muss Cadmium oxidiert werden und die Anode bilden, während Zinn als Kathode reduziert wird. Die Halbreaktionen lauten daher

    Oxidations-Halbreaktion: $Cd(s) \rightarrow Cd^{2+}(aq) + 2e^-$

    Reduktions-Halbreaktion: $Sn^{2+}(aq) + 2e^- \rightarrow Sn(s)$

2. Chrom ist aktiver als Silber (wie wir in Kapitel 8 erklärt haben), also wird Chrom in dieser Reaktion oxidiert und Silber wird entsprechend reduziert. So ergeben sich die Halbreaktionen

    Oxidations-Halbreaktion: $Cr(s) \rightarrow Cr^{3+}(aq) + 3e^-$

    Reduktions-Halbreaktion: $Ag^+(aq) + e^- \rightarrow Ag(s)$

    Die ausbilanzierte Redoxreaktion lautet also $Cr(s) + 3Ag^+(aq) + 3e^- \rightarrow Cr^{3+}(aq) + 3e^- + 3Ag(s)$; siehe Kapitel 18 für Einzelheiten zur Ausbilanzierung von Redoxgleichungen.

    Ihr Diagramm sollte daher so wie die folgende Abbildung aussehen:

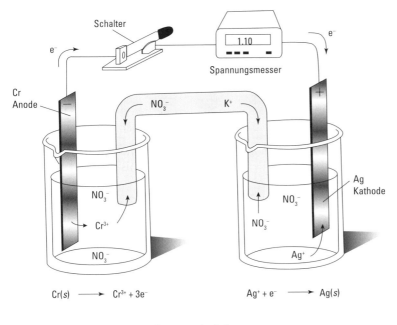

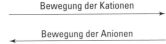

3. **0,848 V bei 25 °C und 0,841 V bei 0 °C.**

   Oxidations-Halbreaktion: $Zn(s) \rightarrow Zn^{2+}(aq) + 2e^-$

   Reduktions-Halbreaktion: $2H^+(aq) + 2e^- \rightarrow H_2(g)$

   Das Potenzial für die Oxidations-Halbreaktion können Sie mit –0,76 V aus Tabelle 19.1 entnehmen, während die Reduktions-Halbreaktion ein Potential von 0 V besitzt. Setzen Sie diese Werte in die Gleichung $E^0_{Zelle} = E^0_{red}$ (*Kathode*) – E^0_{red} (*Anode*) ein, so erhalten Sie als Ergebnis E^0_{Zelle} = 0 V + 0,76 V = 0,76 V. Laut Fragestellung sollen Sie E_{Zelle} einmal bei 25 °C (298 K) und einmal bei 0 °C (273 K) berechnen. Gleichzeitig erfahren Sie noch, dass für die Ionenkonzentrationen H$^+$ = 10 M und Zn^{2+} = 0,01 M gilt. Der Reaktionsquotient Q beträgt

   $$Q = \frac{[Zn^{2+}]}{[H^+]^2} = \frac{0,01}{100} = 0,0001$$

   Setzen Sie jetzt alle Werte in die Nernst-Gleichung ein.

   $$E_{Zelle} = 0,76\,V - \left(\frac{(8,31\,J/K\cdot mol) \times 298\,K}{2 \times (9,65 \times 10^4\,Coulomb/mol)}\right) \times \ln(0,0001) = 0,878\,V \quad \text{bei 25 °C}$$

   $$E_{Zelle} = 0,76\,V - \left(\frac{(8,31\,J/K\cdot mol) \times 273\,K}{2 \times (9,65 \times 10^4\,Coulomb/mol)}\right) \times \ln(0,0001) = 0,868\,V \quad \text{bei 0 °C}$$

4. Die EMK bleibt nicht im gesamten Leben einer galvanischen Zelle konstant, da die Konzentrationen der wässrigen Lösungen in stetem Wandel sind. Die Konzentration der Anodenlösung steigt mit der Zeit, während die Konzentration der Kathodenlösung immer weiter abnimmt, wodurch sich der Wert des Reaktionsquotienten und somit die EMK stetig ändert.

5. **64,3 g Na(s).** Für diese Berechnung brauchen Sie nur den Wert des Stroms in unserer Beispielaufgabe zu verändern und dann dem vorgeführten Rechenweg zu folgen.

    Setzen Sie also in die Gleichung Ladung = Strom in Ampere × Zeit in Sekunden 50 A und eine Zeit von $5,4 \times 10^3$ sec ein, so erhalten Sie als Ergebnis $2,7 \times 10^5$ Coulomb Ladung. Rechnen Sie diesen Wert nun in Mol Elektronen um.

    1 mol e$^-$ / 96 500 Coulomb = x/$2,7 \times 10^5$ Coulomb

    x = $2,7 \times 10^5$ Coulomb × (1 mol e$^-$/96 500 Coulomb) = 2,80 mol e$^-$

    Dieser Wert entspricht gleichzeitig auch einer Molzahl von 2,80 mol Na(s), da 1 mol Elektronen nötig sind, um 1 mol metallisches Natrium zu bilden. Zum Schluss rechnen Sie noch von Mol in Gramm um.

    23,0 g Na/1 mol Na = x/2,80 mol Na(s)

    x = 2,80 mol Na(s) × (23,0 g Na/1 mol Na) = 64,3 g Na(s)

6. **2,01 g Al(s).** Zuerst müssen Sie die Reduktions-Halbreaktion aufschreiben, um zu bestimmen, wie viele Mol Elektronen für die Reduktion von Aluminium nötig sind.

    Reduktions-Halbreaktion: $Al^{3+}(aq) + 3e^- \rightarrow Al(g)$

    Es sind also 3 mol Elektronen erforderlich, um ein Mol Aluminium zu reduzieren. Im nächsten Schritt rechnen Sie 45 min in Sekunden um (2700 sec). Multiplizieren Sie diese Zeit mit der Stromstärke von 8 A, so erhalten Sie einen Wert von 21 600 Coulomb. Teilen Sie dieses Ergebnis dann durch 96 500, kommen Sie auf 0,22 mol gebildete Elektronen. Teilen Sie diese Zahl nun durch 3, erhalten Sie 0,07 mol Aluminium. Zum Schluss multiplizieren Sie dann noch diesen Wert mit der Atommasse von Aluminium in Gramm (27 g) und Sie erhalten im Endergebnis 2,01 g Al(s).

Chemie mit Atomkernen

In diesem Kapitel...

▶ In Alpha-, Beta- und Gammastrahlen zerfallen

▶ Leben mit Halbwertszeiten

▶ Atomkerne fusionieren und spalten

Viele Elemente im Periodensystem existieren in instabiler Form als so genannte Radioisotope, über die wir in Kapitel 3 berichtet haben. Beim radioaktiven Zerfall der Radioisotope entstehen andere (meist stabilere) Elemente. Da die Stabilität der Radioisotope von der Zusammensetzung ihrer Atomkerne abhängt, wird Radioaktivität als eine Art Kernchemie bezeichnet. Es überrascht nicht, dass sich die Kernchemie mit Atomkernen und nuklearen Abläufen befasst. Die Kernfusion, die unsere Sonne am Brennen hält, und die Kernspaltung, die Energie für eine Atombombe liefern kann, sind Beispiele für die Kernchemie; sie stellen die Fusion bzw. Spaltung von Atomkernen dar. In diesem Kapitel erfahren Sie mehr über Kernzerfall, Zerfallsgeschwindigkeiten (die so genannten Halbwertszeiten) und den Ablauf von Kernfusion und -spaltung.

Kerne können auf mehrere Arten zerfallen

Es existieren viele Radioisotope, aber nicht alle entstehen auf die gleiche Art und Weise. Radioisotope zerfallen auf drei Arten: im Alpha-, Beta- und Gammazerfall.

Alphazerfall

Bei der ersten Form des Zerfallsprozesses, dem *Alphazerfall*, werden Alphateilchen vom Kern eines instabilen Atoms abgegeben. Ein Alphateilchen (α-Teilchen) entspricht dem Kern eines Heliumatoms und besteht also aus zwei Protonen und zwei Neutronen. Bei der Emission eines Alphateilchens sinkt die Ordnungszahl des zurückbleibenden Tochterkerns um 2, während die Masse um 4 abnimmt. (Gehen Sie zu Kapitel 3, wenn Sie weitere Einzelheiten über Ordnungszahlen und Massenzahlen wissen möchten.) Allgemein zerfällt also ein Elternkern X in einen Tochterkern Y und ein Alphateilchen.

$$^{A}_{B}X \rightarrow {}^{A-4}_{B-2}Y + {}^{4}_{2}He$$

Betazerfall

Der zweite Zerfallstyp, der so genannte *Betazerfall* (β-Zerfall), existiert in drei Unterformen: *Beta-plus-Zerfall* ($\beta+$), *Beta-minus-Zerfall* ($\beta-$) und *Elektroneneinfang*. Bei allen drei Formen wird ein Elektron oder *Positron* (ein Teilchen mit der winzigen Masse eines Elektrons, aber positiver Ladung) entweder emittiert oder eingefangen, und alle drei Betazerfallsarten führen auch zur Änderung der Ordnungszahl des entstehenden Tochteratomkerns.

- ✔ **Beim Beta-plus-Zerfall zerfällt ein Proton im Kern zu einem Neutron, einem Positron (e+) und einem winzigen, schwach interagierenden Teilchen, einem *Neutrino* (v).** Bei diesem Zerfall nimmt die Ordnungszahl um 1 ab, Die Massenzahl bleibt hingegen *unverändert*. Sowohl Protonen als auch Neutronen sind *Nucleonen* (Teilchen des Kerns), von denen jedes die Masse 1 u besitzt. Das allgemeine Schema zum Beta-plus-Zerfall sieht wie folgt aus:

$$^A_B X \rightarrow {}^A_{B-1} Y + e^+ + \upsilon$$

- ✔ **Der Beta-minus-Zerfall ist eigentlich das Spiegelbild des Beta-plus-Zerfalls: Ein Neutron wandelt sich dabei zu einem Proton um und emittiert ein Elektron und ein *Antineutrino* (welches das gleiche Symbol wie ein Neutrino trägt, nur mit einem Strich oben drauf).** Teilchen- und Antiteilchenpaare, wie Neutrinos und Antineutrinos, bilden ein komplexes Thema in der Physik; daher bleiben wir hier nur bei den Grundlagen und sagen einfach, dass ein Neutrino und ein Antineutrino sich gegenseitig auslöschen würden, wenn sie je die Gelegenheit hätten, sich zu berühren, aber ansonsten einander sehr ähnlich sind. Die Massenzahl bleibt auch hier nach dem Zerfall konstant, da die Kernteilchenzahl unverändert bleibt. Die Ordnungszahl wird hingegen um 1 *größer*, da sich die Anzahl der Protonen um 1 erhöht:

$$^A_B X \rightarrow {}^A_{B+1} Y + e^- + \bar{\upsilon}$$

- ✔ **Die dritte Form des Betazerfalls, der Elektroneneinfang, tritt immer dann auf, wenn ein inneres Elektron (also ein Elektron in einem Orbital nahe des Kerns; siehe Kapitel 4 für weitere Einzelheiten zu Orbitalen) von einem Proton eines anderen Atoms »eingefangen« wird.** Durch den Elektronenfang wandelt sich das Proton in ein Neutron um und emittiert dabei ein Neutrino. Hierbei nimmt die Ordnungszahl wieder um 1 ab:

$$^A_B X + e^- \rightarrow {}^A_{B-1} Y + \upsilon$$

Gammazerfall

Die dritte Form des Kernzerfalls heißt Gammazerfall (γ-Zerfall) und ist mit der Emission von Gammastrahlen (einer hoch energetischen Lichtform) verbunden. Obwohl sich beim Gammazerfall weder die Ordnungszahl noch die Massenzahl des Tochterkerns ändern, tritt diese Zerfallsform dennoch oft parallel zu Alpha- oder Betazerfall auf. Der Gammazerfall ermöglicht es dem Kern einer Tochterzelle, seinen kleinst möglichen Energiezustand zu erreichen (den

20 ➤ Chemie mit Atomkernen

jedes Atom anstrebt). Das allgemeine Schema des Gammazerfalls wird im Folgenden gezeigt, wobei $^{A}_{B}X^{*}$ den angeregten Zustand des Elternkerns repräsentiert und der griechische Buchstabe Gamma (γ) für die Gammastrahlung steht.

$$^{A}_{B}X^{*} \rightarrow\, ^{A}_{B}Y + \gamma$$

Beispiel

Ein Elternkern zerfällt durch Alphazerfall zu $^{218}_{86}Rn$. Was war der Elternkern vor dem Zerfall und welche anderen Teilchen sind beim Zerfall noch entstanden?

Lösung

Der Elternkern war Radium und beim Zerfall wurde ein Alphateilchen abgegeben. Beim Alphazerfall nimmt die Ordnungszahl um 2 ab, also muss der Elternkern eine Massenzahl von 222 und eine Ordnungszahl von 88 besessen haben. Wenn Sie Ihr Periodensystem der Elemente zu Rate ziehen (siehe Kapitel 4), sehen Sie, dass ein Atom mit der Ordnungszahl 88 Radium heißt. Der Elternkern war also $^{222}_{88}Ra$.

Aufgabe 1

Schreiben Sie die vollständige Formel für den Alphazerfall eines Urankerns mit 238 Kernteilchen auf.

Ihre Lösung

Aufgabe 2

Natrium-22, ein Radioisotop von Natrium mit 22 Nucleonen zerfällt durch Elektroneneinfang. Schreiben Sie dazu die vollständige Formel mit allen emittierten Teilchen auf.

Ihre Lösung

Aufgabe 3

Ordnen Sie den folgenden Reaktionen Alpha-, Beta- oder Gammazerfall zu (bestimmen Sie zusätzlich die Unterrubrik beim Betazerfall) und ergänzen Sie die fehlenden Teilchen.

a) $^{137}_{55}\text{Cs} \rightarrow \underline{\quad} + e^- + \underline{\quad}$ Typ:

b) $^{241}_{95}\text{Am} \rightarrow \underline{\quad} + ^{4}_{2}\text{He}$ Typ:

c) $^{60}_{28}\text{Ni}^* \rightarrow \underline{\quad} + \underline{\quad}$ Typ:

d) $^{11}_{6}\text{C} \rightarrow \underline{\quad} + \underline{\quad} +$ Typ:

Zerfallsgeschwindigkeiten messen: Halbwertszeiten

Der Begriff »radioaktiv« mag erschreckend klingen, aber in der Wissenschaft und Medizin gibt es viele nützliche und zugleich harmlose Anwendungsmöglichkeiten für Radioisotope. Viele dieser Anwendungen basieren auf den vorhersagbaren Zerfallsgeschwindigkeiten verschiedener Radioisotope. Diese Vorhersagbarkeit wird durch die so genannte *Halbwertszeit* charakterisiert. Die Halbwertszeit eines Radioisotops entspricht einfach der zeitlichen Dauer, in der genau die Hälfte einer Probe Radioisotopenkerne in Tochterkerne zerfällt. Wenn ein Wissenschaftler zum Beispiel weiß, dass eine Probe ursprünglich 42 mg eines bestimmten Radioisotops enthielt und nach 4 Tagen nur noch 21 mg dieses Isotops in der Probe messbar sind, beträgt die Halbwertszeit dieses Radioisotops 4 Tage. Die Halbwertszeiten der verschiedenen Radioisotope reichen von Sekunden bis Milliarden Jahre.

Die *radioaktive Altersbestimmung* wird von Wissenschaftlern angewendet, um das Alter von Proben anhand der darin enthaltenen Radioisotope zu bestimmen. Am bekanntesten ist wohl die Altersbestimmung mit ^{14}C, wobei menschliche Überreste und andere organische Werkzeuge datiert werden können. Es wurde jedoch auch schon versucht, anhand von Radioisotopen das Alter unserer Erde, unseres Sonnensystems und des ganzen Universums zu bestimmen (Blättern Sie zu Kapitel 3, wenn Sie mehr zur Altersbestimmung mit ^{14}C erfahren wollen.)

In Tabelle 20.1 sind einige der nützlichsten Radioisotope sowie deren Halbwertszeiten und Zerfallsarten aufgeführt (wir haben die einzelnen Zerfallsarten weiter oben in diesem Kapitel bereits behandelt).

20 ➤ Chemie mit Atomkernen

Radioisotop	Halbwertszeit	Zerfallsart
Kohlenstoff-14	$5{,}73 \times 10^3$ Jahre	Beta
Iod-131	8,0 Tage	Beta, Gamma
Kalium-40	$1{,}25 \times 10^9$ Jahre	Beta, Gamma
Radon-222	3,8 Tage	Alpha
Thorium-234	24,1 Tage	Beta, Gamma
Uran-238	$4{,}46 \times 10^9$ Jahre	Alpha

Tabelle 20.1: Häufige Radioisotope mit Halbwertszeiten und Zerfallsarten.

 Nutzen Sie die folgende Formel, um die übrigbleibende Menge eines Radioisotops nach dem Zerfall zu berechnen:

$$A = A_0 \times (0{,}5)^{t/T}$$

Dabei ist A_0 die Radioisotopmenge, die ursprünglich vorhanden war, t entspricht der verstrichenen Zeit und T ist die Halbwertszeit.

 ### Beispiel

Eine Probe enthält 1 g Thorium-234. Welche Menge des Radioisotops wird nach einem Jahr in der Probe noch vorhanden sein?

 ### Lösung

$2{,}76 \times 10^{-5}$ g. Aus Tabelle 20.1 können Sie ablesen, dass Thorium-234 eine Halbwertszeit von 24,1 Tagen besitzt. Dieser Wert entspricht also T. Die verstrichene Zeit beträgt 365 Tage (1 Jahr) und die Originalprobe (A_0) wog 1 g. Setzen Sie nun diese Werte in die Zerfallsgleichung ein:

$$A = 1\,\text{g} \times (0{,}5)^{365\,\text{Tage}/24{,}1\,\text{Tage}} = 2{,}76 \times 10^{-5}\,\text{g}$$

Beachten Sie dabei, dass sich die Zeit-Einheiten im Exponenten herauskürzen lassen, sodass Sie am Ende einen Wert in Gramm erhalten.

Aufgabe 4

Wie lang dauert es, bis eine Probe Kalium-40 von ursprünglich 0,5 g zu 0,1 g Masse zerfallen ist?

Ihre Lösung

Aufgabe 5

Eine 50 g schwere Probe eines radioaktiven Elements ist nach 1000 Jahren zu 44,3 g zerfallen. Wie groß ist die Halbwertszeit des Elements? Um welches Element handelt es sich? Ziehen Sie dazu Tabelle 20.1 zu Rate.

Ihre Lösung

Kerne verschmelzen und aufbrechen: Fusion und Spaltung

Kernspaltung und Kernfusion unterscheiden sich vom radioaktiven Zerfall, weil jeweils der Kern eines weiteren Atoms benötigt wird, um mit einem äußeren Teilchen in Wechselwirkung zu treten. Da die Kräfte, die einen Atomkern zusammenhalten, unvorstellbar groß sind, braucht man enorme Mengen an Energie, um einen Kern zu spalten oder mit einem anderen Kern zu vereinigen. Hier folgen die Unterschiede zwischen Kernschmelze und Kernspaltung:

- ✔ In der Natur finden Kernreaktionen nur im Zentrum von Sternen wie unserer Sonne statt, wo so hohe Temperaturen herrschen, dass Atome von Wasserstoff, Helium und anderen Elementen heftig aufeinander prallen und miteinander verschmelzen können. Dieser extrem energiereiche Prozess, die Kernfusion, ist der Grund, warum unsere Sonne so gleißend helles Licht ausstrahlt. Die Fusion verschafft auch den nötigen Außendruck, um die Sonne davor zu bewahren, in sich selbst zusammenzustürzen (Gravitationskollaps) – ein Ereignis, das sogar noch dramatischer ist, als es klingt.

- ✔ Die *Kernspaltung* kommt hingegen nicht in der Natur vor. Menschen haben die verheerende Kraft der Kernspaltung zum ersten Mal während des Manhattan-Projekts entfesselt, einem hastig von der US-Regierung durchgeführten Projekt, das zur Entwicklung der ersten Atombombe im Jahre 1945 führte. Die Kernspaltung ist seitdem aber auch für friedliche Zwecke in Kernkraftwerken eingesetzt worden. Kernkraftwerke bedienen sich einer streng kontrolliert ablaufenden Kernspaltung, um Energie deutlich effizienter herzustellen, als es durch die traditionellen Kraftwerke möglich ist, die fossile Brennstoffe verwerten.

Kernspaltung und Kernfusion können ganz leicht unterschieden werden, wenn Sie sich die Reaktanten und Produkte beider Reaktionen anschauen. Wenn bei einer Reaktion aus einem großen Kern zwei kleinere Kerne entstehen, handelt es sich wahrscheinlich um eine Kernspaltung; wenn sich bei einer Reaktion zwei kleine Kerne zu einem großen, schwereren Kern vereinigen, dann liegt eine Kernfusion vor.

Beispiel

Welche Art Kernreaktion würden Sie von Plutonium-239 am ehesten erwarten und warum?

Lösung

Am wahrscheinlichsten ist für dieses Radioisotop die Kernspaltung. Plutonium hat eine außergewöhnlich große Anzahl von Kernteilchen und wird daher am ehesten eine Spaltung zulassen. Eine Kernfusion ist eigentlich allen Elementen unmöglich, die schwerer als Eisen sind, und Plutonium ist deutlich schwerer als Eisen.

Aufgabe 6

Welcher Kernreaktionstyp spiegelt sich in der folgenden Reaktionsgleichung wider? Wie begründen Sie Ihre Antwort? Wo könnte eine solche Reaktion stattfinden?

$^{235}_{92}U + ^{1}_{0}n \rightarrow ^{142}_{56}Ba + ^{91}_{36}Kr + 3\,^{1}_{0}n$

Ihre Lösung

Aufgabe 7

Welcher Kernreaktionstyp spiegelt sich in der folgenden Reaktionsgleichung wider? Wie begründen Sie Ihre Antwort? Wo könnte eine solche Reaktion stattfinden? Etwas scheint bei den beiden Wasserstoffreaktanten untypisch zu sein. Was meinen wir?

$^{3}_{1}H + ^{2}_{1}H \rightarrow ^{4}_{2}He + ^{1}_{0}n$

Ihre Lösung

Lösungen zu den Aufgaben rund ums Thema Kernchemie

Es folgen die Antworten zu den praktischen Fragestellungen aus diesem Kapitel.

1. $^{238}_{92}U \rightarrow\ ^{234}_{90}Th + ^{4}_{2}He$

    Beim Alphazerfall wird ein Heliumkern vom Elternatom abgegeben, wodurch das Tochteratom zwei Protonen weniger und insgesamt 4 Nucleonen weniger trägt. Mit anderen Worten, die Ordnungszahl des Tochteratoms verringert sich um 2, während die Massenzahl des Tochteratoms um 4 kleiner ist als die des Elternatoms. Da die Identität eines Atoms durch die Protonenzahl definiert wird, muss ein Element mit zwei Protonen weniger als Uran Thorium sein.

2. $^{22}_{11}Na + e^- \rightarrow\ ^{22}_{10}Ne + \upsilon$

    Der Elektroneneinfang ist eine Art Betazerfall, bei dem die Ordnungszahl um 1 kleiner wird und die Massenzahl unverändert bleibt.

3. a) $^{137}_{55}Cs \rightarrow\ ^{137}_{56}Ba + e^- + \bar{\upsilon}$ Typ: **Beta-minus**

    b) $^{241}_{95}Am \rightarrow\ ^{237}_{93}Np + ^{4}_{2}He$ Typ: **Alpha**

    c) $^{60}_{28}Ni^* \rightarrow\ ^{60}_{28}Ni + \upsilon$ Typ: **Gamma**

    d) $^{11}_{6}C \rightarrow\ ^{11}_{5}B + e^+ + \upsilon$ Typ: **Beta-plus**

4. **2,9 × 10⁹ Jahre.** Aus der Aufgabe können Sie entnehmen, dass $A = 0{,}1$ und $A_0 = 0{,}5$ ist. Aus Tabelle 20.1 können Sie ablesen, dass die Halbwertszeit von Kalium-40 $1{,}25 \times 10^9$ Jahre beträgt. Setzen Sie diese Werte einfach in die Zerfallsgleichung ein.

$$0{,}1 = 0{,}5 \times (0{,}5)^{t/1{,}25 \times 10^9 \text{ Jahre}}$$

Dividieren Sie dann beide Seiten durch 0,5:

$$0{,}2 = (0{,}5)^{t/1{,}25 \times 10^9 \text{ Jahre}}$$

Logarithmieren (den natürlichen Logarithmus, ln) Sie nun auf beiden Seiten:

$$\ln(0{,}2) = \ln\left((0{,}5)^{t/1{,}25 \times 10^9 \text{ Jahre}}\right)$$

Durch den folgenden Schritt können Sie den Exponenten isolieren, indem Sie ihn auf der rechten Seite vor die Klammer setzen:

$$\ln(0{,}2) = \frac{t}{1{,}25 \times 10^9 \text{ Jahre}} \times \ln(0{,}5)$$

Berechnen Sie nun die beiden natürlichen Logarithmen:

$$1{,}61 = \frac{t}{1{,}25 \times 10^9 \text{ Jahre}} \times -0{,}69$$

Dividieren Sie dann beide Seiten durch $-0{,}69$:

$$2{,}32 = \frac{t}{1{,}25 \times 10^9}$$

Zum Schluss multiplizieren Sie den Wert noch mit $1{,}25 \times 10^9$ und kommen so auf das Endergebnis $t = 2{,}9 \times 10^9$ Jahre.

5. **5727 Jahre; Kohlenstoff-14.** Aus der Fragestellung wissen wir, dass $A_0 = 50$ g, $A = 44{,}3$ g und $t = 1000$ Jahre ist. Gehen Sie so wie in Frage 4 vor, um den Exponenten zu isolieren und lösen danach nach T anstatt nach t auf. Dadurch erhalten Sie einen Wert von 5727 Jahren, der dicht an der Halbwertszeit von Kohlenstoff-14 in Tabelle 20.1 liegt. (Versuchen Sie die Zwischenergebnisse in Ihrem Taschenrechner bei allen Berechnungsschritten weiterzuverwenden und runden Sie nicht zwischendurch auf oder ab.)

6. Diese Reaktion ist eine Kernspaltung. Ein schwerer Urankern wird hierbei mit einem Neutron bombardiert und zerfällt in zwei leichtere Kerne (Barium und Krypton). Eine solche Reaktion kann in einem Kernreaktor ablaufen.

7. Diese Reaktion ist eine Kernfusion. Zwei kleine Kerne verschmelzen hier zu einem einzigen schweren Kern. Diese Reaktion bringt unsere Sonne zum Glühen. Die beiden Wasserstoffreaktanten sind atypisch, da sie ungewöhnliche Isotope von Wasserstoff darstellen, nämlich Tritium bzw. Deuterium.

Teil V
Jetzt wird's organisch

»Ich liebe diese Zeit im Jahr, wenn unsere Studenten der Organischen Chemie neue und aufregende Wege entdecken, um Kohlenstoffatome zu verbinden«

In diesem Teil ...

Kohlenstoff ist der Liebling vieler Chemiker – und besonders beliebt bei Chemikern der Organischen Chemie. Die Gründe für diese Kohlenstoff-Vernarrtheit sind vielfältig. Auf Kohlenstoff basierende Verbindungen sind weit verbreitet, facettenreich und bieten ein phantastisches Repertoire an chemischen Tricks. Organische Chemiker entwerfen gern Strukturen aus Kohlenstoffbausteinen und verzieren dann ihre Werke mit einer Vielzahl weiterer chemischer Vertreter. Kohlenstoffverbindungen sind auch für die Biologie wichtig, alle Lebensformen hängen (zumindest auf der Erde) von der Organischen Chemie ab. In diesem Teil beschreiben wir einige Methoden und die Pracht der Kohlenstoff-Chemie.

Ketten aus Kohlenstoff

In diesem Kapitel...

▷ Ihr Wissen über Kohlenwasserstoffe anheizen

▷ Alkane, Alkene und Alkine benennen

▷ Gesättigte und ungesättigte Kohlenwasserstoffe

Jedes Studium der Organischen Chemie beginnt mit dem Studium der *Kohlenwasserstoffe*. Kohlenwasserstoffe gehören zu den einfachsten und wichtigsten organischen Verbindungen. *Organische Verbindungen* besitzen ein Gerüst aus Kohlenstoffatomen. Kohlenwasserstoffgerüste können modifiziert sein – Sie können sie mit chemisch interessanten Atomen wie Sauerstoff, Stickstoff, Halogenen, Phosphor, Silicium oder Schwefel aufpeppen. Dieser Ausschnitt möglicher Atome scheint nur eine ziemlich kleine Gruppe der mehr als 100 Elemente des Periodensystems zu sein. Stimmt auch: Organische Verbindungen bestehen meist aus nur einem sehr kleinen Teil der natürlich vorkommenden Elemente. In der Tat bilden diese genannten Elemente aber die biologisch wichtigsten Verbindungen. Als Studienanfänger im Fach Chemie wird nicht mehr von Ihnen erwartet, als mit den Grundlagen über die Struktur organischer Moleküle und Ihrer Benennung vertraut zu sein. Also entspannen Sie sich. Jetzt wird's organisch.

In einer Reihe: Kohlenstoffe zu kettenförmigen Alkanen verbinden

Die einfachsten Kohlenwasserstoffe fallen in die Kategorie der Alkane. Alkane sind Ketten aus Kohlenstoffmolekülen, die durch einfache kovalente Bindungen miteinander verknüpft sind. In Kapitel 5 können Sie erfahren, wie kovalente Bindungen entstehen, wenn zwei Atome ihre Valenzelektronen miteinander teilen. Kohlenstoffmoleküle haben vier Valenzelektronen. Daher sind Kohlenstoffatome eifrig danach bestrebt, ihre vier Valenzelektronen für kovalente Bindungen anzubieten und im Gegenzug dafür vier Elektronen zu erhalten, mit denen sie ihre Valenzschalen komplettieren können. Mit anderen Worten, Kohlenstoff ist stets bestrebt, vier Bindungen einzugehen. Bei den Alkanen werden dazu Bindungen mit vier verschiedenen Partnern geknüpft.

Wie der Name Kohlenwasserstoff schon vermuten lässt, sind diese Partner entweder Kohlenstoff oder Wasserstoff. Das einfachste Alkan, das *geradkettige* oder *offenkettige Alkan*, besteht aus einem geraden Strang von Kohlenstoffatomen, die durch Einfachbindungen miteinander verbunden sind. Wasserstoffatome füllen dabei alle übrigen Bindungsplätze. Andere Alkantypen bilden geschlossene Ringe oder verzweigte Ketten, aber wir beginnen mit den offenkettigen Alkanen, da mit Ihnen die Grundstrategie zur Nomenklatur besser vermittelt werden kann. Vom Standpunkt der Nomenklatur aus sind die Wasserstoffatome in einem

Kohlenwasserstoff mehr oder weniger „Füll-Atome". Die Namen von Alkanen basieren auf der jeweils größten Anzahl fortlaufend aneinander gereihter Kohlenstoffatome. Der Name eines Kohlenwasserstoffs verrät Ihnen also immer auch dessen Molekülstruktur.

 Um ein offenkettiges Alkan zu benennen, müssen Sie einfach eine entsprechende chemische Vorsilbe mit der Endung -an verbinden. Die Vorsilben beziehen sich auf die Anzahl der Kohlenstoffatome in der fortlaufenden Kette und sind in Tabelle 21.1 aufgelistet.

Anzahl der Kohlenstoffatome	Vorsilbe	Chemische Formel	Alkan
1	Meth-	CH_4	Methan
2	Eth-	C_2H_6	Ethan
3	Prop-	C_3H_8	Propan
4	But-	C_4H_{10}	Butan
5	Pent-	C_5H_{12}	Pentan
6	Hex-	C_6H_{14}	Hexan
7	Hept-	C_7H_{16}	Heptan
8	Oct-	C_8H_{18}	Octan
9	Non-	C_9H_{20}	Nonan
10	Dec-	$C_{10}H_{22}$	Decan

Tabelle 21.1: Die Kohlenstoffvorsilben.

Die Nomenklaturmethode aus Tabelle 21.1 ermöglicht Ihnen also direkte Rückschlüsse auf die Anzahl der Kohlenstoffatome in der Kette. Und da Sie wissen, dass jedes Kohlenstoffatom vier Bindungen eingehen möchte und wir wissen, dass Sie schlau wie der Teufel sind, können Sie die Anzahl der Wasserstoffatome im Molekül ebenfalls ableiten. Betrachten Sie zum Beispiel einmal die Kohlenstoffstruktur von Pentan in Abbildung 21.1.

—C—C—C—C—C—

Abbildung 21.1: Kohlenstoffgerüst von Pentan.

Es sind nur vier C-C-Bindungen nötig, um die aus fünf Kohlenstoffen bestehende Kette von Pentan zu bilden. Dadurch bleiben noch etliche Bindungen offen – jeweils zwei bei allen mittigen und jeweils drei bei den äußeren Kohlenstoffatomen. Diese offenen Bindungen werden von Wasserstoffatomen besetzt, dabei entsteht ein Kohlenwasserstoffmolekül wie in Abbildung 21.2 gezeigt.

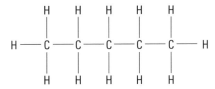

Abbildung 21.2: Kohlenwasserstoffstruktur von Pentan.

Wenn Sie alle Wasserstoffe in Abbildung 21.2 zählen, kommen Sie auf 12. Pentan besteht also aus 5 Kohlenstoffatomen und 12 Wasserstoffatomen.

Je komplexer die organischen Verbindungen werden, mit denen Sie sich beschäftigen, desto wichtiger wird es, die Molekülstruktur zu zeichnen, um sich das Molekül besser vorstellen zu können. Im Fall der offenkettigen Alkane, den einfachsten aller organischen Moleküle, gibt es eine bequeme Formel, um die Anzahl der Wasserstoffatome zu bestimmen, ohne die Kette zeichnen zu müssen:

Anzahl der Wasserstoffatome = (2 × Anzahl der Kohlenstoffatome) + 2

Sie können sich ein und demselben Molekül auf verschiedenen Wegen nähern. Sie können zum Beispiel Pentan direkt bei seinem Namen nennen (also ... *Pentan*), seine Molekülformel C_5H_{12} notieren oder die Gesamtstruktur wie in Abbildung 21.2 zeichnen. Natürlich erfordern diese unterschiedlichen Beschreibungen Kenntnisse über mehr oder weniger strukturelle Einzelheiten. Die *zusammengefasste Strukturformel* ist ein weiterer Weg, um ein Molekül zu benennen; er überbrückt die große Kluft zwischen der einfachen Summenformel und der ausführlichen Struktur. Für Pentan lautet die zusammengefasste Strukturformel $CH_3CH_2CH_2CH_2CH_3$. Diese Art Formel setzt voraus, dass Sie bereits wissen, wie offenkettige Alkane zusammengesetzt sind. Hier folgen die Fakten:

✔ Kohlenstoffatome am Ende einer Kette sind zum Beispiel an ein anderes Kohlenstoffatom gebunden, sodass noch drei Bindungen übrig bleiben, die mit Wasserstoffatomen besetzt werden. Die zusammengefasste Formel für diese Teilstruktur lautet CH_3.

✔ Mittig angeordnete Kohlenstoffe sind mit zwei benachbarten Kohlenstoffatomen verbunden und besitzen nur zwei Bindungen zu Wasserstoffen. Die zusammengefasste Formel für diese Teilstruktur lautet CH_2.

Ihr Chemielehrer wird sicher von Ihnen verlangen, anhand eines Namens die entsprechende Alkanstruktur zu zeichnen und ausgehend von einer gezeichneten Struktur ein Alkan zu benennen. Sollte Ihr Lehrer das versäumen, können Sie ernsthaft an seiner Ausbildung zweifeln. Vielleicht haben Sie es dann mit einem Betrüger zu tun.

Beispiel

Wie lautet der Name für die folgende Struktur und wie sieht die Summenformel aus?

 Lösung

Butan; C_4H_{10}. Zuerst zählen Sie die Kohlenstoffe in der geraden Kette. Das sind vier. Tabelle 21.1 weist hilfreich darauf hin, dass Ketten aus vier C-Atomen die Vorsilbe *But-* tragen. Weiterhin ist dieses Molekül ein Alkan (da es nur Einfachbindungen enthält) und erhält somit die Endung *-an*. Der Name lautet also Butan. Vier Kohlenstoffatome in einer geraden Reihe sind dabei mit insgesamt 10 Wasserstoffatomen verknüpft, also lautet die Summenformel C_4H_{10}.

Aufgabe 1

Wie lautet der Name für die folgende Struktur und wie sieht die Summenformel aus?

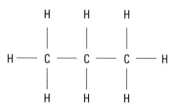

Ihre Lösung

Aufgabe 2

Zeichnen Sie die Struktur eines unverzweigten Octans.

Ihre Lösung

Die Fühler ausstrecken: verzweigte Alkane durch Substitution bilden

Nicht alle Alkane bilden gerade Ketten. Das wäre zu einfach. Viele Alkane sind *verzweigt*; sie unterscheiden sich von den geradkettigen Alkanen darin, dass ein oder mehrere Wasserstoffatome durch einzelne Atome oder ganze Kohlenstoffketten ersetzt sein können. Atome oder andere Gruppen (wie Kohlenstoffketten), die Wasserstoffatome in einem verzweigten Alkan ersetzen, heißen *Substituenten* oder *Seitenketten*.

Die Nomenklatur verzweigter Alkane ist ein bisschen komplizierter, aber Sie brauchen eigentlich nur ein paar einfache Schritte zu befolgen, um den passenden (und oft recht langen) Namen zu finden.

1. **Zählen Sie alle Kohlenstoffe in der längsten fortlaufenden Reihe.**

   Es gibt gemeine Chemielehrer, die oft verzweigte Alkane so zeichnen, dass die längste C-Kette durch ein paar Abzweigungen auf den ersten Blick nicht ersichtlich wird, anstatt sie ohne Umschweife klar in der Mitte darzustellen. Schauen Sie sich dazu einmal die beiden Kohlenstoffstrukturen aus Abbildung 21.3 an. Beide stellen ein und dieselbe Struktur dar, sind aber unterschiedlich gezeichnet! Ächz! In jeder Darstellungsvariante hat die längste durchgehende C-Kette 8 Kohlenstoffatome.

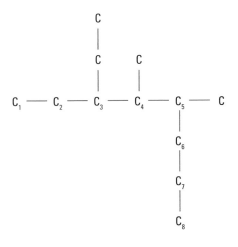

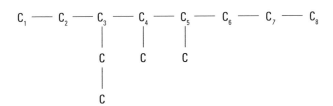

Abbildung 21.3: Eine auf zwei verschiedene Arten gezeichnete Kohlenstoffstruktur.

2. **Nummerieren Sie die Kohlenstoffe in dieser Kette und** *beginnen Sie mit dem Ende, das am nächsten an einer Abzweigung liegt.*

    Sie können zur Sicherheit immer überprüfen, ob Sie diesen Schritt korrekt durchgeführt haben, indem Sie die Kohlenstoffkette auch vom anderen Ende her durchnummerieren. Bei der richtigen Abfolge der Nummerierung befindet sich die erste Seitenkette an dem Kohlenstoffatom mit der kleinsten Zahl. In Abbildung 21.3 können Sie zum Beispiel sehen, dass die Seitenkette vom jeweils dritten, vierten und fünften Kohlenstoffatom der längsten fortlaufenden C-Kette abgehen. Hätten Sie die Kette in umgekehrter Richtung durchnummeriert, würden die Seitenketten jeweils vom vierten, fünften und sechsten C-Atom abgehen. Also ist die erste Variante korrekt. Die längste fortlaufende Kette in einem Alkan wird *Hauptkette* genannt.

3. **Zählen Sie die Kohlenstoffatome in jeder Seitenkette.**

   Diese Gruppen heißen Alkylgruppen und erhalten jeweils Ihren Namen durch Anhängen der Endung *-yl* an die entsprechende Alkanvorsilbe. (Tabelle 21.1 erwartet Ihren Besuch). Die drei häufigsten Alkylgruppen sind Methyl (ein Kohlenstoff), Ethyl (zwei Kohlenstoffe) und Propyl (drei Kohlenstoffe). Das Molekül in Abbildung 21.3 enthält zwei Methyl- und eine Ethylgruppe, aber keine Propylgruppe.

    Seien Sie wachsam, wenn Sie es mit Alkylgruppen zu tun haben, die aus mehr als nur ein paar Kohlenstoffatomen bestehen. Vielleicht versteckt sich dahinter ja doch eine raffiniert gezeichnete Hauptkette!

4. **Setzen Sie die Nummern all jener Kohlenstoffatome, von denen eine Seitenkette ausgeht, vor den Alkylgruppennamen.**

   Wenn also zum Beispiel eine Seitenkette an das dritte Kohlenstoffatom der Hauptkette gebunden ist, so wie in Abbildung 21.3, heißt die Gruppe 3-Ethyl.

5. **Identifizieren Sie sich wiederholende Alkylgruppen.**

   Wenn mehrere identische Seitenketten von der Hauptkette abzweigen, müssen Sie den Namen nicht wiederholt aufschreiben. Es genügt, wenn sie die Kohlenstoffatome, an denen diese identischen Seitenketten angreifen, nacheinander und durch Kommas getrennt vor den Alkylnamen setzen. Zusätzlich wird bei mehreren identischen Seitenketten noch eine entsprechende Vorsilbe vor den Alkylnamen gesetzt. Je nach Anzahl der identischen Seitenketten stellt man also noch die Vorsilbe, *Di-, Tri-, Tetra-,* und so weiter voran. Wenn also zum Beispiel zwei identische Seitengruppen mit je einem Kohlenstoffatom (sprich Methylgruppen) von den Kohlenstoffatomen Nummer vier und fünf einer Hauptkette abzweigen, werden die beiden Methylketten als »4,5-Dimethyl« zusammengefasst.

6. **Setzen Sie die Namen der Seitenketten** *in alphabetischer Reihenfolge* **vor den Namen der Hauptkette.**

   Dabei zählen die Vorsilben *Di-, Tri-, Tetra-* und so weiter aber nicht mit. Es geht nur um die alphabetische Anordnung der Alkylgruppen. Der richtige Name für das organische Molekül in Abbildung 21.3 lautet also 3-Ethyl-4,5-dimethyloctan.

   Beachten Sie auch, dass alle Namenselemente mit Bindestrichen verbunden werden. Eine Ausnahme bildet jedoch die letzte Verbindung zur Hauptkette (...-dimethyl-octan wäre also falsch).

Beispiel

Benennen Sie das verzweigte Alkan in der folgenden Abbildung:

Lösung

4-Ethyl-2,6,6-trimethyloctan.
Zuerst wird Ihnen sicherlich aufgefallen sein, dass einige der Bindungen im Zickzack verlaufen. Das ist ein Merkmal vieler Kohlenwasserstoffverbindungen. Die längste fortlaufende Kette hat in diesem Alkan acht Kohlenstoffatome. Die Hauptkette ist also ein Octan. Insgesamt vier Seitenketten gehen von der Hauptkette ab: eine Ethylgruppe am vierten C-Atom, zwei Methylgruppen am sechsten C-Atom und eine weitere Methylgruppe am zweiten C-Atom. Wenden Sie alle obigen Regeln an, erhalten Sie den Namen 4-Ethyl-2,6,6-trimethyloctan.

Aufgabe 3

Benennen Sie das verzweigte Alkan in der folgenden Abbildung:

Ihre Lösung

Aufgabe 4

Benennen Sie das verzweigte Alkan in der folgenden Abbildung:

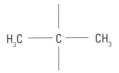

Ihre Lösung

Aufgabe 5

Zeichnen Sie das Alkan 3,4-Diethyl-5-propyldecan.

Ihre Lösung

Aufgabe 6

Zeichnen Sie das Alkan 3-Ethyl-2,2,4,4-tetramethylheptan.

Ihre Lösung

Unersättlich: Alkene und Alkine

Kohlenstoffe können noch mehr als nur Einfachbindungen knüpfen. Organische Moleküle haben noch mehr »drauf« als die bloße Substitution von Wasserstoffatomen durch Seitenketten. Sobald ein Kohlenstoffatom seine Valenzschale mithilfe von Einfachbindungen aufgefüllt hat, sprechen wir von einer *gesättigten* Verbindung. Es gibt aber viele Kohlenwasserstoffe, deren Kohlenstoffatome auch Mehrfachbindungen in Form von kovalenten Doppel- oder Dreifachbindungen eingehen. Solche Kohlenwasserstoffe sind dann *ungesättigt*, da sie weniger als die maximal mögliche Anzahl an Wasserstoffatomen oder Seitenketten besitzen. Für jede weitere C-C-Bindung, die in solch einem Molekül gebildet wird, nimmt die Zahl der kovalenten Bindungen zu Wasserstoffatomen um zwei ab.

Wenn zwei benachbarte Kohlenstoffatome über eine Doppelbindung miteinander verknüpft sind und dabei vier Valenzelektronen miteinander teilen, handelt es sich bei dem betreffenden Kohlenwasserstoff um ein so genanntes *Alken*. Alkene sind durch diese chemisch interessanten Doppelbindungen gekennzeichnet, die reaktiver als Einfachbindungen sind (siehe Kapitel 5 für einen Rückblick auf Sigma- und Pi-Bindungen). Doppelbindungen verändern auch die Form eines Kohlenwasserstoffes, da das sp^2-hybridisierte Valenzorbital eine trigonal-planare Geometrie bewirkt, so wie in Abbildung 21.4 im Fall von Ethen gezeigt. Ein gesättigter Kohlenstoff ist dagegen sp^3-hybridisiert und zeigt eine tetraedrische Geometrie (in Kapitel 5 finden Sie auch Informationen zur Hybridisierung).

$$\text{H}_2\text{C}=\text{CH}_2$$

Abbildung 21.4: Ethen, ein Alken mit zwei Kohlenstoffatomen.

Die Nomenklatur von Alkenen ist wieder ein klein wenig komplizierter als diejenige von Alkanen. Zusätzlich zu der Anzahl Kohlenstoffatome in der Hauptkette und den Seitenketten, müssen Sie auch die Lage der Doppelbindung bestimmen und diese Information in den Namen aufnehmen. Nichtsdestotrotz ähnelt die Strategie der Nomenklatur von Alkenen derjenigen von Alkanen im vorangegangenen Abschnitt:

1. **Lokalisieren Sie die längste Kohlenstoffkette und nummerieren Sie alle C-Atome durch,** *indem Sie an dem Ende beginnen, das in nächster Nähe zu der Doppelbindung liegt.*

   Oder anders ausgedrückt, Doppelbindungen sind wichtiger als Seitenketten, wenn es darum geht, die Hauptkette eines Alkens korrekt durchzunummerieren. Benennen Sie die Hauptkette, indem Sie dieselben Vorsilben verwenden, die auch bei den Alkanen üblich sind (Tabelle 21.1), fügen Sie aber diesmal die Endung *-en* an. Eine Kette aus drei Kohlenstoffen mit einer Doppelbindung heißt also zum Beispiel Propen.

2. **Nummerieren und benennen Sie die Seitenketten eines Alkens auf die gleiche Art wie bei einem Alkan.**

   Notieren Sie die Nummern der Kohlenstoffatome, die eine Seitenkette tragen, und setzen Sie den jeweiligen Namen der Seitenkette dahinter. Trennen Sie die Nummer und den Namen einer Seitenkette mit einem Bindestrich.

3. **Identifizieren Sie das Kohlenstoffatom mit der kleineren Nummer, das an der Doppelbindung beteiligt ist, und setzen Sie diese Zahl *zwischen* Seitenkettenname und Hauptkettenname (eingerahmt von Bindestrichen), oder einfach nur vor den Hauptkettennamen.**

   Wenn zum Beispiel das zweite und dritte Kohlenstoffatom von Penten eine Doppelbindung bilden, heißt das Molekül 2-Penten und nicht 3-Penten. Trägt dieses Molekül gleichzeitig eine Methylseitenkette am dritten C-Atom, lautet der Name 3-Methyl-2-penten.

Alternativ, und ganz besonders wenn Seitenketten vorhanden sind, kann die Position einer ungesättigten Doppelbindung auch zwischen Vorsilbe und Endung des Hauptkettennamens genannt werden. 3-Methyl-2-penten kann also auch 3-Methylpent-2-en heißen.

Alkine sind Kohlenwasserstoffe, bei denen sich die benachbarten Kohlenstoffatome sechs Elektronen teilen, um eine kovalente Dreifachbindung zu bilden. Das Vorgehen zur Benennung von Alkinen ist mit dem für Alkene identisch, außer dass der Name für die Hauptkette mit der Endung *-in* versehen wird.

Der Trick beim Zeichnen von Kohlenwasserstoffmolekülen besteht darin, mit dem Ende des Namens (also der Endung) zu beginnen und sich langsam nach vorn zu arbeiten. Die Vorsilbe vor -an, -en, oder -in sagt Ihnen, aus wie vielen Kohlenstoffatomen die längste Kette im Molekül besteht; also zeichnen Sie zuerst diese Hauptkette. Danach kümmern Sie sich um die Seitenketten und heften sie nacheinander an Ihre Plätze. Zum Schluss besetzen Sie alle übrig gebliebenen Bindungsstellen mit Wasserstoffatomen – und voilà! Das Portrait eines Kohlenwasserstoffmoleküls ist entstanden.

Beispiel

Benennen Sie das folgende Alken und Alkin:

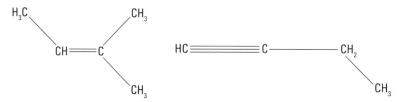

Lösung

Das Alken heißt 2-Methyl-2-buten (oder auch 2-Methylbut-2-en); das Alkin heißt 1-Butin. Die Abbildung links zeigt ein Alken mit vier Kohlenstoffatomen und einer Doppelbindung zwischen dem zweiten und dritten C-Atom. Die Durchnummerierung der längsten C-Kette ergibt in beiden Richtungen bezüglich der Lage der Doppelbindung die gleichen Zahlen. Die Durchnummerierung von rechts nach links ergibt eine niedrigere Nummer für die Methylseitenkette, sodass die Verbindung 2-Methyl-2-buten (oder 2-Methylbut-2-en) heißen muss. Die Abbildung rechts zeigt ein Alkin mit vier C-Atomen und einer Dreifachbindung zwischen dem ersten und zweiten Kohlenstoffatom. Es gibt keine Seitenketten. Die Verbindung heißt daher 1-Butin.

Aufgabe 7

Benennen Sie die folgende ungesättigte Kohlenwasserstoffverbindung:

Ihre Lösung

Aufgabe 8

Zeichnen Sie die Verbindung 5-Ethyl-5-methyl-3-octin (oder 5-Ethyl-5-methyloct-3-in).

Ihre Lösung

Aufgabe 9

Zeichnen Sie die Verbindung 4,4-Dimethyl-2-penten (oder 4,4-Dimethylpent-2-en).

Ihre Lösung

Einmal im Kreis: ringförmige Kohlenstoffketten

Die Verbindungen, die wir bisher in diesem Kapitel behandelt haben, sind alle linear oder verzweigt. Kohlenwasserstoffe können aber auch Ringformen annehmen und werden dann als zyklische Kohlenwasserstoffe bezeichnet. Unter den zyklischen Kohlenwasserstoffen gibt es zwei wichtige Gruppen, die *zyklischen aliphatischen* Kohlenwasserstoffe und die *aromatischen* Kohlenwasserstoffe.

Chemiker unterteilen manchmal Kohlenwasserstoffe in aliphatische und aromatische Kategorien, um die wichtigen Unterschiede hinsichtlich Struktur und Reaktivität zwischen beiden Gruppen hervorzuheben. Wir wollen an dieser Stelle nicht mehr als nötig auf die technischen Details eingehen, daher beschränken wir uns auf die Aussage, dass aliphatische und aromatische Kohlenwasserstoffe deutlich unterschiedliche Elektronenkonfigurationen aufweisen (welches Elektron gehört zu welchem Orbital). Als Ergebnis nehmen beide Kohlenwasserstofftypen an unterschiedlichen Reaktionen teil. Ganz besonders unterscheiden sie sich hinsichtlich Ihrer Neigung, bestimmte Substitutionsreaktionen durchzuführen, also Reaktionen, bei denen Atome oder Atomgruppen den Platz von Wasserstoff einnehmen.

Zyklische aliphatische Kohlenwasserstoffe einkreisen

Zyklische aliphatische Kohlenwasserstoffe sind eigentlich genau so aufgebaut wie die Kohlenwasserstoffe, die wir bisher in diesem Kapitel besprochen haben, mit der einzigen Ausnahme, dass sie geschlossene Ringe bilden. Die Nomenklaturregeln für diese Verbindungen leiten sich von den Regeln ab, die Sie bisher schon kennen gelernt haben. Ein ringförmiges Kohlenwasserstoffmolekül mit sechs Kohlenstoffatomen ist zum Beispiel auch ein Hexan. Um auf die Ringform hinzuweisen, wird jedoch noch die Vorsilbe *Cyclo-* verwendet, sodass der volle Name *Cyclohexan* lautet.

Eine einzelne Seitenkette (Substituent) oder eine einzelne Mehrfachbindung in einem zyklischen aliphatischen Kohlenwasserstoff wird nicht extra nummeriert. Wird also zum Beispiel ein Wasserstoffatom durch ein Bromatom in Cyclohexan ersetzt, lautet der Name der Verbindung schlicht Bromcyclohexan. Ähnlich führt eine einzelne Doppelbindung zu der simplen Bezeichnung Cyclohexen.

Mehrere Substituenten oder Mehrfachbindungen in einem Molekül müssen jedoch nummeriert werden. In diesen Fällen gelten für die Festlegung der Reihenfolge der Substituenten dieselben Regeln, die Sie bereits kennen gelernt haben. Dreifachbindungen sind dabei wichtiger als Doppelbindungen. Doppelbindungen kommen stets vor Substituenten. Nummerieren Sie also die C-Atome immer so, dass diese Rangordnung eingehalten wird. Ein Cyclohexanmolekül mit zwei Methylsubstituenten an benachbarten Kohlenstoffatomen wird also zum Beispiel 1,2-Dimethylcyclohexan genannt.

An aromatischen Kohlenwasserstoffen schnüffeln

Aromatische Kohlenwasserstoffe haben aufgrund ihrer Elektronenstruktur spezielle Eigenschaften. Aromatische Kohlenwasserstoffe sind *sowohl zyklisch als auch konjugiert*. Die Konjugation entsteht durch die abwechselnden Mehrfach- und Einfachbindungen. Aromatische Moleküle besitzen *delokalisierte Pi-Elektronenwolken*, also Elektronen, die sich frei durch einander überlappende *p*-Orbitale bewegen. Die bekannteste aromatische Verbindung ist sicherlich Benzol, dessen Resonanzstrukturen in Kapitel 5 abgebildet sind. Die Pi-Elektronen verteilen sich aufgrund der zyklischen, konjugierten Bindung gleichmäßig in Ringen über und unterhalb der Ebene des flachen Benzolmoleküls. Aromatische Verbindungen sind verglichen mit ihren aliphatischen Geschwistern sehr stabil.

Die Nummerierung von Seitenketten folgt bei aromatischen Molekülen denselben Grundregeln, die auch für aliphatische Verbindungen gelten. Ein einzelner Substituent muss auch hier nicht extra nummeriert werden, so wie bei Brombenzol. Mehrere Substituenten werden ihrem Rang nach nummeriert, wobei der Substituent des höchsten Ranges dem Kohlenstoffatom Nummer 1 zugewiesen wird. Alle anderen Substituenten müssen darauf aufbauend den Kohlenstoffen mit den kleinstmöglichen Nummern zugeordnet werden. Ein Benzolring mit Chlor- und Methylgruppen, die zwei C-Atome voneinander entfernt sind, würde zum Beispiel 1-Chlor-3-methylbenzol heißen.

Beispiel

Benennen Sie die folgende zyklische Kohlenwasserstoffverbindung:

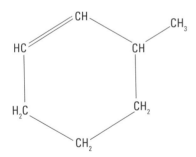

Lösung

3-Methylcyclohexen. Die Struktur stellt ein zyklisches Alken mit sechs C-Atomen und einer Methylseitenkette dar. Die Nummerierung beginnt bei dem Substituenten mit dem höchsten Rang, also der Doppelbindung. Die Kohlenstoffatome der Doppelbindung erhalten also die Nummern 1 und 2. Die Methylgruppe muss nun dem C-Atom mit der niedrigsten Zahl zugeordnet werden, die möglich ist. Würde man den Ring ausgehend von der Doppelbindung gegen den Uhrzeigersinn durchnummerieren, würde die Methylgruppe von C-Atom Nummer 6 abzweigen. Bei einer Nummerierung im Uhrzeigersinn kann man die Seitenkette aber C-Atom Nummer 3 zuweisen. Also ist dies die korrekte Nummernposition. Der Name der Verbindung lautet daher 3-Methylcyclohexen. Sie müssen hierbei nicht die Nummer des Kohlenstoffs angeben, an dem die Doppelbindung ansetzt; da hier die Doppelbindung der Substituent des höchsten Ranges ist, wird ihr automatisch die Kohlenstoffstartposition Nummer 1 zugeteilt.

Aufgabe 10

Benennen Sie die folgende zyklische Kohlenwasserstoffverbindung:

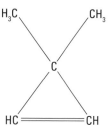

Ihre Lösung

Aufgabe 11

Zeichnen Sie die Verbindung 4-Methylcyclopenten.

Ihre Lösung

Aufgabe 12

Zeichnen Sie die Verbindung 4-Butyl-3-ethylcyclopentin.

Ihre Lösung

Lösungen zu den Aufgaben rund ums Thema Kohlenstoffketten

Sind Sie der Meinung, dass Sie auf dem richtigen und geraden Weg sind, die Natur von Kohlenstoffketten zu verstehen, oder werden Sie eher das Gefühl nicht los, dass Sie sich im Kreis bewegen? Holen Sie einmal tief Luft, entspannen Sie sich und kontrollieren Sie dann Ihre Antworten zu den praktischen Aufgabenstellungen aus diesem Kapitel.

1. **Die Struktur heißt Propan; die Summenformel lautet C_3H_8.** Die Abbildung zeigt eine Kohlenstoffkette aus drei C-Atomen, die nur über Einfachbindungen verknüpft sind. Daher handelt es sich um das Alkan Propan mit insgesamt 3 C- und 8 H-Atomen.

2. Anhand der Vorsilbe *Oct-* können Sie ableiten, dass es sich um ein Alkan mit acht C-Atomen handeln muss. Zeichnen Sie also acht Kohlenstoffatome, verbinden Sie sie mit Einfachbindungen und füllen Sie die restlichen Bindungen mit Wasserstoffatomen auf. Ihre Struktur sollte dann so aussehen:

    oder so

3. **4-Ethyl-3-methyl-5-propylnonan.** Die abgebildete Struktur ist ein Alkan mit neun Kohlenstoffatomen, also ist die Hauptkette ein Nonan. Nummerieren Sie so, dass alle Seitenketten dem jeweils kleinstmöglichen C-Atom zugeordnet werden können. Eine Methylgruppe (ein C-Atom) zweigt vom dritten Kohlenstoff der Hauptkette ab (3-methyl), zwei Kohlenstoffatome setzen am vierten C-Atom an (4-ethyl) und eine Seitenkette aus drei Kohlenstoffatomen zweigt vom C5 der Hauptkette ab (5-propyl). Ordnen Sie die drei Substituenten alphabetisch vor Nonan an, dann erhalten Sie den Namen 4-Ethyl-3-methyl-5-propylnonan.

4. **2,2-Dimethylpropan.** Beachten Sie, dass es sich dabei um den systematischen Namen dieser Verbindung handelt. Es gibt aber auch noch andere gebräuchliche Bezeichnungen. Eine davon lautet Neopentan.

5. Der Name 3,4-Diethyl-5-propyldecan verrät Ihnen zuerst einmal, dass es sich bei der Verbindung um ein Alkan mit zehn Kohlenstoffatomen handelt. Die Namen der Seitenketten weisen auf zwei Ethylgruppen am dritten und vierten C-Atom und auf eine Pro-

pylgruppe am fünften C-Atom der Hauptkette hin. Ihr Kunstwerk sollte also wie folgt aussehen:

6. Die Endung -*heptan* weist darauf hin, dass Sie es mit einem Alkan mit sieben C-Atomen zu tun haben, also zeichnen Sie zuerst eine Hauptkette aus sieben C-Atomen. Als nächstes fügen Sie die Seitenketten an, indem Sie die einzelnen Namen dechiffrieren. 3-Ethyl- bedeutet, dass eine Seitenkette aus zwei C-Atomen vom dritten C-Atom der Hauptkette abzweigt, während Sie der Bezeichnung 2,2,4,4-tetramethyl entnehmen können, dass vier Seitenketten mit jeweils einem C-Atom an der Hauptkette sitzen, davon zwei am zweiten und die anderen zwei am vierten Kohlenstoffatom. Ihre Zeichnung sollte daher so aussehen:

Ein alternativer Name für diese Verbindung wäre übrigens 4,4-Dimethyl-3-isobutylheptan.

7. **5,5-Diethyl-2-methyl-3-hepten (oder 5,5-Diethyl-2-methylhept-3-en).** Beachten Sie hierbei zuerst, dass diese Struktur eine Doppelbindung enthält, also handelt es sich um ein Alken und benötigt die Endung -*en*. Die Hauptkette wird von sieben Kohlenstoffatomen gebildet, sodass Sie es grundsätzlich mit einem *Hepten* zu tun haben. Im Allgemeinen beginnen Sie mit der Durchnummerierung der Hauptkette an dem Ende, das

sich am nächsten zur Doppelbindung befindet. In diesem Fall befindet sich die Doppelbindung aber zwischen dem dritten und vierten C-Atom, egal von welcher Seite Sie mit der Nummerierung beginnen (also ist die Verbindung ein 3-Hepten). Hier sind es die Seitenketten, die Ihnen bei der Entscheidung helfen, von welchem Ende sie mit der Nummernverteilung beginnen sollen. Wählen Sie das Ende, bei dem alle Seitenketten jeweils dem kleinstmöglichen C-Atom zugeordnet werden. Am Ende sollten Sie daher auf 5,5-Diethyl-2-methyl-3-hepten oder 5,5-Diethyl-2-methylhept-3-en kommen.

8. Sie können von der Endung *3-octin* ableiten, dass es sich um eine Verbindung mit acht Kohlenstoffatomen und einer Dreifachbindung zwischen dem dritten und vierten C-Atom der Hauptkette handelt. Die Namen der Seitenketten, 5-Ethyl und 5-Methyl, verraten Ihnen, dass sich am fünften C-Atom der Hauptkette eine Seitenkette aus zwei C-Atomen (Ethyl) und eine weitere Seitenkette aus einem C-Atom (Methyl) befinden. Ihre Antwort ist richtig, wenn Sie der folgenden Zeichnung entspricht.

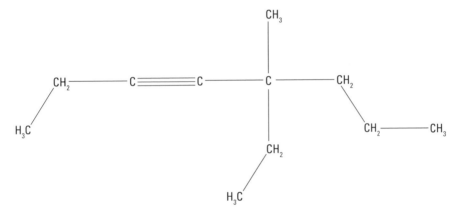

9. Aus der Endung *-2-penten* können Sie entnehmen, dass diese Verbindung ein Alken aus fünf C-Atomen mit einer Doppelbindung zwischen dem zweiten und dritten Kohlenstoff darstellt. Die Seitenkettenbezeichnung 4,4-Dimethyl verrät, dass es zwei Seitenketten aus je einem C-Atom gibt, die beide vom vierten Kohlenstoff der Hauptkette abzweigen. Ihr Kunstwerk sollte also wie folgt aussehen:

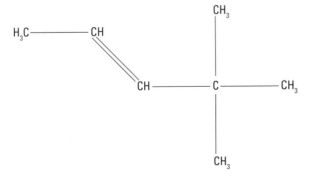

10. **3,3-Dimethylcyclopropen.** Das ist ein zyklisches Alken aus drei Kohlenstoffen mit zwei Methylseitenketten. Teilen Sie den beiden C-Atomen, die die Doppelbindung bilden, die Nummern 1 und 2 zu und sorgen Sie des Weiteren dafür, dass die Methylgruppen dem Atom mit der kleinstmöglichen Nummer zugeordnet werden. Die Methylgruppen entspringen dann dem Kohlenstoff Nummer 3, und der Name der Verbindung lautet 3,3-Dimethylcyclopropen.

11. Die Endung *-cyclopenten* bedeutet, dass es sich um ein zyklisches Alken mit fünf C-Atomen handelt. Zeichnen Sie also einen Ring aus fünf Kohlenstoffatomen mit einer Doppelbindung und nummerieren Sie die beiden Kohlenstoffatome, die die Doppelbindung einschließen, mit 1 und 2. Dann hängen Sie noch eine Seitenkette mit einem C-Atom an Kohlenstoff Nummer 4, sodass Ihr Bild in etwa so aussieht:

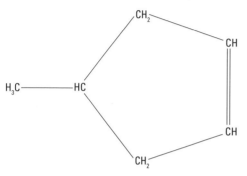

12. Der Name 4-Butyl-3-ethylcyclopentin verrät, dass die Grundstruktur der Verbindung von einem zyklischen Alkin aus fünf C-Atomen gebildet wird, also zeichnen Sie zunächst einen Fünfer-Kohlenstoffring mit einer Dreifachbindung. Nummerieren Sie die C-Atome im Ring so, dass die beiden Kohlenstoffe an den Seiten der Dreifachbindung die Nummern 1 und 2 erhalten. Dann hängen Sie eine Seitenkette aus vier Kohlenstoffatomen (Butyl) an das C4-Atom der Hauptkette und eine Seitenkette aus zwei Kohlenstoffen (Ethyl) an das dritte C-Atom. Ihre Zeichnung sollte am Ende so aussehen:

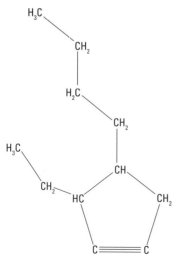

Isomere in Stereo sehen

In diesem Kapitel...

▶ *cis*- und *trans*-Konfigurationen zuordnen

▶ Enantiomere und Diastereomere unterscheiden

Wie steht es damit: Zwei organische Moleküle besitzen identische chemische Formeln. Jedes Atom in den beiden Molekülen ist jeweils an die gleichen Gruppen gebunden. Es sind identische Moleküle, oder? Falsch! (Die Götter der Chemie werden sich jetzt die schadenfroh die Hände reiben und kichern.) Viele organische Moleküle sind *Isomere*, das heißt, sie sind Verbindungen mit gleicher Formel und gleichem Bindungstyp, aber mit unterschiedlichen strukturellen oder räumlichen Anordnungen. Aber wen sollten denn solch subtile Unterschiede jucken? Nun ja, eventuell Sie. Betrachten Sie zum Beispiel einmal die Verbindung Thalidomid, ein kleines organisches Molekül, das in den 1950er- und 1960er-Jahren oft schwangeren Frauen verschrieben wurde, die unter Morgenübelkeit litten. Thalidomid existiert in zwei isomeren Varianten, die im Körper rasch ineinander übergehen. Ein Isomer wirkt sehr gut gegen Morgenübelkeit. Das andere Isomer ist verursacht schwerwiegende Geburtsfehler. Die Unterscheidung von Isomeren ist also doch wichtig.

Isomere sind manchmal etwas verwirrend. Sie fallen in unterschiedliche Kategorien und Unterkategorien. Bevor Sie also damit anfangen, Ihr Gehirn mit diesem Isomer-Wirrwarr zu malträtieren, sollten Sie sich die folgenden Punkte in Ruhe durchlesen:

✔ *Komformationsisomere (Konformere, Rotamere)* sind Isomere, die sich durch Rotation um einzelne Bindungen unterscheiden (diese Isomere werden wir hier nicht weiter erklären, da sie über das übliche Wissensmaß der Allgemeinen Chemie hinausgehen).

✔ *Strukturisomere (Konstitutionsisomere)* haben identische Summenformeln, aber unterschiedlich angeordnete Bindungen.

✔ *Stereoisomere (Konfigurationsisomere)* zeigen identische Bindungsmuster – alle Atome eines Isomers sind im anderen Isomer jeweils an die gleichen Atome gebunden – die Atome sind aber räumlich unterschiedlich angeordnet.

- *Geometrische Isomere* (oder *cis-trans-Isomere*) sind Stereoisomere, die sich in der Anordnung der Gruppen um eine Doppelbindung oder in einer Ringebene unterscheiden.

- *Enantiomere* sind Stereoisomere, die *nichtdeckungsgleiche Spiegelbilder* voneinander sind.

- *Diasteromere* sind Stereoisomere, die *keine Enantiomere* sind.

Kapitel 21 gab eine Übersicht über Strukturisomere und beschrieb, wie man sie erkennt und sie korrekt benennt. In diesem Kapitel konzentrieren wir uns auf die komplizierteren Stereoisomere.

Platzanweisen mit geometrischen Isomeren

Geometrische Isomere oder *cis-trans*-Isomere sind ein guter Ausgangspunkt, um in die Welt der Stereoisomere einzutauchen, da sie am leichtesten zu durchschauen sind. In den folgenden Abschnitten werden wir erklären, welche Beziehungen zwischen Isomeren und Alkenen, nicht geradkettigen Alkanen sowie Alkinen bestehen (siehe Kapitel 21 für eine Einführung zu diesen Strukturformen).

Alkene: Scharf auf cis-trans-Konfigurationen

Gerad- oder offenkettige Alkane sind gegenüber geometrischer Isomerie immun, da ihre C-C-Einfachbindungen frei beweglich sind. Bei ungesättigten Bindungen liegen die Dinge jedoch anders. Alkene haben Doppelbindungen, die sich gegen jede Rotation wehren. Weiterhin verursacht die sp^2-Hybridisierung von Doppelbindungen eine trigonal-planare Geometrie (siehe Kapitel 5 für eine Einführung in die Hybridisierungen). Die Folge ist, dass jede Seitenkette oder Gruppe, die an eine Doppelbindung gebunden ist, niemals die Seiten wechseln kann. Überzeugen Sie sich anhand der folgenden Abbildung 22.1 selbst.

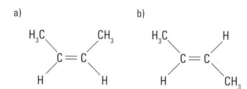

Abbildung 22.1: Cis- und trans-Isomere eines Alkens.

In Abbildung 22.1a befindet sich die Kohlenstoffkette auf einer Seite des Moleküls. Beide Methylgruppen (-CH$_3$) befinden sich auf derselben Seite der Doppelbindung. Dies wird *cis-Konfiguration* genannt. In Abbildung 22.1b verläuft die Kohlenstoffkette hingegen quer durchs Molekül. Es befindet sich je eine Methylgruppe ober- bzw. unterhalb der Doppelbindung. Diese Anordnung heißt *trans-Konfiguration*.

Die Nomenklatur von *cis-trans*-Isomeren ist recht einfach. Setzen Sie jeweils die entsprechende Vorsilbe *cis-* oder *trans-* vor die Nummer des ersten Kohlenstoffatoms der Doppelbindung (gehen Sie zu Kapitel 21, wenn Sie nicht wissen, wie man Alkene benennt). Abbildung 22.1a stellt zum Beispiel *cis*-2-Buten dar, während in Abbildung 22.1b *trans*-2-Buten zu sehen ist.

Nichtoffenkettige Alkane: eine Ringbindung herstellen

 Obwohl sich offenkettige Alkane glücklicherweise nicht die Bohne um Isomerie kümmern, da ihre Einfachbindungen frei beweglich sind, lassen die vier Bindungen sp^3-hybridisierter Kohlenstoffe eine Tetraeder-Raumstruktur vermuten. Detaillierte Darstellungen, wie die von Methan in Abbildung 22.2, bestätigen dies. In der Methanstruktur verlaufen als normale Striche dargestellte Bindungen parallel zur Buchseite. Die Bindungen, die als dick ausgefüllte Pfeile dargestellt sind, weisen in Ihre Richtung, während die gestrichelten Bindungen von Ihnen weg zeigen. Diese Bindungen, die nicht parallel zur »Buchseitenebene« verlaufen, werden als *Stereobindungen* bezeichnet, da sie bei der Identifizierung von Stereoisomeren helfen.

Abbildung 22.2: Stereobindungen von Methan.

Wenn sich Alkane zu Ringen schließen, können sie nicht mehr länger um ihre Einfachbindungen rotieren, und die Tetraeder-Raumstruktur der sp^3-hybridisierten Kohlenstoffatome führt dann zu einer *cis-trans*-Isomerie. Gruppen, die an einen solchen Ring gebunden sind, bleiben stets ober- oder unterhalb der Ringebene, so wie in Abbildung 22.3 gezeigt. Die Abbildung zeigt zwei verschiedene Versionen von *trans*-1,2-Dimethylcyclohexan. Bei beiden Versionen sind die benachbarten Methylseitenketten in der *trans*-Position auf entgegengesetzten Seiten der Ringebene arretiert.

✔ Die oberen beiden Strukturen zeigen die Ringebene in der Draufsicht und unterstreichen die *trans*-Konfiguration der Methylgruppen durch Stereobindungen.

✔ Die unteren beiden Strukturen zeigen dieselben Ringe, diesmal aber um 90° nach vorn (Richtung Leser) gekippt.

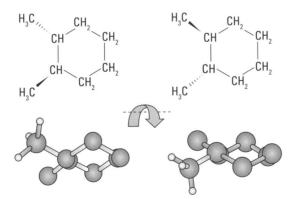

Abbildung 22.3: Zwei Stereoisomere von trans-1,2-Dimethylcyclohexan.

Die *trans*-Konfiguration der Methylgruppen wird in den unteren beiden Strukturen am deutlichsten. Die vorderste Methylgruppe wird durch die expliziten Wasserstoffatome hervorgehoben, um die Position über oder unterhalb der Ringebene zu betonen. (Der aufmerksame Leser mag sich nun fragen, warum sind die zwei Moleküle eigentlich verschieden, wenn sie doch beide *trans* sind? Die Antwort zu diesem Geheimnis finden Sie im späteren Abschnitt »Spieglein, Spieglein an der Wand: Enantiomere und Diastereomere«).

Alkine: kein Platz für Stereoisomere

Alkine besitzen auch keine frei beweglichen C-C-Bindungen. Die *sp*-Hybridisierung dieser Kohlenstoffe führt jedoch zu einer linearen Bindungsgeometrie. In Abbildung 22.4 ist das aus zwei Kohlenstoffatomen bestehende Alkin Ethin dargestellt. Jedes Kohlenstoffatom »arretiert« dabei drei seiner Valenzelektronen in der Dreifachbindungsachse. Somit behält jedes C-Atom nur ein Valenzelektron zurück, mit dem es eine kovalente Bindung mit einem Wasserstoffatom eingehen kann. In dieser Konstellation ist keine *cis-trans*-Isomerie möglich.

$$H-C\equiv C-H$$

Abbildung 22.4: An der Dreifachbindung von Alkinen, so wie Ethin, ist keine Isomerie möglich.

Beispiel

Zeichnen Sie die Struktur von *cis*-3-Hexen.

Lösung

Aus dem Namen können Sie ableiten, dass Sie es mit einem Alken mit sechs Kohlenstoffatomen zu tun haben, dessen Doppelbindung zwischen dem dritten und vierten C-Atom liegt. Die Vorsilbe *cis-* sagt Ihnen außerdem, dass die Kohlenstoffkette nur auf einer Seite der Doppelbindung verläuft, so wie in der folgenden Abbildung gezeigt:

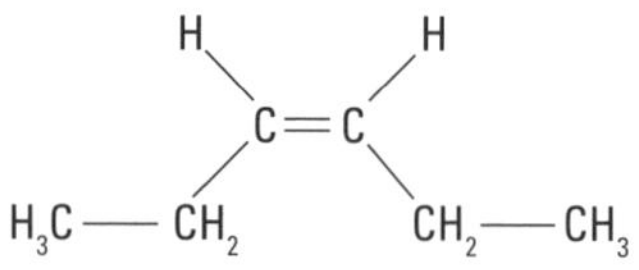

$$H_3C-CH_2\underset{}{\overset{HH}{\underset{}{\searrow C=C \swarrow}}}CH_2-CH_3$$

Aufgabe 1

Benennen Sie die folgende Struktur:

```
                    CH₂ — CH₃
     H₃C      CH₂ — CH₂
        \    /
         C = C
        /    \
   CH₂ — CH₂   H
   /
 H₃C
```

Ihre Lösung

Aufgabe 2

Zeichnen Sie die Struktur von *trans*-2-Penten.

Ihre Lösung

Aufgabe 3

Zeichnen Sie die *cis*- und *trans*-Isomere von 3-Hepten.

Ihre Lösung

Aufgabe 4

Kann eine geometrische Isomerie entlang des ersten und zweiten Kohlenstoffatoms in einer Kette auftreten? Zeichnen Sie die Struktur von 1-Buten. Sind in diesem Molekül geometrische Isomere an der Doppelbindung möglich? Erklären Sie warum oder warum nicht.

Ihre Lösung

Spieglein, Spieglein an der Wand: Enantiomere und Diastereomere

Cis-trans-Isomere sind im wahrsten Sinne des Wortes herausragende Vertreter der *Stereoisomere*, Verbindungen, die sich nur durch die räumliche Anordnung von Molekülgruppen unterscheiden. Dieser Abschnitt macht Sie mit einer weiteren, hinterhältigen Stereoisomerklasse bekannt, den *Enantiomeren*. Enantiomere sind Isomere, die *nicht*deckungsgleiche Spiegelbilder voneinander darstellen. Die Unterschiede zwischen Diastereomeren und Enantiomeren sind nicht ganz leicht zu begreifen. Aber Sie können hier ja üben.

Chiralität begreifen

Nicht alle Spiegelbilder sind deckungsgleich. Diese Tatsache ist so banal, dass Sie sich dessen vielleicht noch nie wirklich bewusst waren. Wenn Sie an dieser Aussage zweifeln, versuchen Sie doch einmal Folgendes: Bilden Sie mit Daumen und Zeigefinger jeder Hand ein L. (Jetzt haben Sie zwei L-förmige Moleküle geschaffen – gut gemacht!) Jetzt versuchen Sie einmal, Ihre L-förmigen Handmoleküle so auszurichten, dass beide Handflächen nach oben *und gleichzeitig* Daumen sowie Zeigefinger jeweils in dieselbe Richtung weisen. Es geht nicht, es sei denn Sie wollten sich selbst ernsthaft verletzen. Aus diesem Grund sind Ihre L-förmigen Handmoleküle *chiral*, was bedeutet, dass sie nichtdeckungsgleiche Spiegelbilder voneinander darstellen. Chirale Moleküle können als Enantiomere vorliegen.

Kohlenstoffatome können auch chiral sein. Wenn ein sp^3-hybridisiertes C-Atom vier verschiedene Gruppen bindet, zeigt es eine chirale Geometrie und kann in einem Molekül ein *Chiralitätszentrum* bilden. Vergleichen Sie die beiden Moleküle in Abbildung 22.5 und erinnern Sie sich daran, dass die fetten und gestrichelten Bindungen nach vorn bzw. hinten aus der Buchseitenebene heraus ragen (blättern Sie zum vorangegangenen Abschnitt »Nichtoffenkettige Alkane: eine Ringbindung herstellen«, wenn Sie weitere Details brauchen). Drehen Sie beide Moleküle in Gedanken und versuchen Sie sie zu spiegeln. Obwohl das grundsätzlich eine sicherere Methode ist, als dafür Ihre eigenen Hände zu benutzen, werden Sie sehen, dass Sie auch hier keinen Erfolg haben. Chiralität ist, was sie ist.

Abbildung 22.5: Jedes Kohlenstoffzentrum bindet die gleichen vier Atome, aber die beiden chiralen Kohlenstoffatome sind trotzdem nicht deckungsgleich.

Moleküle mit Chiralitätszentren sind oft – aber nicht immer – chiral. Chirale Moleküle besitzen oft – aber nicht immer – Chiralitätszentren. Chiralitätszentren sind so wichtig, dass Sie verstehen sollten, was hinter ihnen steckt.

Enantiomere und Diastereomere in Fischer-Projektionen darstellen

Ketten aus tetraedrischen Kohlenstoffatomen sind so häufig in organischen Molekülen anzutreffen, dass Chemiker Methoden entwickelt haben, um diese Strukturen unkompliziert und schnell darstellen zu können. Eine dieser Methoden heißt *Fischer-Projektion*. Fischer-Projektionen stellen einen einfachen Weg dar, um die dreidimensionale Wirklichkeit eines Tetraeder-Kohlenstoffs auf ein zweidimensionales Blatt Papier zu bannen.

In einer Fischer-Projektion wird eine Bindungskette aus tetraedrischen Kohlenstoffatomen als vertikale Linie dargestellt. Horizontale Linien stehen für andere Bindungen, die von den zentralen Kohlenstoffatomen ausgehen. Vertikale Bindungslinien zeigen dabei stets von Ihnen weg. Horizontale Bindungslinien zeigen immer auf Sie zu. In Abbildung 22.6 sind Beispiele für zwei Moleküle als Fischer-Projektionen dargestellt.

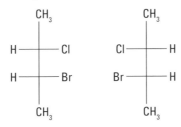

Abbildung 22.6: Enantiomere von 2-Brom-3-chlorbutan als Fischer-Projektionen.

Fischer-Projektionen sind sehr praktisch, aber Sie müssen vorsichtig sein, wenn Sie sie zur Darstellung von Bindungen benutzen wollen, um auf eine eventuelle Chiralität zu schließen.

- ✔ Zum einen können Sie solche Strukturen *nur in der Ebene des Papierblatts* drehen. Versuchen Sie nicht, sie aus der Blattebene heraus zu drehen, denn sonst verlieren sie ihre Bedeutung.

- ✔ Zum zweiten können Sie *nur ein Kohlenstoffzentrum auf einmal betrachten*. Wenn sie versuchen sollten, sich gleichzeitig die dreidimensionalen Bindungen zweier benachbarter Kohlenstoffatome auf der vertikalen Kette vorzustellen, werden Sie sich selbst in Schwierigkeiten bringen.

Schauen Sie sich jetzt einmal mit diesen Vorbehalten im Hinterkopf die beiden Strukturen aus Abbildung 22.6 näher an. Sehen Sie, dass die Moleküle spiegelbildlich zueinander sind, es aber nicht möglich ist, sie zur Deckung zu bringen, so sehr man sie auch innerhalb der Ebene der Buchseite hin und her dreht? Das kommt daher, weil die beiden Moleküle Enantiomere sind.

Zwei weitere mögliche Stereisomere des 2-Brom-3-chlorbutans sehen Sie in Abbildung 22.7; sie sind ebenfalls Enantiomere voneinander.

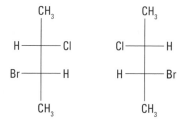

Abbildung 22.7: Weitere Enantiomere von 2-Brom-3-chlorbutan als Fischer-Projektionen.

In Abbildung 22.8 sind jeweils zwei Stereoisomere des 2-Broms-3-chlorbutans gegenübergestellt. Hier sieht das Ganze etwas anders aus. Sie haben es in allen Fällen wieder mit 2-Brom-3-chlorbutan zu tun, allerdings verhalten sich die beiden Stereoisomere nicht wie Bild und Spiegelbild zueinander. Es sind daher keine Enantiomere, sonder *Diasteromere*.

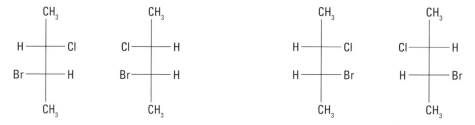

Abbildung 22.8: Zwei Diastereomerenpaare von 2-Brom-3-chlorbutan als Fischer-Projektionen.

Vergleichen Sie die Situation jetzt mit den beiden Molekülen aus Abbildung 22.9. Wenn Sie eins der Moleküle in der Ebene der Buchseite um 180° drehen, haben Sie plötzlich zwei deckungsgleiche Moleküle vor sich!

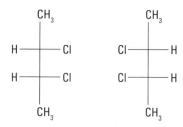

Abbildung 22.9: Stereoisomere von 2,3-Dichlorbutan als Fischer-Projektionen.

22 ➤ Isomere in Stereo sehen

Jetzt protestieren Sie aber – wie kann das bitte sein? Beide Molekülpaare enthalten doch Chiralitätszentren! Das ist natürlich richtig, aber bedenken Sie: Nicht alle Moleküle mit Chiralitätszentren sind auch selbst chiral. Tatsächlich gibt es sogar einen speziellen Begriff für diese chiralen-und-doch-nicht-chiralen Moleküle. Sie werden *meso-Verbindungen* genannt. Viele *meso-*Verbindungen verblüffen, weil sie eine innere Symmetrieebene besitzen. Mit anderen Worten, sie sind ihr eigenes Spiegelbild. Narzisstische kleine Kerlchen.

Beispiel

Ergänzen Sie in den folgenden Strukturen die fehlenden Seitenketten, sodass die beiden Moleküle Enantiomere darstellen.

Lösung

Um die beiden Moleküle zu Enantiomeren zu machen, müssen Sie einfach die fehlenden Teile so ergänzen, dass beide Moleküle Spiegelbilder voneinander darstellen, so wie in der folgenden Abbildung gezeigt. Die schon existierenden Seitenketten garantieren dabei, dass sich keine hinterhältige *meso-*Symmetrie hinter dem Ganzen verbirgt.

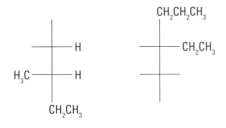

Aufgabe 5

Zeichnen Sie die Struktur in der folgenden Abbildung als Fischer-Projektion, identifizieren Sie die Chiralitätszentren und zeichnen Sie dann das entsprechende Enantiomer.

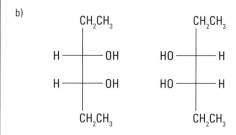

Ihre Lösung

Aufgabe 6

Welches der Strukturpaare in der folgenden Abbildung besteht aus Enantiomeren?

a)

```
       CH₂CH₃                    CH₃
         |                        |
    H ———|——— OH         H₃CH₂C ——|——— H
         |                        |
  H₃CH₂C ——|——— H           H ——|——— OH
         |                        |
        CH₃                    CH₂CH₃
```

b)

```
       CH₂CH₃                    CH₂CH₃
         |                        |
    H ———|——— OH         HO ———|——— H
         |                        |
    H ———|——— OH         HO ———|——— H
         |                        |
       CH₂CH₃                    CH₂CH₃
```

Ihre Lösung

Aufgabe 7

Welche der folgenden Strukturen sind *meso*-Verbindungen?

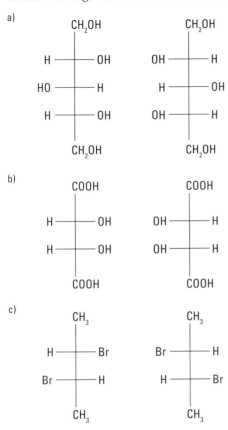

Ihre Lösung

Aufgabe 8

Identifizieren Sie die Strukturen in der folgenden Abbildung als geometrische Isomere, Enantiomere oder *meso*-Verbindungen. Benennen Sie jedes geometrische Isomer (inklusive *cis*- oder *trans*-Bezeichnung), identifizieren Sie alle chiralen Kohlenstoffatome und zeichnen Sie alle vorhandenen inneren Symmetrieebenen ein.

a)

$$\underset{H_3C}{\overset{H}{>}}C=C\underset{H}{\overset{CH_2CH_2CH_3}{<}}$$

b)

CH₃ / H—|—OH / H—|—OH / CH₃   CH₃ / OH—|—H / OH—|—H / CH₃

c)

CH₃—Si (H, F, Phenyl)   Phenyl—Si (CH₃, H, F)

d)

COOH / H—C—NH₂ / H   COOH / H₂N—C—H / H

Ihre Lösung

Lösungen zu den Aufgaben rund ums Thema Stereoisomere

1. **4-Methyl-*trans*-4-nonen.** Die Struktur beinhaltet eine Hauptkette aus neun Kohlenstoffatomen mit einer Doppelbindung zwischen dem vierten und fünften C-Atom. Die Hauptkette verläuft über die Doppelbindung. Das Molekül trägt daher seine Methylgruppe am vierten C-Atom.

2. *Trans*-2-Penten ist ein aus fünf C-Atomen gebildetes Alken mit der Doppelbindung zwischen dem zweiten und dritten Kohlenstoff. Die Hauptkette verläuft über die Doppelbindung hinweg, so wie in der folgenden Abbildung:

$$\begin{array}{c}HCH_2CH_3\\ \diagdown\diagup\\ C=C\\ \diagup\diagdown\\ H_3CH\end{array}$$

3. Die *cis*- und *trans*-Isomere von 3-Hepten unterscheiden sich nur hinsichtlich der Ausrichtung ihrer Kohlenstoffketten um die Doppelbindung, so wie in der folgenden Abbildung gezeigt:

cis — H_3C-CH_2, $CH_2-CH_2-CH_3$ an $C=C$ mit H, H

trans — entsprechende Anordnung mit umgekehrter Geometrie

4. Betrachten Sie die Struktur von 1-Buten in der folgenden Abbildung:

$$\begin{array}{c}HCH_2CH_3\\ \diagdown\diagup\\ C=C\\ \diagup\diagdown\\ HH\end{array}$$

Die Kette endet an der Doppelbindung. Das erste Kohlenstoffatom ist an zwei identische Wasserstoffatome gebunden. Es gibt also keine spezifische Seitenkette, die *cis* oder *trans* zur durchgehenden Hauptkette liegt.

5. Das ist teilweise eine Fangfrage. (Hey! Wir haben es zumindest zugegeben.) Obwohl die Struktur Chiralitätszentren besitzt, wird durch das Zeichnen der Fischer-Projektion (achten Sie auf Stereobindungen!) deutlich, dass es sich um eine *meso*-Verbindung handelt. Das Molekül besitzt eine innere Symmetrieebene.

$$\begin{array}{c}CO_2H\\ |\\ H-\!\!\!-OH\\ |\\ H-\!\!\!-OH\\ |\\ CO_2H\end{array}$$

6. **Die beiden Strukturen aus Abbildung A sind Enantiomere,** obwohl sie auf den ersten Blick nicht so aussehen. Um die enantiomere Beziehung deutlicher zu machen, drehen Sie eins der Moleküle um 180° in der Buchseitenebene. **Die beiden Strukturen aus Abbildung B sind keine Enantiomere.** Es handelt sich hierbei tatsächlich um eine *meso*-Verbindung.

7. **Die Strukturen aus den Abbildungen A und B sind *meso*-Verbindungen. Die Strukturen aus Abbildung C sind keine *meso*-Verbindungen.** Die Strukturen aus den Teilabbildungen A und B haben eine innere Symmetrieebene und stellen tatsächlich jeweils ein und dieselbe Verbindung dar. Die beiden Verbindungen aus Teilabbildung C sind nichtdeckungsgleiche Spiegelbilder und daher Enantiomere.

8. **Die Struktur von Abbildung A ist ein geometrisches Isomer namens *trans*-2-Hexen.** Das Molekülpaar aus Abbildung B besteht aus verschiedenen Ausrichtungen ein und derselben *meso*-Verbindung mit zwei Chiralitätszentren und einer inneren Symmetrieebene, so wie in der folgenden Abbildung gezeigt. Die Ebene zerschneidet das Molekül an der Bindungslinie zwischen dem zweiten und dritten C-Atom in zwei gleiche Hälften. **Das Strukturenpaar aus Abbildung C stellt Enantiomere dar.** Das Chiralitätszentrum wird hier jedoch nicht von einem Kohlenstoffatom gebildet! Es ist vielmehr Silicium, ein Element rechts unterhalb von Kohlenstoff im Periodensystem, das ebenfalls eine tetraedrische Bindungsgeometrie besitzt. **Die Moleküle aus Abbildung D sind gar keine Isomere,** sondern stellen einfach verschiedene Ausrichtungen der Aminosäure Glycin dar. Das zentrale Kohlenstoffatom der Projektion ist an zwei identische Wasserstoffatome gebunden, sodass keine Isomerie möglich ist.

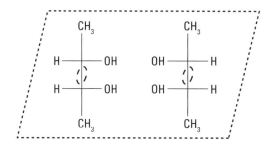

Durch die bunte Welt der funktionellen Gruppen schlendern

In diesem Kapitel...

- Jenseits reiner Kohlenwasserstoffe: die wichtigsten funktionellen Gruppen erkennen
- Monomere zu Polymeren verbinden
- Das weite Feld der Biochemie: Kohlenhydrate, Proteine und Nucleinsäuren verstehen

Es ist kein Zufall, dass wir uns in diesem späten Kapitel mit den beiden faszinierendsten und zugleich wichtigsten Zweigen der modernen Chemie befassen: Organische Chemie und Biochemie. Wir haben uns nicht dafür entschieden, weil wir gemeine Menschen sind; wir wollen Sie nicht immer weiter schmerzhaft daran erinnern, dass der noch vor Ihnen liegende Weg verdammt lang ist. Vielmehr wollen wir Sie darauf hinweisen, dass die Fähigkeiten und Informationen, die Sie mit diesem Buch erhalten haben, Ihnen die Türen zu einer völlig neuen Welt der Wissenschaft öffnen können.

Was haben die Organische Chemie und die Biochemie gemeinsam? Vieles in der Biochemie *ist* Organische Chemie, nämlich das Knüpfen und Aufbrechen von Bindungen in Kohlenstoffverbindungen. Viele Verbindungen der Biochemie besitzen auch Kohlenwasserstoffgerüste und tragen *funktionelle Gruppen*. Zu diesen Gruppen gehören Elemente, die kein Kohlenstoff sind, und sie verleihen den organischen Verbindungen ein breitgefächertes Repertoire an verschiedensten Eigenschaften. In diesem Kapitel erklären wir Ihnen die Grundlagen zur Funktion funktioneller Gruppen in der Organischen Chemie und Biochemie.

Sie haben schon ein bisschen über die Organische Chemie in den Kapiteln 21 und 22 erfahren, und sicherlich haben Sie bemerkt, dass die dort betrachteten Verbindungen gänzlich aus Wasserstoff und Kohlenstoff bestehen. Bereiten Sie sich darauf vor, dass wir uns in diesem Kapitel auch mit anderen Elementen in Kohlenwasserstoffen befassen wollen. Da Kohlenwasserstoffe für Sie nichts Neues sind, verwenden wir in diesem Kapitel einfach den Buchstaben R für eine beliebige Kohlenwasserstoffgruppe: verzweigt oder unverzweigt, gesättigt oder ungesättigt.

Die Bühne der chemischen Akteure betreten

In den Kapiteln 21 und 22 haben Sie sich intensiv auf reine Kohlenwasserstoffe konzentriert. Vielleicht haben Sie so viel Wissen in diesen beiden Kapiteln aufgesogen, dass Sie fast vergessen haben, dass es doch noch über 100 andere Elemente im Periodensystem gibt. Obwohl sich die Organische Chemie oft nur mit einem Bruchteil aller Elemente beschäftigt, müssen

Sie trotzdem mit vielen anderen Verbindungstypen vertraut sein, und dieses Mal bestehen sie aus mehr als nur Kohlenstoff und Wasserstoff. All diese neuen und exotischen Verbindungen enthalten zwar auch ein gewöhnliches Kohlenstoffgerüst ohne Schnickschnack, aber zusätzlich trägt jede ein entscheidendes Merkmal in Form von anderen, exotischen Elementen.

Tabelle 23.1 fasst alle Verbindungen der folgenden Abschnitte mit ihren entscheidenden Merkmalen und Endungen zusammen. Einige Moleküle – darunter einige der biologischen Monomere, die im späteren Abschnitt »Wie die Chemie in der Biologie funktioniert« eingeführt werden – tragen mehr als nur ein Unterscheidungsmerkmal. Die Stellen, an denen eine solche Gruppe oder eine Mehrfachbindung auftaucht, bilden oft die Orte des Reaktionsgeschehens. Diese Stellen werden deshalb *funktionelle Gruppen* genannt. Gehen Sie die funktionellen Gruppen in Tabelle 23.1 aufmerksam durch, sodass Sie sie später leicht wiedererkennen können. Diese Strukturen sollten Sie besonders gut im Gedächtnis behalten.

Verbindungsname	Verbindungsformel	Funktionelle Gruppe	Vorsilbe und / oder Endung
Alkohol	R–OH	—C—Ö—H	-ol
Ether	R–O–R	—C—Ö—C—	-ether
Carbonsäure	R–COOH	O=C—Ö—H	-(Carbon)säure
Carbonsäureester	R–COOR	O=C—Ö—C—	-ester
Aldehyd	R–CHO	O=C—H	-al oder -aldehyd
Keton	R–COR	O=C—C— (mit C links)	-on
Halogenkohlenwasserstoff	R–X	—C—Ẍ: (X = Halogen)	Fluor-, Chlor-, Brom- oder Iod-
Amin	R–NH₂	—C—N̈—	-amin

Tabelle 23.1: Funktionelle Gruppen.

Alkohole: beherbergen eine Hydroxylgruppe

Alkohole sind Kohlenwasserstoffe mit einer Hydroxylgruppe (-OH). Ihre allgemeine Form lautet R-OH. Um einen Alkohol zu benennen, müssen Sie nur die längste durchgehende Kohlenstoffkette im Molekül abzählen, die entsprechende Vorsilbe aus der Tabelle in Kapitel 21 zuordnen und dann die Endung *-ol* anhängen. Ein Molekül mit einem C-Atom und einer OH-Gruppe hieße dann Methanol, bei zwei C-Atomen wäre es Ethanol, bei drei C-Atomen Propanol, und so weiter.

Substituenten (von der Hauptkette abzweigende Atome oder Atomgruppen) müssen wie immer berücksichtigt werden, also müssen Sie die OH-Gruppe einem bestimmten Kohlenstoffatom zuordnen. Beginnen Sie mit der Nummerierung der C-Atome an dem Ende der Kette, das sich am nächsten zur OH-Gruppe befindet, und setzen Sie dann die Nummer des gesuchten C-Atoms vor den Namen des Alkohols. Die Verbindung aus Abbildung 23.1 besteht zum Beispiel aus sechs Kohlenstoffatomen und einer OH-Gruppe. Sie ist daher ein Hexanol. Sie trägt zudem Methylgruppen (-CH$_3$) am zweiten und vierten C-Atom und die erwähnte Hydroxylgruppe am dritten Kohlenstoff. Der richtige Name lautet daher 2,4-Dimethyl-3-hexanol.

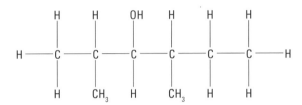

Abbildung 23.1: Ein Beispiel für einen Alkohol.

Ether: von Sauerstoff eingenommen

Ether sind wohl aufgrund ihrer medizinischen Anwendung als anfängliche Narkotika (Narkosemittel) am bekanntesten. Sie bestehen aus Kohlenstoffketten, in die sich Sauerstoffatome eingeschlichen haben. Diese Sauerstoffatome liegen auffällig in der Mitte der Kohlenstoffketten, so wie schlecht getarnte Spione im Feindeslager. Sie besitzen die allgemeine Formel R-O-R. Ether werden benannt, indem die Alkylgruppen auf beiden Seiten des einsamen Sauerstoffatoms als Substituentengruppen individuelle Namen erhalten (mit der Endung *-yl*) und dann der Begriff -ether ans Ende gesetzt wird. Die Verbindung in Abbildung 23.2 ist zum Beispiel ein Ether mit einer Methylgruppe (ein C-Atom) auf einer Seite des Sauerstoffatoms und einer Ethylgruppe (zwei C-Atome) auf der anderen Seite. Ordnen Sie die Substituenten alphabetisch an, so lautet der vollständige Name der Verbindung Ethylmethylether.

H₃C―O―CH₂―CH₃ (Ether)

Abbildung 23.2: Ein Beispiel für einen Ether.

 Sauerstoffatome sind in Ethern oft von zwei identischen Alkylgruppen eingerahmt, wodurch der Name des jeweiligen Substituenten mit der Vorsilbe *Di-* versehen werden muss. Ein Sauerstoffatom zwischen zwei Propylgruppen (mit jeweils drei C-Atomen) wird also zum Beispiel Dipropylether genannt.

Carbonsäuren: -COOH bildet das Schlusslicht

Carbonsäuren scheinen auf den ersten Blick ganz gewöhnliche Kohlenwasserstoffe zu sein, bis Ihr Blick auf das Ende fällt; dort sitzen anstelle von drei üblichen Wasserstoffatomen ein doppelt gebundenes Sauerstoffatom und eine OH-Gruppe. Das ergibt eine Carbonsäure der allgemeinen Form R-COOH. Diese Verbindungen werden benannt, indem die Endung *-säure* oder manchmal auch *-carbonsäure* angehängt wird. Die Verbindung in Abbildung 23.3 hat zum Beispiel vier Kohlenstoffatome, wobei das letzte in der Reihe ein doppelt gebundenes Sauerstoffatom und eine Hydroxylgruppe trägt. Die Verbindung heißt daher Butansäure. Das Wasserstoffatom der COOH-Gruppe kann leicht zu einem H^+-Ion werden, was den Säurecharakter dieser Verbindungen erklärt.

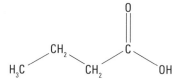

Abbildung 23.3: Ein Beispiel für eine Carbonsäure.

Carbonsäureester: bevorzugen zwei Kohlenstoffketten

Was wäre, wenn das gleiche Paar aus doppelt gebundenem Sauerstoff und Hydroxylgruppe, das wir eben bei den Carbonsäuren kennen gelernt haben, etwas weiter in der Mitte des Kohlenwasserstoffmoleküls liegen würde und nicht an dessen Ende? Um das zu realisieren, muss die COOH-Gruppe ihr Wasserstoffatom loswerden (was für eine Säure ja kein Problem darstellt), um eine freie Bindungsstelle zu schaffen, an die ein weiteres Kohlenwasserstoffmolekül binden kann. Eine Verbindung dieser Art hat die allgemeine Form R-COOR und wird *Carbonsäureester* genannt.

Da die Kohlenstoffkette in einem Ester ebenfalls durch ein Sauerstoffatom unterbrochen wird, müssen Sie eine der beiden Ketten als Substituent bestimmen und an die andere die Endung *-ester* anhängen. Diese Hauptgruppe entspricht immer der Kohlenstoffkette mit dem C-Atom mit der Doppelbindung zum ersten Sauerstoffatom und einer Einfachbindung zum zweiten Sauerstoffatom. Die Gruppe auf der anderen Seite des einfach gebundenen Sauerstoffs wird wie ein normaler Substituent behandelt und benannt. Die Verbindung in

Abbildung 23.4 ist zum Beispiel Phenylethylester, da die wichtige Gruppe, die Hauptgruppe, zwei Kohlenstoffatome besitzt und die Substituentengruppe einen Benzolring darstellt.

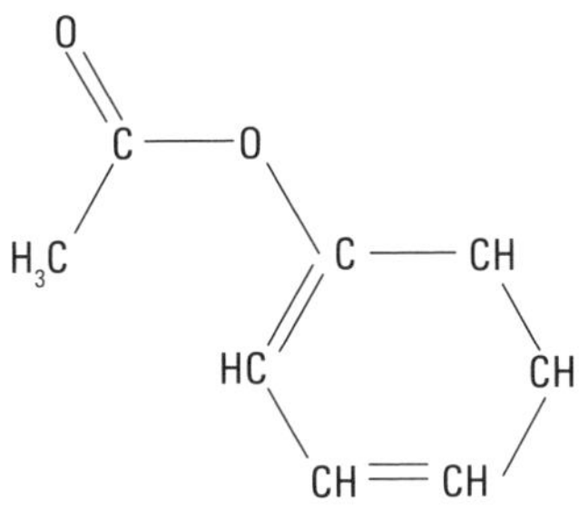

Abbildung 23.4: Ein Beispiel für einen Ester.

Ja, genau! Die Substituentengruppe muss nicht zwangsläufig immer eine Kohlenwasserstoffkette sein! Sie kann sowohl einen Ring als auch ein Metall darstellen. In Abbildung 23.4. ist diese Gruppe ein Benzolring.

Aldehyde: klammern sich an ein Sauerstoffatom

Aldehyde sind den Carbonsäuren sehr ähnlich, ihre funktionelle Gruppe hat aber im Gegensatz zur Carbonsäure nur ein Sauerstoffatom. Der endständige Kohlenstoff bildet eine Einfachbindung zu einem benachbarten Kohlenstoff, eine Doppelbindung zu dem einzigen Sauerstoffatom, sowie eine Einfachbindung zu einem Wasserstoffatom aus. Aldehyde sind durch die Endung *-al* gekennzeichnet (nicht mit der Endung *-ol* bei den Alkoholen verwechseln) und besitzt die allgemeine Form R-CHO. Die Verbindung in Abbildung 23.5 heißt zum Beispiel Pentanal, da sie eine Kette aus fünf Kohlenstoffatomen sowie ein doppelt gebundenes Sauerstoffatom anstelle von zwei Wasserstoffatomen am letzten Kohlenstoff besitzt.

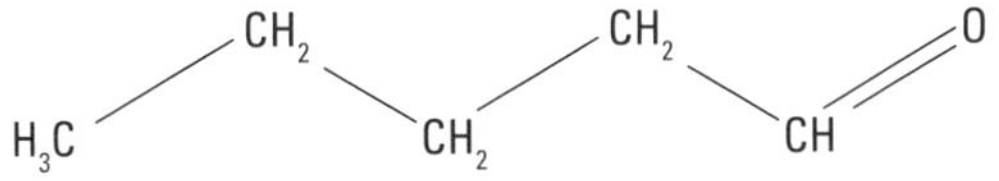

Abbildung 23.5: Ein Beispiel für einen Aldehyd.

Ketone: Einsame Sauerstoffatome pirschen sich in die Mitte

So wie Carbonsäureester den Carbonsäuren ähneln, so haben *Ketone* Grundstrukturen mit Aldehyden gemeinsam, allerdings ist das doppelt gebundene Sauerstoffatom diesmal irgendwo in der Mitte des Moleküls, wodurch die allgemeine Form R-COR entsteht. Ketone werden mit der Endung *-on* versehen. Anders als bei Carbonsäureestern ist die Kohlenstoffkette eines Ketons jedoch nicht von einem Sauerstoffatom unterbrochen, wodurch die Namensgebung viel leichter wird. Die Verbindung in Abbildung 23.6 wird zum Beispiel einfach

2-Butanon genannt; die Zahl vor dem Namen bezieht sich auf die Nummer jenes Kohlenstoffatoms, das die Doppelbindung mit dem Carbonylsauerstoff eingegangen ist.

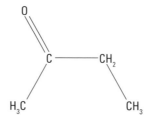

Abbildung 23.6: Ein Beispiel für ein Keton.

Halogenkohlenwasserstoffe: Hallo, Halogen!

Halogenkohlenwasserstoffe sind einfach Kohlenwasserstoffe mit einem oder mehreren Halogenatomen anstelle von Wasserstoffatomen. (Ein Halogen ist ein Element der Periodensystemgruppe VIIA). Die Halogene in einem Halogenkohlenwasserstoff werden stets wie normale Substituentengruppen benannt – sie heißen entsprechend ihrer atomaren Herkunft Fluor-, Chlor-, Brom- oder Iod- (für F, Cl, Br oder I). Die allgemeine Form von Halogenkohlenwasserstoffen lautet schlicht R-X, wobei das X für ein beliebiges Halogen steht. Die Verbindung in Abbildung 23.7 trägt zwei Bromgruppen, eine davon am zweiten und die andere am dritten C-Atom der Hauptkette des fünfzähligen Alkans. Der offizielle Name lautet daher 2,3-Dibrompentan. (Siehe Kapitel 21 für weitere Einzelheiten zur Nomenklatur von Alkanen.)

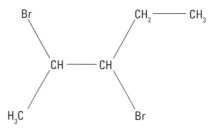

Abbildung 23.7: Ein Beispiel für einen Halogenkohlenwasserstoff.

Amine: mit Stickstoff auf Du und Du

Die liebenswerten Amine sind die einzigen organischen Verbindungen, bei denen es keinen Trick und doppelten Boden gibt. Es sind diejenigen stickstoffhaltigen Verbindungen, denen Sie in jedem Grundkurs zur Organischen Chemie begegnen werden. Amine haben die allgemeine Form $R-NH_2$ und werden benannt, indem diesmal die Kohlenstoffkette wie ein Substituent bzw. wie eine Seitenkette behandelt wird (mit der Endung *-yl*), zum Schluss wird die

Endung -*amin* angehängt wird. Die Struktur in Abbildung 23.8 heißt beispielsweise Ethylamin, da sie eine Ethylkette aus zwei Kohlenstoffatomen mit einer Aminogruppe darstellt.

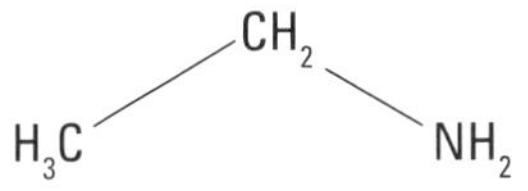

Abbildung 23.8: Ein Beispiel für ein Amin.

Beispiel

Zeichnen Sie die Struktur und schreiben Sie die zusammengefasste Strukturformel von 3,4-Dimethylheptansäure auf.

Lösung

Die zusammengefasste Strukturformel lautet $CH_3CH_2CH_2CHCH_3CHCH_3CH_2COOH$.
Die Endung -*säure* verrät Ihnen, dass es sich um eine Carbonsäure handelt und aus der Silbe *hept*- können Sie ableiten, dass die Hauptkette des Moleküls sieben Kohlenstoffatome lang ist. Der Namensbestandteil 3,4-Dimethyl- sagt Ihnen außerdem, dass die Verbindung zwei Seitenketten mit je einem Kohlenstoffatom am dritten und vierten C-Atom trägt. Denken Sie daran, dass Sie mit der Nummerierung immer an dem Ende beginnen, das mit den beiden Sauerstoffatomen verbunden ist. Fügen Sie all diese Teilinformationen nun zusammen und Sie erhalten eine Struktur wie in der folgenden Abbildung, mit der zusammengefassten Strukturformel $CH_3CH_2CH_2CHCH_3CHCH_3CH_2COOH$.

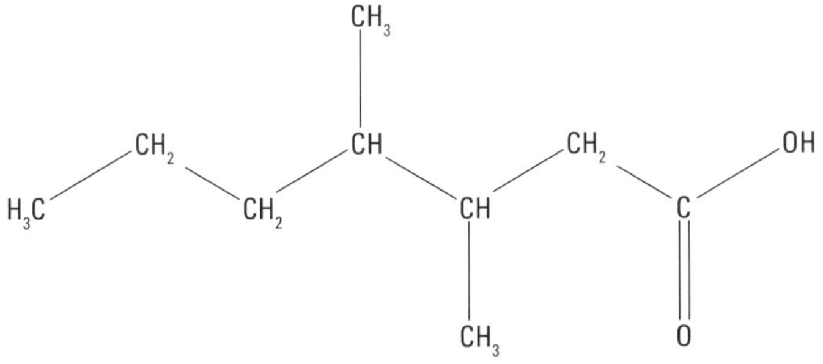

Aufgabe 1

Benennen Sie die beiden folgenden Strukturen.

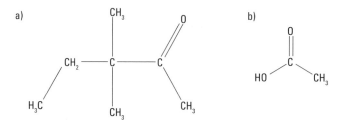

Ihre Lösung

Aufgabe 2

Zeichnen Sie 4,4,5-Triethyl-3-heptanol und 3,4,5-Triethyloctanal.

Ihre Lösung

Aufgabe 3

Benennen Sie die beiden folgenden Strukturen.

Ihre Lösung

Aufgabe 4

Zeichnen Sie Ethansäure und Butylethylether.

Ihre Lösung

Aufgabe 5

Benennen Sie die folgende Struktur.

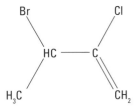

Ihre Lösung

Aufgabe 6

Zeichnen Sie 2-Methylbutylamin.

Ihre Lösung

Reaktion durch Substitution und Addition

Die auf Kohlenstoff basierenden Moleküle aus dem vorangegangenen Abschnitt können durch chemische Reaktionen ineinander übergehen. Solche Reaktionen kommen sogar recht häufig vor. Beispielsweise neigen Alkohole häufig zu einer Reaktion namens *Substitution*, bei der die OH-Gruppe durch ein anderes Atom ersetzt wird. Die OH-Gruppe von 2-Pentanol kann so beispielsweise durch das Halogen Fluor ersetzt werden, wodurch der Alkohol zu einem Halogenkohlenwasserstoff mit der Bezeichnung 2-Fluorpentan wird (siehe Abbildung 23.9).

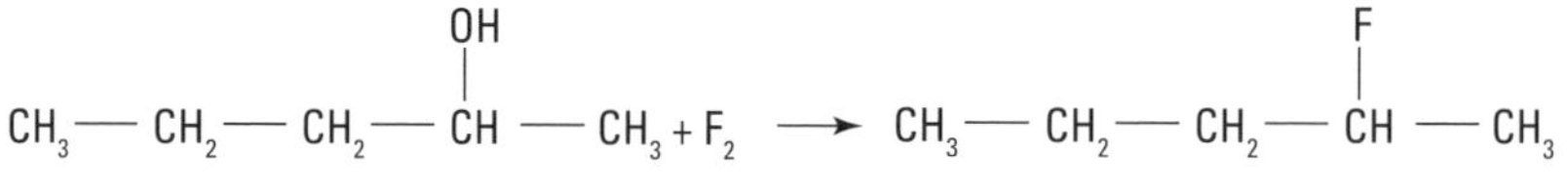

$$CH_3-CH_2-CH_2-\underset{\underset{OH}{|}}{CH}-CH_3 + F_2 \longrightarrow CH_3-CH_2-CH_2-\underset{\underset{F}{|}}{CH}-CH_3$$

Abbildung 23.9: Der Vorgang der Substitution.

Die Doppelbindungen der Alkene reagieren auch leicht mit anderen Verbindungen über den so genannten Prozess der *Addition*. Wird die Doppelbindung zwischen zwei Kohlenstoffatomen aufgebrochen, können an dieser Stelle andere Bindungen zu Atomen oder Molekülen geknüpft werden. Die in Abbildung 23.10 dargestellte Reaktion zeigt zum Beispiel, wie Wasser an der Doppelbindung von 1-Hexen gebunden wird. Das Wassermolekül selbst teilt sich dabei in zwei Teile auf – in einfachen Wasserstoff und ein Hydroxid – jedes Teil wird dann mit einem der beiden bindungsfähigen Kohlenstoffatome der ursprünglichen Doppelbindung verknüpft, wodurch 1-Hexanol oder 2-Hexanol entsteht. (Falls Sie neugierig sind: das Produkt in Abbildung 23.10 ist 2-Hexanol.)

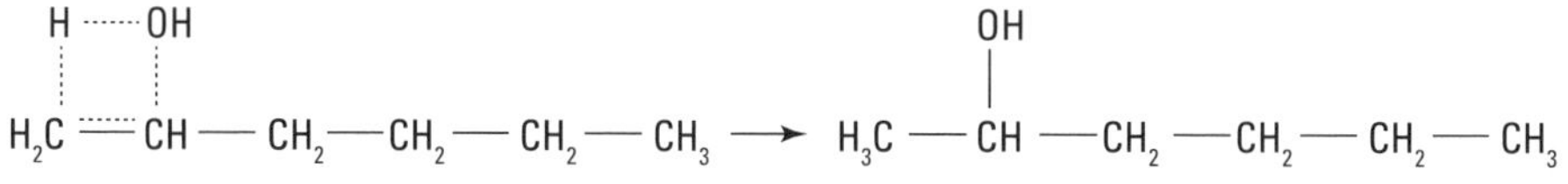

$$H_2C\overset{H\cdots OH}{=\!=\!=}CH-CH_2-CH_2-CH_2-CH_3 \longrightarrow H_3C-\underset{\underset{OH}{|}}{CH}-CH_2-CH_2-CH_2-CH_3$$

Abbildung 23.10: Der Vorgang der Addition.

23 ➤ Durch die bunte Welt der funktionellen Gruppen schlendern

Beispiel

Ergänzen Sie den freien Platz mit dem fehlenden Reaktanten in der folgenden Reaktion.

_____ + Br$_2$ → CH$_3$CH$_2$CH$_2$CHBrCH$_3$

Lösung

Der fehlende Reaktant ist CH$_3$CHOHCH$_2$CH$_2$CH$_3$ (oder 2-Pentanol). Eine kleine Skizze der Produktstruktur kann Ihnen dabei helfen, den fehlenden Reaktanten herauszufinden. Es ist 2-Brompentan:

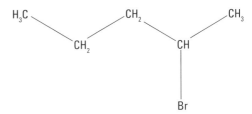

Wenn Sie sich diese Struktur genauer anschauen, werden Sie feststellen, dass die Substitution am zweiten Kohlenstoff in der Kette stattfinden muss, weil die Bromgruppe des Produktes auch an das zweite C-Atom gebunden ist. In einer Substitutionsreaktion nimmt eine funktionelle Gruppe den Platz einer anderen ein. Halogene übernehmen in solchen Fällen oft diesen Part. Daher müsste der wahrscheinlichste Reaktant für diese Reaktion eine Hydroxylgruppe an diesem besagten zweiten Kohlenstoffatom tragen, das relativ leicht mit einem Bromatom ausgetauscht werden kann. Die folgende Abbildung zeigt diesen Reaktanten, 2-Pentanol.

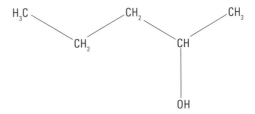

Aufgabe 7

Bestimmen Sie die Reaktanten, die nötig sind, um das Produkt 3-Chloroctan zu bilden.

Ihre Lösung

Aufgabe 8

Bestimmen Sie das Produkt einer Reaktion von 1-Penten mit Wasser.

Ihre Lösung

Wie die Chemie in der Biologie funktioniert

Alle Verbindungen, die wir uns bisher angeschaut haben, waren stets relativ kleine Moleküle. Wir haben Ihnen noch nicht einmal beigebracht, wie man eine Kohlenstoffkette mit mehr als zehn C-Atomen benennen kann. Schließlich gibt es tatsächlich sehr viele organische Verbindungen mit Ketten von Dutzenden bis Hunderten und sogar Tausenden Kohlenstoffatomen, die dann auch noch mit entsprechend vielen Wasserstoff-, Stickstoff- und Sauerstoffatomen beladen sind. Diese riesigen Moleküle, als *Polymere* bezeichnet, entstehen durch die Verknüpfung von vielen kleinen Einheiten, den *Monomeren*, – ähnlich wie viele einzelne Waggons einen langen Zug bilden können. Und so wie ein Zug aus vielen verschiedenen oder gleichen Waggons bestehen kann, so gibt es auch Moleküle, die nur aus einem Monomertyp bestehen oder eine Mischung mehrerer Monomere darstellen.

Jedes Mal, wenn eine Monomereinheit an die Polymerkette gehängt wird, verändert dies die physikalischen Eigenschaften der ganzen Verbindung, wie zum Beispiel Festigkeit und Siedepunkt. Obwohl es so scheint, als wäre die Herstellung von Polymeren sehr kompliziert, sind diese Moleküle jedoch alles andere als selten. Ihr Milchglas, die Shampooflasche, das Gummientchen und der feuerfeste Anzug sind allesamt aus Polymeren hergestellt. Tatsächlich bestehen alle Materialien, die wir allgemein als Plastik bezeichnen, aus Polymeren, und die

Fabrikanten setzen routinemäßig chemische Methoden ein, um ihren Kunststoffen die jeweils gewünschten Eigenschaften zu verleihen. Reaktionen, bei denen Monomere zu Polymeren verknüpft werden, heißen *Polymerisatonsreaktionen*.

Mit Plastik und Gummi ist die Variationsbreite von Polymeren aber noch längst nicht erschöpft. Der menschliche Körper enthält ein ganzes Arsenal aus natürlich vorkommenden Polymeren, denen Sie zum Beispiel auch begegnen, wenn Sie die Zutatenliste auf der Rückseite ihres Müslikartons durchlesen. Kohlenhydrate, Proteine und viele Lipide bilden Polymere. Das trifft natürlich ebenso auf Ihre DNA und RNA zu, den Trägern und Übermittlern der genetischen Information Ihres Körpers. In den folgenden Abschnitten werfen wir einen Blick auf einige der wichtigsten biologischen Polymere: Kohlenhydrate, Proteine und Nucleinsäuren.

Achten Sie einmal darauf, dass bei allen Reaktionen in den folgenden Abschnitten, bei denen zwei Monomere zu einem Polymer verknüpft werden, immer ein Sauerstoff- und zwei Wasserstoffatome abgespalten werden. Da bei der Polymerisation also insgesamt ein Wassermolekül freigesetzt wird, nennt man den Prozess auch *Dehydratisierung* oder *Kondensationsreaktion*.

Kohlenhydrate: Kohlenstoff trifft Wasser

Kohlenhydrate sind Polymere, die ausschließlich aus den Elementen Kohlenstoff, Wasserstoff und Sauerstoff bestehen. Kohlenhydrate werden in die Kategorien von Zucker und Stärke eingeteilt, wobei die Zuckerkategorie dreigeteilt ist: Es gibt darin die *Monosaccharide*, *Disaccharide* und *Polysaccharide*. Da Saccharid einfach nur Zucker bedeutet, kann man daraus ableiten, dass diese Verbindungen entweder aus einem, zwei oder mehreren Zuckermonomeren aufgebaut sind. Die allgemeine Formel für ein Kohlenhydrat lautet $C(H_2O)_n$, egal, ob Sie damit ein Monosaccharid oder ein Polysaccharid aus Hunderten von Zuckermonomeren beschreiben wollen.

Glucose, das Produkt der Photosynthese in Pflanzen (siehe Abbildung 23.11) ist unbestreitbar das wichtigste biologische Molekül, das es gibt. Glucosemonomere können auf tausenderlei Arten kombiniert werden, um eine ungeheure Vielfalt von Polysacchariden zu erschaffen, zu denen unter anderem auch Stärke (die primäre Kohlenhydratquelle in Nudeln und Kartoffeln) und Cellulose (die Bausubstanz der pflanzlichen Zellwände) gehören. Abbildung 23.12 zeigt, wie sich zwei Monosaccharide zu einem Disaccharid verbinden.

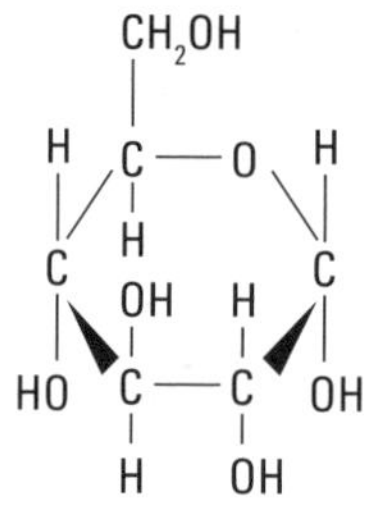

Abbildung 23.11: Glucose als Beispiel für ein Monosaccharid.

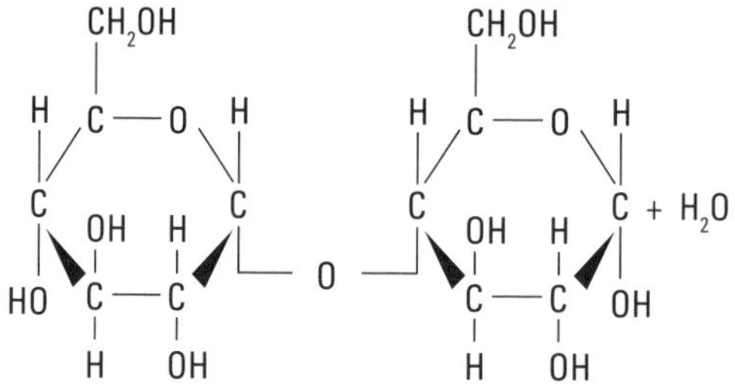

Abbildung 23.12: Zwei Monosaccharide verbinden sich zu einem Disaccharid.

Proteine: Bestehen aus Aminosäuren

Die Monomere, aus denen Proteine bestehen, werden *Aminosäuren* genannt (siehe Abbildung 23.13). Die Identität einer Aminosäure wird durch die Struktur der Seitenkette R bestimmt, die viele Formen annehmen kann. Einzelne Aminosäuren werden miteinander zu Polymeren verknüpft, indem eine Peptidbindung geschlossen wird. Ein Polymer aus zwei Aminosäuren heißt daher *Dipeptid* (siehe Abbildung 23.14), während Polymere aus mehr als zwei Aminosäuren *Polypeptide* darstellen.

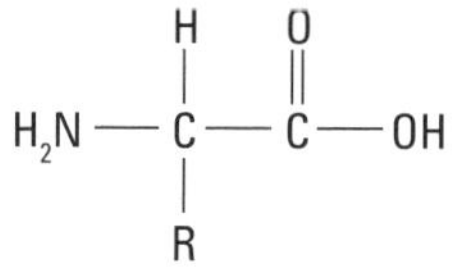

Abbildung 23.13: Aminosäuren sind die Monomere, aus denen Proteine zusammengesetzt sind.

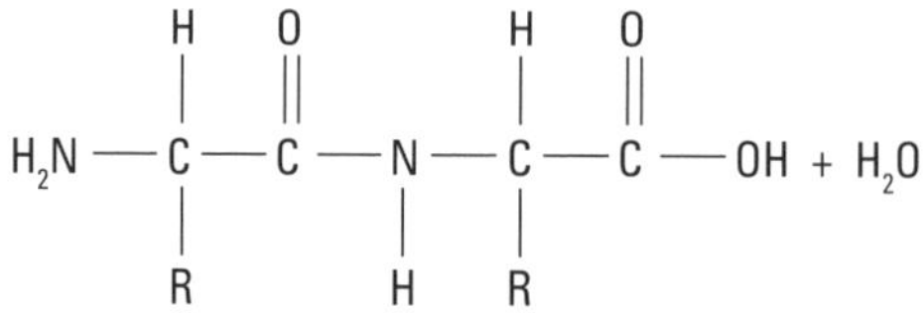

Abbildung 23.14: Zwei Aminosäuren verbinden sich über eine Peptidbindung zu einem Dipeptid.

Die Proteine des menschlichen Körpers (oder die in einem Bakterium oder Tintenfisch) bestehen aus 20 häufig vorkommenden Aminosäuren. Jeder Proteintyp wird dabei durch eine für ihn einzigartige Reihenfolge aus Aminosäuren charakterisiert; die DNA stellt die Information für die entsprechenden Aminosäuresequenzen zur Verfügung, wenn ein bestimmtes Protein hergestellt werden soll.

Nucleinsäuren: das Rückgrat des Lebens

DNA und RNA sind zwei extrem wichtige biologische Polymere. Sie bestehen aus kleineren Einheiten, den *Nucleotiden* (siehe Abbildung 23.15), aus denen die *Nucleinsäuren* genannten Polymere zusammengesetzt sind (siehe Abbildung 23.16). Jedes Nucleotid besteht dabei aus drei Teilen: einem Phosphat, einem Zucker und einer stickstoffhaltigen Base. DNA-Nucleotide besitzen den Zucker Desoxyribose und vier Arten von Basen. RNA-Nucleotide bestehen aus dem Zucker Ribose und fast den gleichen Basen wie DNA. Die Basen werden in zwei Klassen unterteilt:

- ✔ *Pyrimidine* sind durch einen einzelnen Ring aus Kohlenstoff- und Stickstoffatomen gekennzeichnet.

- ✔ *Purine* enthalten einen Doppelring.

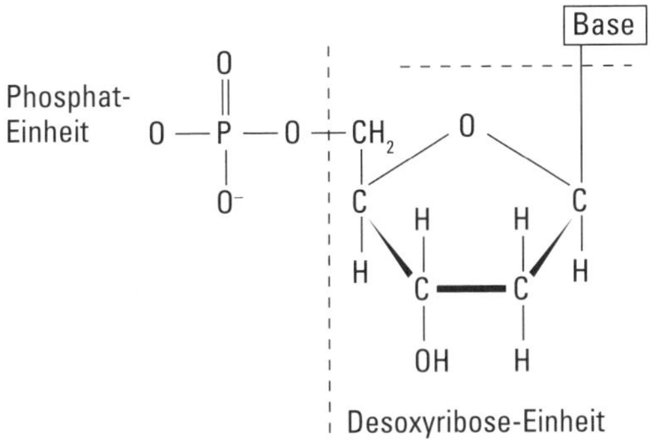

Abbildung 23.15: Ein Nucleotid.

Das menschliche Genom besteht aus etwa drei Milliarden Nucleotiden; aus deren Sequenz kann der Körper ablesen, wie alles gemacht wird, egal ob es darum geht, ein Protein herzustellen oder zu niesen.

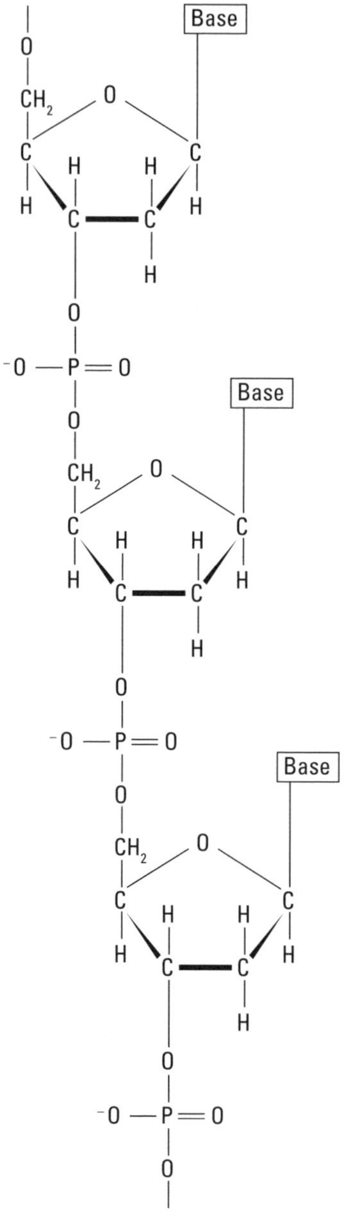

Abbildung 23.16: Ein Abschnitt einer Nucleinsäure aus drei miteinander verknüpften Nucleotiden.

23 ➤ Durch die bunte Welt der funktionellen Gruppen schlendern

Beispiel

Welche funktionellen Gruppen sind an den zentralen Ring der stickstoffhaltigen Base Cytosin in der folgenden Abbildung gebunden?

Lösung

Das mit einer Doppelbindung an einen Kohlenstoff im Ring gebundene Sauerstoffatom weist auf ein Keton hin, während die NH_2-Gruppe, die an ein einzelnes C-Atom gebunden ist, ein Amin kennzeichnet.

Aufgabe 9

Handelt es sich bei Cytosin um ein Purin oder um ein Pyrimidin? Woran erkennen Sie das?

Ihre Lösung

Aufgabe 10

Welche funktionellen Gruppen können in einer Aminosäure vorkommen? Und wie sieht es bei einem Kohlenhydrat aus?

Ihre Lösung

Lösungen zu den Aufgaben rund ums Thema Funktionelle Gruppen

Es folgen die Antworten zu den praktischen Fragestellungen aus diesem Kapitel.

1. a) **3,3-Dimethylpentanon.** Die längste Kohlenstoffkette in dieser Struktur ist fünf C-Atome lang, und anhand der Lage der Doppelbindung zu einem Sauerstoffatom können Sie ableiten, dass es sich um ein Keton handelt. Es ist ein 2-Pentanon, und da es zwei Methylseitenketten am dritten C-Atom besitzt, lautet die genaue Bezeichnung 3,3-Dimethyl-2-pentanon.

   b) **Ethansäure (oder auch Essigsäure).** Die zweite Struktur besitzt ebenfalls eine Doppelbindung zu einem Sauerstoffatom, diesmal jedoch am Ende der Kohlenstoffkette. Diese Verbindung mit zwei C-Atomen in der Hauptkette ist eine Carbonsäure und trägt den Namen Ethansäure.

2. Der Name 4,4,5-Triethyl-3-heptanol verrät, dass Sie es mit einem Alkohol mit sieben C-Atomen in der Hauptkette zu tun haben, dessen Hydroxylgruppe vom dritten Kohlenstoff abzweigt und dessen drei Ethylseitenketten vom vierten (zwei Stück) und fünften Kohlenstoff (eine) abgehen. Das sollte Sie zu einer Struktur wie in der folgenden Teilabbildung A führen. Der Name 3,4,5-Triethyloctanal beschreibt andererseits ein Aldehyd mit acht C-Atomen, das ebenfalls drei Ethylseitenketten besitzt; diese zweigen hier aber vom dritten, vierten bzw. fünften Kohlenstoffatom ab. Vergleichen Sie Ihre gezeichnete Struktur mit der aus Teilabbildung B.

   a)
   $$CH_3-CH_2-\underset{}{CH}\overset{OH}{-}\underset{CH_2CH_3}{\overset{CH_2CH_3}{C}}-\overset{CH_2CH_3}{CH}-CH_2-CH_3$$

   b)
   $$CH_3-CH_2-\overset{CH_2CH_3}{CH}-\overset{CH_2CH_3}{CH}-\overset{CH_2CH_3}{CH}-CH-\overset{O}{\overset{\|}{CH}}$$

3. a) **1-Phenyl-1-propanol.** Die längste Kohlenstoffkette ist in dieser Struktur drei C-Atome lang. Das letzte Kohlenstoffatom besitzt sowohl eine Hydroxyl- als auch eine Phenylgruppe. Die Alkoholgruppe verleiht der Verbindung die grundsätzliche Bezeichnung Propanol, und zusammen mit der Phenylgruppe ergibt sich der Name 1-Phenyl-1-propanol.

   b) **Diphenylether.** Struktur B ist ein Ether mit zwei identischen Phenylseitenketten am Sauerstoffatom, wodurch es zum Diphenylether wird.

23 ➤ Durch die bunte Welt der funktionellen Gruppen schlendern

4. Ethansäure ist eine einfache Carbonsäure mit zwei C-Atomen, so wie in der folgenden Teilabbildung A dargestellt. Butylethylether ist ein Ether mit einer Butylgruppe auf einer Seite des Sauerstoffatoms und einer Ethylgruppe auf der anderen Seite, so wie in der folgenden Teilabbildung B gezeigt.

a)

$$H_3C-C(=O)-OH$$

b)

$$H_3C-CH_2-CH_2-CH_2-O-CH_2-CH_3$$

5. **3-Brom-2-chlor-1-buten.** Diese Struktur stellt einen Halogenkohlenwasserstoff dar. Die längste Kohlenstoffkette ist vier C-Atome lang und aufgrund der Doppelbindung ein Alken, genauer ein Buten (siehe Kapitel 21 für Einzelheiten zur Nomenklatur von Alkenen). Die Nummerierung der C-Atome in der Hauptkette erfolgt von der Seite aus, die am nächsten an der Doppelbindung ist; dadurch lautet der Name der Verbindung 3-Brom-2-chlor-1-buten.

6. 2-Methylbutylamin ist ein Amin mit vier C-Atomen und einer Methylseitenkette am zweiten Kohlenstoff. Seine Struktur sieht folgendermaßen aus:

$$H_3C-CH_2-CH(CH_3)-CH_2-NH_2$$

7. **3-Octanol und molekulares Chlorgas.** Ein Halogenkohlenwasserstoff mit einem Halogen am dritten C-Atom der acht Kohlenstoffatome langen Hauptkette (also 3-Chloroctan) würde am wahrscheinlichsten durch eine Substitutionsreaktion entstehen, bei der 3-Octanol mit molekularem Chlor (Cl_2) reagiert. Der Grund ist, dass sich Hydroxylgruppen generell verhältnismäßig leicht durch andere Gruppen ersetzen lassen.

8. Wenn 1-Penten mit Wasser reagiert, vollzieht sich wahrscheinlich eine Additionsreaktion, bei der die Doppelbindung des Pentens aufgebrochen wird und die nun freien Kohlenstoffbindungsplätze einmal von Wasserstoff und einmal von einer OH-Gruppe belegt werden; dabei kann entweder 1-Pentanol oder 2-Pentanol entstehen.

9. **Cytosin ist ein Pyrimidin.** Sie können das durch den einzelnen Ring aus Stickstoff- und Kohlenstoffatomen belegen; Purine haben stattdessen einen Doppelring.

10. **Eine Aminosäure besitzt eine Aminogruppe und eine Carboxylgruppe, während ein Kohlenhydrat mehrere Hydroxylgruppen und eine Ethergruppe besitzt.** Wenn Sie sich die Abbildung 23.13 einer Aminosäure ansehen, können Sie feststellen, dass sie eine Aminogruppe (-NH$_2$) und eine Carboxylgruppe (-COOH) trägt. Das Monosaccharid Glucose in Abbildung 23.11 stellt einen Vertreter der Kohlenhydrate dar und besitzt mehrere Hydroxylgruppen (-OH) sowie ein Sauerstoffatom, das den Kohlenstoffring in seiner Regelmäßigkeit unterbricht (eine Ethergruppe).

Teil VI
Der Top-Ten-Teil

In diesem Teil ...

Dieser Teil ist eine knappe, prägnante, hochspannende Zusammenfassung der bisherigen Buchteile. Sie finden hier zweimal zehn, auf den Punkt gebrachte Kernaussagen aller Informationen und Ideen, die Ihnen in diesem Buch näher gebracht werden. Die ersten zehn Zusammenfassungen sind besonders nützlich, da sie eine Liste vieler wichtiger Formeln und bedeutender Gleichungen beinhalten, die Sie durch dieses Buch begleiten. Die anderen zehn Punkte konzentrieren sich auf die verschiedenen, Kopfzerbrechen verursachenden Konzepte sowie auf die paar unvermeidlich ärgerlichen Ausnahmen von den vertrauten Regeln, mit denen Sie es bei Ihrem Studium der Chemie immer wieder zu tun haben werden. Wenn Ihnen etwas auf den ersten Blick nicht ganz klar sein sollte, besteht eine gute Chance, dass Sie mithilfe dieses Teils Ihren verloren gegangenen Überblick wiedergewinnen.

Zehn Formeln, die Sie sich ins Gehirn brennen lassen sollten

In diesem Kapitel...

▸ Wichtige Formeln, die das Erinnern zum Vergnügen machen
▸ Praktische Abkürzungen, die auch Ihren Taschenrechner aufatmen lassen

---

Für einige Menschen ist schon der bloße Anblick einer Gleichung furchterregend genug. Aber seien Sie getröstet: Das Begreifen einer Gleichung schafft mehr Platz in Ihrem Gehirn, denn eine Gleichung komprimiert das Wissen eines ganzen Textes auf kleinstem Raum.

Nehmen wir an, Sie müssten sich zum Beispiel daran erinnern, wie sich eine steigende Temperatur auf das Volumen eines Gases bei konstantem Druck auswirkt. Vielleicht erinnern Sie sich tatsächlich an die Textdefinition. Falls nicht, könnten Sie versuchen, den Zusammenhang mithilfe der kinetischen Theorie herzuleiten. Diese Möglichkeit wird Ihnen auch nicht besonders weiterhelfen, sagen Sie? Aber wenn Sie sich an so etwas Einfaches wie das kombinierte Gasgesetz erinnern könnten, wäre die Lösung des Problems sehr einfach. Und nicht nur dieses Beispiel, sondern auch alle anderen möglichen Kombinationen zwischen Temperatur, Druck und Volumen würden Ihnen so quasi in die Hände fallen. Gleichungen können Ihre Freunde sein. Freunde, die Sie in diesem Kapitel gerne wieder sehen möchten. Wie wär's mit einem kurzen geselligen Beisammensein?

Das kombinierte Gasgesetz

Mit der folgenden Gleichung für das kombinierte Gasgesetz, das wir in Kapitel 11 vorstellen, können Sie berechnen, wie sich ein Gas verhält, wenn sich ein Umweltfaktor ändert. Die Änderung eines beliebigen Parameters (ob Temperatur T, Druck p oder Volumen V) beeinflusst einen anderen Parameter, wenn der dritte gleichzeitig konstant gehalten wird. Wenn Sie mit der Gleichung arbeiten, müssen Sie zuerst den konstant bleibenden Parameter daraus entfernen. Dann setzen Sie die bekannten Werte für die anderen Parameter ein und lösen nach der letzten, unbekannten Variablen auf.

$$\frac{P_1 \times V_1}{T_1} = \frac{P_2 \times V_2}{T_2}$$

 Variablen mit einer tiefgestellten 1 beziehen sich auf Anfangszustände, während Parameter mit einer tiefgestellten 2 Endzuständen entsprechen.

Daltons Gesetz der Partialdrücke

Das folgende Gesetz, das wir in Kapitel 11 behandeln, findet seine Anwendung bei Gasmischungen mit konstanter Temperatur und konstantem Volumen. Daltons Gesetz der Partialdrücke besagt, dass der Gesamtdruck einer Gasmischung einfach der Summe der Partialdrücke aller einzelnen Komponenten entspricht. Sie können den Gesamtdruck (p_{total}) oder jeden beliebigen Partialdruck (p_1, p_2 und so weiter) ausrechnen, wenn Sie alle anderen beteiligten Drücke kennen.

$$p_{total} = p_1 + p_2 + p_3 \ldots + p_n$$

Die Verdünnungsgleichung

Die folgende Beziehung stimmt, weil sich die Stoffmenge (Molzahl) in einer Lösung nicht ändert, wenn sie verdünnt wird. Sie können die Verdünnungsgleichung benutzen, um eine Ausgangsmolarität (M_1) oder ein Ausgangsvolumen (V_1) bzw. eine Endmolarität (M_2) oder ein Endvolumen (V_2) zu berechnen, sofern Sie die anderen drei Werte bereits kennen. Siehe Kapitel 12 für weitere Informationen über Verdünnungen.

$$M_1 \times V_1 = M_2 \times V_2$$

Geschwindigkeitsgesetze

Geschwindigkeitsgesetze, die wir in Kapitel 14 behandeln, setzen die Reaktionsgeschwindigkeit mit der Konzentration der Reaktanten in Beziehung. Die Wahl des richtigen Gesetzes ist dabei vom Reaktionstyp abhängig. Reaktionen nullter Ordnung haben Geschwindigkeiten, die von den Reaktantenkonzentrationen unabhängig sind; Reaktionen erster Ordnung zeigen Geschwindigkeiten, die von der Konzentration eines Reaktanten abhängig sind; und Reaktionen zweiter Ordnung zeigen Geschwindigkeiten, die von der Konzentration beider Reaktanten abhängen. Es folgen die entsprechenden Reaktionsgleichungen für Reaktionen nullter, erster und zweiter Ordnung.

Nullte Ordnung: $A \rightarrow B$ (Geschwindigkeit unabhängig von [A])

Erste Ordnung: $A \rightarrow B$ (Geschwindigkeit abhängig von [A])

Zweite Ordnung: $A + A \rightarrow C$ (Geschwindigkeit abhängig von [A]) *oder*

$A + B \rightarrow C$ (Geschwindigkeit abhängig von [A] und [B])

Die Geschwindigkeitsgesetze für diese Reaktionstypen beschreiben die Geschwindigkeit, mit der Reaktant A im Laufe der Reaktion aufgebraucht wird, $-d[A]/dt$. dX/dt ist einfach die Geschwindigkeit, mit der sich X zu einem bestimmten Zeitpunkt t ändert. Geschwindigkeitsgesetze werden mithilfe der Geschwindigkeitskonstante k ausgedrückt:

Geschwindigkeitsgesetz nullter Ordnung: Geschwindigkeit = $-d[A]/dt = k$

Geschwindigkeitsgesetz erster Ordnung: Geschwindigkeit = $-d[A]/dt = k[A]$

Geschwindigkeitsgesetz zweiter Ordnung: Geschwindigkeit = $-d[A]/dt = k[A]^2$ *oder*

Geschwindigkeit = $-d[A]/dt = k[A][B]$

Die Gleichgewichtskonstante

Sie können die Gleichgewichtskonstante K_{eq} für eine Reaktion anhand der Konzentrationen der Reaktanten und Produkte im Gleichgewicht berechnen. In der folgenden Reaktion sind A und B zum Beispiel die Reaktanten, C und D die Produkte und *a*, *b*, *c* und *d* die *stöchiometrischen Koeffizienten* (Zahlen, die für mehrere Mole in einer ausbilanzierten Reaktionsgleichung stehen):

$$a\text{A} + b\text{B} \leftrightarrow c\text{C} + d\text{D}$$

Die Gleichgewichtskonstante für diese Reaktion wird wie folgt berechnet:

$$K_{eq} = \frac{[\text{C}]^c \, [\text{D}]^d}{[\text{A}]^a \, [\text{B}]^b}$$

Beachten Sie, dass der Ausdruck [X] der molaren Konzentration von X entspricht; also zum Beispiel [0,7] = 0,7 mol/l.

Spontane Reaktionen haben Gleichgewichtskonstanten größer als 1. Nicht spontane Reaktionen zeigen K_{eq}-Werte zwischen 0 und 1. Ein K_{eq}-Wert mit negativem Vorzeichen entspricht der Gleichgewichtskonstante einer Rückreaktion.

Werfen Sie einen Blick auf Kapitel 14, wenn Sie weitere Einzelheiten über die Gleichgewichtskonstante erfahren wollen.

Änderung der Freien Enthalpie

Die Freie Enthalpie, *G*, (auch Gibbs'sche Freie Energie genannt; engl.: *free energy*, in der deutschsprachigen Literatur wird aber meist der Begriff Freie »Enthalpie« verwendet, nicht zu verwechseln mit der Enthalpie *H*) entspricht dem Energiebetrag, der in einem System zur Arbeit zur Verfügung steht. Für gewöhnlich besitzen die Reaktanten und Produkte in einer chemischen Reaktion verschiedene Mengen Freier Enthalpie. Daher läuft eine Reaktion mit einer Änderung der Energiezustände von Reaktanten und Produkten ab: $\Delta G = G_{\text{Produkt}} - G_{\text{Reaktant}}$. Die Änderung der Freien Enthalpie entsteht dabei durch das Wechselspiel zwischen der Enthalpieänderung ΔH und der Entropieänderung ΔS:

$\Delta G = \Delta H - T\Delta S$ (wobei T die Temperatur darstellt)

Bei spontanen Reaktionen wird Energie frei, sodass ΔG ein negatives Vorzeichen trägt. Nichtspontane Reaktionen erfordern eine Energiezufuhr, und ΔG hat ein positives Vorzeichen.

Die Änderung der Freien Enthalpie im Rahmen einer Reaktion steht mit der Gleichgewichtskonstante dieser Reaktion in Beziehung (werfen Sie auch einen Blick auf den vorangegangenen Abschnitt für weitere Informationen zur Gleichgewichtskonstante), sodass von ΔG auf K_{eq} geschlossen werden kann und umgekehrt:

$\Delta G = -RT \ln K_{eq}$ (R ist die Gaskonstante und T ist die Temperatur)

Das »ln« steht dabei für den natürlichen Logarithmus (der Logarithmus zur Basis e). Jeder wissenschaftliche Taschenrechner besitzt eine Taste für die ln-Funktion.

Blättern Sie zu Kapitel 14, wenn Sie mehr über die Freie Enthalpie erfahren möchten.

Kalorimetrie bei konstantem Druck

Die Kalorimetrie ist eine Methode zur Messung von Wärmeänderungen, die eine Reaktion begleiten (siehe auch Kapitel 15). Die wichtigen Werte sind in diesem Zusammenhang Wärme (q), Masse (m), spezifische Wärmekapazität (c_p und die Temperaturänderung (ΔT). Wenn Sie drei dieser Werte kennen, können Sie die vierte Variable wie folgt berechnen:

$q = m \times c_p \times \Delta T$

Vergewissern Sie sich, dass Ihre Einheiten für Wärme, Masse und Temperatur denen der spezifischen Wärmekapazität entsprechen, bevor Sie zu rechnen beginnen.

Das Hess'sche Gesetz

Die Wärme, die bei einem chemischen Vorgang freigesetzt oder aufgenommen wird, ist unabhängig von der Anzahl der Reaktionsschritte stets die gleiche. Bei einer Mehrschrittreaktion (bei konstantem Druck) wie

$A \rightarrow B \rightarrow C \rightarrow D$

addieren sich die Wärmemengen der einzelnen Teilschritte zur Gesamtwärme der Reaktion:

$\Delta H_{A \rightarrow D} = \Delta H_{A \rightarrow B} + \Delta H_{B \rightarrow C} + \Delta H_{C \rightarrow D}$

Sie können also die Gesamtänderung der Wärme berechnen oder aber die Wärmeänderung bei jedem beliebigen Teilschritt, sofern Sie alle anderen Werte kennen. Diese Gleichung ist als *Hess'sches Gesetz* bekannt.

Weiterhin zeigt jede Rückreaktion die entgegengesetzte Wärmeänderung der Hinreaktion:

$-\Delta H_{D \rightarrow A} = \Delta H_{A \rightarrow D}$

Das bedeutet, dass Sie die Wärmeänderung für eine Rückreaktion erhalten, indem Sie einfach das Vorzeichen ändern.

Blättern Sie zu Kapitel 15 für eine umfassendere Beschreibung des Hess'schen Gesetzes.

pH, pOH und K_W

Wie wir in Kapitel 16 erklären, sind pH- und pOH-Werte Maße für die Azidität oder Basizität einer wässrigen Lösung:

$$pH = -\log[H^+]$$
$$pOH = -\log[OH^-]$$

Reines Wasser dissoziiert zu einem gewissen Grad spontan:

$H_2O(l) \leftrightarrow H^+(aq) + OH^-(aq)$ (Beachten Sie, dass H^+ in Wasser als H_3O^+ vorliegt)

wobei gleiche Konzentrationen von Wasserstoff- und Hydroxidionen entstehen (10^{-7} mol/l). Das Produkt dieser beiden Konzentrationen ist das Ionenprodukt des Wassers, K_W:

$$K_W = [H^+] \times [OH^-] = 10^{-7} \times 10^{-7} = 10^{-14}$$

Als Ergebnis sind die pH- und pOH-Werte von reinem Wasser gleich 7. Saure (azidische) Lösungen zeigen pH-Werte kleiner als 7 und pOH-Werte größer als 7. Basische (alkalische) Lösungen haben pH-Werte größer als 7 und pOH-Werte kleiner als 7.

Wenn Sie eine Säure oder Base zu einer wässrigen Lösung hinzufügen, verschiebt sich das Konzentrationsverhältnis der Wasserstoff- und Hydroxidionen derart, dass stets Folgendes zutrifft:

$$pH + pOH = 14$$

K_S und K_B

Wie wir in Kapitel 16 erklären, sind K_S und K_B Gleichgewichtskonstanten, die jeweils die Tendenz schwacher Säuren und Basen beschreiben, in Wasser zu Ionen zu zerfallen (zu dissoziieren).

Für die Dissoziationsreaktion einer schwachen Säure HS der Form

$HS \leftrightarrow H^+ + S^-$ (oder auch $HS + H_2O \leftrightarrow S^- + H_3O^+$)

lautet die Säuredissoziationskonstante K_S

$$K_S = \frac{[H^+] \times [S^-]}{[HS]}$$

Beachten Sie, dass H_3O^+ anstelle von H^+ benutzt werden kann.

Für die Dissoziationsreaktion einer schwachen Base S^- der Form

$S^- + H_2O \leftrightarrow HS + OH^-$

lautet die Basendissoziationskonstante K_B

$$K_B = \frac{[HS] \times [OH^-]}{[S^-]}$$

Beachten Sie, dass B⁺ und BOH (Basenmolekül, ohne oder mit OH⁻) anstelle von HS und S⁻ (Säuremolekül, mit oder ohne H⁺) eingesetzt werden können.

Weiterhin folgt aufgrund $K_W = [H^+] \times [OH^-]$ die Beziehung

$$K_B = \frac{K_W}{K_S}$$

 Je stärker die Base oder Säure, desto größer ist jeweils der Wert von K_B oder K_S.

Es ist oft hilfreich, wenn man sich vor Augen führt, dass pK_S bzw. pK_B die negativen Logarithmen von K_S bzw. K_B darstellen:

$$pK_S = -\log K_S$$

$$pK_B = -\log K_B$$

Die Werte von pK_S und pK_B entsprechen dabei dem pH-Wert, bei dem jeweils die Hälfte der Säure oder Base in einer Lösung zerfallen ist. Dieser Zusammenhang spiegelt sich in der Henderson-Hasselbalch-Gleichung wider, die eingesetzt werden kann, um den pH-Wert mit den relativen Konzentrationen einer schwachen Säure (HS) und ihrer konjugierten Base (S⁻) in Beziehung zu setzen:

$$pH = pK_S + \log\left(\frac{[S^-]}{[HS]}\right)$$

Blättern Sie zurück zu Kapitel 17, wenn Sie mehr über die Henderson-Hasselbalch-Gleichung erfahren wollen.

Zehn nervige Ausnahmen von den chemischen Regeln

In diesem Kapitel...

▶ Alle ärgerlichen Regelabweichungen in einem Pferch zusammentreiben

▶ Den Ausnahmen mit Tipps und Tricks leichter begegnen

Ausnahmen scheinen für Mutter Natur so etwas wie ein Hintertürchen zu sein, das sie sich gerne offen hält. Sie können ziemlich nerven – warum bloß sind die Dinge in der Natur nicht immer geradlinig und verbindlich? Aber die Natur hat keine Ahnung von unseren Regelbedürfnissen, und es liegt ihr ganz sicherlich fern, Sie zu verärgern. Aber das macht die Dinge leider auch nicht einfacher für Sie. Nichtsdestotrotz müssen Sie lernen, mit diesen Ausnahmen zu leben, und wir denken, der beste Weg dazu wäre, wenn wir alle Ausnahmen von den chemischen Regeln in diesem Kapitel zusammengefasst auf den Punkt bringen, sodass Sie einen Überblick gewinnen.

Wasserstoff ist kein Alkalimetall

In der Psychologie gibt es die Maslow-Hierarchie der Bedürfnisse, die behauptet, dass Menschen ein Zugehörigkeitsbedürfnis haben. Gut, dass Wasserstoff kein Mensch ist, da es im Periodensystem ziemlich einsam dasteht (das wir in Kapitel 4 beleuchten). Obwohl Wasserstoff ganz oben in der Gruppe IA zusammen mit den Alkalimetallen steht, passt es nicht ganz dorthin. Sicherlich kann Wasserstoff ein Elektron verlieren und wie alle Alkalimetalle zu einem einfach positiv geladenen Kation werden; aber gleichzeitig ist Wasserstoff auch in der Lage – besonders bei der Bindung an Metalle – ein Elektron einzufangen und so zu einem Hydrid (H^-) zu werden. Zudem hat Wasserstoff keine metallischen Eigenschaften und existiert vornehmlich als molekulares Gas H_2.

Diese Unterschiede rühren größtenteils daher, dass Wasserstoff nur ein einziges 1s-Orbital besitzt und keine anderen Orbitale, die die Valenzelektronen eventuell vor der positiven Ladung des Kerns abschirmen könnten. (Siehe Kapitel 4 für eine Einführung in s-Orbitale und andere Orbitaltypen.)

Die Oktettregel trifft nicht immer zu

Ein Oktett ist eine komplett gefüllte Schale mit acht Valenzelektronen, wie wir in Kapitel 4 erläutern. Die Oktettregel geht davon aus, dass Atome aneinander binden, um jeweils ihre Valenzschalen mithilfe der Elektronen des Partners auffüllen zu können. Das ist eine ziemlich gute Regel. Wie bei allen guten Regeln, gibt es jedoch auch hier Ausnahmen.

- ✔ Atome, die nur 1s-Elektronen besitzen, haben einfach keine acht Elektronenplätze, die es zu belegen gilt. Wasserstoff und Helium tanzen hier also aus der Reihe, da sie stattdessen einer »Duett«-Regel folgen.

- ✔ Bestimmte Moleküle besitzen eine ungerade Anzahl von Valenzelektronen. In diesen Fällen trifft die Oktettregel auch nicht zu. So wie ein Mensch, der mit einer ungeraden Zehenzahl geboren wird, so sind diese Moleküle auch nicht wirklich glücklich mit ihrer Situation, aber sie leben damit.

- ✔ Atome versuchen oft, ihre Valenzschalen mithilfe von kovalenten Bindungen (siehe Kapitel 5) aufzufüllen. Jede kovalente Bindung sorgt dabei für ein weiteres, gemeinsames Elektron in der Schale. Aber eine kovalente Bindung erfordert normalerweise ein anderes Atom, das eines seiner eigenen Elektronen für die Bindung zur Verfügung stellt. Einige Atome räumen dabei ihr komplettes Lager leer und sind so nie in der Lage, genügend kovalente Bindungen zu knüpfen, um ihr eigenes Valenzoktett zu komplettieren. Bortrifluorid (BF_3) ist dafür ein typisches Beispiel. Das zentrale Boratom dieses Moleküls kann nur drei B-F-Bindungen aufbauen und steht am Ende mit nur sechs Elektronen in der Valenzschale da. Daher sagt man auch, dass Bor ein Elektronendefizit besitzt. Sie könnten vielleicht spekulieren, dass Fluor hier doch etwas aushelfen und ein paar seiner Elektronen an Bor spenden könnte. Aber Fluor ist stark elektronegativ und klammert sich dadurch energisch an sein eigenes Oktett. Und tschüss!

- ✔ Einige Atome hamstern auch mehr Elektronen als in die Valenzschale passen. Solche Atome heißen *hypervalent* oder *hyperkoordiniert*. Das Phosphoratom in Phosphorpentachlorid, PCl_5, ist hierfür ein Beispiel. Solche Situationen erfordern ein Atom aus Periode (Reihe) 3 oder höher im Periodensystem. Die genauen Gründe für diese Einschränkung werden noch immer diskutiert. Wahrscheinlich bietet die zunehmende Atomgröße ab Periode 3 und höher einfach mehr Platz, um alle Bindungspartner um die Valenzschale des Zentralatoms zu versammeln.

Einige Elektronenkonfigurationen ignorieren die Orbitalregeln

Elektronen füllen Orbitale von der Ebene niedrigster zur Ebene höchster Energie. Diese Aussage stimmt.

Die Rangfolge von der niedrigsten bis zur höchsten Energieebene ist durch ein Aufbaudiagramm vorhersagbar. Das stimmt aber nicht immer. Einige Atome besitzen Elektronenkonfigurationen, die sich von den Standardregeln für die Orbitalbesetzung deutlich abheben. Um Aufbaus Willen, warum denn das?

 Zwei typische Bedingungen führen zu solchen Ausnahme-Elektronenkonfigurationen.

- ✓ Zum einen müssen aufeinander folgende Orbitalenergien nahe beieinander liegen, so wie zum Beispiel im Fall von 3d- und 4s-Orbitalen.
- ✓ Zum anderen muss die Elektronenverschiebung zwischen diesen energetisch ähnlichen Orbitalen zu halb oder komplett gefüllten Orbitalen führen, dem energetisch glücklichsten Zustand einer chemischen Beziehung.

Wollen Sie ein paar Beispiele? Wenn man den Regeln folgt, sollte Chrom theoretisch die folgende Elektronenkonfiguration besitzen:

$[Ar]3d^4 4s^2$

Da jedoch durch die Verschiebung eines einzelnen Elektrons vom 4s- zum energetisch ähnlichen 3d-Orbital letzteres zur Hälfte gefüllt werden kann, lautet die tatsächliche Elektronenkonfiguration von Chrom:

$[Ar]3d^5 4s^1$

Aus ähnlichen Gründen lautet die Konfiguration von Kupfer auch nicht wie vielleicht erwartet $[Ar]3d^9 4s^2$, sondern stattdessen $[Ar]3d^{10} 4s^1$. Durch die Verschiebung eines weiteren Elektrons vom 4s- zum 3d-Orbital wird letzteres komplett aufgefüllt. Blättern Sie zu Kapitel 4, wenn Sie alle Einzelheiten über Elektronenkonfigurationen und Aufbauprinzipien wissen wollen.

Vom ständigen Geben und Nehmen von Elektronen in koordinativen kovalenten Bindungen

Bei einer kovalenten Bindung (die wir in Kapitel 5 behandeln) steuert jeder Bindungspartner jeweils ein Elektron bei, stimmt's? Nicht immer. Koordinative kovalente Bindungen werden besonders häufig zwischen Übergangsmetallen (die hauptsächlich in Gruppe B im Periodensystem zu finden sind) und Atomen mit freien Elektronenpaaren geschlossen.

Und das ist die Grundidee des Ganzen: Übergangsmetalle besitzen leere Valenzorbitale. Freie Elektronenpaare sind nicht gebundene Elektronen in einem einzelnen Orbital. Daher nehmen Moleküle mit Übergangsmetallen und freien Elektronenpaaren besonders häufig an Lewis-Säure-Base-Wechselwirkungen teil (siehe Kapitel 16). Das Molekül mit dem freien Elektronenpaar fungiert dabei als Elektronendonator (als Lewis-Base) und spendet beide Elektronen für die Bindung mit dem Übergangsmetall, das dabei als Elektronenakzeptor (als Lewis-Säure) wirkt. Wenn dies geschieht, wird das resultierende Molekül als *Koordinationskomplex* bezeichnet.

Die Bindungspartner des Metalls werden *Liganden* genannt. Koordinationskomplexe zeigen oft intensive Farben und Eigenschaften, die sich von denen der freien Metalle ziemlich unterscheiden.

Alle Hybridorbitale entstehen auf die gleiche Art und Weise

Die verschiedenen Orbitaltypen haben sehr unterschiedliche Formen. Sphärische (kugelige) *s*-Orbitale sehen zum Beispiel ganz anders aus als die gelappten *p*-Orbitale. Wenn also die Valenzschale eines Atoms sowohl *s*- als auch *p*-Orbitale enthält, könnten Sie doch erwarten, dass sich diese Elektronen unterschiedlich verhalten, wenn eine Bindung bevorsteht, oder? Falsch! Wenn Sie so etwas annehmen, wird Ihnen die Valenzbindungstheorie höflich auf die Schulter klopfen, um Sie daran zu erinnern, dass die Valenzelektronen hybridisierte Orbitale besetzen. Diese hybridisierten Orbitale (so wie sp^3-, sp^2- und sp-Orbitale) spiegeln eine Mischung der Eigenschaften der ursprünglichen Einzelorbitale wider, aus denen sie zusammengesetzt sind, und jedes dieser Orbitale ist dabei den anderen in der Valenzschale äquivalent.

Obwohl dieses Phänomen eine Ausnahme von den Regeln darstellt, ist es etwas weniger ärgerlich als andere Ausnahmen, da durch die Hybridisierung schöne symmetrische Orbitalgeometrien in den Atomen und Molekülen ermöglicht werden. An dieser Stelle meldet sich die VSEPR-Theorie zustimmend zu Wort und weist darauf hin, dass die negativen Ladungen der Elektronen in Hybridorbitalen auch dafür sorgen, dass sich diese äquivalenten Orbitale so weit wie möglich voneinander entfernt halten. Das führt zum Beispiel dazu, dass die Geometrie von sp^3-hybridisiertem Methan (CH_4) so wundervoll tetraedrisch ist.

Gehen Sie zu Kapitel 5, wenn Sie weitere Einzelheiten zur VSEPR-Theorie und zur Hybridisierung benötigen.

Seien Sie vorsichtig bei der Benennung von Verbindungen mit Übergangsmetallen

Das Gemeine an Übergangsmetallen ist, dass ein und dasselbe Übergangsmetall Kationen mit unterschiedlichen Ladungen bilden kann. Unterschiedlich geladene Metallkationen benötigen unterschiedliche Namen, damit die Chemiker nicht noch unnötig verwirrt werden. Es werden römische Zahlen in Klammern verwendet, um die entsprechende positive Ladung eines Metallions zu beschreiben.

Metallkationen verbinden sich oft mit nichtmetallischen Anionen zu ionischen Verbindungen. Des Weiteren ist das Verhältnis zwischen Kationen und Anionen in einer Formeleinheit von der tatsächlichen Ladung des unbeständigen Übergangsmetalls abhängig. Die gesamte Formeleinheit muss dabei elektrisch neutral sein. Die Regeln, die Sie bei der Nomenklatur einer ionischen Verbindung befolgen, müssen den Launen der Übergangsmetalle angepasst sein. In solchen Situationen wird das System der römischen Zahlen angewendet, wie zum Beispiel:

$CuCl$ = Kupfer(I)-chlorid

$CuCl_2$ = Kupfer(II)-chlorid

25 ➤ Zehn nervige Ausnahmen von den chemischen Regeln

Kapitel 6 bietet das komplette Wissen zur Nomenklatur von ionischen und anderen Verbindungen

Sie dürfen mehratomige Ionen nicht vergessen

 Tut uns leid, aber das stimmt. Mehratomige Ionen sind nicht nur nervig, weil man sie ständig im Hinterkopf behalten muss, sondern auch, weil sie fast überall auftauchen. Wenn Sie sich der vorhandenen mehratomigen Ionen in einer Verbindung nicht bewusst sind, werden Sie nur Ihre Zeit dabei verschwenden, komische (und falsche) kovalente Bindungskonstellationen zu bestimmen. Hier sind sie noch einmal in Tabelle 25.1 zusammengefasst (siehe Kapitel 6 für weitere Informationen):

Einfach negativ geladen (−1)	Zweifach negativ geladen (−2)
Dihydrogenphosphat ($H_2PO_4^-$)	Hydrogenphosphat (HPO_4^{2-})
Acetat ($C_2H_3O_2^-$)	Oxalat ($C_2O_4^{2-}$)
Hydrogensulfit (HSO_3^-)	Sulfit (SO_3^{2-})
Hydogensulfat (HSO_4^-)	Sulfat (SO_4^{2-})
Hydrogencarbonat (HCO_3^-)	Carbonat (CO_3^{2-})
Nitrit (NO_2^-)	Chromat (CrO_4^{2-})
Nitrat (NO_3^-)	Dichromat ($Cr_2O_7^{2-}$)
Cyanid (CN^-)	Silikat (SiO_3^{2-})
Hydroxid (OH^-)	**dreifach negativ geladen (−3)**
Permanganat (MnO_4^-)	Phosphit (PO_3^{3-})
Hypochlorit (ClO^-)	Phosphat (PO_4^{3-})
Chlorit (ClO_2^-)	**einfach positiv geladen (+1)**
Chlorat (ClO_3^-)	Ammonium (NH_4^+)
Perchlorat (ClO^-)	

Tabelle 25.1: Häufige mehratomige Ionen.

Wasser ist dichter als Eis

Die kinetische Molekültheorie, die wir in Kapitel 10 behandeln, besagt, dass die Zufuhr von Wärme das Volumen einer Ansammlung von Teilchen erhöht. Wärmeinduzierte Volumenänderungen sind besonders an Phasenübergängen spürbar; im flüssigen Zustand haben Stoffe im Allgemeinen eine geringere Dichte als im festen Aggregatzustand. Nur Wasser tanzt hier aus der Reihe. Die Gittergeometrie von Eis ist aufgrund der für Wasser idealen Wasserstoffbindungsgeometrie sehr »offen« und zeigt große, leere Räume im Zentrum eines hexagonalen Ringes aus Wassermolekülen. Diese Zwischenräume verursachen, dass Eis eine geringere Dichte als flüssiges Wasser besitzt. Daher schwimmt Eis an der Oberfläche eines Gewässers. Dass sich Wasser in seinem Dichteverhalten von allen Flüssigkeiten abhebt, ist eine für die Biologie des Lebens extrem wichtige Eigenschaft.

Es gibt keine idealen Gase

Es gibt tatsächlich nicht ein einziges ideales Gas in unserer Welt. Einige Gase nähern sich dem Ideal jedoch mehr an als andere. Bei sehr hohen Drücken gehorchen Gase, die sich normalerweise schon annähernd ideal verhalten, nicht mehr der der Zustandsgleichung des idealen Gases (allgemeinen Gasgleichung), über die wir in Kapitel 11 sprechen.

Wenn Gase vom Ideal abweichen, bezeichnet man sie als *reale Gase*. Reale Gase besitzen Eigenschaften, die besonders vom Volumen der Gasteilchen und/oder von den Kräften zwischen den Teilchen abhängen. Um diese nicht-idealen Faktoren zu berücksichtigen, benutzen Chemiker die Van-der-Waals-Gleichung. Verglichen mit der Gleichung für ideale Gase, $pV = nRT$, beinhaltet die Van-der-Waals-Gleichung die beiden weiteren Variablen a und b. Variable a korrigiert dabei die Auswirkungen des Teilchenvolumens. Variable b ist dazu da, Kräfte zwischen den Teilchen auszugleichen. Die Van-der-Waals-Gleichung ist für Gase unter sehr hohem Druck und bei niedrigen Temperaturen geeignet sowie für den Fall, dass die Gasteilchen stark anziehende oder abstoßende Kräfte entwickeln.

$$\left(p + \frac{n^2 a}{V^2}\right)(V - nb) = nRT$$

Bekannte Namen für organische Verbindungen erinnern an alte Zeiten

Formel	Systematischer Name	Trivialname
CH_3CO_2H	Ethansäure	Essigsäure
CH_3COCH_3	Propanon	Aceton
C_2H_2	Ethin	Acetylen
$CHCl_3$	Trichlormethan	Chloroform
C_2H_4	Ethen	Ethylen
H_2CO	Methanal	Formaldehyd
CH_2O_2	Methansäure	Ameisensäure
C_3H_8O	Propan-2-ol	Isopropanol

Tabelle 25.2: Verbreitete Namen für organische Verbindungen.

Stichwortverzeichnis

A

Absoluter Nullpunkt 72
Actinoid 80
Addition 402
Aggregatzustand 70, 199
   fest 200
   flüssig 200
   Temperatur 72
Aktivitätsreihe der Metalle 165
Aldehyd 397
Alkalimetall 79, 322
Alkan 361
   offenkettiges 361
   verzweigtes 365
Alke 368
Alkin 369
Alkylgruppe 366
Allgemeine Gasgleichung 216
Alphazerfall 349
Amin 398
Aminosäure 406
Anion 84
Anode 335
Antineutrino 350
Äquivalentkonzentration 305
Äquivalentzahl 307
Atomismus 59
Atommodell
   nach Bohr 62
   nach Rutherford 61
   nach Thompson 61
Atomradius 82
Atomzahl siehe Ordnungszahl 64
Aufbauprinzip 87
Ausbeute
   erwartete 185
   prozentuale 185
   tatsächliche 185
Avogadro-Konstante 139
Azidität 294

B

Base 289
   Arrhenius- 290
   Brønsted- 291
   Lewis- 292
Basendissoziationskonstante 298, 419
Basizität 294
Batterie 337
Betazerfall 349
Bindung
   Doppel- 102
   Dreifach- 102
   koordinative 103
   koordinative kovalente 423
   kovalente 101
   Pi- 108
   Sigma- 107
Boyle'sches Gesetz 212

C

Carbonsäure 396
Carbonsäureester 396
Chiralität
   Zentrum 384
Cis-Konfiguration 380
Cis-trans-Isomerie 381

D

Daltons Gesetz der Partialdrücke 218, 416
Dampf 210
Dampfdruck 202, 210
Dehydratisierung 405
Delokalisierte Pi-Elektronenwolke 373
Diastereomer 379
Dipol 112
Dipol-Dipol-Wechselwirkung 112
Dissoziation 289
DNA 407
Dreisatz 49
Druck 210

E

Edelgas 79
Effusion 220
Elektrische Leitfähigkeit 99
Elektrode 335
Elektrolyse 290
    Zelle 344
Elektromotorische Kraft 340
Elektron 60
    Valenz- 81
elektronegativ 98
Elektronegativität 110
Elektronenaffinität 81
Elektroneneinfang 349
Elektronenkonfiguration 86
    von Kohlenstoff 88
    von Phosphor 88
    von Sauerstoff 88
Elektronenpunktstruktur 97
Elektrostatische Anziehung 98
Elementarzelle 205
Empirische Formel 148
Enantiomer 379
Endotherm 279
Energie
    Bewegungs- 199
    Gitter- 228
    kinetische 199, 273
    potenzielle 273, 339
    Wärme- 228
Enthalpie 274
    freie 264, 417
Entropie 228
Erdalkalimetall 79, 322
Ether 395
Evaporation siehe Verdunstung 202
Exotherm 279
Exponentielle Schreibweise 27
    Addition 32, 38
    Subtraktion 32, 38

F

Feststoff
    ionischer 205
    kovalenter 205
    molekularer 205
Fischer-Projektion 385
Funktionelle Gruppe 393, 394

G

Galvanische Zelle 335
Gammastrahlung 351
Gammazerfall 350
Gas 209
    ideales 209, 426
    reales 426
Gasgesetz 212
    kombiniertes 216, 415
Gaslöslichkeit 229
Gefrierpunkt 202
    Erniedrigung 247
Gelöster Stoff 225
Genauigkeit 34
Gerüstgleichung 160
Gesamtreaktionsordnung 257
Geschwindigkeit 255
Geschwindigkeitsgesetz 256, 416
Gesetz von Charles 214
Gleichgewicht 263
    dynamisches 210
Gleichgewichtskonstante 263, 417
Gleichung 157
Glucose 405
Grahams Gesetz 220

H

Halbwertszeit 352
Halogen 79, 322
    Kohlenwasserstoff 398
Hauptkette 366
Henderson-Hasselbalch-Gleichung 313, 420
Henry-Gesetz 229
Hess'sches Gesetz 281, 418
Homogen 219
Hybridisierung 114
Hydratisierung 225
Hydroxylgruppe 395

I

Inelastizität 201
Ion 84
    mehratomiges 98, 127, 425
Ionenbindung 98
Ionenprodukt von Wasser 295, 419

Ionenverbindung
  benennen 123
Isomer 379
  cis-trans- 379
  Stereo- 379
  Struktur- 379
Isotop 67
  Kohlenstoff- 68
  Radio- 68

K

Kalorimetrie 276, 418
Katalysator 260
Kathode 335
Kation 84
Kernfusion 354
Kernladungszahl siehe Ordnungszahl 64
Kernschmelze 354
Kernspaltung 354
Keton 397
Kochsalz 123
Koeffizient 27, 160
Kohlenhydrat 405
Kohlenwasserstoff 361
  aromatischer 372
  zyklischer aliphatischer 372
Kolligative Eigenschaft 241
Kombiniertes Gasgesetz 415
Komponente 225
Kondensation 202
Konformationsisomere 379
Korpuskel 61
Kristall 205

L

Ladungsausgleich 125
Lanthanoide 80
Le Chateliers Prinzip 267
Lewis-Struktur 102
Ligand 423
Löslichkeit 226
Löslichkeitsprodukt 306
  Konstante 316
Lösung 225
  Gebrauchs- 234
  gesättigte 226
  Puffer- 313
  Stamm- 234
  ungesättigte 226
Lösungsmittel 225

M

Massenanteil 232
Massenkonzentration 232
Massenprozent 231
  Zahl 231
Massenzahl 65
Materie
  Zustandsformen siehe Aggregatzustand 59
Meso-Verbindung 387
Messfehler 34
Metalle 79
  Aktivitätsreihe 165
Mischbarkeit 226
Mol 139, 178
Mol/Mol-Umrechnungsfaktor 176
Molalität 241
Molare Schmelzenthalpie 280
Molare Verdampfungsenthalpie 280
Molarität 231
Molekülform
  linear 117
  trigonal-planar 117
Molenbruch 242
Molmasse 141
Momentangeschwindigkeit 256
Monomer 404

N

Nernst-Gleichung 342
Netto-Ionengleichung 168
Neutrino 350
Neutron 60
Nichtmetalle 79
Niederschlag 166
Normalität 305
Normalverteilung 27, 45, 139, 209, 255, 335, 379, 415, 421
Nucleinsäure 407
Nucleotid 407

O

Oktett 84, 421
Orbital 86, 424
  antibindendes 107
  bindendes 107

d- 87
f- 87
Hybrid- 116
p- 87
s- 86
Sigma- 107
Ordnung 257
Ordnungszahl 64
Oxidation 323
Oxidationsmittel 322
Oxidationszahl 321

P

Partialdruck 218, 416
Peptid
   Di- 406
   Poly- 406
   Bindung 406
Periodensystem der Elemente 77
   Gruppe 77
   Periode 77
Phase 199, 202
Phasenübergang 202
Photon 90
pH-Wert 294, 419
pK_s-Wert 313
pK-Wert 420
Plasma 202
pOH-Wert 294, 419
Polarität 99, 110, 226
Polymer 404
Positron 350
Potenz 28
Präzision 34
Produkt 157
Protein 406
Proton 60
Protonenakzeptor 291
Protonendonator 291
Prozentualer Fehler 34
Puffer 313
   Bereich 313
Purin 407
Pyrimidin 407

Q

Quotient 264, 342

R

Radioaktive Altersbestimmung 68, 352
Radioaktivität 68
Radioisotop 349
Reaktant 157
   limitierender 181
Reaktion
   einfache Substitution 164
   erster Ordnung 257, 416
   Halb- 324
   Kombination 164
   Kondensations- 405
   limitierender Faktor 181
   Metathese 165
   Neutralisierungs- 305
   nullter Ordnung 257, 416
   Polymerisations- 405
   Redox- 321
   Substitutions- 306
   Synthese 164, 167
   Verbrennung 166
   Zersetzung 164
   zweiter Ordnung 257, 416
Reduktion 323
Reduktionsmittel 322
Relative Häufigkeit 69
Resonanzhybrid 104
Resonanzstruktur 104
Resublimation 202
RNA 407
Rotamer 379

S

Saccharid
   Di- 405
   Mono- 405
   Poly- 405
Salz 99
   Brücke 336
Säure 289
   Arrhenius- 290
   Brönsted- 291
   Lewis- 292
   Dissoziationskonstante 297, 419
   Stärke 294
Schmelzpunkt 202
Seitenkette 365
Siedepunkt 202
Siedepunktserhöhung 245

Signifikante Stelle 36
SI-Grundeinheit 45
SI-System 45
Solvatisierung 225
Standardreduktionspotenzial 340
Standardzellenpotenzial 340
Stereobindung 381
Stöchiometrie 175
Stoffmengenanteil 242
Strukturformel
    zusammengefasste 363
Subatomares Teilchen 60
Sublimation 202
Substituent 365
Substitution 402
Summenformel 124, 150

T

Temperatur 228
Tetraeder 114
Thermochemie 273
Titration 305, 310, 305, 310
Titrationskurve 311
Trans-Konfiguration 380
Tripelpunkt 202
Trivialname 123

U

Übergangsmetall 479, 24
Überkritische Flüssigkeit 203
Überschussreaktant 181

V

Valenzschale 82
Van-der-Waals-Gleichung 426
Verbindung
    prozentuale Zusammensetzung 146
Verdünnung 234
    Gleichung 416
Verdunstung 202
Verhältnisformel 150
Verlaufsdiagramm 260
Verteilung
    Normalverteilung 27, 45, 139, 209, 255, 335, 379, 415, 421
Volumenarbeit 274
Volumenkonzentration 232
VSEPR-Theorie 113

W

Wärmefluss 274
Wärmekapazität 276
    spezifische 276
Wasser
    Ionenprodukt 419
Wissenschaftliche Schreibweise 27
    Division 30, 38
    Multiplikation 30, 38

Z

Zellenpotenzial 340
Zuschauerion 168

DER SCHNELLE EINSTIEG IN DIE NATURWISSENSCHAFTEN

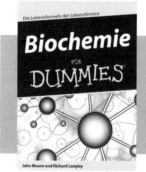

Anatomie und Physiologie für Dummies
ISBN 978-3-527-70284-8

Anorganische Chemie für Dummies
ISBN 978-3-527-70502-3

Astronomie für Dummies
ISBN 978-3-527-70370-8

Biochemie für Dummies
ISBN 978-3-527-70508-5

Biologie für Dummies
ISBN 978-3-527-70738-6

Chemie für Dummies
ISBN 978-3-527-70473-6

Epidemiologie für Dummies
ISBN 978-3-527-70725-6

Genetik für Dummies
ISBN 978-3-527-70709-6

Mathematik für Naturwissenschaftler
für Dummies
ISBN 978-3-527-70419-4

Molekularbiologie für Dummies
ISBN 978-3-527-70445-3

Nanotechnologie für Dummies
ISBN 978-3-527-70299-2

Organische Chemie für Dummies
ISBN 978-3-527-70292-3

Physik für Dummies
ISBN 978-3-527-70396-8

Quantenphysik für Dummies
ISBN 978-3-527-70593-1

Chemie für Dummies - Schummelseite

Periodensystem der Elemente

	IA (1)	IIA (2)	IIIB (3)	IVB (4)	VB (5)	VIB (6)	VIIB (7)	VIIIB (8)	VIIIB (9)	VIIIB (10)	IB (11)	IIB (12)	IIIA (13)	IVA (14)	VA (15)	VIA (16)	VIIA (17)	VIIIA (18)
1	1 H Wasserstoff 1,008																	2 He Helium 4,00
2	3 Li Lithium 6,94	4 Be Beryllium 9,01											5 B Bor 10,81	6 C Kohlenstoff 12,01	7 N Stickstoff 14,00	8 O Sauerstoff 16,00	9 F Fluor 19,00	10 Ne Neon 20,18
3	11 Na Natrium 22,99	12 Mg Magnesium 24,31											13 Al Aluminium 26,89	14 Si Silicium 28,09	15 P Phosphor 30,97	16 S Schwefel 32,07	17 Cl Chlor 35,45	18 Ar Argon 39,94
4	19 K Kalium 39,10	20 Ca Calcium 40,08	21 Sc Scandium 44,96	22 Ti Titan 47,88	23 V Vanadium 50,94	24 Cr Chrom 52,00	25 Mn Mangan 54,94	26 Fe Eisen 55,85	27 Co Kobalt 58,93	28 Ni Nickel 58,69	29 Cu Kupfer 63,55	30 Zn Zink 65,37	31 Ga Gallium 69,72	32 Ge Germanium 72,61	33 As Arsen 74,92	34 Se Selen 78,96	35 Br Brom 79,90	36 Kr Krypton 83,80
5	37 Rb Rubidium 85,47	38 Sr Strontium 87,62	39 Y Yttrium 88,91	40 Zr Zirkonium 91,22	41 Nb Niob 92,91	42 Mo Molybdän 95,94	43 Tc Technetium (98,91)	44 Ru Ruthenium 101,07	45 Rh Rhodium 102,91	46 Pd Palladium 106,42	47 Ag Silber 107,87	48 Cd Cadmium 112,41	49 In Indium 114,82	50 Sn Zinn 118,71	51 Sb Antimon 121,75	52 Te Tellur 127,60	53 I Jod 126,90	54 Xe Xenon 131,29
6	55 Cs Cäsium 132,91	56 Ba Barium 137,33	57 – 71 La–Lu Lanthanoide	72 Hf Hafnium 178,49	73 Ta Tantal 180,95	74 W Wolfram 183,85	75 Re Rhenium 186,2	76 Os Osmium 190,2	77 Ir Iridium 192,22	78 Pt Platin 195,08	79 Au Gold 196,97	80 Hg Quecksilber 200,59	81 Tl Thallium 204,38	82 Pb Blei 207,2	83 Bi Wismut 208,98	84 Po Polonium (210)	85 At Astat (210)	86 Rn Radon (222,02)
7	87 Fr Francium (223,02)	88 Ra Radium (226,03)	89 – 103 Ac–Lr Lawrencium	104 Rf Rutherford. (261)	105 Ha Hahnium (262)	106 Sg Seaborgium (266)	107 Bh Bohrium (264)	108 Hs Hassium (269)	109 Mt Meitnerium (268)	110 Ds Darmstadtium (269)	111 Rg Roentgenium (271)	112 Uub Ununbium (277)	113 Uut §	114 Uuq Ununquadium (285)	115 Uup §	116 Uuh Ununhexium (289)	117 Uus §	118 Uuo Ununoctium (293)

Elemente der Lanthanreihe	57 La Lanthan 138,91	58 Ce Cer 140,12	59 Pr Praseodym 140,91	60 Nd Neodym 144,24	61 Pm Promethium (146,92)	62 Sm Samarium 150,36	63 Eu Europium 151,97	64 Gd Gadolinium 157,25	65 Tb Terbium 158,93	66 Dy Dysprosium 162,50	67 Ho Holmium 164,93	68 Er Erbium 167,26	69 Tm Thulium 168,93	70 Yb Ytterbium 173,04	71 Lu Lutetium 174,97
Elemente der Actiniumreihe	89 Ac Actinium (227,03)	90 Th Thorium 232,04	91 Pa Protactinium (231,04)	92 U Uran 238,03	93 Np Neptunium (237,04)	94 Pu Plutonium (244,06)	95 Am Americium (243,06)	96 Cm Curium (247,07)	97 Bk Berkelium (247,07)	98 Cf Californium (251,08)	99 Es Einsteinium (252,08)	100 Fm Fermium (257)	101 Md Mendelevium (258)	102 No Nobelium (259,10)	103 Lr Lawrencium (260,11)

§ Bemerkung: Die Elemente 113, 115 und 117 sind heute noch nicht bekannt. Sie sind jedoch in dieser Tabelle an ihrer erwarteten Position

Chemie für Dummies - Schummelseite

Bindung

Bei der Bindung nehmen Atome Elektronen auf, geben sie ab oder teilen sie mit anderen Atomen. Dabei wird die Anzahl der Elektronen des nächsten Edelgases angestrebt.

Metall + Nichtmetall = Ionenbindung

Nichtmetall + Nichtmetall = kovalente Bindung

Elektronen-Füll-Muster: 1s, 2s, 3s, 3p, 4s, 3d, 4p, 5s, 4d, 5p, 6s, 4f, 5d, 6p, 7s, 5f

Darstellung von Isotopen

$$_Z^A X$$

X = Elementsymbol, Z = Atomzahl (Zahl der Protonen), A = Massenzahl (Zahl der Protonen + Neutronen)

Nützliche Konversionen und metrische Präfixe

Temperaturumrechnungen:

$°F = \frac{9}{5}(°C) + 32$

$°C = \frac{5}{8}(°F - 32)$

$K = °C + 273$

Metrische Konversionen:

1 Inch = 2,54 cm

1 Pound = 454 g

1 qt = 0,946 l

Druckumrechnung: 1 atm = 760 mm Hg = 760 torr

1 torr = 0,133 x 10³ Pa (Pascal)

Übliche metrische Umrechnungen:

Milli... = 0,001

Zenti... = $\frac{1}{100}$

Kilo... = 1000

Lösungskonzentration

Gewicht/Gewicht (G/G) % = (gelöster Stoff in Gramm/Lösung in Gramm) x 100

Molarität (M) = Molekülmasse des gelösten Stoffes/Liter Lösung

Teilchen/Million (ppm) = Gelöster Stoff in Gramm/1.000.000 Gramm Lösung = mg/l

Säuren und Basen

Eine Säure ist ein H^+-Geber, eine Base ein H^+-Nehmer.

$pH = -\log[H^+];\ [H^+] = 10^{-pH}$

Redox

Oxidation ist die Abgabe von Elektronen, Reduktion die Aufnahme.

Gasgesetze

Kombiniertes Gasgesetz:

$(P_1 V_1)/T_1 = (P_2 V_2)/T_2$ (T in Kelvin)

Ideales Gasgesetz:

$PV = nRT$ (R = 0,0821 l x atm/K x mol)

Mol-Konzept

Molekulargewicht = $6,022 \times 10^{23}$/mol = Formelgewicht in Gramm

Lernpaket Chemie für Dummies

– *Lernbuch* –

John T. Moore

Lernpaket Chemie für Dummies

- Lernbuch -

Übersetzung aus dem Amerikanischen
von Hans Joachim Beese
und Hartmut Strahl

Fachkorrektur von Christian Hans
und Ulrike Meister

WILEY-VCH Verlag GmbH & Co. KGaA

Bibliografische Information der Deutschen Nationalbibliothek
Die Deutsche Nationalbibliothek verzeichnet diese Publikation
in der Deutschen Nationalbibliografie; detaillierte bibliografische
Daten sind im Internet über http://dnb.d-nb.de abrufbar.

Einzeln ist das Buch als Chemie für Dummies. 2. Auflage unter der ISBN 978-3-527-70473-6 erhältlich
1. Auflage 2013
© 2013 WILEY-VCH Verlag GmbH & Co. KGaA, Weinheim

Original English language edition Chemistry for Dummies © 2005 by Wiley Publishing, Inc.
All rights reserved including the right of reproduction in whole or in part in any form. This translation
published by arrangement with John Wiley and Sons, Inc.

Copyright der englischsprachigen Originalausgabe Chemistry for Dummies© 2005 by Wiley Publishing, Inc.
Alle Rechte vorbehalten inklusive des Rechtes auf Reproduktion im Ganzen oder in Teilen und in jeglicher
Form. Diese Übersetzung wird mit Genehmigung von John Wiley and Sons, Inc. publiziert.

Wiley, the Wiley logo, Für Dummies, the Dummies Man logo, and related trademarks and trade dress are
trademarks or registered trademarks of John Wiley & Sons, Inc. and/or its affiliates, in the United States and
other countries. Used by permission.

Wiley, die Bezeichnung »Für Dummies«, das Dummies-Mann-Logo und darauf bezogene Gestaltungen sind
Marken oder eingetragene Marken von John Wiley & Sons, Inc., USA, Deutschland und in anderen Ländern.

Das vorliegende Werk wurde sorgfältig erarbeitet. Dennoch übernehmen Autoren und Verlag für die Richtigkeit von Angaben, Hinweisen und Ratschlägen sowie eventuelle Druckfehler keine Haftung.

ISBN: 978-3-527-70955-7

Coverfoto RT images/Fotolia
Satz Neumann, München
Druck und Bindung Ebner & Spiegel GmbH, Ulm

Cartoons im Überblick
von Rich Tennant

Seite 27

Seite 99

Seite 175

Seite 233

Seite 317

© The 5th Wave
www.the5thwave.com
E-Mail: rich@the5thwave.com

Wissenshungrig?

Wollen Sie mehr über die Reihe **... für Dummies** erfahren?

Registrieren Sie sich auf www.fuer-dummies.de für unseren Newsletter und lassen Sie sich regelmäßig informieren. Wir langweilen Sie nicht mit Fach-Chinesisch, sondern bieten Ihnen eine humorvolle und verständliche Vermittlung von Wissenswertem.

Jetzt will ich's wissen!

Abonnieren Sie den kostenlosen
... *für Dummies*-Newsletter:

www.fuer-dummies.de

Entdecken Sie die Themenvielfalt
der ... *für Dummies*-Welt:

- **Computer & Internet**
- **Business & Management**
- **Hobby & Sport**
- **Kunst, Kultur & Sprachen**
- **Naturwissenschaften & Gesundheit**

Inhaltsverzeichnis

Einführung — 21

    Über dieses Buch — 21
    Wie man dieses Buch benutzt — 22
    Voraussetzungen — 22
    Wie ist dieses Buch aufgebaut? — 23
        Teil I: Grundlegende Konzepte der Chemie — 23
        Teil II: Drum prüfe, wie sich Atome verbinden — 23
        Teil III: Das Mol: Der beste Freund des Chemikers — 24
        Teil IV: Chemie im Alltag: Nutzen und Probleme — 24
        Teil V: Der Top-Ten-Teil — 24
    Icons, die in diesem Buch verwendet werden — 25
    Wie geht es von hier aus weiter? — 25

Teil I
Grundlegende Konzepte der Chemie — 27

Kapitel 1
Was ist Chemie und warum sollte man darüber etwas wissen? — 29

    Was ist genau Chemie? — 29
        Zweige der Chemie — 29
        Makroskopische und mikroskopische Perspektive — 31
        Reine und angewandte Chemie — 31
    Was macht nun der Chemiker den lieben langen Tag? — 32
    Und wo arbeiten Chemiker tatsächlich? — 33

Kapitel 2
Materie und Energie — 35

    Zustände der Materie: Makroskopische und mikroskopische Sicht — 35
        Festkörper — 36
        Flüssigkeiten — 36
        Gase — 37
    Eis in Alaska, Wasser in Texas: Materie wechselt den Zustand — 37
        Ich löse mich auf! Oh, was für eine Welt! — 37
        Der Siedepunkt — 37
        Gefrierpunkt: Das Wunder des Eiswürfels — 38
        Sublimieren Sie das! — 39
    Reine Substanzen und Mischungen — 39

Reine Substanzen	39
Nun kommen die Mischungen hinzu	41
Das Messen von Materie	41
Das SI-System	42
SI-Umwandlungen ins Englische	42
Sie haben ja nette Eigenschaften bekommen	43
Wie dicht sind Sie?	43
Das Messen der Dichte	44
Energie (Ach, hätte ich doch mehr davon!)	45
Kinetische Energie ist Bewegung	46
Potenzielle Energie – sitzen Sie gut?	46
Das Messen von Energie	47
Temperatur und Temperaturskalen	47
Fühlen Sie die Wärme	48

Kapitel 3
Kleiner als ein Atom? Die Struktur des Atoms — 51

Subatomare Teilchen: So, das ist also ein Atom	51
Der Kern: Mittelpunkt	53
Wo sind nun diese Elektronen?	56
Das Bohr'sche Modell – überhaupt nicht langweilig	56
Quantenmechanisches Modell	57
Elektronenkonfigurationen (Das Bett der Elektronen)	62
Das gefürchtete Energieniveaudiagramm	62
Elektronenkonfigurationen: Leicht und Platz sparend	64
Valenzelektronen: Ein Leben auf dem Grat	65
Isotope und Ionen: Dies sind einige meiner Lieblingsthemen	66
Das Isolieren eines Isotops	66
Ein Blick auf die Ionen	67

Kapitel 4
Das Periodensystem — 69

Das Wiederholen von Mustern der Periodizität	69
Wie die Elemente im Periodensystem angeordnet sind	72
Metalle, Nichtmetalle und Halbmetalle	73
Familien und Perioden	73

Kapitel 5
Kernchemie, ohne dass Ihre Gehirnzellen zerfallen — 81

Alles beginnt mit dem Atom	81
Radioaktivität und künstlicher radioaktiver Zerfall	82
Natürlicher radioaktiver Zerfall: Wie macht es die Natur	83

Alphastrahlung	84
Betastrahlung	85
Gammastrahlung	85
Positronenstrahlung	86
Elektronenaufnahme	86
Halbwertszeiten und radioaktive Altersbestimmung	87
Sichere Handhabung	88
Radioaktive Altersbestimmung	89
Kernspaltung	90
Kettenreaktionen und die kritische Masse	90
Atombomben (Riesenknall ohne Theorie)	91
Atomkraftwerke	92
Brutreaktoren: Das Erzeugen von spaltbarem Material	94
Kernfusion: Die Hoffnung für unsere Energiezukunft	95
Zum Thema Kontrolle	95
Was bringt die Zukunft	96
Leuchte ich etwa? Die Wirkungen der Strahlung	97

Teil II
Drum prüfe, wie sich Atome verbinden — 99

Kapitel 6
Gegensätze ziehen sich an: Ionenbindungen — 101

Die Magie der Ionenbindung: Natrium + Chlor = Tafelsalz	101
Die Bestandteile des Salzes	102
Die Reaktion	103
Am Ende kommt die Bindung	104
Positive und negative Ionen: Kationen und Anionen	105
Polyatomare Ionen	107
Ionenbindungen	109
Das Verbinden von Magnesium und Brom	109
Das Verwenden der Kreuzregel	110
Das Benennen von Ionenverbindungen	111
Elektrolyte und Nichtelektrolyte	112

Kapitel 7
Kovalente Bindung: brüderlich teilen — 115

Grundlagen der kovalenten Bindung	115
Ein Wasserstoffbeispiel	116
Vergleich der kovalenten Bindung mit anderen Bindungsarten	117
Zum Verständnis der Vielfachbindung	118
Das Benennen von binären kovalenten Verbindungen	119

So viele Formeln, so wenig Zeit 120
    Empirische Formel: Nur Elemente 120
    Molekulare oder wirkliche Formel: Das »Innere« der Zahlen 120
    Strukturierte Formeln: Fügen Sie das Bindungsmuster hinzu 122
Einige Atome sind attraktiver als andere 126
    Das Anziehen von Elektronen: Elektronegativitäten 126
    Polarkovalente Bindung 128
    Wasser: Ein wirklich fremdartiges Molekül 129
Wie sieht Wasser wirklich aus? Die VSEPR-Theorie 132

Kapitel 8
Chemisches Kochen: Chemische Reaktionen — 135

Was Sie haben und was Sie kriegen: Ausgangsstoffe und Produkte 135
Wie treten Reaktionen auf? Die Kollisionstheorie 137
    Ein exothermes Beispiel 138
    Ein endothermes Beispiel 138
Was für eine Reaktion bin ich? 140
    Kombinationsreaktionen 140
    Zerfallsreaktionen 140
    Einzelne Verschiebungsreaktionen 141
    Doppelte Verschiebungsreaktionen 142
    Verbrennungsreaktionen 143
    Redox-Reaktionen 144
Die Bilanz chemischer Reaktionen 144
    Riechen Sie dieses Ammoniak? 145
    Zünden Sie Ihr Feuerzeug 146
Chemisches Gleichgewicht 147
Das Prinzip von Le Chatelier 149
    Konzentrationsänderung 150
    Temperaturänderung 151
    Druckänderung 152
Schnelle und langsame Reaktionen: Chemische Kinetik 153
    Natur der Ausgangsstoffe 153
    Partikelgröße der Ausgangsstoffe 153
    Konzentration der Ausgangsstoffe 154
    Druck von gasförmigen Ausgangsstoffen 154
    Temperatur 154
    Katalysatoren 156

Kapitel 9
Elektrochemie: Batterien für Teekannen — 159

Da gehen sie hin, die Elektronen: Redox-Reaktionen 159
    Wo habe ich jetzt die Elektronen gelassen? Oxidation 160

Gucken Sie mal, was ich gefunden habe! Reduktion ... 161
Des einen Verlust ist des anderen Gewinn ... 162
Zahlenspiel: Oxidationszahlen ... 162
Das Abwägen von Redox-Gleichungen ... 164
Strom an und los: Elektrochemische Batterien ... 167
Hübsche Zelle, Daniell ... 167
Es werde Licht: Taschenlampenbatterien ... 169
Gentlemen, starten Sie Ihre Motoren: Autobatterien ... 170
Fünf Euro für eine goldene Kette? Elektrogalvanisierung ... 171
Dies bringt mich zur Weißglut! Verbrennung von Treibstoffen und Nahrung ... 172

Teil III
Das Mol, der beste Freund des Chemikers   175

Kapitel 10
Das Mol: Atome zum Anfassen   177

Das Zählen durch Wiegen ... 177
Paare, Dutzende, alte Riese und Mole ... 178
Avogadros Nummer: Steht nicht im Telefonbuch ... 178
Die Anwendung des Mols in der realen Welt ... 179
Chemische Reaktionen und das Mol ... 181
Wie viel man für wie viel braucht: Reaktionsstöchiometrie ... 183
Wo ist es geblieben? Prozentuale Ausbeute ... 185
Zu viel oder zu wenig: Limitierende Reaktanden ... 185

Kapitel 11
Mischen von Materie: Lösungen   187

Gelöster Stoff, Lösungsmittel und Lösungen ... 187
Eine Lösungsdiskussion ... 188
Satte Fakten ... 188
Konzentration ... 189
Prozentuale Zusammensetzung ... 189
Die Nummer 1 heißt Molarität ... 191
Molalität: Eine andere Verwendung für das Mol ... 194
Teile pro Million: Die Verschmutzungseinheit ... 194
Kolligative Eigenschaften von Lösungen ... 195
Dampfdruckerniedrigung ... 195
Warum verwenden wir im Sommer Frostschutzmittel? Siedepunkterhöhung ... 196
Wir stellen Eis her: Gefrierpunkterniedrigung ... 196
So bleiben Blutkörperchen lebendig und gesund: Osmotischer Druck ... 198
Rauch, Wolken, Schlagsahne und Marshmallows: Alles Kolloide ... 200

Kapitel 12
Sauer und bitter: Säuren und Basen — 201

- Eigenschaften von Säuren und Basen, makroskopisch betrachtet — 201
- Wie sehen Säuren und Basen aus? – Ein Blick durchs Mikroskop — 202
  - Die Theorie von Arrhenius: Ohne Wasser geht gar nichts — 203
  - Die Brönsted-Lowry-Säure-Base-Theorie: Geben und Nehmen — 204
- Ätzend oder trinkbar: Starke und schwache Säuren und Basen — 204
  - Starke Säuren — 205
  - Starke Basen — 206
  - Schwache Säuren — 206
  - Schwache Basen — 208
  - Her mit dem Proton: Brönsted-Lowry-Säure-Base-Reaktionen — 208
  - Entscheide dich: amphoteres Wasser — 209
- Ein altes Abführmittel und Rotkohl: Säure-Base-Indikatoren — 210
  - Das gute alte Lackmus-Papier — 210
  - Phenolphthalein: alles geregelt — 211
- Wie sauer ist mein Kaffee: Die pH-Skala — 212
- Puffer: Die pH-Controllettis — 215
- Säureneutralisatoren: Grundlagenchemie — 215

Kapitel 13
Ballons, Reifen und Pressluftflaschen:
Die wunderbare Welt der Gase — 217

- Gase unter dem Mikroskop: Die kinetische Gastheorie — 217
- Druck: Eine Frage der Atmosphäre — 220
  - Ein Messgerät für die Atmosphäre: Das Barometer — 220
  - Ein Messgerät für den Druck eingeschlossener Gase: Das Manometer — 221
- Auch Gase halten sich an Gesetze – Gasgesetze — 222
  - Boyles Gesetz — 222
  - Charles' Gesetz — 224
  - Gay-Lussacs Gesetz — 226
  - Das kombinierte Gasgesetz — 227
  - Avogadros Gesetz — 228
  - Die Gleichung des »Idealen Gasgesetzes« — 229
- Gasgesetze und Stöchiometrie — 230
- Die Gesetze von Dalton und Graham — 231
  - Daltons Gesetz — 231
  - Grahams Gesetz — 231

Teil IV
Chemie im Alltag: Nutzen und Probleme — 233

Kapitel 14
Kohlenstoff: Organische Chemie — 235

Kohlenwasserstoffe: Vom Einfachen zum Komplexen — 235
    Vom Gasgrill zum Tiger im Tank: Alkane — 236
    Ungesättigte Kohlenwasserstoffe: Alkene — 243
    Alkine braucht die Welt — 244
    Aromatische Verbindungen: Benzol und andere
    »anrüchige« Verbindungen — 245
Funktionelle Gruppen — 245
    Alkohole (einreiben und einverleiben): R-OH — 246
    Carbonsäuren (kleine Stinker): R-COOH — 247
    Ester (noch mehr Gerüche, aber diesmal Wohlgerüche): R-COOR' — 248
    Aldehyde und Ketone — 248
    Ether (Gute Nacht): R-O-R — 249
    Amine und Amide: Organische Basen — 250

Kapitel 15
Erdöl: Chemikalien für Verbrennung und Gestaltung — 251

Sei nicht so roh, raffiniert kommt man weiter — 251
    Trennung ohne Schmerz: Fraktionierte Destillation — 252
    Aufbruchstimmung: Katalytisches Cracken — 254
    Schieb mir mal was rüber: Katalytisches Reformieren — 254
Die Geschichte des Benzins — 255
    Wie gut ist Ihr Benzin: Oktanzahlen — 256
    Additive: Blei rein, Blei raus — 257

Kapitel 16
Polymere: Gleich und Gleich gesellt sich gern — 261

Natürliche Monomere und Polymere — 261
Wie man synthetische Monomere und Polymere klassifiziert — 263
    Brauchen wir nicht alle Strukturen? — 263
    Und wenn's mal heiß wird? — 263
    Was mache ich denn damit? — 264
    Wie wird's gemacht? — 264
Kunststoffe reduzieren, wiederverwenden, recyceln — 272

Kapitel 17
Chemie im Haushalt 273

Chemie in der Waschküche 273
  Alles im Reinen: Seife 275
  Weg mit dem Rand in der Wanne: Detergenzien 276
  Ach, ist das weich: Wasserenthärtung 277
  Weißer als weiß: Bleichmittel 278
Küchenchemie 279
  Alles sauber: Allzweckreiniger 279
  Spüli und Konsorten: Spülmittel 279
Chemie im Badezimmer 280
  Auch im Rachen lässt sich was machen: Zahnpasta 280
  Puh! Deodorants und Antitranspirants 280
  Weich und schön: Die Chemie der Hautpflege 281
  Waschen, färben, legen: Die Chemie der Haarpflege 286
Medizinschränkchen-Chemie 288
  Die Geschichte des Aspirins 289
  Minoxidil und Viagra 290

Kapitel 18
Hust! Hust! Keuch! Keuch! Luftverschmutzung 291

Zivilisation und Atmosphäre (oder: Wo der ganze Schlamassel anfängt) 291
Atmen oder nicht atmen: Unsere Atmosphäre 292
  Die Troposphäre: Hier bin ich Mensch, hier atme ich ein 292
  Die Stratosphäre: Schutzschild Ozonschicht 293
Hände weg von meinem Ozon: Haarspray, FCKWs und das Ozonloch 293
  Wie schädigen FCKWs die Ozonschicht? 294
  Werden FCKWs immer noch produziert? 295
Ist Ihnen auch so heiß? (Der Treibhauseffekt) 295
Braune Luft? (Photochemischer Smog) 296
  London-Smog 297
  Photochemischer Smog 297
»Ich zerrfliiiiiiiiiiiiießel!« – Saurer Regen 299
  Aufladen und raus damit: Elektrostatische Filter 301
  Spülwasser: Nasse Entschwefelung 302

Kapitel 19
Braunes, stinkendes Wasser? Wasserverschmutzung 303

Wo kommt unser Wasser her und wo fließt es hin? 303
  Verdunsten, kondensieren, wiederholen 304
  Wohin das Wasser fließt 304
Wasser: Eine höchst ungewöhnliche Substanz 305

Inhaltsverzeichnis

Igittigitt! Was unser Wasser verschmutzt	307
Das Blei ist noch nicht überall verschwunden: Verunreinigungen durch Schwermetalle	308
Saurer Regen	309
Infektiöse Erreger	309
Deponien	310
Wasserverschmutzung durch Agrarwirtschaft	311
Auch Hitze kann schaden: Thermische Verschmutzung	311
Brauchen Sie Sauerstoff? – BSB	312
Das müssen wir erst noch klären: Abwässer	312
Mechanische Abwasserreinigung	312
Biologische Abwasserreinigung	313
Chemische Abwasserreinigung	314
Trinkwasseraufbereitung	314

Teil V
Der Top-Ten-Teil 317

Kapitel 20
Zehn zufällige Entdeckungen in der Chemie 319

Archimedes: Alles mit Muße	319
Die Vulkanisierung von Gummi	320
Rechts und links drehende Moleküle	320
William Perkin und die Farbe Lila	320
Kekulé: Ein schöner Traum	321
Die Entdeckung der Radioaktivität	321
Eine schlüpfrige Sache: Teflon	321
Nicht nur für Sträflinge: Haftnotizen	322
Lass wachsen	322
Süßer als Zucker	322

Kapitel 21
Zehn Koryphäen der Chemie 323

Amedeo Avogadro	323
Niels Bohr	323
Madame Marie Curie	324
John Dalton	324
Michael Faraday	324
Antoine Lavoisier	324
Dimitri Mendelejew	325
Linus Pauling	325
Ernest Rutherford	325

Glenn Seaborg ... 326
Das Mädchen in der dritten Klasse, das mit Essig und Backpulver herumexperimentiert ... 326

Kapitel 22
Zehn nützliche Chemie-Websites ... **327**

Prof. Blumes Bildungsserver für Chemie ... 327
Naturwissenschaftliches Arbeiten ... 327
Gefährliche Stoffe ... 328
ChemLin.de ... 328
Bundesministerium für Umwelt, Naturschutz und Reaktorsicherheit ... 328
Chemieplanet ... 329
Interaktives Periodensystem ... 329
Chemikalien und Riechstoffe ... 329
Das Exploratorium ... 329
Deutsches Museum ... 330

Anhang A
Wissenschaftliche Einheiten: Das metrische System ... **331**

SI-Präfixe ... 331
Länge ... 332
Masse ... 332
Volumen ... 333
Temperatur ... 333
Druck ... 333
Energie ... 334

Anhang B
Wie man mit sehr großen und sehr kleinen Zahlen umgeht ... **335**

Exponentielle Schreibweise ... 335
Addition und Subtraktion ... 336
Multiplikation und Division ... 336
Zahlen potenzieren ... 336
Rechnen mit dem Taschenrechner ... 336

Anhang C
Methoden zur Umrechnung von Einheiten ... **339**

Anhang D
Relevante Stellen und das Runden — 343

    Zahlen: Genau und gezählt oder gerundet — 343
    Bestimmung der relevanten Stellen einer gemessenen Zahl — 344
    Die richtige Anzahl relevanter Stellen angeben — 344
        Addition und Subtraktion — 344
        Multiplikation und Division — 345
    Zahlen runden — 345

Stichwortverzeichnis — 347

Einführung

Die erste Hürde für das Verständnis der Chemie haben Sie bereits überwunden: Sie haben sich dieses Buch ausgesucht. Ich könnte mir vorstellen, dass viele Leute den Titel lesen, das Wort *Chemie* sehen und sich wieder entfernen, als flüchteten sie vor Pest-Bakterien.

Ich weiß nicht mehr, wie oft ich mich schon im Urlaub mit jemandem unterhalten habe, bis die gefürchtete Frage kam: »Was machen Sie eigentlich?«

»Ich bin Lehrer«, antwortete ich.

»Echt? Und was unterrichten Sie?«

Ich wappne mich, knirsche mit den Zähnen und antworte mit meiner freundlichsten Stimme: »Chemie.«

Ich sehe den gewissen Gesichtsausdruck und höre: »Wow, habe ich in der Schule abgewählt.« »War einfach zu schwierig.« Oder: »Sie müssen ziemlich schlau sein, wenn Sie Chemie unterrrichten.« Oder auch nur: »Tschüss!«

Ich glaube, viele Leute denken ähnlich, weil sie vermuten, die Chemie sei zu abstrakt, zu mathematisch und zu weit weg von der Realität ihres Lebens. Auf die eine oder andere Weise kommen wir jedoch alle mit Chemie in Berührung.

Erinnern Sie sich daran, wie Sie als Kind Wasser zum Sprudeln gebracht und aus Essig einen kleinen Vulkan gemacht haben? Kochen oder putzen Sie oder benutzen Sie Nagellackentferner? All das ist Chemie. Ich hatte als Kind niemals einen Chemiebaukasten, mochte aber schon immer die Naturwissenschaft. Mein Chemielehrer auf der High-School war ein großartiger Biologielehrer, hatte aber nicht so viel Ahnung von Chemie. Als ich jedoch auf einer anderen Schule meinen ersten Chemiekurs hatte, nahm mich das Labor regelrecht gefangen. Ich hatte Spaß an den vielen Farben und auch an den festen Stoffen, die man aus Lösungen gewinnen konnte. Und ich war davon fasziniert, neue Verbindungen synthetisch herzustellen, d.h. etwas zu produzieren, das vielleicht vorher noch niemand erzeugt hatte. Ich wollte unbedingt in einem Chemieunternehmen arbeiten und Forschung betreiben. Aber dann entdeckte ich meine zweite Leidenschaft: lehren.

Chemie wird manchmal »zentrale Wissenschaft« genannt (meistens von Chemikern), denn um Biologie, Geologie oder sogar Physik gut zu verstehen, wird ein gutes Verständnis der Chemie vorausgesetzt. Unsere Welt ist eine chemische, und ich hoffe, es wird ihnen Spaß machen, die chemische Natur unserer Welt zu entdecken – und dass Sie dann das Wort Chemie nicht mehr so schrecklich finden.

Über dieses Buch

Mein Ziel ist nicht, Sie mit diesem Buch zu einem Chemieguru zu machen. Ich möchte Ihnen einfach ein grundlegendes Verständnis einiger chemischer Schwerpunkte vermitteln, die im

Allgemeinen an höheren Schulen vorkommen. Wenn Sie einen Kurs besuchen, benutzen Sie dieses Buch einfach als Referenz in Verbindung mit Ihren Notizen und Ihrem Lehrbuch.

Den Leuten einfach nur beim Tennis zuzuschauen, aus welchem Grund auch immer, macht Sie noch nicht zu einem Tennisstar. Sie benötigen Praxis. Das Gleiche gilt natürlich auch für die Chemie. Sie ist kein Zuschauersport. Wenn Sie einen Chemiekurs besuchen, sollten Sie unbedingt auch praktisch arbeiten. Ich zeige Ihnen, wie man bestimmte Problemtypen anpackt – die Gasgesetze zum Beispiel. Benutzen Sie aber bitte das Lehrbuch für praktische Aufgaben. Okay, das ist Arbeit, kann aber eine Menge Spaß machen.

Wie man dieses Buch benutzt

Ich habe den Buchinhalt logisch (zumindest für mich) gegliedert. Das heißt aber nicht, dass Sie am Anfang des Buches beginnen und es bis zu Ende durchlesen müssen. Ich habe jedes Kapitel eigenständig konzipiert. Sie haben also die Freiheit, im Buch hin und her zu springen. Manchmal bekommen Sie ein besseres Verständnis, wenn Sie zu einem früheren Abschnitt zurückspringen. Um die erforderlichen HintergrundKapitel besser finden zu können, habe ich häufig Hinweise der Art »siehe Kapitel XX für weitere Informationen« im ganzen Buch verteilt.

Da ich ein Verfechter konkreter Beispiele bin, habe ich viele Illustrationen und Abbildungen in den Text integriert. Sie sind wirklich hilfreich beim Verständnis chemischer Zusammenhänge. Um Ihnen bei den mathematischen Aspekten zu helfen, habe ich die meisten Probleme in einzelne Schritte zerlegt, so dass es ihnen leicht fallen sollte, meinen Ausführungen zu folgen.

Obwohl ich den Stoff auf das Wichtigste entlang eines roten Fadens konzentriert habe, gibt es doch ein paar seitliche Verzweigungen. Sie sind interessant zu lesen (zumindest für mich), jedoch nicht wirklich wichtig zum Verständnis eines gewissen Themas. Sie können diese Teile deshalb auch überspringen. Dies ist Ihr Buch, benutzen Sie es, wie es Ihnen Spaß macht.

Voraussetzungen

Ich weiß nun wirklich nicht, warum Sie dieses Buch gekauft haben (oder kaufen werden – für den Fall, dass Sie noch im Buchladen stehen und sich bisher noch nicht entschließen konnten, eins oder zwei zu kaufen, um eines davon zu verschenken). Ich nehme jedoch an, Sie bereiten sich irgendwie auf einen Chemiekurs vor. Ich möchte auch annehmen, dass Sie einigermaßen vertraut mit Arithmetik und Algebra sind, um etwa eine Gleichung nach einer Unbekannten aufzulösen. Außerdem setze ich das Vorhandensein eines wissenschaftlichen Taschenrechners voraus.

Sollten Sie dieses Buch für den persönlichen Kick kaufen wollen – ohne besondere Absicht oder einem bevorstehenden Chemiekurs – haben Sie meinen Applaus und ich hoffe, Sie haben viel Spaß an diesem Abenteuer.

Wie ist dieses Buch aufgebaut?

Ich habe die einzelnen Themen in logischer Folge aneinander gereiht – im Prinzip auf dieselbe Art, wie ich meine Kurse für Nichtwissenschaftler und Erstsemester organisiere. Ich habe auch ein paar Kapitel zur Umweltchemie – Luft- und Wasserverschmutzung – hinzugefügt, weil diese Themen so häufig in der Zeitung stehen. Ich habe außerdem noch Material in den Anhängen hinzugefügt, das für Sie hilfreich sein könnte – insbesondere Anhang C zur Methodik der Umformung von Einheiten im Rahmen von bestimmten Problemen.

Im Folgenden finden Sie einen Überblick über alle Teile dieses Buches.

Teil I: Grundlegende Konzepte der Chemie

In diesem Teil führe ich Sie in die wirklich elementaren Konzepte der Chemie ein. Ich definiere die Chemie selbst und zeige, wie sie sich in die anderen Wissenschaftszweige einfügt (natürlich in der Mitte). Ich zeige Ihnen die Welt der Chemie um Sie herum und außerdem, warum die Chemie für Sie wichtig sein sollte. Ich zeige Ihnen außerdem die drei Zustände der Materie und wie diese in einen anderen Zustand überführt werden – natürlich unter Berücksichtigung der damit verbundenen Energieänderungen.

Über die Behandlung der makroskopischen Welt hinaus, wie zum Beispiel das Schmelzen von Eis, erfahren Sie etwas über die mikroskopische Welt der Atome. Ich erkläre die Teilchen, aus denen sich das Atom zusammensetzt – Protonen, Neutronen und Elektronen –, und zeige Ihnen auch, wo sich diese Teilchen im Atom befinden.

Sie erfahren, wie man das Periodensystem der Elemente, ein unverzichtbares Werkzeug für Chemiker, anwendet. Sie gehen mit mir bis zum Atomkern, erfahren etwas über Radioaktivität, die Kohlenstoff(C14)-Altersbestimmung, über Kernspaltungs- und Fusionsreaktoren und sogar etwas über die so genannte kalte Fusion. Nach diesem Kapitel werden Sie selbst strahlen.

Teil II: Drum prüfe, wie sich Atome verbinden

Dieser Teil liefert Ihnen etwas wirklich Nützliches: die chemische Bindung. In Kapitel 6 zeige ich Ihnen, wie man Tafelsalz erzeugt, nämlich durch Ionenbindung. In Kapitel 7 behandele ich dann die kovalente Bindung im Wassermolekül. Ich erläutere, wie man Millionen Bindungen benennt und wie man Strukturformeln gemäß Lewis zeichnet. Ich kann Ihnen sogar zeigen, wie einige diese Moleküle aussehen. Entspannen Sie sich, ich werde Ihnen das entsprechende technische Kauderwelsch rechtzeitig erklären.

Sie erfahren in diesem Teil auch etwas über chemische Reaktionen. Sie erhalten ein paar Beispiele verschiedener Arten chemischer Reaktionen und wie diese ins Gleichgewicht gebracht werden. (Sie haben doch nicht wirklich geglaubt, ich könnte dem widerstehen?) Ich behandle Faktoren, die die Reaktionsgeschwindigkeit betreffen, und erkläre, warum Chemiker nur selten so viel Reaktionsprodukt erzeugen, wie sie erwarten. Wir werden ebenso den Elektronentransfer in so genannten Redox-Reaktionen diskutieren, wie sie beim Galvanisieren und bei Fotobatterien vorkommen. Ich hoffe, in diesem Teil geht Ihnen ein Licht auf.

Teil III: Das Mol: Der beste Freund des Chemikers

In diesem Teil führe ich in das Mol-Konzept ein. Komischer Name, gebe ich zu. Aber ein Mol ist für Ihr Verständnis chemischer Berechnungen von zentraler Bedeutung. Es versetzt Sie in die Lage, die Menge an Stoffen für eine bestimmte chemische Reaktion zu bestimmen und die Menge der erzeugten Reaktionsprodukte zu berechnen. Ich schreibe darüber hinaus über Lösungen und darüber, wie man deren Konzentration berechnet beziehungsweise bestimmt. Ich erkläre auch, warum ich auch im Sommer den Frostschutz in meinen Heizkörpern lasse und warum ich Salz hinzufüge, wenn ich Eiscreme zubereite.

Sie erhalten ferner saure und bittere Details über Säuren, Basen, pH-Werte und Mittel gegen Magensäure. Ich zeige Ihnen natürlich auch die Eigenschaften von Gasen. Im Kapitel über Gase lernen Sie so viele Gesetze kennen (das Boylesche Gesetz, Charles' Gesetz, das Gesetz von Gay-Lussac, das allgemeine Gasgesetz, das ideale Gasgesetz, Avogadros Gesetz und vieles mehr), dass Sie sich am Schluss wie ein Rechtsanwalt fühlen.

Teil IV: Chemie im Alltag: Nutzen und Probleme

In diesem Teil zeige ich Ihnen die Chemie des Kohlenstoffs, auch organische Chemie genannt. Wir widmen einige Zeit den Kohlenwasserstoffen, da diese in unserer Gesellschaft als Energiequelle so wichtig sind, und ich führe Sie in einige organische Funktionsgruppen ein. In Kapitel 15 zeige ich Ihnen eine praktische Anwendung der organischen Chemie – das Raffinieren von Petroleum zu Benzin. In Kapitel 16 werden Sie sehen, wie dasselbe Petroleum zur Synthese von Polymeren verwendet werden kann. Ich behandle ein paar verschiedene Typen von Polymeren, wie sie hergestellt und angewendet werden.

Ich zeige Ihnen in diesem Teil auch ein vertrautes Chemielabor – das Zuhause – und Sie erfahren etwas über Reinigungsmittel, Spülmittel, Kosmetik, Pflegemittel für Haare und Medizin. Wir diskutieren dann einige Probleme der Gesellschaft, mit der sich die Industrie auf der ganzen Welt auseinander zu setzen hat: Ich meine die Luft- und Wasserverschmutzung. Ich hoffe, Sie gehen nicht im »Smog« verloren.

Teil V: Der Top-Ten-Teil

In diesem Teil führe ich Sie zu den zehn größten Entdeckungen in der Chemie, stelle Ihnen zehn großartige Chemie-Genies vor und weise Sie auf zehn nützliche Chemie-Internetseiten hin. Ich wollte auch noch meine zehn Lieblings-Chemiesongs bringen, mir fielen aber nur neun ein – schade.

Ich habe auch noch einige Anhänge geschrieben, die Ihnen bei mathematischen Problemen helfen könnten. Ich erläutere wissenschaftliche Einheiten, wie man besonders große oder besonders kleine Zahlen handhabt, eine einfache Umrechnungsmethode für Einheiten und wie man Berichte mit Hilfe der so genannten signifikanten Abbildung erzeugt.

Icons, die in diesem Buch verwendet werden

Wenn Sie schon andere *für Dummies*-Bücher gelesen haben, dann kennen Sie natürlich die Icons, die in diesem Buch verwendet werden. Aber hier ist noch mal eine kurze Erklärung für all diejenigen, die damit nicht so vertraut sind:

Dieses Icon verweist auf einen Tipp für den schnellsten Weg und/oder leichtesten Weg, eine Aufgabe durchzuführen oder ein Konzept zu erforschen. Es stellt gewisses Material bereit, dessen Kenntnis ganz einfach nützlich ist, und weiteres Material, das Ihnen Zeit und Frust erspart.

Dieses Erinnerungs-Icon soll einen Anstoß dafür liefern, diese Sache wirklich wichtig zu nehmen und sich zu merken.

Ich verwende dieses Zeichen, wenn ich einen Sicherheitshinweis geben möchte, insbesondere, wenn ich beschreibe, wie chemische Substanzen zu mischen sind.

Ich verwende dieses Icon relativ selten, da ich den Inhalt möglichst einfach gehalten habe. In den Fällen aber, in denen ich meine Erklärungen über das Basiswissen hinaus ausweite, zeige ich das mit diesem Icon an. Man kann über diese Stelle natürlich hinwegspringen, aber es könnte ja sein, dass Sie an einer detaillierteren Beschreibung einer Sache interessiert sind.

Wie geht es von hier aus weiter?

Das liegt wirklich ganz bei Ihnen und Ihren Vorkenntnissen. Wenn Sie etwas ganz Bestimmtes klären möchten, schlagen Sie ruhig das Kapitel oder diesen Abschnitt hierzu auf. Wenn Sie ein echter Neuling sind, beginnen Sie einfach bei Kapitel 1 und lesen von hier aus weiter. Wenn Sie schon ein kleiner Chemiker sind, schauen Sie sich bitte noch einmal Kapitel 3 an und springen dann in Teil II. Kapitel 10 über das Mol ist sehr wichtig, ebenso Kapitel 13 über Gase.

Wenn Sie nur daran interessiert sind, etwas über die Chemie in Ihrem täglichen Leben zu erfahren, lesen Sie Kapitel 1 und springen dann in die Kapitel 16 und 17. Wenn Sie am meisten an Umweltchemie interessiert sind, gehen Sie zu Kapitel 18 und 19. Eigentlich können Sie nichts verkehrt machen. Ich hoffe, Sie haben an Ihrem Chemietrip viel Spaß.

Teil I

Grundlegende Konzepte der Chemie

In diesem Teil ...

Wenn Sie neu in der Chemie sind, sieht das Ganze vielleicht etwas Furcht erregend aus. Ich begegne jeden Tag Studenten, die sich selbst verrückt machen, indem sie sich einreden, für die Chemie nicht geeignet zu sein.

Jeder kann die Chemie begreifen. Wenn Sie kochen, putzen oder einfach nur da sind, sind Sie Teil der chemischen Welt.

Ich arbeite viel mit Grundschülern und sie lieben Naturwissenschaften. Ich zeige ihnen ein paar chemische Reaktionen (Essig mit Soda zum Beispiel) und schon drehen sie durch. Ich hoffe, es geht Ihnen genauso.

Die Kapitel von Teil I vermitteln Ihnen den grundlegenden Hintergrund der Chemie. Ich erzähle Ihnen etwas über die Materie und die Zustände, in denen sie sich befinden kann. Ich sage etwas über die Energie einschließlich der Methoden, wie sie gemessen wird. Ich diskutiere die mikroskopische Welt des Atoms und seine grundlegenden Bestandteile. Ich erläutere auch das Periodensystem, das nützlichste Werkzeug für den Chemiker. Sie erfahren auch etwas über Radioaktivität, Kernreaktoren und Atombomben.

Dieser Teil entführt Sie auf eine lustige Reise. Werfen Sie die Maschine schon mal an ...

Was ist Chemie und warum sollte man darüber etwas wissen?

In diesem Kapitel
▸ Die Wissenschaft von der Chemie definieren
▸ Einen Überblick über Bereiche der Chemie erhalten
▸ Überall ist Chemie

Wenn Sie einen Kurs in Chemie belegen, kann es sein, dass Sie dieses Kapitel auslassen und direkt zu dem Bereich springen wollen, mit dem Sie Schwierigkeiten haben. Aber, wenn Sie dieses Buch gekauft haben, um zu entscheiden, ob Sie einen Kurs in Chemie belegen oder ob es Spaß macht, etwas Neues zu entdecken, möchte ich Sie ermutigen, dieses Kapitel zu lesen. Ich setze die Stufe für den Rest des Buches hier dadurch, dass ich Ihnen zeige, was Chemie ist, was Chemiker tun, und warum Sie an Chemie wirklich interessiert sein sollten.

Mir macht Chemie richtig Spaß. Sie ist viel mehr als eine einfache Sammlung von Fakten und ein Gebilde von Wissen. Ich denke, es ist faszinierend zu beobachten, wie chemische Veränderungen stattfinden, Unbekanntes herauszufinden, Instrumente zu benutzen, die Sinne zu erweitern und Voraussagen zu machen und zu begreifen, warum sie richtig oder falsch sind. Alles fängt hier mit den Grundlagen an – herzlich willkommen in der faszinierenden Welt der Chemie.

Was ist genau Chemie?

Einfach ausgedrückt, behandelt dieser ganze Zweig der Wissenschaft alles über Materie, die irgendetwas ist, das Masse hat und Platz einnimmt. Chemie ist die Studie über die Zusammensetzung und die Eigenschaften der Materie und die Veränderungen, denen sie ausgesetzt ist.

Chemie kommt hauptsächlich dort ins Spiel, wo Veränderungen stattfinden. Materie besteht entweder aus reinen Substanzen oder aus Mischungen davon. Die Veränderung von einer Substanz in eine andere nennen die Chemiker *chemische Änderung* oder *chemische Reaktion*. Wenn diese stattfindet, ist das ein Höhepunkt im Leben des Chemikers, denn es entsteht etwas gänzlich Neues (siehe Kapitel 2 zu den Details hierzu).

Zweige der Chemie

Chemie ist so umfassend, dass sie anfänglich in verschiedene Spezialbereiche unterteilt wurde. Heute jedoch gibt es ein hohes Maß an Überlappung zwischen den verschiedenen Bereichen der Chemie, genau wie bei den verschiedenen Wissenschaften. Hier sind die traditionellen Bereiche der Chemie:

- ✔ **Analytische Chemie:** Dieser Zweig befasst sich mit der Analyse von Substanzen. Es kann sein, dass Chemiker aus diesem Bereich versuchen herauszufinden, welche Substanzen in einer Mischung (qualitative Analyse) sind oder wie viel von einer besonderen Substanz darin enthalten ist (quantitative Analyse). In der analytischen Chemie finden wir eine große Menge verschiedenster Laborinstrumente.

- ✔ **Biochemie:** Dieser Zweig spezialisiert sich auf lebende Organismen. Biochemiker studieren die chemischen Reaktionen, die auf dem molekularen Niveau eines Organismus stattfinden – der Ebene, in der die Dinge mit bloßem Auge nicht mehr wahrgenommen werden können. Biochemiker studieren Prozesse wie Verdauung, Stoffwechsel, Vermehrung, Atmung usw. Manchmal ist es schwierig, zwischen einem Biochemiker und einem molekularen Biologen zu unterscheiden, weil sie beide Systeme auf einer mikroskopischen Ebene studieren. Jedoch konzentriert sich ein Biochemiker wirklich mehr auf die Reaktionen, die auftreten.

- ✔ **Biotechnik:** Dies ist ein relativ neuer Bereich der chemischen Wissenschaft. Es ist die Anwendung von Biochemie und Biologie, wenn es darum geht, genetisches Material oder Organismen für bestimmte Zwecke zu schaffen oder zu modifizieren. Es wird in solchen Bereichen wie dem Klonen oder der Schaffung von krankheitsresistenten Ernten verwendet, und sie hat die potenziellen Möglichkeiten, genetische Krankheiten zukünftig zu eliminieren.

- ✔ **Anorganische Chemie:** Dieser Zweig befasst sich mit dem Studium anorganischer Verbindungen wie den Salzen. Er schließt das Studium über die Struktur und die Eigenschaften dieser Verbindungen ein. Dazu gehört auch das Studium der einzelnen Elemente der Verbindungen. Anorganische Chemiker würden wahrscheinlich sagen, es handele sich um das Studium aller Verbindungen ohne den Kohlenstoff. Diesen überlassen sie den organischen Chemikern.

Was sind nun Verbindungen und Elemente? Sie sind die Anatomie der Materie. Materie besteht entweder aus reinen Substanzen oder Mischungen aus reinen Substanzen. Substanzen selbst bestehen entweder aus Elementen oder Verbindungen daraus. (Kapitel 2 gliedert die Anatomie der Materie. Und wie bei allen Dingen der Zergliederung ist es am besten, vorbereitet zu sein – mit einer Nasenklammer und leerem Magen.)

- ✔ **Organische Chemie:** Diese ist das Studium des Kohlenstoffs und seiner Verbindungen. Es ist wahrscheinlich der organisierteste Bereich der Chemie – aus gutem Grund. Es gibt Millionen organische Verbindungen und Tausende, die jedes Jahr neu entdeckt oder geschaffen werden. Industrien wie die Kunststoffindustrie, die Ölindustrie und die Pharmaindustrie verlassen sich auf organische Chemiker.

- ✔ **Physikalische Chemie:** Dieser Zweig analysiert, wie und warum sich ein chemisches System so verhält, wie es das tut. Physikalische Chemiker studieren die physikalischen Eigenschaften und das physikalische Verhalten der Materie und versuchen, Modelle und Theorien zu entwickeln, die dieses Verhalten bechreiben.

Was ist Wissenschaft?

Wissenschaft ist viel mehr als eine Sammlung von Fakten, Zahlen, Kurven und Schreibtischen. Wissenschaft ist eine Methode, das physische Universum zu prüfen. Es ist eine spezielle Art, Fragen zu stellen und zu beantworten. Wissenschaft wird am besten durch die Persönlichkeit der Wissenschaftler selbst beschrieben: Sie sind skeptisch – sie müssen ja in der Lage sein, Phänomene zu prüfen. Und sie halten die Ergebnisse ihrer Experimente vorläufig fest und warten darauf, dass ein anderer Wissenschaftler sie widerlegt. Was nicht getestet werden kann, ist keine Wissenschaft. Wissenschaftler wundern sich, wollen das »Warum« herausfinden, und sie experimentieren – sie sind in dieser Beziehung wie kleine Kinder. Vielleicht ist dies eine gute Definition von Wissenschaftlern – sie sind Erwachsene, die die Wunder der Natur und den Wunsch zu lernen nie aus den Augen verloren haben.

Makroskopische und mikroskopische Perspektive

Die meisten Chemiker, die ich kenne, arbeiten wie selbstverständlich in zwei Welten. Die eine ist die makroskopische Welt, die Sie und ich wahrnehmen, fühlen und berühren. Dies ist die Welt der fleckigen Laborkittel und Dinge wie Natriumchlorid abzuwiegen, um Dinge wie Wasserstoffgas zu schaffen. Dies ist die Welt der Versuche oder das, was einige Nichtwissenschaftler die »wirkliche Welt« nennen.

Aber Chemiker arbeiten auch in der mikroskopischen Welt, die Sie und ich nicht direkt sehen, fühlen oder berühren können. Hier arbeiten Chemiker mit Theorien und Modellen. Sie können das Volumen und den Druck eines Gases in der makroskopischen Welt messen, aber sie müssen die Messungen geistig in die mikroskopische Welt übersetzen, wie klein die Gaspartikel auch sind.

Wissenschaftler sind oft daran gewöhnt, zwischen diesen beiden Welten vor und zurück zu schalten, ohne dass sie dies real bemerken. Ein Auftreten oder eine Beobachtung in der makroskopischen Welt generiert eine auf die mikroskopische Welt bezogene Idee und umgekehrt. Sie könnten meinen, dass dieser Fluss von Ideen zunächst etwas irritiert. Aber, sobald Sie die Chemie kennen lernen, stellen Sie fest, dass so etwas zur zweiten Natur wird.

Reine und angewandte Chemie

In der reinen Chemie sind Chemiker frei, das zu tun, wofür sich die Forschung auch immer interessiert – oder, welchen Forschungsauftrag auch immer sie bekommen. Es gibt hier keine wirkliche Erwartung praktischer Anwendung. Der Forscher will einfach »wissen um des Wissens willen«. Diese Art von Forschung (oft auch Grundlagenforschung genannt) wird am häufigsten an Schulen und Universitäten durchgeführt. Der Chemiker setzt Studenten und Graduierte für die Forschung ein. Diese Arbeit ist Teil der beruflichen Ausbildung des Studenten. Der Forscher gibt seine Ergebnisse in professionellen Zeitschriften heraus, damit andere Chemiker diese prüfen und ggf. widerlegen können. Geld ist fast immer ein Problem, weil das Experimentieren, die Chemikalien und die Ausrüstung ziemlich teuer sind.

In angewandter Chemie arbeiten Chemiker normalerweise für private Unternehmen. Ihre Forschung ist auf ein sehr bestimmtes, vom Unternehmen gesetztes kurzfristiges Ziel gerichtet – Produktverbesserung oder die Entwicklung einer krankheitsresistenten Maissorte zum Beispiel. Normalerweise ist bei angewandter Chemie mehr Geld für Ausrüstung und Instrumente verfügbar, aber es gibt auch hier den Druck, den Zielen des Unternehmens zu dienen.

Diese beiden Arten der Chemie, rein und angewandt, besitzen dieselben grundsätzlichen Unterschiede wie Wissenschaft und Technik. In der Wissenschaft ist das Ziel einfach der Erwerb des Wissens. Dort muss es scheinbar keine praktische Anwendung geben. Wissenschaft ist einfach Wissen um des Wissens willen. Technik ist die Anwendung der Wissenschaft in Richtung eines sehr bestimmten Ziels.

Es gibt einen Platz in unserer Gesellschaft für Wissenschaft und Technik – ebenso für die zwei Arten der Chemie. Der reine Chemiker generiert Daten und Information, die dann vom »angewandten« Chemiker genutzt werden. Beide Arten von Chemikern haben ihre eigenen Stärken, Probleme und auch den Druck. Tatsächlich werden viele Universitäten wegen der geringeren Forschungsmittel immer mehr in das Entwickeln von gewinnträchtigen Patenten involviert und für Technologietransfers in den privaten Sektor bezahlt.

Was macht nun der Chemiker den lieben langen Tag?

Sie können die Aktivitäten eines Chemikers in diese größeren Kategorien einteilen:

- ✔ **Chemiker analysieren Substanzen.** Sie stellen fest, was und wie viel davon in einer Substanz ist. Sie analysieren Festkörper, Flüssigkeiten und Gase. Es kann sein, dass sie versuchen, die aktive Zusammensetzung in einer in der Natur gefundenen Substanz zu finden, oder es kann sein, dass sie Wasser analysieren, um zu sehen, wie viel Blei darin ist.

- ✔ **Chemiker schaffen oder synthetisieren neue Substanzen.** Es kann sein, dass sie versuchen, die synthetische Version einer Substanz zu schaffen, die man in der Natur gefunden hat. Oder sie können eine ganz neue und einzigartige Verbindung schaffen. Es kann sein, dass sie versuchen, einen Weg zu finden, Insulin zu synthetisieren. Sie können einen neuen Kunststoff, eine Tablette oder eine Farbe schaffen. Oder es kann sein, dass sie versuchen, einen neueren, effizienteren Verfahrensprozess zu finden, um diesen für die Herstellung eines bestehenden Produkts zu verwenden.

- ✔ **Chemiker schaffen Modelle und testen die Vorhersagekraft von Theorien.** Dieser Bereich der Chemie wird als *theoretische Chemie* bezeichnet. Chemiker, die in diesem Zweig der Chemie arbeiten, benutzen Computer, um chemische Systeme zu modellieren. Ihre Welt ist die der Mathematik und der Computer. Manche dieser Chemiker besitzen nicht einmal einen Laborkittel.

- ✔ **Chemiker messen die physikalischen Eigenschaften von Substanzen.** Sie messen die Schmelz- und Siedepunkte neuer Verbindungen. Sie können die Stärke eines neuen Polymerstrangs messen oder die Oktanzahl es Benzins bestimmen.

Die wissenschaftliche Methode

Wissenschaftliche Methodik wird normalerweise als die Art beschrieben, wie Wissenschaftler vorgehen, die Welt um sie herum zu prüfen. Tatsächlich gibt es keine wissenschaftliche Methode, die ausnahmslos angewendet wird, aber die, die ich hier behandele, beschreibt die meisten kritischen Schritte, die Wissenschaftler früher oder später hinter sich bringen müssen.

Wissenschaftler machen Beobachtungen und beachten Fakten, die irgendetwas im Universum betreffen. Die Beobachtungen können eine Frage oder ein Problem hervorbringen, das der Forscher dann lösen will. Er oder sie kommt zu einer Hypothese, einer versuchsweisen Erklärung, die mit den Beobachtungen übereinstimmt. Der Forscher entwirft dann Experimente, um die Hypothese zu testen. Dieser Versuch generiert Beobachtungen oder Fakten, die verwendet werden können, um dann eine andere Hypothese zu generieren oder die vorhandene zu modifizieren. Dann werden weitere Versuche angestellt und die Schleife setzt sich weiter fort.

In der seriösen Wissenschaft endet diese Schleife nie. Wie Wissenschaftler in ihren wissenschaftlichen Fähigkeiten fortgeschrittener werden und immer bessere Instrumente bauen, werden ihre Hypothesen immer wieder geprüft. Aber ein paar Dinge können sich aus dieser Schleife ergeben. Zuerst könnte ein Gesetz gefunden werden. Ein Gesetz ist eine Verallgemeinerung dessen, was im untersuchten wissenschaftlichen System geschieht. Und wie die Gesetze, die für das juristische System geschaffen wurden, müssen wissenschaftliche Gesetze manchmal auf der Grundlage von neuen Fakten modifiziert werden. Eine Theorie oder ein Modell kann auch als Theorie vorgeschlagen werden. Eine Theorie oder ein Modell versucht, zu erklären, warum etwas geschieht. Es ist ähnlich wie eine Hypothese, jedoch von weit höherer Evidenz. Die Macht der Theorie oder des Modells ist Vorhersage. Wenn der Wissenschaftler das Modell dazu verwenden kann, ein gutes Verständnis des Systems zu erzielen, dann kann er, basierend auf dem Modell, Voraussagen machen und sie dann mit weiteren Experimenten überprüfen. Die Beobachtungen im Rahmen dieser Experimente können wieder dazu verwendet werden, die Theorie oder das Modell zu verfeinern oder zu modifizieren, und starten auf diese Art eine weitere wissenschaftliche Schleife. Wann das endet? – Niemals.

Und wo arbeiten Chemiker tatsächlich?

Es kann sein, dass Sie denken, dass man alle Chemiker tief in einem muffigen Labor findet, wo sie für irgendeine große Chemiegesellschaft arbeiten. Chemiker haben jedoch eine Vielzahl von Aufgaben in einer großen Vielfalt von Arbeitsstellen:

- ✔ **Chemiker in der Qualitätskontrolle:** Diese Chemiker analysieren Rohstoffe, Zwischenprodukte und Endprodukte, damit man sich vergewissern kann, dass deren Reinheit in den vorgeschriebenen Rahmen fällt. Sie bieten auch technische Unterstützung für den Kunden oder analysieren zurückgegebene Produkte. Viele dieser Chemiker lösen oft Probleme bereits innerhalb des Herstellungsprozesses.

- **Industriechemiker:** Chemiker in diesem Beruf führen eine große Zahl physikalischer und chemischer Tests durch. Sie können neue Produkte entwickeln, aber auch vorhandene Produkte verbessern. Es kann sein, dass sie mit besonderen Kunden arbeiten, um Produkte zu spezifizieren, die einen bestimmten Bedarf decken. Ferner liefern sie technischen Kundensupport.

- **Vertriebschemiker:** Chemiker können als Vertreter für Gesellschaften arbeiten, die Chemikalien oder Pharmaka verkaufen. Sie können ihre Kunden besuchen und sie über neu entwickelte Produkte informieren. Oft helfen sie auch ihren Kunden, Probleme zu lösen.

- **Gerichtschemiker (Forensischer Chemiker):** Diese Chemiker analysieren Proben von Tatorten von Verbrechen oder prüfen das Vorhandensein von Medikamenten (z.B. im Blut). Sie können auch bei Gericht als sachverständige Zeugen aussagen.

- **Umweltchemiker:** Diese Chemiker können für Kläranlagen, ein Umweltamt, die Energiebehörde oder ähnliche Einrichtungen arbeiten. Diese Art der Arbeit zieht Leute an, die Chemie mögen, aber auch gerne in die Natur hinausgehen. Sie gehen oft hinaus, um ihre Proben selbst zu holen.

- **Restauration von Kunst und historischen Arbeiten:** Es kann sein, dass Chemiker daran arbeiten, Bilder oder Statuen wiederherzustellen, oder sie versuchen, Fälschungen aufzudecken. Wenn Luft- und Wasserverschmutzung künstlerische Arbeiten zerstören, arbeiten diese Chemiker daran, diese ererbten Werte zu erhalten.

- **Chemielehrer:** Chemiker, die als Pädagogen arbeiten, lehren Physik und Chemie an öffentlichen Schulen. Oder auch an Hochschulen und Universitäten. Universitätsprofessoren betreiben Forschung und arbeiten oft mit Diplomanden und Doktoranden.

Diese sind nur einige der Berufe, in denen sich Chemiker wiederfinden können. Ich habe dabei noch nicht einmal die Juristerei, die Medizin, technische Dokumentation, Unternehmensberatung oder gar die Politik genannt. Chemiker sind an fast jedem Aspekt der Gesellschaft beteiligt. Einige Chemiker schreiben sogar Bücher.

Wenn Sie nicht daran interessiert sind, Chemiker zu werden, warum sollten Sie trotzdem an Chemie interessiert sein? (Die Antwort ist wahrscheinlich »um eine Prüfung zu bestehen«.) Chemie ist ein integraler Bestandteil unserer täglichen Welt und etwas über Chemie zu wissen hilft, mit unserer alltäglichen technischen und chemischen Umwelt besser zurechtzukommen.

Materie und Energie

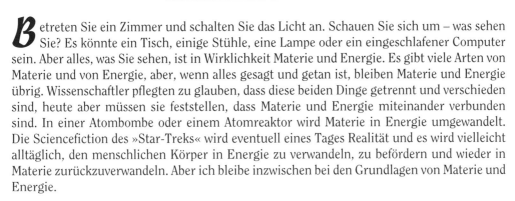

In diesem Kapitel

- Die Zustände der Materie und ihrer Änderungen verstehen
- Zwischen reinen Substanzen und Mischungen unterscheiden
- Informationen über das metrische System bekommen
- Eigenschaften chemischer Substanzen prüfen
- Verschiedene Arten der Energie entdecken
- Energie in chemischen Bindungen messen

Betreten Sie ein Zimmer und schalten Sie das Licht an. Schauen Sie sich um – was sehen Sie? Es könnte ein Tisch, einige Stühle, eine Lampe oder ein eingeschlafener Computer sein. Aber alles, was Sie sehen, ist in Wirklichkeit Materie und Energie. Es gibt viele Arten von Materie und von Energie, aber, wenn alles gesagt und getan ist, bleiben Materie und Energie übrig. Wissenschaftler pflegten zu glauben, dass diese beiden Dinge getrennt und verschieden sind, heute aber müssen sie feststellen, dass Materie und Energie miteinander verbunden sind. In einer Atombombe oder einem Atomreaktor wird Materie in Energie umgewandelt. Die Sciencefiction des »Star-Treks« wird eventuell eines Tages Realität und es wird vielleicht alltäglich, den menschlichen Körper in Energie zu verwandeln, zu befördern und wieder in Materie zurückzuverwandeln. Aber ich bleibe inzwischen bei den Grundlagen von Materie und Energie.

In diesem Kapitel behandele ich die zwei Grundbestandteile des Universums – Materie und Energie. Ich prüfe die verschiedenen Zustände von Materie und das, was geschieht, wenn Materie von einem Zustand in einen anderen übergeht. Ich zeige Ihnen, wie das metrische System verwendet wird, um Materie und Energie zu messen, und wie ich die verschiedenen Arten der Energie prüfe und messe.

Zustände der Materie: Makroskopische und mikroskopische Sicht

Sehen Sie sich um. All das Zeug um Sie herum, das Sie sehen – der Stuhl, das Wasser, das Sie trinken, das Papier, worauf dieses Buch gedruckt ist, ist Materie. Materie ist der materielle Teil des Universums. Sie ist irgendwas, das Masse hat und Platz einnimmt. (Später in diesem Kapitel stelle ich Ihnen die Energie, den anderen Teil des Universums, vor.) Materie kann in einem von drei Zuständen existieren: fest, flüssig und gasförmig.

Festkörper

Die makroskopische Ebene ist diejenige, in der wir direkt mit unseren Sinnen einen festen Körper bemerken, mit einer festen Form und einem festen Volumen. Denken Sie an einen Eiswürfel in einem Glas – es ist ein Festkörper. Sie können den Eiswürfel leicht wiegen und sein Volumen messen. Auf der mikroskopischen Ebene (wo Sachen so klein sind, dass der Mensch sie nicht direkt beobachten kann) sind die Partikel, die das Eis ausmachen, sehr nah zusammen und bewegen sich nur geringfügig (siehe Abbildung 2.1).

Der Grund, warum die Partikel, die das Eis ausmachen, (auch als Wassermoleküle bekannt), nah beisammen sind und nur kleine Bewegungen machen, ist der, dass in vielen Festkörpern die Partikel in eine starre, regelmäßig aufgebaute Struktur, das Kristallgitter, eingebunden sind. Die Partikel, die im Kristallgitter enthalten sind, bewegen sich zwar immer noch, aber sehr wenig – es ist mehr eine leichte Vibration. Je nach den Partikeln kann dieses Kristallgitter von verschiedenster Form sein.

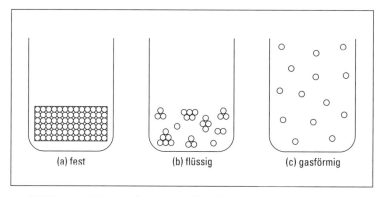

Abbildung 2.1: Fester, flüssiger und gasförmiger Zustand der Materie

Flüssigkeiten

Wenn ein Eiswürfel schmilzt, wird er eine Flüssigkeit. Im Gegensatz zu Festkörpern haben Flüssigkeiten keine feste Form, aber sie haben ein festes Volumen, genau wie feste Körper. Zum Beispiel hat eine Tasse Wasser in einem hohen engen Glas eine andere Form als eine Tasse Wasser auf einem Suppenteller, aber in beiden Fällen ist das Volumen der Tasse gleich – eine Tasse. Warum? Die Partikel in Flüssigkeiten sind viel weiter auseinander als die Partikel in Festkörpern, und sie bewegen sich auch viel mehr herum (siehe Abbildung 2.1 b). Obwohl die Partikel in Flüssigkeiten weiter auseinander sind als in Festkörpern, kann es sein, dass einige Partikel in Flüssigkeiten immer noch nahe beieinander sind, zusammengeballt in kleinen Gruppen. Weil die Partikel in Flüssigkeiten weiter auseinander sind, sind die Anziehungskräfte zwischen ihnen nicht so stark, wie sie in Festkörpern sind, weshalb Flüssigkeiten ja keine sichere Form haben. Jedoch sind diese Anziehungskräfte stark genug, die Substanz in einer großen Masse – einer Flüssigkeit – gefangen zu halten.

Gase

Wenn Sie Wasser erhitzen, können Sie es in Dampf umwandeln, die gasförmige Form des Wassers. Ein Gas hat keine feste Form und kein festes Volumen. In einem Gas sind Partikel viel weiter voneinander entfernt als in Festkörpern oder Flüssigkeiten (siehe Abbildung 2.1 c) und sie bewegen sich weitestgehend unabhängig voneinander. Wegen der Entfernung zwischen den Partikeln und der unabhängigen Bewegung dehnt sich Gas aus, um den Bereich zu füllen, in dem es sich befindet (und es hat so auch keine feste Form).

Eis in Alaska, Wasser in Texas: Materie wechselt den Zustand

Wenn eine Substanz von einem Zustand der Materie in einen anderen übergeht, nennen wir diesen Prozess eine *Zustandsänderung*. Während dieses Prozesses treten einige ziemlich interessante Dinge auf.

Ich löse mich auf! Oh, was für eine Welt!

Stellen Sie sich vor, Sie nehmen ein großes Stück Eis aus Ihrem Kühlschrank und legen es in einen großen Topf auf Ihrem Herd. Wenn Sie die Temperatur des Eises messen, kann es sein, dass Sie zum Beispiel -5° Celsius messen, oder so. Wenn Sie die Temperatur ablesen, während Sie das Eis erhitzen, stellen Sie fest, dass die Temperatur des Eises anzusteigen beginnt, da die Hitze vom Ofen bewirkt, dass die Eispartikel beginnen, schneller und schneller im Kristallgitter zu vibrieren. Nach einer Weile bewegen sich manche der Moleküle so schnell, dass sie frei das Gitter verlassen und das Kristallgitter (das seinen festen Körper zunächst behält) schließlich auseinander bricht. Der Festkörper beginnt, von einem festen Zustand in einen flüssigen überzugehen, was wir schmelzen nennen. Die Temperatur, bei der das Schmelzen beginnt, wird der *Schmelzpunkt (GP* wie *Gefrierpunkt* s.u.) der Substanz genannt. Der Schmelzpunkt für Eis ist 32° Fahrenheit oder 0° Celsius.

Wenn Sie die Temperatur des Eises beobachten, wenn es schmilzt, sehen Sie, dass die Temperatur bei 0°C konstant bleibt, bis das ganze Eis geschmolzen ist. Während Änderungen des Zustands (Phasenänderungen) bleibt die Temperatur konstant, obwohl die Flüssigkeit mehr Energie als das Eis enthält (weil sich die Partikel in Flüssigkeiten schneller als die Partikel in Festkörpern bewegen, wie im vorherigen Abschnitt erwähnt).

Der Siedepunkt

Wenn Sie einen Topf Wasser erhitzen (oder wenn Sie fortfahren, den im vorangegangenen Abschnitt erwähnten Topf mit dem Eiswürfel zu erhitzen), steigt die Temperatur des Wassers an, und die Partikel bewegen sich schneller und schneller, während sie die Hitze absorbieren. Die Temperatur steigt an, bis das Wasser die nächste Änderung des Zustands erreicht. Wenn sich die Partikel schneller und schneller bewegen, je nachdem, wie sie erhitzt werden, beginnen sie, die Anziehungskräfte untereinander zu überwinden und als Dampf aufzusteigen. Der Prozess, bei dem sich eine Substanz vom flüssigen in den gasförmigen Zustand bewegt, wird *sieden* genannt. Die Temperatur, bei der eine Flüssigkeit zu kochen beginnt, wird der *Siedepunkt (SP)* genannt. Der SP ist vom atmosphärischen Druck abhängig, aber für Wasser auf Meereshöhe liegt er bei 212°F oder 100°C. Die Temperatur des kochend heißen Wassers bleibt konstant, bis alles verdampft ist.

Es gibt sowohl Wasser als auch Dampf bei 100°C. Sie haben dieselbe Temperatur, aber der Dampf hat viel mehr Energie (weil sich die Partikel unabhängig und ziemlich schnell bewegen). Weil Dampf mehr Energie hat, sind Verbrennungen durch Dampf normalerweise viel ernster als die durch kochendes Wasser, weil viel mehr Energie auf Ihre Haut übertragen wird. Ich wurde hieran eines Morgens erinnert, als ich versuchte, eine Falte aus meinem Hemd zu bügeln, das ich anhatte. Meine Haut und ich können bestätigen – Dampf enthält *viel* Energie!

Ich kann den Prozess des Wassers, das sich von einem Festkörper zu einer Flüssigkeit verwandelt, wie folgt zusammenfassen:

Eis → Wasser → Dampf

Weil das Grundteilchen in Eis, Wasser und Dampf das Wassermolekül H_2O ist, kann derselbe Prozess auch als so dargestellt werden

$H_2O(s) \rightarrow H_2O(l) \rightarrow H_2O(g)$

Hierbei steht (s) für Festkörper, das (l) steht für Flüssigkeit und (g) für Gas. Die Abkürzungen s, l, g sind die Anfangsbuchstaben der englischen Bezeichnungen für *s*olid, *l*iquid und *g*as. Diese zweite Darstellung ist viel besser, weil die meisten Substanzen im Gegensatz zu H_2O keine unterschiedlichen Namen für ihren festen, flüssigen oder gasförmigen Zustand haben.

Gefrierpunkt: Das Wunder des Eiswürfels

Wenn Sie eine gasförmige Substanz abkühlen, können Sie die Phasenänderungen genauso beobachten. Die Phasenänderungen sind

- ✔ Kondensation, Gas wird zur Flüssigkeit

- ✔ Gefrieren, Übergang vom flüssigen in den festen Zustand

Die Gaspartikel haben viel Energie, aber da sie abgekühlt sind, ist diese Energie reduziert. Die Anziehungskräfte haben jetzt eine Chance, die Partikel enger zusammenzuziehen, wobei sich Flüssigkeit bildet. Dieser Prozess wird *Kondensation* genannt. Die Partikel sind jetzt in Klumpen (wie er bei Partikeln in einem flüssigen Zustand charakteristisch ist), aber da mehr Energie durch Abkühlen entfernt wird, beginnen die Partikel, sich auszurichten, und ein Festkörper entsteht. Dieser ist bekannt als Eis. Die Temperatur, bei der dies geschieht, wird *Gefrierpunkt (GP)* der Substanz genannt.

2 ▶ Materie und Energie

 Der Gefrierpunkt ist der gleiche wie der Schmelzpunkt – es ist der Punkt, an dem die Substanz in der Lage ist, ein Gas oder ein Festkörper zu sein.

Ich kann Wasser als Zustandsänderung eines Gases in einen Festkörper darstellen:

$H_2O(g) \rightarrow H_2O(l) \rightarrow H_2O(s)$

Sublimieren Sie das!

Die meisten Substanzen gehen durch die »logische« Fortentwicklung vom Festkörper zur Flüssigkeit, sobald sie erhitzt werden – oder umgekehrt, wenn sie abgekühlt werden. Aber einige Substanzen gehen direkt vom Festkörper in den gasförmigen Zustand über, ohne jemals eine Flüssigkeit zu werden. Wissenschaftler nennen das *Sublimation*. Trockeneis – festes Kohlenstoffdioxid $CO_2(s)$ ist das klassische Beispiel für Sublimation. Sie können sehen, wie Trockeneispartikel kleiner werden, da der Festkörper beginnt, sich in ein Gas zu verwandeln, aber es bildet sich währenddessen keine Flüssigkeit. Wenn Sie schon mal Trockeneis gesehen haben, dann werden Sie sich daran erinnern, dass es normalerweise von einer weißen Wolke umgeben ist – Zauberer und Theaterproduktionen verwenden oft Trockeneis für das Erzeugen von Kunstnebel. Die weiße Wolke, die Sie normalerweise sehen, ist nicht das Kohlenstoffdioxidgas – das Gas selbst ist farblos. Die weiße Wolke entsteht durch die Kondensation von Wasser in der Luft, die mit dem Trockeneis in Berührung kommt.

Der Prozess der Sublimierung wird so dargestellt:

$CO_2(s) \rightarrow CO_2(g)$

Zusätzlich zu Trockeneis gehen Mottenkugeln und bestimmte feste Luftauffrischer auch durch den Prozess der Sublimierung. Das Gegenteil der Sublimierung ist *Deposition*, bei der eine Substanz direkt von einem gasförmigen Zustand in einen festen geht.

Reine Substanzen und Mischungen

Einer der Grundprozesse in der Wissenschaft ist die Klassifizierung. Wie im vorangegangenen Abschnitt erläutert, können Chemiker Materie als fest, flüssig oder gasförmig klassifizieren. Aber es gibt noch andere Arten, Materie zu klassifizieren. In diesem Abschnitt erörtere ich, wie alle Materie als entweder eine reine Substanz oder als Mischung klassifiziert werden kann (Abbildung 2.2).

Reine Substanzen

Eine *reine Substanz* hat eine sichere und konstante Komposition oder eine feste und konstante Erscheinung wie Salz oder Zucker.

Eine reine Substanz kann entweder ein Element oder eine Verbindung sein, aber die Zusammensetzung einer reinen Substanz variiert nicht.

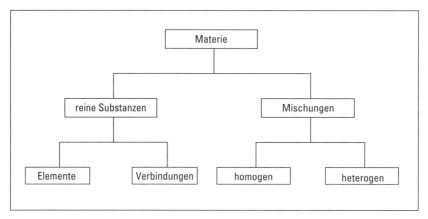

Abbildung 2.2: Klassifizierung der Materie

Elementar, lieber Leser

Ein Element besteht aus einer einzigen Art von Atomen. Ein Atom ist der kleinste Teil eines Elements, das noch all die Eigenschaften des Elements hat. Hier ist ein Beispiel: Gold ist ein Element? Wenn Sie ein Stück des Goldes durchschneiden und durchschneiden, bis nur ein winziges Partikel übrig ist, das nicht noch weiter zerteilt werden kann, ohne seine Eigenschaften zu verlieren, die goldenes Gold ausmachen, dann haben Sie ein Atom.

Die Atome in einem Element haben alle dieselbe Anzahl von Protonen. Protonen sind subatomare Partikel – Teile eines Atoms. Es gibt drei größere subatomare Partikel, die in Kapitel 3 bis »zum Abwinken« behandelt werden.

Das Wichtigste, das Sie sich in diesem Augenblick merken können, ist, dass Elemente die Bausteine von Materie sind. Und sie befinden sich in einer eigenartigen Tabelle, die Sie vielleicht irgendwann einmal gesehen haben – dem Periodensystem der Elemente. (Wenn Sie nie zuvor eine solche Tabelle gesehen haben – sie ist nur eine Liste von Elementen.) Kapitel 3 enthält ein solches Periodensystem – wenn Sie schon einen kurzen Blick darauf werfen wollen.

Das Verbinden des Problems

Eine Verbindung ist aus zwei oder mehr Elementen in einem bestimmten Verhältnis zusammengesetzt. Zum Beispiel ist Wasser (H_2O) eine aus zwei Elementen zusammengesetzte Verbindung, Wasserstoff (H) und Sauerstoff (O). Diese Elemente sind auf eine ganz bestimmte Weise miteinander verbunden, nämlich in einem Verhältnis von zwei Wasserstoff-Atomen zu einem Sauerstoff-Atom (daher H_2O). Viele Verbindungen enthalten Wasserstoff und Sauerstoff, aber nur eine hat dieses spezielle 2+1-Verhältnis, eben das Wasser. Obwohl Wasser aus Wasserstoff und Sauerstoff besteht, hat das Wasser andere physikalische und chemische Eigenschaften als Wasserstoff oder Sauerstoff – die Eigenschaften des Wassers sind eine einzigartige Kombination der zwei Elemente.

Chemiker können die Bestandteile einer Verbindung nicht so leicht trennen: Sie müssen zu irgendeiner Art chemischer Reaktion greifen.

Nun kommen die Mischungen hinzu

Mischungen sind physische Kombinationen reiner Substanzen, die keine sichere oder konstante Zusammensetzung haben – die Komposition einer Mischung variiert entsprechend dem, der die Mischung vorbereitet. Nehmen wir einmal an, ich bitte zwei Menschen darum, mir einen Margarita (eine reizende Mischung) zuzubereiten. Selbst wenn diese zwei Menschen genau dasselbe Rezept verwendeten, würden diese Mischungen ein wenig in der Menge des verwendeten Tequilas usw. variieren. Sie hätten zwei leicht verschiedene Mischungen produziert. Jedoch, jeder Bestandteil einer Mischung (das heißt, jede reine Substanz, die die Mischung ausmacht – im Getränkebeispiel jede Zutat) bewahrt ihren eigenen Satz von physikalischen und chemischen Merkmalen. Deshalb ist es relativ leicht, die verschiedenen Substanzen in einer Mischung zu trennen.

Chemikern fällt es schwer, eine Verbindung wieder in ihre Bestandteile zu zerlegen. Mischungen lassen sich jedoch einigermaßen leicht zerlegen. Nehmen Sie zum Beispiel an, dass Sie eine Mischung aus Salz und Sand haben und Sie den Sand durch Entfernen des Salzes reinigen wollen. Sie können dies dadurch tun, dass Sie Wasser hinzufügen, damit es das Salz löst und dann die Mischung filtern. Und schon haben Sie reinen Sand.

Mischungen können entweder homogen oder heterogen sein.

Homogene Mischungen, manchmal *Lösungen* genannt, sind in der Zusammensetzung relativ gleichförmig; jeder Teil der Mischung ist wie jeder andere Teil. Wenn Sie Zucker in Wasser auflösen und ihn wirklich gut mischen, ist Ihre Mischung grundsätzlich gleich, egal, wo Sie das prüfen.

Wenn Sie aber etwas Zucker in einen Topf geben, etwas Sand hinzuzufügen und dann ein paar Mal schütteln, hat Ihre Mischung nicht überall in dem Topf dieselbe Komposition. Weil der Sand schwerer ist, gibt es wahrscheinlich mehr Sand unten auf dem Topfboden und mehr Zucker am oberen Ende. In diesem Fall haben Sie eine *heterogene Mischung*, eine Mischung, deren Komposition je nach Ort innerhalb der Probe variiert.

Das Messen von Materie

Wissenschaftler haben oft die Aufgabe, Volumen- und Temperaturmessungen durchzuführen, wobei die Masse (bzw. das Gewicht) mit eingeschlossen wird. Wenn jede Nation ihr eigenes Messsystem hätte, würde die Kommunikation unter Wissenschaftlern ungeheuer behindert. Deshalb wurde ein weltweites Messsystem übernommen, um sicherzustellen, dass Wissenschaftler dieselbe Sprache sprechen können.

Das SI-System

Das SI-System (vom französischen Systeme International) ist ein weltweites Messsystem basierend auf dem älteren metrischen System, das die meisten von uns in der Schule kennen lernten. Es gibt geringfügige Unterschiede zwischen dem SI und dem metrischen System, aber zum Zweck dieses Buchs sind sie austauschbar.

SI ist ein Dezimalsystem mit Grundeinheiten für Masse, Länge und Volumen und Präfixe, die die Grundeinheiten modifizieren. Zum Beispiel bedeutet das Präfix kilo... (k) 1.000. Also ist ein Kilogramm (kg) 1.000 Gramm und ein Kilometer (km) ist 1.000 Meter. Zwei andere sehr nützliche SI-Präfixe sind zenti... (c) und milli... (m), sie bedeuten 0,01 beziehungsweise 0,001. So ist ein Milligramm (mg) 0,001 Gramm – oder Sie können sagen, dass es 1.000 Milligramm in einem Gramm gibt. (Anhang A liefert die nützlichsten SI-Präfixe.)

SI-Umwandlungen ins Englische

Vor vielen Jahren gab es eine Bewegung in den Vereinigten Staaten, zum metrischen System überzugehen. Aber Amerikaner kaufen leider immer noch ihre Kartoffeln in Pounds und ihr Benzin in Gallonen. Machen Sie sich hierüber keine Sorgen. Die meisten gewerbsmäßigen Chemiker, die ich kenne, benutzen sowohl das US- als auch das SI-System ohne irgendwelche Probleme. Es ist zwar notwendig, Konvertierungen zwischen den Maßsystemen durchzuführen, aber ich zeige Ihnen gerne, wie das geht.

Die Grundeinheit der Länge im SI-System ist der Meter (m). Ein Meter ist etwas länger als ein Yard. 1,094 Yard, um genauer zu sein. Aber das ist keine wirklich nützliche Umwandlung. Die nützlichste SI/Englische Umwandlung für Länge ist

2,54 Zentimeter = 1 Zoll

Die Grundeinheit der Masse im SI-System für Chemiker ist das Gramm (g). Und die nützlichste Umwandlung für Masse ist

454 Gramm = 1 Pound

Die Grundeinheit für Volumen im SI-System ist der Liter (l). Die nützlichste Umwandlung ist

0,946 Liter = 1 Quart

Wenn Sie die vorangegangenen Konvertierungen und die Einheiten-Umwandlungsmethode, die ich in Anhang C beschreibe, verwenden, werden Sie in der Lage sein, mit den meisten benötigten SI/Englisch-Umwandlungen umzugehen.

Nehmen Sie zum Beispiel an, Sie haben einen 5-Pound-Sack Kartoffeln und Sie wollen das Gewicht in Kilogramm wissen.

$$\frac{5.0 \text{ lbs}}{1}$$

Weil Sie die Einheit lbs im Zähler beseitigen müssen, müssen Sie eine Beziehung zwischen Pound und etwas anderem finden – um das dann mit etwas anderem im Nenner auszudrücken. Sie kennen die Beziehung zwischen Pound und Gramm, so dass Sie das verwenden können.

$$\frac{5{,}0 \text{ lbs}}{1} \times \frac{454 \text{ g}}{1 \text{ lb}}$$

Nun kann man von Gramm nach Kilogramm auf dieselbe Weise umrechnen.

$$\frac{5{,}0 \text{ lbs}}{1} \times \frac{454 \text{ g}}{1 \text{ lb}} \times \frac{1 \text{ kg}}{1000 \text{ g}} = 2{,}3 \text{ kg}$$

Sie haben ja nette Eigenschaften bekommen

Wenn Chemiker chemische Substanzen untersuchen, prüfen sie zwei Arten von Eigenschaften:

- ✔ **Chemische Eigenschaften:** Diese Eigenschaften ermöglichen einer Substanz, sich in eine völlig neue Substanz zu verwandeln, und sie beschreiben, wie eine Substanz mit anderen Substanzen reagiert. Ändert sich eine Substanz vollständig, wenn Wasser hinzugefügt wird – wie das Metall Natrium sich in Natriumhydroxid verwandelt? Brennt sie in Luft?

- ✔ **Physikalische Eigenschaften:** Diese Eigenschaften beschreiben die physikalischen Merkmale einer Substanz. Die Masse, das Volumen und die Farbe einer Substanz sind physikalische Eigenschaften genau so wie ihre Fähigkeit, elektrisch leitfähig zu sein.

Einige physikalische Eigenschaften sind *extensive Eigenschaften*. Es sind Eigenschaften, die vom Maß an vorhandener Materie abhängen. Masse und Volumen sind extensive Eigenschaften. *Intensive Eigenschaften* hängen jedoch nicht von der Menge an Materie ab. Farbe ist eine intensive Eigenschaft. Ein großes Stück Gold hat zum Beispiel dieselbe Farbe wie ein kleines Stück. Die Masse und das Volumen dieser zwei Stücke sind anders (extensive Eigenschaften), aber die Farbe ist die gleiche. Intensive Eigenschaften sind Chemikern besonders nützlich, weil sie sie verwenden können, um eine Substanz zu identifizieren.

Wie dicht sind Sie?

Dichte ist eine der nützlichsten intensiven Eigenschaften einer Substanz, die es Chemikern ermöglicht, leichter Substanzen zu identifizieren. Den Unterschied zwischen der Dichte von Quarz und Diamanten zum Beispiel zu kennen, erlaubt einem Goldschmied, einen Diamantring schnell und leicht zu überprüfen. Dichte (D) ist das Verhältnis der Masse (m) zum Volumen (V) einer Substanz. Mathematisch sieht das so aus:

$D = m/V$

Normalerweise wird Masse in Gramm (g) und Volumen in Millilitern (ml) ausgedrückt, so dass Dichte g/ml ist. Weil die Volumina von Flüssigkeiten ein wenig mit der Temperatur variieren, geben Chemiker normalerweise auch die Temperatur an, bei der eine Dichtemessung gemacht wird. Die meisten Nachschlagewerke geben die Dichten bei 20°C an, weil es nahe bei der Raumtemperatur und somit leichter ist, ohne viel Heizung oder Kühlung zu messen. Die Dichte des Wassers bei 20°C ist zum Beispiel 1 g/ml.

Ein anderer Ausdruck, den Sie manchmal hören können, ist das *spezifische Gewicht (SG)*, welches das Verhältnis der Dichte einer Substanz zur Dichte des Wassers bei derselben Temperatur ist. Das spezifische Gewicht ist nur ein anderer Weg, wie Sie um das Problem des Volumens von Flüssigkeiten herumkommen, das mit der Temperatur variiert. Das spezifische Gewicht wird bei der Harnuntersuchung in Krankenhäusern verwendet und zur Beschreibung der Flüssigkeit in Autobatterien in Autoreparaturwerkstätten. Beachten Sie, dass das spezifische Gewicht keine Maßeinheit besitzt, weil die Einheiten g/ml in Zähler und Nenner erscheinen und einander aufheben (siehe den Abschnitt *SI-Umwandlungen ins Englische* weiter vorne in diesem Kapitel). In den meisten Fällen sind die Dichte und das spezifische Gewicht fast die gleichen, so dass es üblich ist, einfach die Dichte zu verwenden.

Sie können Dichte manchmal als g/cm^3 oder g/cc sehen. Diese Beispiele bedeuten das Gleiche wie g/ml. Ein Würfel mit einem Zentimeter an jeder Kante (geschrieben als $1\ cm^3$) hat ein Volumen von 1 Milliliter (1 ml). Weil 1 ml = $1\ cm^3$ ist, sind g/ml und g/cm^3 austauschbar. Und weil ein Kubikzentimeter (cm^3) auch schon mal als cc geschrieben wird, bedeutet g/cc auch dasselbe. (Sie hören cc häufiger in der Medizin. Wenn Sie eine 10-cc-Spritze erhalten, bekommen Sie 10 Milliliter (ml) dieser Flüssigkeit.)

Das Messen der Dichte

Die Dichte zu berechnen ist ziemlich einfach. Sie messen die Masse eines Objekts durch Verwendung einer Gleichgewichtswaage oder einer Federwaage, bestimmen das Volumen des Objekts und dann teilen Sie die Masse durch das Volumen.

Das Volumen von Flüssigkeiten zu bestimmen ist leicht, bei Festkörpern ist das schwieriger. Wenn das Objekt ein regelmäßiger Festkörper wie ein Würfel ist, können Sie seine drei Dimensionen messen und das Volumen durch Multiplizieren der Länge mit der Breite und der Höhe berechnen (Volumen = L x B x H). Aber, wenn das Objekt ein unregelmäßiger Festkörper wie ein Stein ist, ist das Bestimmen des Volumens schon schwieriger. Bei unregelmäßigen Festkörpern können Sie das Volumen dadurch messen, dass Sie das Archimedes-Prinzip verwenden.

Das *Archimedes-Prinzip* sagt aus, dass das Volumen eines Festkörpers dem Volumen des Wassers, das es verdrängt, gleich ist. Der griechische Mathematiker Archimedes entdeckte dieses Konzept im dritten Jahrhundert vor Christus. Die Dichte eines Objekts herauszufinden, wird durch das Archimedes'sche Prinzip sehr vereinfacht. Nehmen wir einmal an, Sie wollen das Volumen eines kleinen Steins messen, um seine Dichte zu bestimmen. Zuerst gießen Sie etwas Wasser in einen Glaszylinder mit Markierungen für jeden ml und lesen das Volumen ab. (Das Beispiel in Abbildung 2.3 zeigt 25 ml.) Dann fügen Sie den Stein hinzu und vergewissern sich, dass er völlig untergetaucht ist. Nun lesen Sie das Volumen wieder ab (29 ml in Abbildung 2.3). Der Unterschied im Volumen (4 ml) ist das Volumen des Steins.

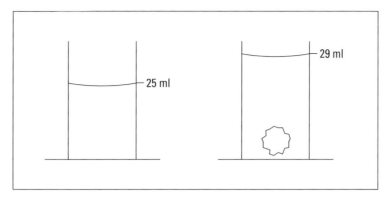

Abbildung 2.3: Die Bestimmung des Volumens eines unregelmäßigen Festkörpers: Das Archimedes-Prinzip

 Alles mit einer Dichte, die niedriger ist als die von Wasser, schwimmt auf Wasser. Alles mit einer Dichte, die größer ist als 1 g/ml, sinkt.

Zu Ihrem Vergnügen zeigt Tabelle 2.1 die Dichte einiger bekannter Materialien.

Substanz	Dichte
Benzin	0,68
Eis	0,92
Wasser	1,00
Tafelsalz	2,16
Eisen	7,86
Blei	11,38
Quecksilber	13,55
Gold	19,3

Tabelle 2.1: Dichten von typischen Festkörpern und Flüssigkeiten in g/ml

Energie (Ach, hätte ich doch mehr davon!)

Materie ist einer von zwei Bestandteilen des Universums. Energie ist der andere. Energie ist die Fähigkeit, Arbeit zu verrichten. Wenn es Ihnen so geht wie mir, dann ist Ihre Fähigkeit, Arbeit zu verrichten, nachmittags um 17:00 Uhr ziemlich gering.

Energie kann mehrere Formen haben wie Hitzeenergie, Lichtenergie, elektrische Energie oder mechanische Energie. Aber zwei allgemeine Kategorien von Energie sind Chemikern besonders wichtig – kinetische und potenzielle Energie.

Kinetische Energie ist Bewegung

Kinetische Energie ist die Energie der Bewegung. Ein Baseball, der durch die Luft in Richtung des Schlagmanns fliegt, hat ein großes Maß an kinetischer Energie. Fragen Sie irgendjemanden, der jemals von einem Baseball getroffen wurde, und ich bin sicher, er stimmt Ihnen zu! Chemiker studieren manchmal Teilchen, die sich bewegen, besonders bei Gasen, weil die kinetische Energie dieser Partikel hilft, zu klären, ob eine bestimmte Reaktion stattfinden kann. Der Grund ist, dass Zusammenstöße zwischen Partikeln eine Übertragung von Energie bewirken, so dass chemische Reaktionen stattfinden können.

Die kinetische Energie kann von einem Partikel auf ein anderes übertragen werden. Haben Sie jemals Pool-Billard gespielt? Sie übertragen kinetische Energie von Ihrem Stock auf den Spielball und (hoffentlich) auf den Ball, auf den Sie zielen.

Kinetische Energie kann in andere Arten von Energie umgewandelt werden. In einem Staukraftwerk wird die kinetische Energie des fallenden Wassers in elektrische Energie umgewandelt. In der Tat gibt ein wissenschaftliches Gesetz – das Gesetz der Erhaltung der Energie – an, dass in gewöhnlichen chemischen Reaktionen (oder physikalischen Prozessen) Energie weder geschaffen noch zerstört wird, aber aus einer Form in eine andere umgewandelt werden kann. (Dieses Gesetz bestätigt sich nicht bei Kernreaktionen. In Kapitel 5 erfahren Sie, warum.)

Potenzielle Energie – sitzen Sie gut?

Nehmen Sie an, dass Sie einen Ball nehmen und ihn in einen Baum hinaufwerfen, wo er stecken bleibt. Sie gaben diesem Ball kinetische Energie mit – Energie in Bewegung, als Sie ihn warfen. Aber wo ist diese Energie jetzt? Sie ist in die andere größere Kategorie von Energie – potenzielle Energie – umgewandelt worden.

Potenzielle Energie ist gespeicherte Energie. Es kann sein, dass Objekte potenzielle Energie in Bezug auf ihre Position speichern lassen. Dieser Ball auf dem Baum hat aufgrund seiner Höhe potenzielle Energie. Wenn der Ball fallen sollte, würde diese potenzielle Energie in kinetische Energie umgewandelt. (Gehen Sie ruhig mal hinaus und schauen Sie zu.)

Potenzielle Energie, die durch die Lage eines Gegenstands definiert ist, ist nicht die einzige Art potenzieller Energie. Tatsächlich sind die Chemiker nicht alle an einer solchen potenziellen Energie so besonders interessiert. Chemiker sind viel interessierter an der gespeicherten Energie (potenzielle Energie) in chemischen Verbindungen, die durch die Kräfte entsteht, die Atome in ihren Bindungen halten.

Es braucht viel Energie, einen menschlichen Körper in Betrieb zu halten. Was wäre, wenn es keine Möglichkeit gäbe, die Energie aus der Nahrung zu speichern? Sie würden die ganze Zeit essen müssen, nur um Ihren eigenen Körper auf Betriebstemperatur zu halten (meine Frau behauptet, dass ich sowieso die ganze Zeit esse!), aber Menschen können Energie in chemischen Verbindungen speichern. Später, wenn wir diese Energie dann brauchen, können unsere Körper diese Verbindungen aufbrechen und die Energie wieder freigeben.

Dasselbe gilt für die Treibstoffe, die wir überall verwenden, um unsere Häuser zu heizen und unsere Autos zu fahren. Energie ist in diesen Treibstoffen – Benzin zum Beispiel – gespeichert und wird freigegeben, wenn chemische Reaktionen stattfinden.

Das Messen von Energie

Potenzielle Energie zu messen kann eine schwierige Aufgabe sein. Die potenzielle Energie eines Balles, der in einem Baum steckt, ist mit der Masse des Balls und seiner Höhe über dem Boden verknüpft. Die in chemischen Verbindungen enthaltene potenzielle Energie ist mit der Art der Bindung und der Anzahl der Bindungen verknüpft, die potenziell aufbrechen können.

Es ist viel leichter, kinetische Energie zu messen. Sie können das mit einem relativ einfachen Instrument – einem Thermometer – tun.

Temperatur und Temperaturskalen

Wenn Sie, sagen wir, die Lufttemperatur in Ihrem Garten messen, messen Sie in Wirklichkeit die durchschnittliche kinetische Energie (die Energie der Bewegung) der Gaspartikel in Ihrem Garten. Je schneller sich jene Partikel bewegen, desto höher ist die Temperatur.

Nun bewegen sich all die Partikel nicht mit derselben Geschwindigkeit. Manche sind sehr schnell und manche relativ langsam, aber die meisten bewegen sich mit einer Geschwindigkeit zwischen den zwei Extremen. Die Temperatur, die auf Ihrem Thermometer ablesbar ist, hat mit der durchschnittlichen kinetischen Energie der Partikel zu tun.

Sie benutzen vielleicht die Fahrenheit-Skala, um Temperaturen zu messen. Aber die meisten Wissenschaftler und Chemiker benutzen entweder die Celsius(°C)- oder Kelvin(K)-Temperaturskala. (Es gibt kein mit K verbundenes Gradsymbol.) Abbildung 2.4 vergleicht die drei Temperaturskalen mit Hilfe des Gefrierpunkts und des Siedepunkts des Wassers als Referenzpunkte.

Wie Sie aus Abbildung 2.4 ersehen können, kocht Wasser bei 100°C (373 K) und gefriert bei 0°C (273 K). Um Kelvin-Fieber zu bekommen, nehmen Sie die Celsius-Temperatur und fügen 273 hinzu. Mathematisch sieht dies so aus:

$K = °C + 273$

Es kann sein, dass Sie wissen wollen, wie man von Fahrenheit in Celsius umwandelt, (weil Sie manchmal mit °F konfrontiert werden.) Hier sind die Gleichungen, die Sie brauchen:

$°C = 5/9 \; (°F - 32)$

Achten Sie darauf, vor dem Multiplizieren mit 5/9 die 32 von Ihrer Fahrenheit-Temperatur zu subtrahieren.

$°F = 9/5 \; (°C) + 32$

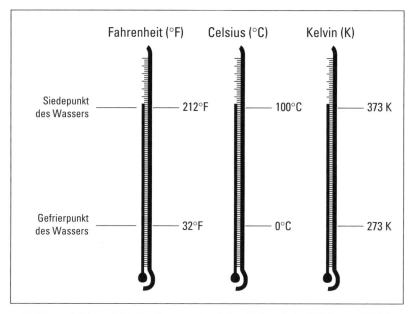

Abbildung 2.4: Vergleich der Temperaturskalen Fahrenheit, Celsius und Kelvin

Achten Sie darauf, Ihre Celsius-Temperatur mit 9/5 zu multiplizieren und dann 32 hinzuzufügen.

Also los – probieren Sie diese Gleichungen einmal aus, indem Sie verifizieren, dass die normale Körpertemperatur von 37°C dasselbe wie 98,6°F ist.

In diesem Buch benutze ich meistens die Celsius-Skala. Aber, wenn ich das Verhalten von Gasen bescheibe, benutze ich die Kelvin-Skala.

Zählen von Kalorien

Wenn Sie das Wort *Kalorien* hören, denken Sie bestimmt an Nahrungs- und Zählkalorien. Nahrung enthält Energie (Wärme). Das Maß dieser Energie ist die Nährkalorie, die in Wirklichkeit eine Kilokalorie (kcal) ist. Das Bonbon, das Sie gerade gegessen haben, enthält 300 Nährkalorien, was 300 kcal oder 300.000 Kalorien entspricht. Es kann sein, dass es Ihnen, wenn Sie das bedenken, etwas leichter fällt, der Bonbon-Versuchung zu widerstehen.

Fühlen Sie die Wärme

Wärme ist nicht das Gleiche wie Temperatur. Wenn Sie die Temperatur von etwas messen, messen Sie die durchschnittliche kinetische Energie der einzelnen Partikel. Wärme ist andererseits ein Maß der Gesamtsumme der Energie, die eine Substanz besitzt. Zum Beispiel können ein Glas Wasser und ein Schwimmbad dieselbe Temperatur haben, aber sie enthalten sehr verschiedene Wärmemengen. Man braucht viel mehr Energie, um die Temperatur eines Schwimmbads um 5°C zu erhöhen, weil viel mehr Wasser im Schwimmbad ist.

Die Einheit der Wärme im SI-System ist das *Joule* (J). Die meisten von uns verwenden immer noch die metrische Einheit von Wärme, die Kalorie (cal). Hier ist die Beziehung zwischen den beiden:

1 Kalorie = 4,184 Joule

Die Kalorie ist ein ziemlich kleines Maß an Wärme – der Betrag, den man braucht, um die Temperatur von 1 Gramm Wasser um 1°C anzuheben. Ich verwende oft die Kilokalorie (kcal), was 1.000 Kalorien entspricht, als eine praktische Einheit der Wärme. Wenn Sie ein großes Küchenstreichholz völlig verbrennen, produziert es etwa 1 Kilokalorie (1.000 cal) Wärme.

Kleiner als ein Atom? Die Struktur des Atoms

In diesem Kapitel

▷ Einen Blick auf die Teilchen werfen, aus denen ein Atom besteht

▷ Etwas über Isotope und Ionen erfahren

▷ Die Elektronenkonfigurationen verstehen

▷ Die Bedeutung der Valenzelektronen entdecken

Ich erinnere mich daran, wie ich als Kind in der Schule zum ersten Mal etwas über Atome hörte. Meine Lehrer nannten sie Bausteine, und wir verwendeten in der Tat Klötze und Legosteine, um Atome darzustellen. Ich erinnere mich auch daran, dass man sagte, Atome seien so klein, dass niemand jemals eins sehen würde. Stellen Sie sich meine Überraschung einige Jahre später vor, als die ersten Bilder von Atomen erschienen. Sie waren nicht sehr detailliert, aber sie veranlassten mich, innezuhalten und darüber nachzudenken, wie weit Wissenschaft inzwischen gekommen war. Ich staune heute noch, wenn ich Bilder von Atomen sehe.

In diesem Kapitel erzähle ich Ihnen von Atomen, den Grundbausteinen des Universums. Ich behandele die drei Grundpartikel eines Atoms – Protonen, Neutronen und Elektronen – und zeige Ihnen, wo sie sind. Und ich spendiere ein paar Seiten für die Elektronen, da chemische Reaktionen (wobei viel Chemie ins Spiel kommt) mit dem Verlust, dem Gewinn oder der Verteilung von Elektronen zusammenhängen.

Subatomare Teilchen: So, das ist also ein Atom

Das Atom ist der kleinste Teil der Materie eines speziellen Elementes. Eine Zeit lang nahm man an, das Atom sei der kleinste existierende Teil der Materie. Aber Ende des neunzehnten und Anfang des zwanzigsten Jahrhunderts entdeckten Wissenschaftler, dass Atome aus bestimmten subatomaren Teilchen bestehen, und dass ganz gleich, um welches Element es sich handelt, ein Atom immer aus den gleichen Teilchen besteht. Die Anzahl der verschiedenen subatomaren Partikel ist der einzige Unterschied zwischen den Elementen.

Wissenschaftler wissen heute, dass es viele subatomare Partikel gibt (dem Physiker läuft jetzt das Wasser im Mund zusammen). Für den Erfolg in Chemie benötigen Sie tatsächlich jedoch nur die subatomaren Haupt-Teilchen:

✔ Protonen

✔ Neutronen

✔ Elektronen

Tabelle 3.1 fasst die Merkmale dieser drei subatomaren Teilchen zusammen.

Name	Symbol	Ladung	Masse (g)	Masse (amu)	Ort
Proton	P$^+$	+1	1,673 x 10^{-24}	1	Kern
Neutron	N^0	0	1,673 x 10^{-24}	1	Kern
Elektron	e$^-$	-1	9,109 x 10^{-28}	0,0005	außerhalb des Kerns

Tabelle 3.1: Die drei größeren subatomaren Teilchen

In Tabelle 3.1 sind die Massen der subatomaren Partikel auf zwei Arten angegeben: Gramm und amu, das für atomare Masseneinheiten steht. Es ist leichter, die Masse in amu als in Gramm auszudrücken.

Atomare Masseneinheiten basieren auf der Kohlenstoff-12-Skala, einem weltweiten Standard, der für Atomgewichte übernommen wurde. Durch internationale Vereinbarung hat ein Kohlenstoff-Atom, das 6 Protonen und 6 Neutronen enthält, ein Atomgewicht von genau 12 amu, so dass 1 amu ¹⁄₁₂ dieses Kohlenstoff-Atoms entspricht. Okay, was haben das Kohlenstoff-Atom und die Nummer 12 nun eigentlich zu bedeuten? Vertrauen Sie mir nur. Weil die Masse in Gramm von Protonen und Neutronen fast genau gleich ist, sollen sowohl Protonen als auch Neutronen eine Masse von 1 amu haben. Beachten Sie, dass die Masse eines Elektrons viel kleiner als die eines Protons oder Neutrons ist. Man braucht fast 2.000 Elektronen, um die Masse eines einzelnen Protons zu erreichen.

Tabelle 3.1 zeigt ferner die mit jedem subatomaren Teilchen verbundene elektrische Ladung. Materie kann zwei Arten von elektrischer Ladung besitzen: positive oder negative Ladung. Das Proton besitzt eine Einheit positiver Ladung, das Elektron eine Einheit negativer Ladung, und das Neutron hat keine Ladung – es ist neutral.

Wissenschaftler haben durch Beobachtung festgestellt, dass Teilchen gleicher Ladung, ob positiv oder negativ, einander abstoßen. Teilchen mit ungleichen Ladungen ziehen sich jedoch an.

Das Atom selbst hat (von außen gesehen) keine Ladung. Es ist neutral. (In Kapitel 6 wird erklärt, dass spezielle Atome Elektronen gewinnen oder verlieren und dadurch eine Ladung erwerben können. Atome, die eine Ladung, ob positiv oder negativ, besitzen, werden *Ionen* genannt.) Nun, wie kann ein Atom neutral sein, wenn es positiv geladene Protonen und negativ geladene Elektronen enthält? Gute Frage! Die Antwort ist, dass sich bei gleicher Anzahl von Protonen und Elektronen – d.h. gleiche Anzahl von positiven und negativen Ladungen – deren Wirkung nach außen hin aufhebt.

Die letzte Spalte in Tabelle 3.1 zeigt den Ort der drei subatomaren Partikel im Atom. Protonen und Neutronen befinden sich im Kern, einem dichten zentralen Inneren in der Mitte des Atoms, während sich die Elektronen außerhalb des Kerns befinden (siehe *Wo sind denn nun diese Elektronen?* später in diesem Kapitel).

Der Kern: Mittelpunkt

Im Jahr 1911 entdeckte Ernest Rutherford, dass Atome einen Kern bzw. ein Zentrum haben, das Protonen enthält. Wissenschaftler entdeckten später, dass der Kern auch Neutronen enthält.

Der Kern ist sehr, sehr klein und sehr, sehr dicht, wenn man ihn mit dem Rest des Atoms vergleicht. Normalerweise haben Atome einen Durchmesser von etwa 10^{-10} Meter. (Das ist ziemlich klein!) Kerne sind dabei etwa 10^{-15} Meter im Durchmesser. (Das ist nun wirklich winzig!). Wenn zum Beispiel das Superdome in New Orleans ein Wasserstoff-Atom darstellte, dann hätte der Kern die Größe einer Erbse.

Die Protonen eines Atoms sind alle zusammen im Kern zusammengepresst. Nun könnte es sein, dass einige von Ihnen denken, »Okay, jedes Proton trägt eine positive Ladung, also stoßen sich Protonen voneinander ab. Wenn aber all die Protonen einander abstoßen, warum fliegt der Kern nicht einfach auseinander?« Nun, die Macht ist mit ihnen, Luke! Die Kräfte im Kern wirken dieser Abstoßung entgegen und halten den Kern zusammen. (Physiker nennen diese Kräfte Kernkräfte. Aber diese Kräfte sind nicht immer stark genug, so dass der Kern manchmal tatsächlich auseinander bricht. Dieser Prozess heißt *Radioaktivität*.)

Der Kern ist nicht nur sehr klein, sondern enthält auch die meiste Masse des Atoms. In der Tat ist die Masse des Atoms praktisch die Summe der Massen der Protonen und Neutronen. (Ich ignoriere die winzige Masse der Elektronen, es sei denn, ich mache sehr, sehr genaue Berechnungen.)

Die Summe aus der Anzahl von Protonen und der Anzahl von Neutronen in einem Atom wird die *Massenzahl* genannt. Und die Anzahl von Protonen in einem speziellen Atom hat ebenso einen speziellen Namen, die *Kernladungszahl*. Chemiker verwenden üblicherweise die Bezeichnungen in Abbildung 3.1, um ein spezielles Element darzustellen.

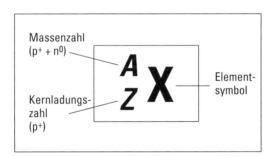

Abbildung 3.1: Die Darstellung eines bestimmten Elements

Wie in Abbildung 3.1 gezeigt, verwenden Chemiker den Platzhalter X, um das chemische Symbol darzustellen. Sie können das chemische Symbol eines Elements im Periodensystem der Elemente finden (siehe Tabelle 3.2 für eine Liste der Elemente). Der Platzhalter Z repräsentiert die Kernladungszahl – die Anzahl von Protonen im Kern. A ist die Massenzahl, also die Summe der Anzahl von Protonen und Neutronen. Die (auch *Atomgewicht* genannte) Massenzahl ist in amu aufgeführt.

Nehmen Sie an, Sie wollen Uran darstellen. Sie können sich das Periodensystem der Elemente oder eine Liste von Elementen wie die in Tabelle 3.2 anschauen und feststellen, dass das Symbol für Uran U, seine Kernladungszahl 92 und seine Massenzahl 238 ist.

Name	Symbol	Kernladungszahl	Massenzahl	Name	Symbol	Kernladungszahl	Massenzahl
Actinium	Ac	89	227,028	Gold	Au	79	196,967
Aluminium	Al	13	26,982	Hafnium	Hf	72	178,49
Americium	Am	95	243	Hassium	Hs	108	265
Antimon	Sb	51	121,76	Helium	He	2	4,003
Argon	Ar	18	39,948	Holmium	Ho	67	164,93
Arsen	As	33	74,922	Indium	In	49	114,82
Astat	At	85	210	Iridium	Ir	77	192,22
Barium	Ba	56	137,327	Jod	I	53	126,905
Berkelium	Bk	97	247	Kalium	K	19	39,098
Beryllium	Be	4	9,012	Kalzium	Ca	20	40,078
Blei	Pb	82	207,2	Kobalt	Co	27	58,933
Bohrium	Bh	107	262	Kohlenstoff	C	6	12,011
Bor	B	5	10,811	Krypton	Kr	36	83,8
Brom	Br	35	79,904	Kupfer	Cu	29	63,546
Cadmium	Cd	48	112,411	Lanthan	La	57	138,906
Californium	Cf	98	251	Lawrencium	Lr	103	262
Cäsium	Cs	55	132,905	Lithium	Li	3	6,941
Cerium	Ce	58	140,115	Lutetium	Lu	71	174,967
Chlor	Cl	17	35,453	Magnesium	Mg	12	24,305
Chrom	Cr	24	51,996	Mangan	Mn	25	54,938
Curium	Cm	96	247	Meitnerium	Mt	109	266
Dubnium	Db	105	262	Mendelevium	Md	101	258
Dysprosium	Dy	66	162,5	Molybdän	Mo	42	95,94
Einsteinium	Es	99	252	Natrium	Na	11	22,990
Eisen	Fe	26	55,845	Neodym	Nd	60	144,24
Erbium	Er	68	167,26	Neon	Ne	10	20,180
Europium	Eu	63	151,964	Neptunium	Np	93	237,048
Fermium	Fm	100	257	Nickel	Ni	28	58,69
Fluor	F	9	18,998	Niob	Nb	41	92,906
Francium	Fr	87	223	Nobelium	No	102	259
Gadolinium	Gd	64	157,25	Osmium	Os	76	190,23
Gallium	Ga	31	69,723	Palladium	Pd	46	106,42
Germanium	Ge	32	72,61	Phosphor	P	15	30,974

3 ► Kleiner als ein Atom? Die Struktur des Atoms

Name	Symbol	Kernla-dungszahl	Massenzahl	Name	Symbol	Kernla-dungszahl	Massenzahl
Platin	Pt	78	195,08	Stickstoff	N	7	14,007
Plutonium	Pu	94	244	Strontium	Sr	38	87,62
Polonium	Po	84	209	Tantal	Ta	73	180,948
Praseodym	Pr	59	140,908	Technetium	Tc	43	98
Promethium	Pm	61	145	Tellur	Te	52	127,60
Protactinium	Pa	91	231,036	Terbium	Tb	65	158,925
Quecksilber	Hg	80	200,59	Thallium	Tl	81	204,383
Radium	Ra	88	226,025	Thorium	Th	90	232,038
Radon	Rn	86	222	Thulium	Tm	69	168,934
Rhenium	Re	75	186,207	Titan	Ti	22	47,88
Rhodium	Rh	45	102,906	Uran	U	92	238,029
Rubidium	Rb	37	85,468	Vanadium	V	23	50,942
Ruthenium	Ru	44	101,07	Wasserstoff	H	1	1,0079
Rutherfordium	Rf	104	261	Wismut	Bi	83	208,980
Samarium	Sm	62	150,36	Wolfram	W	74	183,84
Sauerstoff	O	8	15,999	Xenon	Xe	54	131,29
Scandium	Sc	21	44,956	Ytterbium	Yb	70	173,04
Schwefel	S	16	32,066	Yttrium	Y	39	88,906
Seaborgium	Sg	106	263	Zink	Zn	30	65,39
Selen	Se	34	78,96	Zinn	Sn	50	118,71
Silber	Ag	47	107,868	Zirkonium	Zr	40	91,224
Silizium	Si	14	28,086				

Tabelle 3.2: Die Elemente

Also können Sie Uran wie in Abbildung 3.2 darstellen.

Abbildung 3.2: Die Darstellung von Uran

Sie wissen, dass Uran eine Kernladungszahl von 92 (Anzahl der Protonen) und Massenzahl von 238 (Protonen plus Neutronen) hat. Wenn Sie nun die Anzahl der Neutronen des Urans wissen wollen, ist alles, was Sie tun müssen, die Kernladungszahl (92 Protonen) von der Massenzahl (238 Protonen plus Neutronen) zu subtrahieren. Das Ergebnis: Uran hat 146 Neutronen.

Aber wie viele Elektronen hat das Uran? Weil das Atom neutral ist (es also nach außen keine elektrische Ladung aufweist), muss es die gleiche Anzahl von positiven und negativen Ladungen bzw. die gleiche Anzahl von Protonen und Elektronen besitzen. Also gibt es in jedem Uran-Atom 92 Elektronen.

Wo sind nun diese Elektronen?

Frühe Modelle des Atoms zeigten Elektronen, die den Kern mehr oder weniger zufällig umkreisten. Als die Wissenschaftler aber das Atom besser kennen lernten, stellten sie fest, dass dies wahrscheinlich nicht genau richtig ist. Heute sind zwei Modelle atomarer Struktur üblich: das Bohr-Modell und das quantenmechanische Modell. Das Bohr-Modell ist einfach und relativ leicht zu verstehen; das quantenmechanische Modell basiert auf viel Mathematik und ist etwas schwerer zu verstehen. Beide Modelle sind jedoch dabei hilfreich, das Atom zu verstehen, so dass ich in den folgenden Abschnitten beide Modelle erklären möchte (ohne zu viel Mathe zu verwenden).

Ein Modell ist nützlich, weil es dabei hilft, zu verstehen, was man in der Natur beobachten kann. Es ist nicht so ungewöhnlich, mehr als ein Modell zu benutzen, um einen speziellen, komplizierten Sachverhalt zu beschreiben.

Das Bohr'sche Modell – überhaupt nicht langweilig

Haben Sie schon einmal Farbkristalle für Ihren Kamin gekauft, um Flammen in verschiedenen Farben zu erzeugen? Oder haben Sie schon einmal ein Feuerwerk beobachtet und sich gefragt, woher die Farben kommen?

Farbe kommt von verschiedenen Elementen. Wenn Sie Tafelsalz oder irgendein anderes Salz, das Natrium enthält, ins Feuer werfen, bekommen Sie eine gelbe Farbe (nicht Sie, das Feuer!). Salze, die Kupfer enthalten, geben der Flamme ein grünliches Blau. Und wenn Sie sich die Flammen durch ein *Spektroskop* (ein Instrument, das ein Prisma verwendet, um das Licht in seine verschiedenen Bestandteile aufzulösen) anschauen, sehen Sie eine Anzahl von verschiedenen Farblinien. Diese klaren Farblinien bilden das Linienspektrum.

Niels Bohr, ein dänischer Wissenschaftler, erklärte dieses Linienspektrum, als er ein Modell für das Atom entwickelte.

Nach der Vorstellung Bohrs umkreisen die Elektronen in Atomen den Kern auf verschiedenen Umlaufbahnen mit unterschiedlicher Energie (denken Sie an die Planeten, die um die Sonne kreisen). Bohr verwendete den Ausdruck *Energieniveau* (oder *Elektronenschalen*), um diese Kreise unterschiedlicher Energie zu beschreiben. Und er sagte, dass die Energie eines Elektrons gequantelt ist, das heißt, dass Elektronen dieses oder jenes Energieniveau haben können, aber kein Niveau dazwischen.

Das Energieniveau, das ein Elektron normalerweise annimmt, wird sein *Grundzustand* genannt. Aber dieses kann sich zu einer höheren, weniger stabilen Energie, durch Absorption von Energie, verändern. Diese höhere Energie wird *angeregter Zustand* genannt.

Wenn ein Elektron einmal angeregt ist, kann es durch Freigabe der Energie, die es absorbiert hat (siehe Abbildung 3.3), in seinem Grundzustand zurückkehren. Hier nun kommt die Erklärung mit Hilfe des Linienspektrums ins Spiel. Manchmal entspricht die von den angeregten Elektronen freigegebene Energie einem Teil des elektromagnetischen Spektrums (d.h. der Wellenlänge der entsprechenden Energie) des sichtbaren Lichts, und der Mensch nimmt dies als farbiges Licht wahr. Kleine Veränderungen im Energiebetrag bedeuten hierbei, dass man verschiedene Farben wahrnimmt.

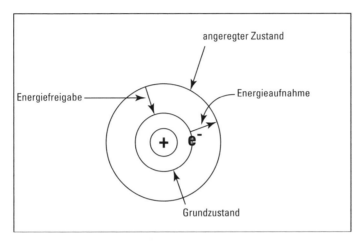

Abbildung 3.3: Grundzustand und angeregter Zustand im Bohr'schen Modell

Bohr stellte fest, dass ein Elektron umso weniger Energie benötigt, je näher es sich am Kern befindet. Ist es dagegen auf einer »Umlaufbahn«, die weiter vom Kern entfernt ist, benötigt es mehr Energie. Also nummerierte Bohr die Energieniveaus des Elektrons. Je höher die Energieniveaunummer, desto weiter das Elektron also vom Kern entfernt ist, desto höher die entsprechende Energie.

Bohr stellte auch fest, dass die verschiedenen Energieniveaus verschiedene Anzahlen an Elektronen enthalten können: Energiestufe 1 kann bis zu zwei Elektronen halten, Energiestufe 2 kann bis zu acht Elektronen usw.

Das Bohr-Modell funktioniert bei sehr einfachen Atomen wie Wasserstoff (der ein Elektron hat) ganz gut, aber nicht bei komplexeren Atomen. Obwohl es das Bohr-Modell immer noch gibt und es besonders in Grundlehrbüchern immer noch verwendet wird, wird heute ein höher entwickeltes (und komplexeres) Modell – das quantenmechanische Modell – viel häufiger verwendet.

Quantenmechanisches Modell

Das einfache Bohr-Modell war nicht in der Lage, Beobachtungen komplexerer Atome zu erklären. Folglich entwickelte man ein komplexeres, hochmathematisches Modell atomarer Struktur – das quantenmechanische Modell.

Dieses Modell basiert auf der *Quantentheorie*, die sagt, dass Materie auch Welleneigenschaften besitzt. Nach der Quantentheorie ist es unmöglich, zu derselben Zeit die genaue Position und den genauen Impuls (Ort und Geschwindigkeit) eines Elektrons zu messen. Dies ist als das *Unschärfeprinzip* bekannt. So mussten Wissenschaftler Bohrs Umkreisungen durch Orbitale (manchmal auch Elektronenwolken genannt) ersetzen, d.h. durch Räume, in denen es mit einer gewissen Wahrscheinlichkeit ein Elektron gibt. Mit anderen Worten, es wurde Gewissheit durch Wahrscheinlichkeit ersetzt.

Das quantenmechanische Modell des Atoms verwendet komplexe Formen von Orbitalen anstelle Bohrs einfacher kreisförmiger Aufenthaltsorte für Elektronen. Ohne viel Mathematik (bitte, gern' geschehen) zeigt dieser Abschnitt Ihnen einige Aspekte dieses neuesten Atommodells.

Es wurden vier Quantenzahlen eingeführt, um die Merkmale von Elektronen und ihrer Orbitale zu beschreiben. Sie müssen zugeben, ein paar Spitzen-High-Tech-Namen sind das schon:

- ✔ Hauptquantenzahl n
- ✔ Nebenquantenzahl l (od. Bahndrehimpulsquantenzahl)
- ✔ Magnetquantenzahl m_l
- ✔ Spinquantenzahl m_s

Tabelle 3.3 fasst die vier Quantenzahlen zusammen. Alle zusammen bilden für den theoretischen Chemiker eine recht gute Beschreibung der Merkmale eines speziellen Elektrons.

Name	Symbol	Beschreibung	Erlaubte Werte
Haupt	n	Orbitale Energie	Positive ganze Zahlen (1, 2, 3 usw.)
Bahndrehimpuls	l	Orbitale Form	Ganze Zahlen von 0 bis n-1
Magnet	m_l	Orientierung	Ganze Zahlen von -l bis 0 bis +l
Spin	m_s	Elektronenspin	+½ oder -½

Tabelle 3.3: Zusammenfassung der Quantenzahlen

Die Hauptquantenzahl n

Die Hauptquantenzahl n beschreibt den durchschnittlichen Abstand der Orbitale vom Kern – und die Energie des Elektrons in einem Atom. Sie ist fast die gleiche wie Bohrs Energieniveauzahl. Sie kann positive ganze Zahlen als Werte annehmen: 1, 2, 3, 4 usw. Je größer der Wert von n ist, desto höher ist die Energie und desto größer ist auch das Orbital. Chemiker nennen die Orbitale manchmal auch *Elektronenschalen*.

Die Nebenquantenzahl l

Die Nebenquantenzahl l beschreibt die Form der Orbitale, und die Form wird von der Hauptquantenzahl n beschränkt: Die Nebenquantenzahl l kann positive ganze Zahlenwerte von 0 bis n-1 haben. Zum Beispiel, wenn der Wert n 3 ist, sind drei Werte für l erlaubt: 0, 1 und 2.

Der Wert von l definiert die Form der Orbitale, der Wert von n die Größe.

Orbitale, die denselben Wert n besitzen, aber verschiedene Werte von l, werden auch *Unterschalen* genannt. Diesen Unterschalen werden verschiedene Buchstaben zugeordnet, um den Chemikern zu helfen, sie voneinander zu unterscheiden. Tabelle 3.4 zeigt die Buchstaben, die den verschiedenen Werten von l entsprechen.

Wert von l (Unterschale)	Buchstabe
0	s
1	p
2	d
3	f
4	g

Tabelle 3.4: Buchstaben-Kennzeichnung der Unterschalen

Wenn Chemiker eine besondere Unterschale in einem Atom beschreiben, können sie sowohl den Wert n als auch den Unterschalenbuchstaben verwenden – 2p, 3d usw. Normalerweise ist der Wert 4 der größte, der für die Beschreibung einer Unterschale gebraucht wird. Wenn Chemiker einmal einen größeren Wert benötigen, können sie Unterschalenzahlen und Buchstaben erzeugen.

Abbildung 3.4 zeigt die Formen der s-, p- und d- Orbitale.

In Abbildung 3.4 (a), gibt es zwei s-Orbitale – eins für Energieniveau 1 (1s) und das andere für das Energieniveau 2 (2s). s-Orbitale sind sphärisch verteilt, mit dem Atomkern im Zentrum. Beachten Sie, dass das 2s-Orbital einen größeren Durchmesser besitzt als das 1s-Orbital. In großen Atomen ist das 1s-Orbital vom 2s-Orbital umhüllt, genau wie das 2p sich im 3p eingenistet hat. Das Gleiche gilt für das 2p-Orbital – es ist vom 3p-Orbital umhüllt.

Abbildung 3.4 (b) zeigt die Formen des p-Orbitals, und Abbildung 3.4 (c) zeigt die Formen des d-Orbitals. Beachten Sie, dass die Formen fortschreitend komplexer werden.

Die Magnetquantenzahl m_l

Die Magnetquantenzahl m_l beschreibt, welche Orientierung die Orbitale im Raum besitzen. Der Wert von m_l hängt vom Wert von *l* ab. Die erlaubten Werte sind ganze Zahlen von -l bis 0 bis +l. Wenn zum Beispiel der Wert von l = 1 (p-Orbital – siehe Tabelle 3.4), kann m_l drei Werte annehmen: -1, 0 und +1. Dies bedeutet, dass es für ein Orbital drei verschiedene p-Unterschalen gibt. Die Unterschalen besitzen dieselbe Energie, aber verschiedene Raumorientierungen.

Abbildung 3.4 (b) zeigt, wie die p-Orbitale im Raum orientiert sind. Beachten Sie, dass die drei p-Orbitale den m_l-Werten -1, 0 und +1 entsprechen und sich in Richtung der x-, y- und z-Achsen orientieren.

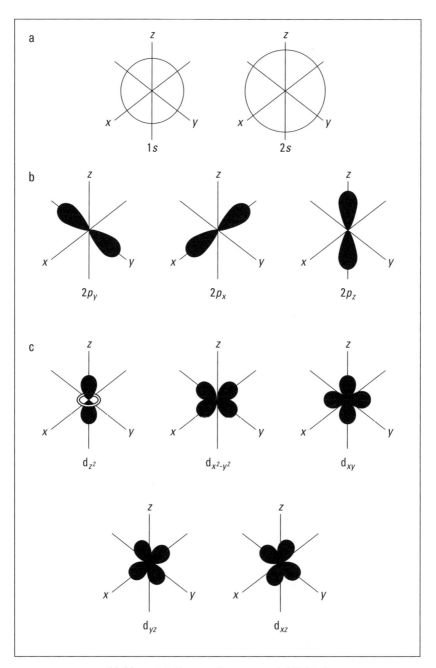

Abbildung 3.4: Formen der s-, p- und d-Orbitale

Die Spinquantenzahl m_s

Die vierte und letzte Quantenzahl (ich weiß, jetzt mache ich Sie glücklich ...) ist die Spinquantenzahl m_s. Diese beschreibt die Richtung, in der sich das Elektron in einem magnetischen Feld dreht, entweder im Uhrzeigersinn oder gegen den Uhrzeigersinn. m_s kann nur zwei Werte annehmen: +½ oder -½. Für jede Unterschale kann es nur zwei Elektronen geben, eines mit dem Spin +½ und ein anderes mit dem Spin -½.

Wenn Sie alle Zahlen zusammennehmen, was kommt dann raus? (Eine hübsche Tabelle)

Ich weiß, dieses Quantennummernzeugs bringt Wissenschaftsmuffel zum Sabbern und normale Menschen zum Gähnen. Wenn nun aber der Fernseher kaputt ist und Sie etwas Zeit totschlagen wollen, werfen Sie doch mal einen kurzen Blick auf Tabelle 3.5. Sie können die Quantenzahlen für jedes Elektron in den ersten zwei Energieniveaus überprüfen.

n	l	Unterschale	m_l	m_s
1	0	1s	0	+½, -½
2	0	2s	0	+½, -½
	1	2p	-1	+½, -½
			0	+½, -½
			+1	+½, -½

Tabelle 3.5: Quantenzahlen für die ersten zwei Energieniveaus

Tabelle 3.5 zeigt, dass es im Energieniveau 1 (n = 1) nur ein s-Orbital gibt. Es gibt kein p-Orbital, weil ein l-Wert von 1 (p-Orbital) nicht erlaubt ist. Beachten Sie auch, dass es nur zwei Elektronen in diesem 1s-Orbital geben kann, (m_s von +½ und -½). Tatsächlich kann es nur zwei Elektronen in jedem s-Orbital geben, ob es 1s oder 5s ist.

Wenn Sie sich von Energieniveau 1 zu Energieniveau 2 (n = 2) bewegen, kann es sowohl s- als auch p-Orbitale geben. Wenn Sie die Quantenzahlen für Energiestufe 3 alle hinschreiben, sehen Sie s-, p- und d-Orbitale. Jedes Mal, wenn Sie in ein höheres Energieniveau gehen, fügen Sie eine andere Orbital-Art hinzu.

Beachten Sie auch, dass es drei Unterschalen (m*l*) für das 2p-Orbital gibt (siehe Abbildung 3.4 (b)), und das macht je ein Maximum von zwei Elektronen. Die drei 2p-Unterschalen können also maximal sechs Elektronen enthalten.

Es gibt einen Energieunterschied zwischen den größeren Energieniveaus (Energieniveau 2 bedeutet mehr Energie als Energieniveau 1), aber es gibt auch einen Unterschied zwischen den Energien in den Orbitalen innerhalb eines Energieniveaus. Auf Energiestufe 2 sind sowohl s- als auch p-Orbitale vorhanden. Aber das 2s hat weniger Energie als das 2p. Die drei Unterschalen des 2p-Orbitals haben dieselbe Energie. Ebenso haben die fünf Unterschalen des d-Orbitals (siehe Abbildung 3.4 (c)) dieselbe Energie.

Okay. Genug davon.

Elektronenkonfigurationen (Das Bett der Elektronen)

Chemiker finden Quantenzahlen nützlich, wenn sie sich chemische Reaktionen und Verbindungen ansehen (das sind die Dinge, mit denen sich die Chemiker besonders gerne befassen). Sie arbeiten jedoch lieber mit zwei anderen Darstellungen der Elektronen, weil sie sie für leichter und nützlicher halten.

✔ Energieniveaudiagramme

✔ Elektronenkonfigurationen

Chemiker verwenden beide Darstellungen, um zu zeigen, welches Energieniveau, welche Unterschale und welches Orbital von Elektronen in jedem speziellen Atom besetzt wird. Chemiker verwenden diese Information, um vorherzusagen, welche Bindungsart auftreten wird und welche Elektronen hierzu gebraucht werden. Diese Darstellungen bewähren sich auch, wenn man zeigen möchte, warum sich bestimmte Elemente ähnlich verhalten.

In diesem Abschnitt zeige ich Ihnen, wie man ein Energieniveaudiagramm anwenden und Elektronenkonfigurationen aufschreiben kann.

Das gefürchtete Energieniveaudiagramm

Abbildung 3.5 zeigt ein leeres Energieniveaudiagramm, mit dem Sie Elektronen für jedes spezielle Atom beschreiben können. Sie sehen zwar nicht die bekannten Orbitale und Unterschalen. Aber mit diesem Diagramm sollten Sie in der Lage sein, alles zu tun, was Ihnen als Chemiker so einfällt. (Wenn Sie keine Ahnung haben, was Orbitale, Unterschalen oder all jene Zahlen und Buchstaben mit dem Preis von Bohnen zu tun haben, schauen Sie doch mal in das »quantenmechanische Modell« weiter vorne in diesem Kapitel. Macht Spaß, sag ich Ihnen.)

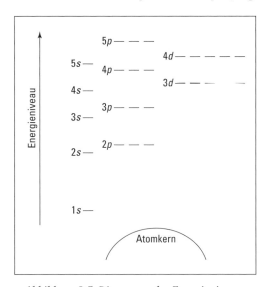

Abbildung 3.5: Diagramm der Energieniveaus

Ich stelle Orbitale durch Striche dar, in denen Sie maximal zwei Elektronen unterbringen können. Das 1s-Orbital ist dem Kern am nächsten und hat darum die niedrigste Energie. Es ist auch das einzige Orbital in Energiestufe 1 (siehe Tabelle 3.5.) Auf Energiestufe 2 gibt es sowohl s- als auch p-Orbitale, wobei 2s eine niedrigere Energie als 2p hat. Die drei 2p-Unterschalen werden von drei Strichen derselben Energie dargestellt. Die Energieniveaus 3, 4 und 5 werden auch gezeigt. Beachten Sie, dass 4s eine niedrigere Energie als 3d hat: Dies weicht vielleicht von Ihrer Erwartung ab, aber es lässt sich halt in der Natur so beobachten. Abbildung 3.6 zeigt das »Aufbauprinzip«.

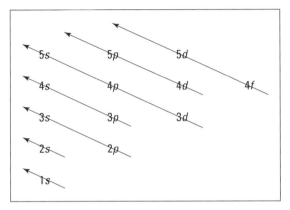

Abbildung 3.6: Diagramm zum Aufbauprinzip

Beim Verwenden des Energieniveaudiagramms denken Sie bitte an zwei Dinge:

✔ Elektronen füllen die niedrigsten freien Energieniveaus zuerst.

✔ Wenn es mehr als eine Unterschale in einem speziellen Energieniveau wie 3p oder 4d gibt, besetzt nur ein Elektron die jeweilige Unterschale (siehe Abbildung 3.5), bis jede Unterschale mit einem Elektron besetzt ist. Dann erst beginnen Elektronen, in jeder Unterschale Paare zu bilden. Diese Regel heißt auch *Hund'sche Regel*.

Nehmen wir an, dass Sie das Energieniveaudiagramm des Sauerstoffs zeichnen wollen. Sie schauen in das Periodensystem oder eine Elementliste und stellen fest, dass Sauerstoff Atomnummer 8 hat. Diese Zahl bedeutet, dass Sauerstoff 8 Protonen in seinem Kern und 8 Elektronen hat. Also platzieren Sie 8 Elektronen in Ihr Energieniveaudiagramm. Sie können Elektronen als Pfeile darstellen (siehe Abbildung 3.7). Man beachte, dass, wenn zwei Elektronen in einem Orbital liegen, ein Pfeil nach oben, der andere nach unten zeigt (dies wird *Spinpaar* genannt. Es entspricht den Spinquantenzahlen +½ und -½ von m_s, wie früher in diesem Kapitel erläutert).

Das erste Elektron geht in das 1s-Orbital, also das niedrigste Energieniveau, das zweite bildet ein Spinpaar mit dem ersten. Elektronen 3 und 4 bilden ein Paar im nächstniedrigen freien Orbital – dem 2s-Orbital. Elektron 5 geht in eine der 2p-Unterschalen (nein, es ist nicht wichtig, welche – sie haben alle dieselbe Energie), und Elektronen 6 und 7 gehen in die anderen zwei völlig freien 2p-Orbitale (denken Sie bitte noch einmal an die beiden oben erwähnten Dinge). Das letzte Elektronenpaar bildet sich mit einem der Elektronen in den 2p-Unterschalen. (Wieder ist es nicht wichtig, mit welchem Elektron das Paar gebildet wird.) Abbildung 3.7 zeigt das fertige Energieniveaudiagramm für den Sauerstoff.

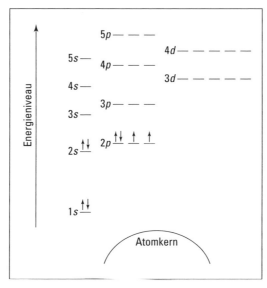

Abbildung 3.7: Energieniveaudiagramm für Sauerstoff

Elektronenkonfigurationen: Leicht und Platz sparend

Energieniveaudiagramme sind nützlich, wenn man chemische Reaktionen und Verbindungen verstehen möchte, aber für die regelmäßige Arbeit sind sie noch zu unhandlich. Wäre es nicht toll, wenn es eine andere Darstellung gäbe, die nahezu dieselbe Information liefert, aber in einer viel bequemeren, stenografieähnlichen Form? Nun, es gibt diese. Sie heißt *Elektronenkonfiguration*.

Die Elektronenkonfiguration für Sauerstoff ist $1s^22s^22p^4$. Vergleichen Sie diese Schreibweise mit dem Energieniveaudiagramm für Sauerstoff in Abbildung 3.7. Nimmt die Elektronenkonfiguration nicht viel weniger Platz ein? Sie können die Elektronenkonfiguration aus dem Energieniveaudiagramm ableiten. Die ersten zwei Elektronen des Sauerstoffs füllen das 1s-Orbital, so dass Sie es als $1s^2$ in der Elektronenkonfiguration zeigen können. Die 1 ist das Energieniveau, das s stellt die Art des Orbitals dar und die hochgestellte 2 zeigt die Anzahl der Elektronen darin. Die nächsten zwei Elektronen sind im 2s-Orbital, so dass Sie $2s^2$ schreiben müssen. Schließlich zeigen Sie die vier letzten Elektronen im 2p-Orbital als $2p^4$. Fügen Sie nun alles zusammen und Sie bekommen $1s^22s^22p^4$.

Manche Leute benutzen eine etwas umfassendere Form, die zeigt, wie die einzelnen p_x, p_y und p_z-Orbitale entlang der x-, y- und z-Achse orientiert sind und die Anzahl der Elektronen je Orbital. Der Abschnitt *Die Magnetquantenzahl m_l* weiter vorne in diesem Kapitel erklärt, wie Orbitale im Raum orientiert sind. Die Langform ist ganz nett, wenn Sie sich die Details wirklich besser ansehen wollen, aber man braucht dieses Maß an Detailliertheit eher selten. Ich werde deshalb die erweiterte Form der Elektronenkonfiguration hier nicht weiter ausführen bzw. erläutern.

Die Summe der hochgestellten Ziffern ist mit der Kernladungszahl oder der Anzahl von Elektronen im Atom identisch.

Hier nun ein paar Elektronenkonfigurationen, die Sie verwenden können, um Ihre Umwandlungen von Energieniveaudiagrammen zu überprüfen:

Chlor (Cl:) $1s^2 2s^2 2p^6 3s^2 3p^5$

Eisen (Fe): $1s^2 2s^2 2p^6 3s^2 3p^6 4s^2 3d^6$

Obwohl ich Ihnen gezeigt habe, wie man das Energieniveaudiagramm verwendet, um eine Elektronenkonfiguration formal zu erzeugen, mit etwas Übung brauchen Sie das Energieniveaudiagramm nun nicht immer hinzuschreiben. Es reicht, wenn Sie die Elektronenkonfiguration in der einfachen Form kennen und wissen, wie viele Elektronen das Element besitzt und wie das Füllmuster der Elektronenschalen aussieht. Nur um ein bisschen Zeit zu sparen, okay?

Valenzelektronen: Ein Leben auf dem Grat

Wenn Chemiker chemische Reaktionen studieren, studieren sie die Übertragung oder das Teilen von Elektronen. Die schwächer an den Kern gebundenen Elektronen – die Elektronen in dem am weitesten vom Kern entfernten Energieniveau – sind die, die gewonnen, verloren oder geteilt werden.

Elektronen sind negativ geladen, während der Kern aufgrund der Protonen eine positive Ladung besitzt. Die Protonen ziehen die Elektronen an und halten sie, aber je weiter die Elektronen entfernt sind, desto geringer ist die Anziehungskraft.

Die Elektronen im äußersten Energieniveau werden gewöhnlich *Valenzelektronen* genannt. Chemiker berücksichtigen in Wirklichkeit nur die Elektronen im s-, Hp- und d-Orbital im Energieniveau, das zu einem bestimmten Zeitpunkt Valenzelektronen enthält. In der Elektronenkonfiguration für Sauerstoff, $1s^2 2s^2 2p^4$, ist Energieniveau 1 gefüllt, und es gibt zwei Elektronen in den 2s-Orbitalen und vier Elektronen in Niveau 2p mit einer Gesamtsumme von sechs Valenzelektronen. Jene Valenzelektronen sind die verloren gegangenen, gewonnenen oder geteilten Elektronen.

Wenn man in der Lage ist, die Anzahl der Valenzelektronen in einem bestimmten Atom zu bestimmen, haben Sie einen guten Anhaltspunkt dafür, wie dieses Atom wohl reagieren wird. In Kapitel 4, das einen Überblick über das Periodensystem der Elemente gibt, zeige ich Ihnen eine schnelle Methode, die Anzahl von Valenzelektronen zu bestimmen, ohne die Elektronenkonfiguration des Atoms aufschreiben zu müssen.

Isotope und Ionen: Dies sind einige meiner Lieblingsthemen

Trotzdem bin ich jetzt schon wieder der Depp. Die Atome eines bestimmten Elements besitzen eine identische Anzahl von Protonen und Elektronen, können jedoch verschiedene Anzahlen von Neutronen haben. Atome desselben Elements mit unterschiedlicher Neutronenzahl heißen *Isotope*.

Das Isolieren eines Isotops

Wasserstoff ist hier auf der Erde ein sehr verbreitetes Element. Die Kernladungszahl des Wasserstoffs ist 1 – sein Kern enthält ein Proton. Das Wasserstoff-Atom hat auch ein Elektron. Weil es dieselbe Anzahl von Protonen wie Elektronen hat, ist das Wasserstoff-Atom neutral (die positiven und negativen Ladungen heben einander auf).

Die meisten Wasserstoff-Atome auf der Erde enthalten keine Neutronen. Sie können die Symbolik aus Abbildung 3.2 verwenden, um Wasserstoff-Atome darzustellen, die keine Neutronen enthalten, wie in Abbildung 3.8 (a) gezeigt.

Jedoch enthält etwa ein Wasserstoff-Atom von 6.000 ein Neutron in seinem Kern. Diese Atome sind immer noch Wasserstoff-Atome, weil sie ein Proton und ein Elektron haben; sie haben einfach ein Neutron, das den meisten Wasserstoff-Atomen fehlt. Also werden diese Atome Wasserstoff-Isotope genannt. Abbildung 3.8 (b) zeigt ein Isotop von Wasserstoff, bekannt als Deuterium. Es ist immer noch Wasserstoff, weil es nur ein Proton enthält, aber es ist anders als der Wasserstoff in Abbildung 3.8 (a), weil es auch ein Neutron hat. Weil es ein Proton und ein Neutron enthält, ist seine Massennummer zwei.

Abbildung 3.8: Die Isotope des Wasserstoffs

Es gibt sogar ein Isotop von Wasserstoff, das zwei Neutronen enthält. Es heißt Tritium und wird in Abbildung 3.8 (c) dargestellt. Tritium kommt auf der Erde nicht in der Natur vor, aber es kann leicht hergestellt werden.

Nun werfen Sie einmal einen Blick auf Abbildung 3.8. Sie zeigt eine weitere Möglichkeit, Isotope darzustellen: Man schreibe das Symbol des Elements, einen Strich und dann die Massenzahl.

Jetzt kann es sein, dass Sie sich fragen: »Wenn ich eine Berechnung mache, die die atomare Masse des Wasserstoffs einschließt, welches Isotop verwende ich dann?« Nun, verwenden Sie einen Durchschnitt all der natürlich auftretenden Isotope von Wasserstoff. Aber nicht nur einen einfachen Durchschnitt. (Sie müssen in Betracht ziehen, dass es viel mehr H-1 als H-2 gibt, und Sie dürfen H-3 überhaupt nicht einbeziehen, weil es nicht natürlich vorkommt.) Sie verwenden einen gewichteten Durchschnitt, der die Häufigkeit der natürlich vorkommenden Wasserstoff-Isotope berücksichtigt. Deshalb ist nämlich die atomare Masse des Wasserstoffs in Tabelle 3.2 keine ganze Zahl: Stattdessen beträgt sie 1,0079 amu. Die Zahl sagt aus, dass es viel mehr H-1 als H-2 gibt.

Viele Elemente haben mehrere isotopische Formen. Weitere Informationen hierüber finden Sie in Kapitel 5.

Ein Blick auf die Ionen

Weil ein Atom selbst neutral ist, sage ich im ganzen Buch, dass die Anzahl von Protonen und Elektronen in Atomen gleich ist. Aber es gibt Fälle, in denen ein Atom eine elektrische Ladung bekommen kann. Zum Beispiel hat das Natrium-Atom im Natriumchlorid – dem Tafelsalz – eine positive Ladung, und das Chlor-Atom hat eine negative Ladung. Atome (oder Gruppen von Atomen) mit ungleicher Anzahl von Protonen und Elektronen werden Ionen genannt.

Das neutrale Natrium-Atom hat elf Protonen und elf Elektronen, was bedeutet, dass es elf positive Ladungen und elf negative Ladungen hat. Insgesamt ist das Natrium-Atom neutral, und es wird durch Na dargestellt. Aber das Natrium-Ion enthält noch eine weitere positive Ladung, so dass es als Na^+ bezeichnet wird (das + zeigt seine positive Nettoladung).

Eine ungleiche Anzahl von negativen und positiven Ladungen kann auf zwei Arten entstehen: Ein Atom kann ein Proton (eine positive Ladung) oder ein Elektron (eine negative Ladung) gewinnen oder verlieren. Welcher Prozess ist wahrscheinlicher? Nun, eine grobe Faustregel sagt, dass es leicht ist, Elektronen zu gewinnen oder zu verlieren, aber sehr schwierig ist, Protonen zu gewinnen oder zu verlieren.

Also werden Atome zu Ionen durch Gewinnen oder Verlieren von Elektronen. Und Ionen, die eine positive Ladung haben, werden Kationen genannt. Die Fortentwicklung geht dann so: Das Na^+-Ion entsteht durch den Verlust eines Elektrons. Weil es ein Elektron verloren hat, hat es mehr Protonen als Elektronen oder mehr positive Ladungen als negative Ladungen, das heißt, es heißt jetzt Na^+-Kation. Genauso wird das Mg^{2+}-Kation gebildet, wenn das neutrale Magnesium-Atom zwei Elektronen verliert.

Jetzt betrachten Sie mal das Chlor-Atom in Natriumchlorid. Das neutrale Chlor-Atom hat eine negative Ladung durch Gewinnen eines Elektrons erworben. Weil es eine ungleiche Anzahl von Protonen und Elektronen hat, ist es jetzt ein Ion und so darzustellen: Cl^-. Und, weil Ionen, die eine negative Ladung haben, *Anionen* genannt werden, heißt es jetzt Cl^--Anion. (Kapitel 6 liefert Ihnen, falls Sie interessiert sind, die volle Lektion zu Ionen, Kationen und Anionen. Dies hier ist nur ein Appetithappen).

Für den kleinen Kick, hier ein paar zusätzliche Häppchen über Ionen:

- ✔ Sie können Elektronenkonfigurationen und Energieniveaudiagramme für Ionen darstellen. Das neutrale Natrium-Atom (elf Protonen) hat die Elektronenkonfiguration $1s^2 2s^2 2p^6 3s^1$. Das Natrium-Kation hat ein Elektron – das Valenzelektron – verloren, das am weitesten vom Kern (das 3s-Elektron in diesem Fall) entfernt ist. Die Elektronenkonfiguration von Na^+ ist $1s^2 2s^2 2p^6$.

- ✔ Die Elektronenkonfiguration des Chlorid-Ions (Cl^-) ist $1s^2 2s^2 2p^6 3s^2 3p^6$. Dies ist dieselbe Elektronenkonfiguration wie bei dem neutralen Argon-Atom. Wenn zwei chemische Arten dieselbe Elektronenkonfiguration haben, sollen sie isoelektronisch sein. Um Chemie zu verstehen, muss man fast eine neue Sprache lernen, nicht wahr?

- ✔ In diesem Abschnitt wurden monoatomare Ionen (die mit einem Atom) erörtert. Es gibt aber auch polyatomare Ionen (das sind die, die mehrere Atome haben). Das Ammonium-Ion NH_4^+ ist ein polyatomares Ion, oder, anders ausgedrückt, ein polyatomares Kation. Das Nitrat-Ion, NO_3^-, ist ebenfalls ein polyatomares Ion, oder, anders ausgedrückt, ein polyatomares Anion.

- ✔ Ionen werden üblicherweise in Verbindungen gefunden, die man *Salze* nennt. Wenn Salze in Wasser gelöst werden, ergibt das elektrisch leitfähige Lösungen. Eine Substanz, die in einer Lösung Elektrizität leiten kann, wird *Elektrolyt* genannt. Wenn Sie aber Zucker in Wasser lösen, erhalten Sie keine solche Leitfähigkeit. Zucker ist nicht elektrolytisch. Ob eine Substanz ein Elektrolyt oder nicht ist, sagt etwas über den Bindungstyp der Verbindung aus. Wenn die Substanz elektrolytisch ist, liegt wahrscheinlich eine Ionenbindung vor (siehe Kapitel 6). Wenn sie aber nicht elektrolytisch ist, haben wir (wahrscheinlich) eine kovalente Bindung vor uns (siehe Kapitel 7).

Das Periodensystem

In diesem Kapitel

▸ Periodizität verstehen

▸ Die Organisation der Elemente im Periodensystem verstehen

In diesem Kapitel stelle ich Ihnen das zweitwichtigste Werkzeug vor, das ein Chemiker besitzt – das Periodensystem. (Seine wichtigsten sind eine Tasse und der Bunsenbrenner, damit er sich seinen Kaffee kochen kann.)

Chemiker sind, wie die meisten Wissenschaftler, etwas faul. Sie ordnen die Dinge gerne in Gruppen. Dieser Prozess, genannt *Klassifizierung*, macht es viel leichter, ein spezielles System zu studieren. Wissenschaftler haben die chemischen Elemente in einer periodisch strukturierten Tabelle zusammengefasst, so dass sie nicht die Eigenschaften einzelner Elemente lernen müssen. Mit dem Periodensystem sind sie in der Lage, nur die Eigenschaften der verschiedenen Gruppen erlernen zu müssen. So zeige ich Ihnen in diesem Kapitel, wie die Elemente in der Tabelle angeordnet sind und welches die wichtigsten Gruppen sind. Ich erkläre auch, wie Chemiker und andere Wissenschaftler dieses Periodensystem in der Praxis anwenden.

Das Wiederholen von Mustern der Periodizität

Sowohl in der Natur als auch in Dingen, die von den Menschen erfunden werden, kann man sich wiederholende Muster beobachten. Die Jahreszeiten wiederholen ihr Muster von Herbst, Winter, Frühjahr und Sommer. Die Gezeiten wiederholen ihr Muster von Flut und Ebbe. Dienstag folgt auf Montag, Dezember folgt auf November usw. Ein solches Muster aus Wiederholungen nennt man *Periodizität*.

Mitte des 19. Jahrhunderts bemerkte Dimitri Mendelejew, ein russischer Chemiker, ein periodisches Muster in den chemischen Eigenschaften der Elemente, die zu der Zeit bekannt waren. Mendelejew ordnete die Elemente mit wachsender atomarer Masse (siehe Kapitel 3 zur Atommasse) und bildete etwas, das unserem heutigen Periodensystem der Elemente schon recht ähnlich war. Er war sogar in der Lage, die Eigenschaften einiger noch unbekannter Elemente vorherzusagen. Später wurden die Elemente neu angeordnet, um sie an der Kernladungszahl, der Anzahl der Protonen im Atomkern, aufsteigend zu orientieren (siehe wieder Kapitel 3). Abbildung 4.1 zeigt ein Periodensystem aus unseren Tagen.

Periodensystem der Elemente

	IA (1)	II A (2)	IIIB (3)	IVB (4)	VB (5)	VIB (6)	VIIB (7)	VIIIB (8)	VIIIB (9)
1	1 **H** Wasserstoff 1,008								
2	3 **Li** Lithium 6,94	4 **Be** Beryllium 9,01							
3	11 **Na** Natrium 22,99	12 **Mg** Magnesium 24,31							
4	19 **K** Kalium 39,10	20 **Ca** Calcium 40,08	21 **Sc** Scandium 44,96	22 **Ti** Titan 47,88	23 **V** Vanadium 50,94	24 **Cr** Chrom 52,00	25 **Mn** Mangan 54,94	26 **Fe** Eisen 55,85	27 **Co** Kobalt 58,93
5	37 **Rb** Rubidium 85,47	38 **Sr** Strontium 87,62	39 **Y** Yttrium 88,91	40 **Zr** Zirkonium 91,22	41 **Nb** Niob 92,91	42 **Mo** Molybdän 95,94	43 **Tc** Technetium (98,91)	44 **Ru** Ruthenium 101,07	45 **Rh** Rhodium 102,91
6	55 **Cs** Cäsium 132,91	56 **Ba** Barium 137,33	57–71 **La–Lu** Lutetium	72 **Hf** Hafnium 178,49	73 **Ta** Tantal 180,95	74 **W** Wolfram 183,85	75 **Re** Rhenium 186,2	76 **Os** Osmium 190,2	77 **Ir** Iridium 192,22
7	87 **Fr** Francium (223,02)	88 **Ra** Radium (226,03)	89–103 **Ac–Lr** Lawrencium	104 **Rf** Rutherford. (261)	105 **Ha** Hahnium (262)	106 **Sg** Seaborgium (266)	107 **Bh** Bohrium (264)	108 **Hs** Hassium (269)	109 **Mt** Meitnerium (268)

Elemente der Lanthanreihe	57 **La** Lanthan 138,91	58 **Ce** Cer 140,12	59 **Pr** Praseodym 140,91	60 **Nd** Neodym 144,24	61 **Pm** Promethium (146,92)	62 **Sm** Samarium 150,36	63 **Eu** Europidium 151,97
Elemente der Actiniumreihe	89 **Ac** Actinium (227,03)	90 **Th** Thorium 232,04	91 **Pa** Protactinium (231,04)	92 **U** Uran 238,03	93 **Np** Neptunium (237,04)	94 **Pu** Plutonium (244,06)	95 **Am** Americium (243,06)

4 ➤ Das Periodensystem

			IIIA (13)	IVA (14)	VA (15)	VIA (16)	VIIA (17)	VIIIA (18)
								2 **He** Helium 4,00
			5 **B** Bor 10,81	6 **C** Kohlenstoff 12,01	7 **N** Stickstoff 14,00	8 **O** Sauerstoff 16,00	9 **F** Fluor 19,00	10 **Ne** Neon 20,18
VIIIB (10)	IB (11)	IIB (12)	13 **Al** Aluminium 26,89	14 **Si** Silicium 28,09	15 **P** Phosphor 30,97	16 **S** Schwefel 32,07	17 **Cl** Chlor 35,45	18 **Ar** Argon 39,94
28 **Ni** Nickel 58,69	29 **Cu** Kupfer 63,55	30 **Zn** Zink 65,37	31 **Ga** Gallium 69,72	32 **Ge** Germanium 72,61	33 **As** Arsen 74,92	34 **Se** Selen 78,96	35 **Br** Brom 79,90	36 **Kr** Krypton 83,80
46 **Pd** Palladium 106,42	47 **Ag** Silber 107,87	48 **Cd** Cadmium 112,41	49 **In** Indium 114,82	50 **Sn** Zinn 118,71	51 **Sb** Antimon 121,75	52 **Te** Tellur 127,60	53 **I** Jod 126,90	54 **Xe** Xenon 131,29
78 **Pt** Platin 195,08	79 **Au** Gold 196,97	80 **Hg** Quecksilber 200,59	81 **Tl** Thallium 204,38	82 **Pb** Blei 207,2	83 **Bi** Wismut 208,98	84 **Po** Polonium (210)	85 **At** Astat (210)	86 **Rn** Radon (222,02)
110 **Os** Darmstadtium (269)	111 **Rg** Roentgenium (271)	112 **Uub** Ununbium (277)	113 **Uut** §	114 **Uuq** Ununquadium (285)	115 **Uup** §	116 **Uuh** Ununhexium (289)	117 **Uus** §	118 **Uuo** Ununoctium (293)

64 **Gd** Gadolinium 157,25	65 **Tb** Terbium 158,93	66 **Dy** Dysprosium 162,50	67 **Ho** Holmium 164,93	68 **Er** Erium 167,26	69 **Tm** Thulium 168,93	70 **Yb** Ytterbium 173,04	71 **Lu** Lutetium 174,97
96 **Cm** Curium (247,07)	97 **Bk** Berkelium (247,07)	98 **Cf** Californium (251,08)	99 **Es** Einsteinium (252,08)	100 **Fm** Fermium (257)	101 **Md** Mendelevium (258)	102 **No** Nobelium (259,10)	103 **Lr** Lawrencium (260,11)

Abbildung 4.1: Das Periodensystem der Elemente

Chemiker können sich nicht vorstellen, irgendetwas ohne das Periodensystem der Elemente zu tun. Statt die Eigenschaften von 109+ Elementen (fast jedes Jahr werden es mehr) zu erlernen, können Chemiker und Chemiestudenten die Eigenschaften von Familien von Elementen einfach lernen und auf diese Art viel Zeit und Mühe sparen. Sie finden die Beziehungen zwischen Elementen und die Formeln vieler verschiedener Verbindungen, indem sie mit dem Periodensystem arbeiten. Diese Tabelle liefert bereitwillig Kernladungszahlen, Massenzahlen und Information über die Anzahl von Valenzelektronen.

Ich erinnere mich daran, vor vielen Jahren eine Sciencefictiongeschichte über ein fremdes Leben, das auf Silizium basiert, gelesen zu haben. Silizium war die logische Alternative in dieser Geschichte, weil es in derselben Familie wie das Element Kohlenstoff ist, die Basis für das Leben auf der Erde. Also ist das Periodensystem eine absolute Notwendigkeit für Chemiker, Chemiestudenten und Sciencefictionromanautoren. Verlassen Sie Ihr Haus niemals ohne das Periodensystem!

Wie die Elemente im Periodensystem angeordnet sind

Schauen Sie mal in die Tabelle in Abbildung 4.1. Die Elemente sind in der Reihenfolge wachsender Kernladungszahl angeordnet. Die Kernladungszahl (Anzahl von Protonen) befindet sich rechts über dem Elementsymbol. Unter dem Elementsymbol befindet sich die Atommasse oder das Atomgewicht (Summe der Protonen und Neutronen). Die Atommasse ist ein gewichteter Durchschnitt aller natürlich auftretenden Isotope. (Wenn Ihnen das wie böhmische Dörfer vorkommt, springen Sie schnell zu Kapitel 3 und haben Sie viel Spaß mit der Atommasse und den Isotopen.) Beachten Sie auch, dass zwei Reihen von Elementen – Ce-Lu (allgemein Lanthaniden genannt) und Th-Lr (die Aktinide) – aus dem Hauptkörper des periodischen Systems hervorgehoben wurden. Wären sie im Hauptkörper des Periodensystems integriert, hätte die Tabelle einen erheblich größeren Umfang.

Das Periodensystem ist aus horizontalen Perioden, den Reihen, aufgebaut. Die Perioden sind links von 1 bis 7 durchnummeriert. Die senkrechten Spalten werden *Gruppen* oder *Familien* genannt. Mitglieder dieser Familien haben ähnliche Eigenschaften (siehe den Abschnitt *Familien und Perioden* später in diesem Kapitel). Die Familien können am oberen Ende der Spalten auf eine von zwei Arten bezeichnet werden. Die ältere Methode verwendet römische Ziffern und Buchstaben. Viele Chemiker (besonders so alte wie ich) bevorzugen und verwenden immer noch diese Methode. Die neuere Methode verwendet die Zahlen von 1 bis 18. Wenn ich die Eigenschaften der Tabelle beschreibe, verwende ich die ältere Methode.

Mit Hilfe des Periodensystems können Sie die Elemente auf viele Arten klassifizieren. Zwei sehr nützliche Möglichkeiten sind

- ✔ Metalle, Nichtmetalle und Metalloide
- ✔ Familien und Perioden

Metalle, Nichtmetalle und Halbmetalle

Wenn Sie sich Abbildung 4.1 gut anschauen, können Sie eine abgestufte Zeile beginnend bei Bor (B), Kernladungszahl 5, bis zum Polonium (Po), Kernladungszahl 84, erkennen. Außer Germanium (Ge) und Antimon (Sb) können all die Elemente links von dieser Zeile als Metalle klassifiziert werden. Abbildung 4.2 zeigt die Metalle.

Diese Metalle haben Eigenschaften, die Sie normalerweise mit den Metallen verbinden, auf die Sie im täglichen Leben stoßen. Sie sind Festkörper (mit Ausnahme des flüssigen Quecksilbers Hg), glänzende, gute elektrische Leiter und Wärmeleiter, dehnbar (sie können zu dünnen Drähten gezogen werden) und geschmeidig (sie können leicht zu sehr dünnen Blechen geschmiedet werden). Alle Metalle tendieren dazu, Elektronen leicht zu verlieren (siehe Kapitel 6). Wie Sie sehen, gehört die überwiegende Mehrzahl der Elemente des Periodensystems zu den Metallen.

Außer den Elementen, die an der treppenförmigen Linie liegen (mehr darüber in ein paar Sekunden), sind die Elemente rechts von der Zeile als Nichtmetalle klassifiziert (zusammen mit Wasserstoff). Diese Elemente werden in Abbildung 4.3 gezeigt.

Nichtmetalle haben andere Eigenschaften als Metalle. Die Nichtmetalle sind spröde, nicht geschmeidig oder dehnbar, schlechte Wärmeleiter und besitzen auch eine schlechte elektrische Leitfähigkeit, und sie tendieren dazu, bei chemischen Reaktionen Elektronen zu gewinnen. Einige Nichtmetalle sind Flüssigkeiten.

Die Elemente, die die abgestufte Zeile begrenzen, sind als Halbmetalle klassifiziert, wie in Abbildung 4.4 gezeigt.

Halbmetalle haben Eigenschaften wie etwa eine Mischung von Metallen und Nichtmetallen. Wegen ihrer einzigartigen Leitfähigkeitseigenschaften (sie leiten die Elektrizität nur teilweise, z.B. nur in eine Richtung) sind sie in der Halbleiter- und Computerchipindustrie besonders wichtig. (Dachten Sie, Silicon Valley sei ein mit Sand zugeschüttetes Tal? Nein. Silizium, eines der metallischen Elemente braucht man zur Herstellung von Computerchips.)

Familien und Perioden

Wenn Sie sich einmal das in Abbildung 4.1 gezeigte Periodensystem anschauen, sehen Sie, dass die sieben waagerechten Reihen von Elementen Perioden genannt werden. Innerhalb einer Periode steigen die Kernladungszahlen von links nach rechts.

Obwohl sie in derselben Periode sind, haben diese Elemente durchaus sehr verschiedene chemische Eigenschaften. Sehen Sie zum Beispiel die ersten zwei Mitglieder der 3. Periode: Natrium (Na) und Magnesium (Mg). Bei Reaktionen tendieren sie beide dazu, Elektronen zu verlieren (schließlich sind sie Metalle), aber Natrium verliert ein Elektron, während Magnesium zwei verliert. Chlor (Cl), am Ende der Periode, neigt dazu, ein Elektron (es ist ein Nichtmetall) zu gewinnen. Sie müssen sich also nur merken, dass die Elemente einer Periode nicht unbedingt ähnliche Eigenschaften besitzen.

	IIA (2)	IIIB (3)	IVB (4)	VB (5)	VIB (6)	VIIB (7)	VIIB (8)	VIIB (9)	VIIB (10)	IB (11)	IIB (12)				
3 **Li** Lithium 6,94	4 **Be** Beryllium 9,01														
11 **Na** Natrium 22,99	12 **Mg** Magnesium 24,31											13 **Al** Aluminium 26,89			
19 **K** Kalium 39,10	20 **Ca** Calcium 40,08	21 **Sc** Scandium 44,96	22 **Ti** Titan 47,88	23 **V** Vanadium 50,94	24 **Cr** Chrom 52,00	25 **Mn** Mangan 54,94	26 **Fe** Eisen 55,85	27 **Co** Kobalt 58,93	28 **Ni** Nickel 58,69	29 **Cu** Kupfer 63,55	30 **Zn** Zink 65,37	31 **Ga** Gallium 69,72			
37 **Rb** Rubidium 85,47	38 **Sr** Strontium 87,62	39 **Y** Yttrium 88,91	40 **Zr** Zirkonium 91,22	41 **Nb** Niob 92,91	42 **Mo** Molybdän 95,94	43 **Tc** Technetium (98,91)	44 **Ru** Ruthenium 101,07	45 **Rh** Rhodium 102,91	46 **Pd** Palladium 106,42	47 **Ag** Silber 107,87	48 **Cd** Cadmium 112,41	49 **In** Indium 114,82	50 **Sn** Zinn 118,71		
55 **Cs** Cäsium 132,91	56 **Ba** Barium 137,33	57 – 71 **La– Lu** Lutetium	72 **Hf** Hafnium 178,49	73 **Ta** Tantal 180,95	74 **W** Wolfram 183,85	75 **Re** Rhenium 186,2	76 **Os** Osmium 190,2	77 **Ir** Iridium 192,22	78 **Pt** Platin 195,08	79 **Au** Gold 196,97	80 **Hg** Quecksilbe r 200,59	81 **Tl** Thallium 204,38	82 **Pb** Blei 207,2	83 **Bi** Wismut 208,98	84 **Po** Polonium (210)
87 **Fr** Francium (223,02)	88 **Ra** Radium (226,03)	89 – 103 **Ac– No** Actinium	104 **Rf** Rutherford. (261)	105 **Ha** Hahnium (262)	106 **Sg** Seaborgiu m (266)	107 **Bh** Bohrium (264)	108 **Hs** Hassium (269)	109 **Mt** Meitnerium (268)	110 **Uun** Ununillium (269)	111 **Uuu** Unununium (271)	112 **Uub** Ununbium (277)				

58 **Ce** Cer 140,12	59 **Pr** Praseodym 140,91	60 **Nd** Neodym 144,24	61 **Pm** Promethium (146,92)	62 **Sm** Samarium 150,36	63 **Eu** Europidium 151,97	64 **Gd** Gadolinium 157,25	65 **Tb** Terbium 158,93	66 **Dy** Dysprosium 162,50	67 **Ho** Holmium 164,93	68 **Er** Erium 167,26	69 **Tm** Thulium 168,93	70 **Yb** Ytterbium 173,04	71 **Lu** Lutetium 174,97
90 **Th** Thorium 232,04	91 **Pa** Protactiniu m (231,04)	92 **U** Uran 238,03	93 **Np** Neptunium (237,04)	94 **Pu** Plutcnium (244 06)	95 **Am** Americium (243,06)	96 **Cm** Curium (247,07)	97 **Bk** Berkelium (247,07)	98 **Cf** Californium (251,08)	99 **Es** Einsteinium (252,08)	100 **Fm** Fermium (257)	101 **Md** Mendeleviu m (258)	102 **No** Nobelium (259,10)	103 **Lr** Lawrencium (260,11)

Abbildung 4.2: Die Metalle

4 ➤ Das Periodensystem

	IA (1)	IVA (14)	VA (15)	VIA (16)	VIIA (17)	VIIIA (18)
						2 **He** Helium 4,00
	1 **H** Wasserstoff 1,008	6 **C** Kohlenstoff 12,01	7 **N** Stickstoff 14,00	8 **O** Sauerstoff 16,00	9 **F** Fluor 19,00	10 **Ne** Neon 20,18
			15 **P** Phosphor 30,97	16 **S** Schwefel 32,07	17 **Cl** Chlor 35,45	18 **Ar** Argon 39,94
				34 **Se** Selen 78,96	35 **Br** Brom 79,90	36 **Kr** Krypton 83,80
					53 **I** Jod 126,90	54 **Xe** Xenon 131,29
						86 **Rn** Radon (222,02)

Abbildung 4.3: Die Nichtmetalle

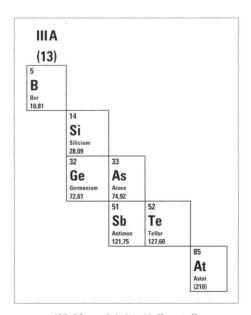

Abbildung 4.4: Die Halbmetalle

Die Mitglieder einer Familie haben dagegen ähnliche Eigenschaften. Betrachten Sie zum Beispiel die Familie IA, die mit Lithium (Li) beginnt – vergessen Sie für einen Augenblick den Wasserstoff. Der ist einzigartig und passt eigentlich nirgendwo hin – und geht bis zum Francium (Fr). All diese Elemente geben bei Reaktionen gewöhnlich nur ein Elektron ab. Die Mitglieder der VIIA-Familie neigen eher dazu, ein Elektron anzunehmen.

Warum haben nun Elemente derselben Familie ähnliche Eigenschaften? Und warum haben einige Familien die Eigenschaft, Elektronen abzugeben, andere, sie aufzunehmen? Um das herauszufinden, wählen wir vier Familien des Periodensystems und betrachten einmal die Elektronenkonfiguration einiger Elemente der jeweiligen Familie.

Mein Familienname ist meine Spezialität

Werfen Sie einen Blick auf Abbildung 4.5. Sie zeigt einige wichtige Familien mit ganz speziellen Namen.

- ✔ Die Familie IA besteht aus den Alkalimetallen. In Reaktionen tendieren diese Elemente alle dazu, ein einzelnes Elektron zu verlieren. Diese Familie enthält einige wichtige Elemente wie Natrium (Na) und Kalium (K). Beide Elemente spielen eine wichtige Rolle in der Chemie des (unseres) Körpers und kommen verbreitet in Salzen vor.

- ✔ Die Familie IIA besteht aus den Erdalkali-Metallen. All diese Elemente neigen dazu, zwei Elektronen abzugeben. Kalzium (Ca) ist ein wichtiges Mitglied der Familie IIA (Sie brauchen Kalzium für gesunde Zähne und Knochen).

- ✔ Die Familie VIIA besteht aus den so genannten Halogenen. Sie neigen alle dazu, bei Reaktionen ein Elektron anzuziehen. Wichtige Mitglieder dieser Familie sind Chlor (Cl), damit Salz auf den Tisch kommt und die Hemden weiß werden (Bleichmittel), und Jod (I). Sie haben sicher schon einmal eine Verletzung mit Jod desinfiziert, oder?

- ✔ Die Familie VIIIA besteht aus den Edelgasen. Diese Elemente reagieren eigentlich nicht. Lange hießen die Edelgase auch träge Gase. Man dachte lange, diese Elemente reagierten überhaupt nicht. Später zeigte der Wissenschaftler Neil Bartlett, dass wenigstens einige träge Gase reagieren können, was aber ganz besondere Bedingungen erfordert. Nach Bartletts Entdeckung wurden die Gase damals Edelgase genannt.

Was haben Valenzelektronen mit den Familien zu tun?

In Kapitel 3 wird erläutert, dass eine Elektronenkonfiguration die Anzahl von Elektronen in jedem Orbital in einem besonderen Atom zeigt. Die Elektronenkonfiguration bildet die Grundlage eines Konzepts der Bindung und der molekularen Geometrie und des anderen wichtigen Zeugs, das ich in den verschiedenen Kapiteln dieses Buchs abdecke.

Die Tabellen 4.1 bis 4.4 zeigen die Elektronenkonfigurationen für die ersten drei Mitglieder der Familien IA, IIA, VIIA und VIIIA.

IA (1)	IIA (2)	VIIA (17)	VIIIA (18)
3 **Li** Lithium 6,94	4 **Be** Beryllium 9,01		2 **He** Helium 4,00
11 **Na** Natrium 22,99	12 **Mg** Magnesium 24,31	9 **F** Fluor 19,00	10 **Ne** Neon 20,18
19 **K** Kalium 39,10	20 **Ca** Calcium 40,08	17 **Cl** Chlor 35,45	18 **Ar** Argon 39,94
37 **Rb** Rubidium 85,47	38 **Sr** Strontium 87,62	35 **Br** Brom 79,90	36 **Kr** Krypton 83,80
55 **Cs** Cäsium 132,91	56 **Ba** Barium 137,33	53 **I** Jod 126,90	54 **Xe** Xenon 131,29
87 **Fr** Francium (223,02)	88 **Ra** Radium (226,03)	85 **At** Astat (210)	86 **Rn** Radon (222,02)
Alkali-Metalle	Erdalkali-Metalle	Halogene	Edelgase

Abbildung 4.5: Einige wichtige chemische Familien

Element	Elektronenkonfiguration
Li	$1s^2\mathbf{2s^1}$
Na	$1s^2 2s^2 2p^6 \mathbf{3s^1}$
K	$1s^2 2s^2 2p^6 3s^2 3p^6 \mathbf{4s^1}$

Tabelle 4.1: Elektronenkonfigurationen für Alkalimetalle

Element	Elektronenkonfiguration
Be	$1s^2\mathbf{2s^2}$
Mg	$1s^2 2s^2 2p^6 \mathbf{3s^2}$
Ca	$1s^2 2s^2 2p^6 3s^2 3p^6 \mathbf{4s^2}$

Tabelle 4.2: Elektronenkonfigurationen für Erdalkalimetalle

Element	Elektronenkonfiguration
F	$1s^2\mathbf{2s^22p^5}$
Cl	$1s^22s^22p^6\mathbf{3s^23p^5}$
Br	$1s^22s^22p^63s^23p^6\mathbf{4s^2}3d^{10}\mathbf{4p^5}$

Tabelle 4.3: Elektronenkonfigurationen für Halogene

Element	Elektronenkonfiguration
Ne	$1s^2\mathbf{2s^22p^6}$
Ar	$1s^22s^22p^6\mathbf{3s^23p^6}$
Kr	$1s^22s^22p^63s^23p^6\mathbf{4s^2}3d^{10}\mathbf{4p^6}$

Tabelle 4.4: Elektronenkonfigurationen für Mitglieder von VIIIA (Edelgase)

Diese Elektronenkonfigurationen zeigen, dass es innerhalb von Gruppen bezüglich der Valenzelektronen gewisse Ähnlichkeiten gibt. Valenzelektronen sind die Elektronen im äußersten Energieniveau eines Atoms (siehe Kapitel 3).

Sehen Sie sich einmal die Elektronenkonfigurationen für die Alkalimetalle (Tabelle 4.1) an. Beim Lithium ist Energiestufe 1 gefüllt, und im 2s-Orbital befindet sich ein einzelnes Elektron. In Natrium sind Energieniveau 1 und 2 gefüllt, und ein einzelnes Elektron ist in Energieniveau 3. All diese Elemente haben ein Valenzelektron in einem s-Orbital. Die Erdalkali-Elemente (Tabelle 4.2) haben je zwei Valenzelektronen. Die Halogene (Tabelle 4.3) haben je sieben Valenzelektronen (in s- und p-Orbitalen – d-Orbitale zählen nicht), und die Edelgase (Tabelle 4.4) haben je acht Valenzelektronen, die ihre Valenzorbitale füllen.

Wie man sich das Ganze merken kann?

Hier ein paar Hinweise zum Zusammenhang zwischen der Anzahl von Valenzelektronen und der römischen Spaltenzahl, die vielleicht hilfreich sind: Die IA-Familie hat ein Valenzelektron. Die IIA-Familie hat zwei Valenzelektronen. Die VIIA-Familie hat sieben Valenzelektronen und die VIIIA-Familie hat acht Valenzelektronen. Für die mit einer römischen Ziffer und einem A bezeichneten Familien gibt die römische Ziffer die Anzahl von Valenzelektronen an.

Die römische Ziffer macht es sehr leicht, zu bestimmen, dass Sauerstoff (O) sechs Valenzelektronen hat (er ist ja in der VIA-Familie), das Silizium (Si) hat vier Valenzelektronen usw. Sie müssen die Elektronenkonfiguration oder das Energiediagramm nicht einmal hinschreiben, um die Anzahl der Valenzelektronen zu bestimmen.

Was ist nun mit den Elementen, die mit einer römischen Ziffer und einem B bezeichnet sind? Diese Elemente, man findet sie in der Mitte des Periodensystems, heißen *Wechselmetalle*. Ihre Elektronen füllen die d-Orbitale fortschreitend. Scandium (Sc) ist das erste Mitglied der Wechselmetalle, und es hat die Elektronenkonfiguration von $1s^22s^22p^63s^23p^64s^23d^1$. Titan (Ti), das nächste Wechselmetall, hat die Konfiguration $1s^22s^22p^63s^23p^64s^23d^2$. Beachten Sie, dass sich die Anzahl von Elektronen in den s- und p-Orbitalen nicht ändert. Die fortschreitend hinzugefügten Elektronen füllen die d-Orbitale. Lanthaniden und Aktiniden, die zwei Gruppen von Elementen, die aus dem Hauptkörper des Periodensystems herausgezogen und unterhalb dessen gezeigt werden, sind als innere Wechselmetalle klassifiziert. In diesen Elementen füllen die Elektronen die f-Orbitale fortschreitend auf dieselbe Art, wie sie bei den Wechselmetalen die d-Orbitale füllen.

Edel und gasförmig

Die Tatsache, dass die Edelgase acht Valenzelektronen haben, die ihre Valenzschale oder das äußerste Energieniveau füllen, erklärt, warum die Edelgase äußerst schwer reagieren. Sie sind stabil oder »gesättigt« mit einem vollständigen Valenzenergieniveau. Sie verlieren, gewinnen oder teilen Elektronen nicht so leicht.

In der Natur scheint, was den Faktor Stabilität angeht, vieles an diese Bedingung geknüpft zu sein. Chemiker beobachten, dass die anderen Elemente in den A-Familien im Periodensystem dazu tendieren, Valenzelektronen zu verlieren, zu gewinnen oder zu teilen, immer mit der Tendenz, eine gefüllte Valenzschale von acht Elektronen zu besitzen: Diese Regel heißt auch *Oktettregel*. Sehen Sie sich zum Beispiel die Elektronenkonfiguration für Natrium (Na) an: $1s^2 2s^2 2p^6 \mathbf{3s^1}$. Diese hat ein Valenzelektron – das $3s^1$. Wenn es dieses Elektron verlöre, wäre seine Valenzschale Energieniveau 2, die komplett besetzt ist. Ohne das $3s^1$ wäre es als Neon (Ne) isoelektronisch (es hätte dieselbe Elektronenkonfiguration) und stabil. Wie ich Ihnen in den Kapiteln 6 und 7 zeige, ist es die treibende Kraft bei chemischen Verbindungen, Stabilität dadurch zu erreichen, dass eine gefüllte Valenzschale entsteht.

Kernchemie, ohne dass Ihre Gehirnzellen zerfallen

In diesem Kapitel

- Eine Vorstellung von Radioaktivität und radioaktivem Zerfall bekommen
- Die Halbwertszeiten kennen lernen
- Die Grundlagen der Kernspaltung erfahren
- Einen Blick auf die Kernfusion werfen
- Die Wirkungen der Strahlung behandeln

Dieses Buch befasst sich auf die eine oder andere Weise überwiegend mit chemischen Reaktionen. Wenn ich über diese Reaktionen rede, meine ich tatsächlich das Verhalten der Valenzelektronen (die Elektronen in den äußersten Energieniveaus von Atomen), wann sie abgegeben, hinzugezogen oder zwischen den Atomen geteilt werden. Ich sage eigentlich sehr wenig über den Atomkern, weil er an chemischen Reaktionen weitestgehend nicht beteiligt ist.

In diesem Kapitel aber erläutere ich den Kern und die Änderungen, die er erfahren kann. Ich rede über Radioaktivität und die verschiedenen Möglichkeiten, wie ein Atom zerfallen kann. Ich erläutere Halbwertszeiten und zeige Ihnen, warum sie beim Lagern von Atommüll wichtig sind. Ich erörtere auch die Kernspaltung in Bomben und bei Kraftwerken und diskutiere die Hoffnung, die die Kernfusion für die Menschheit bedeutet.

Wie die meisten von Ihnen, liebe Leser, bin auch ich ein Kind des Atomzeitalters. Ich erinnere mich tatsächlich an offene Kernwaffentests. Ich erinnere mich, wie ich davor gewarnt wurde, Schnee zu essen, weil er Fallout enthalten könnte. Ich erinnere mich, dass Freunde Atombunker bauten. Ich erinnere mich daran, wie wir in der Schule Atombombenalarm geübt haben und an Röntgenstrahlgeräte in Schuhgeschäften. Ich erinnere mich auch daran, dass wir mit radioaktiven Steinen und Radium Hände beobachteten. Als ich erwachsen wurde, war atomare Energie neu, aufregend und unheimlich. Und sie ist es immer noch.

Alles beginnt mit dem Atom

Um die Kernchemie zu verstehen, müssen Sie die Grundlagen der Atomstruktur kennen. Kapitel 3 über Atomstrukturen kann man immer wieder strapazieren, wenn man interessiert ist. Dieser Abschnitt liefert nur eine kurze Rekapitulation.

Der Kern, dieses dichte zentrale Innere des Atoms, enthält sowohl Protonen als auch Neutronen. Elektronen sind außerhalb des Kerns in Energieniveaus. Protonen haben eine positive Ladung, Neutronen sind elektrisch neutral, Elektronen besitzen eine negative Ladung. Ein neutrales Atom enthält die gleiche Anzahl von Protonen und Elektronen. Aber die Zahl von Neutronen innerhalb eines Atoms von einem speziellen Element kann variieren. Atome des gleichen Elements, die sich in der Anzahl der Neutronen unterscheiden, werden *Isotope* genannt. Abbildung 5.1 zeigt die Symbole, die Chemiker verwenden, um verschiedene Isotope darzustellen.

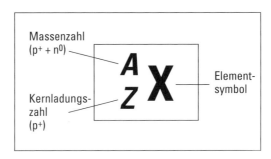

Abbildung 5.1: Darstellung eines bestimmten Isotops

X repräsentiert das Element aus dem Periodensystem. Z ist die Kernladungszahl (d.h. die Anzahl von Protonen im Kern), und A stellt die Massenzahl (die Summe der Protonen und Neutronen in diesem speziellen Isotop) dar. Wenn Sie die Kernladungszahl von der Massenzahl (A - Z) subtrahieren, bekommen Sie die Anzahl der Neutronen in diesem speziellen Isotop. Eine Kurzform, die dieselbe Information (das Elementsymbol (X) und die Massenzahl (A)) enthält, ist – zum Beispiel U-235 für Uran.

Radioaktivität und künstlicher radioaktiver Zerfall

Im Rahmen und zum Zweck dieses Buchs definiere ich Radioaktivität als den spontanen Zerfall eines instabilen Kerns. Ein instabiler Kern kann in zwei oder mehr andere Partikel unter Freigabe von Energie zerfallen (Kernspaltung, später in diesem Kapitel erfahren Sie mehr über diesen Prozess). Dieser Zerfall kann, je nach Art des Atoms, auf verschiedene Weisen geschehen.

Wenn man ein Zerfallsteilchen kennt, kennt man meistens auch das oder die anderen Zerfallsprodukte. Dabei stellt man gewissermaßen eine *Bilanz der Zerfallsreaktion* auf. (Eine Kernreaktion ist jede Reaktion, die eine Änderung in der Kernstruktur einschließt.)

Eine Kernreaktion aufzustellen, ist wirklich ein ziemlich einfacher Prozess. Aber, bevor ich das erkläre, will ich Ihnen zeigen, wie eine Reaktion darzustellen ist:

Reaktanden → Produkte

5 ➤ Kernchemie, ohne dass Ihre Gehirnzellen zerfallen

Reaktanden (od. Edukte) sind die Substanzen, von denen die Reaktion ausgeht, und Produkte sind die neuen Substanzen, die gebildet werden. Der Pfeil, genannt *Reaktionspfeil*, zeigt an, dass eine Reaktion stattgefunden hat.

Damit eine Kernreaktion ausgeglichen ist, muss die Summe all der Kernladungszahlen auf der linken Seite des Reaktionspfeils der Summe all der Kernladungszahlen auf der rechten Seite des Pfeils entsprechen. Das Gleiche gilt für die Summen der Massenzahlen. Ein Beispiel: Nehmen Sie an, Sie sind ein Wissenschaftler, der eine Kernreaktion durch Beschuss eines besonderen Isotops von Chlor (Cl-35) mit einem Neutron hervorrufen möchte. (Bleiben Sie da, ich versuche, auf den Punkt zu kommen.) Sie stellen fest, dass ein Wasserstoffisotop, H-1, zusammen mit einem anderen Isotop entstanden ist. Sie wollen nun herausbekommen, welches das andere Isotop ist. Die Gleichung hierfür lautet:

$$^{35}_{17}Cl + \underset{Neutron}{^{1}_{0}n} \rightarrow \underline{Is} + ^{1}_{1}H$$

Um das unbekannte (durch Is dargestellte) Isotop jetzt zu bestimmen, müssen Sie die Gleichung hierzu aufstellen. Die Summe der Kernladungszahlen auf der linken Seite ist 17 (17 + 0), sodass die Summe der Kernladungszahlen auf der rechten Seite auch 17 werden muss. Nun haben Sie eine Kernladungszahl von 1 auf der rechten Seite (das Wasserstoffisotop); 17 - 1 ist 16, womit die Kernladungszahl des unbekannten Isotops bestimmt ist. Die Kernladungszahl 16 identifiziert das Element als Schwefel (S).

Jetzt sehen Sie sich die Massenzahlen in der Gleichung an. Die Summe der Massenzahlen auf der linken Seite ist 36 (35 + 1), und Sie wollen die Summe der Massenzahlen auch rechts auf 36 bringen. Nun haben Sie eine Massenzahl von 1 auf der rechten Seite; 36 - 1 ist 35, also die Massenzahl des unbekannten Isotops. Jetzt wissen Sie, dass das unbekannte Isotop ein Schwefelisotop (S-35) ist. Und so sieht hierzu eine ausgeglichene Kernreaktionsgleichung aus:

$$^{35}_{17}Cl + \underset{Neutron}{^{1}_{0}n} \rightarrow ^{35}_{16}S + ^{1}_{1}H$$

Diese Gleichung zeigt eine Kernumwandlung, die Umwandlung eines Elements in ein anderes. Kernumwandlung ist ein von Menschen gesteuerter Prozess. S-35 ist ein Isotop des Schwefels, das nicht in der Natur existiert. Es ist ein künstliches Isotop. Alchemisten, die Chemiker des Mittelalters, träumten davon, ein Element in ein anderes (vorzugsweise Gold) umzuwandeln, aber sie waren nie in der Lage, den Prozess zu beherrschen. Heute sind Chemiker durchaus imstande, manchmal ein Element in ein anderes umzuwandeln.

Natürlicher radioaktiver Zerfall: Wie macht es die Natur

Bestimmte Isotope sind instabil: Ihr Kern bricht auseinander und durchläuft einen Kernzerfallsprozess. Manchmal ist das Produkt dieses Kernzerfalls selbst instabil und durchläuft noch einmal einen Kernzerfall. Wenn zum Beispiel U-238 (eines der radioaktiven Isotope des Urans) beginnt zu zerfallen, produziert es Th-234, das zu Pa-234 (Protactinium) zerfällt. Der Zerfall setzt sich fort, bis schließlich nach 14 Schritten Pb-206 (Blei) entstanden ist. Pb-206 ist stabil, sodass der Zerfall aufhört.

Bevor ich Ihnen zeige, wie radioaktive Isotope zerfallen, will ich kurz erklären, *warum* ein bestimmtes Isotop zerfällt.

Im Kern sind alle positiv geladenen Protonen extrem dicht zusammengeballt. Da sie die gleiche Ladung besitzen, stoßen sie sich ab. Die Kräfte, die den Kern normalerweise zusammenhalten, der »Kernklebstoff«, reichen manchmal nicht aus, sodass der Kern auseinander fällt.

Alle Elemente mit 84 oder mehr Protonen sind instabil; sie durchlaufen schließlich einen Zerfallsprozess. Andere Isotope mit weniger Protonen in ihrem Kern sind auch radioaktiv. Die Radioaktivität entspricht dem Neutronen-/Protonenverhältnis im Atom. Wenn das Neutronen-/Protonenverhältnis zu groß ist (es gibt zu viele Neutronen oder zu wenige Protonen), sagt man, das Isotop sei neutronenreich und deshalb instabil. Ist das Neutronen-/Protonen-Verhältnis zu niedrig (es gibt zu wenige Neutronen oder zu viele Protonen), ist das Isotop ebenfalls instabil. Das Neutronen-/Protonen-Verhältnis muss für ein bestimmtes Element in einen bestimmten Bereich fallen, damit das Element stabil ist. Das ist der Grund, warum einige Isotope eines Elements stabil sind und andere radioaktiv.

Es gibt drei Zerfallsarten radioaktiver Isotope:

✔ Alphastrahlung

✔ Betastrahlung

✔ Gammastrahlung

Außerdem gibt es ein paar weniger übliche Arten des radioaktiven Zerfalls:

✔ Positronenstrahlung

✔ Elektronenaufnahme

Alphastrahlung

Ein Alphateilchen ist als ein positiv geladenes Teilchen aus dem Heliumkern definiert. Höre ich da ein »huch«? Schauen Sie: Ein Alphateilchen setzt sich aus zwei Protonen und zwei Neutronen zusammen, ist also praktisch ein Helium-Atom. Da ein Alphateilchen aus dem Kern eines radioaktiven Atoms stammt, besitzt es keine Elektronen, so dass es eine +2-Ladung hat. Deshalb und um einen kleinen Witz zu machen, ist es ein positiv geladenes Heliumteilchen. (Nun, in Wirklichkeit ist es ein Kation, ein positiv geladenes Ion – siehe Kapitel 3.)

Aber Elektronen sind grundsätzlich frei – leicht zu verlieren und leicht zu gewinnen. Deshalb wird normalerweise ein Alphateilchen ohne Ladung angezeigt, weil es sehr rasch zwei Elektronen aufnimmt und ein neutrales Helium-Atom anstelle eines Ions entsteht.

Große, schwere Elemente wie Uran und Thorium neigen zur Alphastrahlung. Dieser Zerfallsmodus befreit den Kern von zwei Einheiten positiver Ladung (zwei Protonen) und vier

Einheiten der Masse (zwei Protonen + zwei Neutronen). Was für ein Prozess! Jedes Mal, wenn ein Alphateilchen emittiert wird, gehen vier Einheiten der Masse verloren. Ich wünsche, ich könnte eine Diät finden, die es mir erlaubte, vier Pfund auf einmal zu verlieren!

Radon-222 (Rn-222) ist ein anderer Alphateilchenstrahler, wie in der folgenden Gleichung gezeigt wird:

$$^{222}_{86}Rn \rightarrow \ ^{218}_{84}Po + \underset{Alphateilchen}{^{4}_{2}He}$$

Hier durchläuft Radon-222 einen Kernzerfall mit der Freigabe eines Alphateilchens. Das restliche Isotop muss eine Massenanzahl von 218 (222 - 4) und eine Kernladungszahl von 84 (86 - 2) haben, womit wir das Element Polonium (Po) identifizieren. (Wenn dieses Subtraktionszeug verwirrt, schauen Sie sich einfach im Abschnitt *Radioaktivität und künstlicher radioaktiver Zerfall* in diesem Kapitel an, wie man die Zerfallsgleichungen aufstellt.)

Betastrahlung

Ein Betateilchen ist im Grunde genommen ein Elektron, das vom Kern emittiert wird. (Ich weiß, was Sie jetzt denken – es sind doch keine Elektronen im Kern! Lesen Sie einfach weiter, um herauszufinden, wie sie in dieser Kernreaktion gebildet werden können.) Jod-131 (I-131), das zum Beispiel bei der Diagnose und Behandlung des Schilddrüsenkrebses verwendet wird, ist ein Betateilchenstrahler:

$$^{131}_{53}I \rightarrow \ ^{131}_{54}Xe + \underset{Betateilchen}{^{0}_{-1}e}$$

Hier gibt das Jod-131 ein Betateilchen (ein Elektron) ab, wobei es ein Isotop mit einer Massenanzahl von 131 (131 - 0) und einer Kernladungszahl von 54 (53 - (-1)) zurücklässt. Eine Kernladungszahl von 54 identifiziert das Element als Xenon (Xe).

Beachten Sie, dass sich die Massenzahl beim Übergang von I-131 zu Xe-131 nicht ändert, aber die Kernladungszahl um eins steigt. Im Jodkern wurde beim Zerfall ein Neutron in ein Proton und ein Elektron umgewandelt und das Elektron wurde vom Kern als Betateilchen emittiert. Isotope mit einem hohen Neutronen/Protonenverhältnis zeigen oft Betastrahlung, weil dieser Zerfallsmodus die Zahl der Neutronen um eins senkt und die Anzahl der Protonen um eins erhöht, wobei das Neutronen/Protonenverhältnis gesenkt wird.

Gammastrahlung

Alpha- und Betateilchen zeigen die charakteristischen Merkmale der Materie: Sie haben feste Massen, nehmen Platz ein usw. Jedoch, weil es keine mit Gammastrahlung verbundene Massenänderung ist, nenne ich Gammastrahlung *Gammastrahlungsemission*. Gammastrahlung gleicht der Röntgenstrahlung mit hoher Energie und kurzer Wellenlänge. Gammastrahlung begleitet allgemein sowohl Alpha- als auch Betastrahlung, aber sie taucht normalerweise nicht in der Gleichung einer Kernreaktion auf. Einige Isotope wie Kobalt-60 (Co-60) verbreiten einen großen Betrag an Gammastrahlung. Co-60 wird bei der Strahlungsbehandlung des Krebses verwendet. Das medizinische Personal richtet Gammastrahlen auf den Tumor und zerstört ihn auf diese Art.

Positronenstrahlung

Obwohl Positronenstrahlung nicht bei natürlich auftretenden radioaktiven Isotopen auftritt, kommt sie natürlich bei einigen künstlichen Isotopen vor. Ein Positron ist im Grunde genommen ein Elektron, das eine positive Ladung anstelle einer negativen Ladung besitzt. Ein Positron wird gebildet, wenn ein Proton beim Kernzerfall in ein Neutron und ein positiv geladenes Elektron zerfällt. Das Positron wird dann vom Kern emittiert. Dieser Prozess tritt, wie in der folgenden Gleichung gezeigt, in einigen Isotopen wie Kalium-40 (K-40) auf:

$$^{40}_{19}K \rightarrow {}^{40}_{18}Ar + \underset{Positron}{{}^{0}_{+1}e}$$

Das K-40 emittiert das Positron, wobei ein Element mit einer Massenzahl von 40 (40 - 0) und einer Atomanzahl von 18 (19 - 1) entsteht. Ein Isotop des Argon (Ar), Ar-40, ist damit entstanden.

Wenn Sie Star Trek schauen, haben Sie sicher auch schon von Antimaterie gehört. Das Positron ist ein winziges Stück der Antimaterie. Wenn es Kontakt mit einem Elektron bekommt, werden beide Partikel unter Freigabe von Energie zerstört. Glücklicherweise gibt es nicht viele Positronen: Wenn es viele solche Positronen gäbe, müssten Sie sich sicher dauernd vor Explosionen in Sicherheit bringen ...

Elektronenaufnahme

Elektronenaufnahme ist eine seltenere Art des Kernzerfalls, bei dem ein Elektron aus dem innersten Energieniveau (1s – siehe Kapitel 3) vom Kern aufgenommen wird. Dieses Elektron bildet dann mit einem Proton zusammen ein Neutron. Die Kernladungszahl nimmt um eins ab, aber die Massenzahl bleibt erhalten. Die folgende Gleichung zeigt die Elektronenaufnahme von Polonium-204 (Po-204):

$$^{204}_{84}Po + {}^{0}_{-1}e \rightarrow {}^{204}_{83}Bi + Röntgenstrahlung$$

Das Elektron schließt sich mit einem Proton im Polonium-Kern zusammen und schafft ein Isotop des Wismuts (Bi-204). Die Aufnahme des 1s-Elektrons hinterlässt eine freie Stelle in den 1s-Orbitalen. Elektronen fallen zum Auffüllen der freien Stelle »herab« und geben Energie im nicht sichtbaren Teil des elektromagnetischen Spektrums als energiereiche Röntgenstrahlung frei.

Halbwertszeiten und radioaktive Altersbestimmung

Wenn Sie ein einzelnes Atom eines radioaktiven Isotop, U-238 zum Beispiel, beobachten könnten, wären Sie nicht in der Lage vorherzusagen, wann dieses spezielle Atom zerfallen würde. Es könnte eine Millisekunde dauern, oder es könnte ein Jahrhundert dauern. Es gibt einfach keine Möglichkeit, es vorherzusagen.

Haben Sie aber eine genügend große Probe – Mathematiker nennen das eine *statistisch relevante Probengröße* – erhalten Sie ein (statistisches) Muster. Es braucht eine bestimmte Zeit, damit die Hälfte der Atome in einer Probe zerfällt. Es braucht dann denselben Zeitbetrag, damit die Hälfte der übrigen radioaktiven Atome zerfällt, und wieder die gleiche Zeit für den Rest der Atome usw. Die Zeit für den Zerfall der Hälfte einer Probe wird die Halbwertszeit des Isotops genannt, und sie hat die Bezeichnung t½. Tabelle 5.1 zeigt einen solchen Prozess.

Halbwertszeit eines radioaktiven Isotops	Prozent des verbleibenden radioaktiven Isotops
0	100,00
1	50,00
2	25,00
3	12,50
4	6,25
5	3,12
6	1,56
7	0,78
8	0,39
9	0,19
10	0,09

Tabelle 5.1: Halbwertszeitreihe eines radioaktiven Isotops

Es ist wichtig zu beachten, dass die Halbwertszeitreihe von radioaktiven Isotopen nicht linear ist. Zum Beispiel können Sie den radioaktiven Rest eines Isotops nicht als 7,5 Halbwertszeiten durch Finden des Mittelpunkts zwischen der 7. und 8. Halbwertszeit finden. Dies ist ein Beispiel für einen in Abbildung 5.2 gezeigten exponentiellen Zerfall.

Wenn Sie Zeiten oder Beträge herausfinden wollen, die nicht mit einem einfachen Vielfachen einer Halbwertszeit verbunden werden können, können Sie folgende Gleichung verwenden:

$$\ln\left(\frac{N_0}{N}\right) = \left(\frac{0{,}6963}{t_{1/2}}\right)t$$

In der Gleichung steht *ln* für den natürlichen Logarithmus (nicht Zehnerlogarithmus; es ist dieser ln-Knopf auf Ihrem Taschenrechner, nicht der log-Knopf), N_0 ist der Betrag an radioaktivem Isotop, mit dem der Zerfall beginnt, N der Betrag nach einiger Zeit (t) und t½ ist die Halbwertszeit des Radioisotops. Wenn Sie die Halbwertszeit und den Betrag an radioaktivem

Isotop kennen, mit dem der Zerfall beginnt, können Sie diese Gleichung verwenden, um den Betrag zu berechnen, der zu irgendeiner Zeit noch radioaktiv verbleibt. Aber wir wollen es einfach halten.

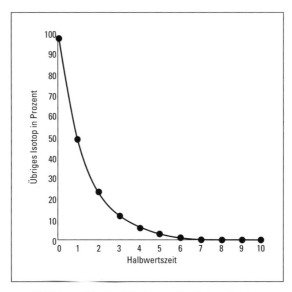

Abbildung 5.2: Zerfall eines radioaktiven Isotops

Halbwertszeiten können sehr kurz oder sehr lang sein. Tabelle 5.2 zeigt die Halbwertszeiten von einigen typischen radioaktiven Isotopen.

Radioisotop	Emittierte Strahlung	Halbwertszeit
Kr-94	Beta	1,4 Sekunden
Rn-222	Alpha	3,8 Tage
I-131	Beta	8 Tage
Co-60	Gamma	5,2 Jahre
H-3	Beta	12,3 Jahre
C-14	Beta	5.730 Jahre
U-235	Alpha	4,5 Milliarden Jahre
Re-187	Beta	70 Milliarden Jahre

Tabelle 5.2: Halbwertszeiten von einigen radioaktiven Isotopen

Sichere Handhabung

Etwas über Halbwertszeiten zu wissen, ist sehr wichtig, weil es Ihnen dadurch möglich ist, zu berechnen, wann eine Probe des radioaktiven Materials sicher zu behandeln ist. Die Regel ist, dass eine Probe sicher ist, wenn ihre Radioaktivität unterhalb der Messgrenze gefallen ist.

Dies tritt nach zehn Halbwertszeiten ein. Wenn also radioaktives Jod-131 ($t_{1/2}$ = 8 Tage) in den Körper injiziert wird, um Schilddrüsenkrebs zu behandeln, wird es in zehn Halbwertszeiten oder 80 Tagen aufhören zu strahlen.

Dieses zu wissen ist für die Mediziner ziemlich wichtig, wenn sie zum Beispiel radioaktive Isotope als medizinische Markierungen im Körper verwenden. Damit ist es dem Arzt möglich, eine Spur zu verfolgen, eine Blockierung (im Blutgefäß zum Beispiel) zu finden oder Krebsbehandlungen durchzuführen. Die Substanzen müssen lang genug aktiv sein, um das Leiden zu behandeln, aber sie sollten auch eine genügend kurze Halbwertszeit besitzen, damit nicht gesunde Zellen und Organe beeinträchtigt oder gar geschädigt werden.

Radioaktive Altersbestimmung

Eine nützliche Anwendung von Halbwertszeiten ist radioaktive Altersbestimmung. Gott sei Dank genügt an der Kinokasse noch der Personalausweis. Hier geht es vielmehr um das Alter von wirklich alten Dingen.

Kohlenstoff-14 (C-14), ein radioaktives Isotop des Kohlenstoffs, wird in der oberen Atmosphäre durch kosmische Strahlung produziert. Die verbreitetste Kohlenstoffverbindung in der Atmosphäre ist Kohlenstoffdioxid und eine sehr kleine Menge Kohlenstoff.

Kohlenstoffdioxid enthält C-14. Pflanzen absorbieren C-14 während der Photosynthese, so dass C-14 in die zellulare Struktur von Pflanzen eingebaut ist. Pflanzen werden dann von Tieren gefressen und machen C-14 zu ein Teil der zellularen Struktur aller lebendigen Dinge.

Solange ein Organismus lebendig ist, bleibt das Maß an C-14 in seiner zellularen Struktur konstant. Aber, wenn der Organismus stirbt, verringert sich die Menge an C-14. Wissenschaftler kennen die Halbwertszeit von C-14 (5.730 Jahre wie in Tabelle 5.2 aufgeführt), sodass sie quasi messen können, wann ein Organismus starb.

Radioaktive Datierung über C-14 wurde verwendet, um das Alter von Skeletten an archäologischen Fundorten zu bestimmen. Vor kurzem wurde es benutzt, um das Leichentuch von Turin, ein Stück Wäsche in der Form eines Begräbnistuchs, zu datieren, das eine Abbildung eines Mannes enthält. Viele dachten, es sei das Grabtuch Christi. Aber im Jahr 1988 wurde mittels der C-14-Methode gemessen, dass das Tuch aus den Jahren 1200–1300 herum stammt. Wir wissen zwar nicht wie, aber die Abbildung des Mannes wurde zu dieser Zeit auf das Grabtuch gebracht.

Die Kohlenstoff-C-14-Methode kann nur verwendet werden, wenn es um das Alter von etwas geht, das einmal lebendig war. Sie kann nicht verwendet werden, um das Alter eines Mondsteins oder eines Meteoriten zu bestimmen. Für nicht lebende Materialien verwenden Wissenschaftler andere Isotope wie Kalium-40.

Kernspaltung

In den 1930ern entdeckten Wissenschaftler, dass einige Kernreaktionen angestoßen und kontrolliert ablaufen können (siehe *Radioaktivität und künstlicher radioaktive Zerfall* weiter vorne in diesem Kapitel). Wissenschaftler machen das gewöhnlich durch Beschuss eines großen Isotops durch kleinere Teilchen – normalerweise mit Neutronen. Der Zusammenprall bewirkte, dass das größere Isotop in zwei oder mehr Teile auseinander brach.

Die Kernspaltung des Uran-Atoms:

$$^{235}_{92}U + ^{1}_{0}n \rightarrow ^{142}_{56}Ba + ^{91}_{36}Kr + 3^{1}_{0}n$$

Reaktionen dieser Art geben auch viel Energie frei. Wo kommt die Energie nun her? Nun, wenn Sie sehr genaue Messungen der Massen von allen Atomen und subatomaren Partikeln vor dem Zerfallsprozess machen und nach dem Prozess die gleichen Messungen durchführen und dann alles miteinander vergleichen, stellen Sie fest, dass etwas Masse fehlt. Materie scheint während der Kernreaktion zu verschwinden. Dieser Verlust an Materie wird *Massendefekt* genannt. Die fehlende Materie ist in Energie umgewandelt.

Tatsächlich können Sie sogar das Maß der während einer Kernreaktion produzierten Energie mit einer von Einstein entwickelten ziemlich einfachen Gleichung berechnen: $E = mc^2$. In dieser Gleichung ist E das Maß an produzierter Energie, m ist die »fehlende« Masse oder der Massendefekt, und C ist die Geschwindigkeit des Lichts, die eine ziemlich große Zahl ist. Die Geschwindigkeit des Lichts ist quadriert eine riesige Zahl, so dass auch, wenn man sie mit einer sehr kleinen Masse multipliziert, eine sehr große Energie produziert wird.

Kettenreaktionen und die kritische Masse

Werfen Sie einen Blick auf die Gleichung für die Spaltung von U-235 im vorangegangenen Abschnitt. Beachten Sie, dass ein Neutron gebraucht wird, aber drei produziert wurden. Diese drei Neutronen können, wenn sie auf andere U-235-Atome stoßen, andere Spaltungen initiieren, diese produzieren dann noch mehr Neutronen. Es ist die altbekannte Dominowirkung. In der Kernchemie ist es eine dauernde Kettenreaktion aus Kernspaltungen. Die Kettenreaktion von U-235 wird in Abbildung 5.3 gezeigt.

Diese Kettenreaktion hängt von der Freisetzung von Neutronen während der Kernreaktion ab. Wenn Sie die Gleichung für die Kernspaltung von U-238 aufschreiben, würde das schwerere Isotop des Urans Ihnen für ein Neutron nur eines zurückliefern.

Sie können deshalb keine Kettenreaktion mit U-238 auslösen. Nur Isotope, die einen Überschuss an Neutronen in ihrem Spaltungsprozess produzieren, unterstützen eine Kettenreaktion. Man sagt, diese Art des Isotops sei spaltbar. In diesem Sinn gibt es nur zwei spaltbare Isotope – das Uran-235 und das Plutonium-239.

Ein gewisses Minimalmaß an spaltbarem Material wird gebraucht, um eine selbstverstärkende Kettenreaktion auszulösen, was mit jenen Neutronen zu tun hat. Wenn die Probe klein ist, dann schießen die Neutronen mit einer zu hohen Wahrscheinlichkeit aus der Probenmenge hinaus, bevor sie einen U-235-Kern zur Fortsetzung der Kettenreaktion treffen können. Es wird also auch keine wesentliche Energie freigegeben.

Man benötigt also ein Minimum an spaltbarem Material, um eine Kettenreaktion in Gang zu setzen. Die Masse unterhalb dieser Masse wird *subkritisch* genannt.

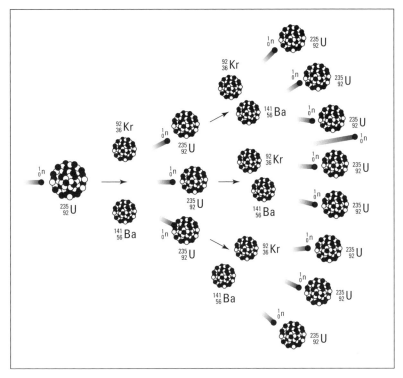

Abbildung 5.3: Kettenreaktion

Atombomben (Riesenknall ohne Theorie)

Wegen des ungeheuren Maßes an freigegebener Energie in einer Spaltungskettenreaktion wurden die militärischen Auswirkungen von Kernreaktionen sofort erkannt. Die erste Atombombe wurde am 6. August 1945 über Hiroshima abgeworfen.

In einer Atombombe befinden sich getrennt voneinander zwei Hälften eines spaltbaren Isotops. Jedes Teil ist selbst nicht kritisch. Zu dem Zeitpunkt, wenn die Bombe explodieren soll, werden die beiden getrennten Hälften durch die Explosion eines konventionellen Sprengsatzes zusammengebracht und bilden nun zusammen eine kritische Masse. Die Kettenreaktion verläuft unkontrolliert, wobei eine sehr große Energie schlagartig freigegeben wird.

Das wirkliche Kunststück ist jedoch, die Kettenreaktion zu kontrollieren, die Energie langsam freizugeben, so dass am Ende mehr als nur Zerstörung dabei herauskommt.

Atomkraftwerke

Das Geheimnis, eine Kettenreaktion zu kontrollieren, ist die Kontrolle der Neutronen. Wenn man die Neutronen kontrolliert, dann kann man auch die Energie kontrolliert freigeben. Das haben die Wissenschaftler bei Atomkraftwerken technisch umgesetzt.

In vielerlei Hinsicht ist ein Atomkraftwerk einem konventionellen, fossilen Kraftwerk ähnlich. In dieser Art von Kraftwerk wird ein fossiler Brennstoff (Kohle, Öl, Erdgas) verbrannt, und die Hitze wird verwendet, um Wasser zu kochen, das wiederum verwendet wird, um Dampf zu machen. Der Dampf wird dann verwendet, um eine Turbine zu drehen, die an einen Generator, der Elektrizität produziert, angeschlossen ist.

Der große Unterschied zwischen einem konventionellen Kraftwerk und einem Atomkraftwerk ist, dass das Atomkraftwerk die Wärme durch Kernspaltungsreaktionen erzeugt.

Wie produzieren Atomkraftwerke Elektrizität?

Die meisten Leute glauben, dass die Ideen, die hinter einem Atomkraftwerk stecken, ungeheuer komplex sind. Das ist nicht wirklich so. Atomkraftwerke sind konventionellen, fossilen Kraftwerken sehr ähnlich.

Das spaltbare Isotop befindet sich in Form von Brennstäben im Reaktorkern. All diese Brennstäbe bilden zusammen die kritische Masse. Im Reaktorkern befinden sich Kontrollstäbe aus Bor oder Kadmium und wirken wie Neutronenfänger, um das Tempo des radioaktiven Zerfalls zu kontrollieren. Das Bedienpersonal des Kraftwerks kann mit Hilfe der Kontrollstäbe den Reaktor vollständig anhalten, indem es die Kontrollstäbe so weit in den Reaktorkern hineinfährt, dass alle Neutronen absorbiert werden und die Kettenreaktion komplett abbricht. Man kann die Kontrollstäbe dann etwas herausziehen, um das gewünschte Maß an Wärme zu produzieren.

Eine Flüssigkeit (Wasser oder manchmal flüssiges Natrium) zirkuliert durch den Reaktorkern und absorbiert die Wärme, die dort erzeugt wird. Die Flüssigkeit fließt dann in einen Dampfgenerator, wo die Hitze von Wasser absorbiert wird und Dampf erzeugt. Dieser Dampf wird dann durch eine Dampfturbine geblasen, die an einen elektrischen Generator angeschlossen ist. Der Dampf wird durch den Dampfgenerator kondensiert und recycelt. Dies ist also ein geschlossenes System; das heißt, kein Wasser oder Dampf entweicht – es wird alles recycelt.

Die Flüssigkeit, die durch den Reaktorkern fließt, ist ebenfalls Teil eines geschlossenen Systems. Dieses geschlossene System hilft sicherzustellen, dass keine Verschmutzung der Luft oder des Wassers stattfindet. Aber Probleme ergeben sich trotzdem manchmal.

Oh, so viele Probleme

In den Vereinigten Staaten gibt es etwa 100 Atomreaktoren, die etwas mehr als 20 Prozent der Elektrizität des Landes produzieren. In Frankreich werden fast 80 Prozent der Elektrizität des Landes durch Kernspaltung erzeugt. Atomkraftwerke haben spezielle Vorteile. Es werden keine fossilen Brennstoffe verbrannt (wodurch fossile Brennstoffressourcen für das Produzieren von

5 ➤ Kernchemie, ohne dass Ihre Gehirnzellen zerfallen

Plastik und Medizin erhalten werden) und es gibt keine Verbrennungsprodukte wie Kohlenstoffdioxid, Schwefeldioxid usw., die die Luft und das Wasser verunreinigen.

Mit Atomkraftwerken sind jedoch auch Probleme verbunden. Atomkraftwerke sind teuer, sowohl beim Bau als auch im Betrieb. Die Elektrizität, die durch Atomkraft generiert wird, kostet ca. zweimal so viel wie Elektrizität aus fossilem Brennstoff oder Wasserkraftwerken. Ein anderes Problem ist, dass die Versorgung mit spaltbarem Uran-235 beschränkt ist. Von allem in der Natur vorhandenen Uran sind etwa nur 0,75 Prozent U-235. Der überwiegende Anteil ist nicht spaltbares U-238.

Beim heutigen Verbrauch werden wir in weniger als 100 Jahren das natürlich vorhandene U-235 verbraucht haben. Ein kleines bisschen mehr Zeit gewinnt man durch die Verwendung von Brutreaktoren (siehe *Brutreaktor: Das Erzeugen von spaltbarem Material* später in diesem Kapitel). Aber es gibt eine Grenze für die Menge an Kernbrennstoff, der auf der Erde verfügbar ist, genauso, wie es auch eine Grenze für die Menge an fossilen Brennstoffen gibt.

Die beiden mit Kernkraftwerken verbundenen größeren Probleme sind jedoch Unfälle (Sicherheit) und Entsorgung des Atommülls.

Unfälle: Three Mile Island und Tschernobyl

Obwohl Atomkraftreaktoren wirklich einen hohen Sicherheitsstandard besitzen, sind die meisten Menschen durch Misstrauen und Angst, die vor allem mit der Strahlung verbunden werden, in diesen Sicherheitsangelegenheiten sensibilisiert. Der schwerste Unfall in den Vereinigten Staaten geschah im Jahr 1979 auf Three Mile Island in Pennsylvanien. Eine Kombination aus Bedienungsfehlern und technischen Ausfällen verursachte ein Entweichen von Kühlmittel aus dem Reaktorkern. Der Verlust an Kühlmittel führte zu einer Teilkernschmelze und zur Freigabe einer kleinen Menge radioaktiven Gases. Es gab keine Opfer oder irgendwelche Beeinträchtigungen beim Kraftwerkspersonal oder in der Bevölkerung.

Anders war dies leider in Tschernobyl in der Ukraine im Jahr 1986. Menschliches Versagen, schlechte Reaktorkonstruktion und Technik, die zu einer starken Überhitzung des Reaktorkerns führten, verursachten dessen Zusammenbruch und Zerstörung. Zwei Explosionen und ein Feuer folgten, das Innere des Reaktors explodierte und brachte damit Kernmaterial in die Atmosphäre. Ein Teil dieses Materials machte seinen Weg bis nach Europa und Asien. Der Bereich um das Kraftwerk herum ist *immer noch* unbewohnbar. Der Reaktor wurde in Beton eingeschlossen und muss dies für viele Hunderte von Jahren auch bleiben. Hunderte, vielleicht tausende von Menschen starben. Viele leiden unter den Folgen der Strahlenvergiftung. Schilddrüsenkrebs, verursacht möglicherweise durch das freigegebene Jod-13, hat in den Städten, die Tschernobyl umgeben, dramatisch zugenommen. Es werden noch Jahre vergehen, bis die Auswirkungen dieser Katastrophe vollständig bekannt sind.

Wie werden Sie dieses Zeug los? Atommüll

Der Spaltungsprozess produziert große Mengen radioaktiver Isotope. Wenn Sie Tabelle 5.2 ansehen, sehen Sie, dass manche Halbwertszeiten der radioaktiven Isotope ziemlich lang sind.

Diese Isotope sind erst nach zehn Halbwertszeiten sicher. Die Länge von zehn Halbwertszeiten ist ein großes Problem im Zusammenhang mit der Abfallentsorgung des Atomreaktors.

Irgendwann müssen alle Reaktoren ihren Kerntreibstoff wieder auffüllen lassen. Und genauso, wie wir Kernwaffen entschärfen, müssen wir mit dem übrig gebliebenen radioaktiven Material umgehen. Viele dieser Abfallprodukte haben lange Halbwertszeiten. Wie speichern wir die Isotope sicher, bis ihre Rest-Radioaktivität auf sichere Grenzen (nach zehn Halbwertszeiten) gesunken ist? Wie schützen wir die Umgebung, uns, unsere Kinder und die späteren Generationen vor diesem Abfall? Diese Fragen bilden zweifellos ein sehr ernstes, mit der friedlichen Verwendung der Atomkraft verbundenes Problem.

Atommüll wird in schwach und stark strahlendes Material eingeteilt. In den Vereinigten Staaten werden schwächer strahlende Abfälle am Standort der Erzeugung oder in speziellen Lagereinrichtungen gespeichert. Die Abfälle werden grundsätzlich an den Standorten vergraben und bewacht. Stärker strahlende Abfälle stellen ein viel größeres Problem dar. Sie werden vorläufig am Standort der Erzeugung mit der Absicht gespeichert, das Material in Glas und schließlich dann in Tonnen zu versiegeln. Das Material wird dann unterirdisch in Nevada aufbewahrt. In jedem Fall muss der Abfall sicher und unberührt für mindestens 10.000 Jahre aufbewahrt werden. Andere Länder stehen denselben Problemen gegenüber. Kernmaterial wurde auch in tiefen Gräben im Meer versenkt, aber diese Praxis wird von vielen Nationen abgelehnt.

Brutreaktoren: Das Erzeugen von spaltbarem Material

Nur das U-235-Isotop von Uran ist spaltbar, weil es das einzige Isotop des Urans ist, das den Überschuss an Neutronen derart produziert, dass eine Kettenreaktion entsteht. Das verbreitetere U-238-Isotop produziert jene notwendigen, zusätzlichen Neutronen nicht.

Das andere weithin verwendete spaltbare Isotop, Plutonium-239 (Pu-239), ist in der Natur sehr selten. Aber es gibt eine Methode, Pu-239 aus U-238 in einem so genannten Brutreaktor zu erzeugen. Uran-238 wird mit einem Neutron bombardiert, um U-239 zu produzieren, das zu Pu-239 zerfällt. Diesen Prozess zeigt Abbildung 5.4.

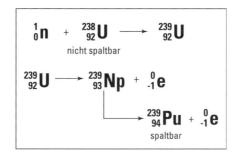

Abbildung 5.4: Der Prozess im Brutreaktor

Brutreaktoren können die Versorgung mit spaltbarem Material um viele Jahre verlängern, und sie werden gegenwärtig in Frankreich verwendet. Aber die Vereinigten Staaten sind in diesem

Punkt wegen mehrerer mit dem Bau von Brutreaktoren verbundener Probleme sehr vorsichtig. Sie sind äußerst teuer und produzieren große Mengen Atommüll. Und das Plutonium, das produziert wird, ist noch viel gefährlicher als Uran und kann schließlich leicht zum Bau einer Atombombe verwendet werden.

Kernfusion: Die Hoffnung für unsere Energiezukunft

Bald nachdem der Spaltungsprozess entdeckt wurde, wurde ein anderer Prozess entdeckt: die so genannte *Verschmelzung* oder *Fusion*. Fusion ist im Grunde genommen das Gegenteil von Spaltung. Bei der Spaltung wird ein schwerer Kern in kleinere Kerne geteilt. Bei der Fusion werden leichtere Kerne zu einem schwereren vereinigt.

Der Fusionsprozess ist die Reaktion, die unsere Sonne antreibt. Auf der Sonne gibt es vier Wasserstoff-1-Isotope. In einer Folge von Kernreaktionen werden diese in ein Helium-4 unter Freigabe ungeheurer Mengen an Energie verschmolzen. Auf der Erde werden dazu zwei andere Isotope des Wasserstoffs benutzt: Deuterium (H-2) und Tritium (H-3). Deuterium ist ein selteneres Isotop des Wasserstoffs, aber immer noch einigermaßen reichlich vorhanden. Tritium kommt in der Natur nicht vor, aber man kann es durch Beschuss des Deuteriums mit einem Neutron leicht erzeugen. Die entsprechende Fusionsreaktion wird in der folgenden Gleichung gezeigt:

$$^3_1H + ^2_1H \rightarrow ^4_2He + ^1_0n$$

Die erste reale Demonstration der Kernfusion – die Wasserstoffbombe – wurde vom Militär durchgeführt. Eine Wasserstoffbombe ist etwa 1.000-mal so stark wie eine gewöhnliche Atombombe.

Die Isotope des Wasserstoffs, der für die Kernfusion in der Wasserstoffbombe erforderlich ist, werden um eine gewöhnliche Atombombe herum gelagert. Die Explosion der Atombombe gibt die Energie frei, die benötigt wird, um die Aktivierungsenergie (die Energie, die notwendig ist, um die Reaktion anzustoßen) für den Verschmelzungsprozess zu liefern.

Zum Thema Kontrolle

In den letzten 45 Jahren war es das Ziel der Wissenschaftler, die kontrollierte Freigabe der Energie einer Verschmelzungsreaktion zu realisieren. Wenn die Energie einer Verschmelzungsreaktion langsam freigegeben werden kann, dann ist sie endlich geeignet, Elektrizität zu erzeugen. Sie liefert eine unbegrenzte Versorgung mit Energie ohne Abfälle, und sie gibt auch keine schädlichen Stoffe in die Atmosphäre ab – sondern nur das Edelgas Helium. Dieses Ziel zu erreichen, erfordert jedoch die Lösung dreier Probleme:

- ✔ Temperatur
- ✔ Zeit
- ✔ Kapselung

Temperatur

Der Verschmelzungsprozess erfordert eine äußerst hohe Aktivierungsenergie. Die Wärmeenergie wird verwendet, um die Energie zu liefern, aber man benötigt sehr, sehr viel Wärmeenergie, um die Reaktion zu zünden. Wissenschaftler schätzen, dass die Wasserstoffisotope auf etwa 40.000.000 K erhitzt werden müssen. (K steht für die Kelvin-Temperaturskala. Um die Kelvin-Temperatur zu erhalten, fügen Sie der Celsius-Temperatur einfach 273 hinzu. Kapitel 2 erklärt alles zu Kelvin und seinen Kumpeln, Celsius und Fahrenheit.)

Nun sind 40.000.000 K heißer als die Sonne! Bei dieser Temperatur haben die Elektronen das Gebäude längst verlassen; alles, was bleibt, ist ein positiv geladenes Plasma, nur Kerne, die auf eine ungeheuer hohe Temperatur erhitzt sind. Derzeit versuchen Wissenschaftler, die Fusionstemperatur auf zwei Arten zu erzielen, durch magnetische Felder und durch Laser. Leider wurde bisher auch damit die erforderliche Temperatur noch nicht erreicht.

Zeit

Zeit ist das zweite Problem, das die Wissenschaftler lösen müssen, um die kontrollierte Freigabe der Energie aus Fusionsreaktionen zu erreichen. Die geladenen Kerne müssen lange genug nahe beieinander sein, damit die Fusionsreaktion beginnen kann. Die Wissenschaftler schätzen, dass das Plasma etwa eine Sekunde bei 40.000.000 K stabil gehalten werden muss.

Kapselung

Kapselung ist ein noch größeres Problem bei der Fusionsforschung. Ab 40.000.000 K ist alles ein Gas. Die beste für das Weltraumprogramm entwickelte Keramik würde verdampfen, wenn sie dieser Temperatur ausgesetzt wäre. Weil das Plasma eine Ladung hat, können magnetische Felder verwendet werden, um es gefangen zu halten – eine magnetische Flasche, wenn Sie so wollen. Aber wenn die Flasche leckt, findet die Reaktion nicht statt. Die Wissenschaftler müssen das Magnetfeld mit den entsprechenden Eigenschaften erst noch schaffen. Laser zur Aktivierung der Fusion würde das Kapselungsproblem umgehen. Aber Wissenschaftler haben noch nicht heraus, wie sie das Lasergerät selbst vor der Verschmelzungsreaktion schützen können.

Was bringt die Zukunft

Die letzten Schätzungen zeigen, dass die Wissenschaft fünf bis zehn Jahre davon entfernt ist, dass die Verschmelzung funktionieren kann: Dies ist die so genannte *Gewinnschwelle*, bei der wir mehr Energie herausbekommen, als hineingesteckt wurde. Dann wird es noch 20 bis 30 Jahre dauern, bis ein funktionierender Fusionsreaktor entwickelt ist. Aber die Wissenschaftler sind optimistisch, die Fusionsenergie nutzen zu können. Die Belohnung wäre eine große, umweltfreundliche Energiequelle.

Ein interessantes Nebenprodukt der Fusionsforschung ist das *Fusionsverbrennungskonzept*. Bei dieser Idee wird das Fusionsplasma, das abgekühlt werden muss, verwendet, um Abfall und feste Abfälle zu verbrennen. Dabei werden die einzelnen Atome und kleinen Moleküle, die erzeugt wurden, für die Industrie gesammelt und als Rohstoffe verwendet. Das scheint fast der ideale Weg zu sein, den Kreislauf zwischen Abfall und Rohstoff zu schließen. Die Zeit wird zeigen, ob dieses Konzept schließlich praktisch anwendbar wird.

Leuchte ich etwa? Die Wirkungen der Strahlung

Strahlung kann zwei Grundwirkungen auf den Körper haben:

- ✔ Sie kann Zellen durch Hitze zerstören.
- ✔ Sie kann Zellen ionisieren und auflösen.

Strahlung erzeugt Wärmeenergie. Diese Hitze kann Gewebe stark zerstören, praktisch wie ein Sonnenbrand. Tatsächlich ist der Ausdruck Strahlungsverbrennung weit verbreitet, um die Zerstörung von Haut und Zellen aufgrund der Wärmeenergie zu beschreiben.

Die andere Art, wie Strahlung auf den Körper wirken kann, ist die Ionisierung und Auflösung von Zellen. Radioaktive Partikel und Strahlung besitzen viel kinetische Energie (Energie der Bewegung – siehe Kapitel 2). Wenn diese Partikel auf Zellen im Körper stoßen, können die Zellen in Teile zerfallen und ionisieren, indem die Zellen Elektronen verlieren. (Schnell zu Kapitel 3 für die volle Dröhnung zu Ionen.) Ionisierung schwächt die Bindungen und kann zu Schäden, zur gänzlichen Zersörung oder zur Mutation von Zellen führen.

> ### Radon: Versteckt in unseren Häusern
>
> Radon ist ein radioaktives Isotop, das in jüngster Zeit sehr populär geworden ist. Radon-222 entsteht beim natürlichen Zerfall von Uran. Es ist ein schlecht reagierendes Edelgas und verbreitet sich deshalb in der Atmosphäre. Da es schwerer als Luft ist, kann es sich in Kellerräumen ansammeln.
>
> Radon hat eine relativ kurze Halbwertszeit von 3,8 Tagen und zerfällt zu Polonium-218, einem festen Stoff. Wenn Radon nun inhaliert wird, kann sich Po-218 in den Lungen absetzen. Po-218 ist ein Alphastrahler, und obwohl diese Strahlung keine hohe Durchdringung hat, wird Radon heute für das gehäufte Auftreten von Lungenkrebs verantwortlich gemacht. In vielen Teilen der USA wird vor dem Hauskauf ein Radontest gemacht. Kommerzielle Testkomponenten werden dabei für eine gewisse Zeit offen in den Keller gestellt. Die Messergebnisse werden dann für die Analyse in ein Labor geschickt. Die Frage, ob Radon ein Problem darstellt, wird nach wie vor untersucht und diskutiert.

Teil II

Drum prüfe, wie sich Atome verbinden

»Nun, da der Notarzt mit seinem Defibrillator und dem Riechsalz da ist, wollen wir uns zunächst einmal gemeinsam die kovalente Bindung anschauen ...«

In diesem Teil ...

Man erwähne die Chemie und die meisten Leute denken sofort an chemische Reaktionen. Wissenschaftler nutzen die chemischen Reaktionen, um neue Medizin, Kunststoffe, Reinigungsmittel oder Textilien herzustellen – die Liste könnte endlos fortgesetzt werden. Sie verwenden chemische Reaktionen außerdem dazu, herauszufinden, was und wie viel davon in einem unbekannten Stoff enthalten ist. Chemische Reaktionen verleihen uns, der Sonne und dem ganzen Universum Kraft. Chemie befasst sich mit Reaktionen und den Bindungskräften, die dabei vorkommen. Das ist auch der Gegenstand dieses Teils.

Diese Kapitel führen Sie in die beiden wichtigsten Bindungstypen ein, die in der Natur vorkommen: Ionenbindung und kovalente Bindung. Ich zeige Ihnen, wie man die Formeln bei Ionenverbindungen (Salzen) aufstellt und wie man diese benennt. Ich erläutere die kovalente Bindung, wie man die Lewis-Formel aufstellt und wie man die Formen einfacher Moleküle bestimmt. Sie erfahren etwas über Reaktionen und über deren verschiedene allgemeine Typen. Dazu kommen das so genannte chemische Gleichgewicht, die Kinetik und die Elektrochemie – Batterien, Akkus und Galvanisierung.

Ich denke, in diesen Kapiteln bekommt jeder seine Ladung ab. Ich kann mir wirklich nicht vorstellen, dass Sie auf diesen Teil nicht positiv reagieren.

Gegensätze ziehen sich an: Ionenbindungen

In diesem Kapitel

- Das Wie und Warum der Bildung von Ionen untersuchen
- Die Bildung von Kationen und Ionen betrachten
- Polyatomare Ionen verstehen
- Die Formeln ionischer Verbindungen entziffern
- Ionischen Verbindungen bestimmte Namen geben
- Den Unterschied zwischen Elektrolyten und Nichtelektrolyten klären

*W*enn es eine Sache gibt, wegen der ich schließlich Chemie im Hauptfach studiert habe, dann sind es die Salzreaktionen. Ich erinnere mich noch gut an jenen Tag: Es war die zweite Hälfte allgemeiner Chemie, und ich machte eine qualitative Analyse (Herausfinden, was in einer Probe enthalten ist) von Salzen. Ich genoss die Farben der Verbindungen, die sich in den von mir durchgeführten Experimenten bildeten, die Laboratorien machten Spaß und waren eine interessante Herausforderung. Ich war schlicht begeistert.

In diesem Kapitel stelle ich Ihnen die Ionenbindung vor, die Art der Bindung, die die Salze zusammenhält. Ich diskutiere einfache und polyatomare Ionen: Wie bilden sie sich und wie kombinieren sie? Ich zeige Ihnen auch, wie man die Formeln von Ionenverbindungen aufstellen kann und wie Chemiker Ionenbindungen identifizieren.

Die Magie der Ionenbindung: Natrium + Chlor = Tafelsalz

Natrium ist ein typisches Metall. Es ist dabei relativ weich, silbrig und ein guter Leiter. Es reagiert auch leicht: Natrium wird normalerweise in Öl gelagert, damit es nicht mit dem Wasser in der Atmosphäre reagiert. Wenn Sie ein gerade abgeschnittenes Stück Natrium schmelzen und es in einen Becher mit grünlich-gelbem Chlorgas geben, geschieht etwas sehr Beeindruckendes. Das geschmolzene Natrium beginnt, heller und heller in weißem Licht zu strahlen, das heller und heller wird. Das Chlorgas wirbelt, und die Farbe des Gases beginnt bald zu verschwinden. In wenigen Minuten ist die Reaktion vorbei, und der Becher kann ohne Risiko geöffnet werden. Sie finden Tafelsalz oder NaCl auf dem Becherboden.

Die Bestandteile des Salzes

Wenn Sie wirklich einmal innehalten und darüber nachdenken, ist der Prozess, Tafelsalz zu erzeugen, wirklich bemerkenswert. Sie nehmen zwei Substanzen, die beide sehr gefährlich sind (Chlor wurde von Deutschland gegen die alliierten Truppen während 1. Weltkriegs eingesetzt), und machen eine lebenswichtige Substanz daraus. In diesem Abschnitt zeige ich Ihnen, was während der chemischen Reaktion, bei der Tafelsalz entsteht, geschieht, und, was noch wichtiger ist, warum.

Natrium ist ein Alkalimetall, ein Mitglied der IA-Familie im Periodensystem. Die römischen Ziffern am oberen Ende der A-Familien zeigen die Anzahl von Valenzelektronen (s- und p-Elektronen in der äußersten Energieschale) eines bestimmten Elements (siehe Kapitel 4 für die Details). Also hat Natrium ein Valenzelektron und elf Elektronen insgesamt, weil seine Atomzahl 11 ist.

Sie können ein Energieniveaudiagramm aufstellen, um die Verteilung der Elektronen im Atom darzustellen. Das Energieniveaudiagramm des Natriums wird in Abbildung 6.1 gezeigt. (Wenn Ihnen Energieniveaudiagramme neu sind, schauen Sie noch mal in Kapitel 3. Regen Sie sich nicht auf, wenn Sie in diesem Diagramm einige Abweichungen in der Darstellung der Energieiveaus finden: Kleinere Varianten sind absolut üblich.)

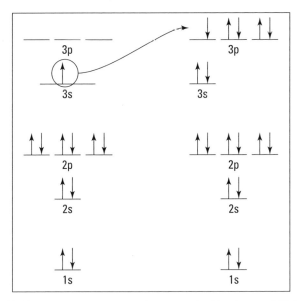

Abbildung 6.1: Energieniveaudiagramm für Natrium und Chlor

Chlor ist ein Halogen – ein Element also der VIIA-Familie im Periodensystem. Es hat sieben Valenzelektronen und eine Gesamtzahl von 17 Elektronen. Das Energieniveaudiagramm für Chlor wird ebenfalls in Abbildung 6.1 gezeigt.

Sie können anstelle des etwas sperrigen Energieniveaudiagramms für die Darstellung der Verteilung von Elektronen in einem Atom natürlich auch die Elektronenkonfiguration verwenden. (Für eine vollständige Erläuterung der Elektronenkonfiguration siehe Kapitel 3). Man schreibt in der Reihenfolge von »unten« nach »oben« die Energieniveaus, die besetzt sind, die Orbitalformen (s, p, d usw.) und – hochgestellt – die Anzahl von Elektronen in jedem Orbital auf. So ergeben sich die Elektronenkonfigurationen für Natrium und Chlor:

Natrium (Na) $1s^2 2s^2 2p^6 3s^1$

Chlor (Cl) $1s^2 2s^2 2p^6 3s^2 3p^5$

Die Reaktion

Die Edelgase sind die VIIIA-Elemente im Periodensystem. Sie sind extrem schwach reagierend, weil ihr Valenzenergieniveau (äußerstes Energieniveau) gefüllt ist. Ein gefülltes (vollständiges) Valenzenergieniveau zu erreichen, ist eine treibende Kraft in der Natur chemischer Reaktionen, weil Elemente mit dieser Eigenschaft stabil sind. Sie verlieren, gewinnen oder teilen keine Elektronen mehr.

Die anderen Elemente in den A-Familien im Periodensystem gewinnen, verlieren oder teilen Valenzelektronen, um ihr Valenzenergieniveau zu füllen und zu komplettieren. Weil dieser Prozess in den meisten Fällen die äußersten s- und p-Orbitale betrifft, nennt man das oft auch die *Oktettregel* – Elemente gewinnen, verlieren oder teilen Elektronen, um ein volles Oktett zu erreichen (acht Valenzelektronen: zwei im s-Orbital und sechs im p-Orbital).

Die Rolle des Natriums

Natrium hat ein Valenzelektron; nach der Oktettregel wird es stabil, wenn es acht Valenzelektronen hat. Zwei Möglichkeiten existieren, damit Natrium stabil wird: Es kann sieben weitere Elektronen gewinnen, um Energiestufe 3 zu füllen, oder es kann das eine 3s-Elektron verlieren, sodass Energiestufe 2 (die mit acht Elektronen gefüllt ist) das Valenzenergieniveau wird. Im Allgemeinen kann der Verlust oder Gewinn von ein, zwei oder manchmal sogar drei Elektronen stattfinden, aber ein Element verliert oder gewinnt nie mehr als drei Elektronen. Um so Stabilität zu gewinnen, verliert Natrium sein 3s-Elektron. Stattdessen hat es dann elf Protonen (elf positive Ladungen) und zehn Elektronen (zehn negative Ladungen). Das ehemals neutrale Natrium-Atom hat jetzt eine positive Ladung [11 (+) plus 10 (-) gleich 1 (+)]. Es ist jetzt ein Ion, ein Atom, das aufgrund des Verlusts oder Gewinns von Elektronen eine Ladung besitzt. Und Ionen, die aufgrund des Verlusts an Elektronen eine positive Ladung (wie Natrium) haben, werden *Kationen* genannt. Sie können nun die Elektronenkonfiguration für das Natrium-Kation schreiben:

Na$^+$ $1s^2 2s^2 2p^6$

Das Natrium-Ion (Kation) hat dieselbe Elektronenkonfiguration wie Neon, sodass es mit Neon isoelektronisch ist. Natrium wurde also durch den Verlust eines Elektrons zu Neon? Nein!

Natrium hat noch elf Protonen, und die Anzahl von Protonen bestimmt die Identität des Elements.

Es gibt einen Unterschied zwischen dem neutralen Natrium-Atom und dem Natrium-Kation – nämlich ein Elektron. Außerdem unterscheiden sich ihr chemisches Reaktionsverhalten und ihre Größen. Das Kation ist kleiner. Das gefüllte Energieniveau bestimmt die Größe eines Atoms oder Ions (oder, in diesem Fall, Kations). Weil Natrium ein ganzes Energieniveau verliert, wenn es zu einem Kation wird, ist das Kation kleiner.

Die Rolle des Chlors

Chlor hat sieben Valenzelektronen. Um sein volles Oktett zu erhalten, muss es die sieben Elektronen in Energiestufe 3 abgeben oder eins auf dieser Ebene aufnehmen. Weil Elemente nie mehr als drei Elektronen aufnehmen oder abgeben, muss Chlor ein einzelnes Elektron aufnehmen, um Energiestufe 3 zu füllen. Nun hat Chlor 17 Protonen (17 positive Ladungen) und 18 Elektronen (18 negative Ladungen). Das heißt, Chlor wird ein Ion mit einer einzelnen negativen Ladung (Cl^-). Das neutrale Chlor-Atom wird zum Chlorid-Ion. Ionen mit einer durch die Aufnahme von Elektronen verursachten negativen Ladung heißen *Anionen*. Die Elektronenkonfiguration für das Chlorid-Anion ist

Cl^- $1s^2 2s^2 2p^6 3s^2 3p^6$

Das Chlorid-Anion ist mit Argon isoelektronisch. Das Chlorid-Anion ist auch etwas größer als das neutrale Chlor-Atom. Um das Oktett zu vollenden, ging das eine gewonnene Elektron in Energiestufe 3, aber jetzt sind es 17 Protonen, die 18 Elektronen anziehen. Die Anziehungskraft wurde leicht reduziert, und die Elektronen sind freier, um sich nach außen zu bewegen, was das Anion etwas größer macht. Im Allgemeinen ist ein Kation kleiner als sein entsprechendes Atom, und ein Anion ist geringfügig größer.

Am Ende kommt die Bindung

Natrium kann sein volles Oktett und seine volle Stabilität durch Verlieren eines Elektrons erreichen. Chlor kann sein Oktett durch Gewinnen eines Elektrons füllen. Wenn die zwei in demselben Behälter sind, dann bringt das Natriumelektron genau das Chlorelektron mit. Ich zeige diesem Prozess in Abbildung 6.1, wo man auch sieht, dass das 3s-Elektron des Natriums auf das 3p-Orbital des Chlors übertragen wird.

Die Übertragung eines Elektrons schafft Ionen – Kationen (positive Ladung) und Anionen (negative Ladung), und entgegengesetzte Ladungen ziehen einander an. Das Na^+-Kation zieht das Cl^--Anion an und bildet das zusammengesetzte NaCl oder Tafelsalz. Dies ist ein Beispiel für eine *Ionenverbindung*, eine *chemische Bindung* (eine starke Anziehung, die zwei chemische Elemente zusammenhält), die von der *elektrostatischen Anziehung* (Anziehung von entgegengesetzten Ladungen) zwischen Kationen und Anionen herrührt.

Die Verbindungen, die auf Ionenbindungen beruhen, werden üblicherweise *Salze* genannt. Natriumchlorid ist ein Kristall, in dem jedes Natrium-Kation von sechs verschiedenen Chlorid-

Anionen umgeben ist, und jedes Chlorid-Anion wird von sechs verschiedenen Natrium-Kationen umgeben. Diese Kristallstruktur wird in Abbildung 6.2 gezeigt.

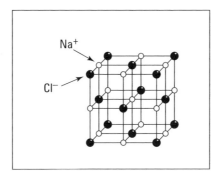

Abbildung 6.2: Kristallstruktur des Tafelsalzes

Beachten Sie die regelmäßige und sich wiederholende Struktur. Verschiedene Salze haben verschiedene Kristallstrukturen. Kationen und Anionen können mehr als eine Einheit positiver oder negativer Ladung haben, wenn sie mehr als ein Elektron aufnehmen oder abgeben. Auf diese Weise sind viele verschiedene Arten von Salzen möglich.

Ionenbindungen, also die Bindungen, die die Kationen und Anionen in einem Salz verbinden, sind eine der zwei Hauptarten der Bindung in Chemie. Die andere Art, die kovalente Bindung, wird in Kapitel 7 beschrieben. Das Verständnis der Ionenbindung erleichtert das Verständnis der kovalenten Bindung wesentlich.

Positive und negative Ionen: Kationen und Anionen

Der Grundprozess bei der Bildung von Natriumchlorid gilt auch für die Bildung von anderen Salzen. Ein Metall verliert Elektronen, und ein Nichtmetall gewinnt jene Elektronen. Damit sind Kationen und Anionen entstanden, und die elektrostatische Anziehung zwischen den positiven und negativen Ladungen führt zur Anziehung der Teilchen und schließlich zur Ionenbindung.

 Ein Metall reagiert mit einem Nichtmetall und bildet eine Ionenbindung.

Sie können die Ladung oft aus dem Ort des Elements im Periodensystem ableiten. Zum Beispiel verlieren die Alkalimetalle (die IA-Elemente) ein einzelnes Elektron, um ein Kation mit einer 1+-Ladung zu formen. Auf dieselbe Weise geben die Erdalkali-Elemente (IIA-Elemente) zwei Elektronen ab und bilden ein 2+-Kation. Aluminium, ein Mitglied der IIIA-Familie, verliert drei Elektronen, um ein 3+-Kation zu bilden.

Aus derselben Überlegung heraus nehmen die Halogene (die VIIA-Elemente haben alle sieben Valenzelektronen) ein Elektron auf. Die Halogene nehmen ein einzelnes Elektron auf, um ihr Valenzenergieniveau zu füllen. Alle Halogene formen ein Anion mit einer einzelnen negativen Ladung. Die VIA-Elemente gewinnen zwei Elektronen, um Anionen mit einer 2--Ladung zu bilden, und die VA-Elemente nehmen drei Elektronen auf, um Anionen mit einer 3--Ladung zu bilden.

Tabelle 6.1 zeigt Familie, Element, Ionen-Namen und Ionen-Symbol für einige monoatomare (»einatomige«) Kationen, und Tabelle 6.2 liefert die gleiche Information für ein paar monoatomare Anionen.

Familie	Element	Ionen-Name	Ionen-Symbol
IA	Lithium	Lithium-Kation	Li^+
	Natrium	Natrium-Kation	Na^+
	Kalium	Kalium-Kation	K^+
IIA	Beryllium	Beryllium-Kation	Be^{2+}
	Magnesium	Magnesium-Kation	Mg^{2+}
	Kalzium	Kalzium-Kation	Ca^{2+}
	Strontium	Strontium-Kation	Sr^{2+}
	Barium	Barium-Kation	Ba^{2+}
IB	Silber	Silber-Kation	Ag^+
IIB	Zink	Zink-Kation	Zn^{2+}
IIIA	Aluminium	Aluminium-Kation	Al^{3+}

Tabelle 6.1: Einige monoatomare Kationen

Familie	Element	Ionen-Name	Ionen-Symbol
VA	Stickstoff	Nitrid-Anion	N^{3-}
	Phosphor	Phosphid-Anion	P^{3-}
VIA	Sauerstoff	Oxid-Anion	O^{2-}
	Schwefel	Sulfid-Anion	S^{2-}
VIIA	Fluor	Fluorid-Anion	F^-
	Chlor	Chlorid-Anion	Cl^-
	Brom	Bromid-Anion	Br^-
	Jod	Jodid-Anion	I^-

Tabelle 6.2: Einige monoatomare Anionen

Es ist schwieriger, die Anzahl der Elektronen zu bestimmen, die Mitglieder der Halbmetalle (die B-Familien) abgeben. In der Tat verlieren viele dieser Elemente eine veränderliche Anzahl von Elektronen, so dass sie zwei oder mehr verschiedene Kationen bilden können, folglich auch mit verschiedenen Ladungen.

Die elektrische Ladung, die ein Atom erreicht, wird *Oxidationszahl* genannt. Viele der Wechselmetall-Ionen haben veränderliche Oxidationszahlen. Tabelle 6.3 zeigt einige bekannte Wechselmetalle, die mehr als eine Oxidationszahl besitzen.

Familie	Element	Ionen-Name	Ionen-Symbol
VIB	Chrom	Chrom(II)	Cr^{2+}
		Chrom(III) oder chromsäurehaltig	Cr^{3+}
VIIB	Mangan	Mangan(II)	Mn^{2+}
		Mangan(III) oder mangansäurehaltig	Mn^{3+}
VIIIB	Eisen	Eisen(II)	Fe^{2+}
		Eisen(III) oder eisenhaltig	Fe^{3+}
	Kobalt	Kobalt(II)	Co^{2+}
		Kobalt(III)	Co^{3+}
IB	Kupfer	Kupfer(I)	Cu^{+}
		Kupfer(II)	Cu^{2+}
IIB	Quecksilber	Quecksilber(I)	Hg_2^{2+}
		Quecksilber(II)	Hg^{2+}
IVA	Zinn	Zinn(II)	Sn^{2+}
		Zinn(IV)	Sn^{4+}
	Blei	Blei(II)	Pb^{2+}
		Blei(IV)	Pb^{4+}

Tabelle 6.3: Einige Metalle mit mehr als einer Oxidationzahl

Beachten Sie, dass diese Kationen mehr als einen Namen haben können. Die heutige Art, Ionen zu benennen, ist die, den Metallnamen wie zum Beispiel Chrom zu verwenden, in Klammern gefolgt von der Ionenladung, durch römische Ziffern ausgedrückt, zum Beispiel (II). Eine ältere Art, Ionen zu benennen, verwendet isch- und ig-Endungen. Wenn ein Element mehr als ein Ion hat – Chrom zum Beispiel –, dann erhält das Ion mit der niedrigeren Oxidationszahl (niedrigere Ladungszahl, ohne das + oder -) eine isch-Endung und das Ion mit höherer Oxidationszahl (größere Ladungszahl) eine ig-Endung. Das Cr^{2+}-Ion wird *chromisch* genannt, und das Cr^{3+}-Ion heißt *chromig* (siehe den Abschnitt *Das Benennen von Ionenverbindungen* weiter hinten in diesem Kapitel).

Polyatomare Ionen

Ionen sind nicht immer aus nur einem Atom zusammengesetzt. Ionen können auch aus einer Gruppe von Atomen zusammengesetzt, also polyatomar sein. Werfen Sie zum Beispiel einen Blick auf Tabelle 6.3. Fällt Ihnen am Quecksilber(I)-Ion etwas auf? Sein Ionen-Symbol Hg_2^{2+} zeigt, dass zwei Quecksilber-Atome zusammengebunden sind. Diese Gruppe hat eine 2fach positive Ladung, wobei jedes Quecksilber-Kation eine 1fach positive Ladung hat. Das Quecksilber-Ion ist als ein polyatomares Ion klassifiziert.

Polyatomare Ionen werden so wie monoatomare Ionen behandelt (siehe weiter hinten in diesem Kapitel *Das Benennen von Ionenverbindungen*.) Tabelle 6.4 listet einige wichtige polyatomare Ionen auf.

Ionen-Name	Ionen-Symbol
Sulfat	SO_4^{2-}
Sulfit	SO_3^{2-}
Nitrat	NO_3^-
Nitrit	NO_2^-
Hypochlorit	ClO^-
Chlorit	ClO_2^-
Chlorat	ClO_3^-
Perchlorat	ClO_4^-
Acetat	$C_2H_3O_2^-$
Chromat	CrO_4^{2-}
Dichromat	$Cr_2O_7^{2-}$
Arsenat	AsO_4^{3-}
Wasserstoffphosphat	HPO_4^{2-}
Dihydrogenphosphat	$H_2PO_4^-$
Bikarbonat oder Wasserstoffkarbonat	HCO_3^-
Bisulfat oder Wasserstoff-Sulfat	HSO_4^-
Quecksilber(I)	Hg_2^{2+}
Ammonium	NH_4^+
Phosphat	PO_4^{3-}
Karbonat	CO_3^{2-}
Permanganat	MnO_4^-
Zyanid	CN^-
Zyanat	OCN^-
Thiocyanat	SCN^-
Oxalat	$C_2O_4^{2-}$
Ionen-Name	Ionen-Symbol
Thiosulfate	$S_2O_3^{2-}$
Hydroxid	OH^-
Arsenit	AsO_3^{3-}
Peroxid	O_2^{2-}

Tabelle 6.4: Einige wichtige polyatomare Ionen

6 ➤ Gegensätze ziehen sich an: Ionenbindungen

Das Symbol für das Sulfat-Ion, SO_4^{2-}, zeigt, dass ein Schwefel-Atom und vier Sauerstoff-Atome gebunden sind und dass das ganze polyatomare Ion zwei zusätzliche Elektronen hat.

Ionenbindungen

Wenn eine Ionenbindung entsteht, ziehen Kation und Anion einander an und es entsteht ein Salz (siehe *Die Magie der Ionenbindung: Natrium + Chlor = Tafelsalz* früher in diesem Kapitel). Wichtig ist, sich zu merken, dass die Verbindung neutral sein muss – also gleiche Anzahl von positiven und negativen Ladungen hat.

Das Verbinden von Magnesium und Brom

Nehmen wir an, Sie wollen die Formel oder die Zusammensetzung einer Verbindung kennen, die sich aus der Reaktion von Magnesium und Brom ergibt. Sie beginnen, indem Sie die zwei Atome nebeneinander mit dem Metall auf der linken Seite platzieren und dann platzieren Sie ihre Ladungen hinzu. Abbildung 6.3 zeigt diesen Prozess. (Vergessen Sie die kreuz und quer verlaufenden Linien zunächst. Wenn Sie furchtbar neugierig sind, sie werden im Abschnitt *Das Verwenden der Kreuzregel* später in diesem Kapitel erörtert.)

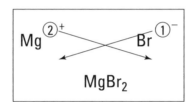

Abbildung 6.3: Darstellung der Formel des Magnesiumbromids

Die Elektronenkonfigurationen für Magnesium und Brom sind

Magnesium (Mg) $1s^2 2s^2 2p^6 3s^2$

Brom (Br) $1s^2 2s^2 2p^6 3s^2 3p^6 4s^2 3d^{10} 4p^5$

Magnesium, ein Erdalkalimetall, hat zwei Valenzelektronen, die es abgibt, um ein Kation mit einer 2+-Ladung zu bilden. Die Elektronenkonfiguration für das Magnesium-Kation ist

Mg^{2+} $1s^2 2s^2 2p^6$

Brom, ein Halogen, hat sieben Valenzelektronen, sodass es ein Elektron aufnimmt, um sein Oktett (acht Valenzelektronen) zu komplettieren und das Bromid-Anion mit einer 1--Ladung zu bilden. Die Elektronenkonfiguration für das Bromid-Anion ist

Br^{1-} $1s^2 2s^2 2p^6 3s^2 3p^6 4s^2 3d^{10} 4p^6$

Beachten Sie, dass man die 1 normalerweise nicht hinschreibt, wenn das Anion nur eine Ladungseinheit hat, ob positiv oder negativ. Man verwendet nur das +- oder --Symbol anstelle der 1, die nur dazugedacht wird. Aber für das Beispiel des Bromid-Anions verwende ich die 1 noch einmal.

Die Verbindung muss neutral sein; sie muss dieselbe Anzahl von positiven und negativen Ladungen haben, sodass sie insgesamt eine nach außen hin neutrale Ladung hat. Das Magnesium-Ion hat eine 2+, sodass es zwei Bromid-Anionen mit je einer einzelnen negativen Ladung erfordert, um die zwei positiven Ladungen des Magnesiums auszugleichen. Also ist die Formel der Verbindung, die sich aus der Reaktion von Magnesium mit Brom ergibt, $MgBr_2$.

Das Verwenden der Kreuzregel

Es gibt eine schnelle Methode, die Formel einer Ionenbindung zu bestimmen: Verwenden Sie die oben schon erwähnte Kreuzregel.

Sehen Sie sich zum Beispiel Abbildung 6.3 an, in der diese Regel angewendet wird. Nehmen Sie den numerischen hochgestellten Wert des Metall-Ions (das Ladungensymbol vergessen wir erst einmal) und bewegen Sie es zur unteren rechten Seite des Nichtmetalls als tiefgestellten Index. Dann nehmen Sie die hochgestellte Zahl des Nichtmetalls und machen sie zum tiefgestellten Wert des Metalls. (Beachten Sie dabei, dass, wenn der numerische Wert 1 ist, er nur gedacht und nicht gezeigt wird.) In diesem Beispiel geben wir dem Brom die 2 des Magnesiums als tiefgestellte Ziffer und dem Magnesium die tiefgestellte 1 (die 1 wird aber nicht angezeigt) und Sie erhalten die Formel $MgBr_2$.

Was geschieht nun, wenn Aluminium und Sauerstoff reagieren? Abbildung 6.4 zeigt die für diese Reaktion verwendete Kreuzregel.

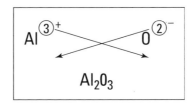

Abbildung 6.4: Darstellung der Formel für Aluminiumoxid

Verbindungen, die polyatomare Ionen enthalten, funktionieren genau auf dieselbe Weise, hier ist zum Beispiel die aus dem Ammonium-Kation und dem Schwefel-Anion gebildete Verbindung:

$(NH_4)_2S$

Beachten Sie dabei: Da zwei Ammonium-Ionen (zwei positive Ladungen) gebraucht werden, um die zwei negativen Ladungen des Schwefel-Ions zu neutralisieren, steht das Ammonium-Ion in der Verbindung in Klammern mit einer zusätzlichen tiefgestellten 2.

6 ➤ Gegensätze ziehen sich an: Ionenbindungen

 Die Kreuzregel funktioniert sehr gut, aber es gibt eine Situation, in der man aufpassen muss. Nehmen Sie an, Sie wollen die Verbindung hinschreiben, die entsteht, wenn Kalzium mit Sauerstoff reagiert. Kalzium, ein Erdalkalimetall, bildet ein 2+-Kation, und Sauerstoff ein 2--Anion. Also könnten Sie vorhersagen, dass die Formel ist.

Ca_2O_2

Aber diese Formel ist falsch. Nach Anwendung der Kreuzregel müssen Sie alle tiefgestellten Zahlen auf den gemeinsamen Faktor reduzieren, wenn möglich. In diesem Fall teilen Sie jedes Subskript durch 2 und bekommen die richtige Formel:

CaO

Das Benennen von Ionenverbindungen

Wenn Sie anorganische Zusammensetzungen benennen, schreiben Sie den Namen des Metalls als Erstes und dann das Nichtmetall. Nehmen Sie zum Beispiel an, dass Sie die Verbindung Li_2S benennen wollen, die sich aus der Reaktion von Lithium und Schwefel ergibt. Sie schreiben den Namen des Metalls, Lithium, zuerst und dann schreiben Sie den Namen des Nichtmetalls und fügen ein -id am Ende hinzu, so dass Schwefel zu Sulfid wird.

Li_2S — Lithiumsulfid

Ionenbindungen, die polyatomare Ionen enthalten, folgen derselben Grundregel: Schreiben Sie den Namen des Metalls zuerst und dann fügen Sie den Namen des Nichtmetallions einfach hinzu (bei den polyatomaren Anionen ist es nicht notwendig, das -id am Ende anzuhängen)

$(NH_4)_2CO_3$ — Ammoniumkarbonat

K_3PO_4 — Kaliumphosphat

Wenn das beteiligte Metall ein Halbmetall mit mehr als einer Oxidationsstufe ist (siehe *Positive und negative Ionen: Kationen und Anionen* weiter vorne im Kapitel), dann gibt es mehrere Möglichkeiten für die Namen der Verbindung. Nehmen wir an, Sie wollen die Verbindung zwischen dem Fe^{3+}-Kation und dem Zyanid-Ion, CN^-, benennen. Vorzugsweise nimmt man hierzu den Metallnamen, in Klammern gefolgt von der in römischen Ziffern angegebenen Ionenladung: Eisen(III). Eine ältere Methode der Bezeichnung, die manchmal immer noch verwendet wird (gut also, sie zu kennen), ist es, Endungen wie *ische* an die Bezeichnung anzufügen. Dem Ion mit der niedrigeren Oxidationszahl (niedriger Ladungsbetrag ohne Berücksichtigung des Vorzeichens) wird ein *ische* angehängt, dem Ion mit der höheren Oxidationszahl (höherer Ladungsbetrag) wird ein *ige* angehängt.

Sie sehen in Tabelle 6.4, dass das Sulfat-Ion eine 2--Ladung besitzt. Der Formel wiederum können Sie entnehmen, dass es zwei von ihnen gibt. Deshalb haben wir insgesamt vier negative Ladungen. Tabelle 6.4 zeigt auch, dass das Ammonium-Ion eine 1+-Ladung besitzt. Damit kann man nun die Ladung des Eisen-Kations bestimmen.

Ion	Ladung
Fe	?
NH_4	1+
$(SO_4)_2$	(2-) x 2

Tabelle 6.5: Die Benennung von $FeNH_4(SO_4)_2$

Das Sulfat hat die Ladung 4- und das Ammonium 1+. Damit bleibt für das Eisen eine 3fach positive Ladung, damit die Verbindung nach außen neutral ist. Folglich haben wir einen Eisen(III)- oder eisenhaltigen Oxidationszustand. Sie können die Zusammensetzung benennen

$FeNH_4(SO_4)_2$ Eisen(III)-ammoniumsulfat oder Eisenammoniumsulfat

Wenn Sie nun vom Namen ausgehen, können Sie die Formel und die Ladung aus den Ionen ableiten. Nehmen wir zum Beispiel an, Sie lesen den Namen Kupferoxid. Sie wissen, dass das Kupfer-Ion Cu^+ und das Oxid-Ion O^{2-} ist. Nach Anwendung der Kreuzregel erhalten Sie die Formel:

Kupferoxid Cu_2O

Elektrolyte und Nichtelektrolyte

Wenn man eine Ionenverbindung wie Natriumchlorid in Wasser gibt, ziehen die Wassermoleküle sowohl die Kationen als auch die Anionen im Kristall (der Kristall wird in Abbildung 6.2 gezeigt) an und lösen damit das Salz. (In Kapitel 7 beschreibe ich die Wassermoleküle ausführlicher und zeige Ihnen, warum sie die NaCl-Ionen anziehen.) Die Kationen und Anionen verteilen sich in der Lösung. Sie können die Existenz dieser Ionen mit einem Gerät zur Messung der Leitfähigkeit dann auch messen.

Ein Leitfähigkeitsmesser misst, ob Wasserlösungen verschiedener Substanzen Elektrizität führen. Er besteht aus einer Glühbirne mit zwei angeschlossenen Elektroden. Die Glühbirne wird in eine Wandsteckdose gesteckt, aber sie leuchtet nicht, bis eine elektrisch leitfähige Substanz zwischen den Elektroden den Stromkreis schließt. (Ein Finger schließt auch diesen Stromkreis, so dass man bei diesem Versuch gut aufpassen sollte. Wenn Sie nicht aufpassen, machen Sie vielleicht eine ziemlich unangenehme und nicht ungefährliche Erfahrung!)

Wenn Sie die Elektroden in reines Wasser halten, geschieht nichts, weil sich zwischen den Elektroden keine elektrisch leitfähige Substanz befindet. Reines Wasser ist ein Nichtleiter. Wenn Sie aber die Elektroden in die NaCl-Lösung bringen, leuchtet die Glühbirne, weil von einer Elektrode zur anderen die Ionen die Elektrizität leiten (die Elektronen werden transportiert).

Tatsächlich brauchen Sie das Wasser überhaupt nicht. Wenn Sie reines NaCl (bei großer Hitze) schmelzen und dann die Elektroden hineinhalten, stellen Sie fest, dass das geschmolzene Tafelsalz auch elektrisch leitet. Im geschmolzenen Zustand sind die NaCl-Ionen frei, um Elektronen zu bewegen und zu transportieren, genau wie in der Salzwasserlösung. Substanzen, die im geschmolzenen Zustand oder in wässriger Lösung elektrisch leiten, werden *Elektrolyte*, und Substanzen, die in diesem Zustand nicht elektrisch leiten, *Nichtelektrolyte* genannt.

Wissenschaftler können aus der Beobachtung, ob eine Substanz Elektrolyt oder Nichtelektrolyt ist, wichtige Anhaltspunkte über den Typ einer Verbindung ableiten. Substanzen aus Ionenverbindungen arbeiten als Elektrolyte. Kovalente Bindungen jedoch (siehe Kapitel 7), in denen es keine Ionen gibt, sind in der Regel Nichtelektrolyte. Tischzucker und Saccharose sind gute Beispiele für Nichtelektrolyte. Sie können Zucker in Wasser auflösen oder schmelzen, er besitzt keine Leitfähigkeit. Es gibt einfach keine Ionen, die die Elektronen transportieren könnten.

Kovalente Bindung: brüderlich teilen

In diesem Kapitel

- Erfahren, wie ein Wasserstoff-Atom ein anderes Wasserstoff-Atom bindet
- Die kovalente Bindung definieren
- Informationen über die verschiedenen Arten chemischer Formeln erhalten
- Einen Blick auf die polare kovalente Bindung und die Elektronegativität werfen
- Die ungewöhnlichen Eigenschaften des Wassers verstehen

Manchmal, wenn ich koche, bekomme ich meinen Chemieanfall und beginne, die Zutaten auf den Etiketten zu lesen. Dort finde ich meistens eine Menge Salze wie Natriumchlorid und viele andere Verbindungen wie Kaliumnitrat, die alle Ionenverbindungen sind (siehe Kapitel 6). Aber ich finde auch viele Verbindungen wie Zucker, die nicht auf Ionenbindung basieren.

Wenn eine Verbindung nicht durch Ionen zusammengehalten wird, wie dann? Was hält den Zucker, den Essig und sogar die DNS zusammen? In diesem Kapitel erörtere ich die andere wichtige Art der Bindung: die kovalente Bindung. Ich erkläre die Grundlagen mit einer äußerst einfachen kovalenten Verbindung, nämlich Wasserstoff, und ich erzähle Ihnen etwas Cooles über die ungewöhnlichste kovalente Verbindung, die ich kenne – das Wasser.

Grundlagen der kovalenten Bindung

Eine Ionenbindung ist eine chemische Bindung, die durch die Übertragung von Elektronen von einem Metall auf ein Nichtmetall entsteht, was zur Bildung von entgegengesetzt geladenen Ionen – Kationen (positive Ladung) und Anionen (negative Ladung) – und der Anziehung zwischen jenen entgegengesetzt geladenen Ionen führt. Die treibende Kraft in diesem ganzen Prozess ist das Bestreben, ein vollständig aufgefülltes Valenzenergieniveau und damit ein komplettes atomares Oktett zu bilden. (Eine vollständigere Erklärung dieses Konzepts finden Sie in Kapitel 6.)

Es gibt jedoch viele andere Verbindungen, in denen ein solcher Elektronentransfer nicht vorkommt. Die treibende Kraft ist immer noch das Gleiche: das Erreichen eines gefüllten Valenzenergieniveaus. Aber, anstatt dieses durch Gewinnen oder Verlieren von Elektronen zu erreichen, teilen sich die Atome in diesen Verbindungen Elektronen. Das ist die Grundlage einer kovalenten Bindung.

Ein Wasserstoffbeispiel

Wasserstoff hat die Nummer 1 im Periodensystem – er steht oben links in der Ecke. Der in der Natur vorkommende Wasserstoff besteht meistens nicht nur aus einem einzelnen Atom. Er tritt hauptsächlich als H_2, eine zweiatomige (aus zwei Atomen bestehende) Verbindung, auf. (Da ein Molekül eine Kombination von zwei oder mehr Atomen ist, wird H_2 ein *biatomares Molekül* genannt.)

Wasserstoff hat ein Valenzelektron. Er würde gerne ein anderes Elektron gewinnen, um sein 1s-Energieniveau zu füllen, das ihn mit Helium, dem nächsten Edelgas, isoelektronisch machen würde (weil beide dann dieselbe Elektronenkonfiguration hätten). Energiestufe 1 kann nur zwei Elektronen im 1s-Orbital aufnehmen, sodass diese Stufe bei Aufnahme eines weiteren Elektrons aufgefüllt ist. Das ist die treibende Kraft des Wasserstoffs, der so das Valenzenergieniveau füllt und dieselbe Elektronenanordnung wie das nächste Edelgas erreicht.

Stellen Sie sich vor, ein Wasserstoff-Atom überträgt sein einzelnes Elektron auf ein anderes Wasserstoff-Atom. Das Wasserstoff-Atom, das das Elektron erhält, füllt seine Valenzschale und erreicht Stabilität, während es ein Anion (H⁻) wird. Jetzt aber hat das andere Wasserstoff-Atom kein Elektron mehr (H⁺) und wird noch instabiler. Dieser Prozess von Elektronenverlust und -gewinn geschieht aber nicht, da es das Bestreben beider Atome ist, ihr Valenzenergieniveau zu komplettieren. Also kann die H_2-Verbindung sich nicht aus dem Verlust oder Gewinn von Elektronen ergeben. Was geschehen kann, ist, dass die beiden Atome ihre Elektronen miteinander teilen. Auf der atomaren Ebene wird dieses Miteinanderteilen von Elektronenorbitalen (manchmal Elektronenwolken genannt) als ein Überlappen dargestellt. Die zwei Elektronen (eins von jedem Wasserstoff-Atom) »gehören« beiden Atomen. Jedes Wasserstoff-Atom fühlt die Wirkung beider Elektronen; jedes hat auf eine Weise sein Valenzenergieniveau aufgefüllt. Eine kovalente Bindung ist damit gebildet – eine chemische Bindung, die auf dem Teilen eines oder mehrerer Elektronen beruht, bildet Paare zwischen zwei Atomen. Das Überlappen der Elektronenorbitale und das Teilen eines Elektronenpaars ist in Abbildung 7.1 (a) dargestellt.

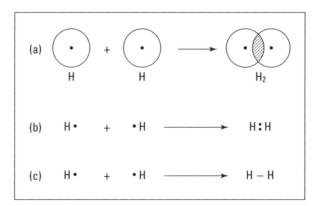

Abbildung 7.1: Die Bildung der kovalenten Bindung beim Wasserstoff

Eine andere Möglichkeit, diesen Prozess darzustellen, ist durch die Verwendung einer Elektronenpunktformel. In dieser Art der formalen Darstellung sind Valenzelektronen als Punkte dargestellt, die das atomare Symbol umgeben, und die gemeinsamen Elektronen werden zwischen den zwei durch die kovalente Bindung verbundenen Atomen gezeigt. Die Elektronenpunktformel-Darstellung von H_2 wird in Abbildung 7.1 (b) gezeigt.

Ich verwende meistens eine leichte Änderung der so genannten Elektronenpunktformel, die Lewis-Strukturformel; sie ist grundsätzlich das Gleiche wie die Elektronenpunktformel, aber das gemeinsame Elektronenpaar (die kovalente Bindung) wird mit einem Strich dargestellt. Die Lewis-Strukturformel wird in Abbildung 7.1 (c) gezeigt. (Schauen Sie mal in den Abschnitt *Strukturierte Formeln: Fügen Sie das Verbindungsmuster hinzu*, um mehr darüber zu erfahren, wie man Strukturformeln bei kovalenten Verbindungen schreibt.)

Zusätzlich zu Wasserstoff gibt es sechs andere Elemente in der Natur in der biatomaren Form: Sauerstoff (O_2), Stickstoff (N_2), Fluor (F_2), Chlor (Cl_2), Brom (Br_2) und Jod (I_2). Wenn ich nun über Sauerstoffgas oder flüssiges Brom rede, rede ich über die biatomaren Verbindungen (biatomaren Moleküle).

Hier ist noch ein Beispiel für die Verwendung der Elektronenpunktformel zur Darstellung des gemeinsamen Elektronenpaars einer biatomaren Verbindung: Dieses Mal ist es Brom (Br_2), ein Mitglied der Halogenfamilie (siehe Abbildung 7.2). Die zwei Halogen-Atome, jedes mit sieben Valenzelektronen, teilen ein Elektronenpaar und füllen ihr Oktett.

Abbildung 7.2: Die kovalente Bindung beim Brom

Vergleich der kovalenten Bindung mit anderen Bindungsarten

Ionenbindung tritt bei der Verbindung von einem Metall und einem Nichtmetall auf. Kovalente Bindung finden wir dagegen bei zwei Nichtmetallen. Die Eigenschaften dieser zwei Arten von Verbindungen sind durchaus verschieden. Ionenverbindungen sind normalerweise Festkörper bei Raumtemperatur, während kovalente Verbindungen Festkörper, Flüssigkeiten oder Gase sein können. Ionenverbindungen (Salze) haben normalerweise einen viel höheren Schmelzpunkt als kovalente Bindungen. Außerdem tendieren Ionenverbindungen dazu, Elektrolyte zu sein, und kovalente Verbindungen neigen dazu, Nichtelektrolyte zu sein. (In Kapitel 6 finden Sie alles über Ionenbindung, Elektrolyte und Nichtelektrolyte.)

Ich weiß, was Sie jetzt denken: »Wenn Metalle mit Nichtmetallen zu Ionenverbindungen reagieren, und Nichtmetalle mit anderen Nichtmetallen kovalente Bindungen bilden, reagieren denn Metalle mit anderen Metallen?« Die Antwort ist Ja und Nein.

Metalle reagieren nicht wirklich mit anderen Metallen und bilden dabei Verbindungen. Stattdessen kombinieren die Metalle zu so genannten Legierungen, das heißt Lösungen des einen

Metalls in einem anderen. Aber es gibt so etwas wie eine metallische Bindung sowohl in Legierungen als auch in reinen Metallen. Bei der metallischen Bindung befinden sich die Valenzelektronen jedes Metall-Atoms in einem so genannten *Elektronensee* und werden von all den Atomen im Metall geteilt. Diese Valenzelektronen sind frei, um sich überall im Material zu bewegen, anstatt fest an einen einzigen Metallkern gebunden zu sein. Die Fähigkeit der Valenzelektronen, sich überall im ganzen Metall zu bewegen, ist der Grund, warum Metalle dazu tendieren, Elektrizität und Wärme gut zu leiten.

Zum Verständnis der Vielfachbindung

Ich definiere kovalente Bindung als das Teilen von einem oder mehreren Elektronpaaren. In Wasserstoff und einigen anderen biatomaren Molekülen gibt es nur ein solches Elektronenpaar. Aber in vielen kovalenten Bindungen ist mehr als ein Elektronenpaar beteiligt. In diesem Abschnitt lernen Sie ein Beispiel für ein Molekül kennen, das mehr als ein Elektronenpaar teilt.

Stickstoff (N_2) ist ein biatomares Molekül in der VA-Familie des Periodensystems, was bedeutet, dass er fünf Valenzelektronen besitzt (siehe Kapitel 4 zu den Familien des Periodensystems). Also braucht Stickstoff drei weitere Valenzelektronen, um sein Oktett zu komplettieren.

Ein Stickstoff-Atom kann sein Oktett durch Teilen von drei Elektronen mit einem anderen Stickstoff-Atom füllen und drei kovalente Bindungen, eine so genannte dreifache Bindung, formen. Die dreifache Bindung des Stickstoffs wird in Abbildung 7.3 gezeigt.

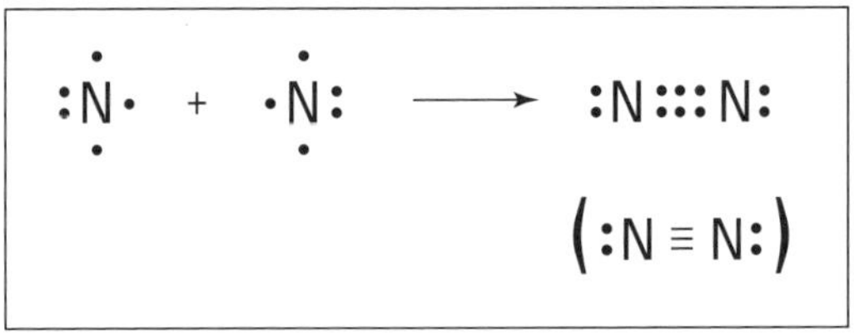

Abbildung 7.3: Die Form der Dreifachbindung beim Stickstoff

Eine Dreifachbindung ist nicht etwa dreimal so stark wie eine einzelne Bindung, aber sie ist sehr stark. In der Tat ist die dreifache Bindung in Stickstoff eine der stärksten Bindungen, die man kennt. Diese starke Bindung ist es, die den Stickstoff so stabil und beständig bei der Reaktion mit anderen Chemikalien macht. Sie ist auch der Grund, warum viele explosive Verbindungen (wie TNT und Ammoniumnitrat) Stickstoff enthalten. Wenn diese Verbindungen in einer chemischen Reaktion auseinander brechen, bildet sich Stickstoffgas (N_2), wobei viel Energie freigegeben wird.

Kohlenstoffdioxid (CO_2) ist ein anderes Beispiel für eine Mehrfachbindung. Kohlenstoff kann mit Sauerstoff reagieren, um dabei Kohlenstoffdioxid zu bilden. Kohlenstoff hat vier Valenzelektronen, Sauerstoff hat sechs. Kohlenstoff kann je zwei seiner Valenzelektronen mit einem der zwei Sauerstoff-Atome teilen und zwei Doppelbindungen bilden. Diese Doppelbindungen werden in Abbildung 7.4 gezeigt.

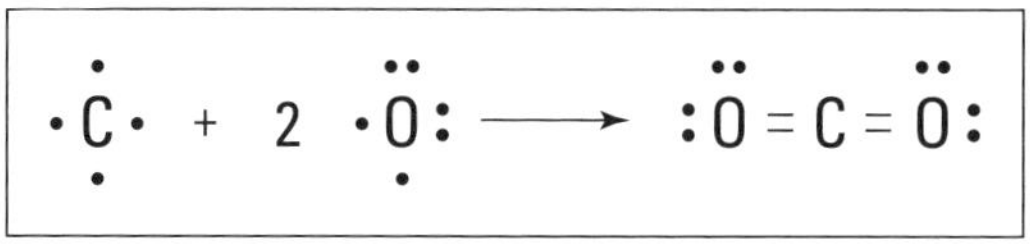

7 ➤ Kovalente Bindung: brüderlich teilen

$$\cdot \overset{\cdot}{\underset{\cdot}{C}} \cdot \;+\; 2 \; \cdot \overset{\cdot\cdot}{\underset{\cdot}{O}} : \;\longrightarrow\; : \overset{\cdot\cdot}{\underset{\cdot\cdot}{O}} = C = \overset{\cdot\cdot}{\underset{\cdot\cdot}{O}} :$$

Abbildung 7.4: Die Bildung des Kohlenioxids

Es gibt keine Salzmoleküle!

Ein Molekül ist eine kovalente Verbindung. Es ist technisch nicht ganz richtig, Natriumchlorid als Molekül zu bezeichnen. Viele Chemiker tun es trotzdem. Es ist etwa wie das Benutzen der falschen Gabel bei einem feinen Abendessen. Einige Leute bemerken es, andere nicht oder sie interessieren sich nicht dafür. Nur, damit Sie's wissen, der richtige Ausdruck für Ionenverbindungen ist *Formelbindung*.

Das Benennen von binären kovalenten Verbindungen

Binäre Verbindungen sind aus nur zwei Elementen bestehende Verbindungen, wie Kohlenstoffdioxid (CO_2). Man verwendet bei den Namen der binären Verbindungen Präfixe, um die Anzahl von Atomen von jedem Nichtmetallbeitrag anzugeben. Tabelle 7.1 listet die üblichsten Präfixe für binäre kovalente Verbindungen auf.

Anzahl der Atom	Präfix
1	mono...
2	di...
3	tri...
4	tetra...
5	penta...
6	hexa...
7	hepta...
8	octa...
9	nona...
10	deca...

Tabelle 7.1: Präfixe für binäre kovalente Verbindungen

Im Allgemeinen wird das Präfix mono... selten verwendet. Kohlenstoffmonooxid ist eine der wenigen Ausnahmen.

Werfen Sie einen Blick auf die folgenden Beispiele, um zu sehen, wie die Präfixe beim Benennen von binären kovalenten Verbindungen angewendet werden (ich habe die Präfixe für Sie fett gedruckt):

CO_2 Kohlenstoffdioxid

P_4O_{10} **Tetra**phosphor**dec**oxid (Chemiker versuchen, ein a und ein o zusammen im Oxidnamen, wie bei **Dec**aoxid, zu vermeiden und lassen deshalb das a im Präfix weg.)

SO_3 Schwefel**tri**oxid

N_2O_4 **Di**stickstoff**tetr**oxid

Dieses Benennungsverfahren wird nur bei binären Nichtmetallen verwendet. Es gibt eine Ausnahme – MnO_2 wird allgemein Mangandioxid genannt.

So viele Formeln, so wenig Zeit

In Kapitel 6 zeige ich, wie die Formel von einer Ionenbindung auf der Basis des Verlusts und Gewinns von Elektronen gebildet wird, um schließlich eine Edelgaskonfiguration zu erreichen. (Wenn Sie Ca mit Cl zur Reaktion bringen, wissen Sie, dass das Salz $CaCl_2$ entstehen wird.) Bei kovalenten Verbindungen können Sie diese Art der Voraussage nicht mehr so einfach treffen, weil sie auf viele Arten kombinieren können und viele verschiedene mögliche kovalente Verbindungen dabei herauskommen können.

Meistens müssen Sie die Formel des Moleküls kennen, das Sie untersuchen. Sie können aber mehrere verschiedene Arten von Formeln haben, und jede liefert eine geringfügig andere Information. Na, super.

Empirische Formel: Nur Elemente

Die empirische Formel zeigt die verschiedenen Arten von Elementen in einem Molekül und den niedrigsten ganzzahligen Anteil des Atoms im Molekül. Nehmen wir zum Beispiel an, wir haben eine Verbindung mit der empirischen Formel C_2H_6O. Es gibt drei verschiedene Arten von Atomen in dieser Verbindung: C, H und O. Sie befinden sich im niedrigstmöglichen ganzzahligen Verhältnis untereinander, nämlich 2 C-, 6 H- und 1 O-Atom(e), so dass die tatsächliche Formel hierfür (die *Molekülformel* oder *wirkliche Formel* genannt) C_2H_6O, $C_4H_{12}O_2$, $C_6H_{18}O_3$, $C_8H_{24}O_4$ oder ein anderes Vielfaches von 2:6:1 sein könnte.

Molekulare oder wirkliche Formel: Das »Innere« der Zahlen

Die molekulare Formel oder wirkliche Formel gibt die Arten von Atomen in der Verbindung und die tatsächliche Anzahl jedes Atoms an. Sie können zum Beispiel bestimmen, dass die empirische Formel C_2H_6O tatsächlich die molekulare Formel ist, was bedeutet, dass es tatsächlich zwei Kohlenstoff-Atome, sechs Wasserstoff-Atome und ein Sauerstoff-Atom in der Verbindung gibt.

7 ➤ Kovalente Bindung: brüderlich teilen

Für Ionenverbindungen reicht diese Formel aus, die Verbindung vollständig zu identifizieren, aber sie reicht nicht, kovalente Verbindungen zu identifizieren. Einen Blick auf die Lewis-Formeln zeigt Abbildung 7.5. Beide Verbindungen haben die molekulare Formel von C_2H_6O.

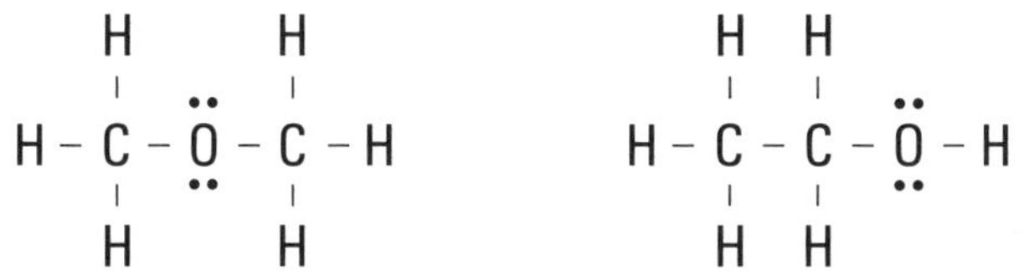

```
       H   H                    H   H
       |   ..  |                |   |   ..
   H − C − O − C − H        H − C − C − O − H
       |   ..  |                |   |   ..
       H       H                H   H

       Dimethylether            Ethylalkohol
```

Abbildung 7.5: Zwei mögliche Verbindungen von C_2H_6O

Beide Verbindungen in Abbildung 7.5 haben zwei Kohlenstoff-Atome, sechs Wasserstoff-Atome und ein Sauerstoff-Atom. Der Unterschied besteht in der Art, wie die Atome miteinander verknüpft sind oder welches Atom an welches gebunden ist. Dies sind zwei ganz verschiedene Verbindungen mit zwei ganz verschiedenen Spektren von Eigenschaften. Das auf der linken Seite wird Dimethylether genannt. Diese Verbindung wird bei einigen Kühlungsgeräten verwendet und ist sehr leicht entzündlich. Das auf der rechten Seite ist Ethylalkohol, der trinkbare Alkohol. Nur die Molekülformel zu kennen reicht nicht, um zwischen den beiden zu unterscheiden. Stellen Sie sich nur einmal vor, Sie gehen in ein Restaurant, bestellen ein Glas C_2H_6O und bekommen Dimethylether statt Tequila!

 Verbindungen, die dieselbe molekulare Formel, aber verschiedene Strukturen haben, werden *Isomere* genannt.

Um die genaue kovalente Verbindung zu identifizieren, brauchen Sie ihre Strukturformel.

Küssen ist immer wichtig

Viele Moleküle befolgen die Oktettregel: Jedes Atom in der Verbindung wird mit einem vollen Oktett von acht Elektronen vollendet, so dass sein Valenzenergieniveau aufgefüllt ist. Wie die meisten Regeln hat die Oktettregel auch Ausnahmen. Einige stabile Moleküle haben Atome mit nur sechs Elektronen und einige wenige haben zehn oder zwölf. Im Abschnitt *Wie sieht Wasser wirklich aus? Die VSEPR-Theorie* weise ich auf einige Beispiele für Verbindungen hin, die die Oktettregel nicht befolgen. In diesem Buch fokussiere ich jedoch meistens die Fälle, in denen die Oktettregel befolgt wird.

Ich hänge sehr am KISS-Prinzip – Keep it Simple, Silly! Elektronenpunktformeln werden von organischen Chemikern häufig verwendet, um zu erklären, warum bestimmte Verbindungen so reagieren, wie sie es tun, und sie sind ein erster Schritt, die molekulare Geometrie einer Verbindung zu bestimmen.

Strukturierte Formeln: Fügen Sie das Bindungsmuster hinzu

Um eine Formel für die genaue Verbindung aufzuschreiben, die Sie im Sinn haben, müssen Sie oft die Strukturformel anstelle der molekularen Formel aufstellen. Die Strukturformel zeigt die Elemente in der Verbindung, die genaue Anzahl jedes Atoms in der Verbindung und das Bindungsmuster. Die Elektronenpunktformel und die Lewis-Formel sind Beispiele für Strukturformeln.

Die Elektronenpunktformel für Wasser

Die folgenden Schritte erläutern, wie die Elektronenpunktformel für ein einfaches Molekül – das Wassermolekül – zu schreiben ist, und liefern einige generelle Leitlinien und Regeln, denen man folgen sollte:

1. **Notieren Sie eine Skelettstruktur, die ein vernünftiges Bindungsmuster zeigt, nur mit Hilfe der Elementsymbole.**

   Oft sind die meisten Atome an ein einzelnes anderes Atom gebunden. Dieses Atom wird das *zentrale Atom* genannt. Wasserstoff und die Halogene sind sehr selten, wenn jemals, zentrale Atome. Kohlenstoff, Silizium, Stickstoff, Phosphor, Sauerstoff und Schwefel sind immer gute Kandidaten hierfür, weil sie mehr als eine kovalente Bindung beim Auffüllen ihres Valenzenergieniveaus bilden. Im Fall von Wasser, H_2O, ist Sauerstoff das zentrale Element, und die Wasserstoff-Atome werden beide an den Sauerstoff gebunden. Das Bindungsmuster sieht wie folgt aus:

   Es ist nicht wichtig, wohin Sie die Wasserstoff-Atome um den Sauerstoff herum platzieren, im Abschnitt *Wie sieht Wasser wirklich aus? Die VSEPR-Theorie* später in diesem Kapitel werden Sie sehen, warum ich die Wasserstoff-Atome in einen 90-Grad-Winkel zueinander platziere, aber es ist wirklich nicht wichtig, wenn es um Elektronenpunkt- (oder Lewis-) Formeln geht.

2. **Nehmen Sie die Valenzelektronen aller Atome und werfen Sie sie in einen Elektronentopf.**

   Jedes Wasserstoff-Atom hat ein Elektron, und das Sauerstoff-Atom hat sechs Valenzelektronen (VIA-Familie), sodass Sie acht Elektronen in Ihrem Elektronentopf haben. Dies sind die Elektronen, die Sie verwenden, wenn Sie Ihre Bindungen konstruieren und das Oktett jedes Atoms vollenden.

7 ▶ Kovalente Bindung: brüderlich teilen

3. **Verwenden Sie die Gleichung N - A = S, um die Anzahl von Bindungen in diesem Molekül zu bestimmen. In dieser Gleichung ist**

    ◆ N die Summe der Anzahl von Valenzelektronen, die jedes Atom aufnehmen kann. N hat nur zwei mögliche Werte: 2 oder 8. Wenn das Atom Wasserstoff ist, ist es 2; wenn es irgendetwas anderes ist, ist es 8.

    ◆ A die Summe der Anzahl der für jedes Atom verfügbaren Valenzelektronen. Wenn Sie die Struktur eines Ions aufstellen, fügen Sie ein Elektron für jede Einheit negativer Ladung hinzu, wenn es ein Anion ist, oder subtrahieren Sie ein Elektron für jede Einheit positiver Ladung, wenn es ein Kation ist. A ist die Anzahl von Valenzelektronen in Ihrem Elektronentopf.

    ◆ S die Anzahl von Elektronen, die an dem Molekül beteiligt sind. Und, wenn Sie S durch 2 teilen, haben Sie die Anzahl von kovalenten Bindungen im Molekül.

    Also im Falle von Wasser:

    ◆ N = 8 + 2 (2) = 12 (acht Valenzelektronen für das Sauerstoff-Atom, plus zwei für jedes der zwei Wasserstoff-Atome)

    ◆ A = 6 + 2 (1) = 8 (sechs Valenzelektronen für das Sauerstoff-Atom plus eins für jedes der zwei Wasserstoff-Atome)

    ◆ S = 12 - 8 = 4 (vier Elektronen beteiligten sich an der Bildung des Wassermoleküls), und S/2 = 4/2 = 2 Bindungen.

    Sie wissen jetzt, dass es zwei Bindungen (zwei gemeinsame Elektronenpaare) in Wasser gibt.

4. **Verteilen Sie die Elektronen aus Ihrem Elektronentopf, um die Bindungen zu erklären.**

    Sie verwenden vier Elektronen von den acht im Topf, so dass Sie später vier verteilen können. Es muss mindestens eine Bindung des zentralen Atoms zu den Atomen geben, die es umgeben.

    O: H
    H

    Elektronentopf

5. **Verteilen Sie den Rest der Elektronen (normalerweise in Paaren), so dass jedes Atom sein volles Oktett von Elektronen erreicht.**

    Erinnern Sie sich daran, dass Wasserstoff nur zwei Elektronen braucht, um sein Valenzenergieniveau zu füllen? In diesem Fall hat jedes Wasserstoff-Atom zwei Elektronen, aber das Sauerstoff-Atom hat nur vier, sodass die übrigen vier Elektronen um den Sauerstoff herum verteilt werden. Dies leert Ihren Elektronentopf. Die fertige Elektronenpunktformel für Wasser wird in Abbildung 7.6 gezeigt.

Abbildung 7.6: Die Elektronenpunktformel für H₂O

Beachten Sie, dass es tatsächlich zwei Arten von Elektronen in dieser Strukturformel gibt: Bindungselektronen, also die Elektronen, die zwischen zwei Atomen geteilt werden, und Nichtbindungselektronen, also die Elektronen, die nicht geteilt werden. Die letzten vier Elektronen (zwei Elektronenpaare), die Sie um Sauerstoff herum platzieren, werden nicht geteilt, sodass sie Nichtbindungselektronen sind.

Die Lewis-Formel für Wasser

Wenn Sie die Lewis-Formel für Wasser haben wollen, brauchen Sie lediglich einen Strich für jedes Ektronenpaar hinzuzeichnen. Das Ergebnis sehen Sie in Abbildung 7.7:

Abbildung 7.7: Die Lewis-Formel für Wasser, H₂O

Die Lewis-Formel für C_2H_4O

Nun ein Beispiel für eine etwas kompliziertere Lewis-Formel: C_2H_4O.

Die Verbindung funktioniert wie folgt:

```
    H
H   C   C   O         ......
    H   H              ......
                       ......
                    Elektronentopf
```

Beachten Sie, dass hier nicht ein, sondern zwei zentrale Atome – die zwei Kohlenstoff-Atome – vorkommen. Sie können 18 Valenzelektronen in den Elektronentopf werfen: vier für jedes Kohlenstoff-Atom, zwei für jedes Wasserstoff-Atom und sechs für das Sauerstoff-Atom.

Jetzt wenden Sie die Gleichung N – A = S an:

N = 2(8) + 4(2) + 8 = 32 (zwei Kohlenstoff-Atome mit je acht Valenzelektronen plus vier Wasserstoff-Atome mit je zwei Valenzelektronen plus ein Sauerstoff-Atom mit acht Elektronen)

7 ➤ Kovalente Bindung: brüderlich teilen

A = 2(4) + 4(1) + 6 = 18 (vier Elektronen für jedes der zwei Kohlenstoff-Atome plus ein Elektron für jedes der vier Wasserstoff-Atome plus sechs Valenzelektronen für das Sauerstoff-Atom)

S = 32 - 18 = 14, und S/2 = 14/2 = 7 Bindungen

Fügen Sie die einzelnen Bindungen der Kohlenstoff-Atome und des Wasserstoff-Atoms, der zwei Kohlenstoff-Atome und des Kohlenstoff-Atoms und des Sauerstoff-Atoms hinzu. Das sind sechs Ihrer sieben Bindungen.

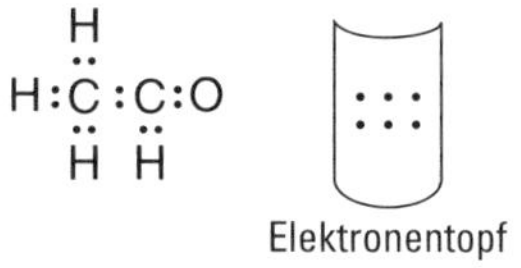

```
        H
        ··
    H : C : C : O
        ··  ··
        H   H
```
Elektronentopf

Es gibt nur eine Stelle, wo die siebte Bindung liegen kann, und das ist zwischen dem Kohlenstoff-Atom und dem Sauerstoff-Atom. Sie kann nicht zwischen einem Kohlenstoff-Atom und einem Wasserstoff-Atom sein, weil das die Valenzenergieebene des Wasserstoffs überfüllen würde. Und es kann nicht zwischen den zwei Kohlenstoff-Atomen sein, weil das dem Kohlenstoff auf der linken Seite zehn Elektronen statt acht zuordnen würde. Also muss es eine doppelte Bindung zwischen dem Kohlenstoff-Atom und dem Sauerstoff-Atom geben. Die vier übrigen Elektronen im Topf müssen um das Sauerstoff-Atom herum verteilt werden, weil all die anderen Atome ihr Oktett erreicht haben. Die zugehörige Elektronenpunktformel wird in Abbildung 7.8 gezeigt.

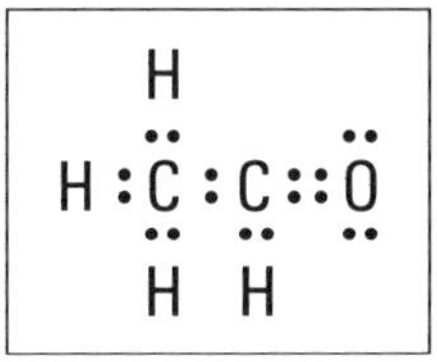

Abbildung 7.8: Elektronenpunktformel für C_2H_4O

Wenn Sie die Elektronenpaare in Striche umwandeln, haben Sie die Lewis-Formel von C_2H_4O, wie in Abbildung 7.9 gezeigt.

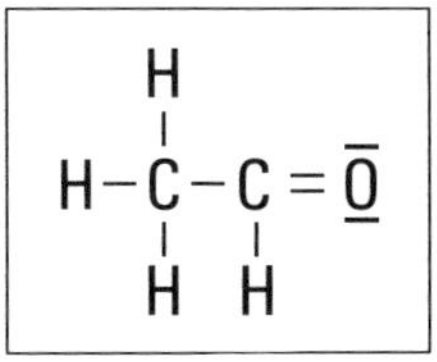

Abbildung 7.9: Die Lewis-Formel für C_2H_4O

Ich mag die Lewis-Formel, weil sie einem ermöglicht, viel Information zu zeigen, ohne all die kleinen Punkte zeichnen zu müssen. Aber sie ist auch ziemlich sperrig. Manchmal verwenden Chemiker (die im Allgemeinen eine faule Spezies sind) verdichtete Strukturformeln, um Bindungsmuster zu zeigen. Sie können die Lewis-Formel durch Weglassen der Nichtbindungselektronen und Gruppieren von Atomen und/oder durch Weglassen von bestimmten Strichen (kovalenten Bindungen) komprimieren. Zwei verdichtete Formeln für C_2H_4O werden in Abbildung 7.10 gezeigt.

$$CH_3 - CH = O$$

$$CH_3CHO$$

Abbildung 7.10: Verdichtete Strukturformeln für C_2H_4O

Einige Atome sind attraktiver als andere

Wenn sich ein Chlor-Atom kovalent an ein anderes Chlor-Atom bindet, wird das gemeinsame Elektronenpaar gleich geteilt. Die Elektronendichte, die die kovalente Bindung umfasst, befindet sich zwischen den zwei Atomen. Jedes Atom zieht die zwei Bindungselektronen gleich an. Aber was geschieht, wenn die zwei durch diese Bindung verbundenen Atome nicht die gleichen sind? Die zwei positiv geladenen Kerne haben verschiedene Anziehungskräfte; sie »ziehen« an dem Elektronenpaar verschieden stark. Das Endergebnis ist, dass das Elektronenpaar in Richtung eines Atoms verschoben ist. Auf die Frage, in Richtung welchen Atoms sich das Elektronenpaar verschiebt, liefert der Begriff der Elektronegativität eine Antwort.

Das Anziehen von Elektronen: Elektronegativitäten

Elektronegativität ist die Kraft, mit der ein Atom ein Elektronen-Bindungspaar anzieht. Je größer die Elektronegativität ist, desto größer ist die Kraft des Atoms, ein Elektronen-Bindungspaar anzuziehen. Abbildung 7.11 zeigt die Werte der Elektronegativität verschiedener Elemente unter jedem Elementsymbol im Periodensystem. Beachten Sie, dass mit einigen Ausnahmen die Elektronegativität innerhalb einer Periode von links nach rechts zunimmt und innerhalb einer Familie von oben nach unten abnimmt.

Elektronegativitäten sind nützlich, weil sie Informationen darüber geben, was geschieht, wenn zwei Atome sich miteinander verbinden. Sehen Sie sich zum Beispiel das Cl_2-Molekül an. Chlor hat eine Elektronegativität von 3,0, wie in Abbildung 7.11 gezeigt. Jedes Chlor-Atom zieht die Bindungselektronen mit einer Kraft von 3,0 an. Weil es eine gleiche Anziehung gibt, wird das Bindungselektronenpaar gleich zwischen den zwei Chlor-Atomen geteilt und befindet sich in der Mitte zwischen den zwei Atomen. Eine Bindung, in der das Elektronenpaar gleich geteilt wird, wird eine unpolare kovalente Bindung genannt. Immer dann, wenn die zwei durch die Bindung verbundenen Atome die gleichen sind, und immer, wenn der Unterschied zwischen den Elektronegativitäten der an der Bindung beteiligten Atome sehr klein ist, haben Sie eine unpolare kovalente Bindung.

7 ➤ Kovalente Bindung: brüderlich teilen

Abbildung 7.11: Elektronegativität der Elemente

Jetzt betrachten Sie Wasserstoffchlorid (Chlorwasserstoff, HCl). Wasserstoff hat eine Elektronegativität von 2,1 und Chlor eine Elektronegativität von 3,0. Das Elektronenpaar, das HCl zusammenbindet, verschiebt sich in Richtung des Chlor-Atoms, weil es einen größeren Wert der Elektronegativität hat. Eine Bindung, in der das Elektronenpaar in Richtung eines Atoms versetzt ist, wird eine polarkovalente Bindung genannt. Das Atom, das das Bindungselektronenpaar stärker anzieht, wird etwas negativer, während das andere Atom positiver wird. Je größer der Unterschied zwischen den Elektronegativitäten ist, desto negativer und positiver werden die Atome.

Jetzt sehen Sie sich einen Fall an, in dem die zwei Atome äußerst verschiedene Elektronegativitäten haben – Natriumchlorid (NaCl). Natriumchlorid ist eine Ionenverbindung (siehe Kapitel 6 zu Informationen über Ionenbindungen). Ein Elektron hat von Natrium zu Chlor gewechselt. Natrium hat eine Elektronegativität von 1,0 und Chlor eine Elektronegativität von 3,0. Das ist ein Elektronegativitätsunterschied von 2,0 (3,0 - 1,0), was die Bindung zwischen den zwei Atomen sehr polar macht. In der Tat liefert der Elektronegativitätsunterschied eine Möglichkeit, die Art der Bindung zwischen den Elementen vorherzusagen.

Unterschied Elektronegativität	Art der erzeugten Bindung
0,0 bis 0,2	unpolar kovalent
0,3 bis 1,4	polar kovalent
> 1,5	Ionen-

Die Gegenwart einer polarkovalenten Bindung in einem Molekül kann einige ziemlich dramatische Wirkungen auf die Eigenschaften eines Moleküls haben.

Polarkovalente Bindung

Wenn die zwei kovalent gebundenen Atome nicht die gleichen Elemente sind, wird, wie erwähnt, das Bindungspaar in Richtung eines der beiden Atome gezogen, wobei dieses Atom etwas negativer und das andere Atom etwas positiver wird. In den meisten Fällen hat das Molekül ein positives und ein negatives Ende, genannt einen *Dipol* (an einen Magneten denken). Abbildung 7.12 zeigt Beispiele für Moleküle, bei denen sich Dipole gebildet haben (das kleine griechische Symbol von den Ladungen bezieht sich auf eine Teilladung).

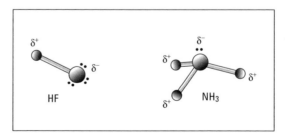

Abbildung 7.12: Polarkovalente Bindung beim HF und beim NH_3

7 ➤ Kovalente Bindung: brüderlich teilen

In Wasserstofffluorid (HF) wird das Bindungselektronenpaar viel näher zum Fluor-Atom gezogen als zum Wasserstoff-Atom, so dass das Fluorende teilweise negativ und das Wasserstoffende teilweise positiv geladen wird. Das Gleiche finden wir bei Ammoniak (NH_3); der Stickstoff hat eine größere Elektronegativität als Wasserstoff, so dass die Elektronen-Bindungspaare mehr zum Stickstoff hingezogen werden als zu den Wasserstoff-Atomen. Das Stickstoff-Atom übernimmt eine teilnegative Ladung, und die Wasserstoff-Atome bekommen eine teilpositive Ladung.

Die Gegenwart einer polarkovalenten Bindung erklärt, warum einige Substanzen sich in einer chemischen Reaktion so verhalten, wie man das beobachten kann: Weil dieses Molekül einen positiven und einen negativen Pol besitzt, kann es den Teil eines anderen Moleküls mit der entgegengesetzten Ladung anziehen.

Außerdem kann diese Art des Moleküls wie ein schwacher Elektrolyt wirken, weil eine polarkovalente Bindung es ermöglicht, dass die Substanz elektrisch leitfähig ist. Wenn also ein Chemiker möchte, dass ein Material als eine gute Isolierung (etwas, das benutzt wird, um leitfähige Substanzen voneinander zu trennen) funktioniert, nimmt er ein Material mit einer möglichst schwachen polarkovalenten Bindung.

Wasser: Ein wirklich fremdartiges Molekül

Wasser (H_2O) hat einige sehr eigenartige chemische und physikalische Eigenschaften. Es kann zur selben Zeit in allen drei Aggregatzuständen existieren. Stellen Sie sich vor, Sie sitzen in Ihrer (mit flüssigem, heißem Wasser gefüllten) Badewanne und beobachten, wie der Dampf (Gas) von der Oberfläche aufsteigt, wie Sie ein kühles Getränk aus einem mit Eis (Festkörper) gefüllten Glas genießen. Sehr wenige andere chemische Substanzen können in all diesen physischen Zuständen in einem einzigen Temperaturbereich existieren.

Und jene Eiswürfel schwimmen! Im festen Zustand sind die Partikel in Materie normalerweise viel näher zusammen als im flüssigen Zustand. Wenn Sie einen Festkörper in seine eigene Flüssigkeit legen, sinkt er. Aber das gilt nicht für Wasser. Wasser hat im festen Zustand eine geringere Dichte als im flüssigen. Folglich schwimmt Eis auf Wasser. Stellen Sie sich vor, was geschähe, wenn Eis sinken würde. Im Winter würden die Seen einfrieren, und das Eis würde auf den Boden sinken, wobei mehr Wasser der Kälte ausgesetzt wird. Das zusätzliche ungeschützte Wasser würde ebenso einfrieren und sinken, bis der ganze See fest eingefroren wäre. Dies würde das Leben im See in sehr kurzer Zeit zerstören. Stattdessen schwimmt das Eis und isoliert das Wasser darunter, wobei es das Leben im Wasser schützt. Der Siedepunkt des Wassers ist ungewöhnlich hoch. Andere Verbindungen mit ähnlichem Gewicht haben einen viel niedrigeren Siedepunkt.

Eine andere einzigartige Eigenschaft des Wassers ist seine Fähigkeit, eine Vielzahl chemischer Substanzen lösen zu können. Es löst Salze und andere Ionenverbindungen wie auch polarkovalente Verbindungen wie Alkohole und organische Säuren. In der Tat wird Wasser manchmal das Universallösungsmittel genannt, weil es so viele Dinge auflösen kann. Es kann auch große Wärmemengen absorbieren. Das ermöglicht es, dass große Wasservolumina helfen, die Temperatur auf der Erde zu mäßigen.

Wasser hat wegen seiner polarkovalenten Bindungen viele ungewöhnliche Eigenschaften. Sauerstoff hat eine größere Elektronegativität als Wasserstoff, so dass die Elektronenpaare näher zum Sauerstoff-Atom hingezogen werden und ihm so eine teilnegative Ladung geben. Dabei übernehmen beide Wasserstoff-Atome eine teilpositive Ladung. Die Teilladungen auf den von den polarkovalenten Bindungen in Wasser geschaffenen Atomen werden in Abbildung 7.13 gezeigt.

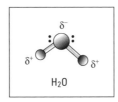

Abbildung 7.13: Polarkovalente Bindung beim Wasser

Wasser ist ein Dipol und funktioniert fast wie ein Magnet mit einem Sauerstoffpol, der eine negative Ladung hat, und dem Wasserstoffpol, der eine positive Ladung hat. Diese geladenen Pole können andere Wassermoleküle anziehen. Das teilweise negativ geladene Sauerstoff-Atom eines Wassermoleküls kann das teilweise positiv geladene Wasserstoff-Atom eines anderen Wassermoleküls anziehen. Diese Anziehung zwischen den Molekülen tritt häufig auf und ist eine Art von intermolekularer Kraft (Kraft zwischen verschiedenen Molekülen).

Intermolekulare Kräfte können in drei verschiedenen Formen auftreten. Die erste Art wird *London'sche Dispersionskraft* oder *Dispersionskraft* genannt. Diese sehr schwache Art der Anziehung tritt im Allgemeinen zwischen unpolar-kovalenten Molekülen wie Stickstoff (N_2), Wasserstoff (H_2) oder Methan (CH_4) auf. Sie ergibt sich aus dem Auf und Ab der Elektronenorbitale, wobei eine sehr kurze und schwache Ladungstrennung auftritt.

Die zweite Art der intermolekularen Kraft wird *Dipol-Dipol-Wechselwirkung* genannt. Diese intermolekulare Kraft tritt auf, wenn das positive Ende des einen Dipolmoleküls vom negativen Ende eines anderen Dipolmoleküls angezogen wird. Sie ist viel stärker als die Dispersionskraft, aber sie ist immer noch ziemlich schwach.

Die dritte Art der Interaktion ist eine wirklich äußerst starke Dipol-Dipol-Wechselwirkung, die auftritt, wenn ein Wasserstoff-Atom sich mit einem der drei extrem elektronegativen Elemente O, N oder F verbindet. Diese drei Elemente haben eine sehr starke Anziehung auf das Elektronenpaar, so dass die durch diese Bindung verbundenen Atome ein hohes Maß an Teilladung erhalten. Diese Bindung ist hoch polar – und je höher die Polarität, desto wirksamer die Bindung. Wenn das O, N oder F eines Moleküls den Wasserstoff eines anderen Moleküls anzieht, ist die Dipol-Dipol-Wechselwirkung sehr stark. Diese starke Wechselwirkung wird Wasserstoffbrückenbindung genannt. Sie beträgt nur etwa fünf Prozent einer gewöhnlichen kovalenten Bindung, ist aber für eine intermolekulare Kraft immer noch sehr stark. Die Wasserstoffbrückenbindung ist die Art von Wechselwirkung, die man im Wasser vorfindet (siehe Abbildung 7.14).

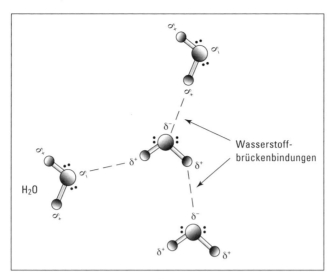

Abbildung 7.14: Wasserstoffbrückenbindung beim Wasser

Wassermoleküle werden von diesen Wasserstoffbrückenbindungen stabilisiert, so dass es sehr schwer ist, die Moleküle zu lösen (zu trennen). Die Wasserstoffbrückenbindung ist für den hohen Siedepunkt verantwortlich und dafür, dass das Wasser sehr große Wärmemengen absorbieren kann. Wenn Wasser gefriert, schließen die Wasserstoffbrückenbindungen Wasser in einem weiträumigen Gitter mit viel leerem Platz ein. In flüssigem Wasser können die Moleküle einander etwas näher kommen, aber wenn sie einen festen Körper bilden, führen die Wasserstoffbrückenbindungen zu einer Struktur, die große Zwischenräume enthält. Diese Zwischenräume erhöhen das Volumen und vermindern die Dichte. Dieser Prozess erklärt, warum die Dichte des Eises geringer ist als die von flüssigem Wasser (weshalb Eis auf Wasser schwimmen kann). Die Struktur des Eises wird in Abbildung 7.15 gezeigt, die Punktlinien kennzeichnen Wasserstoffbrückenbindungen.

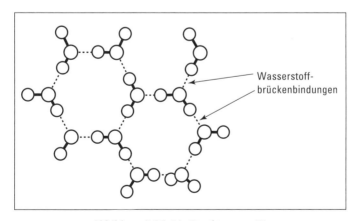

Abbildung 7.15: Die Struktur von Eis

Wie sieht Wasser wirklich aus? Die VSEPR-Theorie

Die molekulare Geometrie eines Moleküls, also die Anordnung der Atome im dreidimensionalen Raum, ist wichtig, damit Chemiker wissen, ob und warum bestimmte Reaktionen auftreten oder nicht. Im Bereich der Medizin kann zum Beispiel die molekulare Geometrie eines Medikaments zu Nebenwirkungen führen. Molekulare Geometrie erklärt auch, warum Wasser ein Dipol (ein Molekül mit einem positiven und einem negativen Pol) ist und Kohlenstoffdioxid nicht.

Die *VSEPR (Valence Shell Electron-Pair Repulsion: Valenz-Schalen-Elektronenpaar-Abstoßungs)-Theorie* erlaubt es Chemikern, die molekulare Geometrie von Molekülen vorherzusagen. Die VSEPR-Theorie nimmt an, dass die Elektronenpaare um ein Atom herum, ob sie nun an der Bindung beteiligt sind oder nicht, versuchen, so weit wie möglich im Raum voneinander wegzukommen, da die Abstoßung zwischen ihnen dann geringer wird. Es ist, wie wenn man auf eine Party geht, um zu entdecken, dass dort jemand mit den identischen Kleidern herumläuft. Sie werden versuchen, so weit wie möglich von dieser Person wegzubleiben.

Elektronenpaargeometrie ist die Anordnung der Elektronenpaare, gebundene und nicht gebundene, um ein zentrales Atom herum. Nachdem Sie die Elektronenpaargeometrie bestimmt haben, können Sie sich vorstellen, dass die Nichtbindungselektronen unsichtbar sind, und sich anschauen, was übrig bleibt. Was übrig bleibt, ist das, was ich die molekulare Geometrie oder Form nenne, also die Anordnung der anderen Atome um ein zentrales Atom.

Um die molekulare Geometrie oder Form mittels der VSEPR-Theorie zu bestimmen, führt man folgende Schritte aus:

1. **Bestimmen Sie die Lewis-Formel (siehe *Grundlagen der kovalenten Bindung* früher in diesem Kapitel) des Moleküls.**
2. **Bestimmen Sie die Gesamtzahl von Elektronenpaaren um das zentrale Atom herum.**
3. **Mit Hilfe der Tabelle 7.2 bestimmen Sie die Elektronenpaargeometrie.**

   (Tabelle 7.2 zeigt die Beziehung zwischen der Anzahl von Bindungs- und Nichtbindungselektronenpaaren und der Elektronenpaargeometrie sowie der molekularen Form.)
4. **Stellen Sie sich vor, die Nichtbindungselektronenpaare seien unsichtbar, und verwenden Sie Tabelle 7.2, um die molekulare Form zu bestimmen.**

Gesamtzahl der Elektronenpaare	Anzahl der Bindungspaare	Elektronenpaargeometrie	Molekulargeometrie
2	2	linear	linear
3	3	trigonal planar	trigonal planar
3	2	trigonal planar	gebogen, V-förmig
3	1	trigonal planar	linear
4	4	tetraedrisch	tetraedrisch (vierflächig)
4	3	tetraedrisch	trigonal pyramidenförmig

Gesamtzahl der Elektronenpaare	Anzahl der Bindungspaare	Elektronenpaargeometrie	Molekulargeometrie
4	2	vierflächig	gebogen, V-förmig
5	5	trigonal bipyramidal	trigonal bipyramidal
5	4	trigonal bipyramidal	Wippe
5	3	trigonal bipyramidal	T-förmig
5	2	trigonal bipyramidal	linear
6	6	achtflächig (oktaedrisch)	achtflächig
6	5	achtflächig	rechtwinklig pyramidenförmig
6	4	achtflächig	rechtwinklig planar

Tabelle 7.2: Die Vorhersage molekularer Form mit Hilfe der VSEPR-Theorie

Obwohl Sie sich normalerweise um nicht mehr als vier Elektronenpaare um das zentrale Atom (Oktettregel) herum kümmern müssen, habe ich einige der weniger üblichen Ausnahmen bei der Oktettregel in Tabelle 7.2 eingetragen. Abbildung 7.16 zeigt einige der erwähnten allgemeineren Formen in der Tabelle.

Um die Formen von Wasser (H_2O) und Ammoniak (NH_3) zu bestimmen, bestimmt man zunächst einmal die Lewis-Formel für jede Verbindung. Folgen Sie den im Abschnitt *Strukturierte Formel: Fügen Sie das Bindungsmuster hinzu* umrissenen Regeln, (die Regel N − A = S), und schreiben Sie die Lewis-Formeln, wie in Abbildung 7.17 gezeigt.

Für Wasser gibt es vier Elektronenpaare um das Sauerstoff-Atom herum, so dass die Elektronenpaargeometrie vierflächig ist. Nur zwei dieser vier Elektronenpaare sind in die Bindung involviert, so dass die molekulare Form geknickt bzw. V-förmig ist. Weil die molekulare Form für Wasser V-förmig ist, zeige ich Wasser immer so, dass die Wasserstoff-Atome ungefähr einen 90-Grad-Winkel zueinander bilden – dies ist eine gute Annäherung an die tatsächliche Form.

Ammoniak hat auch vier Elektronenpaare um den Stickstoff als zentrales Atom herum, so dass seine Elektronenpaargeometrie auch vierflächig ist. Nur eines der vier Elektronenpaare ist jedoch nicht an der Bindung beteiligt, so dass seine molekulare Form trigonal pyramidenförmig ist. Diese Form ist wie ein dreibeiniger Melkhocker, mit dem Stickstoff als Sitzfläche. Das nicht an der Bindung beteiligte Elektronenpaar klebt quasi auf der Sitzfläche. Sie würden eine Überraschung erleben, wenn Sie auf einem Ammoniakhocker Platz nähmen!

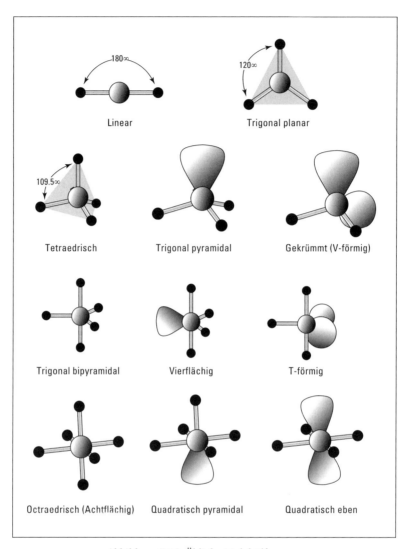

Abbildung 7.16: Übliche Molekülformen

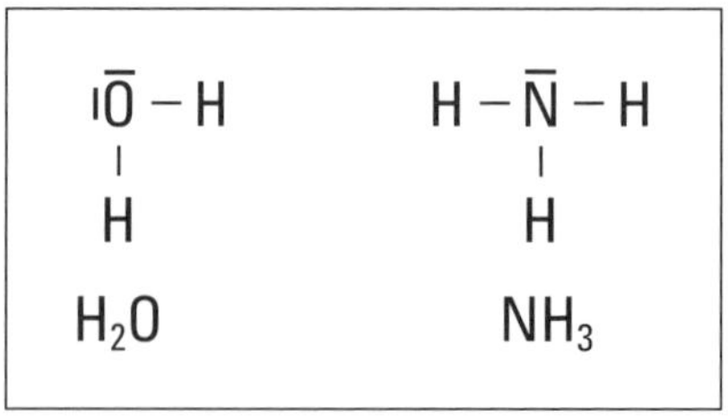

$$|\overline{O}-H \qquad H-\overline{N}-H$$
$$| \qquad |$$
$$H \qquad\qquadH$$
$$H_2O \qquad\qquad NH_3$$

Abbildung 7.17: Lewis-Formeln für H_2O und NH_3

Chemisches Kochen: Chemische Reaktionen

In diesem Kapitel

- Zwischen Reaktanden und Produkten unterscheiden
- Herausfinden, wie Reaktionen auftreten
- Einen Blick auf die verschiedenen Arten von Reaktionen werfen
- Reaktionsgleichungen aufstellen
- Chemisches Gleichgewicht verstehen
- Die Geschwindigkeiten von Reaktionen prüfen

Chemiker tun eine Menge: Sie messen die physikalischen Eigenschaften von Substanzen; sie analysieren Mischungen, um herauszufinden, wie sie zusammengesetzt sind. Und sie erzeugen neue Substanzen. Der Prozess, chemische Verbindungen zu erzeugen, wird Synthese genannt. Synthese hängt von chemischen Reaktionen ab. Ich dachte immer, es sei clever, ein organischer Chemiker zu sein und an der synthetischen Schöpfung neuer und potenziell wichtiger Verbindungen zu arbeiten. Ich kann mir die Erregung vorstellen, über Monate oder sogar Jahre zu arbeiten, um schließlich einen Haufen »Zeug« zu erzeugen, das niemand in der Welt jemals vorher gesehen hat. Hey, ich bin schließlich besessen!

In diesem Kapitel erörtere ich chemische Reaktionen – wie sie auftreten und wie man eine chemische Gleichung schreiben kann. Ich erzähle Ihnen vom chemischen Gleichgewicht und erläutere, warum Chemiker nicht die Menge Reaktionsprodukt aus einer Reaktion erhalten können, wie sie dachten. Und ich erörtere die Geschwindigkeit der Reaktion und warum Sie diesen Puter nicht verlassen sollten, der nach dem Ende des Festmahls am Erntedankfest noch auf Ihrem Tisch sitzt.

Was Sie haben und was Sie kriegen: Ausgangsstoffe und Produkte

In einer chemischen Reaktion werden Substanzen (Elemente und/oder Verbindungen) in andere Substanzen (Verbindungen und/oder Elemente) umgewandelt. Sie können dabei kein Element in ein anderes in einer chemischen Reaktion ändern, etwa wie bei einer Kernreaktion (siehe Kapitel 5). Stattdessen schaffen Sie eine neue Substanz mit Hilfe chemischer Reaktionen.

Es gibt einige Merkmale chemischer Reaktionen – etwas offensichtlich Neues wird produziert, ein Gas wird erzeugt oder es entsteht Wärme oder diese wird verbraucht. Die chemischen Substanzen, die schließlich verändert werden, werden als *Reaktanden* bezeichnet, die neuen Substanzen, die gebildet werden, heißen *Produkte*. Chemische Gleichungen zeigen sowohl die Reaktanden als auch die Produkte und andere Faktoren wie Energieänderungen, Katalysatoren usw. Bei diesen Gleichungen wird ein Pfeil benutzt, um anzuzeigen, dass eine chemische Reaktion stattgefunden hat. Im Allgemeinen hat eine chemische Reaktion dieses Format:

Reaktanden → Produkte

Werfen Sie zum Beispiel einen Blick auf die Reaktion, die entsteht, wenn Sie Ihren Gasherd anzünden, um Ihre Frühstückseier zu kochen. Methan (Erdgas) reagiert mit dem Sauerstoff in der Atmosphäre, um Kohlendioxid und Wasserdampf zu produzieren (wenn Ihr Herd nicht richtig eingestellt wird und Sie die hübsche blaue Flamme nicht sehen, produzieren Sie auch noch eine Menge Kohlenmonooxid und noch mehr Kohlendioxid). Die chemische Gleichung, die diese Reaktion darstellt, sieht so aus:

$$CH_4(g) + 2\ O_2(g) \rightarrow CO_2(g) + 2\ H_2O(g)$$

Diese Gleichung kann man so lesen: Ein Molekül Methangas, $CH_4(g)$, reagiert mit zwei Molekülen von Sauerstoffgas, $O_2(g)$, zu einem Molekül Kohlenstoffdioxidgas, $CO_2(g)$, und zwei Molekülen von Wasserdampf $H_2O(g)$. Die 2 vor dem Sauerstoffgas und die 2 vor dem Wasserdampf werden die *Reaktionskoeffizienten* genannt. Sie zeigen die Anzahl jeder chemischen Spezies an, die reagiert hat oder erzeugt wurde. Wie der Wert der Koeffizienten zu verstehen ist, zeige ich Ihnen im Abschnitt *Bilanz chemischer Reaktionen* später in diesem Kapitel.

Methan und Sauerstoff (Sauerstoff ist ein biatomares – zweiatomiges – Element) sind Reaktanden, während Kohlenstoffdioxid und Wasser die Produkte sind. Alle Reaktanden und Produkte sind (mit dem g in Klammern) Gase.

In dieser Reaktion sind alle Reaktanden und Produkte unsichtbar. Die Wärme, die entwickelt wird, ist das Merkmal, an dem Sie erkennen, dass eine Reaktion stattfindet. Nebenbei ist dies ein gutes Beispiel für eine *exotherme Reaktion*, eine Reaktion, bei der Wärme entsteht. Viele Reaktionen sind exotherm. Einige Reaktionen absorbieren jedoch Energie, anstatt sie freizugeben. Diese Reaktionen werden *endotherme Reaktionen* genannt. Kochen umfasst viele endotherme Reaktionen, zum Beispiel das Kochen oder Braten von Eiern. Sie können nicht nur die Schalen öffnen und die Eier in die Pfanne schlagen und dann erwarten, dass zahlreiche chemische Reaktionen stattfinden, ohne die Pfanne zu erhitzen (es sei denn, Sie befinden sich gerade in der Sahara; dort sorgt tagsüber die Sonne für die nötige Erwärmung).

Wo wir gerade übers Eierkochen nachdenken, fällt mir noch ein anderer Aspekt zum Thema exotherme Reaktion ein. Sie müssen das Methan ja entzünden – mit einem Streichholz, einem Feuerzeug, mit einem Gasanzünder oder einem Elektrozünder. Mit anderen Worten, Sie müssen etwas Energie hinzufügen, um die Reaktion in Gang zu setzen. Die Energie, die Sie liefern müssen, um eine Reaktion in Gang zu setzen, wird die *Aktivierungsenergie der Reaktion* genannt. (Im nächsten Abschnitt zeige ich Ihnen, dass es auch eine mit endothermen Reaktionen verbundene Aktivierungsenergie gibt, aber diese ist nicht so offensichtlich.)

Aber was geschieht wirklich auf der molekularen Ebene, wenn das Methan und der Sauerstoff reagieren? Richten Sie hierzu Ihr Augenmerk auf den nun folgenden Abschnitt.

Wie treten Reaktionen auf? Die Kollisionstheorie

Damit eine chemische Reaktion stattfinden kann, müssen die Reaktanden kollidieren. Es ist wie beim Poolbillard. Um den 8er-Ball in das Eckloch fallen zu lassen, müssen Sie ihn mit dem Spielball treffen. Dieser Zusammenstoß überträgt kinetische Energie (Energie der Bewegung) von einem Ball auf den anderen und sendet den zweiten Ball (hoffentlich) in Richtung des Loches. Der Zusammenstoß zwischen den Molekülen liefert die Energie, die gebraucht wird, um die gegebenen Verbindungen zu lösen, so dass neue Verbindungen überhaupt erst gebildet werden können.

Aber warten Sie einen Moment. Wenn Sie Poolbillard spielen, bewirkt nicht jeder Schuss, den Sie machen, dass ein Ball ins Loch geht. Manchmal stoßen Sie den Ball nicht kraftvoll genug, und Sie übertragen nicht genug Energie, um den Ball ins Loch zu bringen. Dies gilt auch bei molekularen Zusammenstößen und Reaktionen. Manchmal besitzen die Kollisionen nicht genug kinetische Energie, um etwas zu verändern – die Moleküle bewegen sich nicht schnell genug. Sie können die Situation ein wenig durch Erhitzen der Mischung aus Reaktanden unterstützen. Die Temperatur ist ein Maß der durchschnittlichen kinetischen Energie der Moleküle; eine höhere Temperatur bedeutet eine höhere kinetische Energie der verfügbaren Moleküle, die schließlich nach ihrem Aufbrechen neue Verbindungen eingehen können.

Selbst wenn Sie den Ball hart genug stoßen, geht er manchmal nicht ins Loch, weil Sie ihn nicht an der richtigen Stelle getroffen haben. Derselbe Zusammenhang gilt für den molekularen Zusammenstoß. Die Moleküle müssen in der richtigen Richtung kollidieren oder an der richtigen Stelle zusammenstoßen, damit die erwünschte Wirkung eintreten kann.

Dazu hier ein Beispiel: Nehmen Sie an, Sie haben eine Gleichung, die Molekül A-B zeigt, das mit C reagiert, um C-A und B wie folgt zu formen:

A-B + C $\rightarrow$ C-A + B

So wie diese Gleichung da steht, bedeutet das, dass die Reaktion eine Kollision des Reaktanden C mit dem Objekt A-B auf der A-Seite des Moleküls erfordert. (Sie wissen das, weil die Produktseite C in der Verknüpfung C-A zeigt.) Wenn C auf B stößt, geschieht nichts. Das A-Ende dieses hypothetischen Moleküls wird *reaktiver Punkt* genannt und ist die Stelle in dem Molekül, an der die Kollision stattfinden muss, damit eine Reaktion stattfinden kann. Trifft C auf die A-Seite des Moleküls, dann gibt es eine Chance, dass genug Energie übertragen werden kann, um die A-B-Bindung zu trennen. Nachdem A-B getrennt ist, kann die C-A-Verbindung entstehen. Die Gleichung für diesen Reaktionsprozess kann man wie folgt hinschreiben (ich zeige den Bruch der A-B-Bindung und die Bildung der C-A-Verbindung als Verbindungen mit Tilde »~«):

C~A~B $\rightarrow$ C-A + B

Damit also diese Reaktion stattfindet, muss es eine Kollision zwischen C und A-B am reaktiven Punkt geben. Der Zusammenstoß zwischen C und A-B muss genug Energie übertragen, um das A-B zu trennen und die C-A-Bindung zu ermöglichen.

 Man benötigt Energie, um eine Verbindung zwischen Atomen zu trennen.

Beachten Sie, dass dies ein einfaches Beispiel ist. Ich habe angenommen, dass nur ein Zusammenstoß erforderlich ist, um diese einstufige Reaktion zu ermöglichen. Viele Reaktionen bestehen aus nur einem Schritt, andere wiederum erfordern mehrere Schritte beim Übergang der Reaktanden zu den Produkten. Im Prozess können mehrere Verbindungen gebildet werden, die wieder miteinander reagieren, um dann die abschließenden Produkte zu erzeugen. Diese Verbindungen werden *Übergangszustände* genannt. Sie sind im Reaktionsmechanismus zu sehen, dieser Folge von Reaktionsschritten, an deren Ende dann aus den Reaktanden die neuen Produkte werden. Aber in diesem Kapitel möchte ich es einfach halten und mich auf die Ein-Schritt-Reaktionen beschränken.

Ein exothermes Beispiel

Stellen Sie sich vor, die hypothetische Reaktion A-B + C → C-A + B sei exotherm – eine Reaktion, in der bei der Bildung neuer chemischer Produkte Wärme abgegeben wird. Die Ausgangsstoffe beginnen in einem höheren Energiezustand als die Produkte, sodass bei der Bildung der Produkte Energie freigegeben wird. Abbildung 8.1 zeigt ein Energiediagramm dieser Reaktion.

In Abbildung 8.1 ist E_a die Aktivierungsenergie für die Reaktion – die Energie, die Sie hinzufügen müssen, um die Reaktion in Gang zu setzen. Sie sehen die Kollision von C und A-B mit dem Zerfall der A-B-Verbindung und die Bildung der C-A-Verbindung am oberen Ende eines Aktivierungsenergiemaximums. Diese Gruppierung von Ausgangsstoffen am oberen Ende des Aktivierungsenergiehügels wird manchmal der *Übergangszustand der Reaktion* genannt. Wie ich in Abbildung 8.1 zeige, ist der Unterschied zwischen dem Energieniveau des Ausgangsstoffs und dem Energieniveau der Produkte das Maß für die Energie (Wärme), das in der Reaktion freigegeben wird.

Ein endothermes Beispiel

Stellen Sie sich vor, die hypothetische Reaktion A-B + C → C-A + B ist endotherm – eine Reaktion, bei der Energie beim Übergang von den Ausgangsstoffen zu den Produkten aufgenommen wird – so dass die Ausgangsstoffe einen niedrigeren Energiezustand besitzen als die Produkte. Abbildung 8.2 zeigt ein Energiediagramm dieser Reaktion.

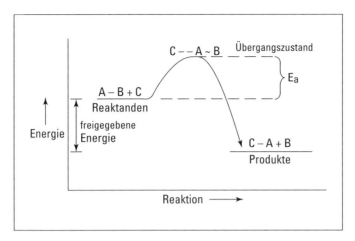

Abbildung 8.1: Exotherme Reaktion von A-B + C → C-A + B

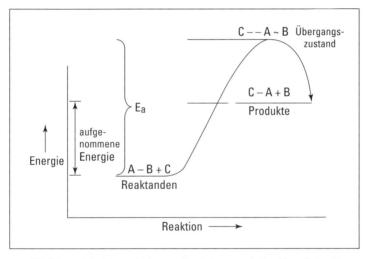

Abbildung 8.2: Die endotherme Reaktion von A-B + C → C-A + B

Genau wie das in Abbildung 8.1 gezeigte exotherme Reaktionsenergiediagramm zeigt dieses Diagramm, dass eine Aktivierungsenergie mit der Reaktion verbunden wird (von E_a dargestellt). Von links nach rechts muss anfangs mehr Energie hinzugefügt werden, um die Reaktion beginnen zu lassen. Später, wenn die chemische Reaktion einsetzt, bekommt man diese Energie (oder einen Teil hiervon) zurück. Beachten Sie, dass der Übergangszustand genau wie im Energiediagramm der exothermen Reaktion am Aktivierungsenergiemaximum erscheint. Der Unterschied ist, dass im endothermen Beispiel beim Übergang der Ausgangsstoffe zu den Produkten Energie (Wärme) in den Prozess eingebracht werden muss.

Was für eine Reaktion bin ich?

Es gibt einige generelle Typen von chemischen Reaktionen im Zusammenhang mit der Reaktionsgleichung von den Ausgangsstoffen zu den Produkten. Diese allgemeineren Reaktionstypen sind

- ✔ Kombination
- ✔ Zerfall
- ✔ Einzelne Verschiebung
- ✔ Doppelte Verschiebung
- ✔ Verbrennung
- ✔ Redox

Kombinationsreaktionen

In Kombinationsreaktionen bilden zwei oder mehr Ausgangsstoffe ein Produkt. Die Reaktion von Natrium und Chlor zu dem Produkt Natriumchlorid,

$2\ Na(s) + Cl_2(g) \rightarrow 2\ NaCl(s)$

und das Verbrennen von Kohle (Kohlenstoff) zu Kohlenstoffdioxid,

$C(s) + O_2(g) \rightarrow CO_2(g)$

sind Beispiele für Kombinationsreaktionen.

Beachten Sie, dass je nach den Bedingungen oder den Mengen an Ausgangsstoffen mehr als ein Produkt in einer Kombinationsreaktion geformt werden kann. Nehmen Sie zum Beispiel das Verbrennen von Kohle. Wenn es einen Überschuss an Sauerstoff gibt, ist das Produkt Kohlenstoffdioxid. Aber wenn nur wenig Sauerstoff verfügbar ist, ist das Produkt Kohlenstoffmonooxid:

$2\ C(s) + O_2(g) \rightarrow 2\ CO(g)$ (wenig Sauerstoff verfügbar)

Zerfallsreaktionen

Zerfallsreaktionen sind genau das Gegenteil von Kombinationsreaktionen. In Zerfallsreaktionen teilt sich eine einzelne Verbindung in zwei oder mehr einfachere Substanzen (Elemente und/oder Verbindungen). Die Zerlegung des Wassers in Wasserstoff- und Sauerstoffgas,

$2\ H_2O(l) \rightarrow 2\ H_2(g) + O_2(g)$

und die Zerlegung von Wasserstoffperoxid, wobei Sauerstoff und Wasser als Produkte entstehen,

$2\ H_2O_2(l) \rightarrow 2\ H_2O(l) + O_2(g)$

sind Beispiele für Zerfallsreaktionen.

Einzelne Verschiebungsreaktionen

In Verschiebungsreaktionen verdrängt ein aktives Element ein anderes weniger aktives Element aus einer Verbindung. Wenn Sie zum Beispiel ein Stück Zinkmetall in eine Kupfer(II)-sulfatlösung einbringen (nebenbei: Kapitel 6 erläutert, warum Kupfer(II)-sulfat so genannt wird – falls Sie sich das gerade fragen), verdrängt das Zink das Kupfer, wie in dieser Gleichung zu sehen ist:

$Zn(s) + CuSO_4(aq) \rightarrow ZnSO_4(aq) + Cu(s)$

Die Schreibweise (aq) zeigt an, dass die Verbindung in Wasser – in einer wässrigen Lösung – gelöst ist. Weil Zink Kupfer in diesem Fall ersetzt, soll es aktiver sein. Wenn Sie ein Stück Kupfer in eine Zinksulfatlösung halten, geschieht nichts. Tabelle 8.1 zeigt die Aktivitätsserie einiger verbreiteter Metalle. Beachten Sie hierbei, dass Zink gemäß der Tabelle tatsächlich aktiver ist und das Kupfer entsprechend ersetzt.

Aktivität	Metall
Höchste Aktivität	Alkali- und Erdalkalimetalle
	Al
	Zn
	Cr
	Fe
	Ni
	Sn
	Pb
	Cu
	Ag
Niedrigste Aktivität	Au

Tabelle 8.1: Die Aktivitätsserie einiger verbreiteter Metalle

Werfen Sie nun einen weiteren Blick auf die Reaktion zwischen Zinkmetall und Kupfer(II)-sulfatlösung:

$Zn(s) + CuSO_4(aq) \rightarrow ZnSO_4(aq) + Cu(s)$

Ich habe diese Reaktion als eine molekulare Gleichung hingeschrieben und alle Stoffe sind neutral. Jedoch treten diese Reaktionen normalerweise in einer wässrigen (Wasser-)Lösung auf. Wenn die Ionenverbindung $CuSO_4$ in Wasser gelöst wird, bricht sie auseinander in ihre einzelnen Ionen (Atome oder Gruppen von Atomen, die aufgrund des Verlusts oder Gewinns von Elektronen eine elektrische Ladung besitzen). Das Kupfer-Ion hat eine +2-Ladung, weil es zwei Elektronen abgegeben hat. Es ist ein Kation, ein positiv geladenes Ion. Das Sulfat-Ion hat eine -2-Ladung, weil es zwei zusätzliche Elektronen hat. Es ist ein Anion, ein negativ geladenes Ion. (Lesen Sie Kapitel 6 für eine vollständigere Diskussion der Ionenverbindung.)

$Zn(s) + Cu^{2+} + SO_4^{2-} \rightarrow Zn^{2+} + SO_4^{2-} + Cu(s)$

Gleichungen, die diese Form haben, in der also die Ionen gesondert gezeigt werden, werden *Ionen-Gleichungen* genannt (weil sie die Reaktion und Produktion von Ionen zeigen). Beachten Sie, dass das Sulfat-Ion, SO_4^{2-}, sich nicht in der Reaktion geändert hat. Ionen, die sich während der Reaktion nicht ändern und auf beiden Seiten der Gleichung in einer identischen Form auftreten, heißen *Zuschauer-Ionen*. Chemiker (ein faules, faules Volk) lassen die Zuschauer-Ionen oft weg und schreiben in die Gleichung nur jene chemischen Substanzen, die während der Reaktion verändert werden. Dies nennt man die *Netto-Ionen-Gleichung*:

$Zn(s) + Cu^{2+} \rightarrow Zn^{2+} + Cu(s)$

Doppelte Verschiebungsreaktionen

In einzelnen Verschiebungsreaktionen ist nur eine chemische Substanz verschoben. In *doppelten Verschiebungsreaktionen* oder *Metathesenreaktionen* sind es zwei Stoffe (normalerweise Ionen), die verschoben werden. Häufig treten solche Reaktionen in einer Lösung auf und es bilden sich unlösliche Festkörper (Niederschlagsreaktionen) oder Wasser (Neutralisationsreaktionen).

Niederschlagsreaktionen

Wenn Sie eine Lösung des Kaliumchlorids und eine Lösung des Silbernitrats mischen, bildet sich in der entstehenden Lösung ein weißer, unlöslicher Festkörper. Die Bildung eines unlöslichen, festen Stoffes in einer Lösung wird *Niederschlag* genannt. Hier sind die molekularen, Ionen- und Netto-Ionen-Gleichungen für diese doppelte Verschiebungsreaktion:

$KCl(aq) + AgNO_3(aq) \rightarrow AgCl(s) + KNO_3(aq)$

$K^+ + Cl^- + Ag^+ + NO_3^- \rightarrow AgCl(s) + K^+ + NO_3^-$

$Cl^- + Ag^+ \rightarrow AgCl(s)$

Der Niederschlag, der sich gebildet hat, ist Silberchlorid. Sie können auch die Kalium-Kationen- und Nitrat-Anionen-Zuschauer-Ionen weglassen, weil sie sich während der Reaktion nicht ändern und auf beiden Seiten der Gleichung in einer identischen Form auftreten. (Wenn Sie von all diesen Plus- und Minussymbolen in den Gleichungen völlig verwirrt werden oder nicht wissen, was ein Kation oder ein Anion ist, springen Sie nur zu Kapitel 6. Dort erfahren Sie alles, was sie über dieses Zeug wissen müssen.)

Um diese Gleichungen hinzuschreiben, müssen Sie etwas über die Löslichkeit von Ionenverbindungen wissen. Werden Sie nicht nervös. Los geht's: Wenn eine Verbindung löslich ist, bleibt sie in ihrer freien Ionenform, aber wenn sie unlöslich ist, schlägt sie sich nieder. Tabelle 8.2 gibt die Löslichkeiten einiger ausgewählter Ionenverbindungen wieder.

Wasserlöslich	Nicht wasserlöslich
Chloride, Bromide, Jodide	Chloride, Bromide, Jodide von Ag^+, Pb^{2+}, Hg_2^{2+}
Verbindungen von NH_4^+	Oxide
Verbindungen von Alkalimetallen	Sulfide
Alle Acetate	die meisten Phosphate
Alle Nitrate	die meisten Hydroxide
Alle Chlorate	
Sulfate	$PbSO_4$, $BaSO_4$ und $SrSO_4$

Tabelle 8.2: Löslichkeiten einiger ausgewählter Ionenverbindungen

Bei der Anwendung von Tabelle 8.2 nimmt man ein Kation eines Ausgangsstoffes und kombiniert es mit dem Anion eines anderen Ausgangsstoffes und umgekehrt (wobei die Neutralität der Verbindung zu beachten ist). Dies erlaubt Ihnen, die möglichen Produkte der Reaktion vorherzusagen. Dann schlagen Sie die Löslichkeiten von den möglichen Produkten in der Tabelle nach. Wenn die Verbindung unlöslich ist, schlägt sie sich nieder. Wenn sie löslich ist, bleibt sie in Lösung.

Neutralisationsreaktionen

Ein anderer Typ der doppelten Verschiebungsreaktion ist die Reaktion zwischen einer Säure und einer Base. Diese doppelte Verschiebungsreaktion, genannt *Neutralisationsreaktion*, ergibt Wasser. Werfen Sie einen Blick auf die Mischlösungen von Schwefelsäure (Autobatteriesäure, H_2SO_4) und Natriumhydroxid (Lauge, NaOH). Hier sind die molekularen, Ionen- und Netto-Ionen-Gleichungen für diese Reaktion:

$H_2SO_4(aq) + 2\ NaOH(aq) \rightarrow Na_2SO_4(aq) + 2\ H_2O(l)$

$2\ H^+ + SO_4^{2-} + 2\ Na^+ + 2\ OH^- \rightarrow 2\ Na^+ + SO_4^{2-} + 2\ H_2O(l)$

$2\ H^+ + 2\ OH^- \rightarrow 2\ H_2O(l)$ oder $H^+ + OH^- \rightarrow H_2O(l)$

Um von der Ionen-Gleichung zur Netto-Ionen-Gleichung überzugehen, werden die Zuschauer-Ionen (jene, die nicht wirklich reagieren und die in einer unveränderten Form auf beiden Seiten des Pfeils erscheinen) weggelassen. Dann werden die Koeffizienten vor den Ausgangsstoffen und Produkten auf den kleinsten gemeinsamen Nenner reduziert.

Mehr über Säure-Base-Reaktionen finden Sie in Kapitel 12.

Verbrennungsreaktionen

Verbrennungsreaktionen treten auf, wenn eine Verbindung, normalerweise eine, die Kohlenstoff enthält, mit dem Sauerstoffgas in der Luft reagiert. Dieser Prozess heißt allgemein *Verbrennung*. Wärme ist das nützlichste Produkt der meisten Verbrennungsreaktionen.

Hier ist die Gleichung, die das Verbrennen des Propans wiedergibt:

$C_3H_8(g) + 5\ O_2(g) \rightarrow 3\ CO_2(g) + 4\ H_2O(l)$

Propan gehört zur Klasse der Kohlenwasserstoffe, also den Verbindungen, die nur aus Kohlenstoff und Wasserstoff bestehen. Das Produkt dieser Reaktion ist Wärme. Sie verbrennen kein Propan in Ihrem Gasgrill, um der Atmosphäre Kohlenstoffdioxid hinzuzufügen – Sie wollen die Hitze, um damit Ihr Steak zu braten.

Verbrennungsreaktionen sind auch eine Art von Redox-Reaktion.

Redox-Reaktionen

Redox-Reaktionen oder *Reduktionsoxidationsreaktionen* sind Reaktionen, in denen Elektronen getauscht werden:

$2\ Na(s) + Cl_2(g) \rightarrow 2\ NaCl(s)$

$C(s) + O_2(g) \rightarrow CO_2(g)$

$Zn(s) + CuSO_4(aq) \rightarrow ZnSO_4(aq) + Cu(s)$

Die obigen Reaktionen sind auch Beispiele für andere Reaktionstypen (wie Kombination, Verbrennung und Einzelverschiebungsreaktion), aber sie sind alle Redox-Reaktionen. Sie beinhalten alle die Übertragung von Elektronen von einer chemischen Substanz auf eine andere. Redox-Reaktionen finden wir bei der Verbrennung, dem Rosten, der Photosynthese, der Atmung, in Batterien usw. Wir befassen uns detaillierter mit der Redox-Reaktion in Kapitel 9.

Die Bilanz chemischer Reaktionen

Wenn Sie eine chemische Reaktion durchführen, die beteiligten Mengen aller Ausgangsstoffe sorgfältig zusammentragen und dann die Summe mit der Summe der Massen all der Produkte vergleichen, werden Sie sehen, dass diese Summen identisch sind. In der Tat gibt es in der Chemie hierzu ein Gesetz, nämlich das Gesetz der Erhaltung der Masse: »In einer gewöhnlichen chemischen Reaktion wird Materie weder geschaffen noch zerstört.« Dies bedeutet, dass Sie Atome während der Reaktion weder gewonnen noch verloren haben. Es kann sein, dass sie alle verändert sind, aber sie sind immer noch vorhanden.

Eine chemische Gleichung stellt die Reaktion dar. Diese chemische Gleichung wird verwendet, um zu schätzen, wie viel von jedem Element erforderlich ist und wie viel von jedem Element produziert wird. Und diese chemische Gleichung muss das Gesetz der Erhaltung der Masse erfüllen.

Sie müssen dieselbe Anzahl an Atomen jedes Elements auf beiden Seiten der Gleichung haben. Die Gleichung sollte in diesem Sinn ausgeglichen sein. In diesem Abschnitt zeige ich Ihnen, wie chemische Gleichungen zu bilanzieren sind.

8 ➤ Chemisches Kochen: Chemische Reaktionen

Riechen Sie dieses Ammoniak?

Meine Lieblingsreaktion heißt Haber-Prozess, eine Methode zur Herstellung von Ammoniak, (NH_3), wobei Stickstoffgas mit Wasserstoffgas reagiert:

$$N_2(g) + H_2(g) \rightarrow NH_3(g)$$

Diese Gleichung zeigt Ihnen, was in der Reaktion geschieht, aber sie zeigt Ihnen nicht, wie viel Sie von jedem Element brauchen, um das Ammoniak zu produzieren. Um herauszufinden, wie viel Sie von jedem Element brauchen, müssen Sie die Gleichung bilanzieren – vergewissern Sie sich, dass die Anzahl von Atomen auf der linken Seite der Gleichung der Anzahl von Atomen auf der rechten Seite gleicht ist.

Sie kennen die Ausgangsstoffe und das Produkt dieser Reaktion, und Sie können sie nicht ändern. Sie können die Verbindungen nicht verändern und Sie können die tiefgestellten Ziffern nicht verändern, weil das die Verbindungen verändern würde. So bleibt als Einziges, das Sie tun können, um die Gleichung zu bilanzieren, Koeffizienten hinzuzufügen, ganze Zahlen vor den Verbindungen oder Elementen in der Gleichung. Koeffizienten sagen Ihnen, wie viele Atome oder Moleküle Sie haben.

Wenn Sie zum Beispiel 2 *H_2O* schreiben, bedeutet es, Sie haben zwei Wassermoleküle:

$$2\,H_2O = \begin{array}{c} H_2O \\ + \\ H_2O \end{array}$$

Jedes Wassermolekül setzt sich aus zwei Wasserstoff-Atomen und einem Sauerstoff-Atom zusammen. Mit *2 H_2O* haben Sie eine Gesamtsumme von vier Wasserstoff-Atomen und zwei Sauerstoff-Atomen:

$$2\,H_2O = \begin{array}{c} H_2O = 2\,H + 1\,O \\ + \\ \underline{H_2O = 2\,H + 1\,O} \\ 4\,H + 2\,O \end{array}$$

In diesem Kapitel zeige ich Ihnen, wie Gleichungen ausbalanciert werden, und zwar durch Anwendung einer Methode, die sich *Ausgleich durch Inspektion* nennt. Ich nenne die Methode gerne »Mit Koeffizienten spielen«. Sie nehmen jedes Atom und wägen es dadurch ab, dass Sie der einen oder anderen Stelle einer Seite entsprechende Koeffizienten hinzufügen.

Dieses im Sinn, werfen Sie noch einen Blick auf die Gleichung für das Vorbereiten des Ammoniaks:

$$N_2(g) + H_2(g) \rightarrow NH_3(g)$$

In den meisten Fällen ist es gut, die Wasserstoff-Atome und Sauerstoff-Atome erst zum Schluss abzuwägen. Kümmern Sie sich erst einmal um die anderen Atome.

In diesem Beispiel sollten Sie also die Stickstoff-Atome zuerst abwägen. Sie haben zwei Stickstoff-Atome auf der linken Seite des Pfeils (Ausgangsseite) und nur ein Stickstoff-Atom auf der rechten Seite (Produktseite). Um die Stickstoff-Atome abzuwägen, setzen Sie einen Koeffizienten von 2 vor das Ammoniak auf der rechten Seite.

$N_2(g) + H_2(g) \rightarrow 2\ NH_3(g)$

Jetzt haben Sie zwei Stickstoff-Atome auf der linken und zwei Stickstoff-Atome auf der rechten Seite.

Gehen Sie die Wasserstoff-Atome danach an. Sie haben zwei Wasserstoff-Atome auf der linken Seite und sechs Wasserstoff-Atome auf der rechten Seite (zwei NH_3 Moleküle, jedes mit drei Wasserstoff-Atomen für eine Gesamtsumme von sechs Wasserstoff-Atomen). Also setzen Sie eine 3 vor das H_2 auf die linke Seite und Sie erhalten:

$N_2(g) + 3\ H_2(g) \rightarrow 2\ NH_3(g)$

Das sollte jetzt funktionieren. Machen Sie eine Überprüfung, um sicher zu sein: Sie haben zwei Stickstoff-Atome auf der linken Seite und zwei Stickstoff-Atome auf der rechten Seite. Sie haben sechs Wasserstoff-Atome auf der linken Seite (3 x 2 = 6) und sechs Wasserstoff-Atome auf der rechten Seite (2 x 3 = 6). Die Gleichung ist ausgewogen. Sie können die Gleichung auf diese Weise lesen: ein Stickstoffmolekül reagiert mit drei Wasserstoffmolekülen, um zwei Ammoniakmoleküle zu erzeugen.

Hier ist ein Leckerbissen für Sie: Diese Gleichung hätte sich auch mit Koeffizienten von 2, 6 und 4 statt 1, 3 und 2 ausbalanciert. In der Tat hätte jedes Vielfache von 1, 3 und 2 die Gleichung ausgewogen, aber Chemiker haben vereinbart, immer die niedrigste ganze Zahl zu zeigen (siehe die Diskussion über empirische Formeln in Kapitel 7 für Details).

Zünden Sie Ihr Feuerzeug

Werfen Sie nun einen Blick auf die Gleichung, die die Verbrennung von Butan, einem Kohlenwasserstoff, bei Sauerstoffüberschuss zeigt. (Dies ist die Reaktion, die Sie beim Anzünden eines Butangasfeuerzeugs starten.) Die nicht unausgewogene Reaktion ist

$C_4H_{10}(g) + O_2(g) \rightarrow CO_2(g) + H_2O(g)$

Weil es immer gut ist, bis zum Ende damit zu warten, Wasserstoff-Atome und Sauerstoff-Atome abzuwägen, wägen Sie die Kohlenstoff-Atome zuerst ab. Sie haben vier Kohlenstoff-Atome auf der linken Seite und ein Kohlenstoff-Atom auf der rechten Seite, so fügen Sie einen Koeffizienten von 4 vor dem Kohlenstoffdioxid hinzu:

$C_4H_{10}(g) + O_2(g) \rightarrow 4\ CO_2(g) + H_2O(g)$

Wägen Sie die Wasserstoff-Atome danach ab. Sie haben zehn Wasserstoff-Atome auf der linken Seite und zwei Wasserstoff-Atome auf der rechten Seite, so verwenden Sie den Koeffizienten 5 vor dem Wasser auf der rechten Seite:

$C_4H_{10}(g) + O_2(g) \rightarrow 4\ CO_2(g) + 5\ H_2O(g)$

Jetzt arbeiten Sie daran, die Sauerstoff-Atome abzuwägen. Sie haben zwei Sauerstoff-Atome auf der linken Seite und eine Gesamtsumme von 13 Sauerstoff-Atomen auf der rechten Seite [(4 x 2)+(5 x 1) = 13]. Womit können Sie 2 multiplizieren, damit 13 herauskommt? Vielleicht mit 6,5?

$C_4H_{10}(g) + 6{,}5\ O_2(g) \rightarrow 4\ CO_2(g) + 5\ H_2O(g)$

Aber Sie sind nicht fertig. Sie wollen das niedrigste Verhältnis ganzer Zahlen von Koeffizienten haben. Sie müssen die ganze Gleichung mit 2 multiplizieren, um ganze Zahlen zu generieren:

$[C_4H_{10}(g) + 6{,}5\ O_2(g) \rightarrow 4\ CO_2(g) + 5\ H_2O(g)]\ \text{x}\ 2$

Also multiplizieren Sie jeden Koeffizienten mit 2 (und lassen Sie bitte die Finger von den tiefgestellten Ziffern!) und erhalten:

$2\ C_4H_{10}(g) + 13\ O_2(g) \rightarrow 8\ CO_2(g) + 10\ H_2O(g)$

Wenn Sie die Atomzählung auf beiden Seiten der Gleichung überprüfen, stellen Sie fest, dass die Gleichung ausgewogen ist und die Koeffizienten im niedrigstmöglichen ganzzahligen Verhältnis zueinander stehen.

Die meisten einfachen Reaktionen können auf diese Weise ausgewogen werden. Aber eine Klasse von Reaktionen ist so komplex, dass diese Methode bei ihnen nicht gut funktioniert. Es sind die Redox-Reaktionen. Für das Abwägen dieser Gleichungen wird eine spezielle Methode verwendet, die ich Ihnen in Kapitel 9 zeige.

Chemisches Gleichgewicht

Meine Lieblingsreaktion ist der Haber-Prozess, die Synthese von Ammoniak aus Stickstoff- und Wasserstoffgas. Nach dem Abwägen der Reaktion (siehe den Abschnitt *Riechen Sie dieses Ammoniak?* früher in diesem Kapitel) erhalten Sie:

$N_2(g) + 3\ H_2(g) \rightarrow 2\ NH_3(g)$

So hingeschrieben besagt die Reaktion, dass Wasserstoff und Stickstoff reagieren und Ammoniak bilden, und zwar so lange, bis einer oder beide Ausgangsstoffe verbraucht sind. Aber das stimmt nicht ganz. (Tja, ist schon eine haarspalterische Zeit.)

Wenn diese Reaktion in einem geschlossenen Behälter stattfindet (was bei Gasen immer so sein muss), dann reagieren der Stickstoff und Wasserstoff, und Ammoniak entsteht, aber etwas vom Ammoniak beginnt bald darauf, wieder zu Stickstoff und Wasserstoff zu zerfallen:

$2\ NH_3(g) \rightarrow N_2(g) + 3\ H_2(g)$

Im Behälter haben Sie dann tatsächlich *zwei* genau entgegengesetzte auftretende Reaktionen – Stickstoff und Wasserstoff kombinieren zu Ammoniak und Ammoniak zerfällt in Stickstoff und Wasserstoff.

Statt die zwei separaten Reaktionen hinzuschreiben, können Sie eine Reaktion zeigen und dabei einen doppelten Pfeil wie folgt benutzen:

$N_2(g) + 3\,H_2(g) \rightleftharpoons 2\,NH_3(g)$

Sie platzieren Stickstoff und Wasserstoff auf die linke Seite, weil Sie so den Prozess beginnen.

Nun laufen diese beiden Reaktionen mit verschiedenen Geschwindigkeiten ab, aber die zwei Geschwindigkeiten werden im Verlauf der Zeit gleich und die relativen Mengen an Stickstoff, Wasserstoff und Ammoniak bleiben dann konstant. Dies ist ein Beispiel für ein chemisches Gleichgewicht. Ein dynamisches chemisches Gleichgewicht wird erreicht, wenn zwei genau entgegengesetzte chemische Reaktionen zur selben Zeit an derselben Stelle mit denselben Reaktionsgeschwindigkeiten stattfinden. Ich nenne dieses Beispiel ein *dynamisches chemisches Gleichgewicht*, da die Reaktionen dauerhaft ablaufen, auch wenn sie im Gleichgewicht sind. Zu jeder Zeit haben Sie Stickstoff und Wasserstoff, die zu Ammoniak reagieren, das wieder zu Stickstoff und Wasserstoff zerfällt. Wenn das System das Gleichgewicht erreicht, werden die Mengen aller chemischen Stoffe zwar konstant bleiben, aber nicht unbedingt identisch.

Hier nun ein Beispiel zum Verständnis dessen, was ich mit dem dynamischen Gleichgewicht meine: Ich wurde auf einem Bauernhof in North Carolina aufgezogen, und meine Mutter Grace liebte kleine Hunde. Manchmal hatten wir fast ein Dutzend Hunde, die um das Haus herumliefen. Als Mama die Tür öffnete, um sie nach draußen zu lassen, begannen sie alle, hinauszulaufen. Aber irgendetwas änderte ihre Meinungen und als sie schon draußen waren, begannen einige damit, wieder ins Haus hereinzukommen. Dann bemerkten sie die Aufregung der Hunde, die draußen geblieben waren, und liefen wieder hinaus. Es wurde ein ständiges Rein und Raus. Manchmal waren nur zwei Hunde im Haus, der Rest draußen, dann wieder umgekehrt. Die Anzahl der Hunde drinnen und draußen blieb auch konstant, aber die Hunde, die drinnen oder draußen waren, blieben nicht identisch. Zu jedem Zeitpunkt gab es Hunde, die aus dem Haus hinausliefen, und Hunde, die hereinkamen. Unsere Hunde waren in einem dynamischen (und lauten) Gleichgewicht.

Es gibt manchmal viel Produktsubstanz (chemische Substanz auf der rechten Seite des Doppelpfeils), wenn die Reaktion das Gleichgewicht erreicht, und manchmal sehr wenig. Man kann die relative Menge an Ausgangsstoffen und Produkten im Gleichgewicht angeben, wenn man die Gleichgewichtskonstante für die Reaktion kennt.

Sehen Sie sich eine hypothetische Gleichgewichtsreaktion an:

$aA + bB \leftrightarrow cC + dD$

Die Großbuchstaben stehen für die chemische Substanz, und die kleinen Buchstaben sind die Koeffizienten in der ausgewogenen chemischen Gleichung. Die (als K_{eq} dargestellte) Gleichgewichtskonstante wird mathematisch definiert als:

$$K_{eq} = \frac{[C]^c [D]^d}{[A]^a [B]^b}$$

Der Zähler enthält das Produkt der zwei chemischen Substanzen auf der rechten Seite der Reaktionsgleichung, jede mit dem Koeffizienten der ausgeglichenen chemischen Gleichung im Exponenten. Für den Nenner gilt das analog, nur eben mit den Substanzen der linken Seite der chemischen Gleichung. (Es ist zwar im Augenblick noch nicht wichtig, aber diese eckigen Klammern stehen für etwas, das die *Molare Konzentration* genannt wird. Näheres hierzu erfahren Sie in Kapitel 11.) Zu bemerken wäre noch, dass Chemiker manchmal K_c anstelle von K_{eq} verwenden.

Der numerische Wert der Gleichgewichtskonstante liefert einen Anhaltspunkt bezüglich der relativen Mengen an Produkten und Ausgangsstoffen.

Je größer der Wert der Gleichgewichtskonstanten (K_{eq}) ist, desto mehr Produkte werden im Gleichgewichtszustand gebildet. Wenn man zum Beispiel eine Reaktion mit einer Gleichgewichtskonstanten von 0,001 bei Raumtemperatur und 0,1 bei 100 Grad Celsius hat, dann können Sie vorhersagen, dass man bei höherer Temperatur viel mehr Produktsubstanzen erzeugen kann als bei Raumtemperatur.

Nun weiß ich zufällig, dass K_{eq} für den Haber-Prozess (die Ammoniaksynthese) $3,5 \times 10^8$ bei Raumtemperatur ist. Dieser große Wert zeigt an, dass im Gleichgewicht aus Stickstoff und Wasserstoff viel Ammoniak produziert wird, aber es gibt im Gleichgewicht immer noch Wasserstoff und Stickstoff. Wenn Sie ein Industriechemiker sind, der Ammoniak produzieren möchte, sind Sie natürlich bestrebt, so viel Produktsubstanz aus den Ausgangsstoffen zu erzeugen wie möglich. Sie möchten also, dass die Reaktion so lange weitergeht, bis alle Ausgangsstoffe verbraucht sind. Sie wissen aber auch, dass es sich um eine Gleichgewichtsreaktion handelt, die Sie nicht ändern können. Es wäre aber doch schön, wenn Sie das System irgendwie manipulieren könnten, um etwas mehr Produktsubstanz zu erhalten. Es gibt solch einen Weg, nämlich das Prinzip von Le Chatelier.

Das Prinzip von Le Chatelier

Ein französischer Chemiker, Henri Le Chatelier, entdeckte Folgendes: Wenn Sie die Randbedingungen eines chemischen Systems, das im Gleichgewicht ist, ändern (die Chemiker nennen das *Zwang*), dann ist das System bestrebt, wieder in den Gleichgewichtszustand zu gelangen, indem es dem »Zwang« entgegenwirkt. Dies wird *Le Chateliers Prinzip* genannt.

Sie können ein Gleichgewichtssystem auf drei Arten beeinflussen:

✔ Ändern Sie die Konzentration eines Ausgangsstoffes oder Produkts.

✔ Ändern Sie die Temperatur.

✔ Ändern Sie den Druck auf ein System, das Gase enthält.

Nun, wenn man Chemiker ist und eine Möglichkeit sucht, so viel Ammoniak (also Geld) wie möglich für seine Firma zu erzeugen, dann kann Le Chateliers Prinzip sehr hilfreich sein. In diesem Abschnitt zeige ich Ihnen, wie.

Aber ich will Ihnen zuerst eine schnelle, nützliche Analogie präsentieren. Eine chemische Reaktion im Gleichgewicht ist wie mein Lieblingsgerät auf Spielplätzen, die Wippe. Alles ist, wie in Abbildung 8.3 gezeigt, schön im Gleichgewicht.

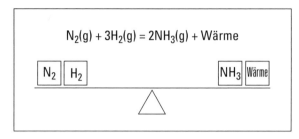

Abbildung 8.3: Das Haber-Ammoniaksystem im Gleichgewicht

Der Haber-Prozess, die Synthese von Ammoniak aus Stickstoff- und Wasserstoffgasen, ist exotherm: Er erzeugt Wärme. Diese Wärme finden Sie auf der rechten Seite der Wippe.

Konzentrationsänderung

Nehmen Sie an, Sie haben das Ammoniaksystem im Gleichgewicht (siehe Abbildung 8.3 sowie den Abschnitt *Chemisches Gleichgewicht* weiter vorne in diesem Kapitel), und Sie fügen dann etwas mehr Stickstoffgas hinzu. Abbildung 8.4 zeigt, was jetzt mit der Wippe geschieht.

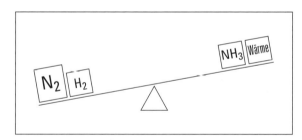

Abbildung 8.4: Steigerung der Konzentration eines Ausgangsstoffes

Um das Gleichgewicht wieder herzustellen, muss Gewicht von der linken Seite nach rechts verlagert werden, mehr Stickstoff und Wasserstoff werden verbraucht und es bilden sich mehr Ammoniak und Wärme. Abbildung 8.5 zeigt diese Verschiebung des Gewichts.

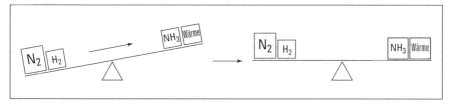

Abbildung 8.5: Wiederherstellung des Gleichgewichts

Das Gleichgewicht ist wieder hergestellt. Es gibt weniger Wasserstoff und mehr Stickstoff, Ammoniak und Wärme als vor dem Hinzufügen des Stickstoffs. Dasselbe würde geschehen, wenn Sie eine Möglichkeit hätten, etwas von dem produzierten Ammoniak zu entfernen. Die rechte Seite der Wippe wäre wieder leichter und es würde wieder Gewicht nach rechts verlagert, um das Gleichgewicht wiederherzustellen. Wieder würde mehr Ammoniak produziert. Im Allgemeinen verschiebt sich die Reaktion zur anderen Seite, wenn Sie mehr Ausgangsstoff oder Produkt hinzufügen, um es zu verbrauchen. Wenn Sie einen Ausgangsstoff oder ein Produkt entfernen, verschiebt sich die Reaktion zu der entsprechenden Seite, um es zu ersetzen.

Temperaturänderung

Nehmen wir an, wir erhitzen die Reaktionsmischung. Sie wissen, dass die Reaktion exotherm ist – also Wärme abgibt –, wie auf der rechten Seite der Wippe zu sehen. Wenn Sie nun die Reaktionsmischung erhitzen, wird die rechte Seite der Wippe schwerer und es muss Gewicht nach links verlagert werden, um das Gleichgewicht wieder herzustellen. Diese Gewichtsänderung verbraucht Ammoniak und produziert mehr Stickstoff und Wasserstoff. Und, so wie sich die Reaktion verschiebt, nimmt die Wärmemenge auch ab und senkt die Temperatur der Reaktionsmischung. Abbildung 8.6 zeigt diese Änderung im Gewicht.

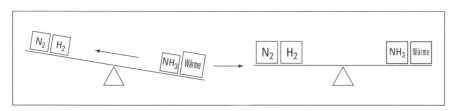

Abbildung 8.6: Temperaturerhöhung bei einer exothermen Reaktion und Wiederherstellung des Gleichgewichts

Das ist aber nicht das, was Sie wollen! Sie wollen mehr Ammoniak, nicht mehr Stickstoff und Wasserstoff. Also müssen Sie die Reaktionsmischung abkühlen, um das Gleichgewicht nach rechts zu verlagern. Dieser Prozess verhilft Ihnen nun zu mehr Ammoniak und mehr Gewinn. Schon besser, nicht wahr?

Im Allgemeinen bewirkt das Erhitzen einer Reaktionsmischung eine Verschiebung zur endothermen Seite der Reaktionsgleichung. (Wenn Sie eine exotherme Reaktion auf der rechten

Seite haben, wenn also auf der rechten Seite der Gleichung Wärme erzeugt wird, dann ist die linke Seite die endotherme Seite.) Eine Reaktionsmischung abzukühlen, bewirkt, dass sich das Gleichgewicht zur exothermen Seite verschiebt.

Druckänderung

Eine Druckänderung beeinflusst das Gleichgewicht der Reaktion nur dann, wenn es sich bei den Ausgangsstoffen und/oder Produkten um Gase handelt. Im Haber-Prozess sind alle Stoffe Gase, sodass es eine Druckwirkung gibt.

Meine Wippen-Analogie von chemischen Gleichgewichtssystemen hinkt, wenn ich Druckwirkungen erkläre, so dass ich einen anderen Ansatz nehmen muss. Denken Sie an einen dichten Behälter, in dem die Ammoniakreaktion stattfindet. (Die Reaktion muss in einem dichten Behälter stattfinden, da alle Stoffe Gase sind – Stickstoff, Wasserstoff und Ammoniakgas.) Es herrscht ein gewisser Druck auf die Innenwände des Behälters, der durch die Gasmoleküle verursacht wird.

Jetzt nehmen wir einmal an, dass das System im Gleichgewicht ist, und Sie wollen den Druck erhöhen. Durch Zusammendrücken des Behälters (mit irgendeinem Kolben zum Beispiel) oder durch Hinzufügen eines nicht reagierenden Gases wie Neon. Sie bekommen mehr Kollisionen an den Innenwänden des Behälters, und Sie haben deshalb mehr Druck. Die Drucksteigerung bewirkt wieder eine erzwungene Änderung des Gleichgewichts. Um diesem Zwang entgegenzuwirken, muss der Druck irgendwie reduziert werden.

Werfen Sie nun einen anderen Blick auf die Haber-Reaktion und schauen Sie nach, ob es Anhaltspunkte dafür gibt, wie dies geschehen kann.

$N_2\ (g) + 3\ H_2\ (g) \leftrightarrow 2\ NH_3\ (g)$

Jedes Mal, wenn die Vorwärtsreaktion stattfindet (also von links nach rechts in der Gleichung), bilden vier Gasmoleküle (ein Stickstoff und drei Wasserstoff) zwei Moleküle des Ammoniakgases. Diese Reaktion reduziert die Anzahl der Moleküle im Gasbehälter. Die umgekehrte Reaktion (von rechts nach links) spaltet zwei Ammoniakgasmoleküle und macht vier Gasmoleküle, Stickstoff und Wasserstoff, daraus. Diese Reaktion erhöht die Anzahl der Gasmoleküle im Behälter.

Das Gleichgewicht ist durch eine Zunahme des Drucks verschoben worden. Eine Druckverringerung reduziert den Zwang. Die Anzahl von Gasmolekülen im Behälter zu reduzieren, verringert den Druck (weniger Kollisionen an den Innenwänden des Behälters), so dass die Vorwärtsreaktion (von links nach rechts) bevorzugt wird, denn dabei werden aus vier Gasmolekülen zwei. Folglich wird bei der Vorwärtsreaktion mehr Ammoniak produziert!

Den Druck auf eine Gleichgewichtsmischung zu erhöhen, bewirkt im Allgemeinen, dass die Reaktion zu der Seite verlagert wird, die weniger Moleküle enthält.

Schnelle und langsame Reaktionen: Chemische Kinetik

Sagen wir, Sie sind ein Chemiker, der so viel Ammoniak wie möglich aus einer gegebenen Menge an Wasserstoff und Stickstoff machen möchte. Das Gleichgewicht (siehe vorigen Abschnitt) zu manipulieren, ist nicht Ihr ganzer Lösungsansatz. Sie wollen so viel wie möglich so schnell wie möglich produzieren. Also gibt es etwas anderes, das Sie berücksichtigen müssen – die Kinetik der Reaktion.

Kinetik ist die Lehre der Geschwindigkeit einer Reaktion. Einige Reaktionen sind schnell; andere sind langsam. Manchmal wollen Chemiker die langsamen beschleunigen und die schnellen verlangsamen. Es gibt mehrere Faktoren, die die Geschwindigkeit einer Reaktion beeinflussen:

- Natur der Ausgangsstoffe
- Partikelgröße der Ausgangsstoffe
- Konzentration der Ausgangsstoffe
- Druck von gasförmigen Ausgangsstoffen
- Temperatur
- Katalysatoren

Natur der Ausgangsstoffe

Damit eine Reaktion stattfinden kann, muss es eine Kollision zwischen den Ausgangsstoffen am Reaktionsort geben (siehe *Wie treten Reaktionen auf? Die Kollisionstheorie* weiter vorne in diesem Kapitel). Je größer und komplexer die Moleküle der Ausgangsstoffe sind, desto geringer ist die Chance einer Kollision am Reaktionspunkt des Moleküls. Manchmal wird der Reaktionsort sehr komplexer Moleküle völlig von anderen Teilen des Moleküls blockiert, so dass keine Reaktion auftritt. Es kann viele Kollisionen geben, aber nur diejenigen, die am Reaktionspunkt stattfinden, haben eine Chance zu einer chemischen Reaktion.

Im Allgemeinen ist die Reaktionsrate geringer, wenn die Ausgangsstoffe große und komplexe Moleküle sind.

Partikelgröße der Ausgangsstoffe

Die Reaktion hängt also von Kollisionen ab. Je größer nun die Oberfläche, die bei Kollisionen zur Verfügung steht, desto schneller ist die Reaktion. Sie können ein Streichholz an ein großes Stück Kohle halten, und es geschieht nichts. Wenn Sie aber dasselbe Stück Kohle zu Staub zerkleinern und dann ein Streichholz anzünden, erhalten Sie wegen der enorm gesteigerten Oberfläche desselben Kohlebrockens eine zünftige Explosion.

Konzentration der Ausgangsstoffe

Die Steigerung der Kollisionsrate beschleunigt also die Reaktion. Je mehr Moleküle der Ausgangsstoffe zusammenstoßen, desto schneller läuft die Reaktion ab. Ein Stück Holz verbrennt zum Beispiel auch in Luft (20 Prozent Sauerstoff), aber viel schneller in reinem Sauerstoff.

In den meisten einfachen Fällen bedeutet eine Erhöhung der Konzentration des Ausgangsstoffes eine Steigerung der Geschwindigkeit der Reaktion. Jedoch, wenn die Reaktion komplex oder ein komplexer Prozess (eine Serie von Schritten im Rahmen der Reaktion) ist, muss dies nicht unbedingt stimmen. Die Wirkung der Konzentration auf die Reaktionsrate wirklich zu bestimmen, kann Ihnen Anhaltspunkte dafür liefern, welcher der an der Reaktion beteiligten Ausgangsstoffe für den Reaktionsablauf bestimmend ist. (Diese Information kann dann sehr dabei helfen, den Reaktionsmechanismus zu begreifen.) Dabei beobachten Sie die Reaktionsrate bei verschiedenen Konzentrationen.

Wenn man zum Beispiel die Konzentration eines Ausgangsstoffes ändert und dies keinerlei Wirkung auf den Reaktionsablauf hat, dann weiß man, dass dieser Ausgangsstoff nicht am langsamsten Schritt des Reaktionsprozesses (dieser bestimmt ja die Geschwindigkeit der gesamten Reaktion) beteiligt ist.

Druck von gasförmigen Ausgangsstoffen

Der Druck von gasförmigen Ausgangsstoffen hat grundsätzlich dieselbe Wirkung wie die Konzentration. Je höher der Druck des Ausgangsstoffes, desto höher ist die Reaktionsrate. Dies rührt von der (Sie haben es erraten!) höheren Kollisionsrate her. Wenn jedoch ein komplexer Mechanismus beteiligt ist, kann es sein, dass eine Druckerhöhung nicht das erwartete Ergebnis liefert.

Temperatur

Okay, warum forderte Mama Sie auf, diesen Puter nach dem Erntedankfestabendessen in den Kühlschrank zu stellen? Weil er sonst verdorben wäre! Und was bedeutet »verderben«? Das hat mit der Vermehrung der Bakterien zu tun. Wenn Sie nun den Puter in den Kühlschrank stellen, verlangsamt die niedrigere Temperatur im Kühlschrank die Geschwindigkeit des bakteriellen Wachstums.

Bakterielles Wachstum ist einfach eine biochemische Reaktion, eine chemische Reaktion, die in allen Organismen vorkommt. In den meisten Fällen sorgt eine Temperatursteigerung dafür, dass die Reaktionsrate steigt. In der organischen Chemie gibt es eine allgemeine Regel, dass eine Erhöhung der Temperatur um 10 Grad die Reaktionsrate verdoppelt.

Aber warum ist das so? Teil der Antwort ist (Sie haben es schon wieder erraten!) eine gesteigerte Kollisionsrate. Die Temperatur zu steigern bewirkt, dass sich die Moleküle schneller bewegen, so dass sich die Wahrscheinlichkeit einer Kollision erhöht. Aber dies ist nur ein Teil der Wahrheit. Die Temperatur zu erhöhen steigert auch die durchschnittliche kinetische Energie der

Moleküle. Sehen Sie sich Abbildung 8.7 als ein Beispiel dafür an, wie steigende Temperatur die kinetische Energie des Ausgangsstoffes beeinflusst und die Reaktionsrate steigert.

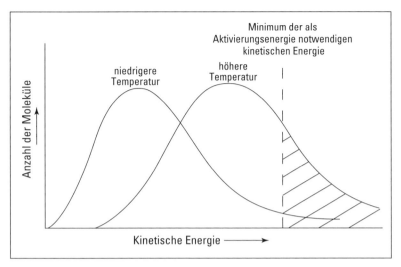

Abbildung 8.7: Die Wirkung der Temperatur auf die kinetische Energie der Ausgangsstoffe

Bei einer gegebenen Temperatur bewegen sich nicht alle Moleküle mit derselben kinetischen Energie. Eine kleine Anzahl von Molekülen bewegt sich sehr langsam (niedrige kinetische Energie), während sich andere sehr schnell (hohe kinetische Energie) bewegen. Eine große Mehrzahl der Moleküle befindet sich irgendwo zwischen diesen beiden Extremen.

Tatsächlich ist die Temperatur ein Maß für die durchschnittliche kinetische Energie der Moleküle. Wie Sie Abbildung 8.7 entnehmen können, bewirkt eine Temperaturerhöhung eine Steigerung der durchschnittlichen kinetischen Energie des Ausgangsstoffes, wobei die Kurve im Grunde genommen nach rechts in Richtung höherer kinetischer Energien verschoben wird. Aber beachten Sie auch, dass ich das Minimalmaß an kinetischer Energie, die vom Ausgangsstoff benötigt wird, um während des Zusammenstoßes die Aktivierungsenergie (die Energie, die erforderlich ist, um eine Reaktion in Gang zu setzen) zu liefern, markiert habe. Die Ausgangsstoffe müssen am Reaktionspunkt zusammenstoßen, aber sie müssen auch genug Energie übertragen, um Bindungen zu lösen, so dass neue Bindungen geformt werden können. Wenn die Ausgangsstoffe nicht genug Energie haben, findet keine Reaktion statt, selbst wenn die Ausgangsstoffe am Reaktionspunkt zusammenstoßen.

Beachten Sie, dass bei niedriger Temperatur nur ganz wenige Moleküle der Ausgangsstoffe das Minimalmaß an kinetischer Energie besitzen, die gebraucht wird, um die Aktivierungsenergie zu liefern. Bei höherer Temperatur besitzen viel mehr Moleküle das Minimalmaß an erforderlicher kinetischer Energie, was bedeutet, dass noch viel mehr Kollisionen energiereich genug sein werden, um zu einer Reaktion zu führen.

Eine Temperaturerhöhung steigert die Anzahl von Kollisionen nicht nur, sondern steigert auch die Anzahl von Stößen, die wirksam sind – die also genug Energie übertragen, um eine Reaktion auszulösen.

Katalysatoren

Katalysatoren sind Substanzen, die die Reaktionsrate erhöhen, ohne dass sie selbst dabei verändert werden. Sie steigern die Reaktionsrate dadurch, dass sie die Aktivierungsenergie für die Reaktion senken.

Sehen Sie sich zum Beispiel Abbildung 8.1 an. Wenn das Aktivierungsenergiemaximum niedriger wäre, wäre es leichter zu erreichen, und die Reaktionsrate wäre höher. Sie können dasselbe in Abbildung 8.7 sehen. Wenn Sie die gestrichelte Linie, die das Minimalmaß an kinetischer Energie darstellt, die gebraucht wird, um die Aktivierungsenergie zu liefern, nach links versetzen, dann haben noch viel mehr Moleküle die erforderliche Minimalenergie, und die Reaktion wird heftiger sein.

Katalysatoren senken die Aktivierungsenergie einer Reaktion auf eine von zwei Arten:

✔ Sie liefern eine Oberfläche und unterstützen die Ausrichtung.

✔ Sie liefern einen Alternativmechanismus (Serie von Schritten, damit die Reaktion abläuft) mit einer niedrigeren Aktivierungsenergie.

Oberfläche und Orientierung – Heterogene Katalyse

Im Abschnitt *Wie treten Reaktionen auf? Die Kollisionstheorie* beschreibe ich mit Hilfe dieses verallgemeinerten Beispiels, wie Moleküle reagieren:

C~A~ B → C-A + B

Ausgangsstoff C muss auf die A-Seite als Reaktionspunkt des Moleküls A-B treffen, um das A-B zu teilen, eine Bindung einzugehen und schließlich die in der Gleichung gezeigte C-A-Verbindung zu bilden. Die Wahrscheinlichkeit der Kollision bei korrekter Orientierung ist sehr zufällig. Die Ausgangsstoffe bewegen sich ziemlich frei herum und treffen irgendwann aufeinander. Früher oder später kann dies am Reaktionspunkt geschehen. Aber was würde geschehen, wenn man das A-B-Molekül so beeinflussen könnte, dass es diesen überwiegend nach außen richten würde? Unter dieser Voraussetzung wäre es viel wahrscheinlicher, dass C auf A treffen würde.

Dies ist es aber genau, was ein heterogener Katalysator schafft: Er bindet ein Molekül an eine Oberfläche, wobei er für die korrekte Orientierung im Raum sorgt und die Reaktion erheblich erleichtert. Der Prozess heterogener Katalyse wird in Abbildung 8.8 gezeigt.

Der Katalysator wird *heterogener Katalysator* genannt, weil er sich in einer anderen Phase als der Ausgangsstoff befindet. Dieser Katalysator ist normalerweise ein fein strukturiertes festes Metall oder Metalloxid, während die Ausgangsstoffe Gase sind oder sich in Lösung befinden. Dieser heterogene Katalysator tendiert dazu, aufgrund ziemlich komplexer Wechselwirkungen einen Teil des Ausgangsstoff-Moleküls anzuziehen. Diese Wechselwirkungen sind bis heute noch nicht ganz geklärt. Wenn nun die Reaktion stattfindet, verschwinden die Kräfte, die vorher zu der Orientierung von A-B geführt haben, und der Katalysator gibt den B-Teil des Moleküls an der Oberfläche des Katalysators frei. B gibt damit seinen Platz an ein neues A-B-Molekül ab und der Prozess beginnt erneut.

Die meisten von uns sitzen jeden Tag quasi auf einem heterogenen Katalysator – nämlich dem Katalysator in unserem Auto. Er enthält fein strukturiertes Platin- und/oder Palladiummetall und beschleunigt die Reaktion, die die schädlichen Gase aus der Benzinverbrennung (wie Kohlenstoffmonooxid und unverbrannte Kohlenwasserstoffe) in hauptsächlich harmlose Produkte (wie Wasser und Kohlenstoffdioxid) verwandelt.

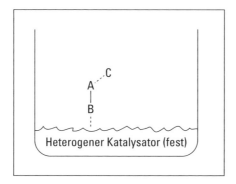

Abbildung 8.8: Der Prozess heterogener Katalyse

Alternativmechanismus - Homogene Katalyse

Der zweite Katalysator-Typ ist ein *homogener Katalysator* – homogen, weil er sich in derselben Phase wie der Ausgangsstoff befindet. Er liefert einen Alternativmechanismus oder Reaktionspfad, der eine niedrigere Aktivierungsenergie als die Originalreaktion hat.

Als ein Beispiel überprüfen Sie die Zerlegungsreaktion des Wasserstoffperoxids:

$2\ H_2O_2(l) \rightarrow 2\ H_2O(l) + O_2(g)$

Dies ist eine langsame Reaktion, insbesondere, wenn sie in einer kühlen, dunklen Flasche stattfindet. Es kann Jahre dauern, bis diese Flasche Wasserstoffperoxid in Ihrem Medizinschrank zerfällt. Aber, wenn Sie ein kleines bisschen einer Eisen-Ionen-Lösung hinzutun, wird die Reaktion erheblich schneller, obwohl es ein zweistufiger Mechanismus anstelle eines Ein-Schritt-Prozesses ist.

(Schritt 1) $2\ Fe^{3+} + H_2O_2(l) \rightarrow 2\ Fe^{2+} + O_2(g) + 2\ H^+$

(Schritt 2) $2\ Fe^{2+} + H_2O_2(l) + 2\ H^+ \rightarrow 2\ Fe^{3+} + 2\ H_2O(l)$

Wenn man die zwei obigen Reaktionen addiert und die identischen Substanzen auf beiden Seiten streicht, bekommt man wieder das Original, die Reaktion ohne Katalysator (gestrichene Substanzen sind fett markiert):

2 Fe^{3+} + H_2O_2(l) + **2 Fe^{2+}** + H_2O_2(l) + **2H^+** → **2 Fe^{2+}** + O_2(g) + **2H^+** + **2 Fe^{3+}** + 2 H_2O(l)

2 H_2O_2(l) → 2 H_2O(l) + O_2(g)

Der Eisen-Ionen-Katalysator wurde in der ersten Stufe geändert und dann in der zweiten Stufe wieder in den Anfangszustand zurückversetzt. Dieser zweistufige Katalyse-Prozess hat eine niedrigere Aktivierungsenergie und ist schneller.

Elektrochemie: Batterien für Teekannen

In diesem Kapitel

- Redox-Reaktionen verstehen
- Redox-Gleichungen abwägen
- Einen Blick auf elektrochemische Batteriezellen werfen
- Eloxierungen prüfen
- Die Ähnlichkeit zwischen Brenntreibstoffen und Nahrungsverbrennung entdecken

*V*iele Dinge, mit denen wir im täglichen Leben umgehen, haben entweder direkt oder indirekt mit elektrochemischen Reaktionen zu tun. Denken Sie an all die Dinge um Sie herum, die Batterien enthalten – Taschenlampen, Uhren, Autos, Taschenrechner, PDAs, Herzschrittmacher, Mobiltelefone, Spielzeuge, Garagentoröffner usw.

Trinken Sie aus einer Aluminiumdose? Das Aluminium wurde durch eine elektrochemische Reaktion gewonnen. Haben Sie ein Auto mit einer verchromten Stoßstange? Dieses Chrom wird auf die Stoßstange galvanisiert genau wie das Silber-Teeservice von Oma Grace oder das Gold auf dieser Fünf-Euro-Goldkette. Sehen Sie fern, benutzen Sie elektrisches Licht oder einen elektrischen Mixer oder haben Sie einen Computer? Wahrscheinlich stammt die Elektrizität, die Sie für diese Dinge verwenden, aus der Verbrennung von fossilem Brennstoff. Verbrennung ist eine Redox-Reaktion. Genau wie Atmung, Photosynthese und viele andere biochemische Prozesse, von denen unser Leben abhängt. Wir sind von elektrochemischen und Redox-Reaktionen umgeben.

In diesem Kapitel erkläre ich Redox-Reaktionen, zeige das Abwägen dieses Typs von Reaktionsgleichung und dann zeige ich Ihnen einige Anwendungen von Redox-Reaktionen in dem Bereich der Chemie, der Elektrochemie genannt wird.

Da gehen sie hin, die Elektronen: Redox-Reaktionen

Redox-Reaktionen – Reaktionen, bei denen gleichzeitig Elektronen von einer chemischen Substanz zu einer anderen übertragen werden –, setzen sich in Wirklichkeit aus zwei verschiedenen Reaktionen zusammen: Oxidation (ein Verlust an Elektronen) und Reduktion (ein Gewinn von Elektronen). Diese Reaktionen sind gekoppelt, da die Elektronen, die in der Oxidationsreaktion verloren gehen, dieselben Elektronen sind, die bei der Reduktionsreaktion gewonnen werden. In der Tat werden diese zwei Reaktionen (Reduktion und Oxidation) verbreitet *halbe Reaktionen* genannt, weil Sie diese zwei Hälften brauchen, um eine ganze Reaktion zu bilden, und die ganze Reaktion wird eine *Redox(Reduktion/Oxidation)*-Reaktion genannt. In Kapitel 8 beschrieb ich schon eine Redox-Reaktion, nämlich die zwischen Zinkmetall und dem Kupfer(Cu^{2+})-Ion. Das Zinkmetall verliert Elektronen, und das Kupfer-Ion gewinnt sie.

Wo habe ich jetzt die Elektronen gelassen? Oxidation

Es gibt drei Definitionen, die Sie für Oxidation verwenden können:

- ✔ Verlust an Elektronen
- ✔ Gewinn des Sauerstoffs
- ✔ Verlust an Wasserstoff

Weil ich üblicherweise mit elektrochemischen Zellen umgehe, verwende ich normalerweise die Definition, die den Verlust an Elektronen beschreibt. Die anderen Definitionen sind in Prozessen wie Verbrennung und Photosynthese nützlich.

Verlust an Elektronen

Eine Möglichkeit, Oxidation zu definieren, ist die mit der Reaktion, bei der eine chemische Substanz Elektronen beim Übergang vom Ausgangsstoff zum Produkt verliert. Wenn zum Beispiel Natrium mit Chlorgas reagiert und sich Natriumchlorid (NaCl) bildet, verliert das Natriummetall ein Elektron, das dann vom Chlor aufgenommen wird. Die folgende Gleichung zeigt das Natrium und den Verlust des Elektrons:

$Na(s) \rightarrow Na^+ + e^-$

Chemiker sagen: Wenn Natrium das Elektron verliert, wird es zum Natrium-Kation oxidiert (ein Kation ist aufgrund des Verlusts an Elektronen ein Ion mit einer positiven Ladung – siehe Kapitel 6).

Reaktionen dieser Art sind in elektrochemischen Reaktionen, also Reaktionen, die Elektrizität produzieren oder verbrauchen, sehr verbreitet. (Für mehr Information über elektrochemische Reaktionen springen Sie zum Abschnitt *Strom an und los: Elektrochemische Batterien* weiter hinten in diesem Kapitel).

Gewinn an Sauerstoff

Bei bestimmten Oxidationsreaktionen ist es manchmal offensichtlich, dass beim Übergang vom Ausgangsstoff zum Produkt Sauerstoff gewonnen wird. Reaktionen, bei denen der Gewinn des Sauerstoffs offensichtlicher als der Verlust von Elektronen ist, sind zum Beispiel Verbrennungsreaktionen (Kohleverbrennung) und der Vorgang des Rostens von Eisen. Hier die beiden Beispiele:

$C(s) + O_2(g) \rightarrow CO_2(g)$ (Verbrennen von Kohle)

$4\,Fe(s) + 3\,O_2(g) \rightarrow 2\,Fe_2O_3(s)$ (rostendes Eisen)

9 ▶ Elektrochemie: Batterien für Teekannen

In diesen Fällen sagen Chemiker, dass der Kohlenstoff zu Kohlenstoffdioxid und das Eisenmetall zu Rost oxidiert worden ist.

Verlust an Wasserstoff

In anderen Reaktionen kann Oxidation am besten als der Verlust an Wasserstoff angesehen werden. Methylalkohol kann zu Formaldehyd oxidiert werden:

$CH_3OH(l) \rightarrow CH_2O(l) + H_2(g)$

Beim Übergang von Methanol zu Formaldehyd gab die Verbindung zwei Wasserstoff-Atome ab.

Gucken Sie mal, was ich gefunden habe! Reduktion

Wie bei der Oxidation gibt es drei Definitionen zur Beschreibung der Reduktion:

- ✔ Gewinn von Elektronen
- ✔ Verlust an Sauerstoff
- ✔ Gewinn des Wasserstoffs

Gewinn von Elektronen

Reduktion wird oft als der Gewinn von Elektronen betrachtet. Beim Prozess, Silber auf eine Teekanne zu galvanisieren, (siehe den Abschnitt *Fünf Euro für eine goldene Kette? Elektrogalvanisierung* später in diesem Kapitel) wird zum Beispiel das Silber-Kation reduziert, um Metall zu versilbern. Die folgende Gleichung zeigt das Silber-Kation, das ein Elektron dazu erhält:

$Ag^+ + e^- \rightarrow Ag$

Chemiker sagen hierzu, dass das Silber-Kation reduziert wurde, um das Metall zu versilbern.

Verlust an Sauerstoff

In anderen Reaktionen ist es leichter, Reduktion beim Übergang vom Ausgangsstoff zum Produkt als den Verlust von Sauerstoff zu betrachten. Zum Beispiel wird Eisenerz (in erster Linie Rost, Fe_2O_3) zu Eisenmetall in einem Hochofen durch eine Reaktion mit Kohlenstoffmonooxid reduziert:

$Fe_2O_3(s) + 3\ CO(g) \rightarrow 2\ Fe(s) + 3\ CO_2(g)$

Das Eisen hat den Sauerstoff verloren und die Chemiker sagen, dass das Eisen-Ion zu Eisenmetall reduziert worden ist.

Gewinn des Wasserstoffs

In bestimmten Fällen kann eine Reduktion beim Übergang vom Ausgangsstoff zum Produkt auch als der Gewinn von Wasserstoff-Atomen beschrieben werden. Zum Beispiel kann Kohlenstoffmonooxid mit Wasserstoffgas zu Methylalkohol reduziert werden:

$CO(g) + 2 H_2(g) \rightarrow CH_3OH(l)$

In diesem Reduktionsprozess hat das CO die Wasserstoff-Atome gewonnen.

Des einen Verlust ist des anderen Gewinn

Weder Oxidation noch Reduktion können ohne den anderen Vorgang stattfinden. Wenn Elektronen verloren gehen, werden sie woanders gewonnen.

Berücksichtigen Sie zum Beispiel die Netto-Ionen-Gleichung (die Gleichung, die nur die chemischen Substanzen zeigt, die während einer Reaktion verändert werden – siehe Kapitel 8) für eine Reaktion zwischen Zinkmetall und einer wässrigen Kupfer(II)-sulfatlösung:

$Zn(s) + Cu^{2+} \rightarrow Zn^{2+} + Cu(s)$

Diese Gesamtreaktion setzt sich in Wirklichkeit aus zwei Halbreaktionen zusammen:

$Zn(s) \rightarrow Zn^{2+} + 2e^-$ (Oxidations-Halbreaktion – der Verlust an Elektronen)

$Cu^{2+} + 2e^- \rightarrow Cu(s)$ (Reduktions-Halbreaktion – der Gewinn von Elektronen)

Um sich leichter merken zu können, was Oxidation und was Reduktion bzgl. der Elektronen jeweils bedeutet, lernt man am besten die Phrase auswendig »Leo geht nach Ger« (LEO = *L*ose *E*lectrons *O*xydation; GER *G*ain *E*lectrons *R*eduction).

Zink gibt zwei Elektronen ab; das Kupfer(II)-Kation nimmt zwei Elektronen auf. Zn wird oxidiert. Aber ohne die Anwesenheit von Cu^{2+} geschieht nichts. Dieses Kupfer-Kation ist das oxidierende Mittel. Es ist das notwendige Mittel, damit der Oxidationsprozess stattfinden kann. Das oxidierende Mittel übernimmt die Elektronen von der chemischen Substanz, die oxidiert wird.

Cu^{2+} wird reduziert, wenn es Elektronen aufnimmt. Die Substanz, die die Elektronen bereitstellt, wird das *reduzierende Agens* genannt. In diesem Fall ist das reduzierende Agens das Zinkmetall.

 Das oxidierende Agens ist die Substanz, die reduziert wird, und das reduzierende Agens ist die Substanz, die oxidiert wird. Oxidierende und reduzierende Agenzien befinden sich auf der linken Seite der Redox-Gleichung.

Zahlenspiel: Oxidationszahlen

Oxidationszahlen sind Buchhaltungszahlen. Sie erlauben Chemikern zum Beispiel, Redox-Gleichungen ins Gleichgewicht zu setzen. Oxidationszahlen sind positive oder negative Zahlen, die Sie nicht mit Ionenladungen oder Valenzen verwechseln dürfen. Oxidationszahlen werden den Elementen mit Hilfe dieser Regeln zugeordnet:

- ✔ **Regel 1:** Die Oxidationszahl eines Elements im freien (ungebundenen) Zustand ist null (zum Beispiel Al(s) oder Zn(s)). Dies gilt auch für die in der Natur als zweiatomige Elemente vorkommenden H_2, O_2, N_2, F_2, Cl_2, Br_2 oder I_2 und für Schwefel, S_8.

- ✔ **Regel 2:** Die Oxidationszahl eines einatomigen Ions ist die gleiche wie die Ladung des entsprechenden Ions (zum Beispiel Na^+ = +1, S^{2-} = -2).

- ✔ **Regel 3:** Die Summe aller Oxidationszahlen in einer neutralen Verbindung ist null. Die Summe aller Oxidationszahlen in einem mehratomigen Ion ist mit der Ionenladung identisch. Diese Regel erlaubt es Chemikern oft, die Oxidationszahl eines Atoms zu berechnen, das mehrere Oxidationszustände haben kann, wenn die Oxidationszahlen der anderen Atome im Ion bekannt sind. (Siehe Kapitel 6 zu Beispielen für Atome mit mehreren Oxidationszuständen.)

- ✔ **Regel 4:** Die Oxidationszahl eines Alkalimetalls (IA-Familie) in einer Verbindung ist fast immer +1; die Oxidationszahl eines Erdalkalimetalls (IIA-Familie) in einer Verbindung ist fast immer +2.

- ✔ **Regel 5:** Die Oxidationszahl des Sauerstoffs in einer Verbindung ist normalerweise -2. Wenn der Sauerstoff jedoch in einer Verbindung der Klasse von Peroxiden (zum Beispiel Wasserstoffperoxid oder H_2O_2) genannten Verbindungen ist, dann hat der Sauerstoff eine Oxidationszahl von -1. Wenn der Sauerstoff sich mit Fluor verbindet, ist die Zahl +1.

- ✔ **Regel 6:** Der Oxidationszustand des Wasserstoffs in einer Verbindung ist normalerweise +1. Wenn der Wasserstoff Teil eines binären Metallhydrids (Verbindung von Wasserstoff und Metall) ist, dann ist der Oxidationszustand des Wasserstoffs -1.

- ✔ **Regel 7:** Die Oxidationszahl des Fluors ist immer -1. Chlor, Brom und Jod haben normalerweise eine Oxidationszahl von -1, es sei denn, sie sind in einer Verbindung mit Sauerstoff oder Fluor. (Zum Beispiel in ClO^-, die Oxidationszahl des Sauerstoffs ist -2, und die Oxidationszahl des Chlors ist +1; denken Sie daran, dass die Summe aller Oxidationszahlen in ClO^- -1 sein muss.)

Diese Regeln geben Ihnen die Möglichkeit, Oxidation und Reduktion bezüglich auf Oxidationszahlen zu definieren. Betrachten Sie zum Beispiel folgende Reaktion:

$Zn(s) \rightarrow Zn^{2+} + 2e^-$

Beachten Sie, dass das Zink (der Ausgangsstoff) eine Oxidationszahl von null (Regel 1) hat und das Zink-Kation (das Produkt) eine Oxidationszahl von +2 (Regel 2) hat. Im Allgemeinen können Sie sagen, dass eine Substanz oxidiert wird, wenn ihre Oxidationszahl zunimmt.

Reduktion funktioniert auf dieselbe Weise. Betrachten Sie hierzu diese Reaktion:

$Cu^{2+} + 2e^- \rightarrow Cu(s)$

Das Kupfer geht von einer Oxidationszahl von +2 auf null. Eine Substanz wird reduziert, wenn sich ihre Oxidationszahl verringert.

Das Abwägen von Redox-Gleichungen

Redox-Gleichungen sind oft so komplex, dass die bekannte Methode (das Herumspielen mit den Koeffizienten), um die chemischen Gleichungen auszubalancieren, nicht so gut funktioniert (zu deren Erläuterung siehe Kapitel 8). Also haben Chemiker zwei verschiedene Methoden dafür entwickelt, Redox-Gleichungen auszubalancieren. Eine Methode wird die *Oxidationszahlenmethode* genannt. Sie basiert auf den Änderungen in den Oxidationszahlen, die während der Reaktion vorkommen. Ich persönlich denke nicht, dass diese Methode annähernd so gut funktioniert wie die zweite Methode, die Ionenelektronen-(Halbreaktions-)Methode, weil die genaue Änderung der Oxidationszahl manchmal schwierig zu bestimmen ist. Also stelle ich Ihnen lieber die zweite Methode vor.

Nun ein Überblick über die Ionenelektronenmethode: Die unausgewogene Redox-Gleichung wird in die Ionen-Gleichung umgewandelt und dann in zwei Halb-Reaktionen – Oxidation und Reduktion – aufgeteilt. Jede dieser halben Reaktionen wird gesondert ausbalanciert und dann verbunden, um die ausgewogene Ionen-Gleichung zu erhalten. Zuletzt werden die Zuschauer-Ionen in die ausgewogene Ionen-Gleichung eingesetzt und wandeln damit die Reaktion wieder in die molekulare Form um. (Eine schöne Schlagwort-Orgie, nicht wahr? Zur Erläuterung von molekularen, Ionen- und Netto-Ionen-Gleichungen siehe Kapitel 8.) Es ist wichtig, die Schritte genau und in der Reihenfolge auszuführen, wie sie aufgelistet sind. Sonst kann es sein, dass Sie beim Ausbalancieren von Redox-Gleichungen nicht besonders erfolgreich sind.

Wie wär' es jetzt mit einem kleinen Beispiel? Ich habe vor, Ihnen zu zeigen, wie diese Redox-Gleichung mit der Ionenelektronenmethode abzuwägen ist:

$$Cu(s) + HNO_3(aq) \rightarrow Cu(NO_3)_2(aq) + NO(g) + H_2O(l)$$

Führen Sie folgende Schritte aus:

1. **Wandeln Sie die unausgeglichene Redox-Reaktion in die Ionenform um.**

   In dieser Reaktion sehen Sie die Salpetersäure in der Ionenform, weil es eine starke Säure ist (zur Diskussion von starken Säuren siehe Kapitel 12). Kupfer(II)-nitrat ist löslich (angezeigt durch (aq)), sodass es in seiner Ionenform dasteht (siehe Kapitel 8). Weil NO(g) und Wasser molekulare Verbindungen sind, bleiben sie in der molekularen Form:

   $$Cu(s) + H^+ + NO_3^- \rightarrow Cu^{2+} + 2\,NO_3^- + NO(g) + H_2O(l)$$

2. **Falls notwendig, ordnen Sie Oxidationszahlen zu und schreiben dann zwei halbe Reaktionen (Oxidation und Reduktion) auf, indem Sie die chemischen Substanzen anzeigen, die ihre Oxidationszahl geändert haben.**

   Manchmal ist es leicht, zu sagen, was oxidiert und reduziert wurde, aber in anderen Fällen ist es nicht so einfach. Beginnen Sie, indem Sie die Beispielreaktion durchgehen und die Oxidationszahlen zuordnen. Sie können dann die chemischen Substanzen verwenden, die ihre Oxidationszahlen geändert haben, um die unausgewogenen Halbreaktionen niederzuschreiben:

   $$Cu(s) + H^+ + NO_3^- \rightarrow Cu^{2+} + 2\,NO_3^- + NO(g) + H_2O(l)$$

   0   +1 +5(-2)3   +2   +5(-2)3   + 2 -2   (+1)2 -2

9 ▶ Elektrochemie: Batterien für Teekannen

Schauen Sie genau hin. Das Kupfer änderte seine Oxidationszahl (von 0 auf 2) und auch der Stickstoff (von -2 auf +2). Die unausbalancierten Halbreaktionen sind

$Cu(s) \rightarrow Cu^{2+}$

$NO_3^- \rightarrow NO$

3. Wägen Sie alle Atome mit Ausnahme des Sauerstoffs und des Wasserstoffs ab.

Es ist klug, bis zum Ende darauf zu warten, Wasserstoff- und Sauerstoff-Atome abzuwägen, das heißt, gleichen Sie die anderen Atome immer zuerst ab. Sie können das tun, indem Sie mit den Koeffizienten herumprobieren. (Sie dürfen keine Subskripts verändern, sondern nur Koeffizienten.) Nun, in diesem besonderen Fall sind die Kupfer- und Stickstoff-Atome schon im Gleichgewicht, eins auf jeder Seite:

$Cu(s) \rightarrow Cu^{2+}$

$NO_3^- \rightarrow NO$

4. Bringen Sie die Sauerstoff-Atome ins Gleichgewicht.

Wie Sie diese Atome ausgleichen, hängt davon ab, ob Sie mit sauren oder basischen Lösungen zu tun haben:

- In sauren Lösungen nehmen Sie die Anzahl der erforderlichen Sauerstoff-Atome und fügen die gleiche Anzahl von Wassermolekülen der Seite hinzu, die Sauerstoff benötigt.

- Bei basischen Lösungen fügen Sie für jedes Sauerstoffatom 2 OH⁻ hinzu, und zwar auf der Seite, die Sauerstoff benötigt. Dann fügen Sie auf der anderen Seite der Gleichung halb so viele Wassermoleküle wie verwendete OH⁻-Anionen hinzu.

Eine saure Lösung hat etwas Säure oder H^+, in einer basischen Lösung liegt OH^- vor. Die Beispielgleichung ist unter sauren Bedingungen (Salpetersäure, HNO_3, die in ionisierter Form aus $H^+ + NO_3^-$ besteht). Dies hat nichts mit der Halbreaktion beim Kupfer zu tun, die das Kupfer einschließt, da hierbei keine Sauerstoff-Atome vorkommen. Aber Sie müssen die Sauerstoff-Atome in der zweiten Halbreaktion ins Gleichgewicht bringen:

$Cu(s) \rightarrow Cu^{2+}$

$NO_3^- \rightarrow NO + 2\,H_2O$

5. Wägen Sie die Wasserstoff-Atome ab.

Wieder hängt es davon ab, ob Sie eine saure oder basische Lösung vorliegen haben:

- In sauren Lösungen nehmen Sie die Anzahl der erforderlichen Wasserstoff-Atome und fügen die gleiche Anzahl von H^+ der Seite hinzu, die Wasserstoff benötigt.

- In basischen Lösungen fügen Sie ein Wassermolekül für jedes Wasserstoff-Atom der Seite hinzu, die Wasserstoff benötigt. Dann fügen Sie der anderen Seite der Gleichung so viele OH⁻-Anionen hinzu, wie Wassermoleküle benötigt werden.

Die Beispielgleichung beschreibt den sauren Zustand. Sie müssen die Wasserstoff-Atome in der zweiten Halbreaktion zum Ausgleich bringen:

$Cu(s) \rightarrow Cu^{2+}$

$4 H^+ + NO_3^- \rightarrow NO + 2 H_2O$

6. Wägen Sie die Ionenladung in jeder Halbreaktion durch Hinzufügen von Elektronen ab.

$Cu(s) \rightarrow Cu^{2+} + 2 e^-$ (Oxidation)

$3 e^- + 4 H^+ + NO_3^- \rightarrow NO + 2 H_2O$ (Reduktion)

Die Elektronen sollten auf den gegenüberliegenden Seiten der Gleichung in den zwei Halbreaktionen enden. Denken Sie daran, dass Sie Ionenladungen, nicht Oxidationszahlen verwenden.

7. Wägen Sie Elektronenabgabe gegen Elektronenaufnahme zwischen den zwei Halb-Reaktionen ab.

Die Elektronen, die in der Oxidation-Halbreaktion abgegeben werden, sind dieselben Elektronen, die bei der Reduktion-Halbreaktion gewonnen werden. Die Anzahl der abgegebenen und aufgenommenen Elektronen muss gleich sein. Aber Schritt 6 zeigt einen Verlust von zwei Elektronen und einen Gewinn von drei. Also müssen Sie die Zahlen mit Hilfe von entsprechenden Multiplikatoren für beide Halbreaktionen richtig einstellen. In diesem Fall müssen Sie zwischen 2 und 3 den kleinsten gemeinsamen Nenner finden. Dieser ist 6, also multipliziert man die erste Halbreaktion mit 3 und die zweite Halbreaktion mit 2.

$3 \times [Cu(s) \rightarrow Cu^{2+} + 2 e^-] = 3 Cu(s) \rightarrow 3 Cu^{2+} + 6 e^-$

$2 \times [3 e^- + 4 H^+ + NO_3^- \rightarrow NO + 2 H_2O] = 6 e^- + 8 H^+ + 2 NO_3^- \rightarrow 2 NO + 4 H_2O$

8. Addieren Sie die zwei Halb-Reaktionen und streichen Sie alles, was beiden Seiten gemeinsam ist. Die Elektronen sollten immer verschwinden (die Anzahl von Elektronen sollte auf beiden Seiten gleich sein).

$3 Cu + \cancel{6 e^-} + 8 H^+ + 2 NO_3^- \rightarrow 3 Cu^{2+} + \cancel{6 e^-} + 2 NO + 4 H_2O$

9. Wandeln Sie die Gleichung durch Hinzufügen der Zuschauer-Ionen wieder in die molekulare Form um.

Wenn es notwendig ist, einer Seite der Gleichung Zuschauer-Ionen hinzuzufügen, fügen Sie der anderen Seite der Gleichung dieselbe Anzahl hinzu. Auf der linken Seite der Gleichung gibt es zum Beispiel 8 H^+. In der Originalgleichung trat das H^+ in der molekularen Form von HNO_3 auf. Sie müssen das NO_3^--Zuschauer-Ion wieder hinzufügen. Sie haben schon zwei auf der linken Seite, so dass Sie nur noch sechs hinzufügen müssen. Sie fügen dann 6 NO_3^- auf der rechten Seite hinzu, um für den nötigen Ausgleich zu sorgen. Dieses sind die Zuschauer-Ionen, die Sie brauchen, um das Cu^{2+}-Kation in die molekulare Form zurückzuverwandeln, die Sie ja anstreben.

$3 Cu(s) + 8 HNO_3(aq) \rightarrow 3 Cu(NO_3)_2(aq) + 2 NO(g) + 4 H_2O(l)$

10. Vergewissern Sie sich, dass all die Atome und alle Ladungen ausgeglichen sind (wenn Sie mit einer Ionen-Gleichung angefangen haben) und all die Koeffizienten ein kleinstes gemeinsames Vielfaches haben.

Nun, so macht man das. Basische Reaktionen sind genau so leicht, solange Sie den Regeln folgen.

Strom an und los: Elektrochemische Batterien

Im Abschnitt *Des einen Verlust ist des anderen Gewinn* beschreibe ich eine Reaktion, bei der ich ein Stück Zinkmetall in eine Kupfer(II)-sulfatlösung gebe. Sofort bedeckt metallisches Kupfer die Oberfläche des Zinks. Die Gleichung für diese Reaktion ist

$Zn(s) + Cu^{2+} \rightarrow Zn^{2+} + Cu(s)$

Dies ist ein Beispiel für *direkten Elektronentransfer*. Zink gibt zwei Elektronen an das Cu^{2+}-Ion ab (wird oxidiert), das die Elektronen akzeptiert (die es zu Kupfermetall reduzieren). In Kapitel 8 zeige ich Ihnen, dass nichts geschieht, wenn Sie ein Stück Kupfermetall in eine Lösung geben, die Zn^{2+} enthält, weil Zink Elektronen leichter als Kupfer abgibt. Ich zeige Ihnen auch die Aktivitätsserie von Metallen, die es Ihnen erlaubt, vorherzusagen, ob eine Redox-Reaktion stattfindet oder nicht.

Nun ist dies eine nützliche Reaktion, wenn Sie Kupfer auf Zink galvanisieren wollen. Jedoch haben nicht viele von uns den brennenden Wunsch, dieses zu tun! Aber wenn Sie in der Lage waren, obige zwei Halbreaktionen zu trennen, so dass, wenn das Zink oxidiert ist, die abgegebenen Elektronen durch eine Leitung zum Cu^{2+} fließen müssen, dann haben Sie es schon weit gebracht. Dann haben Sie nämlich eine galvanische oder voltaische Zelle, eine Redox-Reaktion, die Elektrizität produziert. In diesem Abschnitt zeige ich Ihnen, wie diese Zn/Cu^{2+}-Reaktion so separiert werden kann, dass man einen indirekten Elektronentransfer bekommt und damit eine vernünftige Batterie.

Galvanische Zellen werden üblicherweise Batterien genannt, aber dieser Name ist manchmal nicht ganz korrekt. Eine Batterie setzt sich aus zwei oder mehr verbundenen Zellen zusammen. Das Teil im Auto ist eine Batterie, aber in Ihrer Taschenlampe befindet sich eine Zelle.

Hübsche Zelle, Daniell

Werfen Sie einen Blick auf Abbildung 9.1, die eine Daniell-Zelle zeigt, die zur Erzeugung von Elektrizität die Zn/Cu^{2+}-Reaktion verwendet. (Diese Zelle ist nach John Frederic Daniell, dem britischen Chemiker benannt, der sie im Jahr 1836 erfand.)

In der Daniell-Zelle wird ein Stück Zinkmetall in einen Behälter mit einer Zink-sulfatlösung gesteckt, und ein Stück Kupfermetall wird in eine Lösung des Kupfers(II)-sulfats in einen anderen Behälter getaucht. Diese Metallstreifen nennt man *Elektroden* der Zelle. Sie wirken als Pol oder Sammelstelle für Elektronen. Eine Leitung verbindet die Elektroden, aber es geschieht nichts, bis Sie eine Salzbrücke zwischen die zwei Behälter legen. Die Salzbrücke, normalerweise eine mit einer konzentrierten Salzlösung gefüllte U-förmige Röhre, schafft eine Verbindung, so dass sich Ionen von einem Behälter zum anderen bewegen können, um die Lösungen elektrisch neutral zu halten. Es ist, als wenn man nur eine Leitung zur Deckenlampe führt; das Licht funktioniert nicht, es sei denn, Sie fügen eine zweite Leitung hinzu, um den Stromkreis zu schließen.

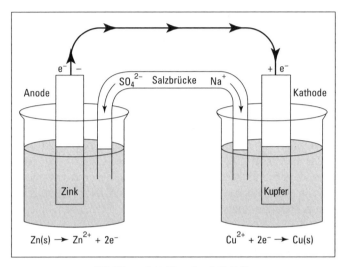

Abbildung 9.1: Eine Daniell-Zelle

Mit Hilfe der Salzbrücke können Elektronen zu fließen beginnen. Es ist dieselbe grundlegende Redox-Reaktion wie die, die ich Ihnen am Anfang dieses Abschnitts zeigte. Zink wird oxidiert und gibt Elektronen frei, die durch die Leitung zur Kupferelektrode fließen, wo sie für die Cu^{2+}-Ionen verfügbar werden, die wiederum metallisches Kupfer damit bilden. Kupfer-Ionen von der Kupfer(II)-sulfatlösung galvanisieren auf die Kupferelektrode, während die Zinkelektrode verbraucht wird. Die Kationen in der Salzbrücke wandern in den Behälter, der die Kupferelektrode enthält, um die Kupfer-Ionen zu ersetzen, die verbraucht werden, während die Anionen in der Salzbrücke in Richtung der Zinkseite wandern, wo sie die Lösung mit den frisch erzeugten Zn^{2+}-Kationen elektrisch neutral halten.

Die Zinkelektrode wird *Anode* genannt. Es ist die Elektrode, an der die Oxidation stattfindet, und sie wird mit einem »-«-Zeichen versehen. Die Kupferelektrode wird *Kathode* genannt. Sie ist die Elektrode, an der die Reduktion stattfindet, und ist mit einem »+«-Zeichen versehen.

Eine solche Zelle produziert etwas mehr als ein Volt. Sie können mehr Spannung erzeugen, indem Sie die Lösungen, in denen die Elektroden sind, konzentrierter machen. Aber was können Sie tun, wenn Sie zum Beispiel zwei Volt wollen? Sie haben hierzu einige Möglichkeiten. Sie können zwei dieser Zellen zusammenkoppeln und zwei Volt produzieren, oder Sie können zwei andere Metalle aus dem Aktivitätsseriendiagramm in Kapitel 8 wählen, die weiter auseinander sind als Zink und Kupfer. Je weiter die Metalle in der Aktivitätsserie auseinander sind, desto mehr Spannung wird die Zelle produzieren.

Es werde Licht: Taschenlampenbatterien

Die übliche Taschenlampenbatterie (siehe Abbildung 9.2), ein Trockenelement (sie befindet sich nicht in einer Lösung wie eine Daniell-Batterie), ist in einem Zinkgehäuse untergebracht, das als Anode wirkt. Die andere Elektrode, die Kathode, ist ein Graphitstab in der Mitte der Batterie. Eine Schicht aus Manganoxid und Kohlenstoffschwarz (eine der vielen Erscheinungsformen des Kohlenstoffs) umgibt den Graphitstab und eine dicke Paste aus Ammoniumchlorid und Zinkchlorid dient als Elektrolyt. Die Reaktionen sind

$Zn(s) \rightarrow Zn^{2+} + 2\ e^-$ (Anodenreaktion/Oxidation)

$2\ MnO_2(s) + 2\ NH_4^+ + 2\ e^- \rightarrow Mn_2O_3(s) + 2\ NH_3(aq) + H_2O(l)$ (Kathodenreaktion/Reduktion)

Beachten Sie, dass das Gehäuse tatsächlich eine der Elektroden ist. Es wird in der Reaktion verbraucht. Wenn dabei eine dünne Stelle entsteht, bildet sich ein Loch und die Batterie lässt ihren korrosiven Inhalt heraussickern. Außerdem tendiert das Ammoniumchlorid dazu, Metall zu korrodieren, womit wieder die Möglichkeit eines Lecks entsteht.

Im alkalischen Trockenelement (Alkali-Batterie) wird das saure Ammoniumchlorid aus der normalen Trockenbatterie durch basisches (alkalisches) Kaliumhydroxid ersetzt. Mit dieser Chemikalie wird die Korrosion des Zinkbodens stark reduziert.

Eine andere Zelle mit dem gleichen Grundaufbau ist die weithin bei Uhren, Schrittmachern usw. verwendete kleine Quecksilberbatterie. Bei dieser Batterie besteht die Anode aus Zink, wie beim normalen Trockenelement, aber die Kathode ist aus Stahl. Das Quecksilber(II)-oxid (HgO) und eine alkalische Paste bilden den Elektrolyt. Sie sollten diese Art der Batterie vorsichtig entsorgen, damit das Quecksilber nicht in die Umwelt gelangt.

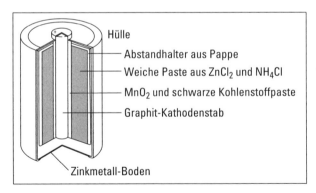

Abbildung 9.2: Eine Trockenbatterie

All diese galvanischen Zellen produzieren Elektrizität, bis ihnen ein Ausgangsstoff ausgeht. Dann müssen sie ausrangiert werden. Es gibt jedoch auch Batterien, die aufgeladen werden können, so wie die Redox-Reaktion umgekehrt werden kann, um den Ausgangsstoff wieder zu erneuern. Nickel-Cadmium(Ni-Cad)- und Lithiumbatterien fallen in diese Kategorie. Die bekannteste Art aufladbarer Batterien ist wahrscheinlich die Autobatterie.

Gentlemen, starten Sie Ihre Motoren: Autobatterien

Die gewöhnliche Autobatterie oder der gewöhnliche Bleiakku besteht aus sechs Zellen, die in Serie (siehe Abbildung 9.3) geschaltet sind. Die Anode jeder Zelle besteht aus Blei, während die Kathode aus Bleidioxid (PbO_2) besteht. Die Elektroden sind in eine Schwefelsäure(H_2SO_4)-Lösung getaucht. Wenn Sie Ihr Auto starten, finden die folgenden Reaktionen statt:

$Pb(s) + H_2SO_4(aq) \rightarrow PbSO_4(s) + 2\ H^+ + 2\ e^-$ (Anode)

$2\ e^- + 2\ H^+ + PbO_2(s) + H_2SO_4(aq) \rightarrow PbSO_4(s) + 2\ H_2O(l)$ (Kathode)

$Pb(s) + PbO_2(s) + 2\ H_2SO_4(aq) \rightarrow 2\ PbSO_4(s) + 2\ H_2O(l)$ (allgemeine Reaktion)

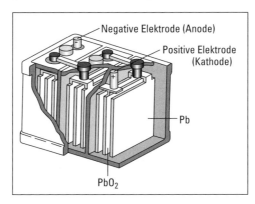

Abbildung 9.3: Der Bleiakku (Autobatterie)

Wenn diese Reaktion stattfindet, werden beide Elektroden zu festem Blei(II)-sulfat und die Schwefelsäure verbraucht.

Nach dem Start (wenn der Motor läuft) übernimmt der Wechselstromgenerator oder die Lichtmaschine die Aufgabe, Elektrizität zu produzieren (für den Funken an der Zündkerze zum Beispiel) und lädt außerdem die Batterie auf. Die Lichtmaschine kehrt sowohl den Fluss der Elektronen in die Batterie als auch die ursprünglichen Redox-Reaktionen um und erneuert das Blei und Bleidioxid:

$2\ PbSO_4(s) + 2\ H_2O(l) \rightarrow Pb(s) + PbO_2(s) + 2\ H_2SO_4(aq)$

Der Bleiakku kann ziemlich oft entladen und geladen werden. Aber Schlaglöcher auf der Straße oder überraschend auftauchende (!) Bordsteine können dazu führen, dass etwas Bleisulfat abblättert und die Batterie in ihrer Funktion beeinträchtigt wird.

Während des Ladens arbeitet die Autobatterie wie eine andere Art von elektrochemischer Zelle, nämlich wie eine elektrolytische Zelle, bei der durch die eingespeiste Elektrizität die andere Richtung der Redox-Gleichung betrieben wird. Diese Reaktion kann das Aufladen einer Batterie sein, oder sie kann dazu benutzt werden, Omas Teekanne zu galvanisieren.

Fünf Euro für eine goldene Kette? Elektrogalvanisierung

Elektrolytische Batterien, also Batterien, die Elektrizität verwenden, um eine gewünschte Redox-Reaktion zu produzieren, finden wir im Alltag sehr häufig. Aufladbare Batterien sind ein Hauptbeispiel hierfür, aber es gibt noch viele andere Anwendungen. Haben Sie sich schon einmal gefragt, wie das Aluminium Ihrer Bierdose gewonnen wird? Aluminiumerz ist überwiegend Aluminiumoxid (Al_2O_3). Aluminiummetall wird durch Reduzieren des Aluminiumoxids in einer elektrolytischen Zelle mit hoher Temperatur produziert, wobei etwa 250.000 Ampere angewendet werden. Das ist eine Menge Elektrizität. Es ist viel billiger, alte Aluminiumdosen einzuschmelzen und neue Dosen daraus zu machen, als das Aluminium aus seinem Erz herauszuholen. Deshalb ist die Aluminiumindustrie so sehr hinter der Wiederverwertung des Aluminiums her. Es ist einfach das bessere Geschäft.

Wasser kann durch Elektrizität in einer elektrolytischen Zelle zerlegt werden. Dieser Prozess, chemische Änderungen dadurch zu erzeugen, dass man elektrischen Strom durch eine elektrolytische Zelle schickt, nennt man *Elektrolyse*. Die Reaktionsgleichung für die Elektrolyse von Wasser ist:

$$2\ H_2O(l) \rightarrow 2\ H_2(g) + O_2(g)$$

Ganz ähnlich können metallisches Natrium und Chlorgas durch die Elektrolyse von geschmolzenem Natriumchlorid erzeugt werden.

Elektrolytische Zellen werden auch bei dem Galvanisierung genannten Prozess eingesetzt. Bei der Galvanisierung wird ein teureres Metall auf die Oberfläche eines billigeren Metalls durch Elektrolyse aufgebracht (in einer sehr dünnen Schicht). Bevor die Plastikstoßstangen beliebt wurden, wurden Stahlstoßstangen verwendet, auf die durch Elektrolyse Chrom in einer dünnen Schicht aufgebracht wurde. Jene Goldkettchen, die man für 5 € kaufen kann, werden in Wirklichkeit aus billigem Metall mit einer galvanisierten Oberfläche aus Gold hergestellt. Abbildung 9.4 zeigt die Galvanisierung von Silber auf eine Teekanne.

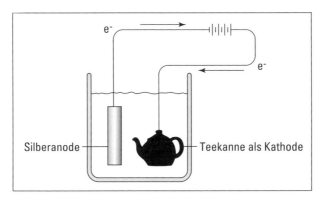

Abbildung 9.4: Galvanisierung von Silber auf der Oberfläche einer Teekanne

Eine Batterie wird im Allgemeinen verwendet, um Elektrizität für irgendeinen Vorgang bereitzustellen. Die Teekanne wirkt als Kathode, und ein Silberbarren wirkt als Anode. Der Silberbarren stellt die Silber-Ionen bereit, die auf die Oberfläche der Teekanne reduziert werden. Viele Metalle und sogar einige Legierungen können so durch Galvanisierung aufgebracht werden. Jeder mag diese tollen Oberflächen, insbesondere auch deshalb, weil sie nicht mit den hohen Kosten des eigentlichen Metalls verbunden sind. (Das erinnert mich an einen Olympiaathleten, der so stolz auf seine Goldmedaille war, dass er sie mit Bronze überzog!)

Dies bringt mich zur Weißglut! Verbrennung von Treibstoffen und Nahrung

Verbrennungsreaktionen sind Redox-Reaktionen, die für das Leben und die Zivilisation absolut essenziell sind, weil Wärme das wichtigste Produkt dieser Reaktionen ist. Das Verbrennen von Kohle, Holz, Erdgas und Petroleum heizt unsere Häuser und liefert den überwiegenden Teil unserer Elektrizität. Die Verbrennung von Benzin, Düsenflugzeugtreibstoff und Dieseltreibstoff treibt unsere Transportsysteme an. Und die Verbrennung von Nahrung sichert das Funktionieren unserer eigenen Körper.

Haben Sie sich schon einmal gefragt, wie der Energieinhalt von Treibstoff oder der Nahrung gemessen wird? Zur Messung des Wärmeinhalts verwendet man ein *Kalorimeter*. Abbildung 9.5 zeigt die größeren Komponenten eines Bombenkalorimeters.

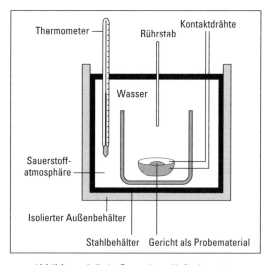

Abbildung 9.5: Aufbau eines Kaloriemeters

Um den Energieinhalt von Treibstoffen zu messen, wird eine bekannte Masse des Stoffs in einen Messbehälter gefüllt und versiegelt. Die Luft wird aus dem Behälter entfernt und durch reinen Sauerstoff ersetzt. Der Behälter wird dann ins Kalorimeter gestellt und mit einer bestimmten Menge Wasser umgeben. Die Anfangstemperatur des Wassers wird nun gemessen und dann wird die Probe elektrisch aufgeheizt. Nun wird der Temperaturanstieg gemessen, und die Anzahl der Kalorien der freigegebenen Energie wird berechnet. Eine Kalorie ist die Wärmemenge, die man braucht, um die Temperatur von 1 Gramm Wasser um 1 Grad Celsius anzuheben. Die vollständige Verbrennung eines großen Küchenstreichholzes ergibt zum Beispiel etwa eine Kilokalorie. (Siehe Kapitel 2 zu den Grundlagen von Kalorien und Energiemessungen.)

Der Wärmeinhalt der Nahrung kann genau so bestimmt werden. Chemiker geben ihre Ergebnisse in Kalorien oder Kilokalorien an, während Diätetiker von Nährkalorien sprechen. Eine Nährkalorie entspricht einer Kilokalorie des Chemikers (1.000 Kalorien). Ein Bonbon mit 300 Kalorien produziert 300.000 Kalorien Energie. Leider kann all diese Energie nicht sofort verbraucht werden, so dass eine gewisse Menge dieser Energie in Form von Fett gespeichert wird. Das Resultat vieler Bonbons trage ich nun mit mir herum.

Teil III

Das Mol, der beste Freund des Chemikers

»Was ist schon ein Doktor in Chemie, ich habe meine eigene Zirkusnummer.«

In diesem Teil ...

Chemiker bewegen sich in einer Welt von sichtbaren oder anfassbaren Dingen – der makroskopischen Welt der Gramme, Liter und Meter. Sie führen chemische Reaktionen aus, indem sie einige Gramm Reaktanden nehmen, und sie messen auch die Menge des erzeugten Produktes in Gramm. Sie verwenden Liter, um die Menge eines erzeugten Gases zu messen. Sie prüfen eine Lösung mit Lackmus-Papier, um festzustellen, ob es sich um eine Säure oder um eine Base handelt.

Chemiker bewegen sich jedoch auch in der mikroskopischen Welt der Atome und Moleküle. Da Atome und Moleküle so klein sind, sind Chemiker erst seit kurzem in der Lage, sie zu sehen – dank der fortschrittlichen Technologie der neuesten mikroskopischen Technik. Chemiker betrachten Säuren und Basen als Geber beziehungsweise Nehmer von Protonen und nicht nur als Farbveränderung eines Indikators. Dabei helfen Modelle dem Chemiker, die Prozesse zu verstehen und sogar vorherzusagen, was in der mikroskopischen Welt passiert. Diese Modelle lassen sich in ganz alltägliche Anwendungen übertragen.

Die folgenden Kapitel zeigen Ihnen die Brücke zwischen der makroskopischen und mikroskopischen Welt – das Mol. Ich erkläre Ihnen die Reaktionsstöchiometrie – also wie viel Ausgangsstoff benötigt wird, um eine spezielle Menge eines Produktes zu erzeugen. Ich führe den Begriff der Lösung und den der Kolloide ein und zeige Ihnen, was Säuren, Basen und Gase sind. Sie erfahren etwas über die Vielfalt der Beziehungen zwischen den Eigenschaften von Gasen und wie man diese mit der Stöchiometrie in Beziehung setzt. In der Chemie ist alles irgendwie miteinander verknüpft.

Das Mol: Atome zum Anfassen

In diesem Kapitel

▷ Durch Wiegen zählen

▷ Das Mol-Konzept analysieren

▷ Das Mol bei chemischen Berechnungen benutzen

Chemiker tun viele Dinge. Eines ist, neue Substanzen zu erzeugen, was die Chemiker *Synthese* nennen. Und eine logische Frage, die sie dabei stellen, ist »wie viel?«

»Wie viel von diesem Ausgangsstoff benötige ich, um wie viel von jenem Produkt herzustellen? Oder wie viel Produkt kann ich aus so viel Ausgangsstoffen erzeugen?« Um solche Fragen zu beantworten, müssen Chemiker in der Lage sein, eine ausbalancierte chemische Reaktionsgleichung, in der nur Begriffe wie Atome, Moleküle usw. vorkommen, so anzuwenden, dass sie die für die angestrebte Reaktion notwendigen Mengen in Gramm, Pfund oder Tonnen real im Labor abwägen können. Das Mol-Konzept ermöglicht es Chemikern, von der mikroskopischen Welt von Atomen und Molekülen zum realen Wert in Gramm und Kilogramm überzugehen, eines der wichtigsten, zentralen Konzepte in der Chemie. In diesem Kapitel stelle ich Sie Herrn Mol vor.

Das Zählen durch Wiegen

Nehmen Sie an, Sie haben die Aufgabe, 1.000 Muttern und 1.000 Schrauben in große Taschen zu packen, und Sie werden für jede volle Tasche bezahlt. Was ist die effizienteste und schnellste Art, die Muttern und Bolzen zu zählen? Wiegen Sie hundert oder sogar zehn Stück ab und ermitteln Sie dann, wie viel tausend davon wiegen. Füllen Sie die Tasche mit Muttern auf, bis sie so schwer ist, wie 1000 rechnerisch wiegen müssen. Wenn Sie die richtige Anzahl von Muttern haben, machen Sie das Gleiche mit den Schrauben. Mit anderen Worten: Zählen Sie durch Wiegen; das ist eine der effizientesten Möglichkeiten, große Mengen von Objekten zu zählen.

In der Chemie zählen Sie sehr große Mengen von Teilchen wie Atome und Moleküle. Um sie gut und schnell zu zählen, sind Sie auf das Zählen durch Wiegen angewiesen. Die Zählung-durch-Wiegen-Methode verwenden bedeutet, dass Sie wissen müssen, wie viel die einzelnen Atome und Moleküle wiegen. Sie können nun die Masse der einzelnen Atome dem Periodensystem entnehmen. Was aber ist mit den Massen der Verbindungen? Nun, Sie können die Massen der einzelnen Atome in der Verbindung einfach zusammenzählen und erhalten damit das Molekulargewicht oder Formelgewicht. (Molekulargewichte beziehen sich auf Verbindungen kovalent gebundener Verbindungen, Formelgewichte beziehen sich sowohl auf Ionen- als auch kovalente Verbindungen. Schauen Sie in den Kapiteln 6 und 7 nach den Details von Ionen- und kovalenten Bindungen.)

Hier ein einfaches Beispiel, das zeigt, wie das Molekulargewicht einer Verbindung zu berechnen ist: Wasser, H_2O, ist aus zwei Wasserstoff-Atomen und einem Sauerstoff-Atom zusammengesetzt. Mit einem Blick in das Periodensystem stellt man fest, dass ein Wasserstoff-Atom 1,0079 amu (atomare Masseneinheit, atomic mass unit, siehe Kapitel 3) schwer ist, ein Sauerstoff-Atom wiegt 15,999 amu. Um das Molekulargewicht von Wasser zu berechnen, zählen Sie die Atommassen von zwei Wasserstoff-Atomen und einem Sauerstoff-Atom einfach zusammen:

2 x 1,0079 amu = 2,016 amu   (zwei Wasserstoff-Atome)

1 x 15,999 amu = 15,999 amu   (ein Sauerstoff-Atom)

2,016 amu + 15,999 amu = 18,015 amu   (die Masse des Wassermoleküls)

Jetzt versuchen Sie etwas Schwierigeres. Berechnen Sie das Formelgewicht des Aluminium-Sulfats $Al_2(SO_4)_3$. In diesem Salz haben Sie zwei Aluminium-Atome, drei Schwefel-Atome und zwölf Sauerstoff-Atome. Nachdem Sie die einzelnen Massen der Atome im Periodensystem gefunden haben, können Sie das Formelgewicht wie folgt berechnen:

[(2 x 26,982 amu) + (3 x 32,066 amu) + (12 x 15,999 amu)] = 342,15 amu

für das Aluminium   für den Schwefel   für den Sauerstoff   für $Al_2(SO_4)_3$

Paare, Dutzende, alte Riese und Mole

Wenn wir Menschen uns mit Objekten befassen, denken wir oft an eine bestimmte, vernünftige Menge hiervon. Wenn eine Frau zum Beispiel Ohrringe kauft, kauft sie normalerweise zwei davon. Wenn ein Mann ins Lebensmittelgeschäft geht, kauft er Eier im Dutzend. Und wenn ich zum Bürobedarfsgeschäft gehe, kaufe ich ein Ries Kopierpapier.

Wir verwenden Wörter, um die ganze Zeit Nummern darzustellen – ein Paar ist zwei, ein Dutzend ist zwölf, und ein altes Ries sind 500 Stück. All diese Wörter sind Maßeinheiten. Sie eignen sich besonders für die Objekte, auf die sie angewendet werden. Selten würden Sie ein Ries Ohrringe oder ein Paar Papier kaufen wollen.

Genauso ist das, wenn Chemiker mit Atomen und Molekülen umgehen. Dann brauchen sie eine angenehme Einheit, die die sehr kleine Größe von Atomen und Molekülen in Betracht zieht. Es gibt solch eine Einheit. Sie wird Mol genannt.

Avogadros Nummer: Steht nicht im Telefonbuch

Das Wort Mol steht für eine Zahl – $6,022 \times 10^{23}$. Diese Zahl wird nach dem Wissenschaftler Amedeo Avogadro, der die grundlegenden Arbeiten hierzu geleistet hat, allgemein *Avogadrozahl* genannt.

Nun ist ein Mol – $6,022 \times 10^{23}$ – eine wirklich riesige Zahl. Ausgeschrieben ist dies

602.200.000.000.000.000.000.000

Das ist der Grund, warum ich die wissenschaftliche Schreibweise so mag.

10 ➤ Das Mol: Atome zum Anfassen

Wenn Sie ein Mol von Marshmallows hätten, würde es die Vereinigten Staaten in einer Dicke von etwa 600 Meilen bedecken. Ein Mol von Reiskörnern würde den Kontinentteil der Welt in einer Dicke von 75 Metern bedecken. Und ein Mol von Würmern ... nein, darüber will ich noch nicht einmal nachdenken!

Die Avogadrozahl steht also für eine bestimmte Zahl von Dingen. Normalerweise sind das Atome und Moleküle. Also bezieht sich das Mol auf die mikroskopische Welt von Atomen und Molekülen. Aber wie bezieht es sich auf die makroskopische Welt, in der ich arbeite?

Die Antwort ist, dass ein Mol auch die Anzahl von Teilchen in genau 12 Gramm eines besonderen Isotops von Kohlenstoff (C-12) ist. So, wenn Sie genau 12 Gramm ^{12}C haben, haben Sie $6,022 \times 10^{23}$ Kohlenstoff-Atome, was auch ein Mol von ^{12}C-Atomen bedeutet. Für jedes andere Element ist ein Mol die in Gramm ausgedrückte Atommasse. Und für eine Verbindung ist ein Mol die Verbindungsformel oder das Molekulargewicht in Gramm.

Die Anwendung des Mols in der realen Welt

Die Masse eines Wassermoleküls ist 18,015 amu (siehe Abschnitt *Das Zählen durch Wiegen* für die Berechnung der Masse von Verbindungen). Weil ein Mol das Molekulargewicht einer Verbindung in Gramm ist, kann man nun genau sagen, dass die Masse eines Mols von Wasser 18,015 Gramm ist. Sie können auch sagen, dass 18,015 Gramm Wasser $6,022 \times 10^{23}$ H_2O-Moleküle oder ein Mol Wasser enthalten. Und das Mol von Wasser setzt sich aus zwei Molen Wasserstoff und einem Mol Sauerstoff zusammen.

Das Mol ist die Brücke zwischen der mikroskopischen und der makroskopischen Welt:

$6,022 \times 10^{23}$ Teilchen sind ein Mol und entsprechen der Atom- (oder Verbindungsformel-) Masse in Gramm.

Wenn Sie eines der drei Dinge – Teilchen, Mol oder Gramm – haben, dann können Sie die anderen zwei berechnen.

Nehmen wir zum Beispiel an, Sie wollen wissen, wie viele Wassermoleküle in 5,50 mol Wasser sind. Sie können das Problem wie folgt lösen:

5,50 mol x $6,022 \times 10^{23}$ Moleküle/mol = $3,31 \times 10^{24}$ Moleküle

Oder nehmen wir an, Sie wollen wissen, wie viele Mole in 25,0 Gramm Wasser sind. Sie können das Problem wie folgt lösen (siehe auch Anhang B zur Exponenten-Arithmetik):

$$\frac{25,0 \not{g}\, H_2O}{1} \times \frac{1\, mol\, H_2O}{18,015 \not{g}\, H_2O} = 1,39\, mol\, H_2O$$

Sie können sogar von Gramm auf die Anzahl der Teilchen schließen. Wie viele Moleküle sind zum Beispiel in 100,0 Gramm Kohlenstoffdioxid?

Das Erste, das Sie tun müssen, ist, das Molekulargewicht von CO_2 zu bestimmen. Ein Blick auf das Periodensystem genügt, um festzustellen, dass ein Kohlenstoff-Atom 12,011 amu und ein Sauerstoff-Atom 15,999 amu wiegt. Jetzt bestimmen Sie das Molekulargewicht wie folgt:

$[(1 \times 12{,}011 \text{ g/mol}) + (2 \times 15{,}999 \text{ g/mol})] = 44{,}01 \text{ g/mol für } CO_2$

Jetzt können Sie das Problem lösen:

$$\frac{100{,}0 \text{ g } CO_2}{1} \times \frac{1 \text{ mol } CO_2}{44{,}01 \text{ g}} \times \frac{6{,}022 \times 10^{23} \text{ Moleküle}}{1 \text{ mol}} = 1{,}368 \times 10^{24} CO_2 \text{ Moleküle}$$

Es ist genau so leicht, von Teilchen zu Molen und zu Gramm zu kommen.

Sie können das Mol-Konzept auch verwenden, um die empirische Formel einer Verbindung mit Hilfe der Information über die prozentuale Zusammensetzung für diese Verbindung – dem Prozentsatz der Masse jedes Elements in der Verbindung – zu berechnen. (Die empirische Formel gibt die verschiedenen Arten von Elementen in einem Molekül und den kleinsten gemeinsamen ganzzahligen Nenner jedes Atoms im Molekül an. Siehe Kapitel 7 für mehr Details.)

Wenn ich versuche, die empirische Formel einer Verbindung zu bestimmen, besitze ich oft Informationen zum Prozentsatz. Die Bestimmung der Prozentsätze ist eine der ersten Analysen, die ein Chemiker beim Kennenlernen einer neuen Verbindung durchführt. Nehmen Sie zum Beispiel an, ich hätte herausgefunden, dass eine spezielle Verbindung die folgende prozentuale Zusammensetzung von Elementen aufweist: 26,4% Na, 36,8% S und 36,8% O. Da ich mich mit Prozenten befasse (Betrag pro hundert), nehme ich an, dass ich 100 Gramm der Verbindung habe, so dass meine Prozentsätze direkt als Massen hergenommen werden können. Ich wandle dann jede Masse in Mol um wie folgt.

$$\frac{26{,}4 \text{ g } Na}{1} \times \frac{1 \text{ mol } Na}{22{,}99 \text{ g}} = 1{,}15 \text{ mol } Na$$

$$\frac{36{,}8 \text{ g } S}{1} \times \frac{1 \text{ mol } S}{32{,}07 \text{ g}} = 1{,}15 \text{ mol } S$$

$$\frac{36{,}8 \text{ g } O}{1} \times \frac{1 \text{ mol } O}{16{,}00 \text{ g}} = 2{,}30 \text{ mol } O$$

Jetzt kann ich die empirische Formel von $Na_{1{,}15}S_{1{,}15}O_{2{,}30}$ aufschreiben. Ich weiß, dass meine Subskripte ganze Zahlen sein müssen. Ich dividiere also jedes Subskript durch das kleinste, also 1,15, und erhalte $NaSO_2$. (Wenn ein Subskript 1 ist, wird es nicht angezeigt.) Ich kann dann eine Masse für die empirische Formel durch Zusammenzählen der Atommassen im Periodensystem von einem Natrium- (Na), einem Schwefel- (S) und zwei Sauerstoff-Atomen (O) berechnen. Ich erhalte damit ein empirisches Formelgewicht von 87,056 Gramm. Nehmen wir an, dass ich in einem anderen Versuch herausbekommen habe, dass das tatsächliche Molekulargewicht dieser Verbindung 174,112 Gramm war. Durch Division von 174,112 Gramm durch 87,056 Gramm (tatsächliches Molekulargewicht durch empirisches Formelgewicht) erhalte ich 2. Dies bedeutet, dass die reale molekulare Formel zweimal die empirische Formel ist, so dass die Verbindung tatsächlich $Na_2S_2O_4$ ist.

Chemische Reaktionen und das Mol

Ich denke, einer der Gründe, warum ich es genieße, Chemiker zu sein, ist, dass ich gerne koche. Ich sehe viele Ähnlichkeiten zwischen Kochen und Chemie. Ein Chemiker nimmt bestimmte Reaktanden und macht etwas Neues daraus. Ein Koch macht eigentlich das Gleiche. Er oder sie nimmt bestimmte Dingen, Zutaten genannt, und macht etwas Neues daraus.

Ich stelle zum Beispiel gerne die FAT-Verbindung her (FAT = Fantastische Apfel Torte). Das Rezept hierzu lautet:

Äpfel + Zucker + Mehl + Gewürz = FAT

Halt, warten Sie. Mein Rezept hat auch Portionen. Es sieht mehr so aus:

4 Tassen Äpfel + 3 Tassen Zucker + 2 Tassen Mehl + 1/10 Tasse Gewürze = 12 FATs

Mein Rezept sagt mir, wie viel jeder Zutat ich brauche, und wie viele FATs ich dadurch erhalte. Ich kann mein Rezept sogar dazu verwenden, um einzuschätzen, wie viel von jeder Zutat ich für eine bestimmte Menge von FATs benötige. Nehmen wir zum Beispiel an, ich gebe ein großes Abendessen, und ich brauche 250 FATs. Ich kann mein Rezept nun anwenden, um die Menge Äpfel, Zucker, Mehl und Gewürze zu berechnen, die ich benötige. Hier ist zum Beispiel meine Schätzung der Zuckermenge:

$$\frac{250\ FATs}{1} \times \frac{3\ Tassen\ Zucker}{12\ FATs} = 62,5\ Tassen\ Zucker$$

Ich kann das Gleiche für die Äpfel, das Mehl und die Gewürze durch einfaches Ändern des Bruches jeder Zutat in obiger Gleichung erreichen (als ein Vielfaches der Quote für 12 FATs).

Die ausbalancierte chemische Gleichung erlaubt Ihnen genau das Gleiche. Sehen Sie sich zum Beispiel meine Lieblingsreaktion, den Haber-Prozess an, ein Verfahren zur Herstellung von Ammoniak (NH_3) durch Reaktion von Stickstoffgas mit Wasserstoffgas:

$N_2(g) + 3\ H_2(g) \leftrightarrow 2\ NH_3(g)$

In Kapitel 8 verwende ich diese Reaktion immer wieder für verschiedene Beispiele (sagte ich eigentlich schon, dass es meine Lieblingsreaktion ist?) und erläutere auch, dass Sie die Reaktion so lesen können: Ein Molekül von Stickstoffgas reagiert mit drei Molekülen von Wasserstoffgas, um zwei Moleküle Ammoniak zu erzeugen.

$N_2(g)$	+	$3\ H_2(g)$	$\leftrightarrow$	$2\ NH_3(g)$
1 Molekül		3 Moleküle		2 Moleküle

Jetzt können Sie alles durch einen Faktor 12 vergrößern:

$N_2(g)$	+	$3\ H_2(g)$	$\leftrightarrow$	$2\ NH_3(g)$
1 Dutzend Moleküle		3 Dutzend Moleküle		2 Dutzend Moleküle

Sie können es sogar bis 1.000 vergrößern:

$N_2(g)$ + $3 H_2(g)$ ↔ $2 NH_3(g)$

1.000 Moleküle   3.000 Moleküle   2.000 Moleküle

Oder, wie wär's mit 6,022 x 10^{23}:

$N_2(g)$ + $3 H_2(g)$ ↔ $2 NH_3(g)$

$6{,}022 \times 10^{23}$ Moleküle $3(6{,}022 \times 10^{23}$ Moleküle) $2(6{,}023 \times 10^{23}$ Moleküle)

Moment mal! Ist nicht 6,022 x 10^{23} ein Mol? Wir können die Gleichung also so schreiben:

$N_2(g)$ + $3 H_2(g)$ ↔ $2 NH_3(g)$

1 Mol   3 Mol   2 Mol

Richtig! Die Koeffizienten in der ausbalancierten chemischen Gleichung können nicht nur Atome und Moleküle darstellen, sondern auch die Zahl der Mole.

Nun werfen Sie noch einen Blick auf mein Rezept für FATs:

4 Tassen Äpfel + 3 Tassen Zucker + 2 Tassen Mehl + 1/10 Tasse Gewürze = 12 FATs

Nun habe ich aber ein Problem. Wenn ich zum Lebensmittelgeschäft gehe, kaufe ich keine frischen Äpfel in der Tasse. Ebenso wenig kaufe ich Zucker oder Mehl in der Tasse, sondern pfundweise. Also kaufe ich einen großen Überschuss. Da ich aber geizig bin (na ja, preisbewusst passt besser), will ich so nah wie möglich an den Betrag heran, den ich wirklich benötige. Wenn ich das Gewicht pro Tasse für jede Zutat kenne, habe ich die Lösung. So wiege ich die Zutaten und bekomme

1 Tasse Äpfel = 0,5 Pfd.; 1 Tasse Zucker = 0,7 Pfd.; 1 Tasse Mehl = 0,3 Pfd.; 1 Tasse Gewürze = 0,2 Pfd.

Jetzt kann ich die Messungen in meinem Rezept einsetzen:

4 Tassen Äpfel + 3 Tassen Zucker + 2 Tassen Mehl + 1/10 Tasse Gewürze = 12 FATs

4(0,5 Pfd.)   3(0,7 Pfd.)   2(0,3 Pfd.)   1/10(0,2 Pfd.)

Wenn ich jetzt wissen will, wie viele Pfund Äpfel ich für 250 FATs benötige, kann ich die entsprechende Gleichung wie folgt aufstellen:

$$\frac{250\ FAT}{1} \times \frac{4\ Tassen\ Äpfel}{12\ FATs} \times \frac{0{,}5\ Pfd.}{1\ Tasse\ Äpfel} = 41{,}7\ Pfd.\ Äpfel$$

Ich kann bestimmen, wie viel jeder Zutat ich (in Pfd.) benötige, wenn ich genau weiß, welches Gewicht eine Tasse dieser Zutat besitzt.

Genau das Gleiche gilt bei chemischen Gleichungen. Wenn Sie das Formelgewicht der Ausgangsstoffe und der Produkte kennen, können Sie herausbekommen, wie viel Sie benötigen und wie viel Sie produzieren.

10 ➤ Das Mol: Atome zum Anfassen

Überprüfen Sie zum Beispiel wieder diese Haber-Reaktion:

N$_2$(g)   +   3 H$_2$(g)   ↔   2 NH$_3$(g)

1 Mol   3 Mole   2 Mole

Sie brauchen nur die Molekulargewichte der Reaktanden und des Produkts zu bestimmen und bauen dann die Gewichte in die Gleichung ein. Verwenden Sie das Periodensystem, um die Massen der Atome und der Verbindung zu bestimmen (siehe Abschnitt *Das Zählen durch Wiegen* weiter vorne in diesem Kapitel) und jene Zahlen mit der Anzahl von Molen wie folgt zu multiplizieren:

1(28,014 g/mol)   3(2,016 g/mol)   2(17,031 g/mol)

Wie viel man für wie viel braucht: Reaktionsstöchiometrie

Sobald man die Massenbeziehungen aufgestellt hat, kann man einige Stöchiometrieprobleme behandeln. *Stöchiometrie* behandelt die Massenbeziehung in chemischen Gleichungen.

Sehen Sie sich meine Lieblingsreaktion an – erraten! – den Haber-Prozess:

N$_2$(g) + 3 H$_2$(g) ↔ 2 NH$_3$(g)

Nehmen wir an, Sie wollen wissen, wie viel Gramm Ammoniak durch die Reaktion von 75,00 Gramm Stickstoff bei Wasserstoffüberschuss produziert werden kann. Das Mol-Konzept liefert Ihnen den Schlüssel. Die Koeffizienten in der ausbalancierten Gleichung sind nicht nur die Anzahl von einzelnen Atomen oder Molekülen, sondern auch die Anzahl von Molen.

N$_2$ (g)   +   3 H$_2$ (g)   ↔   2 NH$_3$ (g)

1 mol   3 mol   2 mol

1(28,014 g/mol)   3(2,016 g/mol)   2(17,031 g/mol)

Zunächst können Sie 75,00 Gramm Stickstoff in Mole von Stickstoff umwandeln. Dann verwenden Sie das Verhältnis der Mole von Ammoniak zu den Molen von Stickstoff aus der ausbalancierten Gleichung, um sie in Ammoniak-Mole umzuwandeln. Zuletzt nehmen Sie die Ammoniak-Mole und wandeln sie in Gramm um. Die Gleichung sieht wie folgt aus:

$$\frac{17,031\ g\ NH_3}{1\ mol\ NH_3} \times \frac{75,00\ g\ N_2}{1} \times \frac{1}{28,014\ g\ N_2} \times \frac{2\ mol\ NH_3}{1\ mol\ N_2} \times$$

$$= 91,19\ g\ NH_3$$

Das Verhältnis der Mole NH$_3$ und N$_2$ wird *stöchiometrisches Verhältnis* genannt. Dieses Verhältnis ermöglicht Ihnen, vom Mol einer Substanz in einer ausgeglichenen chemischen Gleichung zu den Molen von einer anderen Substanz zu konvertieren.

Ihnen hängt der Haber-Prozess zum Hals heraus? (Mir nicht!) Werfen wir einen Blick auf eine andere Reaktion – die Reduktion des Rosts (Fe$_2$O$_3$), um Rost durch Kohlenstoff in Eisen zu verwandeln. Die ausbalancierte chemische Reaktion sieht so aus:

$2\ Fe_2O_3(s) + 3\ C \rightarrow 4\ Fe(s) + 3\ CO_2(g)$

Wenn Sie stöchiometrische Probleme bearbeiten wollen, müssen Sie mit einer ausbalancierten chemischen Gleichung beginnen. Wenn Sie an einem anderen Punkt beginnen, müssen Sie erst die Gleichung ausbalancieren.

In diesem Beispiel sind die benötigten Formelgewichte:

- ✓ **Fe_2O_3:** 159,69 g/mol
- ✓ **C:** 12,01 g/mol
- ✓ **Fe:** 55,85 g/mol
- ✓ **CO_2:** 44,01 g/mol

Nehmen wir an, Sie wollen wissen, wie viel Gramm Kohlenstoff für 1000 Kilogramm Rost benötigt werden. Dann müssen Sie das Kilogramm Rost in Gramm umwandeln und das Gramm in Mol. Dann können Sie ein stöchiometrisches Verhältnis zwischen Rost und Kohlenstoff in Mol und schließlich in Gramm aufstellen. Die Gleichung sieht dadn so aus:

$$\frac{1,000\ kg\ Fe_2O_3}{1} \times \frac{1000\ g}{1\ kg} \times \frac{1\ mol\ Fe_2O_3}{159,69\ g\ Fe_2O_3} \times \frac{3\ mol\ C}{2\ mol\ Fe_2O_3} \times \frac{12,01\ g\ C}{1\ mol\ C} = 112,85\ g\ C$$

Sie können sogar die Anzahl der Kohlenstoff-Atome berechnen, die mit 1,000 Kilogramm Rost reagieren. Sie verwenden grundsätzlich dieselben Umrechnungen, aber anstatt Mole von Kohlenstoff in Gramm umzuwandeln, konvertieren Sie von Kohlenstoffmolen zu Kohlenstoff-Atomen mit Hilfe der Avogadrozahl:

$$\frac{1,000\ kg\ Fe_2O_3}{1} \times \frac{1000\ g}{1\ kg} \times \frac{3\ mol\ Fe_2O_3}{2\ mol\ Fe_2O_3} \times \frac{1\ mol\ Fe_2O_3}{159,69\ g\ Fe_2O_3} \times \frac{6,022 \times 10^{23}\ Atome}{1\ mol\ C} = 5,657 \times 10^{24}\ \text{C-Atome}$$

Nun möchte ich Ihnen zeigen, wie man die Menge Eisen in Gramm berechnet, wenn 1 kg Rost mit Kohlenstoff (im Überschuss) reagiert. Es ist derselbe Grundprozess wie zuvor – von Kilogramm Rost zu Gramm Rost zu Mol Rost zu Mole von Eisen zu Gramm Eisen:

$$\frac{1,000\ kg\ Fe_2O_3}{1} \times \frac{1000\ g}{1\ kg} \times \frac{1\ mol\ Fe_2O_3}{159,69\ g\ Fe_2O_3} \times \frac{4\ mol\ Fe_2O_3}{2\ mol\ Fe_2O_3} \times \frac{55,85\ g}{1\ mol\ Fe} = 699,5\ g\ Fe$$

Also sagen wir voraus, dass wir 699,5 Gramm Eisen erzeugen können. Was ist aber, wenn bei dieser Reaktion nur 525,0 Gramm Eisen erzeugt werden? Es kann mehrere Gründe geben, warum man weniger produziert als erwartet – schlampige Technik oder unreine Reaktanden. Es ist auch ziemlich wahrscheinlich, dass die Reaktion im Gleichgewicht in beiden Richtungen abläuft. Sie bekommen nie eine 100-Prozent-Umwandlung von Reaktanden zu Produkten. (Siehe Kapitel 8 für mehr Details über Gleichgewichtsreaktionen.) Wäre es nicht schön, wenn es eine Möglichkeit gäbe, den Wirkungsgrad einer speziellen Reaktion zu bestimmen? Das geht! Man nennt es *prozentuale Ausbeute*.

Wo ist es geblieben? Prozentuale Ausbeute

In fast jeder Reaktion produziert man weniger als erwartet. Sie können weniger produzieren, weil die meisten Reaktionen Gleichgewichtsreaktionen sind (siehe Kapitel 8) oder weil eine andere Randbedingung ins Spiel kommt. Chemiker können eine Vorstellung vom Wirkungsgrad einer Reaktion durch Berechnen der prozentualen Ausbeute dafür bekommen:

$$\% \text{-Ausbeute} = \frac{\text{reale Ausbeute}}{\text{theoretische Ausbeute}} \times 100$$

Die *reale Ausbeute* ist das, was Sie als Produkt erhalten, wenn Sie die Reaktion durchführen. Die *theoretische Ausbeute* ist das, was bei der formelhaften Berechnung herauskommt. Das Verhältnis dieser zwei Ausbeuten gibt Ihnen eine Vorstellung über die Effizienz der Reaktion. Für die Reaktion von Rost (siehe vorigen Abschnitt) ist Ihre theoretische Ausbeute 699,5 Gramm Eisen; Ihre tatsächliche Ausbeute ist 525,0 Gramm. Deshalb ist die prozentuale Ausbeute

$$\text{Ausbeute (in \%)} = \frac{525,0\,\text{g}}{699,5\,\text{g}} \times 100 = 75,05\,\%$$

Eine prozentuale Ausbeute von etwa 75 Prozent ist gar nicht so schlecht, aber Chemiker und chemische Ingenieure hätten lieber 90+ Prozent. Eine Pflanze, die die Haber-Reaktion verwendet, hat eine prozentuale Ausbeute von mehr als 99 Prozent. Was für ein Wirkungsgrad!

Zu viel oder zu wenig: Limitierende Reaktanden

Ich koche gerne und ich habe fast immer Hunger. Also möchte ich jetzt darüber schreiben, einige Schinkensandwichs zu machen. Weil ich Chemiker bin, kann ich eine Gleichung zu einem Schinkensandwichmittagessen hinschreiben:

2 Stücke Brot + 1 Scheibe Schinken + 1 Scheibe Käse → 1 Schinkensandwich

Nehmen wir an, ich überprüfe meine Einkäufe und meinen Vorrat, und ich habe zwölf Stücke Brot, fünf Scheiben Schinken und zehn Scheiben Käse. Wie viele Sandwichs kann ich machen? Natürlich fünf. Ich habe genug Brot für sechs Sandwichs, genug Schinken für fünf und genug Käse für zehn. Aber ich weiß, dass mir der Schinken zuerst ausgeht – Brot und Käse werden übrig bleiben. Die Zutat, die als erste ausgeht, begrenzt die Menge an Produkt (Sandwichs), die ich erzeugen kann. Sie ist der *limitierende Reaktand*.

Das Gleiche gilt für chemische Reaktionen. Normalerweise geht einer der Reaktanden aus und andere bleiben entsprechend übrig. (Bei einigen der überall in diesem Kapitel verteilten Probleme zeige ich Ihnen, welcher Reaktand der limitierende ist, indem man herausfindet, welcher Reaktand überschüssig ist.)

In diesem Abschnitt zeige ich Ihnen, wie man den limitierenden oder auch Engpassreaktanden bestimmt.

Hier ist eine Reaktion zwischen Ammoniak und Sauerstoff:

$4\,NH_3(g) + 5\,O_2(g) \rightarrow 4\,NO(g) + 6\,H_2O(l)$

Nehmen wir an, Sie beginnen mit 100,0 Gramm Ammoniak und Sauerstoff, und Sie wollen wissen, wie viel Gramm NO (manchmal auch Stickoxid oder Stickstoffmonooxid genannt) Sie produzieren können. Sie müssen den einschränkenden Reaktanden bestimmen und dann Ihre stöchiometrischen Berechnungen darauf aufbauen.

Um zu verstehen, welcher Reaktand der einschränkende ist, können Sie das Mol-zu-Koeffizient-Verhältnis berechnen: Sie berechnen die Anzahl der Mole von Ammoniak und Sauerstoff und dann teilen Sie jede durch ihren Koeffizienten in der ausbalancierten chemischen Gleichung. Derjenige mit dem kleinsten Mol/Koeffizient-Verhältnis ist der limitierende Reaktand. Für die Reaktion des Ammoniaks zu Stickoxid können Sie das Mol/Koeffizient-Verhältnis für Ammoniak und Sauerstoff wie fohgt berechnen:

$$\frac{100,0\,g\,NH_3}{1} \times \frac{1\,mol\,NH_3}{17,03\,g} = \frac{5,87\,mol}{4} = 1,47$$

$$\frac{100,0\,g\,NH_3}{1} \times \frac{1\,mol\,O_2}{32,00\,g} = \frac{3,13\,mol}{5} = 0,625$$

Ammoniak hat ein Mol/Koeffizient-Verhältnis von 1,47 und Sauerstoff hat ein entsprechendes Verhältnis von 0,625. Weil Sauerstoff das niedrigere Verhältnis hat, ist Sauerstoff der einschränkende Reaktand und man muss seine Berechnungen darauf aufbauen.

$$\frac{100,0\,g\,O_2}{1} \times \frac{1\,mol\,O_2}{32,00\,g} \times \frac{4\,mol\,NO}{5\,mol\,O_2} \times \frac{30,01\,g\,NO}{1\,mol\,NO} = 75,02\,g\,NO$$

Diese 75,02 Gramm sind die theoretische Ausbeute. Aber Sie können sogar die Menge des übrig bleibenden Ammoniaks berechnen. Das geschieht mit folgender Gleichung:

$$\frac{100,0\,g\,O_2}{1} \times \frac{1\,mol\,O_2}{32,00\,g} \times \frac{4\,mol\,NH_3}{5\,mol\,O_2} \times \frac{17,03\,g\,NH_3}{mol\,NH_3} = 42,58\,g\,NH_3$$

Wir begannen mit 100,0 Gramm Ammoniak und Sie verbrauchten davon 42,58 Gramm. Die Differenz (100 Gramm - 42,58 Gramm = 57,42 Gramm) ist die Menge Ammoniak, die übrig bleibt.

Mischen von Materie: Lösungen

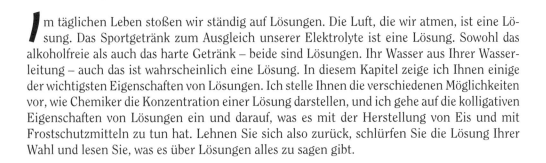

In diesem Kapitel

▶ Etwas über gelöste Stoffe, Lösungsmittel und Lösungen lernen

▶ Mit den verschiedenen Lösungskonzentrationen arbeiten

▶ Die besonderen Eigenschaften von Lösungen anschauen

▶ Kolloide bearbeiten

Im täglichen Leben stoßen wir ständig auf Lösungen. Die Luft, die wir atmen, ist eine Lösung. Das Sportgetränk zum Ausgleich unserer Elektrolyte ist eine Lösung. Sowohl das alkoholfreie als auch das harte Getränk – beide sind Lösungen. Ihr Wasser aus Ihrer Wasserleitung – auch das ist wahrscheinlich eine Lösung. In diesem Kapitel zeige ich Ihnen einige der wichtigsten Eigenschaften von Lösungen. Ich stelle Ihnen die verschiedenen Möglichkeiten vor, wie Chemiker die Konzentration einer Lösung darstellen, und ich gehe auf die kolligativen Eigenschaften von Lösungen ein und darauf, was es mit der Herstellung von Eis und mit Frostschutzmitteln zu tun hat. Lehnen Sie sich also zurück, schlürfen Sie die Lösung Ihrer Wahl und lesen Sie, was es über Lösungen alles zu sagen gibt.

Gelöster Stoff, Lösungsmittel und Lösungen

Eine Lösung ist eine homogene Mischung, das heißt, diese Mischung ist überall in der Lösung gleich. Wenn man zum Beispiel Zucker in Wasser löst und gut durchmischt, dann ist diese Mischung überall gleich, ganz gleich, wo Sie mit Ihrem Löffel etwas entnehmen.

Eine Lösung setzt sich aus einem Lösungsmittel und einem oder mehreren gelösten Stoffen zusammen. Ein gelöster Stoff ist die Substanz, die in der geringeren Menge beteiligt ist. Diese Definitionen funktionieren meistens, aber es gibt einige Fälle äußerst gut löslicher Salze wie Lithiumchlorid, bei denen mehr als fünf Gramm Salz in fünf Millilitern Wasser gelöst werden können. Wasser wird hierbei jedoch immer noch als Lösungsmittel betrachtet, weil es die Komponente ist, die ihren Zustand nicht geändert hat. Außerdem kann es mehr als einen gelösten Stoff in einer Lösung geben. Sie können Salz in Wasser lösen, um eine Salzlösung zu erzeugen, dann können Sie zusätzlich etwas Zucker in derselben Lösung auflösen. Sie haben dann zwei gelöste Stoffe, Salz und Zucker, aber Sie trinken doch nur ein Lösungsmittel – Wasser.

Wenn ich über Lösungen rede, denken die meisten Leute an Flüssigkeiten. Aber es kann auch Lösungen von Gasen geben. Unsere Atmosphäre ist zum Beispiel eine Lösung. Weil Luft fast 79 Prozent Stickstoff ist, wird dieser als das Lösungsmittel betrachtet, und der Sauerstoff, das Kohlenstoffdioxid und die anderen Gase werden als gelöste Stoffe betrachtet. Es gibt auch feste Lösungen. Legierungen sind zum Beispiel Lösungen eines Metalls in einem anderen. Messing ist eine Lösung von Zink in Kupfer.

Eine Lösungsdiskussion

Warum lösen sich einige Dinge in einem Lösungsmittel und andere nicht? Zum Beispiel vermischen sich Öl und Wasser nicht, aber Öl löst sich sehr gut in Benzin. Es gibt eine allgemeine Regel zur Löslichkeit. Sie lautet: Gleiches löst Gleiches in dem Sinn, dass Lösungsmittel und gelöster Stoff die gleiche Polarität besitzen.

Wasser ist zum Beispiel ein polares Material; es besteht aus kovalenten Bindungen mit einem positiven und negativen Pol an den »Enden« des Moleküls. (Für eine umfassende Diskussion des Wassers und seiner kovalenten Bindungen siehe Kapitel 7.) Wasser löst polare Stoffe wie Salze und Alkohole. Öl besteht jedoch im Wesentlichen aus nicht polaren Verbindungen. Deshalb wirkt Wasser nicht als ein geeignetes Lösungsmittel für Öl.

Ich bin sicher, dass Sie aus Ihren eigenen Erfahrungen wissen, dass es eine Grenze gibt, bis zu der ein Stoff in einer gegebenen Menge an Lösungsmittel gelöst werden kann. Die meisten von uns haben schon gesündigt, indem sie viel zu viel Zucker in einen Eistee gaben. Ganz gleich wie viel Sie nun rühren, es bleibt etwas ungelöster Zucker unten im Glas. Der Grund ist, dass der Zucker seine maximale Löslichkeit in Wasser bei dieser bestimmten Temperatur erreicht hat. Löslichkeit ist die maximale Menge Stoff, die sich in einer gegebenen Menge an Lösungsmittel bei einer gegebenen Temperatur lösen kann. Löslichkeit hat normalerweise die Einheit Gramm gelöster Stoff pro 100 Milliliter Lösungsmittel (g/100 ml.)

Wenn Sie den Eistee erhitzen, löst sich der Zucker am Boden bereitwillig auf. Die Löslichkeit ist mit der Temperatur des Lösungsmittels verknüpft. Für Festkörper, die sich in Flüssigkeiten auflösen, nimmt die Löslichkeit normalerweise mit der wachsenden Temperatur zu. Bei Gasen, die sich in Flüssigkeiten auflösen, wie Sauerstoff, der sich in Seewasser auflöst, wird die Löslichkeit jedoch geringer, wenn die Temperatur steigt. Dies ist die Ursache für die thermische Verschmutzung: Das Hinzufügen von Wärme vermindert die Löslichkeit von Sauerstoff und beeinflusst Leben im Wasser.

Satte Fakten

Eine gesättigte Lösung enthält ein Maximum an gelöstem Stoff bei einer gegebenen Temperatur. Ist weniger gelöster Stoff vorhanden, nennt man das eine ungesättigte Lösung. Unter ungewöhnlichen Umständen kann manchmal das Lösungsmittel mehr als die Maximalmenge gelösten Stoffs lösen und übersättigt werden. Diese übersättigte Lösung ist jedoch instabil, und der gelöste Stoff bildet früher oder später einen Niederschlag (einen Festkörper), bis der normale Sättigungspunkt erreicht ist.

Wenn eine Lösung ungesättigt ist, dann kann die Menge gelösten Stoffs über einen weiten Bereich variieren. Einige ziemlich nebulöse Ausdrücke beschreiben die relativen Mengen des gelösten Stoffes und des Lösungsmittels:

✔ Sie können sagen, die Lösung ist *verdünnt*. Das heißt, es ist sehr wenig gelöster Stoff in einer gegebenen Menge an Lösungsmittel. Wenn Sie 0,01 Gramm Natriumchlorid in einem Liter Wasser auflösen, haben Sie eine verdünnte Lösung. Ich bat einmal einige Studenten darum, mir ein Beispiel für eine verdünnte Lösung zu geben. Eine Studentin antwortete

»1-Dollar-Margarita«. Sie hatte Recht – viel Lösungsmittel (Wasser) und wenig gelöster Stoff (Tequila) sind eine verdünnte Lösung.

✔ Eine Lösung kann auch *konzentriert* sein. Eine große Menge gelösten Stoffs in einer gegebenen Menge Lösungsmittel bedeutet eine konzentrierte Lösung. Wenn Sie zum Beispiel 200 Gramm Natriumchlorid in einem Liter Wasser lösen, ist die Lösung konzentriert.

Nehmen wir nun an, Sie lösen 25 Gramm oder 50 Gramm des Natriumchlorids in einem Liter Wasser auf? Ist die Lösung verdünnt oder konzentriert? Diese Begriffe bewähren sich in den meisten Fällen nicht so gut. Man denke nur an eine intravenöse Lösung – diese muss sehr genau definiert sein, sonst ist der Patient in Gefahr. Wir benötigen also einen quantitativen Maßstab, um die relative Menge gelösten Stoffs in einer Lösung zu beschreiben. Solch einen Maßstab gibt es – die Einheit der Lösungskonzentration.

Konzentration

Es gibt einige Maßstäbe für die Lösungskonzentration zur quantitativen Beschreibung der relativen Menge gelösten Stoffs im Lösungsmittel. Im Alltag wird gerne der Prozentsatz verwendet. In der Chemie ist die *Molarität* (die Zahl der Mole gelösten Stoffes pro Liter Lösung) die Konzentrationseinheit der Wahl. Unter gewissen Bedingungen jedoch wird eine andere Einheit, die *Molalität* (Mole gelösten Stoffs pro Kilogramm Lösungsmittel), verwendet. Ich verwende auch ppm (= Parts per Million) oder Parts per Billion (Teilchen pro Milliarde), wenn es zum Beispiel um Umweltverschmutzung geht. Die folgenden Abschnitte behandeln einige dieser Konzentrationseinheiten.

Prozentuale Zusammensetzung

Die meisten von uns haben schon einmal auf einer Essigflasche »5%ige Essigsäure« gelesen oder eine Flasche Wasserstoffperoxid mit »3%igem Wasserstoffperoxid« gesehen oder auf einer Flasche Bleichmittel die Aufschrift »5%iges Natriumhypochlorit«. Diese Prozentsätze drücken die Konzentration eines bestimmten gelösten Stoffs in diesen Lösungen aus. Prozentsatz ist der Betrag pro einhundert. Je nach der Art, wie Sie den Prozentsatz ausdrücken wollen, variieren die Einheiten des Betrags pro einhundert. Drei verschiedene Prozentsätze werden üblicherweise verwendet:

✔ Gewicht/Gewicht(G/G)-Prozentsatz

✔ Gewicht/Volumen(G/V)-Prozentsatz

✔ Volumen/Volumen(V/V)-Prozentsatz

Zwar wird der Prozentsatz des gelösten Stoffs oft angezeigt, die Methode (G/G, G/V, V/V) jedoch nicht. In diesem Fall nehme ich meistens an, dass die Methode Gewicht/Gewicht gemeint ist. Die meisten Lösungen, über die ich in den folgenden Beispielen über Prozentsätze schreibe, sind wässrige Lösungen, d.h. Lösungen, in denen Wasser das Lösungsmittel ist.

Gewicht/Gewicht-Prozentsatz

Im Gewicht/Gewicht-Prozentsatz oder Gewichtsprozentsatz wird das Gewicht des gelösten Stoffs durch das Gewicht der Lösung geteilt und dann mit 100 multipliziert, um den Prozentsatz zu erhalten. Normalerweise ist die Gewichtseinheit Gramm. Mathematisch sieht das wie folgt aus:

$$G/G\% = \frac{\text{Gramm Lösungsmittel}}{\text{Gramm Lösung}} \times 100$$

Wenn Sie zum Beispiel 5,0 Gramm Natriumchlorid in 50 Gramm Wasser auflösen, ist der Gewichtsprozentansatz

$$G/G\% = \frac{5 \text{ g gelöster Stoff}}{50 \text{ g Lösung}} \times 100 = 10\%$$

Deshalb ist die Lösung eine 10-prozentige (G/G-)Lösung.

Nehmen wir nun an, Sie wollen 350,0 Gramm einer 5-prozentigen (G/G-) Saccharose- oder Tafelzucker- Lösung herstellen. Sie wissen, dass 5 Prozent des Gewichts der Lösung Zucker ist, sodass Sie die 350,0 Gramm mit 0,05 multiplizieren können, um das Gewicht des Zuckers zu bekommen:

350,0 Gramm x 0,05 = 17,5 Gramm Zucker

Der Rest der Lösung (350,0 Gramm - 17,5 Gramm = 332,5 Gramm) ist Wasser. Sie können einfach 17,5 Gramm Zucker abwiegen und 332,5 Gramm Wasser hinzufügen, und schon haben Sie Ihre 5-prozentige (G/G-) Lösung.

Der Gewichtsprozentsatz ist die einfachste Prozentsatzlösung. Manchmal möchten Sie aber das Volumen der Lösung wissen. In diesem Fall können Sie den Gewichts-/Volumenprozentsatz anwenden.

Gewichts-/Volumenprozentsatz

Der Gewichts-/Volumenprozentsatz ist dem G/G-Ansatz sehr ähnlich, aber anstelle Gramm Lösung steht hier Milliliter im Nenner:

$$G/V\% = \frac{\text{Gramm Lösungsmittel}}{\text{Milliliter Lösung}} \times 100$$

Nehmen wir an, Sie wollen 100 Milliliter einer 15-prozentigen (G/V-) Kaliumnitratlösung herstellen. Weil Sie 100 Milliliter herstellen, wissen Sie schon, dass Sie 15 Gramm Kaliumnitrat (auch Salpeter – KNO_3 – genannt) abzuwiegen haben. Nun kommt aber etwas anderes: Sie lösen 15 Gramm KNO_3 in einem bisschen Wasser auf und verdünnen es dann zu genau 100 Millilitern in einem Messbehälter. Mit anderen Worten, Sie lösen 15 Gramm KNO_3 auf und verdünnen es zu 100 Millilitern. Sie wissen nicht genau, wie viel Wasser Sie einfügen, aber es ist nicht wichtig, solange das Ziel-Volumen 100 Milliliter ist.

Sie können auch den Prozentsatz und das Volumen verwenden, um zu berechnen, wie viel gelöster Stoff in der Lösung ist. Es kann sein, dass Sie wissen wollen, wie viel Gramm Natriumhypochlorit in 500 Millilitern einer 5-prozentigen (G/V-) Lösung des Haushaltsbleichmittels ist. Das Problem löst man folgendermaßen:

$$\frac{5 \text{ g NaOCl}}{100 \text{ml Lösung}} \times \frac{500 \text{ ml Lösung}}{1} = 25 \text{ g NaOCl}$$

Sie wissen jetzt, dass Sie 25 Gramm Natriumhypochlorit in 500 ml Lösung haben.

Manchmal sind gelöster Stoff und Lösungsmittel Flüssigkeiten. In diesem Fall ist es komfortabel, einen Volumen-/Volumenprozentsatz zu verwenden.

Volumen-/Volumenprozentsatz

Bei Volumen-/Volumenprozentsätzen werden beide, gelöster Stoff und Lösung, in Millilitern ausgedrückt:

$$V/V\% = \frac{\text{ml gelöster Stoff}}{\text{ml Lösung}} \times 100$$

Ethylalkohol- (Trinkalkohol-) Lösungen werden weithin mit Hilfe von Volumen-/Volumenprozentsätzen dargestellt. Wenn Sie 100 Milliliter einer 50-prozentigen Ethylalkohollösung machen wollen, nehmen Sie 50 Milliliter Ethylalkohol und verdünnen ihn zu 100 Millilitern mit Wasser. Das ist praktisch wieder die Variante, aufzulösen und zum erforderlichen Volumen zu verdünnen. Sie können nicht einfach 50 Milliliter Wasser 50 Millilitern Alkohol hinzufügen – Sie erhielten weniger als 100 Milliliter Lösung. Die polaren Wassermoleküle ziehen die polaren Alkoholmoleküle an. Dabei wird das offene Gerüst der Wassermoleküle aufgefüllt, so dass die beiden Volumina nicht einfach addiert werden können.

Die Nummer 1 heißt Molarität

Molarität ist die am häufigsten von Chemikern verwendete Konzentrationseinheit, weil sie auf dem Mol basiert. Das Mol-Konzept ist wesentlich für Chemie, und Molarität erlaubt den Chemikern, auf leichte Weise Lösungen in der Reaktionsstöchiometrie zu bearbeiten. (Wenn Sie mich in diesem Augenblick verfluchen, weil Sie keine Ahnung davon haben, was Fleisch fressende Saurier mit Chemie zu tun haben oder was Stöchiometrie ist, schauen Sie kurz in Kapitel 10 nach. Wenn Sie das Ihrer Mutter erzählen, wird sie Ihnen wahrscheinlich empfehlen, nicht mit vollem Mund zu sprechen.)

Molarität (M) ist definiert als die Anzahl der Mole gelösten Stoffs pro Liter Lösung. Mathematisch sieht das so aus:

$$M = \frac{\text{Mol gelöster Stoff}}{\text{Liter Lösung}}$$

Sie können zum Beispiel ein Mol von KCl nehmen (Formelgewicht 74,55 g/mol – mehr dazu in Kapitel 10) und die 74,55 Gramm bis auf einen Liter Lösung in einer Messflasche verdünnen. Sie haben dann eine 1-molare KCl-Lösung. Sie können diese Lösung als 1 M KCl kennzeichnen. Aber bitte nicht einen Liter Wasser zu den 74,55 Gramm KCl hinzufügen. Sie wollen ein Gesamtvolumen von einen Liter erreichen. Wenn Sie molare Lösungen vorbereiten, lösen Sie immer an und verdünnen dann zum erforderlichen Volumen. Dieser Prozess wird in Abbildung 11.1 gezeigt.

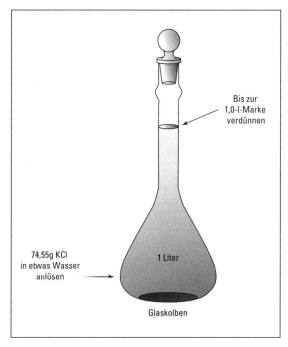

Abbildung 11.1: Erzeugung einer 1-molaren KCL-Lösung

Hier ist noch ein Beispiel: Wenn man 25,0 Gramm KCl löst und zu 350,0 ml Lösung verdünnt, wie berechnet man dann die Molarität der Lösung? Sie wissen, dass Molarität Mole gelösten Stoffs pro Liter Lösung bedeutet. Also nehmen Sie die Gramm, wandeln sie in Mole entsprechend dem Formelgewicht von KCl (74,55 g/mol) um und teilen sie durch 0,350 Liter (350,0 ml). Die Gleichung lautet dann:

$$\frac{25,0\ g\ KCl}{1} \times \frac{1\ mol\ KCl}{74,55\ g} \times \frac{1}{0,35\ l} = 0,958\ M$$

Nehmen Sie nun an, Sie wollen zwei Liter einer 0,550 molaren KCl-Lösung vorbereiten. Zuerst rechnen Sie aus, wie viel KCl Sie abwiegen müssen:

$$\frac{0,550\ mol\ KCl}{l} \times \frac{74,55\ g\ KCl}{1\ mol} \times \frac{2,00\ l}{1} = 82,0\ g\ KCl$$

Sie nehmen dann diese 82,0 Gramm KCl, lösen diese Menge und verdünnen die Lösung bis zu zwei Liter Gesamtlösung.

Es gibt noch eine Möglichkeit, Lösungen vorzubereiten – die Verdünnung einer konzentrierten Lösung zu ein weniger konzentrierten. Sie können zum Beispiel Salzsäure vom Hersteller als eine 12,0-molare konzentrierte Lösung kaufen. Nehmen wir an, Sie wollen 500 ml 2-molare Lösung vorbereiten. Sie können etwas von der 12,0-molaren Lösung nehmen und zu 2-molarer Lösung verdünnen, aber wie viel von der hochkonzentrierten Salzsäurelösung brauchen Sie dazu? Sie können das Volumen (V) leicht bestimmen. Dazu verwenden Sie folgende Formel:

$V_{alt} \times M_{alt} = V_{neu} \times M_{neu}$

In obiger Gleichung ist V_{alt} das alte Volumen oder das Volumen der Originallösung, M_{alt} die Molarität der Originallösung, V_{neu} das Volumen der neuen Lösung, und M_{neu} ist die Molarität der neuen Lösung. Nach dem Einsetzen der Werte haben Sie

$V_{alt} \times 12{,}0\ M = 500{,}0\ ml \times 2{,}0\ M$

$V_{alt} = (500{,}0\ ml \times 2{,}0\ M)/12{,}0\ M = 83{,}3\ ml$

Sie nehmen dann 83,3 Milliliter von der 12,0-M-HCl-Lösung und verdünnen sie auf genau 500,0 ml.

Wenn Sie eine Verdünnung von konzentrierten Säuren machen, achten Sie darauf, dem Wasser die Säure und nicht umgekehrt zuzugeben! Wenn das Wasser der konzentrierten Säure hinzugefügt wird, dann wird dabei so viel Wärme erzeugt, dass die Lösung sehr wahrscheinlich alle voll spritzt.

Um sicherzugehen, sollten Sie etwa 400 Milliliter Wasser nehmen, langsam die 83,3 Milliliter der konzentrierten HCl hinzufügen, etwas rühren, und dann zum Abschluss mit Wasser auf 500 ml auffüllen.

Die Nützlichkeit der Konzentrationseinheit Molarität wird offensichtlich, wenn man sich mit Reaktionsstöchiometrie befasst. Nehmen Sie zum Beispiel an, Sie wollen wissen, wie viele Milliliter 2,50 M Schwefelsäure nötig sind, um eine Lösung mit 100,0 Gramm Natriumhydroxid zu neutralisieren. Hierzu müssen Sie zunächst für die Reaktion die Reaktionsgleichung aufstellen:

$H_2SO_4(aq) + 2\ NaOH(aq) \rightarrow 2\ H_2O(l) + Na_2SO_4(aq)$

Sie wissen, dass Sie 100,0 Gramm NaOH neutralisieren müssen. Sie können das Gewicht in Mol (mit Hilfe des Formelgewichts von NaOH, also 40,00 g/mol) umwandeln und dann von Mol von NaOH zu Mol von H_2SO_4 konvertieren. Dann können Sie die Molarität der sauren Lösung verwenden, um das Volumen zu bestimmen:

$$\frac{100{,}0\ g\ NaOH}{1} \times \frac{1\ mol\ NaOH}{40{,}00\ g} \times \frac{1\ mol\ H_2SO_4}{2\ mol\ NaOH} \times \frac{1}{2{,}50\ mol\ H_2SO_4} \times \frac{1000\ ml}{1\ l} = 500{,}0\ ml$$

Man benötigt 500,0 ml der 2,50-molaren H_2SO_4-Lösung, um die Lösung, die 100,0 g NaOH enthält, zu neutralisieren.

Molalität: Eine andere Verwendung für das Mol

Molalität ist ein anderer Konzentrationsausdruck, der sich auf das Mol des gelösten Stoffs bezieht. Er wird nicht so häufig verwendet, nur, falls Sie zufällig einmal darauf stoßen.

Molalität (b) ist als die Anzahl der Mole gelösten Stoffs pro Kilogramm Lösungsmittel definiert. Sie ist eine der wenigen Konzentrationseinheiten, die nicht Gewicht oder Volumen der Lösung verwendet. Mathematisch sieht das so aus:

$$b = \frac{\text{mol gelöster Stoff}}{\text{kg}}$$

Nehmen wir an, Sie wollen zum Beispiel 15,0 Gramm NaCl in 50,0 Gramm Wasser auflösen. Sie können die Molalität wie folgt berechnen (Sie müssen 50,0 Gramm in Kilogramm umwandeln, bevor Sie die Gleichung anwenden):

$$\frac{15,0 \text{ g NaCl}}{1} \times \frac{1 \text{ mol}}{58,44 \text{ g NaCl}} \times \frac{1}{0,05 \text{ kg}} = 5,13 \text{ b}$$

Teile pro Million: Die Verschmutzungseinheit

Prozentsatz und Molarität und sogar Molalität sind angenehme Maßeinheiten für die Lösungen, die Chemiker routinemäßig im Laboratorium erzeugen, oder die Lösungen, die normalerweise in der Natur gefunden werden. Wenn Sie jedoch damit beginnen, die Konzentration bestimmter Schadstoffe in der Umwelt zu prüfen, stellen Sie fest, dass jene Konzentrationen sehr, sehr klein sind. Prozentsatz und Molarität funktionieren zwar, wenn Sie Lösungen bestimmen, die in der Umwelt gefunden wurden, aber sie sind dabei nicht sehr komfortabel. Um die Konzentration von stark verdünnten Lösungen zu bestimmen, haben Wissenschaftler eine andere Konzentrationseinheit entwickelt – *ppm (Parts per Million, Teilchen pro Million)*.

Prozentsatz bedeutet Teile/Hundert oder Gramm gelöster Stoff pro 100 Gramm Lösung; ppm bedeutet Gramm gelöster Stoff pro eine Million Gramm Lösung. Der Grund hierfür ist der, dass Chemiker leicht Milligramme oder sogar Zehntel von Milligrammen im Labor abwiegen können, und wenn sie über wässrige Lösungen reden, ist ein Kilogramm Lösung das Gleiche wie ein Liter Lösung. (Die Dichte des Wassers ist 1 Gramm pro Milliliter oder pro Liter 1 Kilogramm. Das Gewicht des gelösten Stoffs in diesen Lösungen ist so klein, dass es unbedeutend ist, wenn es aus der Masse der Lösung in Volumen konvertiert.)

Nach dem Gesetz dürfen im Trinkwasser maximal 0,05 ppm Blei enthalten sein. Diese Zahl entspricht 0,05 Milligramm Blei pro Liter Wasser. Das ist ziemlich verdünnt. Die Grenze für Quecksilber liegt sogar bei nur 0,002 ppm. Manchmal ist sogar diese Einheit nicht fein genug, so dass Umweltschützer sogar zu den Konzentrationseinheiten Teilen pro Milliarde (ppb = Parts per Billion) oder Teilen pro Billionen (ppt = Parts per Trillion) gegriffen haben. Einige Nervengifte sind bei einer Konzentration im Bereich ppb schon tödlich. Bitte denken Sie dabei daran, dass »Billion« in den USA für Milliarde steht.

Kolligative Eigenschaften von Lösungen

Einige Eigenschaften von Lösungen hängen von der speziellen Natur des gelösten Stoffs ab. Mit anderen Worten hängt eine Wirkung, die Sie der Lösung zuordnen können, von der spezifischen Natur des darin gelösten Stoffs ab. Salzlösungen schmecken zum Beispiel salzig, Zuckerlösungen süß. Salzlösungen führen Elektrizität (sie sind Elektrolyte – siehe Kapitel 6), während Zuckerlösungen dies nicht tun (sie sind Nicht-Elektrolyte). Lösungen, die das Nickel-Kation enthalten, sind normalerweise grün, während jene, die das Kupfer-Kation enthalten, blau sind.

Es gibt auch eine Gruppe von Lösungseigenschaften, die sich nicht auf die spezielle Art des gelösten Stoffs, sondern nur auf die Zahl der Teilchen des gelösten Stoffs verlässt. Diese Eigenschaften werden *kolligative Eigenschaften* genannt – Eigenschaften, die einfach von der relativen Anzahl der Teilchen gelösten Stoffs abhängen. Die Wirkung, die die Lösung zeigt, hängt also von der Anzahl der Teilchen gelösten Stoffs ab. Diese kolligativen Eigenschaften – diese Wirkungen – beinhalten

- ✔ Dampfdruckerniedrigung
- ✔ Siedepunkterhöhung
- ✔ Gefrierpunkterniedrigung
- ✔ Osmotischer Druck

Dampfdruckerniedrigung

Wenn sich eine Flüssigkeit in einem geschlossenen Behälter befindet, verdunstet die Flüssigkeit schließlich an der Oberfläche, und die gasförmigen Moleküle tragen zum Druck über der Flüssigkeit bei. Der durch die gasförmigen Moleküle der verdunsteten Flüssigkeit verursachte Druck wird *Dampfdruck* der Flüssigkeit genannt.

Wenn Sie diese gleiche Flüssigkeit nehmen und sie zum Lösungsmittel einer Lösung machen, wird der durch die Verdunstung verursachte Dampfdruck niedriger. Der Grund hierfür ist, dass die Teilchen gelösten Stoffs in der Flüssigkeit Raum an der Oberfläche einnehmen, so dass das Lösungsmittel nicht so leicht verdunsten kann. Hinzu kommt, dass es zwischen dem gelösten Stoff und dem Lösungsmittel Anziehungskräfte gibt, die es auch schwieriger machen, dass das Lösungsmittel verdunstet. Diese Senkung ist unabhängig davon, welcher gelöste Stoff sich in der Lösung befindet. Stattdessen hängt sie von der Anzahl der Teilchen gelösten Stoffs ab.

Mit anderen Worten, wenn Sie einem Liter Wasser ein Mol Saccharose und einem anderen Liter Wasser ein Mol Dextrose hinzufügen, wird der Betrag der Dampfdruckerniedrigung der gleiche sein, weil es sich um dieselbe Anzahl von Teilchen gelösten Stoffs handelt. Wenn Sie jedoch ein Mol Natriumchlorid hinzufügen, wird der Dampfdruck doppelt so stark erniedrigt wie bei Saccharose oder Dextrose. Der Grund ist, dass das Natriumchlorid in zwei Ionen auseinander fällt, so dass ein Mol von Natriumchlorid zwei Mole von Teilchen (Ionen) ergibt.

Diese Senkung des Dampfdrucks erklärt teilweise, warum der große Salzsee eine niedrigere Verdunstungsrate hat, als man erwarten könnte. Die Salzkonzentration ist so hoch, dass der Dampfdruck (und damit auch die Verdunstung) erheblich geringer ist.

Warum verwenden wir im Sommer Frostschutzmittel? Siedepunkterhöhung

Jede einzelne Flüssigkeit hat eine spezifische Siedetemperatur (bei gegebenem Druck). Diese Temperatur ist der Siedepunkt der Flüssigkeit. Wenn Sie eine bestimmte Flüssigkeit als Lösungsmittel in einer Lösung verwenden, stellen Sie fest, dass der Siedepunkt der Lösung immer höher ist als bei der reinen Flüssigkeit. Diesen Effekt nennen wir *Siedepunkterhöhung*.

Es erklärt, warum Sie Ihr Frostschutzmittel im Sommer nicht durch reines Wasser ersetzen sollten. Sie wollen ja, dass das Kühlmittel bei einer höheren Temperatur kocht, so dass es auch so viel Maschinenwärme wie möglich ohne zu kochen absorbiert. Sie verwenden auch einen Druckverschluss auf Ihrem Kühler, weil mit dem Druck auch der Siedepunkt steigt. Das erklärt auch, warum eine Prise Salz im Kochwasser bewirkt, dass die Nahrung etwas schneller kocht. Das Salz erhöht den Siedepunkt, so dass mehr Energie auf die Nahrung übertragen werden kann, bevor der Siedepunkt erreicht ist.

 Sie können den Betrag der Siedepunkterhöhung durch Verwenden folgender Formel berechnen:

$$\Delta T_b = K_b m$$

ΔT_b ist die Zunahme des Siedepunkts, K_b ist die Siedepunkterhöhungskonstante (0,512°C kg/mol für Wasser), und m ist die Molalität der Teilchen. (Für molekulare Substanzen ist die Molalität von Teilchen das Gleiche wie die Molalität der Substanz.) Für Ionenverbindungen müssen Sie die Bildung von Ionen in Betracht ziehen und die Molalität der Ionenteilchen berechnen. Andere Lösungsmittel als Wasser haben eine andere Konstante für die Siedepunkterhöhung (K_b).

Wir stellen Eis her: Gefrierpunkterniedrigung

Jede einzelne Flüssigkeit hat eine eigene Temperatur, bei der sie gefriert. Wenn Sie eine bestimmte Flüssigkeit als Lösungsmittel in einer Lösung verwenden, stellen Sie fest, dass der Gefrierpunkt der Lösung immer niedriger als der der reinen Flüssigkeit ist. Dies wird *Gefrierpunkterniedrigung* genannt, eine weitere kolligative Eigenschaft einer Lösung.

Die Erniedrigung des Gefrierpunkts einer Lösung relativ zum reinen Lösungsmittel erklärt, warum Sie Steinsalz in die Eis-/Wassermischung platzieren, wenn Sie hausgemachtes Eis herstellen. Das Steinsalz bildet eine Lösung mit einem niedrigeren Gefrierpunkt als Wasser (oder der Eismischung, die eingefroren werden soll). Die Gefrierpunkterniedrigung erklärt auch, warum ein Salz (häufig Kalziumchlorid, $CaCl_2$) auf Eis gestreut wird, um es zu schmelzen. Das Lösen von Kalziumchlorid ist hoch exotherm (es verbreitet viel Wärme). Wenn sich das Kalziumchlorid auflöst, schmilzt es das Eis. Die Salzlösung, die sich bildet, wenn das Eis schmilzt, hat einen gesenkten Gefrierpunkt, der die Lösung davon abhält, wieder einzufrieren. Gefrierpunkterniedrigung erklärt auch die Verwendung des Frostschutzmittels in Ihrem Auto-Kühlsystem während des Winters. Je mehr Sie verwenden (bis zu einer Konzentration von 50/50), desto niedriger der Gefrierpunkt.

 Wenn Sie interessiert sind, können Sie tatsächlich den Betrag berechnen, um den der Gefrierpunkt erniedrigt wird:

$\Delta T_f = K_f m$

ΔT_f ist der Betrag, um den der Gefrierpunkt gesenkt wird, K_f die Gefrierpunkterniedrigungskonstante (1,86° C kg/mol für Wasser) und m ist die Molalität des Teilchens.

Abbildung 11.2 zeigt die Wirkung eines gelösten Stoffs sowohl auf den Gefrierpunkt als auch auf den Siedepunkt eines Lösungsmittels.

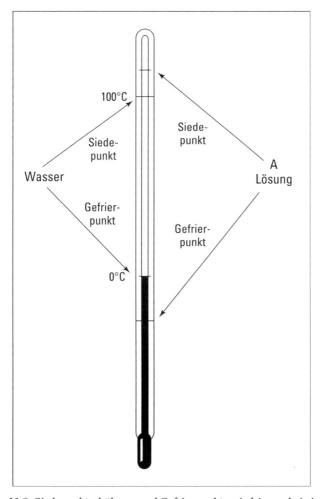

Abbildung 11.2: Siedepunkterhöhung und Gefrierpunkterniedrigung bei einer Lösung

So bleiben Blutkörperchen lebendig und gesund: Osmotischer Druck

Nehmen wir an, Sie nehmen einen Behälter und trennen ihn mittels einer dünnen Membran in zwei Teile, die mikroskopische Poren enthält, die groß genug sind, um Wassermoleküle, nicht aber Teilchen gelösten Stoffs hindurch zu lassen. Diese Membranart wird eine *semipermeable (halbdurchlässige) Membran* genannt; sie lässt zwar einige kleine Teilchen hindurch, nicht aber größere Teilchen.

Sie fügen dann eine konzentrierte Salzlösung in eine Kammer und eine verdünnte Salzlösung in die andere Kammer hinzu. Anfangs sind die beiden Lösungsspiegel gleich hoch. Aber nach einer Weile bemerken Sie, dass der Lösungsspiegel auf der konzentrierteren Seite angestiegen ist, während er auf der verdünnteren Seite gefallen ist. Diese Änderung der Ebenen wird durch den Übergang von Wassermolekülen durch die semipermeable Membran von der verdünnteren Seite zur konzentrierteren Seite verursacht. Dieser Prozess des Übergangs eines Lösungsmittels durch eine semipermeable Membran in eine Lösung mit höherer Konzentration wird *Osmose* genannt. Der Druck, den Sie auf der konzentrierteren Seite ausüben müssen, um diesen Prozess zu stoppen, wird *osmotischer Druck* genannt. Abbildung 11.3 zeigt diesen Prozess.

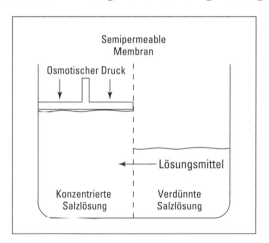

Abbildung 11.3: Osmotischer Druck

Das Lösungsmittel fließt immer durch die semipermeable Membran von der verdünnteren Seite zur konzentrierteren. In der Tat können Sie reines Wasser auf einer Seite und irgendeine Salzlösung auf der anderen haben, das Wasser geht immer von der reinen Wasserseite zur Salzlösungsseite. Je konzentrierter die Salzlösung, desto höher der Druck, den man braucht, um die Osmose zu stoppen (desto höher also der osmotische Druck).

Aber was ist, wenn Sie mehr Druck als notwendig ausüben, um den osmotischen Prozess zu stoppen, wenn der osmotische Druck also überschritten wird? Dann wird Wasser durch die semipermeable Membran von der konzentrierteren Seite zur verdünnteren Seite gedrückt, was man *umgekehrte Osmose* nennt. Umgekehrte Osmose ist eine relativ preisgünstige Art, Wasser zu reinigen. Mein örtliches Wasserwerk verwendet diesen Prozess, um Trinkwasser zu reinigen. Es gibt viele Pflanzen, die das Prinzip der umgekehrten Osmose nutzen, um zum Beispiel das Wasser aus dem Meerwasser zu ziehen. Marinepiloten tragen sogar kleine Geräte bei sich, mit denen sie nach diesem Prinzip aus Meerwasser Trinkwasser erzeugen können, falls sie mal über dem offenen Meer aussteigen müssen.

Der Prozess der Osmose ist in biologischen Systemen sehr wichtig. Zellwände wirken oft als semipermeable Membranen. Haben Sie schon mal »Pickles« gegessen? Diese Pickles bestehen hauptsächlich aus Gurken, die in einer salzigen Gewürzlösung eingelegt sind. Der Konzentration der Lösung in der Gurke ist geringer als die Konzentration in der Tunke, so dass Wasser durch die Zellwände in die Gewürztunke wandert, wodurch die Gurke schrumpft.

Eine der wichtigsten Konsequenzen des osmotischen Drucks in der Biologie betrifft die Zellen in unserem eigenen Körper. Schauen Sie sich zum Beispiel die roten Blutkörperchen an. Es gibt eine wässrige Lösung in der Blutzelle und eine andere wässrige Lösung außerhalb der Zelle (interzellulare Flüssigkeit). Wenn die Lösung außerhalb der Zelle denselben osmotischen Druck wie die Lösung in der Zelle hat, ist sie isotonisch. Wasser kann in beiden Richtungen getauscht werden und hilft, die Zelle gesund zu erhalten. Wenn jedoch die interzellulare Flüssigkeit konzentrierter wird und einen höheren osmotischen Druck besitzt (hypertonisch wird), strömt Wasser in erster Linie aus der Blutzelle heraus, so dass diese schrumpft und unregelmäßig wird. Dieser Prozess wird *Krenation* genannt. Der Prozess kann auftreten, wenn die betroffene Person wesentliche Mengen Wasser verliert und die krenatierten Zellen den Sauerstofftransport nicht mehr unterstützen. Wenn andererseits die interzellulare Flüssigkeit dünner als die Lösung in den Zellen ist und einen niedrigeren osmotischen Druck hat (hypotonisch ist), fließt das Wasser hauptsächlich in die Zelle. Dieser Prozess, genannt Hämolyse, bewirkt, dass die Zelle anschwillt und schließlich platzt. Abbildung 11.4 zeigt Krenation und Hämolyse.

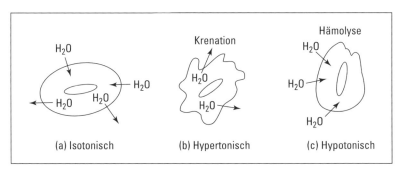

Abbildung 11.4: Krenation und Hämolyse roter Blutkörperchen

Die Prozesse der Krenation und Hämolyse erklären, warum die Konzentration von Infusionslösungen so ungeheuer wichtig ist. Wenn sie zu dünn sind, dann kann Hämolyse stattfinden, und wenn sie zu konzentriert sind, besteht die Gefahr der Krenation.

Rauch, Wolken, Schlagsahne und Marshmallows: Alles Kolloide

Wenn Sie Tafelsalz in Wasser auflösen, erzeugen Sie eine wässrige Lösung. Die Teilchengröße des gelösten Stoffs ist sehr klein – etwa 1 Nanometer (nm), also 1×10^{-9}m. Dieser gelöste Stoff lagert sich nicht auf dem Boden eines Glases ab, und er kann auch nicht aus der Lösung herausgefiltert werden.

Wenn Sie jedoch zu einem Gewässer in Ihrer Nähe gehen und ein Glas dieses Wassers entnehmen, werden Sie feststellen, dass da einiges darin herumschwimmt. Viele der Teilchen sind größer als 1.000 nm. Sie lagern sich am Boden des Glases ab und können schnell herausgefiltert werden. In diesem Fall haben Sie eine Suspension und keine Lösung. Ob Sie das eine oder andere haben, hängt von der Größe der Teilchen ab.

Aber es gibt auch etwas im Mittelbereich zwischen Lösungen und Suspensionen. Wenn die Teilchengröße des gelösten Stoffs 1 bis 1.000 Nanometer ist, haben Sie ein Kolloid. Gelöster Stoff in Kolloiden lagert sich nicht ab, wie es in Suspensionen zu beobachten ist. In der Tat ist es aber manchmal schwierig, Kolloide von echten Lösungen zu unterscheiden. Eine der wenigen Möglichkeiten, zwischen ihnen zu unterscheiden, ist, die verdächtigte Flüssigkeit mit Licht zu durchleuchten. Wenn es eine echte Lösung mit sehr kleinen Teilchen gelösten Stoffs ist, sieht man keinen Lichtstrahl. Wenn Sie jedoch ein Kolloid vorliegen haben, sehen Sie einen Lichtstrahl, der dadurch entsteht, dass das Licht von den relativ großen Teilchen reflektiert wird. Dies wird der *Tyndall-Effekt* genannt. Abbildung 11.5 zeigt eine entsprechende Anordnung.

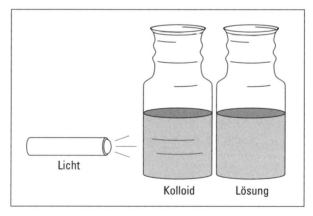

Abbildung 11.5: Der Tyndall-Effekt

Es gibt viele Arten von Kolloiden. Haben Sie jemals ein Marshmallow gegessen? Es ist das Kolloid eines Gases in einem Festkörper. Schlagsahne ist ein Kolloid eines Gases in einer Flüssigkeit. Sind Sie schon einmal durch den Nebel gefahren und haben Ihre Scheinwerferbündel gesehen? Damit haben Sie den Tyndall-Effekt eines Kolloids von Flüssigkeit in einem Gas gesehen. Rauch ist ein Kolloid von Festkörpern (Asche oder Ruß) in einem Gas (Luft). Luftverschmutzungsprobleme werden oft durch die Stabilität dieser Art von Kolloid verursacht.

Sauer und bitter: Säuren und Basen

In diesem Kapitel

- Die Eigenschaften von Säuren und Basen entdecken
- Zwei Säure-Base-Theorien kennen lernen
- Zwischen starken und schwachen Säuren und Basen unterscheiden
- Sich mit Indikatoren vertraut machen
- Ein Auge auf die pH-Skala werfen
- Puffer und Säureneutralisatoren unter die Lupe nehmen

Sie müssen sich nur einmal in einer beliebigen Küche oder einem Badezimmer umsehen und Sie werden allenthalben auf Säuren und Basen stoßen. Machen Sie den Kühlschrank auf und Sie finden Kohlenstoffsäurehaltige Getränke. In Ihren Vorräten finden sich sicher Essig und Backpulver: eine Säure und eine Base. Im Unterschrank Ihrer Spüle steht sicher das eine oder andere Reinigungsmittel, die meist auf Basen basieren. Und schließlich gibt es kaum ein Medizinschränkchen ohne Aspirin, eine Säure, oder eines der zahlreichen Magensäure neutralisierenden Mittel. Tagtäglich haben wir mit Säuren und Basen zu tun. Nicht anders ergeht es den Chemikern in der Industrie. In diesem Kapitel stelle ich Ihnen Säuren und Basen vor, bringe Ihnen Indikatoren und den pH-Wert näher und gehe auf einige unverzichtbare Grundlagen der Chemie ein.

Eigenschaften von Säuren und Basen, makroskopisch betrachtet

Werfen wir einmal einen Blick auf die sichtbaren Eigenschaften von Säuren und Basen, die wir in unserer Umgebung vorfinden.

Säuren:

- ✔ Schmecken sauer (immer dran denken: Im Labor wird der Geschmack getestet, nicht gekostet!)
- ✔ Rufen schmerzhafte Hautirritationen hervor
- ✔ Entwickeln bei der Reaktion mit bestimmten Metallen (zum Beispiel Magnesium, Zink und Eisen) Wasserstoff

- ✔ Entwickeln bei der Reaktion mit Kalk und Natriumbicarbonat Kohlenstoffsäure
- ✔ Färben Lackmuspapier rot
- ✔ Bilden bei der Reaktion mit Basen ein Salz und Wasser

Basen

- ✔ Schmecken bitter (auch hier gilt: testen, nicht kosten)
- ✔ Fühlen sich auf der Haut glitschig an
- ✔ Reagieren mit Ölen und Fetten
- ✔ Färben Lackmuspapier blau
- ✔ Bilden bei der Reaktion mit Säuren ein Salz und Wasser

In unserer alltäglichen Umgebung stoßen wir auf nicht wenige Säuren und Basen. Die Tabellen 12.1 und 12.2 listen einige Säuren und Basen auf, die Ihnen auch vertraut sein werden.

Chemische Bezeichnung	Formel	Alltagsbezeichnung oder Verwendung
Salzsäure	HCl	Salzsäure
Essigsäure	CH_3COOH	Essig
Schwefelsäure	H_2SO_4	Autobatteriesäure
Kohlenstoffsäure	H_2CO_3	Mineralwasser
Borsäure	H_3BO_3	antiseptische Augentropfen
Acetylsalicylsäure	$C_9H_8O_4$	Aspirin

Tabelle 12.1: Im Haushalt gebräuchliche Säuren

Chemische Bezeichnung	Formel	Alltagsbezeichnung oder Verwendung
Ammoniak	NH_3	Salmiakgeist
Natriumhydroxid	$NaOH$	Natronlauge
Natriumbicarbonat	$NaHCO_3$	Natron
Magnesiumhydroxid	$Mg(OH)_2$	Säurebindende Medikamente
Kalziumcarbonat	$CaCO_3$	Säurebindende Medikamente
Aluminiumhydroxid	$Al(OH)_3$	Säurebindende Medikamente

Tabelle 12.2: Im Haushalt gebräuchliche Basen

Wie sehen Säuren und Basen aus? – Ein Blick durchs Mikroskop

Wenn Sie sich die Tabellen 12.1 und 12.2 näher ansehen, werden Sie feststellen, dass alle Säuren Wasserstoff enthalten, während sich in den meisten Basen das Hydroxid-Ion (OH^-)

findet. Auf diese Tatsache gründen zwei wichtige Theorien ihre Beschreibungen von Säuren und Basen und ihren Reaktionen:

✔ Die Theorie von Arrhenius
✔ Die Theorie von Brönsted-Lowry

Die Theorie von Arrhenius: Ohne Wasser geht gar nichts

Die erste Theorie zur Natur der Säuren und Basen entwickelte Arrhenius im Jahre 1883. Gemäß dieser Theorie ist eine Säure eine Substanz, die in Wasser gelöst H^+-Ionen (Wasserstoff-Ionen) abgibt, während Basen solche Substanzen sind, die in Wasser gelöst OH^--Ionen abgeben. HCl(g) gilt also als eine typische Säure nach Arrhenius, weil dieses Gas bei der Lösung in Wasser ionisiert (Ionen bildet) und das H^+-Ion abgibt. (Die fesselnden Details über Ionen finden Sie in Kapitel 6.)

$HCl(aq) \rightarrow H^+ + Cl^-$

Nach der Theorie von Arrhenius ist Natriumhydroxid eine Base, weil es bei der Lösung in Wasser das Hydroxid-Ion abgibt:

$NaOH(aq) \rightarrow Na^+ + OH^-$

Arrhenius klassifizierte darüber hinaus die Reaktion einer Säure mit einer Base als Neutralisationsreaktion. Denn wenn man eine saure Lösung mit einer basischen Lösung mischt, entsteht eine neutrale Lösung, die aus Wasser und einem Salz besteht.

$HCl(aq) + NaOH(aq) \rightarrow H_2O(l) + NaCl(aq)$

Sehen wir uns einmal die Ionen-Gleichung dieser Reaktion an (die Gleichung, in der die Reaktion und die Produktion der Ionen sichtbar wird), um festzustellen, wie das Wasser entsteht:

$H^+ + Cl^- + Na^+ + OH^- \rightarrow H_2O(l) + Na^+ + Cl^-$

Es wird deutlich, dass sich das Wasser durch die Kombination der Wasserstoff- und der Hydroxid-Ionen bildet. Tatsächlich ist die Netto-Ionen-Gleichung (die Gleichung, die nur die chemischen Substanzen zeigt, die während der Reaktion eine Veränderung erfahren) für alle Säure-Base-Reaktionen nach Arrhenius die gleiche:

$H^+ + OH^- \rightarrow H_2O(l)$

Die Theorie von Arrhenius wird immer noch verwendet. Allerdings hat sie, wie alle Theorien, ihre Grenzen. Das wird zum Beispiel deutlich, wenn man die Gasphasenreaktion von Ammoniak mit Chlorwasserstoff-Gasen betrachtet:

$NH_3(g) + HCl(g) \rightarrow NH_4^+ + Cl^- \rightarrow NH_4Cl(s)$

Die beiden unsichtbaren, farblosen Gase vermischen sich und bilden weißes Ammoniumchlorid (Salmiak) in fester Form. Die Gleichung zeigt die zwischenzeitliche Anordnung der Ionen, damit der tatsächliche Ablauf der Reaktion sichtbar wird. Das HCl gibt ein H^+-Ion an das Ammoniak ab. Das ist im Prinzip der gleiche Vorgang wie bei der HCl/NaOH-Reaktion.

Dennoch kann die Reaktion mit dem Ammoniak nach Arrhenius nicht als Säure-Base-Reaktion klassifiziert werden, weil sie nicht in Wasser abläuft und kein Hydroxid-Ion daran beteiligt ist. Da hilft es auch nicht, dass im Grunde derselbe Prozess abläuft. Um dies alles unter einen Hut zu bringen, wurde 1923 eine neue Theorie entwickelt, die Brönsted-Lowry-Theorie.

Die Brönsted-Lowry-Säure-Base-Theorie: Geben und Nehmen

Die Brönsted-Lowry-Theorie versucht die Einschränkungen der Theorie von Arrhenius dadurch zu überwinden, dass eine Säure als Lieferant (Donator) eines Protons (H+) und eine Base als Abnehmer (Akzeptor) eines Protons (H+) definiert wird. Die Base nimmt das H+-Ion an, indem sie ein freies Elektronenpaar für eine koordinative Bindung zur Verfügung stellt – dabei handelt es sich um eine Elektronenpaarbindung (kovalente Bindung), bei dem beide für die Bindung benötigten Elektronen von einem Atom zur Verfügung gestellt werden. Normalerweise liefern beide Atome je ein Elektron für die Bindung (siehe Kapitel 7). Bei einer koordinativen Bindung dagegen kommen beide Elektronen von einem der Atome.

Abbildung 12.1 zeigt die NH$_3$/HCl-Reaktion in einer Elektronenformel (auch Lewis-Dotformel genannt), bei der die Edukte und Produkte abgebildet werden.

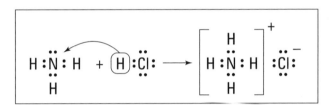

Abbildung 12.1: Die Reaktion von NH$_3$ mit HCl

HCl gibt ein Proton ab, ist also die Säure, und das Ammoniak akzeptiert das Proton und ist damit die Base. Das Ammoniak verfügt über ein ungebundenes Elektronenpaar, das es für die koordinative Bindung zur Verfügung stellen kann.

Mehr über die Säure-Base-Reaktionen aus der Perspektive der Brönsted-Lowry-Theorie erfahren Sie im Abschnitt *Her mit dem Proton: Brönsted-Lowry-Säure-Base-Reaktionen* weiter hinten in diesem Kapitel.

Ätzend oder trinkbar: Starke und schwache Säuren und Basen

Säuren und Basen kann man nicht über einen Kamm scheren – es gibt jeweils starke und schwache. Man darf den Faktor Stärke hier aber nicht mit dem Faktor Konzentration verwechseln. *Stärke* bezieht sich auf das Ausmaß der Ionisation oder der Abgabe von Ionen, das für eine bestimmte Säure oder Base charakteristisch ist. Konzentration dagegen bezieht sich auf die anfängliche Menge der Säure oder Base. Man kann es also durchaus mit einer konzentrierten Lösung einer schwachen Säure oder einer verdünnten Lösung einer starken Säure zu tun haben, oder auch einer konzentrierten Lösung einer starken Säure oder ... Sie verstehen schon, worauf ich hinaus will.

Starke Säuren

Wenn man Chlorwasserstoffgas in Wasser auflöst, reagiert das HCl mit den Wassermolekülen und gibt ein Proton an sie ab:

$HCl(g) + H_2O(l) \rightarrow Cl^- + H_3O^+$

Das H_3O^+-Ion nennt man auch Hydronium-Ion. Diese Reaktion läuft so lange ab, bis die Edukte aufgebraucht sind. In diesem Fall ionisiert das ganze HCl zu H_3O^+ und Cl^-, so dass am Ende der Reaktion kein HCl mehr vorhanden ist. Säuren, die sich, wie HCl, komplett in Wasser auflösen, nennt man *starke Säuren*. Wie Sie vielleicht bemerkt haben, übernimmt das Wasser in diesem Fall die Funktion einer Base, indem es das Proton vom Chlorwasserstoff akzeptiert.

Weil starke Säuren vollständig ionisieren, kann man die Konzentration des Hydronium- und des Chlorid-Ions leicht ausrechnen, sofern man die anfängliche Konzentration der starken Säure kennt. Nehmen wir beispielsweise an, dass 0,1 mol (alles Wissenswerte über das Mol erfahren Sie in Kapitel 10) Chlorwasserstoffgas in einen Liter Wasser geblubbert werden. Dann kann man sagen, dass die anfängliche Konzentration des HCl 0,1 M (0,1 mol/l) beträgt. M ist die Abkürzung für Molarität, und mol/l steht für die Anzahl der Mol-Einheiten pro Liter einer Lösung. (Mehr über die Molarität und andere Einheiten zur Definition der Konzentration erfahren Sie in Kapitel 11.)

Man kann diese Konzentration des HCl von 0,1 M so ausdrücken: [HCl] = 0,1. Die Klammern um die Verbindung deuten darauf hin, dass es sich um eine Aussage zur Molarität handelt, also mol/l. Weil das HCl vollständig ionisiert, kann man aus der Gleichung entnehmen, dass jedes ionisierte HCl ein Hydronium-Ion und ein Chlorid-Ion abgibt. Die Konzentration der Ionen in dieser 0,1 M HCl-Lösung ist also

$[H_3O^+] = 0{,}1$ und $[Cl^-] = 0{,}1$

Diese Vorgehensweise ist recht nützlich, wenn es um die Berechnung des pH-Werts geht. (Genau das wird Ihre Aufgabe im Abschnitt *Wie sauer ist mein Kaffee: Die pH-Skala* weiter hinten in diesem Kapitel sein.) Tabelle 12.3 zeigt die bekanntesten starken Säuren, die einem so über den Weg laufen.

Name	Formel
Salzsäure	HCl
Bromwasserstoffsäure	HBr
Iodwasserstoffsäure	HI
Salpetersäure	HNO_3
Perchlorsäure	$HClO_4$
Schwefelsäure (nur die erste Ionisation)	H_2SO_4

Tabelle 12.3: Bekannte starke Säuren

Schwefelsäure ist eine diprotische Säure. Sie kann zwei Protonen abgeben, aber nur die erste Ionisation läuft vollständig ab. Die anderen in der Tabelle aufgeführten Säuren sind monoprotische Säuren, weil sie nur ein Proton abgeben.

Starke Basen

Normalerweise wird Ihnen nur eine starke Base über den Weg laufen, und die ist das Hydroxid-Ion OH^-. Die Berechnung der Konzentration von Hydroxid-Ionen ist eine einfache Sache. Wenn man beispielsweise eine 1,5 M (1,5 mol/l) NaOH-Lösung hat, löst sich das Natriumhydroxid, ein Salz, vollständig in Ionen auf (es zerfällt):

$NaOH(S) \rightarrow Na^+ + OH^-$

Bei einer anfänglichen Konzentration von 1,5 mol/l NaOH ergibt sich die gleiche Konzentration von Ionen:

$[Na^+] = 1,5$ und $[OH^-] = 1,5$

Schwache Säuren

Nehmen wir an, Sie lösen Essigsäure (CH_3COOH) in Wasser. Die Säure reagiert mit den Wassermolekülen und gibt ein Proton ab. Es bilden sich Hydronium-Ionen. Es kommt dabei zu einem Gleichgewicht, in dem eine bestimmte Menge nicht ionisierter Essigsäure übrig bleibt. (Bei vollständig ablaufenden Reaktionen werde die Edukte im Laufe der Herstellung des Produktes vollständig aufgebraucht. In gleichgewichtigen Systemen dagegen, laufen – auf jeder Seite des Reaktionspfeiles – zur selben Zeit, am selben Ort und mit der gleichen Geschwindigkeit entgegengesetzte chemische Reaktionen ab. Mehr über gleichgewichtige Systeme erfahren Sie in Kapitel 8.)

Die Reaktion von Essigsäure mit Wasser sieht folgendermaßen aus:

$CH_3COOH(l) + H_2O(l) \rightleftharpoons CH_3COO^- + H_3O^+$

Die dem Wasser beigegebene Essigsäure wird nur zum Teil ionisiert. Etwa 5 Prozent der Essigsäure geben ihre Ionen ab, während 95 Prozent ihre molekulare Form beibehalten. In sauren Lösungen, deren Säuren nicht vollständig ionisieren, ist die Menge der abgegebenen Hydronium-Ionen wesentlich geringer, als das bei starken Säuren der Fall ist. Säuren, die nur teilweise ionisieren, nennt man deshalb *schwache Säuren*.

Die Berechnung der Konzentration von Hydronium-Ionen in schwach sauren Lösungen ist etwas komplizierter als bei stark sauren Lösungen, weil nicht die gesamte anfangs gelöste Säure ihre Ionen abgibt. Um die Ionenkonzentration dennoch berechnen zu können, muss man auf die Gleichgewichtskonstante für schwache Säuren zurückgreifen. Grundlegendes zur Gleichgewichtskonstante K_{eq} erfahren Sie in Kapitel 8. Für schwach saure Lösungen verwendet man eine modifizierte Gleichgewichtskonstante mit Namen K_a – die Dissoziationskonstante. Sehen Sie sich die verallgemeinerte Ionisation einer schwachen Säure HA an:

$HA + H_2O \rightleftharpoons A^- + H_3O^+$

12 ➤ Sauer und bitter: Säuren und Basen

Der Term der Gleichgewichtskonstanten K_a für die schwache Säure lautet folgendermaßen:

$$K_a = \frac{[H_3O^+][A^-]}{HA}$$

Beachten Sie, dass das [HA] hier für die molare Konzentration des HA *im Gleichgewicht* steht, nicht im Anfangsstadium. Zu bedenken gilt auch, dass die Konzentration des Wassers im Term der Gleichgewichtskonstanten K_a nicht eigens auftaucht, denn es ist so viel davon vorhanden, dass es gewissermaßen als eine in den Term integrierte Konstante zu betrachten ist.

Nun aber zurück zum Gleichgewicht der Essigsäure. Die Gleichgewichtskonstante K_a für Essigsäure lautet 1,8 x 10⁻⁵. Der Term der Gleichgewichtskonstanten K_a sieht dementsprechend so aus:

$$K_a = 1,8 \times 10^{-5} = \frac{[H_3O^+][CH_3COO^-]}{[CH_3COOH]}$$

Diese Gleichgewichtskonstante kann man nun bei der Berechnung der Konzentration der Hydronium-Ionen in einer Essigsäurelösung mit, sagen wir, 2,0 M verwenden. Sie kennen also die anfängliche Konzentration der Essigsäure, nämlich 2,0 M. Sie wissen, dass ein kleiner Teil der Säure Ionen abgegeben hat und kleine Mengen Hydronium-Ionen und Azetat-Ionen entstanden sind. Aus der gleichgewichtig verlaufenden Reaktion können Sie schließen, dass für jedes sich bildende Hydronium-Ion ein Azetat-Ion gebildet wird – die Konzentration dieser beiden Ionen ist also gleich. Sie können folglich die Konzentrationen [H$_3$O⁺] und [CH$_3$COO⁻] mit x gleichsetzen, wodurch folgender Term entsteht:

[H$_3$O⁺] = [CH$_3$COO⁻] = x

Damit die Konzentration x an Hydronium- und Azetat-Ionen produziert werden kann, wird jeweils die gleiche Menge Essigsäure benötigt. Also entspricht die Konzentration der im Gleichgewicht verbleibenden Essigsäure der anfänglichen Konzentration, nämlich 2,0 M, abzüglich der ionisierten Menge, nämlich x:

[CH$_3$COOH] = 2,0 – x

In den allermeisten Fällen ist x im Vergleich zu der anfänglichen Konzentration einer Säure eine sehr kleine Zahl. So klein, dass man sagen kann, 2,0 - x ist annähernd gleich 2,0. Das heißt, dass man die Gleichgewichtskonzentration einer schwachen Säure ungefähr mit ihrer anfänglichen Konzentration gleichsetzen kann. Der Term der Gleichgewichtskonstante sieht demnach so aus:

$$K_a = 1,8 \times 10^{-5} = \frac{[X][X]}{[2,0]} = \frac{[X]^2}{[2,0]}$$

An diesem Punkt kann man jetzt nach x auflösen, das dem [H₃O⁺] entspricht:

$(1,8 \times 10^{-5})[2,0] = [X]^2$

$\sqrt{3,6 \times 10^{-5}} = [X] = [H_3O^+]$

$6,0 \times 10^{-3} = [H_3O^+]$

Tabelle 12.3 zeigt einige bekannte starke Säuren. Die meisten anderen Säuren, mit denen man in Kontakt kommt, sind schwach.

 Eine Möglichkeit, zwischen einer starken und einer schwachen Säure zu unterscheiden, besteht darin, nach einem Wert für die Gleichgewichtskonstante K_a Ausschau zu halten. Verfügt eine Säure über einen solchen K_a-Wert, gehört sie zu den schwachen Säuren.

Schwache Basen

Auch schwache Basen streben bei der Reaktion mit Wasser ein Gleichgewicht an. Eine typische schwache Base ist das Ammoniak. Bei der Reaktion mit Wasser bildet es das Ammonium-Ion und das Hydroxid-Ion:

$NH_3(g) + H_2O(l) \leftrightarrow NH_4^+ + OH^-$

Genau wie die schwachen Säuren ionisieren auch die schwachen Basen nur zum Teil. Für die Gleichgewichtskonstante der schwachen Basen gibt es einen modifizierten Term mit Namen K_b. Er wird analog zur Konstante K_a verwendet (die Einzelheiten finden Sie im Abschnitt *Schwache Säuren*), nur dass man nach [OH⁻] auflöst.

Her mit dem Proton: Brönsted-Lowry-Säure-Base-Reaktionen

Aus der Sicht der Theorie von Arrhenius sind Säure-Base-Reaktionen Neutralisationsreaktionen. Für Brönsted und Lowry dagegen geht es bei der Reaktion von Säuren und Basen darum, wer das Proton in die Finger kriegt. Nehmen wir zum Beispiel die Reaktion von Ammoniak mit Wasser:

$NH_3(g) + H_2O(l) \leftrightarrow NH_4^+ + OH^-$

Was die Hinreaktion (von links nach rechts) betrifft, ist das Ammoniak eine Base (es nimmt ein Proton an), und das Wasser eine Säure (es gibt ein Proton ab). Bei der Rückreaktion (von rechts nach links) ist es umgekehrt: Das Ammonium-Ion ist eine Säure und das Hydroxid-Ion ist eine Base. Ist das Wasser eine stärkere Säure als das Ammonium-Ion, dann befindet sich eine relativ große Konzentration von Ammonium- und Hydroxid-Ionen im Gleichgewicht. Ist jedoch das Ammonium-Ion die stärkere Säure, ist der Gehalt an Ammoniak größer als der an Ammonium-Ionen.

Nach Brönsted und Lowry reagiert eine Säure mit einer Base dergestalt, dass sich konjugierte Säure-Base-Paare bilden. Diese konjugierten Säure-Base-Paare unterscheiden sich durch ein einziges H$^+$. NH$_3$ ist beispielsweise eine Base, und NH$_4^+$ ist die dazugehörige konjugierte Säure. H$_2$O ist bezüglich der Reaktion von Ammoniak mit Wasser eine Säure, und OH$^-$ ist die dazugehörige konjugierte Base. Bei der hier vorliegenden Reaktion ist das Hydroxid-Ion eine starke Base und das Ammoniak eine schwache Base, so dass sich das Gleichgewicht nach links verschiebt – der Anteil des Hydroxids ist relativ klein.

Entscheide dich: amphoteres Wasser

Wenn Essigsäure mit Wasser reagiert, verhält sich das Wasser wie eine Base oder ein Protonenakzeptor. Bei der Reaktion mit Ammoniak (siehe den vorangegangenen Abschnitt) verhält sich das Wasser jedoch wie eine Säure oder ein Protonendonator. Je nachdem, womit das Wasser reagiert, kann es also als Säure oder als Base reagieren. Substanzen, die sich wie eine Säure und wie eine Base verhalten können, nennt man *amphotere* Substanzen.

Kann Wasser auch mit sich selbst reagieren? Aber natürlich. Zwei Wassermoleküle können miteinander reagieren, indem das eine ein Proton abgibt und das andere dieses Proton annimmt:

H$_2$O(l) + H$_2$O(l) ↔ H$_3$O$^+$ + OH$^-$

Diese Reaktion verläuft gleichgewichtig. Daher gibt es dafür eine eigene Gleichgewichtskonstante K$_w$ (die Abkürzung steht für *Wasserdissoziationskonstante*). K$_w$ hat den Wert $1{,}0 \times 10^{-14}$ und sieht folgendermaßen aus:

$1{,}0 \times 10^{-14}$ = [H$_3$O$^+$] [OH$^-$]

In reinem Wasser entspricht das [H$_3$O$^+$] dem [OH$^-$] aus der Reaktionsgleichung. Es gilt also [H$_3$O$^+$] = [OH$^-$] = $1{,}0 \times 10^{-7}$. Der Wert von K$_w$ ist eine Konstante. Dieser Wert erlaubt die Umrechnung von [H$^+$] in [OH$^-$] und umgekehrt, und zwar nicht nur bei reinem Wasser, sondern bei *jeder* wässrigen Lösung. In wässrigen Lösungen werden die Konzentrationen des Hydronium-Ions und des Hydroxid-Ions selten gleich sein. Aber wenn eine der Konzentrationen bekannt ist, kann man die andere mit Hilfe von K$_w$ errechnen.

Gehen wir noch einmal zu unserem Problem mit der 2,0 M Essigsäure-Lösung im Abschnitt *Schwache Säuren* weiter vorne zurück. Der Stand der Dinge war, dass [H$_3$O$^+$] dem Wert $6{,}0 \times 10^{-3}$ entsprach. Jetzt können Sie die Konzentration [OH$^-$] mit Hilfe von K$_w$ berechnen.

K$_w$ = $1{,}0 \times 10^{-14}$ = [H$_3$O$^+$] [OH$^-$]

$1{,}0 \times 10^{-14}$ = [$6{,}0 \times 10^{-3}$] [OH$^-$]

$1{,}0 \times 10^{-14}$ / $6{,}0 \times 10^{-3}$ = [OH$^-$]

$1{,}7 \times 10^{-12}$ = [OH$^-$]

Ein altes Abführmittel und Rotkohl: Säure-Base-Indikatoren

Indikatoren sind Substanzen (organische Farbstoffe), die durch Kontakt mit Säuren oder Basen ihre Farbe ändern. Vielleicht kennen Sie eine Pflanze, die eine solche Indikatorfunktion erfüllt – die Hortensie. Sitzt sie in saurem Boden, blüht sie rosa, sitzt sie in basischem Boden, blüht sie blau. Ein anderer pflanzlicher Säure-Base-Indikator ist der Rotkohl. Ich lasse meine Studenten obligatorisch Rotkohl klein schneiden und kochen (die meisten bevorzugen eindeutig diesen Teil der Übung). Mit der Kochflüssigkeit kann man dann Substanzen testen. Zusammen mit Säuren färbt sich die Flüssigkeit rosa, zusammen mit Basen färbt sie sich grün. Wenn man nun etwas von dieser Flüssigkeit nimmt, sie leicht basisch macht und dann über einen Strohhalm in die Flüssigkeit hinein ausatmet, wird die Lösung blau und zeigt damit eine leichte Säuerung an. Das kommt daher, dass das Kohlenstoffdioxid in der Atemluft mit dem Wasser reagiert und Kohlenstoffsäure bildet:

$$CO_2(g) + H_2O(l) \leftrightarrow H_2CO_3(aq)$$

Aufgrund dieser Reaktion sind mit Kohlenstoffsäure versetzte Erfrischungsgetränke leicht sauer. Um der Sache den richtigen Zisch zu geben, versetzt man das Wasser mit Kohlenstoffdioxid. Ein Teil des Wassers reagiert mit dem Kohlenstoffdioxid und bildet Kohlenstoffsäure. Dieselbe Reaktion sorgt auch dafür, dass Regenwasser leicht sauer ist. Auf seinem Weg zur Erde absorbiert es Kohlenstoffdioxid.

In der Chemie werden Indikatoren zum Nachweis von Säuren und Basen verwendet. Dazu stehen den Chemikern viele Indikatoren zur Verfügung, die die gesamte Bandbreite von pH-Werten abdecken. (Sie haben den Begriff pH-Wert sicher schon in den verschiedensten Zusammenhängen gehört. Besonders die Kosmetikbranche wirbt gerne damit für hautfreundliche Produkte. Wenn Sie mehr über den pH-Wert erfahren wollen, lesen Sie den Abschnitt *Wie sauer ist mein Kaffee: Die pH-Skala* in diesem Kapitel.) Zwei Indikatoren werden besonders häufig verwendet:

✔ Lackmus-Papier

✔ Phenolphthalein

Das gute alte Lackmus-Papier

Lackmus ist eine Substanz, die man aus verschiedenen Flechtenarten extrahieren kann. Mit dieser Substanz wird dann poröses Papier imprägniert. (Für den Fall, dass Sie gerade für Günther Jauchs Millionenquiz trainieren: Eine Flechte ist eine Pflanze – diese hier findet man in Holland –, die aus einer Alge und einem Pilz besteht, die symbiotisch zusammenleben. Der Name Lackmus kommt von indogermanischen: leg = tröpfeln und Mus, da man bei der Herstellung den Brei abtropfen ließ.) Es gibt drei Sorten Lackmus-Papier: rotes, blaues und neutrales. Mit dem roten Lackmus verifiziert man Basen, mit dem blauen Lackmus Säuren und mit dem neutralen Lackmus kann man beides nachweisen. Ist eine Lösung sauer, färben sich das blaue und das neutrale Lackmus-Papier rot. Ist eine Lösung basisch, färben sich das rote und das neutrale Lackmus-Papier blau. Lackmus-Papier bietet eine gute und schnelle Nachweismöglichkeit für Säuren und Basen. Und es erspart Ihnen den charakteristischen Geruch kochenden Rotkohls.

Phenolphthalein: alles geregelt

Ein anderer verbreiteter Indikator ist Phenolphthalein. Bis vor einigen Jahren wurde Phenolphthalein als Wirkstoff in einem beliebten Abführmittel verwendet. Ich kann mich daran erinnern, dass ich das Phenolphthalein aus dem Abführmittel extrahierte, indem ich die Pillen in Alkohol oder Gin auflöste (und gut aufpasste, dass ich nicht aus Versehen daran nippte). Anschließend benutzte ich diese Lösung als Indikator.

Phenolphthalein ist in einer sauren Lösung klar und farblos, in einer basischen Lösung aber rosa. Es wird in der Regel für eine Prozedur verwendet, die man *Titration* nennt, ein Vorgang, bei dem die Konzentration einer Säure oder Base auf der Grundlage einer Reaktion mit einer Säure oder Base ermittelt wird, deren Konzentration bekannt ist.

Nehmen wir beispielsweise an, Sie möchten die molare Konzentration einer HCl-Lösung bestimmen. Dazu geben Sie zunächst ein festgelegtes Volumen (sagen wir 25 Milliliter, die Sie mit einer Pipette genau abgemessen haben) in einen Erlenmeyer-Kolben (das ist ein konisches Glasgefäß mit einem flachen Boden) und fügen ein paar Tropfen Phenolphthalein-Lösung hinzu. Weil Sie den Indikator in eine saure Lösung geben, bleibt die Flüssigkeit im Erlenmeyer-Kolben klar und farblos. Anschließend geben Sie über eine Bürette kleine Mengen einer standardisierten Natriumhydroxid-Lösung in einer bekannten Molarität (etwa 0,100 M) dazu. (Eine Bürette ist eine geeichte Glasröhre mit Skala und eingeschliffenem Hahn am unteren Ende und dient im chemischen Labor zur quantitativen Abmessung kleiner Flüssigkeitsvolumina.) Das machen Sie so lange, bis die Flüssigkeit gerade anfängt, sich ganz leicht rosa zu färben. Ich nenne dies den Endpunkt der Titration, denn an diesem Punkt hat die Base die Säure neutralisiert. Abbildung 12.2 zeigt den Aufbau für die Titration.

Angenommen, Sie brauchen 35,5 Milliliter der 0,100 M NaOH, um den Endpunkt der Titration der 25 Milliliter HCl-Lösung zu erreichen. Dann sieht die Reaktion so aus:

$HCl(aq) + NaOH(aq) \rightarrow H_2O(l) + NaCl(aq)$

Die Reaktionsgleichung zeigt, dass die Säure und die Base in einem Verhältnis von 1:1 Mol reagieren. Wenn man also berechnen kann, wie viel Mol der Base man hinzugefügt hat, kennt man auch die Mol-Anzahl des HCl. Mit Hilfe des Volumens der sauren Lösung kann man dann die Molarität berechnen (beachten Sie, dass die Milliliter in Liter umgerechnet wurden, damit man die Einheiten bequem kürzen kann):

$$\frac{0{,}100 \; \cancel{mol \; NaOH}}{1} \times \frac{0{,}03550 \; l}{1} \times \frac{1 \; mol \; HCl}{1 \; \cancel{mol \; NaOH}} \times \frac{1}{0{,}02500 \; l} = 0{,}142 \; M \; HCl$$

Die Titration einer Base mit einer standardisierten sauren Lösung (mit bekannter Konzentration) wird im Prinzip genau so berechnet, außer dass der Endpunkt dann erreicht ist, wenn die rosa Farbe verschwunden ist.

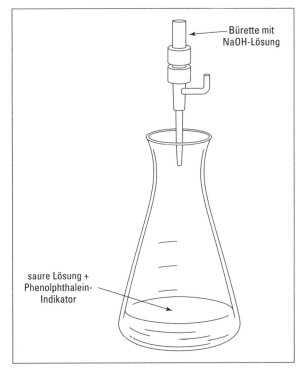

Abbildung 12.2: Die Titration einer Säure mit einer Base

Wie sauer ist mein Kaffee: Die pH-Skala

Der Säuerungsgrad einer Lösung steht mit der Konzentration von Hydronium-Ionen in der Lösung in Beziehung. Je saurer eine Lösung ist, desto höher ist diese Konzentration. Anders ausgedrückt: eine Lösung, in der [H_3O^+] gleich $1{,}0 \times 10^{-2}$ ist, ist saurer als eine Lösung, in der [H_3O^+] gleich $1{,}0 \times 10^{-7}$ ist. Die pH-Skala, die auf [H_3O^+] basiert, hat man entwickelt, um auf einen Blick den relativen Säuerungsgrad einer Lösung feststellen zu können. Der pH ist definiert als der negative Logarithmus (abgekürzt als log) von [H_3O^+]. Mathematisch sieht das so aus:

pH = – log [H_3O^+]

Basierend auf der Wasserdissoziationskonstanten K_w (siehe den Abschnitt *Entscheide dich: amphoteres Wasser*) ergibt sich für reines Wasser eine Konzentration der Hydronium-Ionen von $1{,}0 \times 10^{-7}$. Auf dieser Grundlage lässt sich der pH-Wert von reinem Wasser leicht berechnen:

pH = – log [H_3O^+]

pH = – log [$1{,}0 \times 10^{-7}$]

pH = – [-7]

pH = 7

Der pH-Wert von reinem Wasser ist also 7,0. Die Chemiker nennen diesen Punkt auf der pH-Skala neutral. Sauer ist eine Lösung dann, wenn die Konzentration der Hydronium-Ionen größer ist als bei Wasser und der pH-Wert über 7,0 liegt. Basisch sind Lösungen, deren Konzentration an Hydronium-Ionen kleiner ist als bei Wasser und deren pH-Wert über 7,0 liegt.

Die pH-Skala hat im Prinzip keinen Endpunkt. Lösungen können pH-Werte haben, die unter dem Wert 0 liegen. (Eine 10-M-HCl-Lösung hat beispielsweise einen pH-Wert von -1.) Im chemischen Alltag bewegt man sich im Umgang mit schwachen Säuren und Basen und wässrigen Lösungen starker Säuren und Basen jedoch meist im Bereich zwischen 0 und 14 auf der pH-Skala. Abbildung 12.3 zeigt die pH-Skala.

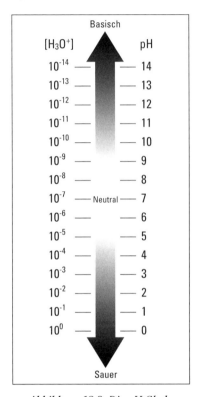

Abbildung 12.3: Die pH-Skala

Die Konzentration der Hydronium-Ionen in einer 2,0-M-Essigsäure-Lösung beträgt $6,0 \times 10^{-3}$. Ein Blick auf die pH-Skala zeigt, dass diese Lösung sauer ist. Berechnen Sie nun den pH-Wert der Lösung:

pH = $-\log [H_3O^+]$

pH = $-\log [6,0 \times 10^{-3}]$

pH = $-[-2,22]$

pH = 2,22

Im Abschnitt *Entscheide dich: amphoteres Wasser* habe ich dargelegt, dass man mit Hilfe der Wasserdissoziationskonstanten K_w die $[H_3O^+]$ berechnen kann, wenn man die $[OH^-]$ kennt. Mit einer anderen Gleichung, 14 = pH + pOH, kann man den pH-Wert einer Lösung errechnen. pOH entspricht dem negativen Logarithmus von $[OH^-]$. Den pOH-Wert einer Lösung kann man mit Hilfe des negativen dekadischen Logarithmus der Hydroxid-Ionen-Konzentration genau so berechnen wie den pH-Wert. Wenn Sie K_w verwenden und den negativen dekadischen Logarithmus beider Seiten bilden, ergibt das 14 = pH + pOH. Auf diese Weise kann man aus dem pOH-Wert leicht den pH-Wert errechnen und umgekehrt.

Genau so, wie man $[H_3O^+]$ über den pH-Wert berechnen kann, kommt man auch vom pH-Wert an den Wert für $[H_3O^+]$ heran. Dazu muss man auf das zurückgreifen, was man die antilogarithmische Relation nennt, nämlich

$[H_3O^+] = 10^{-pH}$

Das menschliche Blut hat beispielsweise einen pH-Wert von 7,3. Und so errechnet man auf der Basis des pH-Wertes von Blut die Konzentration der Hydronium-Ionen:

$[H_3O^+] = 10^{-pH}$

$[H_3O^+] = 10^{-7,3}$

$[H_3O^+] = 5,01 \times 10^{-8}$

Auf die gleiche Weise kann man auf der Grundlage des pOH-Werts $[OH^-]$ errechnen.

In unserer Umwelt finden sich Substanzen aus allen Bereichen der pH-Skala. Tabelle 12.4. gibt Ihnen einen Überblick über diese Substanzen und ihre pH-Werte.

Substanz	PH-Wert
Ofenreiniger	13,8
Haarentfernungsmittel	12,8
Salmiakgeist	11,0
Magnesiummilch	10,5
Chlorbleiche	9,5
Meerwasser	8,0
menschliches Blut	7,3
reines Wasser	7,0
Milch	6,5
Kaffee (schwarz)	5,5
Erfrischungsgetränke	3,5
Aspirin	2,9
Essig	2,8
Zitronensaft	2,3
Batteriesäure	0,8

Tabelle 12.4: Durchschnittliche pH-Werte bekannter Substanzen

Der pH-Wert unseres Blutes beträgt durchschnittlich 7,3. Der Wert kann durchaus um 0,2 nach oben oder unten schwanken, ohne dass uns das ernsthaft schadet. Viele Faktoren, darunter auch die Nahrung und Verhaltensweisen wie die Hyperventilation, können sich auf den pH-Wert unseres Blutes auswirken. Damit immer alles im »grünen« Bereich zwischen 7,1 und 7,5 bleibt, setzt unser Körper Puffer ein.

Puffer: Die pH-Controllettis

Puffer oder Pufferlösungen, wie sie manchmal genannt werden, wirken einer Veränderung des pH-Wertes entgegen, die durch eine Zugabe von Säuren oder Basen verursacht wird. Offenbar enthält eine Pufferlösung also etwas, was mit einer Säure reagiert – eine Base. Und ein anderer Bestandteil der Pufferlösung reagiert mit einer Base – eine Säure. In der Regel gibt es zwei Arten von Puffern:

✔ Gemische von schwachen Säuren und Basen

✔ Amphotere Stoffe

Bei den Gemischen aus schwachen Säuren und Basen kann es sich um konjugierte Säure-Base-Paare (etwa H_2CO_3/HCO_3^-) oder nicht-konjugierte Säure-Base-Paare handeln (etwa NH_4^+/CH_3COO^-). (Mehr über konjugierte Säure-Base-Paare erfahren Sie im Abschnitt *Her mit dem Proton: Brönsted-Lowry-Säure-Base-Reaktionen* weiter vorne im Kapitel.)

Was unseren Körper betrifft, so kommen dort konjugierte Säure-Base-Paare häufiger vor. Im Blut etwa sorgen Paare aus Kohlenstoffsäure und Bikarbonat für die Steuerung des pH-Werts. Wird dieser Puffer ausgeschaltet, was durchaus passieren kann, kann das zu ernsten Gesundheitsgefährdungen führen. Wenn ein Mensch beispielsweise sehr hart trainiert, geben die Muskeln Milchsäure in den Blutkreislauf ab. Wenn die Bikarbonat-Ionen nicht ausreichen, die Milchsäure zu neutralisieren, fällt der pH-Wert des Blutes, und man sagt, der Betreffende ist im Zustand der *Azidose*. Auch Diabetes kann Azidose verursachen. Wenn ein Mensch andererseits hyperventiliert (zu schnell atmet), wird dabei zu viel Kohlenstoffdioxid ausgeatmet. Dadurch sinkt der Kohlenstoffsäurespiegel im Blut und das Blut wird zu basisch. Auch dieser Zustand, den man *Alkalose* nennt, kann sehr ernste Folgen haben.

Auch amphotere Stoffe können als Puffer dienen, wenn sie mit einer Säure oder einer Base reagieren. (Ein Beispiel für einen amphoteren Stoff finden Sie im Abschnitt *Einscheide dich: amphoteres Wasser* weiter vorne in diesem Kapitel.) Das Bikarbonat-Ion (HCO3-) und das Monohydrogenphosphat-Ion (HPO4-2) sind solche amphoteren Stoffe, die sowohl Säuren als auch Basen neutralisieren können. Auch sie sind wichtig für die Kontrolle des pH-Wertes unseres Blutes.

Säureneutralisatoren: Grundlagenchemie

In jeder Apotheke oder Drogerie findet man jede Menge Medikamente, die überschüssige Magensäure neutralisieren. Das ist Säure-Base-Chemie in voller Aktion! Der Magen produziert Salzsäure, um während des Verdauungsprozesses bestimmte Enzyme (biologische Katalysatoren) zu aktivieren. Manchmal schießt er bei der Produktion allerdings über das Ziel hinaus, oder aber die Magensäure schwappt zur Speiseröhre (Ösophagus) hinauf und verursacht Sodbrennen. Dann ist es an der Zeit, die überschüssige Säure zu neutralisieren. Und was braucht man dafür? Richtig, eine Base. Die im Handel erhältlichen basischen Rezepturen, die man zur Neutralisation der Magensäure einsetzen kann, nennt man Säureneutralisatoren. Teil dieser Rezepturen sind unter anderem die folgenden Verbindungen:

✔ Die Bikarbonate $NaHCO_3$ und $KHCO_3$

✔ Die Karbonate $CaCO_3$ und $MgCO_3$

✔ Die Hydroxide $Al(OH)_3$ und $Mg(OH)_2$

Es ist nicht immer einfach, für den gelegentlichen Bedarfsfall den richtigen Säurenneutralisator auszuwählen. Natürlich ist der Preis ein wichtiger Faktor. Von Bedeutung kann aber auch die chemische Beschaffenheit der Basen sein. Menschen mit hohem Blutdruck zum Beispiel sollten besser Magenmittel vermeiden, die Natriumbikarbonat enthalten, weil das Natrium-Ion die Erhöhung des Blutdrucks begünstigt. Wer sich Sorgen macht, seine Knochen könnten Kalzium verlieren, kann sich auf Magenmittel konzentrieren, die Kalziumkarbonat enthalten. Sowohl Kalziumkarbonat als auch Aluminiumhydroxid können, in größeren Dosen angewendet, zu Verstopfung führen. Andererseits wirken Magnesiumkarbonat und Magnesiumhydroxid in hohen Dosen unter Umständen abführend. Siesehen, die Wahl des richtigen Säureneutralisators ist ein Drahtseilakt!

Säuren mit schlechtem Ruf: Saurer Regen

In den letzten Jahren ist saurer Regen zu einem immer größeren ökologischen Problem geworden. Regenwasser ist von Natur aus sauer (der pH-Wert liegt bei etwa 5,6), weil es Kohlenstoffdioxid aus der Atmosphäre absorbiert und dabei Kohlenstoffsäure produziert. Wenn in der Presse von saurem Regen gesprochen wird, dreht es sich in der Regel um einen pH-wert von 3 bis 3,5.

Die beiden Hauptgründe für den sauren Regen sind die Luftverschmutzung durch Autos und die Industrie. In den Verbrennungsmotoren der Kraftfahrzeuge wird der in der Luft enthaltene Stickstoff zu verschiedenen Stickstoffoxiden oxidiert. Diese Stickstoffoxide reagieren in der Atmosphäre mit Wasser und bilden dabei Salpetersäure (HNO_3).

Bei der Verbrennung fossiler Brennstoffe in Kraftwerken entstehen, neben Stickstoffoxiden, bedingt durch Schwefelverunreinigungen der Kohle und des Öls, Schwefeloxide. Auch diese Schwefeloxide reagieren in der Atmosphäre mit Wasser und bilden dabei schweflige Säure und Schwefelsäure (H_2SO_3 und H_2SO_4). All diese Säuren fallen mit dem Regen auf die Erde und verursachen dort eine Vielzahl von Problemen. Der pH-Wert von Seen etwa fällt so weit ab, dass Fische dort nicht mehr leben können. Ganze Wälder sterben oder verkümmern. Metalle in Autos und Gebäuden korrodieren.

Auch wenn der CO_2-Ausstoß durch Abkommen und Auflagen ein wenig reduziert werden konnte, stehen wir hier nach wie vor einem der drängendsten Umweltprobleme gegenüber. (Mehr über den sauren Regen erfahren Sie in Kapitel 18.)

Ballons, Reifen und Pressluftflaschen: Die wunderbare Welt der Gase

In diesem Kapitel

- Die kinetische Gastheorie kennen lernen
- Unter Druck geraten
- Die Gasgesetze verstehen

Gase sind allgegenwärtig. Weil Sie jedoch in der Regel unsichtbar sind, denkt man meist nicht groß über sie nach. Ihre Eigenschaften sind uns im Prinzip jedoch bewusst. Wir atmen eine Gasmischung, die wir Luft nennen. Wir überprüfen den Luftdruck unserer Auto- oder Fahrradreifen. Wir sehen auf das Barometer, um die Wetterlage einschätzen zu können. Wir verbrennen Gas in Grills und Feuerzeugen. Wir füllen Geburtstagsballons für unsere Lieben, damit sie einen fliegen lassen können. (Manche können das auch ohne Ballons.)

Die Eigenschaften von Gasen und ihre Beziehungen zueinander sind wichtig für uns. Haben meine Reifen genug Druck? Wie groß wird dieser Ballon werden? Ist genug Luft in meinen Pressluftflaschen? Und so weiter und so fort.

In diesem Kapitel stelle ich Ihnen Gase sowohl aus der mikroskopischen als auch aus der makroskopischen Perspektive vor. Ich bringe Ihnen eine der erfolgreichsten wissenschaftlichen Theorien näher – die kinetische Gastheorie. Darüber hinaus geht es um die makroskopischen Eigenschaften von Gasen und wichtige Beziehungen der Gase untereinander. Ich werde Ihnen außerdem zeigen, welche Rolle diese Beziehungen in der Stöchiometrie der Reaktionen spielen. Bei diesem Kapitel bleibt Ihnen garantiert die Luft weg!

Gase unter dem Mikroskop: Die kinetische Gastheorie

Eine Theorie ist für Wissenschaftler von Nutzen, wenn sie das jeweils untersuchte physikalische System beschreibt und darüber hinaus erlaubt vorherzusagen, was passiert, wenn man eine Variable verändert. Die kinetische Gastheorie leistet das. Sie hat zwar, wie alle Theorien, ihre Grenzen, aber sie gehört zu den erfolgreichsten chemischen Theorien. Der folgende Abschnitt beschreibt die grundlegenden Postulate, Annahmen, Hypothesen oder Axiome (suchen Sie sich Ihren Lieblingsbegriff aus), die als zutreffend vorausgesetzt werden.

✔ **1. Postulat: Gase bestehen aus Partikeln, entweder Atomen oder Molekülen.**

So lange es nicht um Materie bei sehr hohen Temperaturen geht, sind die Gaspartikel relativ klein. Größere Partikel lagern sich in der Regel aneinander an und bilden Flüssigkeiten oder Feststoffe. Gaspartikel sind also normalerweise klein und haben eine geringe Atom- und Molekülmasse.

✔ **2. Postulat: Die Gaspartikel sind im Vergleich zu der Distanz zwischen den Partikeln so klein, dass das Volumen der Partikel selbst als null angenommen wird.**

Natürlich haben die Gaspartikel ein Volumen – das ist schließlich eine Eigenschaft der Materie. Aber wenn die Gaspartikel klein sind (und das sind sie) und nicht viele davon in einem Behälter vorhanden sind, betrachtet man ihr Volumen im Vergleich zum Volumen des Behälters oder dem Raum zwischen den Partikeln als eine zu vernachlässigende Größe. Das erklärt auch, warum man Gase verdichten kann. Weil so viel Platz zwischen den Gaspartikeln ist, kann man sie gut auf engeren Raum zusammendrücken. Mit Flüssigkeiten und Feststoffen, deren Partikel viel enger zusammen liegen, geht das nicht. (Mehr über die verschiedenen Zustände der Materie und die Unterschiede zwischen Feststoffen, Flüssigkeiten und Gasen finden Sie in Kapitel 2.)

Die Vorstellung, dass man die Quantität vernachlässigen kann, ist in der Chemie oft anzutreffen. Ein Beispiel ist etwa die Gleichgewichtskonstante der schwachen Säuren, K_a, in Kapitel 12, die die im Vergleich zur anfänglichen Konzentration der Säure ionisierte Menge der schwachen Säure außen vor lässt.

Auf die reale Welt übertragen, lässt sich das am ehesten mit einer Situation vergleichen, in der man auf der Straße einen Euro findet. Wenn man gar kein Geld hat, ist dieser Euro eine beachtliche Geldmenge, nach der man sich natürlich bückt (er sichert schließlich die nächste Mahlzeit). Ist man aber Multimillionär, ist dieser Euro eine zu vernachlässigende Geldmenge, die man links liegen lässt (so reich könnte ich gar nicht sein, dass ich mich nicht nach einem Euro bücken würde). So ist es auch mit den Gaspartikeln – sie haben ein gewisses Volumen, aber es ist im Verhältnis zu dem dazwischen liegenden Raum so klein, dass es keine Bedeutung hat.

✔ **3. Postulat: Die Gaspartikel sind in ständiger, ungeordneter und gleichförmiger Bewegung. Sie bewegen sich geradlinig und kollidieren mit den Innenwänden des Behälters.**

Die Gaspartikel bewegen sich immer geradlinig. (Gase haben im Vergleich zu Feststoffen oder Flüssigkeiten eine höhere kinetische Energie; mehr dazu in Kapitel 2.) Sie bewegen sich so lange in eine Richtung, bis sie entweder mit anderen Partikeln oder mit der Innenwand des Behälters kollidieren. Darüber hinaus bewegen sich die Partikel in verschiedene Richtungen, so dass sich die Kollisionen mit der Innenwand des Behälters gleichmäßig über die gesamte Fläche verteilen. Das kann man leicht beobachten, wenn man einen Ballon aufbläst. Der Ballon dehnt sich kugelförmig aus, weil die Gaspartikel mit allen Punkten der Innenwand kollidieren. Diese Kollisionen mit der Innenwand des Behälters nennt man *Druck*. Das Postulat der ständigen, ungeordneten und geradlinigen Bewegung der Gaspartikel erklärt auch, warum sich Gase gleichmäßig vermischen, wenn sie in denselben Behälter eingefüllt werden. Und es erklärt, warum man den Duft eines Parfüms unmittelbar überall in einem Raum riecht, selbst wenn man ein paar Tropfen in der hintersten Ecke des Raumes auf den Boden fallen lässt.

✔ **4. Postulat: Die Gaspartikel üben so gut wie keine Kräfte aufeinander aus.**

Anders ausgedrückt: Man nimmt an, dass die Partikel völlig unabhängig voneinander sind und sich weder anziehen noch abstoßen. Nun ja, hier möchte ich ein paar Haare spalten. Diese Aussage ist eigentlich falsch. Wenn sie wahr wäre, könnte kein Chemiker Gase verflüssigen, aber das ist nun mal möglich. Andererseits kann man diese Annahme gelten lassen, weil die anziehenden und abstoßenden Kräfte so gering sind, dass man sie getrost vernachlässigen kann. Für unpolare Gase wie Wasserstoff und Stickstoff ist diese Annahme sicher richtig, weil es sich bei den anziehenden Kräften um so genannte *London'sche Dispersionskräfte* handelt. Bei polaren Gasmolekülen jedoch, wie bei Wasser und HCl, kann sie zu Problemen führen. (Mehr über Polarität und die London'schen Dispersionskräfte erfahren Sie in Kapitel 7, wo es um die Anziehungskräfte zwischen Molekülen geht.)

✔ **5. Postulat: Die Gaspartikel können miteinander kollidieren. Es wird davon ausgegangen, dass es sich dabei um so genannte elastische Kollisionen handelt, bei denen die Gesamtmenge der kinetischen Energie beider Partikel gleich bleibt.**

Die Gaspartikel kollidieren nicht nur mit den Innenwänden des Behälters, sondern auch untereinander. Bei diesen Kollisionen geht jedoch keine kinetische Energie verloren, sondern geht allenfalls von einem Partikel auf den Kollisionspartner über. Stellen Sie sich beispielsweise zwei Gaspartikel vor, eines in langsamer und ein anderes in schneller Bewegung, die miteinander kollidieren. Bei der Kollision wird nun kinetische Energie von dem schnelleren auf das langsamere Partikel übertragen. Das langsame Partikel prallt von dem schnelleren Partikel ab und wird dabei beschleunigt, während das schnellere Partikel von dem langsamen abprallt und dabei in seiner Geschwindigkeit gebremst wird. Die Gesamtmenge der kinetischen Energie bleibt erhalten. Was das schnellere Partikel an Energie abgibt, nimmt das langsamere auf. Auf der Grundlage dieses Prinzips funktioniert auch das Pool-Billard – man transferiert die kinetische Energie des Queues auf die Kugel, die man im Visier hat.

✔ **6. Postulat: Die in Kelvin gemessene Temperatur ist direkt proportional zu der durchschnittlichen kinetischen Energie der Gaspartikel.**

Die Gaspartikel bewegen sich nicht alle mit derselben Menge an kinetischer Energie. Ein kleiner Teil bewegt sich relativ langsam, ein anderer kleiner Teil bewegt sich relativ schnell, aber die meisten liegen mit ihrer Geschwindigkeit zwischen diesen beiden Extremen. Die Temperatur hat eine direkte Beziehung zur durchschnittlichen kinetischen Energie der Gaspartikel, aber nur, wenn sie mit der Kelvin-Skala gemessen wird. Beim Erhitzen des Gases nimmt seine kinetische Energie mit zunehmender Kelvin-Temperatur ebenfalls zu. (Die jeweilige Kelvin-Temperatur kann man errechnen, indem man 273 zu einer Celsius-Temperatur addiert: K = °C + 273. Mehr über Temperaturskalen und die durchschnittliche kinetische Energie erfahren Sie in Kapitel 2.)

Ein Gas, das alle Postulate der kinetischen Gastheorie erfüllt, nennt man *Ideales Gas*. Offensichtlich gibt es kein Gas, das allen Anforderungen des zweiten und vierten Postulates *exakt* entspricht. Allerdings kommt ein unpolares Gas bei hoher Temperatur und geringem Druck (Konzentration) dem Verhalten eines idealen Gases sehr nahe.

Druck: Eine Frage der Atmosphäre

Obwohl wir uns nicht in einem Behälter befinden, prasseln die Gasmoleküle unserer Atmosphäre ständig auf unsere Körper, unsere Bücher, unsere Computer und alles andere nieder und üben damit eine Kraft aus, die man *atmosphärischen Druck* nennt. Atmosphärischen Druck misst man mit einem Instrument, das *Barometer* heißt.

Ein Messgerät für die Atmosphäre: Das Barometer

Ein Barometer besteht aus einer langen Glasröhre, die an einem Ende geschlossen und mit einer Flüssigkeit gefüllt ist. Man könnte dafür Wasser verwenden, aber dann müsste die Glasröhre sehr lang sein (etwa 10,66 m) und würde etwas unhandlich. Es ist also zweckmäßiger, die Röhre mit Quecksilber zu befüllen, weil dies eine Flüssigkeit von hoher Dichte ist. Die mit Quecksilber befüllte Röhre wird mit der Öffnung nach unten so in einen offenen, ebenfalls mit Quecksilber gefüllten Behälter gestellt, dass das offene Ende der Röhre unterhalb des Quecksilberspiegels positioniert ist. Nun passiert einiges. Die Schwerkraft zieht das Quecksilber in der Röhre nach unten, so dass es in den Behälter darunter ausläuft. Gleichzeitig üben die Gase in der Atmosphäre Druck auf das Quecksilber in dem offenen Behälter aus und pressen es nach oben in die Glasröhre. Früher oder später halten sich diese Kräfte die Balance, und das Quecksilber kommt an einem bestimmten Punkt oberhalb des Quecksilberspiegels in dem Behälter zum Stehen. Je größer der atmosphärische Druck ist, desto höher klettert die Quecksilbersäule in der Röhre; je niedriger der atmosphärische Druck ist (etwa auf dem Gipfel eines hohen Berges), desto niedriger ist die Quecksilbersäule. Auf der Höhe des Meeresspiegels ist die Säule 760 mm hoch, was dem so genannten normalen atmosphärischen Druck entspricht.

Den atmosphärischen Druck kann man auf vielerlei Arten ausdrücken: in mm des eingefüllten Quecksilbers (mmHg), in Atmosphären (atm), einer Druckeinheit, bei der eine Atmosphäre dem Druck auf der Höhe des Meeresspiegels entspricht, in Torr, einer Druckeinheit, bei der ein Torr einem Millimeter Quecksilber entspricht, in pounds per square inch (psi), in Pascal (Pa), einer Druckeinheit, bei der ein Pascal einem Newton pro Quadratmeter entspricht (machen Sie sich keine Gedanken darüber, was ein Newton ist, vertrauen Sie mir einfach), oder in Kilopascal (kPa), wobei ein Kilopascal 1000 Pascal entspricht.

Den atmosphärischen Druck auf der Höhe des Meeresspiegels kann man also folgendermaßen ausdrücken:

760 mm Hg = 1 atm = 760 Torr = 14,69 psi = 101.325 Pa = 101,325 kPa

In diesem Buch verwende ich hauptsächlich Atmosphären und Torr und gelegentlich mm Hg. Abwechslung muss sein.

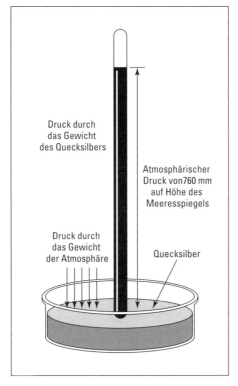

Abbildung 13.1: Ein Barometer

Ein Messgerät für den Druck eingeschlossener Gase: Das Manometer

Wenn ein Gas in einen Behälter eingeschlossen ist, kann man seinen Druck mit einem Apparat messen, den man Manometer nennt. Die Komponenten, aus denen dieser Apparat besteht, sehen Sie in Abbildung 13.2.

Ein Manometer ist einem Barometer nicht unähnlich. Der Behälter mit dem Gas wird mit einer U-förmig gebogenen Glasröhre verbunden, die zu einem Teil mit Quecksilber gefüllt und an ihrem anderen Ende geschlossen ist. An diesem geschlossenen Ende zieht die Schwerkraft das Quecksilber nach unten. Durch den Gegendruck des Gases im Behälter wird das Quecksilber ausbalanciert. Den Druck des Gases im Behälter kann man nun an der Höhendifferenz des Quecksilbers in den beiden Enden der Röhre ablesen.

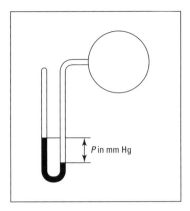

Abbildung 13.2: Das Manometer

Auch Gase halten sich an Gesetze – Gasgesetze

Verschiedene wissenschaftliche Gesetze beschreiben die Beziehungen der vier folgenden wichtigen physikalischen Gas-Eigenschaften:

✔ Volumen

✔ Druck

✔ Temperatur

✔ Masse

Diese Gesetze möchte ich Ihnen in diesem Abschnitt vorstellen. Die Gesetze von Boyle, Charles und Gay-Lussac beschreiben jeweils die Beziehung zweier Eigenschaften bei einem konstanten Wert der anderen beiden Eigenschaften. (Man konzentriert sich dabei auf zwei Eigenschaften, verändert den Wert der einen und beobachtet, wie sich dies auf die andere Eigenschaft auswirkt. Die beiden anderen Eigenschaften bleiben dabei unverändert.) Ein weiteres Gesetz – eine Kombination der Gesetze von Boyle, Charles und Gay-Lussac – erlaubt es, mehr als eine Eigenschaft zur gleichen Zeit zu variieren.

Nicht verändern kann man bei diesem kombinierten Gesetz die Masse des jeweiligen Gases. Diese Lücke schließt jedoch das Gesetz von Avogadro. Darüber hinaus gibt es noch das Gesetz für ideale Gase, das die Berücksichtigung von Variationen aller vier Eigenschaften ermöglicht.

Wenn Sie alle in diesem Abschnitt steckenden Gesetze verdaut haben, werden Sie um die eine oder andere Blähung wohl nicht herum kommen.

Boyles Gesetz

Boyles Gesetz, benannt nach Robert Boyle, einem englischen Wissenschaftler des 17. Jahrhunderts, beschreibt das Verhältnis des Drucks und des Volumens von Gasen bei gleich bleibender

Temperatur und Masse. Abbildung 13.3 macht das Verhältnis von Druck und Volumen unter Verwendung der kinetischen Molekulartheorie anschaulich.

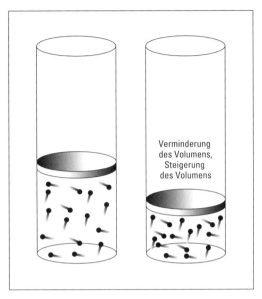

Abbildung 13.3: Das Verhältnis von Druck und Volumen bei Gasen – Boyles Gesetz

Der hier abgebildete linke Zylinder enthält ein bestimmtes Volumen Gas, das unter einem bestimmten Druck steht. (Dieser Druck ist nichts anderes als die Kollision der Gaspartikel mit der Innenwand des Behälters.) Wenn das Volumen abnimmt, befinden sich die Gaspartikel in einem viel kleineren Volumen, wodurch sich die Anzahl der Kollisionen beträchtlich erhöht. Der Druck nimmt folglich zu.

Boyles Gesetz stellt fest, dass Volumen und Druck umgekehrt proportional zueinander sind. Nimmt das Volumen ab, steigt der Druck und umgekehrt.

Boyle ermittelte als das Produkt des Drucks und des Volumens eine Konstante (k):

$PV = k$

Stellen Sie sich jetzt einmal den Fall vor, Sie hätten ein Gas mit einem bestimmten Druck (P_1) und einem bestimmten Volumen (V_1). Wenn Sie nun den Wert des Volumens ändern (V_2), ändert sich auch der Wert des Drucks (P_2). Mit Hilfe von Boyles Gesetz kann man beide Zustände beschreiben:

$P_1 V_1 = k$

$P_2 V_2 = k$

Die Konstante k ist – sonst wäre sie ja keine Konstante – in beiden Fällen gleich. Man kann also sagen

$P_1 V_1 = P_2 V_2$ (wobei Temperatur und Masse gleich bleiben)

Diese Gleichung macht eine weitere Aussage zu Boyles Gesetz – und eine sehr nützliche dazu, weil es bei Gasen im Regelfall um Änderungen des Drucks und des Volumens geht. Wenn drei der vier Größen bekannt sind, kann man die vierte berechnen. Nehmen wir beispielsweise an, dass ein Behälter 5,00 Liter eines Gases bei einem Druck von 1,00 atm beinhaltet und das Volumen dann auf 2,00 Liter abgesenkt wird. Wie hoch ist nun der Druck?

Die Antwort liefert die folgende Ausgangsposition:

$P_1 V_1 = P_2 V_2$

P_1 entspricht 1,00 atm, V_1 den 5,00 Litern Gas, und der Wert von V_2 ist 2,00 Liter. Das ergibt folgende Gleichung:

(1,00 atm)(5,00 Liter) = P_2(2,00 Liter)

Nun kann man nach P_2 auflösen:

(1,00 atm)(5,00 Liter)/(2,00 Liter) = P_2 = 2,50 atm

Diese Antwort macht Sinn, denn das Absenken des Volumens führt zu einem Anstieg des Drucks, was uns wieder zu Boyles Gesetz zurückführt.

Charles' Gesetz

Charles' Gesetz, benannt nach Jacques Charles, einem französischen Chemiker des 19. Jahrhunderts, konzentriert sich auf das Verhältnis zwischen Volumen und Temperatur bei gleich bleibenden Werten von Druck und Masse. Im Alltag ist dieses Verhältnis zum Beispiel beim Erhitzen und Abkühlen von Ballons von Bedeutung.

Abbildung 13.4 veranschaulicht das Verhältnis von Temperatur und Volumen.

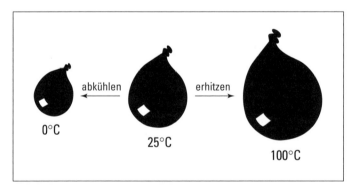

Abbildung 13.4: Das Verhältnis von Temperatur und Volumen bei Gasen – Charles' Gesetz

Betrachten Sie den mittleren Ballon in der Abbildung. Was denken Sie, passiert mit dem Ballon, wenn man ihn in den Kühlschrank legt? (Ihre gefräßigen Kinder stehen nachts auf, versuchen, sich eine Scheibe davon abzuschneiden und bringen ihn zum Platzen.) Nein, er wird schrumpfen. Im Innern des Kühlschranks ist der Druck der gleiche wie außerhalb, aber die Gaspartikel im Ballon bewegen sich nicht so schnell, was dazu führt, dass das Volumen sinkt, um den Druck konstant zu halten. Kommt der Ballon in eine wärmere Umgebung, dehnt er sich aus und das Volumen wird größer. Es handelt sich hier um ein proportionales Verhältnis – steigt die Temperatur, nimmt auch das Volumen zu und umgekehrt.

Jacques Charles fand damit eine mathematische Beziehung zwischen Temperatur und Volumen. Darüber hinaus entdeckte er, dass man für den mathematischen Ausdruck der Gasgesetze die Temperaturskala nach Kelvin (K) verwenden muss.

 Bei Berechnungen im Zusammenhang mit Gasgesetzen *muss* die Temperaturskala nach Kelvin verwendet werden.

Charles' Gesetz besagt, dass sich das Volumen proportional zur Kelvin-Temperatur verhält. Mathematisch formuliert sieht dieses Gesetz so aus:

$V = bT$ oder $V/T = b$ (wobei b eine Konstante ist)

Wenn man die Temperatur eines bestimmten Volumens (V_1) eines Gases mit einer bestimmten Kelvin-Temperatur (T_1) auf einen neuen Wert (T_2) ändert, verändert sich auch das Volumen (V_2).

$V_1/T_1 = b$ $V_2/T_2 = b$

Da die Konstante b gleich bleibt, gilt

$V_1/T_1 = V_2/T_2$ (wobei Druck und Masse des Gases gleich bleiben und die Temperatur in Kelvin angegeben wird)

Auch hier lässt sich aus drei bekannten Werten der vierte Wert errechnen. Stellen Sie sich vor, Sie lebten in Alaska. Es ist mitten im Winter und die Außentemperatur beträgt -23° Celsius. Sie blasen draußen einen Ballon auf, bis er ein Volumen von 1,00 Liter hat. Dann bringen Sie ihn ins Wohnzimmer vor den Kamin, wo kuschelige 27°C herrschen. Wie groß ist das Volumen des Ballons dort?

Zunächst einmal müssen Sie die Temperaturen in Kelvin umrechnen, indem Sie zu der Temperatur in Celsius jeweils 273 addieren:

-23°C + 273 = 250 K   (draußen)

27°C + 273 = 300 K   (Wohnzimmer)

Jetzt können Sie die Gleichung nach V_2 auflösen:

$V_1/T_1 = V_2/T_2$

Multiplizieren Sie beide Seiten mit T_2, um V_2 auf der einen Seite der Gleichung zu isolieren:

$[V_1 T_2]/T_1 = V_2$

Wenn wir jetzt die konkreten Werte einsetzen, erhalten wir die Antwort auf unsere Frage:

$[(1{,}00 \text{ Liter})(300 \text{ K})]/250 \text{ K} = V_2 = 1{,}20 \text{ Liter}$

Das klingt plausibel, denn Charles' Gesetz besagt ja, dass bei steigender Kelvin-Temperatur auch das Volumen zunimmt.

Gay-Lussacs Gesetz

Gay-Lussacs Gesetz, benannt nach dem französischen Wissenschaftler des 19. Jahrhunderts Joseph-Louis Gay-Lussac, zielt auf das Verhältnis von Druck und Temperatur bei gleich bleibenden Werten von Volumen und Masse. Nehmen wir beispielsweise einen mit Gas gefüllten Metalltank. Der Tank hat ein bestimmtes Volumen, und das darin befindliche Gas hat einen bestimmten Druck. Wird der Tank erhitzt, nimmt die kinetische Energie der Gaspartikel zu. Sie bewegen sich nicht nur schneller, sondern kollidieren auch öfter und heftiger mit der Innenwand des Tanks. Der Druck hat sich erhöht.

Gay-Lussacs Gesetz besagt, dass sich der Druck proportional zur Kelvin-Temperatur verhält. Abbildung 13.5 veranschaulicht dieses Verhältnis.

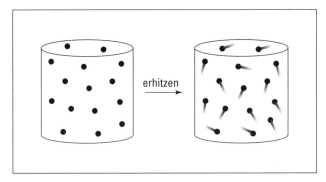

Abbildung 13.5: Das Verhältnis von Druck und Temperatur bei Gasen – Gay-Lussacs Gesetz

Mathematisch formuliert, sieht dieses Gesetz so aus:

$P = kT$ (oder $P/T = k$ bei gleichem Druck und gleicher Masse)

Nehmen wir an, bei einem Gas mit einer bestimmten Kelvin-Temperatur und einem bestimmten Druck (T_1 und P_1) werden Temperatur und Druck verändert (T_2 und P_2):

$P_1/T_1 = P_2/T_2$

Sagen wir, der Tank enthält Gas mit einem Druck von 800 Torr und einer Temperatur von 250 Kelvin, die auf 400 Kelvin erhöht wird. Wie hoch ist dann der Druck?

Ausgehend von der Gleichung $P_1/T_1 = P_2/T_2$ kann man beide Seiten mit T_2 multiplizieren, damit man nach P_2 auflösen kann:

$[P_1 T_2]/T_1 = P_2$

Mit den konkreten Werten führt die Gleichung zu dem folgenden Ergebnis:

$[(800 \text{ Torr})(400 \text{ K})]/250 \text{ K} = P_2 = 1280 \text{ Torr}$

Das leuchtet ein, denn nach Gay-Lussacs Gesetz sollte beim Erhitzen des Tanks auch der Druck steigen.

Das kombinierte Gasgesetz

Die bisherigen Beispiele gehen sämtlich davon aus, dass zwei Eigenschaften eines Gases konstant bleiben, während eine Eigenschaft verändert wird, um zu beobachten, wie sich dies auf die vierte Eigenschaft auswirkt. Im richtigen Leben sind die Dinge jedoch meist nicht so einfach und übersichtlich. Was macht man in Situationen, in denen sich zwei oder drei Eigenschaften ändern? Man könnte natürlich eine nach der anderen betrachten, aber es wäre sicher praktischer, alles unter einen Hut bringen zu können.

Wie Sie sicher schon geahnt haben, gibt es eine solche Möglichkeit. Man kann die Gesetze von Boyle, Charles und Gay-Lussac in eine Gleichung packen. Sie wollen sicher nicht, dass ich Ihnen im Einzelnen zeige, wie man das macht. Vertrauen Sie mir einfach. Am Ende kommt das heraus, was man das *kombinierte Gasgesetz* nennt. Und so sieht es aus:

$P_1 V_1 / T_1 = P_2 V_2 / T_2$

Wie schon bei den vorangegangenen Beispielen steht P für den Druck (in atm, mm Hg, Torr und so weiter), V für das Volumen des Gases (in geeigneten Einheiten) und T für die Temperatur (in Kelvin). Die Ziffern 1 und 2 stehen für die Anfangswerte beziehungsweise die veränderten Werte der jeweiligen Eigenschaften. Konstant bleibt allerdings die Masse: Es kommt kein Gas hinzu und es entweicht auch nichts. Insgesamt sind sechs Werte an diesem kombinierten Gasgesetz beteiligt. Wenn man fünf davon kennt, kann man den sechsten berechnen.

Ein Beispiel: Stellen wir uns vor, ein Wetterballon mit einem Volumen von 25,0 Litern, einem Druck von 1,0 atm und einer Temperatur von 27° Celsius steigt in eine Höhe, in der der Druck 0,500 atm und die Temperatur -33° Celsius beträgt. Wie groß ist unter diesen Umständen das Volumen des Ballons?

Bevor ich Ihnen zeige, wie man das Volumen berechnet, lassen Sie uns kurz nachdenken. Die Temperatur fällt, also sollte auch das Volumen kleiner werden (Charles' Gesetz). Andererseits fällt auch der Druck, was den Ballon dazu bewegen sollte, sich auszudehnen (Boyles Gesetz). Diese beiden Faktoren wirken gegeneinander, und an diesem Punkt wissen wir noch nicht, welcher sich durchsetzen wird.

Gesucht ist das neue Volumen (V_2), also formen wir das kombinierte Gasgesetz so um (indem wir beide Seiten mit T_2 multiplizieren und durch P_2 dividieren und so V_2 automatisch auf einer Seite isolieren), dass wir die folgende Gleichung erhalten:

$[P_1 V_1 T_2] / [P_2 T_1] = V_2$

Als Nächstes versammeln wir unsere Werte:

P_1 = 1,00 atm; V_1 = 25,0 Liter; T_1 = 27° C + 273 = 300 K

P_2 = 0,500 atm; T_2 = -33° C + 273 = 240 K

Diese Werte setzen wir nun in die Gleichung ein und berechnen das Ergebnis:

[(1,00 atm)(25,0 Liter)(240 K)]/[(0,500 atm)(300 K)] = V_2 = 40,0 Liter

Da das Volumen sich letztlich vergrößert hat, kann man sagen, dass hier Boyles Gesetz eine größere Wirkung hatte als Charles' Gesetz.

Avogadros Gesetz

Die Gleichung des kombinierten Gasgesetzes erlaubt die Berechnung von Veränderungen bezüglich der Werte für den Druck, das Volumen und die Temperatur. Bleibt noch das Problem mit der Masse. Um hier weiterzukommen, brauchen wir noch ein weiteres Gesetz.

Amedeo Avogadro (derselbe Avogadro, der uns in Kapitel 10 schon mit der Anzahl der Gaspartikel per Mol beglückt hat) entdeckte bei seinen wissenschaftlichen Untersuchungen, dass gleiche Gasvolumina bei gleicher Temperatur und gleichem Druck die gleiche Anzahl von Gaspartikeln aufweisen. Avogadros Gesetz besagt also, dass das Volumen eines Gases bei konstanter Temperatur und konstantem Druck proportional zur Mol-Anzahl des Gases (Anzahl der Gaspartikel) ist. Mathematisch formuliert sieht das so aus:

V = kn   (bei konstanter Temperatur und konstantem Druck)

In dieser Gleichung ist k eine Konstante und n die Anzahl der Gasmole. Wenn man eine bestimmte Anzahl von Gasmolen (n_1) und ein bestimmtes Volumen (V_1) hat und die Mol-Anzahl sich infolge einer Reaktion verändert (n_2), ändert sich auch das Volumen (V_2), so dass die folgende Gleichung entsteht:

$V_1/n_1 = V_2/n_2$

Ich erspare mir (und Ihnen) an dieser Stelle ein praktisches Beispiel, weil es sich um dasselbe Prinzip handelt wie bei den anderen hier vorgestellten Gasgesetzen.

Von großem Nutzen ist Avogadros Gesetz, wenn man das Volumen eines Gasmols bei beliebigen Temperatur- und Druckwerten berechnen will. Wenn man das Volumen eines Mols Gas berechnen will, ist es wichtig zu wissen, dass ein Mol eines beliebigen Gases bei STP (Standardtemperatur und Standarddruck) ein Volumen von 22,4 Litern einnimmt.

- ✔ **Standarddruck:** 1,00 atm (760 Torr oder mm Hg)
- ✔ **Standardtemperatur:** 273 K

Mit Hilfe dieser Beziehung zwischen Gasmolen und Litern kann man jedes Gas von einer Masse in ein Volumen umrechnen. Wenn man beispielsweise 50,0 Gramm gasförmigen Sauerstoff hat und dessen Volumen bei STP ermitteln will, kann man folgendermaßen vorgehen (die Grundlagen über die Verwendung von Molen in chemischen Gleichungen erfahren Sie in den Kapiteln 10 und 11):

$$\frac{50{,}0 \text{ g } O_2}{1} \times \frac{1 \, mol \, O_2}{32{,}0 \text{ g}} \times \frac{22{,}4 \, L}{1 \, mol \, O_2} = 35{,}0 \, L$$

Wir wissen nun, dass die 50,0 Gramm Sauerstoff bei STP ein Volumen von 35,0 Litern haben. Was aber, wenn diese Standardbedingungen nicht gegeben sind? Wie ist das Volumen von 50,0 Gramm Sauerstoff bei 2,00 atm und 27° Celsius? Im nächsten Abschnitt zeige ich Ihnen, wie man dieses Problem ganz leicht lösen kann. Aber hier und jetzt kann man mit Hilfe des kombinierten Gasgesetzes zum Ziel kommen, weil das Volumen bei STP bekannt ist:

$P_1V_1/T_1 = P_2V_2/T_2$

$P_1 = 1,00$ atm; $V_1 = 35,0$ Liter; $T_1 = 273$ K

$P_2 = 2,00$ atm; $T_2 = 300$ K (27° C + 273)

Wenn man nun nach V_2 auflöst, kommt folgende Rechnung dabei heraus:

$[P_1V_1T_2]/[P_2T_1] = V_2$

$[(1,00 \text{ atm})(35,0 \text{ Liter})(300 \text{ K})]/[(2,00 \text{ atm})(273 \text{ K})] = V_2 = 19,2$ Liter

Die Gleichung des »Idealen Gasgesetzes«

Wirft man die Gesetze von Boyle, Charles, Gay-Lussac und Avogadro in einen Mixer, lässt ihn eine Minute lang auf höchster Stufe laufen und sieht sich das Ergebnis an, findet man die Gleichung des »Idealen Gasgesetzes« vor – eine Möglichkeit, Volumen, Temperatur, Druck und Masse gleichermaßen zu berücksichtigen. Die Gleichung sieht folgendermaßen aus:

$PV = nRT$

P steht für Druck in Atmosphären (atm), V für Volumen in Liter (L), n für die Mole des Gases, T für die Temperatur in Kelvin (K) und das R für die ideale Gas-Konstante, die 0,0821 L·atm/K·mol beträgt.

Wenn man den Wert der ideale Gas-Konstante verwendet, müssen der Druck in atm und das Volumen in Liter angegeben werden. Wer mit anderen Maßeinheiten arbeiten möchte, kann entsprechende andere ideale Gas-Konstanten errechnen. Aber warum sollte man sich dieser Mühe unterziehen, wenn es auch anders geht? Es ist doch einfacher, sich einen Wert für R zu merken und dann daran zu denken, dass man für den Druck und das Volumen die richtigen Einheiten nimmt. Und natürlich ist es Ihnen mittlerweile in Fleisch und Blut übergegangen, dass man bei allem, was mit Gasgesetzen zu tun hat, die Temperatur *immer* in Kelvin ausdrückt.

Da das nun klar ist, möchte ich Ihnen jetzt darlegen, wie man auf einfache Weise aus der Masse eines Gases sein Volumen errechnet, wenn das Gas nicht den STP unterliegt. Welches Volumen haben also 50,0 Gramm Sauerstoff bei einem Druck von 2,00 atm und einer Temperatur von 27° Celsius?

Zunächst einmal müssen wir die 50,0 Gramm Sauerstoff in Mol umrechnen. Dazu nutzen wir die molare Masse von O_2.

(50,0 Gramm)(1 mol/32,0 Gramm) = 1,562 mol

Jetzt nehmen wir uns die Gleichung des Idealen Gasgesetzes vor und bauen sie so um, dass wir nach V auflösen können:

PV = nRT

V = nRT/P

Abschließend müssen wir nur noch die konkreten Werte einsetzen und rechnen:

V = [(1,562 mol)(0,0821 L·atm/K·mol)(300 K)]/2,00 atm = 19,2 L

Gasgesetze und Stöchiometrie

Die Gleichung des Idealen Gasgesetzes (und auch die des kombinierten Gasgesetzes) erlaubt es Chemikern, Probleme der Stöchiometrie im Zusammenhang mit Gasen zu lösen. (Den Schlüssel zur Welt der Stöchiometrie liefert Ihnen Kapitel 10.) In diesem Abschnitt werden Sie anhand eines klassischen chemischen Experimentes sehen, wie man an ein solches Problem herangeht. Es geht um den Zerfall von Kaliumchlorat in Kaliumchlorid und Sauerstoff beim Erhitzen:

$2\ KClO_3(s) \rightarrow 2\ KCl(s) + 3\ O_2(g)$

Ihre Mission, sollten Sie sie übernehmen, ist die folgende: Berechnen Sie das Volumen des Sauerstoffs, der beim Zerfall von 25,0 Gramm $KClO_3$ bei einem Druck von 700 Torr und einer Temperatur von 27° Celsius freigesetzt wird. (Sollte bei der Berechnung etwas schief gehen und Sie gefasst werden, streite ich jede Kenntnis in dieser Sache ab.)

Zunächst müssen Sie die Anzahl der Sauerstoff-Mole berechnen, die freigesetzt werden:

$$\frac{M_{KClO_3}}{MW_{KClO_3}} \times \frac{\text{Anzahl der Sauerstoffatome in } KClO_3}{\text{Zahl der Sauerstoffatome im Molekül}}$$

$$\frac{25\ g}{122,568\ g/mol} \times \frac{3}{2} = 0,3059\ mol\ O_2$$

Als Nächstes rechnen Sie die Temperatur in Kelvin und den Druck in atm um:

27° C + 273°C = 300 K

700 Torr/760 Torr/atm = 0,9211 atm

Jetzt können Sie alles in die Gleichung des Idealen Gasgesetzes einsetzen und das Volumen ausrechnen:

PV = nRT

V = nRT/P

V = [(0,3059 mol)(0,0821 L·atm/K·mol)(300 K)]/0,9211 atm = 8,18 L

Mission erfolgreich beendet.

Die Gesetze von Dalton und Graham

In diesem Abschnitt möchte ich Ihnen noch ein paar andere nützliche Gasgesetze vorstellen. Eines bezieht sich auf Partialdrücke und das andere auf die Effusion und Diffusion von Gasen.

Daltons Gesetz

Daltons Gesetz der Partialdrücke besagt, dass der Gesamtdruck eines Gasgemischs gleich der Summe aller Partialdrücke der einzelnen Komponenten des Gemischs ist.

Wenn Sie ein Gemisch verschiedener Gase haben – Gas A, Gas B, Gas C und so weiter –, dann können Sie einfach den jeweiligen Druck der einzelnen Gase addieren und kennen damit den Druck des Gemischs. Mathematisch kann man das so ausdrücken:

$P_{Total} = P_A + P_B + P_C + ...$

Bei der Lösung stöchiometrischer Probleme, wie dem im vorangegangenen Abschnitt, wo es um den Zerfall von Kaliumchlorat ging, wird der Sauerstoff in der Regel über Wasser aufgefangen und das Volumen dann gemessen. Auf dem Weg durch das Wasser lagert sich jedoch Wasserdampf an den Gasbläschen an. Um den Druck des Sauerstoffs zu messen, muss also der durch den Wasserdampf erzeugte Druck abgezogen werden. Man muss das Gas gewissermaßen mathematisch »trocknen«.

Nehmen wir einmal an, dass der Sauerstoff über Wasser bei einem Gesamtdruck von 755 Torr und einer Temperatur von 20° Celsius aufgefangen wird. Und nehmen wir weiter an, Sie hätten das Glück, den Druck dieses Sauerstoffs berechnen zu dürfen.

Bekannt ist der Gesamtdruck von 755 Torr. Der erste Schritt besteht also darin, in einer Tabelle nachzusehen, die den Wasserdampfdruck des Wassers bei bestimmten Temperaturen angibt. Ein Blick auf eine solche Tabelle zeigt, dass der Partialdruck von Wasser bei 20° Celsius 17,5 Torr beträgt. Mit diesem Wert können Sie nun den Druck des Sauerstoffs berechnen.

$P_{Total} = P_{Sauerstoff} + P_{Wasserdampf}$

755 Torr = $P_{Sauerstoff}$ + 17,5 Torr

$P_{Sauerstoff}$ = 755 Torr - 17,5 Torr = 737,5 Torr

Die Kenntnis des Partialdruckes von Gasen ist zum Beispiel beim Tiefseetauchen und im Umgang mit Beatmungsgeräten von erheblicher Bedeutung.

Grahams Gesetz

Lassen Sie ein paar Tropfen Parfüm auf einen Tisch in einer Ecke eines Raumes fallen und es dauert nicht lange, bis man den Duft am anderen Ende des Raumes riechen kann. Was da passiert, nennt man *Diffusion*, die Vermischung von Gasen aufgrund ihrer molekularen Bewegung.

Gibt man dagegen ein paar Tropfen desselben Parfüms in einen normalen Luftballon und bläst diesen dann auf, kann man das Parfüm bald auch außerhalb des Ballons riechen, weil es die mikroskopisch kleinen Poren des Gummis durchdringt. Diesen Vorgang nennt man *Effusion*, das Entweichen von Gas durch winzige Öffnungen. Sie haben diesen Prozess vielleicht schon einmal mitverfolgt, wenn Sie einen mit Helium gefüllten Ballon geschenkt bekommen haben.

Thomas Graham entdeckte, dass die Diffusions- und Effusionsrate von Gasen sich umgekehrt proportional zur Quadratwurzel ihres Mol- oder Atomgewichts verhält. Das ist Grahams Gesetz. Auf eine allgemeine Formel gebracht, besagt es, dass leichte Gase schneller entweichen oder sich im Raum verteilen als schwere Gase. Mathematisch sieht Grahams Gesetz so aus:

$$\frac{V_1}{V_2} = \sqrt{\frac{M_2}{M_1}}$$

Wenn man zwei Luftballons der gleichen Größe jeweils mit Wasserstoff (H_2) und mit Sauerstoff (O_2) füllt, wird der Wasserstoff, da er leichter ist, schneller aus dem Ballon entweichen. Aber wie viel schneller? Mit Hilfe von Grahams Gesetz kann man das ausrechnen:

$$\frac{V_{H_2}}{V_{O_2}} = \sqrt{\frac{M_{O_2}}{M_{H_2}}}$$

$$\frac{V_{H_2}}{V_{O_2}} = \sqrt{\frac{32{,}0\ g/mol}{2{,}0\ g/mol}}$$

$$\frac{V_{H_2}}{V_{O_2}} = \sqrt{16}$$

$$\frac{V_{H_2}}{V_{O_2}} = 4$$

Der Wasserstoff entweicht also vier Mal schneller aus dem Ballon als der Sauerstoff.

Teil IV

Chemie im Alltag: Nutzen und Probleme

In diesem Teil ...

Chemie findet nicht nur in den Labors der Universitäten oder der Industrie statt und ist keinesfalls nur den Profis vorbehalten. Auch Sie haben die Finger in der Chemie. Chemie ist ein Teil unseres Alltagslebens.

Die Chemie nutzt uns aber nicht nur in vielfältiger Weise, sie stellt uns mitunter auch vor große Probleme. Unsere moderne Gesellschaft ist komplex. Viele Probleme, denen wir gegenüberstehen, verspricht die Chemie zu lösen, indem sie uns das Leben erleichtert und mit Sinn erfüllt.

In den Kapiteln dieses Teils führe ich Sie durch einige Anwendungsbereiche der Chemie. Zunächst geht es um die Kohlenstoffchemie, was sie mit dem Erdöl zu tun hat und wie man mit ihrer Hilfe Benzin herstellt. Danach zeige ich Ihnen, wie man aus dem selben Erdöl Kunststoffe und synthetische Fasern zaubert. Ein kurzer Abstecher zu Ihnen nach Hause wird Ihnen näher bringen, welche chemischen Zusammenhänge sich hinter den Reinigern und Waschmitteln, Medikamenten und Kosmetika in Ihren Schränken verbergen. Und schließlich möchte ich auf einige Probleme aufmerksam machen, die unsere Gesellschaft, unsere Technologie und unsere Wissenschaft mit sich gebracht haben, nämlich die Verschmutzung von Wasser und Luft

Kohlenstoff: Organische Chemie

In diesem Kapitel

▷ Die Kohlenwasserstoffe unter die Lupe nehmen

▷ Herausfinden, wie die Kohlenwasserstoffe zu ihren Namen kommen

▷ Sich einen Überblick über die verschiedenen funktionellen Gruppen verschaffen

▷ Etwas über den Stellenwert der organischen Chemie in der Gesellschaft erfahren

---

Der größte und am breitesten systematisch aufgefächerte Bereich der Chemie ist die *organische Chemie* oder auch die Kohlenstoff-Chemie. Von den 11 bis 12 Millionen bekannten chemischen Verbindungen gehören etwa 90 Prozent zu den organischen Verbindungen. Wir verbrennen organische Verbindungen als Brennstoffe. Wir essen organische Verbindungen. Wir tragen organische Verbindungen am Körper. Wir bestehen selbst aus organischen Verbindungen. Unsere ganze Welt ist aus organischen Verbindungen aufgebaut.

In diesem Kapitel möchte ich Sie kurz in die organische Chemie einführen. Ich zeige Ihnen die *Kohlenwasserstoffe*, Verbindungen aus Kohlenstoff und Wasserstoff, sowie einige andere organische Stoffklassen und gehe auf ihre Verwendung im Alltagsleben ein. Dieses Kapitel wird Ihnen einen Eindruck davon vermitteln, welche Bedeutung der Kohlenstoff für die Chemie ha.

> ### Organische Synthese: Wo alles anfing
>
> In den Anfängen der Chemie herrschte die Ansicht vor, dass organische Verbindungen nur von lebenden Organismen gebildet werden könnten. Man glaubte, dass die »Kraft des Lebendigen« irgendwie beteiligt sein müsste. Im Jahre 1828 jedoch revolutionierte der deutsche Wissenschaftler Friedrich Wöhler die Chemie, als er bei einem Versuch, eine anorganische Verbindung herzustellen, zufällig eine organische Verbindung schuf, und zwar Harnstoff. Damit stand die Tür zur modernen organischen Synthese plötzlich offen.

Kohlenwasserstoffe: Vom Einfachen zum Komplexen

Es liegt nahe zu fragen, warum es so viele Kohlenwasserstoffe gibt. Und in der Tat wird mir diese Frage von Studenten oft gestellt. Die Antwort lautet: Kohlenstoff hat vier Valenzelektronen und kann deshalb vier kovalente Bindungen mit anderen Kohlenwasserstoffen oder Elementen eingehen. (Chemiestudenten machen bei der organischen Chemie oft den Fehler, beim Zeichnen von Strukturformeln nicht alle vier Bindungen des Kohlenstoffs zu berücksichtigen.)

Diese Bindungen sind sehr stark. (Mehr über kovalente Bindungen erfahren Sie in Kapitel 7.) Darüber hinaus können sich Kohlenstoff-Atome untereinander zu langen Ketten und Ringen verbinden. Kohlenstoff kann Doppel- und Dreifachbindungen mit anderen Kohlenstoffen und Elementen eingehen. Das kann, vielleicht abgesehen von Silicium, kein anderes Element. (Wobei die Bindungen beim Silicium längst nicht so stabil sind wie beim Kohlenstoff.) Aufgrund dieser Eigenschaften kann Kohlenstoff die vielfältigen Verbindungen bilden, die notwendig sind, um eine Amöbe, einen Schmetterling oder ein Baby entstehen zu lassen.

Die einfachsten organischen Verbindungen nennt man *Kohlenwasserstoffe*. Sie setzen sich aus Kohlenstoff und Wasserstoff zusammen. Aus ökonomischer Sicht sind die Kohlenwasserstoffe sehr wichtig für uns, hauptsächlich als Brennstoffe. Benzin etwa ist eine Mischung von Kohlenwasserstoffen. Wir nutzen Methan (Erdgas), Propan und Butan, sämtlich Kohlenwasserstoffe, weil sie brennbar sind und große Mengen Energie freisetzen. Kohlenwasserstoffe können einfache Bindungen eingehen (Alkane), aber auch doppelte (Alkene) und dreifache (Alkine). Darüber hinaus können Sie unter Verwendung von einfachen und doppelten Bindungen ringförmige Strukturen bilden (Cycloalkane, Cycloalkene und Aromaten).

Selbst die Verbindungen, an denen nur Kohlenstoff und Wasserstoff beteiligt sind, sind sehr vielfältiger Natur. Da kann man sich unschwer vorstellen, was alles möglich ist, wenn man noch ein paar Elemente mehr mit hinzunimmt.

Vom Gasgrill zum Tiger im Tank: Alkane

Die einfachste Ausführung der Kohlenwasserstoffe sind die *Alkane*. Man nennt Alkane *gesättigte* Kohlenwasserstoffe – jedes Kohlenstoff-Atom ist mit vier anderen Atomen verbunden. Kohlenstoff kann maximal vier kovalente Bindungen eingehen. Wenn diese vier kovalenten Bindungen zu verschiedenen Atomen bestehen, sagt der Chemiker, dass der Kohlenstoff gesättigt ist. Alkane weisen keine Doppel- oder Dreifachbindungen auf.

Die allgemeine Formel für Alkane lautet C_nH_{2n+2}, wobei n eine ganze Zahl ist. Ist n = 1, dann sind vier Wasserstoffatome vorhanden und das Ergebnis ist Methan oder CH_4.

Tabelle 14.1 listet die ersten zehn *normalen, gerade verketteten* oder *unverzweigten* Alkane auf. Die tatsächliche Gestalt dieser Alkane ist jedoch keineswegs gerade. Dennoch stelle ich sie in Zeichnungen oft in einer geraden Linie dar. (Streng genommen haben die Bindungen zwischen zwei C-Atomen jeweils einen Winkel von 109,5°, so dass sich eine Tetraederstruktur (eine Art räumliche Zickzackanordnung) ergibt. Mehr über das, was man molekulare Geometrie nennt, erfahren Sie in Kapitel 7.) Jedes Kohlenstoff-Atom, außer denen in den Endpositionen, ist mit zwei weiteren Kohlenstoff-Atomen verbunden. Abbildung 14.1 zeigt Modelle der ersten vier in der Tabelle aufgelisteten Alkane.

n	Formel	Name
1	CH_4	Methan
2	C_2H_6	Ethan
3	C_3H_8	Propan

n	Formel	Name
4	C_4H_{10}	Butan
5	C_5H_{12}	Pentan
6	C_6H_{14}	Hexan
7	C_7H_{16}	Heptan
8	C_8H_{18}	Oktan
9	C_9H_{20}	Nonan
10	$C_{10}H_{22}$	Dekan

Tabelle 14.1: Die zehn ersten normalen Alkane (C_nH_{2n+2})

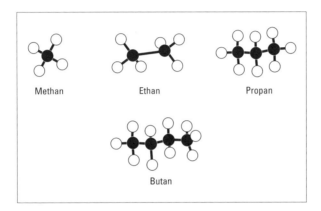

Abbildung 14.1: Die ersten vier Alkane

Summen- und Strukturformeln

Tabelle 14.1 zeigt die Summenformeln einiger Alkane. Eine solche Summenformel zeigt, welche Atome an der Verbindung beteiligt sind und wie ihr Zahlenverhältnis aussieht. Die Alkane in der Tabelle sind alle normale oder unverzweigte Kohlenwasserstoffe, aber dieses Verbindungsschema kann man besser mit einer Strukturformel darstellen. Eine Strukturformel zeigt, welche und wie viele Atome an einer Verbindung beteiligt sind und wie das Verbindungsschema aussieht oder »wer mit wem verbunden ist«.

Eine solche Strukturformel kann unterschiedlich aussehen. Da gibt es ausführliche Strukturformeln, die jede kovalente Bindung mit einem Strich darstellen. Bei organischen Verbindungen wie den Kohlenwasserstoffen kann man dabei auf die Abbildung der Wasserstoff-Atome verzichten, sofern man nur an der Darstellung der Verbindung der Kohlenstoff-Atome interessiert ist. Es gibt aber auch verdichtete Strukturformeln, die die Teile eines Moleküls gruppieren und dennoch das Verbindungsschema anzeigen. Solche verdichteten Darstellungen gibt es in unterschiedlichen Ausführungen. Abbildung 14.2 zeigt mehrere ausführliche und verdichtete Strukturformeln von Butan (C_4H_{10}).

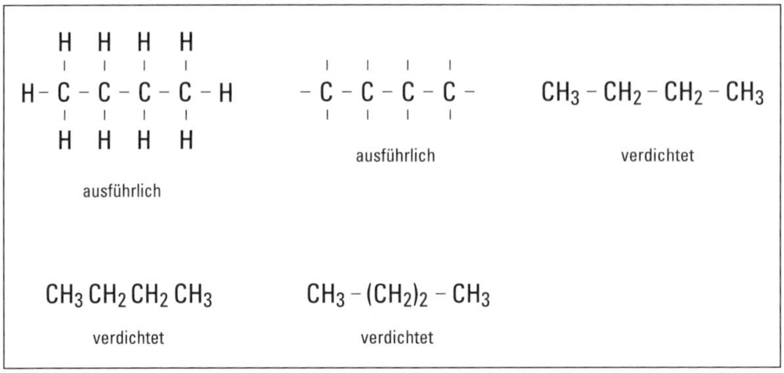

```
       H  H  H  H
       |  |  |  |
   H - C -C -C -C - H         - C - C - C - C -        CH₃ - CH₂ - CH₂ - CH₃
       |  |  |  |               |   |   |   |
       H  H  H  H
                                    ausführlich                verdichtet
        ausführlich


        CH₃ CH₂ CH₂ CH₃          CH₃ - (CH₂)₂ - CH₃
           verdichtet                   verdichtet
```

Abbildung 14.2: Strukturformeln von Butan

Das Kind muss einen Namen haben: Benennungsprobleme

Es kommt vor, dass zwei an sich völlig verschiedene Verbindungen mit ebenso verschiedenen Eigenschaften die gleiche molekulare Struktur haben. Die Unterschiede bestehen einzig in der Verbindungsstruktur – also wer mit wem verbunden ist. Solche Verbindungen nennt man *Isomere*, Verbindungen mit gleichen Summen-, aber verschiedenen Strukturformeln. Wenn man sie unterscheiden will, reicht die Kenntnis der Summenformel allein nicht aus.

Ein Isomer von Butan etwa hat die gleiche Summenformel wie die unverzweigte Verbindung in Abbildung 14.2, C_4H_{10}, aber eine ganz andere Verbindungsstruktur. Dieses Isomer wird im Allgemeinen Isobutan genannt und gehört zu den so genannten verzweigten Kohlenwasserstoffen. Abbildung 14.3 zeigt Isobutan in verschiedenen Darstellungen.

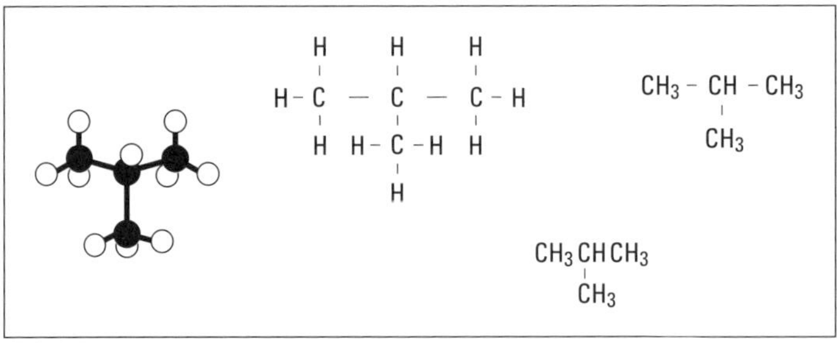

```
              H      H     H
              |      |     |
          H - C  —   C  —  C - H           CH₃ - CH - CH₃
              |      |     |                      |
              H    H-C-H   H                     CH₃
                     |
                     H
                                              CH₃ CH CH₃
                                                   |
                                                  CH₃
```

Abbildung 14.3: Isobutan

Wie macht man nun deutlich, welches Butan man meint, wenn man die Summenformel C_4H_{10} verwendet? Man verwendet einen eindeutigen Namen, der genau die gemeinte Verbindung bezeichnet. Die gerade verkettete Verbindung etwa nennt man Butan oder Normal-Butan oder, noch besser, n-Butan. Das *n* macht für einen Chemiker unmissverständlich deutlich, dass es sich um das unverzweigte Isomer handelt.

Was ist aber mit dem anderen Isomer, dem Isobutan? Man kann den Namen Isobutan verwenden, aber er wird nicht überall anerkannt. Es ist aber unabdingbar, dass alle Chemiker weltweit sich über die Verwendung eines Namens einig sind, damit eine weltweite wissenschaftliche Kommunikation möglich ist.

Es gibt zu diesem Zweck eine internationale Vereinigung von Chemikern, die unter anderem auch Regeln für die Benennung von organischen Verbindungen aufstellt. Diese Vereinigung heißt IUPAC (International Union of Pure and Applied Chemistry – Internationale Union für reine und angewandte Chemie) und wurde 1919 gegründet. Die Chemiker dort haben sehr systematisch begründete Regeln für die Benennung von Verbindungen entwickelt und treffen sich regelmäßig, um zu entscheiden, wie neu entdeckte natürliche oder synthetische Verbindungen benannt werden sollen.

Wollte ich Ihnen die Regeln für die Benennung der verschiedenen Klassen organischer Verbindungen näher bringen, würde das sicher ein ganzes Buch füllen – IUPAC-Nomenklatur für Dummies. Ich beschränke mich daher lieber auf die Regeln für die Benennung von Alkanen (das kann schon kompliziert genug sein):

- ✔ **Regel 1:** Finden Sie die längste zusammenhängende Kohlenstoffkette des Alkans (die *längste* bedeutet die größte Anzahl von Kohlenstoff-Atomen und *zusammenhängend* bedeutet, dass Sie an einem Ende anfangen und die Kohlenstoff-Atome mit einem Bleistiftstrich verbinden, ohne den Stift abzusetzen oder wieder in Gegenrichtung zu malen). Der unverzweigte Kohlenwasserstoff mit den meisten Kohlenstoff-Atomen stellt den Grund- oder Stammnamen des Alkans zur Verfügung. Dieser Name endet mit dem Suffix *an*.

- ✔ **Regel 2:** Der Stammname wird nun durch die Namen der Substituenten modifiziert, die als Verzweigungen an der Hauptverbindung hängen. *Substituenten* sind die Gruppen, die anstelle der Wasserstoff-Atome mit dem Hauptalkan verbunden sind. Bei den Alkanen handelt es sich bei diesen Substituenten um Alkanverzweigungen, die sich an das Hauptalkan anhängen. Ihr Name ergibt sich, wenn man das Suffix *an* des Namens des Hauptalkans durch das Suffix *yl* ersetzt. Aus Methan wird beispielsweise Methyl, aus Ethan Ethyl und so weiter.

- ✔ **Regel 3:** Die Position des jeweiligen Substituenten an der Hauptkohlenstoffkette wird durch Zahlen indiziert. Dazu werden die Kohlenstoff-Atome der Hauptkohlenstoffkette so durchnummeriert, dass die Substituenten tragenden Atome möglichst niedrige Ziffern erhalten. (Wenn Sie damit nichts anfangen können – und ich sehe schon den Qualm aus Ihren Ohren steigen – sehen Sie sich den Abschnitt *Wie heißt es denn, das Kleine?* an. Die Beispiele dort machen das Ganze anschaulich klar.) Die Zahl des Kohlenstoff-Atoms, mit dem ein Substituent verbunden ist, wird dem Namen dieser Gruppe, durch einen Bindestrich getrennt, vorangestellt.

- ✔ **Regel 4:** Die Namen der Substituenten werden dem Namen des Hauptalkans in alphabetischer Reihenfolge vorangestellt. Bei mehreren gleich langen Substituenten wird deren Anzahl durch die Verwendung griechischer Zahlwörter, etwa di..., tri..., tetra..., penta..., angegeben. Diese Präfixe sind bei der Ermittlung der alphabetischen Reihenfolge neutral.

- ✔ **Regel 5:** Die letzte substituierende Alkylgruppe wird dem Hauptnamen als Präfix vorangestellt.

Wie heißt es denn, das Kleine?

Okay. Jetzt würden Sie das Buch sicher gerne an jemanden weiterverschenken, den Sie nicht leiden können, oder? Ich weiß, die Benennungsregeln für Alkane klingen irgendwie abstrus, aber eigentlich ist es viel einfacher, als es sich anhört. Sie werden es vielleicht nicht glauben, aber für die meisten meiner Studenten gehört das Finden der Namen für organische Verbindungen zu den Aufgaben der organischen Chemie mit dem größten Spaßfaktor.

Um Ihnen zu zeigen, wie einfach es eigentlich ist, werde ich mit Ihnen zusammen den Namen für die in Abbildung 14.4 dargestellte Verbindung suchen (und dabei auf die jeweils angewendete Regel verweisen).

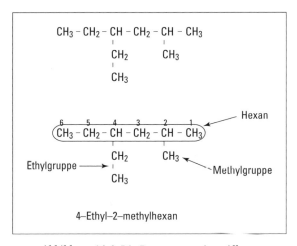

Abbildung 14.4: Die Benennung eines Alkans

Wenn wir uns die verdichtete Strukturformel ansehen, stellen wir fest, dass die längste Kohlenstoffkette aus sechs Kohlenstoff-Atomen besteht. Es gibt eigentlich drei verschiedene Ketten mit sechs Kohlenstoff-Atomen (aus denen sich letztlich derselbe Name ergibt), aber fangen Sie mit der horizontal verlaufenden an. Die Kette besteht aus sechs Kohlenstoff-Atomen, also ist der Stammname Hexan (Regel 1). Es gibt weiterhin zwei Substituenten, einen mit zwei Kohlenstoff-Atomen (Ethyl) und einen mit einem Kohlenstoff-Atom (Methyl) (Regel 2). Nummerieren Sie die Hauptkette von rechts nach links, so dass die Alkylgruppen an den Kohlenstoff-Atomen 2 und 4 sitzen (ergibt die Summe 6). Jetzt nummerieren Sie die Hauptkette von links nach rechts, so dass die Alkylgruppen an den Kohlenstoff-Atomen 3 und 5 sitzen (ergibt die Summe 8). Vergleichen Sie die beiden Summen und entscheiden Sie sich für die kleinere. Es liegen also ein 4-Ethyl und ein 2-Methyl vor (Regel 3). Wenn Sie die Substituenten nun alphabetisch ordnen und die letzte Alkylgruppe dem Namen des Hauptalkans als Präfix voranstellen, ergibt sich der Name 4-Ethyl-2-methylhexan (Regeln 4 und 5).

Alles klar?

Jetzt versuchen Sie es mal alleine: Benennen Sie das in Abbildung 14.5 gezeigte Alkan.

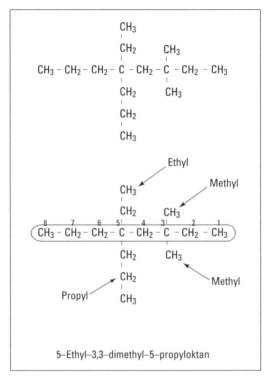

Abbildung 14.5: Benennung eines weiteren Alkans

Die längste Kohlenstoffkette hat acht Kohlenstoff-Atome. Der Hauptname ist also Oktan. Darüber hinaus gibt es zwei Methylgruppen (Dimethyl), eine Ethylgruppe und eine Propylgruppe. Auch hier müssen Sie von rechts nach links (3+3+5+5=16) anstatt von links nach rechts (4+4+6+6=20) nummerieren, woraus sich 3,3-Dimethyl- (wie Sie sich vielleicht erinnern, muss man bei identischen Substituenten die Anzahl aller Kohlenstoff-Atome, mit denen diese Gruppen verbunden sind, durch Kommata voneinander getrennt angeben), 5-Ethyl- und 5-Propyl-Gruppen ergeben. Das Ganze wird jetzt noch alphabetisch sortiert (nicht vergessen, dass das Di- von Dimethyl alphabetisch neutral behandelt wird) und fertig ist der Name: 5-Ethyl-3,3-dimethyl-5-propyloktan.

Das war doch gar nicht so schwer, wie Sie gedacht hatten, oder?

Man kann sich leicht vorstellen, dass es bei zunehmender Anzahl der Kohlenstoff-Atome auch immer mehr Möglichkeiten der Bildung von Isomeren gibt. Bei einem Alkan mit der Summenformel $C_{20}H_{42}$ sind immerhin über 300000 Isomere denkbar, bei $C_{40}H_{82}$ sogar rund 62 Milliarden!

Ringe ohne Herr: Cycloalkane

Alkane können auch Ringsysteme bilden, die so genannten *Cycloalkane*. Bei der Benennung geht man hier ähnlich vor wie bei den verzweigten Alkanen, nur dass man dem Stammnamen das Präfix *cyclo...* voranstellt. In der verdichteten Strukturformel wird ein Ring oft durch Linien dargestellt, deren Schnittpunkte ein Kohlenstoff-Atom markieren, wobei man die Wasserstoff-Atome gar nicht erst einzeichnet. Abbildung 14.6 zeigt sowohl die verdichtete als auch die ausführliche Strukturformel von 1,3-Dimethyl-cyclohexan.

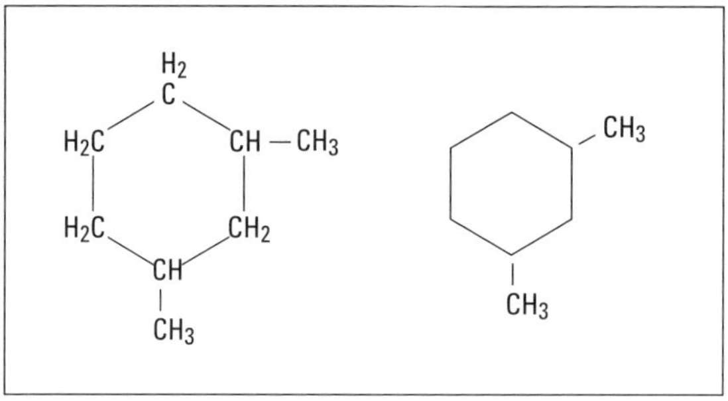

Abbildung 14.6: 1,3-Dimethyl-cyclohexan

Unverzweigte Alkane und einige der Cycloalkane werden hauptsächlich als Brennstoffe verwendet. Methan ist der Hauptbestandteil von Erdgas und ist, wie die meisten Kohlenwasserstoffe, geruchlos. Die Gasversorger geben deshalb dem Gas eine nach faulen Eiern stinkende schwefelhaltige organische Verbindung bei, Merkaptan genannt, damit man auf eventuelle Lecks in den Gasleitungen eher aufmerksam wird. Butan wird in Feuerzeugen gezündelt und Propan in Gasgrills verbraten. Einige schwerere Kohlenwasserstoffe findet man in Erdöl. Die Hauptreaktion der Alkane ist die Verbrennung.

Hallo, halogenierte Kohlenwasserstoffe

Verwandt mit den Alkanen ist die Klasse der halogenierten Kohlenwasserstoffe. Dabei handelt es sich um Kohlenwasserstoffe, darunter auch Alkane, bei denen ein oder mehrere Wasserstoff-Atome durch Halogene ersetzt werden – in der Regel Chlor oder Brom. Halogensubstituenten sind an Präfixen wie *Chlor...*, *Brom...* und so weiter zu erkennen. Zu den Verbindungen dieser Klasse gehört etwa das Chloroform, das früher für die Anästhesie verwendet wurde, der Tetrachlorkohlenstoff, der früher als schnell trocknendes Lösungsmittel verwendet wurde, und das Freon (Fluorchlorkohlenwasserstoffe, FCKW), das maßgeblich zur Zerstörung der Ozonschicht beigetragen hat. Mehr über den Zusammenhang von FCKW und Ozon erfahren Sie in Kapitel 18.

Ungesättigte Kohlenwasserstoffe: Alkene

Alkene sind Kohlenwasserstoffe, die wenigstens eine Doppelbindung zwischen zwei Kohlenstoff-Atomen eingehen (C=C). Alkene mit nur einer solchen Doppelbindung haben die allgemeine Formel C_nH_{2n}. Für jede weitere Doppelbindung muss man zwei Wasserstoff-Atome abziehen.

Verbindungen dieser Art nennt man *ungesättigte Kohlenwasserstoffe*, weil sich die Kohlenstoff-Atome nicht mit der höchstmöglichen Anzahl von Wasserstoff-Atomen verbinden. (Sicher haben Sie die Begriffe *gesättigt* und *ungesättigt* schon im Zusammenhang mit Fetten und Ölen gehört, wenn es um gesunde Ernährung geht. In unserem Zusammenhang ist die Bedeutung im Prinzip dieselbe – gesättigte Fette und Öle haben keine Doppelbindungen zwischen Kohlenstoff-Atomen, während diese bei ungesättigten Fetten auftreten. Mehrfach ungesättigte Fette und Öle weisen dabei mehr als eine solche Kohlenstoff-Doppelbindung pro Molekül auf.)

Ihr Name, bitte

Die Stammnamen der Alkene enden mit dem Suffix *en*. Man sucht auch hier die längste Kohlenstoffkette mit einer Doppelbindung und nummeriert sie so, dass die Atome mit der Doppelbindung eine möglichst niedrige Nummer haben.

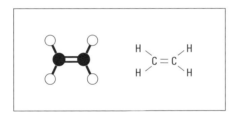

Abbildung 14.7: Ethen

Ethen ($H_2C=CH_2$ oder $CH_2=CH_2$) und *Propen* ($CH_3CH=CH_2$) sind die ersten beiden Mitglieder der Alkenfamilie. Sie werden oft auch mit ihren umgangssprachlichen Namen, Ethylen und Propylen, bezeichnet. Ethylen und Propylen sind zwei der wichtigsten Produkte der amerikanischen chemischen Industrie. Ethylen wird bei der Herstellung von *Polyethylen* (PE), einem der vielseitigsten Kunststoffe, sowie bei der Herstellung von *Ethylenglykol* verwendet, das als Hauptbestandteil von Frostschutzmitteln eingesetzt wird. Propylen wird zur Herstellung von *Isopropylalkohol* (Franzbranntwein und Reinigungsalkohol) und einigen Kunststoffen verwendet. Abbildung 14.7 zeigt einige Darstellungsweisen der Summenformel von Ethen (Ethylen).

Reaktionen der Alkene

Obwohl sich Alkene auch problemlos verbrennen lassen, ist eine Hauptreaktion doch die *Additionsreaktion*. Eine Doppelbindung ist sehr reaktionsfreudig. Eine der Bindungen kann leicht aufgebrochen werden, so dass die Kohlenstoff-Atome neue einfache Bindungen mit anderen Atomen eingehen können. Eine der ökonomisch bedeutendsten Additionsreaktionen ist der Prozess der *Hydrierung*, bei der die Doppelbindungen durch Zugabe von Wasserstoff gesättigt werden. Die Hydrierung von Propen sieht folgendermaßen aus: $CH_3CH=CH_2 + H_2 \rightarrow CH_3CH_2CH_3$.

Diese Reaktion wird zum Beispiel in der Nahrungsmittelindustrie zur Härtung von ungesättigten Fetten und Ölen verwendet (etwa bei der Herstellung von Margarine aus Pflanzenölen) und setzt die Verwendung eines Nickel-Katalysators voraus.

Eine weitere wichtige Additionsreaktion der Alkene ist die *Hydratation*, die Addition eines Wassermoleküls an die Doppelbindung, bei der ein Alkohol gebildet wird. Die folgende Gleichung zeigt die Hydratation von Ethylen, bei der Ethylalkohol entsteht (ich stelle das Wassermolekül hier in leicht veränderter Form dar, damit man deutlicher sehen kann, wo das -OH landet):

$H_2C=CH_2 + H\text{-}OH \rightarrow H_3C\text{-}CH_2OH$

Der auf diese Weise produzierte Ethylalkohol ist mit dem in Gärungsprozessen entstehenden Ethylalkohol zwar identisch, darf aber aus gesetzlichen Gründen nicht für den menschlichen Konsum in alkoholhaltigen Getränken verwendet werden.

Die wichtigste Reaktion der Alkene ist jedoch zweifelsohne die *Polymerisation*, bei der die Ausgangsalkene miteinander reagieren und mit Hilfe der Doppelbindungen lange Ketten bilden. Dieser Prozess wird zur Herstellung von Kunststoffen genutzt (siehe Kapitel 16).

Alkine braucht die Welt

Alkine sind Kohlenwasserstoffe, die mindestens eine Dreifachbindung zwischen Kohlenstoff-Atomen aufweisen. Man erkennt diese Verbindungen an dem Suffix *in*. Kohlenwasserstoffe mit nur einer Dreifachbindung haben die allgemeine Formel C_nH_{2n-2}. Das einfachste Alkin ist *Ethin*, das umgangssprachlich *Acetylen* oder *Azetylen* genannt wird. Abbildung 14.8 zeigt die Struktur von Acetylen.

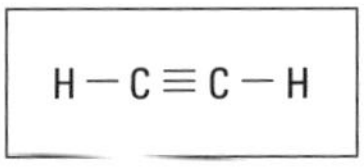

$$H-C\equiv C-H$$

Abbildung 14.8: Ethin (Acetylen)

Acetylen wird auf verschiedene Weise hergestellt. Ein Verfahren besteht darin, bei der Reaktion von Kohle mit Kalziumoxid Kalziumkarbid (CaC_2) zu gewinnen. Das Kalziumcarbid wird dann mit Wasser zusammengebracht und bildet Acetylen. Früher machte man sich diese Reaktion bei Grubenlampen zunutze. Man tropfte etwas Wasser auf Kalziumkarbid und das Acetylen lieferte beim Verbrennen das nötige Licht. Heute wird der Großteil des produzierten Acetylens für Schweißbrenner oder die Herstellung von Polymeren (Kunststoff) verwendet.

Aromatische Verbindungen: Benzol und andere »anrüchige« Verbindungen

Aromatische Kohlenwasserstoffe sind Kohlenwasserstoffe, die ein Ringsystem in der Art eines Cyclohexens aufweisen, das aus alternierenden Einfach- und Doppelbindungen besteht. Die einfachste aromatische Verbindung ist *Benzol* (C_6H_6). Anders als man aufgrund der drei Doppelbindungen annehmen würde, ist Benzol ausgesprochen reaktionsträge. Dem aktuellen Benzolmodell zufolge werden sechs Elektronen, nämlich zwei von jeder der drei Doppelbindungen an eine Elektronenwolke abgegeben, die mit dem gesamten Benzolmolekül verbunden ist. Diese Elektronen befinden sind nicht einfach zwischen zwei Kohlenstoff-Atomen, sondern sind über den gesamten Ring *delokalisiert*. Die Elektronenwolke befindet sich dabei ober- und unterhalb der Ringebene. Abbildung 14.9 zeigt traditionelle Darstellungen eines Benzolmoleküls sowie eine Darstellung der delokalisierten Struktur.

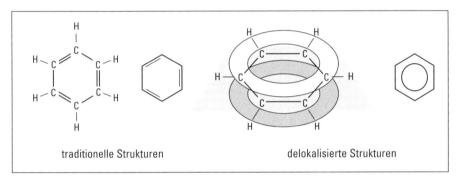

Abbildung 14.9: Benzol

An einen solchen Benzolring können sich verschiedene Gruppen anlagern und neue aromatische Verbindungen bilden. Zum Beispiel könnte ein -OH ein Wasserstoff-Atom ersetzen. Die daraus entstehende Verbindung nennt man *Phenol*. Phenol wird als Desinfektionsmittel und bei der Herstellung von Kunststoffen, Medikamenten und Farben verwendet. Verbindet man zwei Benzolringe, entsteht *Naphthalin*, das früher ein Hauptbestandteil von Mottenkugeln war.

Benzol und die damit verwandten Verbindungen sind brennbar und geben bei der Verbrennung Ruß ab. Es ist zu beachten, dass Benzol und verwandte Verbindungen teils unter dem Verdacht stehen, Krebs zu erzeugen und teils nachgewiesenermaßen kanzerogen sind.

Funktionelle Gruppen

Der vorangegangene Abschnitt beschäftigt sich mit Kohlenwasserstoffen oder Verbindungen von Kohlenstoff und Wasserstoff. Können Sie sich vorstellen, wie viele neue organische Verbindungen entstehen können, wenn jetzt noch ein Stickstoff-Atom, ein Halogen-Atom, ein Schwefel-Atom oder ein Atom eines anderen Elementes mit ins Spiel kommt?

Werfen wir einmal einen Blick auf einige Alkohole: Ethylalkohol (trinkbarer Alkohol), Methylalkohol (Lösungs- und Verdünnungsmittel) und Isopropylalkohol (Franzbranntwein) weisen deutliche Unterschiede auf. Dennoch verhalten sie sich, was die chemischen Reaktionen betrifft, erstaunlich gleich. An den Reaktionen ist jeweils die -OH-Gruppe des Moleküls beteiligt, der Teil des Moleküls, der die Identität eines Alkohols bestimmt, so wie die Doppelbindung, die Identität der Alkene bestimmt. In vielen Fällen ist es unerheblich, wie sich der Rest des Moleküls verhält. Im Grunde reagieren alle Alkohole mehr oder weniger gleich.

Das Atom oder die Atomgruppe, die die Reaktion eines Moleküls bestimmt, nennt man die *funktionelle Gruppe*. Bei den Alkoholen ist es die -OH-Gruppe, bei den Alkenen die C=C-Gruppe und so weiter. Mit Hilfe dieses Merkmals ist es viel einfacher, die Eigenschaften von Verbindungen zu untersuchen und zu klassifizieren. Man muss zum Beispiel nicht die Eigenschaften der einzelnen Alkohole lernen, sondern kann sich auf deren allgemeine Eigenschaften konzentrieren. Die Verwendung funktioneller Gruppen erleichtert das Studium der organischen Chemie erheblich.

Dieser Abschnitt gibt Einblicke in einige der funktionellen Gruppen. Was die Sache im Labor wirklich verkomplizieren kann, ist die Tatsache, dass ein Molekül zwei, drei oder mehr funktionelle Gruppen haben kann, was vielfältige Reaktionsmöglichkeiten eröffnet. Aber das gehört zu den Aspekten der organischen Chemie, die herausfordern – und Spaß machen.

Alkohole (einreiben und einverleiben): R-OH

Alkohole sind eine Gruppe organischer Verbindungen, die mindestens eine Hydroxyl-Gruppe (-OH) enthalten. In der Tat findet man für Alkohole oft die verallgemeinernde Darstellung R-OH, wobei das R für den Rest des Moleküls steht. Für die Benennung von Alkoholen wird anstelle des Suffix *an* des entsprechenden Alkans das Suffix *ol* verwendet.

Methanol oder Methylalkohol wird manchmal auch Holzalkohol oder Holzgeist genannt, weil er früher hauptsächlich durch Erhitzen von Holz ohne Luftzufuhr synthetisch gewonnen wurde. Heute wird Wasserstoff mit Hilfe von Katalysatoren bei hohen Temperaturen und hohem Druck mit Kohlenstoffmonooxid direkt zu Methanol umgesetzt.

$CO(g) + 2H_2(g) \rightarrow CH_3OH(l)$

Gut die Hälfte des in den USA produzierten Methanols geht in die Produktion von *Aldehyden*, die als Zusatzstoffe in Kosmetika und in der Kunststoffindustrie verwendet werden. Gelegentlich wird es auch Ethanol beigefügt, um dieses für den menschlichen Konsum unbrauchbar zu machen. Diesen Vorgang nennt man *Denaturierung*. Es sind auch Bestrebungen im Gange, Benzin durch Methanol zu ersetzen, aber in diesem Bereich gilt es noch einige Probleme zu überwinden. Es existiert auch ein Verfahren, bei dem aus Methanol Benzin gewonnen wird. Neuseeland produziert etwa ein Drittel seines Benzins in einer entsprechenden Anlage.

Ethanol, Ethylalkohol oder einfach Alkohol oder Weingeist, wird hauptsächlich in zwei Verfahren produziert. Für den Gebrauch in alkoholhaltigen Getränken wird das Ethanol durch Vergärung von Kohlenhydraten und Zuckern durch Hefeenzyme hergestellt:

$C_6H_{12}O_6(aq) \rightarrow 2\ CH_3CH_2OH(l) + CO_2(g)$

Ich habe selber schon Bier und Met gebraut und kann nur bestätigen, dass diese kleinen Hefebiester wirklich wissen, wie man einen guten Alkohol macht!

Für den industriellen Gebrauch, etwa als Lösungsmittel in Parfüms und Medikamenten oder als Benzinzusatz, wird Ethanol durch Hydratation von Ethylen mit Hilfe eines Katalysators gewonnen:

$H_2C=CH_2 + H_2O \rightarrow CH_3\text{-}CH_2\text{-}OH$

Carbonsäuren (kleine Stinker): R-COOH

Abbildung 14.10 zeigt die Struktur der funktionellen Gruppe der Carbonsäuren.

$$R-\underset{}{\overset{O}{\underset{\|}{C}}}-OH \qquad CH_3-\underset{\text{Essigsäure}}{\overset{O}{\underset{\|}{C}}}-OH$$

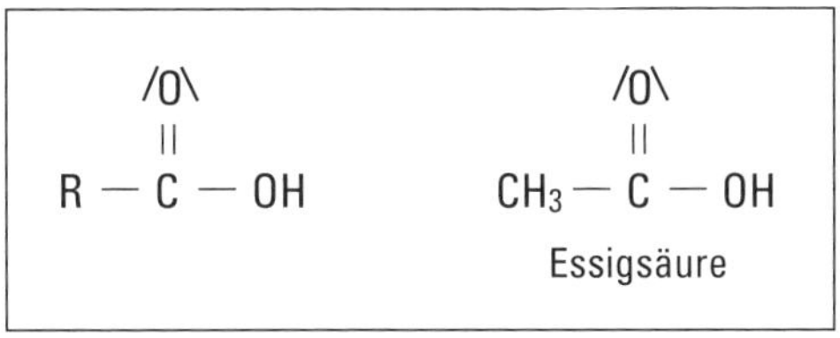

Abbildung 14.10: Die funktionelle Gruppe der Carbonsäuren und die Essigsäure

Chemiker verwenden zur Darstellung dieser funktionellen Gruppe oft die Schreibweisen -COOH oder CO_2H. Carbonsäuren lassen sich auch von den Alkanen ableiten und werden nach dem jeweils verwandten Alkan und dem Suffix *säure* benannt. Die Essigsäure, deren Struktur in Abbildung 14.10 gezeigt wird, heißt auch *Ethansäure*.

Carbonsäuren lassen sich durch Oxidation von Alkohol gewinnen. Wenn man beispielsweise eine Flasche Wein in Kontakt mit Luft oder einem anderen Oxidans kommen lässt, oxidiert das Ethanol zu Essigsäure:

$CH_3CH_2OH(l) + O_2(g) \rightarrow CH_3COOH(l) + H_2O(l)$

Daran habe selbst ich als Chemiker keinen Spaß, besonders wenn ich für die Flasche ein Heidengeld ausgegeben habe.

Ameisensäure (Methansäure) kann man durch die Destillation von Ameisen isolieren. Ja ja, diese kleinen Krabbler, die Ihr ganzes Haus und den Garten untergraben haben und im Sommer Straßen durch Ihr Wohnzimmer legen. Denn was nach einem Ameisenangriff so beißt, ist die Ameisensäure auf der Haut. Deshalb lässt sich der Schmerz durch das Auftragen einer Base, etwa Backpulver, leicht lindern, weil dies die Säure neutralisiert. (Wenn Sie mehr über Säuren und Basen wissen wollen, lesen Sie Kapitel 12.)

Viele dieser organischen Säuren haben einen recht deutlichen Geruch. Der Geruch von Essig und Essigsäure ist Ihnen wahrscheinlich geläufig, aber auch andere Säuren haben ihr eigenes Aroma, wie Tabelle 14.2 zeigt:

CH$_3$(CH$_2$)$_2$COOH	Butansäure/Buttersäure	riecht nach ranziger Butter
CH$_3$(CH$_2$)$_3$COOH	Pentansäure	riecht nach Mist
CH$_3$(CH$_2$)$_4$COOH	Hexansäure	riecht nach Ziegen

Tabelle 14.2: Was riecht denn da so streng?

Ester (noch mehr Gerüche, aber diesmal Wohlgerüche): R-COOR'

Die funktionelle Gruppe der Ester unterscheidet sich von der Gruppe der Carbonsäuren lediglich dadurch, dass eine weitere -R-Gruppe das Wasserstoff-Atom ersetzt. Ester entstehen durch die Reaktion einer Carbonsäure mit Alkohol, wobei ein Ester und Wasser entstehen. Abbildung 14.11 zeigt die Synthese eines Esters.

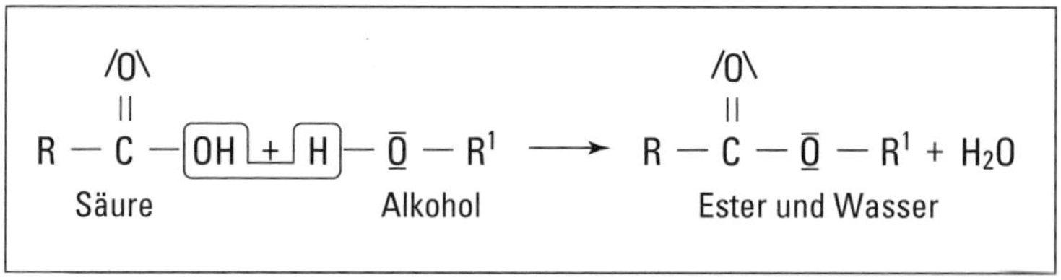

$$R-C(=O)-[OH + H]-\bar{O}-R^1 \longrightarrow R-C(=O)-\bar{O}-R^1 + H_2O$$

Säure + Alkohol → Ester und Wasser

Abbildung 14.11: Synthese eines Esters

Obwohl viele Carbonsäuren, die man für die Herstellung von Estern verwendet, recht übel riechend daherkommen, riechen viele Ester ausnehmend gut. Wintergrünöl etwa ist ein Ester. Andere Ester riechen nach Bananen, Äpfeln, Rum, Rosen oder Pfirsichen. Wen wundert es, dass Ester bei der Herstellung von Aromen und Parfüms Verwendung finden?

Aldehyde und Ketone

Sowohl Aldehyde als auch Ketone fallen bei der Oxidation von Alkoolen an. Abbildung 14.12 zeigt die beiden funktionellen Gruppen.

Puuh – was stinkt denn da so?

Als ich noch aufs College ging, war ich von der organischen Chemie begeistert, besonders wenn es darum ging, im Labor aus einfachen Molekülen komplexe Moleküle herzustellen. Auf die Gerüche war ich allerdings weniger scharf. Es ist die organische Chemie, der die Chemie insgesamt ihr »anrüchiges« Image verdankt.

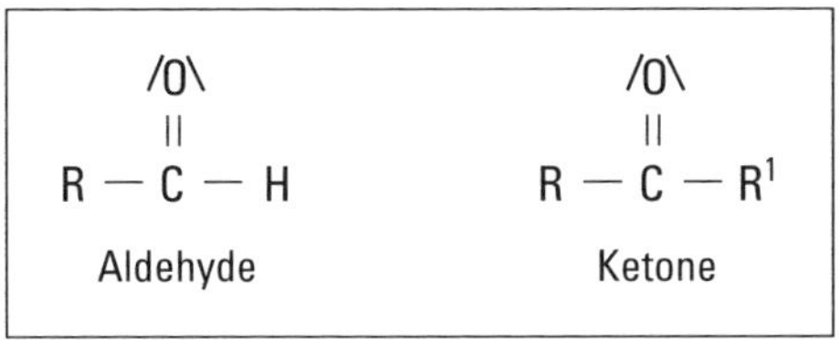

14 ▸ Kohlenstoff: Organische Chemie

$$\begin{array}{cc} \overset{O}{\underset{\|}{}} & \overset{O}{\underset{\|}{}} \\ R-C-H & R-C-R^1 \\ \text{Aldehyde} & \text{Ketone} \end{array}$$

Abbildung 14.12: Die funktionellen Gruppen der Aldehyde und der Ketone

Formaldehyd (HCHO) ist ein ökonomisch wichtiger Aldehyd. Er wird als Lösungsmittel und für die Präparation biologischer Proben verwendet. Darüber hinaus wird er bei der Synthese bestimmter Polymere gebraucht, etwa Bakelit. Andere Formaldehyde, insbesondere solche, deren Struktur einen Benzolring enthält, sind sehr wohlriechend und werden für Aromen und Parfüms genutzt.

Das einfachste Keton ist Aceton (CH_3-CO-CH_3). Es wird in vielfacher Weise als Lösungsmittel, besonders für Farben verwendet. Bekannt ist auch der Nagellackentferner auf Acetonbasis. Und die Modellflieger unter Ihnen kennen vielleicht Methylethylketon. Das ist das Lösungsmittel im Klebstoff für den Modellflugzeugbau.

Ether (Gute Nacht): R-O-R

Ether oder Äther enthalten ein Sauerstoff-Atom, das an zwei Kohlenwasserstoff-Gruppen gebunden ist, R-O-R.

Diethylether wurde früher als Narkosemittel verwendet. Wegen seiner Feuergefährlichkeit wurde er jedoch bald aus den Operationssälen verbannt. Das erinnert mich an folgenden Witz: Ein Patient hat sich tief in den Finger geschnitten, und der Arzt will die Wunde mit ein paar Stichen nähen. Ängstlich fragt der Patient die Schwester: »Werden Sie mir Äther geben?« »Wohl kaum! Wenn wir Äther nehmen, dürfen wir beim Operieren nicht rauchen!« Weil Ether, abgesehen von der leichten Entflammbarkeit, eher reaktionsträge sind, werden sie gemeinhin als Lösungsmittel bei organischen Reaktionen verwendet. Ether reagieren allerdings, wenn auch langsam, mit dem Sauerstoff unserer Atmosphäre und bilden explosive Verbindungen, die man *Peroxide* nennt.

Man synthetisiert Ether durch eine Kondensationsreaktion zweier Alkohole, bei der Wasser abgespalten wird. Diethyläther kann aus der Reaktion von Ethanol mit Schwefelsäure gewonnen werden:

2 CH_3CH_2OH(l) → CH_3CH_2-O-CH_2CH_3(l) + H_2O(l)

Verwendet man zwei verschiedene Alkohole, entsteht ein gemischter Ether, bei dem die beiden R-Gruppen nicht identisch sind.

Amine und Amide: Organische Basen

Amine und Amide werden von Ammoniak abgeleitet und enthalten Stickstoff in ihren funktionellen Gruppen. Abbildung 14.13 zeigt die funktionellen Gruppen der Amine und der Amide.

$$R-NH_2 \quad\quad R-\overset{\overset{\displaystyle O}{\|}}{C}-NH_2$$

Amine · Amide

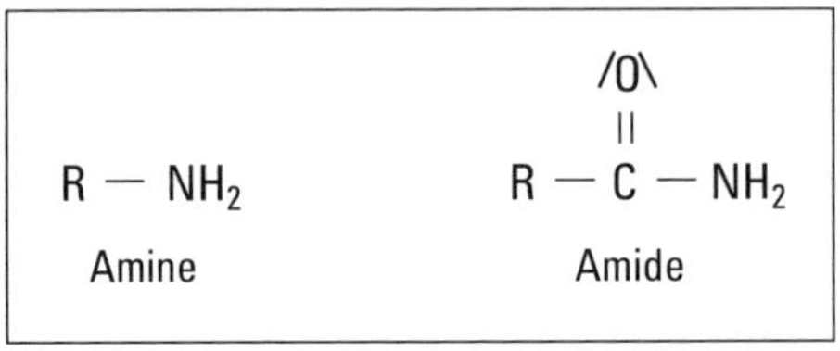

Abbildung 14.13: Die funktionellen Gruppen der Amine und der Amide

Sehen Sie sich die Abbildung noch einmal an. Jedes Wasserstoff-Atom, das bei den Aminen und den Amiden mit dem Stickstoff verbunden ist, kann durch eine andere R-Gruppe ersetzt werden.

Amine und Amide sind, wie das Ammoniak, meist schwache Basen (siehe Kapitel 12). Amine werden für die Synthese von Desinfektionsmitteln, Insektiziden und Farben verwendet. Sie sind auch Bestandteil vieler Medikamente und Naturheilmittel. *Alkaloide* etwa sind natürliche, in Pflanzen vorkommende Amine. Auch die meisten Amphetamine gehören zu den Aminen.

Erdöl: Chemikalien für Verbrennung und Gestaltung

In diesem Kapitel

▷ Erfahren, wie Erdöl raffiniert wird

▷ Benzin unter die Lupe nehmen

Erdöl ist die Grundlage unserer modernen Gesellschaft. Unsere Autos verbrennen in ihren Motoren Benzin oder Dieselkraftstoff, die aus Erdöl gewonnen werden, und viele Häuser werden mit Öl beheizt. Erdöl ist der Grundstoff der petrochemischen Industrie. Es fließt ein in die Herstellung von Kunststoffen, Farben, Medikamenten, Textilien, Pflanzenschutzmitteln und Schädlingsbekämpfungsmitteln. Die Liste ließe sich endlos fortführen. Jeden Tag werden in den USA 19.650.000 Millionen Barrel Erdöl verbraucht, in Deutschland sind es 2.813.000 Millionen Barrel. Auf der Grundlage der Erdölförderung haben viele Staaten und Nationen beträchtlichen Wohlstand erreicht.

In diesem Kapitel werde ich Ihnen näher bringen, wie Erdöl raffiniert und in nützliche Produkte verwandelt wird. Ein Schwerpunkt ist die Benzinproduktion, weil es sich dabei um den ökonomisch wichtigsten Anwendungsbereich des Erdöls handelt. Ich werde dabei auch auf einige Probleme eingehen, die sich aus unserer breiten Nutzung der Technologie des Verbrennungsmotors ergeben haben.

Sei nicht so roh, raffiniert kommt man weiter

Erdöl oder *Rohöl* (manchmal auch »Schwarzes Gold« oder »Texas-Tee« genannt) ist im Förderzustand eine komplexe Mixtur aus Kohlenwasserstoffen (siehe Kapitel 14) mit unterschiedlichen Mol-Gewichten. Bei den leichteren Kohlenwasserstoffen handelt es sich um Gase, bei den schwereren um Feststoffe, die sämtlich in dem flüssigen Gemisch gelöst sind. Dieses Gemisch ist in Millionen von Jahren aus verrotteten in der Erdkruste abgelagerten Tieren und Pflanzen entstanden (daher der Name *fossiler* Brennstoff). Und weil die Entstehung von Erdöl so lange dauert, spricht man von einer *nicht erneuerbaren Ressource*.

Um aus diesem Gemisch von Kohlenwasserstoffen etwas ökonomisch Wertvolles zu machen, muss es *raffiniert*, das heißt von Verunreinigungen und Fremdstoffen befreit werden. Dabei wird das Gemisch in verschiedene Kohlenwasserstoff-Gruppen getrennt. Zum Teil wird auch die molekulare Struktur der Kohlenwasserstoffe verändert. All das passiert in einer industriellen Anlage, die man *Raffinerie* nennt: Die Raffinerie produziert nun die raffinierten Gemische und Einzelverbindungen, die für die Benzinherstellung und als Rohstoffe für die weit verzweigte petrochemische Industrie gebraucht werden. Dazu sind eine Reihe von Prozessen erforderlich, angefangen bei der fraktionierten Destillation des Rohöls.

Trennung ohne Schmerz: Fraktionierte Destillation

Sie haben sicher schon öfter etwas auf dem Herd mit geschlossenem Deckel vor sich hin köcheln lassen. Dabei haben Sie sicher auch bemerkt, dass sich auf der Innenseite des Deckels Wassertropfen niederschlagen. Durch die Einwirkung der Hitze ist das Wasser aus der Kochflüssigkeit verdampft und an der kälteren Unterseite des Deckels wieder kondensiert. Das ist ein ganz einfaches Beispiel für den Prozess der *Destillation*.

Wenn man im Labor Flüssigkeiten mischt und vorsichtig erhitzt, wird die Flüssigkeit mit dem niedrigsten Siedepunkt zuerst kochen. Den dabei entstehenden Dampf kann man kondensieren und auffangen. Danach beginnt die Flüssigkeit mit dem nächsthöheren Siedepunkt zu kochen und so weiter und so fort. Mit Hilfe dieses Verfahrens kann man die Komponenten eines Gemischs trennen und reinigen. Die Destillation ist ein wichtiger Prozess der organischen Chemie und stellt den ersten Schritt der Raffinierung dar. Der in Raffinerien durchgeführte Destillationsprozess wird *fraktionierte Destillation* genannt. Hierbei wird das Erdölgemisch erhitzt und die verschiedenen *Fraktionen* (Gruppen von Kohlenwasserstoffen mit ähnlichen Siedepunkten) werden aufgefangen. Abbildung 15.1 zeigt die fraktionierte Destillation von Rohöl.

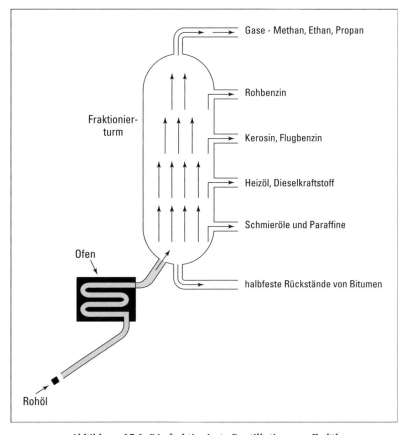

Abbildung 15.1: Die fraktionierte Destillation von Erdöl

15 ➤ Erdöl: Chemikalien für Verbrennung und Gestaltung

Das Rohöl wird über eine Pipeline in die Raffinerie gepumpt und dort zunächst durch starkes Erhitzen zum Verdampfen gebracht. Die heißen Dämpfe steigen dann in eine riesige Destillationssäule, den so genannten *Fraktionierturm*. Der Fraktionierturm besteht aus vielen Etagen, die so genannte *Glocken* besitzen. Die Dämpfe steigen je nach dem Gewicht der einzelnen Kohlenwasserstoffe unterschiedlich hoch und kondensieren beim Abkühlen an den einzelnen Etagenglocken. So werden die verschiedenen Kohlenwasserstoffe nach dem Erreichen ihres jeweiligen Siedepunktes nach und nach aufgefangen. Die Kohlenwasserstoffe einer Fraktion haben eine ähnliche Größe und Komplexität und können daher in der chemischen Industrie für die gleichen Zwecke eingesetzt werden. In der Regel werden sechs Fraktionen aufgefangen:

- ✔ Die erste Fraktion umfasst die leichtesten Kohlenwasserstoffe. Dabei handelt es sich um Gase mit einem Siedepunkt von weniger als 40°Celsius. Einen großen Teil dieser Fraktion macht Methan (CH_4) aus, das auch Sumpfgas genannt wird, weil es zuerst in Sümpfen entdeckt wurde. Unter dem Namen Erdgas wird Methan hauptsächlich als Brennstoff verwendet, weil es sehr sauber verbrennt. Des Weiteren finden sich in dieser ersten Fraktion Propan (C_3H_8) und Butan (C_4H_{10}). Diese beiden Gase werden meist aufgefangen und unter Druck verflüssigt. Als Flüssiggase können sie dann mit LKWs transportiert und als Brennstoffe verwendet werden. Aber auch als Rohstoffe für die Synthese von Kunststoffen sind die Kohlenwasserstoffe dieser Fraktion gefragt.

- ✔ Die zweite Fraktion setzt sich aus den Kohlenwasserstoffen Pentan (C_5H_{12}) und Dodekan ($C_{12}H_{26}$) zusammen, deren Siedepunkte unterhalb von 200° Celsius liegen. Man nennt diese Fraktion auch *Naphta* oder *Rohbenzin*, weil es mit nur geringem weiterem Aufwand in Verbrennungsmotoren verwendet werden kann. Aus einem Barrel Rohöl, der in den Fraktionierturm gelangt, wird weniger als ein viertel Barrel Rohbenzin gewonnen.

- ✔ Die dritte Fraktion besteht aus Kohlenwasserstoffen mit 12 bis 16 Kohlenstoff-Atomen und Siedepunkten zwischen 150° und 275° Celsius. Was hier aufgefangen wird, ist *Kerosin* oder *Flugbenzin*. Im nächsten Abschnitt erläutere ich, wie man aus dieser Fraktion noch mehr Benzin gewinnt.

- ✔ Bei der vierten Fraktion handelt es sich um Kohlenwasserstoffe mit 12 bis 20 Kohlenstoff-Atomen und Siedepunkten zwischen 250° und 400° Celsius. Diese Fraktion wird als *Heiz-* und *Dieselöl* verwendet. Aber auch daraus lässt sich alternativ weiteres Benzin gewinnen.

- ✔ Die fünfte Fraktion umfasst Kohlenwasserstoffe mit 20 bis 36 Kohlenstoff-Atomen und Siedepunkten zwischen 350° und 550° Celsius. Man gewinnt daraus Schmierstoffe und -öle und Wachse auf Paraffinbasis.

- ✔ Die sechste Fraktion besteht aus halbfesten und festen Rückständen, die einen Siedepunkt über 550° Celsius haben. Sie finden Verwendung als *Bitumen* oder *Asphalt* und auch als *Elektrodenkoks*.

Aufbruchstimmung: Katalytisches Cracken

Ein Barrel Rohöl liefert uns also eine Reihe verschiedener Produkte, die jedoch nicht alle für uns von gleichem Wert sind. Die höchste Nachfrage besteht nach Benzin. Der Anteil des Rohbenzins, der bei der Raffination gewonnen wird, kann die Nachfrage nach Benzin nicht decken.

Irgendwann hatte jemand eine Erleuchtung und kam darauf, dass man die schwereren Kohlenwasserstoffe doch in kleinere Ketten aufspalten könnte, die man dann wiederum für die Benzinherstellung nutzen kann. Das war die Geburtsstunde des katalytischen Crackens.

In einer katalytischen Cracking-Anlage (in Texas nennt man sie »Cat-Cracker«) werden die Fraktionen mit 12 bis 20 Kohlenstoff-Atomen in Gegenwart eines Katalysators ohne Luft erhitzt. Dadurch zerfallen die langen *Alkane* (Verbindungen aus Kohlenstoff und Wasserstoff mit Kohlenstoff-Doppelbindungen; siehe Kapitel 14) in kleinere Alkane und *Alkene* (Kohlenwasserstoffe mit wenigstens einer Kohlenstoff-Doppelbindung; siehe ebenso Kapitel 14).

Nehmen wir einmal an, Sie nehmen $C_{20}H_{42}$ und cracken es:

$$CH_3\text{-}(CH_2)_{18}\text{-}CH_3 \rightarrow CH_3\text{-}(CH_2)_8\text{-}CH_3 + CH_2 = CH\text{-}(CH_2)_7\text{-}CH_3$$

Bei diesem Prozess gewinnt man Kohlenwasserstoffe, die für die Produktion von Benzin geeignet sind. Ein positiver Nebeneffekt ist, dass die Doppelbindungen dem Benzin eine höhere Oktanzahl (Klopffestigkeit) verleihen (darauf komme ich noch im Abschnitt *Die Geschichte des Benzins* weiter hinten im Kapitel).

Katalytisch gecrackt wird zunächst die Fraktion, die ansonsten für Kerosin verwendet wird. Um aber noch mehr Benzin aus dem Rohöl herauszuholen, wird auch die Heizöl-Fraktion nicht verschont. Das kann allerdings zu Versorgungsengpässen beim Heizöl führen, wenn ein sehr harter Winter die Nachfrage in die Höhe treibt. Die Ölgesellschaften studieren deshalb aufmerksam die Langzeit-Wetterprognosen. Wenn im Sommer die Nachfrage nach Benzin hoch ist, werden die sonst für das Heizöl verwendeten Fraktionen gecrackt. Im Herbst wird der Produktionsplan dann ein wenig umgestellt und der Anteil der Benzinproduktion zugunsten des Heizöls zurückgeschraubt. Da die Raffinerien jedoch eine Überproduktion und daraus resultierende große Lagerbestände vermeiden wollen, schielen sie immer mit einem Auge auf das Wetter, um das Angebot möglichst nahe an der Nachfrage zu halten. Das ist ein ständiger Balanceakt.

Schieb mir mal was rüber: Katalytisches Reformieren

Als der Verbrennungsmotor für die Fortbewegung entdeckt wurde und unaufhaltsam an Popularität gewann, fiel den Chemikern auf, dass aus unverzweigten Kohlenwasserstoffen gewonnenes Benzin nicht richtig verbrannte. Es verursachte in den Motoren klopfende und klingelnde Geräusche. Sie entdeckten bald, dass verzweigte Kohlenwasserstoffe besser verbrannten. Um nun die Menge der Verzweigungen in der Benzin-Fraktion des Rohöls zu steigern, wurde ein Prozess mit dem Namen *katalytisches Reformieren* entwickelt. Im Verlauf dieses Prozesses werden Kohlenwasserstoffdämpfe über einen Metallkatalysator (etwa Platin) geführt. Dabei

15 ➤ Erdöl: Chemikalien für Verbrennung und Gestaltung

werden die Moleküle in eine verzweigte oder gar ringförmige Struktur überführt. Abbildung 15.2 zeigt das katalytische Reformieren von n-Hexan in 2-Methylpentan und Cyclohexan.

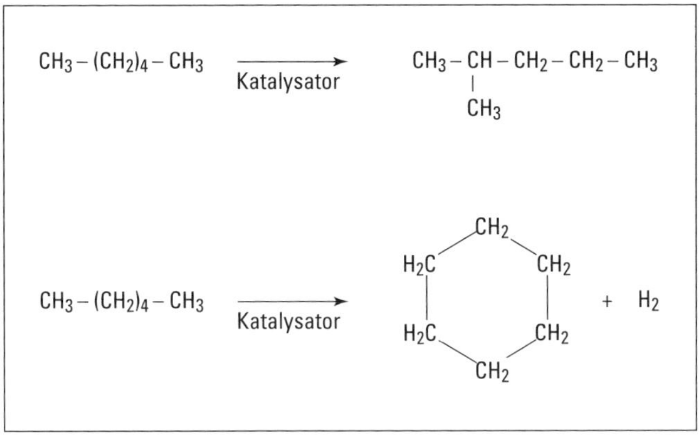

$$CH_3-(CH_2)_4-CH_3 \xrightarrow{Katalysator} CH_3-CH-CH_2-CH_2-CH_3$$
$$\phantom{CH_3-(CH_2)_4-CH_3 \xrightarrow{Katalysator} CH_3-}\ |$$
$$\phantom{CH_3-(CH_2)_4-CH_3 \xrightarrow{Katalysator} CH_3-}CH_3$$

$$CH_3-(CH_2)_4-CH_3 \xrightarrow{Katalysator} \text{Cyclohexan} + H_2$$

Abbildung 15.2: Katalytisches Reformieren von n-Hexan

Derselbe Prozess wird intensiv für die Produktion von Benzol und anderen Aromaten genutzt, die für die Herstellung von Kunststoffen, Medikamenten und synthetischen Materialien verwendet werden. (Mehr über Aromaten sowie verzweigte und ringförmige Strukturen erfahren Sie in Kapitel 14. Ein echte Fundgrube, dieses Kapitel.)

Die Geschichte des Benzins

Damit Sie den Tiger in Ihrem Tank besser kennen lernen, möchte ich Ihnen ein wenig darüber erzählen, was mit dem Benzin in einem Verbrennungsmotor passiert. Das Benzin wird zunächst mit Luft (einem Gemisch aus Stickstoff, Sauerstoff und so weiter) vermischt und in den Zylinder eingespritzt, wenn die Kolben auf dem Weg nach unten sind. Indem sich die Kolben wieder nach oben bewegen, verdichten sie das Benzin-Luft-Gemisch. Im richtigen Moment, dem Zündzeitpunkt, wird das Gemisch durch einen Funken der Zündkerze entzündet. Bei der nun folgenden Reaktion der Kohlenwasserstoffe mit dem Sauerstoff im Zylinder entstehen Wasserdampf, Kohlenstoffdioxid und, unglücklicherweise, große Mengen Kohlenstoffmonooxid.

Diese Reaktion ist ein Beispiel für die Konvertierung des in den Kohlenstoffbindungen schlummernden Energiepotenzials in die kinetische Energie der heißen Gasmoleküle. Der plötzliche Zuwachs an Gasmolekülen erhört den Druck gewaltig und schiebt den Kolben nach oben. Diese lineare Bewegung wird dann über eine Welle in eine Kreisbewegung umgesetzt, die die Räder antreibt. Und los geht's!

Das Benzin-Luft-Gemisch muss genau zum richtigen Zeitpunkt gezündet werden, damit der Motor richtig (rund) läuft. Der ganze Vorgang ist weniger eine Eigenschaft des Motors als des Benzins (vorausgesetzt, dass die Zündung richtig eingestellt ist und Zündkerzen und Kompressionswerte in Ordnung sind). Wichtig ist die *Flüchtigkeit* des Kohlenwasserstoff-

Brennstoffes, also die Geschwindigkeit, mit der er verdampft. Die Flüchtigkeit hängt wiederum mit dem Siedepunkt des Kohlenwasserstoffs zusammen. Es ist in der Tat so, dass manche Benzinhersteller ihr Benzin *verschneiden* (die Kohlenwasserstoffzusammensetzung anpassen), um es besser an die herrschenden klimatischen Bedingungen anzupassen. (In dem Teil von Texas, aus dem ich stamme, machen sie das natürlich nicht, denn da ist fast das ganze Jahr über Sommer.) Benzin in Winterqualität ist flüchtiger als Benzin in Sommerqualität. Manche Treibstoffe neigen dazu, in Motoren Klopfgeräusche oder Klingeln zu verursachen. Das kann daran liegen, dass aufgrund eines verstellten Zündzeitpunkts die Zündung zu früh erfolgt oder dass die Verbrennung an mehreren Stellen gleichzeitig einsetzt anstatt in der Umgebung der Zündkerzenelektrode. Aber auch das ist eine Eigenschaft des Benzins und nicht eine des Motors. Entscheidend ist neben dem Energiegehalt des Treibstoffs auch die Effizienz seiner Verbrennung. Um Aussagen über die Verbrennungseigenschaften von Benzin zu machen, hat man die Oktanskala entwickelt.

Wie gut ist Ihr Benzin: Oktanzahlen

In den Anfängen der Entwicklung des Verbrennungsmotors fanden Wissenschaftler und Ingenieure heraus, dass bestimmte Kohlenwasserstoffe besonders gut in Verbrennungsmotoren verbrennen. Sie stellten ebenfalls fest, dass andere Kohlenwasserstoffe nicht so gut in Motoren verbrennen. Zu letzteren gehörte n-Heptan (unverzweigtes Heptan). 2,2,4-Trimethylpentan (auch *Isooktan* genannt) dagegen wies exzellente Verbrennungseigenschaften auf. Diese beiden Verbindungen bildeten von nun an die Endpunkte der *Oktanskala*. Dem Kohlenwasserstoff n-Heptan wurde die Oktanzahl 0 und dem Kohlenwasserstoff Isooktan die Oktanzahl 100 zugewiesen. Man konnte fortan Benzinmischungen in einem standardisierten Motor verbrennen und ihre Oktanzahl ermitteln. Wenn also ein bestimmtes Benzin die Eigenschaften von Isooktan zu 90 Prozent erreicht, erhält es die Oktanzahl 90. Abbildung 15.3 zeigt die Oktanskala und die Oktanzahlen einiger reiner Verbindungen.

Sehen Sie sich Abbildung 15.3 genau an. Was die Oktanzahl und die chemische Struktur betrifft, finden Sie darin einige nützliche Informationen. Das n-Penten hat die Oktanzahl 62. Dieser Wert kann auf 91 gesteigert werden, wenn man ihm eine Doppelbindung verpasst (es wird zu 1-Penten) und eine ungesättigte Verbindung daraus macht. Eine einzige Doppelbindung also steigert die Oktanzahl um fast 30 Prozent.

Katalytisches Reformieren bringt Ketten und katalytisches Cracken bringt Doppelbindungen. Diese beiden Prozesse steigern nicht nur die Produktionsmenge, sondern verbessern auch die Verbrennungseigenschaften des Benzins. Wie Sie sehen können, hat Benzol die Oktanzahl106. Es verbrennt besser als Isooktan. Andere substituierte Verbindungen haben Oktanzahlen, die an 120 heranreichen. Allerdings sind Benzol und damit verwandte Verbindungen gesundheitsgefährdend und werden deshalb nicht als Treibstoffe verwendet.

Die Oktanzahl, die Sie an der Zapfsäule lesen können, ist ein Durchschnittswert. Die wissenschaftliche Oktanzahl (W) bezieht sich auf die Verbrennung in einem kalten Motor. Die fahrpraktische Oktanzahl (F) bezieht sich auf die Verbrennungseigenschaften eines Treibstoffs in einem betriebswarmen Motor (etwa wenn Sie auf der A1 im Stau stehen). Wenn Sie aus diesen beiden Werten den Durchschnitt bilden – (W+F)/2 – erhalten Sie die Oktanzahl auf der Zapfsäule.

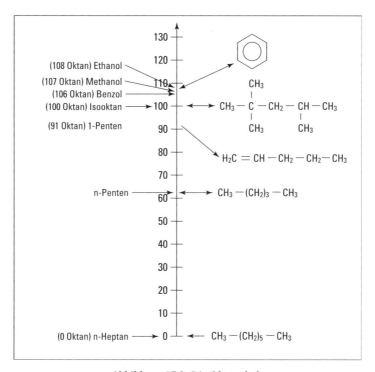

Abbildung 15.3: Die Oktanskala

Additive: Blei rein, Blei raus

Die ersten Benzinmotoren waren längst nicht so hoch verdichtet, wie wir das von unseren heutigen Autos gewohnt sind. Deshalb kam es auf hohe Oktanzahlen nicht so sehr an. Je leistungsfähiger die Motoren jedoch wurden, desto höhere Oktanzahlen wurden erforderlich. Das katalytische Cracken und Reformieren trieb die Kosten der Benzinherstellung in die Höhe. Man suchte also nach billigeren Lösungen, wie man Benzin klopffester machen konnte. Und mit der Substanz Bleitetraethyl (= Tetraethylblei) wurde man auch fündig.

In den frühen 20er Jahren fanden Wissenschafter heraus, dass man durch die Zugabe kleinster Mengen Bleitetraethyl (1 Milliliter pro Liter Benzin) die Oktanzahl um 10 bis 15 Punkte steigern konnte.

Bleitetraethyl besteht aus einem Blei-Atom und vier Ethylgruppen. Abbildung 15.4 zeigt die entsprechende Strukturformel.

Mit Bleitetraethyl ließ sich die Oktanzahl wirkungsvoll erhöhen und die Klopffestigkeit des Treibstoffs verbessern. Viele Jahre lang brummten die Benzinmotoren ohne Klopfen und Klingeln vor sich hin. Mit der Verabschiedung des Clean Air Act in den USA im Jahre 1970 waren die Tage des verbleiten Benzins allerdings gezählt.

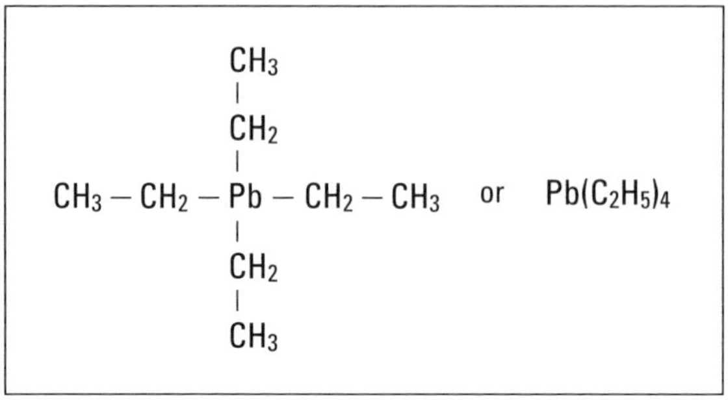

$$
\begin{array}{c}
CH_3 \\
| \\
CH_2 \\
| \\
CH_3-CH_2-Pb-CH_2-CH_3 \quad \text{or} \quad Pb(C_2H_5)_4 \\
| \\
CH_2 \\
| \\
CH_3
\end{array}
$$

Abbildung 15.4: Die Zusammensetzung von Bleitetraethyl

Huch! Wir verschmutzen die Luft

Kohlenwasserstoff-Treibstoffe verbrennen in den Zylindern von Verbrennungsmotoren. Dabei werden nicht alle Kohlenwasserstoff-Moleküle in Wasser und CO/CO_2 umgewandelt. Vor dem Inkrafttreten des Clean Air Act 1970 entwichen aus den Auspuffanlagen der Autos unverbrannte Kohlenwasserstoffe, Schwefel- und Stickoxide in die Atmosphäre (zusätzlich zu dem Blei des Bleitetraethyls, das später als äußerst giftig nachgewiesen wurde). Diese schmutzigen Abgase verschlimmerten das Ausmaß und die Auswirkungen der Luftverschmutzung und gefährdeten, etwa durch das Auftreten des photochemischen Smogs, unsere Gesundheit. (Um Luftverschmutzung geht es im Einzelnen in Kapitel 18.)

Her mit dem Katalysator

In den USA verlangte der Clean Air Act eine Verringerung der Schadstoffemissionen bei Kraftfahrzeugen. Dieses Ziel ließ sich am effektivsten durch die Verwendung von Katalysatoren erreichen. Ein solcher Katalysator sieht aus wie ein Schalldämpfer und wird in das Abgassystem des Autos integriert. In seinem Innern befindet sich eine mit einem katalytisch wirkenden Metall, entweder Palladium oder Platin, ausgekleidete Trägerstruktur. Wenn nun die Abgase durch die Trägerstruktur geführt werden, befördert die katalytische Wirkung der Metalle die vollständige Oxidation der Kohlenwasserstoffe und Kohlenstoffmonooxide zu Kohlenstoffdioxid und Wasser (deshalb tropft es manchmal aus dem Auspuff). Anders ausgedrückt: Der Katalysator macht aus schädlichen Abgasen überwiegend harmlose Abfallprodukte.

In Deutschland brachten erst die zunehmenden Waldschäden die Diskussion um die Luftverschmutzung wieder in Schwung. Mit Blick auf die 1974 eingeführten strengen Abgasgrenzwerte in Japan und den USA wollte man auch in Deutschland (im Einvernehmen mit den europäischen Partnerländern) eine drastische Absenkung des Schadstoffausstoßes durchsetzen. Heraus kam zunächst nur ein Kompromiss. Man beschloss Abgasgrenzwerte, die denen der USA und Japans lange Zeit hinterherhinkten. Erst 1990 wurde eine gemeinsame verbindliche Regelung getroffen, die alle Anforderungen an die Schadstoffemissionen bei Pkw regelt und für

15 ➤ Erdöl: Chemikalien für Verbrennung und Gestaltung

alle Pkw unabhängig von der Größe die gleichen Grenzwerte festlegt. Diese Grenzwerte verlangten den Einsatz geregelter Drei-Wege-Katalysatoren und wurden seither in Abstimmung mit dem herrschenden Stand der Technik kontinuierlich verschärft.

Weg mit dem Blei

Der Katalysator verrichtete seine Arbeit bei der Verringerung des Schadstoffausstoßes so lange gut, wie das im Motor verbrannte Benzin kein Blei enthielt. Bekam der Motor jedoch verbleites Benzin zu schlucken, lagerten sich die bleihaltigen Abgasdämpfe an den Wänden des Katalysators ab und machten ihn nutzlos. Die Regierung und die Umweltorganisationen setzten also alle Hebel in Bewegung, das Blei wieder aus dem Benzin zu verbannen. In den USA findet man mittlerweile kaum noch verbleites Benzin an den Tankstellen. In Europa ist der Marktanteil von verbleitem Benzin nur noch gering.

Als Bleitetraethyl nicht mehr als Benzinzusatz in Frage kam, suchten die Chemiker natürlich eine Verbindung, die Ähnliches leisten konnte. Aromaten waren zwar ein effektives Mittel, die Oktanzahlen zu erhöhen, aber sie waren nachweislich äußerst gesundheitsschädlich. Man fand und verwendete stattdessen Methylalkohol, Tertiärbutylalkohol und Methyltertiärbutylether (MTBE).

Von MTBE (siehe Abbildung 15.5) versprach man sich recht viel, denn er erhöhte nicht nur die Oktanzahl, sondern verbesserte, da er Sauerstoff enthält, auch die Verbrennungseigenschaften des Benzins. Allerdings häuften sich bald Hinweise auf Zusammenhänge mit Atemwegserkrankungen und Krebserkrankungen und MTBE verschwand wieder aus dem Benzin. Die anderen genannten Verbindungen sind zwar nicht so effektiv wie Bleitetraethyl, aber dank der ständigen Weiterentwicklung der Motoren lassen sich jetzt auch Treibstoffe mit etwas niedrigeren Oktanzahlen verwenden.

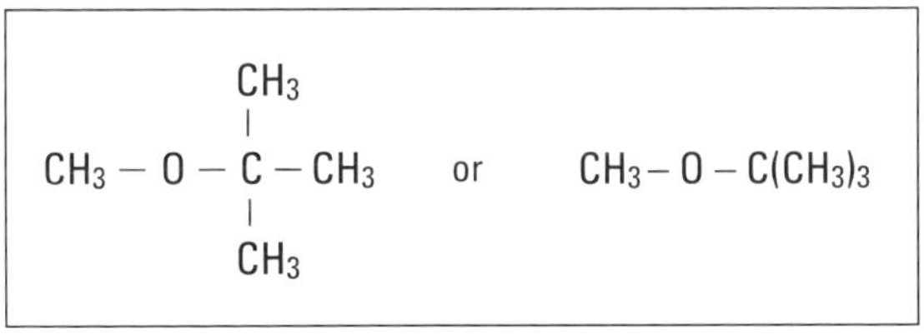

$$CH_3 - O - \underset{\underset{CH_3}{|}}{\overset{\overset{CH_3}{|}}{C}} - CH_3 \quad \text{or} \quad CH_3 - O - C(CH_3)_3$$

Abbildung 15.5: Methyltertiärbutylether (MTBE)

Polymere: Gleich und Gleich gesellt sich gern

In diesem Kapitel

- Die Polymerisation begreifen
- Zwischen verschiedenen Kunststoffen unterscheiden
- Lernen, wie das mit dem Kunststoffrecycling geht

Sie kennen vielleicht die Auffassung, der Mensch erfinde eigentlich nichts Neues, sondern kopiere nur die Natur. Wenn ich mir so ansehe, was in letzter Zeit alles erfunden worden ist, habe ich da so meine Zweifel. Was die Polymere betrifft, kann ich allerdings nur zustimmen. Polymere kommen in der Natur schon immer vor. Proteine, Baumwolle, Wolle und Zellulose sind zum Beispiel Polymere. Sie gehören alle zu einer Verbindungsklasse, die man Makromoleküle nennt – sehr große Moleküle. Der Mensch hat gelernt, Makromoleküle im Labor zu produzieren, und hat damit unsere Gesellschaft für alle Zeiten verändert.

Als ich noch klein war, zog mein Vater, ein eingefleischter Traditionalist, metallene Gerätschaften und Gegenstände jedem »billigen, importierten Plastikkram« eindeutig vor. Wenn er noch lebte, wäre er sicher schockiert. Ich bin umgeben von synthetischen Textilien (Kleidung, Teppiche und so weiter). Ich fahre in Autos durch die Gegend, die einem Kunststoffkokon gleichen. Mein Zuhause ist voller Plastikbehältnisse aller möglichen Formen, Größen und Beschaffenheiten. Einige meiner Freunde haben Körperteile (etwa ein Knie) durch solche aus Polymeren ersetzen oder mit Polymeren verstärken lassen müssen. Ich haue mir meine Spiegeleier in eine beschichtete Bratpfanne und hantiere mit einem Kunststoffpfannenwender darin herum. Ich sitze vor einem Fernseher mit Plastikgehäuse und bette mein Haupt nachts auf einem Schaumstoffkissen. Wir leben im Kunststoffzeitalter.

In diesem Kapitel bringe ich Ihnen den Prozess der Polymerisation näher und erläutere Ihnen, wie die Chemiker Polymere im Hinblick auf bestimmte Eigenschaften konstruieren. Ich stelle Ihnen ein paar Polymere vor und zeige Ihnen, wie sie hergestellt werden. Und schließlich komme ich darauf, wie man Kunststoffe wieder los wird, bevor man vor einem schier unüberwindlichen Berg von Milchflaschen, Joghurtbechern und Einwegwindeln steht. Willkommen in der wunderbaren Welt der Polymere!

Natürliche Monomere und Polymere

Die Natur arbeitet schon sehr lange mit Polymeren. Zellulose (Holz) und Stärke sind die wichtigsten Beispiele für natürlich vorkommende Polymere. Abbildung 16.1 zeigt die Strukturen von Zellulose und Stärke.

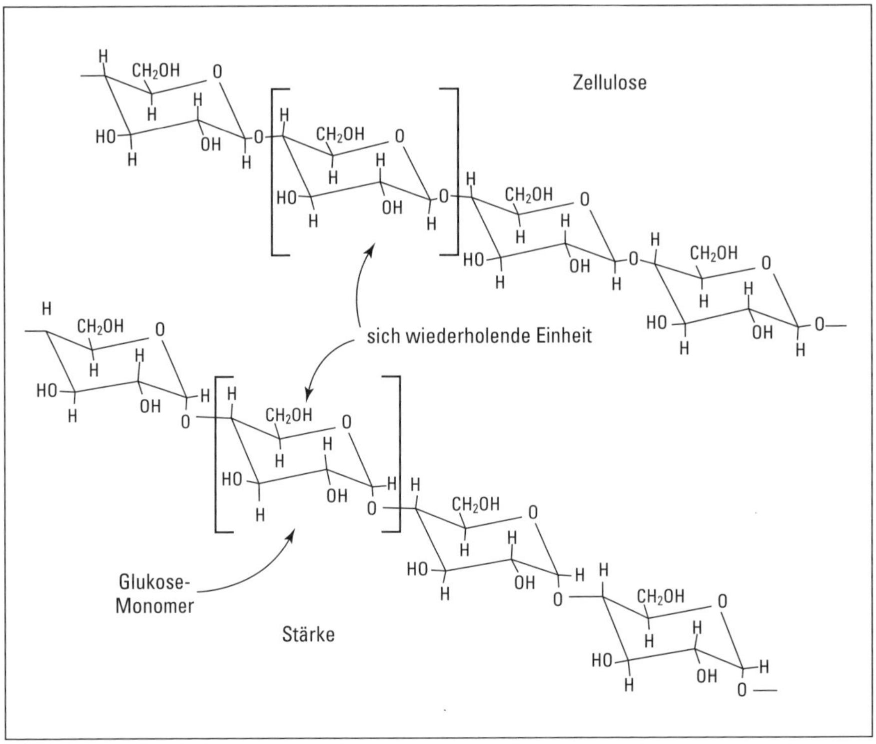

Abbildung 16.1: Zellulose und Stärke

Fallen Ihnen bei den Strukturen Ähnlichkeiten auf? Sie bestehen aus sich wiederholenden Einheiten. Bei den sich hier wiederholenden Einheiten handelt es sich um Glukose. Zellulose und Stärke sind zum einen natürliche *Makromoleküle* (große Moleküle), zum anderen aber auch Beispiele für natürlich vorkommende *Polymere*, also Makromoleküle, in denen sich Einheiten, genannt *Monomere*, wiederholen (Polymere heißt nichts anderes als »viele Mere«. Mere sind diesbezüglich Monomere.) Bei Zellulose und Stärke ist das betreffende Monomer eine Glukoseeinheit. Man kann die Struktur eines Polymers in etwa mit einer Hand voll Büroklammern (Monomere) vergleichen, die man zu einer langen Kette (Polymer) aneinander hakt.

Und noch etwas fällt bei Zellulose und Stärke ins Auge: Der einzige Unterschied zwischen den beiden Verbindungen besteht darin, wie die Glukoseeinheiten miteinander verbunden sind. Und diese Kleinigkeit macht den Unterschied zwischen einer Kartoffel und einem Baum aus. (Na gut, *ganz* so einfach ist es auch nicht.) Der Mensch kann zwar Stärke verdauen, aber keine Zellulose. Für den Verdauungstrakt einer Termite ist dagegen Zellulose genau das Richtige. Bei natürlich vorkommenden Polymeren, und auch bei den synthetischen, schlägt sich eine kleine Änderung manchmal sehr umfassend in den Eigenschaften des Polymers nieder.

Wie man synthetische Monomere und Polymere klassifiziert

Die Chemiker haben die Idee des Zusammensetzens kleiner Einheiten zu größeren von der Natur abgeschaut und Verfahrensweisen entwickelt, wie man das Ganze auch unter Laborbedingungen machen kann. Es gibt heute eine große Vielfalt synthetischer Polymere. In diesem Abschnitt möchte ich Ihnen einige davon vorstellen und auf ihre Strukturen, Eigenschaften und Verwendungen eingehen.

Weil Chemiker nun mal gar nicht anders können, als alles Mögliche in Gruppen zusammenzufassen, haben sie das auch mit den Polymeren so gemacht. Das klappt auch ganz gut. Die Chemiker haben etwas zu tun und die Normalos draußen im richtigen Leben haben es leichter, die verschiedenartigen Polymere kennen zu lernen.

Brauchen wir nicht alle Strukturen?

Ein Ansatz für die Polymer-Klassifizierung ist die Orientierung an der Struktur der Polymerkette. Manche Polymere sind *linear* aufgebaut. Sie bestehen aus vielen langen Fäden, die wie zu einem Seil zusammengefasst werden. *Verzweigte* Polymere sind dadurch gekennzeichnet, dass kurze Fäden von dem Haupt-Polymerfaden abzweigen. Man kann sich das wie ein langes Seil vorstellen, an das man in bestimmten Abständen über die gesamte Länge immer wieder kurze Seile anknüpft. Bei *querverbundenen* Polymeren sind einzelne Polymerfäden durch seitliche Ketten miteinander verbunden. Eine solche Struktur erinnert am ehesten an eine Hängematte.

Und wenn's mal heiß wird?

Ein anderer Ansatz für die Polymer-Klassifizierung ist ihr Verhalten bei Hitzeeinwirkung. Thermoplastische Polymere werden bei Hitze weich. Solche Polymere bestehen aus langen linearen oder verzweigten Fäden aus Monomer-Einheiten. Wenn Sie schon einmal eine Kunststoffsonnenbrille oder ein Kinderspielzeug aus Kunststoff im Auto der Sommersonne überlassen haben, werden Sie festgestellt haben, dass der Kunststoff weich wird. Solche Kunststoffe können eingeschmolzen und immer wieder verwendet werden und sind deshalb auch leichter zu recyceln. Der überwiegende Anteil der in den USA produzierten Kunststoffe besteht aus thermoplastischen Polymeren.

Duroplastische Polymere werden dagegen bei Hitzeeinwirkung nicht weich und können auch nicht wieder in anderer Formgebung wiederverwendet werden. Bei der Produktion dieser Polymere werden durch Erhitzen Querverbindungen (Brücken zwischen den Polymerfäden) erzeugt. Ein solches duroplastisches Polymer ist zum Beispiel Bakelit. Es ist sehr hart und leitet nicht. Diese Eigenschaften machen Bakelit zu einem idealen Isoliermaterial oder zu einem geeigneten Material für die Griffe an Pfannen und Toastern.

Was mache ich denn damit?

Eine dritte Art der Polymer-Klassifizierung orientiert sich an der Verwendung durch den Konsumenten.

Der Name *Plastik* bezieht sich auf die Tatsache, dass man Polymere in eine gewünschte Form bringen kann. Egal ob thermoplastisch oder duroplastisch, diese Polymere erhalten bei der Herstellung des Endprodukts ihre charakteristische Form. Das können Geschirr, Schüsseln und Töpfe, Kinderspielzeug oder etwas Ähnliches sein. Sie kennen sich da aus.

Fasern sind lineare Fäden, die durch die intermolekularen Kräfte zwischen den Polymerfäden, etwa die Wasserstoffbindungen, zusammengehalten werden. Man nennt solche Polymere in der Regel Textilien. Sie werden etwa zu Kleidung und Teppichen verarbeitet.

Elastomere, manchmal auch Gummi genannt, sind thermoplastische Materialien, die im Verlaufe ihrer Herstellung leicht querverbunden werden. Aufgrund dieser Querverbindungen lassen sie sich auseinander ziehen und prallen ab. Zu den Elastomeren gehört, neben anderen synthetischen Verbindungen, auch der Naturgummi (Latex). Aus diesen Polymeren macht man zum Beispiel Latexhandschuhe, Einmachgummis oder Bälle.

Wie wird's gemacht?

Einer der besten Ansatzpunkte für die Klassifizierung von Polymeren ist der jeweils für die Herstellung verwendete chemische Prozess. Normalerweise kommen dafür zwei Prozesse in Frage:

✔ Additionspolymerisation oder Polyaddition

✔ Kondensationspolymerisation oder Polykondensation

Häng dich dran: Polyaddition

Viele der bekannten Polymere, mit denen man im Alltag zu tun hat, sind so genannte *Additionspolymere* oder *Polyaddukte* – Polymere, die im Verlauf einer Reaktion entstehen, die man *Additionspolymerisation* oder *Polyaddition* nennt. Bei einer solchen Reaktion werden alle anfänglich in der Struktur eines Monomers vorhandenen Atome in einer Polymerkette verknüpft. In der Regel verfügen die bei dieser Art der Polymerisation verwendeten Monomere über eine Kohlenstoff-Doppelbindung, die im Verlauf der Polymerisation zum Teil aufgebrochen wird. Diese aufgebrochene Verbindung bildet ein Radikal – so nennt man ein hochreaktives Atom, das ein einzelnes Elektron aufweist. Das Radikal versorgt sich dann mit einem Elektron, indem es sich mit einem anderen Molekül verbindet. Es entsteht eine Kettenreaktion, an deren Ende ein Polymer steht. Sie kratzen sich ratlos am Kopf? Dann sehen Sie sich die folgenden Beispiele an, die Ihnen das Verständnis der Additionspolymerisation erleichtern sollen.

16 ➤ Polymere: Gleich und Gleich gesellt sich gern

Polyethylen: Klarsichtfolie und Milchgießer

Polyethylen ist das einfachste Additionspolymer und eines der ökonomisch wichtigsten. Ethan wird in Anwesenheit eines Katalysators, etwa Palladium, hoch erhitzt. Es verliert dabei zwei Wasserstoff-Atome (die zu gasförmigem Wasserstoff werden) und bildet eine Doppelbindung:

$CH_3\text{-}CH_3(g)$ + Hitze und Katalysator $\rightarrow CH_2=CH_2(g) + H_2(g)$

Das so produzierte Ethylen (Ethen) ist das Monomer für die Produktion von Polyethylen. Das Ethylen wird dann in Anwesenheit eines Katalysators ohne Luftzufuhr stark erhitzt. Die hohe Temperatur und die katalytische Wirkung verursachen ein Aufbrechen der Kohlenstoff-Doppelbindung, wobei je ein Kohlenstoff-Atom ein Elektron behält. Beide Kohlenstoff-Atome werden also zu Radikalen. Radikale sind sehr reaktionsfreudig und versuchen sofort, von anderswo ein Elektron als Bindungspartner zu gewinnen. Bei dieser Polymerisationsreaktion etwa können die Radikale mit einem anderen Radikal eine kovalente Bindung eingehen. Dies vollzieht sich an beiden Enden des Moleküls und lässt die Kette wachsen. Auf diese Weise lassen sich Polyethylenmoleküle bis zu einem Molekulargewicht von 1 Million Gramm pro Mol herstellen (siehe Abbildung 16.2).

Durch den Einsatz verschiedener Katalysatoren und Veränderungen des Drucks lässt sich die Struktur des Endproduktes steuern. Bei der Polymerisation von Ethylen entstehen so drei verschiedene Endprodukte:

✔ Polyethylen-Niedrige Dichte (PE-ND)

✔ Polyethylen-Hohe Dichte (PE-HD)

✔ Vernetztes Polyethylen (VPE)

Polyethylen-Niedrige Dichte (PE-ND) weist an der Kohlenstoffkette einige Verzweigungen auf und hat deshalb eine geringere Dichte als das lineare Polymer. So entsteht ein verwickeltes Netz verzweigter Polymerfäden. Dieses Polyethylenprodukt ist weich und flexibel. Es kann folglich für Frischhaltefolien, Gefrierbeutel, Einkaufstaschen und Mülltüten verwendet werden. Wie alle anderen Erscheinungsformen von Polyethylen ist es chemikalienresistent.

Polyethylen-Hohe Dichte (PE-HD) setzt sich aus eng gepackten linearen Fäden zusammen. Dieses Polyethylenprodukt ist fest, hart und robust. Man macht daraus zum Beispiel Plastikschüsseln, Spielzeug und Fernseher-Gehäuse. Eines der ersten Produkte aus PE-HD war der Hula-Hoop-Reifen.

Vernetztes Polyethylen (VPE) ist durch Vernetzungen zwischen den linearen Fäden miteinander verbundener Monomere gekennzeichnet und weist daher eine außergewöhnliche Stabilität auf. Wenn Sie einen Kunststoff-Milchgießer zu Hause haben, ist der Deckel wahrscheinlich aus VPE. Auch die Deckel von PET-Flaschen sind aus VPE gemacht. Die Flaschen selbst bestehen aus einem anderen Polymer, auf das ich weiter hinten im Kapitel eingehen werde. Hochgradig vernetztes Polyethylen findet Anwendung in der Fertigung von Prothesen, etwa für Knie- oder Hüftgelenke.

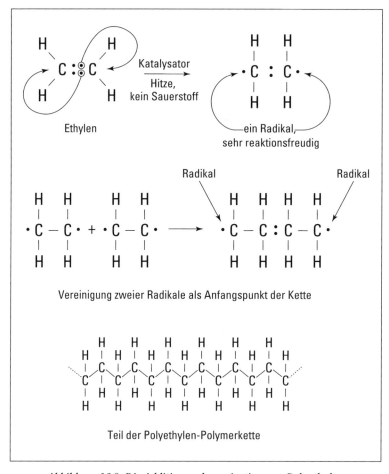

Abbildung 16.2: Die Additionspolymerisation von Polyethylen

Polypropylen: Kunststoffseile

Wenn man beim Ethylen ein weiteres Wasserstoff-Atom durch ein anderes Atom ersetzt, kann man ein völlig anderes Polymer mit anderen Eigenschaften erzeugen. Ersetzt man beispielsweise ein Wasserstoff-Atom durch eine Methylgruppe, erhält man Propylen. Propylen verfügt, wie Ethylen, über eine Kohlenstoff-Doppelbindung und kann deshalb die gleiche Additionspolymerisation durchlaufen wie Ethylen. Das Ergebnis ist Polypropylen (siehe Abbildung 16.3).

Das kleine n in Abbildung 16.3 steht für die Anzahl der Wiederholungen der dargestellten Einheit. Wie man sieht, ist eine Verzweigung dieses Polymers eine Methylgruppe. Mit jeder Änderung der Molekülstruktur ändern sich auch die Eigenschaften des Moleküls. Durch eine behutsame Anpassung der Reaktionsbedingungen gelingt es den Chemikern, Polymere herzustellen, gleichseitige, alternierende oder zufällig verteilte Verzweigungen zu erzeugen. Je nachdem, wo die Verzweigungen ansetzen, ergeben sich Polymere mit etwas anderen Eigenschaften. Polypropylen ist deshalb für vielfältige Zwecke geeignet, etwa Bodenbeläge für den Außenbereich, Batteriegehäuse, Seile, Flaschen oder Autoverkleidungen.

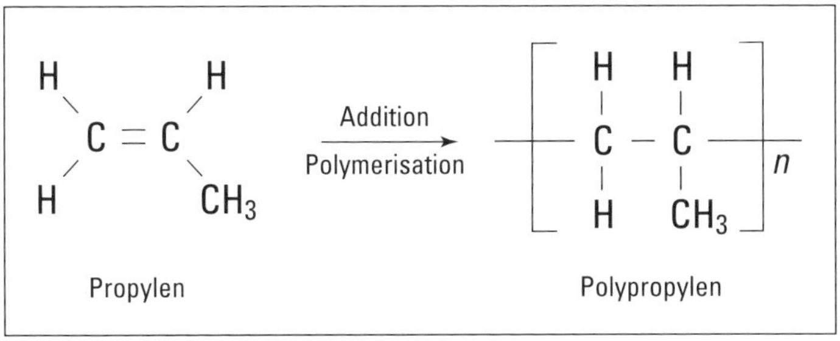

Abbildung 16.3: Propylen und Polypropylen

Polystyrol: Styroporbecher

Ersetzt man eines der Wasserstoff-Atome von Ethylen durch einen Benzolring, entsteht Styrol. Durch eine Additionspolymerisation wird aus Styrol Polystyrol oder Styropor (siehe Abbildung 16.4).

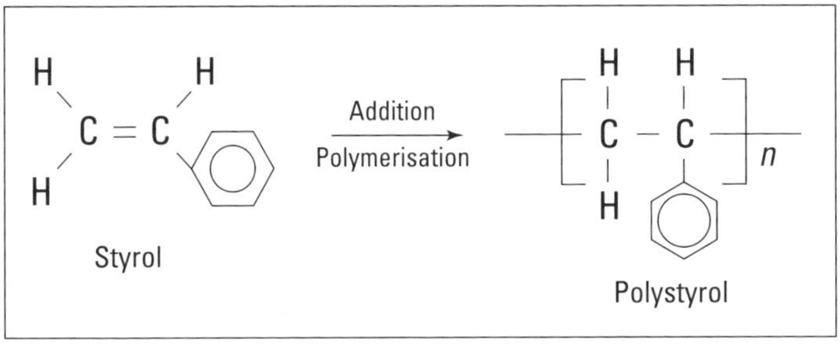

Abbildung 16.4: Stryrol und Polystyrol

Polystyrol oder Styropor ist ein festes Polymer, aus dem man isolierende Trinkbecher, Eierkartons, transparente Trinkbecher und Isolier- und Verpackungsmaterial herstellt. Polystyrol steht in der Kritik von Umweltschützern, weil es weit schwieriger zu recyceln ist und dennoch so breite Verwendung findet.

Polyvinylchlorid: Rohre und Lederimitat

Ersetzt man ein Wasserstoff-Atom von Ethylen durch ein Chlor-Atom, erhält man ein Chlorethenmonomer (= Vinil-Chlorid), aus dem im Verlauf der Polymerisation Polyvinylchlorid (PVC) entsteht (siehe Abbildung 16.5).

PVC ist ein recht widerstandsfähiges Polymer und wird sehr gern für Rohre aller Art, Bodenbeläge, Gartenschläuche und Spielzeug verwendet. Da dünne PVC-Schichten, die man für Lederimitate verwendet, leicht rissig werden, mischt man dem PVC einen *Weichmacher* bei (eine Flüssigkeit, die den Kunststoff weicher und lederähnlicher macht). Nach einigen Jahren können die Weichmacher allerdings aus dem PVC verdunsten, so dass es schließlich brüchig wird.

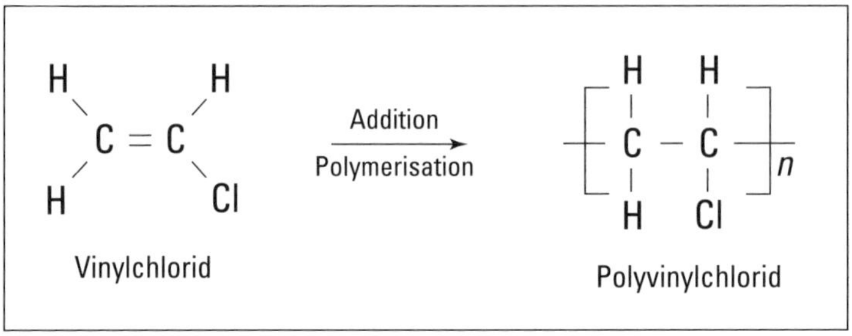

Abbildung 16.5: Vinylchlorid und Polyvinylchlorid

Polytetrafluorethylen: Eine schlüpfrige Angelegenheit

Ersetzt man alle Wasserstoff-Atome des Ethylen durch Fluor-Atome, erhält man Tetrafluorethylen. Das Tetrafluorethylen kann man dann zu Polytetrafluorethylen polymerisieren, wie Abbildung 16.6 zeigt.

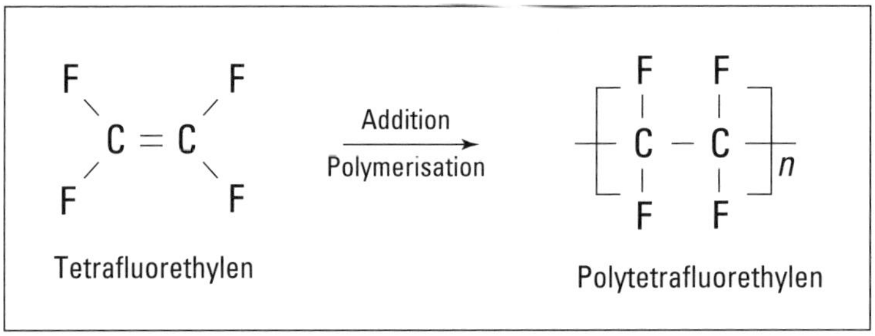

Abbildung 16.6: Tetrafluorethylen und Polytetrafluorethylen

Polytetrafluorethylen ist ein hartes, hitzebeständiges und äußerst glattes Material. Man verwendet es für Lager, Ventilsitze und, was mir persönlich am wichtigsten ist, als Beschichtung für beschichtete Pfannen und Töpfe.

Weitere Additionspolymere finden Sie in Tabelle 16.1 aufgelistet.

Monomer	Polymer	Verwendung
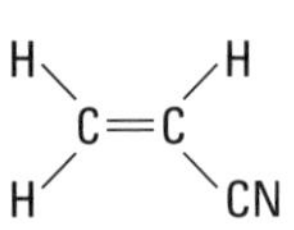 Acrylnitril	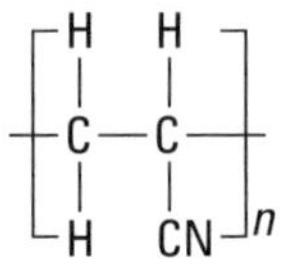 Polyacrylnitril	Perücken, Teppiche, Garn

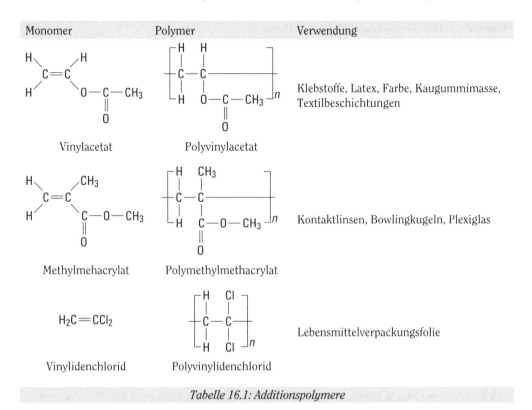

Tabelle 16.1: Additionspolymere

Wer will, kann ja gehen: Kondensationspolymerisation

Eine Reaktion, in deren Verlauf sich zwei chemische Komponenten miteinander verbinden und dabei ein kleines Molekül verdrängen, nennt man *Kondensationspolymerisation*. Die auf diese Weise hergestellten Polymere nennt man *Kondensationspolymere*. Anders als bei der Additionspolymerisation ist hier eine Doppelbindung nicht notwendig.

Ein kleines Molekül, in der Regel Wasser, wird dabei verdrängt. Meist handelt es sich bei den beteiligten Molekülen um eine organische Säure und einen Alkohol. Diese beiden Moleküle reagieren, spalten Wasser ab und bilden eine organische Verbindung, die man *Ester* nennt. Wenn die Polymerkette wächst, bildet sie einen Polyester.

Im Folgenden stelle ich Ihnen einige Kondensationspolymere vor. Das geht natürlich nicht, ohne einige Fachtermini bezüglich funktioneller Gruppen in der organischen Chemie in den Mund zu nehmen, darunter einige komplexe Namen organischer Verbindungen. Sollten Sie mit funktionellen Gruppen oder den Benennungsgepflogenheiten der organischen Chemie nicht so vertraut sein, können Sie die Einzelheiten in Kapitel 14 nachlesen.

Polyester: Freizeitkleidung und Plastikflaschen

Wenn man Ethylenglykol (mit Alkoholen als funktionelle Gruppen an beiden Kohlenstoff-Atomen) mit Terephthalsäure (mit zwei organischen Säuren als funktionelle Gruppen) reagieren lässt, wird Wasser abgespalten und es entsteht das Kondensationspolymer Polyethylenterephthalat (PET), ein Polyester. Abbildung 16.7 zeigt die Synthese von PET.

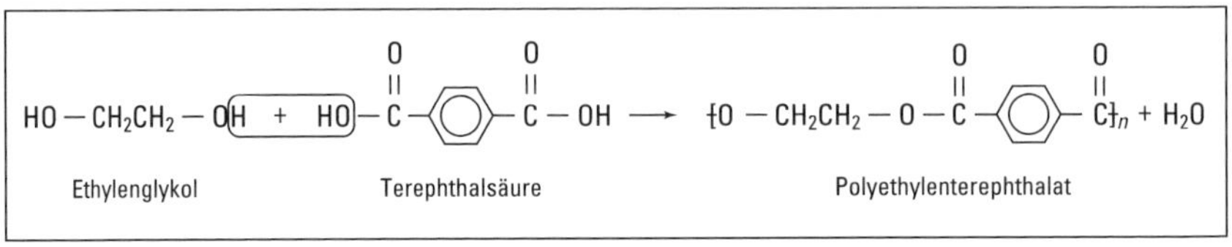

$$HO-CH_2CH_2-O[H\ +\ HO]-\underset{\underset{O}{\|}}{C}-\bigcirc-\underset{\underset{O}{\|}}{C}-OH \longrightarrow \{O-CH_2CH_2-O-\underset{\underset{O}{\|}}{C}-\bigcirc-\underset{\underset{O}{\|}}{C}\}_n + H_2O$$

Ethylenglykol — Terephthalsäure — Polyethylenterephthalat

Abbildung 16.7: Die Synthese von PET

Diesen Polyester verwendet man für Textilien (Mann, das erinnert mich an diesen klasse babyblauen Freizeitanzug, den mir meine Eltern förmlich vom Leib reißen mussten, um ihn zwischendurch mal zu waschen!), Reifencord zur Verstärkung von Autoreifen, künstliche Blutgefäße und Kunststoffflaschen.

Polyamide: Hauchzart für Frauenbeine, undurchdringlich für Polizisten

Lässt man eine organische Säure mit einem Amin reagieren, wird dabei Wasser abgespalten und es entsteht ein Amid. Verwendet man dabei eine organische Säure mit zwei Säuren an den Enden und ein Amin mit zwei Amin-Enden (ein Diamin), dann kann man daraus ein Polyamid polymerisieren. Polyamid wird auch als *Nylon* bezeichnet. Abbildung 16.8 zeigt die Reaktion von 1,6-Hexandiamin und Adipinsäure, bei der Nylon 66 entsteht. (Die Zahl 66 drückt aus, dass sowohl das Amin als auch die organische Säure über 6 Kohlenstoff-Atome verfügen.)

Die Synthese von Nylon im Jahre 1935 schlug in der Textilindustrie große Wellen. Die ersten Nylonstrümpfe kamen 1939 auf den Markt. Und während des 2. Weltkriegs wurde jede Menge Nylon zu Fallschirmen verarbeitet. Wenn man bei nur einem Kohlenstoff-Atom eine Kleinigkeit ersetzt, wird daraus ein Material, das stabil genug ist für schusssichere Westen.

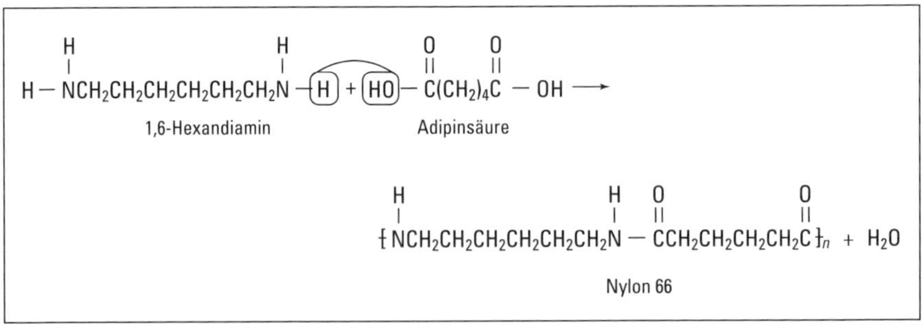

$$H-\overset{H}{\underset{|}{N}}CH_2CH_2CH_2CH_2CH_2CH_2\overset{H}{\underset{|}{N}}-[H]+[HO]-\underset{\underset{O}{\|}}{C}(CH_2)_4\underset{\underset{O}{\|}}{C}-OH \longrightarrow$$

1,6-Hexandiamin — Adipinsäure

$$\{\overset{H}{\underset{|}{N}}CH_2CH_2CH_2CH_2CH_2CH_2\overset{H}{\underset{|}{N}}-\underset{\underset{O}{\|}}{C}CH_2CH_2CH_2CH_2\underset{\underset{O}{\|}}{C}\}_n + H_2O$$

Nylon 66

Abbildung 16.8: Die Synthese von Nylon 66

Silikone: Größer und besser

Weil Silicium zur gleichen Familie gehört wie Kohlenstoff, können die Chemiker eine Klasse von Polymeren herstellen, deren Struktur Silicium enthält. Diese Polymere nennt man Silikone. Abbildung 16.9 zeigt die Synthese eines typischen Silikons.

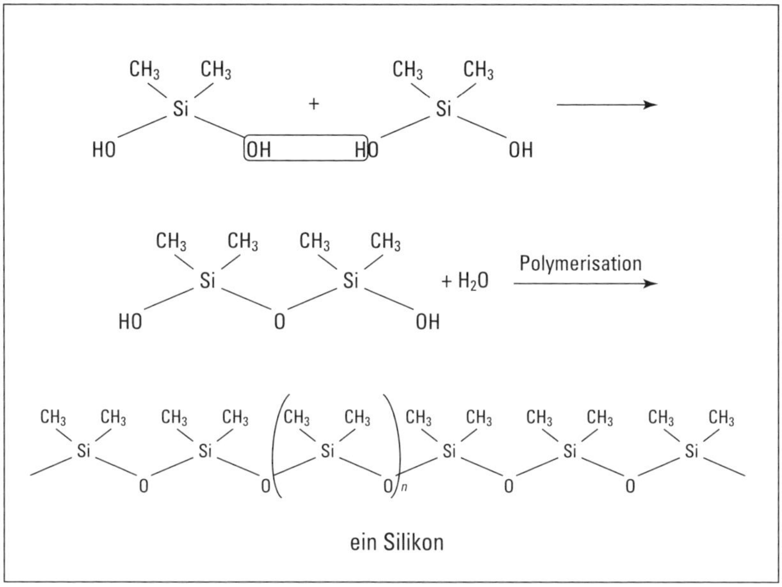

Abbildung 16.9: Die Synthese eines Silikons

Die Silikonpolymere werden von einer starken Silicium-Sauerstoff-Bindung zusammengehalten und können Molekulargewichte erreichen, die in die Millionen gehen. Man verwendet sie als abdichtende und versiegelnde Komponenten und findet sie deshalb in Wachsen, Polituren und chirurgischen Implantaten. Das meiste Aufsehen in der Presse hat dabei die Verwendung in der kosmetischen Chirurgie erregt (ich kann mir gar nicht erklären, warum).

Implantate und Prothesen auf Silikonbasis werden schon seit Jahren in der medizinischen Praxis verwendet. Man greift bei Ohrprothesen, Fingergelenken, Shunts (Prothesen im Bereich des Kreislaufsystems) und Brustimplantaten darauf zurück. Die Implantate selbst sind mit Silikonöl gefüllt. Es kommt immer mal wieder vor, dass ein Implantat undicht wird und Silikonöl in das Körperinnere austritt. Im Jahre 1992 fanden sich Hinweise darauf, dass Silikonöl autoimmune Reaktionen im Körper auslösen kann. Obwohl ein Kausalzusammenhang durch andere Studien nicht nachgewiesen werden konnte, wurden viele Implantate wieder entfernt und Silikonöl (zumindest in den USA) nicht weiter verwendet.

Polymere haben nicht nur unser äußeres Erscheinungsbild, sondern auch das unserer Gesellschaft verändert. Sie sind vielfältig einsetzbar, relativ kostengünstig herzustellen und haltbar. Auf der anderen Seite wirft gerade diese Haltbarkeit große Probleme bei der Entsorgung auf.

Kunststoffe reduzieren, wiederverwenden, recyceln

Kunststoffe sind im Prinzip unbegrenzt haltbar. Es gibt in der Natur nichts, was eine nennenswerte Verrottung bewirken könnte. Wenn Sie einen Plastikteller, einen Styroporbecher oder eine Einwegwindel verbuddeln und zehn Jahre später wieder ausbuddeln, wird sich so gut wie nichts verändert haben (außer dass von der Windel nur noch die äußere Hülle übrig sein wird). Dasselbe Ergebnis werden Sie auch nach hundert Jahren vorfinden. Unsere Kunststoffabfälle werden uns noch sehr lange erhalten bleiben.

Einige Kunststoffe können als Brennstoffe verbrannt werden. Sie geben dabei viel Wärmeenergie, aber oft auch giftige oder ätzende Gase ab. Bis zu einem gewissen Grad können wir Menschen die Verwendung von Kunststoffen auch einschränken. Viele Styroporverpackungen kann man durch Verpackungen aus Karton und Zellstoff ersetzen. Die besten Lösungen indes sind bisher auf dem Gebiet des Recyclings gefunden worden.

Thermoplastische Polymere können eingeschmolzen und neu »in Form gebracht« werden. Dazu müssen die Kunststoffe allerdings in ihre einzelnen Komponenten zerlegt werden. Die meisten Plastikbehälter sind auf der Unterseite mit einem Symbol versehen, das den Kunststoff angibt, aus dem sie bestehen. Anhand dieser Symbole kann das recycelnde Unternehmen die Kunststoffe sortenrein trennen und für die Wiederverwertung vorbereiten. Abbildung 16.10 zeigt die Recycling-Symbole für Kunststoffe und schlüsselt auf, für welche Kunststoffe sie stehen.

PET-Flaschen und Milchflaschen aus PE-HD gehören wohl zu den Kunststoffverpackungen mit der höchsten Recyclingrate. Das Hauptproblem liegt jedoch nicht bei den für das Recycling erforderlichen chemischen Verfahren. Viel entscheidender ist es, den Einzelnen, die Familien und die Industrie zum Recycling zu animieren und einfache Systeme bereitzustellen, über die Kunststoffabfälle gesammelt und sortiert werden können. Vielerorts geschieht dies in Deutschland schon mit der Bereitstellung der verschiedenen Müllbehälter (zum Beispiel mit den sog. gelben Säcken). Denn diese Polymere sind eigentlich zu wertvoll, um sie irgendwo in der Landschaft verschwinden zu lassen.

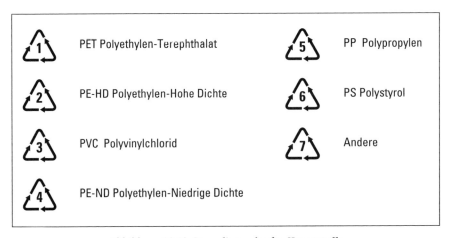

Abbildung 16.10: Recyclingcodes für Kunststoffe

Chemie im Haushalt

In diesem Kapitel

▸ Chemikalien in Reinigern und Waschmitteln finden

▸ Etwas über Chemie in der Kosmetik erfahren

▸ Die Chemie von Drogen und Medikamenten kennen lernen

*W*ahrscheinlich gibt es keinen Ort, an dem man mit mehr Chemikalien und chemischen Zusammenhängen konfrontiert wird als zu Hause. In der Küche finden wir Reiniger, Seifen und waschaktive Substanzen, die meisten davon in Plastikflaschen. Im Bad gesellen sich Kosmetika, Seifen, Zahnpasta und Medikamente dazu. Meine Frau ist froh, dass sie ihren Privatchemiker zu Hause hat, besonders wenn es darum geht, das Silber zu putzen oder irgendeinen Kleberrest abzulösen. Und dabei habe ich noch gar nicht von den wundersamen chemischen Reaktionen gesprochen, die sich beim Kochen vollziehen. Es nimmt also nicht Wunder, wenn man die Konsumchemie auch »Küchenchemie« nennt.

In diesem Kapitel betrachte ich einige Konsumprodukte aus chemischer Sicht. Dabei geht es um die Chemie der Seifen, Wasch- und Reinigungsmittel, um Einblicke in die Welt der Medikamente und Drogerieartikel und nicht zuletzt auch um solch persönliche Dinge wie Pflegeprodukte, Dauerwellen, Bräuner oder Parfüms. Ich hege dabei die Hoffnung, dass Sie schätzen lernen, was die Chemie zur Vereinfachung und Verbesserung unseres Lebens täglich beiträgt. (Wie Sie sehen werden, gehören viele Chemikalien des alltäglichen Gebrauchs zu den Säuren und Basen. Ich lege Ihnen deshalb als ergänzende Lektüre Kapitel 12 ans Herz, wo Säuren und Basen im Mittelpunkt der Betrachtung stehen.)

Chemie in der Waschküche

Haben Sie auch schon mal vergessen, vor einem Waschgang Waschmittel in die Waschmaschine zu geben? Oder sind Sie einem wortreichen Verkäufer auf den Leim gegangen, der Ihnen versprochen hatte, dass Sie mit dem von ihm verkauften Teil auch ohne Waschmittel saubere Wäsche haben können? So richtig sauber werden die Sachen nicht geworden sein, oder? Vielleicht hat sich oberflächlich ein wenig Schmutz gelöst, aber Fett- oder Ölflecken sind genau da geblieben, wo sie sich festgesetzt hatten. Das liegt daran, dass nur »Gleiches Gleiches löst«. Fett und Öl sind unpolare Substanzen, Wasser dagegen ist eine polare Substanz. Deshalb kann Wasser Fett und Öl nicht lösen. (Wenn Sie daran interessiert sind: Die Frage der Polarität wird in Kapitel 7 ausführlicher behandelt.) Man könnte theoretisch etwas Benzin (unpolar) in die Waschmaschine füllen, aber das ist auch nicht das Gelbe vom Ei. Wäre es nicht toll, wenn es etwas gäbe, mit dem man die Kluft zwischen dem unpolaren Fett und Öl und dem polaren Wasser überbrücken könnte? Es gibt so etwas: Man nennt es ein *Tensid*.

Tenside, die man auch oberflächenaktive Waschsubstanzen nennt, reduzieren die Oberflächenspannung des Wassers und ermöglichen so, dass auch unpolare Substanzen wie Fette und Öle »eingeweicht« werden. Tenside können dies deshalb leisten, weil sie sowohl ein polares als auch ein unpolares Ende haben.

Das unpolare Ende nennt man auch das *hydrophobe* Ende. Es besteht in der Regel aus einer langen Kohlenstoffkette. (Wenn Sie wissensdurstig sind, finden Sie in Kapitel 14 mehr über Kohlenstoffe, als Sie möglicherweise wissen wollen.) Dieses unpolare Ende löst das unpolare Fett oder Öl.

Den anderen Teil des Tensidmoleküls, das polare Ende, nennt man auch das *hydrophile* Ende. Dieses Ende ist meist ein ionisches Ende und trägt eine negative (*anionisches* Tensid), eine positive (*kationisches* Tensid) oder beide Ladungen (*amphoteres* Tensid). Es gibt sogar Tenside, die keine Ladung tragen, die so genannten *nichtionischen* Tenside. (Alles über Ionen, Anionen, Kationen und so weiter finden Sie in Kapitel 6.)

Bei den Tensiden, die sich auf dem Weltmarkt tummeln, handelt es sich überwiegend um anionische Tenside, weil diese am kostengünstigsten herzustellen sind. Abbildung 17.1 zeigt ein typisches anionisches Tensid.

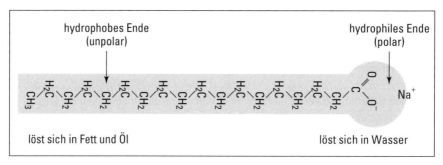

Abbildung 17.1: Ein typisches anionisches Tensid

Wenn man ein Tensid ins Waschwasser gibt, löst sich das hydrophobe Ende in Öl und Fett auf, während das hydrophile Ende von den polaren Wassermolekülen angezogen wird. Fett und Öl werden in kleine Tröpfchen, die so genannten Micellen zerlegt, wobei das hydrophobe Ende (Kohlenstoff) des Tensids in das Tröpfchen und das hydrophile Ende in das Wasser hineinragt. Dadurch erhält das Tröpfchen eine Ladung (bei einem anionischen Tensid eine negative Ladung). Die so aufgeladenen Tröpfchen stoßen sich gegenseitig ab und können sich nicht wieder vereinigen. Die Micellen bleiben im Wasser verteilt und werden mit dem Waschwasser ausgespült.

Die hauptsächlich für das Waschen von Textilien verwendeten Tenside sind Seifen und Waschmittel (Detergenzien).

Alles im Reinen: Seife

Seifen sind die wohl ältesten und bekanntesten Tenside. Man hat Seifen schon vor etwa 5000 Jahren verwendet. Die bei der Herstellung von Seifen genutzte organische Reaktion ist die Hydrolyse von Fetten oder Ölen in einer basischen Lösung. Man nennt diese Reaktion auch *hydrolytische Spaltung* von Fetten oder *Verseifung*. Die Produkte dieser Reaktion sind Glycerol und das Salz der Fettsäure. Abbildung 17.2 zeigt die Hydrolyse von Tristearin zu Natriumstearat, einer Seife. (Das ist die gleiche Seife wie die in Abbildung 17.1 dargestellte.)

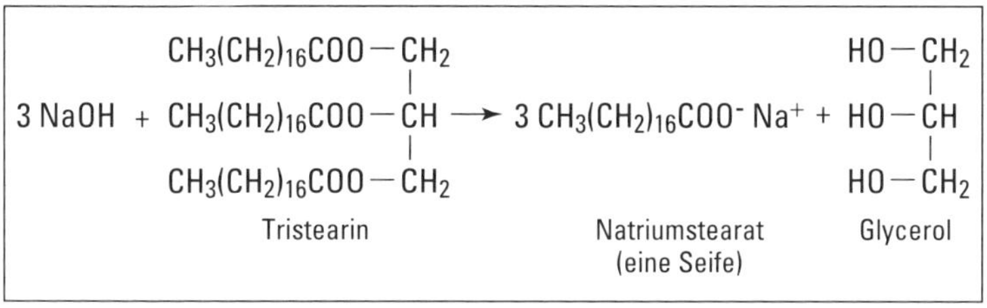

$$3\,NaOH + \begin{array}{c} CH_3(CH_2)_{16}COO-CH_2 \\ | \\ CH_3(CH_2)_{16}COO-CH \\ | \\ CH_3(CH_2)_{16}COO-CH_2 \end{array} \longrightarrow 3\,CH_3(CH_2)_{16}COO^-\,Na^+ + \begin{array}{c} HO-CH_2 \\ | \\ HO-CH \\ | \\ HO-CH_2 \end{array}$$

Tristearin → Natriumstearat (eine Seife) + Glycerol

Abbildung 17.2: Die Herstellung einer Seife durch Verseifung

Unsere Omas machten noch Seifen aus Tierfett, das sie in Wasser und Lauge (Natriumhydroxid, NaOH) in einem großen Kessel aufkochten. Die Lauge wurde aus Holzasche gewonnen. Nachdem das Ganze ein paar Stunden gesiedet hatte, kam die Seife an die Oberfläche. Man musste sie nur noch abschöpfen und in Stücke pressen. Mit der Reaktions-Stöchiometrie hatten unsere Omas allerdings nicht so viel am Hut. So kam es, dass die Seife meist einen zu hohen Laugenanteil hatte und sehr alkalisch war.

Heute stellt man Seifen etwas anders her. Die Hydrolyse läuft in der Regel ohne Lauge ab. Neben tierischen Fetten greift man auch auf Kokosöl, Palmöl und Baumwollsamenöl zurück. Seifenstücken mischt man außerdem gelegentlich ein Scheuermittel bei (etwa Bimsstein), damit sich hartnäckiger Schmutz wie Fett und Öl besser von der Haut entfernen lassen. Des Weiteren kann man Duftstoffe zugeben und Luft beimischen, damit die Seife schwimmt.

Allerdings haben Seifen ein paar schwerwiegende Nachteile. Verwendet man Seifen mit saurem Wasser, werden sie in Fettsäuren umgewandelt und verlieren ihre Reinigungswirkung. Zusammen mit hartem Wasser (Wasser, das Kalzium-, Magnesium- oder Eisen-Ionen enthält), bildet sich ein schmieriges, unlösliches Fällungsprodukt (Ablagerung). Sie kennen das wahrscheinlich als Schmutzring in der Badewanne nach dem Baden. Das ist natürlich Mist! Denn diese Ausfällungen setzen sich nicht nur in der Badewanne, sondern auch in Kleidern, auf Geschirr und allem anderen ab, was man mit Seifen wäscht. Nun kann man einiges tun, um solche Ablagerungen zu vermeiden. Sie können Ihr Brauchwasser durch eine Wasserenthärtungsanlage jagen (siehe *Ach, ist das weich: Wasserenthärtung* weiter hinten in diesem Kapitel) oder Sie können eine synthetische Seife kaufen, die bei hartem Wasser keine Ablagerungen verursacht. Synthetische Seifen nennt man auch *Detergenzien*. Kauft man sie am Stück, spricht man von Syndets.

Weg mit dem Rand in der Wanne: Detergenzien

Detergenzien haben dieselbe Grundstruktur wie die Seife in Abbildung 17.1. Ihr hydrophobes Ende, bestehend aus einer langen unpolaren Kohlenstoffkette, die sich in Fett und Öl löst, ist das gleiche, etwas anders sieht dagegen das hydrophile Ende aus. Anstelle einer Carboxylatgruppe (-COO$^-$) kann das hydrophile Ende auch aus einer Sulfat- (-O-SO$_3^-$), einer Hydroxyl- (OH$^-$) oder einer anderen polaren Gruppe bestehen, die zusammen mit hartem Wasser keine Ausfällungen bildet.

Detergenzien, die für Textilwaschmittel verwendet werden, enthalten zusätzlich zu der waschaktiven Substanz (dem synthetischen Tensid) oft eine ganze Reihe anderer Verbindungen. Dazu gehören die folgenden:

✔ **Wasserenthärter/Gerüststoffe:** Diese Verbindungen verstärken die Waschwirkung der Tenside, indem sie das Wasser weicher (sie entfernen die Ionen des harten Wassers) und alkalisch machen. Bis in die 70er Jahre wurde in deutschen Waschmitteln Pentanatriumtriphosphat (PNT) verwendet, weil es billig und sicher war. Allerdings war es auch ein guter Nährstoff für Wasserpflanzen und führte nach der Einleitung der Abwässer in die Flüsse und Seen zu einem übermäßigen Algenwachstum (Eutrophierung), das wiederum das Leben von Fischen und anderen im Wasser lebenden Organismen bedrohte und zerstörte. Um dieses Problem in den Griff zu bekommen, verbannte man Phosphate aus Waschmitteln. An ihrer Stelle verwendete man Zeolithe (komplexe Aluminiumsilikate – Verbindungen aus Aluminium, Sauerstoff und Silicium) und Soda, obwohl diese auch nicht ideale Ergebnisse liefern. Es ist bisher kein effektiver, billiger und unschädlicher Ersatz für die Phosphate gefunden worden, aber die Forschung auf diesem Gebiet wird nach wie vor vorangetrieben.

✔ **Füllstoffe/Stellmittel:** Verbindungen wie Natriumsulfat (Na$_2$SO$_4$) werden dem Detergens beigegeben, um dem Waschmittel Gewicht, Volumen und Rieselfähigkeit zu geben. Füllstoffe führen jedoch zu einer hohen Belastung der Gewässer mit Salzen. Mit der Einführung von Waschmittelkonzentraten hat man deshalb Alternativen angeboten, die heute auch überwiegend genutzt werden.

✔ **Enzyme:** Solche biologische Katalysatoren werden beigegeben, um eiweißbedingte Flecken (etwas Blut oder Gras) besser entfernen zu können.

✔ **Natriumperborat:** Na$_2$B$_2$H$_4$O$_8$ wird als Bleichmittel zur Fleckentfernung eingesetzt. Es wirkt, indem es im Wasser Wasserstoffperoxid erzeugt, das für Textilien wesentlich schonender ist als Chlorbleiche. Allerdings entfaltet Natriumperborat seine volle Wirkung erst ab einer Wassertemperatur von 60° Celsius und ist deshalb keine Hilfe für alle, die ihre Wäsche bevorzugt bei niedrigeren Temperaturen waschen.

✔ **Vergrauungsinhibitoren:** Diese Verbindungen sorgen dafür, dass der Schmutz im Wasser gelöst bleibt und sich nicht an einer anderen Stelle der gewaschenen Kleidungsstücke als berüchtigter »Grauschleier« neu niederlässt.

✔ **Korrosionsschutzmittel:** Solche Verbindungen schützen Waschmaschinenteile vor Rost.

✔ **Optische Aufheller:** Mit Hilfe dieser Verbindungen sollen weiße Textilien noch weißer wirken. (Sie kennen das aus den Werbespots, die man sich besser mit einer Sonnenbrille ansieht.) Es handelt sich hierbei um sehr komplexe organische Verbindungen, mit denen die Textilien hauchdünn überzogen werden. Sie absorbieren ultraviolettes Licht und geben es als blaues Licht im sichtbaren Bereich des Spektrums wieder ab. Abbildung 17.3 illustriert diesen Vorgang.

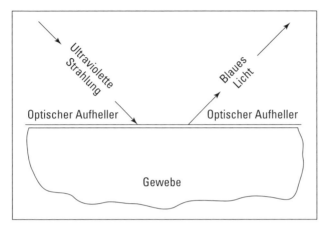

Abbildung 17.3: Optische Aufheller

Um das Ganze zu komplettieren, kommen auch noch Verfärbungsinhibitoren und Duftstoffe hinzu, damit es nicht zu Verfärbungen kommt und die Wäsche angenehm riecht. Ich wette, Sie hätten nicht gedacht, dass Wäschewaschen ein so komplexer Vorgang ist.

Ach, ist das weich: Wasserenthärtung

Die Verwendung synthetischer Detergenzien ist eine Möglichkeit, hartem Wasser und dem Schmutzrand in der Badewanne entgegenzuwirken. Eine andere Möglichkeit besteht darin, die für die Härte des Wassers verantwortlichen Kationen zu entfernen, bevor Sie in das Leitungssystems Ihres Hauses gelangen. Dazu braucht man eine Wasserenthärtungsanlage (siehe Abbildung 17.4).

Eine Wasserenthärtungsanlage besteht aus einem großen Behälter, der mit einem nicht löslichen Ionenaustauschharz gefüllt ist. Das Harz wird aufgeladen, indem man eine konzentrierte Natriumchloridlösung hindurchlaufen lässt. Die Natrium-Ionen werden dabei von den Polymeren des Harzes festgehalten. Fließt nun das harte Wasser durch die Polymere, werden die wassersteinbildenden Kalzium- und Magnesium-Ionen gegen die Natrium-Ionen des Harzes ausgetauscht. Dieser chemophysikalische Vorgang ist als Ionenaustausch bekannt. Das enthärtete Wasser enthält nun die Natrium-Ionen, während die Kalzium- und Magnesium-Ionen im Harz festgehalten werden. Nach einer gewissen Zeit ist das Ionenaustauschharz erschöpft und muss mit Hilfe der Natriumchlorid-Lösung im Reservoir »regeneriert« werden. Die Salzlösung für die Regeneration kommt nicht mit dem Trinkwasser in Berührung, sondern wird durch mehrere Waschgänge zusammen mit dem Calcium und Magnesium aus dem Austauschharz in das Abwasser ausgeschwemmt.

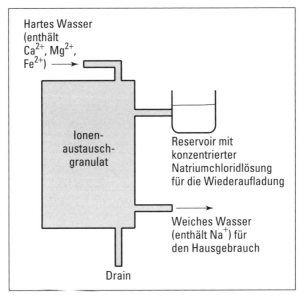

Abbildung 17.4: Eine Haushaltswasserenthärtungsanlage

 Wenn Sie aus gesundheitlichen Gründen, etwa wegen Bluthochdrucks, eine salzarme Diät einhalten müssen, sollten Sie kein enthärtetes Wasser trinken, weil es eine hohe Konzentration von Natrium-Ionen enthält.

Warum schäumt denn der See?

Die ersten synthetischen Detergenzien konnten nicht von Bakterien oder anderen Organismen der Natur zersetzt werden. Anders ausgedrückt: Sie waren nicht biologisch abbaubar. Diese Detergenzien sammelten sich in Seen und Flüssen und bildeten dort dicke Schaumschichten. Durch Veränderungen der Formeln konnte man diese Schaumbildung jedoch verhindern.

Weißer als weiß: Bleichmittel

Bleichmittel nutzen Redox-Reaktionen, um Farben aus einem Material zu entfernen. (Mehr über Redox-Reaktionen erfahren Sie in Kapitel 9.) Die meisten Bleichmittel sind Oxidationsmittel. Das am häufigsten in Haushalten verwendete Bleichmittel ist eine 5-prozentige Natriumhypochlorit-Lösung (Bleichlauge).

Eine solche Bleichlauge wird hergestellt, indem man Chlorgas durch eine Natriumhydroxid-Lösung leitet:

$2NaOH(aq) + Cl_2(g) \rightarrow NaOCl(aq) + NaCl(aq) + H_2O(l)$

Das von Bleichlaugen freigesetzte Chlor kann Textilien beschädigen. Darüber hinaus ist eine Wirkung bei Textilien aus Polyester kaum noch festzustellen.

Man hat daher Bleichmittel auf der Basis von Natriumperborat auf den Markt gebracht, die etwas pfleglicher mit Textilien umgehen. Diese Bleichmittel erzeugen Wasserstoffperoxid, das wiederum beim Kontakt mit Sauerstoff in Wasser und Sauerstoff zerfällt:

$2H_2O_2(l) \rightarrow 2\,H_2O(l) + O_2(g)$

Küchenchemie

Wenn Sie einen Blick in den Unterschrank Ihrer Spüle werfen, werden Sie wahrscheinlich eine Menge Produkte finden, die Chemikalien enthalten (abgesehen davon befinden sie sich in Plastikflaschen, die auf chemischem Wege hergestellt wurden).

Alles sauber: Allzweckreiniger

Die meisten Allzweckreiniger bestehen aus Tensiden und Desinfektionsmitteln. Sehr gebräuchlich ist zum Beispiel Ammoniak, weil es mit Fett reagiert und keine Rückstände hinterlässt. Auch Orangen- oder Zitronenöl-Lösungen von Verbindungen, die man Terpene nennt – werden wegen ihres angenehmen Geruchs, ihrer Fettlösekraft und ihrer antibakteriellen Wirkung gerne verwendet.

Am besten mischen Sie Haushaltsreiniger nicht miteinander. Besondere Vorsicht ist bei Bleichmitteln mit Ammoniak oder Salzsäure (HCl) geboten. Es können dabei giftige Gase entstehen, die sehr gefährlich sind.

Spüli und Konsorten: Spülmittel

Spülmittel sind wesentlich einfacher gestrickt als Waschmittel. Sie enthalten ein Tensid (normalerweise ein nichtionisches), ein wenig Farbstoff und einen Wirkstoff, der die Hände pflegt.

Die Detergenzien in Spülmitteln sind bei weitem nicht so alkalisch wie die in Waschmitteln. Anders ist das bei Spülmaschinentabs oder -pulver. Die hier verwendeten Detergenzien sind hochalkalisch und enthalten nur wenig Tenside. Der hohe pH-Wert ist für die Verseifung der Fette erforderlich (ähnlich wie bei der Seifenherstellung), und der Reinigungseffekt wird durch die hohe Temperatur und die Bewegung des Wassers erreicht. Dabei setzen sie sich hauptsächlich aus dem alkalischen Natrium-Metasilikat ($HNa_2H_2SiO_4$), dem reinigenden Pentanatriumtriphosphat $Na_5P_3O_{10}$ und ein wenig Chlorbleiche zusammen.

Chemie im Badezimmer

Auch im Badezimmer ist chemisch gesehen ganz schön was los. All die Pflegeprodukte für Haut und Haare, Cremes und Lotionen, damit man gut aussieht und riecht und sogar schmeckt.

Auch im Rachen lässt sich was machen: Zahnpasta

Wenn man an den Regalen für die Mundhygiene vorbeiflaniert, kann man eine erstaunliche Vielfalt an Zahnpasten in verschiedensten Farben und Geschmacksrichtungen bestaunen. Bei aller Verschiedenheit der äußeren Erscheinung sind die grundlegenden Inhaltsstoffe jedoch gleich. Die Hauptbestandteile jeder Zahnpasta sind ein Tensid (Detergens) und ein Scheuermittel. Letzteres hat die Aufgabe, den Schmutzfilm von den Zähnen zu rubbeln, ohne die Zähne zu beschädigen. Dafür nimmt man in der Regel Kreide ($CaCO_3$), Titandioxid (TiO_2) und Calciumhydrogenphosphat ($CaHPO_4$). Alles, was sonst noch dazu kommt, ist für die Farbe, den Geschmack und andere Eigenschaften zuständig. Tabelle 17.1 führt Ihnen die allgemeine Zusammensetzung von Zahnpasta vor Augen. Dabei können die prozentualen Anteile und die spezifischen chemischen Verbindungen von Zahnpasta zu Zahnpasta variieren.

Funktion	Möglicher Inhaltsstoff	Prozentualer Anteil
Lösungs- und Füllstoff	Wasser	30–40%
Detergens	Natriumlaurylsulfat, Seife	4%
Putz- oder Reibekörper	Calciumkarbonat (Kreide), Calciumhydrogenphosphat, Titandioxid, Natriummetaphosphat, Silicat (Kieselerde), Aluminium	30–50%
Süßstoff	Glycerin, Saccharin, Sorbitol	15–20%
Verdickungsmittel	Carrageen, Zellulosederivate	1%
Fluorid	Zinn- oder Natriumfluorid	1%
Geschmack	Wintergrünöl, Pfefferminze, Erdbeere, Limette und so weiter	1%

Tabelle 17.1: Typische Zahnpastarezepturen

Die Zugabe von Zinn- oder Natriumfluorid hat sich als effektive Maßnahme im Rahmen der Kariesvorsorge erwiesen, weil das Fluorid-Ion zu einem Bestandteil des Zahnschmelzes wird und diesen härter und widerstandsfähiger gegen Säuren macht.

Puh! Deodorants und Antitranspirants

Unser Körper kann durch das Schwitzen seine Temperatur regulieren. Der dabei ausgeschiedene Schweiß enthält neben Natriumchlorid und anderen nicht organischen Verbindungen auch Amine, leichte Fettsäuren und Eiweiße. Einige dieser organischen Verbindungen riechen recht unangenehm. Und durch die Einwirkung von Bakterien wird der Geruch sicher nicht besser. Mit Hilfe von Deodorants und Antitranspirants kann man den »peinlichen Schwitzfleck«

und den daraus resultierenden gesellschaftlich unerwünschten Geruch in Grenzen halten. (Das ist eine echt professionelle Annäherung an das Thema Körpergeruch, was?)

Deodorants enthalten Duftstoffe, die den Körpergeruch überdecken, und einen antibakteriellen Wirkstoff, der die Geruch verursachenden Bakterien zerstört. Darüber hinaus können sie auch Substanzen wie Zinkperoxid enthalten, die die Amine und Fettsäuren zu weniger stark riechenden Verbindungen oxidieren.

Antitranspirants hemmen oder stoppen die Transpiration. Sie wirken adstringierend, das heißt, sie verengen die Kanäle der Schweißdrüsen. Die am häufigsten verwendeten Antitranspirants sind Aluminiumverbindungen – Aluminiumchlorhydrate $Al_2(OH)_5Cl$, $Al_2(OH)_4Cl_2$ und so weiter, hydratisiertes Aluminiumchlorid ($AlCl_3*6H_2O$) und andere.

Weich und schön: Die Chemie der Hautpflege

Bienenwachs, Walrat (Walöl), Borax. Sie werden überrascht sein, was in dem Zeug alles drin ist, das wir an unsere Haut lassen (außer Wasser und ... Sie wissen schon).

Cremes und Lotionen

Unsere Haut ist ein komplexes Organ, das hauptsächlich aus Eiweiß und natürlichen Makromolekülen (Polymeren, siehe Kapitel 16) besteht. Gesunde Haut enthält etwa 10 Prozent Flüssigkeit. Cremes und Lotionen sollen die Haut geschmeidig und feucht halten.

Weichmacher machen die Haut weich. Vaseline (ein Gemisch aus Alkanen mit 20 und mehr Kohlenstoffatomen, die aus Rohöl gewonnen werden), Lanolin (ein Gemisch aus Estern, die aus Schafwollfett gewonnen werden) und Kakaobutter (ein Gemisch aus Estern, die aus Kakaobohnen gewonnen werden) sind exzellente Weichmacher.

Hautcremes werden normalerweise auf der Basis von Öl-in-Wasser- oder Wasser-in-Öl-Emulsionen hergestellt. Eine *Emulsion* nennt man eine kolloide (kaum noch zu erkennende) Verteilung einer Flüssigkeit in einer anderen (um Kolloide geht es in Kapitel 11). Eine solche Emulsion soll die Haut gleichzeitig weich machen und befeuchten. Fette oder halbfette Feuchtigkeitscremes werden für die Entfernung von Make-up und zum Fetten der Haut verwendet, während schnell einziehende Feuchtigkeitscremes die Haut glatter aussehen lassen, indem sie die Fältchen füllen. Typische Zusammensetzungen von Fettcremes und schnell einziehenden Cremes sind:

Fettcreme	Schnell einziehende Creme
20–50% Wasser	70% Wasser
30–60% Mineralöl	10% Glyzerin
12–15% Bienenwachs	20% Stearinsäure/Natriumstearat
	5–15% Lanolin oder Walöl
	1% Borax
	Spuren von Duftstoffen

Körper- und Gesichtspuder

Körper- und Gesichtspuder sollen die Haut trocken und weich machen. Hauptbestandteil beider Puder ist Talkum ($Mg_3(Si_2O_5)_2(OH)_2$), ein Mineral, das sowohl Öl als auch Wasser absorbiert. Meist werden noch schweißhemmende Adstringenzien und Bindemittel zugesetzt, damit der Puder besser auf der Haut haftet. Tabelle 17.2 zeigt eine typische Zusammensetzung von Körperpuder, Tabelle 17.3 eine typische Zusammensetzung von Gesichtspuder.

Inhaltsstoff	Funktion	Prozentualer Anteil
Talkum (Speckstein)	Absorbans, Grundstoff	50–60%
Kreide ($CaCO_3$)	Absorbans	10–15%
Zinkoxid (ZnO)	Adstringens	15–25%
Zinkstearat	Bindemittel	5–10%
Parfüm, Farbstoffe	Geruch, Farbe	Spuren

Tabelle 17.2: Typische Zusammensetzung von Körperpuder

Inhaltsstoff	Funktion	Prozentualer Anteil
Talkum (Speckstein)	Absorbans, Grundstoff	60–70%
Zinkoxid	Adstringens	10–15%
Kaolin (Al_2SiO_5) (hochreine Tonerde)	Absorbans	10–15%
Magnesium- und Zinkstearate		5–15%
Cethylalkohol	Bindemittel	1%
Mineralöl	Weichmacher	2%
Lanolin, Parfüm, Farbstoffe	Weichmacher, Geruch, Farbe	2%

Tabelle 17.3: Typische Zusammensetzung von Gesichtspuder

Schau mir in die Augen

Lidschatten und Maskara setzen sich hauptsächlich aus Weichmachern, Lanolin, Bienenwachs und Farbstoffen zusammen. Maskara färbt die Wimpern dunkel und lässt sie länger erscheinen. Die typischen Zusammensetzungen von Lidschatten und Maskara sehen so aus:

Lidschatten	Maskara
55–60% Vaseline	45–50% Seife
5–15% Fette und Wachse	35–40% Wachs und Paraffin
5–10% Lanolin	5–10% Lanolin
15–25% Zinkoxid	1–5% Farbstoffe
1–5% Farbstoffe	

Rote Lippen soll man küssen: Lippenstift

Lippenstifte halten die Lippen geschmeidig und schützen sie vor dem Austrocknen. Ach ja, attraktive Farben haben sie natürlich auch (hätte ich fast vergessen). Sie bestehen hauptsächlich aus Wachsen und Ölen. Eine wohlausgewogene Zusammensetzung ist sehr wichtig, damit sich der Lippenstift leicht auftragen und auch leicht – aber nicht zu leicht – wieder entfernen lässt, wenn er nicht mehr erwünscht ist. Für die Farbe sorgt in der Regel ein Fällungsprodukt (Feststoff) eines Metall-Ions und eines organischen Farbstoffs. Tabelle 17.4 zeigt eine typische Zusammensetzung eines Lippenstifts.

Inhaltsstoff	Funktion	Prozentualer Anteil
Rizinusöl (Castoröl), Mineralöl, Fette	Farblösungsmittel	40–50%
Lanolin	Weichmacher	20–30%
Karnaubawachs, Bienenwachs	Versteifung	15–25%
Farbstoffe	Farbe	5–10%
Parfüm und Aromastoffe	Geruch und Geschmack	Spuren

Tabelle 17.4: Typische Zusammensetzung eines Lippenstifts

Zeigen Sie die Krallen: Nagellack

Nagellack ist ein synthetischer Lack, der seine Flexibilität einem Polymer und einem Weichmacher (eine mit Plastik gemischte Flüssigkeit) verdankt. Bei dem Polymer handelt es sich in der Regel um Nitrozellulose. Als Lösungsmittel werden Aceton und Ethylacetat verwendet, die man auch in den Nagellackentfernern vorfindet.

Welch ein Duft! Parfüms, Gesichtswasser und Aftershaves

Der Hauptunterschied zwischen einem Parfüm, einem Gesichtswasser und einem Aftershave liegt in der Menge der verwendeten Duftstoffe. An der Spitze liegt hier das Parfüm mit 10 bis 25 Prozent, gefolgt vom Gesichtswasser mit 1 bis 3 Prozent und dem Aftershave mit weniger als 1 Prozent. Als Duftstoffe werden gewöhnlich organische Ester, Alkohole, Ketone und Aldehyde verwendet. Parfüme enthalten zudem *Fixiermittel*. Das sind Verbindungen, die dafür sorgen, dass die Duftstoffe nicht zu schnell verfliegen.

Skurrilerweise kann man über den Geruch und die Herkunft einiger Fixiermittel nur wenig Erfreuliches berichten. Zibeton wird aus den Afterdrüsen der Zibetkatze (eine Skunk-ähnliche chinesische Schleichkatze) gewonnen, Ambergris aus den Eingeweiden des Pottwals und Indole aus Fäkalien. Ich möchte das jetzt nicht weiter ausführen.

Parfüme werden aus verschiedenen Duftnoten komponiert. So nennt man Duftstoffe mit ähnlichen Aromen, aber unterschiedlichen Flüchtigkeiten (die Leichtigkeit, mit der sich eine Substanz in ein Gas verflüchtigt). Der flüchtigste Duft bildet die *Top- oder Kopfnote*, die aus Ölen mit kurzlebigem Duft oder geringer Duftintensität besteht. Dieser folgt die *Mittelnote* mit mittelstarken und mittelschnell verfliegenden Düften. Sie verbindet die Topnote mit der *Basis-*

note, den langsam verfliegenden, schweren Düften, die am längsten wahrgenommen werden. Abbildung 17.5 zeigt die chemische Struktur einiger in Parfümen verwendeten Duftstoffe.

Ist es nicht wahnsinnig praktisch, dass man sich Düfte auch ansehen kann?

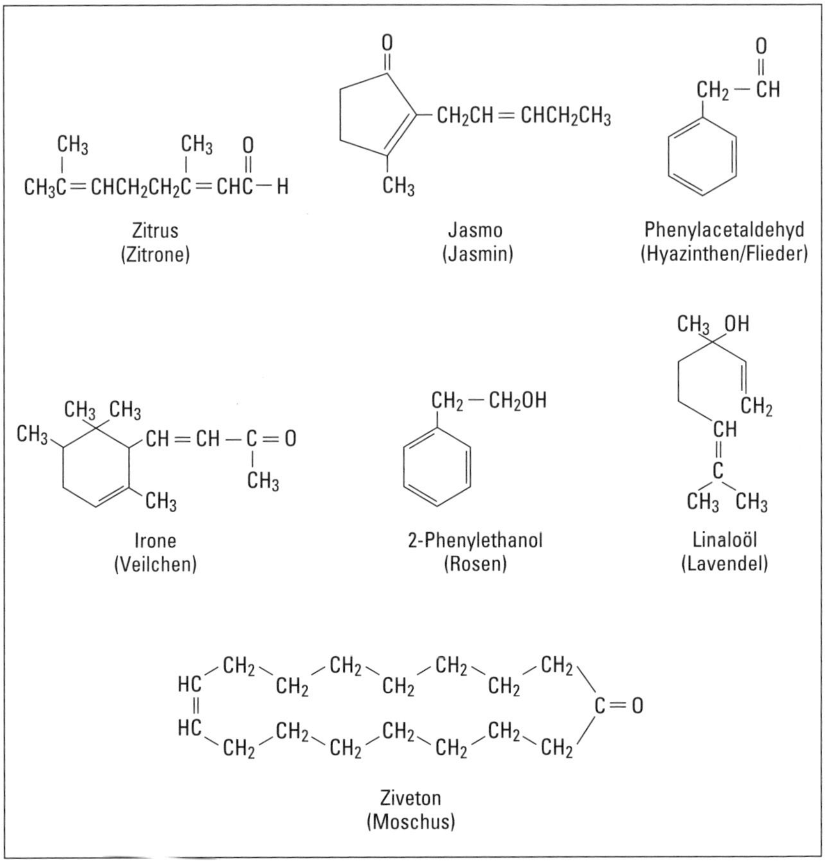

Abbildung 17.5: Parfüm-Duftstoffe

Sonnenöl und Sonnencreme: Schön braun

Mit der Hautbräune schützt sich unser Körper auf natürliche Weise vor der schädlichen UV-Strahlung des Sonnenlichts. Das UV-Spektrum besteht aus zwei Bereichen: dem UV-A-Bereich und dem UV-B-Bereich. Der UV-A-Bereich ist langwelliger und führt eher zur Bräunung als zum Sonnenbrand. Dieser wird von der Strahlung des UV-B-Bereichs verursacht. Wenn man sich allzu häufig schädlicher UV-Strahlung aussetzt, erhöht man damit möglicherweise die Gefahr, irgendwann an Hautkrebs zu erkranken, der sich etwa in Gestalt von Melanomen zeigt.

Sonnenöle und Sonnencremes schützen die Haut, indem sie die UV-Strahlung des Sonnenlichts teilweise oder ganz abblocken und damit einen längeren Aufenthalt in der Sonne gestatten, ohne dass die Haut verbrennt. Manche Sonnenöle und -cremes filtern sowohl den UV-A- als auch den UV-B-Bereich aus dem Sonnenlicht heraus. Andere wiederum konzentrieren sich auf den UV-B-Bereich und lassen die UV-A-Strahlung passieren, damit der Körper *Melanin* produzieren kann, ein dunkles Pigment, das dem Körper die erwünschte Bräune *und* einen natürlichen Schutz gegen UV-Strahlen verleiht.

Sonnenschutz-Produkte werden nach ihrem Lichtschutzfaktor (LSF) klassifiziert. Die Zahl des Lichtschutzfaktors gibt an, wie viel länger man sich mit der Sonnencreme ungefährdet in der Sonne aufhalten kann als ohne diesen Schutz. Wenn Sie also eine Sonnencreme mit Lichtschutzfaktor 10 auftragen, können Sie etwa zehnmal länger ohne Sonnenbrand in der Sonne liegen als ohne Sonnencreme.

Es wird momentan darüber gestritten, ob Sonnenschutzmittel mit einem LSF über 15 stärker schützen als der Wert 15, denn nur wenige Sonnenschutzmittel blocken die UV-A-Strahlung wirklich ab. Die Untersuchungen der FDA (Food and Drug Administration) laufen aber noch.

Es gibt eine ganze Reihe chemischer Substanzen, die UV-Strahlung wirksam abblocken. Eine deckende Cremeschicht aus Zinkoxid und Titandioxid ist der wirksamste Sonnenschutz. Darüber hinaus werden auch para-Aminobenzoesäure, Benzophenon und Cinnamat als UV-Filter verwendet. In letzter Zeit hat man sich mit der Verwendung von para-Aminobenzoesäure allerdings zurückgehalten, weil es toxisch ist und vielfach Allergien hervorgerufen hatte.

Abbildung 17.6 zeigt die chemischen Strukturen einiger Verbindungen, die in Sonnenschutzprodukten zu finden sind. Das dort abgebildete Dihydroxyaceton erzeugt Hautbräune ohne das Einwirken von Sonnenlicht, indem es mit der Haut reagiert und dabei braune Pigmente erzeugt.

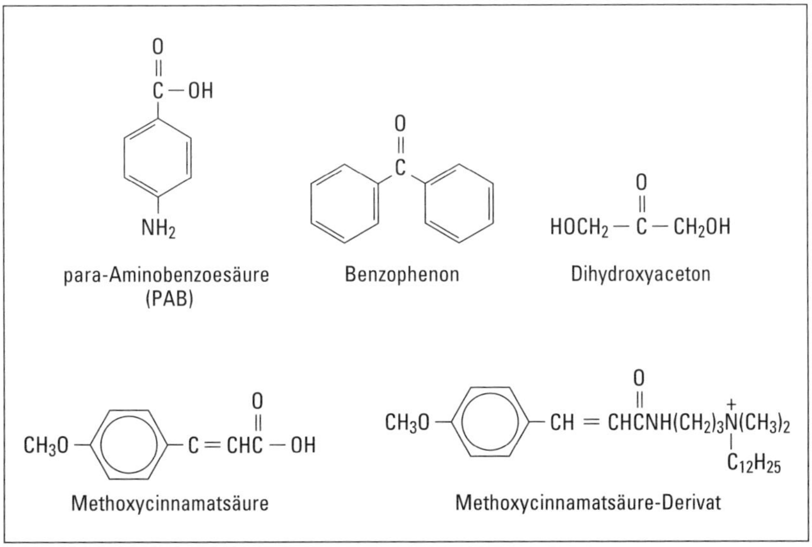

Abbildung 17.6: Bräunungs- und Sonnenschutzprodukte

Waschen, färben, legen: Die Chemie der Haarpflege

Unsere Haare bestehen aus einem Eiweiß mit dem Namen Keratin. Die Eiweißketten eines Haares sind durch so genannte *Disulfid-Bindungen* miteinander verbunden, eine Schwefel-Schwefel-Verbindung zwischen dem Cystin (einer Aminosäure-Komponente des Haars) einer Eiweißkette mit dem Cystin einer anderen Eiweißkette.

Abbildung 17.7 zeigt einen Teil eines Haares und die Disulfid-Bindungen, die zwei Eiweißketten miteinander verbinden. Diese Querverbindungen geben dem Haar seine Stärke. (Mehr über die Disulfid-Bindungen erfahren Sie im Abschnitt *Es dauert die Welle* ... weiter hinten in diesem Kapitel.)

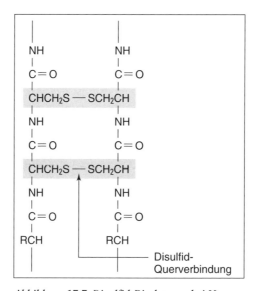

Abbildung 17.7: Disulfid-Bindungen bei Haaren

Shampoos: Detergenzien, die Sie sich in die Haare schmieren können

Unsere heutigen Shampoos sind einfache Tenside wie Natriumlaurylsulfat und Natriumdodecylsulfat. Darüber hinaus enthalten Shampoos jedoch noch andere Inhaltsstoffe, die mit den Metall-Ionen in hartem Wasser reagieren, damit sich keine Ausfällungen bilden. (Man könnte auch sagen, sie verhindern den »Badewannenrand« in Ihren Haaren.)

Weitere Inhaltsstoffe sorgen für einen angenehmen Duft, wirken rückfettend (Spülungen, Conditioner) und regeln den pH-Wert des Haares. (Haut und Haare sind leicht alkalisch. Ein stark alkalisches oder basisches Shampoo schadet dem Haar, also wird der pH-Wert im Bereich zwischen 5 und 8 angesetzt. Ein höherer pH-Wert führt auch dazu, dass sich die Schuppen auf der Haaroberfläche auffächern und das Licht nicht mehr so gut reflektieren. Das Haar wirkt dann stumpf.) Manchen Shampoos wird noch ein Eiweiß beigegeben, das gespaltene Haarspitzen (Haarspliss) wieder zusammenkleben soll. Farb- und Konservierungsstoffe runden das Ganze ab.

Farbe ins Haar!

Haare haben zwei Pigmente: Melanin und Phaeomelanin. Melanin ist dunkelbraun und Phaeomelanin rötlich-braun. Die natürliche Farbe des Haares wird durch die Anteile dieser beiden Pigmente bestimmt. Rotschöpfe haben viel weniger Melanin, Brünette haben viel mehr Melanin. Blonde haben von beidem sehr wenig. (Nein, ich erzähle jetzt keinen Blondinenwitz!)

Man kann Haare bleichen, indem man mit Hilfe von Wasserstoffperoxid die gefärbten Pigmente bis zur Farblosigkeit oxidiert. Allerdings wird das Haar dadurch schwächer und spröde, weil das Haareiweiß in Verbindungen mit geringerem Molekulargewicht aufgebrochen wird. Manchmal werden auch (teurere) Perborat-Verbindungen oder chlorbasierte Bleichen zum Bleichen von Haaren verwendet.

Sie können Ihre Haarfarbe auch vorübergehend ändern, indem Sie einfach Farbstoffe nehmen, die Ihre Haare nur überziehen. Solche Verbindungen bestehen aus komplexen organischen Molekülen, die zu groß sind, um in das Haar einzudringen, und sich deshalb an der Oberfläche anlagern. Ein Zwischending sind Haarfarben, deren kleinere Moleküle in das Haar eindringen können. Sie enthalten häufig Chrom- oder Kobaltkomplexe. Die Farbstoffe halten ein paar Haarwäschen stand. Da die Farbmoleküle jedoch klein genug waren, in das Haar einzudringen, können sie das Haar natürlich auf demselben Weg auch wieder verlassen.

Dauerhafte Färbungen werden praktisch im Haar selbst vorgenommen. Dazu bringt man zunächst kleine Farbmoleküle in das Haar hinein und oxidiert diese dann (meist mit Wasserstoffperoxid) bis zu einer Größe, die ein Ausschwemmen unmöglich macht. In dem so behandelten Teil des Haares verbleibt die Farbe dauerhaft. Das nachwachsende Haar muss natürlich irgendwann in der Farbe angepasst werden. Ärgern Sie sich nicht. Sie tun damit viel für die Erhaltung von Arbeitsplätzen in der Haare schneidenden Zunft!

Bei einem anderen Haarfärbeverfahren vollzieht sich die Veränderung der Haarfarbe langsam über einen Zeitraum von einigen Wochen hinweg, so dass die Farbveränderung nicht so auffällt (zumindest, wenn man nur mit sehr oberflächlichen Leuten zu tun hat). Dazu gibt man eine Lösung mit Bleiacetat auf die Haare. Die Blei-Ionen reagieren mit den Schwefel-Atomen in den Haareiweißen und bilden Bleisulfid (PbS), das schwarz und unlöslich ist. Anstatt die Farbe durch das Einwirken von Sonnenlicht zu verlieren, wie das bei anderen Farbstoffen der Fall ist, wird das mit PbS behandelte Haar tatsächlich dunkler.

Zum Haare ausraufen: Enthaarungscremes

Enthaarungscremes entfernen Haare mit Hilfe einer chemischen Reaktion. Der darin enthaltene Wirkstoff, in der Regel Natriumsulfid, Calciumsulfid oder Calciumthioglycolat bricht die Disulfid-Bindungen im Haar auf und löst dieses auf. Meist enthalten die Zusammensetzungen eine Grundlage wie Calciumhydroxid, das den pH-Wert anhebt und die Wirkung des Enthaarungswirkstoffs verstärkt. Ein Detergens und ein Hautpflegezusatz wie Mineralöl runden die Enthaarungscreme ab.

Es dauert die Welle ...

Es sind die Disulfid-Bindungen, die für die Form Ihres Haares verantwortlich sind, seien sie nun gelockt oder kerzengerade. Wenn Sie diese natürliche Form ändern wollen, müssen Sie die Disulfid-Bindungen aufbrechen und neu ausrichten. Nehmen wir an, Sie möchten aus Ihrem geraden, langen Haar eine gelockte Mähne machen und gehen zum Friseur Ihres Vertrauens, um sich eine Dauerwelle machen zu lassen. Ihr Friseur behandelt Ihre Haare zunächst mit einem Reduktionsmittel, das die Disulfid-Bindungen aufbricht. Dazu wird meist Thioglykolsäure (HS-CH$_2$-COOH) verwendet. Anschließend werden die Eiweißketten Ihrer Haare mittels Lockenwicklern neu ausgerichtet. Abschließend kommt ein Oxidationsmittel wie Wasserstoffperoxid zum Einsatz, das die Disulfid-Bindungen in der neuen Ausrichtung wieder herstellt. Die jeweils verwendeten Lösungen werden mit wasserlöslichen Polymeren verdickt, eine Zugabe von Ammoniak regelt den pH-Wert auf einen basischen Wert und ein Schuss Pflegemittel kann auch nicht schaden. Abbildung 17.8 veranschaulicht den ganzen Vorgang.

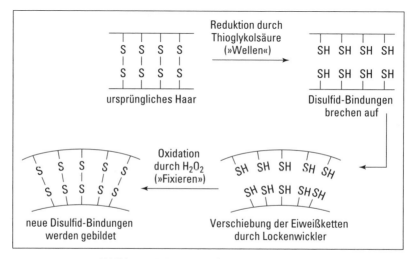

Abbildung 17.8: Wir machen eine Dauerwelle.

Will man gelockte Haare glatt ziehen, geschieht das auf dieselbe Weise, nur dass die Haare nicht auf Wickler gerollt, sondern gerade gezogen werden. Natürlich muss man die ganze Prozedur wiederholen, wenn die Haare eine Zeit lang gewachsen sind.

Meiner Meinung nach heißt die Dauerwelle ja Dauerwelle, weil es zur lebenslangen Aufgabe wird, seine Haare auf diese Weise in Form zu halten.

Medizinschränkchen-Chemie

Ein kurzer Blick in Ihr Medizinschränkchen zeigt mir, dass Sie eine nicht unbeträchtliche Menge Medikamente dort aufbewahren. Nun könnte ich mich hier seitenweise über die Chemie der Wirkungen und Wechselwirkungen der dort vereinten Wirk- und Hilfsstoffe auslassen. Ich halte es jedoch für besser (mein Verleger nickt eifrig), hier nur das eine oder andere Wort über ein paar Medikamente zu verlieren.

Die Geschichte des Aspirins

Schon im 5. Jahrhundert vor Christus wusste man, dass man durch das Kauen von Weidenrinde Schmerzen lindern kann. Aber erst im Jahre 1860 konnte man die chemische Verbindung nachweisen, die für diese analgetische Wirkung verantwortlich ist: die Salicylsäure. Sie schmeckte sehr sauer und brachte den Magen in Aufruhr. Im Jahre 1875 erschufen die Chemiker das Natriumsalicylat. Es war auch nicht sehr magenfreundlich, schmeckte aber dafür weniger bitter als die Salicylsäure. Im Jahre 1899 schließlich brachte die Bayer AG unter dem Namen *Aspirin* die Acetylsalicylsäure auf den Markt, die durch die Reaktion von Salicylsäure mit Essigsäureanhydrid gewonnen wurde. Abbildung 17.9 zeichnet die Geschichte des Aspirins nach.

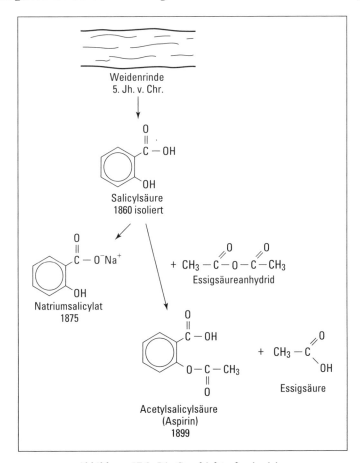

Abbildung 17.9: Die Geschichte des Aspirins

Aspirin ist das meistverwendete Medikament der Welt. In den USA werden jedes Jahr über 55 Milliarden Aspirintabletten verkauft.

Minoxidil und Viagra

Wissenschaftliche Fortschritte erfordern harte Arbeit, eine gute Ausbildung, Intuition, Vorahnungen und natürlich Glück. Dieses Glück nennt man gelegentlich auch unerwartete Entdeckungen. Oder man sagt, wie ich das gerne formuliere, »man findet etwas, was man gar nicht gesucht hat«. Kapitel 20 erzählt die Geschichten zehn zufälliger Entdeckungen. Aber da wir gerade das Medizinschränkchen auf haben, möchte ich schnell noch ein paar andere zufällige Entdeckungen erwähnen.

Von kahlen Stellen auf dem Kopf sind weltweit Millionen Männer und auch Frauen betroffen. Minoxidil, ein das Haarwachstum fördernder Wirkstoff, der in Deutschland für Männer seit 2001, für Frauen seit März 2004 zugelassen ist, wurde per Zufall entdeckt. Im Verlauf der Anwendung als oral verabreichtes Medikament gegen Bluthochdruck berichteten Patienten von außerordentlichem Haarwachstum. Also wandte man es fortan lieber lokal und äußerlich an als oral.

Die viel gepriesenen Eigenschaften von Viagra verdanken ihre Entdeckung einem ähnlichen Zufall. Auch Viagra wurde in der Bluthochdruck-Therapie eingesetzt, bis man immer wieder von (nicht nur) Aufsehen erregenden Nebenwirkungen hörte. Wie man hört, sollen an Versuchsreihen beteiligte männliche Testpersonen sich geweigert haben, ihre nicht verwendeten Viagra-Dosen zurückzugeben.

Die erwähnten zufälligen Entdeckungen haben millionenschwere Industrien hervorgebracht und zahllosen Männern und Frauen zu Glück verholfen.

Hust! Hust! Keuch! Keuch! Luftverschmutzung

18

In diesem Kapitel

▶ Die Teile der Atmosphäre kennen lernen, die bei der Luftverschmutzung eine Rolle spielen

▶ Sich das Ozonloch und den Treibhauseffekt näher ansehen

▶ Die Ursachen des photochemischen Smog und des sauren Regens untersuchen

---

Im Mittelpunkt dieses Kapitels steht die globale Problematik der Luftverschmutzung. (Ich persönlich halte ja die Parfümabteilungen großer Kaufhäuser in der Vorweihnachtszeit für die übelste Form der Luftverschmutzung, aber davon will ich hier nicht weiter reden.) Ich werde mich dem Problem aus der chemischen Perspektive nähern und erklären, inwiefern die Luftverschmutzung mit der durch einen hohen Energiebedarf und unsere persönlichen Mobilitätsbedürfnisse und -erfordernisse gekennzeichneten modernen Gesellschaft zusammenhängt.

Zivilisation und Atmosphäre (oder: Wo der ganze Schlamassel anfängt)

Ohne die unseren Planeten umgebende Luft – die *Atmosphäre* – ist Leben auf der Erde nicht möglich. Die Atmosphäre liefert Sauerstoff (O_2) zum Atmen und Kohlenstoffdioxid (CO_2) für die *Photosynthese*, den Prozess, mit dessen Hilfe Organismen (in der Hauptsache Pflanzen) Lichtenergie in chemische Energie umwandeln. Darüber hinaus regelt sie die Temperatur auf der Erde und spielt eine aktive Rolle in vielerlei Zyklen, die das Leben auf der Erde erhalten. Sie wird dabei von vielen auf der Erde ablaufenden chemischen Reaktionen beeinflusst.

Als es nur wenige Menschen auf der Erde gab, war deren Einfluss auf die Atmosphäre eine zu vernachlässigende Größe. Mit steigenden Bevölkerungszahlen schlug sich die Zivilisation jedoch zunehmend in der Atmosphäre nieder. Die seit dem Zeitalter der Industriellen Revolution aus dem Boden gestampften riesigen Industrieanlagen trugen das Ihre dazu bei. Die zunehmende Verbrennung fossiler Brennstoffe – organischer Substanzen wie Kohle und Öl, die in riesigen unterirdischen Vorkommen gefunden und für die Versorgung mit Energie ausgebeutet wurden – ließ den Ausstoß von Kohlenstoffdioxid (CO_2) und Partikeln (kleine Feststoffpartikel, die sich in der Luft verteilen) in die Atmosphäre beträchtlich anwachsen. Zudem begannen die Menschen mit fortschreitender Industrialisierung Produkte wie Haarsprays und Klimaanlagen zu entwickeln und zu verwenden, die unsere Luft mit weiteren chemischen Verbindungen verschmutzten.

Die zunehmende CO_2- und Partikelbelastung hat zusammen mit der Zunahme anderer Schadstoffe zu Störungen in den Gleichgewichten der Atmosphäre geführt. Hohe Schadstoffkonzentrationen in der Atmosphäre verursachen zahlreiche Probleme. Ich denke da etwa an den *sauren Regen*, der organisches Leben und Gebäude angreift und zerstört, und den *photochemischen Smog*, diesen braunen, wabernden Dunst, der oft wie eine Glocke über großen Städten liegt.

Atmen oder nicht atmen: Unsere Atmosphäre

Die Erdatmosphäre besteht aus mehreren Schichten: der Troposphäre, der Stratosphäre, der Mesosphäre und der Thermosphäre. Ich möchte mich hier auf die der Erde am nächsten liegenden Schichten, die Troposphäre und die Stratosphäre, konzentrieren, weil diese zuallererst von den Einwirkungen des Menschen betroffen sind.

- Die *Troposphäre* ist der Erdoberfläche am nächsten und enthält die Gase, die wir atmen und für unser Überleben brauchen.

- Die *Stratosphäre* enthält die Ozonschicht, die uns vor der ultravioletten Strahlung der Sonne schützt.

Die Troposphäre: Hier bin ich Mensch, hier atme ich ein

Die Troposphäre besteht zu etwa 78,1% aus Stickstoff (N_2), zu 20,9% aus Sauerstoff (O_2), zu 0,9% aus Argon (Ar), zu 0,03% aus Kohlenstoffdioxid (CO_2) und aus kleineren Mengenanteilen verschiedener anderer Gase. Dazu kommen wechselnde Anteile an Wasserdampf. Diese Gase werden durch die Schwerkraft in Erdnähe gehalten. Wenn ein Ballonfahrer hoch in die Troposphäre aufsteigen würde, könnte er feststellen, dass die Dichte der atmosphärischen Gase dort oben aufgrund der abnehmenden Wirkung der Schwerkraft viel geringer ist (die Luft ist »dünner«). Daran sieht man deutlich, dass die dichte Gasschicht in Erdnähe von den Verschmutzungen umso mehr betroffen ist.

Die Troposphäre ist auch die Schicht der Atmosphäre, in der sich das Wetter abspielt. Darüber hinaus ergibt sich aus der Nähe zur Erde, dass die Troposphäre die Hauptlast der natürlichen und menschlichen Verschmutzung zu tragen hat.

Auch die Natur verschmutzt die Erde in einem gewissen Ausmaß – mit schädlichem Schwefelwasserstoff (H_2S), Ascheparktikeln aus Vulkanen und der Abgabe organischer Verbindungen durch Pflanzen wie Kiefern. Diese Verschmutzung wirkt sich jedoch kaum auf die Troposphäre aus. Der Mensch hingegen kleckert nicht. Er klotzt und lädt Massen von Schadstoffen aus Autos, Kraftwerken und Industrieanlagen in der Troposphäre ab. Saurer Regen und photochemischer Smog gehören zu den Folgeerscheinungen menschlicher Schadstoffproduktion.

Die Stratosphäre: Schutzschild Ozonschicht

Über der Troposphäre liegt die Stratosphäre, in der sich Flugzeuge und Hochleistungsballons tummeln. In dieser Schicht ist die Atmosphäre aufgrund der abnehmenden Schwerkraft viel dünner. Bis hierher dringen nur wenige der schwereren Schadstoffe vor, weil sie von der Schwerkraft nahe an der Erdoberfläche gehalten werden. In der Stratosphäre befindet sich die Ozonschicht. Dieser Schutzschild absorbiert große Mengen der schädlichen ultravioletten (UV) Strahlung der Sonne und hält sie uns weitgehend vom Leib.

Auch wenn die schweren Schadstoffe nicht bis in die Stratosphäre vordringen, bedeutet das nicht, dass diese Schicht gegen das Treiben der Menschen immun wäre. Leichte, industriell hergestellte Gase schaffen es bis ganz nach oben, greifen dort die Ozonschicht an und zerstören sie. Diese Zerstörung kann für jeden einzelnen von uns weitreichende Folgen haben, denn die UV-Strahlung ist die Hauptursache für Hautkrebs.

 Chemische Substanzen sind nicht *an sich* gut oder schlecht. Es kommt immer darauf an, wo sich ihre Wirkung entfaltet und wie hoch die Konzentration der Substanz ist. So kann auch Wasser schaden, wenn man zu viel davon trinkt oder der Keller voll läuft. Dasselbe gilt für das Ozon in der Stratosphäre. Auf der einen Seite schützt es uns vor der schädlichen UV-Strahlung. Auf der anderen Seite aber kann es auch reizen und Produkte aus Gummi zerstören. (Mehr dazu im Abschnitt *Braune Luft? (Photochemischer Smog)* weiter hinten in diesem Kapitel.)

Hände weg von meinem Ozon: Haarspray, FCKWs und das Ozonloch

Die Ozonschicht absorbiert etwa 99% der ultravioletten Sonnenstrahlung, die die Erde erreicht. Sie schützt uns damit vor einer Überdosis ultravioletter Strahlung, die sonst zu Sonnenbränden, Hautkrebs, grauem Star und vorzeitiger Hautalterung führen würde. Ohne die Ozonschicht wäre es uns kaum möglich, unsere Freizeit in der freien Natur ohne einen Ganzkörperschutz zu genießen.

Wie wird Ozon (O_3) gebildet? Nun, in der Mesosphäre – dem Teil der Erdatmosphäre, der zwischen der Stratosphäre und der Thermosphäre liegt – wird Sauerstoff durch ultraviolette Strahlung in hochreaktive Sauerstoffatome gespalten. Diese Sauerstoffatome verbinden sich dann mit Sauerstoffmolekülen in der Stratosphäre zu Ozon.

$O_2(g)$ + ultraviolette Strahlung → $2\ O(g)$

$O_2(g) + O(g) \rightarrow O_3(g)$

Unsere menschlichen Gesellschaften blasen viele gasförmige Chemikalien in die Atmosphäre. Viele dieser Chemikalien zerfallen, indem sie miteinander reagieren, oder sie reagieren mit dem Wasserdampf in der Atmosphäre und bilden dabei Verbindungen wie Säuren, die dann mit Regen wieder auf die Erde fallen (siehe den Abschnitt *»Ich zerrfliiiiiiiiiiiieße!« – Saurer Regen* weiter hinten in diesem Kapitel).

Aber diese Reaktionen vollziehen sich ziemlich schnell, und wir können auf verschiedene Arten mit ihnen fertig werden, indem wir zum Beispiel die Reaktionskette bis zur Entstehung der Schadstoffe unterbrechen und durch Filter verhindern, dass die betreffenden Chemikalien erst in die Luft gelangen.

Einige Klassen gasförmiger chemischer Verbindungen sind allerdings eher *träge* (nicht reaktionsfreudig) und bleiben uns daher länger erhalten. Wie das so ist, wirken sie sich natürlich negativ auf die Atmosphäre aus. Eine dieser Klassen sind die Fluorchlorkohlenwasserstoffe, gasförmige Verbindungen aus Chlor, Fluor, Wasserstoff und Kohlenstoff. Man nennt diese Verbindungen auch kurz *FCKWs*.

Weil die FCKWs so träge sind, hat man sie lange Zeit großzügig als Kühlmittel in Kühlschränken und Auto-Klimaanlagen (Freon-12), als Schaumbildner für Kunststoffe wie Styropor oder als Treibmittel in den Sprühdosen für Deos und Haarsprays verwendet. So kam es, dass FCKWs in großen Mengen in die Atmosphäre gelangten. Über die Jahre haben sich die FCKWs in der Stratosphäre verteilt und richten dort jetzt Schäden an.

Wie schädigen FCKWs die Ozonschicht?

Obwohl die FCKWs in Erdnähe kaum zu Reaktion neigen – sie sind ziemlich träge –, sind sich die meisten Wissenschaftler einig, dass sie mit dem Ozon in der Atmosphäre reagieren und dann die Ozonschicht in der Stratosphäre beschädigen.

Diese Reaktion läuft folgendermaßen ab:

1. Ein typischer Fluorchlorkohlenwasserstoff, CF_2Cl_2, reagiert mit der ultravioletten Strahlung. Es bildet sich ein hochreaktives Chlor-Atom.

    $CF_2Cl_2(g) + UV\text{-Licht} \rightarrow CF_2Cl(g) + Cl(g)$

2. Das reaktionsfreudige Chlor-Atom reagiert mit dem Ozon in der Stratosphäre und es entstehen Sauerstoff und Chloroxid.

    $Cl(g) + O_3(g) \rightarrow O_2(g) + ClO(g)$

    Dies ist die Reaktion, die die Ozonschicht zerstört. Würde das Ganze hier aufhören, wären unsere Probleme heute eher klein.

3. Das Chloroxid (ClO) kann nun mit einem anderen Sauerstoff-Atom in der Stratosphäre reagieren und dabei ein Sauerstoffmolekül und ein Chlor-Atom bilden. Dieses steht nun erneut für den Ozon schädigenden Prozess zur Verfügung.

    $ClO(g) + O(g) \rightarrow O_2(g) + Cl(g)$

    Ein einziges FCKW-Molekül kann also einen Prozess einleiten, der viele Ozonmoleküle zerstört.

Werden FCKWs immer noch produziert?

Das Ozonloch wurde in den 70er Jahren entdeckt. Als die Zusammenhänge erkannt waren, verlangten viele Regierungen in den Industrienationen eine drastische Verringerung der Einbringung von FCKWs und Halonen in die Atmosphäre. (*Halone* enthalten neben Fluor und Chlor auch Brom und wurden oft als Feuerlöschmittel verwendet, besonders in Feuerlöschern in der Umgebung von Computeranlagen.)

FCKWs wurden in vielen Ländern als Treibmittel aus den Spraydosen verbannt, und die für die Herstellung von Kunststoffen und Schaumstoffen verwendeten FCKWs fing man im Produktionsprozess wieder auf, anstatt sie in die Atmosphäre entweichen zu lassen. Neue Gesetze stellten sicher, dass die als Kühlmittel verwendeten FCKWs und Halone, die beim Neubefüllen und bei Reparaturen von Produkten anfielen, ebenfalls aufgefangen wurden. Im Jahre 1991 produzierte die Firma DuPont Kühlmittel, die für die Ozonschicht unschädlich waren. In Deutschland wurden Produktion und Gebrauch mit der FCKW-Halon-Verbotsverordnung im Jahr 1991 festgelegt. 1992 stellte Deutschland die Produktion von Halonen und 1995 die Produktion von FCKW nahezu vollständig ein. 1996 folgten dem auch die USA, zusammen mit 140 anderen Ländern.

Unglücklicherweise sind diese Verbindungen sehr stabil. Sie werden noch viele Jahre in unserer Atmosphäre verbleiben. Sollte der Schaden, den wir an der Ozonschicht angerichtet haben, nicht zu groß sein, kann sie sich vielleicht erholen (ähnlich wie bei einem Sonnenbrand eine neue Hautschicht die verbrannte ersetzt). Aber es wird viele Jahre dauern, bis die Ozonschicht ihre frühere Form wieder erreicht haben wird.

Ist Ihnen auch so heiß? (Der Treibhauseffekt)

Die meisten Leute verbinden mit dem Phänomen Luftverschmutzung solche Chemikalien wie Kohlenstoffmonooxid, Fluorchlorkohlenwasserstoffe oder Kohlenwasserstoffe. Aber auch das Kohlenstoffdioxid, das wir und alle Tiere ausatmen und das die Pflanzen für die Photosynthese brauchen, muss in der enormen Menge, in der es schon seit einiger Zeit in die Atmosphäre abgegeben wird, als Schadstoff angesehen werden. 23% der weltweiten Kohlenstoffdioxid-Emission werden von den USA verursacht, gefolgt von China (12%), der GUS (9%), Japan (5%) und Deutschland (4%).

In den späten 70er und frühen 80er Jahren stellten Wissenschaftler eine Erhöhung der Durchschnittstemperatur auf der Erde fest. Sie ermittelten die vermehrten Emissionen von Kohlenstoffdioxid (CO_2) und einigen anderen Gasen, darunter FCKWs, Methan (CH_4, ein Kohlenwasserstoff) und Wasserdampf (H_2O) als für die leichte Erhöhung der Temperatur verantwortliche Umweltfaktoren und gaben dem Prozess als Ganzem den Namen *Treibhauseffekt* (weil die Gase im Prinzip denselben Effekt haben wie die Glaskonstruktion eines Treibhauses – die Gase selbst nennt man auch *Treibhausgase*).

Und so entsteht dieser Treibhauseffekt: Die Sonnenstrahlen durchdringen die Erdatmosphäre, treffen auf die Erde auf und erwärmen Land- und Wasserflächen. Ein Teil der solaren Energie wird als Wärme in die Atmosphäre reflektiert (infrarote Strahlung) und dort von bestimmten

Gasen (CO_2, CH_4, H_2O und FCKW) absorbiert. Diese Gase erwärmen wiederum die Atmosphäre. Mit Hilfe dieses Prozesses wird die Temperatur auf der Erde und in der Atmosphäre relativ konstant in einem gemäßigten Bereich gehalten. Dramatische, von einem Tag auf den anderen erfolgende Temperaturveränderungen bleiben uns deshalb erspart. Generell ist der Treibhauseffekt also eine durchaus gute Sache.

Wenn allerdings die Menge an Kohlenstoffdioxid und anderen Treibhausgasen in der Atmosphäre sehr stark zunimmt, wird dort zu viel Wärme festgehalten. Die Atmosphäre erwärmt sich, und in der Folge werden viele der empfindlichen Gleichgewichte auf der Erde aus dem Lot gebracht. Dieser Prozess, den man gemeinhin *globale Erwärmung* nennt, vollzieht sich zurzeit in der Erdatmosphäre.

Wir sind im Bereich der Energieerzeugung auf fossile Brennstoffe (Kohle, Erdgas, Erdöl) angewiesen. Wir verfeuern weltweit Kohle und Erdgas in Kraftwerken und verbrennen weltweit Benzin in den Motoren unserer Autos und Nutzfahrzeuge. Darüber hinaus sind viele Industriezweige weltweit in ihren Produktionsabläufen auf große Hitze angewiesen, die wiederum durch Verbrennung von Brennstoffen entsteht. So ist es kein Wunder, dass die Kohlenstoffdioxid-Emission von 318 Millionen ppm (parts per million) im Jahre 1960 auf 362 Millionen ppm im Jahre 1998 angestiegen ist. (Einzelheiten über die Konzentrationseinheit ppm finden Sie in Kapitel 11.) Der Überschuss an Kohlenstoffdioxid in der Atmosphäre hat zu einem Anstieg der Durchschnittstemperatur der Atmosphäre um ein halbes Grad Celsius geführt.

Ein halbes Grad Celsius hört sich vielleicht nicht nach viel an, aber dieser Trend zur globalen Erwärmung kann sich dramatisch auf die ökologischen Systeme der Erde auswirken:

- ✔ Die steigenden Temperaturen der Atmosphäre können dazu führen, dass ein Teil der polaren Eismassen abschmilzt und der Meeresspiegel weltweit ansteigt. Dadurch würde ein großer Teil der Küsten verloren gehen (Houston in Texas würde zu einer Küstenstadt) und viel mehr Menschen als bisher wären der Gefahr von *Sturmfluten* ausgesetzt.

- ✔ Die steigenden Temperaturen können sich auf die Wachstumskurven der Pflanzen auswirken.

- ✔ Die tropischen Regionen breiten sich möglicherweise aus, was auch zu einer Ausbreitung von Tropenkrankheiten führen kann.

Braune Luft? (Photochemischer Smog)

Smog ist eine Wortschöpfung, mit der man versucht hat, die Kombination von Rauch (smoke) und Nebel (fog) treffend zu benennen. Es gibt zwei Arten von Smog:

- ✔ London-Smog
- ✔ Photochemischer Smog

London-Smog

London-Smog ist ein atmosphärisches Gasgemisch aus Nebel, Ruß, Asche, Schwefelsäure (H_2SO_4, Batteriesäure) und Schwefeldioxid (SO_2). Der Name geht auf die spezielle Art der Luftverschmutzung zurück, unter der London im frühen 20. Jahrhundert zu leiden hatte. Sie rührte von den Fabriken und den Kohleöfen der bevölkerungsreichen Stadt her, mit denen die Bürger ihre Häuser beheizten. Am schlimmsten war der Smog in den austauscharmen Wetterlagen im Winter. Im Jahre 1952 starben mehr als 8000 Menschen an dem gefährlichen Gemisch aus Gasen und Ruß, das aus den Öfen und Fabrikschloten waberte.

Elektrostatische Filter und Entschwefelungsanlagen (siehe die Abschnitte *Aufladen und raus damit: Elektrostatische Filter* und *Spülwasser: Nasse Entschwefelung* weiter hinten in diesem Kapitel) konnten, zusammen mit anderen Filtern, die Emissionen von Ruß, Asche und Schwefeldioxid reduzieren und damit die Häufigkeit des London-Smogs eindämmen.

Photochemischer Smog

Dagegen plagt der *photochemische Smog*, den man auch unter dem Namen *Sommersmog* kennt, die Ballungsgebiete der westlichen Welt recht häufig. Er entsteht, wenn die Sonne auf unverbrannte Kohlenwasserstoffe und Stickoxide (gewöhnlich mit NO_x abgekürzt, was für ein Gemisch aus NO und NO_2 steht) einwirkt und dabei bestimmte chemische Reaktionen auslöst. Diese beiden Verbindungen werden zum Beispiel aus laufenden Verbrennungsmotoren ausgestoßen.

Photochemischer Smog ist als braune Dunstglocke zu erkennen, die sich über große Städte legt und sie praktisch im Nebel verschwinden lässt. Städte wie Los Angeles, Salt Lake City, Denver, Phoenix und Athen sind besonders anfällig für den photochemischen Smog, weil dort zum einen Massen von Autos die schädlichen chemischen Verbindungen liefern und andererseits rundherum Bergketten die Städte geografisch einkesseln. Diese Berge schaffen bei westlichen Windströmungen ideale Bedingungen für die so genannten Inversionswetterlagen, so dass die Schadstoffe über der Stadt festgehalten werden. (*Inversionswetterlagen* sind dadurch gekennzeichnet, dass sich eine warme Luftschicht über eine kalte Luftschicht schiebt und diese samt der darin enthaltenen Schadstoffe nicht nach oben entweichen lässt. Die Schadstoffe bleiben also in Bodennähe und verursachen vielen Menschen gesundheitliche Probleme. Man kann das etwa mit einer Bettdecke vergleichen, die ebenfalls gewisse unangenehme Gase im Bett festhält.)

Die chemischen Abläufe beim photochemischen Smog sind noch nicht völlig klar (das Wortspiel ist beabsichtigt). Bekannt sind nur die Grundvoraussetzungen, die zur Entstehung des Smogs beitragen. Stickstoff aus der Atmosphäre wird in Verbrennungsmotoren zu Stickstoffmonooxid oxidiert, das wiederum den Motor über den Auspuff verlässt und in die Atmosphäre entweicht:

$$N_2(g) + O_2(g) \rightarrow 2\ NO(g)$$

Das Stickstoffmonooxid wird beim Kontakt mit dem Sauerstoff der Atmosphäre zu Stickstoffdioxid oxidiert:

$2\ NO(g) + O_2(g) \rightarrow 2\ NO_2(g)$

Stickstoffdioxid ist ein bräunliches Gas, das die Augen und die Lunge reizt. Es absorbiert Sonnenlicht und zerfällt in Stickstoffmonooxid und hochreaktive Sauerstoff-Atome:

$NO_2(g) + \text{Sonnenlicht} \rightarrow NO(g) + O(g)$

Die hochreaktiven Sauerstoff-Atome reagieren schnell mit zweiatomigen Sauerstoffmolekülen in der Luft und produzieren dabei Ozon (O_3):

$O(g) + O_2(g) \rightarrow O_3(g)$

Es handelt sich dabei um dasselbe Ozon, das in der Stratosphäre als Schutzschild gegen die ultraviolette Strahlung der Sonne dient. In Erdnähe führt es zu erheblichen Reizungen der Augen und der Atemwege. Ozon greift Gummi an und lässt ihn verhärten. Das verkürzt zum Beispiel die Lebensdauer von Autoreifen und Dichtungen. Auch manche Pflanzen, etwa Tomaten und Tabak, werden von Ozon angegriffen.

Unverbrannte Kohlenwasserstoffe, die den Auspuffanlagen entströmen, reagieren ebenfalls mit Sauerstoff-Atomen und Ozon und bilden dabei eine Vielzahl verschiedener organischer Aldehyde, die ebenfalls aggressiv wirken. Bei der Reaktion mit zweiatomigem Sauerstoff und Stickstoffdioxid bilden Kohlenwasserstoffe Peroxyacetylnitrat (PAN), eine ebenfalls hochreaktive Verbindung:

$\text{Kohlenwasserstoffe}(g) + O_2(g) + NO_2(g) \rightarrow \text{PANs}$

Auch diese PANs reizen Augen und Atemwege und schädigen lebende Organismen.

Das braune Stickstoffdioxid, das Ozon und die PANs bilden zusammen den photochemischen Smog. Er mindert die Sicht und verursacht zahlreiche Atemprobleme. Unglücklicherweise lässt er sich bisher nur schwer eindämmen.

Die Fahrzeugemissionen werden streng überwacht, damit so wenig wie möglich unverbrannte Kohlenwasserstoffe in die Atmosphäre gelangen. Gesetze wurden verabschiedet, um den Kohlenwasserstoffausstoß von Fahrzeugen zu reduzieren. Katalysatoren wurden entwickelt, um aus gefährlichen Kohlenwasserstoffen ungefährlicheres Kohlenstoffdioxid und Wasser zu machen. (Nebenbei wurde dabei auch das Blei aus dem Benzin verbannt, weil es die Katalytschicht in den Katalysatoren unbrauchbar machte. Die Kampagne gegen das Blei im Benzin hat eine der Hauptquellen der Schwermetallbelastung unserer Umwelt beseitigt.)

All diese Maßnahmen haben ihre Wirkung gezeigt, aber sie konnten den photochemischen Smog dennoch nicht aus der Welt schaffen. Solange der Mensch keinen adäquaten Ersatz für den Verbrennungsmotor findet oder sich mehr auf öffentliche Verkehrsmittel besinnt, werden wir auch in den kommenden Jahren mit dem photochemischen Smog leben müssen.

»Ich zerrfliiiiiiiiiiiiiieße!« – Saurer Regen

Die böse Hexe des Westens in »Der Zauberer von Oz« löst sich in Wasser auf. So geht es auch so manchem Gebäude infolge der Einwirkung des sauren Regens auf Kalkstein und Marmor.

Regenwasser ist von Natur aus sauer (der pH-Wert liegt unterhalb von 7), weil sich Kohlenstoffdioxid in der Feuchtigkeit der Atmosphäre löst und sich Kohlenstoffsäure bildet. (Mehr über Kohlenstoffsäure und die pH-Skala erfahren Sie in Kapitel 12.) Dieses Zusammenspiel führt dazu, dass der pH-Wert von Regenwasser bei etwa 5,6 liegt. Von saurem Regen spricht man erst bei einem weit niedrigeren (saureren) pH-Wert, der sich auch nicht mehr nur auf das gelöste Kohlenstoffdioxid zurückführen lässt. Vielmehr bildet sich saurer Regen, wenn sich bestimmte Schadstoffe in der Atmosphäre, hauptsächlich Stickstoff- und Schwefeloxide, im Wasserdampf der Atmosphäre lösen und den pH-Wert so weit drücken, dass man von saurem Regen sprechen muss.

Stickstoffoxide (NO, NO_2 und so weiter) entstehen auf natürlichem Weg, wenn sich Blitze in der Atmosphäre entladen. Die Natur bindet so gewissermaßen auf natürlichem Weg Stickstoff und stellt ihn den Pflanzen in einer nutzbaren Form zur Verfügung. Ein erheblicher Teil der in der Atmosphäre vorhandenen Stickstoffoxide geht jedoch auf unser Konto. In den Verbrennungsmotoren unserer Autos reagieren die Kohlenwasserstoffe des Benzins mit dem Sauerstoff der Luft und produzieren Kohlenstoffdioxid (und Kohlenstoffmonooxid) und Wasser. Allerdings kann bei den hohen Temperaturen in den Motoren auch der in der Luft vorhandene Stickstoff mit dem Sauerstoff reagieren. Dabei kann Stickstoffmonooxid entstehen, das dann durch den Auspuff gepustet wird:

$N_2(g) + O_2(g) \rightarrow 2NO(g)$

Beim Austritt in die Atmosphäre reagiert das NO mit Sauerstoff und bildet Stickstoffdioxid (NO_2):

$2\,NO(g) + O_2(g) \rightarrow 2\,NO_2(g)$

Dieses Stickstoffdioxid wiederum reagiert mit dem Wasserdampf in der Atmosphäre und bildet Salpetersäure und salpetrige Säure:

$2\,NO_2(g) + H_2O(g) \rightarrow HNO_3(aq) + HNO_2(aq)$

Diese schwach sauren Lösungen fallen dann als saurer Regen auf die Erde – der pH-Wert liegt dabei meist zwischen 4 und 4,5, es wurden aber auch schon Werte um 1,5 gemessen.

Ein großer Teil des sauren Regens im Osten der USA ist durch Stickstoffoxide bedingt, während im Mittelwesten und Westen Schwefeloxide, die in Kraftwerken und bei der Verbrennung von Kohle und Öl entstehen, für den niedrigen pH-Wert des Regens verantwortlich sind. Schwefelhaltige Verbindungen finden sich als Verunreinigungen in Kohle und Öl, manchmal bis zu einem Gewichtsanteil von 4%. Bei der Verbrennung wird daraus Schwefeldioxid-Gas (SO_2). Kraftwerke emittieren jährlich viele Millionen Tonnen Schwefeldioxid in die Atmosphäre.

Dieses Schwefeldioxid reagiert dort zum einen mit dem Wasserdampf und bildet schweflige Säure (H_2SO_3), zum anderen mit dem Sauerstoff und bildet Schwefeltrioxid (SO_3):

$SO_2(g) + H_2O(g) \rightarrow H_2SO_3(aq)$

$2SO_2(g) + O_2(g) \rightarrow 2SO_3(g)$

Dieses Schwefeltrioxid reagiert dann mit der Feuchte in der Atmosphäre und bildet Schwefelsäure (H_2SO_4), eine Säure, die man auch in Autobatterien findet:

$SO_3(g) + H_2O(g) \rightarrow H_2SO_4(aq)$

Die schweflige Säure und die Schwefelsäure lösen sich im Regenwasser auf und machen den Regen so richtig schön sauer. Na, kann ich Sie vielleicht für ein Bad in Batteriesäure begeistern?

Die in der Atmosphäre entstehenden Säuren können Hunderte von Kilometern wandern, bevor sie als saurer Regen vom Himmel fallen und ihre schädlichen Auswirkungen entfalten. Sie reagieren mit dem Eisen in Bauwerken und Autos und verursachen Rost. Sie zerstören die feinen Details von Skulpturen und Zeugnissen alter Baukunst, indem sie mit Marmor und Kalkstein reagieren und lösliche Verbindungen bilden, die dann ausgewaschen werden. (Wenn Sie diesen Vorgang im Modell betrachten wollen, müssen Sie nur einen Tropfen Essig, eine Säure, auf ein Stück Marmor tropfen. Sie können zusehen, wie sich Bläschen bilden, während die Säure den Marmor auflöst. Aber nehmen Sie nichts Wertvolles dafür – vielleicht diesen hässlichen Käseschneider, den Tante Renate Ihnen letztes Jahr zu Weihnachten geschenkt hat.)

Es überrascht nicht, dass sich der saure Regen auch auf die Vegetation schädlich auswirkt. Er ist die Hauptursache für das Waldsterben, das viele Bäume und ganze Wälder vernichtet hat. Und selbst wenn die Bäume nicht gleich zugrunde gehen, hemmt der saure Regen in jedem Fall ihr Wachstum. Durch die Versauerung der Böden werden die Feinwurzeln der Bäume beschädigt. Die Versorgung des Baumes mit Wasser und Mineralstoffen wird beeinträchtigt. Zusätzlich werden vermehrt giftige Metall-Ionen von Schwermetallen und Aluminium im Boden freigesetzt, die die Aufnahme von Nährstoffen beeinträchtigen. Auch auf die im Boden lebenden Bakterien und Pilzgeflechte, die mit den Bäumen symbiotisch verbunden sind, wirkt sich der saure Regen schädlich aus.

Darüber hinaus hat saurer Regen auch die Ökosysteme vieler Seen verändert. Es wurde von Fischsterben berichtet, die in einigen Seen ganze Fischarten ausgerottet haben. Das Ökosystem anderer Seen wurde völlig zerstört. Nur lebloses Wasser blieb zurück.

Man hat Maßnahmen ergriffen, die den sauren Regen und seine Auswirkungen eindämmen sollen. Verbesserungen der Motoreneffizienz und der Einsatz der Katalysatortechnik sind Beiträge zur Senkung der Stickstoffoxid-Emissionen in die Atmosphäre. Die Hauptbelastung kommt indes aus den Kraftwerken, die fossile Energieträger in Strom umsetzen. Hier hat man eine Reihe von technischen Möglichkeiten, den Schadstoffausstoß zu mindern, etwa elektrostatische Filter und Entschwefelungsanlagen, auf die ich im folgenden Abschnitt eingehen möchte. Auch wenn sich dadurch die Emissionen Säure bildender Verbindungen in die Atmosphäre verringern lassen, bleibt immer noch sehr viel zu tun, bis wir davon sprechen können, das Problem des sauren Regens im Griff zu haben.

Wie steht's denn mit der Luftqualität?

Sicher hat sich die Luftqualität in vielen Städten in den letzten 15 Jahren verbessert. Gesetzgeberische Maßnahmen, gefolgt von ihrer allmählichen Umsetzung nach dem jeweiligen Stand der Technik, haben zu einer Minderung der Emissionen von Stickstoffoxiden und unverbrannten Kohlenwasserstoffen geführt, so dass sich das Ausmaß des photochemischen Smog merklich reduziert hat.

Auch die Schwefeldioxid-Emissionen aus Kraftwerken konnten in den westlichen Industrieländern durch Rauchgasentschwefelungsanlagen gesenkt werden, so dass wir mit weniger saurem Regen zu kämpfen haben. Darüber hinaus ist zu hoffen, dass das Verbot von FCKW sich positiv auf die Ozonschicht auswirken wird. Man kann also sagen, dass sich unsere Luft in vielerlei Hinsicht verbessert hat und weiter verbessern wird. Dennoch gibt der Mensch global betrachtet immer noch gigantische Mengen Kohlenstoffdioxid in die Atmosphäre ab (ich denke da neben den USA zum Beispiel an China) und verbraucht riesige Mengen an pflanzlicher und tierischer Biomasse. Verbrauchte pflanzliche Biomasse kann aber kein Kohlenstoffdioxid mehr verbrauchen.

Die Auswirkungen der immensen Kohlenstoffdioxid-Emissionen werden tagtäglich weltweit diskutiert. Alle sind sich über die negativen Folgen einig. Gestritten wird nur um das richtige Maß. Wenn die Menschheit im Bereich der Energieerzeugung und der Heiztechnik ihre Abhängigkeit von fossilen Brennstoffen überwinden kann und deren Kapazitäten stattdessen auf die Solar-, die Atom- oder vielleicht sogar die Fusionstechnik übertragen kann, dann wird es uns vielleicht möglich sein, die Kohlenstoffdioxid-Emissionen weiter zu senken. Mit dieser Strategie könnte man, sofern man gleichzeitig dem Abholzen riesiger Wälder Einhalt gebietet, das Problem der globalen Erwärmung in den Griff bekommen.

Aufladen und raus damit: Elektrostatische Filter

Haben Sie als Kind auch schon einmal an einem kalten Wintermorgen Ihre Haare gekämmt und dann mit dem Kamm kleine Papierschnipsel hochgehoben? Ein elektrostatischer Filter funktioniert ganz ähnlich.

Elektrostatische Filter laden die Schmutzpartikel zunächst negativ auf. Die Seiten des Filters sind positiv geladen, so dass die negativ geladenen Partikel von den positiv geladenen Seitenwänden angezogen werden. Dort bleiben sie hängen und sammeln sich, bis sie entfernt werden (das ist so ähnlich, wie wenn man die Wollmäuse unter dem Bett wegkehrt).

Bei einem bestimmten elektrostatischen Filtersystem lässt man das bei der Verbrennung fossiler Brennstoffe anfallende SO_2 mit Kalk (CaO) reagieren, so dass sich der Feststoff Calciumsulfit bildet:

$SO_2(g) + CaO(s) \rightarrow CaSO_3(g)$

Das schließlich abgespaltene Calciumsulfit wird elektrostatisch abgeschieden und gesammelt und kann anschließend ordnungsgemäß deponiert werden.

Spülwasser: Nasse Entschwefelung

Bei der nassen Rauchgasentschwefelung, wie sie in Deutschland bei 80 Prozent der Verbrennungskraftwerke zum Tragen kommt, werden die Rauchgase mit dem in wässriger Lösung enthaltenen Absorptionsmittel abgekühlt und mit Wasserdampf gesättigt. Als Absorptionsstoffe kommen verschiedene Stoffe wie Ammoniak oder Natriumsulfit zur Anwendung. Am weitesten verbreitet ist allerdings der Einsatz von Kalk beziehungsweise Kalksteinsuspension. Beim Kalkstein-Waschverfahren wird das ungereinigte Rauchgas in einem Waschturm mit einem Gemisch aus Wasser und Kalkstein (Waschsuspension) besprüht, wobei das Schwefeldioxid durch chemische Reaktionen weitgehend absorbiert wird. Dabei löst sich das gasförmige Schwefeldioxid zunächst in der Waschflüssigkeit. Durch die Reaktion von Schwefeldioxid und Kalkstein entstehen Kalziumsulfit und Kohlenstoffdioxid. Im unteren Teil des Waschturms sammelt sich die mit Kalziumsulfit beladene Waschsuspension. Durch Einblasen von Luft wird die Flüssigkeit mit Sauerstoff angereichert. Es entsteht eine Gipssuspension. Nach dem Entzug des Wassers fällt Gips mit bis zu 10% Restfeuchte in rieselfähiger Form an und steht als wertvolles Produkt zur Abgabe an die Baustoffindustrie zur Verfügung. Nachdem nun dem Rauch 95 Prozent des Schwefeldioxids entzogen wurden, werden die gereinigten, abgekühlten Rauchgase wieder aufgeheizt und verlassen den Turm über Tropfenabscheider mit einer Mindesttemperatur von 75°C.

Braunes, stinkendes Wasser? Wasserverschmutzung

In diesem Kapitel

▸ Wo kommt unser Wasser her?
▸ Herausfinden, inwiefern die Struktur des Wassers gewissermaßen zur Verschmutzung einlädt
▸ Sich verschiedene Wasserschadstoffe näher ansehen
▸ Etwas über die Wasseraufbereitung lernen

*W*asser ist für uns überlebenswichtig. Schließlich bestehen wir selbst zu etwa 70 Prozent aus Wasser. Den größten Teil des Wassers auf der Erde macht allerdings das Meerwasser aus. Nur zwei Prozent davon entfallen auf das Süßwasser, wovon auch noch drei Viertel in Form von Eis und Gletschermassen gebunden sind. Um das restliche Viertel des Wassers, das wir trinken können (das Trinkwasser), macht sich deshalb alle Welt große Sorgen.

Ich bin mir sicher, dass Sie schon wissen, wie viel Wasser Sie für Ihre Ernährung, für Ihre Hygiene und für die Bewässerung Ihres Gartens verbrauchen. Aber wenn Sie nicht gerade in einer landwirtschaftlich orientierten Gegend leben, werden Sie wahrscheinlich keinen blassen Schimmer haben, wie viel Wasser für die Bewässerung von Feldern und für die Tiere verwendet wird, von denen wir leben.

Darüber hinaus brauchen wir Wasser für den Abtransport unserer häuslichen Abwässer und für die Stromerzeugung. Es wird für chemische Reaktionen und für Kühltürme benötigt. Und dann sind da noch ein paar Freizeitvergnügen – Bootfahren, Schwimmen und Angeln. All das hängt davon ab, dass immer genug gutes, sauberes Wasser da ist.

Aber woher kommt unser Wasser? Wie kommt der Dreck hinein und wie kommt er wieder heraus? Das sind einige der Fragen, denen ich in diesem Kapitel nachgehen möchte. Setzen Sie sich also in den Sessel, schenken Sie sich ein Glas Wasser ein und tauchen Sie ein in die Materie.

Wo kommt unser Wasser her und wo fließt es hin?

Die Menge des auf der Erde vorkommenden Wassers ist relativ konstant. Veränderlich sind nur der jeweilige Ort und der Reinheitsgrad. Wasser ist in unserer gesamten Umwelt immer in Bewegung und bildet dabei den so genannten Wasserkreislauf, den Abbildung 19.1 veranschaulicht.

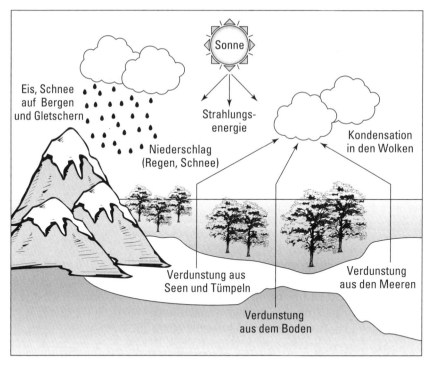

Abbildung 19.1: Der Wasserkreislauf

Verdunsten, kondensieren, wiederholen

Wasser *verdunstet* (es geht beim Erhitzen vom flüssigen in den gasförmigen Zustand über) aus Seen, Flüssen, Ozeanen, Bäumen und sogar Menschen. Zurück bleiben dabei alle Verunreinigungen, die sich eventuell im Wasser angesammelt hatten. (Daher rührt auch das Salz, das sich in Schweißbändern und Sonnenkappen ansammelt.) Die Verdunstung ist eines der natürlichen Verfahren zur Reinigung des Wassers.

Der Wasserdampf kann dann viele Kilometer weit transportiert werden oder auch mehr oder weniger dort hängen bleiben, wo er aufgestiegen ist, je nach den gerade herrschenden Windverhältnissen. Früher oder später kondensiert (er geht beim Abkühlen vom gasförmigen wieder in den flüssigen Zustand über) der Wasserdampf dann wieder und fällt als Regen, Schnee oder Graupel wieder auf die Erde.

Wohin das Wasser fließt

Das auf die Erde fallende Wasser landet möglicherweise in einem Fluss oder einem See. Fällt der Niederschlag auf das Land, kann er entweder als *Oberflächenwasser* in einen Fluss oder einen See einfließen oder im Boden versickern und sich als *Grundwasser* sammeln. Die poröse

Schicht aus Erde und Gestein, die das Grundwasser festhält, nennt man *Grundwasserleiter*. Dieser Schicht entnehmen wir durch Brunnen einen Teil unseres Trinkwassers.

Der Mensch kann in den Wasserkreislauf eingreifen. Die Einschränkung der Oberflächenvegetation kann dazu führen, dass weniger Wasser in die Erde einsickert. Künstlich angelegte Stauseen und Wasserreservoirs vergrößern die Verdunstungsflächen des Wassers. Übermäßiges Abpumpen des Grundwassers kann die Grundwasserleiter entleeren und zur Wasserknappheit führen. Und schließlich verunreinigen unsere Gesellschaften das Wasser auf vielfältige Weise (dazu mehr im weiteren Verlauf des Kapitels).

Wasser: Eine höchst ungewöhnliche Substanz

Wasser ist ein polares Molekül. Polare Moleküle werden ausführlich in Kapitel 7 behandelt, weshalb ich hier nur eine Schnelleinführung speziell für Wasser gebe: Der Sauerstoff des Wassers (H_2O) hat eine höhere *Elektronegativität* (Fähigkeit eines Atoms, Bindungselektronen anzuziehen) als die Wasserstoff-Atome, so dass das Sauerstoff-Atom die Bindungselektronen stärker anzieht. Das Sauerstoffende des Wassermoleküls erhält dadurch eine negative Teilladung, während die Wasserstoff-Atome eine positive Teilladung aufweisen. Wird nun ein Wasserstoff-Atom (mit einer positiven Teilladung) eines Wassermoleküls von einem Sauerstoff-Atom (mit einer negativen Teilladung) eines anderen Wassermoleküls angezogen, kommt es zu einer starken intermolekularen Wechselwirkung, die man auch als *Wasserstoffbrückenbindung* bezeichnet. Abbildung 19.2 zeigt diese Wasserstoffbrückenbindung.

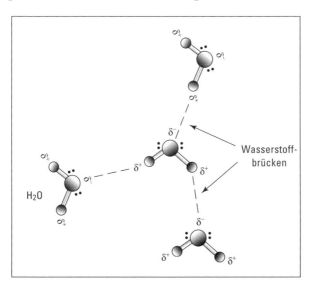

Abbildung 19.2: Wasserstoffbrückenbindungen im Wasser

Bedingt durch die Wasserstoffbrückenbindungen hat Wasser einige ungewöhnliche Eigenschaften:

- ✔ **Wasser hat eine hohe Oberflächenspannung.** Die Wassermoleküle an der Wasseroberfläche werden ausschließlich nach unten zur Masse der Flüssigkeit hin angezogen. Auf die Moleküle der Wassermasse dagegen wirken Anziehungskräfte aus allen Richtungen ein. Käfer und kleine Eidechsen können auf der Wasseroberfläche laufen, weil sie nicht genug Kraft ausüben, um die Oberflächenspannung zu durchbrechen. Darüber hinaus bewirkt die hohe Oberflächenspannung, dass weit weniger Wasser verdunstet, als man gemeinhin denkt.

- ✔ **Wasser ist bei den Temperaturen, die auf der Erde gewöhnlich herrschen, flüssig.** Der Siedepunkt einer Flüssigkeit hängt normalerweise von ihrem Molekulargewicht ab. Substanzen mit einem Molekulargewicht, das nahe bei dem von Wasser liegt (18 g/mol), sieden schon bei weit geringeren Temperaturen und gehen bei Raumtemperatur in den gasförmigen Zustand über.

- ✔ **Eis, also Wasser in seinem festen Zustand, schwimmt auf Wasser.** Eigentlich würde man denken, dass ein Feststoff eine höhere Dichte aufweist als derselbe Stoff in flüssiger Form, weil die Partikel in einem Feststoff dichter gepackt sind. Wenn Wasser gefriert, entsteht allerdings ein Kristallgitter mit großen Löchern, die durch die Wasserstoffbrücken entstehen. Dadurch ist die Dichte von Eis geringer als die von Wasser (siehe Abbildung 19.3).

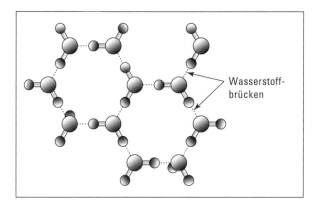

Abbildung 19.3: Die Struktur von Eis

Dass Eis auf Wasser schwimmt, ist übrigens eine der Ursachen für die Existenz des Lebens in all seiner Vielfalt auf der Erde. Wäre Eis dichter als Wasser, würden die Oberflächen der Seen im Winter gefrieren und auf den Grund absinken. Dieser Prozess würde sich fortsetzen, bis schließlich der ganze See ein einziger Eisblock wäre. Jegliches Leben in den Seen würde dabei zerstört. Gott sei Dank jedoch schwimmt Eis und bildet im Winter eine isolierende Schicht an der Gewässeroberfläche, so dass das Leben unter Wasser weiter existieren kann.

✔ **Wasser hat eine relativ hohe Wärmekapazität.** Die *Wärmekapazität* einer Substanz besagt, wie viel Wärme diese Substanz absorbieren oder abgeben kann, um ihre Temperatur um 1° Celsius zu verändern. Wasser hat eine etwa 10-mal höhere Wärmekapazität als Eisen und eine 5-mal höhere Wärmekapazität als Aluminium. Das bedeutet, dass Seen und Meere große Wärmemengen absorbieren und abgeben können, ohne dass dies mit großen Temperaturschwankungen einhergeht. Sie sorgen damit für gemäßigte Temperaturen auf der Erde. Seen absorbieren tagsüber Wärme, die sie nachts wieder abgeben. Ohne diese hohe Wärmekapazität des Wassers käme es beim Wechsel von Tag und Nacht auf der Erde zu dramatischen Temperaturschwankungen.

✔ **Wasser hat eine hohe Verdampfungswärme.** Die *Verdampfungswärme* einer Flüssigkeit ist die Energiemenge, die man benötigt, um ein Gramm der Flüssigkeit vollständig zu verdampfen. Wasser hat eine Verdampfungswärme von 54 Kalorien pro Gramm (mehr über die Kalorie, eine metrische Wärmeeinheit, erfahren Sie in Kapitel 2). Diese hohe Verdampfungswärme erlaubt uns, einen großen Teil überschüssiger Körperwärme über die Absonderung von Schweiß loszuwerden. Global betrachtet hilft die Verdampfungswärme, kurzfristige extreme Klimaschwankungen auf der Erde zu verhindern.

✔ **Wasser ist ein exzellentes Lösungsmittel für sehr viele Substanzen.** Wasser wird manchmal auch als Universal-Lösungsmittel bezeichnet, weil sich so viele Substanzen darin lösen lassen. Wasser ist ein polares Molekül. Man kann also polare Substanzen darin lösen. Wasser löst ionische Substanzen sehr leicht. Die negativen Enden des Wassermoleküls umgeben dabei die Kationen (positiv geladene Ionen), während die positiven Enden die Anionen (negativ geladene Ionen) umgeben. (Mehr über Ionen, Kationen und Anionen erfahren Sie in Kapitel 6.) Auf dieselbe Weise kann Wasser auch viele polare kovalente Verbindungen wie Alkohole und Zucker (mehr über diese Verbindungen in Kapitel 7) lösen. Diese an sich begrüßenswerte Eigenschaft schließt aber mit ein, dass auch viele Substanzen wasserlöslich sind, die das Wasser für uns ungenießbar machen. Solche Substanzen fassen wir in der Gruppe der *Schadstoffe* oder *Fremdstoffe* zusammen.

Igittigitt! Was unser Wasser verschmutzt

Weil Wasser ein so gutes Lösungsmittel ist, verleibt es sich natürlich auch leicht Schadstoffe ein, die aus verschiedenen Quellen stammen können. Abbildung 19.4 gibt einen Überblick über mögliche Schadstoffquellen.

Ich nenne Abbildung 19.4 auch die Schmuddelecke, weil dort die Schadstoffquellen so gehäuft vorkommen. Im wirklichen Leben wird man eine solche Häufung nicht allzu oft vorfinden.

Bei den Schadstoffquellen unterscheidet man in der Regel zwischen punktuellen und diffusen Schadstoffquellen:

✔ Bei *punktuellen Schadstoffquellen* lässt sich die Herkunft der Schadstoffe zurückverfolgen und belegen. Belastete Abwässer chemischer Fabriken oder Kläranlagen gehören zu solchen Schadstoffquellen. Punktuelle Schadstoffquellen sind relativ leicht zu finden, zu kontrollieren und zu regeln. Für diese Kontrollen sind die Landesumweltämter zuständig.

✓ *Diffuse Schadstoffquellen* sind, wie der Name schon sagt, diffuser Natur. Zu diesen Schadstoffquellen gehören etwa die Verunreinigungen im Bereich der Landwirtschaft oder der saure Regen. Hier ist die Entdeckung und die Kontrolle viel schwieriger zu bewerkstelligen, weil man meist keinen konkreten Verursacher identifizieren kann. Es bleibt also nur die Identifizierung allgemeiner Ursachen und die Entwicklung, Durchsetzung und Kontrolle entsprechend wirksamer gesetzlicher Regelungen.

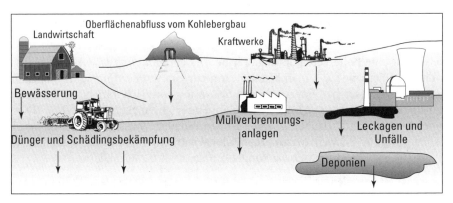

Abbildung 19.4: Einige Ursachen für die Wasserverschmutzung

Das Blei ist noch nicht überall verschwunden: Verunreinigungen durch Schwermetalle

Die Wassernetze werden gründlich auf Schwermetalle hin untersucht, weil diese äußerst giftig sind. Schadstoffquellen sind hier Deponien, Industrieanlagen, die Landwirtschaft, der Bergbau und alte Wasserleitungen.

Eines der Schwermetalle, die immer wieder als Schadstoff durch die Presse geistern, ist das Blei. Große Mengen Blei sind durch die Verwendung des Schwermetalls im Benzin lange Jahre in unsere Umwelt gelangt. Das dem Benzin zur Verbesserung der Klopffestigkeit zugegebene Bleitetraethyl wurde bei der Verbrennung oxidiert und durch den Auspuff in die Atmosphäre geblasen. Über den Regen gelangte das Blei dann schließlich in den Wasserkreislauf. Eine weitere Bleiquelle sind Wasserleitungen aus Blei, die sich noch in alten Gebäuden finden, oder mit bleihaltigen Lötmitteln verlötete Leitungen, die Blei an das Wasser abgeben.

Quecksilber gelangt über quecksilberhaltige Verbindungen, die als Pflanzenschutzmittel vor Pilzen und Fäulnis schützen sollen, in den Wasserkreislauf. Der Oberflächenabfluss von Feldern schwemmt diese Verbindungen in das Oberflächenwasser aus, von wo es nicht selten auch ins Grundwasser gelangt.

Unsere Autos sind mit ihren Chromteilen auch eine indirekte Quelle einer Schwermetallbelastung. Chromverbindungen (etwa CrO_4^{2-}) bringen den gewünschten Glanz für Stoßstangen und Kühlergrills. Für diesen Überzug benötigt man Zyanid-Ionen (CN^-), einen weiteren Schadstoff. Diese Schadstoffe wurden früher direkt ins Abwasser geleitet. Heute werden sie entweder vorbehandelt, damit sie weniger giftig sind, oder aber abgeschieden (in einen Feststoff überführt) und in Deponien gelagert.

Auch der Bergbau trägt das Seine zur Schwermetallbelastung bei. Beim Abbau werden Mineralien gefördert, die Metalle enthalten. Sofern bei der Gewinnung der Erze und der Kohle aus den geförderten Gesteinen saure Chemikalien verwendet werden, werden diese Metalle gelöst und können in das Oberflächenwasser oder gar ins Grundwasser gelangen. Man kann dies dadurch verhindern, dass man die Minenabwässer auffängt und die Metall-Ionen daraus entfernt.

Wenn Schwermetall-Ionen aus Industrieanlagen in den Wasserkreislauf gelangen, reichern sie sich auf ihrem Weg durch die Ökosysteme mit der Zeit in immer höheren Konzentrationen an. (Das Gleiche passiert mit den Radioisotopen: Mehr dazu in Kapitel 5.) Selbst wenn die Ionen ursprünglich nur in einer schwachen Konzentration freigesetzt wurden, können sie auf dem Weg durch die Nahrungskette toxische Konzentrationen erreicht haben, wenn sie beim Menschen ankommen. Zu einer gefährlichen Entwicklung kam es auch in der Minamata Bay in Japan. Eine Fabrik leitete ihre Quecksilberabfälle einfach ins Meer. Auf dem Weg durch das Ökosystem wurde daraus das äußerst giftige Methylquecksilber, das vielen Menschen den Tod oder zumindest dauerhafte Schädigungen des Zentralnervensystems brachte.

Saurer Regen

Stickstoffoxide und Schwefel können sich mit der Feuchtigkeit der Atmosphäre zu Regenwasser verbinden, das sehr sauer ist – dem sauren Regen. Dieser Regen wirkt sich auf den pH-Wert von Seen und Flüssen aus und schädigt das Leben in diesen Gewässern. In manchen Seen gibt es in Folge des sauren Regens gar kein Leben mehr.

Saurer Regen ist ein gutes Beispiel für eine diffuse Schadstoffquelle. Man kann keine konkrete Größe als Ursache für den sauren Regen isolieren. Durch gesetzliche Maßnahmen zum Schutz der Luft ist es gelungen, das Ausmaß des sauren Regens zu reduzieren. Das Problem an sich ist damit jedoch nicht gelöst. (Mehr über den sauren Regen erfahren Sie in Kapitel 18.)

Infektiöse Erreger

Zu dieser Art der Schadstoffe gehören etwa die Kolibakterien aus menschlichen und tierischen Ausscheidungen. Kolibakterien waren früher ein weltweites Problem. Typhus-, Cholera- und Durchfallepidemien waren an der Tagesordnung. In den Industrienationen hat die Reinigung der Abwässer in Kläranlagen diese Probleme beseitigt. In Entwicklungsländern sind sie jedoch noch aktuell.

Viele Experten sind der Meinung, dass mehr als drei Viertel der weltweiten Krankheiten auf biologische Verunreinigungen des Wassers zurückzuführen sind. Auch heute werden immer wieder Strände und Seen zeitweise wegen biologischer Verunreinigungen gesperrt.

Peinlich genaue Kontrollen von Kläranlagen, Klärtanks, Jauchegruben und Oberflächenabflüssen von Weiden sind nötig, um biologische Verunreinigungen der Gewässer zu vermeiden.

Deponien

Müll- und Sondermülldeponien sind Quellen erheblicher Grundwasserverunreinigungen. Unsere heutigen Deponien werden so angelegt, dass die Einsickerung von Schadstoffen in das Grundwasser durch geologische Barrieren, verschiedene Abdichtungssysteme und die Klärung von Sickerwasser verhindert werden. Die ordnungsgemäße Funktion dieser Barrieren kann durch technische Überwachungsanlagen dabei ständig kontrolliert werden. In den USA verfügen nur wenige Deponien über diese Voraussetzungen.

Viele Deponien enthalten flüchtige organische Verbindungen. Zu diesen Verbindungen gehören auch Benzol und Toluol (beide sind krebserregend), gechlorte Kohlenwasserstoffe wie Tetrachlorkohlenstoff und Trichlorethylen, das als Lösungsmittel bei der chemischen Reinigung eingesetzt wurde. Auch wenn diese Verbindungen nicht gut wasserlöslich sind, sammeln sie sich in der Größenordnung von einigen ppm an. Die langfristigen Auswirkungen auf die menschliche Gesundheit sind heute noch nicht abschätzbar.

Die meisten Leute denken bei giftigen Abfällen an Industriemüll. Dabei wird die normale Müllhalde zunehmend beliebter, wenn es um die Entsorgung gefährlicher oder giftiger Haushaltsabfälle geht. Jedes Jahr landen trotz kostenloser Entsorgungsalternativen tonnenweise giftige Materialien auf kommunalen Müllhalden:

✔ Batterien, die zum Teil Quecksilber enthalten

✔ Farben auf Ölbasis, die organische Lösungsmittel enthalten

✔ Motoröl mit Metallen und organischen Verbindungen

✔ Benzin mit organischen Lösungsmitteln

✔ Autobatterien mit Schwefelsäure und Blei

✔ Frostschutzmittel mit organischen Lösungsmitteln

✔ Haushaltsinsektizide mit organischen Lösungsmitteln und Pflanzenschutzmittel

✔ Feuer- und Rauchmelder mit radioaktiven Isotopen

✔ Nagellackentferner mit organischen Lösungsmitteln

Die Alternative zu Deponien sind Recycling, Verbrennung und Müllvermeidung. Ein großer Teil der Abfälle, die auf Deponien landen, kann recycelt werden – Papier, Glas, Aluminium und einige Kunststoffe –, aber da kann man noch mehr tun. Die Verbrennung von Hausmüll kann mit der Stromerzeugung verbunden werden. Moderne Müllverbrennungsanlagen sind relativ sauber und verschmutzen die Luft kaum. Die zurückbleibende Schlacke nimmt aber immer noch ein Drittel des Raums der Ausgangsmenge ein. Der beste Müll ist natürlich der, der gar nicht erst entsteht. Um der Flut des Verpackungsmülls entgegenzuwirken, wurde in Deutschland 1991 die Verpackungsverordnung erlassen. Damit wurden diejenigen, die ein Produkt herstellen und verkaufen, dazu verpflichtet, sich auch um dessen Rücknahme und Verwertung zu kümmern. Die Verpackungsmenge ist seitdem erheblich zurückgegangen. Zur Verminderung der Müllmenge tragen auch Mehrwegverpackungen und Pfandsysteme erheblich bei.

Wasserverschmutzung durch Agrarwirtschaft

Die Agrarwirtschaft wird in vielfältiger Weise mit der Wasserverschmutzung in Verbindung gebracht. Der übertriebene Einsatz von Düngemitteln, die Nitrat- und Phosphatverbindungen enthalten, hat zum Beispiel zu einem übermäßigen Algen- und Pflanzenwachstum in Flüssen und Seen geführt. Dieses gesteigerte Wachstum wiederum wirkt sich auch beschleunigend auf die anderen Kreisläufe in den Wassersystemen aus – ein Prozess, der unter dem Namen *Eutrophierung* bekannt ist.

Ebenfalls in den Wasserkreislauf gelangen Pestizide, mit denen die Aussaaten vor Krankheiten und Schädlingen geschützt werden sollen. Diese Pestizide, insbesondere solche mit organischen Phosphorverbindungen, reichern sich möglicherweise mit der Zeit in der Nahrungskette an (siehe den Abschnitt *Das Blei ist noch nicht überall verschwunden: Verunreinigungen durch Schwermetalle* weiter vorne im Kapitel). Viele erinnern sich vielleicht noch an die Berichte über die Auswirkungen von DDT auf Fische und Vögel. Wegen der dramatischen Schäden, die DDT angerichtet hat, wurde es in vielen Ländern verboten, wird aber noch produziert und andernorts verkauft.

Das Einbringen von Erde und Schlamm in die Gewässer ist eine andere Form der Verschmutzung, die mancherorts durch die Agrarindustrie verursacht wird. Die Erde verändert das Flussbett und stört die normalen Kreisläufe in den Flüssen und Seen. Auf diesem Weg gelangen auch in der Erde abgelagerte Chemikalien in den Wasserkreislauf.

Auch Hitze kann schaden: Thermische Verschmutzung

Wenn von Wasserverschmutzung die Rede ist, denkt man gewöhnlich an Schadstoffe wie Blei, Quecksilber, giftige organische Verbindungen und Bakterien. Aber auch Wärme kann ein Gewässer verschmutzen. Die Löslichkeit von Gasen in einer Flüssigkeit nimmt mit zunehmender Temperatur ab (mehr über die Löslichkeit von Gasen finden Sie in Kapitel 13). Das bedeutet, dass warmes Wasser nicht so viel gelösten Sauerstoff enthält wie kaltes Wasser. Aber was hat das mit Verschmutzung zu tun? Die Menge des im Wasser gelösten Sauerstoffs wirkt sich direkt auf das Leben im Wasser aus. Deshalb nennt man das wärmebedingte Absinken des Sauerstoffgehalts des Wassers auch *thermische Verschmutzung*.

Industrielle Anlagen und besonders Kraftwerke brauchen riesige Wassermengen für die Kühlung und Kondensation des erzeugten Dampfs. Dieses Wasser wird in der Regel Flüssen und Seen entnommen und nach Gebrauch auch wieder dorthin zurückgeleitet. Wird das erhitzte Wasser direkt in das Gewässer zurückgeführt, kann die dadurch bedingte Erwärmung den Sauerstoffgehalt so weit absinken lassen, dass manche Fischarten nicht mehr überleben können. Des Weiteren wirkt sich eine erhöhte Temperatur auch auf andere natürliche Zyklen wie das Laichen aus.

In Deutschland darf die Temperatur des wieder eingeleiteten Kühlwassers je nach der Genehmigung eines Kraftwerk 25°C bis 28°C nicht überschreiten. Das Wasser wird daher in Kühltürmen auf eine niedrigere Temperatur abgekühlt und dann erst in die Gewässer zurückgeleitet. Bei der Abkühlung verdunstet allerdings viel Wasser, was in der Umgebung eines Kraftwerks zu einer hohen Luftfeuchtigkeit führt.

Brauchen Sie Sauerstoff? – BSB

Wenn organisches Material (etwa ungeklärte Abwässer, organische Chemikalien oder eine tote Kuh) im Wasser landet, verwest oder fault es. Der Verwesungsprozess besteht im Prinzip in der Oxidation der organischen Verbindungen durch *aerobe Bakterien* (Sauerstoff konsumierende Bakterien) in einfachere Moleküle wie Kohlenstoffdioxid und Wasser.

Dafür muss gelöster Sauerstoff (GS) im Wasser vorhanden sein. Die Menge Sauerstoff, die für die Oxidation organischen Materials vorhanden sein muss, nennt man den *biochemischen Sauerstoffbedarf (BSB)*. Er wird in der Regel in Parts per Million (ppm) angegeben. Ist der BSB zu hoch, wird zu viel gelöster Sauerstoff für den biologischen Abbau verbraucht und es bleibt zu wenig für die Fische übrig. Die Fische sterben und erhöhen den BSB dadurch noch weiter.

Im Extremfall bleibt auch für die aeroben Bakterien nicht mehr genug Sauerstoff übrig, so dass eine andere Bakterienart, die *anaeroben Bakterien*, die Arbeit des Abbaus organischer Materialien übernehmen muss. Anaerobe Bakterien brauchen keinen gelösten Sauerstoff, sondern begnügen sich mit dem Sauerstoff, der in den organischen Verbindungen enthalten ist. (Mehr über die Oxidation und die Reduktion erfahren Sie in Kapitel 9.) Für das Gewässer ist das insofern schlecht, als bei der Arbeit der anaeroben Bakterien übel riechende Verbindungen wie Schwefelwasserstoff (H_2S), Ammoniak und Amine entstehen.

Um ein zu starkes Ansteigen des BSB in den Gewässern zu vermeiden, behandeln die meisten chemischen Industrieanlagen ihre Chemieabfälle vor (meist durch Oxidation), bevor sie ins Wasser abgegeben werden. Dasselbe machen die Städte und Gemeinden in ihren Kläranlagen.

Das müssen wir erst noch klären: Abwässer

Die Zeiten, in denen kommunale Abwässer ungeklärt in die Gewässer eingeleitet wurden, sind Gott sei Dank längst vorbei. Allenfalls bei Fehlfunktionen oder Überlastungen in Katastrophenfällen kann es vorkommen, dass ungeklärte Abwässer die Kläranlagen passieren.

Das ist nicht überall auf der Welt so. In Südasien und weiten Teilen Afrikas zum Beispiel wird nur ein sehr geringer Teil der Abwässer geklärt. In den USA gibt es zumindest eine Klärstufe und oft auch eine zweite und dritte. Abbildung 19.5 zeigt die mechanische und die biologische Reinigung des Abwassers.

Mechanische Abwasserreinigung

Bei der mechanischen Abwasserreinigung wird das Abwasser grob gereinigt und gefiltert. Dabei zieht ein Rechen zunächst das Gröbste aus dem Verkehr. (Was das im Einzelnen ist, darüber sei hier der Mantel diskreten Schweigens ausgebreitet.) Anschließend können sich in einem Sandfang grober Sand, Kies und Steine absetzen. Das abgesetzte Material wird regelmäßig abgesaugt und nach der Trocknung deponiert. Im Vorklärbecken kommt das Wasser fast ganz zur Ruhe. Feine Schmutzstoffe setzen sich am Boden ab, Stoffe, die leichter sind als Wasser, treiben an die Oberfläche und können dort abgeräumt werden.

19 ▶ Braunes, stinkendes Wasser? Wasserverschmutzung

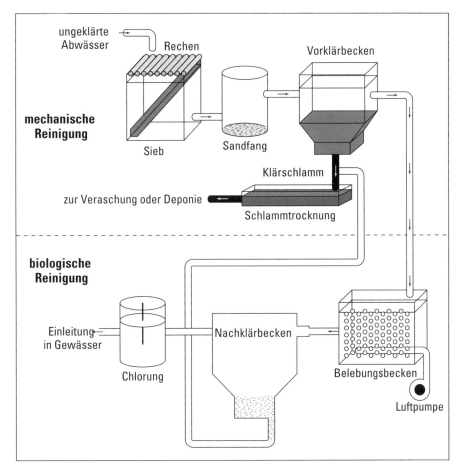

Abbildung 19.5: Mechanische und biologische Reinigung des Abwassers

Etwa ein Drittel der Abfallstoffe werden bei der mechanischen Reinigung entfernt. Wenn das Abwasser nur mechanisch geklärt wird, wird manchmal noch Chlor zugegeben, wodurch die meisten Bakterien abgetötet werden, bevor das Wasser wieder in das Wassernetz eingeleitet wird. Es hat allerdings immer noch einen hohen BSD. Das kann zu Problemen führen, wenn die mechanisch geklärten Abwässer in einen See oder ein langsam fließendes Gewässer eingeleitet werden, insbesondere wenn mehrere angrenzende Gemeinden ihre Abwässer auf die gleiche Weise reinigen. Man kann dies verhindern, indem man an die mechanische Reinigung eine biologische Reinigung anschließt.

Biologische Abwasserreinigung

Im Verlauf der biologischen Abwasserreinigung werden noch im Wasser gelöste organische Verbindungen, die vor allem von Fäkalien stammen, durch Bakterien und andere Mikroorganismen zersetzt. Diese bauen daraus ihre Körpersubstanz auf, vermehren sich und ballen sich zu Flocken zusammen. Weil die Abbauprodukte aerober Bakterien (Sauerstoff verbrauchende Bakterien) weit weniger schädlich sind als die anaerober Bakterien (Bakterien, die den in den organischen Verbindungen gespeicherten Sauerstoff verbrauchen), wird das Belebungsbecken mechanisch oder durch Pumpen belüftet. Im Nachklärbecken setzen sich die zusammengeballten Mikroorganismen als Belebtschlamm ab. Ein Teil dieses Schlamms wird wieder in das Belebungsbecken zurückgeführt, damit dort immer genug Mikroorganismen vorhanden sind. Der Rest wird gesammelt und für die weitere Nutzung aufbereitet. Der aufbereitete Klärschlamm kann zum Teil als Düngung auf Felder aufgebracht werden.

Aber auch die biologische Reinigung kann nicht alle möglicherweise umweltschädlichen Substanzen aus dem Abwasser entfernen. Es bleiben bestimmte organische Verbindungen, Metalle wie Aluminium und Düngemittel wie Phosphate und Nitrate übrig. Hier greift die dritte Stufe, die chemische Reinigung des Abwassers, ein.

Chemische Abwasserreinigung

Bei der chemischen Abwassereinigung werden feine Partikel, Nitrate und Phosphate auf chemischem Weg aus dem Wasser entfernt. Wie das im Einzelnen vor sich geht, hängt davon ab, welche Substanzen entfernt werden sollen. Mit einem Aktivkohlefilter wird beispielsweise der größte Teil der gelösten organischen Verbindungen herausgefiltert. Durch Zugabe von Alaun ($Al_2(SO_4)_3$) werden Phosphat-Ionen ausgefällt, indem die Aluminium-Kationen gelöst und freigesetzt werden.

$$Al^{3+} + PO_4^{3-} \rightarrow AlPO_4(s)$$

Gelegentlich werden auch Verfahren wie der Ionenaustausch (Kapitel 17), die umgekehrte Osmose (Kapitel 11) und die Destillation (Kapitel 15) eingesetzt. All diese Verfahren sind relativ aufwändig und teuer und werden deshalb nur dort eingesetzt, wo sie wirklich unbedingt nötig sind.

Nach der chemischen Reinigung muss das Abwasser noch desinfiziert werden, bevor es wieder in die Gewässer zurückgeleitet wird. Dazu leitet man in der Regel Chlorgas in das Wasser, ein wirkungsvolles Oxidans, das gefährliche Krankheitserreger (Cholera, Durchfall oder Typhus) zuverlässig abtötet. Der Einsatz von Chlor ist allerdings in der letzten Zeit ins Gerede gekommen. Wenn sich nämlich noch organische Verbindungen im Abwasser befinden, können sich zusammen mit dem Chlorgas Chlorkohlenwasserstoffe bilden, von denen einige sich als krebserregend erwiesen haben. Durch kontinuierliche Auswertung von Wasserproben versucht man, die Bildung solcher Verbindungen zu überwachen. Auch Ozon (O_3) kann zur Desinfektion eingesetzt werden. Ozon kann Viren abtöten, die gegenüber Chlor unempfindlich sind. Es ist allerdings teurer und bietet keinen bleibenden Schutz gegen Bakterien.

Trinkwasseraufbereitung

Gutes und sauberes Trinkwasser ist etwas, was wir als selbstverständlich hinzunehmen pflegen. Der größte Teil der Weltbevölkerung ist nicht in dieser glücklichen Lage.

19 ▸ Braunes, stinkendes Wasser? Wasserverschmutzung

Trinkwasser muss hohen Qualitätsansprüchen genügen. Es soll kühl, farblos und geruchlos sein und neutral schmecken. Es darf weder Krankheitserreger noch Schadstoffe enthalten. Unsere *Trinkwasserverordnung* legt die Eigenschaften des Trinkwassers und die Grenzwerte für bestimmte Schadstoffe eindeutig fest.

Wasser aus Tiefbrunnen ist in der Regel nicht gesundheitsgefährdend. Es kann jedoch Eisen oder Mangan enthalten, was Aussehen und Geschmack beeinträchtigt. Diese Anteile werden bei der Trinkwasseraufbereitung in den Wasserwerken entfernt. Bei Oberflächenwasser aus Talsperren, Seen oder Flüssen müssen zunächst die sichtbaren Schmutzpartikel entfernt werden. Das Wasser wird dann durch mehrere Kies- und Sandfilter geleitet. Anschließend tötet man mit Ozon Bakterien und Krankheitserreger ab. Dabei ballen sich auch kleinste Schmutzpartikel zu größeren Flocken zusammen, die dann wieder herausgefiltert werden können. Ein Aktivkohlefilter hält schließlich unerwünschte Geruchs- und Geschmacksstoffe zurück. Bevor das Wasser in das Leitungssystem eingespeist oder in riesigen Kavernen gesammelt wird, wird es noch gechlort. Damit verhindert man, dass sich im Leitungsnetz Bakterien ansiedeln und vermehren. Das Wasser, das dann aus dem Wasserhahn kommt, enthält noch etwa 0,1 mg/l Chlor.

Teil V

Der Top-Ten-Teil

In diesem Teil ...

Die Chemie lebt von Entdeckungen. Manchmal hilft bei diesen Entdeckungen der Zufall kräftig nach. Das erste Kapitel dieses Teils widmet sich meinen zehn liebsten Zufallsentdeckungen. Danach stelle ich Ihnen zehn Koryphäen der Chemie vor. Zehn nützliche Chemie-Websites, mit deren Hilfe Sie Ihr Wissen erweitern können, runden das Ganze ab.

Zehn zufällige Entdeckungen in der Chemie

In diesem Kapitel

- Entdecken, wie Entdeckungen gemacht werden
- Einen Blick auf einige berühmte Wissenschaftler werfen

Dieses Kapitel stellt Ihnen zehn Geschichten von guten Wissenschaftlern vor, die etwas entdeckten, was sie gar nicht suchten.

Archimedes: Alles mit Muße

Archimedes war ein griechischer Mathematiker, der im 3. Jahrhundert vor Christus lebte. Ich weiß, eigentlich sollte es hier um Wissenschaftler gehen und nicht um Mathematiker, aber Archimedes kam da schon verdammt nahe ran.

Hero, der König von Syrakus, gab Archimedes den Auftrag festzustellen, ob seine neue goldene Krone wirklich aus purem Gold gefertigt sei oder ob der Goldschmied eine Legierung verwendet und das ersetzte Gold in die eigene Tasche gesteckt habe. Archimedes wusste, was Dichte ist, und er kannte die Dichte von reinem Gold. Er dachte sich, wenn er die Dichte der Krone messen und sie mit der Dichte reinen Goldes vergleichen könnte, dann würde sich erweisen, ob der Goldschmied ein Ehrenmann war oder nicht. Nun wusste Archimedes zwar, wie er das Gewicht der Krone, nicht aber, wie er ihr Volumen messen konnte, um dann die Dichte zu errechnen.

Das Denken strengte ihn an und er beschloss, sich in den öffentlichen Bädern ein wenig Entspannung zu gönnen. Als er in die gefüllte Wanne stieg und das Wasser überlief, erkannte er, dass das Volumen seines Körpers gleich dem Volumen des Wassers sein musste, das aus der Wanne floss. Da war sie, die Antwort auf die Frage nach dem Volumen der Krone des Königs. Er war so aufgeregt, dass er nackt durch die Straßen nach Hause lief und immer wieder ausrief: »Eureka, eureka!« (Ich hab's!). Seine Methode, das Volumen eines unregelmäßig geformten Festkörpers zu ermitteln, wird auch heute noch angewandt. (Die Krone war übrigens aus einer Legierung gefertigt, und der schurkische Goldschmied erhielt umgehend seine gerechte Strafe.)

Die Vulkanisierung von Gummi

Im frühen 16. Jahrhundert entdeckte man in Südamerika den Gummi in der Form von Latex. Man maß dem allerdings nicht viel Bedeutung bei, denn das Latex wurde klebrig und verlor bei Hitze die Form.

Charles Goodyear war auf der Suche nach einem Verfahren, wie man den Gummi stabilisieren könnte, als er im Jahre 1839 aus Versehen ein Gemisch aus Gummi und Schwefel auf einen heißen Ofen kippte. Ihm fiel auf, dass die sich daraus ergebende Verbindung ihre Form auch bei Hitze behielt. Goodyear arbeitete in diese Richtung weiter und ließ sich die *Vulkanisierung* – den chemischen Prozess, mit dem man Rohgummi oder synthetischen Gummi oder Kunststoffen so nützliche Eigenschaften wie Elastizität, Stärke und Stabilität verleiht – patentieren.

Rechts und links drehende Moleküle

Im Jahre 1884 heuerten die französischen Weinerzeuger Louis Pasteur an, um eine Verbindung zu untersuchen, die sich während der Gärung an den Weinfässern anlagerte – Traubensäure. Pasteur wusste, dass Traubensäure mit Weinsäure identisch war, die als *optisch aktiv* bekannt war: Optisch aktive Substanzen drehen die Schwingungsebenen des polarisierten Lichts nach links oder rechts.

Als Pasteur das Salz der Traubensäure unter dem Mikroskop untersuchte, fand er zwei Kristalltypen vor, die sich wie Bild und Spiegelbild zueinander verhielten. Mit einer Pinzette trennte Pasteur die Kristalle in mühsamer Kleinarbeit voneinander und stellte fest, dass sie beide optisch aktiv waren, das polarisierte Licht jedoch im selben Maß, aber in unterschiedlicher Richtung drehten. Diese Entdeckung eröffnete den Chemikern ein völlig neues Forschungsfeld und belegte, wie wichtig die Molekulargeometrie im Hinblick auf die Eigenschaften von Molekülen ist.

William Perkin und die Farbe Lila

Im Jahre 1856 beschloss William Perkin, ein Student am Royal College of Chemistry, während der Osterferien zu Hause zu bleiben und sich der Synthese von Chinin zu widmen. (Meine Studenten haben in den Osterferien noch nie ein Labor von innen gesehen.)

Im Verlauf seiner Experimente hatte Perkin eine schwarze Schmiere erzeugt. Als er das Reagenzglas mit Alkohol säubern wollte, löste sich die Schmiere auf und färbte sich lila. Er hatte den ersten synthetischen Farbstoff hergestellt. Zu seinem Glück war Lila damals gerade groß in Mode und entsprechend groß war auch die Nachfrage nach seinem Farbstoff. Perkin brach die Schule ab und gründete mit der Hilfe seiner wohlhabenden Eltern eine Fabrik zur Herstellung seines Farbstoffs.

Wäre das die ganze Geschichte, dann hätte sie wenig Auswirkungen auf die Geschichte der Chemie gehabt. In Deutschland sah man das Potenzial dieses Zweigs der chemischen Industrie und investierte viel Zeit und Geld. So kam es, dass Deutschland bald im Bereich der chemischen Forschung und Industrie führend wurde.

Kekulé: Ein schöner Traum

Friedrich Kekulé, ein deutscher Chemiker, arbeitete Mitte der 1860er Jahre an der Strukturformel von Benzol (C_6H_6). Eines Abends saß er in seiner Wohnung vor dem Kamin. Er döste ein und sah plötzlich schlangenartig tänzelnde Flammen vor sich. Plötzlich löste sich eine Schlange aus der Gruppe und formte einen Kreis oder einen Ring. Kekulé war schlagartig hellwach und erkannte, dass Benzol eine ringförmige Struktur hat. Er arbeitete die ganze Nacht hindurch an seiner Entdeckung. Kekulés Benzol-Modell ebnete den Weg für die moderne Erforschung aromatischer Verbindungen.

Die Entdeckung der Radioaktivität

Im Jahre 1896 studierte Henri Becquerel die Phosphoreszenz (das Leuchten) bestimmter Mineralien unter dem Einfluss von Licht. Er nahm sich dabei ein Mineral, setzte es auf eine dick umwickelte fotografische Platte und legte das Ganze in starkes Sonnenlicht.

Er bereitete gerade wieder ein solches Experiment vor, als Paris von einer dicken Wolkenschicht überzogen wurde. Becquerel legte ein Mineral auf die vorbereitete Platte und steckte das Ganze erst einmal in eine Schublade. Tage später entwickelte er die photografische Platte und fand ein klares Bild des darauf abgelegten Kristalls vor, das doch gar nicht im Licht gelegen hatte. Das betreffende Mineral enthielt Uran. Becquerel hatte die Radioaktivität entdeckt.

Eine schlüpfrige Sache: Teflon

Roy Plunkett, ein Chemiker in Diensten der Firma DuPont, entdeckte Teflon im Jahre 1938. Er arbeitete jedoch an der Synthese neuer Kühlmittel. Er hatte sich einen Behälter mit Tetrafluorethylen ins Labor liefern lassen. Aber als er das Ventil öffnete, tat sich gar nichts. Er fragte sich, wie das wohl kam, und schnitt den Behälter auf, um das Rätsel zu lösen. Er fand eine weiße Substanz vor, die sehr glatt war und in keiner Weise reagierte. Das Gas war zu einer Substanz polymerisiert, die wir heute Teflon nennen. Im Zweiten Weltkrieg verwendete man diese Substanz für die Dichtungen und Ventile der Anlagen für die Herstellung der Atombombe. Nach dem Krieg fand das Teflon als Beschichtung nicht haftender Pfannen den Weg in die Küchen der Welt.

Nicht nur für Sträflinge: Haftnotizen

Mitte der 70er Jahre arbeitete ein Chemiker namens Art Frey in der Klebstoffabteilung der Firma 3M. Frey, der in seiner Freizeit in einem Chor sang, legte sich immer kleine Zettelchen in seine Gesangsnoten, aber diese fielen jedes Mal wieder heraus. Da erinnerte er sich an einen Klebstoff, der vor ein paar Jahren entwickelt worden, aber wieder verworfen worden war, weil er nicht so zuverlässig klebte. Am darauf folgenden Montag schmierte er ein wenig dieses »lausigen« Klebstoffs auf ein Stück Papier und entdeckte, dass es sich so vorzüglich als Lesezeichen eignete – es ließ sich sogar ohne jegliche Rückstände wieder ablösen. Jetzt wissen Sie, wem Sie die Flut der kleinen gelben Zettelchen zu verdanken haben, die aus der Arbeitswelt kaum noch wegzudenken sind.

Lass wachsen

In den späten 70er Jahren setzte man das Medikament Minoxidil der Firma Upjohn zur Senkung hoher Blutdruckwerte ein. Im Jahre 1980 erwähnte Dr. Anthony Zappacosta in einem in der Zeitung *The New England Journal of Medicine* veröffentlichten Brief, dass einer seiner Patienten während der Therapie mit Minoxidil von einsetzendem Haarwuchs auf seinen fast kahlen Schädel berichtet hatte.

Das interessierte die Dermatologen. Dr. Virginia Fiedler-Weiss zerdrückte eine der Tabletten, löste sie auf und wandte sie auf dem Kopf eines Patienten äußerlich an. In zahlreichen Fällen (etwa bei jedem dritten Probanden) hormonbedingten Haarausfalls regte dies den Haarwuchs an, so dass man Minoxidil heute auch als Haarwuchsmittel kaufen kann.

Süßer als Zucker

Im Jahre 1879 arbeitete ein Chemiker namens Constantin Fahlberg im Labor an einer Synthese. Dabei bekleckerte er sich versehentlich seine Hände mit einer seiner neu hergestellten Verbindungen und stellte fest, dass sie süß schmeckte. (So etwas hören die Verfasser der Gefahrschutzordnung immer sehr gerne.) Er nannte die neue Substanz *Saccharin*.

James Schlatter entdeckte die Süßwirkung von *Aspartam*, während er an einer Verbindung im Zusammenhang mit der Erforschung von Geschwüren arbeitete. Auch er kleckerte sich versehentlich ein wenig des hergestellten Esters auf die Finger. Wie süß die Substanz war, bemerkte er, als er seinen Finger befeuchtete, um eine Seite in seinen Unterlagen umzublättern.

Zehn Koryphäen der Chemie

In diesem Kapitel
- Erfahren, wie einige Wissenschaftler die Chemie beeinflusst haben
- Einige wichtige Entdeckungen entdecken
- Mit der Rolle des Einzelnen in der Wissenschaft auseinander setzen

Wissenschaft ist ein menschliches Unterfangen. Wissenschaftler stützen sich auf ihr Wissen, ihre Ausbildung, ihre Intuition und ihre Nase. (Und wie ich Ihnen in Kapitel 20 zu vermitteln versuche, spielen auch Zufälle und Glück eine Rolle.) In diesem Kapitel stelle ich ihnen zehn Wissenschaftler vor, deren Entdeckungen die Chemie weiter gebracht haben. Es gibt sicher Hunderte, die man hier nennen könnte, aber dies sind meine zehn Favoriten.

Amedeo Avogadro

Im Jahre 1811 beschäftigte sich der Ex-Rechtsgelehrte und spätere Wissenschaftler Avogadro mit den Eigenschaften der Gase und entwickelte sein heute berühmtes Gasgesetz: Gleiche Volumina beliebiger Gase enthalten bei gleicher Temperatur und gleichem Druck die gleiche Anzahl Partikel. Auf der Grundlage dieses Gesetzes kann man die Anzahl der Partikel in einem bestimmten Volumen jeder beliebigen gasförmigen Substanz bestimmen. Man nennt diese Anzahl die Avogadro-Zahl oder Avogadro-Konstante. Mehr darüber erfahren Sie in Kapitel 10.

Niels Bohr

Der dänische Wissenschaftler Niels Bohr entwickelte aus der Beobachtung, dass Elemente beim Erhitzen Energie in bestimmten Wellenlängen (dem so genannten Linienspektrum) abgeben, die Vorstellung, dass Elektronen nur in bestimmten, messbaren Energiezuständen in einem Atom existieren können. Bohr folgerte, dass sich die Spektrallinien aus den Übergängen zwischen diesen Energiezuständen ergeben.

Das Bohr'sche Atommodell berücksichtigte zum ersten Mal das Konzept der Energiezustände, das heute allgemein anerkannt ist. Für seine Arbeit erhielt Niels Bohr 1922 den Nobelpreis.

Madame Marie Curie

Madame Curie wurde in Polen geboren, arbeitete aber überwiegend in Paris. Zusammen mit ihrem Ehemann Pierre, einem Physiker, war sie mit grundlegenden Forschungen zur Radioaktivität befasst. Marie Curie entdeckte, dass Uranpecherz (Pechblende) zwei Elemente enthielt, die mehr Radioaktivität aufweisen als Uran. Diese Elemente nannte sie Polonium und Radium. Marie Curie prägte den Begriff *Radioaktivität*. Ihr Mann und sie teilten sich im Jahre 1903 den Nobelpreis mit Henri Becquerel.

John Dalton

Im Jahre 1803 stellte John Dalton das erste moderne Atommodell vor. Er entwickelte das Konzept von der Beziehung zwischen den Elementen und den Atomen und erklärte, dass Verbindungen Kombinationen von Elementen sind. Darüber hinaus geht das Konzept der atomaren Masse auf ihn zurück.

Anders als viele andere Wissenschaftler, die viele Jahre auf die Anerkennung ihrer Ideen warten mussten, erlebte Dalton, wie die wissenschaftliche Gemeinschaft seine Theorien bereitwillig aufnahm. Seine Modelle lieferten Erklärungen für einige aus Beobachtungen abgeleitete Gesetzmäßigkeiten und legten den Grundstein für den quantitativen Ansatz in der Chemie. Nicht schlecht für einen Menschen, der schon mit 12 zu unterrichten begann!

Michael Faraday

Michael Faraday leistete einen kaum zu unterschätzenden Beitrag im Bereich der Elektrochemie. Er prägte die Begriffe *Elektrolyt*, *Anion*, *Kation* und *Elektrode*. Er führte die Gesetze ein, nach denen die Elektrolyse erfolgt, entdeckte die magnetischen Eigenschaften der Materie und auch einige organische Verbindungen, darunter Benzol. Darüber hinaus entdeckte er den Effekt der magnetischen Induktion und schuf damit die Grundlagen für die Entwicklung des Elektromotors und des Transformators. Ohne die Entdeckungen Faradays hätte ich dieses Buch mit einer Feder bei Kerzenlicht schreiben müssen.

Antoine Lavoisier

Antoine Lavoisier war ein sehr sorgfältig arbeitender Wissenschaftler, der sehr detailliert beobachtete und seine Experimente plante. Diese Voraussetzungen führten mit dazu, dass er den Vorgang der Atmung mit dem Vorgang der Verbrennung in Beziehung setzte. Er prägte den Begriff *Sauerstoff (Oxygen)* für das Gas, das Priestley isoliert hatte. Seine Studien gipfelten 1789 im Gesetz der Erhaltung der Materie (Prinzip der Massenerhaltung), das besagt, dass Materie weder geschaffen noch zerstört werden kann. Dieses Gesetz ermöglichte Dalton die Entwicklung seiner Atomtheorie. Lavoisier wird auch der Vater der modernen Chemie genannt.

Während der Französischen Revolution wurde der ehemalige Steuerpächter wegen Erpressung angeklagt und 1794 auf dem Schafott hingerichtet.

Dimitri Mendelejew

Mendelejew gilt als der Begründer des Periodensystems, einer Tabelle, ohne die in der Chemie gar nichts geht. Im Rahmen der Vorbereitung eines Buches im Jahre 1869 entdeckte er die Ähnlichkeiten unter den Elementen. Er fand heraus, dass sich ein Muster wiederkehrender Eigenschaften ergab, wenn man die damals bekannten Elemente nach ihrem Atomgewicht sortierte. Auf der Grundlage dieser *periodischen*, also wiederkehrenden Eigenschaften entwickelte er das erste Periodensystem.

Dabei erkannte Mendelejew schon damals, dass sein Periodensystem Löcher hatte, die mit noch zu entdeckenden Elementen gefüllt werden würden. Ausgehend von den periodischen Eigenschaften konnte er die Eigenschaften der fehlenden Elemente vorhersagen. Als später die Elemente Gallium und Germanium entdeckt wurden, stellte man fest, dass die Eigenschaften dieser Elemente in etwa mit den von Mendelejew vorhergesagten Eigenschaften übereinstimmten.

Linus Pauling

Wenn Lavoisier der Vater der Chemie ist, ist Linus Pauling der Vater der chemischen Bindung. Indem er unermüdlich nach den genauen Umständen des Zustandekommens von Bindungen zwischen den Elementen forschte, entwickelte er die Grundlagen für unser modernes Verständnis von Bindungen. Sein Buch »Die Natur der chemischen Bindung« (1939) ist ein Klassiker der chemischen Literatur.

Pauling erhielt im Jahre 1954 den Nobelpreis für Chemie. 1963 erhielt er einen weiteren Nobelpreis, den Friedensnobelpreis, für seinen unermüdlichen Einsatz für die Einschränkung von Atomwaffentests. Er ist damit der bisher einzige Mensch, der als einzelne Person zwei Nobelpreise erhalten hat. (Er ist auch bekannt dafür, dass er die Bekämpfung von Erkältungen mit hohen Dosen von Vitamin C befürwortete.)

Ernest Rutherford

Obwohl Ernest Rutherford wohl eher den Physikern zuzuordnen ist, hat ihm seine Mitarbeit an der Entwicklung des modernen Atommodells auch einen Ehrenplatz unter den Chemikern eingebracht.

Rutherford leistete Pionierarbeit im Bereich der Radioaktivität, bei der Entdeckung und Charakterisierung der Alpha- und Beta-Teilchen und bekam für seine Arbeit den Nobelpreis für Chemie. Vielleicht kennt man ihn jedoch eher wegen seiner Streuungsexperimente, in deren Folge er (nach zwei Jahren) erkannte, dass das Atom hauptsächlich aus leerem Raum besteht und dass es in der Mitte eine zentrale, punktförmig konzentrierte elektrische Ladung geben muss, die wir heute als Atomkern bezeichnen. Durch Rutherford inspiriert erwarben viele seiner früheren Studenten später selbst einen Nobelpreis.

Glenn Seaborg

Glenn Seaborg war im Verlauf seiner Arbeit am Manhattan Project (so nannte man das Atombomben-Projekt) an der Entdeckung mehrerer der so genannten Transuran-Elemente (Elemente mit einer Ordnungszahl jenseits von 92) beteiligt. Seaborg vertrat die These, dass die Elemente Th, Pa und U falsch in das Periodensystem einsortiert worden seien und stattdessen als die ersten drei Elemente einer neuen seltenen Serie unterhalb der Lanthaniden aufgeführt werden sollten.

Nach dem Zweiten Weltkrieg veröffentlichte er seine These und traf auf erbitterten Widerstand. Man warf ihm vor, er ruiniere seinen Ruf als Wissenschaftler, wenn er seine Theorie weiter verfolge. Seine Antwort lautete, er habe gar keinen Ruf als Wissenschaftler. Er arbeitete weiter und behielt Recht. Im Jahre 1951 erhielt auch er den Nobelpreis für Chemie.

Das Mädchen in der dritten Klasse, das mit Essig und Backpulver herumexperimentiert

Dieses Mädchen aus der dritten Klasse steht für alle Kinder, die jeden Tag großartige Entdeckungen machen. Sie erkunden ihre Umwelt mit der Lupe. Sie nehmen das Gewölle von Eulen auseinander und sehen nach, was die Eule so gefressen hat. Sie experimentieren mit Magneten. Sie schauen zu, wie Tierbabys geboren werden. Sie bauen kleine Vulkane aus Essig und Backpulver. Sie merken, dass Wissenschaft Spaß macht.

Sie hören zu, wenn man ihnen erzählt, dass WissenschaftlerInnen immer wieder neue Anläufe nehmen müssen und nicht aufgeben dürfen. Ihre Eltern und Lehrer ermutigen sie. Niemand sagt ihnen, dass Wissenschaft für sie eine Nummer zu groß ist. Und wenn ihnen doch jemand so einen Quatsch erzählt, glauben sie ihm nicht.

Sie stellen Fragen, viele Fragen. Sie lieben die Vielseitigkeit und die Schönheit der Wissenschaft. Sie werden vielleicht nie selbst die wissenschaftliche Laufbahn einschlagen. Aber sie werden eines Tages mit ihren Kindern am Esstisch sitzen, lachen und Witze machen und ihnen helfen, auch einen Vulkan aus Essig und Backpulver zu bauen.

Zehn nützliche Chemie-Websites

In diesem Kapitel
- Einen Blick auf Websites im Bereich Chemie werfen
- Chemische Websites nach dem durchsuchen, was Sie suchen
- Die gefundenen Links nutzen

W er Informationen sucht, für den ist das Internet eine wahre Goldgrube. Allerdings ist auch hier nicht alles Gold, was glänzt. In diesem Kapitel zeige ich Ihnen einige gute Anlaufadressen für die Suche nach Informationen im chemischen Bereich. Wie Sie vielleicht auch schon festgestellt haben, gibt es Websites mit unterschiedlichen Halbwertszeiten. Ich kann also nicht garantieren, dass Sie unter den hier angegebenen Adressen das finden, was ich Ihnen angekündigt habe. Dennoch habe ich mich bemüht, solche Websites auszuwählen, die aller Wahrscheinlichkeit nach länger bestehen werden. Nutzen Sie die Links, die Sie auf den angegebenen Websites finden, um sich weiter in der Chemie umzutun. Sie werden viel Interessantes finden!

Prof. Blumes Bildungsserver für Chemie

http://dc2.uni-bielefeld.de/dc2/index.html

Professor Blume bietet eine reichhaltige Sammlung an Experimenten und Hintergrundtexten zur Chemie an. Dabei stehen besonders alltägliche Phänomene im Vordergrund. Die Absicht der Macher ist nicht, alles bis ins letzte Detail aufzudröseln, sondern alle an Chemie Interessierten zu ermuntern, selbst aktiv zu werden, nachzulesen und zu experimentieren. Wenn man so will, ist diese Website eine Art »Sendung mit der Maus« für Erwachsene. Neben den reichhaltigen Informationen kann man häufig gestellte Fragen durchforsten, selber per E-Mail Fragen stellen und über eine Suchmaschine den Server gezielt nach Stichworten durchsuchen.

Naturwissenschaftliches Arbeiten

http://www.seilnacht.com/index.htm

Thomas Seilnacht, der acht Jahre lang unter anderem Chemie und Biologie unterrichtet hat und jetzt als freier Autor tätig ist, hat eine rundum gelungene Website rund um das naturwissenschaftliche Arbeiten auf die Beine gestellt, in der man nicht lange suchen muss, um jede Menge Informationen zu finden. Dazu zählen neben einem umfassenden Lexikon mit Abbildungen auch eine Reihe gut dokumentierter Experimente (zum Teil mit kleinen Filmen im RealPlayer-Format zum Herunterladen). Die Grundlagen der Laborarbeit werden ebenso thematisiert wie das Periodensystem in all seinen Perspektiven. Neben den umfassenden, frei zugänglichen Informationen kann man weitere Informationen auf einer CD-ROM erwerben, wenn man daran interessiert ist.

Gefährliche Stoffe

http://igsvtu.lua.nrw.de/igs_portal/index.htm

Das Landesumweltamt Nordrhein-Westfalen bietet allen Interessierten Zugriff auf das Informationssystem für gefährliche Stoffe (IGS). Otto Normalverbraucher klickt auf den Link IGS-Public und landet auf einer Suchseite, bei der man den Namen, die Summenformel oder andere ID-Nummern eingeben kann, um sich umfassend über alle Aspekte eines Stoffes (Stoffeigenschaften, Umweltschutz, Verbraucherschutz, Arbeitsplatzsicherheit, Gefährdungen im Schulbereich) zu informieren. Dabei wird jeweils auch die Quelle angegeben, aus der die Informationen stammen.

ChemLin.de

www.chemlin.de

ChemLin versteht sich als Informationsportal für Themen der Chemie und angrenzender Wissenschaftsgebiete im weitesten Sinne. Hier bieten sich Ihnen etwa 20000 Internetquellen der unterschiedlichsten Art (kostenlos und kommerziell, von wissenschaftlichen Informationen bis zum Produktmarketing und Jobbörsen), die Sie nach Ihren Schwerpunkten durchsuchen können.

Bundesministerium für Umwelt, Naturschutz und Reaktorsicherheit

www.bmu.de

Dies ist die offizielle Seite des Bundesministeriums für Umwelt, Naturschutz und Reaktorsicherheit, auf der Ihnen Jürgen Trittin höchstpersönlich »Viel Spaß beim Surfen« wünscht. Sie finden hier die geltenden Umweltgesetze und -verordnungen, Informationen über die aktuell diskutierten Umweltfragen, Links zu den Landesumweltministerien, archivierte Reden, aktuelle Termine und so weiter und so weiter. Angeboten wird auch eine eigens für Kinder gestaltete Website, die man über den Link Kids erreicht. Hier sind die Themen Natur, Energie, Verkehr und Abfall speziell für Kinder aufbereitet. Eine reichhaltige Linkliste lädt zum Weitersurfen ein.

Chemieplanet

www.chemieplanet.de

Die Website Chemieplanet bietet Grundlageninformationen zu den Bereichen Elemente, Stoffe, Reaktionen, Alltagschemie und Chemiegeschichte.

Interaktives Periodensystem

www.chemiestudent.de/chemie/perioden.php

Auf dieser Seite der Website chemiestudent.de finden Sie ein interaktives Periodensystem, das beim Darüberfahren mit der Maus Angaben über den Namen, den Entdecker, die Atommasse, den Siedepunkt, die Isotope, die Elektronen, die Orbitale und die spezifische Dichte ausspuckt. Daneben bietet die Website etwa 300 Protokolle und Skripten, Namensreaktionen, Strukturformeln, einen Molgewichtsrechner und eine umfangreiche Linksammlung.

Chemikalien und Riechstoffe

www.omikron-online.de/cyberchem

Omikron ist ein Unternehmen, das unter anderem Feinchemikalien, Laborgeräte, Lebensmittelzusätze und Kosmetikrohstoffe online vertreibt. Hier erhalten Sie auch die Rohstoffe für die in der Sendung »Hobbythek« hergestellten Produkte. Daneben bietet Omikron aber auch ein Chemikalien-Lexikon, das zu den aufgelisteten Chemikalien ausführliche Datenblätter mit Angaben zu Eigenschaften, Herstellung und Verwendung der chemischen Verbindungen liefert. Zum Teil gibt es zu den einzelnen Verbindungen auch Sicherheitsinformationen und Literaturhinweise. Ergänzt wird das Lexikon durch ein Riechstofflexikon, das zurzeit 62 Monographien enthält.

Das Exploratorium

www.exploratorium.edu

Das Exploratorium, die Website des *Museum of science, art and human perception* ist zwar eine amerikanische, also englischsprachige Website, aber so gut gemacht und voller Informationen, dass Sie ruhig mal vorbeischauen sollten. Das Angebot zielt auf Familien und Kinder und wird ständig ausgebaut. Lassen Sie sich zeigen, welche wissenschaftlichen Erkenntnisse hinter den verschiedenen Sportarten stecken. Erkennen Sie, was hinter optischen Täuschungen steckt. Das vielfältige Angebot weckt die Neugier auf die Welt, in der wir leben.

Deutsches Museum

www.deutsches-museum.de

Auch das Deutsche Museum bietet mit seiner Website Einblicke in sein vielfältiges Informationsangebot. Sehen Sie sich die Versuchsanordnungen berühmter Forscher oder den ersten Dieselmotor in Aktion an. Lauschen Sie den Klängen ausgestellter historischer Musikinstrumente. Werfen Sie einen Blick in die wissenschaftliche Chemie, die experimentelle Chemie oder die Galvanik. Eine spezielle Kinderhomepage rundet das Angebot ab. Hier können Kinder im Verlauf einer Reise durch die Elemente Feuer, Erde, Luft und Wasser Aufgaben lösen und ein Forscherdiplom erwerben.

Wissenschaftliche Einheiten: Das metrische System

*E*in Chemiker verbringt viel Zeit mit Messungen bestimmter Größen. Er ermittelt Massen, Volumina oder die Längen von Substanzen.

Damit die Chemiker ihre Messungen weltweit mit anderen Chemikern vergleichen können, müssen sie diesbezüglich auch dieselbe Sprache sprechen. Diese Sprache ist das *internationale Einheiten-System (SI-System)*, das wir umgangssprachlich das *metrische System* nennen. Es gibt zwar ein paar kleine Unterschiede zwischen dem SI-System und dem metrischen System, aber im Großen und Ganzen stimmen sie überein.

Das SI-System ist ein Dezimalsystem. Es gibt Basiseinheiten für die Masse, die Länge, das Volumen und so weiter und es gibt Präfixe, die diese Basiseinheiten modifizieren. *Kilo* etwa bedeutet 1000. Ein Kilogramm entspricht 1000 Gramm, ein Kilometer sind 1000 Meter.

Dieser Anhang verzeichnet die SI-Präfixe, die Basiseinheiten für die physikalischen Einheiten des SI-Systems und einige nützliche Umrechnungen.

SI-Präfixe

In Tabelle A.1 können Sie die Abkürzungen und die Bedeutungen einiger SI-Präfixe ablesen.

Präfix	Abkürzung	Bedeutung
Tera...	T	1.000.000.000.000 oder 10^{12}
Giga...	G	1.000.000.000 oder 10^{9}
Mega...	M	1.000.000 oder 10^{6}
Kilo...	k	1000 oder 10^{3}
Hekto...	h	100 oder 10^{2}
Deka...	da	10 oder 10^{1}
Dezi...	d	0,1 oder 10^{-1}
Zenti...	c	0,01 oder 10^{-2}
Milli...	m	0,001 oder 10^{-3}
Mikro...	µ	0,000001 oder 10^{-6}
Nano...	n	0,000000001 oder 10^{-9}
Pico...	p	0,000000000001 oder 10^{-12}

Tabelle A.1: SI-Präfixe

Länge

Die SI-Basiseinheit für die Länge ist der *Meter*. Die genaue Definition des Meters hat sich über die Jahre verändert. Heute definiert man einen Meter als die Länge der Strecke, die das Licht im Vakuum innerhalb von $1/_{299792458}$ Sekunden zurücklegt. Hier sind einige SI-Längeneinheiten:

1 Millimeter (mm) = 1000 Mikrometer (µm)

1 Zentimeter (cm) = 10 Millimeter (mm)

1 Meter (m) = 100 Zentimeter (cm)

1 Kilometer = 1000 Meter (m)

Und hier sind ein paar Umrechnungen in das englische System:

1 mile (mi) = 1,61 Kilometer (km)

1 yard (yd) = 0,914 Meter (m)

1 inch (in) = 2,54 Zentimeter (cm)

Masse

Die SI-Basiseinheit für die Masse ist das *Kilogramm*. Das entspricht dem Gewicht eines standardisierten Iridium-Zylinders mit einem Durchmesser von 39 mm und einer Höhe von 39 mm, der im *Internationalen Büro für Maße und Gewichte* aufbewahrt wird. Hier sind einige SI-Masseeinheiten:

1 Milligramm (mg) = 1000 Mikrogramm (µg)

1 Gramm (g) = 1000 Milligramm (mg)

1 Kilogramm (kg) = 1000 Gramm (g)

Und hier sind ein paar Umrechnungen aus dem englischen System:

1 pound (lb) = 454 Gramm (g)

1 ounce (oz) = 28,4 Gramm (g)

1 pound (lb) = 0,454 Kilogramm (kg)

1 grain (gr) = 0,0648 Gramm (g)

1 Carat (car) = 200 Milligramm (mg)

Volumen

Die SI-Basiseinheit für das Volumen ist der *Kubikmeter*. Chemiker verwenden aber in der Regel die Einheit *Liter*. Ein Liter entspricht 0,001 m³. Hier sind einige SI-Volumeneinheiten:

1 Milliliter (ml) = 1 Kubikzentimeter (cm³)

1 Milliliter (ml) = 1000 Mikroliter (µl)

1 Liter (l) = 1000 Milliliter (ml)

Und hier sind ein paar Umrechnungen aus dem englischen System:

1 quart (qt) = 0,946 Liter (l)

1 pint (pt) = 0,473 Liter (l)

1 fluid ounce (fl oz) = 29,6 Milliliter (ml)

1 gallon (gal) = 3,78 Liter (l)

Temperatur

Die SI-Basiseinheit für die Temperatur ist *Kelvin*. Hier sind die drei wichtigsten Formeln für die Umrechnung von Temperaturen:

Celsius in Fahrenheit: °F = (9/5) °C + 32

Fahrenheit in Celsius: °C = (5/9)(°F - 32)

Celsius in Kelvin: K = °C + 273

Druck

Die SI-Basiseinheit für den Druck ist *Pascal*, wobei ein Pascal einem Newton pro Quadratmeter entspricht. Der Druck kann aber auch in anderen Einheiten ausgedrückt werden. Deshalb folgen hier ein paar nützliche Umrechnungsformeln:

1 mm Quecksilbersäule (mm Hg) = 1 Torr

1 Atmosphäre (atm) = 760 mm Quecksilbersäule (mm Hg) = 760 Torr

1 Atmosphäre (atm) = 101 Kilopascal (kPa)

Energie

Die SI-Basiseinheit für Energie (beispielsweise in Form von Wärme) ist *Joule*, am gebräuchlichsten ist jedoch immer noch die metrische Wärmeeinheit, die *Kalorie*. Hier sind einige nützliche Umrechnungsformeln:

1 Kalorie (cal) = 4,187 Joule (J)

1 Nahrungskalorie (Cal) = 1 Kilokalorie (kcal) = 4.187 Kilojoule (kJ)

1 British thermal unit (BTU) = 252 Kalorien (cal) = 1053 Joule (J)

Wie man mit sehr großen und sehr kleinen Zahlen umgeht

Wer in der Chemie sein Brot verdient, gewöhnt sich schnell daran, mit sehr großen und sehr kleinen Zahlen zu hantieren. Wenn Chemiker etwa über die Anzahl der Saccharosemoleküle in einem Gramm Zucker sprechen, ist das eine sehr große Zahl. Geht es jedoch um das Gewicht eines Saccharosemoleküls in Gramm, ist von einer sehr kleinen Zahl die Rede. Natürlich kann man solche Zahlen ausschreiben, aber das würde schnell unpraktikabel. Viel leichter und übersichtlicher sind da die exponentielle und die wissenschaftliche Schreibweise.

Exponentielle Schreibweise

Bei der *exponentiellen Schreibweise* wird eine Zahl als Zehnerpotenz dargestellt. Dabei kommt es nicht darauf an, an welcher Stelle das Komma steht. Hauptsache, die Zehnerpotenz ist die richtige. Bei der *wissenschaftlichen Schreibweise* sitzt das Komma immer zwischen der ersten und der zweiten Stelle (von links betrachtet), wobei an der ersten Stelle keine Null stehen darf.

Ein Beispiel: Nehmen wir an, es geht um einen Gegenstand mit einer Länge von 0,00125 Metern. Diese Länge kann man exponentiell auf verschiedene Arten notieren:

0,00125 m = 0,0125 x 10^{-1} m oder 0,125 x 10^{-2} m oder 1,25 x 10^{-3} m oder 12,5 x 10^{-4} m und so weiter.

All diese Beispiele sind mathematisch korrekt dargestellte Exponentialzahlen. Bei der wissenschaftlichen Schreibweise wird das Komma so gesetzt, dass links davon eine Zahl größer als null steht. Bei unserem Beispiel entspricht die wissenschaftliche Schreibweise 1,25 x 10^{-3} m. Die meisten Wissenschaftler verwenden automatisch diese Art der Zahlendarstellung.

Hier sind ein paar Beispiele für Zehnerpotenzen und die entsprechenden Zahlen:

1 x 10^0 = 1

1 x 10^1 = 10

1 x 10^2 = 1 x 10 x 10 = 100

1 x 10^3 = 1 x 10 x 10 x 10 = 1000

1 x 10^4 = 1 x 10 x 10 x 10 x 10 = 10000

1 x 10^5 = 1 x 10 x 10 x 10 x 10 x 10 = 100000

$1 \times 10^{10} = 1 \times 10 \times 10 \times 10 \times 10 \times 10 \times 10 \times 10 \times 10 \times 10 \times 10 = 10.000.000.000$

$1 \times 10^{-1} = 0,1$

$1 \times 10^{-2} = 0,01$

$1 \times 10^{-3} = 0,001$

$1 \times 10^{-10} = 0,0000000001$

Addition und Subtraktion

Damit man Zahlen in exponentieller Schreibweise addieren oder subtrahieren kann, müssen sie dieselbe Zehnerpotenz haben. Ist dies nicht der Fall, muss man sie gleichnamig machen. Hier ist ein Beispiel:

$(1,5 \times 10^3 \text{ g}) + (2,3 \times 10^2 \text{ g}) = (15 \times 10^2 \text{ g}) + (2,3 \times 10^2 \text{ g}) = 17,3 \times 10^2$ g (exponentielle Schreibweise) $= 1,73 \times 10^3$ g (wissenschaftliche Schreibweise)

Bei der Subtraktion verfährt man genau so.

Multiplikation und Division

Um Exponentialzahlen zu multiplizieren, multipliziert man die Koeffizienten (die Basiszahlen) und addiert die Exponenten (die Zehnerpotenzen):

$(9,25 \times 10^{-2} \text{ m}) \times (1,37 \times 10^{-5} \text{ m}) = (9,25 \times 1,37) \times 10^{(-2 + -5)} = 12,7 \times 10^{-7} = 1,27 \times 10^{-6}$

Um Exponentialzahlen zu dividieren, dividiert man die Koeffizienten und subtrahiert den Exponenten des Nenners vom Exponenten des Zählers:

$(8,27 \times 10^5 \text{ g}) / (3,25 \times 10^3 \text{ ml}) = (8,27 / 3,25) \times 10^{5-3}$ g/ml $= 2,54 \times 10^2$ g/ml

Zahlen potenzieren

Wenn man eine exponentiell notierte Zahl potenzieren will, potenziert man zunächst den Koeffizienten und multipliziert dann die Exponenten:

$(4,33 \times 10^{-5} \text{cm})^3 = (4,33)^3 \times 10^{-5 \times 3}$ cm^3 $= 81,2 \times 10^{-15}$ cm^3 $= 8,12 \times 10^{-14}$ cm^3

Rechnen mit dem Taschenrechner

Wissenschaftliche Taschenrechner sind eine echte Erleichterung und sparen Zeit, die der Arbeit an den eigentlichen Problemen zugute kommt.

B ➤ Wie man mit sehr großen und sehr kleinen Zahlen umgeht

Mit einem Taschenrechner kann man Exponentialzahlen addieren und subtrahieren, ohne die Potenzen anpassen zu müssen. Aufpassen muss man nur, dass man beim Eingeben alles richtig macht. Ich möchte Ihnen deshalb kurz erläutern, wie das geht:

Ich nehme mal an, dass Ihr Taschenrechner eine Taste mit der Aufschrift *EXP* hat. Dieses EXP steht für *x 10*. Wenn Sie die EXP-Taste gedrückt haben, können Sie die Zehnerpotenz eingeben. Wenn Sie beispielsweise die Zahl $6{,}25 \times 10^3$ eingeben wollen, tippen Sie zunächst die 6,25 ein, drücken dann EXP und tippen dann die 3 ein.

Wie steht es mit negativen Potenzen? Wenn Sie etwa die Zahl $6{,}05 \times 10^{-12}$ eingeben wollen, tippen Sie die 6,05, drücken EXP, geben 12 ein und drücken dann die $^+/_-$ Taste.

 Wenn Sie mit einem Taschenrechner arbeiten, tippen Sie bei Exponentialzahlen *nicht x 10* ein. Drücken Sie stattdessen die Taste EXP und geben Sie anschließend die Zehnerpotenz ein.

Methoden zur Umrechnung von Einheiten

Sie werden nicht selten feststellen, dass es gar nicht so einfach ist, sich die ermittelten Daten so zurechtzulegen, dass man ein Problem lösen kann. Ein wissenschaftlicher Taschenrechner nimmt Ihnen zwar die Rechenarbeit ab, aber er sagt Ihnen nicht, was Sie multiplizieren oder teilen müssen.

Deshalb muss man wissen, wie man mit Einheiten rechnet und wie man Einheiten umrechnet. Es gilt, zwei Grundregeln zu beachten:

✔ **Regel 1:** Schreiben Sie immer die Zahl und die damit verbundene Einheit zusammen auf. In der Chemie gibt es kaum Zahlen ohne eine damit verbundene Einheit. Als einzige Ausnahme fällt mir die Konstante Pi ein.

✔ **Regel 2:** Berücksichtigen Sie bei allen mathematischen Operationen die Einheiten und kürzen Sie diese so lange, bis Sie die Einheit haben, die Sie für das Ergebnis benötigen. Jeder Schritt muss dabei eine wahre mathematische Aussage sein.

Wie wäre es mit einem Beispiel, damit Sie sehen, wie man diese Regeln in der Praxis umsetzt? Stellen Sie sich ein Objekt vor, das sich mit einer Geschwindigkeit von 75 Meilen pro Stunde bewegt. Sie sollen diese Geschwindigkeit in Kilometer pro Sekunde (km/s) umrechnen. Zunächst notieren Sie Ihre Ausgangsposition:

$$\frac{75 \text{ mi}}{1 \text{ h}}$$

Denken Sie daran, dass Sie gemäß Regel 1 die Einheit und die dazugehörende Zahl in die Gleichung gehören.

Rechnen Sie nun Meilen in Fuß um und kürzen Sie dabei die Einheit Meilen gemäß Regel 2.

$$\frac{75 \cancel{\text{mi}}}{1 \text{ h}} \times \frac{5.280 \text{ ft}}{1 \cancel{\text{mi}}}$$

Rechnen Sie nun die Einheit Fuß in Inches um:

$$\frac{75 \cancel{\text{mi}}}{1 \text{ h}} \times \frac{5.280 \cancel{\text{ft}}}{1 \cancel{\text{mi}}} \times \frac{12 \text{ in}}{1 \cancel{\text{ft}}}$$

Rechnen Sie die Inches in Zentimeter um:

$$\frac{75 \text{ \cancel{mi}}}{1 \text{ h}} \times \frac{5.280 \text{ \cancel{ft}}}{1 \text{ \cancel{mi}}} \times \frac{12 \text{ \cancel{in}}}{1 \text{ \cancel{ft}}} \times \frac{2,54 \text{ cm}}{1 \text{ \cancel{in}}}$$

Rechnen Sie die Zentimeter in Meter um:

$$\frac{75 \text{ \cancel{mi}}}{1 \text{ h}} \times \frac{5.280 \text{ \cancel{ft}}}{1 \text{ \cancel{mi}}} \times \frac{12 \text{ \cancel{in}}}{1 \text{ \cancel{ft}}} \times \frac{2,54 \text{ \cancel{cm}}}{1 \text{ \cancel{in}}} \times \frac{1 \text{ m}}{100 \text{ \cancel{cm}}}$$

Und schließlich die Meter in Kilometer:

$$\frac{75 \text{ \cancel{mi}}}{1 \text{ h}} \times \frac{5.280 \text{ \cancel{ft}}}{1 \text{ \cancel{mi}}} \times \frac{12 \text{ \cancel{in}}}{1 \text{ \cancel{ft}}} \times \frac{2,54 \text{ \cancel{cm}}}{1 \text{ \cancel{in}}} \times \frac{1 \text{ \cancel{m}}}{100 \text{ \cancel{cm}}} \times \frac{1 \text{ km}}{1000 \text{ \cancel{m}}}$$

Machen Sie erst mal eine Pause und strecken Sie sich ein wenig. So, jetzt können Sie sich dem Nenner des Ausgangsbruchs widmen und die Stunden in Minuten umrechnen:

$$\frac{75 \text{ \cancel{mi}}}{1 \text{ \cancel{h}}} \times \frac{5.280 \text{ \cancel{ft}}}{1 \text{ \cancel{mi}}} \times \frac{12 \text{ \cancel{in}}}{1 \text{ \cancel{ft}}} \times \frac{2,54 \text{ \cancel{cm}}}{1 \text{ \cancel{in}}} \times \frac{1 \text{ \cancel{m}}}{100 \text{ \cancel{cm}}} \times \frac{1 \text{ km}}{1000 \text{ \cancel{m}}} \times \frac{1 \text{ \cancel{h}}}{60 \text{ min}}$$

Rechnen Sie nun die Minuten in Sekunden um:

$$\frac{75 \text{ \cancel{mi}}}{1 \text{ \cancel{h}}} \times \frac{5.280 \text{ \cancel{ft}}}{1 \text{ \cancel{mi}}} \times \frac{12 \text{ \cancel{in}}}{1 \text{ \cancel{ft}}} \times \frac{2,54 \text{ \cancel{cm}}}{1 \text{ \cancel{in}}} \times \frac{1 \text{ \cancel{m}}}{100 \text{ \cancel{cm}}} \times \frac{1 \text{ km}}{1000 \text{ \cancel{m}}} \times \frac{1 \text{ \cancel{h}}}{60 \text{ \cancel{min}}} \times \frac{1 \text{ \cancel{min}}}{60 \text{ s}}$$

Jetzt haben Sie die Einheit Kilometer pro Sekunde (km/s) und können das Ergebnis berechnen:

0,033528 km/s

Sie können das Ergebnis jetzt auf die richtige Anzahl relevanter Stellen runden. Wie man das macht, finden Sie in Anhang D erklärt. Richtig gerundet sieht unser Ergebnis so aus:

0,034 km/s oder $3,4 \times 10^{-2}$ km/s

Die hier geschilderte Vorgehensweise ist zwar richtig, stellt aber gewiss nicht den einzig richtigen Weg dar. Je nachdem, welche Umrechnungsfaktoren Sie kennen oder verwenden, gibt es unter Umständen viele Wege, die zum richtigen Ergebnis führen.

Ich will Ihnen noch ein Beispiel vorrechnen, um Sie auf einen anderen Punkt aufmerksam zu machen. Nehmen wir an, Sie haben einen Gegenstand mit einer Grundfläche von 35 Quadratinches und wollen wissen, wie viel Quadratmeter das sind. Auch hier müssen Sie zuerst einmal Ihren Ausgangspunkt festhalten:

$$\frac{35,0 \text{ in}^2}{1}$$

C ▸ Methoden zur Umrechnung von Einheiten

Jetzt müssen Sie die Inches in Zentimeter umrechnen. Dabei müssen die Quadratinches gekürzt werden. In dem neuen Bruch müssen die Inches quadriert werden, und wenn die Einheit quadriert wird, muss auch die Zahl quadriert werden. Und wenn der Nenner quadriert wird, muss auch der Zähler quadriert werden:

$$\frac{35,0\text{ in}^2}{1} \times \frac{(2,54\text{ cm})^2}{(1\text{ in})^2}$$

Nun rechnen Sie auf dieselbe Weise Quadratzentimeter in Quadratmeter um:

$$\frac{35,0\text{ in}^2}{1} \times \frac{(2,54\text{ cm})^2}{(1\text{ in})^2} \times \frac{(1\text{ m})^2}{(100\text{ cm})^2}$$

Jetzt sind Sie bei Ihrer Zieleinheit angelangt und können das Ergebnis ausrechnen:

0,0225806 m²

Wenn Sie dieses Ergebnis auf die richtige Anzahl der relevanten Stellen runden (siehe Anhang D), sieht es so aus:

0,023 m² oder 2,3 x 10^{-2} m²

Mit ein wenig Übung wird sich der Nebel lichten und Sie werden das Rechnen mit Einheiten nur so aus dem Ärmel schütteln. Auf diese Weise bin ich gut durch meine Einführungsseminare in Physik gekommen!

Relevante Stellen und das Runden

Relevante Stellen sind die Dezimalstellen, die man am Ende einer mathematischen Berechnung als Lösung hinschreibt. Wenn ich Ihnen sage, dass ein Student als Dichte eines Objekts den Wert 2,3 g/ml und ein Kommilitone für dasselbe Objekt den Wert 2,272589 g/ml ermittelt hat, werden Sie wohl davon ausgehen, dass der zweite Wert das Ergebnis eines genauer durchgeführten Experimentes ist. Damit könnten Sie Recht haben, Sie könnten aber auch daneben liegen. Solange Sie nicht wissen, ob beide Studenten sich an die Konvention der relevanten Stellen gehalten haben, können Sie nicht mit Sicherheit sagen, wer von beiden sein Experiment genauer durchgeführt hat. Die Anzahl der Dezimalstellen eines Wertes gibt dem Leser einen Hinweis darauf, wie genau der Wert gemessen worden ist. Wie viele Stellen relevant sind, hängt davon ab, wie genau eine Messung erfolgen kann. Dieser Anhang zeigt Ihnen, wie Sie die Anzahl der relevanten Stellen einer Zahl ermitteln und wie Sie Ergebnisse bis auf die Anzahl der relevanten Stellen runden.

Zahlen: Genau und gezählt oder gerundet

Wenn ich Sie frage, wie viele Autos Ihre Familie besitzt, müssen Sie wohl nicht lange überlegen. Egal ob Ihre Antwort 0, 1, 2 oder 10 lautet, Sie kennen die Anzahl der Autos in Ihrer Familie genau. Man spricht in solchen Fällen von *gezählten Zahlen*. Wenn ich Sie frage, wie viele Dezimeter ein Meter hat, wird Ihre Antwort 10 lauten. Das ist eine *genaue Zahl*. Eine andere genaue Zahl ist die Anzahl der Zentimeter, die ein Dezimeter hat – 10. Diese Anzahl ist genau so definiert. Bei gezählten und genauen Zahlen sind die Ergebnisse immer eindeutig. Solange man mit solchen Zahlen arbeitet, braucht man sich um maßgebliche Stellen keine Gedanken zu machen.

Nehmen wir einmal an, ich forderte Sie und ein paar Ihrer Freunde auf, die Länge eines Objektes so genau wie möglich mit einem einen Meter langen Stab zu messen. Sie würden mir daraufhin die folgenden Ergebnisse abliefern: 2,67 m, 2,65 m, 2,68 m, 2,61 m und 2,63 m. (Was, Sie haben nicht so viele Freunde? Das tut mir Leid.) Wer hat nun Recht?

Bei der Messung einer physikalischen Größe (hier der Länge) vergleicht man den zu messenden Gegenstand mit einer Einheit dieser Größe. Wird dieser Vergleich unter gleichen Bedingungen wiederholt vorgenommen, so werden die Messwerte voneinander und auch von dem tatsächlichen Wert der Messgröße abweichen. Denn Messwerte sind immer mit einer bestimmten Unsicherheit behaftet. Die Anzahl der relevanten Stellen eines Messergebnisses hängt von der am wenigsten verlässlich *gemessenen* Zahl ab.

Bestimmung der relevanten Stellen einer gemessenen Zahl

Im Folgenden präsentiere ich Ihnen die Regeln, nach denen man die relevanten Stellen einer gemessenen Zahl ermittelt.

- ✔ **Regel 1:** Alle Stellen, die nicht mit einer Null besetzt sind, sind relevant. Die Zahl 676 hat also drei relevante Stellen, $5,3 \times 10^5$ hat zwei und 0,2456 hat deren vier. Gedanken machen müssen Sie sich nur über die Nullen.

- ✔ **Regel 2:** Alle Nullen zwischen nicht mit einer Null besetzten Stellen sind relevant. Die Zahl 303 etwa hat drei relevante Stellen, die Zahl 425003704 neun und 2037×10^{-6} hat deren vier.

- ✔ **Regel 3:** Alle Nullen links von der ersten nicht mit einer Null besetzten Stelle sind *nicht* relevant. Die Zahl 0,0023 etwa hat zwei relevante Stellen und die Zahl 0,0000050023 hat fünf (in wissenschaftlicher Notation wäre das die Zahl $5,0023 \times 10^{-6}$).

- ✔ **Regel 4:** Nullen rechts neben der letzten nicht mit einer Null besetzten Stelle sind relevant, wenn die Zahl ein Komma aufweist. Die Zahl 3030,0 etwa hat fünf relevante Stellen, die Zahl 0,000230340 hat sechs und die Zahl $6,30300 \times 10^7$ hat ebenfalls sechs.

- ✔ **Regel 5:** Nullen rechts neben der letzten nicht mit einer Null besetzten Stelle sind nicht relevant, wenn die Zahl kein Komma aufweist. (Eigentlich müsste ich sagen, dass ich eigentlich nicht weiß, wie es sich mit diesen Nullen verhält, wenn kein Komma vorhanden ist. Dazu müsste ich wissen, wie ein konkreter Wert gemessen wurde. Die meisten Wissenschaftler halten sich jedoch an die Konvention, dass Nullen rechts neben der letzten nicht mit einer Null besetzten Stelle nicht relevant sind, wenn die Zahl kein Komma hat.) Die Zahl 72000 hätte also zwei relevante Stellen, die Zahl 50500 deren drei.

Die richtige Anzahl relevanter Stellen angeben

Im Allgemeinen wird die Anzahl der relevanten Stellen, die man schließlich bei einer Berechnung angibt, von dem am wenigsten verlässlich gemessenen Wert bestimmt. Welcher Wert das ist, hängt wiederum von den jeweils zugrunde liegenden mathematischen Operationen ab.

Addition und Subtraktion

Bei der Addition und der Subtraktion hat das Ergebnis so viele Stellen hinter dem Komma wie die an der Operation beteiligte Zahl mit den wenigsten Dezimalstellen. Ein Beispiel:

2,675 g + 3,25 g + 8,872 g + 4,5675 g

Der Taschenrechner zeigt das Ergebnis 19,3645 an, aber dieses Ergebnis wird auf die Hundertstel gerundet, weil die Zahl 3,25 mit zwei Dezimalstellen die wenigsten Stellen hinter dem Komma aufweist. Das gerundete Ergebnis beträgt dann 19,36.

Multiplikation und Division

Bei der Multiplikation und der Division hat das Ergebnis so viele relevante Stellen wie die an der Operation beteiligte Zahl mit den wenigsten relevanten Stellen. Beachten Sie, dass gezählte und genaue Zahlen bei der Ermittlung der relevanten Stellen keine Berücksichtigung finden. Nehmen wir an, Sie berechnen die Dichte in Gramm pro Liter eines Objekts, das 25,3573 (sechs relevante Stellen) Gramm wiegt und ein Volumen von 10,50 (vier relevante Stellen) Millilitern hat. So sieht Ihre Ausgangsposition aus:

(25,3573 g/10,50 ml) x 1000 ml/l

Der Taschenrechner zeigt das Ergebnis 2414,981000 an. Die erste Zahl hat sechs relevante Stellen, die zweite vier (die 1000 ml/l bleiben unberücksichtigt, weil es sich um eine genaue Umformung handelt). Das Endergebnis sollte also vier relevante Stellen aufweisen. Das notierte Ergebnis ist somit 2415 g/l. Gerundet wird immer nur das Endergebnis, keinesfalls eventuelle Zwischenwerte.

Zahlen runden

Beim Runden gilt es, folgende Regeln zu beachten:

- ✔ **Regel 1:** Betrachten Sie die erste Stelle, die wegfallen soll. Steht dort eine 5 oder eine größere Zahl, kappen Sie diese Zahl und alles, was danach kommt und erhöhen den Zahlenwert der letzten beibehaltenen Stelle um 1. Nehmen wir an, Sie wollen die Zahl 237,768 auf vier relevante Stellen runden. Die 6 und die 8 fallen also weg. Die 6, die auf der ersten wegfallenden Stelle steht, ist größer als 5, also wird der Wert der letzten beibehaltenen Stelle um 1 auf 8 erhöht. Die gerundete Zahl heißt 237,8.

- ✔ **Regel 2:** Ist der Wert der ersten wegfallenden Stelle kleiner als 5, kappen Sie diese Zahl und alles, was danach kommt und lassen den Zahlenwert der letzten beibehaltenen Stelle unverändert. Nehmen wir an, Sie wollen die Zahl 2,35427 auf drei relevante Stellen runden. Die 4, die 2 und die 7 fallen also weg. Die 4, die auf der ersten wegfallenden Stelle steht, ist kleiner als 5, also bleibt der Wert der letzten beibehaltenen Stelle unverändert. Die gerundete Zahl heißt 2,35.

Stichwortverzeichnis

A

Abgasgrenzwerte 258
Abwasserreinigung 312
   biologische 313
   chemische 314
   mechanische 312
Additionspolymer 264
   Polyethylen 265
   Polystyrol 267
   Polytetrafluorethylen 268
   Propylen 266
   PVC 267
   Tabelle 269
Additionspolymerisation 264
Additionsreaktion 243
   Hydratation 244
   Hydrierung 243
Adstringens 282
Aftershave 283
Aktinide 72
Aktivierungsenergie 156
   der Reaktion 136
Aktivierungsenergiemaximum 138, 156
Aktivkohlefilter 314, 315
Akzeptor 204
Aldehyd 248
Alkalimetalle 76
Alkaloide 250
Alkalose 215
Alkan 236, 254
   allgemeine Formel 236
   Benennungsbeispiel 240
   Benennungsregeln 239
   Ringsysteme 242
   Summen- und Strukturformel 237
   Tabelle 237
   unverzweigtes 236
Alkene 236, 243, 254
   Namen 243
   Polymerisation 244
   Reaktionen 243
Alkine 236, 244

Alkohol 246
   Oxidation 247
Allzweckreiniger 279
Alphastrahlung 84
Altersbestimmung
   radioaktive 89
Aluminium 159
Aluminiumdose 171
Aluminiumerz 171
Aluminiumoxid 171
Amide 250
Amine 250
Ammoniak 145
   Synthese von 147
Ammoniakgas 152
Ammoniumchlorid 169
Ammoniumkarbonat 111
Analytische Chemie 30
Anion 104, 307, 324
Anode 168
Anorganische Chemie 30
Antimaterie 86
Antitranspirant 280
Anziehung
   elektrostatische 104
Archimedes 319
Archimedes-Prinzip 44
Arrhenius
   Theorie der Säuren und Basen 203
Aspartam 322
Asphalt 253
Aspirin 289
Äthylalkohol *siehe* Ethylalkohol
Atmosphäre 291
Atom 40, 81
Atomare Masse
   Wasserstoff 67
Atombombe 91
Atomgewicht 53
Atomkern 59, 326
Atomkraftwerk 92
Atommüll 93
Atomzahl 53

Auto-Kühlsystem 197
Autobatterie 44
Avogadro, Amedeo 228, 323
Avogadro-Konstante 323
Avogadro-Zahl 178, 323
Avogadros Gesetz 228
Azidose 215

B

Backpulver 201
Bakterien
   aerobe 312, 314
   anaerobe 312, 314
Barometer 220
Base
   Eigenschaften 202
   im Alltag 202
   mikroskopisch betrachtet 202
   organische 250
   schwache 208
   starke 206
Basiseinheit 331
Basisnote 284
Batterie 160
Baumwolle 261
Becquerel, Henri 321, 324
Belebtschlamm 314
Belebungsbecken 314
Benennung
   organische Verbindungen 239
Benzin 236
   bleifreies 259
   Oktanzahl 256
   Sommerqualität 256
   Verbrennung 255
   Voraussetzungen für optimale Verbrennung 255
   Winterqualität 256
Benzin-Additiv
   Blei 257
Benzinproduktion 251
Bergbau
   Schwermetallbelastung 309
Betastrahlung 84
Betateilchen 85
Biatomares Molekül 116
Bilanz der Zerfallsreaktion 82
Bindemittel 282

Bindung
   chemische 104
   koordinative 204
   kovalente 105, 204, 235
   polarkovalente 129
Bindungstypen 100
Biochemie 30
Biotechnik 30
Bitumen 253
Bleiakku 170
Bleichlauge 278
Bleichmittel 278
Bleidioxid 170
Blutzelle 199
Boden
   Versauerung 300
Bohr, Niels 56, 323
Bohr-Modell 57
Bohrsches Atommodell 323
Boyle, Robert 222
Boyles Gesetz 222, 223
Brennstoff
   fossiler 92, 216, 251, 291, 296
Bromid-Anion 109
Brönsted 208
Brönsted-Lowry-Theorie 204
Brunnenwasser 315
Brutreaktor 93
BSB 312
Bürette 211
Butan 146

C

Carbonsäuren 247
Celsius 47
Charles, Jacques 224
Charles Gesetz 224
Chemie
   analytische 30
   angewandte 32
   anorganische 30
   organische 30, 235
   physikalische 30
   reine 31
Chemielehrer 34
Chemiker
   forensischer 34
Chlor 102

Chrom 159
Chromteil
   Schwermetallbelastung 308
Clean Air Act 258
Cracken 254
   katalytisches 254, 256
Creme 281
Curie, Marie 324
Cycloalkan 242

D

d-Orbital 78
Dalton, John 324
Daltons Gesetz 231
Dampfdruck 195
Dampfdruckerniedrigung 195
Daniell-Zelle 167
Dauerwelle 288
Denaturierung 246
Deodorant 280
Deposition 39
Destillation 252, 314
   fraktionierte 252
Detergens 275, 276
   synthetisches 278
Diabetes 215
Dieselöl 253
Diffusion 231
Dimethylether 121
Dipol 128, 130
Dipol-Dipol-Wechselwirkung 130
Dispersionskraft 130
Dissoziationskonstante *siehe*
   Gleichgewichtskonstante
Disulfid-Bindung 286, 288
Donator 204
Doppelbindung 236
Drehimpulsquantenzahl 58
Drei-Wege-Katalysator 259
Dreifachbindung 236
Druck 218
   atmophärischer 220
   Einheit 333
   Einheiten 220
   osmotischer 195
Duftstoff 283
Dunstglocke 297

E

Edelgas 76
Edelgaskonfiguration 120
Edukt 204
Effusion 231, 232
Eigenschaft
   extensive 43
   intensive 43
Eigenschaften
   kolligative 187
Einheit
   international 331
   umrechnen (Beipiele) 339
Einheiten-Umwandlungsmethode 42
Eis 306
Elektrode 167, 324
Elektrodenkoks 253
Elektrogalvanisierung 161
Elektrolyse 171, 324
Elektrolyt 68, 113, 324
Elektron 51
Elektronegativität 115, 126, 305
Elektronenaufnahme 84
Elektronenformel 204
Elektronenkonfiguration 62, 76, 103
Elektronenpaarbindung 204
Elektronenpaargeometrie 132, 133
Elektronenpunktformel 117
Elektronenschale 56
Elektronensee 118
Elektronentransfer 115, 167
Elektrostatische Anziehung 104
Elemente 30
Emulsion 281
Endotherme Reaktion 136
Energie
   Einheit 334
   kinetische 46
   potenzielle 46
Energieniveau 56
Energieniveaudiagramm 62, 102
Engpassreaktande 185
Enthaarungscreme 287
Entschwefelung
   nasse 302
Entschwefelungsanlage 297
Enzyme 276
Erdalkali-Metalle 76

Erdatmosphäre 292
Erdöl 251
Erlenmeyer-Kolben 211
Erwärmung
   globale 296, 301
Ester 248, 269
Ether 249
Ethylalkohol 121
Eutrophierung 276, 311
Exotherme Reaktion 136
Exponentialzahlen 335

F

Fahlberg, Constantin 322
Fahrenheit 47
Familien 72
Faraday, Michael 324
Farbstoff
   synthtetischer 320
FAT 181
FCKW 242, 293, 294, 295
FCKW-Halon-Verbots-Verordnung 295
Festkörper 37
Fiedler-Weiss, Dr. Virginia 322
Filter
   elektrostatischer 297, 301
Fixiermittel 283
Flugbenzin 253
Fluorchlorkohlenwasserstoff 242, 294
Flüssiggas 253
Flüssigkeit 36
Formaldehyd 161
Formel
   strukturierte 133
Formelbindung 119
Fraktion 252
Fraktionierturm 253
Francium 76
Frey, Art 322
Füllstoff 276
Funktionelle Gruppe 245
Fusion 95
Fusionsverbrennungskonzept 96

G

Gammastrahlung 85
Gammastrahlungsemission 85
Gas
   leichtes 293
   mikroskopisch betrachtet 217
Gasgesetz 222
   kombiniertes 227
Gaspartikel 31
   Bewegung 218
   Volumen 218
Gastheorie
   kinetische 217
Gay-Lussac, Joseph-Louis 226
Gay-Lussacs Gesetz 226
Gefrierpunkt 38
Gefrierpunkterniedrigung 195, 196
Geometrie
   molekulare 236
Gerichtschemiker 34
Gerüststoffe 276
Gesättigt 243
Gesichtspuder 282
   typische Zusammensetzung 282
Gesichtswasser 283
Gewicht
   spezifisches 44
Gewichtsprozentsatz 190
Gewinnschwelle 96
Gleichgewicht
   chemisches 135
   dynamisches chemisches 148
Gleichgewichtskonstante
   für schwache Säuren 206, 218
Gleichung
   molekulare 141
Glocke 253
Goodyear, Charles 320
Grabtuch Christi 89
Grahams Gesetz 231
Grundwasser 304
Grundwasserleiter 305
Grundzustand 56
Gruppe
   funktionelle 245
Gurke 199

H

Haar
   Aufbau 286
   bleichen 287

Haarfarbe 287
    dauerhaft färben 287
    vorübergehend färben 287
Haarspray 291, 293
Haarwachstum 290
Haarwuchsmittel 322
Haber-Prozess 145, 149, 183
Haber-Reaktion 152
Haftnotiz 322
Halb-Reaktion 162
Halbe Reaktionen 159
Halbmetalle 73
Halbwertszeit eines Isotops 87
Halogen 76, 102, 242
Halon 295
Hämolyse 199
Hauptquantenzahl 58
Hautcreme
    typische Zusammensetzung 281
Hautkrebs 293
Heizöl 253
Heterogener Katalysator 156
Homogener Katalysator 157
Hortensie 210
Hydrierung 244
Hydrolyse 275
Hydrophil 274
Hydrophob 274
Hyperventilation 215
Hypothese 33

I

Ideale Gaskonstante 229
Ideales Gas 220
Ideales Gasgesetz
    Gleichung 229
Indikator 210
    Lackmus 210
    Phenolphtalein 211
Induktion
    magnetische 324
Industrieanlage
    Schwermetallbelastung 309
Industriechemiker 34
Industrielle Revolution 291
Inversionswetterlagen 297
Ion 103
Ionen-Gleichung 142, 164

Ionenaustausch 314
Ionenaustauschharz 277
Ionenbindung 101
Ionenelektronenmethode 164
Ionenladung 107, 111
Ionenverbindung 104
isoelektrisch 103, 104
Isomer 121, 238
Isooktan 256
Isotop 66, 82
    radioaktives 84
IUPAC 239

J

Joule 49

K

Kaliumnitrat 190
Kaliumphosphat 111
Kalorie 49, 173
Kapselung 95
Katalysator 156, 157
    Auto 258, 298
    heterogener 156
    homogener 157
Katalyse
    heterogene 156
    homogene 157
Katalytschicht 298
Kathode 168
Kation 67, 103, 307, 324
    polyatomares 68
Kaverne 315
Kekulé, Friedrich 321
Kelvin 47
Keratin 286
Kernkräfte 53
Kernladungszahl 69, 72
Kernreaktion 82
Kernspaltung 82, 90
Kerntreibstoff 94
Kernumwandlung 83
Kerosin 253
Keton 248
Kettenreaktion 90, 264
KISS-Prinzip 121
Kläranlage 312

Klimaanlage 291, 294
Klopffestigkeit 254
Koeffizient 148
Kohlendioxid 89, 136, 301
Kohlenmonooxid 136
Kohlenstoff-Atom 52
Kohlenstoff-C-14-Methode 89
Kohlenstoff-Chemie 235
Kohlenwasserstoff 235, 236
    Alkene 243
    Alkine 244
    aromatischer 245
    gesättigter 236
    halogenierter 242
    ungesättigter 243
    unverbrannt 258, 298
    Verbrennungseigenschaften 254
    verzweigte 254
Kolibakterien 309
Kolligative Eigenschaft 195
Kollision
    elastische 219
Kollisionstheorie 153
Kolloid 200
Kondensation 38
Kondensationspolymer
    Polyamide 270
    Polyester 270
    Silikone 271
Kondensationspolymerisation 264, 269
Kondensationsreaktion
    Alkohol 249
Konzentration 189
Kopfnote 283
Körperpuder 282
    typische Zusammensetzung 282
Korrosionsschutzmittel 276
Kraftwerk
    Emissionen 296
    fossiles 92
Krenation 199
Kreuzregel 110, 111
Kristallgitter 37
Kühlmittel 294
Kunststoff
    Abfälle 272
    Haltbarkeit 272
    Recycling 272
Kupfer 56, 141

L

Lackmus 210
Lackmus-Papier 210
Ladung
    teilnegative 129
Länge
    Einheit 332
Lanthaniden 72, 326
Latex 264
Lavoisier, Antoine 324
Le Chatelier
    Prinzip von 149
Leichentuch von Turin 89
Lewis-Dotformel *siehe* Elektronenformel
Lewis-Formel 124
Lewis-Strukturformel 117
Lichtgeschwindigkeit 90
Lichtschutzfaktor 285
Lidschatten 282
Lila 320
Limitierendes Reagenz 185
Linienspektrum 57
Lippenstift 283
    typische Zusammensetzung 283
Lithium 76, 78
Lithiumchlorid 187
London-Smog 296, 297
Londonsche Dispersionskräfte 130, 219
Löslichkeit 188
Lösung 187
Lösungsmittel 188
Lotion 281
Lowry 208
LSF 285
Luftverschmutzung 216, 291, 295

M

Magensäure 215
Magnesium 73
Magnetquantenzahl 58, 59
Makromolekül 261
Manhattan Project 326
Manometer 220, 221
Maskara 282
Masse
    Einheit 332
Massendefekt 90

Masseneinheit
    atomare 52, 178
Massenzahl 53
Materie 29
Melanin 285, 287
Membran
    semipermeable 198
Mendelejew, Dimitri 69, 325
Mesosphäre 292
Messwert 343
    relevante Stellen ermitteln 344
Metall 73
Metathesenreaktion 142
Meteorit 89
Meter 42
Methan 136
Minoxidil 290
Mischung 29
    heterogene 41
    homogene 41
Mittelnote 283
Modelle 32
Mol 178
Mol-Konzept 180
Molalität 189
Molare Konzentration 149
Molarität 189, 191
Molekül
    biatomares 116
    rechts und links drehend 320
Molekulargewicht 179
Molekülformel 120
Monomer 262
    synthetisches 263
Müllvermeidung 310

N

Nagellack 283
Nagellackentferner 249
Naphta 253
Narkosemittel 249
Natrium 56, 73
Natriumhydroxid 193
Natriumhypochlorit 191
Natriumperborat 276
Nebenwirkungen 132
Negativer Logarithmus 214
Netto-Ionen-Gleichung 142, 143, 162

Neutralisationsreaktion 143, 203
Neutron 51
Nichtelektrolyt 113
Niederschlag 142

O

Oberflächenspannung 306
Oberflächenwasser 304, 315
Oktanskala 256
Oktanzahl 254, 256
    an der Zapfsäule 256
Oktettregel 79, 103
Optischer Aufheller 277
Orbital 59, 76
Organische Synthese 235
Osmose 198
Osmotischer Druck 198
Oxidation 160
    Alkohol 248
Oxidationsreaktion 160
Oxidationszahl 107, 163
Oxidationszahlenmethode 164
Ozon 293, 298, 314
    schädliche Wirkungen 298
Ozonloch 293, 295
Ozonschicht 292, 293, 295
    Schädigung durch FCKWs 294
    Schutzfunktion 293
    Zerstörung 293

p

p-Orbital 78
PAN 298
Parfüm 283
    Komposition 283
Partialdruck 231
Partikel 36
    subatomares 40
Partikelgröße 153
Parts per Billion 189
Pasteur, Louis 320
Pauling, Linus 325
PE-HD 265, 272
PE-ND 265
Periodensystem 40, 69, 71, 325
Perkin, William 320
pH-Skala 212, 299

pH-Wert 210
  Beispiele 214
  Leben im Wasser 216
  menschliches Blut 214
  saurer Regen 216
  Wasser 212
Phaeomelanin 287
Phasenänderung 37
Phenolphthalein 210, 211
Photosynthese 291, 295
Pi 339
Plastik 264
Plunkett, Roy 321
Polyaddition 264
Polyaddukte 264
Polyester 269
Polykondensation 264
Polymer 261
  duroplastisches 263
  Elastomere 264
  Fasern 264
  Klassifizierung 263
  lineares 263
  natürlich vorkommendes 261
  Plastik 264
  querverbundenes 263
  synthetisches 263
  thermoplastisches 263
  verzweigtes 263
Polymerisation 244, 261
Positronenstrahlung 84
Potenz
  Addition und Subtraktion 336
  Multiplikation und Division 336
  Potenzierung 336
ppm 194
Produkt 136, 204
Propan 144
Proton 40, 51
Prozentuale Ausbeute 184
Puffer 215
  in unserem Blut 215
pz-Orbitale 64

Q

Qualitätskontrolle 33
Quantentheorie 58
Quantenzahl 61

Quecksilber-Kation 108
Quecksilberbatterie 169

R

Radikal 264
Radioaktivität 82, 321, 324
Radon 97
Raffinerie 251
Raffinieren 251
Rauchgasentschwefelung
  Funktionsweise 302
Rauchgasreinigung 301
Reaktanden 136
Reaktion
  Aktivierungsenergie 136
  endotherme 136, 139
  exotherme 136, 138
  hypothetische 138
  Übergangszustand 138
Reaktionskoeffizient 136
Reaktionsort 153
Reaktionspfeil 83
Reaktionsrate 154
Reaktionsstöchiometrie 191
Reaktiver Punkt 137
Reaktorkern 92
Reale Ausbeute 185
Rechen 312
Rechnen mit dem Taschenrechner 336
Recycling 310
Redox-Reaktion 144, 147, 278
Reduktion 166
Reduktionsoxidationsreaktion 144
Reduzierendes Agens 162
Reformieren
  katalytisches 254, 256
Regen
  saurer 292, 299
Regenwasser 210
  ph-Wert 299
Ressource
  nicht erneuerbare 251
Rohbenzin 253
Rohöl 251
  fraktionierte Destillation 252
Rotkohl 210
Runden, Regeln 345
Rutherford, Ernest 53, 325

S

s-Orbital 78
Saccharin 322
Saccharose 190
Salicylsäure 289
Salz 104
Salzbrücke 168
Salzlösung 195
Sandfang 312
Sauerstoff-Atom 40
Sauerstoffbedarf
   biochemischer 312
Säuerungsgrad 212
   relativer 212
Säure
   amphotere 209
   Eigenschaften 201
   im Alltag 202
   konzentrierte 193
   makroskopisch betrachtet 201
   mikroskopisch betrachtet 202
   monoprotische 206
   schwache 206
   Stärke 204
   starke 205
Säure-Base-Indikator 210
Säure-Base-Paare
   konjugierte 215
   nicht konjugierte 215
Säure-Base-Reaktion 208
Säureneutralisator 215
Saurer Regen 216
   Auswirkungen 300
   Entstehung 299
   Gegenmaßnahmen 300
   Gewässerbelastung 309
   pH-Wert 299
   Ursachen 216
Schadstoff
   schwerer 293
Schadstoffquelle 307
   diffuse 308
   punktuelle 307
Schaumbildner 294
Schlatter, James 322
Schmelzpunkt 37
Schmierstoffe 253
Schöpfung, synthetische 135

Schreibweise
   exponentielle 335
   wissenschaftliche 335
Schwefeloxid
   saurer Regen 299
Schwefelsäure 193
Schwermetallbelastung 298
Seaborg, Glenn 326
Seife 275
Shampoo 286
   pH-Wert 286
SI-Präfix
   Tabelle 331
SI-System 42, 331
Siedepunkt 38
Siedepunkterhöhung 195, 196
Silber-Teeservice 159
Silizium 73
Smog
   chemische Abläufe 297
   photochemischer 258, 292, 296, 297
Sommersmog 297
Sonnencreme 284
Sonnenöl 284
Spaltung
   hydrolytische 275
Spektroskop 56
Spinpaar 63
Spinquantenzahl 58, 61
Spülmaschinentabs 279
Spülmittel 279
Stärke einer Säure 204
Steinsalz 196
Stelle
   relevante 343
Stellmittel 276
Stickstoff-Atom 146
Stickstoffgas 145
Stickstoffoxid 299
   saurer Regen 299
Stöchiometrie 183, 191
   Gasgesetze 230
Stöchiometrieproblem 183
Stöchiometrisches Verhältnis 183
STP 228
Strahlung
   ultraviolette 292
Stratosphäre 292, 293, 298
Streuungsexperimente 325

Struktur
  delokalisierte 245
  ringförmige 236
Strukturformel
  ausführliche 237
  verdichtete 237
Subkritische Masse 91
Sublimation 39
Substanz 32
  amphotere 209
  polare 273
  unpolare 273
Substituenten 239
Sulfat-Ion 141
Syndet 275
Synthese 135, 177
Synthetisieren 32
System
  gleichgewichtig 206

T

Tafelsalz 101
Tafelzucker 190
Teflon 321
Teilchen
  subatomares 51
Temperatur
  Einheit 333
Temperaturskala 47
  Kelvin 225
Tensid 274
  amphoteres 274
  anionisches 274
  kationisches 274
  nichtionisches 274
  Wirkungsweise 274
Terpene 279
Textilwaschmittel
  Inhaltsstoffe 276
Theoretische Ausbeute 185
Thermosphäre 292
Thorium 84
Titan 78
Titration 211
Transuran-Elemente 326
Treibhauseffekt 295
  Entstehung 295
  mögliche Folgen 296

Treibhausgas 295
Treibmittel 294
Trinkalkohol 191
Trinkwasser 199
Trinkwasseraufbereitung 314
Trinkwasserverordnung 315
Tritium 66
Trockeneis 39
Trockenelement 169
Troposphäre 292
  natürliche Verschmutzung 292
  Zusammensetzung 292
Tyndall-Effekt 200

U

Übergang 138
Übergangszustand
  Reaktion 138
Umgekehrte Osmose 198
Umrechnung
  Einheiten 331
  von Einheiten 339
Umweltchemiker 34
Ungesättigt 243
unpolar 128
Unschärfeprinzip 58
Unterschale 59
Uran 54, 84
UV-A-Bereich 284
UV-B-Bereich 284
UV-Spektrum 284
UV-Strahlung 284

V

Valenzelektron 65, 72, 102, 235
Verbindung 40
  Regeln für Benennung 239
Verbrennung 140, 143
Verbrennungsmotor
  interne Abläufe 255
Verdampfungswärme 307
Verdünnung 193
Verdunstungsrate 196
Vergrauungsinhibitor 276
Verschiebungsreaktion
  doppelte 142
Verschmelzung 95

Stichwortverzeichnis

Verseifung 275
Vertriebschemiker 34
Viagra 290
Vielfachbindung 118
Volumen
    Einheit 333
    unregelmäßiger Körper 319
Volumenprozentsätzen 191
Vorklärbecken 312
VPE 265
VSEPR-Theorie 121, 132
Vulkanisierung 320

W

Wachse 253
Wachstum
    bakterielles 154
Wahrscheinlichkeit 58
Waldschäden 258
Waldsterben 300
Waschmittel 273
Waschsubstanz
    oberflächenaktive 274
Wasser
    amphoteres 209
    chemisch betrachtet 305
    Eigenschaften 306
    Lösungsmittel 307
    Verdampfungswärme 307
    Verteilung auf der Erde 303
    Wärmekapazität 307
Wasserdissoziationskonstante 209, 212
Wasserenthärter 276
Wasserenthärtung 277
Wasserenthärtungsanlage 277
    Funktionsweise 277
Wasserkreislauf 303
    menschliche Eingriffe 305
Wasserleitung
    Schwermetallbelastung 308
Wassermolekül 38
Wasserstoff, atomare Masse 67
Wasserstoff-Atom 146
Wasserstoffbrückenbindung 305
Wasserstoffperoxid 140
Wasserverschmutzung
    Agrarwirtschaft 311
    Giftmüll 310
    infektiöse Erreger 309
    Mülldeponien 310
    Schwermetalle 308
    thermische 311
Weichmacher 281
Weidenrinde 289
Welt
    makroskopische 31
    mikroskopische 31
Wetterlage
    austauscharm 297
Wirkliche Formel 120
Wirkungsgrad einer Reaktion 185
Wissenschaft 31
Wissenschaftler 31
Wöhler, Friedrich 235
Wolle 261

Z

Zahl
    genaue 343
    gezählte 343
    runden 345
Zahnpasta 280
    Hauptbestandteile 280
Zahnpastarezeptur
    Tabelle 280
Zappacosta, Dr. Anthony 322
Zehnerpotenz 335
Zelle
    elektrolytische 170
    galvanische 167
Zellulose 261
Zellwand 199
Zentrales Atom 122
Zerfallsreaktion 140
Zink 141
Zinkchlorid 169
Zucker 188
Zuschauer-Ion 142

Statistik – Kein Buch mit sieben Siegeln!

ISBN 978-3-527-70594-8

Statistik kann auch Spaß machen! Dieses Buch vermittelt das notwendige Handwerkszeug, um einen Blick hinter die Kulissen der so beliebten Manipulation von Zahlenmaterial werfen zu können: von der Stichprobe, Wahrscheinlichkeit und Korrelation bis zu den verschiedenen grafischen Darstellungsmöglichkeiten.

ISBN 978-3-527-70843-7

Statistik ist nicht jedermanns Sache, fortgeschrittene Statistik erst recht nicht, sie gilt als trocken und schwierig. »Statistik II für Dummies« führt Sie so leicht verständlich wie möglich ein in Daten- und Varianzanalyse, den Chi-Quadrat-Test und vieles mehr.

ISBN 978-3-527-70390-6

Übung macht den Meister. Ob bei der Vorbereitung auf eine Prüfung oder einfach aus Spaß an der Freude: Wer Statistik richtig verstehen und anwenden möchte, sollte üben, üben, üben. Dieses Buch bietet Hunderte von Übungen zur Festigung des Lernstoffs, natürlich mit Lösungen und Ansätzen zum Finden des Lösungswegs.

ISBN 978-3-527-70596-2

SPSS ist das Analysetool für statistische Auswertungen. Wer anhand seiner Daten Entscheidungen treffen möchte, tut gut daran, es einzusetzen. Dieses Buch vom SPSS-Profi Felix Brosius bietet eine ideale Einführung in das komplexe Programm.

DER SCHNELLE EINSTIEG IN DIE NATURWISSENSCHAFTEN

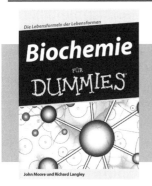

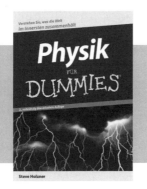

Anatomie und Physiologie für Dummies
ISBN 978-3-527-70284-8

Anorganische Chemie für Dummies
ISBN 978-3-527-70502-3

Astronomie für Dummies
ISBN 978-3-527-70370-8

Biochemie für Dummies
ISBN 978-3-527-70508-5

Biologie für Dummies
ISBN 978-3-527-70738-6

Chemie für Dummies
ISBN 978-3-527-70473-6

Epidemiologie für Dummies
ISBN 978-3-527-70725-6

Genetik für Dummies
ISBN 978-3-527-70709-6

Mathematik für Naturwissenschaftler für Dummies
ISBN 978-3-527-70419-4

Molekularbiologie für Dummies
ISBN 978-3-527-70445-3

Nanotechnologie für Dummies
ISBN 978-3-527-70299-2

Organische Chemie für Dummies
ISBN 978-3-527-70292-3

Physik für Dummies
ISBN 978-3-527-70396-8

Quantenphysik für Dummies
ISBN 978-3-527-70593-1

FÜR DUMMIES

D(U+M)+(M-I^E)/S = MATHE SCHNELL, LEICHT UND MIT VIEL SPASS GELERNT

Algebra für Dummies
ISBN 978-3-527-70792-8

Analysis für Dummies
ISBN 978-3-527-70646-4

Analysis II für Dummies
ISBN 978-3-527-70509-2

Differentialgleichungen für Dummies
ISBN 978-3-527-70527-6

Geometrie für Dummies
ISBN 978-3-527-70298-5

Grundlagen der Linearen Algebra
für Dummies
ISBN 978-3-527-70620-4

Grundlagen der Mathematik für Dummies
ISBN 978-3-527-70441-5

Mathematik für Naturwissenschaftler
für Dummies
ISBN 978-3-527-70419-4

Statistik für Dummies
ISBN 978-3-527-70594-8

Statistik II für Dummies
ISBN 978-3-527-70843-7

Trigonometrie für Dummies
ISBN 978-3-527-70297-8

Wahrscheinlichkeitsrechnung
für Dummies
ISBN 978-3-527-70797-3

Wirtschaftsmathematik für Dummies
ISBN 978-3-527-70375-3